2022 西门子工业专家会议论文集

(上　册)

西门子(中国)有限公司　编

机 械 工 业 出 版 社

2022年西门子工业专家会议论文集的征集工作历时3个月，从全国范围内征集了数百篇论文，通过西门子技术中心的专家评审，其中99篇论文被评选为优秀论文并收录在本论文集中。论文的作者是西门子工业集团的客户和西门子工业集团的技术专家。本论文集的内容主要有西门子工业产品在众多应用中的典型案例和前沿数字化技术，涉及的行业包括机械制造、汽车、冶金、物流、制药、食品饮料、水处理、医疗、化工、机器人、起重、机床、造船和造纸等行业。

本论文集适合工厂和设计院的工程师、技术员、设备调试人员，系统集成商、OEM用户、产品最终用户和分销商的工程师团队阅读。

图书在版编目（CIP）数据

2022西门子工业专家会议论文集：上、下册/西门子（中国）有限公司编. —北京：机械工业出版社，2022.11

ISBN 978-7-111-72285-4

Ⅰ.①2… Ⅱ.①西… Ⅲ.①自动化技术-文集 Ⅳ.①TP2-53

中国版本图书馆CIP数据核字（2022）第252556号

机械工业出版社（北京市百万庄大街22号 邮政编码100037）
策划编辑：林春泉 刘星宁 责任编辑：朱 林 闾洪庆 赵玲丽 翟天睿 杨 琼
责任校对：潘 蕊 张 薇 封面设计：鞠 杨
责任印制：刘 媛
涿州市般润文化传播有限公司印刷
2023年3月第1版第1次印刷
210mm×285mm · 74.5印张 · 10插页 · 2289千字
标准书号：ISBN 978-7-111-72285-4
定价：398.00元

电话服务	网络服务
客服电话：010-88361066	机 工 官 网：www.cmpbook.com
010-88379833	机 工 官 博：weibo.com/cmp1952
010-68326294	金 书 网：www.golden-book.com
封底无防伪标均为盗版	机工教育服务网：www.cmpedu.com

前　　言

近年来，在数字化改革和创新的浪潮下，全球出现了以物联网、人工智能、云计算和大数据等为代表的新一代信息技术，并且逐步在工业领域得到更多的应用，OT 开始拥抱 IT 是技术更新的结果。随着工业化的不断推进，越来越多的工人复杂劳动被机器替代，越来越多的人工操作被软件自动化所取代，伴随着 OT 技术的不断发展，IT 技术被越来越多地融合到 OT 技术之中。

西门子作为全球大型的工业企业，一直致力于全球工业的发展。2022 年是西门子进入中国的第 150 年，在过去的 150 年里，西门子与中国的社会发展携手并肩。作为数字化创新的领导者，西门子推出了各种数字化技术和产品，以满足工业市场多样化和个性化的需求，特别是在当前能源、生态环境的特殊背景下，西门子也一直致力于助力中国的绿色低碳发展。

西门子工业专家会议已成功举办了 16 届，已成为我国工业领域的技术盛事，集论文评审、专家用户技术交流、优秀论文及专家评选等精彩活动于一身。秉承“专家服务专家”“共享、共创知识生态圈”的理念，西门子于 2021 年推出“1847 工业学习平台”，为广大工业领域从业人员提供了一个可持续地学习、交流、自我迭代的生态学习环境。2022 年，以“知识赋能，共塑未来”为主题，西门子工业专家会议联合 1847 工业学习平台，已于 8 月 22—26 日成功地举办了集全国西门子产品的使用者、工程师以及爱好者的线上技术交流大会。

从 1872 年到 2022 年，西门子始终推进科技变革，助力中国发展；从 1999 年到 2022 年，西门子工业专家会议专注技术交流，分享行业应用。本论文集共收录了 99 篇来自各行各业的西门子产品和技术应用的论文，这些论文作者大部分来自工厂、设计院、OEM 厂商、系统集成商，以及西门子的工程师团队，分享西门子产品和技术在其生产线中的应用，展现了西门子产品和技术的强大优势带来的生产效率的提升和成本的降低。

本论文集中的每一篇论文都是按照统一的模板进行编写，首先为项目简介，阐述项目应用背景和工艺描述；系统结构阐述了应用的软硬件产品，系统架构，网络架构等；功能与实现描述了西门子产品和技术在应用中如何实现工艺功能，以及实现过程中的要点和难点的说明；运行和效果通过客观数据描述了投运时间、运行情况、性能指标及用户评价等；最后的应用体会结合过往的技术和产品描述了使用西门子产品和技术之后，给生产乃至企业带来了哪些效益的提升。论文的这种清晰结构和配有来自现场的照片使读者能够快速地理解西门子产品的使用方法和技巧，并将学到的先进经验运用在自我的实践中。

此外，本论文集还收录了许多来自用户的西门子创新数字化技术的应用案例，例如 IIOT、MCD、SIMIT、Industry Edge 等在汽车、制药等行业的诸多应用，体现了“需求在民间”的各种应用场景，帮助读者更好地理解智能制造的相关概念，从而在设计研发、工艺开发、生产制造、售后维护等产品的全生命周期实现数字化与智能管理，开拓了工程师的应用场景和思路。

本论文集在注重西门子技术和产品应用不同行业的同时，还注重将通透的理论知识结合实际应用，使读者能够准确地认知控制理论和智能制造理论，体验实践环境。

衷心希望本论文集对读者有参考价值，与西门子一道，践行“中国制造 2025”，让绿水蓝天成为工业的明天！

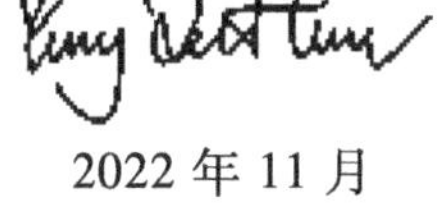

2022 年 11 月

目　　录（上册）

S7-1500 PLC 在上海欣活 COVID-19 疫苗净化车间 BMS 控制系统中的应用
Application of S7-1500 PLC in BMS control system of Shanghai Xinhuo COVID-19 vaccine purification workshop

孙　斌
（中国电子系统工程第四建设有限公司　杭州）

[摘　要] 2019 年 12 月以来国内外 COVID-19 疫情形势严峻，为了满足国内外 COVID-19 疫苗开发和生产的需求，上海欣活生物科技有限公司在临港奉贤园区智造园六期的已建 C1 厂房建设“腺病毒载体疫苗产业化项目”。本文重点讲解了腺病毒载体疫苗产业化项目净化通风系统、冷冻水系统、热水系统的自动化控制系统以及 S7-1500 PLC 在 BMS 控制系统中的应用。

[关 键 词] 疫苗、洁净厂房、暖通、自控、BMS

[Abstract] Since December 2019, the situation of COVID-19 at home and abroad is grim. In order to meet the needs of the development and production of new crown vaccine at home and abroad, Shanghai Xin Huo Biotechnology Co. , Ltd. has built the " C1 vaccine industrialization project of the adenovirus vector" in the six phase of the construction of the phase I of the Fengxian park. This paper focuses on the automatic control system of purification ventilation system, chilled water system and hot water system of adenovirus vector neocoronavirus vaccine industrialization project, as well as the application of S7-1500 PLC in BMS control system.

[Key Words] Neocoronavirus vaccine、Clean workshop、HVAC、Automatic control、BMS

一、项目简介

上海欣活生物科技有限公司是“西藏诺迪康药业股份有限公司”全资子公司，位于上海自贸区临港新片区，依托西藏药业及合作企业卓越的创新产品线及成熟的生产质量管理体系，致力于最新的生物医药技术产品的产业化。当前公司着重于 mRNA 疫苗和腺病毒载体疫苗的研发和生产。上海欣活生物科技有限公司建设了腺病毒载体 COVID-19 疫苗产业化项目，总建筑面积为 15348m^2。设计单位是天俱时工程科技集团有限公司，施工单位是中国电子系统工程第四建设有限公司。建设内容包括：洁净厂房工程、腺病毒载体 COVID-19 疫苗生产线、西林瓶灌装线、分包装线、质检试验及配套辅助工程。洁净厂房工程包括洁净装修、通风系统、给排水系统、电气系统等，工艺设备包括 WAVE、培养罐、超滤设备、层析设备、灌装线、分包装线、纯水制备、注射用水制备、纯蒸汽制备等，公用设备包括一体化冷水机组、热水锅炉、蒸汽发生器、废液灭活系统、污水处理系统等。上海欣活生物厂房如图 1 所示，临港智造园总平面图如图 2 所示。

图 1　上海欣活生物厂房

图 2　临港智造园总平面图

1. 净化空调系统工艺简介

净化空调系统采用全空气风道式中央空调系统。空气经初效、中效、高效过滤器三级过滤后送入室内。高效过滤器设置在送风系统末端的送风口内。高效过滤器级别为 H14。换气次数要求：C 级区换气次数不得低于 20 次/h，D 级区换气次数不得低于 10 次/h。室内气流组织：上送，下侧回。净化空调房间送风主管或送风分支管上安装定风量阀，恒定房间送风量。回风及排风分支管上安装变风量阀来达到各个不同房间之间以及室内外压差要求。洁净区一般压差控制要求：洁净区与非洁净区之间以及不同级别洁净区之间的静压差不小于 10Pa；相同洁净级别不同房间的静压差不小于 5Pa。

空调机组由新风段、初效过滤段、回风段、表冷段、加热段、加湿段、检修段、风机段、中效过滤段、出风段等组成。加湿器采用干蒸汽加湿器。表冷段采用 7/12℃冷冻水，由屋面的一体化水冷冷水机组提供；加热段用热媒采用 60/50℃热水，由屋面的真空热水锅炉提供。C 级、D 级空调蒸汽加湿采用 0.2MPa 蒸汽，由蒸汽发生器提供，经蒸汽减压阀减压后使用。净化空调流程图如图 3 所示。

排风机组设有中效过滤器，以避免室外空气对洁净度的影响及防止室内排风污染周边环境。部分有生物活性泄漏风险区域的排风设置中高效过滤器。部分实验室排风增设活性炭吸附装置，用于吸收尾气中挥发性有机物等有害气体。净化空调系统设消毒排风系统，排风机组和回排风切换风管上设电动密闭阀，用于工况切换。空调机房内安装臭氧发生器，将臭氧接入回风管，利用空调系统进行循环消毒。消毒发生时间为 1h。消毒浓度要求：C 级 ≥ 30mg/m^3（15ppm），D 级 ≥ 20mg/m^3（10ppm）。

2. BMS 控制系统工艺简介

BMS（楼宇管理系统）控制系统包括空调机组自动控制系统、冷水机组、换热机组监控系统。空调机组自动控制系统监控包括：20 套净化空调系统、4 套舒适空调系统主要参数的监测、控制以及状态可视化。冷水机组监控包括：5 台一体式冷水机组及相关设备主要参数的监测、控制以及状态可视化。换热机组监控包括：1 台热水锅炉及相关设备主要参数的监测、控制以及状态可视化。

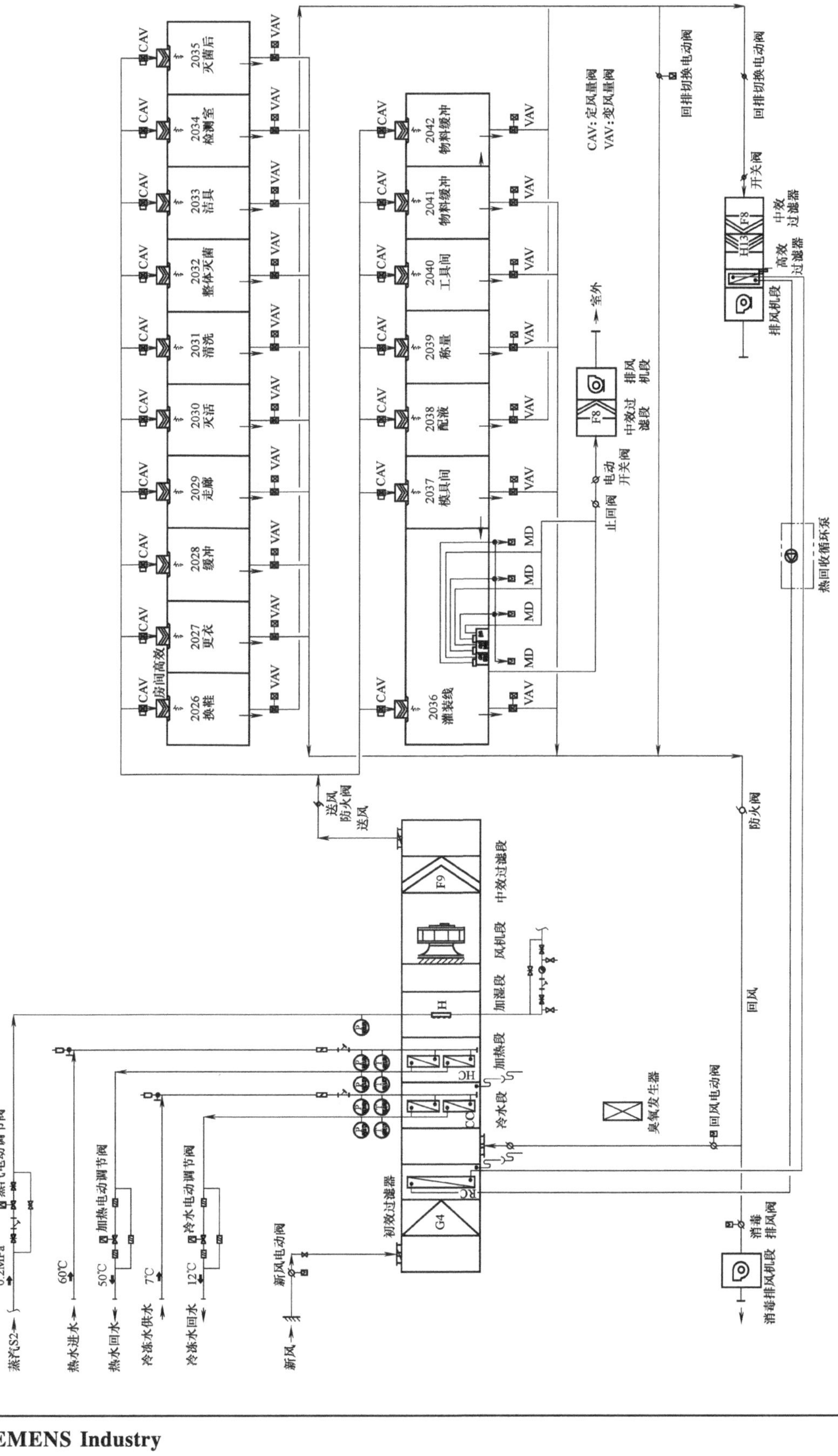
CAV: 定风量阀
VAV: 变风量阀
2026 换鞋
2027 更衣
2028 缓冲
2029 走廊
2030 灭活
2031 清洗
2032 整体灭菌
2033 洁具
2034 检测室
2035 灭菌后
2036 灌装线
2037 模具间
2038 配液
2039 称量
2040 工具间
2041 物料缓冲
2042 物料缓冲
房间高效
回排切换电动阀
开关阀
中效过滤器
高效过滤器
排风机段
室外
中效过滤段
排风机段
电动开关阀
止回阀
热回收循环泵
防火阀
回风
回风电动阀
臭氧发生器
消毒排风阀
消毒排风机段
送风防火阀
送风
中效过滤段
风机段
加湿段
加热段
冷水段
初效过滤器
新风电动阀
新风
蒸汽S2
0.2MPa
蒸汽电动调节阀
热水进水
60℃
热水回水
50℃
加热电动调节阀
冷冻水供水
7℃
冷冻水回水
12℃
冷水电动调节阀

图 3 净化空调流程图

净化空调送风机电动机通过变频器提供动力，送风主管上安装动压传感器+风速测片，测量出送风风量，并根据送风风量来调节变频器的输出频率，改变送风机的运行转速，保证送风量恒定，并起到有效节能作用。排风机电动机通过变频器提供动力，在排风主管设置静压传感器，并根据排风静压来调节变频器的输出频率，改变排风机的运行转速，保证主管静压恒定。空调系统在回/排风管上安装温湿度传感器，送风主管上安装温湿度传感器，预冷段盘管后安装温度、露点传感器。夏季调节冷冻水管路中冷冻水流量及再热热水管路中的热水流量，冬季调节热水管路中的热水流量及加湿器的蒸汽量，过渡季节调节冷冻水管路中的冷冻水流量或再热热水管路中的热水流量或加湿器的蒸汽量，以控制室内温湿度恒定。全新风系统有预热盘管，预热盘管后安装温度传感器，调节预热盘管中的热水流量，以达到预热防冻的要求。空调机组中过滤器设置压差开关，报警信号反馈至上位机，监测过滤器堵塞情况。新风管上安装电动调节阀，与送风机联锁，调节新风量来满足系统排风量和维持房间正压所需要的风量。净化空调系统排风机与送风机联锁启停。开启时先开送风机，排风机延时开启；关闭时，先关排风机，后关送风机。空调机组的启停及运行状况反馈至上位机。净化空调机组如图 4 所示。

冷冻水系统采用 7/12℃ 循环水，闭式系统。由屋面的一体化水冷冷水机组提供。系统由两台额定制冷量为 1132kW 的一体化冷水机组和三台额定制冷量为 1880kW 的一体化冷水机组组成，总计冷量为 7904kW。冷冻水供水主管和回水主管上分别安装温度传感器和压力传感器，监测供回水的温度和压力。供水和回水中间安装电动调节蝶阀，根据供回水之间的压差来调节供回水之间的旁通流量，保证一体化冷水机组一次系统所需要的冷冻水流量恒定。一体化冷水机组与控制系统采用 Modbus RTU 通信，读取一体化冷水机组的运行参数，并通过通信控制一体化冷水机组启停。

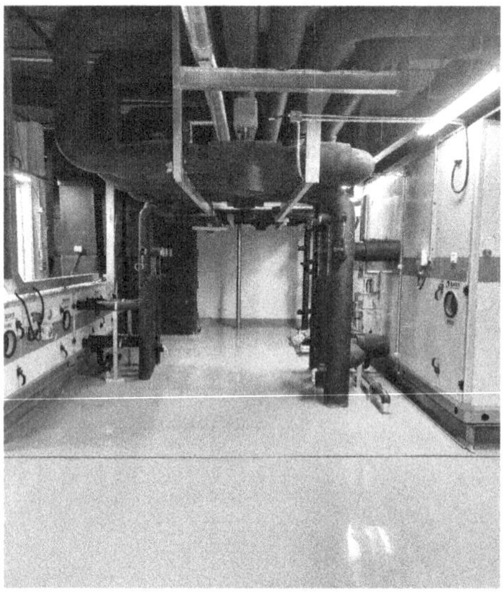

图 4　净化空调机组

热水系统采用 60/50℃ 循环水，闭式系统。由屋面的真空热水锅炉提供热水。真空热水锅炉额定制热量为 3500kW。热水供水主管和回水主管上分别安装温度传感器和压力传感器，监测供回水的温度和压力。供水和回水中间安装电动调节蝶阀，根据供回水之间的压差来调节供回水之间的旁通流量，保证热水锅炉一次系统所需要的热水流量恒定。热水锅炉与控制系统采用 Modbus RTU 通信，读取热水锅炉的运行参数，并通过通信控制热水锅炉的启停。

冷冻水系统与热水系统均采用一次泵定流量系统。采用同一套定压补水装置实现定压与自动补水，定压点压力均为 0. 1MPa。一体化冷水机组及冷冻水供回主管流程图如图 5 所示。

二、BMS 控制系统的结构及设备选型

1. BMS 控制系统架构

BMS 控制系统由现场仪表及执行机构、PLC 控制器及远程 IO 模块、通信模块、操作员站、服务器站、通信总线等部分组成，系统采用服务器客户端架构，分为管理层、控制层、现场仪表层。其中，服务器站安装软件 WinCC - RT 8192+WinCC/Server 软件，操作员站安装软件 WinCC RT CLI-

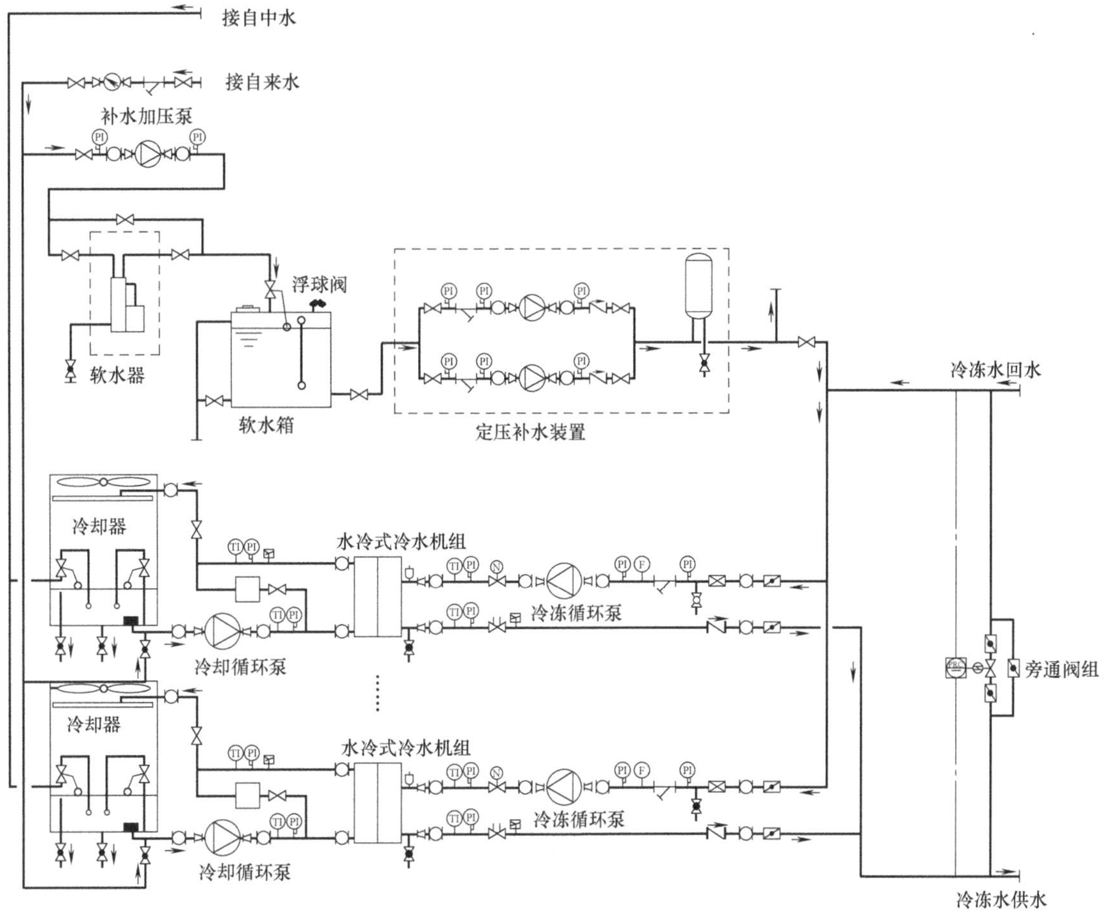

图 5　一体化冷水机组及冷冻水供回主管流程图

ENT+WinCC V7.5/Audit RT 审计跟踪选件，服务器站和操作员站通过 UPS 进行供电。PLC 控制器为 CPU 1513-2 PN，IO 模块为 ET200MP 系列模块，上位机与 PLC 控制器采用 PROFINET 总线进行网络通信。BMS 控制系统架构如图 6 所示。

2. BMS 控制柜分布

根据每层空调机房中空调机组的数量及机组上的点位，BMS 控制系统由 5 套 CPU 1513-2 PN 及 ET200MP 子从站组成，分布在 CP-1101-CP-1112 共计 12 个控制柜内，所有控制柜通过 UPS 进行供电。BMS 控制柜分布架构如图 7 所示。

3. BMS 网络选型

控制网采用工业以太网，环网设计，保障系统通信。CP-1101、CP-1105、CP-1108、CP-1110 、CP-1112 控制柜内各自安装 SCALANCE XB008 非网管型 10/100 Mbit/s 工业以太网交换机，主站 CPU 和从站 IM 155-5 PN ST 模块、TP1200 触摸屏通过网线连接到交换机上；环网上采用 SCALANCE X208 网管型 10/100 Mbit/s 工业以太网交换机，服务器站、操作员站、各主站控制柜内交换机通过网线连接到环网交换机上。

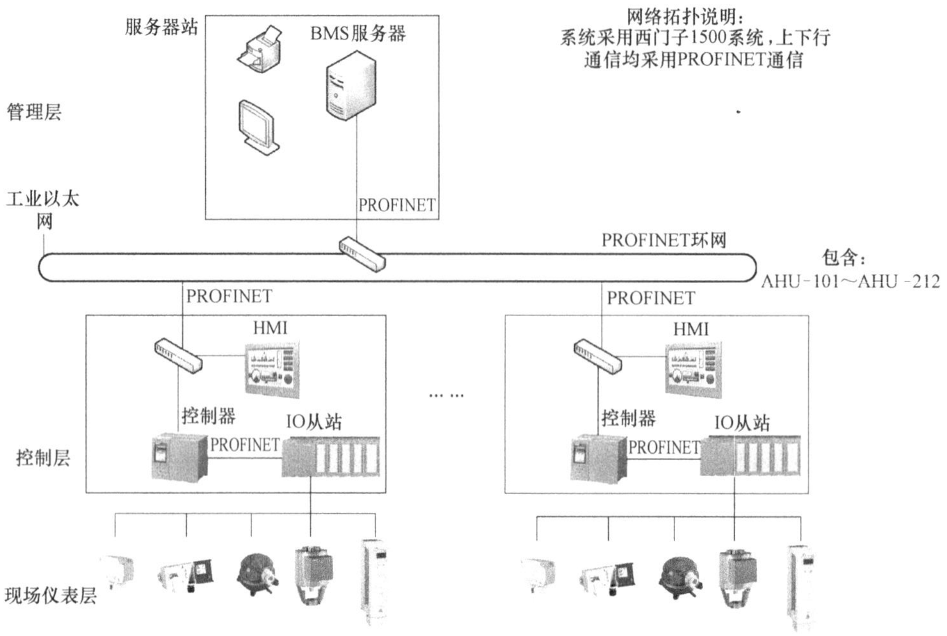

图 6 BMS 控制系统架构

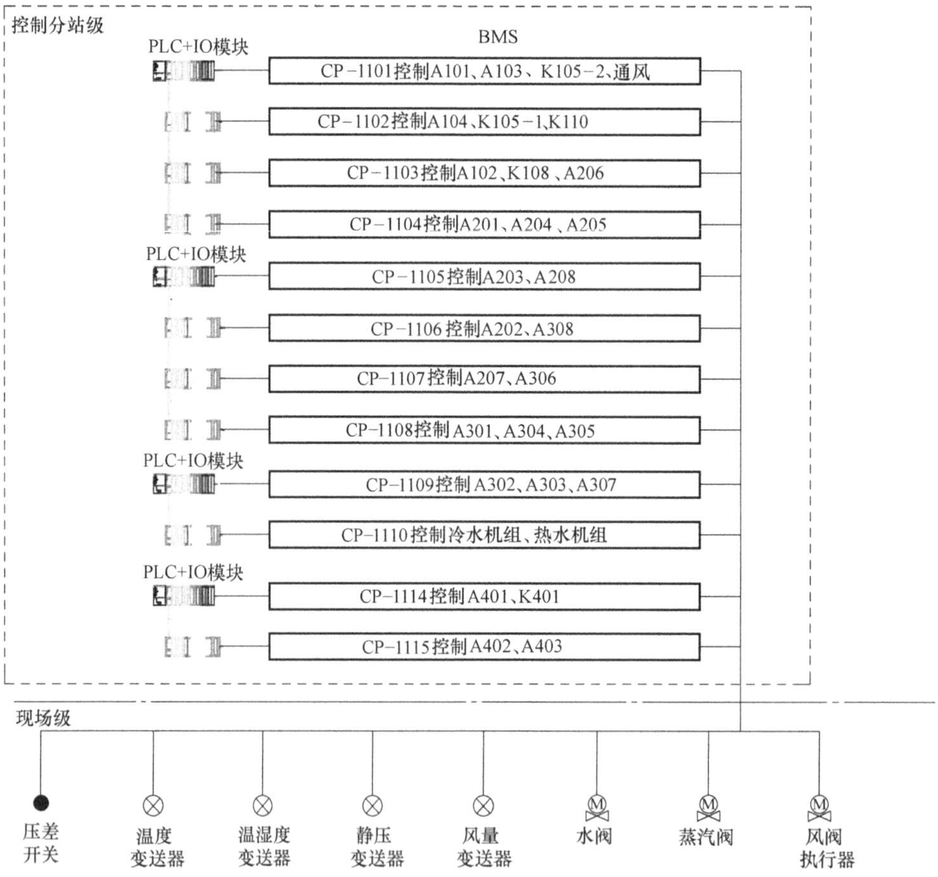

图 7 BMS 控制柜分布架构

4. BMS 现场仪表执行机构选型

现场仪表层，根据空调机组和冷水机组、热水机组的工艺特点选择不同类型的传感器、执行机构。仪表及电缆选型表见表 1。

表 1 仪表及电缆选型表

序号	名称	选型及量程	信号方式	信号类型	电源	线缆型号
1	风管温湿度变送器	EE210 -15~60℃/ 10%~95%RH	三线制	4~20mA	DC 24V	RVVP 3*1.0
2	嵌入式温湿度变送器	EE210 0~50℃/ 10%~95%RH	三线制	4~20mA	DC 24V	RVVP 3*1.0
3	风量变送器	261C(不带显示 0~250Pa)+风速测片	二线制	4~20mA	DC 24V	RVVP 2*1.0
4	静压变送器	261C 0~1000Pa	二线制	4~20mA	DC 24V	RVVP 2*1.0
5	差压变送器	261C 0~100Pa	二线制	4~20mA	DC 24V	RVVP 2*1.0
6	初效压差开关	241 20~200Pa	无源干接点	干接点		RVV 2*1.0
7	中效压差开关	241 40~400Pa	无源干接点	干接点		RVV 2*1.0
8	调节型风阀执行器	GLB161.1E(10Nm) 风阀截面≤1m² GBB161.1E(20Nm) 风阀截面≥2m²	四线制	0~10V	AC 24V	RVVP 4*1.0
9	开关型风阀执行器	GLB146.1E(10Nm) 风阀截面≤1m² GBB146.1E(20Nm) 风阀截面≥2m²	四线制	0~10V	AC 24V	RVVP 4*1.0
10	冷水二通阀	DN40 以下选用 VVF42.+SAX61.03 DN50、DN60 选用 VVF42.+SKD60 DN80 选用 VVF42.+SKB60 DN100 以上选用 VVF42.+SKC60	四线制	4~20mA	AC 24V	RVVP 4*1.0
11	热水二通阀	DN40 以下选用 VVF42.+SAX61.03 DN50、DN60 选用 VVF42.+SKD60 DN80 选用 VVF42.+SKB60 DN100 以上选用 VVF42.+SKC60	四线制	4~20mA	AC 24V	RVVP 4*1.0
12	蒸汽二通阀	DN40 以下选用 VVF53.+SKD62	四线制	4~20mA	AC 24V	RVVP 4*1.0
13	温度传感器	EE431(0~100℃)+套管	二线制	4~20mA	DC 24V	RVVP 2*1.0
14	压力传感器	7MF1567, 0~10BAR,缓冲弯+手阀	二线制	4~20mA	DC 24V	RVVP 2*1.0

室内桥架选用热浸锌桥架，丝杆吊架，每 20~30m 处设置固定支架；屋顶桥架选用不锈钢桥架，不锈钢角钢支架，水泥堆固定。桥架的尺寸要根据线缆数量进行选择，桥架走向要根据控制柜位置、动力柜位置、机组位置综合考虑。桥架首、尾端要可靠接地。

三、BMS 控制系统程序逻辑功能与实现

1. 温湿度的控制

净化车间中不仅设备和物料、半成品、成品对房间的温湿度有严格的要求，还要满足人员舒适性需求，COVID-19 疫苗原液制备在细胞复苏 & 扩增、转染 & 裂解、超滤、层析等工序中，要求夏季时温度为 20~24℃，湿度为 45%~60%，冬季时温度为 18~22℃，湿度为 45%~60%。

房间的温湿度是通过空调机组风系统的温湿度来调节的，空调机组风系统是通过空调机组预冷段盘管、表冷段盘管、加热段盘管、加湿段干蒸汽加湿器进行水系统、蒸汽系统与风系统的热量和湿量的交换来实现温湿度调节。预冷段盘管的作用是处理新风的含湿量，空气温度降低至露点温度，相对湿度饱和，含湿量和焓值降低；表冷段盘管的作用是处理预冷后新风与回风混合后的含湿量和降温，相对湿度升高，焓值降低；加热段盘管的作用是将混合风升温，同时降低混合风的相对湿度，含湿量不变，焓值增加；加湿段干蒸汽加湿器的作用是等温加湿，通入少量饱和蒸汽，空气温度不变，含湿量增加，相对湿度增加，焓值增加。夏季时，室外新风高温高湿，通过预冷段将新风温度降低到露点，进行干冷除湿，除湿后与回风混合再经过表冷段二次降温除湿，加热段进行升温。冬季时，室外新风低温低湿，新风与回风混合后经过加热段进行升温，经过加湿段进行加湿。温湿度控制流程图如图 8 所示。

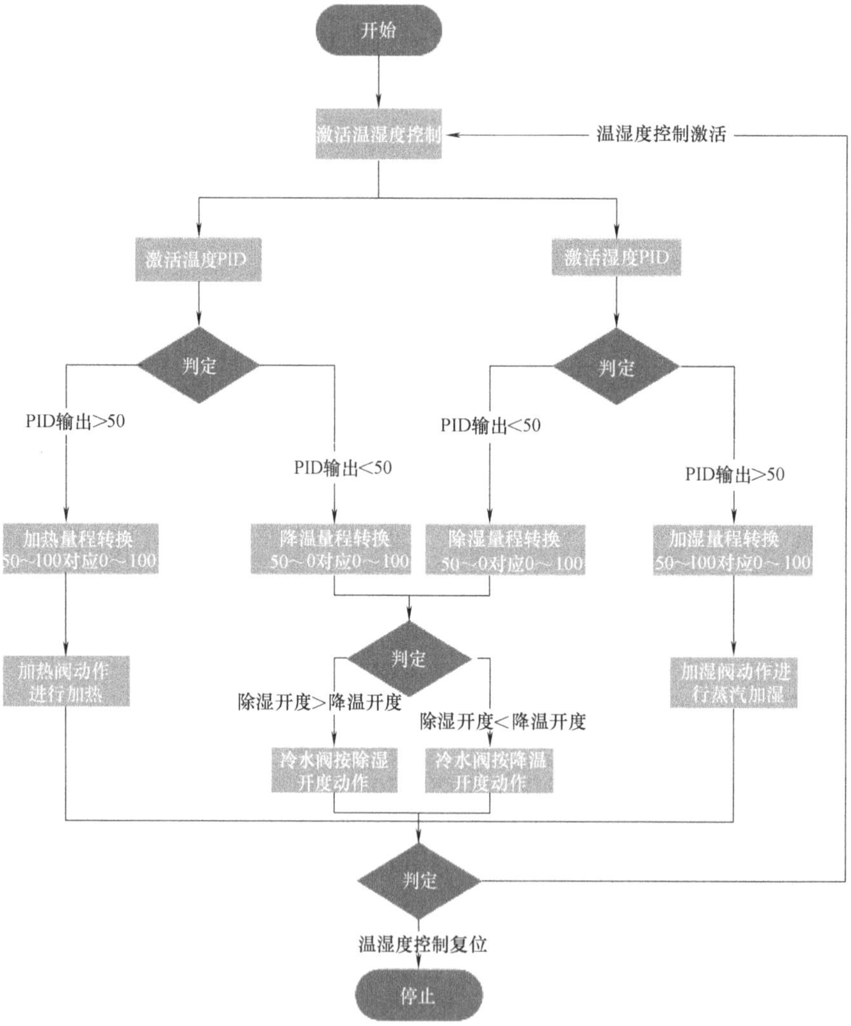

图 8　温湿度控制流程图

1）计算回风温湿度设定值的露点温度、回风温湿度的露点温度、送风温湿度的露点温度。露点温度 SCL 程序如图 9 所示。

```
//露点计算
//设定露点，以设定温湿度计算所得
#LOGDEW_SP_RA := 0.66077 + (7.5 * #DB_AHU.SP_Temp) / (237.3 + #DB_AHU.SP_Temp) + LN(#DB_AHU.SP_Humi) / LN(10.0) - 2;            // (
#DEW_SP_RA := ((0.66077 - #LOGDEW_SP_RA) * 237.3) / (#LOGDEW_SP_RA - 8.16077);
//露点反馈，以回风温湿度计算所得
#LOGDEW_PV_RA := 0.66077 + (7.5 * #回风温度) / (237.3 + #回风温度) + LN(#回风湿度) / LN(10.0) - 2;            // (0.66077+7.5*Temp
#DEW_PV_RA := ((0.66077 - #LOGDEW_PV_RA) * 237.3) / (#LOGDEW_PV_RA - 8.16077);
//露点反馈，以送风温湿度计算所得
#LOGDEW_PV_SA := 0.66077 + (7.5 * #送风温度) / (237.3 + #送风温度) + LN(#送风湿度) / LN(10.0) - 2;            // (0.66077+7.5*Temp
#DEW_PV_SA := ((0.66077 - #LOGDEW_PV_SA) * 237.3) / (#LOGDEW_PV_SA - 8.16077);

#DB_AHU.DEW_SP_RA := #DEW_SP_RA;//回风温湿度设定值露点温度
#DB_AHU.DEW_PV_RA := #DEW_PV_RA;//回风温湿度露点温度
#DB_AHU.DEW_PV_SA := #DEW_PV_SA;//送风温湿度露点温度

//温度设定
#DB_AHU.CoolTemp := #DB_AHU.SP_Temp + 0.2;
#DB_AHU.HeatTemp := #DB_AHU.SP_Temp - 0.2;
```

图 9　露点温度 SCL 程序

2）预冷段回水调节阀控制：以预冷段盘管后露点温度作为预冷 PID 的设定值，预冷段盘管后温度作为预冷 PID 的反馈值。空调机组送风机运行时，夏季，预冷 PID 的输出 0~100%来调节预冷段回水调节阀开度。冬季，关闭预冷段回水调节阀。空调机组送风机停机时，关闭预冷段回水调节阀。预冷调节阀 PID 及控制逻辑 SCL 程序如图 10 所示。

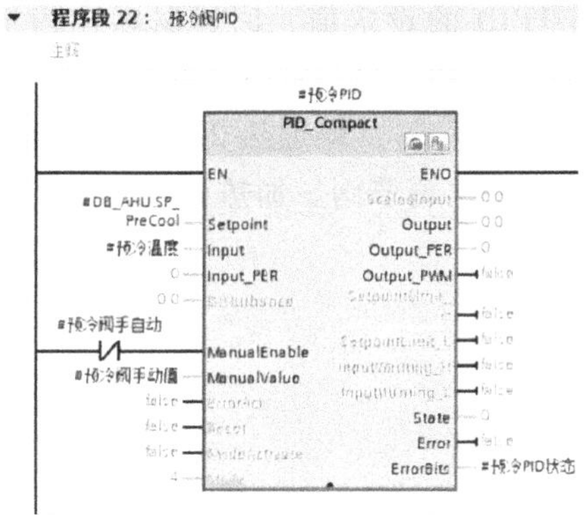

程序段 23： 预冷阀输出

注释

```
IF #送风机运行 THEN
    IF NOT #DB_AHU.Season THEN
        #预冷阀输出 := #预冷PID.Output;
    ELSE
        #预冷阀输出:=#DB_AHU.SP_PreCool_Stop;
    END_IF;
ELSE
    IF #DB_AHU.Season THEN
        #预冷阀输出:= #DB_AHU.SP_PreCool_Stop;
    ELSE
        #预冷阀输出 := 0.0;
    END_IF;
END_IF;
```

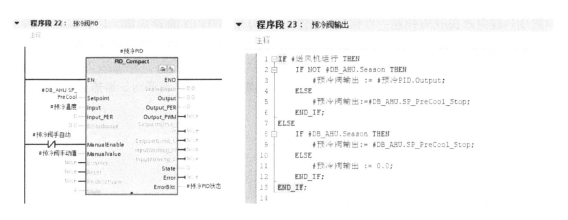

图 10　预冷调节阀 PID 及控制逻辑 SCL 程序

3）表冷段回水调节阀控制：以回风设定露点作为除湿 1PID 的设定值，回风露点作为除湿 1PID 的反馈值，除湿 1PID 的输出值除以 2 后作为除湿 2PID 的设定值，送风露点作为除湿 2PID 的反馈值，通过除湿 1PID 与除湿 2PID 串级控制。以回风设定温度作为表冷 1PID 的设定值，回风温度作为表冷 1PID 的反馈值，表冷 1PID 的输出值除以 2 后作为表冷 2PID 的设定值，送风温度作为表冷 2PID 的反馈值，通过表冷 1PID 与表冷 2PID 串级控制。空调机组送风机运行时，夏季，当用户选择除湿降温模式，比较表冷 2PID 输出值与除湿 2PID 输出值的大小，将较大者的输出值作为表冷段回水调节阀的开度；当用户选择除湿模式，将除湿 2PID 输出值作为表冷段回水调节阀的开度；当用户选择降温模式，将表冷 2PID 输出值作为表冷段回水调节阀的开度。冬季，关闭表冷段回水调节阀。空调机组送风机停机时，关闭表冷段回水调节阀。表冷调节阀 PID 及控制逻辑 SCL 程序如图 11 所示。

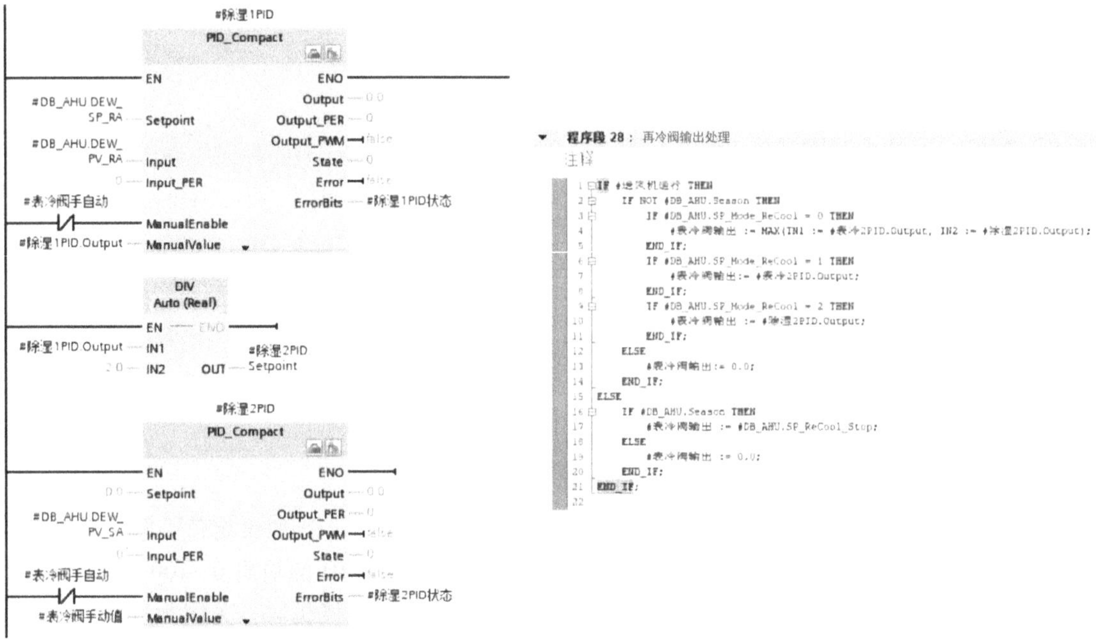

图 11　表冷调节阀 PID 及控制逻辑 SCL 程序

4）加热段回水调节阀控制：以回风设定温度作为加热 1PID 的设定值，回风温度作为加热 1PID 的反馈值，加热 1PID 的输出值除以 2 后作为加热 2PID 的设定值，送风温度作为加热 2PID 的反馈值，通过加热 1PID 与加热 2PID 串级控制。空调机组送风机运行时，将加热 2PID 输出值作为加热段回水调节阀的开度；空调机组送风机停机时，关闭加热段回水调节阀。加热调节阀 PID 及控制逻辑 SCL 程序如图 12 所示。

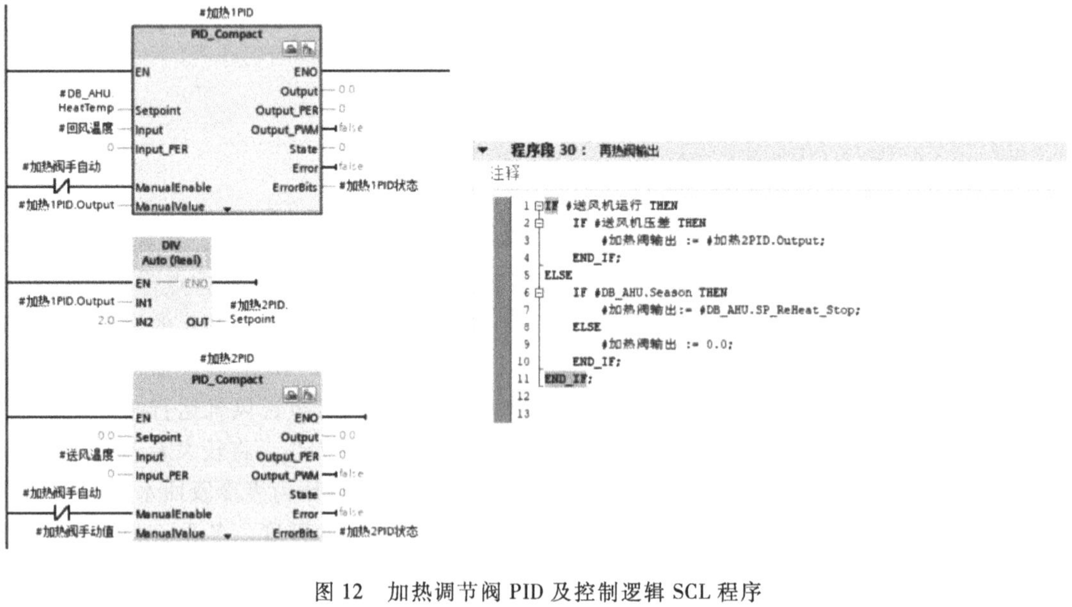

图 12　加热调节阀 PID 及控制逻辑 SCL 程序

5）加湿段蒸汽调节阀控制：以回风设定湿度作为加湿 1PID 的设定值，回风湿度作为加湿 1PID 的反馈值，加湿 1PID 的输出值除以 2 后作为加湿 2PID 的设定值，送风湿度作为加湿 2PID 的反馈值，通过加湿 1PID 与加湿 2PID 串级控制。空调机组送风机运行时，将加湿 2PID 输出值作为加热段蒸汽调节阀的开度；空调机组送风机停机时，关闭加湿段蒸汽调节阀。程序参考加热段回水调节阀控制。

2. 送风风量的控制

净化车间每一个洁净房间都有换气次数的要求，C 级区换气次数不得低于 20 次/h，D 级区换气次数不得低于 10 次/h。换气次数与房间体积的乘积就是房间需要满足的最小送风风量，系统中所有房间所需要的送风风量的和就是空调机组送风总量。为了保证末端房间送风风量稳定，必须要对空调机组送风风量进行控制。风量控制流程图如图 13 所示。

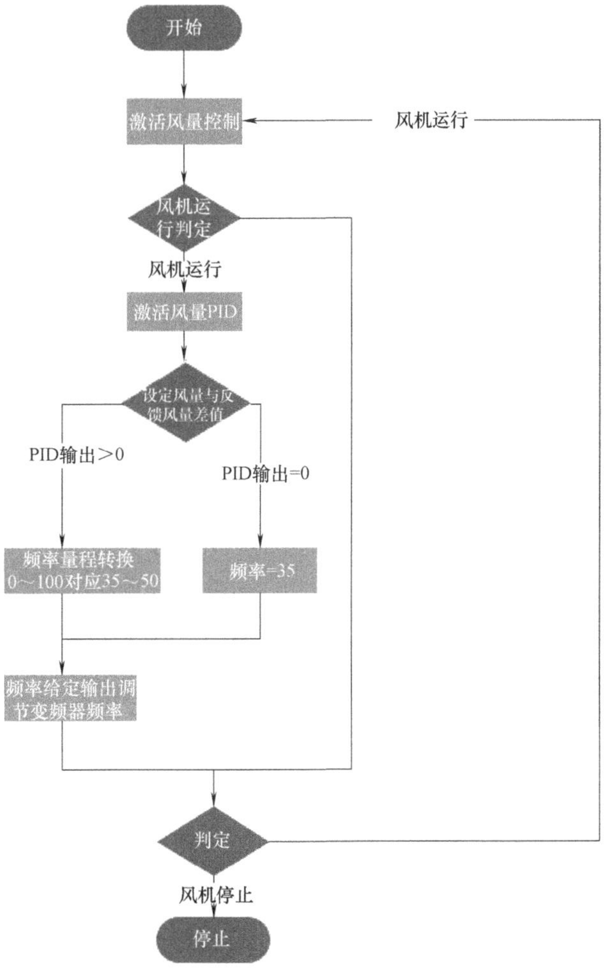

图 13　风量控制流程图

通过安装在送风风总管直管段的动压传感器+风速测片获得送风风速，送风风速与风管截面积的乘积再乘以 3600 即是送风风量。将送风风量进行滤波处理后作为送风 PID 的反馈值，以送风风量作为送风 PID 的设定值，通过送风 PID 运算，采用积分优先的方法，将送风 PID 运算的值限制在

35~50之间赋值给送风机频率驱动块，调节送风机变频器的频率。当洁净空调运行一段时间，过滤器堵塞，送风风量减小，这时，送风 PID 输出值慢慢增大，即提升送风机频率，使送风风量增大至设定风量，保证送风风量恒定。送风风量 PID 及控制逻辑 SCL 程序如图 14 所示。

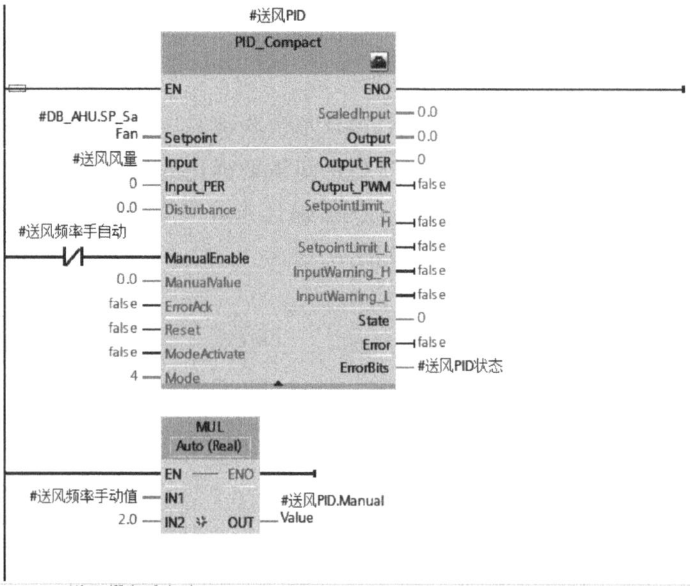


```
IF #送风频率手自动 THEN
    IF #DB_AHU.NorMode AND NOT #DB_AHU.DutMode AND NOT #DB_AHU.DisMode AND NOT #DB_AHU.Ex
        "UNSCALE"(IN := #送风PID.Output,
                  HI_LIM := 50,
                  LO_LIM := 35,
                  BIPOLAR := 0,//单极性
                  OUT => #送风机变频);
    END_IF;
    IF #DB_AHU.DutMode THEN
        #送风机变频 := #DB_AHU.SP_SaFan_DutMode;

    END_IF;
    IF #DB_AHU.DisMode THEN
       #送风机变频:= #DB_AHU.SP_SaFan_DisMode;
    END_IF;
    IF #DB_AHU.ExsMode THEN
        #送风机变频 := #DB_AHU.SP_SaFan_ExsMode;
    END_IF;
END_IF;
```

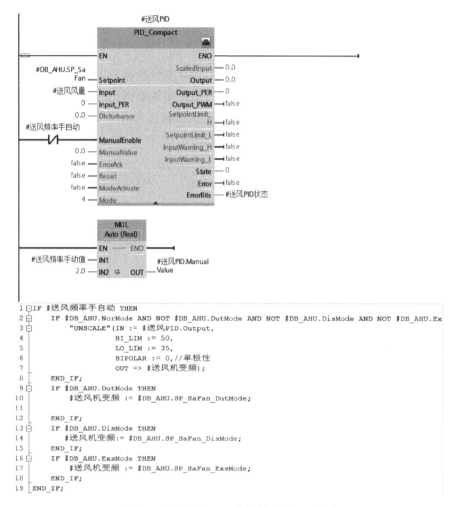

图 14　送风风量 PID 及控制逻辑 SCL 程序

3. 风机、水泵的控制

空调系统中有送风机、中效排风机，热水系统、冷水系统中有热水泵、冷冻一次泵、冷却一次泵，它们都由对应的成套动力柜提供动力。在成套动力柜中，主回路由断路器、变频器和线路组成，二次回路由转换开关、控制按钮、中间继电器、熔断器、指示灯及线路组成。可以实现就地控制和远程控制，转换开关切换至就地控制时，可以通过动力柜面板上起动/停止按钮控制风机/水泵的起动和停止，指示灯可以查看风机的运行/故障/停止状态，调速电位计可以调节变频器的给定频率。转换开关切换至远程控制时，通过 PLC 进行启停控制和频率给定，监控变频器运行/故障/停止状态和频率反馈信号。动力柜二次原理图及变频器端子接线图如图 15 所示。

PLC 控制柜通过线缆接入动力柜对应的端子排中，将风机/水泵的远程/就地状态、运行状态、故障状态、远程启停、频率给定、频率反馈点位对接起来，可以实现 PLC 对风机/水泵的远程启停，频率给定控制，并监测其运行状态、故障状态、频率反馈等信息。

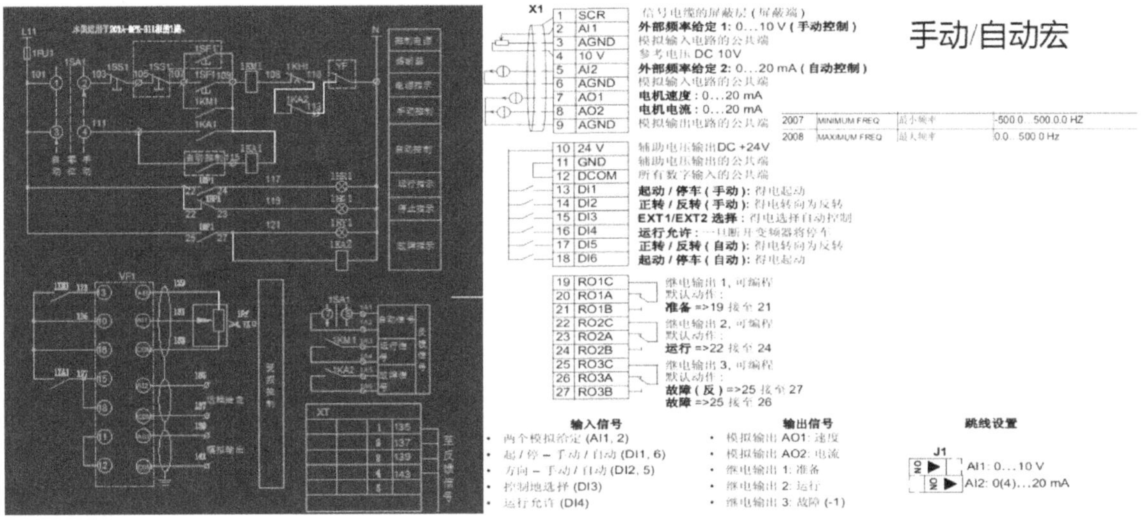

图 15　动力柜二次原理图及变频器端子接线图

在程序中为了调用方便，编制了风机/水泵控制 FB 块，并定义了其结构变量，FB 的功能包括故障的触发、启动失败故障的触发，远程手动、自动控制启停，故障联锁停机，就地联锁远程停机，故障报警及复位。风机水泵 FB 块 SCL 程序如图 16 所示。

```
//风机/水泵故障信号触发
IF #SF_LC=1 AND #SF_XE=1 THEN
    #SF_MFLT := 1;
END_IF;
//风机/水泵启动失败故障延时触发
#SF_XS_Delay_Timer(IN := #SF_LC  AND (NOT #SF_XE) AND (NOT #SF_XS) AND #SF_RS ,
                   PT := #SF_XS_Delay_s5t);
    IF #SF_XS_Delay_Timer.Q THEN
        #SF_MRFLT := 1;
    END_IF;
//风机/水泵远程自动启动
IF #SF_LC=1 AND #SF_MMA=0 AND #SF_Flag=1 AND #SF_MFLT=0 AND #SF_MRFLT=0 THEN
    #SF_RS := 1;
END_IF;
//风机/水泵远程手动启动
IF #SF_LC = 1 AND #SF_MMA = 1 AND #SF_MRS = 1 AND #SF_MFLT = 0 AND #SF_MRFLT = 0 THEN
    #SF_RS := 1;
END_IF;
//风机/水泵远程自动停止
IF #SF_LC = 1 AND #SF_MMA = 0 AND #SF_Flag=0 AND #SF_MFLT = 0 AND #SF_MRFLT = 0 THEN
    #SF_RS := 0;
END_IF;
//风机/水泵远程自动停止
IF #SF_LC = 1 AND #SF_MMA = 1 AND #SF_MRS = 0 AND #SF_MFLT = 0 AND #SF_MRFLT = 0 THEN
    #SF_RS := 0;
END_IF;
//风机/水泵就地或故障或启动失败 停机
IF #SF_LC = 0 OR #SF_MFLT = 1 OR #SF_MRFLT = 1 THEN
    #SF_RS := 0;
END_IF;
//风机/水泵就地或故障或启动失败 复位手动启停
IF #SF_LC = 0 OR #SF_MFLT = 1 OR #SF_MRFLT = 1 OR #SF_MMA=0 THEN
    #SF_MRS := 0;

END_IF;
//风机/水泵故障或启动失败报警
IF  #SF_MFLT = 1 OR #SF_MRFLT = 1 THEN
    #ALM_LAMP := 1;
ELSE
    #ALM_LAMP := 0;

END_IF;
//风机/水泵故障或启动失败报警复位
WHILE #SF_Reset=1 DO
    #SF_MFLT := 0;
    #SF_MRFLT:= 0;
    #SF_Reset := 0;
    EXIT;

END_WHILE;
```

图 16　风机水泵 FB 块 SCL 程序

4. 开关型风阀、开关型水阀的控制

空调系统需要定期地进行臭氧消毒和消毒后排风，就需要在风管路上安装开关型密闭风阀进行管路切换。臭氧消毒时，空调系统新风阀关闭，回风阀全开，直排风的房间关闭排风阀，打开回风阀，使所有房间通过机组及风管实现全送风全回风的循环风状态。消毒后排风时，空调机组新风阀全开，回风阀全关，全回风的房间通过打开回风主管与排风主管之间的回排切换风阀，连通消毒排风机，直排风的房间打开排风阀，关闭回风阀，使所有房间通过空调机组、消毒排风机组、直排风机组及风管实现全送风全排风的排风状态。

在热水系统和冷水系统中，也需要用到很多开关型水阀进行管路的切换。风机盘管在夏季时，需要打开冷冻水供水阀和回水阀，关闭热水供水阀和回水阀；在冬季时，需要关闭冷冻水供水阀和回水阀，打开热水供水阀和回水阀。

在程序中为了调用方便，编制了开关型风阀/水阀控制 FB 块，并定义了结构变量，FB 的功能包括自动、手动控制阀门开启和关闭，开启后未监测到开到位状态延时触发阀门未开到位报警，关闭后未监测到关到位状态延时触发阀门未关到位报警。开关型阀门 FB 块 SCL 程序如图 17 所示。

5. 滤网监测的控制

在洁净空调机组初效过滤器、中效过滤器、亚高效过滤器两端设置压差开关，其量程范围根据过滤器初阻力选择，动作值设置为初阻力的 2 倍，DI 模块通过检测压差开关常开触点状态，判断过滤器是否堵塞，并报警输出。

```
//开关阀门自动、手动打开和关闭
IF (NOT #MD_MMA AND #Flag_MD) OR (#MD_MMA AND #MD_MRS) THEN
    #MD_RS := 1;
ELSE
    #MD_RS := 0;
END_IF;
//未开到位延时触发报警
#MDO_TIM(IN := #MD_RS,
         PT := #RAO_T_SET);
IF #MDO_TIM.Q AND #MD_RS AND (NOT #MD_OXS) THEN
    #MDO_ALM := 1;
ELSE
    #MDO_ALM := 0;
END_IF;
//未关到位延时触发报警
#MDC_TIM(IN := NOT #MD_RS,
         PT := #RAC_T_SET);
IF #MDC_TIM.Q AND (NOT #MD_RS) AND (NOT #MD_CXS) THEN
    #MDC_ALM := 1;
ELSE
    #MDC_ALM := 0;
END_IF;
```

图 17　开关型阀门 FB 块 SCL 程序

6. 工艺模式切换的控制

1）工作模式：系统启动，开启 AHU 新风阀，开启 AHU 回风阀，开启排风机的排风阀，延时 90s，启动送风机，低频运行，延时 20s，启动排风机，延时 10s，启动风量控制程序，延时 60s，启动相应温湿度控制程序。

2）消毒模式：系统启动，关闭 AHU 新风阀，开启 AHU 回风阀，延时 90s，启动送风机，低频运行，延时 20s，启动相应温湿度控制程序。

3）排风模式：系统启动，全开 AHU 新风阀，关闭 AHU 回风阀，开启消毒排风机的排风阀，延时 90s，启动送风机，低频运行，延时 20s，启动消毒排风机，启动相应温湿度控制程序。

4）停机模式：关闭系统，关闭相应温湿度控制程序，等待 5min，停止排风机，并依次关闭排风机的排风阀，停止 AHU 送风机和关闭 AHU 新风阀。

根据空调机组的工艺特点，使用 Graph 进行顺控编程，将每个工序分解为一步，并设置相应的条件。调试时可以在单步视图和顺控器视图来回切换，更快捷地监控程序运行到哪一步，要执行哪些动作，执行下一动作需要哪些条件。空调机组模式控制流程图如图 18 所示。

7. 房间温湿度与压差的控制

重要房间配置房间温湿度传感器和压差传感器。不同洁净房间设置不同的压差，形成正确的压差层级和空气流向，以防止交叉污染，因此重要房间的压差必须控制。房间送风管上安装 CAV 定风量阀，回风或排风管上安装 VAV 变风量阀，可以根据房间绝对压差来调节 VAV 变风量阀开度，保证房间绝对压差的稳定。当房间送风风量满足设计要求风量时，房间绝对压差高时，采用分段递加，增大变风量阀开度，从而降低房间压力；房间绝对压差低时，采用分段递减，减小变风量阀开度，从而增大房间压力；在净化门顶安装门磁开关，净化门打开时，门磁开关断开，此时保持变风量阀开度不变。

对于有工艺设备排风的房间，房间送风管上安装 CAV 定风量阀，房间回风管上安装 VAV 变风量阀，设备排风管上安装开关型电动风阀；当设备开启时，排风开关阀打开，房间排风量增大，这时需要减小回风 VAV 变风量阀的开度；当设备关闭时，排风开关阀关闭，房间排风量减小至 0，需

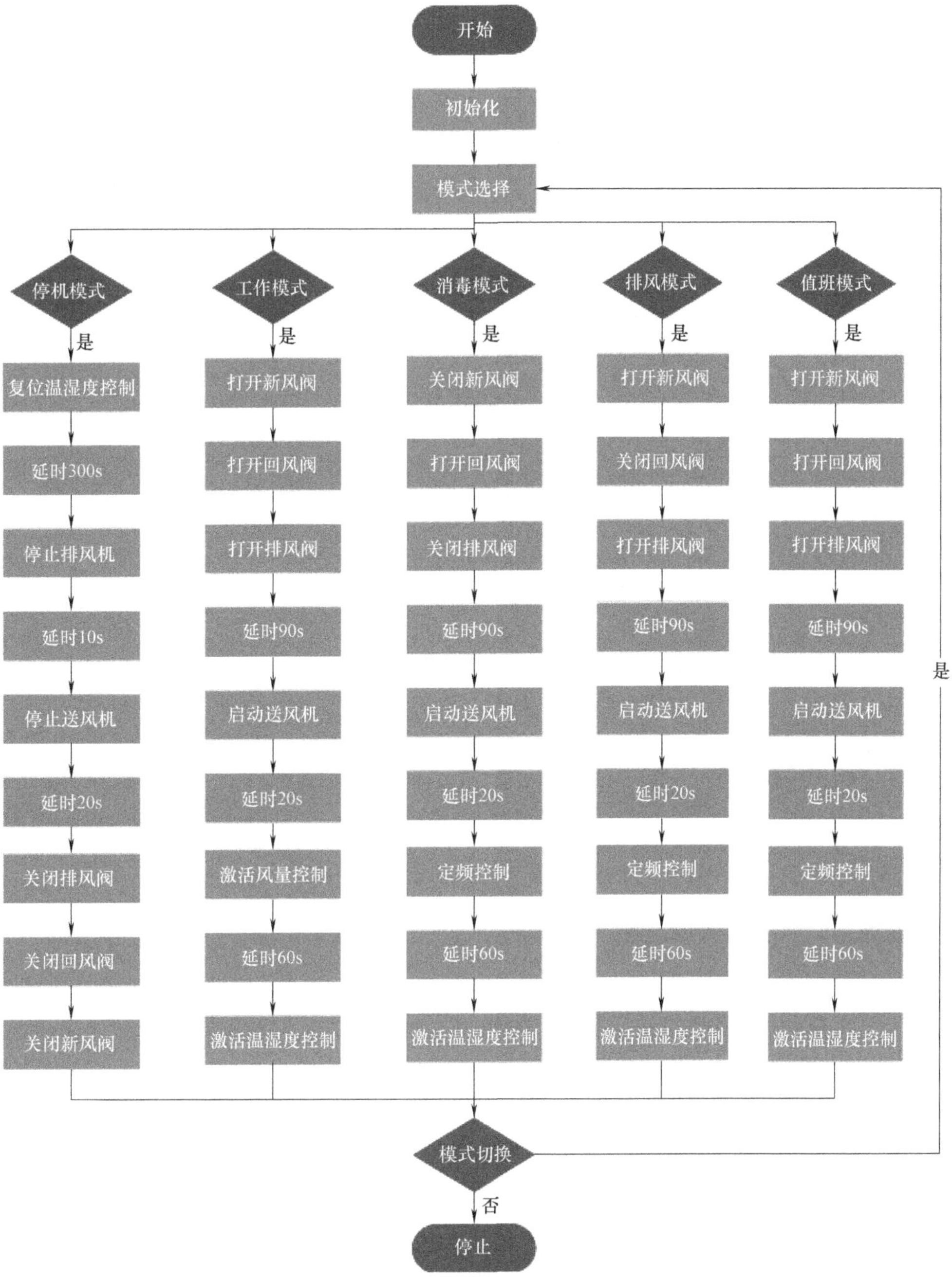

图 18　空调机组模式控制流程图

要分段递加，增大回风 VAV 变风量阀的开度，保证房间压差的稳定。

8. 运行效果

操作员站具有良好的人机交互界面、三级操作权限、空调系统和冷热水系统的启停控制、状态显示、参数设置、数据报表、实时报警、历史报警、操作记录等功能。在导航功能区，可以通过按钮对各个机组进行画面的切换；在画面功能区，空调机组画面中，可以查看空调机组送风机、排风机的运行状态，新风阀的开度，回风阀和排风阀的开关状态；可以查看送风温湿度、回风温湿度、盘管后温度、各个调节阀的开度等信息。在冷水机组画面中，可以查看一体化冷水机组的运行状态、阀门的开度、供回水的温度和压力等信息，并通过画面中的按钮对空调机组、一体化冷水机组进行模式选择、开关机操作。每个阀门、风机、水泵都有子窗口，可以实现参数设置、手自控切换、报警上下限值的设置，还可以通过报警报表、数据报表、趋势图对数据进行查询、打印，这些功能都极大地方便了操作人员的操作和监控。WinCC 空调机组控制界面如图 19 所示，WinCC 一体化冷水机组控制界面如图 20 所示。

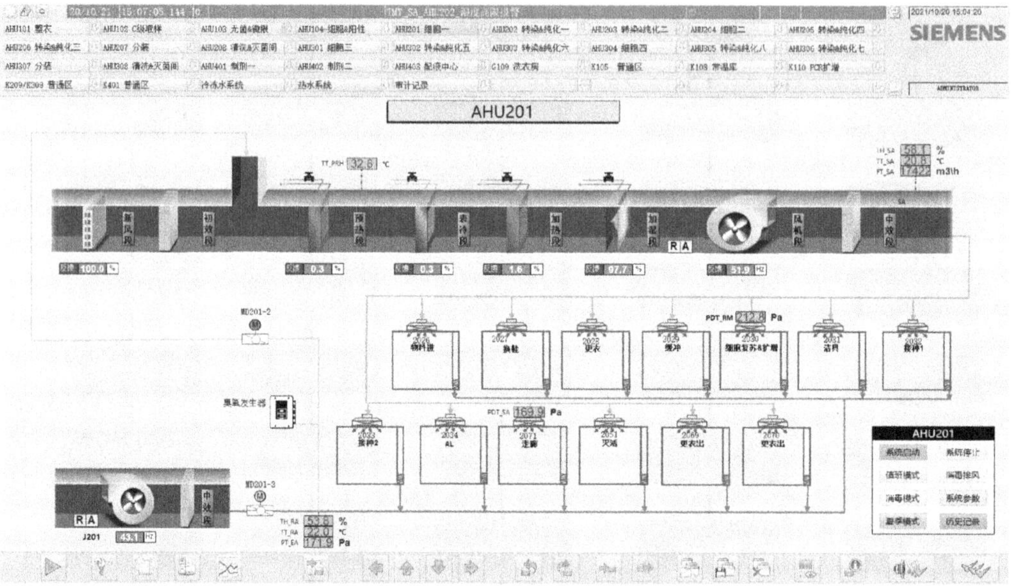

图 19　WinCC 空调机组控制界面

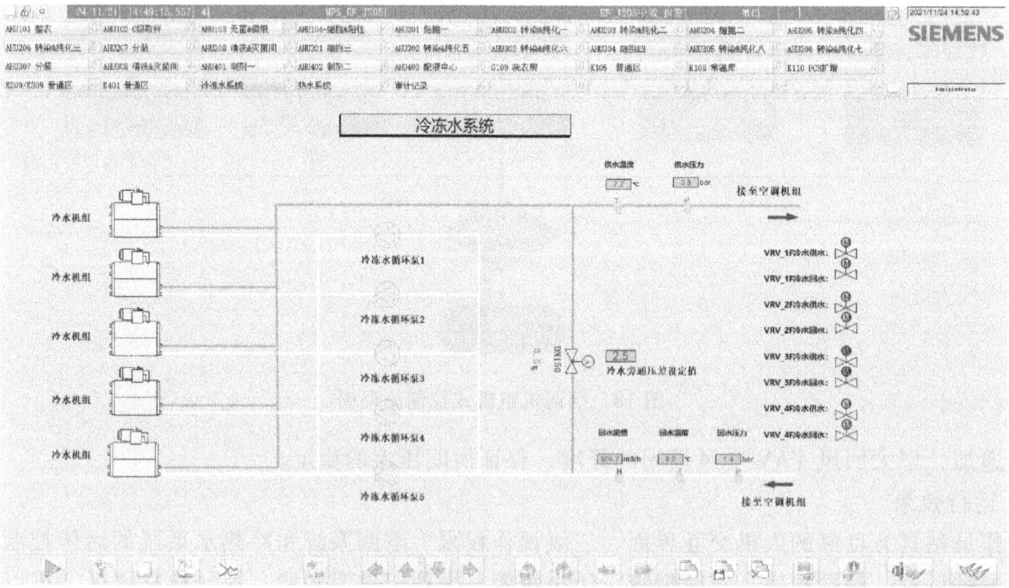

图 20　WinCC 一体化冷水机组控制界面

根据车间各台空调运行状态的跟踪记录，回风温度设定值为 22℃，实际值 22℃ 回风湿度设定值为 55%，实际值为 55%。回风温湿度曲线平稳，无异常波动，符合设计要求，控制精度分别为：温度±0.5℃ 湿度±3%，控制效果良好。WinCC 净化车间温湿度监控报表界面如图 21 所示。

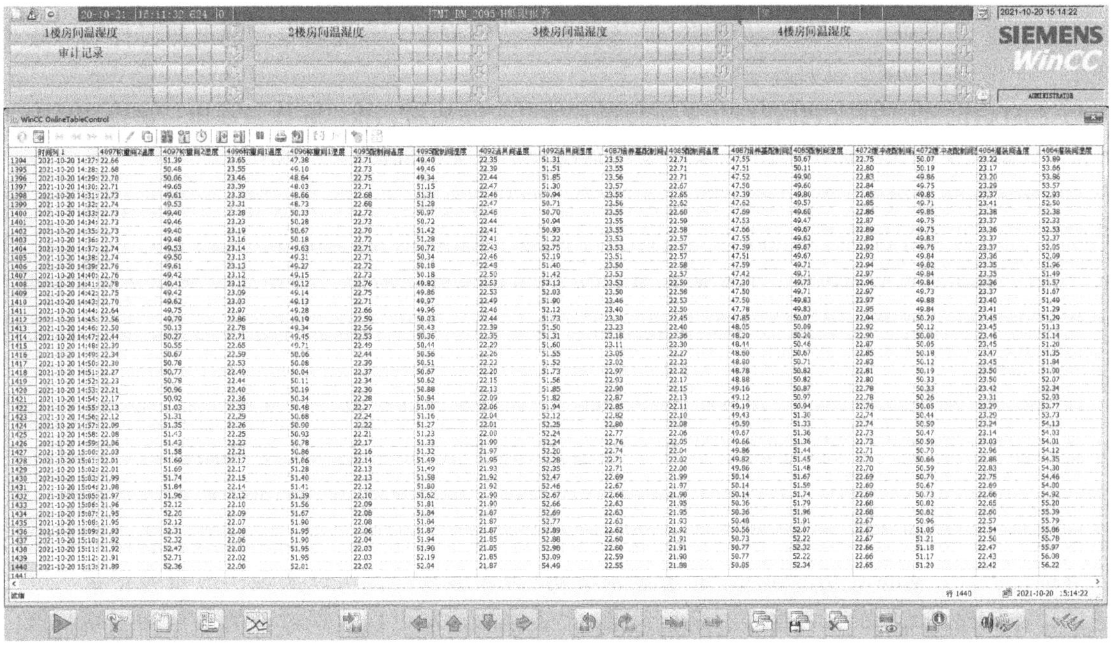

图 21　WinCC 净化车间温湿度监控报表界面

空调送风机频率曲线平稳，无异常波动，送风机变频器运行在 42Hz，送风风量为 6430m^3/h，送风压力变化值为±200m^3/h，节能效果显著。WinCC 净化车间送风风量监控趋势界面如图 22 所示。

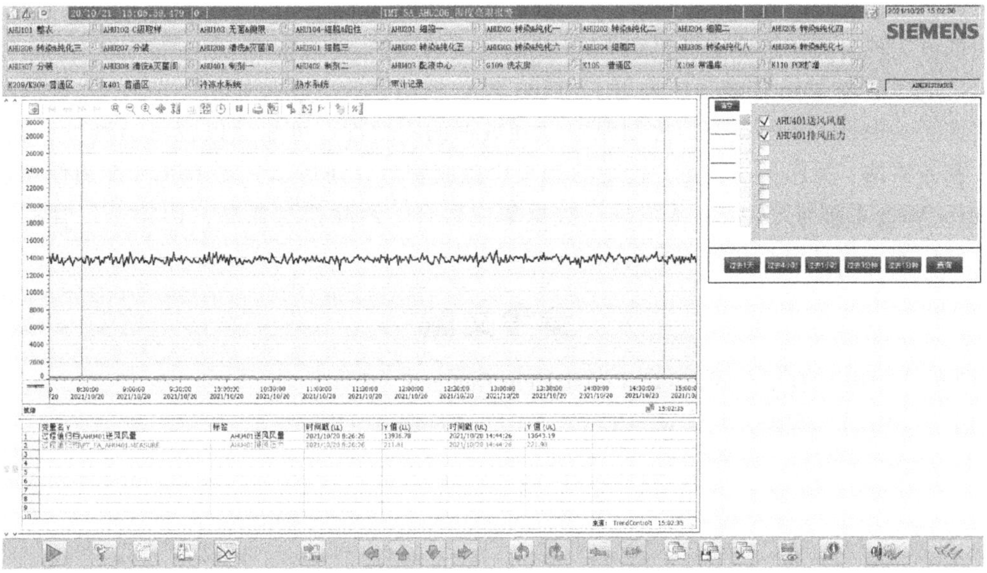

图 22　WinCC 净化车间送风风量监控趋势界面

四、S7-1500 系统应用于洁净空调机组的应用体会

1）外观设计人性化，CPU 配置 LED 显示屏，可以在显示屏上设置公司 LOGO 及 CPU 的状态、故障信息；IO 模块宽度为 35mm，本项目使用的 CPU 1513 2PN 宽度也是为 35mm，能在统一的安装背板上安装更多的模块，方便安装集成；前连接器有接线位置，并提供专门的电源元件和屏蔽支架及线卡，使接线更方便，可靠性更高。

2）SIMATIC S7-1500 CPU 定位于高级控制器家族，性能高。CPU 处理速度快，最快位处理速度达 1ns；具有强大的通信能力，CPU 本体支持最多三个以太网网段。

3）高效的工程组态，采用统一编程调试平台 TIA 博途 V16，程序通用，拓展性强；TIA 博途 STEP7 可以组态 SIMATIC S7-1200、SIMATIC S7-1500、SIMATIC S7-300/400 系列 PLC，并支持 STL、LAD、SCL、Graph 等编程语言；TIA 博途 WinCC 可以组态精简面板、精致面板和移动面板触摸屏，极大地提高了编程组态效率。PLCSIM 仿真工具可能对 PLC 程序和触摸屏进行仿真，极大地提高了程序的可靠性。

4）WinCC 组态服务器站、操作员站十分方便，在服务器站和操作员站安装对应的软件和授权；服务器和操作员站在同一局域网中，操作员站通过 SIMATIC Shell 访问服务器站项目。WinCC 变量管理器有 SIMATIC S7-1200，S7-1500 Channel 驱动程序，可以直接与 S7-1500 PLC 进行通信，并支持结构变量，可以快速地建立变量；强大的图形编辑器和工业图库，可以高效地完成画面的组态和变量链接；另外，WinCC 功能强大，报警记录功能+报表编辑功能可以实现实时报警记录、历史报警记录，并创建可编辑的报警报表；变量记录+报表编辑功能可以实现过程值归档和压缩归档，并创建可编辑的趋势图和数据报警；丰富的全局脚本功能，支持 C 脚本和 VBS 脚本，可以实现对变量的二次处理和弹窗功能；时间同步功能可以实现操作员站和服务器站时间同步；用户管理器+SIMATIC Logon 可以实现用户的登录登出、权限管理、电子签名功能；Audit 可以实现审计追踪功能，保证数据的可靠性、真实性、完整性。

5）S7-1500 PLC 和 WinCC 都具有丰富的诊断功能，在操作员站可以很方便地查看服务器的状态、通信的状态；WinCC SysDiagControl 系统诊断控件可以实现对 S7-1500 故障和错误信息的显示；这些功能都极大地方便了洁净空调机组 BMS 控制系统的维护。

总结：洁净空调 BMS 控制系统采用 S7-1500 PLC 控制系统，在控制层，S7-1500 控制器功能强大，组网灵活，保证了洁净空调的控制稳定性和数据的完整性、可靠性以及可追溯性；在管理层，可以配置服务器站、操作员站，更方便地实现集中控制管理，还可以扩展 OPC UA 通信功能，通过 OPC 将 MIS/MES 系统与 S7-1500 系统进行数据集成融合，消除信息孤岛，构建全厂管控一体化系统，形成全厂统一信息中心和指挥平台。

参考文献

[1] 西门子（中国）有限公司. TIA Portal Help Contents [Z].

[2] 西门子（中国）有限公司. WinCC V7.5 Help Contents [Z].

H型钢自动控制系统设计与应用
Design and Application of H Section Steel Control System

刘 茜
（天津市合远电气有限公司 天津）

[摘 要] 本文介绍了西门子S7-400PLC、G120等自动化及传动产品在H型钢系统中的应用，并详细叙述了该系统的硬件配置和网络结构，从软硬件设计方面叙述了关键功能的实现。

[关 键 词] 轧机、张力、速度、辊缝

[Abstract] This paper introduces the application of S7-400 PLC and G120 in H section steel. It has introduced the hardware structure and network structure . In aspects of hardware and software design, the paper also describes the successful application of main function.

[Key Words] Rolling Mill、Tension、Speed、Roll gap

一、项目简介

1. 项目概述

本项目是H型钢万能轧机项目，改变传统连轧中平辊立辊交替轧制工艺。本系统中每台轧机既完成平辊厚度控制，也完成立辊宽度控制，相邻轧机间实现微张控制级联调速。

2. 工艺介绍

（1） 主要设备

主系统的主要设备有：粗轧机一台、精轧机七台，粗轧到精轧间经过一段辊道。粗轧机采用电动压下调辊缝，精轧机采用液压伺服系统调辊缝。

（2） 工艺流程简介

热钢坯从加热炉到粗轧机，经过工艺要求的相应奇数个轧制道次后，钢坯经过运输辊道进入精轧区轧机。在精轧区微张级联调速下，经过1#精轧机到7#精轧机连续轧制，再将精轧区成品运送到收集区。粗轧机每个道次通过电动压下，按工艺要求调节相应辊缝，完成粗轧区轧制要求；每台精轧机有独立的液压伺服辊缝控制系统，采用PID闭环控制，调节辊缝大小。执行元件采用伺服阀，检测元件采用位移传感器。

辊缝调节设备如图1所示。

每台精轧机包含9套伺服闭环控制系统，3套比例阀闭环控制系统，两台电磁阀锁紧装置来控制平辊操作和立辊操作。平辊操作包括平辊操作侧上、平辊操作侧下、平辊传动侧上、平辊传动侧下等伺服系统来调节平辊辊缝的大小。立辊则通过操作侧入口、操作侧出口、立辊传动侧入口和立辊传动侧出口等伺服系统调节立辊辊缝的大小。辊系轴向调整通过对平辊辊缝偏差量闭环控制，保证平辊辊系轴向偏差在工艺允许范围内，并最终保证成品的精度在工艺要求的范围内。

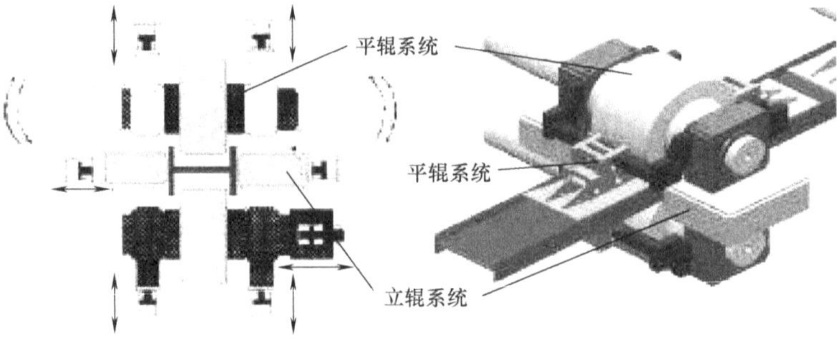

图 1　辊缝调节设备

轧制过程中由于轧辊磨损或成品规格变化，经常需要更换轧辊。换辊时，电磁阀失电，上、下托架打开，上、下托架通过比例阀控制系统到达工艺要求设定的换辊位置。同样，机架调整也到达换辊轴向位置。此时，进行手动换辊，换辊完毕，三组比例阀控制系统回到轧制位置。电磁阀带电锁紧，轧机重新进入轧制就绪状态。

（3）HMI 监控画面

HMI（人-机交互界面）是操作人员与该控制系统互动的平台。操作人员通过工控机上的人-机交互界面对系统中轧机速度给定，辅传动电机速度给定进行设置，各台轧机平辊辊缝设置，立辊辊缝设置。将电机运行状态（如电机电流、电机转速、系统运行状态、故障等）以及当前实际辊缝通过该平台显示给操作人员，方便操作人员了解现场实际情况。本文以精轧区为例，向读者展示西门子 HMI 功能。运行主画面如图 2 所示，压下画面如图 3 所示。图 2 用于轧机轧制速度设置，包含轧机速度给定、速度实际值监控、轧制电流监控、实现轧制速度轧制电流双闭环控制，以及轧机工作状态的实时检测。

图 3 用于成品轧制几何形状控制，通过窗口设置轧件上下和两侧轧辊辊缝大小，作为液压伺服

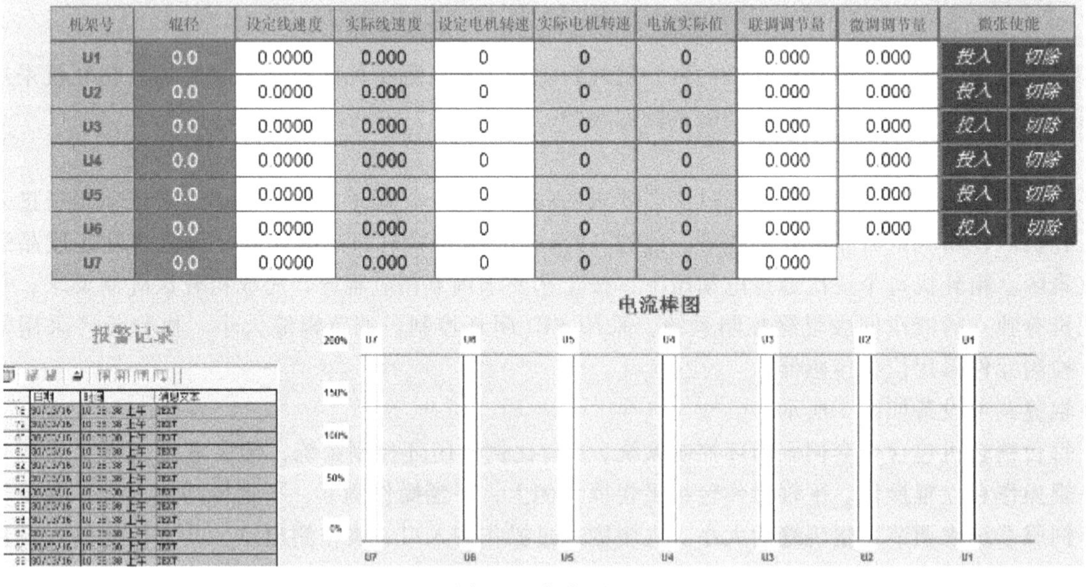

图 2　运行主画面

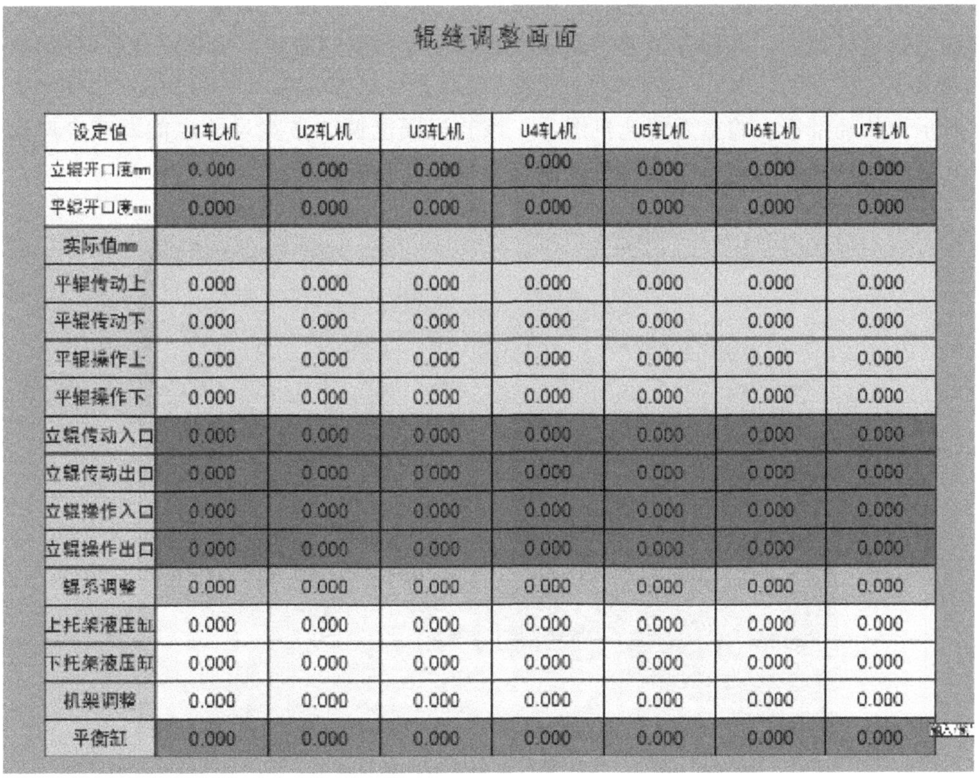

图 3 压下画面

阀实现辊缝自动控制给定值，同时监控实时辊缝实际值，实现液压伺服辊缝闭环控制。

3. 项目中使用的西门子产品

该项目中使用的西门子产品主要是用于自动化部分和传动部分，自动化部分主要有：S7-400 和 S7-300 系列 PLC 及通信部分；HMI 部分。传动部分主要是 G120 系列变频器。

S7-400PLC 主要用于控制室的 PLC 柜内，是整个控制系统的主 CPU 部分。S7-300PLC 主要用于主操作台和就地操作箱作为 DP 站点扩展。主要元件列表见表 1。

表 1 主要元件列表

序号	型号	类型	数量	安装位置
1	6ES7407-0KA02-0AA0	电源模块	1	PLC 柜
2	6ES7416-2XN05-0AB0	CPU	1	PLC 柜
3	6GK7443-1EX30-0XE0	以太网模块	1	PLC 柜
4	6ES7153-1AA03-0XB0	DP 扩展模块	若干	DP 扩展柜
5	6ES7338-4BC01-0AB0	位置模块	若干	DP 扩展柜
6	6ES7331-7KF02-0AB0	模拟量输入模块	若干	DP 扩展柜
7	6ES7332-5HF00-0AB0	模拟量输出模块	若干	DP 扩展柜
8	G120 CU240E-2DP	变频器	7	传动柜

本系统应用 WinCC V7 软件在工控机上开发的系统画面，方便现场操作人员和工艺技术人员设置系统参数监视运行数据，并保存报警信息和电流速度等数据的曲线，为自动化控制提供保障。

4. 现场图片

图 4 所示为热轧带钢实验室万能轧机图片，该轧机既能调节带宽尺寸也能调节带厚尺寸。图 5 所示为热轧带钢生产线热轧钢坯完成粗轧轧制进入精轧轧制的图片。

图 4　热轧带钢实验室万能轧机图片

图 5　热轧带钢生产线热轧钢坯完成粗轧轧制进入精轧轧制的图片

二、控制系统的构成

1. 该项目控制系统的组成

粗轧区和精轧区由交流变频电动机、交流工频电动机、伺服阀、比例阀、普通电磁阀和位移传感器及接近开关等主要现场设备构成。这些设备的电气控制部分分布在主电室、主操作台和换辊操作箱。为保证系统可靠、经济、完善且易于维护，电气技术人员对控制系统优化设计布置，保证产品质量和设备运行可靠性。

（1）该项目的硬件配置结构

系统中的交流变频电动机、交流工频电动机由主电室内交流变频柜和 MCC 柜提供主电源，各台电动机的逻辑控制由 PLC 实现，变频器连接到 S7-400CPU 上构成 PROFIBUS-DP 网络。MCC 柜的二次侧控制信号用硬线与 PLC 柜数字量输入输出点连接，主 PLC 柜放置在主电室内。S7-400CPU 与工控机经过以太网模块和交换机构成以太网。S7-400CPU 与工控机基于 TCP/IP 协议交换数据。现场电磁阀、热金属检测器、接近开关等就近连接到 ET200 扩展站数字量输入输出模块，位移传感器连接到位置模块，主操作台和换辊操作箱上的按钮、旋钮、指示灯就近接入相应的操作台 S7-300 系列输入输出模块。通过 DP 网络将现场各个环节构成一个统一的控制系统，减少布线工作量，减轻维护负担，提高硬件可靠性。

（2）各组成部分选择依据

变频器以现场电动机铭牌参数和现场运行情况为依据，选择功能合适的装置。根据电磁阀、检测器、接近开关、编码器、按钮、旋钮、指示灯等类型和个数选择 PLC 输入输出模块型号和数量。因为自动化和驱动产品要构成一个统一系统，所以应根据网络需要选择相应的网络接口器件和网线。

2. 该系统的网络结构及硬件配置

（1）网络结构

该系统中 S7-400CPU 通过以太网与 HMI 连接，实现数据快速稳定传输。通过 PROFIBUS-DP 网络与 ET200 扩展站和 G120 变频器相连接，TCP/IP、PROFIBUS-DP 共同构成一个全数字化网络化自动控制系统，网络结构如图 6 所示。

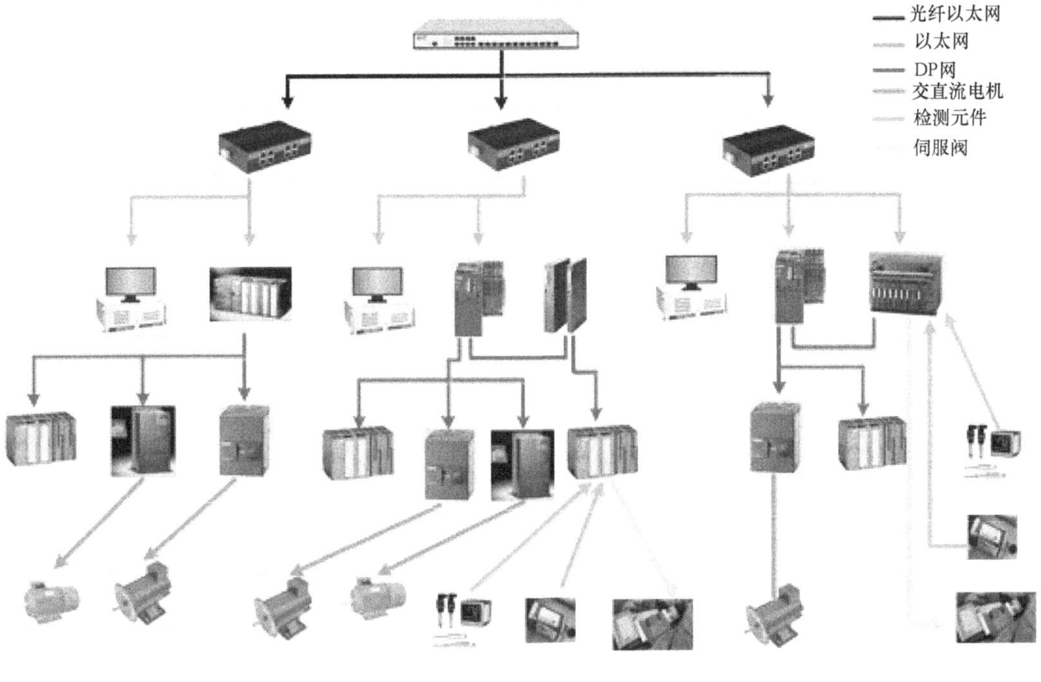

图 6　网络结构图

（2）硬件配置图

本系统采用西门子 STEP7 V5.6 SP3 Chinese 软件平台完成硬件配置和编程，在开发程序的过程中，首先应进行硬件配置。程序中的硬件配置必须与连接到网络中的硬件完全一致，否则将程序下载到 S7-400CPU 后，系统报故障。该系统的硬件配置图如图 7 所示。

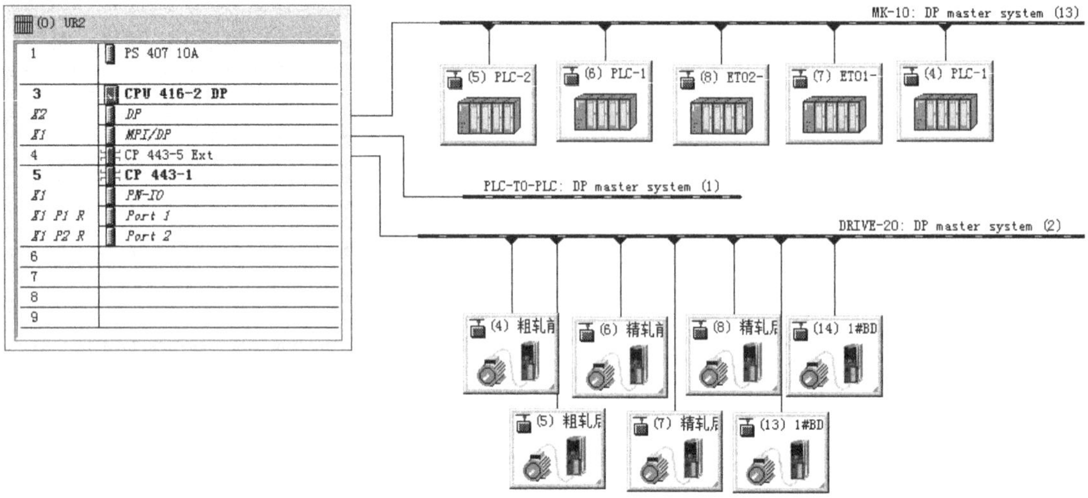

图 7　硬件配置图

三、控制系统完成的功能

1. 本系统完成的功能及相关指标

本系统难点是轧机间微张力级联调速和轧机辊缝精度控制，成品宽度误差在±0.2mm 之内。

2. 难点分析及实现方式

（1）微张力调速

图 8 所示为级联调逻辑图，以 R3 和 R4 轧机为例：在 R3 与 R4 之间，用张力计检测实际张力值，当实际张力大于张力设置值时，R3 和 R4 轧机间为拉钢状态，当实际张力小于张力设置值时，R3 和 R4 轧机间为堆钢状态。当 R3 和 R4 轧机处于拉钢状态时，增加 R1 到 R3 轧机轧制速度，当 R3 和 R4 轧机处于堆钢状态时，减小 R1 到 R3 轧机轧制速度，调整轧机间张力，保证微张力轧制。其中，[张力实际值（牛顿）-张力设置值（牛顿）]/张力设置值（牛顿）+1＝张力系数。系统调速为级联调速，下游机架增减速控制上游机架增减速。

以 R5 轧机为例，根据现场经验，联调系数一般限值在 0.8～1.2 之间。当 R5 轧机联调系数为 A（|A-1|≤0.2），其上游轧机 R1 到 R4 也要乘上一个联调系数 A。单调量也是控制在 0.8～1.2 之间，但单调系数只控制当前机架，上游机架不受影响。现场轧机图片如图 9 所示。

级联调程序为：

```
L   #SPEED SET          ——速度设定值
L   #F                  ——张力系数
*R
L   #RELATION           ——联调量
*R
```

```
L  #SINGLE                    ——单调量
*R
T  #SPEED SET ACT             ——实际速度设定
```

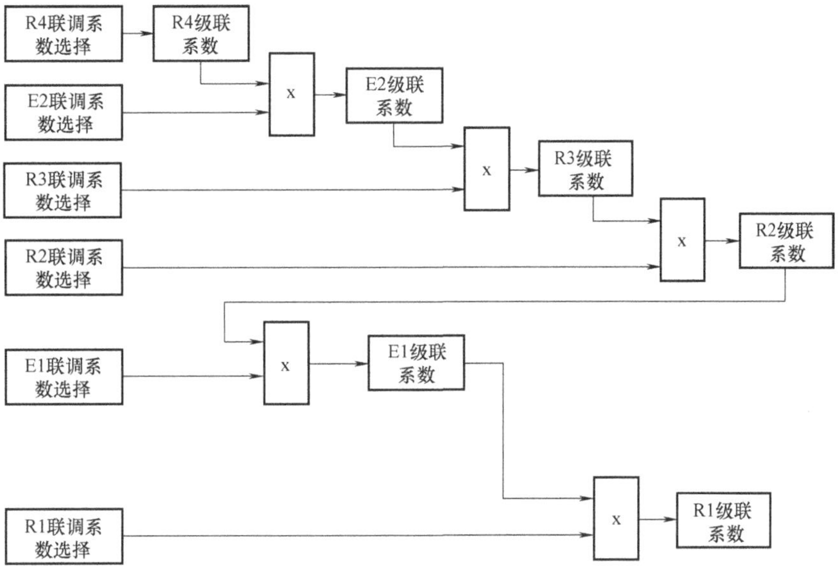

图 8 级联调逻辑图

（2）辊缝控制

辊缝控制采用 PID 闭环控制，辊缝设定值在 HMI 设置，通过 TCP/IP 传送到 S7-400CPU。辊缝实际值通过位移传感器传送到 338 模块，将实际辊缝传送到 S7-400CPU，在 STEP7 中编写 PID 控制功能块，PID 输出通过 AO 模块转换成±20mA 信号连接到相应伺服阀，从而实现伺服阀的闭环控制。

PID 框图如图 10 所示，程序块截图如图 11 所示。

图 9 现场轧机图片

（3）辊缝附加给定值计算

为实现成品带宽的高精度，本系统投入了自动宽度控制（AWC），宽度控制精度是热轧带钢生产中的重要质量指标，主要在粗轧区实现，自动宽度控制保证带钢沿其全长方向的宽度精度在允许的公差范围之内。本系统自动宽度控制主要用于克服来自连铸板坯自身的宽度波动和钢坯温度不均造成的宽度波动。所以在调试过程中，要进行立辊轧辊刚度测试。自动宽度控制在计算轧辊实际辊缝（包含弹跳量）时，必须考虑到刚度系数。因此，刚度系数的准确性直接关系到自动宽度控制效果，必须设计精准的实验方法以获得准确的刚度系数。在轧钢中，因轧制力的产生，轧机机座会发生弹性形变。影响辊缝调整和带钢几何尺寸精度，轧件进入轧辊轧制前，轧辊的初始辊缝设置为 S_0，轧制轧件时，产生轧制力 P，机座在轧制力的作用下，轧辊中点处出现弹性形变，变形量为 f，轧辊初始辊型为圆柱形，由于轧机弹跳，轧件横截面呈腰鼓形，因此轧件宽度大于初始辊缝设置 S_0。

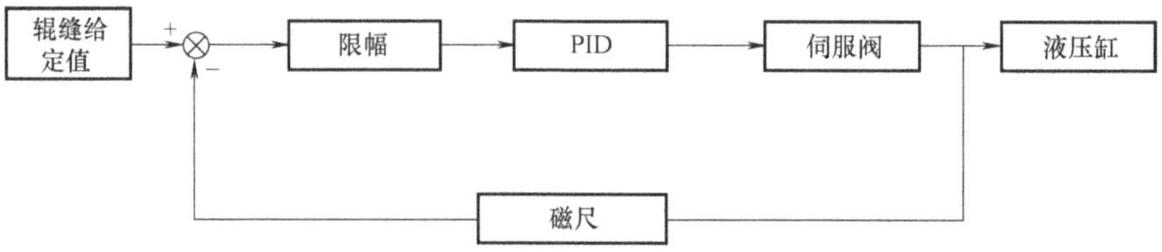

图 10　PID 框图

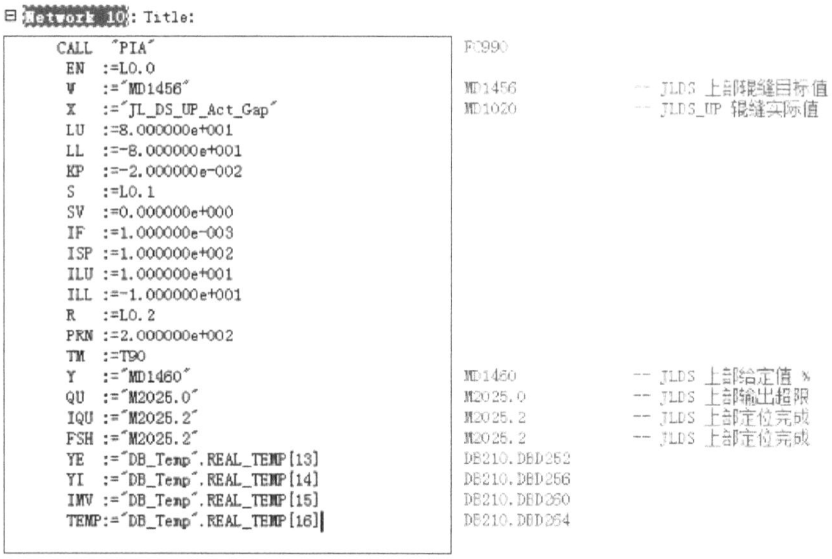

```
Network 10: Title:
CALL  "PIA"                                  FC990
 EN  :=L0.0
 V   :="MD1456"                              MD1456          -- JLDS 上部辊缝目标值
 X   :="JL_DS_UP_Act_Gap"                    MD1020          -- JLDS_UP 辊缝实际值
 LU  :=8.000000e+001
 LL  :=-8.000000e+001
 KP  :=-2.000000e-002
 S   :=L0.1
 SV  :=0.000000e+000
 IF  :=1.000000e-003
 ISP :=1.000000e+002
 ILU :=1.000000e+001
 ILL :=-1.000000e+001
 R   :=L0.2
 PRN :=2.000000e+002
 TM  :=T90
 Y   :="MD1460"                              MD1460          -- JLDS 上部给定值 %
 QU  :="M2025.0"                             M2025.0         -- JLDS 上部输出超限
 IQU :="M2025.2"                             M2025.2         -- JLDS 上部定位完成
 FSH :="M2025.2"                             M2025.2         -- JLDS 上部定位完成
 YE  :="DB_Temp".REAL_TEMP[13]               DB210.DBD252
 YI  :="DB_Temp".REAL_TEMP[14]               DB210.DBD256
 IMV :="DB_Temp".REAL_TEMP[15]               DB210.DBD260
 TEMP:="DB_Temp".REAL_TEMP[16]               DB210.DBD264
```

图 11　程序块截图

即

$$h=S_0+f$$

式中，h 为轧件宽度；S_0 为轧辊初始辊缝；f 为弹性变形量（轧辊中点处的弹性变形量）。

机座弹性变形量 f 与轧制轧件的宽度及轧辊初始辊缝相关。如果轧机出口带宽为 h，轧辊的初始辊缝 S_0 应调整到比出口带宽 h 小一个弹性变形量 f。

自动宽度控制在立辊轧制过程中，因水印、缺口、轧辊不规则变形等多种因素使轧机变形量 f 发生变化，为防止因轧机变形量 f 变化引起带宽波动，当弹性变形量 f 发生变化时，根据变形量 f 的变化量调节相应初始辊缝 S_0，以保证带宽 h 的精确。表征机座弹性变形与轧制力关系的曲线为轧制刚度弹性曲线（见图 12）。轧机的弹性曲线不完全是一条直线，由于在轧钢过程中，轧制力要克服轧机零件间存在的接触变形、接触间隙和接触不均匀等因素，因此弹性曲线的起始段不是直线，而是一小段曲线，随着轧制力的增大，弹性曲线的斜率逐渐增大，当轧制力增大到一定数值后，弹性曲线近似为一条直线。在正常轧钢过程中，轧机在弹性曲线的直线区域内工作。

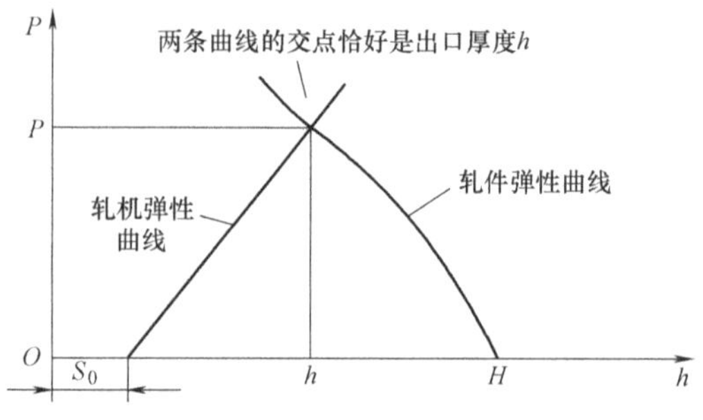

图 12　轧制刚度弹性曲线

因此，直线部分的斜率作为轧机的刚度系数，轧机刚度系数用公式表示：

$$M=\frac{\Delta P}{\Delta S}$$

式中，M 为轧机刚度系数（kN/mm）；ΔP 为弹性曲线直线部分轧制力变化量（kN）；ΔS 为弹性曲线直线部分轧机机座弹性变形的变化量（mm）。

轧制力计算公式为

$$F=78.5[D^2(P_2-P_1)+d^2P_1]$$

式中，F 为轧制力（t）；P_1 为有杆腔压强（MPa）；P_2 为无杆腔压强（MPa）；d 为液压缸杆侧直径（m）；D 为液压缸腔侧直径（m）。

通过刚度实验，读取到立辊轧辊实际刚度系数，就可以投入自动宽度控制，附加给定公式为

$$A=W-(MF+S_0)$$

式中，A 为自动宽度控制附加给定值（mm）；W 为预报带宽（mm）。

对于有杆腔压强和无杆腔压强，可通过现场压力表将检测信号传送到模拟量输入模块读取。

四、应用体会

本系统已经在现场投入生产，并在级联调作用下实现了良好的微张轧制，保证了成品厚度均匀，提高了产品合格率。辊缝闭环及自动宽度控制的实现，进一步提高了产品宽度和厚度的精度，实现了成品宽度误差控制在±0.2mm 之内，成品厚度误差控制在±0.01mm 之内。成品厚度统计如图 13 所示，成品宽度统计如图 14 所示。

在调试伺服闭环控制过程中，可通过调节比例系数和积分因子来实现 PID 控制器满足系统工艺所需要的快速性和稳定性。在最初调试中，比例系数采用-0.2，伺服阀工作中出现了抖动现象，即控制原理中的振荡，在后来的调试中，逐渐减小比例系数的绝对值，振荡问题逐渐被克服，在保证系统快速响应的条件下，系统稳定性提高。

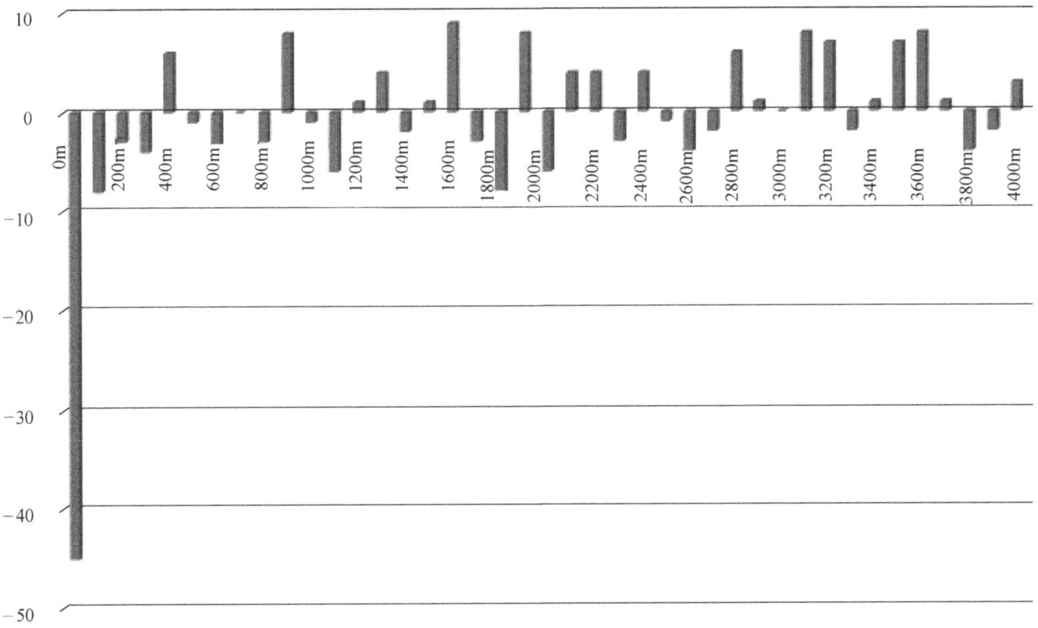

图 13　成品厚度统计

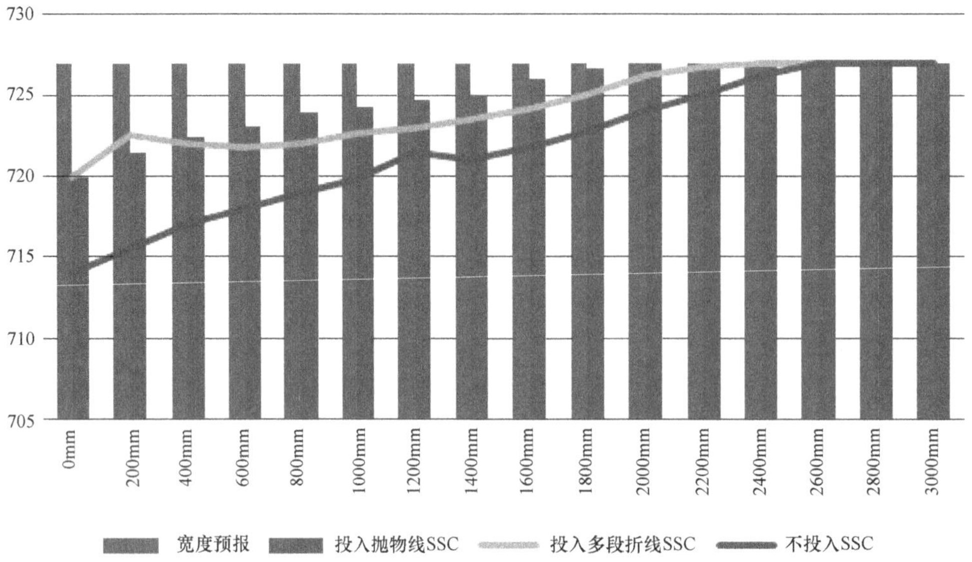

图 14　成品宽度统计

参考文献

[1]　刘铠，周海. 西门子 S7-300PLC 深入浅出［M］. 北京：北京航空航天大学出版社，2005.
[2]　徐清书. SINAMICS S120 变频控制系统应用指南［M］. 北京：机械工业出版社，2014.
[3]　丁修堃. 轧制过程自动化［M］. 北京：冶金工业出版社，2005.

基于MQTT通信的西门子PLC在地铁三防系统中的应用
Application of Siemens PLC based on MQTT in Metro three prevention system

谭春林
（深圳地铁运营集团有限公司 深圳）

[摘 要] 本文以深圳地铁6号线为例，采用MQTT消息传输协议的4G无线通信DTU通信网关与西门子可编程序控制器串口相连，将就地设备的监测信息以MODBUS通信报文转换为MQTT消息传送到云平台，将云平台下发的控制指令以MQTT消息转换为MODBUS报文控制现场设备，实现对分布于重点三防部位的小型气象站信息、防汛水位、边坡变形、排洪水泵进行监测和控制等。

[关 键 词] MQTT、通信、云平台、MODBUS、DTU

[Abstract] This paper takes Shenzhen Metro Line 6 as an example. Firstly, connected the 4G wireless DTU communication gateway carrying the MQTT message transmission protocol to the serial port of the Siemens programmable controller, and converted the monitoring information of the local equipment into MQTT messages as MODB-US communication messages and transmitted them to cloud platform. Then, the control instructions issued by the cloud platform were converted into MODBUS messages in the form of MQTT messages to control the field devices. In this way, the information of small weather stations distributed in key three-defense parts, flood control water level monitoring, slope deformation monitoring, and flood drainage pump control can be realized.

[Key Words] MQTT、Communication、Cloud-Platform、MODBUS、DTU

一、项目简介

深圳地铁6号线全长49.35km，共设27座车站，其中12座地下站，15座高架站，于2020年8月18全线开通运营，途经宝安区、光明区、龙华区、罗湖区、福田区。深圳地铁6号线以高架形式31次跨越市政道路、3次上跨地铁4号线、2次跨越龙大高速，以隧道方式分别穿越多条地铁以及机荷高速公路、东江引水隧洞、广深港高速铁路和杭深铁路等线路。

深圳地铁6号线路周边地质环境复杂，三防风险较高，为确保运营安全，三防期间需要实时根据新辨识的三防重点部位部署三防信息监控设备系统以便获取重点部位的三防信息。获取三防信息的设备包括移动式气象工作站，用于采集风速、温湿度、降雨量，针对高架车站易发雷电部位设置大气电场仪采集雷电预警信息，针对边坡部位增设边坡微变形监测，针对易涝部位增设水位监测与排洪水泵等。

二、系统组成与结构

三防监控报警系统一般采用局域网以固定网络或无线 WiFi 的方式通过现场控制器以工业通信传输协议接入综合监控系统，该方式受通信网络限制，要求三防监控现场监控箱安装于企业通信网络覆盖范围内，采用工业通信传输协议，新增或改变监控点对系统的影响较大，不便于根据三防重点进行动态弹性布局临控点。本三防系统以 MQTT 消息代理服务器为基础实现对 MODBUS 通信协议功能，MQTT 是用于物联网（IoT）的标准消息传递协议，它被设计为一种非常轻量级的发布/订阅消息传送，非常适合以较小的代码占用量和网络带宽连接远程设备。而可编程序逻辑控制器则是工业自动化领域的核心设备，广泛应用于各个行业与领域。三防监控系统监测要求能灵活机动部署，而如何实现无线可靠传输则成为三防监控系统设计的关键，传统的地铁监测系统通信网络难以胜任机动要求。基于物联网的 MQTT 通信与现场传感器、PLC、控制设备的结合成为三防监控系统的更好的替代方案，西门子可编程序控制器支持多种现场总线协议，可与现场各类仪表或传感器进行通信。西门子可编程序控制器型号众多，方便根据现场的 IO 点扩展功能接口，接入模拟量或数字量传感器，输出控制模拟量或数字量执行器等。西门子 PLC 将现场不同类型、不同接口的传感器、执行器等物联网边缘网关的各类协议统一采集与汇聚，转发到 IoT 平台，实现现场设备间的数据互联，本系统中使用到的主要软件、硬件产品见表 1。

表 1　系统主要软件、硬件产品选型表

软硬件名称	规格型号/版本	功能
4G 网关	LTE-334	4G 通信网络数据传输
可编程序控制器	S7-200　SMART SR40	接入液位计、水泵、阀门、一体气象站、大气电场仪
可编程序控制器	S7-200　SMART SR30	接入边坡监测及预警设备
气象站	WX-CQ11	现场温湿度、风速、降雨量监测
大气电场仪	EWK3. 1	大气雷电预警、闪电定位
变形监测	HC/GDM-1	现场变形监测应力应变测试
EMQX	emqx-4. 4. 3	MQTT 消息服务器
MySQL 数据库	8. 0	数据存储
云平台操作系统	Ubuntu20. 04	服务器操作系统
通信采集端软件	Python3. 8	MQTT 消息中间件
网站服务器	Java Spring Boot	Web 应用网站

基于 MQTT 消息队列传输协议，采用订阅、发布机制，订阅者只接收已经订阅的消息数据，非订阅的数据则由 MQTT 代理服务器过滤掉，确保只接收必要的数据，避免无效数据造成的传输、存储与处理。只需要在 MQTT 代理服务器端采用固定 IP 地址，现场设备通过 4G 移动通信网络接入到 MQTT 消息代理服务器，从而构建非常灵活的不受空间限制的分布式三防信息采集，用户可以通过移动终端（如手机的 APP）或者固定终端（如计算机）以浏览器的方式接入系统，系统的网络结构如图 1 所示。

现场的物联网设备可以开关量、模拟量或通信的方式与西门子 PLC 进行交互，西门子 PLC 多种功能扩展模块可根据现场设备数量进行灵活扩展，且支持不同工业现场通信的传输协议，可实现与不同协议的就地设备通信，实现对一体化气象站、气体放电仪、边坡位移监测及预警设备、模拟

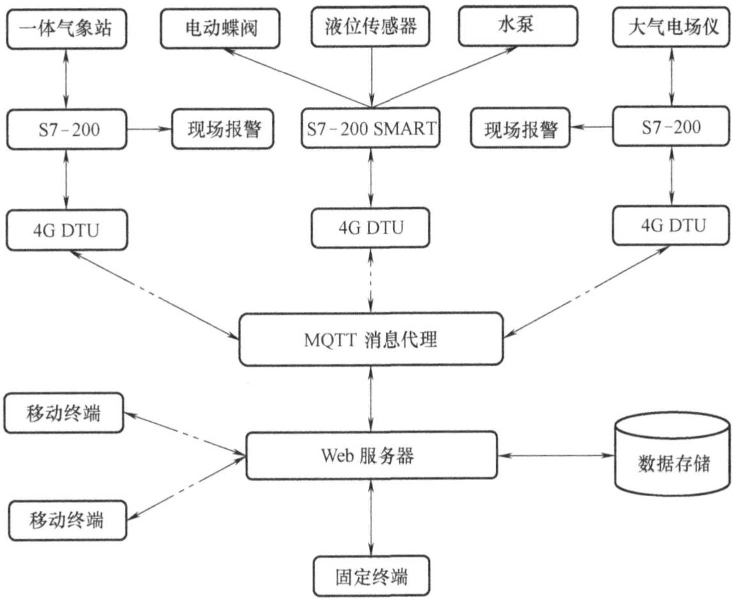

图 1　三防系统网络结构图

量液位计、超高液位开关、水泵、电动蝶阀、声光报警等多种三防设备的监控。同时，PLC 内部强大的逻辑运算能力可以根据现场 IO 状态变化，根据既定的控制逻辑对现场声光报警或对管道电动阀门、排洪水泵等进行自动控制。MQTT 消息低延迟、高并发、高可靠的特点非常适合面向物联网的数据连接、移动、处理和分析，西门子 PLC、4G DTU、MQTT 消息服务器的组合构建面向未来的三防信息数据的解决方案服务企业数字化、实时化、智能化转型升级。现场数据采集箱如图 2 所示。

图 2　现场数据采集箱

三、系统的功能与实现

本系统的主要功能包括用户登录与权限管理、三防信息状态的监控（气象信息监测与预警、边坡位移监测与预警、雷电预警与定位、易涝点水位监测与排洪）、数据存储、参数的设定、报警与报表日志等功能。项目中的 Web 服务器采用 spring boot 框架并采用 python 开发了 MQTT 消息订阅与解析软件，当然也可以通过 APP 直接与 MQTT 消息代理服务器通信，构建更简单的数据采集系统，由于涉及 Web 服务器与移动终端 APP 等相关的内容较多，现主要就系统的信息采集流程与 MQTT 和 PLC 通信监控功能的实现进行说明。

1. 系统数据采集交互流程

用户可以使用手机通过 APP 或固定终端通过浏览器访问系统网站 Web 服务器，Web 服务器通过 MQTT 消息代理服务器以消息订阅的方式进行请求，4G DTU 网关接收到相应的消息代理服务器订阅信息后转发到串口，串口通信响应的数据再以消息推送的方式反馈给订阅者，完成信息的交互，从而实现对三防信息的实时监控功能。用户信息的订阅与推送时序如图3所示。

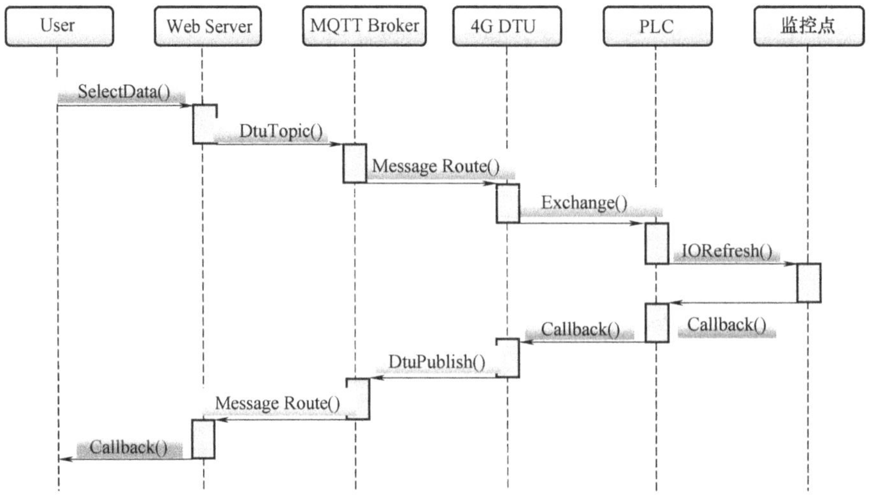

图3 用户信息订阅与推送时序图

2. 4G DTU网关通信功能的实现

4G DTU网关通信模块实现将MQTT Message Broker下发的MODBUS通信指令以订阅消息的方式下发到本地网关，转换后发送到与RS485相连的PLC，PLC收到MODBUS报文后回复4G DTU网关，网关再以推送消息的形式发送到MQTT Message Broker消息服务器，4G DTU网关配置的参数为：选择MQTT透传工作模式、配置MQTT Message Broker消息服务器IP地址与端口号、登录账户与密码、订阅与推送主题名称（见图4）等。

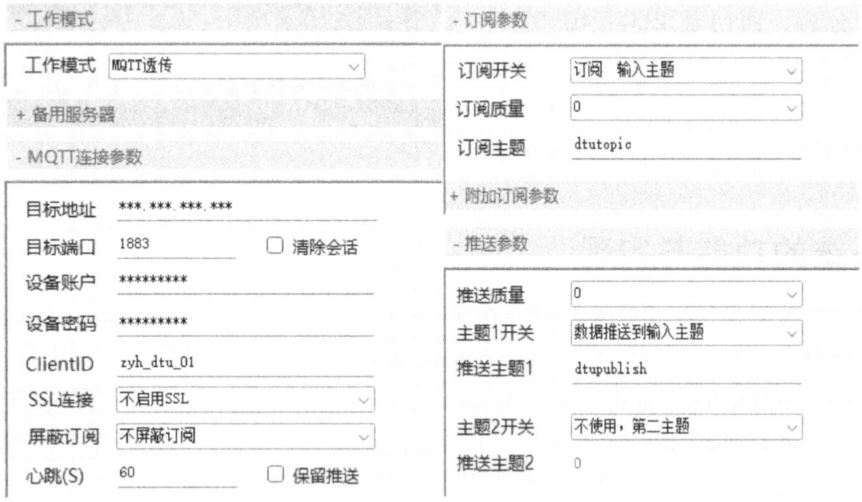

图4 4G DTU设置MQTT透传、订阅与推送消息图

3. 西门子PLC通信功能的实现

西门子PLC与4G DTU之间通过MODBUS通信协议进行数据交换，PLC作为MODBUS通信的

从站，MQTT 消息代理服务器可以 MODBUS 通信报文对 PLC 的 IO 点进行直接读写，也可以通过特定通信寄存器区域的数据进行读写，寄存器区域的数据通过 PLC 内部的数据指令实现对输入、输出的 IO 点进行操控。

（1）PLC 初始化设置

西门子 PLC 作为 MODBUS 通信从站的配置如图 5 所示，主要包括初始化与使能控制，PLC 上电后进行初始化通信端口，然后在每个周期对串口接收的数据进行解析并回复。

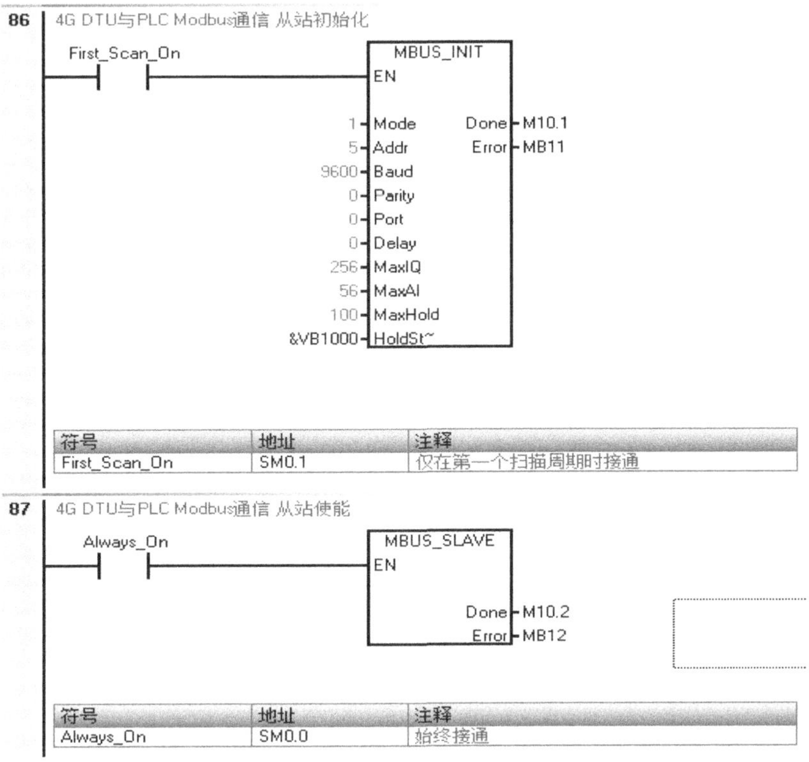

图 5　西门子 PLC 从站通信设置图

（2）MQTT 与 PLC 通信的实现

为提高数据传输效率，一般将各 IO 点的状态批量写入通信寄存器，如图 6 所示，一般每秒更新一次 PLC 的 IO 点状态。

MQTT 消息代理服务器以 MODBUS 报文批量查询从站地址为“5”的 10 个寄存器的指令为“05030000000ac449”，PLC 收到后回复 10 个寄存器的数据值。具体报文如图 7 所示。

MQTT 消息代理服务器也可以 MODBUS 报文单独控制从站地址为“5”的 VW1002 的寄存器值，将 VW1002 寄存器置“1”的指令为“050600010001184E”，PLC 收到后将 VW1002 寄存器的值改写为“1”，立即回复相同内容（PLC 内部寄存器的高低字节与 MODBUS RTU 通信的高低字节需要交换才能一致，4G DTU 模块内可以勾选转换）。MQTT 消息代理服务器也可以 MODBUS 报文单独控制从站地址为“5”的 Q0.2 输出点，置“1”的指令为“05050002FF002C7E”，PLC 收到后立即将 Q0.2 输出点置为输出状态，PLC 同时回复“05050002FF002C7E”。“05050002FF002C7E”报文各字节表示的内容为：“05”表示 PLC 从站的地址，第 2 个“05”表示 MODBUS 离散量输出（线圈）

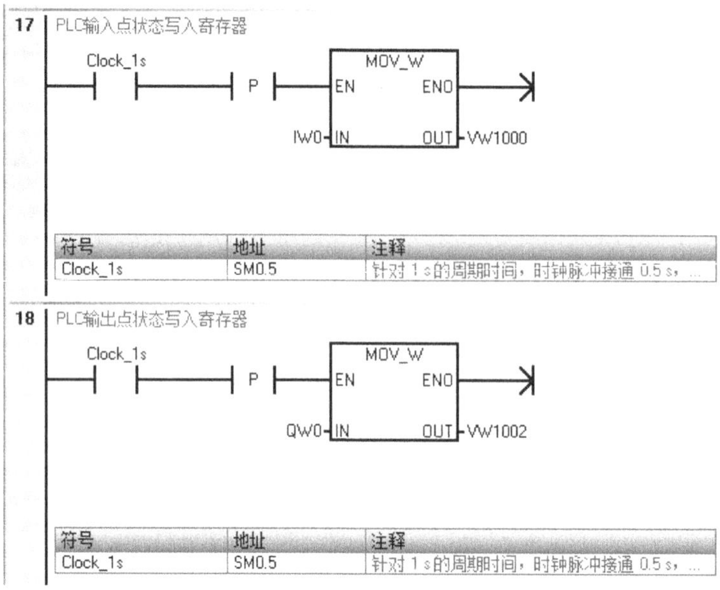

图 6　西门子 PLC IO 点状态写入通信寄存器

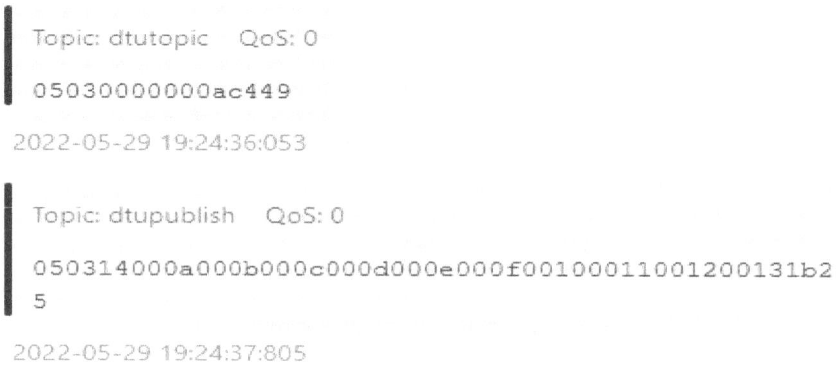

图 7　MQTT 批量读取西门子 PLC 通信寄存器数据报文

指令，“0002” 表示 MODBUS 离散量输出（线圈）0002 寄存器对应 Q0.2，“FF” 表示 MODBUS 离散量输出（线圈）置位指令，“2C7E” 为报文的 CRC。

四、运行效果

本项目自 2021 年 12 月份部署于现场并开始投入运行，手机监控效果如图 8 所示。三防监控系统基于 MQTT 的轻量级消息传输协议，支持海量连接，性能稳定，实现了与现场三防设备的高并发、高可靠的通用消息传递服务，MQTT 实现了对 MODBUS 报文的双向通信能力。同时借助 4G 移动公众通信网络的全覆盖，不受场地限制，通信组网方便快捷，相较原来采用内部局域网接入综合监控系统，现场设备配置简单，部署灵活，系统可弹性扩容，监控的三防数据实时性较好，可靠性较高。

图 8　三防信息监控效果图

五、应用体会

随着物联网、大数据及人工智能的迅速发展，主流物联网协议的 MQTT 协议成为各自动化设备厂商关注的重点。西门子 PLC 支持多种现场通信并可轻松根据现场设备容量与特点对 IO 进行扩展，非常容易与不同接口类型的现场设备进行交互，西门子 PLC 强大的逻辑功能与便捷的编程性，非常容易成为现场设备的控制节点。西门子已经将 MQTT 客户端功能封装成 PLC 的库文件，通过西门子 S7-1200、S7-1500 可以实现基于 MQTT 3.1.1 协议的数据上报，完成 PLC 与 MQTT 消息服务器的轻松连接。它集成了 MQTT 客户机所有功能，允许您将 MQTT 消息传输到代理（发布者角色）和创建订阅（订阅者角色），同时可以通过 TLS 来保证安全通信。西门子 PLC 与 MQTT 在工业现场的融合，无需边缘网关及协议转换，实现了真正的一网到底，在数据中心到工业现场之间，构筑了一条安全、稳定、低时延的通信链路。可以预见集成了 MQTT 协议的 西门子 PLC 将使工业数据采集场景变得更加简单高效。

参考文献

[1]　西门子（中国）有限公司. 4G DTU 用户手册 [Z].
[2]　西门子（中国）有限公司. EMQX 用户手册 [Z].
[3]　西门子（中国）有限公司. 西门子 SIMATICS S7-200 SMART 编程系统手册 [Z].
[4]　西门子（中国）有限公司. MQTT Programming with Python [Z].

西门子自动化产品在医药物流中心无人拣选系统中的应用
Application of SIEMENS automation products in unmanned order-picking system in pharmaceutical logistics center

张 磊，鄢子麒
（沈阳新松机器人自动化股份有限公司 沈阳机床股份有限公司 沈阳）

[摘 要] 本文介绍了西门子自动化产品在医药物流中心无人拣选系统中的应用场景。介绍了无人拣选系统发药装置的结构、系统配置，并从软硬件设计方面，结合拣选流程，详述了关键功能的实现方法。

[关 键 词] 西门子自动化、医药物流、无人拣选

[Abstract] This paper introduces the application scenario of SIEMENS automation products in unmanned order-picking system in pharmaceutical logistics center. The structure and system configuration of the dispensing unit is presented. From the aspect of software and hardware design, in conjunction with the order-picking process, the implementation methods of key function are described in detail.

[Key Words] SIEMENS automation、Pharmaceutical logistics、Unmanned order-picking

一、项目简介

近年来，电商、新零售业的高速发展，医药分离改革的深化，以及新型冠状病毒肺炎疫情的长期影响，共同推动了医药物流中心的快速发展。

G 医药物流公司是一家集医药制造、零售、批发为一体的集团化企业，在全国范围内拥有超过7000 家门店，在区域中心城市均设有医药物流中心，物流中心负责为门店和零散 B2C 订单提供药品仓储、拣选和配送服务。

G 医药物流公司传统的拆零拣选作业模式为人工拣选，人工拣选需要大量的拣货员参与拣选作业，人工成本高、劳动强度大、作业差错率高。针对 G 医药物流公司的经营痛点，新松公司为其定制研发了适用于医药物流中心的无人拣选系统。无人拣选系统外观如图 1 所示。

该无人拣选系统的发药装置为多个倾斜设置的重力式药槽。重力式药槽底部居中设有流利条，药槽中的药品在重力的作用下，紧密叠压。每个药槽末端均设有发药拨片。拨片由电磁铁控制实现微动下降，拨片不动作时，药盒与拨片相抵，阻挡药盒落下；拨片瞬时动作一次，可保证一盒药从药槽中滑落，并阻挡后续盒药落出。拨片下方设有向上照射的光电传感器，传感器通过检测落药药盒遮挡，对实际落药数量进行计数，并对落药异常进行校验。

药槽按平面矩阵式排列，即药槽沿水平方向依次排列成一层，多层药槽间隔一定的高度垂直排列形成一个药架。药槽排列紧密，药品存储空间利用率高。各出药药槽可并行发药，出药效率高，满足医药物流中心大批量零散订单快速无人化拣选的需要。药槽的外观形式如图 2 所示。

图 1　无人拣选系统外观

图 2　药槽的外观形式

为了提高设备的可靠性、易用性和可扩展性，无人拣选系统采用了西门子 S7-1500 系列 CPU 作为控制器。

二、系统结构

图 3 所示为无人拣选系统柜内器件布置，无人拣选系统的电气控制器件包括 1 台 S7-1513-1 PN CPU、一台 KTP 700 触摸屏、一台 XB008 交换机，以及 8 台 Profinet 接口的分布式远程 IO 设备。

图 3　无人拣选系统柜内器件布置

由于每个药架对应于独立的接药装置，发药作业互不影响，所以将每个药架作为标准化设备进行封装。

图 4 所示为无人拣选系统网络组态。每个药架使用单独的远程 IO 设备进行控制。由于每个药槽均配有一个拨片和一个光电传感器，所以远程 IO 设备上配置了相同 IO 点数的数字量输入模块和数字量输出模块。数字量输入模块用于采集光电传感器信号，数字量输出模块用于控制拨片电磁铁动作。

三、功能与实现

无人拣选系统可接受上位机批量下达的拣选订单信息，分解拣选订单，同时控制所有药架并行发药，完成拣选任务。

拣选订单包含大量数据，而且需保证通信可靠，通信周期短，系统和网络资源开销

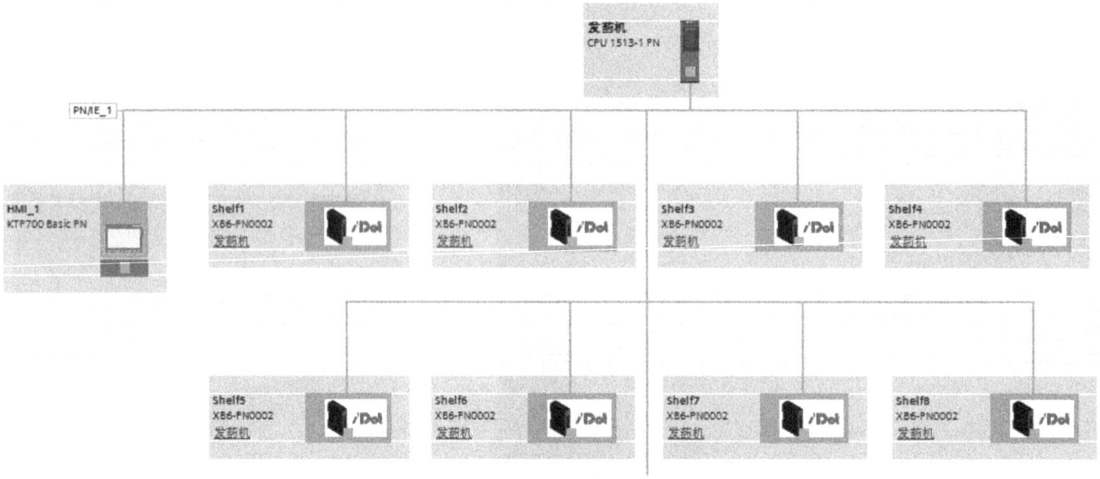

图 4　无人拣选系统网络组态

小。无人拣选系统优选异步、可靠的通信模式，因此选用 TCP/IP 通信方式与上位机通信。图 5 所示为 Open IE 通信功能块，S7-1513 CPU 作为服务端，开放 Socket 端口，被动建立连接；上位机作为客户端，需反复尝试连接 PLC 端口，直至建立连接。

PLC 通过调用 Open IE 通信功能块“TRCV”“TSEND_C”收发上下行消息。“TRCV”功能块配置了接收数据的数据区地址“下行数据 . Download_Data”，“TSEND_ C”功能块配置了发送数据的数据区地址“上行数据 . Upload_Data”，该地址区用于收发数据的读写。

需要特别注意的是：PLC 不能接收变化长度的数据包。如果上位机发送数据包的长度和接收数据区容量不一致，则会造成数据包叠加或截断。因此，上位机发送的数据包长度需等于接收数据区容量，无效数据用 0 填充。在定义收发数据区时，其容量需按照单一报文的最大数据长度进行开辟，以保证单次可以完整收发一条报文。

为克服因网络干扰、软硬件故障导致的丢包问题，保证通信数据的可靠传输，在程序设计中，建议采用基于应答交互、超时重发的通信模式。

PLC 接收并向存储区写入上位机下达的拣选命令报文后，必须立即向上位机发送命令写入完成报文。如果在规定时间内，上位机未收到 PLC 发送的完成报文，则认为命令下达失败，进行报文重发。如果达到重发次数上限，仍无响应，则上位机挂起当前命令并报警。

拣选命令整体完成后，PLC 向上位机发送命令完成报文。上位机收到后，必须立即向 PLC 发送命令完成应答报文。如果在规定时间内，PLC 未收到上位机发送的应答报文，则认为完成上报失败，进行报文重发。如果达到重发次数上限，仍无响应，则 PLC 跳过当前命令并报警。

上述报文中均含有任务号字段，以防止报文错序导致的命令匹配错误。

无人拣选系统上可同时运行多个拣选命令，这就要求存储区必须预留足够的空间用于存储运行中和待运行的命令，以及上位机即时写入的命令。另一方面，各药架是独立并行执行拣选命令，即在同一时刻，各药架执行的拣选命令一般不相同。这就对存储区的数据结构和读取形式设计提出了挑战。

存储区的数据结构选择了循环队列，循环队列基于先入先出（FIFO）的方式进行读写，保证了拣选命令可按照下达次序顺序执行。新写入的命令可以覆盖已经执行完成的命令，实现了存储区空

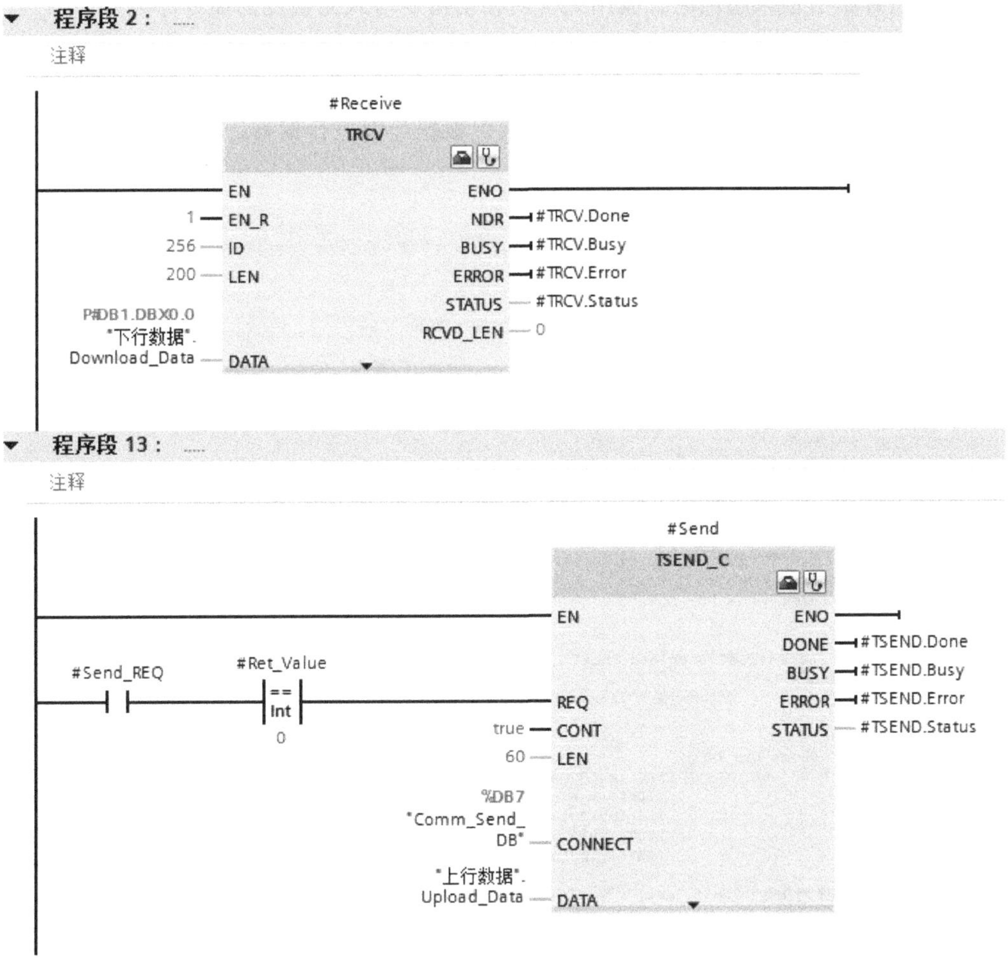

图 5　Open IE 通信功能块

间的高效利用。在 PLC 的 DB 区建立了一个结构体数组的循环队列，用于接收并存储上位机下达的拣选命令。拣选命令包括任务号、发药命令序列等信息。数组的长度按照可下达的最大拣选命令数量进行开辟。

拣选命令的写入和分派是可以同时执行的，即读写彼此解耦；且读写要求执行效率高。为实现这一设计目标，为队列的写入和读取分别建立了数组索引指针。

图 6 所示为循环队列写入程序，PLC 获取拣选命令后，使用写入指针将拣选命令中的发药命令序列写入循环队列。为提高数据写入效率，使用了块移动指令“MOVE_BLK_VARIANT”进行批量写入。

块移动指令可将一个源数组的若干个元素复制到另一个相同数据类型的目的数组中，指令简洁高效。使用块移动指令需特别注意的是，要复制的元素数量不得超过所选源范围或目标范围。当写入指针接近循环队列上限时，会导致要复制的元素数量超出了循环队列的地址范围，进而造成写入数据溢出。这显然和我们的设计初衷相悖。

为了能够使块移动指令满足循环队列的写入特点，增加了对块移动指令是否能导致写入指针超限的判断，并对以下两种情况进行处理：

1）当写入指针索引值未超限时，调用一次块移动指令写入完整发药命令序列。

2）当写入指针索引值超限时，以循环队列上限为界，调用两次块移动指令，将发药命令序列拆分成两部分进行写入，第一部分长度为从写入指针到队列上限区间内的元素个数，第二部分为发药命令序列剩余的长度，源数组索引、目标数组索引根据长度进行偏移。

网络 11：药架任务分发

```
//IF #Task_Num_Save<>"下行数据".Download_Shelf.Task_Num AND "下行数据".Download_Shelf.Task_Num<>0 THEN
// #Task_Num_Save := "下行数据".Download_Shelf.Task_Num;
IF  "下行数据".Download_Shelf.Task_Num<>0 THEN
    //下达扫码输送机任务
    "输送机数据".Conveyor_Scan.Task := "下行数据".Download_Shelf.Task_Num;

    "药架执行任务".Shelf_Task["药架执行任务".Write_Index].Task_Num:="下行数据".Download_Shelf.Task_Num;
    #Temp_Int := "药架执行任务".Shelf_Task["药架执行任务".Write_Index].Index_Start + "下行数据".Download_Shelf.List_Num-1;
    "药架执行任务".Buffer_Size := CountOfElements(#Shelf_Command);

    //超出缓存区上限,分两块复制
    IF #Temp_Int > "药架执行任务".Buffer_Size-1 THEN
        #Loop_Num := 2;
        #Copy[1].Count := "药架执行任务".Buffer_Size - "药架执行任务".Shelf_Task["药架执行任务".Write_Index].Index_Start;
        #Copy[1].Src_Index := 0;
        #Copy[1].Dest_Index := "药架执行任务".Shelf_Task["药架执行任务".Write_Index].Index_Start;
        #Copy[2].Count := "下行数据".Download_Shelf.List_Num - #Copy[1].Count;
        #Copy[2].Src_Index := #Copy[1].Count;
        #Copy[2].Dest_Index := 0;
    ELSE
        #Loop_Num := 1;
        #Copy[1].Count :="下行数据".Download_Shelf.List_Num;
        #Copy[1].Src_Index := 0;
        #Copy[1].Dest_Index := "药架执行任务".Shelf_Task["药架执行任务".Write_Index].Index_Start;
    END_IF;
    //复制数据
    FOR #Index := 1 TO #Loop_Num DO
        #Ret_Value := MOVE_BLK_VARIANT(SRC := "下行数据".Download_Shelf.Task_List,
                                       COUNT := #Copy[#Index].Count,
                                       SRC_INDEX := #Copy[#Index].Src_Index,
                                       DEST_INDEX := #Copy[#Index].Dest_Index,
                                       DEST => #Shelf_Command);
    END_FOR;
    #Temp_Int := ("药架执行任务".Shelf_Task["药架执行任务".Write_Index].Index_Start + "下行数据".Download_Shelf.List_Num)
MOD "药架执行任务".Buffer_Size;
    "药架执行任务".Write_Index := ("药架执行任务".Write_Index + 1) MOD 30;
    "药架执行任务".Shelf_Task["药架执行任务".Write_Index].Index_Start := #Temp_Int;

    "下行数据".Download_Shelf.Task_Num := 0;
END_IF;
```

图 6 循环队列写入程序

如上文所述，各药架是独立从循环队列中获取分配到本药架的发药命令。为实现这一功能，为各药架分配了独立的队列读取指针。如果指针指向的拣选命令中包含本药架的发药命令，则读取发药命令至本药架发药命令存储堆栈。否则，顺序读取下一条拣选命令，直至取空循环队列。

图 7 所示为循环队列读取程序，由各药架模块调用。当药架空闲且循环队列非空时，允许读取拣选命令。判断循环队列非空的条件是队列的写入和读取指针不重合，即写入指针和读取指针间有尚未读取的拣选命令。

因为发药命令存储堆栈是基于后入先出（LIFO）的方式执行发药，为保证与循环队列的命令顺序一致，读取指针按逆序逐条判断发药命令序列。如果存在和本药架架号相同的发药命令，则使用块移动指令“MOVE_BLK_VARIANT”写入本药架发药命令存储堆栈。发药命令和接药装置绑定，药架状态改变为运行。反之，如果不存在和本药架架号相同的发药命令，则表示当前拣选命令无需本药架参与，队列读取指针跳转至下一条拣选命令的起始索引。

分配至存储堆栈中的发药命令，可由药架并行执行。发药命令包含架号、层号、槽号索引信

网络 3：任务分配

```
IF #Spare=TRUE OR #Force_Complete=TRUE THEN
    //初始化药架读任务指针
    FOR #Read_Index := 1 TO 10 DO
        "药架执行任务".Command_Running[#Shelf_Num, #Read_Index].Stack_Index := 0;
    END_FOR;
END_IF;

//IF #Pos_Ready = TRUE AND #Force_Complete=FALSE THEN
//读任务条目并按槽号分派, 并写入任务号
//空闲且循环队列非空
#Read_Index := "药架执行任务".Shelf_Read_Index[#Shelf_Num];
IF #Spare = TRUE AND "药架执行任务".Write_Index <> #Read_Index THEN
            #Start_Count:= "药架执行任务".Shelf_Task[#Read_Index + 1].Index_Start-1;
            #End_Count := "药架执行任务".Shelf_Task[#Read_Index].Index_Start;
            IF #End_Count>#Start_Count THEN
                #Start_Count := #Start_Count + "药架执行任务".Buffer_Size;
            END_IF;
            //读药架命令数据
            FOR #Read_Index:= #Start_Count TO #End_Count BY -1 DO
                #Src_Index := #Read_Index MOD "药架执行任务".Buffer_Size;
                //存在本药架命令
                IF "药架执行任务".Shelf_Command[#Src_Index].Shelf_Num=#Shelf_Num THEN
                    #Layer_Num := "药架执行任务".Shelf_Command[#Src_Index].Layer_Num;
                    //不满栈, 执行写入
                    IF "药架执行任务".#Command_Running[#Shelf_Num, #Layer_Num].Stack_Index<=31 THEN
                        #Ret_Value := MOVE_BLK_VARIANT(SRC := "药架执行任务".Shelf_Command,
                                                       COUNT := 1,
                                                       SRC_INDEX := #Src_Index,
                                                       DEST_INDEX := "药架执行任务".#Command_Running[#Shelf_Num,
#Layer_Num].Stack_Index,
                                                       DEST => "药架执行任务".#Command_Running[#Shelf_Num, #Lay-
er_Num].Command);
                        "药架执行任务".#Command_Running[#Shelf_Num, #Layer_Num].Stack_Index += 1;
                        //写入任务号
                        #Task_Num := "药架执行任务".Shelf_Task["药架执行任务".Shelf_Read_Index[#Shelf_Num]].Task_Num;
                    END_IF;
                END_IF;
            END_FOR;
            "药架执行任务".Shelf_Read_Index[#Shelf_Num] := ("药架执行任务".Shelf_Read_Index[#Shelf_Num] + 1) MOD 30;
  END_IF;
```

图 7　循环队列读取程序

息。从上文可知，每个药槽都对应一个 DI 点和一个 DO 点。要实现几千个药槽和 I/O 地址的一一映射，无疑是很大的工作量。而且，由于药槽的宽度不同，每层容纳的药槽数量不等，而且还会因为更换药品品类，经常发生变动。如何灵活地实现药槽索引与 I/O 地址的映射是个关键性的设计问题。

为了解决这一问题，需保证药槽索引和 I/O 地址的相关性。在设计和配线时，需将药架同一层药槽的光电传感器、拨片电磁铁沿药槽排列顺序与 I/O 模块信号端子顺序连接。从而保证同一层药槽的传感器和电磁铁，其 I/O 地址是连续分配的。

图 8 所示为 I/O 起始地址配置，在硬件的基础上，创建专用 DB 块用于存放每一层药槽第一个传感器、电磁铁对应的 I/O 起始地址。通过这种配置，实现了药槽与硬件地址的快速映射。由于映射的是 I/O 起始地址，即使药架某层药槽数量发生了变化，也可以快速完成重新配置。

图 9 所示为药槽 I/O 地址映射程序，该程序用于实现药槽索引和 I/O 地址的灵活映射，由药槽模块调用。通过层号、槽号索引计算出字节偏移值#Byte_Offset、位偏移值#Bit_Offset，从而获取目标药槽相对于 I/O 起始地址的地址偏移量。

再通过“PEEK_BOOL”命令从目标 DI 地址采集目标药槽光电传感器的信号，用于发药状态反馈；通过“POKE_BOOL”命令将控制信号写入目标 DO 地址，从而控制目标药槽的拨片电磁铁动作。

药架IO起始地址（创建的快照：2021/1/29 16:17:42）

	名称	数据类型	偏移量	起始值	快照	保持	可从 HMI/...	从 H...	在 HMI ...
1	▼ Static					☐	☐	☐	☐
2	▼ shelf	Array[1..20] of Struct	...			☑	☑	☑	☑
3	▼ shelf[1]	Struct	...			☑	☑	☑	☑
4	▼ Layer_Addr	Array[1..12] of DWord	...			☑	☑	☑	☑
5	Layer_Addr[1]	DWord	...	p#29.0	16#0000_00E8	☑	☑	☑	☑
6	Layer_Addr[2]	DWord	...	p#32.0	16#0000_0100	☑	☑	☑	☑
7	Layer_Addr[3]	DWord	...	p#35.0	16#0000_0118	☑	☑	☑	☑
8	Layer_Addr[4]	DWord	...	p#38.0	16#0000_0130	☑	☑	☑	☑
9	Layer_Addr[5]	DWord	...	p#41.0	16#0000_0148	☑	☑	☑	☑
10	Layer_Addr[6]	DWord	...	p#44.0	16#0000_0160	☑	☑	☑	☑
11	Layer_Addr[7]	DWord	...	p#47.0	16#0000_0000	☑	☑	☑	☑
12	Layer_Addr[8]	DWord	...	p#50.0	16#0000_0000	☑	☑	☑	☑
13	Layer_Addr[9]	DWord	...	p#53.0	16#0000_0000	☑	☑	☑	☑
14	Layer_Addr[10]	DWord	...	p#56.0	16#0000_0000	☑	☑	☑	☑
15	Layer_Addr[11]	DWord	...	16#0	16#0000_0000	☑	☑	☑	☑
16	Layer_Addr[12]	DWord	...	16#0	16#0000_0000	☑	☑	☑	☑
17	▶ shelf[2]	Struct	...			☑	☑	☑	☑
18	▶ shelf[3]	Struct	...			☑	☑	☑	☑
19	▶ shelf[4]	Struct	...			☑	☑	☑	☑
20	▶ shelf[5]	Struct	...			☑	☑	☑	☑
21	▶ shelf[6]	Struct	...			☑	☑	☑	☑
22	▶ shelf[7]	Struct	...			☑	☑	☑	☑

图 8　I/O 起始地址配置

```
IF #Enable = TRUE THEN
  #Byte_Offset := ("药架 IO 起始地址".shelf[#Shelf_Num].Layer_Addr[#Layer_Num] + #Slot_Num - 1) / 8;
  #Bit_Offset := ("药架 IO 起始地址".shelf[#Shelf_Num].Layer_Addr[#Layer_Num] + #Slot_Num - 1) MOD 8;
  //读取传感器状态
  #Sensor := PEEK_BOOL(area := 16#81, dbNumber := 0, byteOffset := #Byte_Offset, bitOffset := #Bit_Offset);
  //驱动电磁铁动作
  #Mapping_Out := #Run;
ELSE
  //状态复位
  #Sensor := FALSE;
  #Mapping_Out := FALSE;
END_IF;

#F_Pulse(CLK:=#Enable);

//输出控制
IF #Enable OR #F_Pulse.Q OR #Stop THEN
  //输出映射
  POKE_BOOL(area := 16#82,
        dbNumber := 0,
        byteOffset := #Byte_Offset,
        bitOffset := #Bit_Offset,
        value := #Mapping_Out);
END_IF;
```

图 9　药槽 I/O 地址映射程序

获取发药命令后，药槽模块执行发药。当光电传感器计数的发药量与发药命令的目标发药量一致时，则药槽发药完成，停止落药。当本药架所有药槽均完成发药命令时，药架状态改变为完成。

四、运行效果

无人拣选系统已经在 G 医药物流公司成功投入运行。投产以来，显著提高了拣选效率，降低了作业差错率，节约了 80%以上的人工成本，获得了 G 医药物流公司的广泛赞誉。

五、应用体会

西门子工业自动化产品线齐全、功能强大、稳定可靠、易扩展、易集成，是新产品开发的首选硬件平台。TIA Portal 平台经过多年的优化迭代，可对西门子全集成自动化中涉及的 PLC、HMI 和驱动装置进行组态、编程和调试，共享了通信任务，统一了数据接口，界面友好，开发便捷，是电气工程师的开发利器。

参考文献

[1] 西门子（中国）有限公司. SIMATIC S7-1500 入门指南［Z］.
[2] 西门子（中国）有限公司. 西门子 SCL 中文手册［Z］.

标准化编程在蓄热式电锅炉行业中的应用
Application of Standardization Programming in Electric Boiler Industry

赵大鹏
（西门子（中国）有限公司沈阳分公司　沈阳）

[摘　要] 本文主要介绍了标准化编程在蓄热式电锅炉供暖行业中的应用方案及开发过程，重点描述了蓄热式电锅炉供暖过程的工艺分解，结合供暖工艺的标准化程序开发过程，以及程序开发中的关键问题处理。

[关 键 词] 蓄热式电锅炉、供暖行业、标准化编程

[Abstract] This paper introduces that the application and development process of standardized programming in electric boiler heating industry, and emphatically describes the process decomposition of electric boiler heating industry, the standardized program development process of heating process, and the key problems in the process of program development.

[Key Words] Electric boiler、Heating industry、Standardized programming

一、项目简介

1. 行业简要背景

近年来，随着环保减排目标的推进，各地政府相继出台了“煤改电”“煤改气”政策，推进清洁能源取暖。目前主要方式为利用电力低谷时段的廉价电力来加热蓄热介质，利用蓄热介质产生热水来供暖或提供生活用热水。该项目为“煤改电”供暖方案的创新尝试，利用高电压大功率电热转换及固体储热设备（MgO），无需变压器，可以直接在 10～110kV 电压等级下工作，实现超大功率电热转换和超大容量热储能，单机设备功率为 90000kW，项目最大为 320000kW。可以广泛用于电网调峰，缓解电网峰谷矛盾，提供大功率的燃煤替代热源，明显提高风电、光电、核电等清洁能源利用率，实现节能减排。蓄热电锅炉系统如图 1 所示。

图 1　蓄热电锅炉系统

2. 机型简要工艺介绍

该项目由高压大功率电热储能炉、一次管网换热系统、二次管网供暖系统三部分组成，电热储能炉将 MgO 含量超过 90%的压缩砖作为储能介质（温度可加热至 800℃），将夜间电网的低谷电能

转化为热能存储起来，根据需求通过耐高温空气循环机组，将存储的热能转换成约 85℃ 的常压水热，并将生产的热水送入一次管网，分布在一次管网各换热站将高温热水通过板式换热器转换成 40~60℃ 二次管网热水，转换后的热水通过二次管网送入最终的供暖用户。整个供暖过程根据用户自行设定的供暖时间段，实现全自动无人值守的供暖模式，不但实现了煤改电的清洁能源利用，而且大幅度降低了生产运营成本。电储能炉供暖系统如图 2 所示。

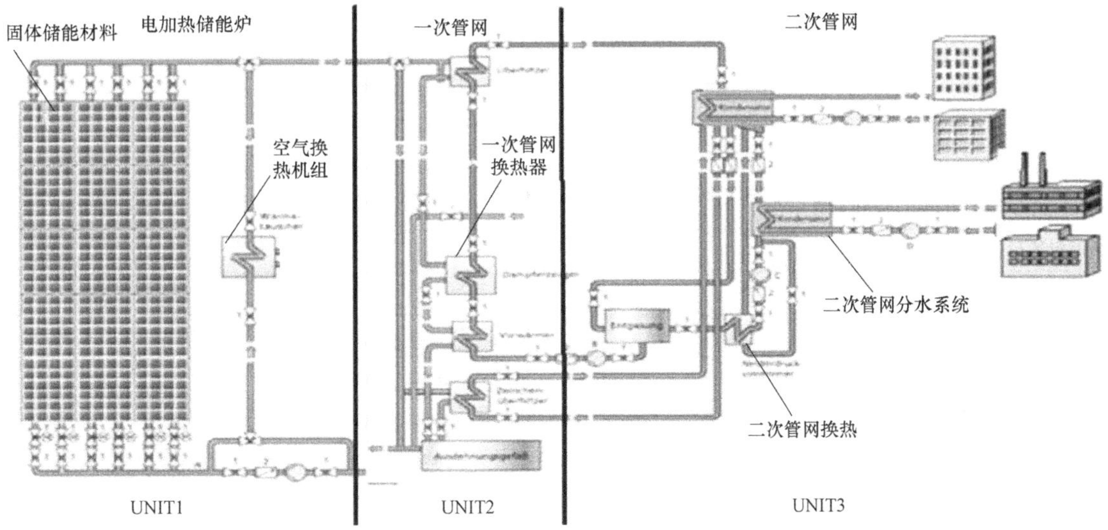

图 2　电储能炉供暖系统

3. 项目中西门子工业产品配置方案

整个供暖系统的主控站采用了西门子 S7-1500 CPU 1515-2 PN 作为主控 PLC，同时上位机 WinCC Professional V17 作为 SCADA 监控系统。电储能炉、一次管网控制单元、二次管网控制单元均采用 ET200SP 分布式从站设计，并通过光纤网络连接至主控。每个主控 PLC 根据供暖的工艺需求，控制相应数量的电储能炉及一/二次管网分布式从站系统，通过这种模块化设计方案，来实现供暖面积的弹性配置。产品配置清单见表 1。

表 1　产品配置清单

一次管网				
ET 200SP_单站配置				
ET 200SP,IM155-6PN ST	6ES7155-6AU01-0BN0	1	件	1
ET 200SP,DI 8×24V DC ST,PU 1	6ES7131-6BF01-0BA0	4	件	4
ET 200SP,DQ 8×24V DC/0,5A ST,PU1	6ES7132-6BF01-0BA0	3	件	3
ET 200SP,AI 4×I 2-/4-Wire ST,PU 1	6ES7134-6GD01-0BA1	3	件	3
ET 200SP,AQ 4×U/I ST	6ES7135-6HD00-0BA1	2	件	2
ET 200SP,Busadapter BA 2xRJ45	6ES7193-6AR00-0AA0	1	件	1
BaseUnit Type A0,BU15-P16+A0+2D	6ES7193-6BP00-0DA0	4	件	4
BaseUnit Type A0,BU15-P16+A0+2B	6ES7193-6BP00-0BA0	8	件	8

（续）

二次管网				
ET 200SP_单站配置				
ET 200SP, IM155-6PN ST	6ES7155-6AU01-0BN0	1	件	1
ET 200SP, DI 8×24VDC ST, PU1	6ES7131-6BF01-0BA0	4	件	4
ET 200SP, DQ 8×24VDC/0,5A ST, PU1	6ES7132-6BF01-0BA0	3	件	3
ET 200SP, AI 4×I 2-/4-Wire ST, PU1	6ES7134-6GD01-0BA1	3	件	3
ET 200SP, AQ 4×U/I ST	6ES7135-6HD00-0BA1	2	件	2
ET 200SP, Busadapter BA 2×RJ45	6ES7193-6AR00-0AA0	1	件	1
BaseUnit Type A0, BU15-P16+A0+2D	6ES7193-6BP00-0DA0	4	件	4
BaseUnit Type A0, BU15-P16+A0+2B	6ES7193-6BP00-0BA0	8	件	8
蓄热电锅炉站				
ET 200SP_单站配置				
ET 200SP, IM155-6PN ST	6ES7155-6AU01-0BN0	1	件	1
ET 200SP, DI 8×24VDC ST, PU1	6ES7131-6BF01-0BA0	4	件	4
ET 200SP, DQ 8×24VDC/0,5A ST, PU1	6ES7132-6BF01-0BA0	3	件	3
ET 200SP, AI 4×RTD/TC 2-/3-/4-Wire HF	6ES7134-6JD00-0CA1	3	件	3
ET 200SP, AI 4×I 2-/4-Wire, ST, PU1	6ES7134-6GD01-0BA1	3	件	3
ET 200SP, AQ 4×U/I ST	6ES7135-6HD00-0BA1	3	件	3
ET 200SP, Busadapter BA 2×RJ45	6ES7193-6AR00-0AA0	1	件	1
BaseUnit Type A0, BU15-P16+A0+2D	6ES7193-6BP00-0DA0	5	件	5
BaseUnit Type A0, BU15-P16+A0+2B	6ES7193-6BP00-0BA0	11	件	11
主控站				
ET 200MP_1				
S7-1500, mounting rail 482.6mm(19″)	6ES7590-1AE80-0AA0	1	件	1
ET 200MP, IM 155-5 PN ST	6ES7155-5AA01-0AB0	1	件	1
S7-1500, DI 32×24VDC HF	6ES7521-1BL00-0AB0	2	件	2
S7-1500, DQ 16×24VDC/0.5A HF	6ES7522-1BH01-0AB0	2	件	2
S7-1500, AI 8×U/I/RTD/TC ST	6ES7531-7KF00-0AB0	1	件	1
S7-1500, AI 8×U/I HF	6ES7531-7NF00-0AB0	1	件	1
S7-1500, AQ 4×U/I ST	6ES7532-5HD00-0AB0	2	件	2
Frontconnector Screw Type(35mm Mod.)	6ES7592-1AM00-0XB0	8	件	8
S7-1500				
S7-1500, mounting rail 482.6mm(19″)	6ES7590-1AE80-0AA0	1	件	1
S7-1500, PS 25W 24V DC	6ES7505-0KA00-0AB0	1	件	1
CPU 1515-2 PN, 500KB Prog., 3MB Data	6ES7515-2AM02-0AB0	1	单位	1
S7-1500, DI 32×24VDC HF	6ES7521-1BL00-0AB0	3	件	3
S7-1500, DQ 32×24VDC/0.5A HF	6ES7522-1BL01-0AB0	2	件	2

（续）

S7-1500,AI 8×U/I/RTD/TC ST	6ES7531-7KF00-0AB0	2	件	2
S7-1500,AQ 4×U/I ST	6ES7532-5HD00-0AB0	1	件	1
SIMATIC S7 Memory Card,12MB	6ES7954-8LE03-0AA0	1	件	1
Frontconnector Screw Type(35mm Mod.)	6ES7592-1AM00-0XB0	8	件	8
WinCCV17				
WinCC 运行时专业版 65536,Asia V16	6AV2105-0MA16-0AA0	1	件	1
WinCC 服务器针对运行时专业版	6AV2107-0EB00-0BB0	1	件	1
SIMATIC WinCC Professional max. PowerTag V17	6AV2103-0XA07-0AA5	1	件	1
精智面板				
SIMATIC HMI TP1200 精智版	6AV2124-0MC01-0AX0	1	件	1

二、系统结构

1. 控制系统的结构分解

将整个供暖项目作为一个过程，该过程由三个单元组成，分别是热源产生、一次管网配送及换热、二次管网配送及供暖，每个单元由现实相应功能的装置、组件及控制功能构成，根据其供暖工程的整体结构及各单元的部件组成，将控制工艺进行如下拆分（见图 3）。

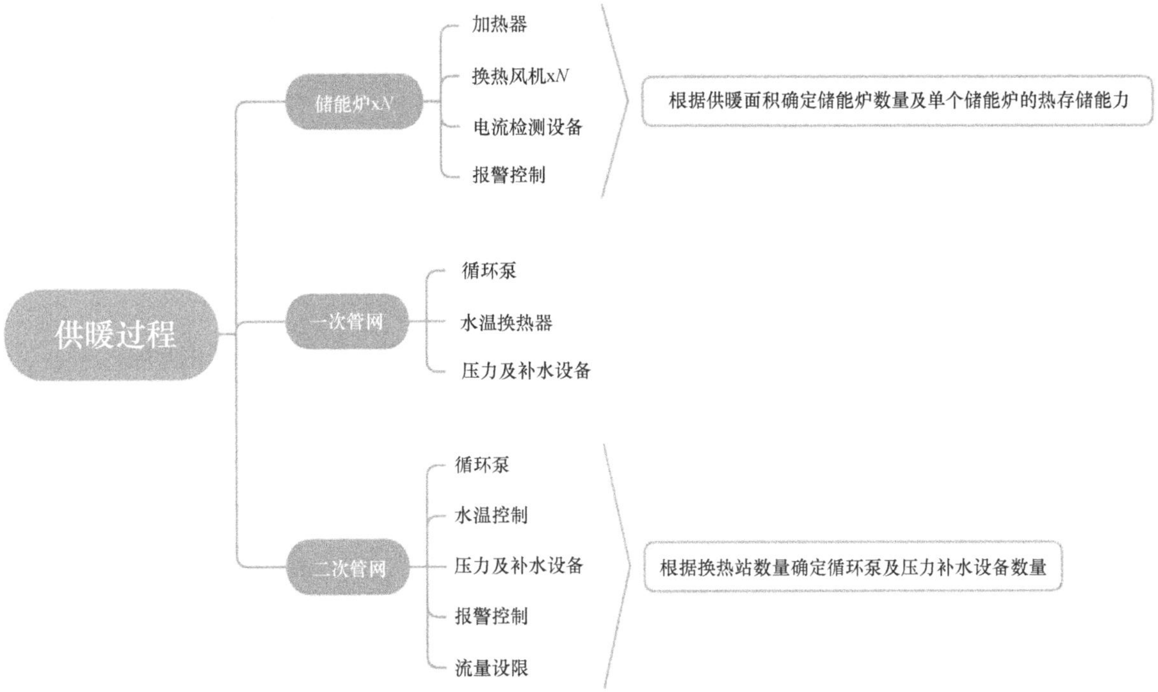

图 3　供暖过程工艺拆分

2. 工艺单元结构说明

1）UNIT1-储能炉（Energy Boiler）：该储能炉单元根据组成和功能拆分为三组设备（EM）模块

和一组功能（Function）模块，其中EM模块包括加热器、换热风机和电流检测设备，Function模块包括报警控制，这些模块的具体功能如下：

① 加热器：用来根据设定温度及加热启动条件，控制固体储热材料的蓄热温度及蓄热时间。

② 换热风机：通过空气换热机构实现汽水热交换工艺，风机由变频器根据温度进行PID控制，以便保证热交换出的一次管网水温达到设定要求。

③ 电流检测设备：用来控制高压加热电源及设备保护，同时根据电压电流值计算电能消耗。

④ 报警控制：根据不同的报警信息，实现储能炉各EM模块的联锁动作及保护。

2）UNIT2-一次管网（Pipe Network1）：一次管网单元根据工艺流程及组件拆分为3组设备模块（EM），包括循环泵、水温换热器、压力及补水设备，这些模块具体功能如下：

① 循环泵：用来实现一次管网主干供水及回水流量控制，根据一次管网的供水面积及流量要求，循环泵由1到4组泵构成，通过变频起动、工频切换的方式逐一投入管网。

② 水温换热器：跟踪一次管网供水及回水温度，根据回水温度的设定值，来控制板式换热器的工作状态。

③ 压力及补水设备：根据压力监测的超压报警和低压报警，确定泄压阀及补水泵的动作。当出现超压报警时，起动泄压阀来降低管网压力；当出现低压报警时，起动补水泵来增加管网供水量，提高管网压力。

3）UNIT3-二次管网（Pipe Network2）：二次管网单元的工艺拆分与一次管网基本相同，不过由于二次管网直接连接供暖用户，每个供暖用户的面积不同、水流量及压力控制不同，因此增加了流量设限及报警设置两个功能模块来控制管网水量及压力变化。二次管网共拆分成3组设备模块（EM）和2组功能模块（Function），其中EM模块包括循环泵、水温控制、压力及补水设备，Function模块包括报警控制、流量设限，这些模块的具体功能如下：

① 循环泵：控制工艺与一次管网相同。

② 水温控制：跟踪二次管网供水及回水温度，来控制水阀工作开度。

③ 压力及补水设备：控制工艺与一次管网相同。

④ 报警控制：根据不同的供暖用户面积，设置相应供回水温度报警、压力报警，同时根据报警信息触发各EM模块动作进行相应调节。

⑤ 流量设限：根据不同的供暖用户面积，确定管道的流量控制，以免管道产生异响。

3. 工艺结构的调用关系表

工艺结构关系表见表2。

表2　工艺结构关系表

Use Case	Model	Device	Function
PLC	Cm_Pump	G120/V20/MM430	通信控制（USS/Modbus_RS485）+手动控制　PZD 2/2　起停控制　读取故障及故障码反馈
	Cm_Temper	温度变送器（4～20mA）+模拟量模块	
	Cm_Press_AI	压力变送器（4～20mA）+模拟量模块	
	Cm_Press_IO	电接点压力表+开关量模块	
	Cm_Valve_AI/AO	阀开度反馈及控制（4～20mA）+模拟量模块	

（续）

Use Case	Model	Device	Function
PLC	Em_Press_Supply_Water	卸压阀或稳压罐　Cm_Press	压力超过设定值，泄压阀或稳压罐工作，保持压力恒定
PLC	Em_Press_Return_Water	补水泵　Cm_Press	压力低于设定值，补水泵工作，高于压力设定值，补水泵停止工作
	Em_Temper_Supply_Water	Cm_Temp	
	Em_Temper_Return_Water	Cm_Temp　Cm_Valve	
PLC	Em_Pump_Cycle_PipeNetwork_1	Cm_Pump　Cm_Valve　PID 工艺对象	根据二次侧管网供水反馈温度，PID 调节一次侧管网泵的频率
PLC	Em_Pump_Cycle_PipeNetwork_2	Cm_Pump　Cm_Valve　PID 工艺对象	二次侧管网压力泵的频率手动测量
PLC	Em_Pump_Water	Cm_Pump	根据压力设定值起停泵控制，当压力低于设定值起动泵运动，当压力高于设定值停止泵运行
	Em_Boiler_Heat		1E+174
	Em_Boiler_Fan		
	Em_Boiler_Current		
	FC_Diagnostics		
PLC	03_Unit_PipeNetwork_2	Em_Press_Supply_Water　Em_Press_Return_Water Em_Temp_Supply_Water　Em_Temp_Return_Water Em_Pump_Cycle_PipeNetwork_2	
PLC	02_Unit_PipeNetwork_1	Em_Press_Supply_Water　Em_Press_Return_Water Em_Temp_Supply_Water　Em_Temp_Return_Water Em_Pump_Cycle_PipeNetwork_1	
PLC	01_Unit_EnergyBoiler	Em_Boiler_Heat　Em_Boiler_Fan Em_Boiler_Current　FC_Diagnostics_Protect	

三、标准化程序开发

1. 程序框架及命名规则

为了保证程序模块、控制工艺的可读性、复用性，开发各程序模块前，需要确定程序结构、框架层级，并根据其所在层级确定控制设备、工艺及命名规则。命名规则示例如图 4 所示。

1）单元命名：数字+单元名称。

01_Unit_EnergyBoiler　　储能炉单元

02_Unit_PipeNetwork_1　　一次管网单元

03_Unit_PipeNetwork_2　　二次管网单元

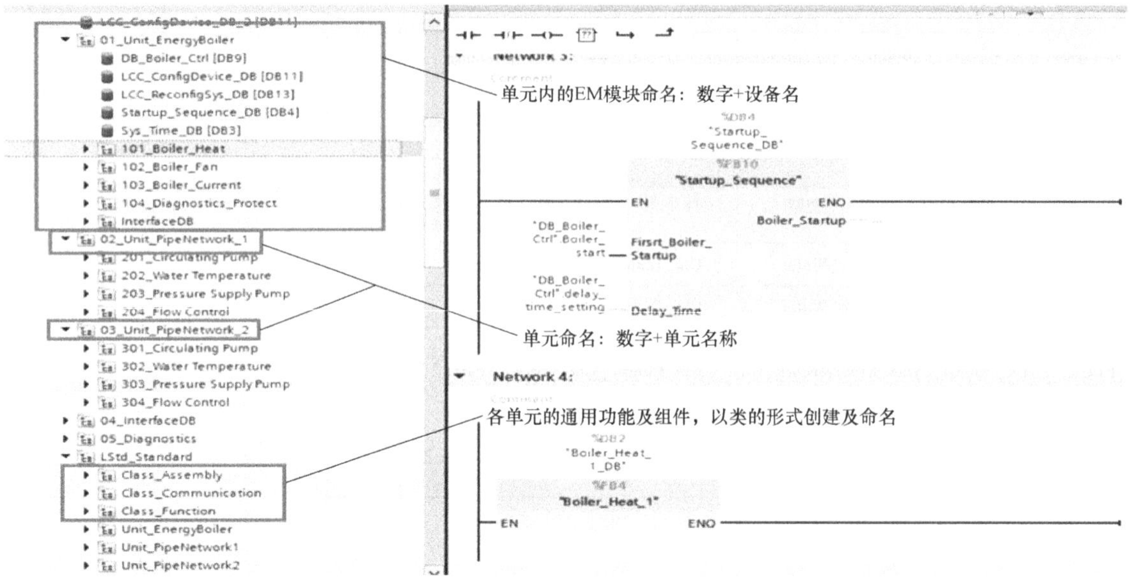

图 4　命名规则示例

2）EM 模块命名：数字+设备名称（以 01_Unit_EnergyBoiler 单元为例）。

101_Boiler_Heat　　　　加热器模块

102_Boiler_Fan　　　　风机控制模块

103_Boiler_Current　　　　电流检测模块

3）命名含义举例：101_Boiler_Heat 加热器模块（见图 5）。

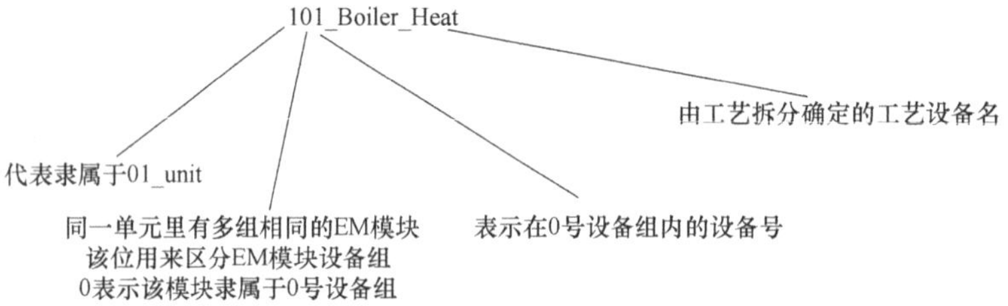

图 5　命名规则示例

4）通用功能及组件命名。

通用功能及组件以类的形式在标准库中创建并命名。标准库结构如图 6 所示。

Class_Assembly 组件类，该类由以下组件构成：

Pump；Sensor；Valve

Class_Communication 通信类，该类由以下组件构成：

Modbus Communication；Uss Communication

Class_Function 功能类，该类由以下组件构成：

Pid；Temperature；Time

5）专有功能及组件命名。

在各单元库中创建并命名，并按照模块层级划分：

01_EquipmentModules

02_ControlModules

03_assembly

2. 程序功能编写及指令调用

为了保证程序开发的一致性及灵活性，底层组件及控制方法编写均采用 SCL/LAD 语言，程序模块之间调用及封装采用 LAD 指令。底层组件模块和控制方法采用 SCL 语言，通过结构文本的编程方式可以很方便地实现循环及移位寻址等控制功能，大大简化了复杂控制逻辑的编程工作量，同时也提高了程序开发的灵活性。底层组件及控制功能程序如图 7 所示。

3. 程序模块的调用及封装

根据工艺拆分及功能分解，逐个完成各部组件及功能类模块的开发。接下来就需要根据工艺封装相应的 CM 模块、EM 模块，并将 IO 点直接连接到 CM/EM 模块的引脚变量中。

以 EM 模块 EM_Boiler_Heat 封装结构为例，EM 模块封装结构图如图 8 所示。

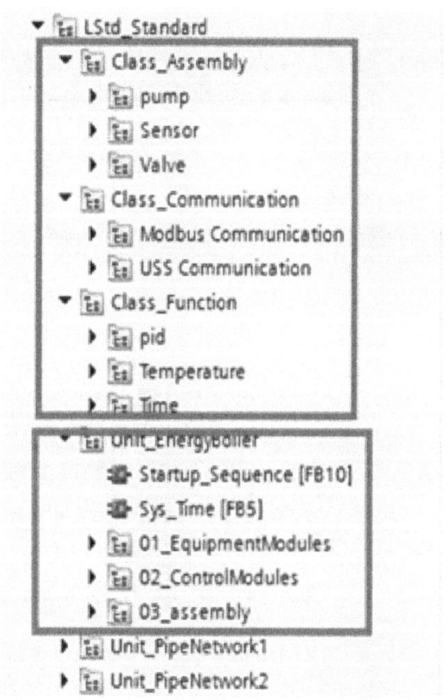

图 6　标准库结构

```
IF...  CASE... OF...  FOR... TO DO...  WHILE... DO...  (*...*)  REGION

// 根据时间段及使能状态  判断启动条件
FOR #temp_Loop_Count1 := #START_LOOP TO #END_LOOP DO
    // Statement section FOR

    IF #Enables_Of_Heat[#temp_Loop_Count1] = TRUE THEN
        // Statement section IF
        IF #Times_Of_Start[#temp_Loop_Count1]< #Sys_ActTime AND #Sys_ActTime< #Times_Of_End[#temp_Loop_Count1] THEN
            // Statement section IF
            IF #Temper_Sensor_MaxValue < #Temper_Lower_Limit THEN
                // Statement section IF
                #stat_Heat_Enable := true;
                EXIT;
            END_IF;

        END_IF;

    END_IF;

END_FOR;

//停止加热前储能
FOR #temp_Loop_Count2 := #START_LOOP TO #END_LOOP DO
    // Statement section FOR
    IF #Enables_Before_End[#temp_Loop_Count2] = true THEN
        // Statement section IF
        IF #Times_Before_End[#temp_Loop_Count2] < #Sys_ActTime AND #Sys_ActTime<#Times_Of_End[#temp_Loop_Count2]THEN
            // Statement section IF
            IF #Temper_Sensor_MaxValue < #Temper_Upper_Limit THEN
                // Statement section IF
                #stat_Heat_Enable := true;
                EXIT;
            END_IF;

        END_IF;

    END_IF;

END_FOR;
```

图 7　底层组件及控制功能程序

4. 组件模块及类模块的版本控制

考虑到后续的程序更改以及技术迭代的程序升级等问题，需要将底层组件模块及类模块通过项目库生成版本化程序，以实现程序的修改及替换。程序版本控制如图 9 所示。

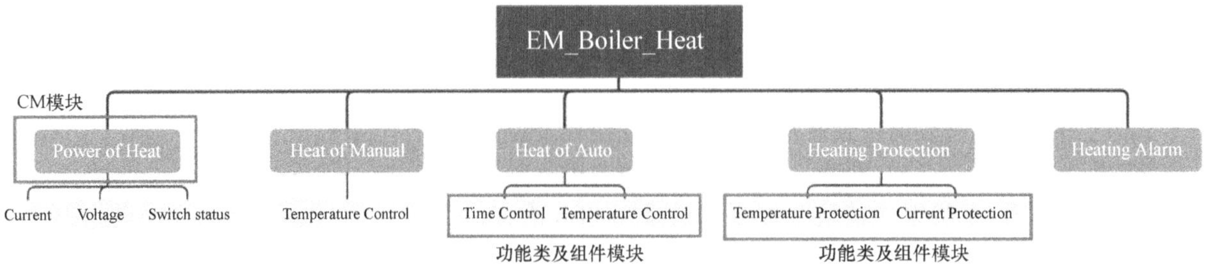

图 8　EM 模块封装结构图

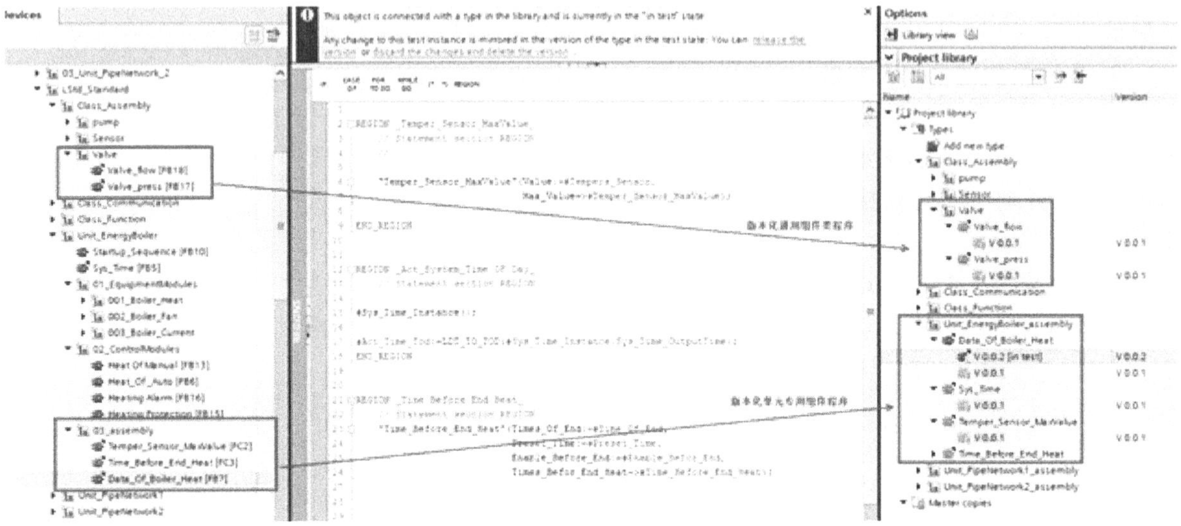

图 9　程序版本控制

四、关键问题处理

由于不同项目的控制规模不同，项目中的控制 IO 点数会发生比较大的变化，如何根据实际项目的 IO 点数重新生成标准化程序，具体如下所述。

1. 情况 1

蓄热式电锅炉根据其供暖面积不同，其加热功率变化较大，因此通常由多个加热机组构成，大功率锅炉一般由 8~10 个加热机组构成，小功率锅炉一般由 2~6 个加热机组构成。对于一次管网或二次管网，管网内的循环泵根据管网流量要求，一般由 1~4 个构成。在标准化程序中，每个加热机组或每个循环泵都由对应一组 EM 模块和外部 IO 点构成。程序模块及对应 IO 点示意图如图 10 所示。

为了减小在不同项目中标准化程序的修改和维护的工作量，在标准化程序的开发过程中采用了组态控制的方案来解决 IO 点变化对控制程序的影响。本项目的程序在设计蓄能炉加热机组时，按照最大组态：10 个加热机组的硬件组态方案设计。对于一次管网及二次管网的循环泵机组，按照最大组态：4 个循环泵机组的硬件组态方案设计。

在 TIA 博途程序中添加 LCC 库文件（Library Configuration Control），将库文件中 LCC_ConfigDevice 程序块拖拽到 LStd_Standard（标准库）的 Class_Function（功能类）中，接着根据 IO Controller

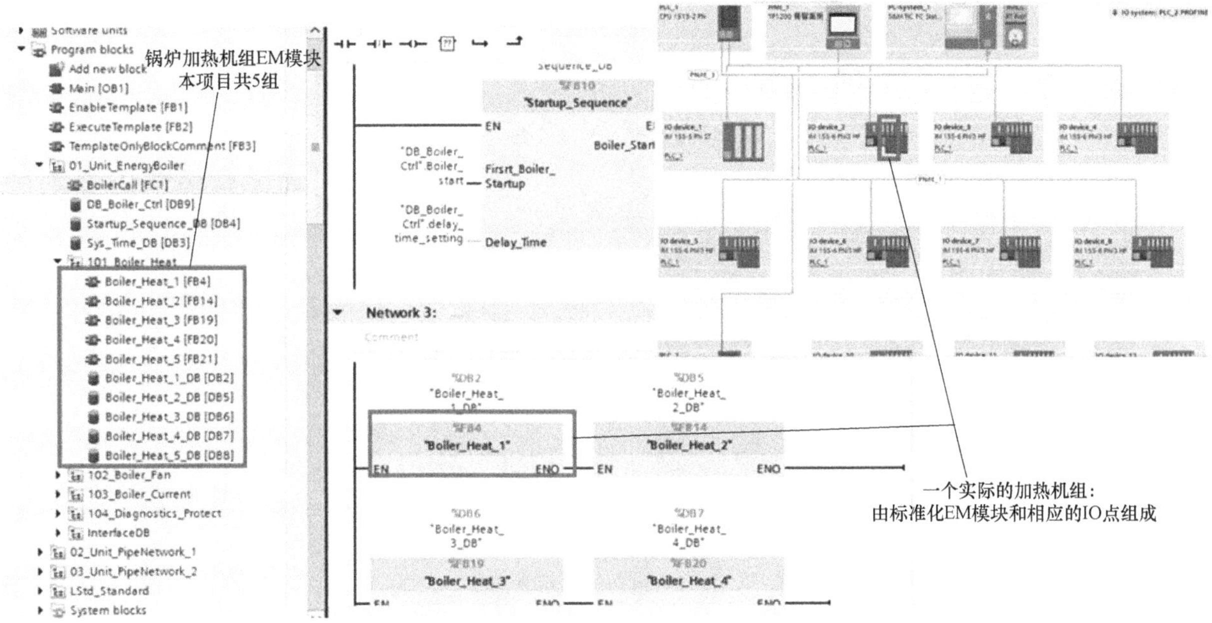

图 10　程序模块及对应 IO 点示意图

和 IO Device 的类型创建组态控制记录。LCC_ConfigDevice 程序调用如图 11 所示。

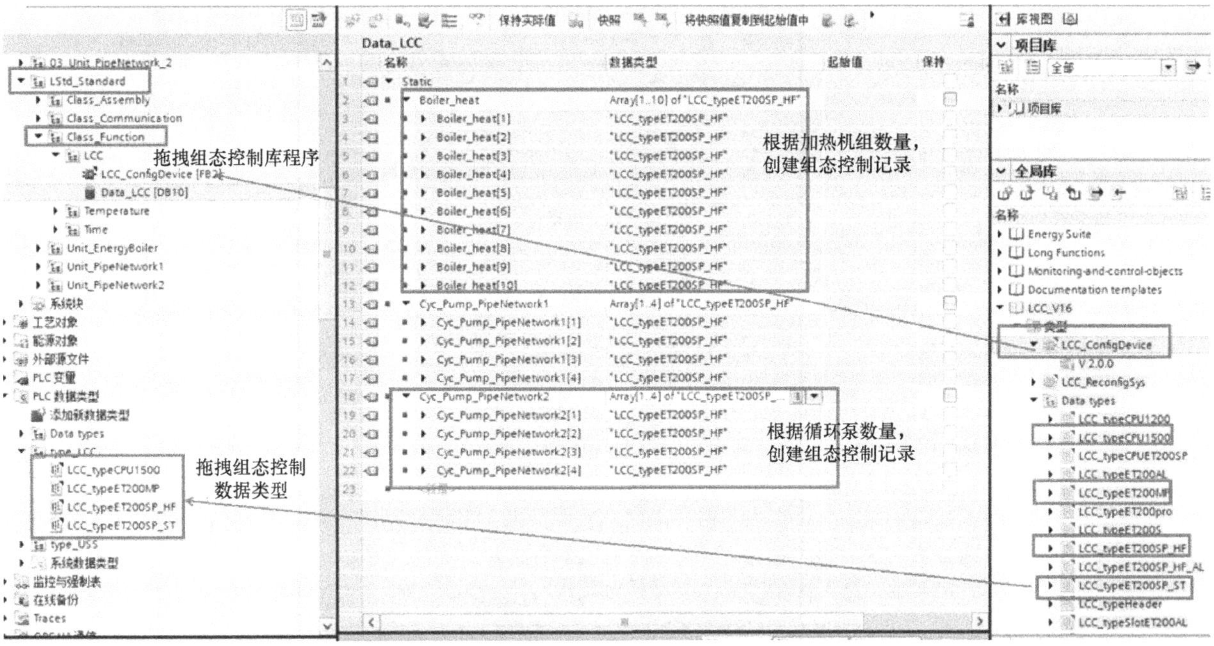

图 11　LCC_ConfigDevice 程序调用

以蓄热炉加热机组为例，硬件组态按最大数量 10 组创建，而在实际应用中加热机组为 5 组，勾选对应分布式 IO 接口模块的组态控制功能，在启动块 OB100 中调用 LCC_ConfigDevice 程序块，通过该功能块连接相应的组态控制数据记录，将后 5 组的硬件组态信息关闭。在启动块 OB100 中调用 LCC_ConfigDevice 程序块。组态控制示意图如图 12 所示。

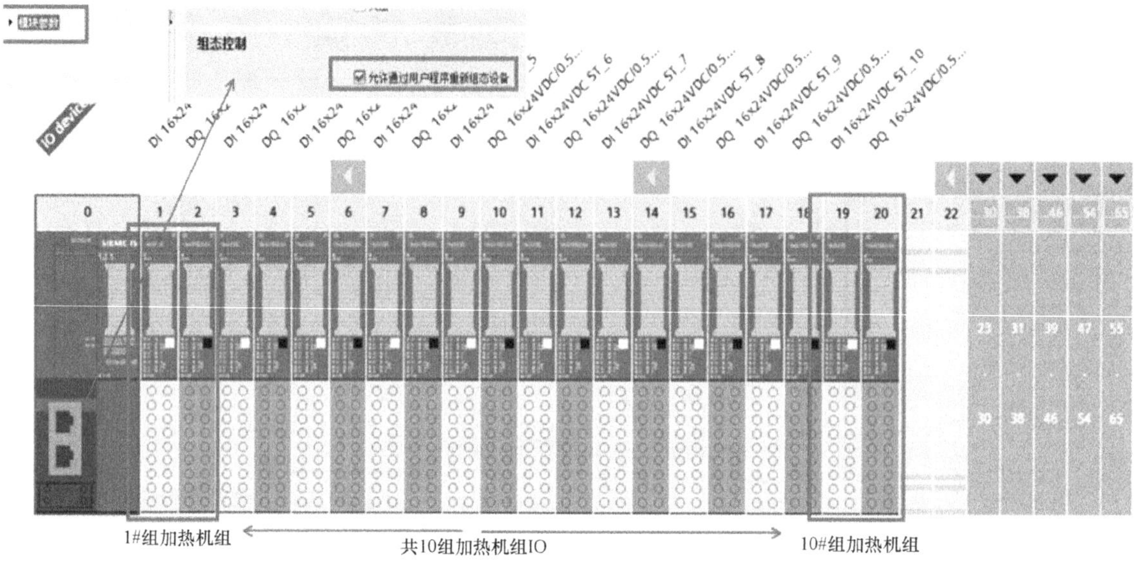

图 12　组态控制示意图

在被调用的组态控制记录 5 中，前 10 个槽位模块启用，后 10 个槽位模块禁用，即前 5 组加热机组 IO 被启用，后 5 组加热机组 IO 被停用。组态控制数据记录设置如图 13 所示。

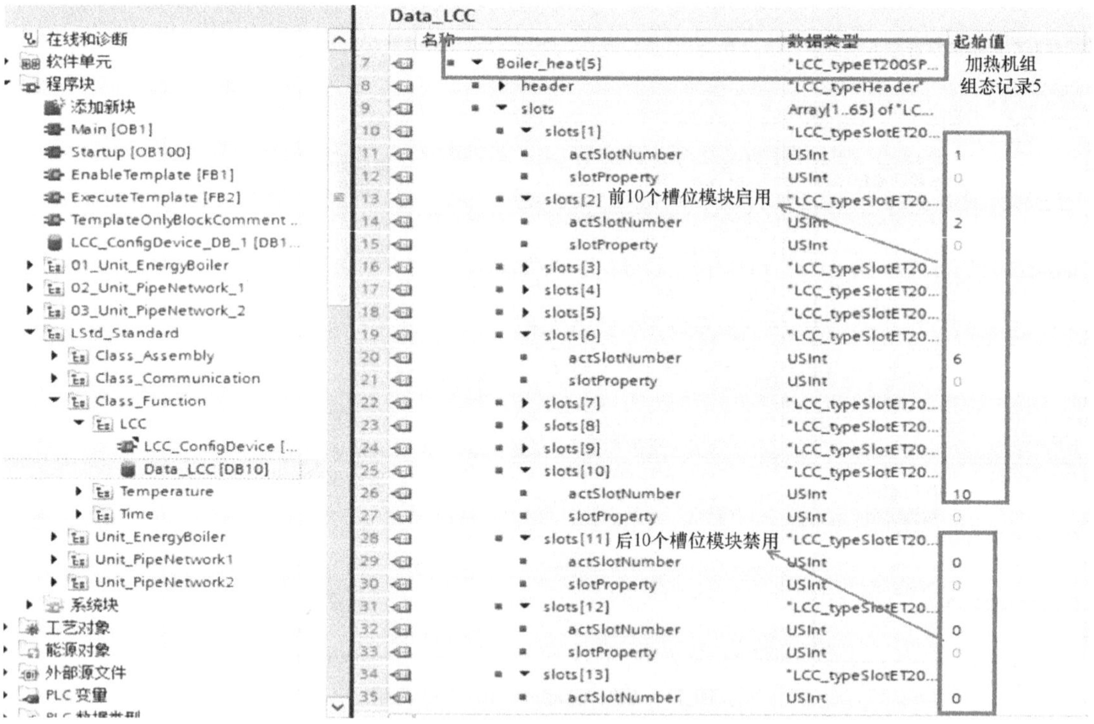

图 13　组态控制数据记录设置

2. 情况 2

由于不同项目的供热需求不同，当仅为企事业单位或学校等单独供暖时，供热面积较小，不需要采用一次管网换热的集中供暖模式，蓄热式电锅炉的供回水直接与二次管网连接，这样在标准化程序中的“UNIT2 一次管网单元”的程序及对应分布式 IO 站点需要被停用。在这种情况下，为了避免修改硬件组态，减小标准化程序的维护工作量，采用组态控制方案直接停用硬件组态中“UNIT2 一次管网单元”的分布式站点，仅调用“UNIT1 蓄热式电锅炉”与“UNIT3 二次管网单元”硬件组态及程序，实现标准化程序的快速修改。系统网络拓扑如图 14 所示。

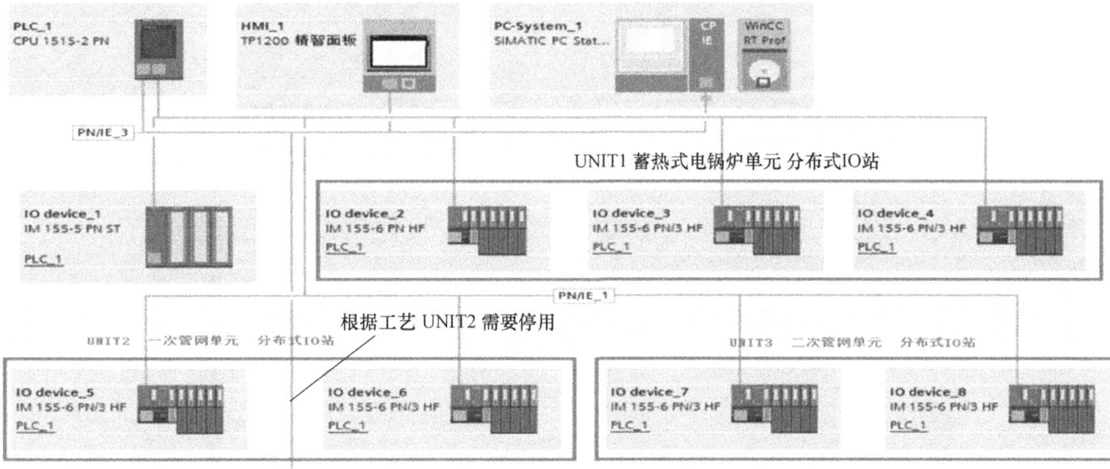

图 14　系统网络拓扑

创建标准化程序时，需要勾选所有分布式 IO 站的组态控制，当需要停用网络组态中 IO 站时，利用 LCC 库的 LCC_ReconfigSys 程序块，调用相应的分布式站点组态控制记录，建立新的分布式 IO 的拓扑连接。LCC_ReconfigSys 程序块调用如图 15 所示。

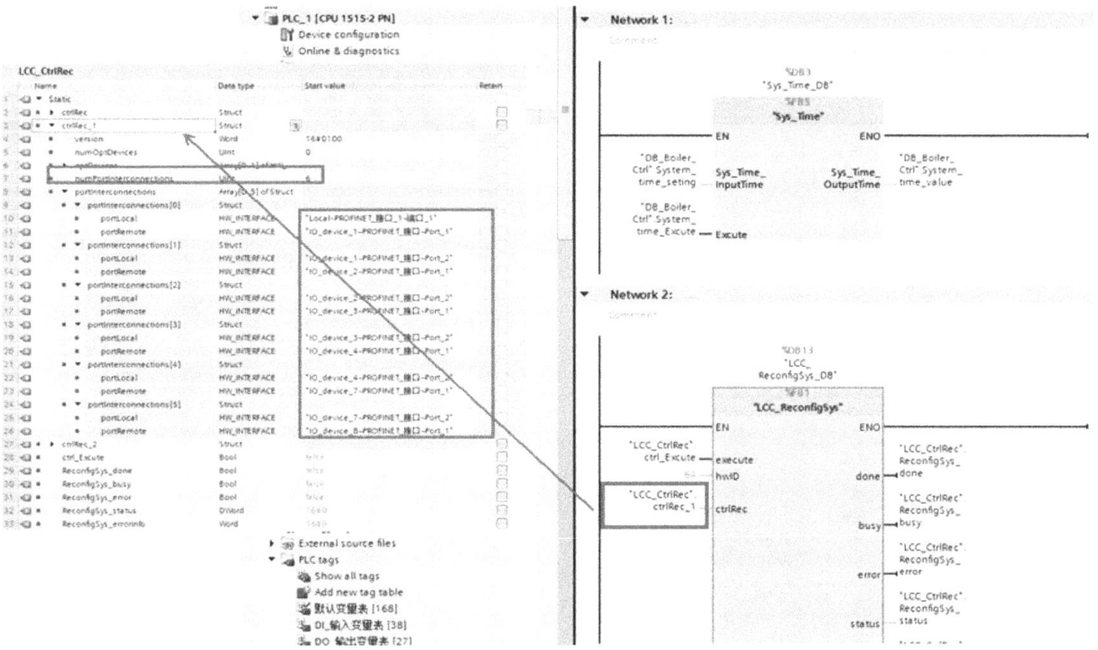

图 15　LCC_ReconfigSys 程序块调用

在 LCC_ReconfigSys 程序块调用的组态记录 ctrlRec_1 中，共建立了 6 组拓扑连接，其中 IO_device_4 的 Port2 接口直接连接到 IO_device_7 的 Port1 接口，这样就禁用掉原有网络组态中的 IO_device_5 和 IO_device_6 两个“UNIT1 一次管网单元”的分布式 IO 站。分布式 IO 站组态控制数据记录如图 16 所示，分布式 IO 站实际调用示意图如图 17 所示。

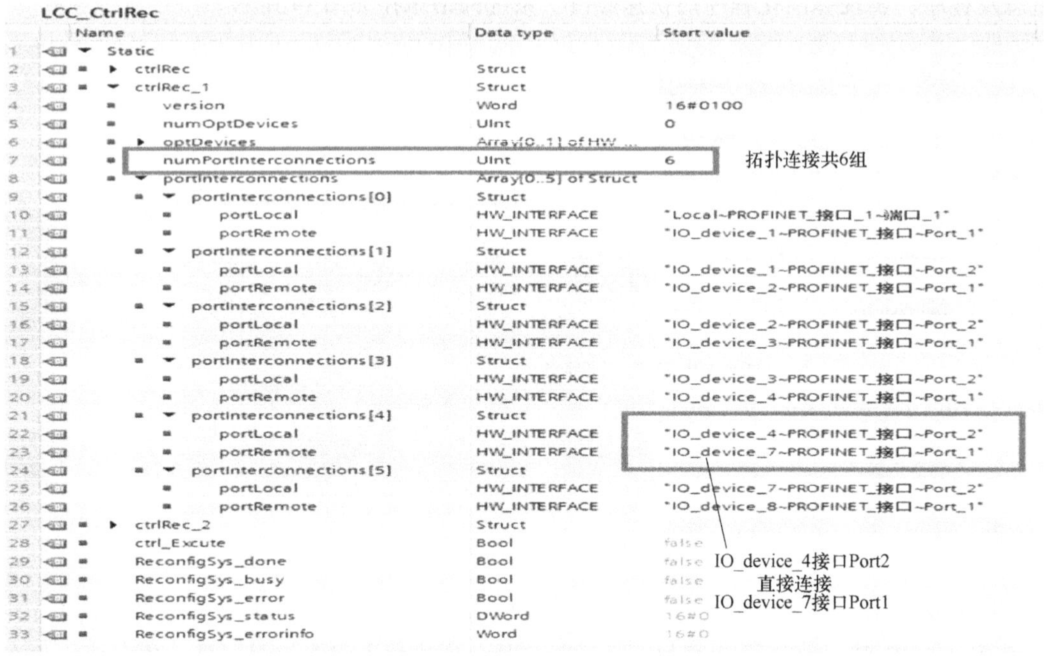
LCC_CtrlRec

	Name	Data type	Start value
1	Static		
2	ctrlRec	Struct	
3	ctrlRec_1	Struct	
4	version	Word	16#0100
5	numOptDevices	UInt	0
6	optDevices	Array[0..1] of HW ...	
7	numPortInterconnections	UInt	6
8	portInterconnections	Array[0..5] of Struct	
9	portInterconnections[0]	Struct	
10	portLocal	HW_INTERFACE	"Local~PROFINET_接口_1~端口_1"
11	portRemote	HW_INTERFACE	"IO_device_1~PROFINET_接口~Port_1"
12	portInterconnections[1]	Struct	
13	portLocal	HW_INTERFACE	"IO_device_1~PROFINET_接口~Port_2"
14	portRemote	HW_INTERFACE	"IO_device_2~PROFINET_接口~Port_1"
15	portInterconnections[2]	Struct	
16	portLocal	HW_INTERFACE	"IO_device_2~PROFINET_接口~Port_2"
17	portRemote	HW_INTERFACE	"IO_device_3~PROFINET_接口~Port_1"
18	portInterconnections[3]	Struct	
19	portLocal	HW_INTERFACE	"IO_device_3~PROFINET_接口~Port_2"
20	portRemote	HW_INTERFACE	"IO_device_4~PROFINET_接口~Port_1"
21	portInterconnections[4]	Struct	
22	portLocal	HW_INTERFACE	"IO_device_4~PROFINET_接口~Port_2"
23	portRemote	HW_INTERFACE	"IO_device_7~PROFINET_接口~Port_1"
24	portInterconnections[5]	Struct	
25	portLocal	HW_INTERFACE	"IO_device_7~PROFINET_接口~Port_2"
26	portRemote	HW_INTERFACE	"IO_device_8~PROFINET_接口~Port_1"
27	ctrlRec_2	Struct	
28	ctrl_Excute	Bool	false
29	ReconfigSys_done	Bool	false
30	ReconfigSys_busy	Bool	false
31	ReconfigSys_error	Bool	false
32	ReconfigSys_status	DWord	16#0
33	ReconfigSys_errorinfo	Word	16#0

图 16 分布式 IO 站组态控制数据记录

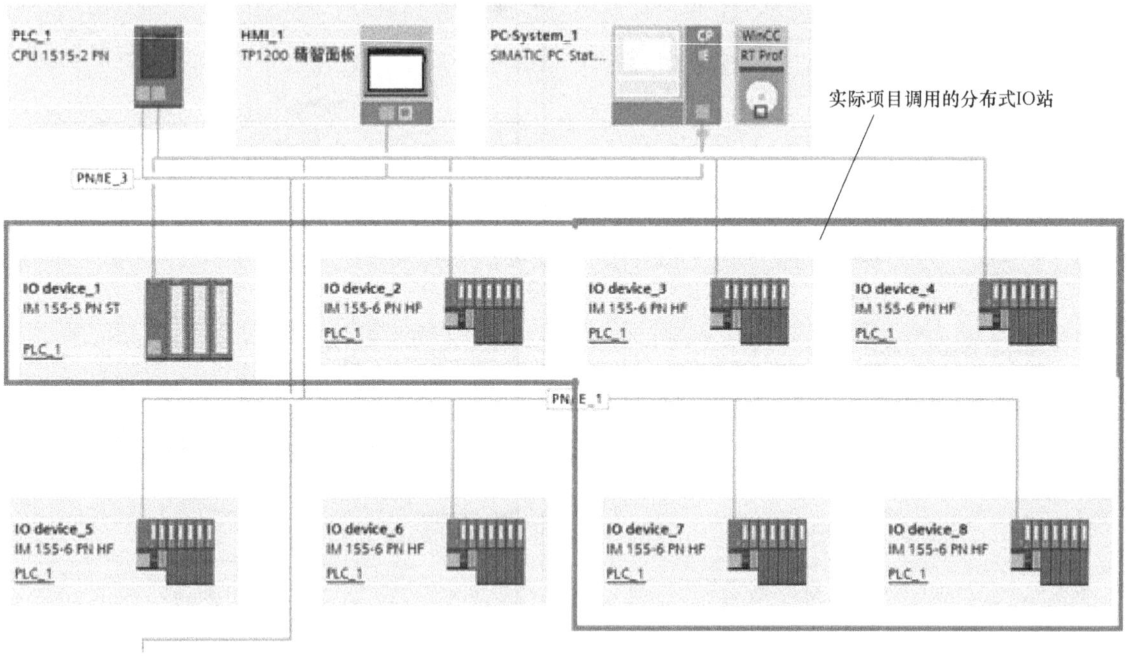

图 17 分布式 IO 站实际调用示意图

五、项目运行及应用体会

通过本项目标准化程序的开发，极大地满足了客户对产品多样性和灵活性的要求，使客户可以根据市场的不同需求，快速开发相应产品，赢得市场份额。由于该标准化程序的底层组件模块和基本功能模块通过项目库生成了版本程序，因此在后续的技术迭代和功能升级时，可以通过版本控制来实现程序的快速修改及替换。在硬件组态及网络拓扑方面，本项目采用最大的硬件配置及网络配置来设计程序结构，可以通过组态控制来适应不同项目的硬件组态及网络拓扑的改变，有效减小了标准化程序的修改和维护的工作量。

参考文献

[1] Guide to Standardization [Z].
[2] Programming Guideline for S7-1200/1500 [Z].
[3] Programming Style Guide for S7-1200/S7-1500 [Z].

西门子工业产品助力商用车输入轴产线的智能化
Application of Siemens Automation and Drive Products in Input Shaft Production Line for Commercial Vehicles

刘胜勇
（重汽（济南）车桥有限公司司名称　济南）

[摘　要] 本文介绍了西门子 SIMATIC S7-1500 PLC、KTP 1200 Basic PN 触摸屏、SINAMICS V90 PN 驱动器等产品在商用车输入轴智能化生产线中所组成的系统配置和网络结构，并从软硬件设计方面，叙述关键功能的成功实现步骤。
[关 键 词] 商用车、输入轴、S7-1500、KTP1200、MES、机器人
[Abstract] This paper introduces the system configuration and network construction that is consisted of Siemens SIMATIC S7-1500 PLC, KTP 1200 Basic PN touch screen, SINAMICS V90 PN driver and SCALANCE etc in the intelligent production line of commercial vehicle input shafts. In aspects of hardware and software design, the paper also describes the successful application of main function.
[Key Words] Commercial vehicle、Input shaft、S7-1500、KTP1200、MES、Robot

一、项目简介

1）项目所在地，项目所在公司企业简介，公司的行业简要背景。

项目位于山东省济南市高新区世纪大道 757 号，所属企业为重汽（济南）车桥有限公司。该企业主要为重、中、轻、客、特等全系列商用车提供驱动桥和转向桥，借助自动化、数字化和智能化技术，进行 MCY 单级减速桥、MAT/MCP 双级减速桥及矿车用驱动桥的智能制造，并进行 VPD 盘式前桥、VGD 鼓式前桥、MVP 前驱桥及矿车用前桥的绿色生产。

随着物联网、移动通信、移动互联网和数据自动采集技术的飞速发展以及在汽车等多领域的广泛应用，人类社会所拥有的数据正呈现前所未有的“GB→TB→PB→EB→ZB”跳跃级的爆炸式增长。这些海量数据唯有采用一些支撑云环境的相关技术和数据立方等云处理软件，方可挖掘出有用的信息并被快捷、高效处理，方可释放出数据的价值并被获知彼此间的关联关系，方可推动和实现数据、技术、业务流程、组织结构四要素的互动创新与持续优化。只有这样，汽车等产业才能实现创新发展、智能发展和绿色发展，才能保持与其发展战略相匹配的可持续竞争力，才能不断满足用户日益增长的汽车个性化定制需求。为此，公司引入离散型智能制造项目，升级改造现场的传统生产技术和工艺，深度挖掘现场海量数据，推进数据中心建设，使汽车全价值链上的数据由资源变为资产，由资产转为价值。

2）项目的简要工艺介绍。

拟设计的输入轴智能化生产线既要实现 MCY13、MCY11 及 AC16 系列驱动桥用输入轴的减材制

造，具备相似产品的快速拓展能力，保证单件产品的加工节拍小于 4 min；还可智能识别过程产品，智能监控加工环境，自动完成零件装卸，自动测量各项尺寸，实时采集机床状态，采集分析质量数据等。也就是，既要使汽车零部件——输入轴的加工实现智能控制与可视化，还得满足用户个性化需求，对计算机决策系统和机械制造自动化具有重大促进作用。

材质为 SAE4340H 的 MCY13 输入轴（见图 1）的制造流程：毛坯取料→自动打码→车削外圆面及端面（05 工序）→调头车削外圆面及端面（10 工序）→滚切花键轴Ⅲ（15 工序）→滚切花键轴Ⅱ（20 工序）→滚切花键轴Ⅰ（25 工序）→成品下料。

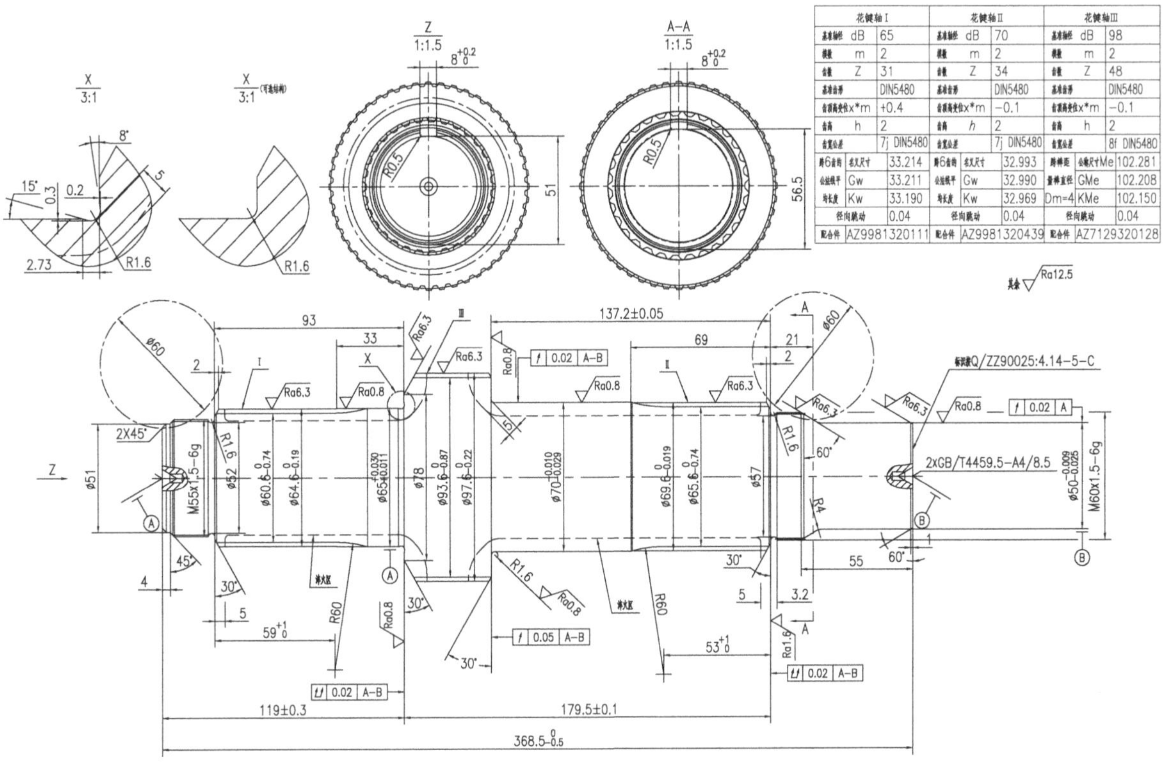

图 1 MCY13 输入轴（成品）示意

3）项目当中使用的西门子工业产品的型号、数量、类型、何种控制对象等信息。

输入轴智能化生产线的整个控制采用 PROFINET 现场总线连接，涉及总控制台 PC、机器人控制器、加工机床、测量单元、扫码单元等，配远程诊断系统。输入轴智能化生产线项目用到的西门子工业硬件，见表 1。

表 1 输入轴智能化生产线项目用到的西门子工业硬件

序号	产品型号	数量/件	类型/订货号	控制对象
1	S7-1500 PLC CPU 1511-1 PN	1	6ES7 511- 1AK01-0AB0	协调 8 台 CNC 机床、打标、读码、测量等工位之间的动作，完成机器人的自动跟踪监控和协调控制
2	DI 32×24VDC HF	1	6ES7 521- 1BL00-0AB0	数字量输入模块，分配输入映像地址 0~3，输入延时 0.05ms
3	DI 32×24VDC BA	2	6ES7 521- 1BL10-0AA0	数字量输入模块，分配映像地址 4~7 和 8~11，输入延时 3.2ms

（续）

序号	产品型号	数量/件	类型/订货号	控制对象
4	DQ 32×24VDC/0.5A BA	2	6ES7 522-1BL10-0AA0	数字量输出模块，分配输出映像地址 0~3 和 4~7
5	AI 4×U/I/RTD/TC ST	1	6ES7 531-7QD00-0AB0	模拟量输入模块，带 RTD 测量功能，分配输入映像地址 469~476
6	DI 16/DQ 16×24VDC/0.5A BA	1	6ES7 522-1BL10-0AA0	数字量输入模块 DI 16，分配映像地址 477~478，输入延时 3.2ms
				数字量输出模块 DQ 16，分配出映像地址 426~427
7	KTP 1200 Basic PN	1	6AV2 123-2MB03-0AX0	在 12.1 英寸 TFT 显示屏上，显示整线工作状态、故障信息（诊断至点）、工艺信息和生产管理等内容
8	SINAMICS V90 PN V1.0	1	6SL3 210-5BF10-4UF1	带 PROFINET-IO 接口的伺服驱动器，控制打标机动力头升降电动机
9	SIMOTICS S-1FL6	1	1FL6 034-2AF21-1AH1	1FL6 伺服电动机驱动打标机动力头升降，额定功率 0.4kW，额定转矩 1.27N·m，额定转速 3000r/min
10	Motion-Connect 接线	3	6FX3 002-5CK01-1BF0	预装配动力电缆
			6FX3 002-2DB20-1BF0	绝对值编码器的预装配信号电缆
			6FX3 002-5BK02-1BF0	1FL6 伺服电动机的抱闸线
11	SITOP PSU300S	1	6EP1437-2BA20	SITOP 开关电源，输出 DC24V/40A
12	S7-200 CN CPU 224XP CN	1	6ES7 214-2BD23-0XB8	全自动测量机各部动作顺序的逻辑处理，提供输入、输出映像地址
13	S7-200 CN EM 223 CN	2	6ES7 223-1PL22-0XA8	数字量输入输出模块，向全自动测量机提供映像地址 DI 16、DO 16

4）项目中使用的相关数字化技术。

输入轴智能化生产线涉及 3 个网络，即生产网络、公司网络和监视网络。

在生产网络内，总控制台 PC 先经工业以太网交换机和 PROFINET 现场总线，链接 2 台内嵌有 DSQC688 适配器的 ABB 机器人、2 台 FANUC 0i-TF 数控卧式车床、6 台数控滚齿机、自动测量机、打标机、读码器等装备；再用基于 Visual Studio 环境的客户端车间管控系统（见图 2）协调车削、滚切、打标、读码、测量等工位之间的动作，完成机器人的自动跟踪监控和协调控制。

在公司网络内，总控制台 PC 与桥箱智造 JMES 系统（见图 3）连通，操作者凭用户权限直接领取车间派发的指定工件的网络化产线计划。

在监视网络内，红外摄像头监视着机器人装/卸料与机床内卡具的干涉实况，线尾及操作台侧的小米电视机可视化地呈现着生产线运行工况。

5）照片：能整体反映生产情况，或公司总貌，如图 4~图 7 所示。

在输入轴智能化生产线上，2 台 FANUC 0i-TF 车床对应承担输入轴 05、10 工序外圆面及端面的车削加工，节拍 3 min /件；6 台 FANUC 0iMate-MD 滚齿机对应承担输入轴 15、20 和 25 工序花键轴

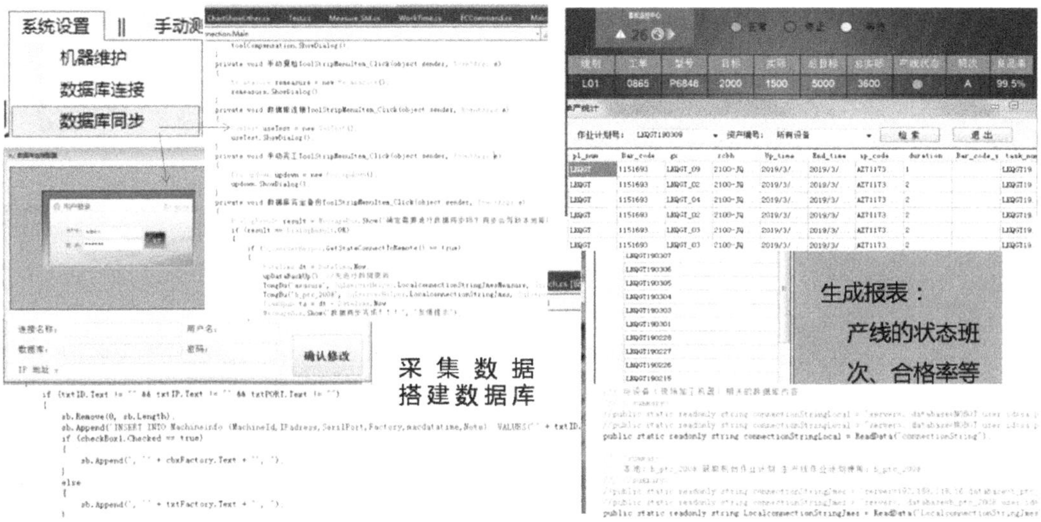

图 2　基于 Visual Studio 环境的客户端车间管控系统

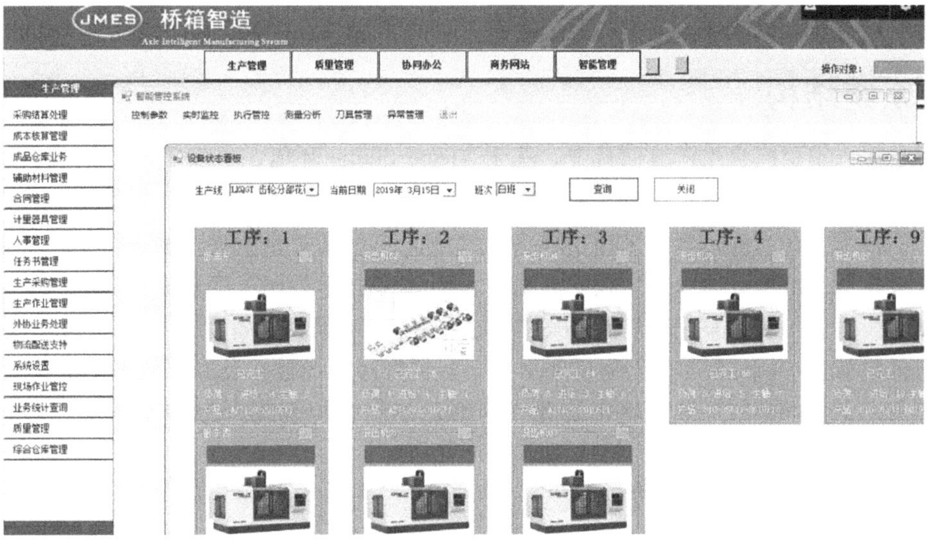

图 3　桥箱智造 JMES 系统及智能管理子模块相关画面

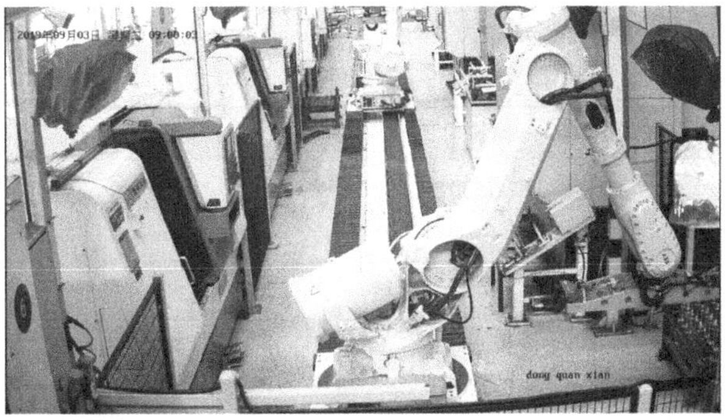

图 4　输入轴智能化生产线中左机器人正拍照取料

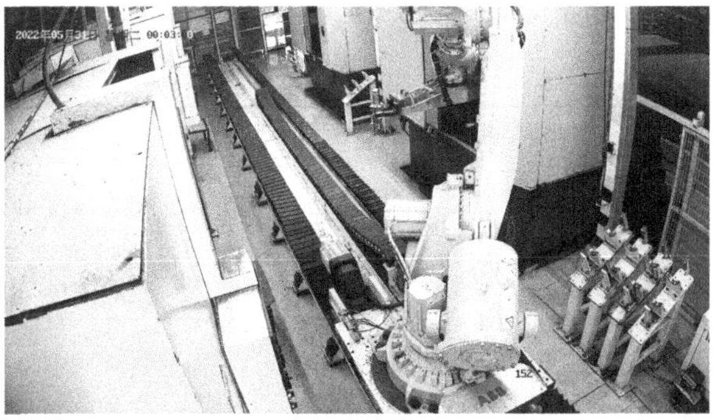

图 5　输入轴智能化生产线中右机器人向滚齿机装料

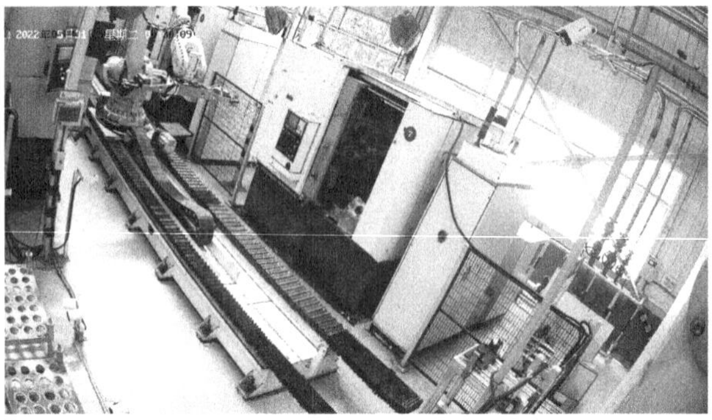

图 6　输入轴智能化生产线中右机器人拟完工卸料并码垛

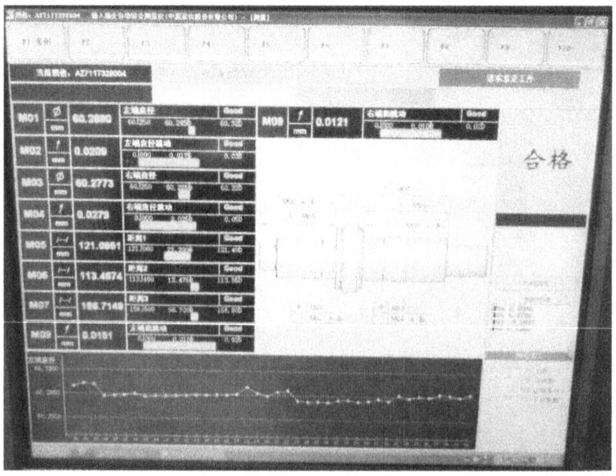

图 7　输入轴智能化生产线中自动测量机主画面

的滚切加工，每 2 台机床为一组，节拍 6 min /件；配有气动抓手的 2 台 ABB IRB 6700-155 型六自由度关节机器人在 20m 长的 IRBT6004 型行走导轨上不停穿梭，完成工序间的取件和放件，并通过拍照识别完成线首双工位的顺序喂料与线尾的双工位完工码垛。

二、系统结构

在商用车输入轴智能化生产线项目中，基于 Visual Studio 环境，研发了客户端的网络化车间管控系统，涉及程序主窗体、运行状态控件、任务信息控件、产量统计控件、报警信息控件、用户设定控件等。项目不仅在当前机床上采用在线实时测量，并对温度等环境因素进行物理补偿；而且将产品的全数检验从制造中分离为一个独立的工序，经 SPC 技术控制工序质量；还兼顾了多品种柔性化生产的产品切换、工装调整、程序调用等瓶颈点，生产工况、设备状态、产品尺寸等资源数据，实时分享到桥箱智造 JMES 并可视化地呈现于公司各级管理者面前，及时有效做出决策性反馈。

项目涉及的主要内容有工业现场可视化、网络化车间管控系统、FANUC 等系统数据采集分析管理软件、区块互联互通、JMES 二次开发等。

1）系统中使用到的软件、硬件产品。

输入轴智能化生产线的整个控制采用 PROFINET 现场总线连接，涉及总控制台 PC、2 台机器人控制器、8 台数控加工机床、1 台测量单元、2 件扫码单元与 2 套康耐视照相机等，配远程诊断系统。

① 输入轴智能化生产线应用的西门子工业软件，见表 2。

表 2　输入轴智能化生产线应用的西门子工业软件

序号	西门子工业软件	版本	操控对象	目标设备
1	Totally Integrated Automation Portal	V14 SP1	S7-1500 PLC CPU 1511-1 PN	总控制台 PC
2	WinCC Basic	V14 SP1	KTP 1200 Basic PN	总控制台侧触摸屏
3	STEP 7-MicroWIN	V4.0	S7-200 CN CPU 224XP CN	全自动测量机
4	SINAMICS V-ASSISTANT	—	SINAMICS V90 PN	气动打标机

② 输入轴智能化生产线应用的西门子工业硬件，见表 1。

③ 输入轴智能化生产线应用的非西门子工业软件和硬件，见表 3。

表 3　输入轴智能化生产线应用的非西门子工业软件和硬件

序号	非西门子工业硬件	配套软件	操控对象	目标设备
1	FANUC 0i-TF 系统	FANUC LADDER-Ⅲ	0i-TF PMC	2 台福硕卧式数控车床
2	FANUC 0iMate-MD 系统 A02B-0319-B500	FANUC LADDER-Ⅲ	0i-F 之前 PMC	6 台数控滚齿机
3	CIMR-G7A401	YASKAWA SigmaWin+	安川变频器	数控滚齿机的主运动
4	BKSC-4018GS1	—	超同步驱动器	福硕数控车床的主轴
5	DataMan 260	DataMan Setup Tool	COGNEX 图像	康耐视读码器
6	In-Sight IS7600 相机	In-Sight Explorer EasyBuilder	二维视觉系统	2 套康耐视工业相机
7	ABB6700-155 机器人	ABB RobotStudio	ABB 仿真软件	2 台 ABB 关节机器人

2）系统结构图、网络结构图、工作流图等能够说明项目主要工作原理的内容。

① 输入轴智能化生产线的空间布局，如图 8 所示。

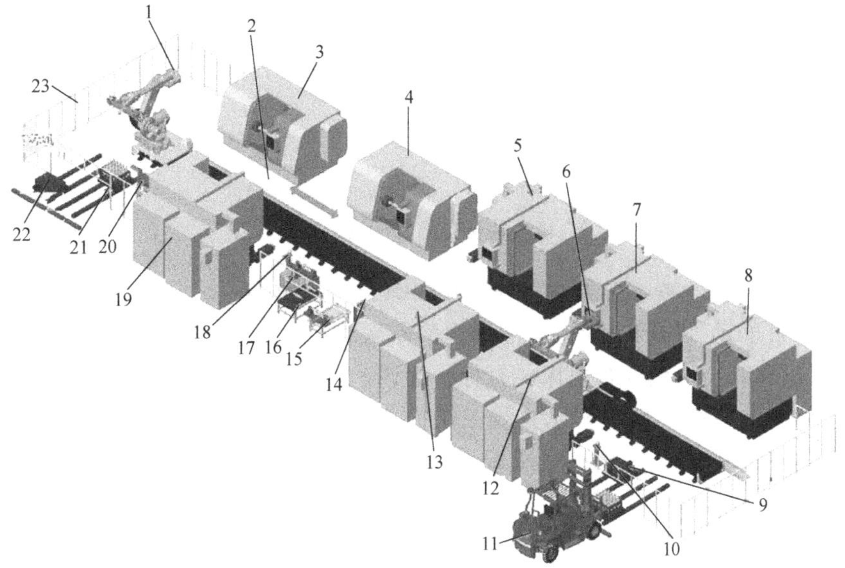

图 8　输入轴智能化生产线的空间布局

1、6—IRB6700-155 型六自由度关节机器人；2—IRBT6004 型机器人行走导轨；3—05 工序 CNC 车床；4—10 工序 CNC 车床；5、19—15 工序 CNC 滚齿机；7、13—20 工序 CNC 滚齿机；8、12—25 工序 CNC 滚齿机；9—成品托盘；10—DataMan 150/260 固定式读码器；11—叉车；14—缓存及姿态转换台；15—工件检测台；16—废件传送带；17—全自动测量机；18—气动打标机及读码器；20—二次定位台；21、22—上料托盘；23—防护围栏

输入轴智能化生产线主要由 2 台 FCL-300 型数控卧式车床、3 台 YKX3140M 型数控高效滚齿机、3 台 YKX3132M 型数控高效滚齿机、2 台 IRB6700-155 型六自由度关节机器人（下称 RT）、1 台全自动测量机、1 台气动打标机及附属装置组成，各款设备的单价依次为 60.9 万元、60 万元、56.9 万元、34 万元、21 万元、6.3 万元。其中，车床承担输入轴 05、10 工序外圆面及端面的车削加工，节拍 3 min /件；滚齿机承担输入轴 15、20 和 25 工序花键轴的滚切加工，每两台机床为一

组，节拍 6 min /件；配有气动抓手的 RT 在 20m 长的导轨上不停穿梭，完成工序间取件和放件。

② 输入轴智能化生产线的网络拓扑，如图 9 所示。

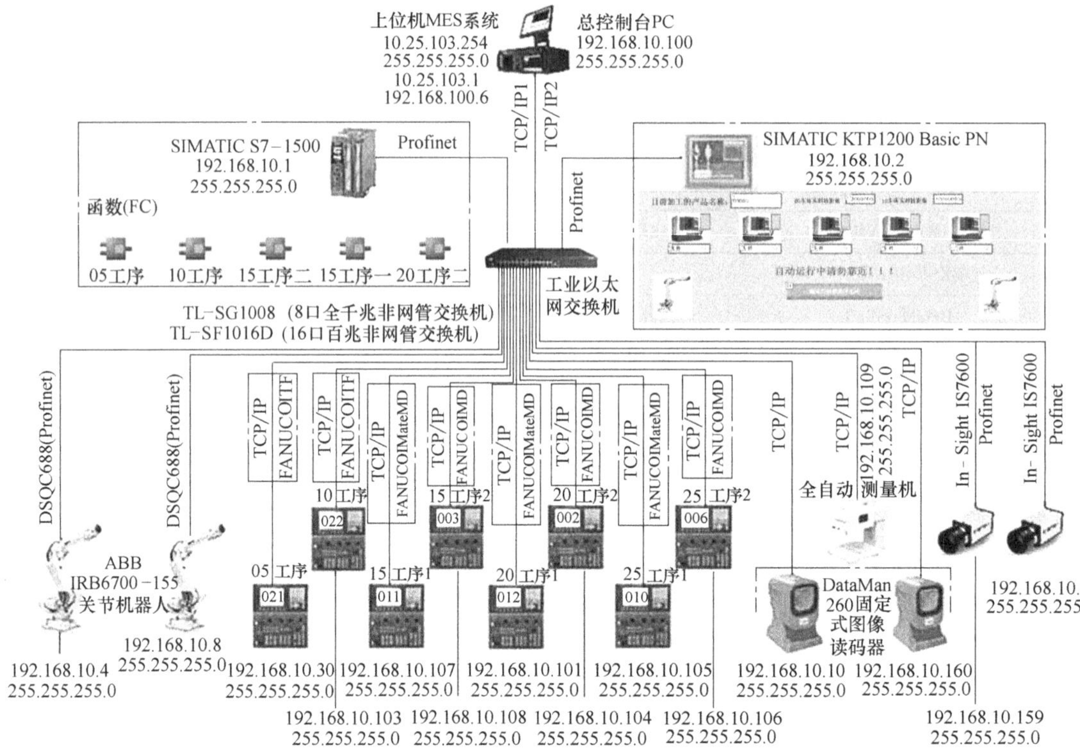

图 9　输入轴智能化生产线的网络拓扑

输入轴智能化生产线的整个控制采用 PROFINET 现场总线连接，涉及总控制台 PC、RT 控制器、加工机床、测量单元、扫码单元等，配远程诊断系统。

总控制台 PC。它既会协调 8 台机床、打标、读码、测量等工位之间的动作，完成 RT 的自动跟踪监控和协调控制；又能在 HMI 侧显示整线工作状态、故障信息（诊断至点）、工艺信息和生产管理等内容；还与用户 MES 系统联网，在所配大屏幕上显示监控数据——加工质量、当前产量和产品合格率等。

RT 控制器。RT 内嵌 DSQC688 适配器，其机械手中间装有 IS7600 视觉系统，它们通过千兆非网管交换机接入 PROFINET 网络（见图 10）。视觉系统给定目标件的当前位置信息后，反馈至 SIMATIC S7-1500PLC，逻辑信息送至 RT；RT 据坐标数据改变运行轨迹，完成输入轴的抓取和码垛。此外，机械手两端装有摄像头，可拍摄机床内部工件和刀具实际情况，实时投射在大屏幕上。

加工机床。8 台机床通过百兆非网管交换机接入总线网络（见图 11），其中 3 台 FANUC 0iMateMD 系统的重庆滚齿机务必在其 PCMCIA 插槽内加装通信卡 A15B-0001-C106，方可实现 TCP/IP 通信。

3）必要的照片、截屏、表格等反映实际应用情况。

为完成输入轴的长度测量、姿态变换、码垛运输与打标夹持，对应设计二次定位台、姿态转换台、打标机支架及物料托盘等，并基于 TIA V14 软件设计机器人等相关设备的动作控制策略。

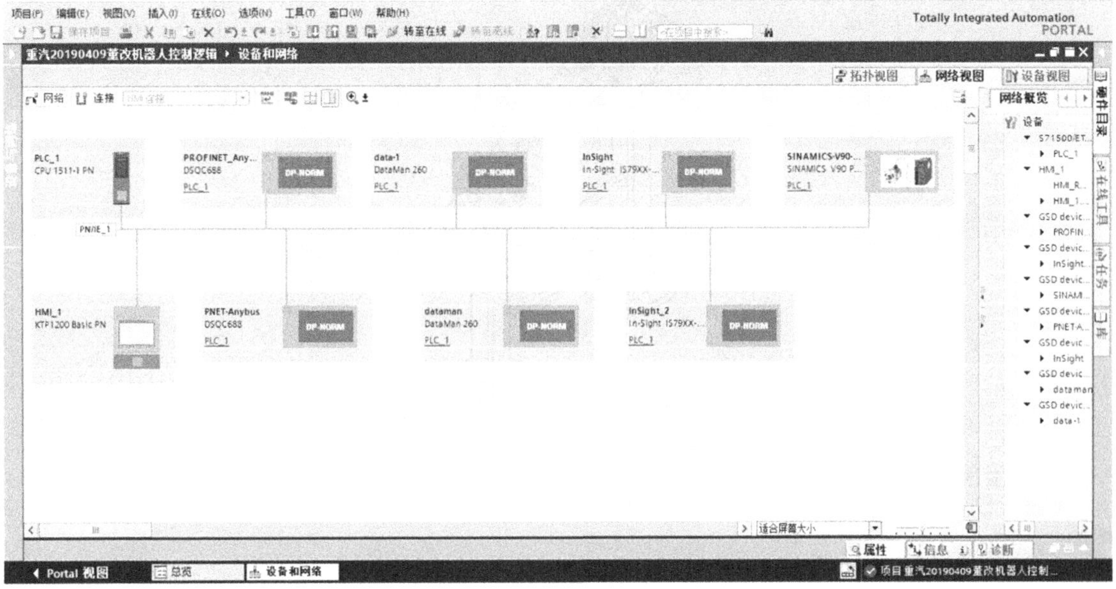

图 10　输入轴智能化生产线基于 TIA V14 的网络视图

工业以太网交换机TP-Link TL-SF1016D（16口百兆非网关交换机）

2100-JQ-001-00021　12 福硕FCL-300车床（05工序_南1，FANUC 0iTF）192.168.10.30

2100-JQ-001-00022　13 福硕FCL-300车床（10工序_南2，FANUC 0iTF）192.168.10.103

2100-JQ-005-00003　2 南二YKX3140M滚齿机（152工序_南3，FANUC 0iMD） 192.168.10.108

2100-JQ-005-00002　4 南二YKX3140M滚齿机（202工序_南4，FANUC 0iMD） 192.168.10.104

2100-JQ-005-00006　7 南二YKX3140M滚齿机（252工序_南5，FANUC 0iMD） 192.168.10.106

2100-JQ-005-00011　1 重庆YKX3132M滚齿机（151工序_北1，FANUC 0iMateMD） 192.168.10.107

2100-JQ-005-00012　3 重庆YKX3132M滚齿机（201工序_北2，FANUC 0iMateMD） 192.168.10.101

2100-JQ-005-00010　5 重庆YKX3132M滚齿机（251工序_北3，FANUC 0iMateMD） 192.168.10.105

中测量仪：192.168.10.109

上位机MES系统（TCP/IP1）：10 .25 .103.254
255.255.255.0
10 .25 .103.1
192.168.100.6

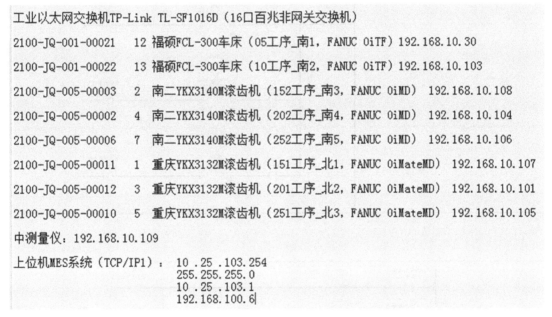

图 11　输入轴智能化生产线上总线网络的 IP 分布

① 二次定位台。输入轴智能化生产线的二次定位台主要由脚座安装型行程可读出气缸 CE1L32-100L-M9BL、整体支架、台板、定位销、V 形块、挡块及其支架等部件组成，如图 12 所示。除 SMC 气缸、挡块、定位销与标准件外，其余为 Q235 板料的焊接件。二次定位台的动作控制策略，如图 13 所示。

② 姿态转换台。姿态转换台主要由整体支架、台板、V 形块、锡青铜板、挡块及其支架等部件组成，如图 14 所示。除锡青铜板、挡块与标准件外，其余为 Q235 板料的焊接件。

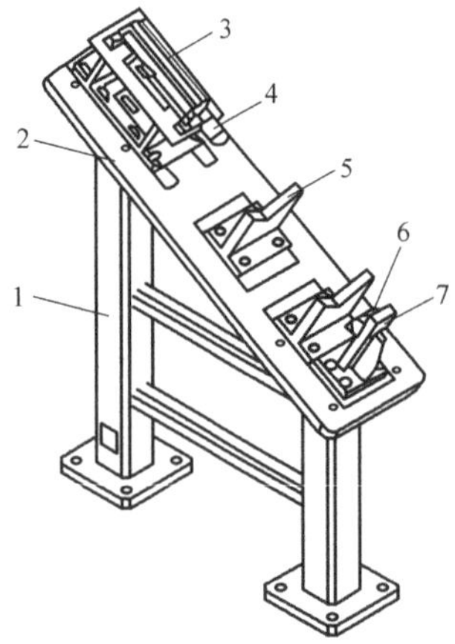

图 12　二次定位台结构示意

1—整体支架；2—台板；3—脚座安装型行程可读出气缸；4—定位销；5—V 形块；6—挡块；7—挡块支架

网络 2：

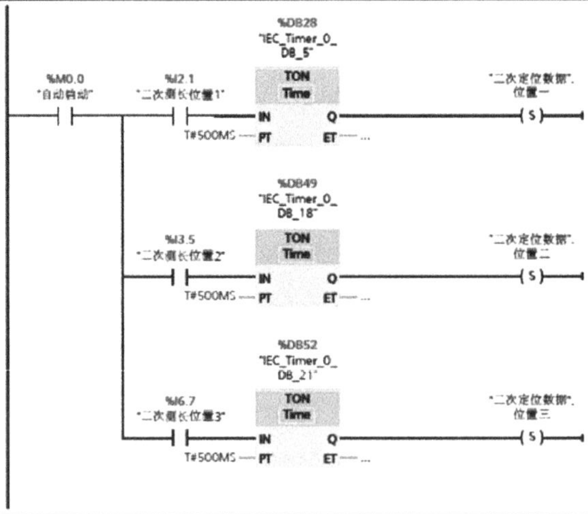

网络 3：

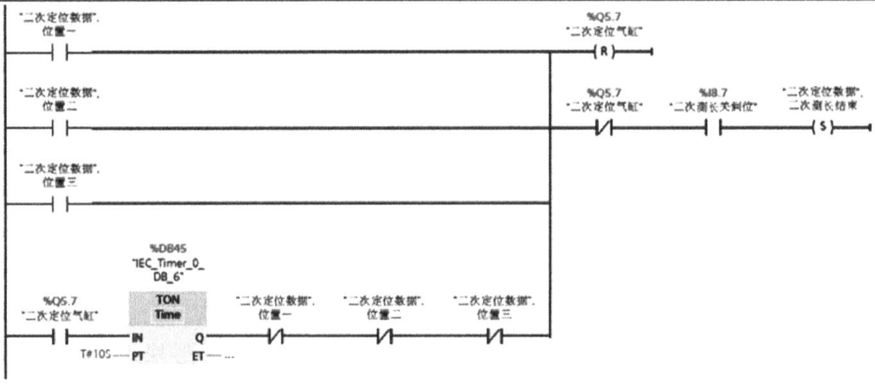

图 13　二次定位台的动作控制策略

③ 打标机支架。输入轴智能化生产线的打标机支架主要由底座、V 形钳体和上防护罩等部件组成，如图 15 所示。其中，V 形钳体主要由左右夹指、V 形块、气爪 MHL2-32D、电磁阀 SY5120-5D-C8 等零件组成。打标机的动作控制策略，如图 16 所示。

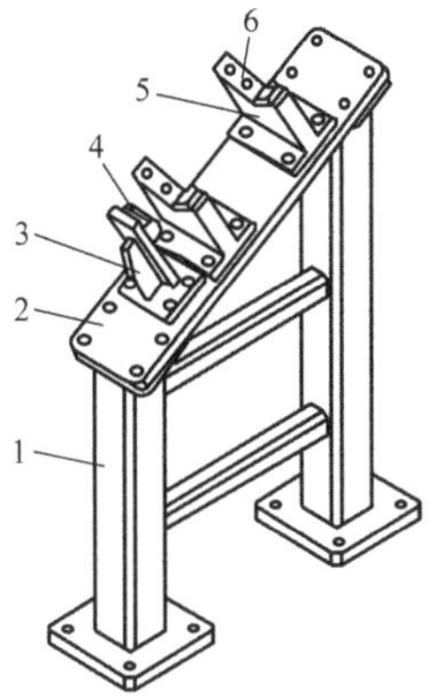

图 14　姿态转换台结构示意

1—整体支架；2—台板；3—挡块支架；4—挡块；5—V 形块；6—锡青铜板

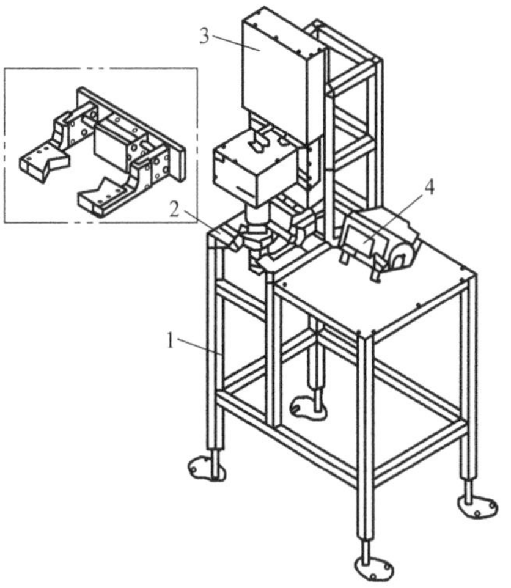

图 15　打标机支架及 V 形钳体

1—底座；2—V 形钳体；3—上防护罩；4—打标机控制器

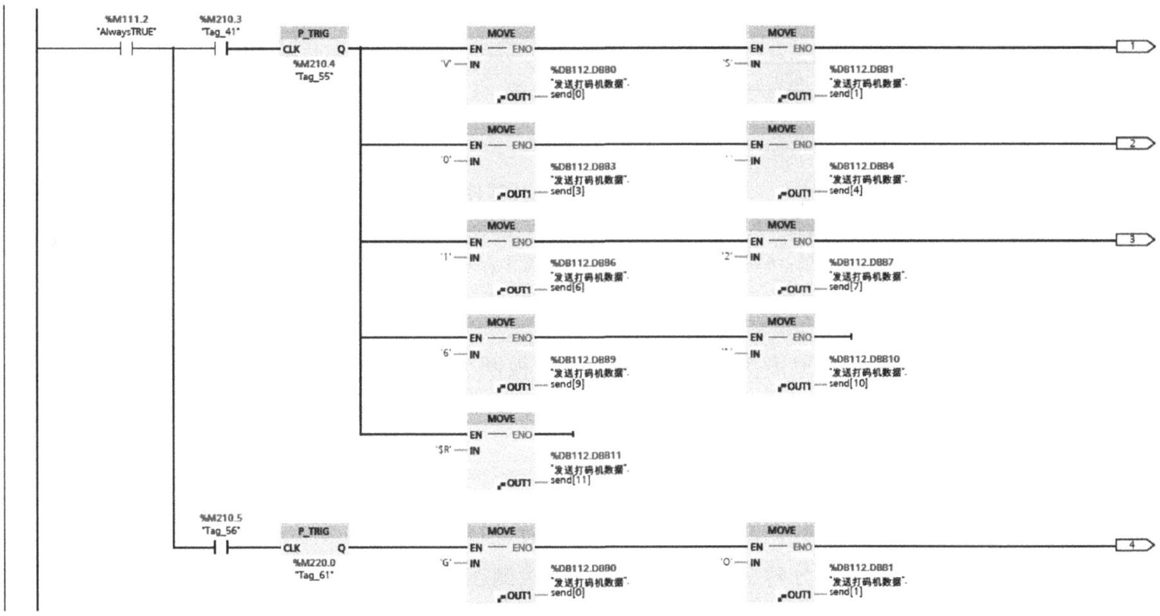

图 16　打标机的动作控制策略

④ 物料托盘。物料托盘主要由立柱、横梁Ⅰ和Ⅱ、纵梁Ⅰ和Ⅱ、吊钩、定位销、支脚、橡胶垫及定位板等组成，如图 17 所示。除螺钉、螺栓连接外，其余连接处焊接而成，焊角高度不低于 5mm，并且焊接牢固、焊缝平整。其中，立柱、横梁与纵梁可由规格为 50mm×5mm 的方形钢管制成，吊钩可由 20 圆钢制成，定位销与支脚需由材料为 Q235-A 的棒料或锻件加工而成，橡胶垫可由

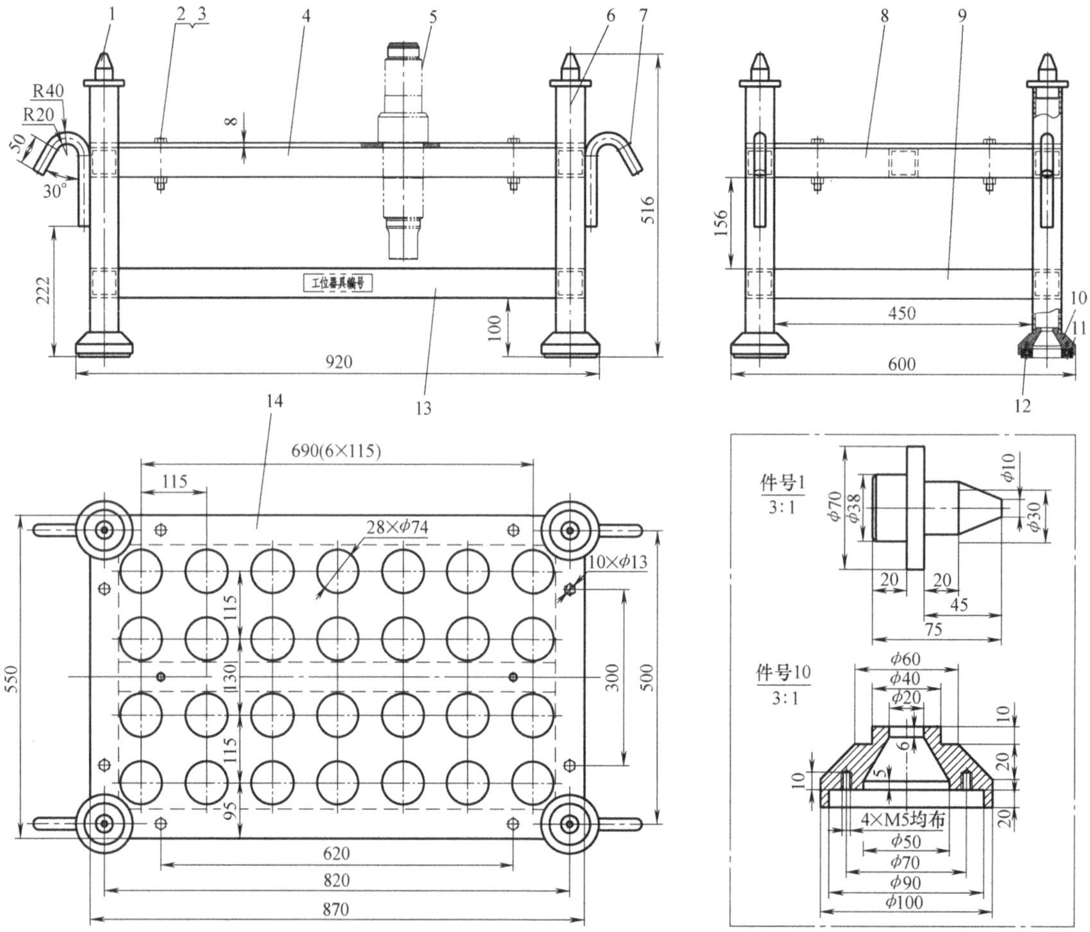

图 17　物料托盘及其零件图

1—定位销；2—六角头螺栓 M12×80；3—1 型六角螺母 M12；4—横梁 Ⅰ；
5—输入轴；6—立柱；7—吊钩；8—纵梁 Ⅰ；9—纵梁 Ⅱ；10—支脚；
11—橡胶垫；12—开槽沉头螺钉 M5×16；13—横梁 Ⅱ；14—定位板

工业橡胶板制成，定位板可由厚度为 8mm 的环氧树脂板制成。

物料托盘的动作控制策略分三部分：人工上料、上料位相机识别抓取、下料位相机识别卸料，对应动作的控制策略如图 18～图 20 所示。

4）方案比较。

机外设自动检测台，检测数据和车床联网，可实时进行加工补偿。

同时生产线上有工件检测分转台，同时设有手动检测按钮，能够随时呼叫机器人将任一台设备加工后的工件放置在人工检测工位，检测完毕后，按下检测完毕按钮，机器人取回工件并运送至下一工序。

生产线设置单独的总控制器，由总控制器来协调加工机床、上下料料仓、打码、扫码、自动和人工检测工位之间的动作。

总控制器中控制系统可完成工件上料机构的自动跟踪监控和协调控制。并与 MES 系统联网，同时配置大屏幕，显示监控数据：工件加工质量、当前产量、产品合格率等。

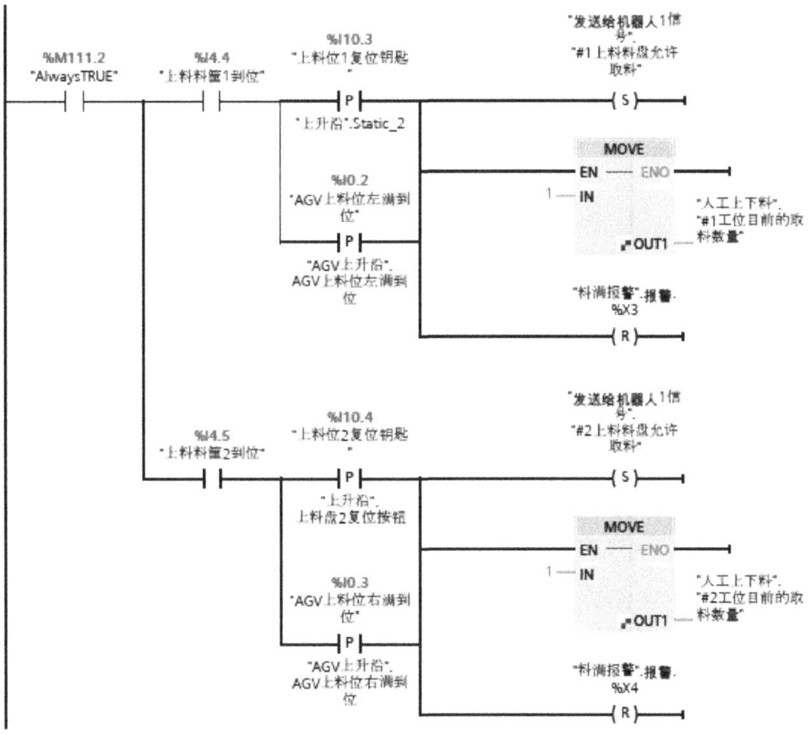

图 18　物料托盘人工上料的控制策略

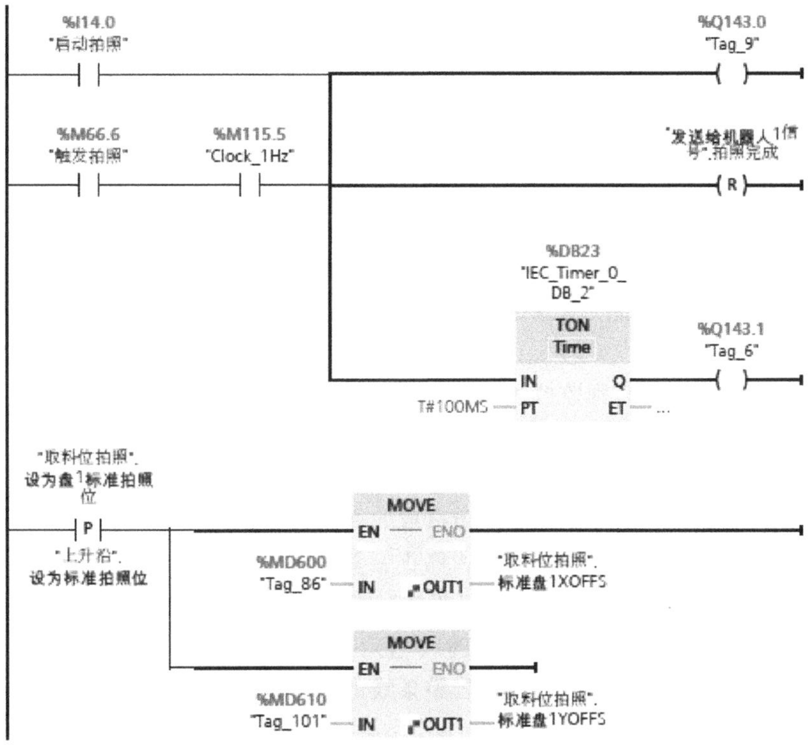

图 19　物料托盘上料位相机识别抓取的控制策略

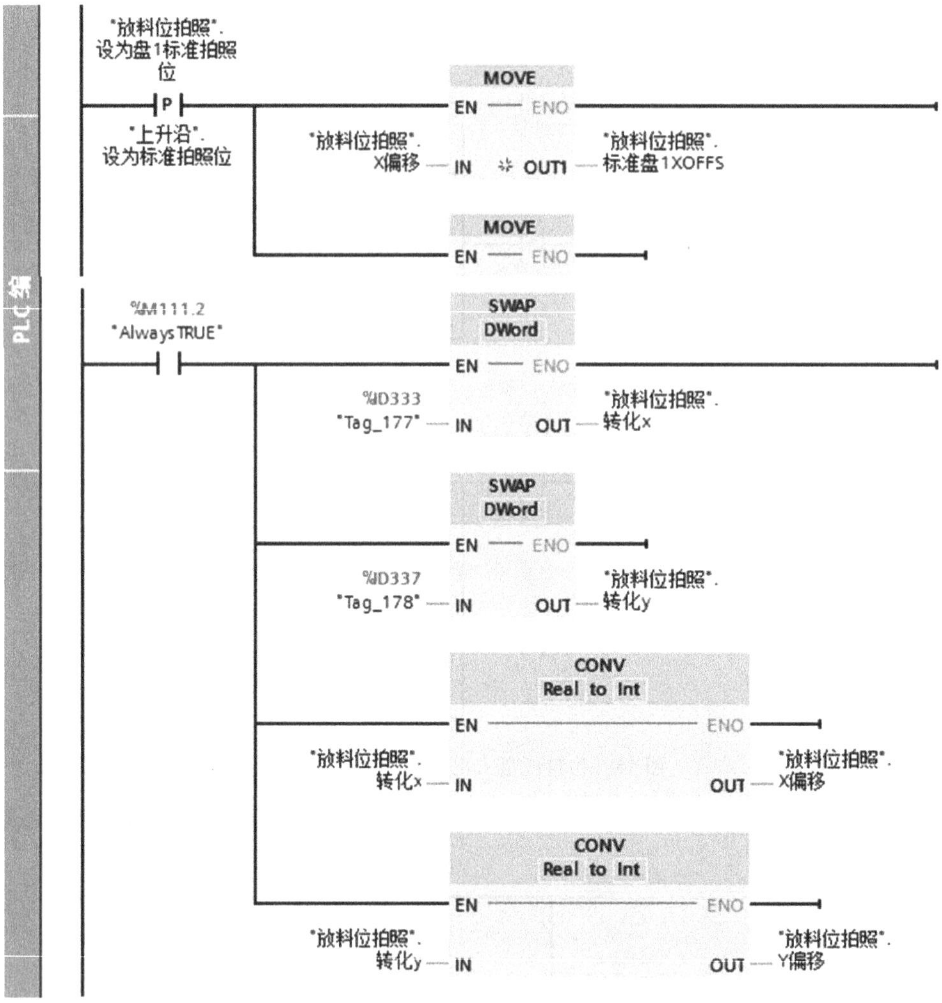

图 20　物料托盘下料位相机识别卸料的控制策略

生产线具有质量数据采集功能，可以采集质量管理系统所需的零件检测数据及机床目前状态数据等可上传至上位机，上位机的质量及生产管理系统软件采用 WinCC 进行分析处理及表格图形的显示及打印。

分控制台系统只对生产线起到监控和数据收集、数据备份、数据存储的作用。当分控制台出现故障而无法正常工作时，不影响生产线的运行和换模。

在人机交互界面（见图 21）上，为保证运行可靠，上料准确，可直观地对各种参数进行监控。在控制系统中，工件传送机构由于断电或故障造成非在位停止，可以通过按钮操作沿原轨迹返回正确位置，以执行自动操作。具有系统的启动、停止、复位等操作手段。

生产配方（见图 22）主要包含：打码机设置、扫码的设置、测量机设置、人工检测台设置、转存平台设置机器人运行的程序号（运行轨迹）、上下料台车状态。

报警处理功能：系统应能自动检测并报告整条线的异常情况。包括报警显示、报警等级、报警确认、报警查询等功能。

显示并输入产品数据：向 PLC 指示、确认、传输数据。运行模式的选择以及单元状态的显示。

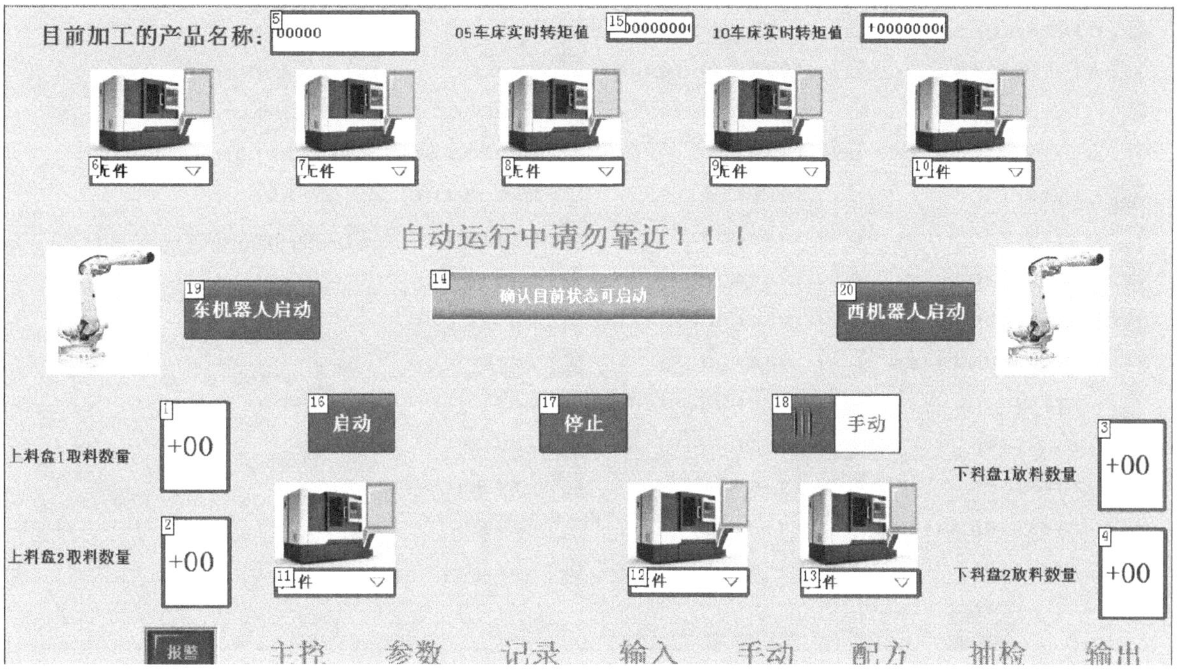

图 21　输入轴智能化生产线的 HMI 主控画面

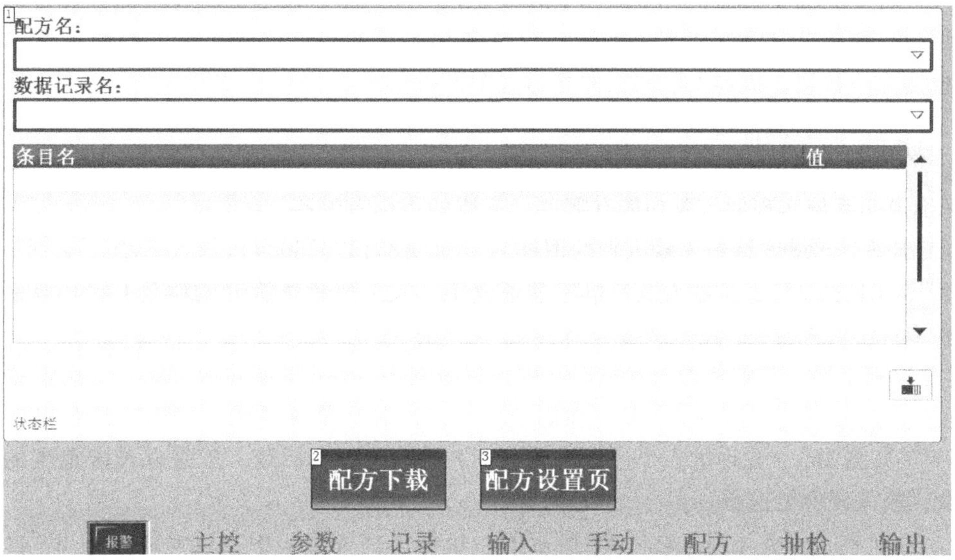

图 22　输入轴智能化生产线的 HMI 生产配方画面

相应单元 I/O 点注释及状态实时显示（见图 23）。故障信息显示，并具有故障信息分段存储、清空功能。操作监控系统与自动化线的连接，监控生产线相关区域的安全系统状态，支持不少于 200 条最近的事件记录功能。实现主要工艺参数及故障提示，主要包含以下基本信息：生产过程状态监测和生产量预置及计数；设备状态显示；故障显示诊断功能、显示故障部位；机床工作状态显示；参数设置、故障显示；逻辑错误显示。显示各单元如打码机、扫码机、测量机、人工检测台、转存平台的实时状态。

图 23　输入轴智能化生产线的 HMI 输出监控画面

生产线可自动完成全部加工、检测，全线自动化。同时生产线上有工件检测分转台，同时设有手动检测按钮，能够随时呼叫机器人将任一台设备加工后的工件放置在人工检测工位，检测完毕后，按下检测完毕按钮，机器人取回工件并运送至下一工序。

三、功能与实现

1）详细说明系统实现的主要功能有哪些，完成的指标有哪些。

① 加工准备。本批次待加工输入轴的图样号（如 AZ7117328004）录入系统（见图 24），系统调出预存程序（见图 25），机器人及各机床准备就绪。人工放置整筐毛坯料至上料托盘后，自动开进至既定位置。

② 线首识别工件，判定是否为本批次零件。视觉对中的左 RT 取件后，放入二次定位台（见图 12）。定位台上的测距气缸推动毛坯紧靠在固定挡块，内装型位移传感器测出毛坯长度。符合长度范围的毛坯（见图 26），允许进入生产线并由左 RT 抓取，以备后续；不符合长度范围的毛坯，由左 RT 抓取，放入废件传送带。

③ 左、右机器人任务流程。在图 27 所示的左机器人任务流程中，视觉对中的 RT 自上料托盘抓取毛坯，放入二次定位台，识别并重新抓取；快移至 XF510Cp 打标机处打码，经康耐视读码器读码，表示工件上线；RT 抓件旋转移至 05 工序车床处，打开车床防护门后，卸下车削完的工件并装入待加工件，关门循环加工；抓件移至 10 工序车床处，重复 05 工序动作；RT 抓件移至全自动测量机处，检测长度、外径及几何准确度。

此时，若 15 工序 1（下称 151）滚切已结束，则 RT 抓着检测合格的工件快移至 151 滚齿机处，卸下滚切完的工件并装入待滚切件，卸下的工件放于缓存及姿态转换台的 1 号位；若 151 滚切未结束，则 RT 抓着已检测工件快移至缓存及姿态转换台的 2/3 号位。随后，RT 进入下一工作循环，如图 28 所示。

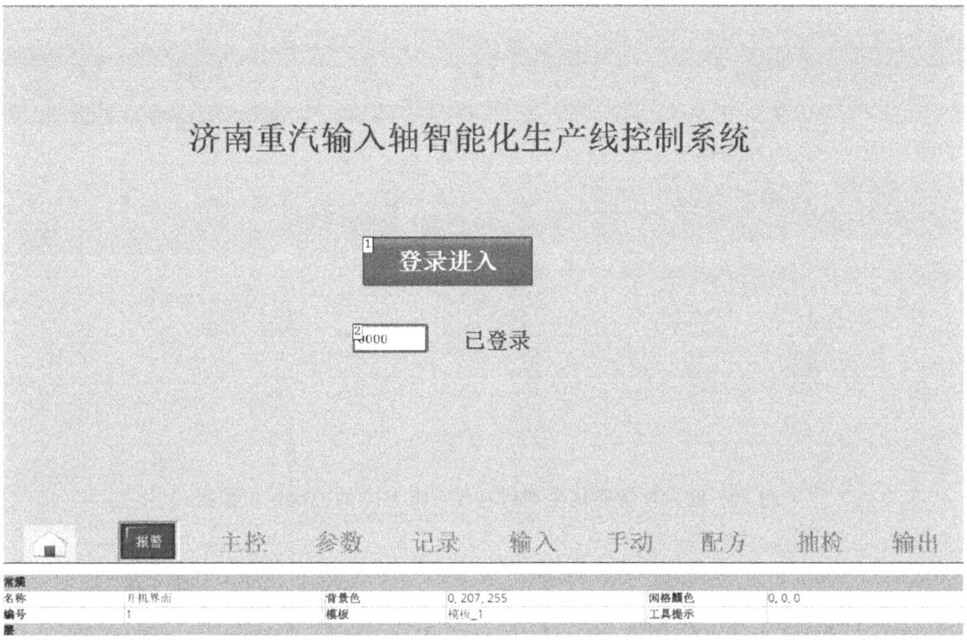

图 24　输入轴智能化生产线的 HMI 开机画面

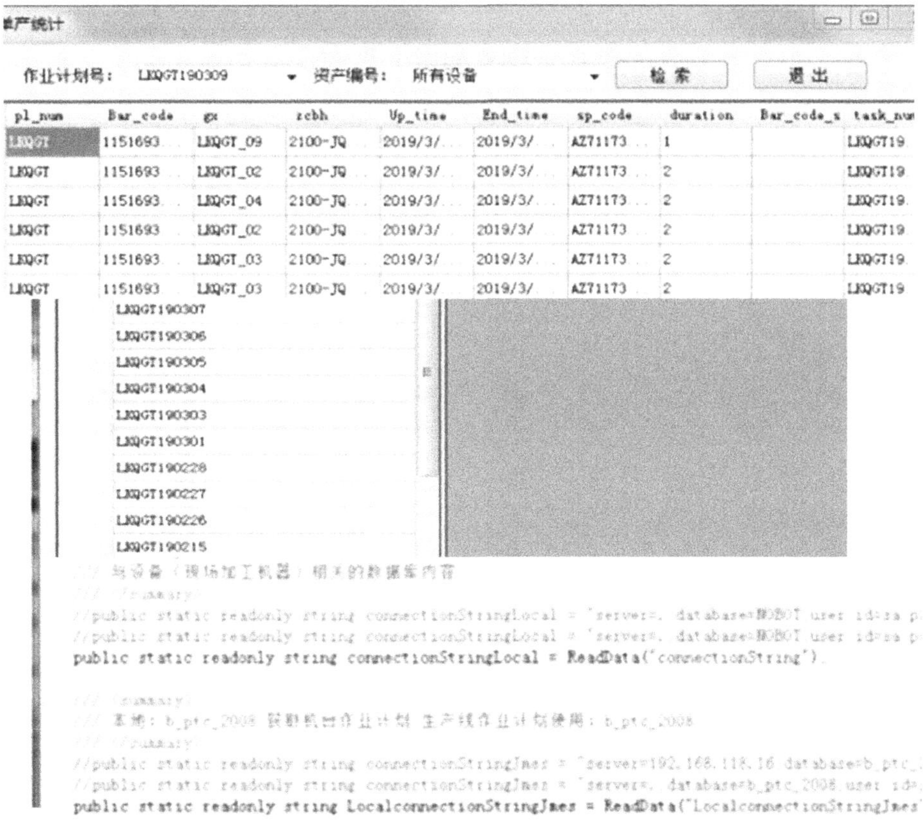

图 25　输入轴智能化生产线基于 Visual Studio 客户端的生产作业画面及程序代码

二次定位数据 [DB29]

二次定位数据 属性							
常规							
名称	二次定位数据	编号	29	类型	DB	语言	DB
编号	自动						
信息							
标题		作者		注释		系列	
版本	0.1	用户自定义 ID					

名称	数据类型	起始值	保持	可从 HMI/OPC UA 访问	从 HMI/OPC UA 可写	在 HMI 工程组态中可见	设定值	监控	注释
▼ Static									
位置一	Bool	false	False	True	True	True	False		
位置二	Bool	false	False	True	True	True	False		
位置三	Bool	false	False	True	True	True	False		
二次定位合格	Bool	false	False	True	True	True	False		
二次定位不合格	Bool	false	False	True	True	True	False		
二次定位完成中间位	Bool	false	False	True	True	True	False		
二次测长结束	Bool	false	False	True	True	True	False		

图 26　输入轴智能化生产线基于 TIA V14 的二次定位数据

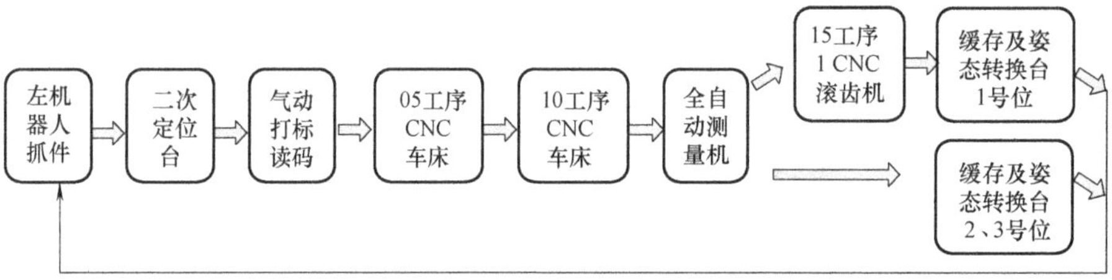

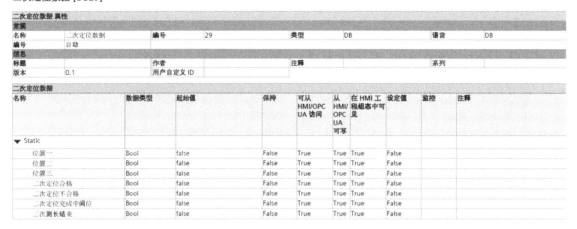

图 27　左机器人任务流程示意

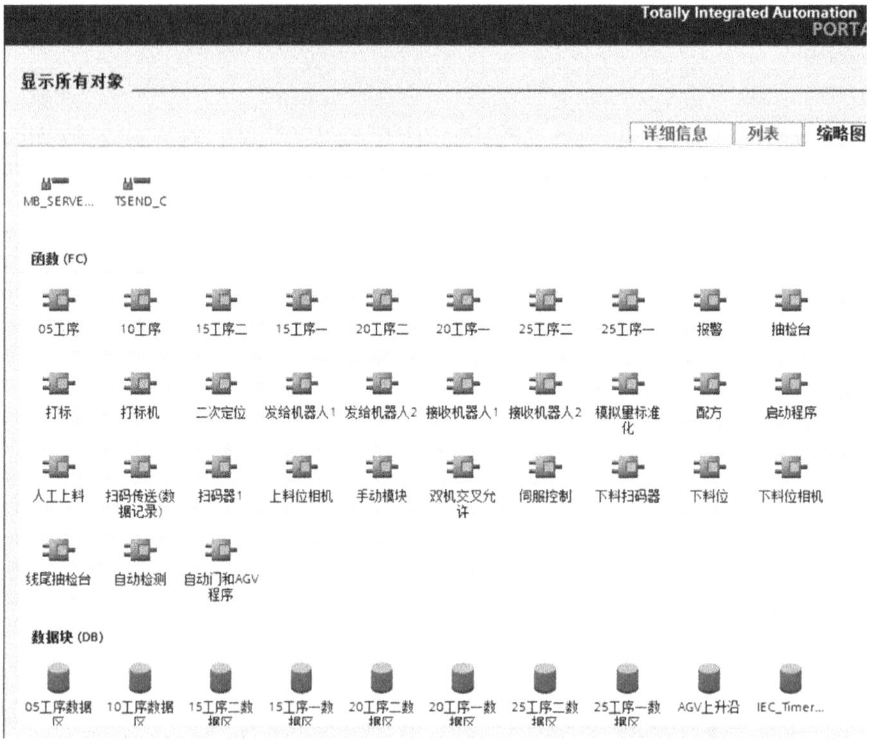

图 28　输入轴智能化生产线基于 TIA V14 的函数

在图 29 所示的右机器人任务流程中，未经 151 滚切的目标件，则由 RT 自缓存及姿态转换台的 2、3 号位抓取并快移至 15 工序 2（下称 152）滚齿机处，卸下滚切完的工件并装入待滚切件，卸下的工件放于缓存及姿态转换台的 4 号位；变换姿态后，直接抓至 20 工序 2 滚齿机处，重复 152 动作；滚切完毕，RT 将其卸至姿态转换台上。已在 151 滚切完的工件，则由 RT 自缓存及姿态转换台的 1 号位抓取并快移至 20 工序 1 滚齿机处，重复 152 动作；滚切完毕，卸至姿态转换台上。RT 抓取姿态转换台上的目标件，送至 25 工序滚齿机进行加工；滚切完毕，RT 抓取并送至 DataMan 读码器处扫码，表示工件合格。

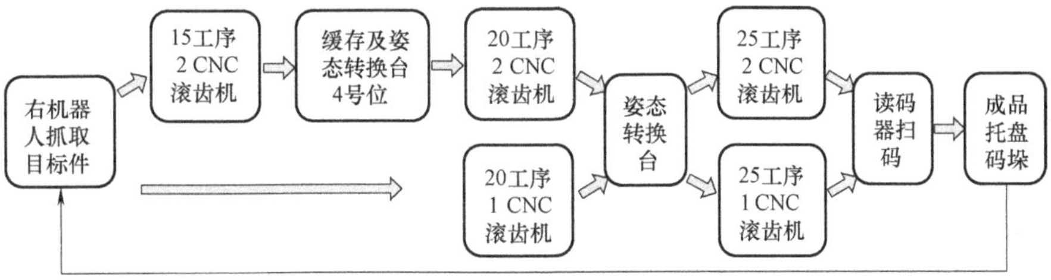

图 29　右机器人任务流程示意

随后，视觉对中的 RT 将下线工件按程序路径码垛至成品托盘上，放满后托盘自动退出至既定位置，等待用户运走。码垛完的 RT 进入下一工作循环。

输入轴智能化生产线基于 Visual Studio 客户端主画面及程序代码如图 30 所示。

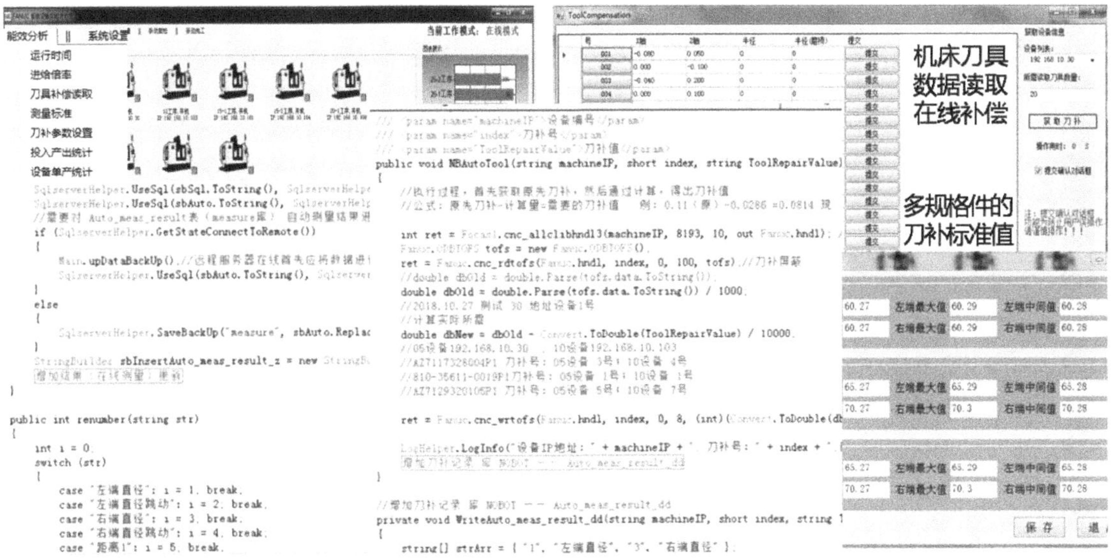

图 30　输入轴智能化生产线基于 Visual Studio 客户端主画面及程序代码

④ 输入轴机外综合尺寸全项测量。经 10 工序车削完的输入轴由 RT 抓取，放入图 31 所示全自动测量机的 V 形架上。

测量机接收起动信号后开始测量，检测数据与两台车床联网（见图 32），实时补偿对应车床的刀补数据。测量机具备完整的 SPC 统计分析功能，可生成均值极差控制图 Xbar-R、单值-移动极差图 X-MR、直方图、散布图等统计图表。在 Visual Studio 客户端，用户可以设定三种配方零件的刀补标准值（见图 30）。

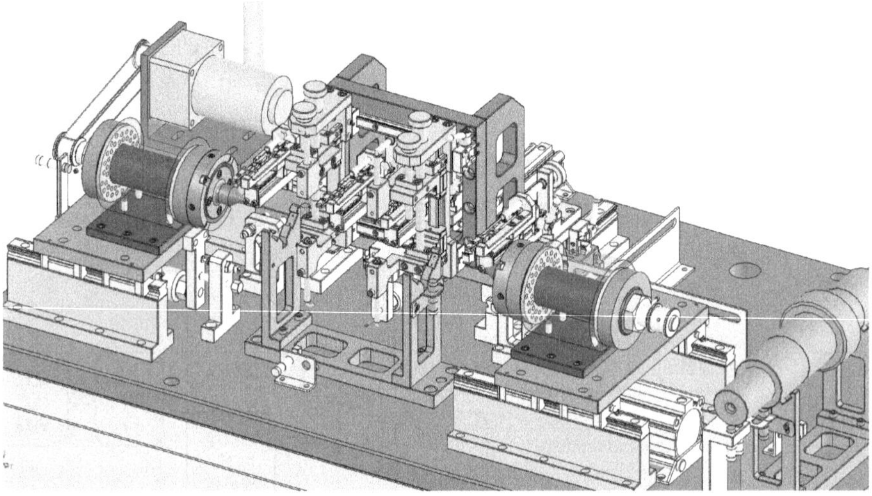

图 31　全自动测量机的机械外观

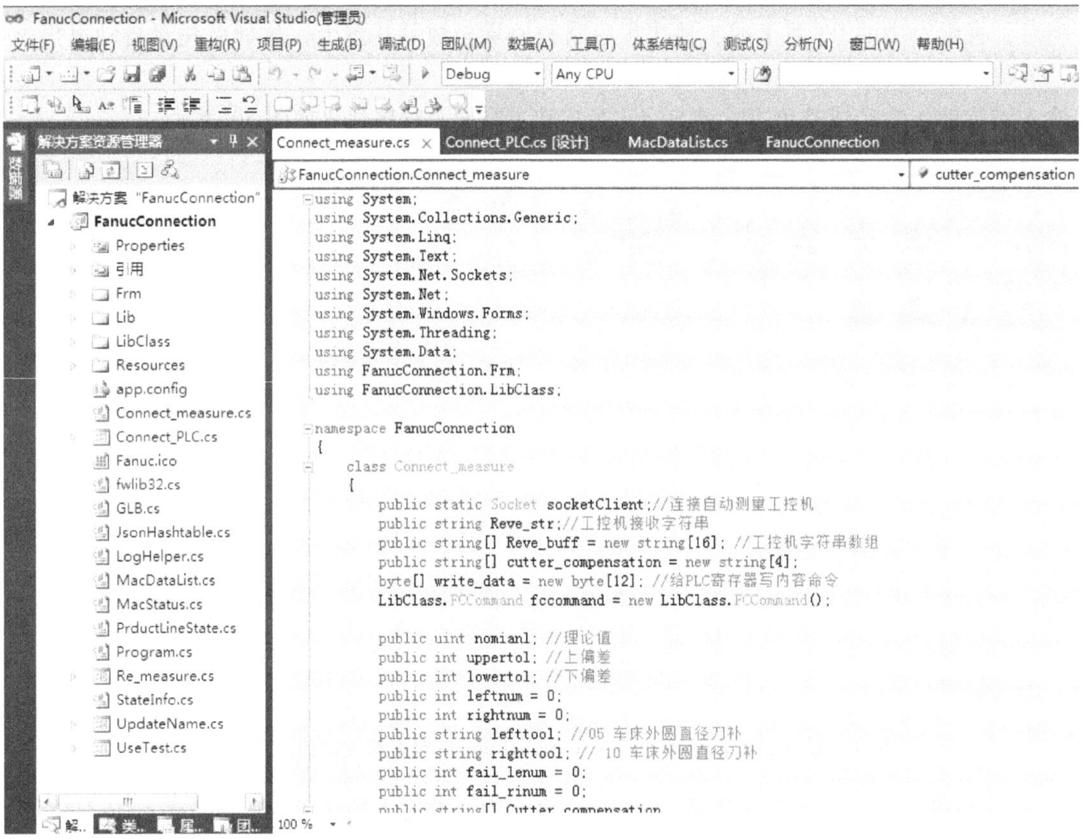

图 32　基于 Visual Studio 客户端的测量机与车床的通信

2）突出说明重要或难点功能的实现细节。

毫秒级大数据采集数控装备中上千个点位信息，涵盖设备状态、报警信息、加工计件、采样数据、调机数据等各种工况。数据采集分析管理软件既得汇聚并处理上亿条数据，还得周期性地将数据并向 MES 应用系统层。数据采集既得兼容异构装备的属性数据、参数数据和运行数据，还得对接 MES 侧并给定组合数据格式要求：工序流转轨迹表（见表 4）、机台作业计划（见表 5）、投入产出条码表（见表 6）、机床运行监控数据（见表 7）等。

表 4　生产线对接 MES 时工序流转轨迹表的格式要求

字段名	类型	说明
pl_num	nchar(10)	生产线编号
Bar_code	Varchar(22)	条码号
zcbh	varchar(30)	线内设备编号
Up_time	datetime	上料时间
End_time	datetime	下料时间

表 5　生产线对接 MES 时机台作业计划的格式要求（部分）

字段名	类型	说明
pl_num	nchar(10)	生产线编号
task_num	nchar(11)	生产线作业计划号
shift	nchar(10)	班次
workbayno	nchar(10)	工位(工序)编号
workbayname	varchar(50)	工位名称
zcbh	varchar(30)	设备编号
sp_code	varchar(35)	产品编号
sp_name	varchar(100)	产品名称
line_num	varchar(27)	工艺号
sl	int	机台计划数量
sjsl	int	实际产出数量
ed_time	datetime	最后更新时间

表 6　生产线对接 MES 时投入产出条码表的格式要求

字段名	类型	说明
pl_num	nchar(10)	生产线编号
task_num	nchar(11)	生产线作业计划号
shift	nchar(10)	班次
Bar_code	varchar(22)	条码号
sp_code	varchar(35)	产品编号
line_num	varchar(27)	工艺号
UP_time	datetime	上线时间
End_time	datetime	下线时间
Sta_ID	int	状态表 ID
Sta_Content	nchar(11)	状态
remark	varchar(35)	离线、异常等说明

表 7　生产线对接 MES 时机床运行监控数据的格式要求

字段名	类型	说明
pl_num	nchar(10)	生产线编号
task_num	nchar(11)	生产线作业计划号
shift	nchar(10)	执行班次
zcbh	varchar(30)	线内设备编号
workbayno	nchar(10)	工序编号
Bar_code	varchar(22)	条码号
sp_code	varchar(35)	当前产品编号
line_num	varchar(27)	当前工艺号
RUNNING_DATE	datetime	采集时间
STATUS_NBR	nvarchar(50)	状态(停机、运行、空闲、关机、调试)
Curr_pro	nchar(10)	当前程序号
Alarm_typeId	int	报警等级 ID
Alarm_type	nchar(11)	报警等级说明
WARNING_CODE	varchar(64)	设备报警号
WARNING_name	varchar(100)	报警名称(不同型号设备同样报警号对应不同名称)
P_INT1	varchar(32)	主轴转速
P_INT2	varchar(32)	进给速度
P_INT3	varchar(32)	主轴倍率
P_INT4	varchar(32)	进给倍率
P_INT5	varchar(32)	设备负荷
P_FLOAT1	varchar(32)	设备负载(百分比)

3）对于实现过程及调试过程中的要点、难点有总结性的说明。

① 工业现场的海量数据获取不够充分。例如：工艺设计平台既得识别不同产品所需的工装卡具，又能类似摩拜单车定位工装卡具的工序间位置，还能判知是否多产品通用等。现场的工装卡具仓管在物联网的控制下，能够将所需目标自库中调出后，由智能机器人放置于 AGV 小车上，再运送至指定的工作台位，人工或机械手将其装于工作母机或待加工配件上。低端水平的工装卡具仅实现装卡定位功能，中端水平的工装卡具也可经由传感器感知温度变形并适当补偿数控系统，高端水平的工装卡具还能经 GPS 等获知所在位置及磨损寿命曲线。

② 基于 MES 对接的工业现场海量数据提取系统的客户端维护性有待进一步拓宽，产品适应性面向车桥全产品，除工艺施工人员具有维护权限外，现场操作者具备自我维护的能力。

③ 进一步拓宽海量提取系统与 MES 对接的兼容程度，未来的生产盘点、财务决算可在海量提取系统端操作，MES 接收的数据点能够随意勾选。

④ 传感器测量准确度进一步提高，现场数据的获取精度大幅提升，减少错误数据的后续叠加，传感器端增加数据预判机能等。

⑤ 信息化与自动化同步实施，要全程数据化。企业的信息化建设要具备明确的远景目标，从生产过程的全局出发，通过对生产活动所需各种信息的集成，集控制、检测、优化、调度、管理、经营、决策于一体，形成一个能适应各种环境和市场需求的、总体最优的、高质量、高效益、高柔性

的现代化综合信息系统。企业要配合自身产品研发战略的实施，搞好产品质量和研发信息化建设；要配合技术创新战略的实施，搞好生产过程信息化建设；要配合管理创新战略实施，搞好企业管理信息化建设；要配合市场营销战略，搞好市场信息化建设。

⑥ 新建柔性制造线务必高效智能，易于拓展。新建柔性制造线时，企业既要做到工序集成复合化，又要做到上/下料、切削和测量等功能的集成自动化；既要做到刀具、辅具、夹具和装备的高端智能化，又要做到智能生产单元的海量信息全部开放和协议通用。

⑦ 打造智能制造人才队伍，使工厂稳定运行。未来工厂将以数字化信号交互处理为主，若智能制造人才欠缺，将会影响工厂稳定运行。一旦出现工作母机故障，则生产停滞、质量受损，严重时会导致经营受困。因此，只有大力培育符合智能制造需要的高水平新型技术工人，不断提升人机合作的程度，企业的生产经营效率才会越来越高。

4）附加生产工艺当中有特点或较典型的设备或工艺照片。

① 数字化生产工艺。轴坯先在 2 台 FCL-300 型数控卧式车床上，依次完成 05、10 工序外圆面及端面的数字化车削，各自节拍 3min/件。随后在 6 台 YKX3132M 型数控滚齿机上，每 2 台为一组，依次进行 15、20 和 25 工序中花键轴Ⅲ、Ⅱ、Ⅰ的数字化滚切，节拍 6min/件。10 工序结束，采用 1 台全自动测量机，对输入轴进行机外综合尺寸全项测量，SPC 分析后生成 Xbar-R、X-MR 等图表。表 8 为 AC16 中桥输入轴 05、10 工序的工步内容。

表 8　AC16 中桥输入轴 05、10 工序的工步内容

工步顺号	工步名称	工步内容	对应的切削参数
05-1	精车削Ⅰ侧外圆面和端面	调 04 号 93°右偏车刀，每转进给方式，精车削输入轴上Ⅰ侧外圆面和端面，保证直径尺寸 $\phi 51$mm、$\phi 54.85$mm、$\phi 64.6_{-0.19}^{0}$mm、$\phi 65.3_{-0.05}^{0}$mm、$\phi 78$mm 和 $\phi 87.6_{-0.22}^{0}$mm，并保证长度尺寸 $119_{-0.4}^{+0.2}$ 和 $368.5_{-0.2}^{0}$mm 等	$S_{051}=700$r/min，$n_{051}=1$ $f_{051}=0.3/0.2/0.1$(mm/r) 刀杆：SDJCR2525 M11 刀片：DCMT11T308-PM4215
05-2	精车削Ⅰ侧退刀槽	调用 05 号切槽刀，在每转进给方式下，精车削输入轴上Ⅰ侧退刀槽，其宽度为 3.2mm，底部直径为 $\phi 52$mm	$S_{052}=770$r/min，$n_{052}=3$ $f_{052}=0.03$mm/r 刀杆：RF123F10-2525B 刀片：N123F2-0300-1125-RO
05-3	精车削Ⅰ侧外螺纹	调 06 号螺纹车刀，在Ⅰ侧外圆面 $\phi 54.85$mm 上，以每转进给方式，分 6 次车削右旋单线细牙普通三角外螺纹 M55×1.5mm，保证中径和顶径的公差带符合 6g	$S_{053}=700$r/min，$n_{053}=6$， $f_{053}=P_1=1.5$mm/r 刀杆：R166.5FA-2525-16 刀片：266RG-16MM01A150M1125
10-1	精车削Ⅱ侧外圆面和端面	调 04 号 93°右偏车刀，每转进给方式下，精车削输入轴上Ⅱ侧外圆面和端面，保证直径尺寸 $\phi 50.3_{-0.1}^{0}$mm、$\phi 59.85$mm、$\phi 69.6_{-0.19}^{0}$mm 和 $\phi 70.3_{-0.05}^{0}$mm，并保证长度尺寸 $128.9_{-0.1}^{0}$mm 和 $368.5_{-0.2}^{0}$mm 等	$S_{101}=700$r/min，$n_{101}=1$ $f_{101}=0.3/0.2/0.1$(mm/r) 刀杆：SDJCR2525 M11 刀片：DCMT11T308-PM4215
10-2	精车削Ⅱ侧退刀槽	调 05 号切槽刀，在每转进给方式下，精车削输入轴上Ⅱ侧退刀槽，其宽度为 3.2mm，底部直径为 $\phi 57$mm	$S_{102}=770$r/min，$n_{102}=3$ $f_{102}=0.03$mm/r 刀杆：RF123F10-2525B 刀片：N123F2-0300-1125-RO
10-3	精车削Ⅱ侧外螺纹	调 06 号螺纹车刀，在Ⅱ侧外圆面 $\phi 59.85$mm 处，以每转进给方式，分 6 次车削右旋单线细牙普通三角外螺纹 M60×1.5mm，保证中径和顶径的公差带符合 6g	$S_{203}=700$r/min，$n_{203}=6$ $f_{203}=P_2=1.5$mm/r 刀杆：R166.5FA-2525-16 刀片：266RG-16MM01A150M1125

注：S 为主轴转速，n 为走刀次数，f 为进给量。

② 信息化处置方案。输入轴智能化生产线涉及 3 个网络，即生产网络、公司网络和监视网络。

在生产网络内，总控制台 PC 先经工业以太网交换机和 PROFINET 现场总线，链接 2 台内嵌有 DSQC688 适配器的 RT、2 台数控卧式车床、6 台数控滚齿机、自动测量机、打标机、读码器等装备；再用基于 Visual Studio 环境的客户端车间管控系统（见图 33）协调车削、滚切、打标、读码、测量等工位之间的动作，完成 RT 的自动跟踪监控和协调控制。

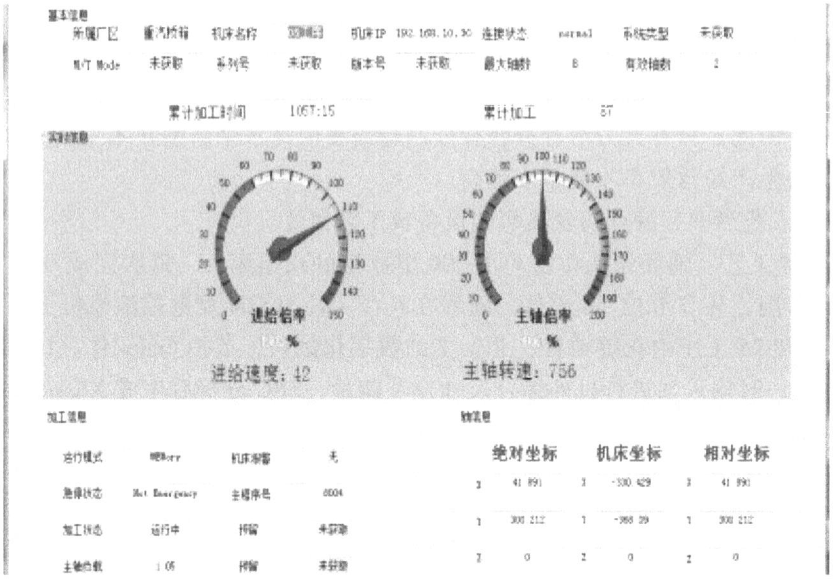

图 33　基于 Visual Studio 环境的客户端车间管控系统

在公司网络内，总控制台 PC 与桥箱智造 JMES 系统连通，操作者凭用户权限直接领取车间派发的指定工件的网络化产线计划。

在监视网络内，红外摄像头监视 RT 装/卸料与机床内卡具的干涉实况（见图 34），线尾及操作台侧的小米电视机可视化地呈现着生产线运行工况。

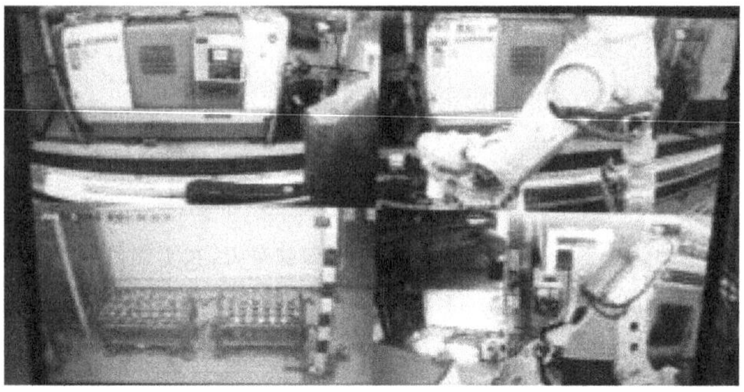

图 34　输入轴智能化生产线的监视画面（部分）

③ 实时化处理方案。在 2 台 RT 的雄克气动双手爪上，均嵌装 IS7600 视觉系统，经由交换机接入生产网络内。视觉系统在给定目标件的当前位置信息后，立即反馈至 SIMATIC S7-1500PLC，内部处理的逻辑信息送至 RT；RT 便根据坐标数据实时改变其运行轨迹，以完成输入轴的抓取/松开动作与出料侧的码垛任务。此外，客户端车间管控系统既会实时采集运行、状态数据、历史数据，完成数据库搭建，将采集数据存入数据库内，随时生成任务报表；也会实时采集自动测量机全数检测 10 工序完工的质量数据，在线计算出 2 台车床的刀具补偿值（见图 35），远程馈入车床的数控系统内，做出下一工件车削调整指令。

④ 安全化处置方案。轴坯进料、成品出料均安装佰阔捷 C2000 快速自动门，增装检测光幕保安全。在操作台侧，安装扩音器，以提高维修交流的分贝数。安全围栏一开门，RT 使能立即切断。

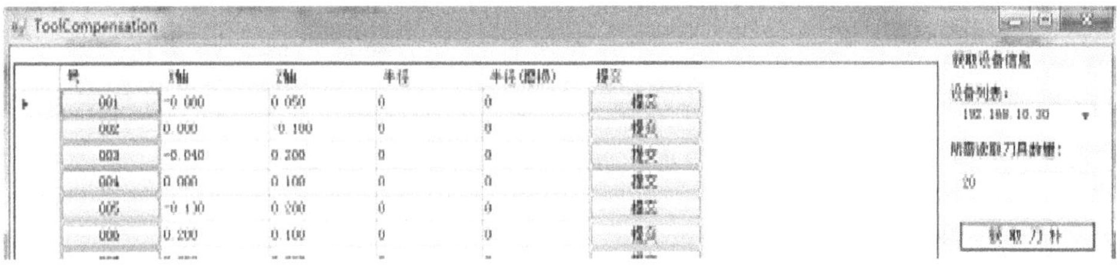

图 35　客户端侧 05 工序车床刀具补偿数据（远程）

基于 TIA V14 的自动门和 AGV 的控制策略，如图 36 所示。

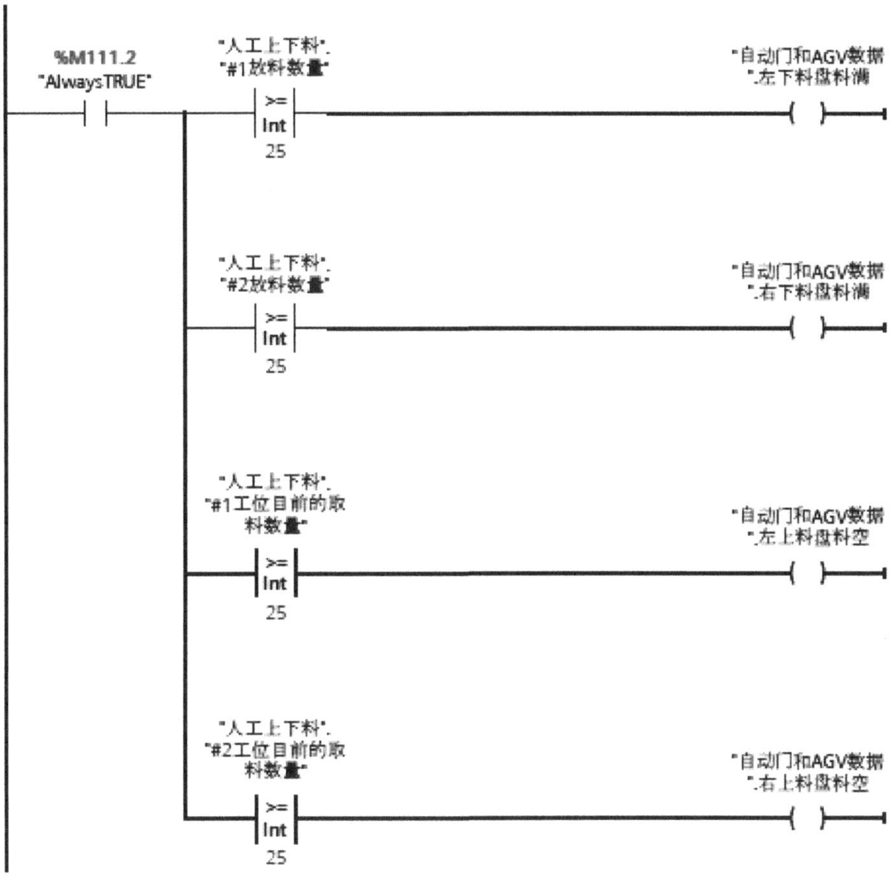

图 36　基于 TIA V14 的自动门和 AGV 的控制策略

输入轴品种较多且相似性高，使得上料托盘内轴坯拾取的纠错相当重要。为此，总控侧的 In-Sight 视觉系统预先定义好目标输入轴的特征点——轴端中心孔，待 1 号 RT 载着视觉系统对上料托盘内轴坯拍照识别后，视觉系统会进行两张照片的对比，以判定是否为本批次零件。随后，视觉对中的 RT 取件并将其放入二次定位台；定位台上的脚座安装型行程可读出气缸 CE1L32-100L-M9BL 会推动轴坯，使之紧靠于固定挡块，内装型位移传感器测出轴坯长度。符合长度规定的轴坯，允许进入生产线；不符合的，由 RT 抓取，放入废件传送带。

⑤ 其他工艺方案。在环保方面，6 台滚齿机的花键滚刀经等离子体化学气相沉积（PACVD）法，进行氮化钛铝涂层。滚切时，采取压缩空气吹屑降温，以替代早先的滚齿油。

在精益方面，双料架装料至少 56 件；在总控制台 PC 侧，操作者开线领料，完工结账，对接 JMES 系统的生产计划；据机外测量结果，实时在线补偿车刀数据、修正滚齿机参数；客户端车间管控系统开设产量统计、数据分析、设备状态实时监控、生产工件上下线时间及所处工序等功能，同步运行的大屏幕实时显示加工质量、当前产量、合格率等监视数据。

四、运行效果

1）投运时间、运行情况、性能指标及用户评价等。

在数字工厂的全业务流程中，产品工艺处于基础与先导地位。精益稳定的智能化制造工艺，是解决现阶段生产效率与质量一致的有效途径。

MCY13、MCY11 及 AC16 系列驱动桥用输入轴依托智能化生产线的建设，成功实现了智能化减材制造：质量更加稳定，班产效率提高 50%，用工数量减少 4 人/班，信息孤岛得到链接，海量数据得以采集共享。期间，采用了产品防错、刀具寿命监测、机外在线刀具补偿、产品自动化标记及数据采集分析等工艺手段，融入了全程数字化切削、全项自动测量、全面数据提取、全域结果共享、全参数实时可视、全动作机器人化、全校正互联网化、全决策于 MES 端、全工况图形化等工艺方法。

2）最好有些客观的数据来反映运行效果。

伴随输入轴智能化生产线已在齿轮部正常运行，该产线现成为部门主力加工生产线。

在 2018 年、2019 年和 2020 年，输入轴智能化生产线分别加工输入轴 85369 件（近乎 95%）、101300 件与 112800 件。输入轴按 287.46 元/件计算，2018 年、2019 年和 2020 年生产输入轴的销售额为 2451.15 万元、2911.97 万元和 3242.58 万元。

五、应用体会

1）总结西门子工业产品及数字化技术应用的特点、经验以及带来的各种收益。

在创新、协调、绿色、开放、共享的新发展理念下，制造业的智能制造需要围绕“数字化、网络化和智能化”三化目标持续建设，要从试点示范转向推广应用新阶段，契合劳动密集型产业向中西部转移、技术密集型产业向中西部和东北地区转移的国家战略，大量采用新工艺、新装备、新手段，广泛采取节能环保新措施，去除工业固废减量化痛点，有效控制 CO_2 排放量，打造花园式绿色工厂。

① 产线柔性配置场景。自动化流水生产线是提高生产效率必不可少的常见组织形式。众多产线不管是单/双列直线布置，还是 L 或 U 型布局形式，现已替换为国内品牌的数控车床、加工中心、镗铣中心、复合中心，增添了 6 自由度关节机器人，并在 SIEMENS 数字化和 NC-Link 互联协议辅助下，成为涵盖规划、生产、监控、服务 4 个阶段的集成式数字化柔性制造典型应用场景。

② 智能在线检测场景。类似轴承内外圈、滚子和保持架以及汽车轮毂、白车身等零部件会被视觉机器人识别、分类与分拣。2D 视觉拍照系统在深度学习后，能够高可靠性地判读产品缺陷类别和异常，实现海量数据色差图的可视化与报告。3D 视觉测量系统能够进行在线或临线的过程测量控制，实现产品 100%全曲面和关键特征的微米级视觉测量，以及多规格差异性工件的分类、分拣。这些均离不开西门子工业产品的有效支持。

③ 资源动态组织场景。不管是制造业的工厂，还是其他行业的现场，以红蓝绿黄颜色小人比拟的毛坯件、卡具、图样、订单、刀具、机床、周转架、成品件、工量具、辅料等各种资源俯拾皆

是。伴随工作任务的推进，涵盖规划、生产、监控和服务 4 个阶段的众多资源实时处于动态变化中。只有凭借先进的管理系统、架设低时延的工业网络，才能使它们在绿色低碳的智能制造系统中链接有效与发挥效能。此刻，西门子 SCALANCE 交换机将会成为工业现场优秀场景的网络好帮手。西门子 SCALANCE 既有同一网段设备间通信的即插即用式二层交换机，也有网络层间跨网段通信的三层交换机。

④ 质量优化追溯场景。绿色低碳的智能制造系统强化质量优化追溯场景的建设：基于一物一码的二维码方式，将生产底层的大量离散的人、机、料、法（工艺）、环等基础数据进行系统性收集与关联，在追溯管理平台上处理中间数据——工单报工、过站管理、检验管理和返工返修管理等，并在管理前端形成质量数据分析、8D 报告支持和供应渠道对比，最终实现生产动态过程直观透明化、产品质量全数字可追溯化的效果。这些的链路构建也离不开西门子工业产品的广泛应用，如图 37 所示。

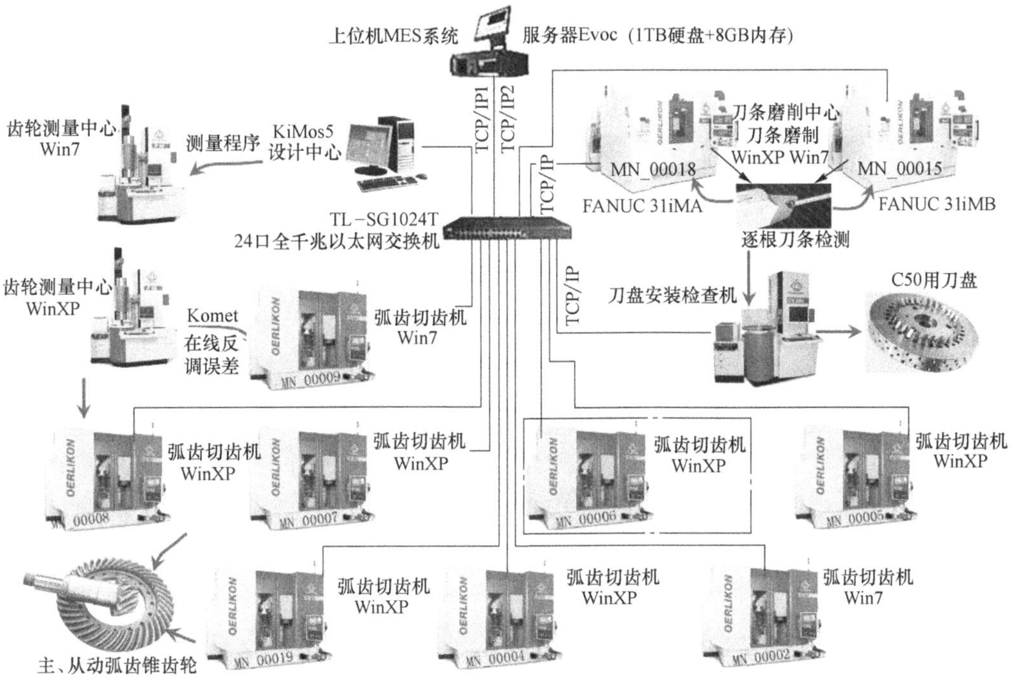

图 37　齿轮副智造场景网络拓扑

2）如果熟悉其他品牌的相应产品，可以与西门子的产品进行比较。

① 从动齿轮柔性线。从动齿轮柔性线负责切削从动锥齿轮，涉及的主要设备有：4 台 FANUC 立式数控车床、2 台 FANUC 立式加工中心、2 台 SINUMERIK 840Dpl 弧齿切齿机、1 套带 Delta-HMI 的机械手输送机构和 2 套 SIMATIC-300PLC 的环线送料机，如图 38、图 41 所示。

② 主动齿轮柔性线。主动齿轮柔性线负责切削主动锥齿轮，涉及设备有：2 台 FANUC 0iTD 卧式数控车床、2 台 SINUMERIK 802Dsl 数控滚齿机、2 台 SINUMERIK 840D 切齿机、1 台行走距离 8m 的六自由度关节机器人和 2 套 SIMATIC-300PLC 的环线送料机，如图 39、图 42 所示。

3）如果应用数字化产品和技术，可以与原有技术的对比，性能、易用性、效率等方面。

① 齿制改变，数字车间产业化。早先，依靠老旧的机械式格里森设备，采用 5 刀法工艺加工收缩齿制齿轮，主从动轮班产量为 15 件和 13 件。现今，借助数字化高精制齿设备，采用 2 刀

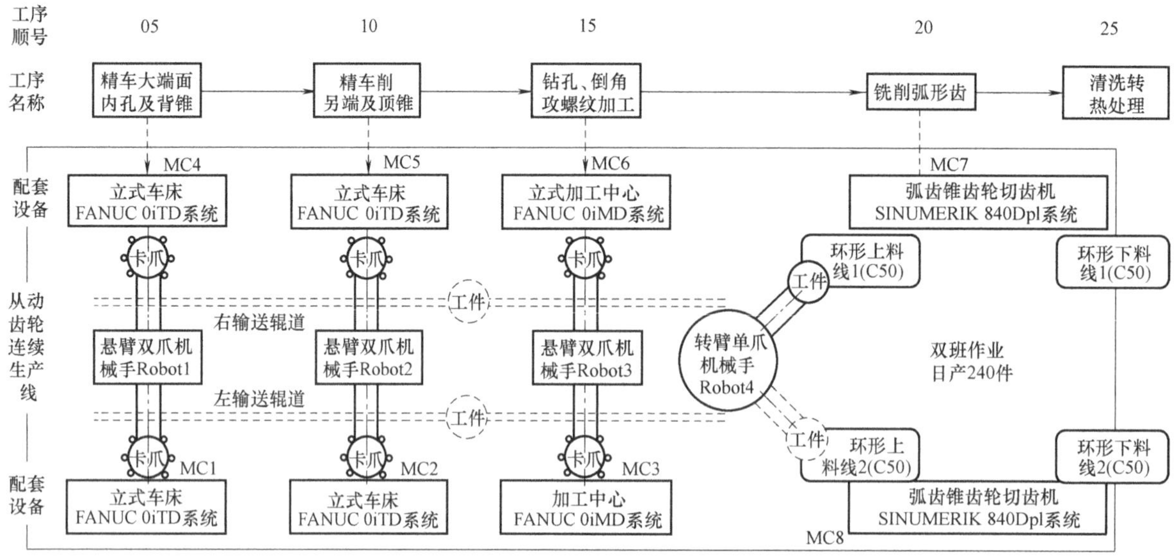

图 38　从动齿轮柔性线及其加工流程

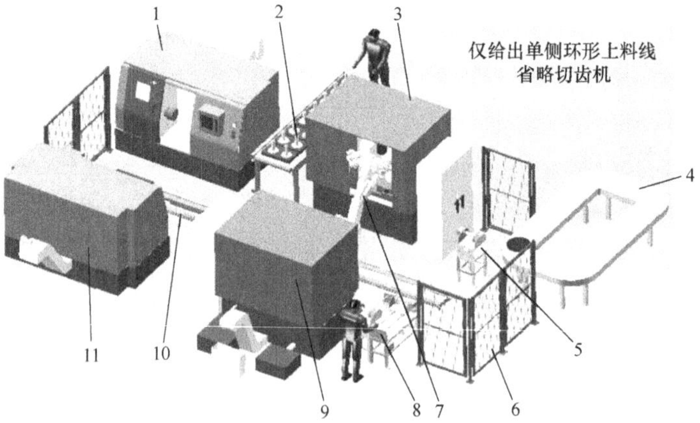

图 39　主动齿轮柔性线

1、11—数控车床；2—输送链；3、9—数控滚齿机；4—环形线；5—工件姿态转换台；
6—防护网；7—关节机器人；8—产品抽检装置；10—行走轴

法工艺生产等高齿制齿轮，重（中）卡主从动齿轮生产效率相应提高至 65（130）件和 63（120）件。

众多数控机床与智能装备在工业互联网连通下，基于 JMES 平台实时交换着海量数据；涂层刀具在数字化程序的控制下，按程序给定廓形快捷地切削着夹具中的坯料；AGV 运输车在无线控制中枢的驱动下，不停歇地穿梭于各个切齿模块间；现场屈指可数的人们按作业要求，目不转睛地凝视着 HMI 侧数据，时刻关注设备工况。

② 新旧转换，减材制造环保化。伴随海量数据工业提取系统的投用，工序间质量数据和设备运行工况反馈至公司云平台；伴随倒置式车削中心的投用和高效耐磨涂层刀具的应用，齿轮工艺由先前的湿式切削改善为干式切削，裁切的切屑已不再黏附任何切削液，随机监视工况的摄像机画面已能清楚分辨刀尖是否崩裂。伴随干式净化环保设备的运行及油烟净化器的应用，渗碳处

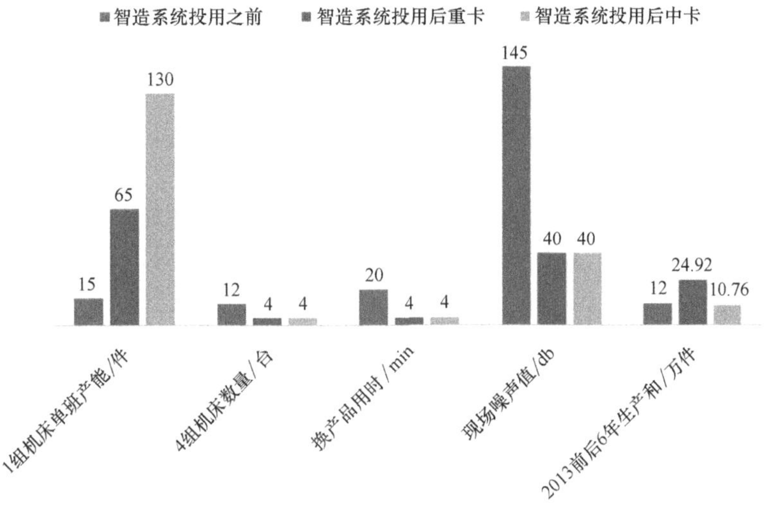

图 40　齿轮副智造系统应用前后对比（主动齿轮）

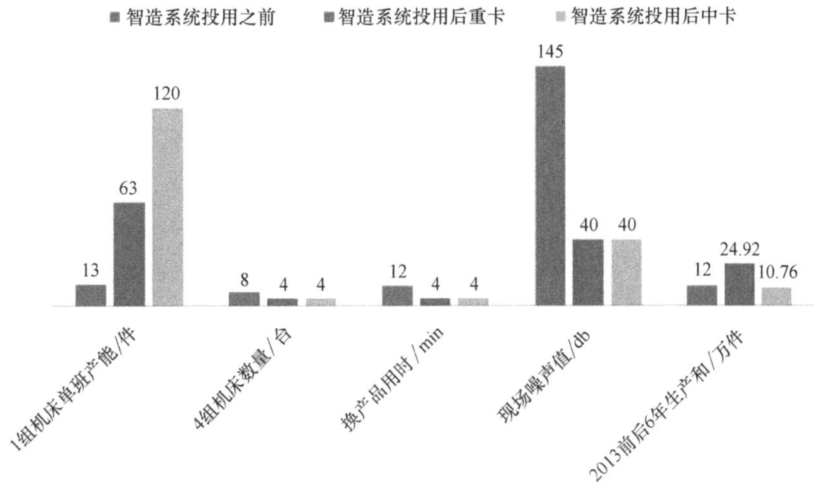

图 41　齿轮副智造系统应用前后对比（从动齿轮）

理烟气、强力抛丸粉尘与中高频淬火水雾，历经挡板分离和滤芯过滤等 6 级净化治理，已经完成达标排放。

③ 管理升级，齿轮生产信息化。结合研齿结果人工调整摇台摆角的切齿工艺，已被互联网数据实时修正制齿参数的数字工艺取代。冗余的人工计划排产，已被 MES 端订单拆解任务分发取代。繁琐的逐件手工填写质量记录，已被数字化测量机全自动存储和共享电子质量信息取代，相应的单一数字参数也被可视化的产品图形取代。日复一日的定时定点制设备巡检，已被屏幕端机床运行工况动态化取代，相应的拆解式故障维修也被全面预诊断维修取代。

④ 成本降低，产业优势明显。相对于弧齿锥齿轮副的减材制造而言，先前 5 刀法时，4 组机床购置费用约 2700 万元，切削 1 套弧齿锥轮副的设备购置成本为 1400；现在 2 刀法时，8 台切齿机购置费用约 6000 万元，切削 1 套弧齿锥轮副的设备购置成本仅为 300 元。因此，单套齿轮副的切齿机购置成本同比下降 356. 7%。

参考文献

[1] 刘胜勇. 构建绿色低碳智能制造系统的对策 [J]. 金属加工 (冷加工), 2022 (4): 9-13.
[2] 刘胜勇. 基于 MES 对接的工业现场海量数据提取系统 [J]. 金属加工 (冷加工), 2022 (5): 72-74.
[3] 刘胜勇. 基于 NC-Link 的机床工具新发展 [J]. 金属加工 (冷加工), 2021 (5): 1-4.
[4] 刘胜勇. 网络互联互通下数控装备的发展及应用 [J]. 金属加工 (冷加工), 2020 (8): 9-12.
[5] 刘胜勇. MES 环境下刀具数据的采集与处理 [J]. 金属加工 (冷加工), 2020 (3): 2-5.
[6] 刘胜勇. 高精度数控机床模块化维修 [J]. 金属加工 (冷加工), 2020 (7): 77-78.
[7] 刘胜勇. 图解数控机床维修必备技能与实战速成 [M]. 北京: 机械工业出版社, 2018.
[8] 刘胜勇. 实用数控加工手册 [M]. 北京: 机械工业出版社, 2015.
[9] 刘胜勇. 数控机床 SINUMERIK 系统模块化维修 [M]. 北京: 机械工业出版社, 2013.
[10] 刘胜勇. 设备应用岗位运维教程 [DB/OL]. 北京: 中国学术期刊 (光盘版) 电子杂志社有限公司, 2018.

基于 S7-1200 的大尺寸高精度钢板长度测量系统
Large-size and high-precision steel plate length measurement system based on S7-1200

杨振宇
（德国西克传感器　工程和业务拓展部）

[摘　要] 本文主要介绍大尺寸、高准确度钢板长度测量系统，基于 SICK 公司 MLG-2 测量型自动化光栅的测量准确度性能，在项目中使用 SIEMENS TIA portal 全集成自动化软件平台进行工程组态，选用 SIMATIC S7-1200 系列控制器实现测量逻辑控制、测量数据计算和与上层控制器的状态、数据交互。满足客户在钢板不定长裁切设备中的大尺寸、高准确度和自动化测量的严苛需求。

[关 键 词] MLG-2、测量型自动化光栅、TIA portal、SIMATIC S7-1200、SIMATIC S7-1500

[Abstract] This paper mainly introduces the length measurement system of large-size and high-precision steel plate. Based on the measurement accuracy performance of MLG-2 measurement automatic grating of SICK company, SIEMENS TIA Portal fully integrated automation software platform is used for engineering configuration in the project, and SIMATIC S7-1200 controller is selected to realize measurement logic control, measurement data calculation, and status and data interaction with the upper controller. To meet the stringent requirements of customers for large-size, high-precision and automatic measurement in steel plate cutting equipment with variable length.

[Key Words] MLG-2、Measuring automatic grating、TIA portal、SIMATIC S7-1200、SIMATIC S7-1500

一、项目简介

某钢铁深加工设备集成商作为此套钢板不定长裁切、输送设备的总集成商，是集钢铁产品深加工设备的研发、工程咨询、工程设计、项目管理的全国行业内综合实力百强企业。SICK（广州市西克传感器有限公司）作为此套设备中钢板长度测量部分的供应商，是全球极具影响力的智能传感器解决方案供应商，产品广泛应用于各行各业，包括包装、食品饮料、机床、汽车、物流、交通、机场、钢铁、电子、纺织等行业。并形成了辐射全国各主要区域的机构体系和业务网络。

客户计划对大尺寸钢板进行长度高准确度检测，钢板最大长度约为 16m，测量准确度要求 ≤±0.3mm。钢板表面温度≤50℃，钢板表面平整，截面光亮没有毛刺。长度测量部分作为独立运行的子系统，将测量数据分析和计算后，反馈给客户的系统，主系统控制激光切割机根据反馈的测量长度进行位置移动后裁切钢板。

设备整体工艺流程和局部外观见图 1、图 2。

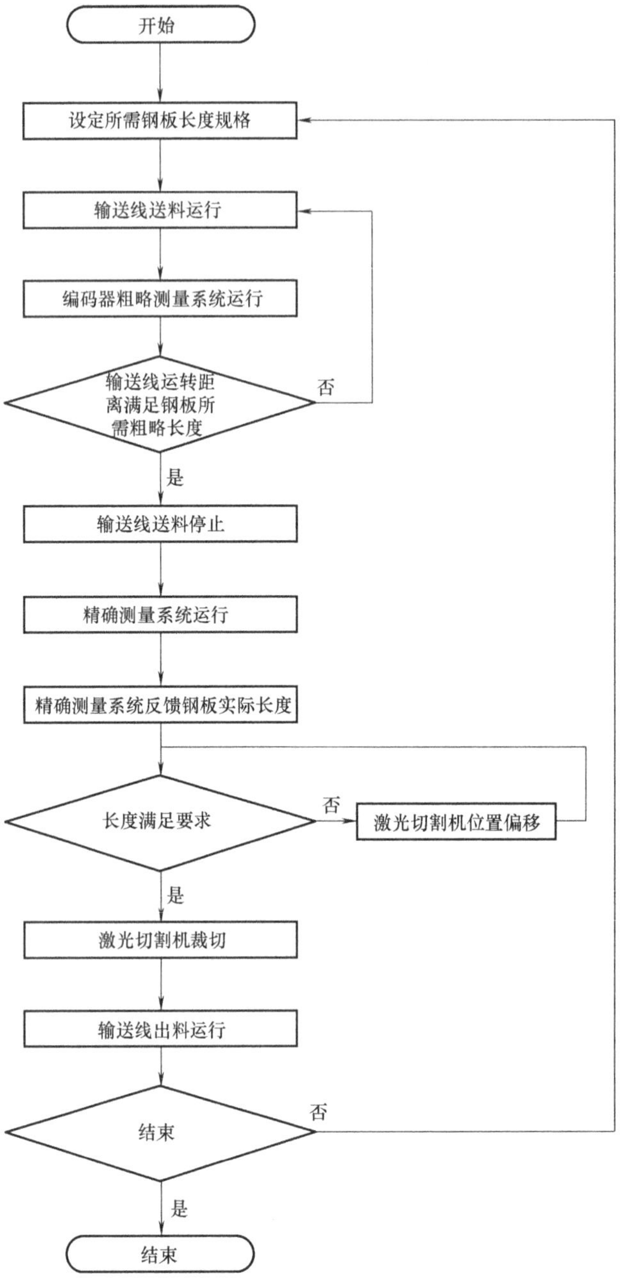

图 1　设备整体工艺流程

二、系统结构

本项目采用的硬件主要有：SIMATIC S7-1212C PLC * 1、SCALANCE XB008 交换机 * 1、SITOP 6EP1333 24V 直流电源 * 1、MLG-2 Webchecker 测量型自动化光栅 * 3。客户选用 SIMATIC S7-1500 系列 PLC 作为整套设备的主控制器。

图 2　设备局部外观

整体网络视图和测量系统电控柜布局图如图 3、图 4 所示。

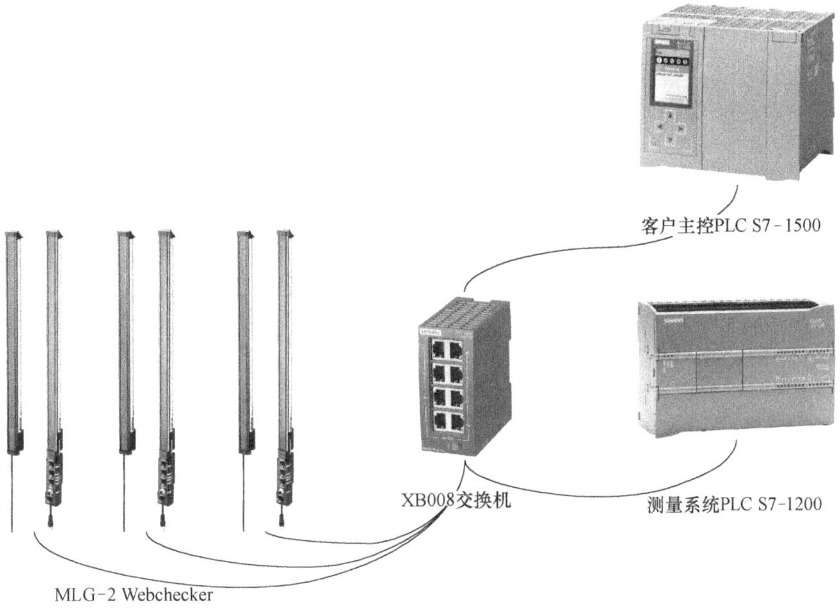

图 3　整体网络视图

3 组 MLG-2 Webchecker 进行前后依次拼接安装，并要求前、后段光栅的有效测量区域在拼接处有足够的重合区，以保证系统整体测量到的长度数据连续性。发射端安装在输送滚筒上方，接收端安装在输送滚筒下方，滚筒线在测量区域采用中间截断镂空的方式，避免遮挡光栅的光束。发射端与接收端距离滚筒表面的安装距离严格遵守手册中的指导参数。光栅拼接示意图和发射端与接收端距离滚筒表面的安装距离指导参数如图 5、图 6 所示。

在项目前期两方团队的技术沟通中，曾提出过使用编码器、激光测距传感器、机械硬限位等多种测量或定长方案，但均因量程不足、准确度不足、灵活度不足、机械安装限制等多种原因，逐一舍弃。

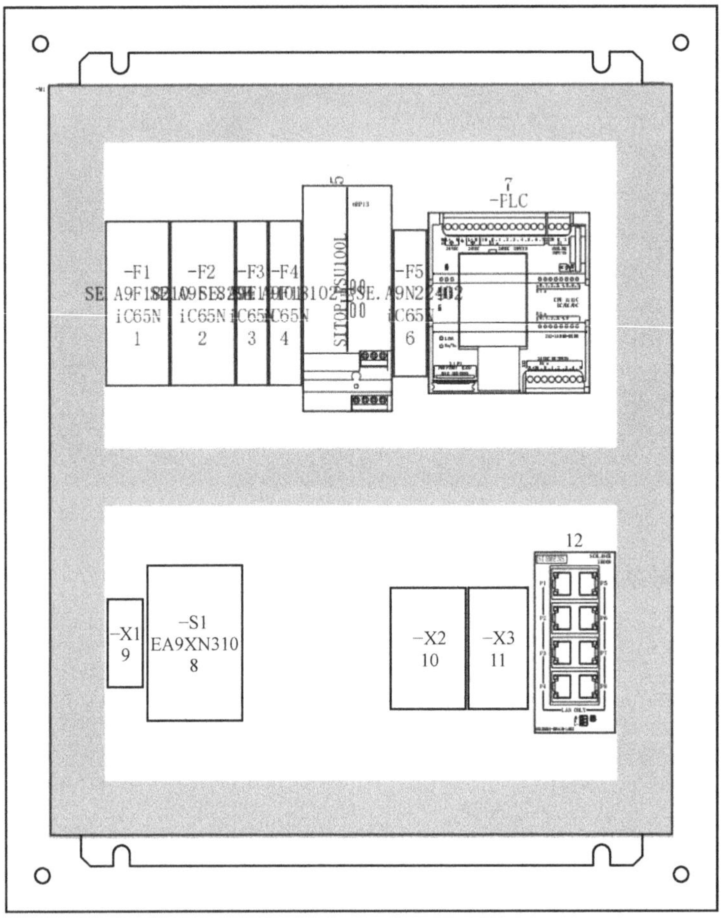

图 4　测量系统电控柜布局图

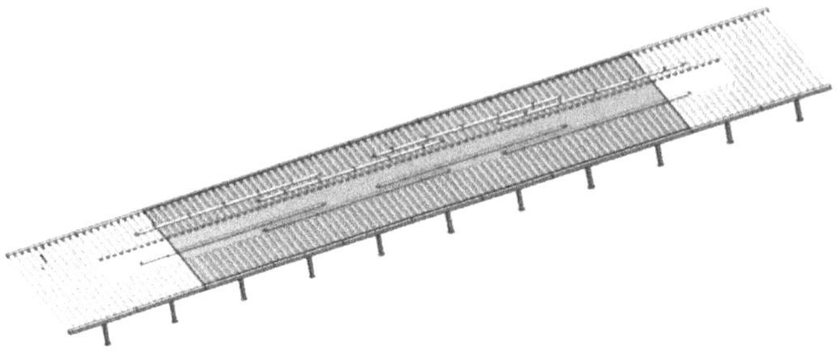

图 5　光栅拼接示意图

MLG-2 Webchecker 的整个测量区域宽度为 2395mm，准确度±0.3mm，重复准确度 6μm，准确度刚好满足客户的要求。虽然客户需要测量钢板长度范围是≤16m，但实际上钢板长度规格集中在 9~16m 范围，3 组 MLG-2 Webchecker 测量区域拼接后为 7185mm，基于经济性考虑，所以只将光栅拼接后安装在 9~16m 的位置。

经过上述的初步方案，单组 MLG-2 Webchecker 的理论测量准确度和 3 组 MLG-2 Webchecker 拼接出的测量区域长度已基本满足客户需求，但 3 组 MLG-2 Webchecker 拼接后，整体的测量准确度

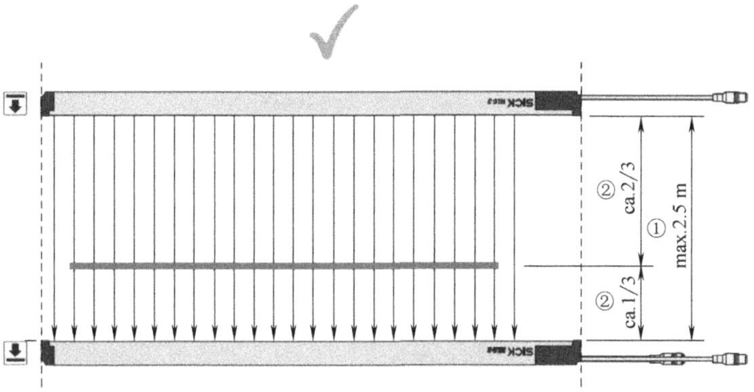

图 6　发射端与接收端距离滚筒表面的安装距离指导参数

实际变成：±0.3mm×3=±0.9mm，远远超出了客户对整体准确度≤±0.3mm 的要求，且上述准确度是在保证机械安装准确度 0 误差的情况之下。

MLG-2 Webchecker 的技术参数如图 7 所示。

技术参数　下载专区　配件　服务和支持　海关数据

显示全部 | 隐藏全部

− 产品特点

设备规格	幅缘控制
传感器原理	接收器/发射器
最小物体长度	4 mm 1)
光束距离	5 mm
分辨率	0.1 mm
周期时间	每条光束 32 μs
重复精度	6 μm 2)
准确度	± 0.3 mm 3)
光束数量	480
整个测量区域宽度	2,395 mm
详细测量区域宽度	
测量区域宽度（连接侧）	2,395 mm
盲区（中间区域）	0 mm
测量区域宽度（顶面）	0 mm

图 7　MLG-2 Webchecker 的技术参数

三、功能与实现

长度测量部分作为独立运行的子系统，3 组 MLG-2 Webchecker 与 SIMATIC S7-1212C PLC 使用 Profinet 协议组网，如图 8 所示。

对网络内所有 MLG-2 Webchecker Profinet 进行通信诊断，避免因通信异常导致测量数据错误，造成产品报废，如图 9 所示。

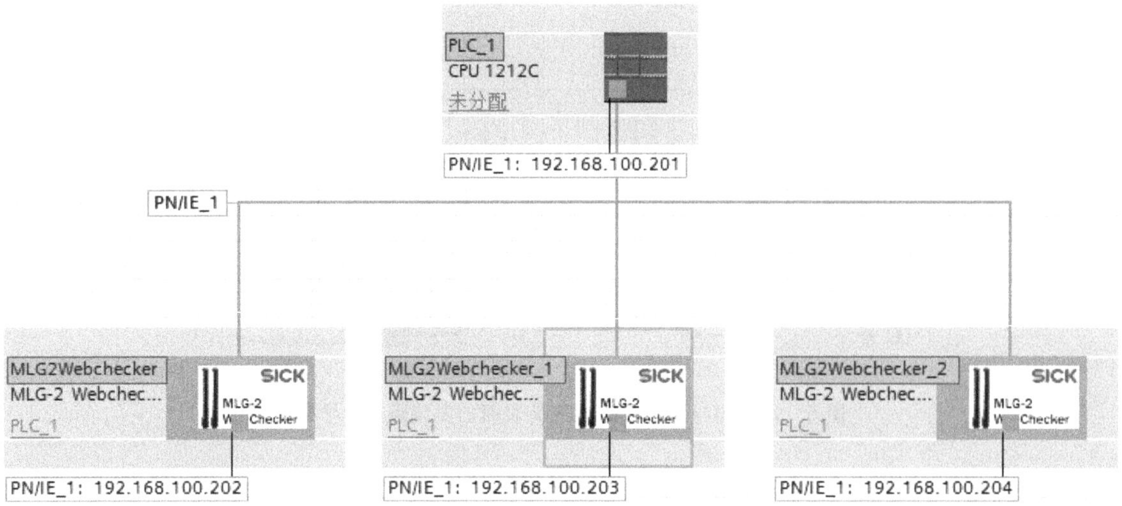

图 8　Profinet 网络视图

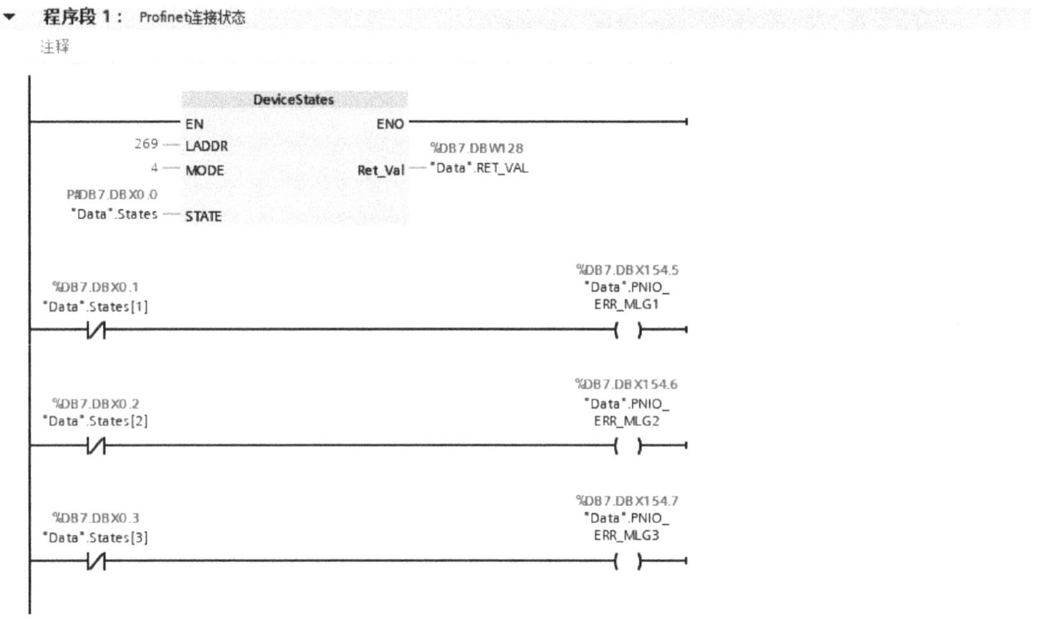

图 9　Profinet 网络诊断

MLG-2 Webchecker 当前测量区域内钢板状态，根据有被检测物、无被检测物和满量程 3 种测量状态进行区分，如图 10 所示。

按照 MLG-2 Webchecker 的硬件拼接顺序和钢板行进方向，3 组光栅正常情况下会被钢板 1#—2#—3#依次触发。如有例外，可能是由于现场灰尘污染或异物误触发导致，如图 11 所示。

将每 1 组 MLG-2 Webchecker 所测量到的数据进行独立计算，放弃采用 3 组长度拼接计算的方法，从而可以降低累计测量误差。根据有被检测物、无被检测物和满量程 3 种测量状态判断当前钢板头部所处位置，启用对应光栅的偏移数据，如图 12 所示。

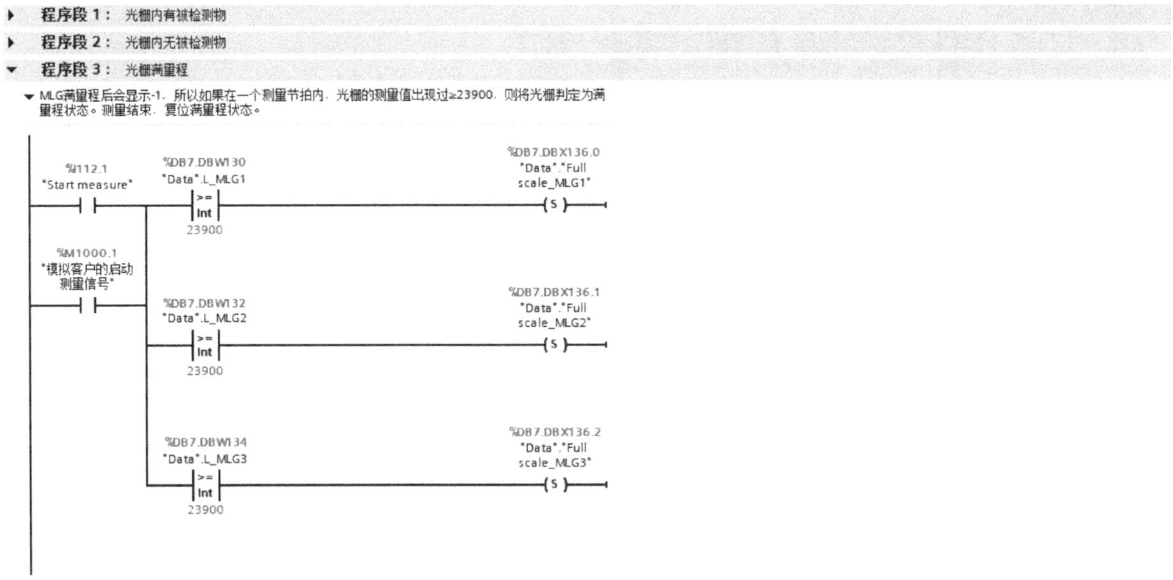

图 10　光栅测量状态

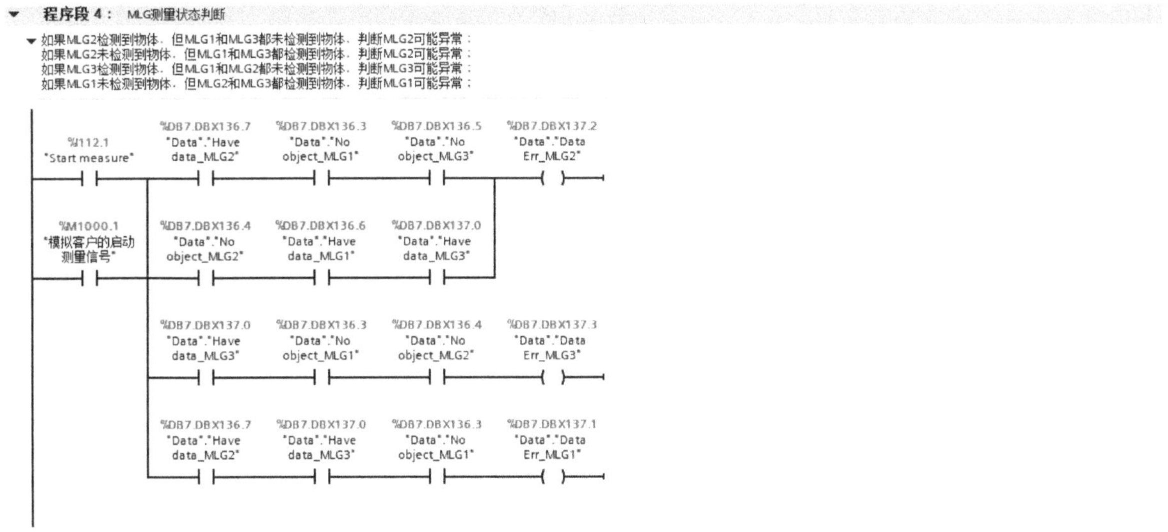

图 11　光栅状态诊断

制作 3 块标准长度的标定钢板，长度分别对应：

1）激光切割机伺服原点→1# MLG-2 Webchecker 测量区域尾部；

2）激光切割机伺服原点→2# MLG-2 Webchecker 测量区域尾部；

3）激光切割机伺服原点→3# MLG-2 Webchecker 测量区域尾部。

根据计算公式（长度偏移值=钢板总长度-光栅测量值）分别反向推算出 3 组 MLG-2 Webchecker 距离激光切割机伺服原点的偏移长度。再将 3 组偏移值放到程序中，用于正式生产时计算的钢板长度，如图 13 所示。

独立测量子系统中的 SIMATIC S7-1212C PLC 与客户的 SIMATIC S7-1500 PLC 做 PN I/O 智能设备通信，完成状态信号和测量数据的交互，如图 14 所示。

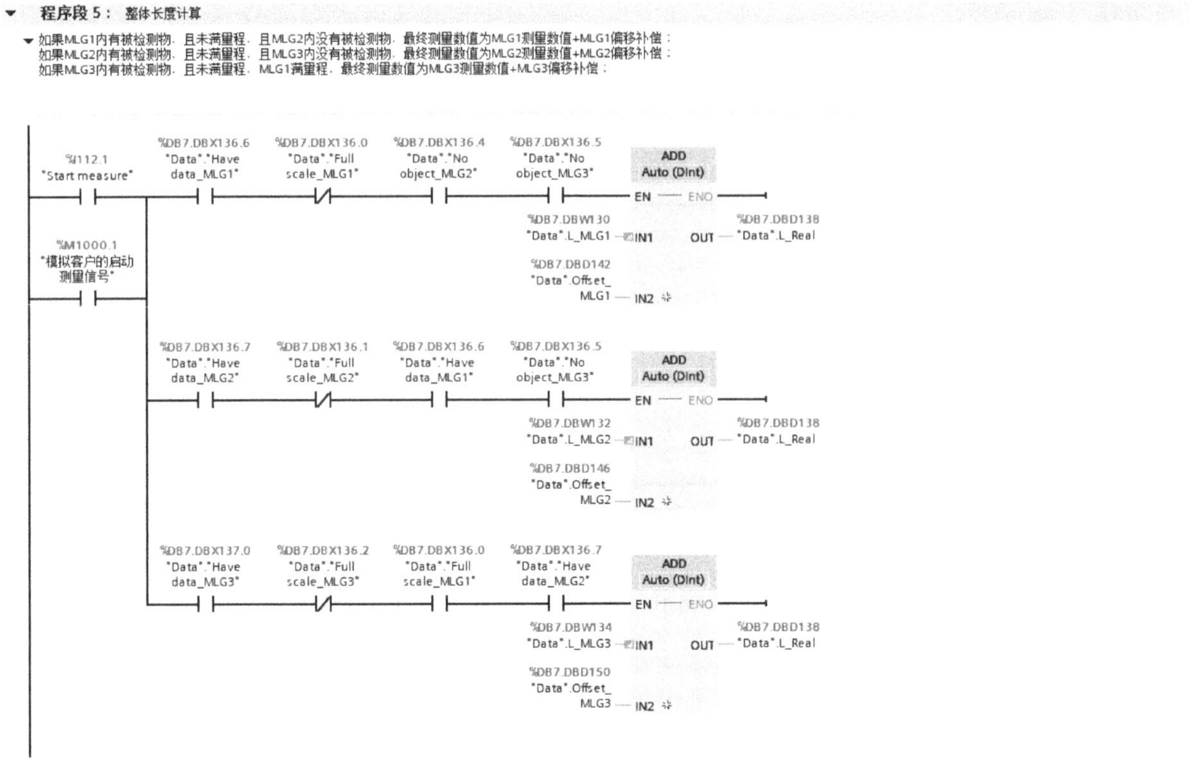

图 12 整体长度计算

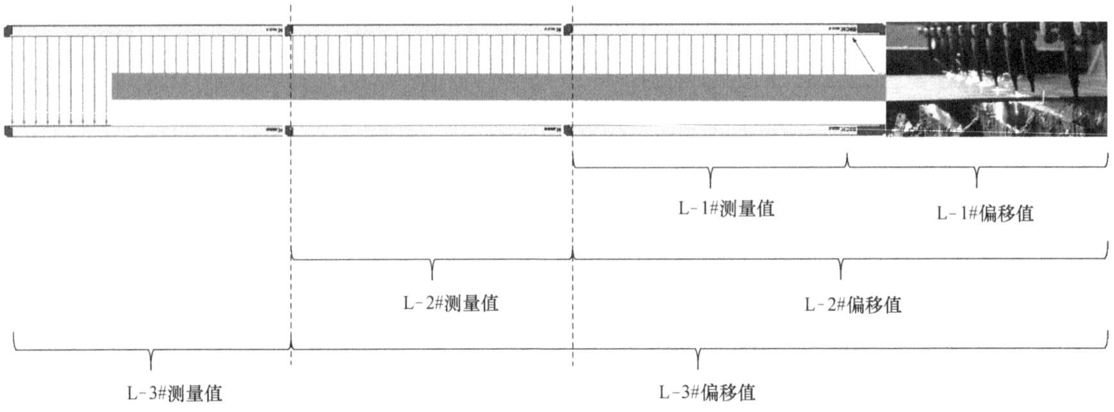

图 13 长度计算方法

四、运行效果

由于在此方案中，使用标准长度钢板进行反向标定，引入了"长度偏移值"这个参数，使得我们初步方案中利用的"光栅准确度"提升为"光栅重复准确度"，系统整体的理论测量准确度由"±0.3mm×3=±0.9mm"提升为"±0.1mm×1=±0.1mm"。经现场实际测试准确度误差约为±0.1mm，满足整体准确度误差≤±0.3mm的要求，客户对于我们的方案和最终效果表示满意。最终设备局部外观如图 15 所示。

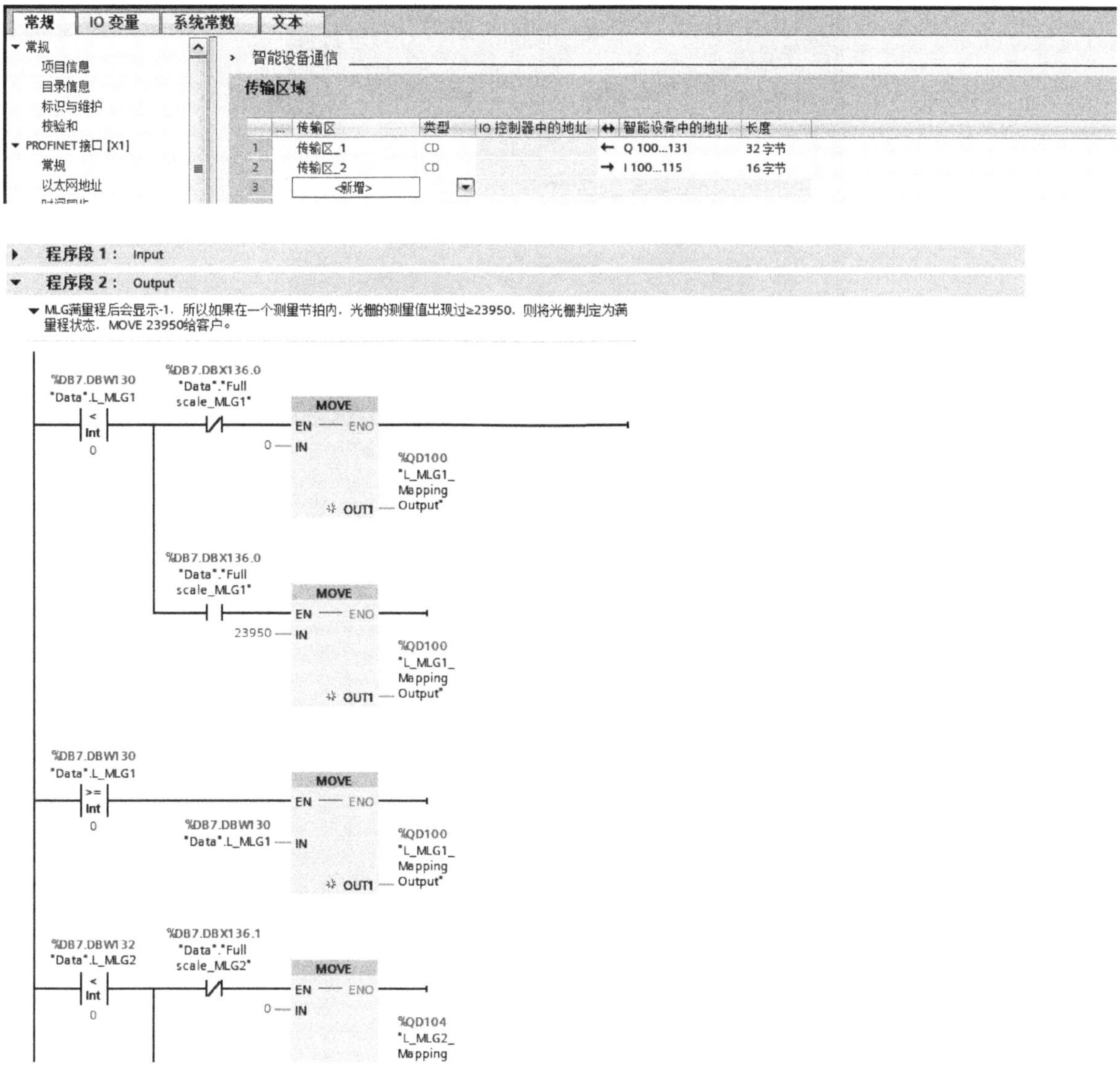

图 14 PN I/O 数据交互

后来了解到客户前期也咨询了很多传感器供应商，但单一测量产品都无法满足需求，项目一度停滞不前，最终 SICK 使用高准确度测量型光栅和定制化解决方案的形式，帮助客户解决问题，大大提高了非标设备的开发效率，节约了开发成本，满足了最终用户的生产需求。

五、应用体会

很多实际的中大型项目中，系统集成商会面临很大的技术压力和时间压力，当单一的传感器或单一的其他门类产品无法满足需求时，可以借助于独立的小型子系统将各个功能进行模块化处理。

在本项目中，SICK 的高准确度测量型自动化光栅借助于 SIEMENS SIMATIC S7-1200C 系列 PLC 完成了客户的大尺寸、高准确度测量需求，受益于 TIA portal 全集成自动化软件平台强大的通信和跨系列的硬件协作能力，完美解决了客户遇到的棘手问题。

图 15　最终设备局部外观

S7-300 PLC 结合西克激光雷达在车间行车安防避障的应用
The application of S7-300 PLC with SICK laser radar in crane security operation

曹道永
（西克传感器北京分公司　北京）

[摘　要] 本文以西克传感器激光雷达为行车作业现场轮廓扫描设备，通过 TCP/IP 方式将激光雷达扫描的轮廓点云数据上传给西门子 PLC 进行存储以及比对，同时结合磁性直线编码尺（KH53）获取行车大车行进位置坐标，通过 PROFIBUS DP 通信上传给 PLC，实现行车作业过程中的安全防撞需求。

[关键词] 激光雷达、行车、TCP/IP 通信、轮廓扫描、点云数据

[Abstract] This paper introduces that SICK laser radar is used as the crane operation equipment contour scanning site. The cloud data of laser radar scanedcontour point is sended to SIEMENS PLC through TCP/IP communication mode for storage and comparison. At the same time, the traveling position of the working crane isobtained with the magnetic linear encoder (KH53) uploaded to PLC through PROFIBUS DP communication to achieve the safeguard requirements in the operation process.

[Key Words] Laser radar、Bridgecrane、TCP/IP Communication、Contourscanning、Cloud Point Data

一、项目简介

在一些重工业制造行业，现在不仅追求高度的自动化，而且对安全防护也提出了新的需求。本案例以钢铁行业车间通过行车对钢材的吊装搬运过程的安全防撞应用为需求，通过对操作现场实时轮廓扫描更新和对比等方法，实现对安全防撞的需求。本文将通过该项目应用重点讲述西克传感器激光雷达（LMS511）、磁性直线编码尺（KH53）结合 S7-300PLC 对数据的高效实时处理实现在此领域的防护应用原理和方法。

二、工艺介绍

本项目以 SICK 磁性直线测距传感器 KH53（以下简称 KH53）和激光雷达 LMS511（以下简称 LMS511）为基础，通过西门子 S7-300PLC 的 PROFIBUS DP 通信（以下简称 DP 通信）和 KH53 进行天车实时位置数据的测量和采集，同时 S7-300PLC 通过 TCP/IP 通信和 LMS111 进行扫描点云数据交互，进行实时轮廓点云数据更新和存储的历史点云数据对比，从而实现行车作业空间防撞的防护。

行车在车间进行作业时，KH53 测量行车行进的位置（*X* 方向），通过 HK53 对行车行进的 *X* 方向的实时位置反馈，结合固定在行车大梁上（一般在大梁中间位置）的 LMS511 当前扫描的轮廓点云和历史记录点云轮廓进行对比，对比过程若发现所在位置实时轮廓有小于最小阈值的点云测量高度的情况，则说明在行车当前位置有轮廓改变（证明防护区域有物体侵入），此时应及时停止前进或者起降作业，避免不必要的碰撞事件发生。

KH53 位置测量传感器外形如图 1 所示。

KH53 位置测量传感器工作原理如图 2 所示。

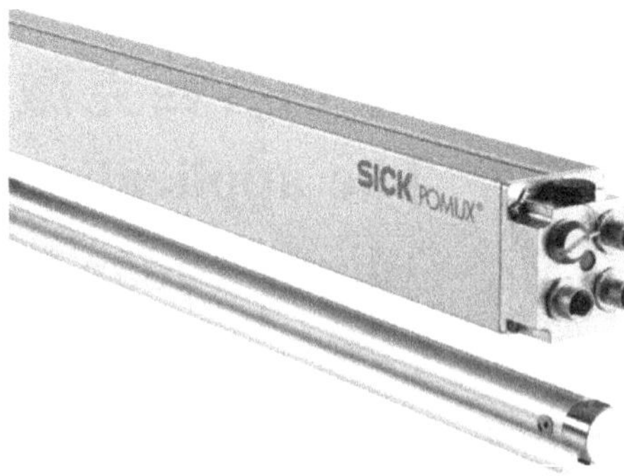

图 1　KH53 位置测量传感器外形

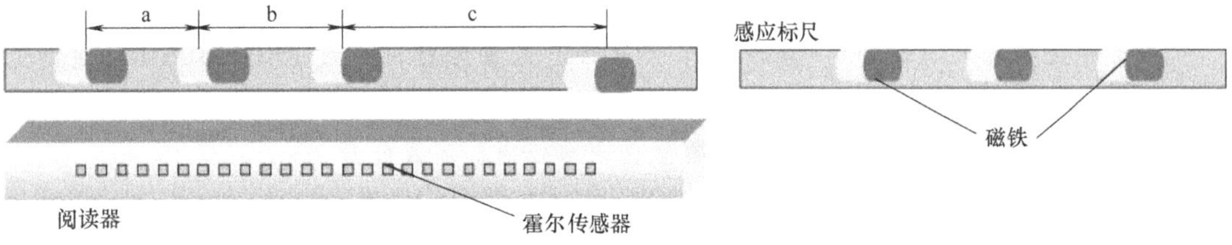

图 2　KH53 位置测量传感器工作原理

KH53 阅读器以及感应磁尺在行车上面的安装位置如图 3 和图 4 所示。

图 3　KH53 阅读器相对磁尺的安装位置
（俯视角度拍摄图）

图 4　KH53 阅读器相对与磁尺的安装位置

KH53 感应磁尺在行车轨道旁边的安装位置如图 5 所示。

LMS511 在行车上安装位置如图 6 所示。

KH53 位置测量传感器沿行车在车间行进 *X* 方向布置，LMS511 对行车下 *Y* 方向轮廓进行扫描，空间关系示意图如图 7 所示。

LMS511 激光雷达测量原理图如图 8 所示。

在图 8 中，每个黑色小圆点即表示轮廓点云数据中的一个采样点，所有黑色小圆点的集合表示所扫描物体的某一剖面轮廓，LMS511 每个黑色采样点（单个点云数据）以极坐标的形式描述该点

图 5　KH53 感应磁尺在行车轨道旁边的安装位置

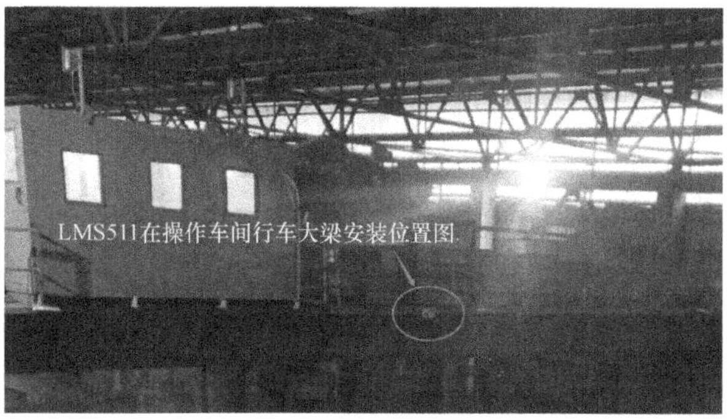

图 6　LMS511 在行车上安装位置

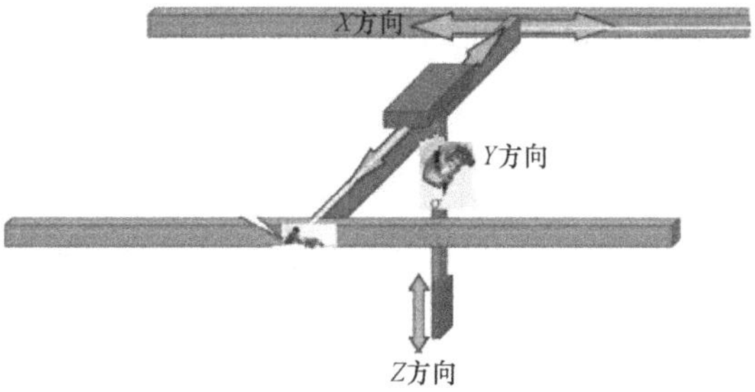

图 7　KH53 和 LMS511 在行车上获取数据的空间关系示意图

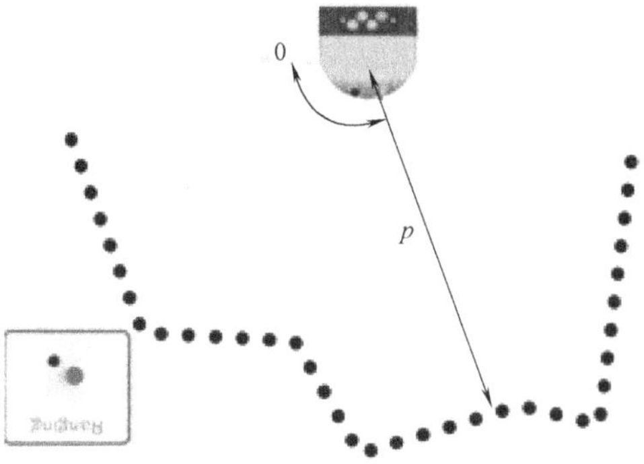

图 8　LMS511 激光雷达测量原理图

到雷达的位置距离。假设 LMS511 的扫描数据起始角度设置为 60°，点云间隔为 0.5°，则第 N 个点云所在的角度为 60°+0.5°X(N-1)。比如，N=11，即表示该点云数据在 65°角处。

该项目重点涉及 KH53 位置测量传感器和 PLC 之间的 DP 通信，同时还涉及 LMS511 雷达和 PLC 的 TCP/IP 通信。因此，该项目中应用的是既有 DP 通信，同时还支持 TCP/IP 通信的西门子 S7-300 系列 PLC，具体型号为一台 S7 317-2PN-DP CPU（以下简称 CPU），另外还应用到一台 KH53 阅读器，磁性标尺若干（依据行车行进距离决定），以及一台 LMS511 激光雷达。

行车在车间搬运时的路径，即重点防护区域如图 9 箭头方向所示。

行车在车间搬运时的重点轮廓记录区域如图 10 所示，并且当车间大型物体移除后应重新录入历史轮廓系统。

三、控制系统配置方案

本系统控制程序应用 SIMATIC STEP7 软件编写，其中在 TCP/IP 调试测试时，应用 HerculesTCP/IP 调试助手进行 LMS511 通信指令测试。应用西克传感器 SOPAS Engineering Tool 对 LMS511 参数设置以及轮廓数据监控测试。

程序设计工作流程图介绍：

1）行车运行前，防护区域历史轮廓录入模式。在行车进行搬运作业前，要预先录入防护区域轮廓，作为历史环境标准对比轮廓，在行车作业时对比当前防护区域轮廓是否发生改变，即安全防

图 9　行车在车间进行搬运中的重点防护区域

图 10　搬运时的重点轮廓记录区域

护判断。

在录入历史标准比对轮廓时将程序切换为录入模式，使行车从车间的一端向另一端移动，在移动过程中，KH53 获取行车所在的 X 方向位置，当行车行进的相对距离达到预先设置的录入防护轮廓间隔距离时，CPU 记录一次当前 LMS511 点云轮廓，同时记录此轮廓所在的行车 X 方向位置，即点云轮廓和 X 方向位置进行绑定。

行车运行前录入现场轮廓流程如图 11 所示。

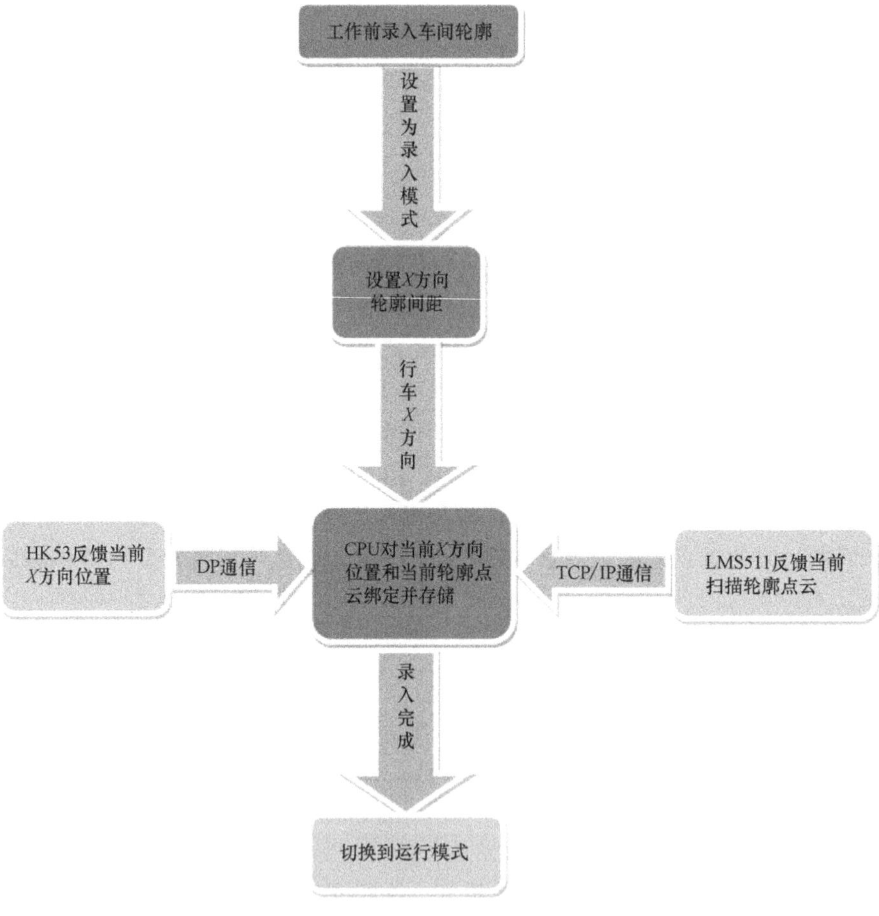

图 11　录入现场防护轮廓流程如图

2）运行模式，即防行车运行护模式。在运行防护模式下，行车在车间进行吊装搬运工作，KH53 实时获取行车 *X* 方向的测量位置，LMS511 对行车下行进作业面轮廓进行扫描，同时 CPU 对行车在 *X* 方向位置的历史轮廓进行对比，当出现当前行进路径轮廓中有小于历史轮廓点云的最小阈值时，说明有物体，如人或者车辆等物体闯入的可能，此时给出报警提示。

运行时，扫描当前点云轮廓和录入的历史点云轮廓进行实时对比，进行安全防护判断工作，流程如图 12 所示。

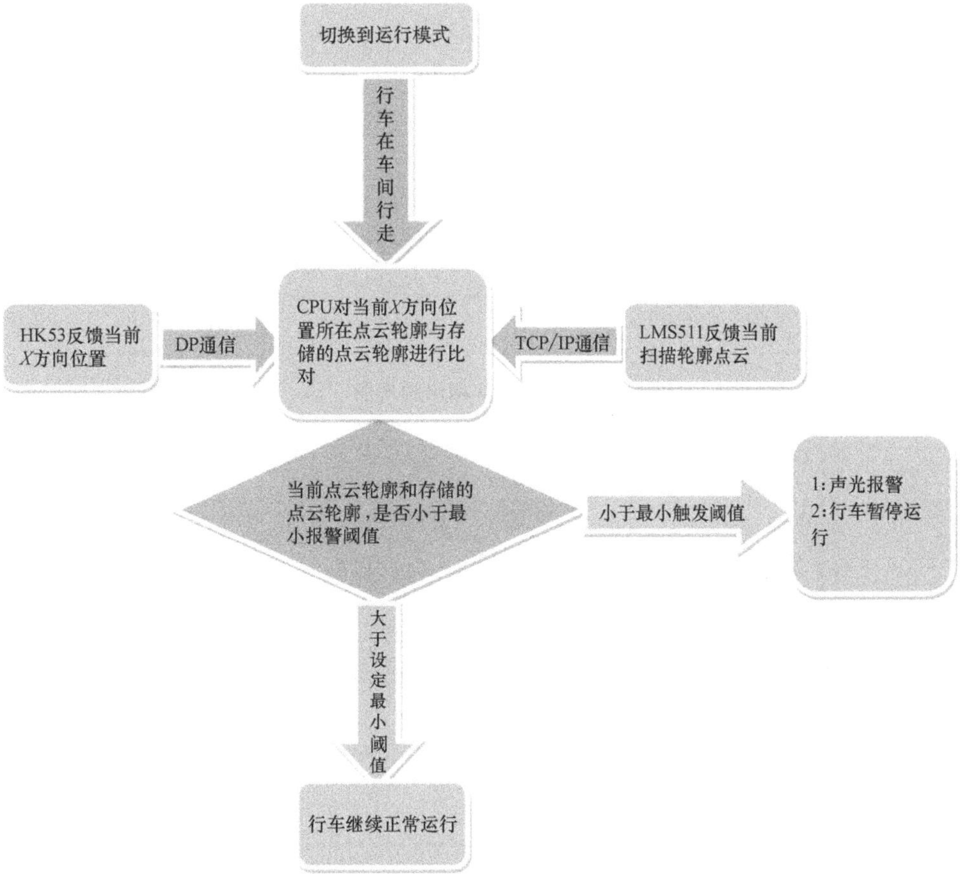

图 12 运行模式下，当前点云轮廓和历史点云轮廓对比进行防护判断

3）KH53 网络组态。KH53 和 CPU 之间进行 DP 网络通信，通信报文格式通过 GSD 文件方式导入 STEP7 软件中，在硬件组态中设置实现 DP 网络连接，并对 KH53 的输入/输出字节进行配置，此应用配置四个字节的位置信息输入，两个字节的行进速度信息输入（用于读取行车行进速度，可作为行车行驶信息数据的其他应用，本案例不作为重点阐述）。KH53 网络结构如图 13 所示。

4）LMS511 和 CPU 之间的通信连接。LMS511 作为服务器端，CPU317 作为客户端，主动连接 LMS511，通过西门子开放式通信连接向导工具创建连接对象的类型以及 IP 地址，具体可参考西门子官方<<S7-300 与第三方的 TCP 通信_ Clint（STEP7）>>，在此不做赘述。

LMS511 和 CPU 之间通信采用 TCP/IP 形式，在 CPU 上应用的通信指令如图 14 框内所示。

当网络连接建立后，在 PLC 侧可以调用（FB63、FB64、FB65 以及 FB66）来实现 TCP/IP 通信。LMS511 和 CPU 的网络连接情况可通过 CPU 的在线监控进行查看，如图 15 所示。

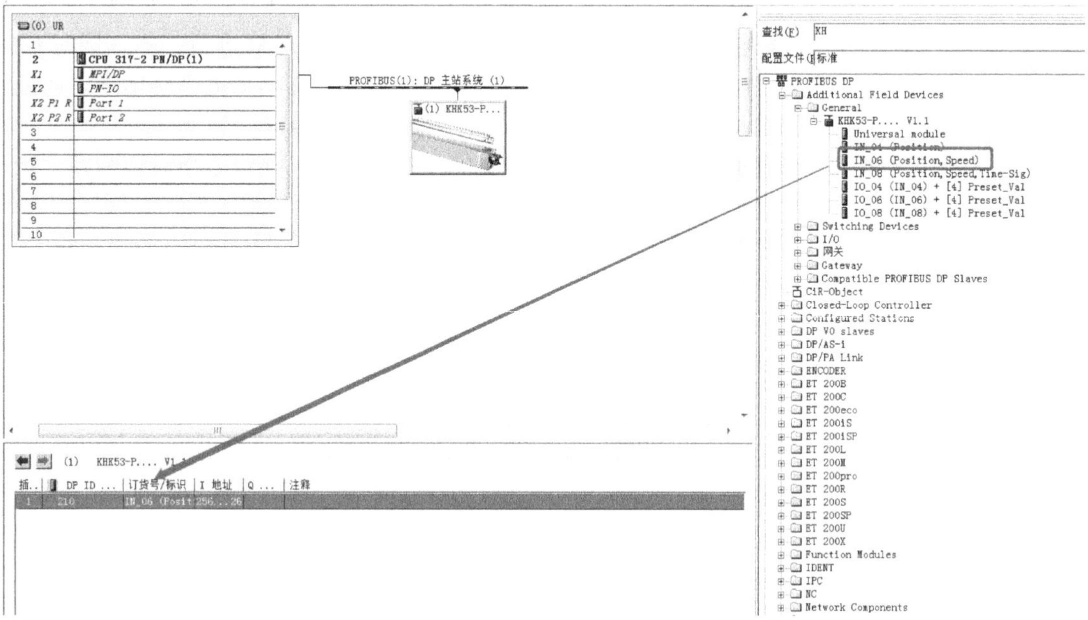

图 13　KH53 网络结构图

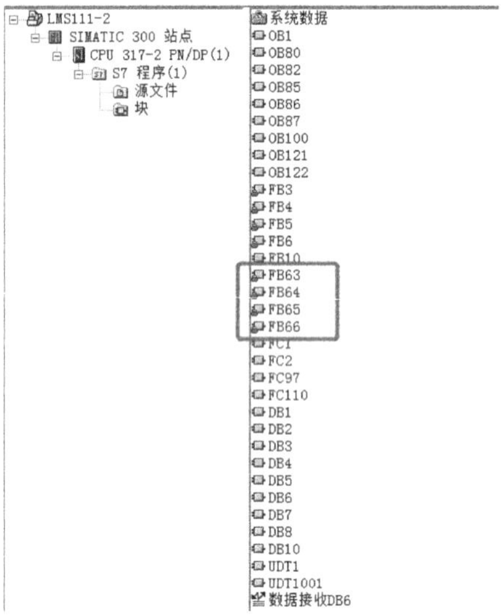

图 14　CPU 和 LMS511 连接时用到的 TCP/IP 指令

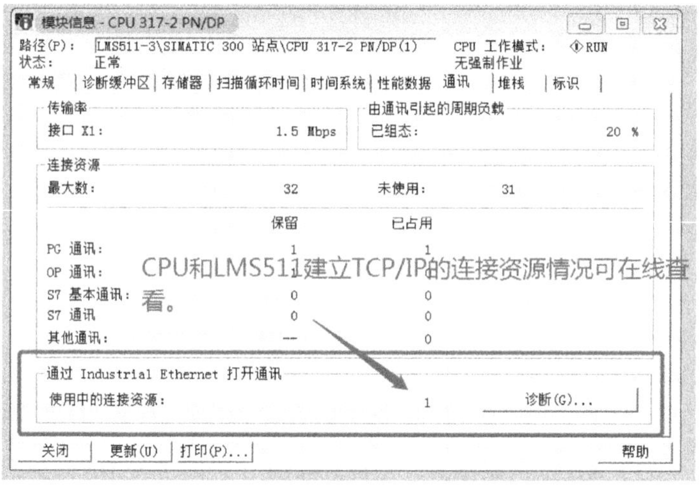

图 15　LMS511 和 CPU 的网络连接

三、功能与实现

1. 本案例重点功能

1）为了获取 LMS511 点云轮廓数据，通过 CPU317 和 LMS511 建立之间的 TCP/IP 通信。

2）根据 LMS511 报文指令手册，查阅发送轮廓测量指令格式，查找在 CPU 程序中需要封装二进制报文指令格式。

3）根据 LMS511 通信指令手册封装启动 LMS511 点云扫描指令。

4）CPU 对 LMS511 的点云数据接收，以及结合 KH53 反馈行车行进方向 *X* 的位置对点云轮廓坐标的绑定存储。

5）在行车工作运行时，CPU 对行车所在 *X* 位置的 LMS511 点云数据和存储的轮廓数据对比。

6）应用西克传感器 SOPAS Engineering Tool 对 LMS511 参数设置。

7）结合应用场景，对相关设置参数进行计算评估。

2. 具体实现方法

1）通过 SFB65 指令，对目标地址进行连接，如图 16 所示。

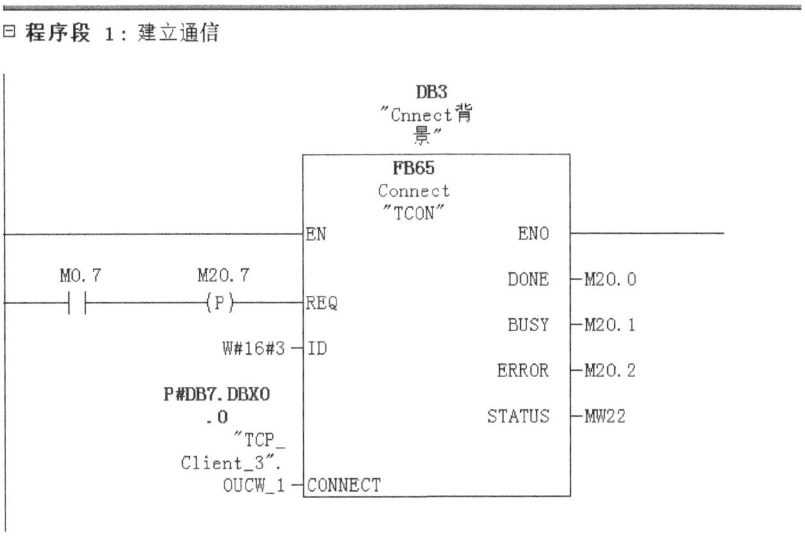

图 16　SFB65 指令对目标地址进行连接

2）通过 SFB63 指令，对 LMS511 发送启动扫描命令，如图 17 所示。

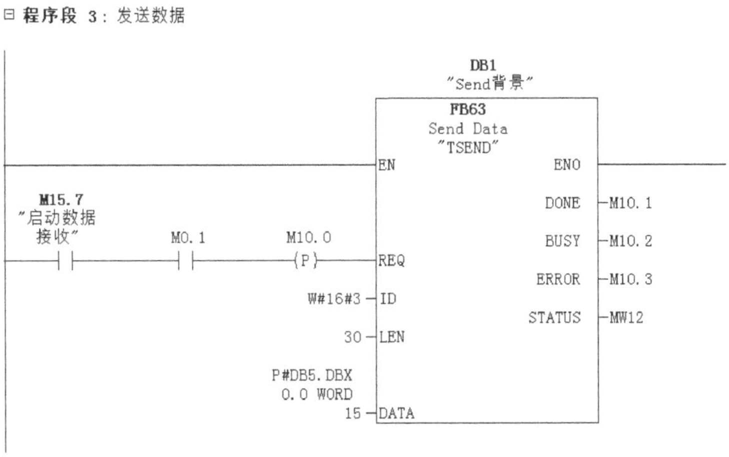

图 17　SFB63 指令对 LMS511 发送启动扫描命令

3）根据 LMS511 通信指令手册启动 LMS511 点云扫描指令，如图 18 所示。

4）根据 LMS511 通信指令手册封装启动 LMS511 点云扫描指令，如图 19 所示。

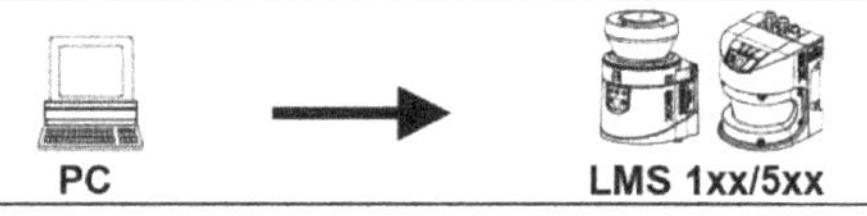

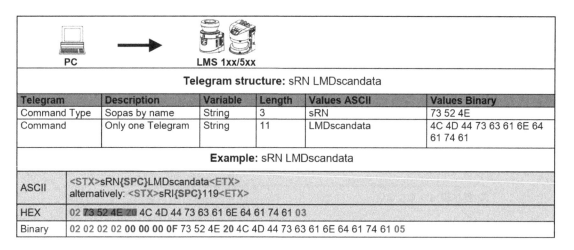

Telegram structure: sRN LMDscandata					
Telegram	Description	Variable	Length	Values ASCII	Values Binary
Command Type	Sopas by name	String	3	sRN	73 52 4E
Command	Only one Telegram	String	11	LMDscandata	4C 4D 44 73 63 61 6E 64 61 74 61

Example: sRN LMDscandata	
ASCII	<STX>sRN{SPC}LMDscandata<ETX> alternatively: <STX>sRI{SPC}119<ETX>
HEX	02 73 52 4E 20 4C 4D 44 73 63 61 6E 64 61 74 61 03
Binary	02 02 02 02 00 00 00 0F 73 52 4E 20 4C 4D 44 73 63 61 6E 64 61 74 61 05

图 18 启动 LMS511 点云扫描指令

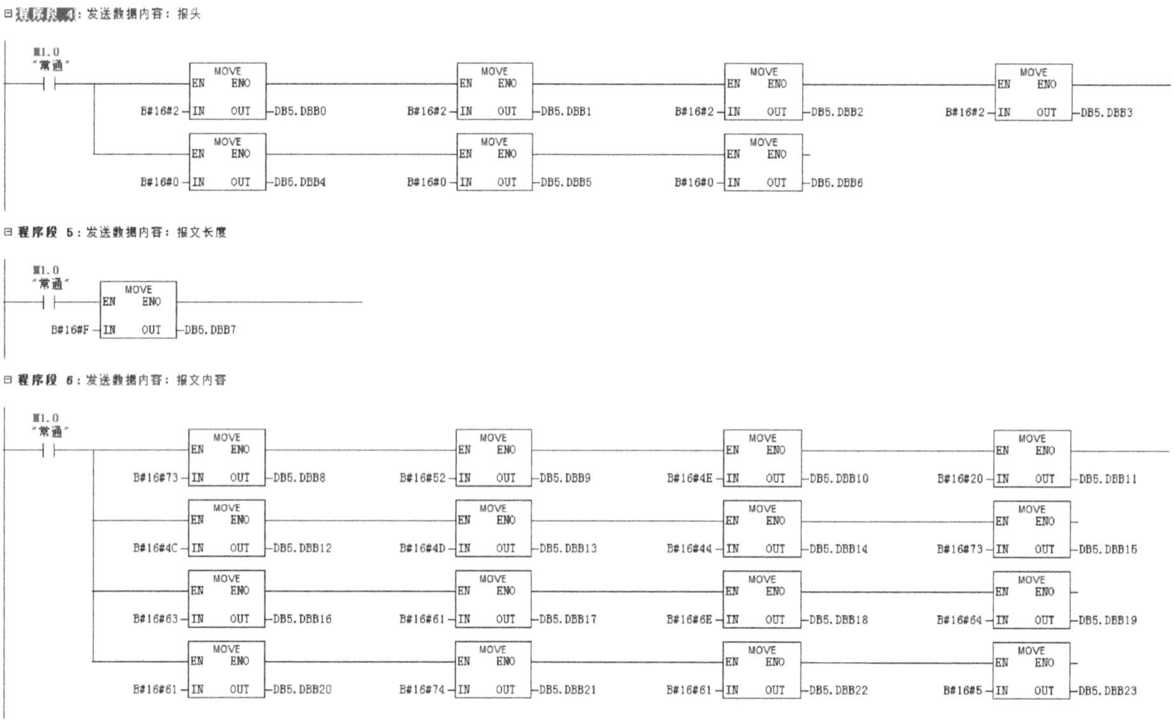

图 19 封装启动 LMS511 点云扫描指令

通过 SFB64 指令对 LMS511 的点云数据进行接收，如图 20 所示。

5）在录入车间历史轮廓时，基于 KH53 给出的行车当前的 X 方向位置（单位为 mm），进行换算点云轮廓存储位，本项目以行车向前行进 500mm 为单位录入一个历史点云轮廓，程序编写如图 21 所示。

记录历史轮廓数据的功能块对应引脚功能说明如图 22 所示。

功能块内部程序用 STL 语言编写，具体实现方法如图 23 所示。

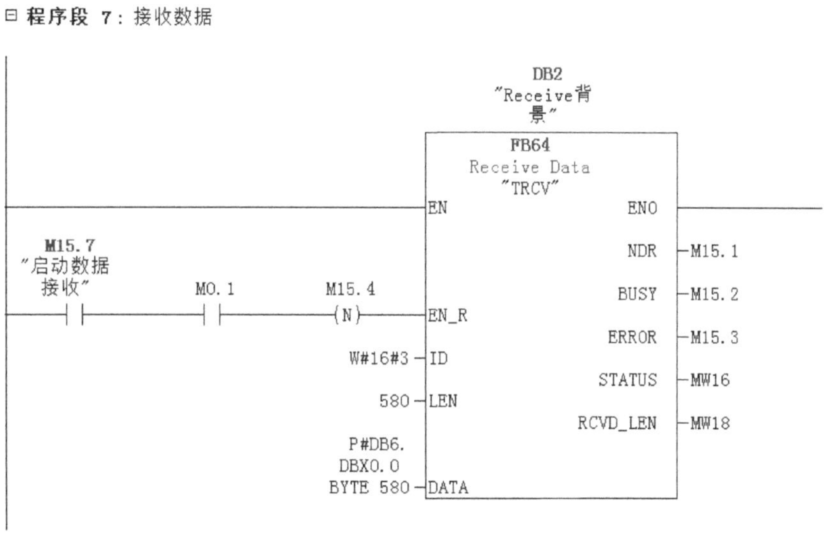

图 20　接收 LMS511 的点云数据指令

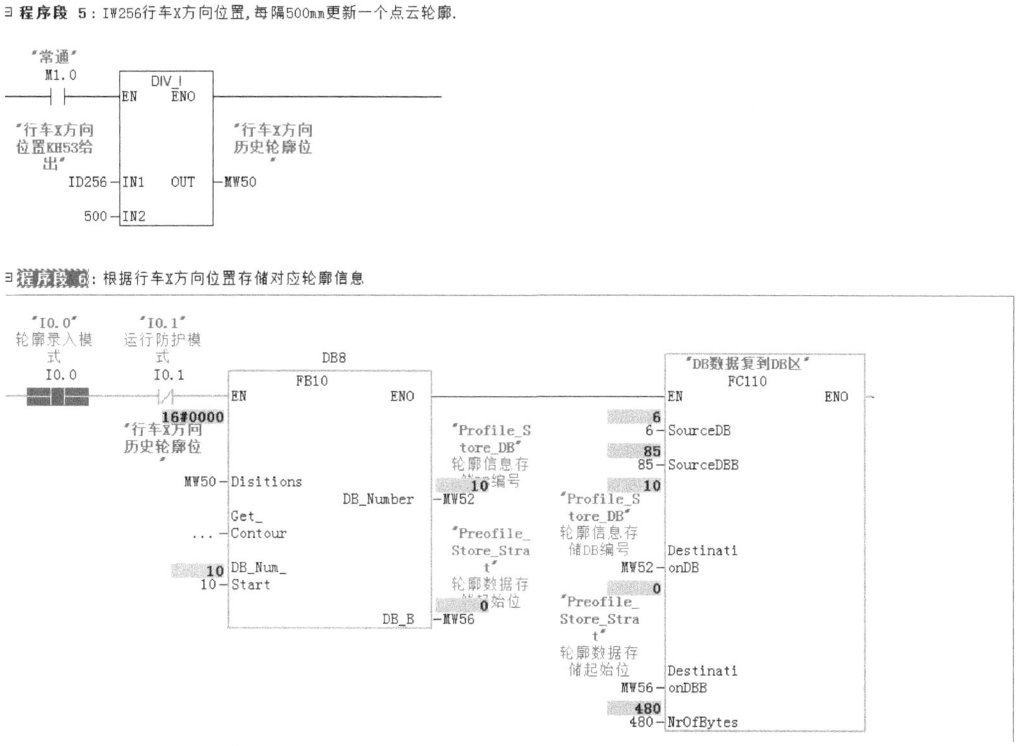

图 21　基于行车当前的 X 位置录入历史点云轮廓

6）行车在车间运行时，根据 LMS511 实时的点云轮廓和行车所在位置的历史数据进行轮廓比对，程序如图 24 所示。

7）应用西克传感器 SOPAS Engineering Tool 对 LMS511 参数设置。

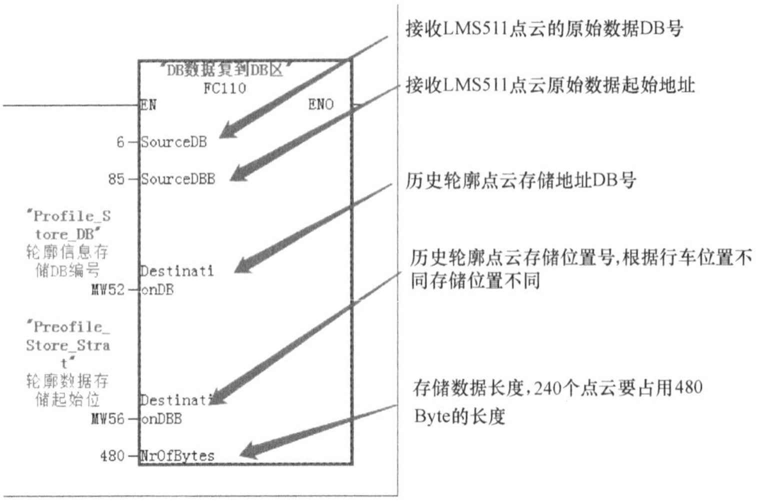

图 22　历史轮廓数据功能块功能说明

```
⊟ 程序段 1: Address Registers Uploading
        TAR1
        T      #AR1Temp
        TAR2
        T      #AR2Temp

⊟ 程序段 2: Source Memory Area Check
        L      #SourceDB
        L      -1
        >I
        JC     SoDa

        L      #SourceDB
        L      -2
        ==I
        JC     SoIn

        L      #SourceDB
        L      -3
        ==I
        JC     SoOu

⊟ 程序段 3: Source Merker Information Set
        LAR1   P##Source

        L      B#16#10
        T      LB [AR1,P#0.0]

        L      B#16#2
        T      LB [AR1,P#1.0]

        L      #NrOfBytes
        T      LW [AR1,P#2.0]

        L      #SourceDBB
        SLD    3
        T      LD [AR1,P#6.0]
        L      B#16#83
        T      LB [AR1,P#6.0]
        JU     Dest

  SoIn: LAR1   P##Source

        L      B#16#10
        T      LB [AR1,P#0.0]

        L      B#16#2
        T      LB [AR1,P#1.0]

        L      #NrOfBytes                    #NrO:
        T      LW [AR1,P#2.0]

        L      #SourceDBB                    #Sou:
        SLD    3
        T      LD [AR1,P#6.0]
        L      B#16#81
        T      LB [AR1,P#6.0]
        JU     Dest

⊟ 程序段 5: Source Output Information Setting
  SoOu: LAR1   P##Source

        L      B#16#10
        T      LB [AR1,P#0.0]

        L      B#16#2
        T      LB [AR1,P#1.0]

        L      #NrOfBytes                    #NrO:
        T      LW [AR1,P#2.0]

        L      #SourceDBB                    #Sou:
        SLD    3
        T      LD [AR1,P#6.0]
        L      B#16#83
        T      LB [AR1,P#6.0]
        JU     Dest

⊟ 程序段 6: Source Block Informations Setting
  SoDa: LAR1   P##Source

        L      B#16#10
        T      LB [AR1,P#0.0]

        L      B#16#2
        T      LB [AR1,P#1.0]

        L      #NrOfBytes                    #NrO:
        T      LW [AR1,P#2.0]

        L      #SourceDB                     #Sou:
        T      LW [AR1,P#4.0]

        L      #SourceDBB                    #Sou:
```

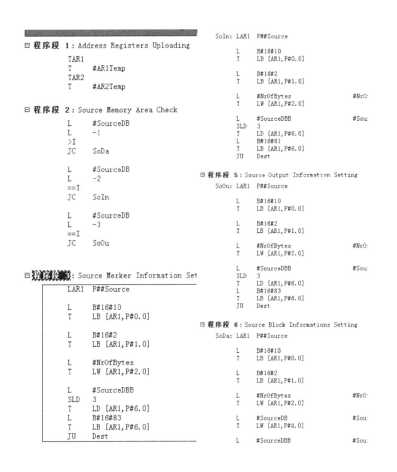

图 23　历史点云轮廓存储 STL 语言程序

```
⊟ 程序段 7: Source Memory Area Check
Dest: L    #DestinationDB            #Destinati
      L    -1
      >I
      JC   DeDa

      L    #DestinationDB            #Destinati
      L    -2
      ==I
      JC   DeIn

      L    #DestinationDB            #Destinati
      L    -3
      ==I
      JC   DeOu

⊟ 程序段 8: Destination Merker Information Setting
      LAR1 P##Destination

      L    B#16#10
      T    LB [AR1,P#0.0]

      L    B#16#2
      T    LB [AR1,P#1.0]

      L    #NrOfBytes                #NrOfBytes
      T    LW [AR1,P#2.0]

      L    #DestinationDBB           #Destinati
      SLD  3
      T    LD [AR1,P#6.0]
      L    B#16#83
      T    LB [AR1,P#6.0]
      JU   Copy

⊟ 程序段 9: Destination Input Information Setting
DeIn: LAR1 P##Destination

      L    B#16#10
      T    LB [AR1,P#0.0]

      L    B#16#2
      T    LB [AR1,P#1.0]

      L    #NrOfBytes                #NrOfBytes
      T    LW [AR1,P#2.0]

      L    #DestinationDBB           #Destinati
      SLD  3

⊟ 程序段 10: Destination Output Information Setting
DeOu: LAR1 P##Destination

      L    B#16#10
      T    LB [AR1,P#0.0]

      L    B#16#2
      T    LB [AR1,P#1.0]

      L    #NrOfBytes                #NrOfByte
      T    LW [AR1,P#2.0]

      L    #DestinationDBB           #Destinat
      SLD  3
      T    LD [AR1,P#6.0]
      L    B#16#82
      T    LB [AR1,P#6.0]
      JU   Copy

⊟ 程序段 11: Destination Block Informations Setting
DeDa: LAR1 P##Destination

      L    B#16#10
      T    LB [AR1,P#0.0]

      L    B#16#2
      T    LB [AR1,P#1.0]

      L    #NrOfBytes                #NrOfByte
      T    LW [AR1,P#2.0]

      L    #DestinationDB            #Destinat
      T    LW [AR1,P#4.0]

      L    #DestinationDBB           #Destinat
      SLD  3
      T    LD [AR1,P#6.0]
      L    B#16#84
      T    LB [AR1,P#6.0]

⊟ 程序段 12: Block Moving
Copy: CALL  SFC   20                 BLKMOV
       SRCBLK :=#Source              #Source
       RET_VAL:=#TempI               #TempI
       DSTBLK :=#Destination         #Destinat

⊟ 程序段 13: Address Registers Downloading
      L    #AR1Temp                  #AR1Temp
      LAR1
      L    #AR2Temp                  #AR2Temp
      LAR2
```

图 23　历史点云轮廓存储 STL 语言程序（续）

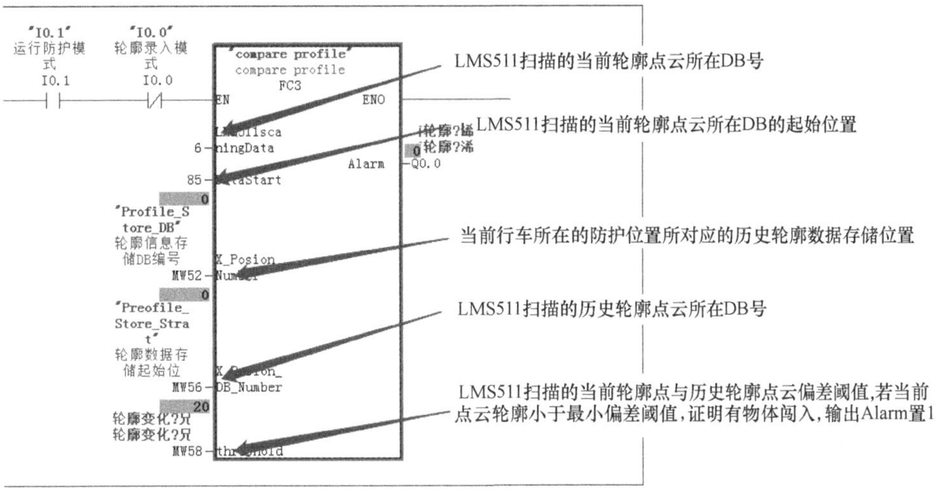

图 24　实时的点云轮廓历史数据进行轮廓比对功能块说明

基于 PLC 便于处理定长数据报文，在此应用中实用二进制 Binary 报文。同时要对 LMS511 的报文类型进行设置，用西克 SOPAS Engineering Tool 软件对 LMS511 进行设置，如图 25 所示。

SOPAS Engineering Tool 设置输出点云区间为 60°~120°，如图 26 所示。

SOPAS Engineering Tool 设置点云分辨率为 0.5°，如图 27 所示。

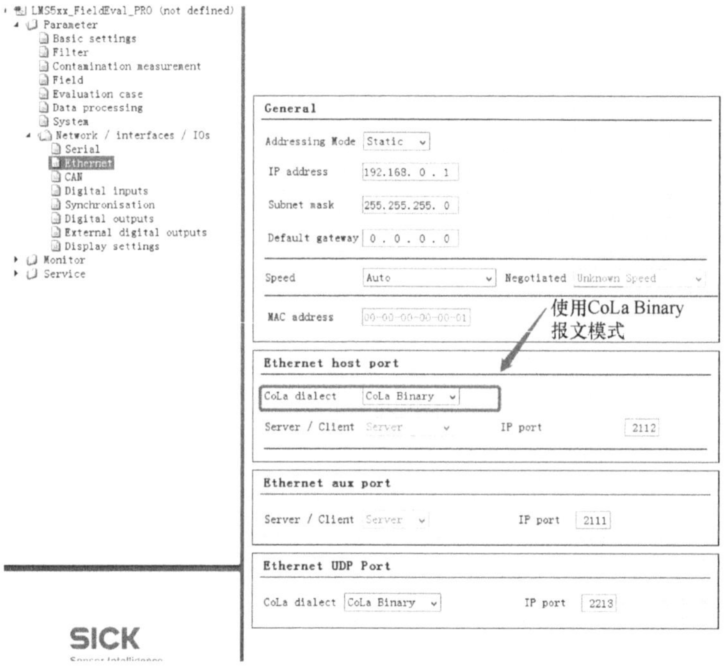

图 25 用 SOPAS Engineering Tool 设置报文格式

图 26 设置轮廓点云的起至角度

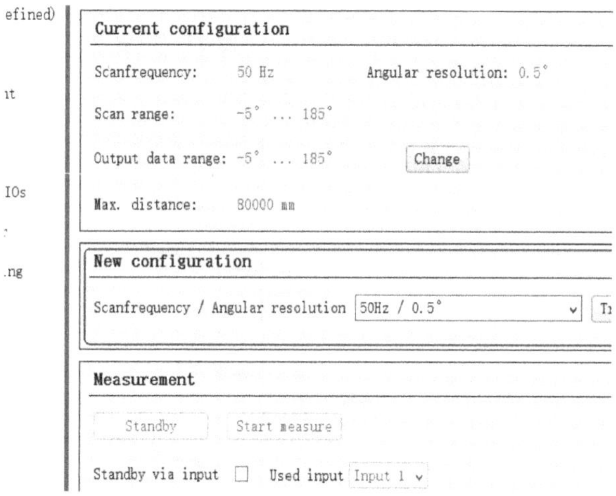

图 27 设置点云角度分辨率

因 LMS511 报文数据包括设备状态等信息，所以数据总长度为 580B，报文格式解析实例如下：

sRALMDscandata 0（设备版本号）;

1（设备 ID）;

A05EE0（设备序列号）;

0 0（设备状态）;

227C（指令计数）495E（扫描计数）65EE1D80（扫描起始时间）66258D27（扫描结束时

间)；

0 0（设备开关量输入状态)；

3F 0 0（设备开关量输出状态）1388（扫描频率 50Hz)；

168 1（编码器状态）9AD0（编码器位置）3E3（编码器速度）1（输出通道）DIST1（回波层序号）3F800000 00000000 FFFF3CB0（起始角度）1388（角度分辨率）3D（测量数据个数）106 105 10B 10B FF 105 10B 117 7B7 79C 77D 76F 73C 727 717 703 6F6 6E4 6D0 6C7 6B6 6A6 69B 68C 681 66F 66B 65F 0 0 61E 5FD 606 609 5EF 5DC 5D3 5C3 5BF 5B5 5B2 5A4 597 593 592 580 58B 250 1F5 1A4 1CA 20C 0 54D 54B 543 53F 537 531 524 522 0 0 0 0 0 0。

8）结合应用场景，对相关设置参数进行计算评估。

因每个扫描轮廓的点云数据相对较多，假设车间长度为 100m，0.5m 间距进行一个轮廓数据录入，这样整个车间会产生 200 个历史轮廓数据包，以每个轮廓数据 60°扫描，点云分辨率为 0.5°，每个点云在 DB 块中占用一个 WORD 的空间，200 个轮廓数据所占用的空间为

60/0.5×(100/0.5)= 24000WORDS，即 48000B

一个 DB 块最大空间为 65536B，理论是可以容纳下的。

但是若扫描存储轮廓间距设置过小，并且车间长度过长，就会导致一个 DB 块存储不下的情况，这样就应开辟新的存储 DB。同时 CPU 的内部可保持存储区是有限的，过多的开辟 DB 存储区会导致 S7-300CPU 因可保持存储器不足报警，所以要适当地控制扫描轮廓间距，以此 S7-317CPU 的内存为例，可保持的数据总存储空间约 260KB，因其他应用程序会占用一部分，因此应控制开辟的 DB 和 DB 块的数量，根据经验建议不超过三个 DB 数据块，即控制在 200KB 数据存储区以内。

此项目应用一个 DB 块存储历史轮廓数据，所占用的存储空间如图 28 所示。

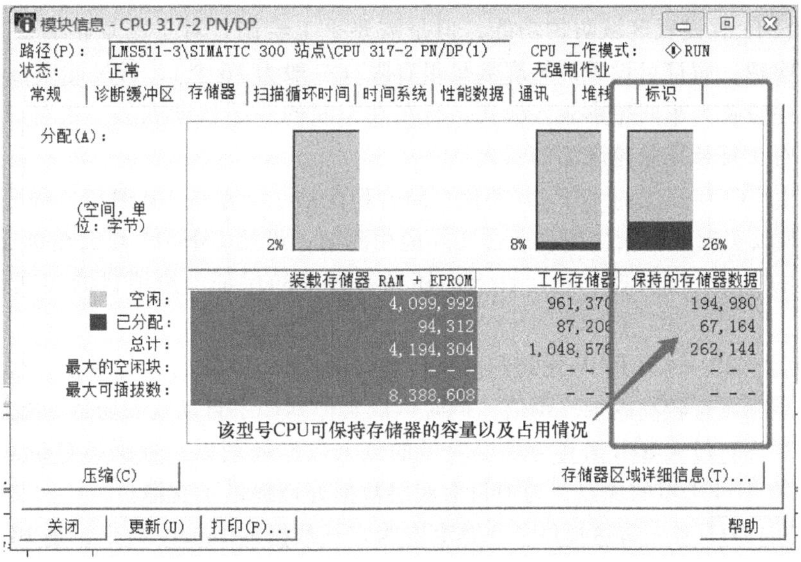

图 28　CPU 运行时对可保持存储空间的占用

四、运行效果

在车间某一随机的 *X* 位置进行测试。运行前记录的历史轮廓用 SOPAS Engineering Tool 监控，

如图 29 所示。因车间下方没有其他摆放物体，所以 LMS511 直接扫描到地面，其轮廓图是平直的，当有物体闯入（此被测物约高 0.5m，X 方向宽 1m）后，用 SOPAS Engineering Tool 监控，LMS511 点云轮廓如图 30 所示，相对于图 29 历史轮廓数据，当有物体闯入后的新轮廓数据在中间部位高度距离上变化明显，在 CPU 程序中，点云数据变化已经大于最小阈值变化（此项目设置的最小阈值为 0.2m），通过实测，便可在程序上输出报警信号。

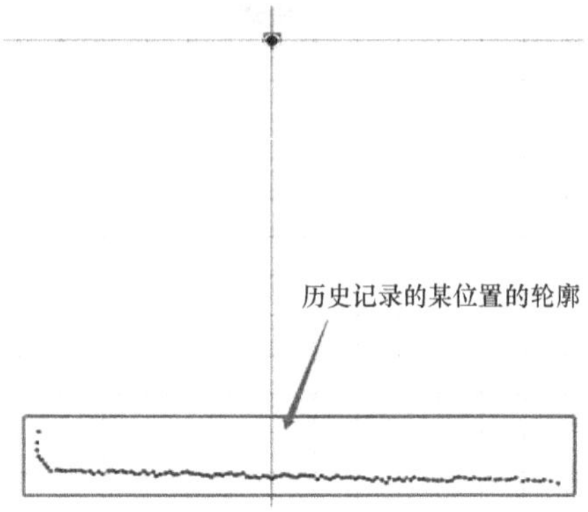

图 29　历史轮廓点云图

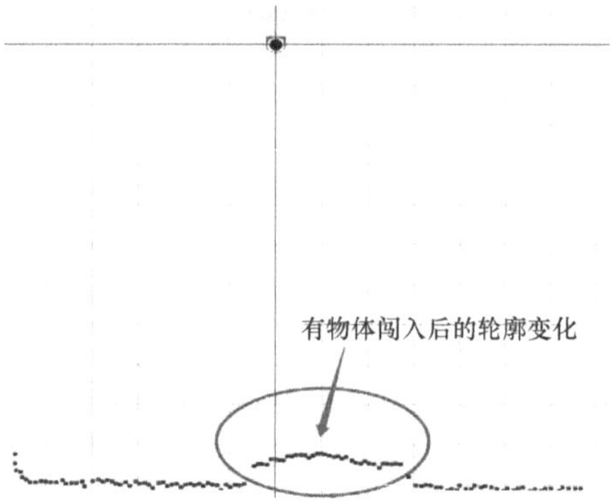

图 30　当前有物体进入后的轮廓

五、应用体会

1）工业计算机（PC）虽然可以通过 TCP/IP 通信接收 LMS511 的轮廓报文，但仅擅长一些静态场景的轮廓点云处理，且 PC 不能进行 DP 通信，同时实时性和稳定性也没有 PLC 可靠，对于要求实时性和稳定性很高的实时防护应用需求，这是当前用 PC 无法实现的。

2）虽然 LMS511 有设置区域防护功能，但是需要手工绘制，对于场景轮廓复杂场景绘制难点很大，甚至无法实现，而且可设置的轮廓数量很有限（一般为 16 个），通过此项目的轮廓点云录入方式，只需将程序设置为车间轮廓录入模式，行车在车间的一端移动到另一端可以很快（数分钟）完成整个车间数百个复杂场景轮廓面的录入。

3）基于西门子 CPU 强大的 TCP/IP 通信，结合稳定的工业总线 DP 通信，很好地解决了 PC 或单独靠 LMS511 难以实现的场景应用。通过实际运用测试，虽然 LMS511 点云轮廓通信数据量很大，但是在轮廓数据的实时处理性能和稳定性上面还是有较好的保证，给项目的实现带来强大的硬件基础。

4）通过西门子 CPU 的 TCP/IP 通信和西克传感器的 LMS511 进行无缝对接，解决了一个领域的安防问题，在行车领域有较高的推广价值，同时可以延伸到楼宇自动化安防等领域。

5）西门子 CPU 的强大 STL 语言为底层大量的点云数据处理以及数据运算带来了很大的便利，相对与其他 PLC 有不可比拟的优点，为项目对底层数据处理提供了支撑。

6）SICK 的 LMS511 激光雷达提供了一整套专为定长数据的 Binary 指令，是 PLC 擅长处理的数据格式，为此项目带来了通信数据长度管理的巨大方便。

7）LMS511 点云数据的存储以及数据比对等功能块会涉及 STL 语言编程（这对经常用梯形图操作的编程人员来说会需要一个熟悉过程）。因 LMS511 报文内容信息量巨大，所以需要对报文进行细致的解读和精确批量处理，同时需要对 STL 语言编写的数据处理程序进行大量测试调试工作，这是程序设计的重点工作。SIMATIC STEP7 软件编程工具提供 FC、FB 等功能和功能块的编写管控，使内容繁杂的程序通过块编辑和管理，让程序变得简洁明了，提高了程序可维护性以及运行稳定性。

8）基于 KH53 对行车行进位置 *X* 进行测量，结合 LMS511 对防护轮廓的点云扫描，合理规划点云轮廓间隔和点云角度分辨率以及最小轮廓变化报警阈值等参数，需要结合现场实际应用需求而定，本项目参数仅作参考。

参考文献

[1] 西门子（中国）有限公司. Developers_Guide_LMS1xx_5xx_V4.0(SICK internal use only)［Z］.

[2] 西门子（中国）有限公司. Operating_instructions_Laser_measurement_sensor_LD_LRS36xx_en_IM0056613［Z］.

[3] 西门子（中国）有限公司. LMS1XX 常用指令以及解析［Z］.

[4] 西门子（中国）有限公司. S7-300 与第三方的 TCP 通信_Clint（STEP7）［Z］.

[5] 西门子（中国）有限公司. 西门子 S7—300/400 PLC 编程（语句表和结构化控制语言描述第 3 版）［Z］.

西门子自动化与驱动产品在水泵组装生产线系统中的应用
Application of Siemens automation and drive production in pump assembly line system

辛佳波
（浙江省机电设计研究院有限公司　杭州）

[摘　要] 本文介绍了西门子 SIMATIC S7-1500 PLC、KTP1200 HMI、ET200SP 远程 IO 系统和 SINAMICS V90 PN 伺服系统等产品在国内第一套水泵组装生产线系统中所组成的系统配置和网络结构，并从软硬件设计方面，叙述了对关键功能的成功实现。

[关 键 词] 水泵、生产线、PLC、伺服系统

[Abstract] This paper introduces the configuration and network construction that is consisted of Siemens SIMATIC S7-1500 PLC，KTP1200 HMI，ET200SP Remote IO Systems and SINAMICS V90 PN servo system in the first pump assembly line system in China. In aspects of hardware and software design，the paper also describes the successful application of main function.

[Key Words] Pump、production line、PLC、servo system

一、项目简介

浙江台州温岭是中国著名的水泵之乡，当地的水泵产业十分发达，经过三十余年的发展，从自给自足的家庭作坊到现代化产业集群，目前温岭泵类产品已占据全国市场 65%以上的份额，成为温岭产业发展的金名片。然而当地企业的自动化水平普遍低下，生产线以人工手工装配为主，产能低，品控差，主要依靠价格优势占领市场，获利能力弱，在国内外市场缺乏竞争力，制造转型迫在眉睫。温岭当地的水泵某明星企业决定委托浙江省机电设计研究院有限公司，为其研发一条全自动水泵组装生产线，笔者有幸成为此项目的电气负责人。

水泵主要由机筒、定子线圈、转子、端盖、轴承与机封等部件组成。在生产线中，机器人通过 3D 相机引导抓取机筒和定子线圈，放入压机工位。压机将线圈压入机筒内部一定深度后，伺服机械手将机筒转移至线体工装托盘内，前往下个装配工位。经过一系列的螺栓自动拧紧工序后，夹手将机筒翻转后再次放入工装托盘内，三轴机械手将预装完轴承的转子，抓取放至机筒内，后续进行端盖与机封、卡簧安装。以上步骤完成后，系统进入气密测试环节，测漏仪自动测试内腔密封性。合格品进入装配流程，不合格品进入返修工位。2D 视觉引导伺服拧紧枪完成泵盖安装后，水泵组装完成，由三轴机械手转移至后续打包工位链板线上。

生产线全貌如图 1 所示。

此项目总共 28 个工位，共含 5 套控制柜，总共使用了 5 台 SIMATIC S7-1500 PLC、12 台 KTP1200 HMI、5 套 ET200SPN 远程 IO、22 套 SINAMICS V90 PN 伺服系统，以及支持 Profinet 通信

图 1　生产线全貌

的 ABB 6700 六轴机械手、支持 TCP 通信的梅卡曼德 3D 视觉系统和海康 2D 视觉系统、支持 Profinet 通信的 FESTO 的阀岛、支持 S7 通信的 MES 系统、伺服压机等。生产线中的关键部件如图 2~图 7 所示。

图 2　柜内布局

图 3　机筒托盘与 3D 视觉系统

图 4　六轴机械手与定子线圈托盘

图 5　转子托盘

图 6　机筒、定子与压机

图 7　泵盖安装与 2D 视觉系统

二、系统结构

此项目控制结构较为复杂，5 台电柜的控制核心均是一台 SIMATIC S7-1500 PLC（CPU 1513-1 PN 和 CPU 1511-1 PN）。

S7-1500 PLC 与 3D 视觉直接通过 TCP 协议，获取目标机筒的取料路径数据。然后通过 PN 通信实时传递给 ABB 机器人。

S7-1500 PLC 与 2D 视觉通过 Modbus TCP/IP 协议，获取目标泵盖的旋转角度，然后生成目标位置传递给 V90PN 伺服系统。

S7-1500 PLC 与 MES 直接通过 S7 协议交互数据，数据包括生产实时信息、产品追溯信息以及工艺配方参数等。

五套 S7-1500 PLC 之间以图 8 的方式进行 S7 通信交互，传递所需数据。

基于拓扑结构的灵活性与扩充的便利性考虑，远程 IO 系统采用的是 IP20 等级的 ET200SP 远程 IO 系统。远程 IO 系统的串口模块与气密测漏仪进行数据交互。

基本网络结构图如图 9~图 13 所示。

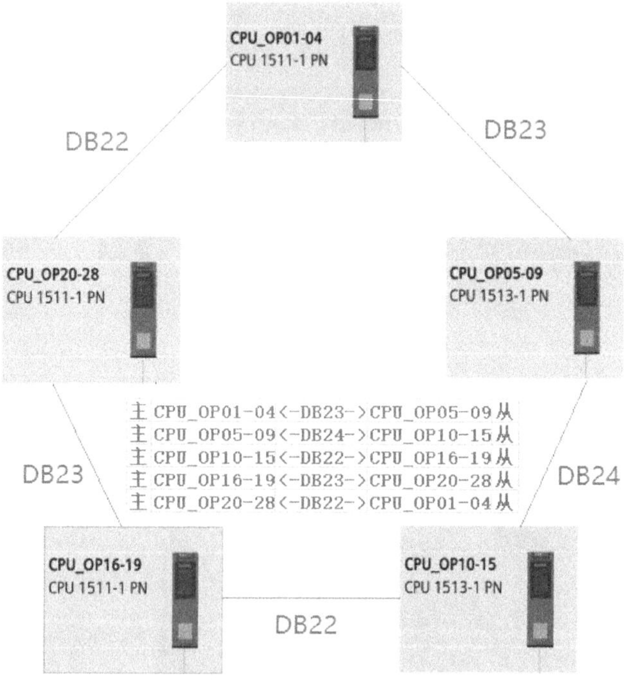

图 8　CPU 之间 S7 通信交互

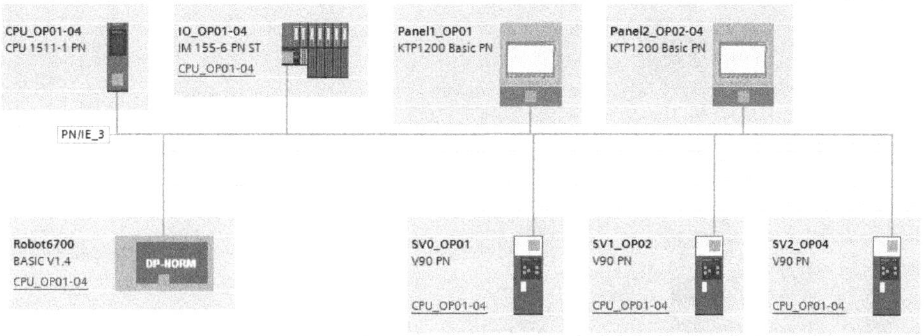

图 9　电柜 1 控制系统网络结构图（工位 01～04）

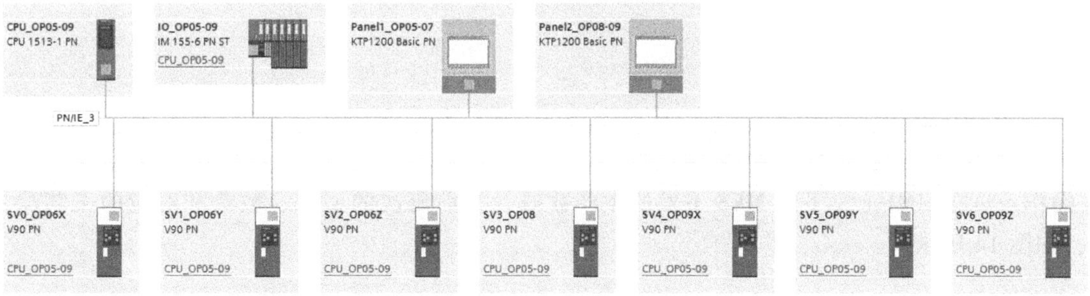

图 10　电柜 2 控制系统网络结构图（工位 05～09）

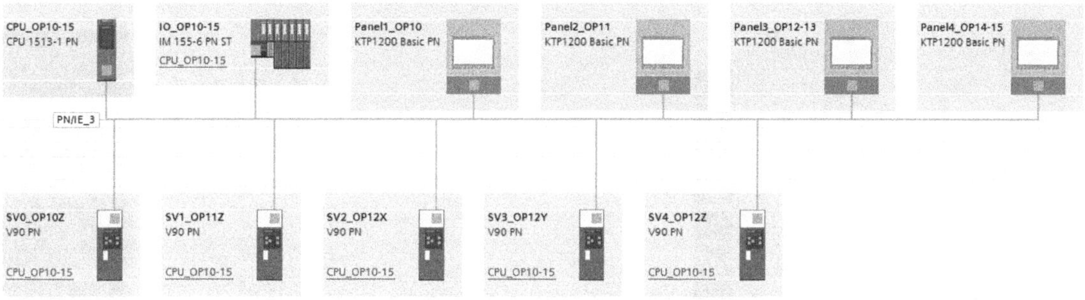

图 11　电柜 3 控制系统网络结构图（工位 10～15）

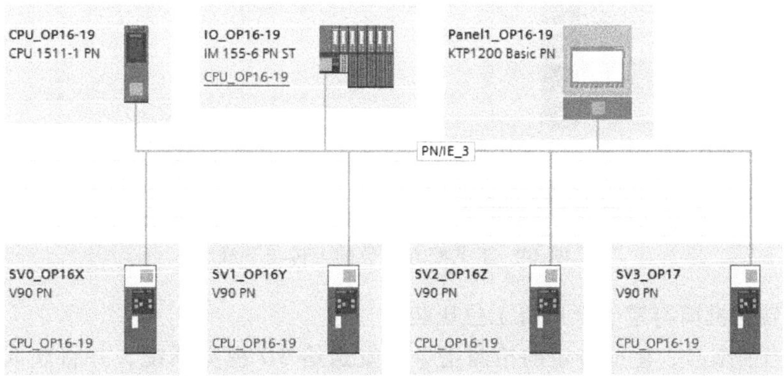

图 12　电柜 4 控制系统网络结构图（工位 16～19）

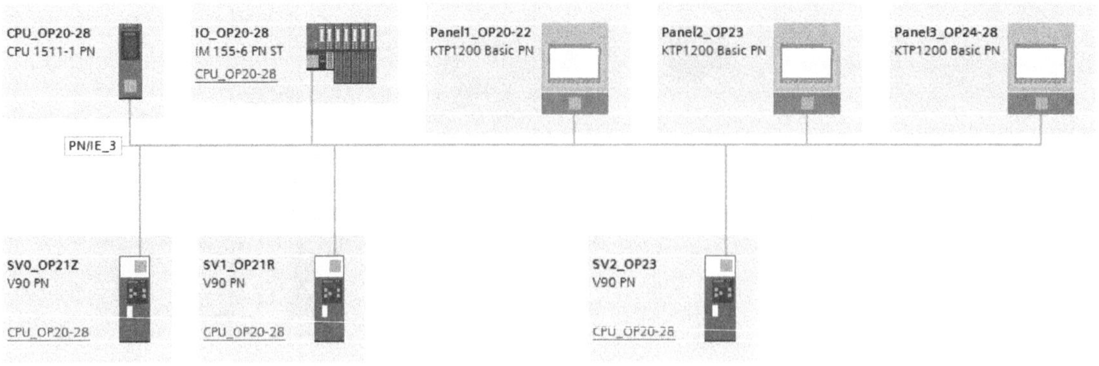

图 13　电柜 5 控制系统网络结构图（工位 20～28）

三、功能与实现

1. 系统动作流程

（1）MES 下发生产数据与物料托盘载入

操作人员在 HMI 上，下载 MES 下发的生产数据（当前班次的型号、数量和对应的工艺配方参数），如图 14 所示。

图 14　工艺配方参数的上传与下载

（2）机器人转运机筒与定子至压机工位压装

机器人根据当前型号，生成特定的拍照指令，发送给 3D 视觉系统，并将获取的坐标数据传递给机器人，然后调度机器人进行机筒和定子的上料作业。上料完成后，压机根据配方参数将定子线圈压至机筒内部一定深度，压装过程中实时监控压力值和行程值，压装不合格时，系统报警提示人工剔除返修，如图 15 和图 16 所示。

图 15　3D 视觉系统拍照触发与数据解析

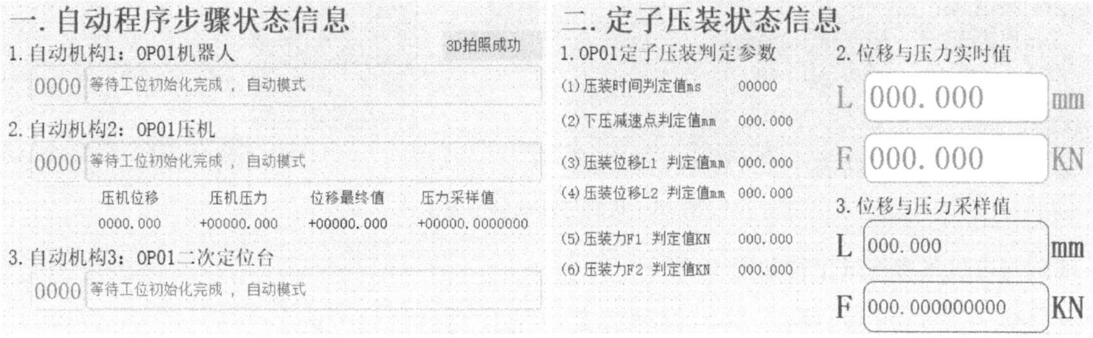

图 16　压机压装状态界面

（3）转子转运与安装

三轴机械手在托盘内按顺序抓取定子，移至轴承安装工位压装轴承。二轴机械手则将轴承压装好的转子取出，移至工装托盘上的机筒内腔中。工装托盘在后续工位中以此进行各部分零部件的组装作业。

转子三轴取料与轴承压装工位如图 17 所示，机封三轴取料压装工位如图 18 所示。

（4）油缸与电机气密测试

油缸和电机装配完成后，需进行气密测试，验证水泵的密封性是否满足设计要求。不合格品则回流到返修工位进行拆卸。合格品进入泵盖安装工位。

图 17　转子三轴取料与轴承压装工位

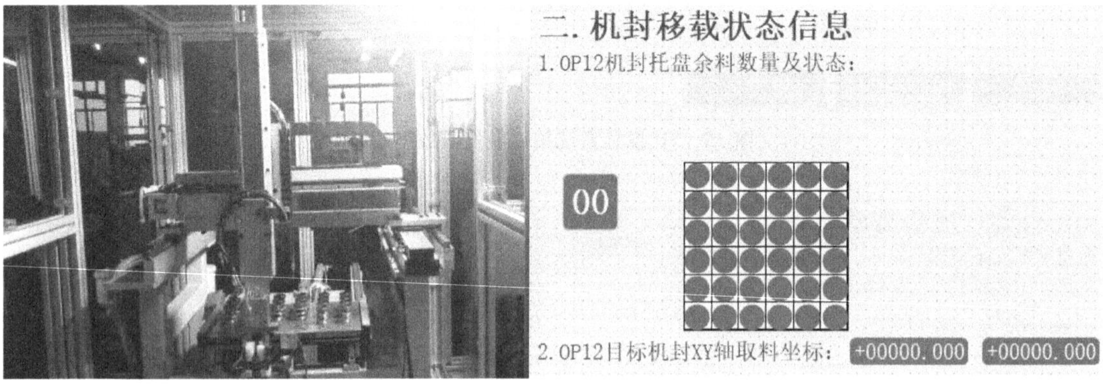

图 18　机封三轴取料压装工位

油缸与电机气密测试工位如图 19 所示。

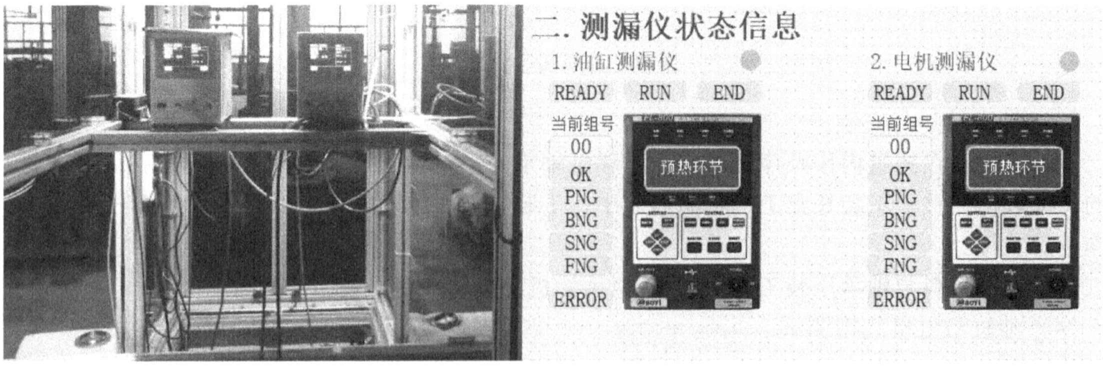

图 19　油缸与电机气密测试工位

(5) 泵盖安装

由于前道工序的累积误差，水泵抵达泵盖安装工位（见图 20）后，泵盖角度会发生一定角度的旋转，需通过 2D 相机来测量旋转的角度值，用来指引旋转电机定位螺钉坐标，方便进行拧紧作业。

图 20　泵盖安装工位

2. 重点或难点功能的实现细节

(1) 难点 1

1) 多种执行单元之间多种类型的交互方式。本项目涉及多种类型的交互方式，包括 S7-1500 PLC 与 MES 之间的 S7 非实时通信，S7-1500 PLC 与 3D 视觉系统之间通过 TCP 通信交互拍照数据，S7-1500 PLC 与机器人之间的 PN 实时通信，S7-1500 PLC 与 S7-1500 PLC 之间的 S7 非实时通信，S7-1500 PLC 与 2D 相机之间的 Modbus TCP 非实时通信，S7-1500 PLC 与两台气密测漏仪之间的 Modbus RTU 通信，以及 S7-1500 PLC 与伺服压机之间的 IO 交互等。

以相机与机器人数据交互举例。项目采用的 3D 视觉系统只支持 TCP 一种通信方式，而该 3D 视觉厂家目前没有和 ABB 机器人采用 TCP 交互的应用案例。为了稳妥起见，此项目不得不使用 S7-1500 PLC 作为 3D 视觉和 ABB 机器人直接的数据中转站：3D 视觉系统将包含相机状态位以及 12 个坐标值的字符串，通过 TCP 交互方式，传递给 S7-1500 PLC。S7-1500 PLC 先将获得的字符串解析成 12 个 Real 数据（见图 21），然后将判断合理的坐标值，通过 PN 实时通信传递给 ABB 机器人。当解析的坐标值不合理时，HMI 发出报警提示，人工处理，以防止机器人采用不合理坐标值而发生碰撞事故。

2) PLC 与 ABB 机器人之间 PN 通信传递 Real 变量的解析方式。ABB 机器人在 PN 通信中只支持 Byte 和 Bool 类型的交互方式，而且 ABB 机器人与西门子 PLC 的通信数据之间存在高低位不一致的区别，为此需使用 S7-1500 SWAP 指令，对目标 DWord 变量做高低字节交换，然后与 ABB 机器人

图 21　S7-1500 PLC 解析 3D 相机字符串

进行 PN 通信交互。

PLC 内机器人目标点通信变量表如图 22 所示。

9 Robot（创建的快照：2020/8/27 9:05:36）

	名称	数据类型	偏移量	起始值	保持	从 HMI/OPC..	从 H...	在 HMI ...	设定值	监控	注释
1	▼ Static				☐	☐	☐	☐	☐		
2	GI160_JT_x	Real	0.0	0.0	☑	☑	☑	☑	☐		机筒目标点x坐标相机测算值
3	GI192_JT_y	Real	4.0	0.0	☑	☑	☑	☑	☐		机筒目标点y坐标相机测算值
4	GI224_JT_z	Real	8.0	0.0	☑	☑	☑	☑	☐		机筒目标点z坐标相机测算值
5	GI256_JT_q1	Real	12.0	0.0	☑	☑	☑	☑	☐		机筒目标点q1坐标相机测算值
6	GI288_JT_q2	Real	16.0	0.0	☑	☑	☑	☑	☐		机筒目标点q2坐标相机测算值
7	GI320_JT_q3	Real	20.0	0.0	☑	☑	☑	☑	☐		机筒目标点q3坐标相机测算值
8	GI352_JT_q4	Real	24.0	0.0	☑	☑	☑	☑	☐		机筒目标点q4坐标相机测算值

21	GI160_JT_x	DWord	%QD60	☐	☑	☑	☑	机筒目标点x坐标值
22	GI192_JT_y	DWord	%QD64	☐	☑	☑	☑	机筒目标点y坐标值
23	GI224_JT_z	DWord	%QD68	☐	☑	☑	☑	机筒目标点z坐标值
24	GI256_JT_q1	DWord	%QD72	☐	☑	☑	☑	机筒目标点q1坐标值
25	GI288_JT_q2	DWord	%QD76	☐	☑	☑	☑	机筒目标点q2坐标值
26	GI320_JT_q3	DWord	%QD80	☐	☑	☑	☑	机筒目标点q3坐标值
27	GI352_JT_q4	DWord	%QD84	☐	☑	☑	☑	机筒目标点q4坐标值

图 22　PLC 内机器人目标点通信变量表

（2） 难点 2

众多不同型号产品的归类。此项目需适配客户 60 种产品类型，通过归档发现，此 60 种产品类型共有 3 种机筒外径（3D 相机识别特征）、9 种机筒高度（机器人放料坐标高度）、11 种定子高度（机器人放料坐标高度）、12 种泵盖规格（2D 相机识别特征）等特征。为了减少第三方设备的程序规模，随即对机器人和相机程序进行如图 23 所示的归类。

（3） 难点 3

60 种型号海量工艺配方参数的归类、上传与下载。举例说明，仅在工位 05~09，一种型号需要设定的工艺参数就要 50 条以上，而全生产线目前需要兼容 60 种产品，如此海量的数据对 PLC 的内存是个极大的考验。为此特意采用了配方参数 MES 存储的机制，将产品型号和对应的配方参数上传给 MES 系统，在 MES 选型的同时，进行参数下发，如图 24 所示。

序号	产品系列	产品型号ID	产品型号	OP01-3D检测机器升程参数ID（PLC传给相机）	OP01机器人取放机器高度参数ID（PLC传给机器人JT SizeID）	OP21机器人取定子高度参数ID（PLC传给机器人DZ SizeID）	OP05压装作业	OP09增压缸压力模式ID（PLC控制压力切换）	OP10增压缸压力模式ID（PLC控制压力切换）	OP11增压缸压力模式ID（PLC控制压力切换）	OP21打钉孔数量	OP21相机拍照程序ID
				1-3	1-9	1-11	0-1	0-1	0-1	0-1	4	1-12
1	120型号（QD/Q型多级潜水电泵）	101	QD6-26/2-0.75(120)	1	1	1	1	1	1	1	4	1
		102	QD10-40/3-2.2(120)	1	7	11	1	1	1	1	4	1
		103	QD3-32/2-1.1(120)	1	1	10	1	1	1	1	4	1
		104	QD3-45/3-1.5(120)	1	4	4	1	1	1	1	4	1
		105	QD3-65/4-1.8(120)	1	7	7	1	1	1	1	4	1
		106	QD10-26/2-1.8(120)	1	7	7	1	1	1	1	4	1
2	130型号（上海式油浸式潜水电泵）	201	50QY15-26-2.2(130SH)	2	2	2	0	0	0	0	6	2
		202	65QY25-17-2.2(130SH)	2	2	2	0	0	0	0	6	3
		203	80QY40-12-2.2(130SH)	2	2	2	0	0	0	0	6	4
		204	100QY65-7-2.2(130SH)	2	2	2	0	0	0	0		0
		205	150QY100-4.5-2.2(130SH)	2	2	2	0	0	0	0		0
		206	50QY15-36-3(130SH)	2	5	5	0	0	0	0	6	5
		207	65QY25-26-3(130SH)	2	5	5	0	0	0	0		2
		208	80QY40-16-3(130SH)	2	5	5	0	0	0	0		4
		209	100QY65-10-3(130SH)	2	5	5	0	0	0	0		0
		210	150QY160-5-3(130SH)	2	5	5	0	0	0	0		0
3	130防爆型号（上海式油浸式潜水电泵）	301	50QY15-26-2.2(130SHFB)	2	2	2	0	0	0	0		2
		302	65QY25-17-2.2(130SHFB)	2	2	2	0	0	0	0		3
		303	80QY40-12-2.2(130SHFB)	2	2	2	0	0	0	0		4
		304	100QY65-7-2.2(130SHFB)	2	2	2	0	0	0	0		0
		305	150QY100-4.5-2.2(130SHFB)	2	2	2	0	0	0	0		0
		306	50QY15-36-3(130SHFB)	2	5	5	0	0	0	0		5
		307	65QY25-26-3(130SHFB)	2	5	5	0	0	0	0		2
		308	80QY40-16-3(130SHFB)	2	5	5	0	0	0	0		4
		309	100QY65-10-3(130SHFB)	2	5	5	0	0	0	0		0
		310	150QY160-5-3(130SHFB)	2	5	5	0	0	0	0		0

图 23 部分型号特性归纳表

图 24 OP05～07 工位 MES 参数上传与下载

3. 关键部分的调试过程描述

项目中的伺服压机购自第三方，采用的是开环的控制方式，压装精度是个很大的考验。在系统设计过程中，将伺服压机作为一个执行机构，压力传感器和位移传感器均接入我方 PLC 内，我方 PLC 对压机 PLC 采用 IO 的方式进行点动控制。目前采用了高中低三段速的控制方式，压装精度达到 0.1mm 水准，满足客户生产要求。

4. 典型的设备或工艺照片（见图 25~图 27）

图 25 机筒二次定位台，保证机筒上线之前的方向一致

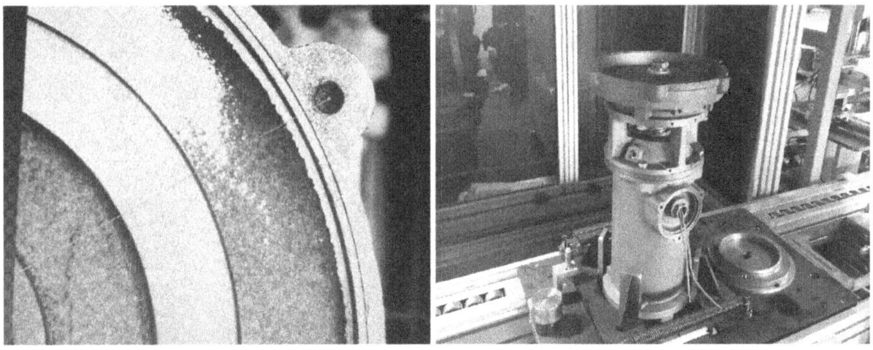

图 26 2D 视觉测算泵盖旋转角度值

图 27 3D 视觉引导机器人无序抓取多层机筒

四、运行效果

此项目于 2021 年 11 月份进入客户现场实地安装，于 2022 年 3 月份交付使用。目前设备运行稳定，当前的生产节拍（35s）也超出客户指标的 40s。

此项目使用了模块化程序设计理念，用户操作极为便利，设备自动运行稳定可靠，并开放了丰富的手动功能，报警信息也力求详尽（见图 28）。

客户反映设备使用方便，操作人性化，维护非常便利。此生产线投产后，周边多家之前处于观望的水泵制造企业表现出浓厚的兴趣，积极寻求合作中。

五、应用体会

西门子 TIA V17 平台离线开发构架先进。基于 TIA V17 平台独特的离线开放模式，在控制工艺完善成熟的情况下，工程师能在办公室完成几乎所有的程序任务。现场完成核查 IO 线路后，只需通电分配子站 PN 设备名称，便可以进行执行机构动作调试验证工作，极大地节约了现场调试时间。

西门子 TIA V17 平台通信方式丰富。在实时性要求很高的数据交互环节，本项目采用了 Profinet 的通信方式，例如 S7-1500 PLC、V90PN 伺服系统、ABB 机器人等。而在实时性要求不高的交互环

图 28　OP01 工位系统报警信息列表

节，则采用了 TCP/IP、Modbus TCP 和 S7 通信方式，例如 S7-1500 PLC 与 3D 相机，S7-1500 PLC 与 2D 相机，S7-1500 PLC 与 MES 之间。多种通信方式的选择，较为充分地分配和节省了 CPU 的资源。

西门子 TIA V17 平台编程环境灵活多样。本项目采用了 LAD+SCL 两种编程语言，TIA V17 平台首创了混合语言的编程概念，在同一个 FC 内部 LAD 和 SCL 语言可以交叉使用，编程方式极为友好，能很大程度地提高开发人员编程效率。

参考文献

[1]　西门子（中国）有限公司. TIA 信息系统. [Z].

[2]　西门子（中国）有限公司. 西门子 PROFINET 工业通信指南（2）. [Z].

西门子自动化产品在 TB 厢体合厢工作岛中的应用
Application of SIEMENS automation products in TB boxcar assembly work Island

宋恩泽
（沈阳德祥源自动化有限公司　沈阳）

［ 摘　要 ］ 本文主要介绍西门子自动化产品在 TB 厢体合厢工作岛中的应用场景，介绍了 TB 厢体合装线的结构和系统配置，并叙述智能工装系统软硬件设计及关键功能的实现方法。

［ 关 键 词 ］ 西门子自动化、智能工装系统、GRAPH

［ Abstract ］ This paper introduces the application of SIEMENS automation products in TB boxcar assembly work island, the structure and system configuration. The software and hardware design of intelligent tooling system and the realization method of key functions are described.

［ Key Words ］ SIEMENS Automation、Intelligent Equipment System、GRAPH

一、项目简介

近年来，随着物流运输行业的高速发展，小型货车受到市场青睐，用户需求量激增，对货车厢体质量和生产速度的要求也越来越高。在保证生产速度的前提下减少人工数量，从而实现现场自动化要求。由于产品种类繁多，单批数量少，故客户提出能够快速换产及柔性生产的要求，并要求在一条生产线上可以生产不同型号的厢体。

本项目为厢体自动化焊接生产线项目提供了解决方案，主要包括底架工作岛、左侧板工作岛、右侧板工作岛、前墙工作岛、顶板工作岛、侧门工作岛、后门工作岛、合厢工作岛、钢平板预制工作岛，共九部分。其中合厢工作岛是生产线的主要工作岛，如图 1 所示。其他工作岛生产的部件在合厢工作岛经过自动拼装、机器人焊接，结合自动化输送设备，生产出完整的厢体。

合厢工作岛包含厢体合装工位、厢体内部焊接工位、顶盖板合厢工位、厢体外部焊接工位 1、厢体外部焊接工位 2、厢体隐蔽部位焊接工位、厢门安装工位 1、厢门安装工位 2、厢体下线工位。

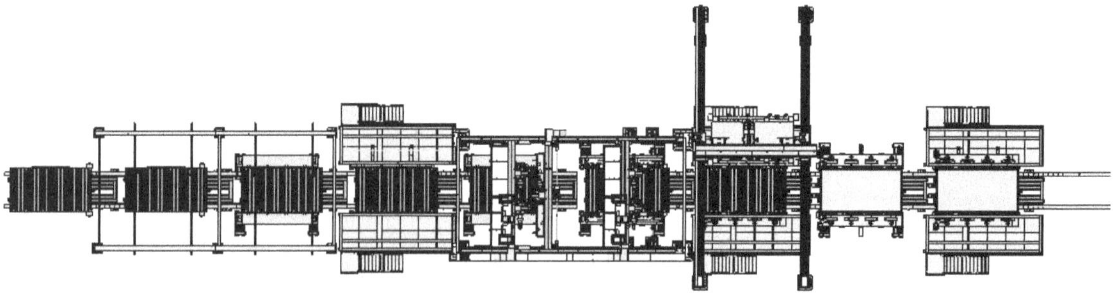

图 1　合箱工作岛示意图

工件在工位间传输由往复杆完成，往复杆覆盖工位多，运输工件时要求对工件进行简单定位，工件必须可靠地落入工位夹具内。设备现场照片如图 2 所示。

图 2　设备现场照片

二、系统结构

合箱工作岛系统的电气控制器件包括一台 S7-1515-2 PN CPU、三台 TP 1200 触摸屏、一台 KTP 900F 移动屏、十台 ET200SP 从站、四台 G120 变频器（三台往复杆电机和一台下线伸缩叉电机）以及六台 Profinet 接口的机器人设备，如图 3 所示。

每个工位使用 ET200SP 从站，将现场 IO 信号传输回 CPU。数字量输入模块用于采集光电传感器和磁性开关信号，数字量输出模块用于控制气阀电磁铁动作。

G120 变频器采用 CU250S-2 控制单元，此控制单元支持基本定位功能，配合 SSI 绝对值编码器实现变频器电机的简单定位。

三、功能与实现

合厢工作岛每个工位的工作流程大体可以分为四个部分，分别是工件夹紧、焊接工件、焊接完成打开、工件传输，其中每个部分都是一个简单的自动流程。用户的需求是快速换产及柔性化生产，这就需要工作流程的前三个部分应根据不同型号的产品来改变自动流程的动作。

为了满足用户的需求，单个工位的主流程采用 GRAPH 顺控器编写，GRAPH 程序分为四个部

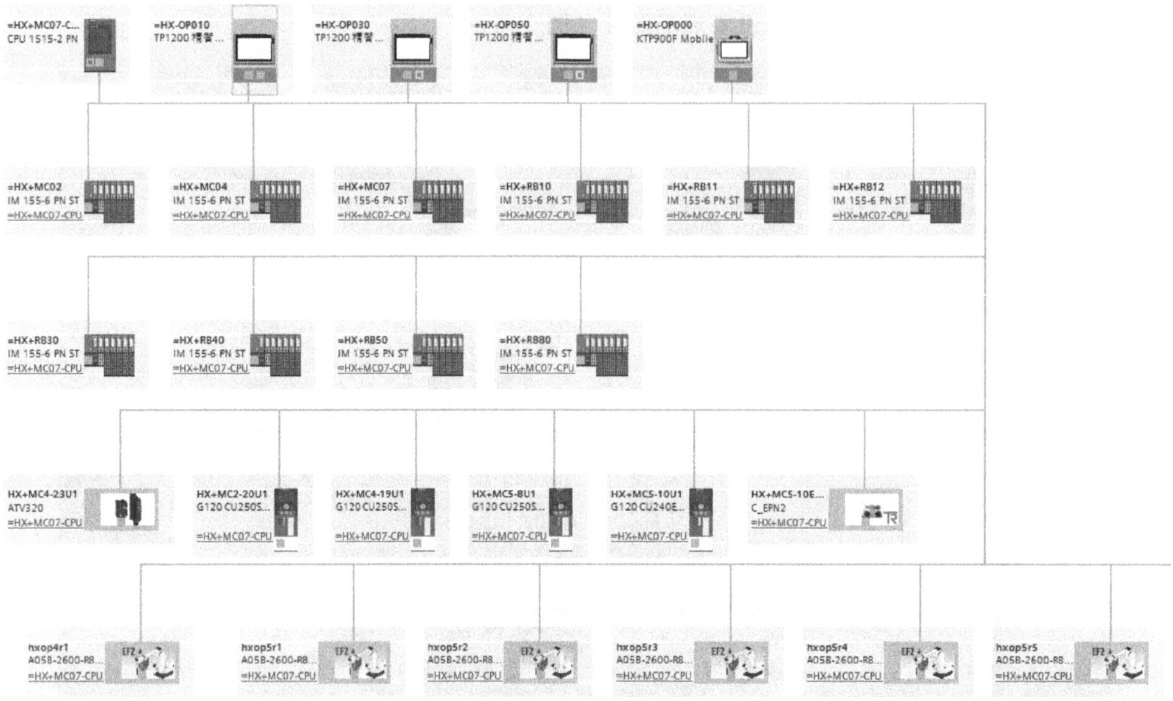

图 3　合箱工作岛组态

分，分别对应上面四个工序。单个工序利用西门子 PLC 和触摸屏强大的配方功能，设计了一套智能工装系统。应用智能工装程序，只要符合一定硬件配置规则的工装都可以在一个设备上完成互换，而且工装的相关参数可以备份在触摸屏或者移动存储设备上，并且通过 PC/PG 电脑可以对参数进行修改。

以前这些工作都必须通过对 PLC 程序的修改得以实现，但是现在一般的维修员，甚至是操作工人都可以通过触摸屏完成这项工作。面向操作者，不再使用输入/输出、字节、位等字眼，也不再是 1/0 这样的数字量设置方式，而是完全面向基层操作者的语言，阀岛伸/缩、中泄、延时时间、互锁等专业用语完全取代了面向程序员的语言。

1. 配方管理

本项目采用西门子精智系列面板，精智系列面板的配方功能十分强大，单个配方可设置多个变量元素，动作最多的工位配方里可设置超过 600 个变量元素，切换产品配方时 600 个变量可以同时赋值给 PLC，这为智能工装系统提供了基础条件。利用配方管理功能将不同产品的数据设置成不同的配方，需要切换产品型号时，操作员只需要切换对应工位的配方即可实现快速换产。配方控件如图 4 所示。

利用西门子触摸屏的面板实例功能，可以设置标准化界面，配合 PLC 程序块方便不同工位编程。不同工位的参数应根据现场实际情况填写对应的阀组和电机数量。设置好的配方可以通过 U 盘导入或导出进行备份。

2. 阀组设置

根据设定好的阀组数量，将激活固定数量的阀组，根据现场实际情况，在阀组参数设置界面对

图 4　配方界面

阀组进行命名，同时设定阀组的检测磁性开关是否激活，阀组的名称和动作名称会同步到操作界面。阀组参数如图 5 所示。

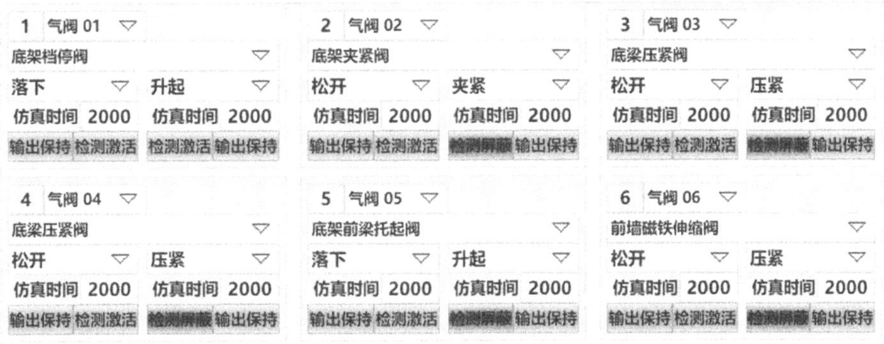

图 5　阀组设置

设置好阀组后，需要把现场的 IO 指定给对应的阀组，通过选择阀组序号来设置。如图 6 所示将 I106.0 分配给序号 1 的气阀，设置 I106.0 为气阀 1 的工作位置检测开关。

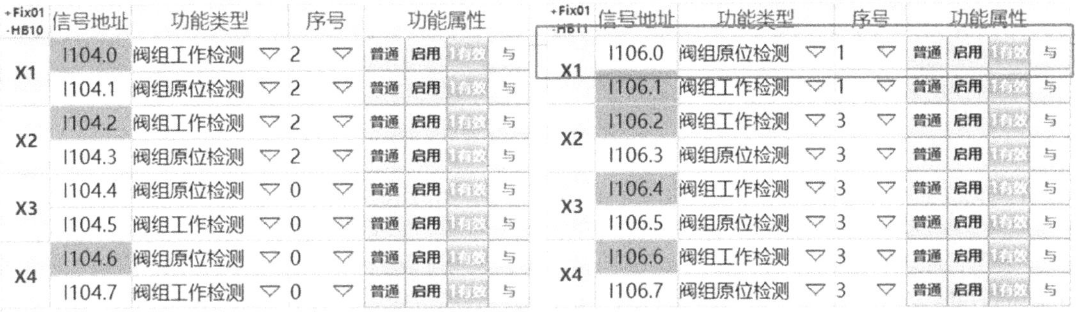

+Fix01 -HB10	信号地址	功能类型	序号	功能属性			
X1	I104.0	阀组工作检测	2	普通	启用	1有效	与
	I104.1	阀组原位检测	2	普通	启用	1有效	与
X2	I104.2	阀组工作检测	2	普通	启用	1有效	与
	I104.3	阀组原位检测	2	普通	启用	1有效	与
X3	I104.4	阀组原位检测	0	普通	启用	1有效	与
	I104.5	阀组工作检测	0	普通	启用	1有效	与
X4	I104.6	阀组原位检测	0	普通	启用	1有效	与
	I104.7	阀组工作检测	0	普通	启用	1有效	与

+Fix01 -HB11	信号地址	功能类型	序号	功能属性			
X1	I106.0	阀组原位检测	1	普通	启用	1有效	与
	I106.1	阀组工作检测	1	普通	启用	1有效	与
X2	I106.2	阀组工作检测	3	普通	启用	1有效	与
	I106.3	阀组原位检测	3	普通	启用	1有效	与
X3	I106.4	阀组工作检测	3	普通	启用	1有效	与
	I106.5	阀组原位检测	3	普通	启用	1有效	与
X4	I106.6	阀组工作检测	3	普通	启用	1有效	与
	I106.7	阀组原位检测	3	普通	启用	1有效	与

图 6　IO 信号设置

在操作界面可以查看设定的气阀 1 所关联的 IO 信号。设定好的阀组控制界面如图 7 所示。

3. 电机的设置

通过该面板实例可以定义电机的索引描述、功能定义及正转/反转动作功能定义文本。软限位从程序逻辑上保证电机运动参数在合理的范围内，保障设备运行安全。容差是判断电机目标动作是否到位的容许偏差。此面板实例可配合不同的程序块控制不同品牌的伺服电动机，如图 8 所示。

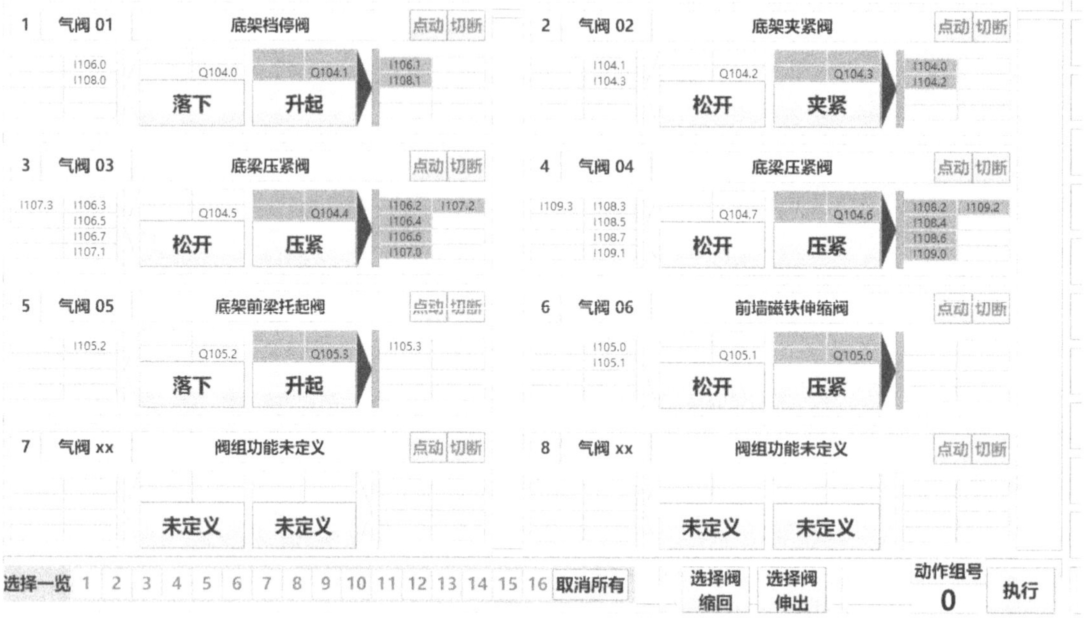

图 7　阀组控制界面

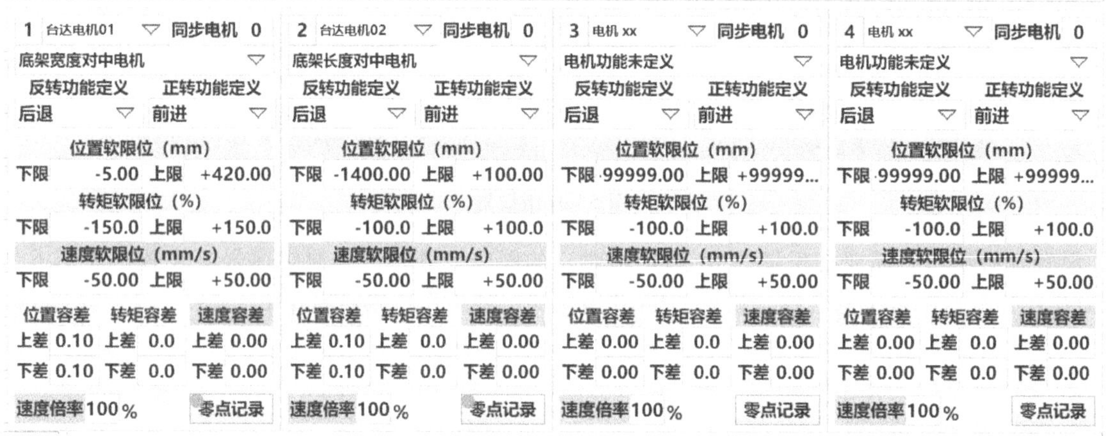

图 8　电机设置

设置后的手动操作电机控制界面如图 9 所示。

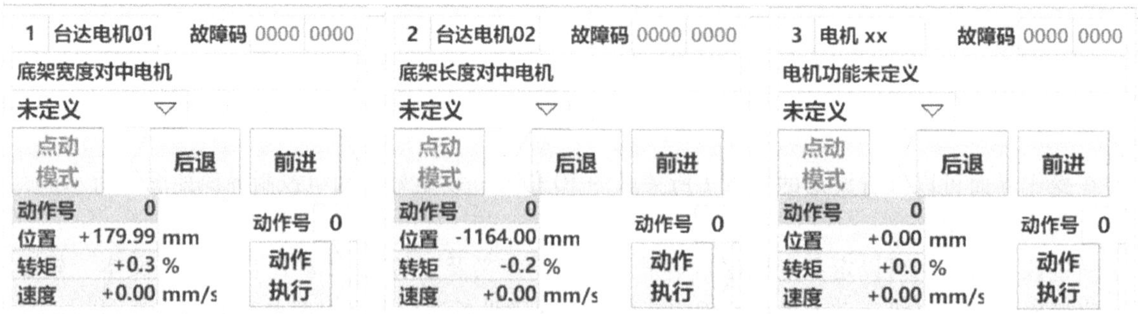

图 9　电机控制界面

4. 序列设置

利用上面设置好的阀组和电机，再对阀组和电机的动作进行设置，最后组合成自动序列运行，序列运行相当于简单的自动流程，序列运行最多 16 步，操作员可通过触摸屏修改序列每一步的动作，方便用户添加不同型号的产品并修改流程。

阀组参数设置完成后，需要设置阀组的工作状态，HP 代表原位，WP 代表工作位，X 代表无动作。横向标题代表气阀的代号，纵向标题代表阀组动作号。图 10 所示为阀组动作号 2 的设置，当激活阀组动作 2 时，气阀 1 运动到工作位，气阀 2~6 运动到原位。

	1	2	3	4	5	6	7	8	9	10	11	12	13	14	15	16
1	HP	HP	HP	HP	HP	HP	X	X	X	X	X	X	X	X	X	X
2	WP	HP	HP	HP	HP	HP	X	X	X	X	X	X	X	X	X	X
3	WP	WP	HP	HP	HP	HP	X	X	X	X	X	X	X	X	X	X
4	WP	WP	WP	WP	HP	HP	X	X	X	X	X	X	X	X	X	X
5	WP	WP	WP	WP	WP	HP	X	X	X	X	X	X	X	X	X	X
6	WP	WP	WP	WP	WP	WP	X	X	X	X	X	X	X	X	X	X
7	X	X	X	X	X	HP	X	X	X	X	X	X	X	X	X	X
8	X	X	HP	HP	HP	HP	X	X	X	X	X	X	X	X	X	X

图 10　阀组序列设置

电机零点设置完成后，需要对电机动作位置进行设置，图 11 所示为当激活动作号 1 时电机将以 20mm/s 的速度运行到 170mm 的位置。

1　台达电机01　扁架宽度对中电机

动作编号	动作　1	动作　2	动作　3	动作　4	动作　5	动作　6	动作　7	动作　8	动作　9	动作　10	动作　11	动作　12
动作模式	定位 ▽	定位 ▽	未定义 ▽	未定义 ▽	未定义 ▽	未定义 ▽	未定义 ▽	未定义 ▽	未定义 ▽	未定义 ▽	定位 ▽	定位 ▽
目标位置	+170.00	+180.00	+0.00	+0.00	+0.00	+0.00	+0.00	+0.00	+0.00	+0.00	+50.00	+350.00
目标力矩	+0.0	+0.0	+0.0	+0.0	+0.0	+0.0	+0.0	+0.0	+0.0	+0.0	+0.0	+0.0
目标速度	+20.00	+20.00	+0.00	+0.00	+0.00	+0.00	+0.00	+0.00	+0.00	+0.00	+20.00	+20.00
同步主轴	0	0	0	0	0	0	0	0	0	0	0	0
辅助检测	[illegible]	[illegible]	激活	激活	激活	激活	激活	激活	激活	激活	[illegible]	[illegible]

图 11　电机动作位置设置

当电机的工作位置设定完成后，需要设定电机工作组的状态，横向标题代表电机的代号，纵向标题代表电机状态组号。图 12 所示为激活电机状态组 2 时，1 号电机将运行到动作 1 的位置，2 号电机将运行到动作 2 的位置。

当阀组动作和电机动作设置完成后，就可以将这些设置好的动作号添加到序列中，激活序列运

	1	2	3	4	5	6	7	8	9	10	11	12	13	14	15	16
1	1	1	0	0	0	0	0	0	0	0	0	0	0	0	0	0
2	1	2	0	0	0	0	0	0	0	0	0	0	0	0	0	0
3	2	0	0	0	0	0	0	0	0	0	0	0	0	0	0	0
4	0	0	0	0	0	0	0	0	0	0	0	0	0	0	0	0

图 12　电机状态组设置

行后，阀组和电机将按照之前的设置逐一运行，如图 13 所示。

2 OP010 底架夹紧工件动作序列

步骤数 7 基础阀组状态 1 基础电机状态 1

步骤序号	1	2	3	4	5	6	7	8	9	10	11	12	13	14	15	16
执行断点	否	否	否	否	否	否	否	否	否	否	否	否	否	否	否	否
工件状态	0	0	0	0	0	0	0	0	0	0	0	0	0	0	0	0
阀组动作	2	0	3	1	0	3	4	0	0	0	0	0	0	0	0	0
电机状态	0	2	0	0	3	0	0	0	0	0	0	0	0	0	0	0
停顿时间	0	0	0	0	0	0	0	0	0	0	0	0	0	0	0	0

图 13　序列流程设置

设定 2 号序列为夹紧工件的动作序列，激活后检查阀组和电机状态，满足基础状态要求后开始运行。按照步骤执行动作：阀组动作 2→电机状态组 2→阀组动作 3→阀组动作 1→电机状态组 3→阀组动作 3→阀组动作 4。

5. GRAPH 序列

为了防止用户在触摸屏设置工装时出错，智能工装只能执行连续的阀组和电机动作，如果夹具动作中需要人工确认，则需要将夹具动作拆分成两个序列执行。为保证安全，序列间的衔接需要用西门子 GRAPH 顺控器，将这些单独的序列整合到一起。与自己编写的流程相比，西门子 GRAPH 顺控器更加稳定安全，步序切换不会出现 BUG，而且程序清晰，方便查看，如图 14 所示。

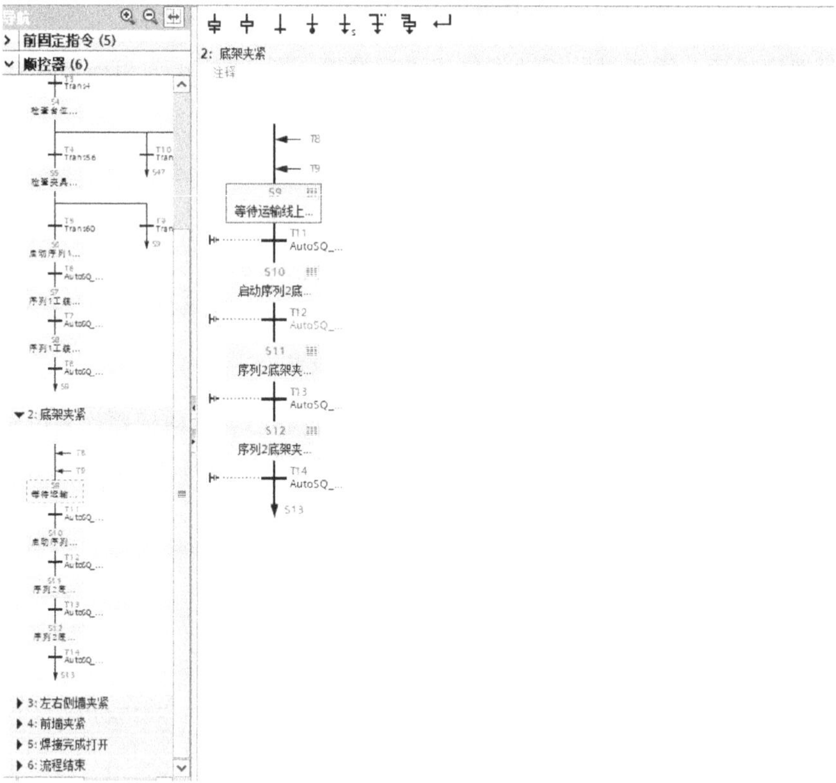

图 14　序列在 GRAPH 中调用

西门子的 GRAPH 顺控器功能十分强大，而且应用方便，在触摸屏上添加西门子提供的 GRAPH 概览控件，如图 15 所示。

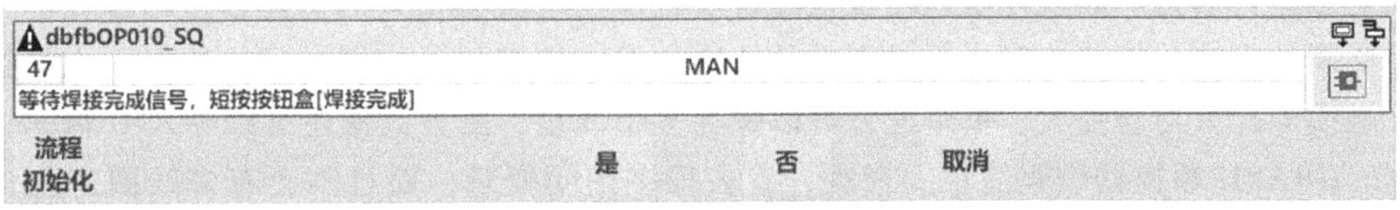

图 15　GRAPH 概览控件

GRAPH 概览控件只需要连接 GRAPH 顺控器的背景数据块即可，不需要连接其他额外的变量就可以在触摸屏上监控 GRAPH 顺控器的执行状态，本项目为了方便操作员控制 GRAPH 顺控器，添加了“流程初始化”“是”“否”和“取消”按钮，在特殊情况下由操作员选择顺控流程的分支。

GRAPH 概览控件还提供了程序监控功能，单击图标按钮，可切换到 PLC 代码视图，通过 PLC 代码视图可以查看 GRAPH 顺控器当前执行的步骤，以及切换下一步所需的信号条件，如图 16 所示。

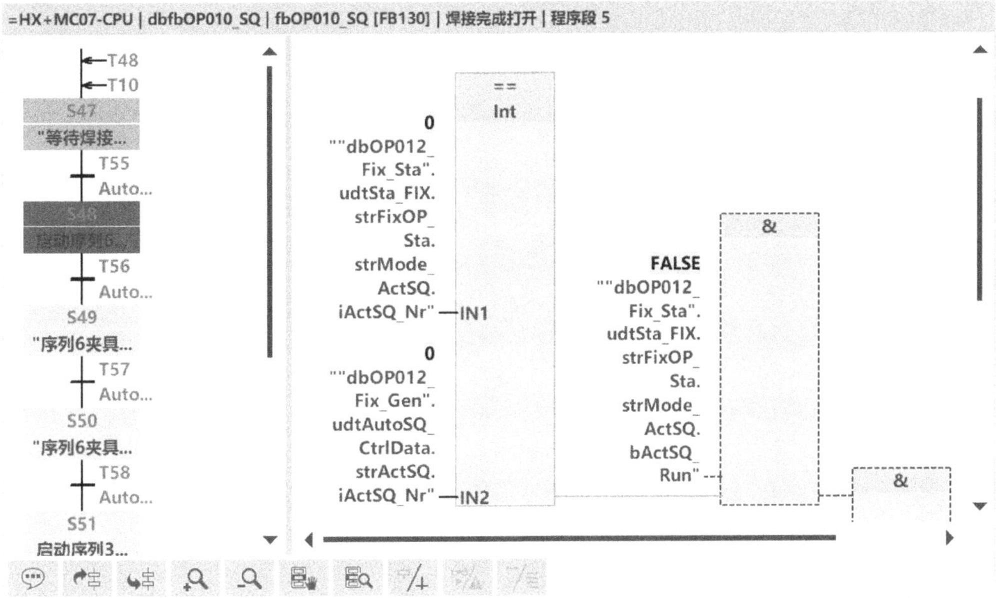

图 16　PLC 代码视图

通过 PLC 代码视图可以清晰地看到当前的序列是否执行完成，等待的人工或者机器人的交互信号是否发送成功等。

四、运行效果

合厢工作岛现已经成功投入生产运行，投产以来得到了客户的高度评价和认可。智能工装系统和西门子 GRAPH 顺控器满足了用户快速换产及柔性生产的要求，很大程度上提高了整体的生产速度，降低了客户对新产品的调试周期。现场操作人员可通过触摸屏进行故障排查，减少了停机时间和节省了人力成本，满足了客户对设备的要求。

五、应用体会

西门子工业自动化产品线齐全，在全世界自动化市场中占有很大的份额，位列世界前茅。通过不断地扩建新的系统，能够给客户提供完整的解决方案，丰富的通信接口可供选择，方便接入第三方设备。触摸屏配方功能强大，单个配方可以保存多个变量，配方数据还可以导入 U 盘，方便用户备份数据。GRAPH 顺控器编程简单、直观，省去很多中间变量，而且不会有多线圈产生误动作的烦恼，配合触摸屏使用，无需计算机监控也可以快速查看 GRAPH 程序，方便用户维护。

参考文献

[1] 西门子（中国）有限公司. 《SIMATIC STEP7 和 WinCC Engineering V 15.1 系统手册》[Z]，2018.
[2] 西门子（中国）有限公司.《S7-GRAPH 编程》[Z]，2014.

S7-1500 R 在水闸控制系统中的应用
Application of S7-1500R in sluice control system

李庆哲
（西门子（中国）有限公司唐山分公司　唐山）

[摘　要]　控制系统由 S7-1513R 冗余控制器和 ET200SP 站点组成，冗余 CPU 和 I/O 站组成 MRP 网络，可实现主 PLC 与备 PLC 的可靠切换。项目不仅实现了水闸的本地控制，还将水流量、水位、闸位开度等数据传送到河道管理中心进行集中管理和控制。
[关 键 词]　S7-1513R、MRP、集中管理和控制
[Abstract]　The control system is composed of S7-1513R redundancy controller and ET200SP station. The MRP network is composed of redundant CPU and I/O station, which can realize the reliable switch between master PLC and standby PLC. The project not only realized the local control of the sluice, but also transmitted the data of water flow, water level and sluice opening to the river management center for centralized management and control.
[Key Words]　S7-1513R、MRP、Centralized Management and Control

一、项目简介

1. 水闸简介

水闸在水利工程中的应用十分广泛，多建于河道、渠系、水库、湖泊地区，它在灌溉、抗旱、防汛及抢险方面发挥着重要作用。关闭闸门可以拦洪、挡潮、蓄水抬高上游水位，以满足上游取水的需要。开启闸门可以泄洪、排涝、冲沙、取水或根据下游用水的需要调节流量。

按闸室的结构形式，可分为开敞式、胸墙式和涵洞式。

开敞式水闸，当闸门全开时过闸水流通畅，适用于有泄洪、排冰、过木或排漂浮物等任务要求的水闸，节制闸、分洪闸常用这种形式。

胸墙式水闸和涵洞式水闸适用于闸上水位变幅较大或挡水位高于闸孔设计水位的水闸。

水闸按其所承担的主要任务，可分为节制闸、进水闸、冲沙闸、分洪闸、挡潮闸、排水闸等。

常用的水闸控制方式有卷扬式启闭机控制、螺杆式启闭机控制、液压式启闭机控制。

1）卷扬式水闸外观类似卷扬机，电动机驱动圆柱齿轮减速器（开式传动通常为二级，闭式传动通常为四级）减速机带动卷筒，通过转动卷扬筒实现钢丝绳的卷绕和放松，进而实现水闸的提升和下降。卷扬式水闸如图 1 所示。

图 1　卷扬式水闸

2）螺杆式水闸是一种用螺纹杆直接或通过导向滑块、连杆与闸门门叶相连接，螺杆上下移动来启闭闸门的机械。螺杆式水闸如图 2 所示。

3）液压式水闸是一种由机、电、液、仪为一体的新型启闭机械，以液压缸为主体，油泵、粗动机、油箱、滤油器、液压控阀组合而成。工作原理是以电动机为动力源，电动机带动双向油泵输出压力油，通过油路集成块等元器件驱动活塞杆来控制闸门的启闭。液压式水闸如图 3 所示。

图 2　螺杆式水闸

图 3　液压式水闸

2. 工艺介绍

此项目的河道流域中有多个闸门控制站，根据承担的任务不同，闸门的控制方式也略微不同。

以节制闸控制为例介绍闸站的控制系统，系统中包含四台卷扬式水闸控制、八个闸位检测点、两个水位计检测、一个水流量检测，另外还要监控卷扬机运行时的电流、电压等参数。

1）水闸控制：采用卷扬式控制方式，闸门上双吊点，卷扬电机功率为 11kW，采用接触器控制实现水闸的提升和下降。

闸门的操作分为本地手动控制和远程自动控制两种模式，本地控制由控制柜上的按钮控制，独立于 PLC 的控制方式。自动控制由远程控制中心下发控制命令，闸门根据指令自动实现闸门的升降，进而达到水位调节的目的。

2）闸位计检测：安装在水闸的上方，用来检测水闸的上部平面，进而检测水闸上升、下降的高度，闸位检测采用模拟量的形式接入 PLC。

3）水位检测：闸前水位检测和闸后水位检测，采用模拟量的形式接入 PLC。

4）水流量检测：用来检测水的瞬时流量和累计流量，通过串口通信传送到 PLC 中，经 PLC 再传送到控制中心。

5）功率表：通过功率表采集水闸运行时的电压、电流及功率并通过 Modbus_ RTU 传送到 PLC 中，经 PLC 再传送到远程控制中心。

卷扬式启闭机如图 4 所示。

图 4　卷扬式启闭机

3. 方案的比较

从系统结构来看，系统 I/O 点数不多且结构相对简单，单站 PLC 或者冗余 PLC 都能满足客户的要求。

1）在常规的水闸控制项目中，控制系统的核心一般多采用单个 PLC 控制，比如 S7-200 或者 S7-300 及同其他厂商的 CPU 组成的控制系统。其优势在于系统结构简单、价格经济；劣势在于当 PLC 出现故障停机时，控制系统将无法运行，给河道流域水位控制带来严重的影响。

2）若采用 S7-400H 冗余 CPU 控制，则系统中包含两个容错控制器（主、备 CPU）。如果一个 H-CPU 故障，则另外一个 H-CPU 接替工作，使系统具有更强的鲁棒性。但 S7-400H 系统多用于结构复杂的冗余控制系统中，且价格相对较高。

3）S7-1500R/H 系统是新一代的冗余 PLC，分为 1500R 和 1500H 两类。根据水闸的控制结构，S7-1513R 就能满足客户要求，选用此 1500R 系统既能保证客户冗余系统的要求（一个 CPU 出现故障时，备份 CPU 可以继续工作，保持整个水闸系统连续工作），还能保证项目的经济性，是此类控制系统的推荐解决方案。

综合考虑，S7-1513R 是此水闸控制系统的最佳控制方案，主要体现在以下几个方面：

1）环境温度：S7-1513R 能够适应-25~60℃的环境运行温度，能够适应现场低温的恶劣环境。

2）稳定性：在冗余系统中，两个 1513R CPU 中的一个将执行过程控制角色（主 CPU）；另一个 CPU 将作为备用 CPU。如果主 CPU 发生故障，则备用 CPU 将在中断处作为新的主 CPU 继续过程控制。CPU 通过 PROFINET 环网（MRP）进行同步，在环网中转发 S7-1500 冗余系统的同步数据（同步帧），通过这样的功能来保证 PLC 控制的稳定性。

3）经济型：S7-1513R 具有很高的经济性价比。

4）实用性：编程调试简单，在 TIA 博途软件中具有和单站 PLC 一样的编程操作。通信简单，增加了系统 IP 的功能，通过系统 IP 实现与 HMI 及河道管理中心 SCADA 系统的通信。

二、系统结构

系统的硬件配置：

（1）PLC 供电的可靠性

为了保证系统的可靠性，在 PLC 的电源供给上也做了方案的优化。PLC 的供电采用冗余供电的方式，通过选用两个 SITOP 电源模块和一个 SITOP 电源冗余模块共同组成冗余供电系统给 PLC 供电，使 PLC 供电系统更加可靠。冗余供电模块接线如图 5 所示。

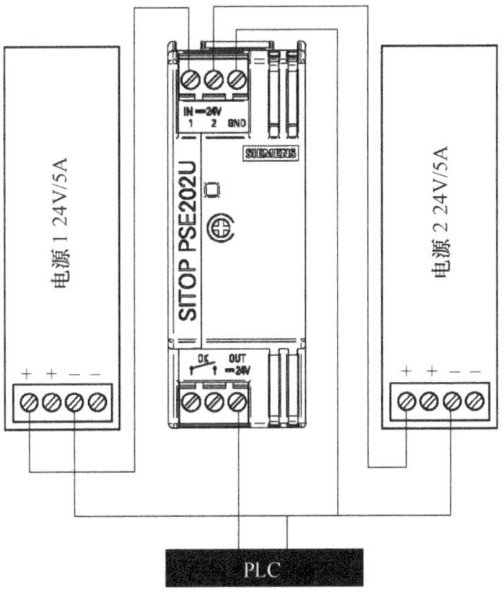

图 5　冗余供电模块接线图

（2）控制系统的结构

在整个控制系统中，S7-1513R 冗余 PLC 作为闸站的控制器，ET200SP 作为系统的 I/O 站。闸位站点的控制柜上要求有 HMI，考虑到冗余 PLC 要与 HMI 及河道管理中心 SCADA 系统通信，ET200SP 的接口模块采用 IM155-6 PN/3HF 类型。

IM155-6 PN/3HF 接口模块的主要特点是有三个通信接口，两个网口用于 MRP 环网，另外一个网口连接交换机，通过交换机连接 HMI 及河道管理中心的 SCADA 系统。若采用把交换机串接在冗余系统的控制方案，则对交换机有一定的要求，性价比没有采用 IM155-6 PN/3HF 接口模块时高。

闸位站点控制系统的网络示意图如图 6 所示。

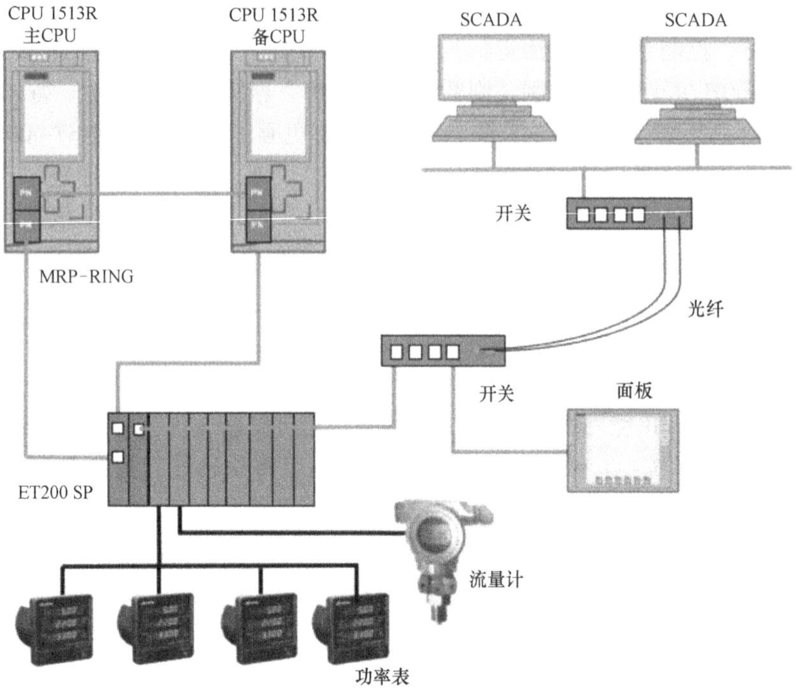

图 6　控制系统网络示意图

单闸位站点控制系统的硬件见表 1。

表 1　控制系统硬件列表

名称	订货号	描述	数量
PLC	6ES7 513-1RL00-0AB0	CPU 1513R1PN，接口 1：2x PN	2
存储卡	6ES7 954-8LC03-0AA0	4M 存储卡	2
导轨	6ES7 590-1AB60-0AA0	S71500 安装导轨 160mm	2
接口模块	6ES7 155-6AU30-0CN0	IM1556PN/3 高性能型，三个端口，两个总线适配器接口含服务模块	2
总线适配器	6ES7 193-6AR00-0AA0	总线适配器 BA2×RJ45	2
通信模块	6ES7 137-6AA00-0BA0	支持 ASCII，3964R，USS，ModBus，适用 A0 型基座单元	2
DI 模块	6ES7 131-6BH01-0BA0	16DI，DC24V 适用 A0 型基座单元	2
DO 模块	6ES7 132-6BH01-0BA0	16DO，DC24V/0. 5A，适用 A0 型基座单元	1
AI 模块	6ES7 134-6GF00-0AA1	8AI，I，2/4WIRE 基本型	2
底座	6ES7 193-6BP00-0DA0	BU15P16+A0+2D 类型 A0 用于形成新的负载组	3
底座	6ES7 193-6BP00-0BA0	BU15P16+A0+2B 类型 A0	4
HMI	6AV2123-2GB03-0AX0	KTP700，按键 + 触摸操作，7in 6.5 万色显示，集成 PROFINET 接口	1
冗余模块	6EP1 964-2BA00	SITOP PSE202U 10A	1
电源	6EP1 333-2BA20	SITOP PSU100S 24 V/5 A	2

节制闸控制柜如图 7 所示。

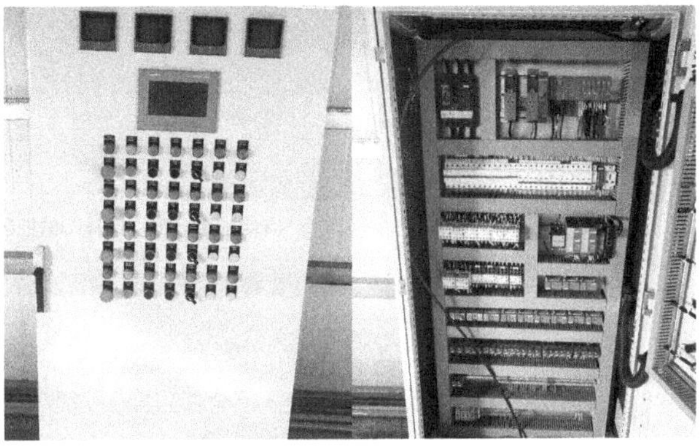

图 7　节制闸控制柜

三、功能与实现

1. 冗余系统组态

在 S7-1513R 控制系统中，应对 CPU 的系统 IP、I/O 站的看门狗时间、MRP 的环网组态进行设置。

（1）系统 IP 地址的组态

在 S7-1513R 中，两个 PLC 可以共用一个系统 IP 地址和一个虚拟 MAC 地址。系统 IP 地址需要在 PLC 的属性中设置才能生效。冗余 PLC 与 HMI 之间的通信可以用系统 IP 地址通信，不管是主 PLC 运行还是备 PLC 运行，通过系统 IP 地址都能与 HMI 通信，不用通过切换主备 PLC IP 地址的方式实现与 HMI 的通信。本项目中的 HMI 和河道管理中心的监控系统都是通过 S7-1513R 的系统 IP 连接实现数据通信的。系统 IP 设置如图 8 所示。

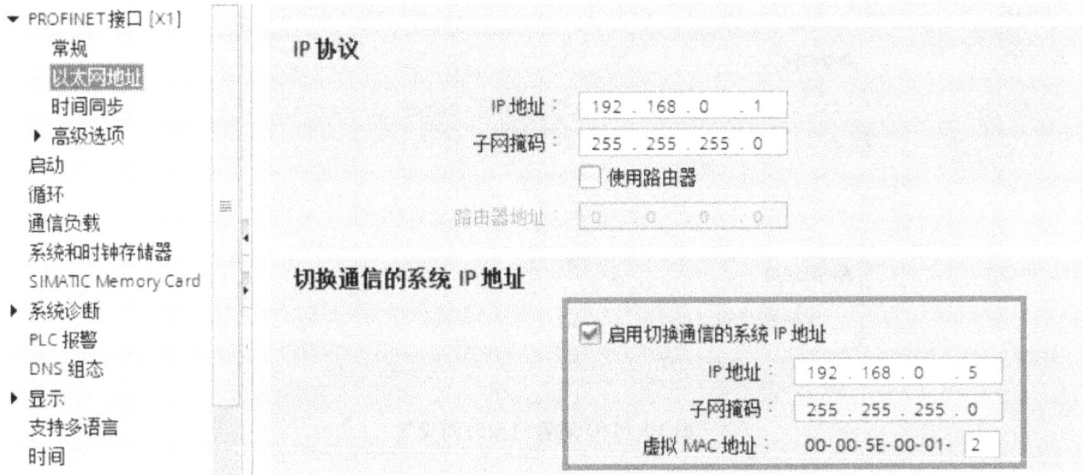

图 8　系统 IP 设置

（2）分布式 I/O 的控制器分配及 I/O 站看门狗时间设置

I/O 站分配控制器时，S7-1500R 系统和标准系统不同，需要把接口模块同时分配给两个 PLC 控制器。分配方法如下：选择 HF 类型接口模块并添加到网络视图中，通过单击 I/O 站上的“未分配”选择 I/O 控制器，两个控制器都要选上，然后单击“确定”，具体操作如图 9 所示。

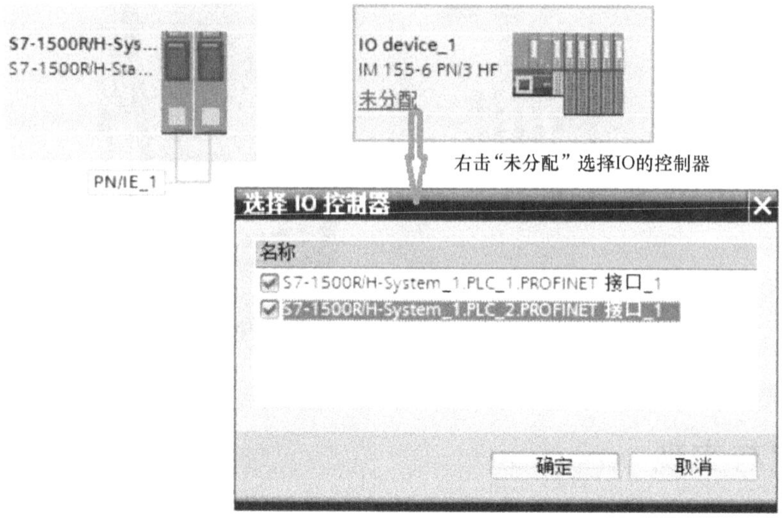

图 9　I/O 站控器的分配

对于 S7-1500R 冗余系统，PLC 与 I/O 站之间需要组态 MRP 环网。MRP 环网的重构时间为 200ms，因此在 I/O 站上看门狗时间需要大于 200ms，以保证 MRP 环网切换时 I/O 站不掉站，可以通过修改 I/O 站更新时间或者看门狗系数两种方式来实现。

本项目中对更新时间要求不严格，故修改 I/O 站的更新时间，设置如图 10 所示。

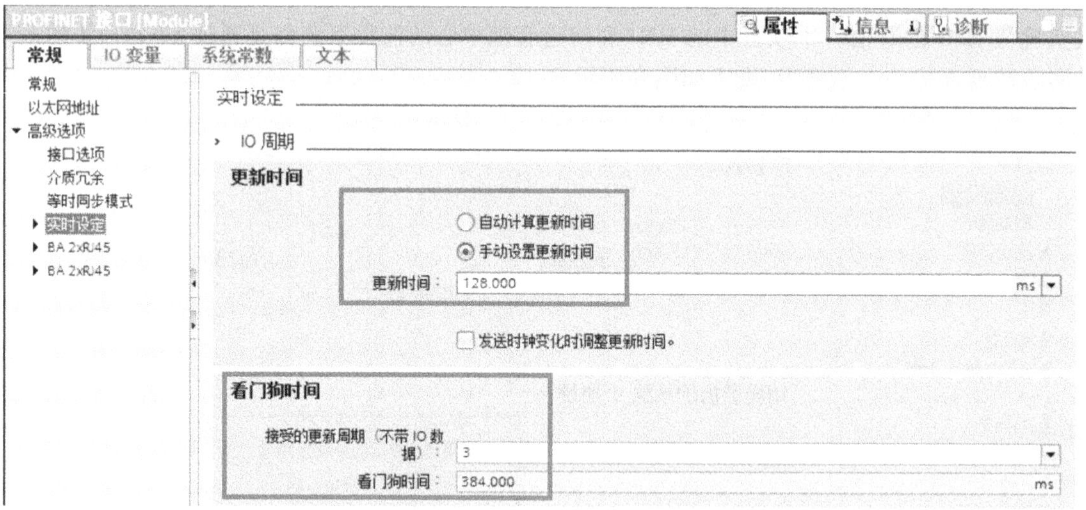

图 10　I/O 站看门狗时间设置

（3）MRP 环网组态

在 MRP 环网中，需要添加“MPR 域”及组态“管理员”和“客户端”，每个环网中至少有且仅有一个管理员且 PLC 必须为管理员，设置 S7-1513R 为管理员，ET200SP 站为客户端。管理员设置如图 11 所示，客户端设置如图 12 所示。

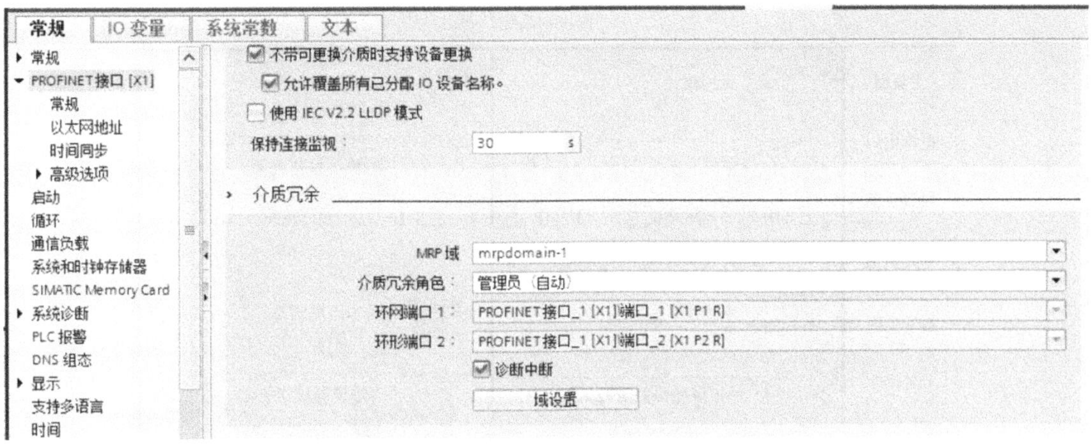

图 11　管理员设置

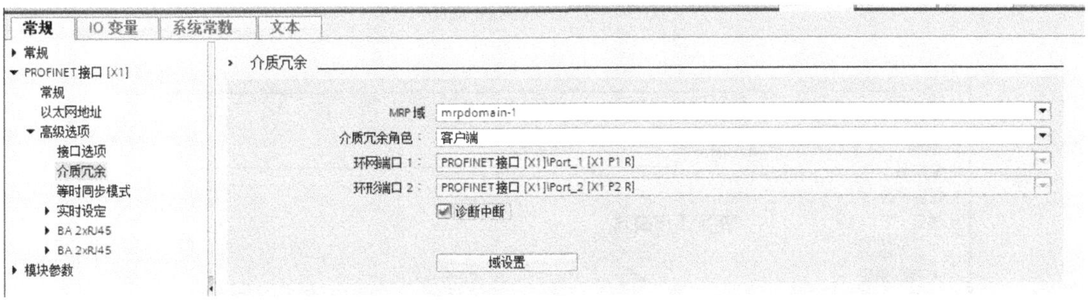

图 12　客户端设置

（4）闸位控制的实现方式

闸位控制分为本地控制和远程控制两种模式。

1）本地控制：完全靠外部电路和控制柜上的按钮控制水闸的上升和下降。这样的设计是为了保证不管 PLC 在什么样的工作状态，都能通过操作按钮实现水闸的上升和下降。

2）远程控制：远程控制又分为上位监控系统控制和 HMI 控制。HMI 控制是远程控制的一个备份，可直接操纵 HMI 画面上的按钮对闸门进行控制。HMI 水闸控制如图 13 所示。

当河道管理中心控制闸门时直接发送闸位位置到 PLC 中，PLC 根据闸位位置判断水闸是上升还是下降，运行到设定的闸位时停止动作。上位控制中心每发送一次闸位控制指令，PLC 侧判断一次位置，进行一次闸门位置调节。

（5）冗余 PLC 与功率表的通信

在每个水闸启闭机的控制中都加有功率表，功率表采集闸门运行时的电流、电压、功率。在冗余 PLC 的 I/O 站中组态串口通信模块用来实现数据侧采集，串口通信模块与功率表进行通信，把功率表中的电流、电压、功率采集到 PLC 中并上传到上位控制中心。

PLC 中 RS485 模块通信参数设置如图 14 和图 15 所示。

项目中 PLC 作为 Modbus 的主站，读取四台功率表的参数，功率表作为 Modbus 的从站，地址分别为 1、2、3、4。在 PLC 程序中，同一时刻只能激活一个从站，主站采取轮询方式读取从站的参数。通过 Modbus_Comm_Load 指令实现 Modbus 参数的初始化，Modbus_Master 用来设置从站地址和

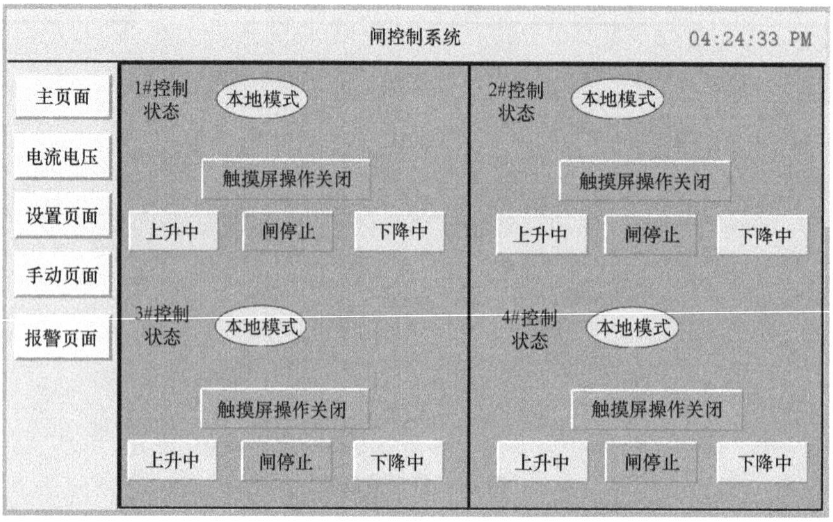

图 13　HMI 水闸控制图

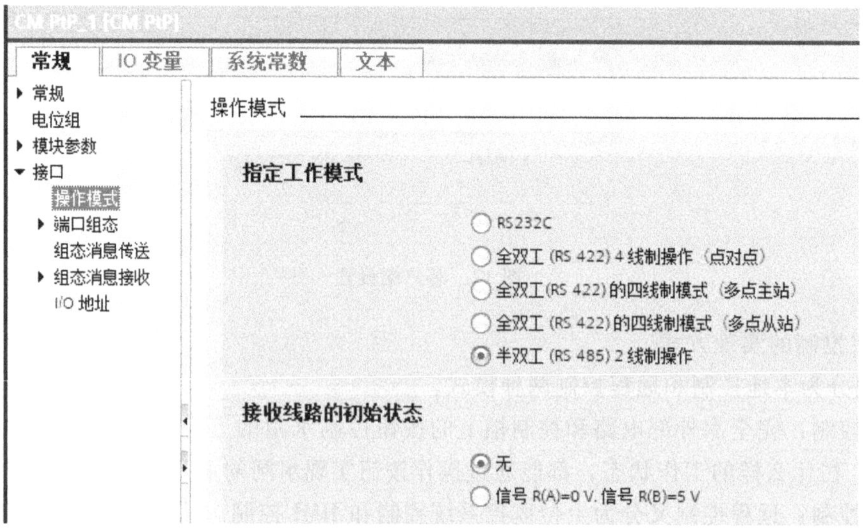

图 14　操作模式设置

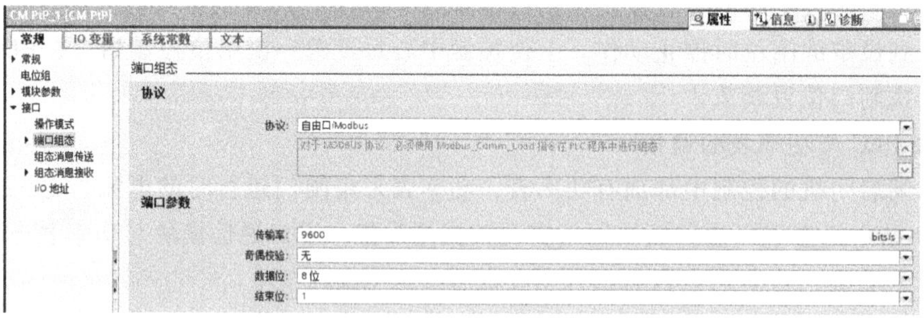

图 15　端口组态设置

读取地址参数。

编写程序时，通过初始化完成位触发 1#站 Modbus_Master 的执行，1#站指令的完成触发 2#站的读取执行，依次类推，4#站的完成触发 1#站的执行。

在 Modbus_Comm_Load 指令中，应注意以下几个方面：①执行此指令，需要上电后触发一次即可；②PORT 对应串口模块的硬件标识符；③波特率和奇偶校验位要求与硬件组态的一致；④MB_DB 对应 Modbus_Master 背景数据块中的 MB_DB 选项。

另外，所有从站 Modbus_Master 指令的背景数据块为相同的背景数据块。初始化程序和主站 1、2 轮询程序（3、4 程序与 1、2 方法相同，不再赘述）如图 16 所示。

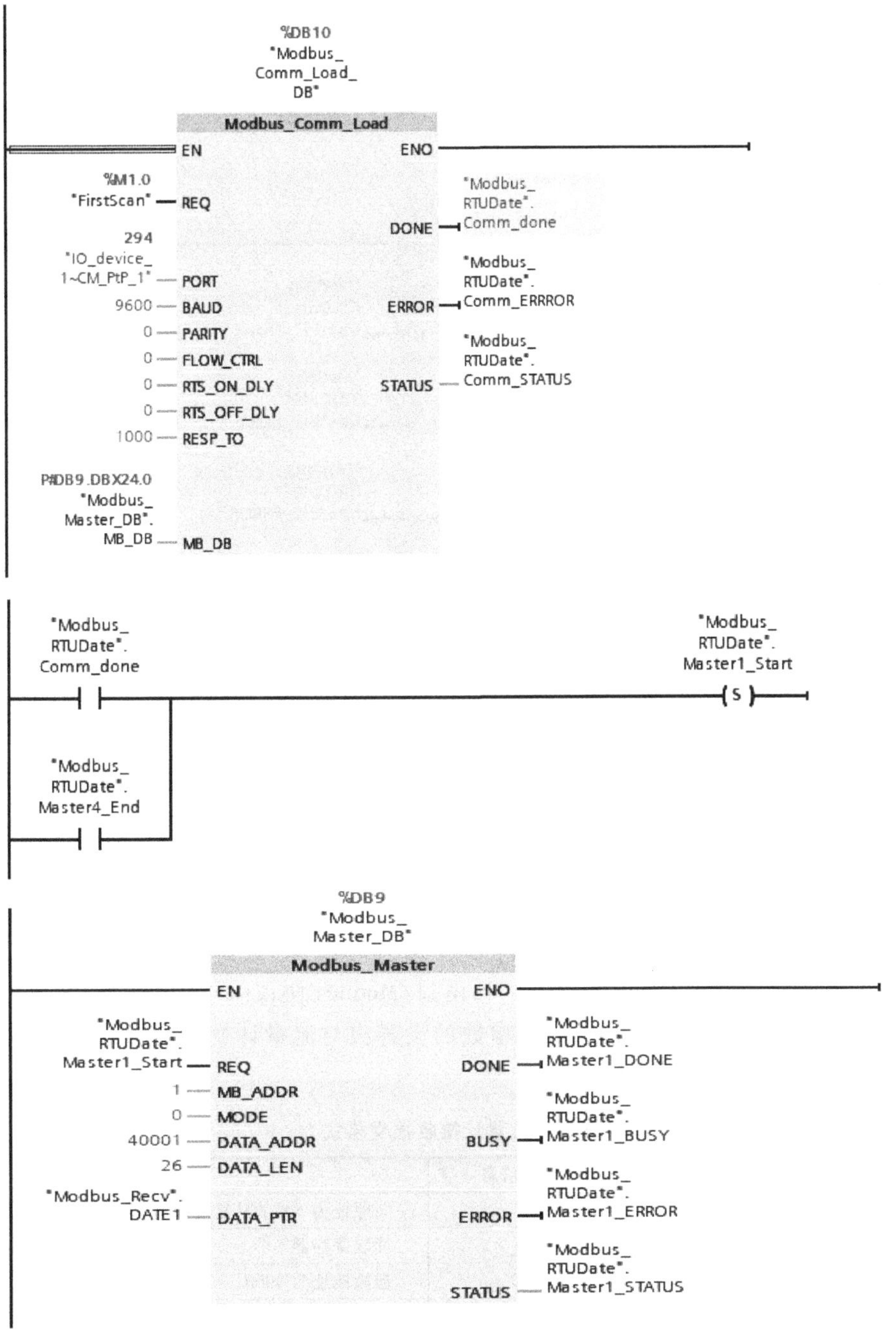

图 16　Modbus 轮询程序

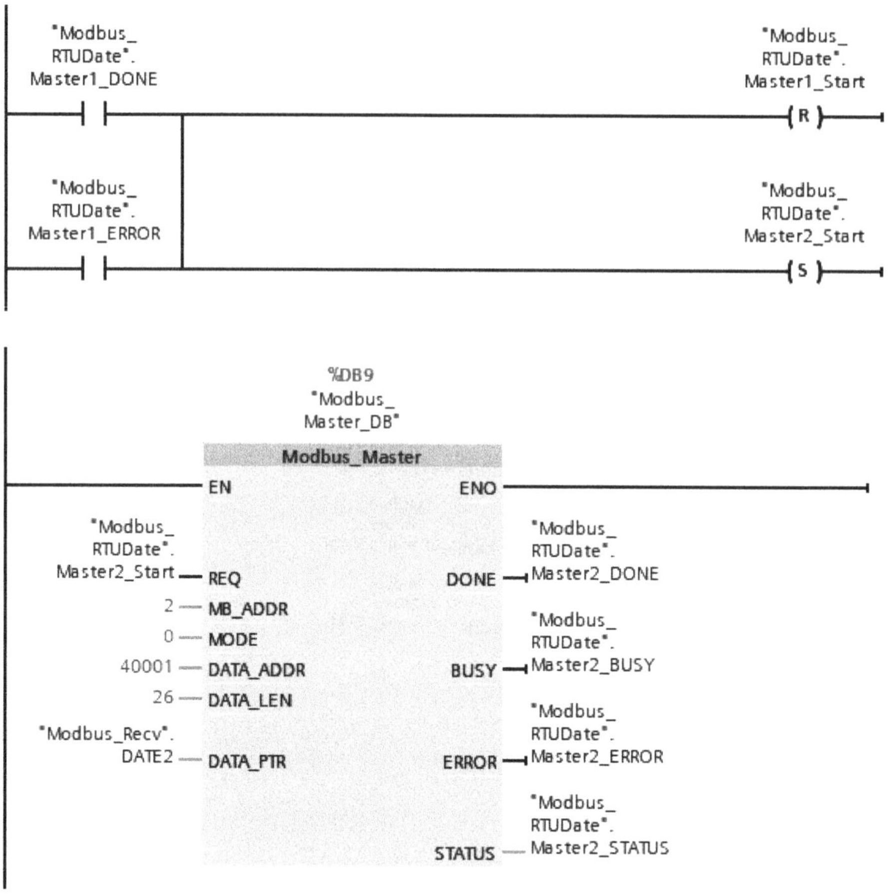

图 16 Modbus 轮询程序（续）

（6）PLC 与流量计的通信

在河道上安装流量计用于测量河道的水流的瞬时流量和累计流量。此传感器变送器的输出为 RS232 的信号。在现场安装时发现流量计变送器距离控制器的距离较远，约为 30m，超过 RS232 的通信距离。为了解决此问题，在流量计变送器和 PLC 通信模块之间添加了 RS232 转 RS485 模块，解决了通信距离的限制。

最终流量计变送器接入 PLC 通信模块的信号为 RS485 信号，在串口模块的属性中设置为“半双工（RS 485）两线制”；端口组态设置为“自由口/Modbus 协议”；传输率为 9600bit/s，无奇偶校验，数据位为 8，结束位为 1。PLC 中通信参数的设置应与流量计变送器的设置一致。流量计接收报文的格式见表 2。

表 2 流量计接收报文格式

主机发送	字节数	发送的信息	备注
从机地址	1	XX	向地址为 XX 的从机要数据
功能码	1	03	读取寄存器
起始地址	2	0000	起始地址为 0000
数据长度	2	00XX	读取 XX 个数据(共 2XX 字节)
CRC 码	2	XXXX	由主机计算得到 CRC 码

程序中 Send_P2P 的 REQ 为 PLC 给流量计发送命令的频率，PORT 为串口模块的硬件标识符，在 BUFFER 中设置要发送给流量计的命令字，PLC 发送指令程序如图 17 所示。

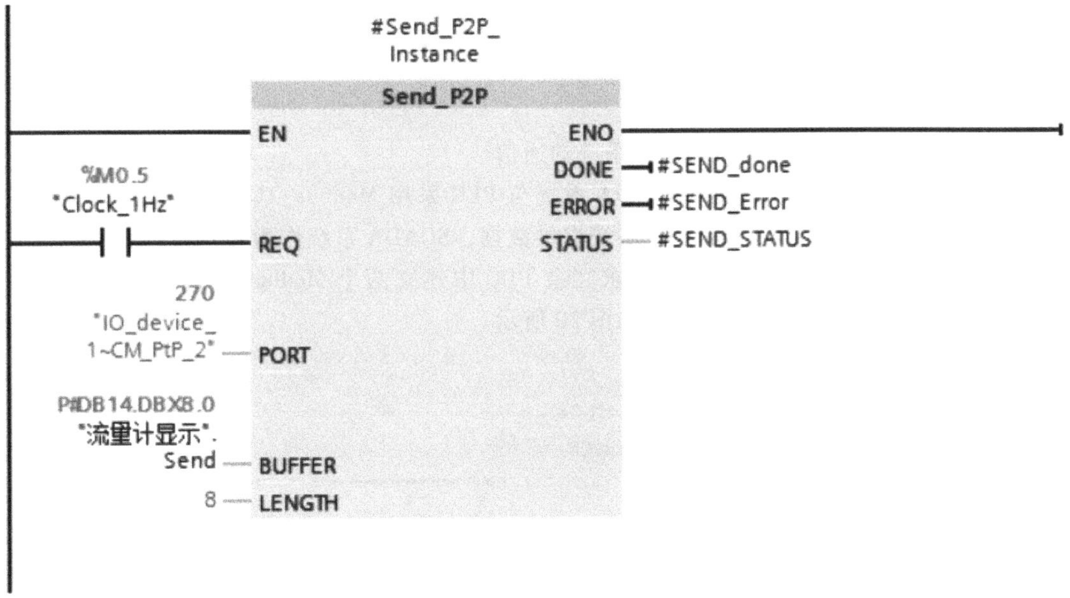

图 17　PLC 发送命令程序块

PLC 接收指令程序如图 18 所示。

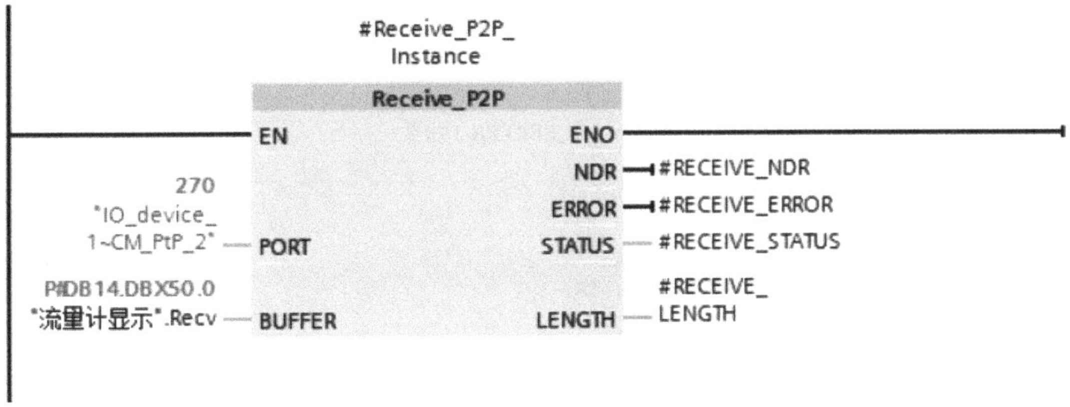

图 18　PLC 接收命令程序块

在 BUFFER 中，显示流量计反馈回来的数值，根据流量计相应格式读取来流量计的参数，流量计响应数据命令的报文格式见表 3。

表 3　流量计响应数据命令的报文格式

从机响应	字节数	返回的信息	备注
从机地址	1	××	来自地址为××的从机
功能码	1	03	读取寄存器
数据长度	2	××	××字节（2 倍数据个数）
寄存器数据 1	2	DAT1	传感器参数 1 数据内容

（续）

从机响应	字节数	返回的信息	备注
…	…	…	…
寄存器数据 N	2	DATN	传感器参数 N 数据内容
CRC 码	2	XXXX	由从机计算得到 CRC 码

2. 控制关键点及问题

（1）PLC 与河道管理中心的两套上位系统的通信

在控制系统中，河道管理中心的 SCADA 系统与 PLC 采用 Modbus_TCP 的方式进行通信。系统中 PLC 作为控制系统的服务器给 SCADA 系统提供数据，SCADA 系统作为客户端对 PLC 内的数据进行读取和写入。客户有两套上位系统，要求冗余 PLC 中建立两个 Modbus_TCP 的服务器连接。在 PLC 中，编写服务器指令 1、2，如图 19 和图 20 所示。

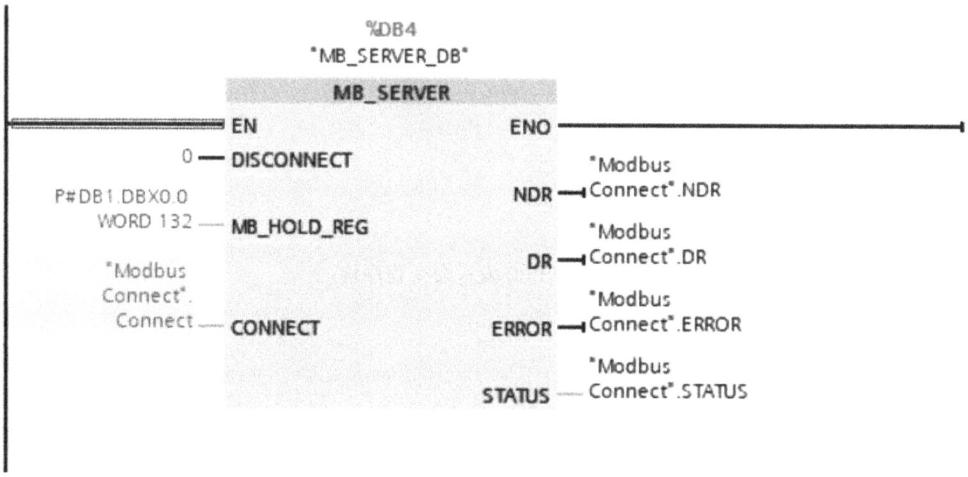

图 19 MB_SERVER 1 指令

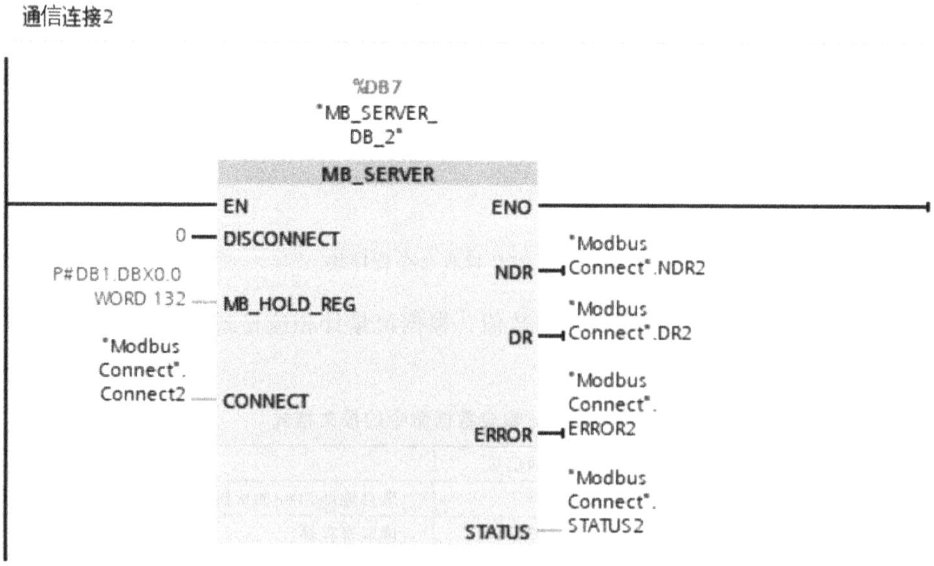

图 20 MB_SERVER 2 指令

通信数据区的设置根据与上位机通信的数据格式，建立 DB 背景数据块并把 DB 块设置为非优化数据块，用于 MB_SERVER 指令的数据区域。

MB_SERVER 指令的 Connect 指令需要在数据块中建立 TCON_IP_V4 数据类型，并设置相应的硬件标识符，冗余系统的硬件标识符如图 21 所示。

名称	类型	硬件标识符	使用者
Local1~MC	Hw_SubModule	65151	PLC_1
Local1~Common	Hw_SubModule	65150	PLC_1
Local1~Device	Hw_Device	65132	PLC_1
Local1~Configuration	Hw_SubModule	65133	PLC_1
Local1~RHSystem	Hw_Device	34	PLC_1
Local1~Display	Hw_SubModule	65154	PLC_1
Local1~Exec	Hw_SubModule	65152	PLC_1
Local1	Hw_SubModule	65149	PLC_1
Local1~PROFINET_接口_1	Hw_Interface	65164	PLC_1
Local1~HCPUredCtrl	Hw_SubModule	65147	PLC_1
Local1~PROFINET_接口_1~端口_1	Hw_Interface	65165	PLC_1
Local1~PROFINET_接口_1~端口_2	Hw_Interface	65166	PLC_1
Local1~PROFINET_接口_1~HsystemIPRef_1	Hw_Interface	257	PLC_1

图 21　冗余系统的硬件标识符

由于需要两个服务器连接，因此要调用两次 MB_SERVER 指令，且指令的背景数据块不能相同。TCON_IP_V4 数据类型的 ID 也不能相同，Remote Address 不需要设置。对于 Local Port 初次调试时，两个服务器的端口号都设置为 502，在调试中发现在同一时刻只能连接上一个。经过调试把 Local Port 分别设置为 502 和 503，这样在同一时刻两个连接都能通信成功。两个服务器指令连接的 TCON_IP_V4 参数设置如图 22 所示。

Modbus Connect

	名称	数据类型	起始值	保持	可从 HMI/...	从 H...	在 HMI ...	设定值	监控
1	▼ Static			☐	☐	☐	☐	☐	
2	▼ Connect	TCON_IP_v4		☐	☑	☑	☑	☑	
3	InterfaceId	HW_ANY	257	☐	☑	☑	☑	☐	
4	ID	CONN_OUC	16#01	连接1设置	☑	☑	☑	☐	
5	ConnectionType	Byte	16#0B	☐	☑	☑	☑	☐	
6	ActiveEstablished	Bool	false	☐	☑	☑	☑	☐	
7	▶ RemoteAddress	IP_V4		☐	☑	☑	☑	☑	
8	RemotePort	UInt	0	☐	☑	☑	☑	☐	
9	LocalPort	UInt	502	☐	☑	☑	☑	☐	
10	NDR	Bool	false	☐	☑	☑	☑	☑	
11	DR	Bool	false	☐	☑	☑	☑	☐	
12	ERROR	Bool	false	☐	☑	☑	☑	☐	
13	STATUS	Word	16#0	☐	☑	☑	☑	☐	
14	▼ Connect2	TCON_IP_v4		☐	☑	☑	☑	☐	
15	InterfaceId	HW_ANY	257	☐	☑	☑	☑	☐	
16	ID	CONN_OUC	16#02	连接2设置	☑	☑	☑	☐	
17	ConnectionType	Byte	16#0B	☐	☑	☑	☑	☐	
18	ActiveEstablished	Bool	false	☐	☑	☑	☑	☐	
19	▶ RemoteAddress	IP_V4		☐	☑	☑	☑	☐	
20	RemotePort	UInt	0	☐	☑	☑	☑	☐	
21	LocalPort	UInt	503	☐	☑	☑	☑	☐	
22	NDR2	Bool	false	☐	☑	☑	☑	☑	
23	DR2	Bool	false	☐	☑	☑	☑	☐	
24	ERROR2	Bool	false	☐	☑	☑	☑	☐	
25	STATUS2	Word	16#0	☐	☑	☑	☑	☐	

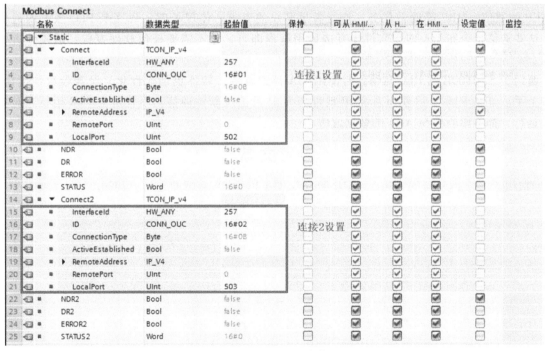

图 22　TCON_IP_V4 参数设置

(2) 闸位开闭机定位不准的问题处理

上位监控中心根据河道水流的情况进行闸位的提升和下降，调试中发现闸位机上升或者下降停止后与闸位设定高度和实际高度有较大的误差，且误差值比较大，也没有规律，最大误差达到18cm。在测试中还发现，同一台闸位机每次动作后的误差也不一样。

闸位机的动作是由 PLC 根据高度值的比较触发开关量输出，然后控制接触器的开闭实现的，无法实现先减速再停车等动作。为了解决上述问题，编写了位置补偿程序，位置补偿程序的主要思路是通过对误差值计算补偿到下一次动作中，同时还设置了补偿阈值，只有误差超过某个阈值才进行补偿，在保护方面还设置了补偿最大限制范围，不能无限制补偿，以防止传感器测量出错带来的过度补偿，杜绝事故的发生。经过添加补偿程序后，误差值控制到了±3cm 内。

四、运行效果

S7-1515R+IM155-6 PN/3HF 接口模块组成的控制系统兼具稳定性和经济性，对像闸位这样的控制系统（控制逻辑相对简单但稳定性要求较高）具有很大的参考意义。

在投运后，还进行了手动的主备 PLC 切换，在切换过程中，I/O 站上各个 I/O 的输出保持不变，没有影响设备的运行。控制系统投运一年多，整个控制系统稳定，流量计与 PLC 数据通信正常，PLC 与河道管理中心数据通信正常。

五、应用体会

项目调试完成后，设备运行良好，PLC 控制闸位正常，河道控制中心发送控制命令可以方便地对现场水闸进行闸位控制。闸位的位置、位都可以反馈到控制中心，大大地节省了现场操作人员的操作时间。

项目中 S7-1513R 和 ET200SP 组成的控制冗余系统使用了 Modbus_RTU 通信、PTP 通信、Modbus_TCP 的通信、MRP 等通信任务，均能满足客户的要求，体现了新一代冗余 PLC 强大的通信功能。这些通信指令在 TIA 博途软件中直接调用编程即可，也不需要任何软件授权，适用性进一步增强。

西门子 S7-1500R 的 PLC 在编程时使用 TIA 博途软件，软件更加人性化，设置参数快捷简单、易于上手。冗余 PLC 可以使用系统 IP 地址与 HMI 及上位软件通信，不管是主 PLC 运行还是备份 PLC 运行，都不影响与 SCADA 的数据通信。

参考文献

[1] 西门子（中国）有限公司. SIEMENS AG. TIA Portal V16 帮助 [Z], 2020.

西门子自动化产品在冻干食品生产线智能化中的应用
Application of Siemens Automation Production in Freeze-drying Food Intelligent Production Line

刘力溥　陈　洋　徐世波　刘　峰
（鞍钢集团工程技术有限公司　鞍山）

［ 摘　要 ］ 本文主要介绍西门子 SIMATIC S7-1500 PLC、TIA Portal V16、WinCC 7.5 SP2 和 SIPART PS2 型阀门定位器产品在国外某冻干食品智能化加工生产线中的具体应用。利用 TIA Portal V16 集成的工艺对象 PID_Temp，实现食品冻干过程中温度的精确控制。通过 WinCC 中强大的 VBS 脚本功能，达到菜谱的灵活保存、编辑和加载。同时本文从网络结构和软硬件设计方面，阐述了其他关键功能的成功实现。

［ 关 键 词 ］ 真空冷冻干燥技术、PLC，PID_Temp、VBS 脚本、SCL

［ Abstract ］ This paper mainly introduces the Application of Siemens SIMATIC S7-1500 PLC, TIA Portal V16, WinCC 7.5 SP2 and SIPART PS2 valve positioners in a foreign freeze-drying food intelligent production line. The process object PID_Temp which is integrated in TIA Portal V16 is used to achieve accurate temperature control of food freeze-drying process. Through the powerful VBS script function in WinCC, the recipes can be saved, modified and loaded flexibly. Meanwhile, the successful realization of other key functions is described from the aspects of network structure, software and hardware design.

［ Key Words ］ Vacuum Freeze-drying technology、PLC、PID_Temp、VBS script、SCL

一、项目简介

2022 年澳大利亚 FORAGER 食品加工厂引进我国沈阳航天新阳速冻设备制造有限公司设计的全流程冻干食品生产线，用于生产即食果干、蔬菜包等食品。该生产线由一台 ST 型速冻间（见图 1）、两台 LG200 型干燥仓（见图 2）和捕集器、热水罐、冷却塔、真空设备、氨空分离器等辅助设备构成。LG200 型干燥仓加热板面积为 $200m^2$，加热板温度调节范围为-50~150℃。

二、工艺介绍

真空冷冻干燥技术（以下简称冻干技术）是指先将新鲜食品、药品等含水物料冷冻至共晶点（5~10℃）以下，待物料完全冻结后，采用维持一定温度和真空度的方式将物料中结晶水分直接升华，最终得到干燥（冻干）制品的技术。相对于热风、晾晒等干燥方法，冻干产品具有无法比拟的优点，如：①保持了食品果蔬原有的色、味、形；②不含添加剂，延长食品保质期；③保证药品的活性成分；④复水性好等。冻干技术广泛应用于食品、医药、生物制品等领域。

图 1　速冻间

图 2　干燥仓

如图 3 所示，食品冻干的主工艺流程由前处理、预冻、升华干燥、后处理四部分组成。其中前处理主要是新鲜食品的切片、灭菌和装盘等，后处理为冻干制品的运输、检验、包装等，本文不再赘述。

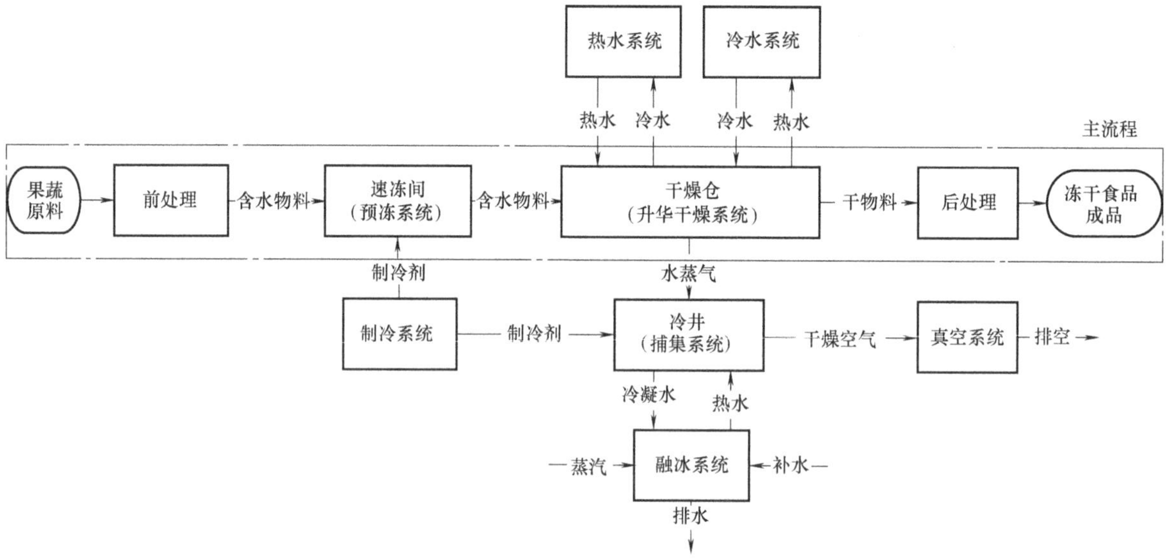

图 3　冻干生产线工艺流程

1. 预冻

预冻过程在速冻间内完成。ST 型速冻间为液氨隧道式，由 6 条速冻隧道构成。物料由传动带进入隧道后，隧道内的矩阵式喷嘴将制冷系统送来的液氨喷淋至隧道内，同时每个隧道内 3 台搅拌风机启动，使空间内换热均匀。液氨迅速蒸发带走空间内热量，一般 30min 后，隧道内温度即可降至-40℃，同时物料中的水分完全冷冻结晶。

2. 升华干燥

待物料完全冻结后，由速冻间转运至干燥仓进行升华干燥过程。干燥仓是圆柱形密封真空容器，内部有放置物料的置物板，每层置物板之间为不锈钢材质加热板，加热板内部布有循环水流通的管道。通过加热板的热量传导，物料中冰晶会升华成水蒸气逸出，由于升华为吸热过程以及升华速率需要可控，热水系统和冷水系统需不断为升华的进行提供适当的热量。同时通过真空系统控制干燥仓中的真空度，有利于升华过程的进行和热量的传递。

捕集器又称冷井，位于干燥仓下部，中间隔板将容器分为左右两部分，容器上设有门板，通过门板的左右换向，可以控制冷井左右容器是否与干燥仓相通。容器内是金属吸附面，通过制冷系统的作用，吸附面的表面温度可被降低至-60℃，物料升华出来的水蒸气会冻结在金属吸附面上，门板将容器与干燥仓隔开后，结晶的水蒸气通过融冰系统排出。通过门板的自动换向，冷井左右两个容器交替进行结晶-融冰-再结晶-再融冰的周期性过程。图 4 为 LG200 型干燥仓及捕集器示意图。

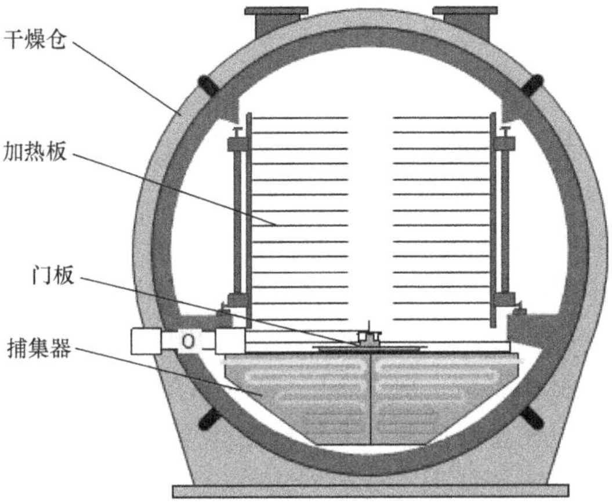

图 4　LG200 型干燥仓及捕集器示意图

3. 冻干曲线和菜谱

升华干燥过程中要对干燥仓内的温度和真空度进行动态控制，以获得适合当前物料的最佳升华速率。一般将加热板设定温度和仓内真空度两者与干燥时间之间的关系曲线称为某种物料冻干曲线。除冻干曲线外，干燥过程中还要控制冷井上门板换向时间等参数。将冻干曲线和所有参数统称为某种物料的菜谱（Recipe）。不同物料由于含水量等特性不同拥有不同的菜谱。同一种物料因目标产品不同，也会有不同的菜谱。表 1 为某种即食草莓果干的菜谱。

表 1　一种即食草莓果干菜谱

名字(Recipe Name)	草莓果干
注释(Recipe Comment)	No. 24522150
升华步数(Total Step Number)	8
升华率低时提前结束(Use Constants Weight to Stop)	否
升华率低时持续时间(Constants Time)	无
升华率临界值(Sublimation Value)	无
冷井门板第一次换向时间(Vapour Trap Time 1)	230min
冷井门板第二次换向时间(Vapour Trap Time 2)	120min
冷井门板第三次换向时间(Vapour Trap Time 3)	120min
冷井门板第四次换向时间(Vapour Trap Time 4)	120min
冷井门板第五次换向时间(Vapour Trap Time 5)	230min
冻干曲线(Curve)	见图 5

三、控制系统构成和产品应用特点

简单的冻干机或实验机的自控系统多采用 S7-200 SMART 控制器和触摸屏。此次客户引进的为包括制冷、制热、冻干的大型全流程工艺生产线，设备多，产品多样（需多种菜谱切换），为提高生产线的智能化水平，减少人工干预的频率，采用控制能力更为强大的西门子 S7-1500 系列 PLC 以及 TIA Portal V16 和 WinCC 7.5 SP2 软件作为生产全流程的控制及监视设备。

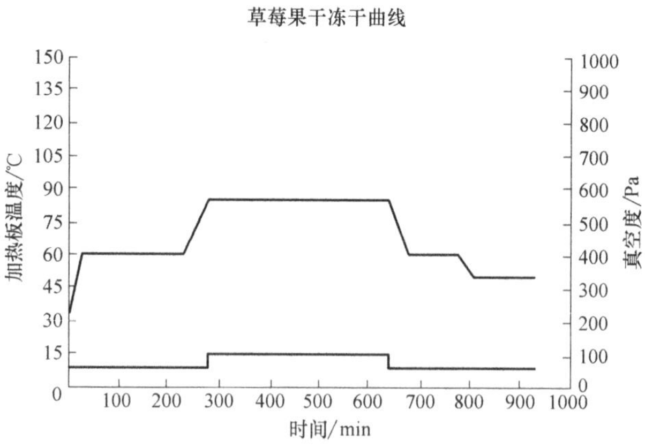

图 5　一种即食草莓果干冻干曲线

1. 网络结构和配置

系统共设置一套 PLC 控制站（见图 6），CPU 选择 CPU 1511-1 PN，设置 3 套 ET 200SP 从站，之间采用 PROFINET 接口通信，其中 IO_device_1 用于干燥仓 A 的控制，IO_device_2 用于干燥仓 B 的控制，IO_device_3 用于制冷系统、速冻间、热水系统等 A、B 仓共用设备的控制。上位机装有 WinCC 7.5 SP2，通过以太网与 PLC 主站通信。

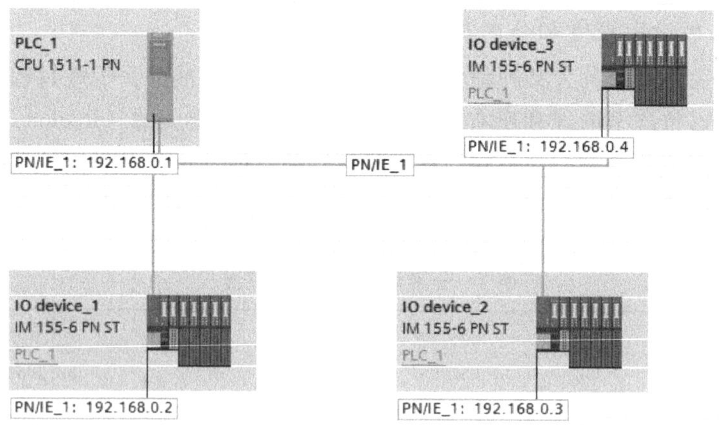

图 6　系统网络

2. PID_Temp 和 SIPART PS2 型阀门定位器实现加热板温度控制

（1）加热板温度控制过程

工艺要求物料升华干燥过程中，加热板温度实际值与冻干曲线中的设定值偏差控制在±1℃以内。如图 7 所示，为达到精确控制，热水系统设置一台恒温热水罐，其水温设定为比莱谱中冻干曲线的最高温度高 8℃，恒温靠一次热源蒸汽和氮气的自动调节实现，目的为 PID 控制提供稳定热源。热水罐恒温控制较简单，本文不再论述。下文着重论述 PID 控制过程。

以干燥仓 A 为例，当冻干曲线中温度曲线为恒温或升温时，此时冷水阀 FV252A 全开，加热板回水不经冷水板换热器，热水阀 FV251A 适当开启，调节加热板回水和热水罐来水的比例，加热板供水水温升高，使加热板温度跟随设定温度。混合后的循环水通过循环水泵 M281A 供给加热板，加热板辐射换热提供给仓内物料水分升华所需热量，加热板失去热量，回水温度下降，在热水阀 FV251A 调节下，一部分加热板回水进入热水罐，另一部分继续循环。

当温度曲线为降温过程时，由于物料升华吸热以及设备向环境自然散热，当温度下降率（绝对值）大于自然温度变化率时，热水阀 FV251A 全关，加热板回水不经过热水罐，冷水阀 FV252A 调节加热板回水经过冷水板换热器的比例，加热板供水温度降低。混合后的循环水通过循环水泵 M281A 供给加热板，实现物料的降温过程。

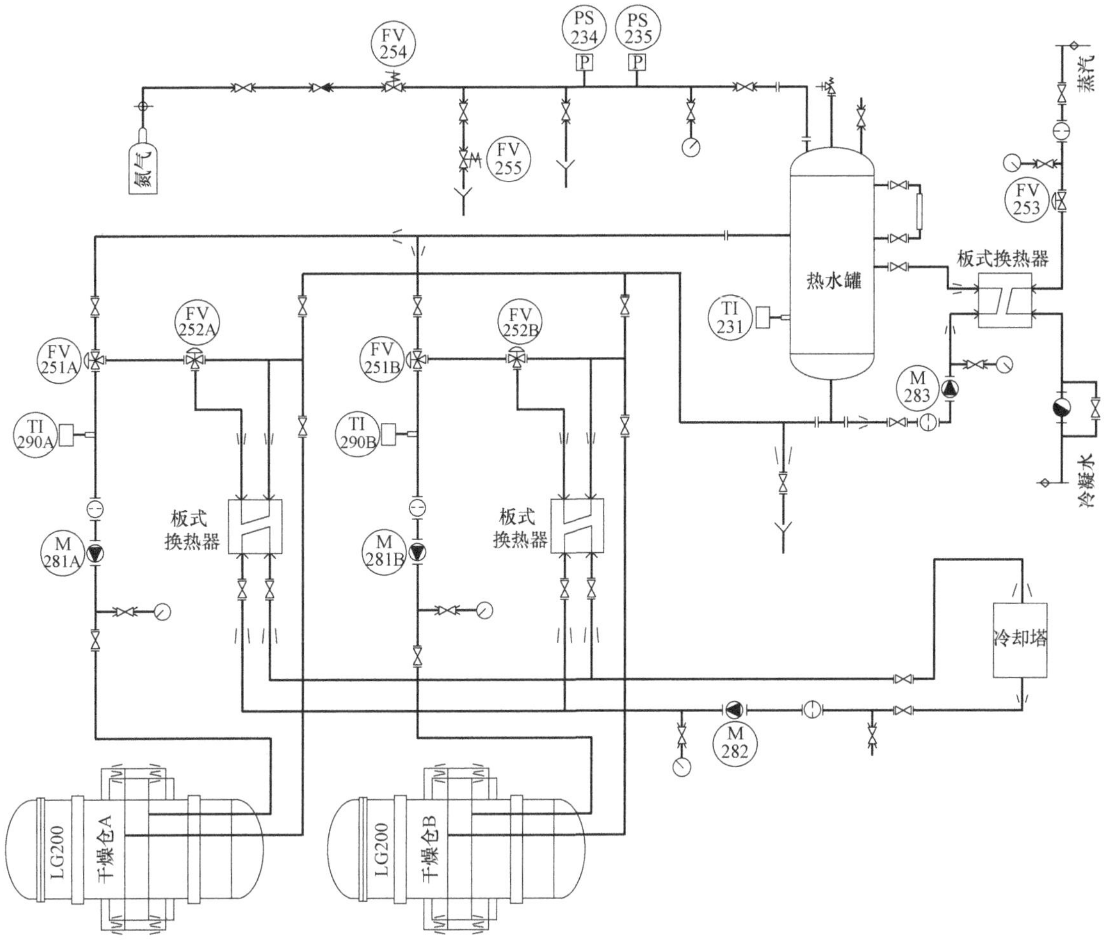

图 7　热水和冷水系统工艺流程图

（2）PID 控制难点

影响加热板温度控制的客观因素为执行器的响应时间，响应越快，精度越高。主观因素一方面为 PID 控制器的选取，以及 PID 参数是否合适。另一方面，由于加热板结构的特殊性，温度分布不均匀，需选择合适的被控对象。因此，被控对象、执行机构、PID 控制器的选择和 PID 参数的整定成为控制的难点。

（3）被控对象和执行机构的选取

干燥仓内加热板数量多，测量每个加热板温度的误差较大，尤其在升华率较高时，大量水蒸气从物料表面逸出，造成物料不同部位的温度不同，间接导致各加热板表面温度差异，对加热板温控带来困难。因此根据经验选取所有加热板的循环水总供水温度作为被控对象。以干燥仓 A 为例，选取 TI290A 作为被控对象，即 PID 的反馈信号。

相对于电动阀，气动阀门动作快，响应灵敏。因此执行机构选用两台类型为等百分比合流阀的气动三通调节阀（FV251A 称为热水阀，FV252A 称为冷水阀）。配合扫描时间为 10ms 的西门子 SIPART PS2 阀门定位器，整体精度满足要求。每台调节阀的输出范围为 0~100%，对应 4~20mA 电流信号。

（4）PID 控制器的选取及组态

在 TIA Portal V16 中，针对 S7-1500 有 3 种 PID 控制器，分别为 PID_Compact、PID_3Step、PID_Temp（见图 8）。其中 PID_Temp 提供具有集成调节功能的连续 PID 控制器。PID_Temp 专为温度控制而设计，适用于加热或加热/制冷应用。为此提供了两路输出，分别用于加热和制冷。PID_Temp 最适用于加热板温度控制。

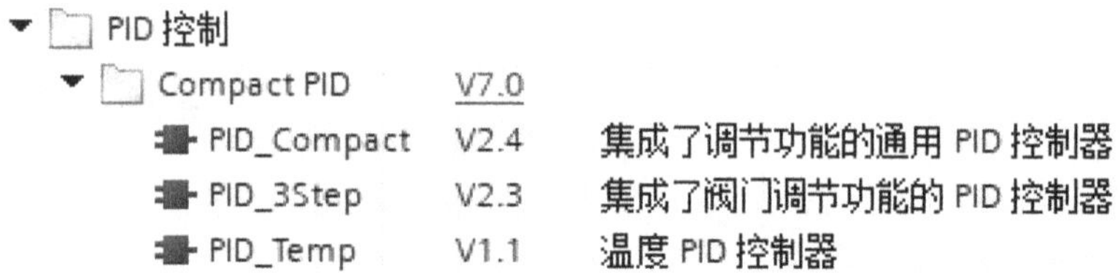

图 8　TIA Portal V16 中的 3 种 PID 控制器

如图 9 所示，组态 PID 控制的设定值、输入值、输出值。设定值（Setpoint）来自烘干曲线中实时的温度设定值（“GeneralOption”.A_Temp_SP），输入值有两种选择，本项目使用标定后的浮点数值，来自温度传感器 TT290A 的测量值（“TT290A”.AI_OUT）。输出激活制冷功能并选择模拟量输出值，将输出直接作用于热水阀和冷水阀用于调节。

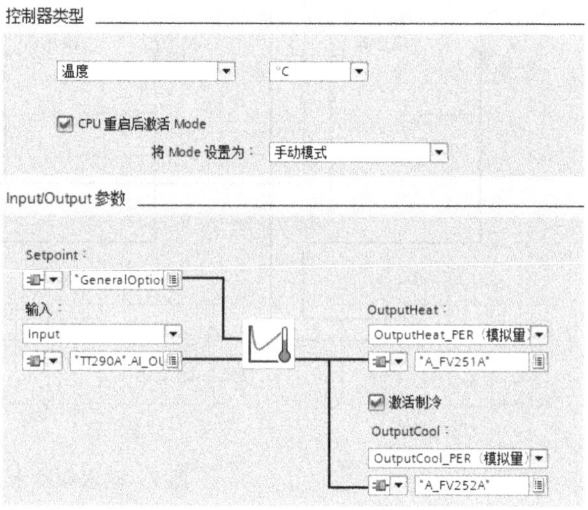

图 9　PID_Temp 组态的基本设置

根据流程图 7 及对温控过程的描述，当冷水阀全开状态下，回水不经冷水板换热器，因此需对 PID 输出进行标定（见图 10），使得冷却输出（OutputCool_PER）的 -100%~0%对应冷水阀开度为 0%~100%；加热输出（OutputHeat_PER）的 0%~100%对应冷水阀开度为 0%~100%。

如图 11 所示，PID 参数默认情况下是不能更改的，在工艺对象的调试过程中，通过预调节或精调节自动计算 PID 参数并选择接受参数。如果需要手动更改 PID 参数，需要激活“启动手动输入”。

最终 PID 调节闭环控制系统原理框图如图 12 所示。

PID_Temp 的调试窗口集成有预调节和精调节功能，借助调节功能可自动完成 PID 参数的整定。但由于本项目目前处于设备运输阶段，暂时不能进行 PID 的整定调试。关于调试过程和整定结果文中暂无体现。

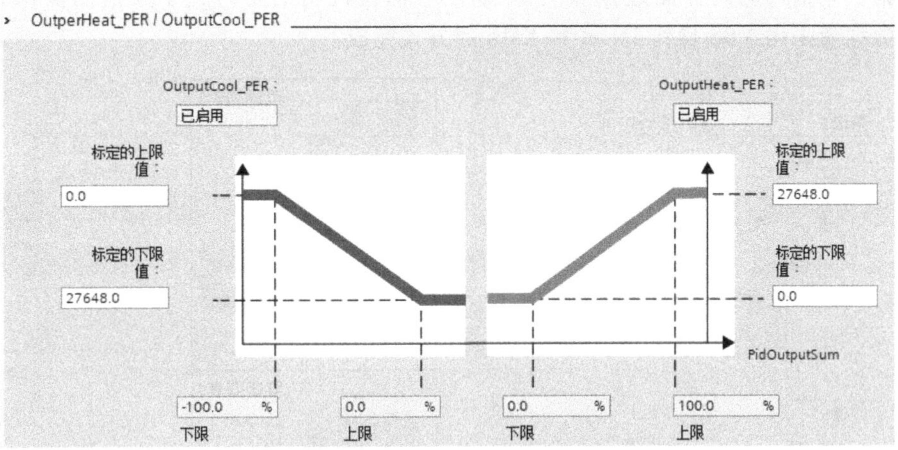

图 10　PID_Temp 输出值的标定

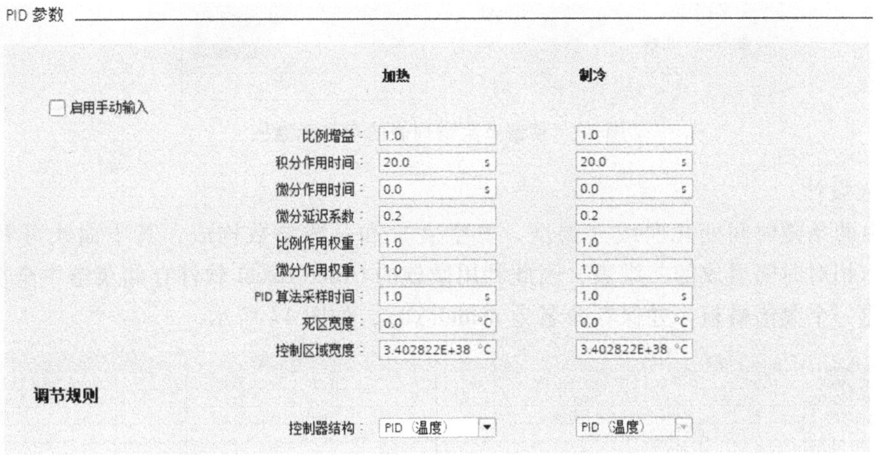

图 11　PID_Temp 参数设定

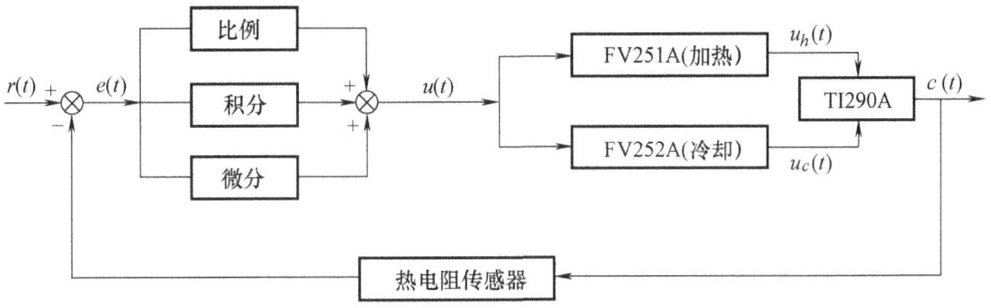

图 12　PID 闭环控制系统原理框图

3. WinCC 应用特点——通过 VBS 脚本实现菜谱的编辑、保存、调用及菜谱列表的切换。

相对于以触摸屏方案为主的 TIA Protal WinCC，应用于 PC 的经典 WinCC 功能更加强大。在与微软 Windows 系统的交互方面，经典 WinCC 能通过 VBS 语言更方便地实现各功能。本项目利用 WinCC 7.5 SP2 中 VBS 全局脚本实现菜谱的编辑、保存和调用操作。对于相同种类的菜谱组成菜谱列表，操作员能灵活切换菜谱列表的要求，采用 VBS 脚本操作可以扩展标记语言（XML）格式文件完成。菜谱、菜谱列表的存储过程如图 13 所示。值得说明的是，关于菜谱的操作方法有多种，本项目根据数据量采用 VBS 操作 Excel 和 XML 的方式完成。

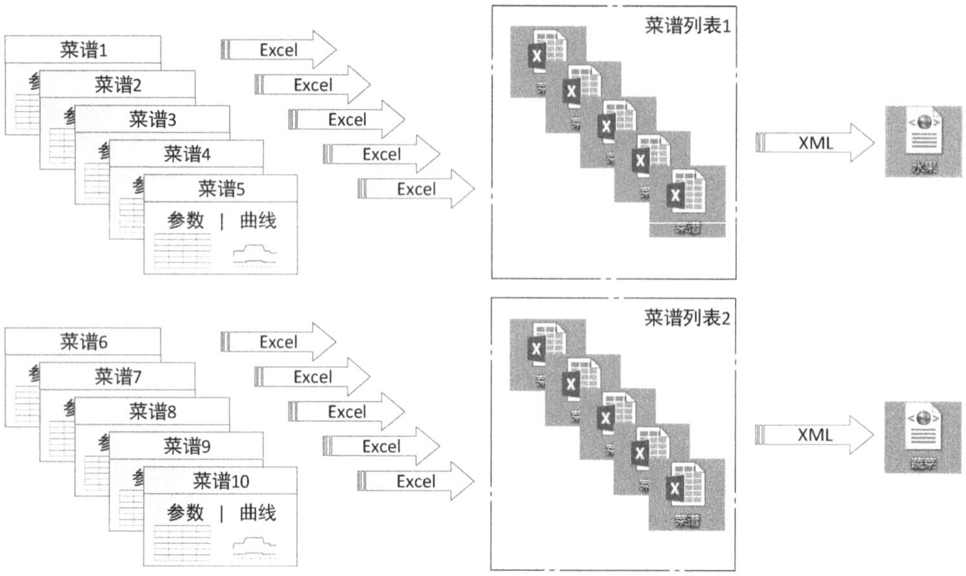

图 13　菜谱及菜谱列表的存储示意图

（1）模板设计

菜谱是由两条随时间变化曲线（温度、真空度）和一些参数构成，其中曲线可看成是设定温度、真空度与相对时间组成的二维表，因此利用微软的 Office Excel 软件存储菜谱中全部的参数。首先设计并创建一个菜谱模板，并保存命名为 model. xlsx，如图 14 所示。

	A	B	C	D	E	F	G	H
1	Drying Recipe Name		Use Constants Weight To Stop		Vapour_Trap_Time1		Vapour_Trap_Time4	
2	Drying Recipe Comment		Constants Time		Vapour_Trap_Time2		Vapour_Trap_Time5	
3	ToTal_Step_Number		Sublimation Value		Vapour_Trap_Time3			
4		STEP TIME	HEATING START	HEATING END	VACCUM			
5	STEP1							
6	STEP2							
7	STEP3							
8	STEP4							
9	STEP5							
10	STEP6							
11	STEP7							
12	STEP8							
13	STEP9							
14	STEP10							
15	STEP11							
16	STEP12							
17	STEP13							
18	STEP14							
19	STEP15							

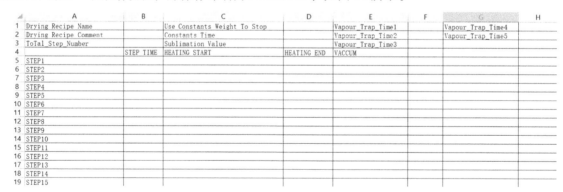

图 14　Excel 模板文件

（2）建立 WinCC 内部变量标签

在 WinCC 变量管理中新建一种代表冻干步骤的结构类型并命名为 RECIPE_STEP_EDIT，结构类型元素如图 15 所示，由于菜谱的管理工作全部在上位机通过 WinCC 完成，所有元素均为内部变量。新建 15 个结构变量如图 16 所示，分别命名为 STEP_EDIT1～STEP_EDIT15，数据类型为 RECIPE_STEP_EDIT，15 个变量代表允许最大干燥步数为 15 步。

（3）菜谱的编辑、保存、调用功能设计

在 WinCC 图形编辑器中组态“菜谱管理”交互画面（见图 17）。

结构类型元素 [RECIPE_STEP_EDIT]

	名称	外部	数据类型	长度	格
1	Step_Time	☐	无符号的 16 位值	2	
2	Start_Temp	☐	32-位浮点数 IEEE 754	4	
3	End_Temp	☐	32-位浮点数 IEEE 754	4	
4	Vacuum	☐	32-位浮点数 IEEE 754	4	
5	Total_Time	☐	无符号的 16 位值	2	
6					
7					
8					
9					
10					
11					
12					
13					
14					
15					
16					

图 15　结构类型元素

结构变量 [RECIPE_STEP_EDIT]

	名称	注释	数据类型	长度	格式调整	连
1	STEP_EDIT1		RECIPE_STEP_EDIT	0		内
2	STEP_EDIT2		RECIPE_STEP_EDIT	0		内
3	STEP_EDIT3		RECIPE_STEP_EDIT	0		内
4	STEP_EDIT4		RECIPE_STEP_EDIT	0		内
5	STEP_EDIT5		RECIPE_STEP_EDIT	0		内
6	STEP_EDIT6		RECIPE_STEP_EDIT	0		内
7	STEP_EDIT7		RECIPE_STEP_EDIT	0		内
8	STEP_EDIT8		RECIPE_STEP_EDIT	0		内
9	STEP_EDIT9		RECIPE_STEP_EDIT	0		内
10	STEP_EDIT10		RECIPE_STEP_EDIT	0		内
11	STEP_EDIT11		RECIPE_STEP_EDIT	0		内
12	STEP_EDIT12		RECIPE_STEP_EDIT	0		内
13	STEP_EDIT13		RECIPE_STEP_EDIT	0		内
14	STEP_EDIT14		RECIPE_STEP_EDIT	0		内
15	STEP_EDIT15		RECIPE_STEP_EDIT	0		内
16						

图 16　结构变量

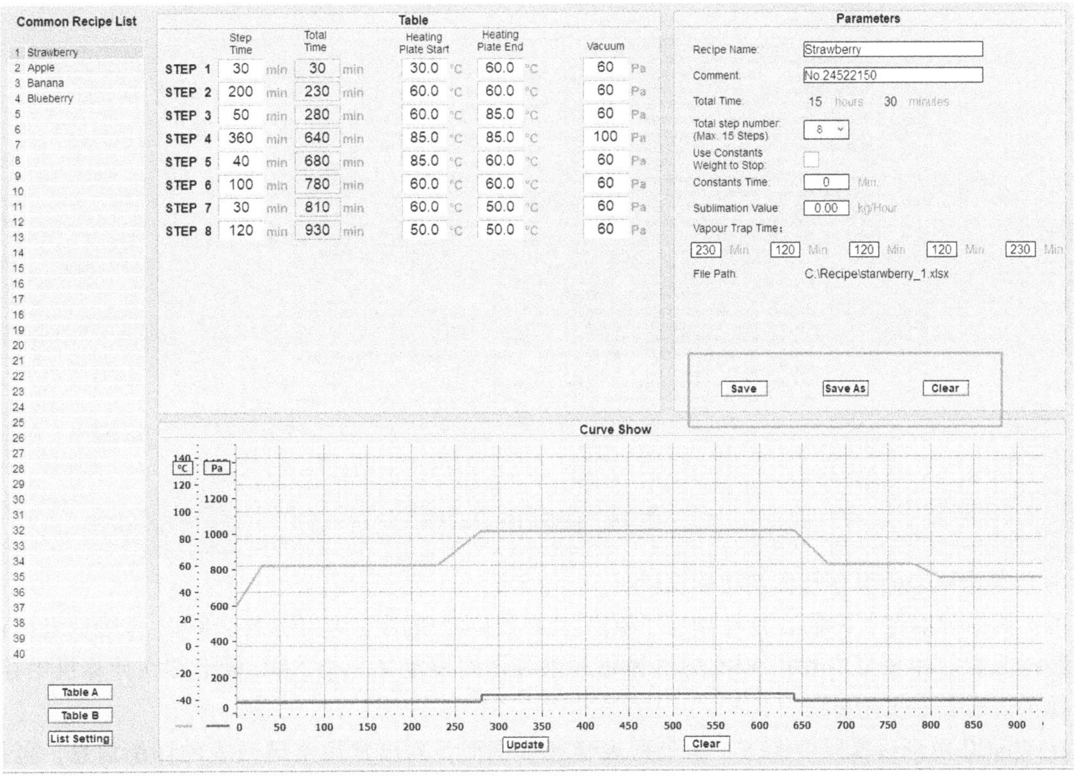

图 17　WinCC 画面——菜谱管理

画面分为四个区域，左侧为菜谱列表（Common Recipe List），中间是冻干曲线二维表（Table），右侧为菜谱参数（Parameters），下面为冻干曲线显示区（Curve Show）。操作员可以新建菜谱，也可以通过单击左侧列表载入已有菜谱进行查看和修改。画面中可供操作员输入菜谱名称、备注、总步数等信息，以及输入代表冻干曲线的二维表。在 Curve Show 窗口中直观地展示出冻干曲线，便于操作员实时对输入的数据准确性进行判断。通过 Save、Save As、Clear 三个按钮可实现保存、另存为和一键清除数据操作。以 Save As 按钮为例，将当前菜谱在计算机中另存，单击事件脚本中存储的代码如下（见图 18），Save 按钮功能与其类似。

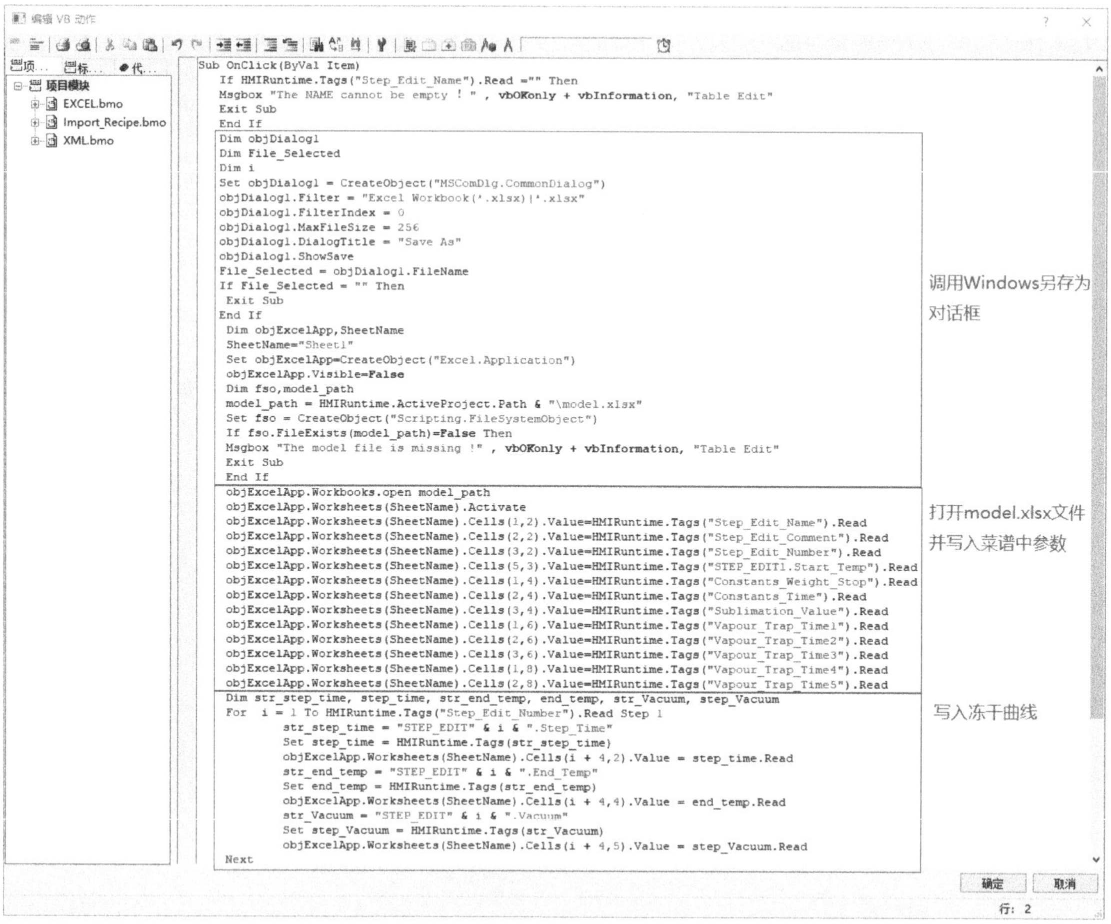

图 18　菜谱的保存代码

（4）菜谱列表的保存及切换功能设计

可扩展标记语言（XML）是一种与平台无关并被广泛采用的语言标准。XML 利用一组标记来描绘数据元素。本项目中利用 VBS 脚本为每一张菜谱列表定义一个 XML 标记并在计算机中存储，并实现菜谱列表的快速切换。

在 WinCC 图形编辑器中组态“菜单列表管理”画面，列出常用菜谱列表的详细信息，包括菜谱名称、注释和菜谱的存储路径。操作员可针对性地对其中某一条菜谱进行增加、删除或重新指定路径的操作。画面下方布置两个按钮分别命名为 Save as List 和 Open List，如图 19 所示。

Save as List 按钮将当前的菜谱列表在计算机中进行存储。Open List 按钮能快速将计算机中现有的菜谱列表加载进 WinCC，实现列表的切换，两按钮代码类似，以 Save as List 按钮为例，主要代码如图 20 所示。

通过单击 Save as List 按钮，当前菜谱列表以 XML 格式保存（见图 21），切换功能与此类似。

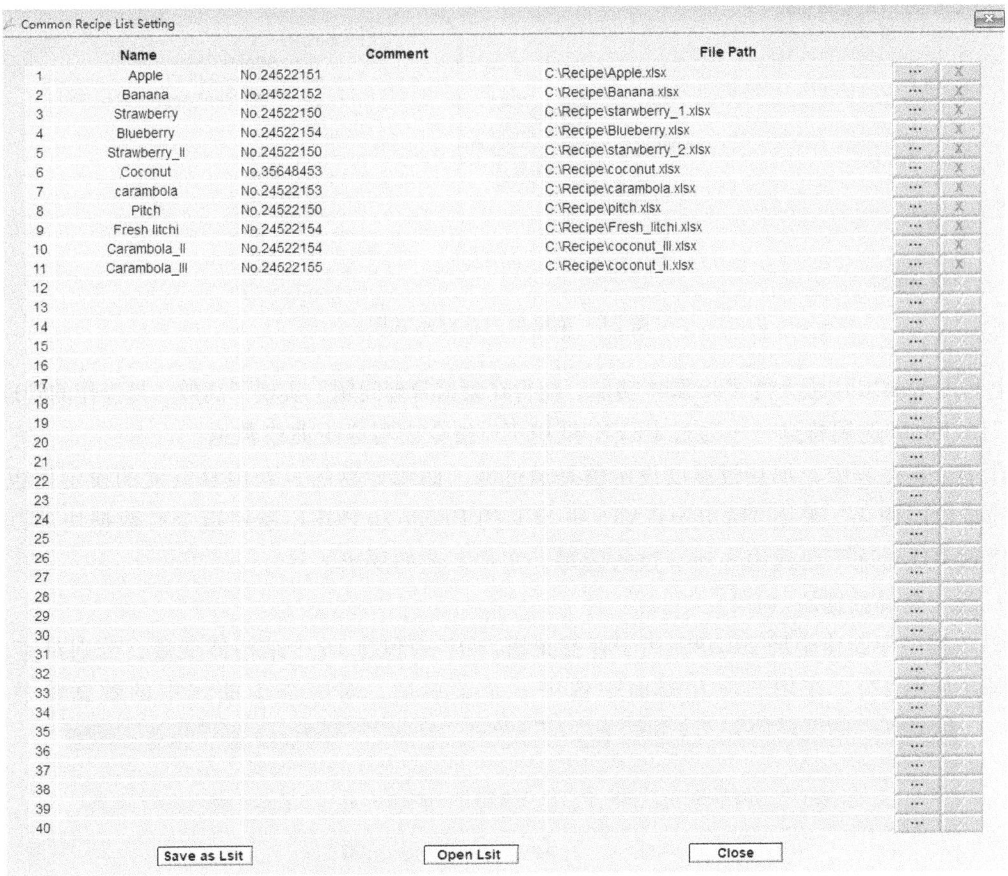

图 19　WinCC 画面——菜单列表管理

XML.bmo

```
Dim xmlDoc, rootE, p
Dim recipe,RECIPE_Num,recipe_name,recipe_comment,recipe_path,i
Dim list_name,list_comment,list_path
Dim str_recipe
Set xmlDoc = CreateObject("Microsoft.XMLDOM")
'创建根元素并将之加入文档
Set rootE=xmlDoc.createElement("RecipesList")
xmlDoc.appendChild rootE
'创建并加入子元素
For i=1 To 40 Step 1
    Set recipe=xmlDoc.createElement("Recipe" & i)
    Set RECIPE_Num=xmlDoc.createAttribute("No")
    RECIPE_Num.text= i
    recipe.setAttributeNode RECIPE_Num
    Set recipe_name=xmlDoc.createElement("Name")
    str_recipe = "COMMON" & i & ".#Name"
    Set list_name = HMIRuntime.Tags(str_recipe)
    recipe_name.text = list_name.Read
    recipe.appendChild recipe_name
    Set recipe_comment=xmlDoc.createElement("Comment")
    str_recipe = "COMMON" & i & ".#Comment"
    Set list_comment = HMIRuntime.Tags(str_recipe)
    recipe_comment.text = list_comment.read
    recipe.appendChild recipe_comment
    Set recipe_path=xmlDoc.createElement("Path")
    str_recipe = "COMMON" & i & ".#Path"
    Set list_path = HMIRuntime.Tags(str_recipe)
    recipe_path.text = list_path.Read
    recipe.appendChild recipe_path
    rootE.appendChild recipe
Next
'创建 XML processing instruction
'并把它加到根元素之前
Set p=xmlDoc.createProcessingInstruction("xml","version='1.0'")
xmlDoc.insertBefore p,xmlDoc.childNodes(0)
```

创建根元素

创建子元素，并加入XML文档

创建XML PI

图 20　将菜谱列表以 XML 形式存储

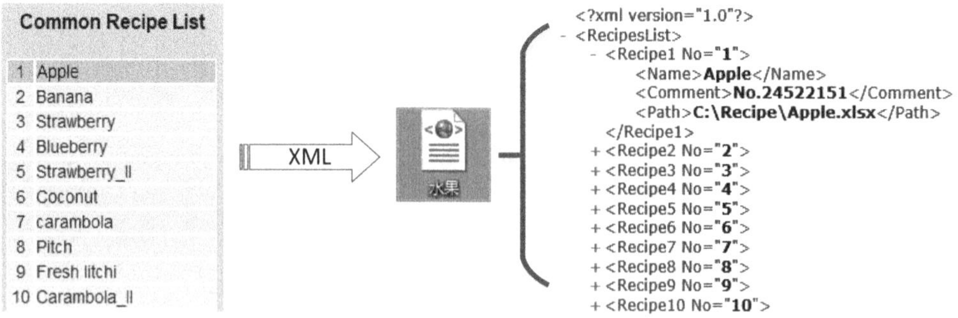

图 21　菜谱列表存储示意图

综上利用 WinCC 中强大的 VBS 脚本功能，使得在菜谱管理问题上实现了高效、易操作的管理方式。

4. TIA Portal 应用特点——通过 PEEK 和 POKE 指令读写冻干曲线数据

在升华干燥过程中，加热板温度设定值是通过冻干曲线计算的，仓内真空度的设定值也会随升华进行的步数而变化。采用 TIA Portal V16 中 SCL 的 PEEK 和 POKE 系列指令对数据块的读写能用简短的代码完成对冻干曲线中各项参数的读写，实现工艺的要求。

（1）建立全局数据块（DB）

在 PLC 程序中新建全局 DB2000 用于存储菜谱。DB 中包含 16 个结构体变量，分别对应 15 步和公共数据（见图 22）。在用户交互画面中选中某个菜单后，对应冻干曲线中的数据将被加载至

PLC_program_V16 ▸ PLC_1 [CPU 1511-1 PN] ▸ 程序块 ▸ A_Recipe [DB2000]

保持实际值　快照　将快照值复制到起始值中　将起始值加载为实际值

A_Recipe

	名称	数据类型	偏移量	起始值	注释
1	Static				
2	Step1	Struct	0.0		
3	Qdwstate	Byte	0.0	16#0	操作
4	Step_No	Int	2.0	0	步号
5	Step_Time	Int	4.0	0	步骤时间(分钟)
6	Start_Temp	Real	6.0	0.0	起始温度(℃)
7	End_Temp	Real	10.0	0.0	终点温度(℃)
8	Vacuum	Real	14.0	0.0	真空度(Pa)
9	Total_Time	Int	18.0	0	总时间
10	Step2	Struct	20.0		
11	Step3	Struct	40.0		
12	Step4	Struct	60.0		
13	Step5	Struct	80.0		
14	Step6	Struct	100.0		
15	Step7	Struct	120.0		
16	Step8	Struct	140.0		
17	Step9	Struct	160.0		
18	Step10	Struct	180.0		
19	Step11	Struct	200.0		
20	Step12	Struct	220.0		
21	Step13	Struct	240.0		
22	Step14	Struct	260.0		
23	Step15	Struct	280.0		
24	Common	Struct	300.0		公共
25	Use_Constants_Stop	Bool	300.0	false	是否使用"重量不变停止"功能
26	Next_Step	Bool	300.1	false	直接跳到下一步(在程序中做一个脉冲)
27	Hold	Bool	300.2	false	暂停
28	Change	Bool	300.3	false	临时编辑,只有处于Hold状态或整个过程...
29	Standby_mode	Bool	300.4	false	standby功能开启
30	EMC_Cooling	Bool	300.5	false	紧急冷却开启

图 22　全局数据块 DB2000

DB2000 中。

（2）利用 PEEK_DWORD 指令读取 DB2000 中的数据

首先在 FB 功能块中新建 3 个静态变量，见表 2。

表 2　在 FB 中新建静态变量

变量名称	类型	注释
StepTime_Sec	Array[1..15] of Int	步骤持续时间(s)
End_Temp	Array[1..15] of Real	步骤终点的加热板温度(℃)
Vacuum_value	Array[1..15] of Real	步骤中的仓内真空度(Pa)

采用 SCL 编程，在 FOR 循环中利用 PEEK_DWORD 指令（见图 23）将 DB2000 中的数据读入数组变量中，值得注意 DB2000 中每步的结构体映射的地址是连续的存储空间，此种方式保证了使用 FOR 循环连续为数组中元素赋值的可行性。

程序段 6： Vacuum setpoint; StepTime(sec);

步骤温度、真空度、时间

```
FOR #z := 1 TO 15 DO
    #Vacuum_value[#z] := DWORD_TO_REAL(PEEK_DWORD(area := 16#84, dbNumber := #DBNo, byteOffset := (#z - 1) * 20 + 14));
END_FOR;

FOR #x := 1 TO 15 DO
    #StepTime_Sec[#x] := WORD_TO_INT(PEEK_WORD(area := 16#84, dbNumber := #DBNo, byteOffset := (#x - 1) * 20 + 4))*60;;
    #End_Temp[#x] := DWORD_TO_REAL(PEEK_DWORD(area := 16#84, dbNumber := #DBNo, byteOffset := (#x - 1) * 20 + 10));
END_FOR;

#Ini_temp := DWORD_TO_REAL(PEEK_DWORD(area := 16#84, dbNumber := #DBNo, byteOffset := 6));
#Break_temp:= DWORD_TO_REAL(PEEK_DWORD(area := 16#84, dbNumber := #DBNo, byteOffset := (#MaxStep-1)*20+10));
```

图 23　PEEK_DWORD 指令代码

指令执行后，加热板温度设定值和仓内真空度设定值即为

$$T\_SP=\frac{End\_Temp[i]-End\_Temp[i-1]}{StepTime\_Sec[i]}*Time[i]+End\_Temp[i-1]$$

$$V\_SP=Vacuum\_value[i]$$

式中　T_SP——加热板温度设定值（℃）；

V_SP——真空度设定值（Pa）；

i——当前执行的步骤号；

$Time[i]$——曲线第 i 步已经进行的时间（s）。

特别的当 $i=1$ 时，$End\_Temp[i-1]$ 取曲线中初始温度值（图 23 中#Ini_temp 变量的值）。

（3）利用 POKE_BOOL 指令向 DB2000 中写入数据

升华干燥过程进行时，通过用户交互画面中 Next Step、Change、Hold 3 个按钮可实现直接跳到下一步、临时修改菜谱和强制在当前步骤保持 3 个操作（见图 24）。

对于每个步骤是否被跳过、是否允许修改或者是否被“Hold 住”的显示，是在 PLC 程序中通过 POKE_BOOL 指令实现的。以步骤是否被“Hold 住”举例，如图 25 所示，烘干程序进行至步骤#CV_StepNo 时，按下画面中的 Hold 按钮，#Hold_Button 变量为 1，同时利用 POKE_BOOL 指令将 1 写入当前步骤中 Byte 类型变量 QdwState 中第 3 位中，反馈给上位机处理。

5. 生产线智能化操作流程

在物料预冻阶段，操作员可提前一键选入当前菜谱，此时干燥仓控制面板状态区显示已加载

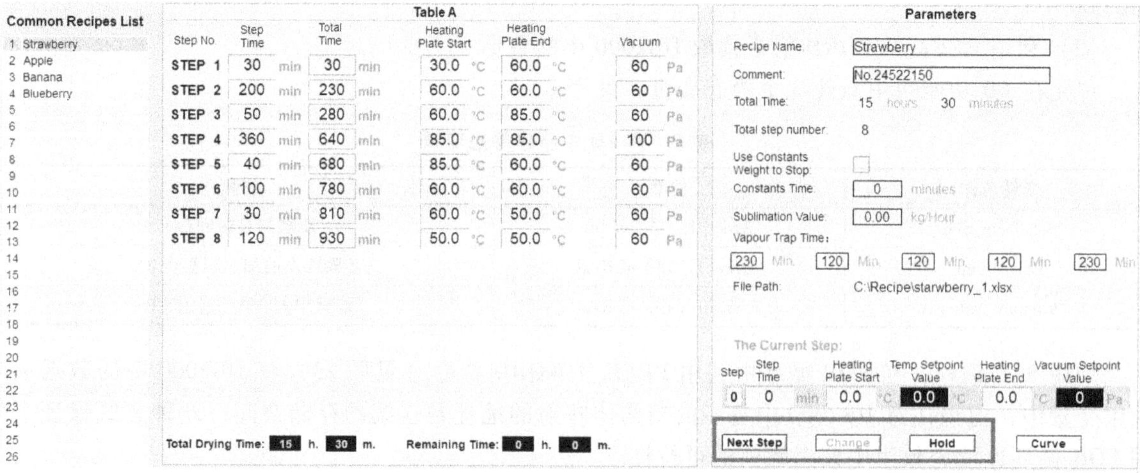

图 24　WinCC 画面——升华干燥过程监视与控制

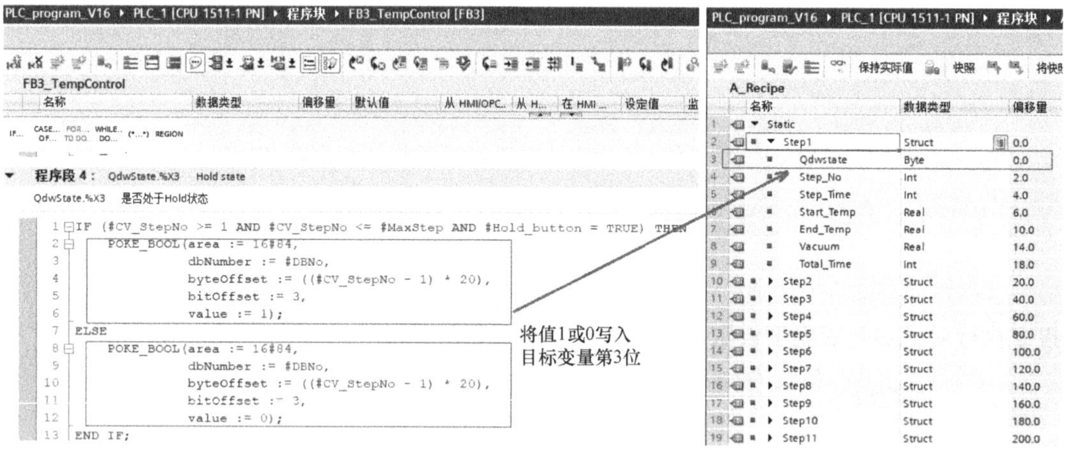

图 25　POKE_BOOL 指令代码

的菜谱名称。升华干燥过程和门板换向过程显示为 Idle（即还未进行升华干燥过程，等待操作员确认中），预冻结束后，物料由传送带送入干燥仓中并锁定仓门，此时操作员可通过干燥仓显示的重量和现场摄像头综合判断物料已到位，如图 26 所示。操作员单击 Ready 按钮以确认物料到位无误。

操作员单击 Start 按钮即可开始物料的升华干燥过程。以冻干草莓为例，在约 16h 的加工过程中，无需操作员干预，程序自动完成抽空—升华干燥—破空的全流程，如图 27 和图 28 所示，期间热水冷水系统、捕集系统和融冰系统全部按自动流程进行无需人工干预，达到生产智能化。同时为了满足菜谱可临时修改的需要以及安全性考虑，操作员可随时查看加工进行过程以及执行暂停/继续、修改菜谱、延长当前步骤加工时间、跳过当前步骤、紧急破空等临时性操作。

利用 WinCC 和 TIA Portal 实现冻干生产线智能化操作流程，减少了人工干预频率。

四、项目运行效果

本项目计划于 2022 年底在澳大利亚 FORAGER 食品加工厂正式上线运行，目前处于设备海运阶

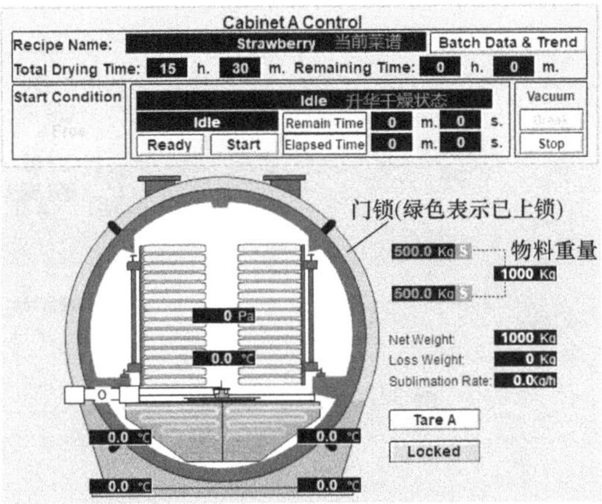

图 26　WinCC 画面——等待操作员确认

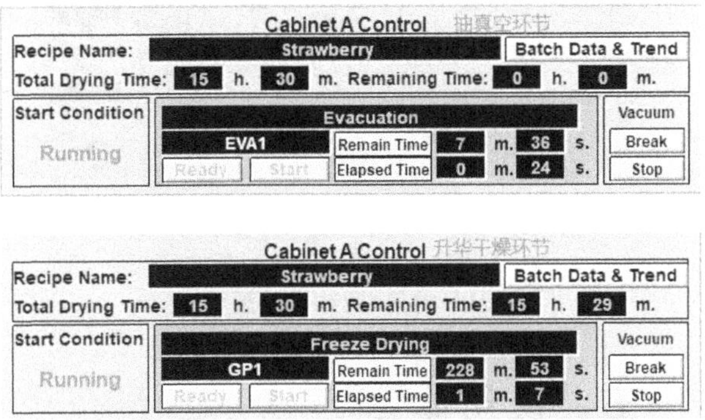

图 27　WinCC 画面——抽空及干燥进行中

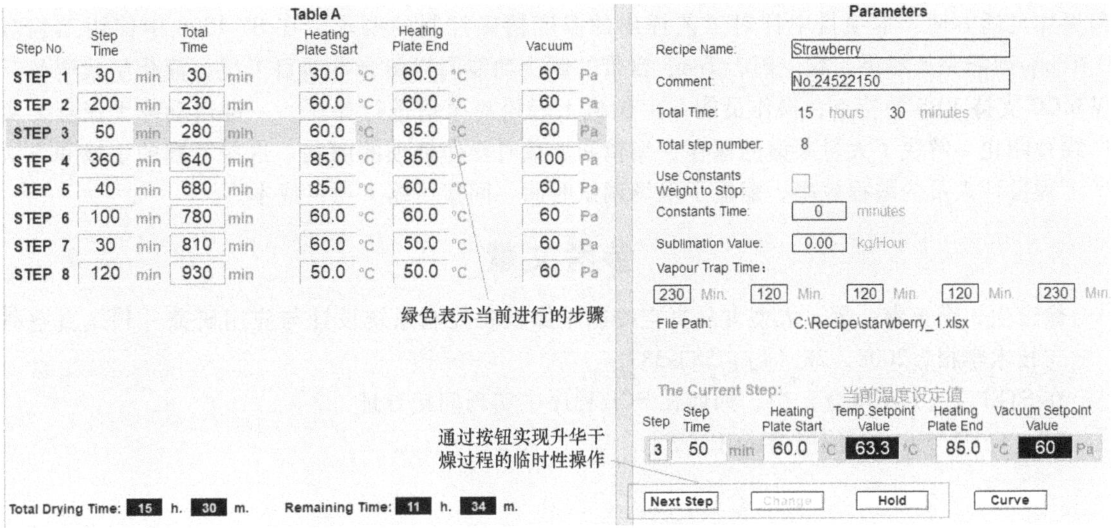

图 28　WinCC 画面——升华干燥过程画面

段。PID 参数整定等详细调试将在澳方条件允许后采用远程桌面方式进行。在菜谱的管理等上位机的控制方式上，客户给出了满意的评价。部分上位机操作画面如图 29~图 32 所示。

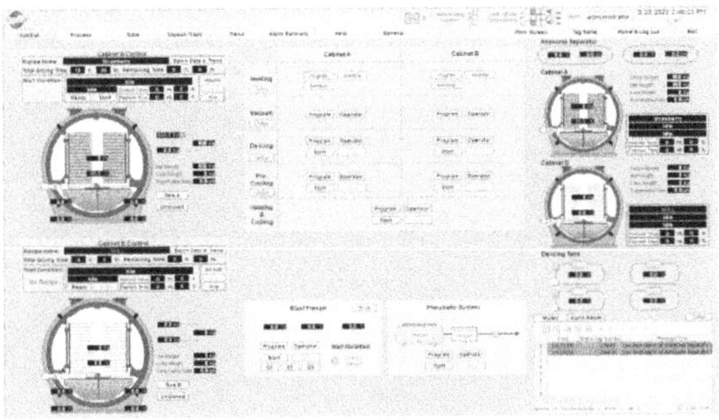

图 29　操作主画面

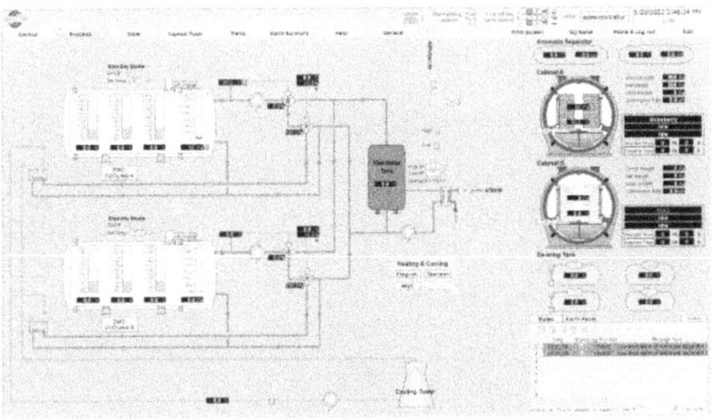

图 30　热水/冷水系统画面

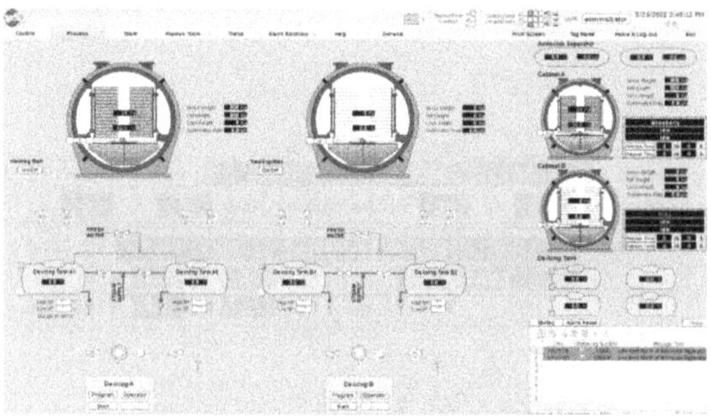

图 31　捕集/融冰系统画面

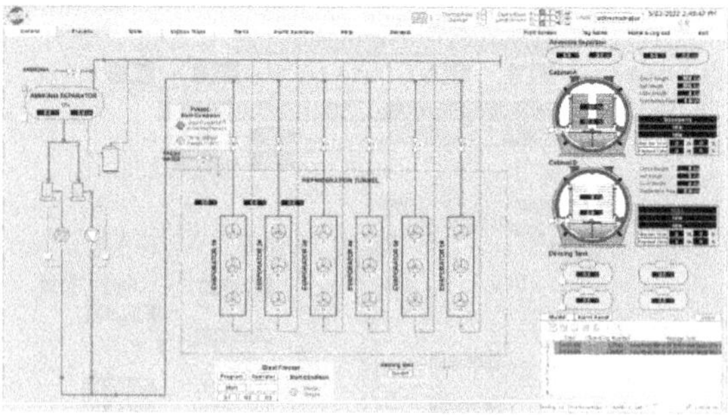

图 32　预冻系统画面

五、应用体会

SIEMENS S7-1500 系列 PLC 推出已经多年，无论从硬件还是软件上，相对于 S7-300/400 系列 PLC 和 STEP7 软件都有本质上的提升。除了 CPU 处理速度更快，接口更加丰富外，TIA Portal 软件编程更加灵活方便。本项目中针对工艺提出的温度精确控制的要求，在 S7-1500 中使用工艺对象 PID_Temp 即能完美解决问题。PID_Temp 自带的制冷功能同样契合本项目工况，简化了代码量。利用 WinCC 支持 VBS 的特点，操作员能在上位机上轻松对菜谱进行操作，一键启动冻干流程，实现生产线智能化。解决了大量菜谱的保存、编辑和加载时操作繁琐的问题。这些不同的手段和方法提高了工程设计人员的编程效率，缩短了现场调试时间，间接压缩了项目成本。

参考文献

[1]　徐言生，李玉春，等. 大型食品真空冷冻干燥设备控制系统设计与应用研究 [J]. 真空科学与技术学报，2008，28 (4)：383-387.

[2]　在 STEP 7 (TIA 博途) 中，如何在 SCL 程序中实现间接寻址 [Z].

[3]　WinCC V7.5 SP2：使用 WinCC [Z].

自动提升货柜托盘定位的设计
Automatic lift container tray positioning design

陈开勋
(北大医药重庆大新药业股份有限公司　重庆)

[摘　要] 本文描述了自动提升货柜自控系统改造关键功能设计。将信息管理功能集成在 PLC 端，实现了系统更加稳健的操作。

[关 键 词] S7-1200、MM440、WinCC7.4、SCL、面向对象

[Abstract] The project is the key operation of the automatic lifting container automatic control system transformation. The information management function is integrated on the side of PLC, which realized a more stable operation of the system.

[Key Words] S7-1200、MM440、WinCC7.4、SCL、OOP

一、项目简介

重庆四联光电科技有限公司位于重庆北碚蔡家，是我国首家拥有世界顶级品质蓝宝石量产和研发能力的企业，拥有世界领先的大功率芯片衬底材料核心制备技术，并以此为契机启动了 LED 产业链延伸项目，相继发展了 LED 封装、半导体照明应用等产业。

蓝宝石车间用于晶片存储的自动提升货柜，为中国电子科技集团公司第二研究所产品，2016 年起因故障一直处于停运状态。在 2019 年，承接了控制系统重新设计的任务。

原系统采用西门子 S7-200 PLC 控制器、MMX440 变频器，承担简单的电机起停、换向、变频驱动、货物测高、小车运行计数等简单工作，复杂的工作如：货物寻址、货物存放管理、称重和停靠刹车的工作由 PC 实现。PLC 与 PC 端通过 RS232 通信。关键运算置于普通 PC，其系统异常、应用程序退出、通信异常等不确定因素，对操作过程的安全极具挑战。

在不增加原有硬件设备，且称重单元损坏的情况下，应用智能化程度更高的 S-1200 PLC 系统进行改造。新的系统所有控制和运算功能均由 PLC 执行，上位机仅用于指令发送、状态监控，所有控制权由 PLC 掌控，解决了 PC 端异常所带来的风险。

二、智能提升货柜结构

智能提升货柜由前台、货架、移动小车和测控系统组成。存取货物通过前台进行。前台位于第 2 层，货物最高可达 9 层。前台设置有左右到位传感器、测高传感器（8 只）、托盘前后检测传感器、入口处光幕保护传感器，以保证人员安全。

货柜分两侧排放，与前台同侧为前，共 28 层，开始层为第 13 层，顶层为 40 层；前台对侧为后，开始层为 1 层，顶层为 40 层。

货柜左侧的第 12 层和右侧的第 12 层有支撑梁，不能存放物品，左侧由于其为开始层，在界面中不直接体现。图 1 为现场正视图；图 2 为现场侧视图。

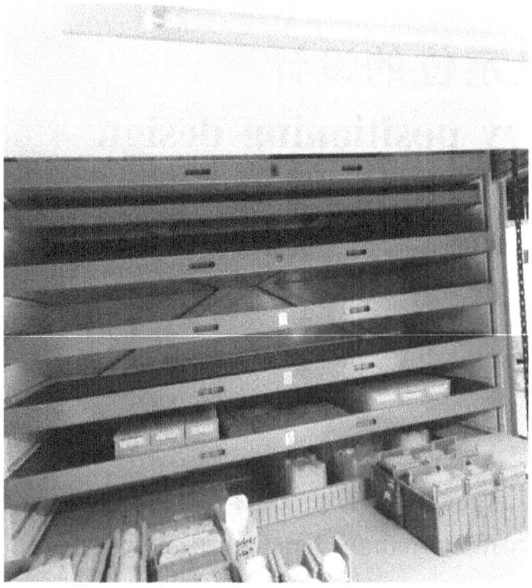

图 1　现场正视图（下部为货物收发平台）

图 2　现场侧视图（左右两侧层级开始层位置不同）

根据货柜数据，在 PC 端应用 WinCC 7.4 SP1 编程完成了小车运行、货物进出仓模拟和货物放置状态界面图形的设计，如图 3 所示。

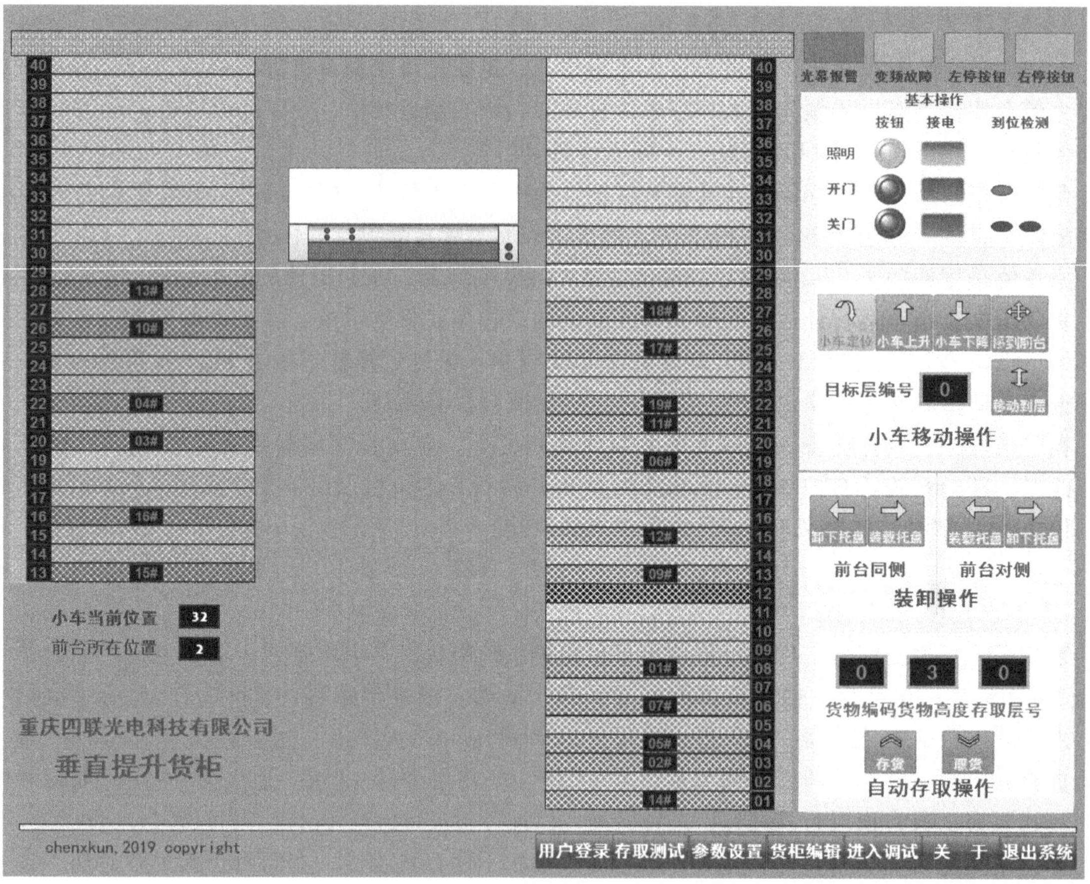

图 3　仓位载货显示图

界面说明：

1）左下角显示小车当前位置、前台所在位置，为载货平台，高度约 1.5m，在靠近小车通道一侧安装了 8 只红外检测传感器，用以识别高度。

2）在货柜的末端显示仓位所在的层号。

3）界面模拟了小车移动状态、小车载货高度；

4）承载托盘。托盘所占据的位置，在此层显示货物编号。如图 3 右侧第 13 层。

5）货物占用层。托盘上货物超过层高所占据的空间，被占层不能再使用，如图 3 右侧第 14 层；

6）可用仓位：为空，可放置托盘。如右侧第 10、11 层；

7）不可用仓位：虽为空，但不能用。如第 12 层，它被钢梁所占。

三、仓储管理功能的实现

对货柜的使用场景和配置进行分析，结合 PLC 的强大编程能力对系统进行了重新设计，SCL（结构化语言）为复杂逻辑控制设计提供了良好的条件。

应用 OOP（面向对象）的思想，对货柜与托盘、空仓与存货、各仓位的状态进行了研究。以存入货物为对象，人为进行识别是进行编号，在对其进行存取时必须清楚其本身，以及其他编号货物放于货柜哪一侧及托盘的位置、货物高度，不允许有丝毫的位置重叠。存放货物托盘不到位、空仓高度不够及部分货物因挤压而跌落都将会引发严重损失。

限于篇幅，仅就存货对托盘选址进行编程示范，展示 SCL（结构化语言）的强大编程能力，展示其清晰的结构、简明的语法，能为设计人员带来更好的易用性和可读性。

1. 仓位定义

以仓位为研究对象，分析其在使用中存在如下状态。

1）在右侧，第 12 层为横梁，其状态不可用，其他仓位均可存货；

2）仓位是否为空，不为空时，是托盘位还是货位。

因此，对仓位数据结构进行如图 4 所示定义。

图 4　仓位数据结构

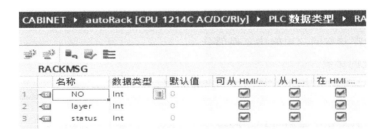

注：NO 为货物编号位，layer 为存放货物的高度信息，status 为装载货物状态，0 为空状态，1 为托盘，2 为货物位。

根据货仓结构，相应地设计存储仓位信息的数据块，如图 5 所示。

2. 货物托盘定位功能

当要存入货物时，在小车运行前，需要进行路径规划，根据货物高度寻找可存放的连续空间。

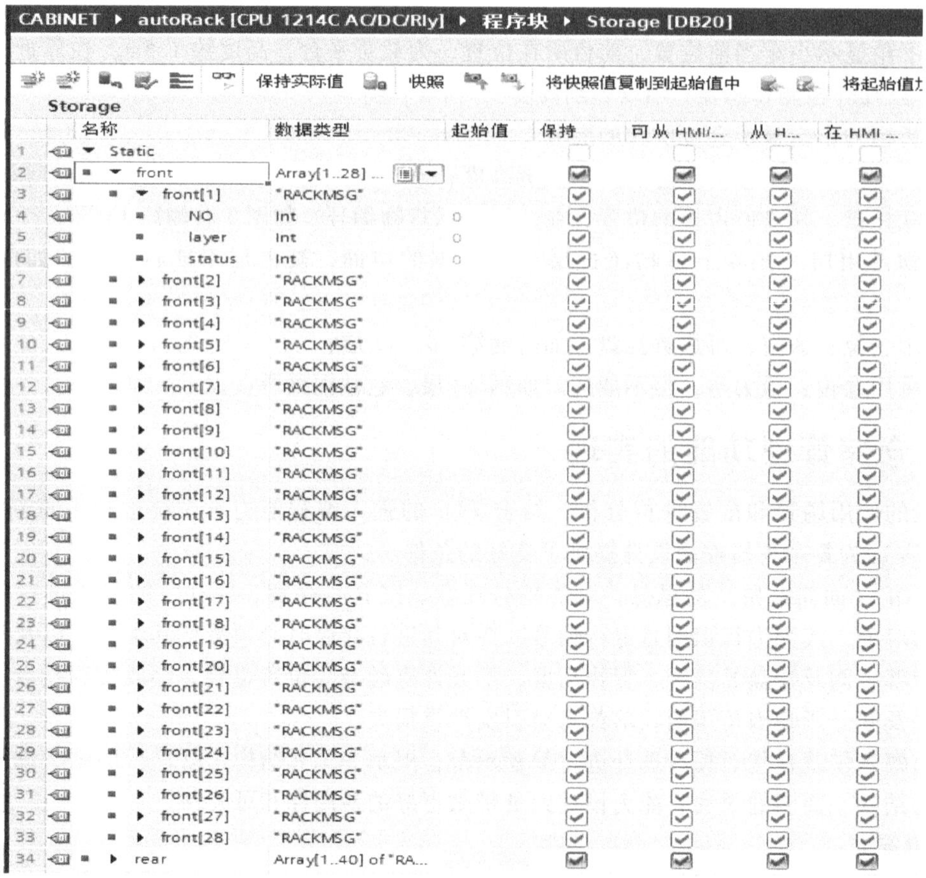

图 5　货柜中仓位定义数据块

1）确认查找顺序，是从图示中左侧还是右侧开始（代码中对应前侧和后侧）；

2）确定连续为空的空间大小；

3）找到满足条件的空间后，将其数据保存到货位数据块内；

4）找不到满足条件的空间，则不执行，并发送消息告诉操作人员。

以下部分为查找存储空间的功能块实现部分。

（1）功能块定义的参数

图 6 展示了输入、输出、用于计算的中间变量定义。

（2）初始化（见图 7）

开始进行时，需要对相关参数进行初始化：

（3）右侧仓位（见图 8）

先进行货柜右侧仓位的托盘位置确定，查找是否有满足货物高度的区域。

（4）左侧仓位（见图 9）

继续对货柜左侧仓位进行可放置位置查找：

（5）路径优选

完成货柜两侧位置的定位后，经过比较，选用移动距离较短的一侧作为最终结果，如图 10 所示。图中（#aside：=-1 为选择的后侧，#aside：=1 为选择的前侧）。

Place_Layers

	名称	数据类型	默认值	注释
1	Input			
2	IN_Placed	Bool		
3	IN_gcode	Int		货物批次编号
4	IN_hight	Int		货物高度值
5	Output			
6	O_front	Int		查找到放置货物位置：0无存放位置1前侧 -1：后侧
7	O_layer	Int		确认货物托盘放入的仓位号
8	InOut			
9	<新增>			
10	Temp			
11	ispallet	Bool		确定层是否为托盘位置
12	finded	Bool		查找这侧成功/不成功标识，为trune时不再查找
13	pallet	Int		托盘对应层
14	t_count	Int		
15	space	Int		连续可用层数
16	layer	Int		
17	aside	Int		没有合适的放置空间
18	front_layer	Int		前仓存放开始层
19	front_free	Int		前仓空闲仓位
20	rear_layer	Int		后仓存放开始层
21	rear_free	Int		后仓空闲仓位
22	low_layer	Int		
23	Constant			
24	<新增>			
25	Return			
26	Place_Layers	Void		

图 6　变量定义

```
#aside :=0;//没有合适的放置空间
#front_layer :=0;//前仓存放开始层
#rear_layer :=0;//后仓存放开始层
#front_free := 0;//前仓空闲仓位
#rear_free := 0;//后仓空闲仓位
#space := 0;//连续可用层数
#ispallet := TRUE;
#finded := FALSE;
```

图 7　初始化

```
//先从货柜后部货位开始进行查找
FOR #layer:=1 TO 40 BY 1 DO//从对侧层中查找可存放货物空间
    IF "Storage".rear[#layer].status = 0 THEN//当前层可用且没被占用
        IF #ispallet AND NOT #finded THEN//当位置放托盘并且查找未完成
            #pallet := #layer; //记录托盘所在层
            #ispallet := FALSE; //此后层不是托盘位置
        END_IF;
        #rear_free := #rear_free + 1; //记录后仓可用仓位
        IF NOT #finded THEN//查找未完成
            #space := #space + 1;//记录连续空存储空间
            IF #space = #IN_hight THEN //连续空间满足货物高度
                #rear_layer := #pallet;//记录要用的托盘层
                #finded := TRUE;//设置完成标志
            END_IF;
        END_IF;
    ELSE//未找到满足存放货物的仓位发现被占用层
        IF NOT #finded THEN//查找工作未结束
            #ispallet := TRUE;//下一层开始为托盘层
            #space := 0;//存放空间置零
        END_IF;
    END_IF;
END_FOR;
```

图 8　查找右侧仓位

```
//查找前部货柜中存放的起始位置
#space := 0;//连续可用层数
#ispallet := TRUE;
#finded := FALSE;
FOR #layer := 1 TO 28 BY 1 DO
    IF "Storage".front[#layer].status = 0 THEN//为空，则查找连续为空的
        IF #ispallet AND NOT #finded THEN
            #pallet := #layer;
            #ispallet := FALSE;
        END_IF;
        #front_free := #front_free + 1;
        IF NOT #finded THEN
            #space := #space + 1;
            IF #space = #IN_hight THEN //找到有连续可用层
                #front_layer := #pallet + "CONTROPER".frontlayer;
                #finded := TRUE;
            END_IF;
         END_IF;
    ELSE
        IF NOT #finded THEN
            #ispallet := TRUE;
            #space := 0;
        END_IF;
    END_IF;
END_FOR;
```

图 9　查找左侧仓位

```
//前侧货柜较后侧货柜少12个货位
"CONTROPER".move_speed := #rear_free;
"CONTROPER".shot_speed := #front_free;
IF #rear_layer < 12 THEN
    #low_layer := #rear_layer;
    #aside := -1;
ELSE
    IF #rear_free > #front_free THEN
        IF #rear_layer > 0 THEN
            #low_layer := #rear_layer;
            #aside := -1;
        ELSIF #front_layer > 0 THEN
            #low_layer := #front_layer;
            #aside := 1;
        END_IF;
    ELSE//
        IF #front_layer > 0 THEN
            #low_layer := #front_layer;
            #aside := 1;
        ELSIF #rear_layer > 0 THEN
            #low_layer := #rear_layer;
            #aside := -1;
        END_IF;
    END_IF;
END_IF;
//END_IF;
#O_layer := #low_layer;
#O_front := #aside;
```

图 10　选用移动距离较短的一侧仓位

当#aside：=0 时，说明未找到合适的位置，则不能运行。

四、运行效果

项目于 2019 年竣工，至今仍在稳定的运行。在使用过程中，用户从未出现过因工作异常而按下紧急停车键，工作运转良好。2021 年现场回访，现场操作人员表示对此套系统非常满意。

五、应用体会

SCL（结构化语言）的编程设计，与梯形图编程相比，更利于实现复杂的逻辑过程，而且对于程序的阅读和修改更具便利性。

西门子新一代 PLC 在功能上的增强，使编程人员可尝试更多的设计模式，将原来更多在 PC 端实现的功能下移到 PLC，在进行项目构架设计时更加游刃有余。

西门子产品在双头抽油杆镦锻生产线的应用
Application of SIEMENS products in double head oil pipe upsetting production line

丛森森
（西门子（中国）有限公司　沈阳）

[摘　要] 抽油杆镦锻生产线为加工空心抽油杆的专用设备，该设备将抽油管的两端以锻造及热处理的方式进行加工。本文主要阐述了西门子 1500 PLC、G120 在镦锻生产线的应用，从设备的工艺、方案以及控制难点和解决方法等多方面进行了详细的介绍。

[关 键 词] 镦锻机、1500、正火、通径、NX

[Abstract] Double head oil pipe upsetting production line is a special equipment for oil pipe processing. The two ends of sucker rod are processed by forging and heat treatment. This paper mainly describes the application of SIEMENS 1500 PLC，G120 in upsetting production line，from the equipment process，scheme and control difficulties and solutions and other aspects of the detailed introduction.

[Key Words] Upsetting machine、1500、Normalizing、Through、NX

一、项目简介

1. 行业简要背景

随着开采工业的发展和石油资源的日益减少，开采领域不断扩大，油井深度不断增加，对抽油杆的质量也有更高、更严格的要求。大部分抽油杆的连接方法为在钢管端部直接加工螺纹，这种方法减小了有效的承载面积，从而降低了接头处的连接强度。为了进一步增加抽油杆连接处的强度，先进的工艺就是在抽油杆端部使用锻造及热处理的方法增加厚度，然后在此处加工螺纹，这样可以大大增加抽油杆接头处的强度。

抽油杆镦锻生产线为全自动钢管加工系统，该设备由长管式排料机构、液压站、中频加热系统、镦锻机、正火喷雾系统、通径系统组成，将抽油杆的端部通过镦锻工艺和热处理工艺进行增厚加工，并且可以通过更换镦锻机中不同的模具对抽油杆端部的形状进行指定加工。

图 1 所示为长管式排料机构，图 2 所示为镦锻机，图 3 所示为正火喷雾，图 4 所示为通径系统。

2. 抽油杆镦锻生产线简要工艺介绍

1）抽油杆镦锻生产线长管式排料机构的主要技术指标如下：

加热镦锻中心距：1500mm；

加热行走速度：196~280mm/s；

镦锻行走速度：292mm/s。

2）抽油杆镦锻生产线镦锻机的主要技术指标如下：

加工抽油杆规格：直径 60~178mm；

图 1　长管式排料机构

图 2　镦锻机

图 3　正火喷雾

图 4　通径系统

镦挤公称力：4000kN；

镦挤行程：800mm；

冲杆推进速度：>157mm/s；

合模夹紧压力：5608kN。

3）用 NX 制作的双抽油杆镦锻生产线整体布局图如图 5 所示。

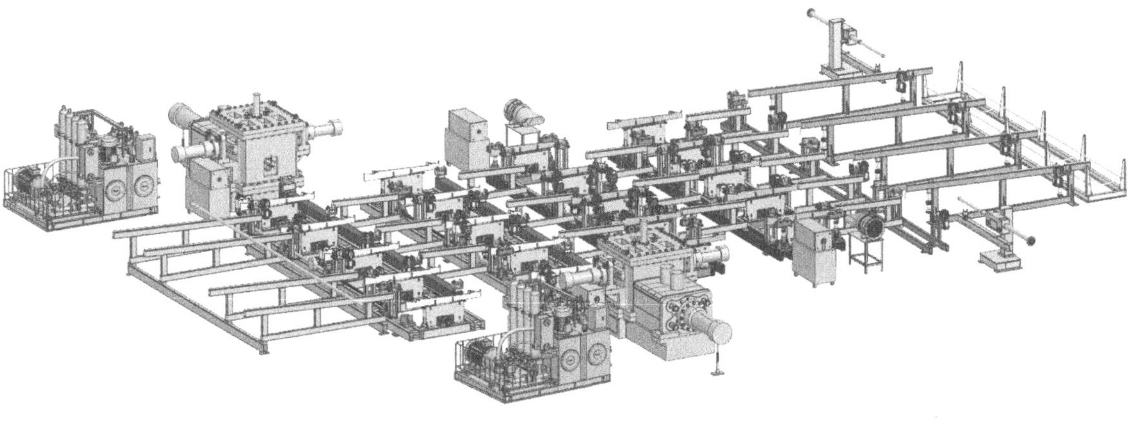

图 5　用 NX 制作的双抽油杆镦锻生产线整体布局图

4）抽油杆镦锻生产线工艺说明。

① 镦锻工艺：镦锻工艺由料架、排料机构、中频加热炉、镦锻机、液压站组成。排料机构将抽油杆由料架取出，先经过中频加热炉将油杆端部加热，加热完毕后再输送到镦锻机中进行镦锻，将抽油杆端部以锻造工艺进行镦粗。图 6 所示为用 NX 制作的镦锻工艺整体布局图。图 7 所示为抽油杆端部镦锻完成后的成品图。

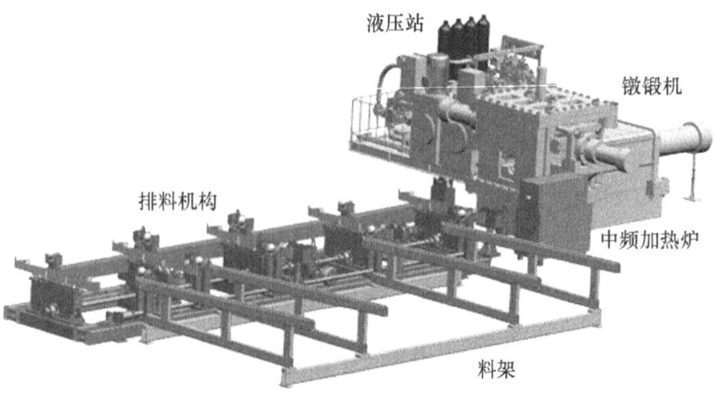

图 6　用 NX 制作的镦锻工艺整体布局图

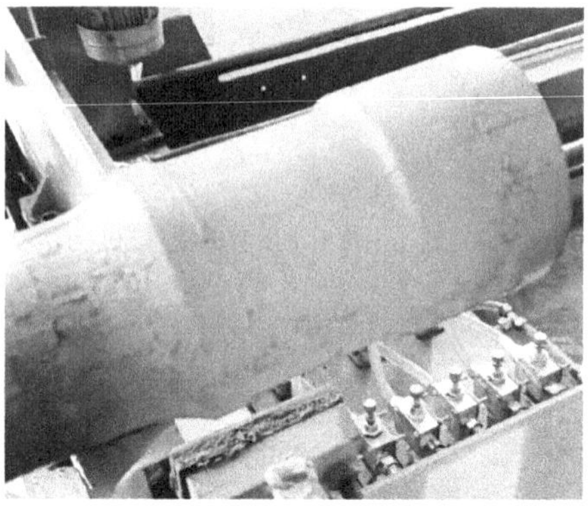

图 7　抽油杆端部镦锻完成后的成品图

② 正火工艺：正火工艺由料架、排料机构、中频加热炉、喷雾系统组成。排料机构将抽油杆由料架取出，先经过中频加热炉将油杆端部再次加热，加热完毕后再输送到喷雾机中进行喷盐处理，将抽油杆端部以热处理工艺进一步加强油杆端部的强度。图 8 所示为用 NX 制作的正火工艺整体布局图。

③ 通径工艺：通径工艺由料架、排料机构、通径系统组成。排料机构将抽油杆由料架取出，输送到一定位置，通过通径系统将抽油杆中由前两个工艺产生的杂质除去，使抽油杆中腔无铁屑等杂质。图 9 所示为用 NX 制作的通径工艺整体布局图。

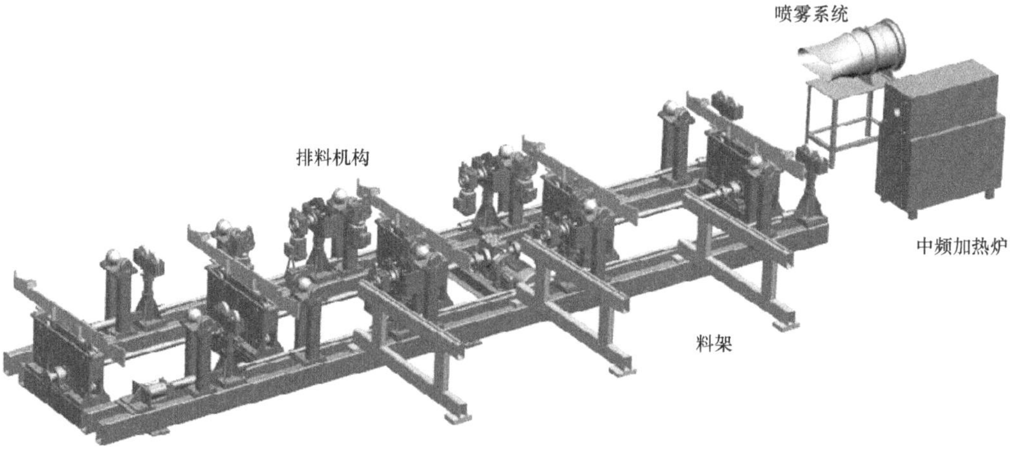

图 8　用 NX 制作的正火工艺整体布局图

5）抽油杆镦锻生产线工艺流程图。

① 镦锻工艺流程图如图 10 所示。

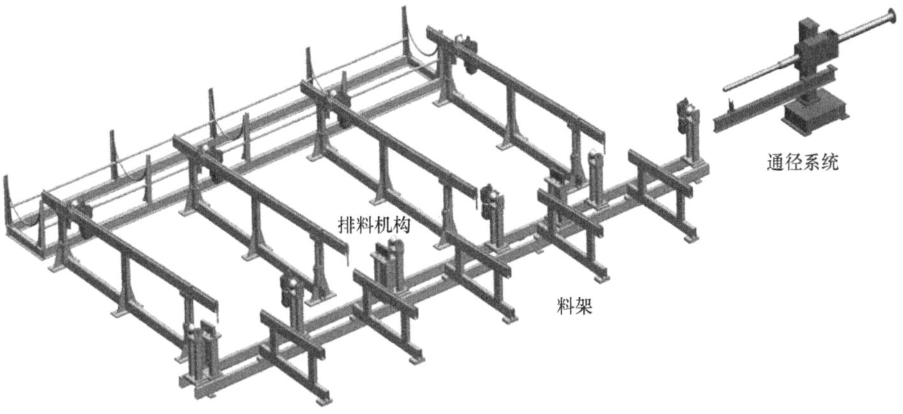

图 9　用 NX 制作的通径工艺整体布局图

② 正火工艺流程图如图 11 所示。

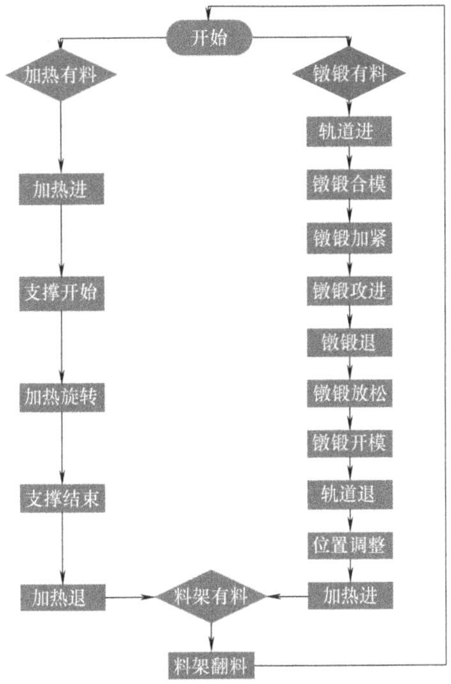

图 10　镦锻工艺流程图

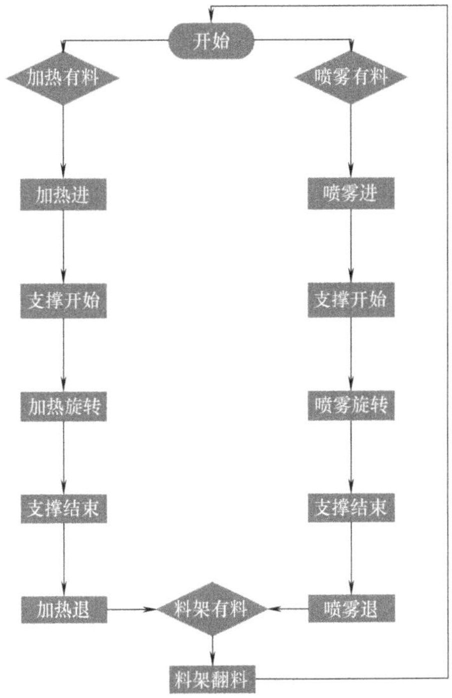

图 11　正火工艺流程图

③ 通径工艺流程图如图 12 所示。

6）控制难点及要点介绍。

① 规范化编程的应用。规范化编程是面向数字化最重要的一步，现在设备功能性越来越复杂，项目开发的人员越来越少，项目开发的周期越来越短，项目的灵活性越来越多样。为了提高项目效率，建设开发人员，提高开发速度，提高开发项目的灵活性，保持客户黏性和竞争力，此项目运用了对象

化开发应用。此项目的规范化主要应用程序开发的规范化和画面开发的规范化（见图 13 和图 14）。

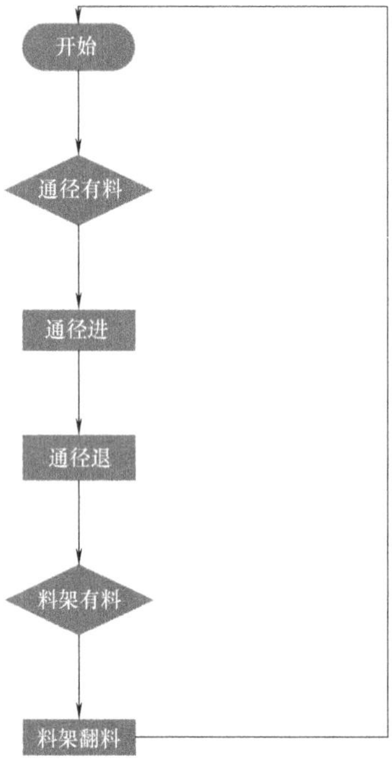

图 12　通径工艺流程图

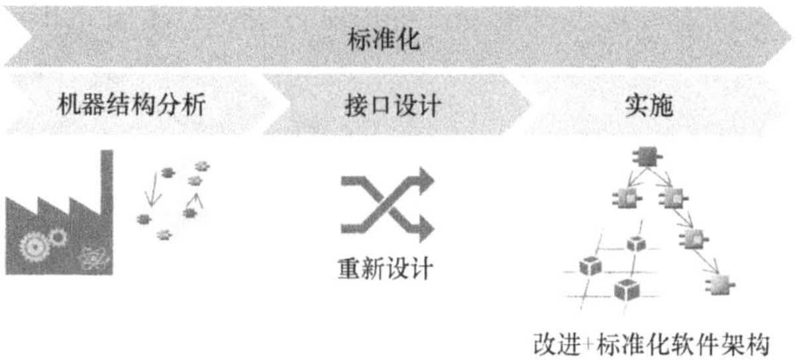

图 13　应用程序开发的规范化

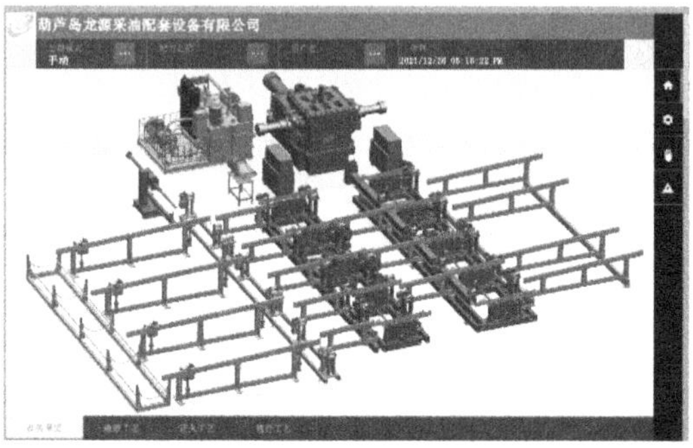

图 14　画面开发的规范化

② 镦锻轨道送料机构需要将抽油杆按照一定长度输送到镦锻机中，如图 15 所示。需要保证抽油杆端部到镦锻机的光电开关的长度与 HMI 的参数设定长度一致。

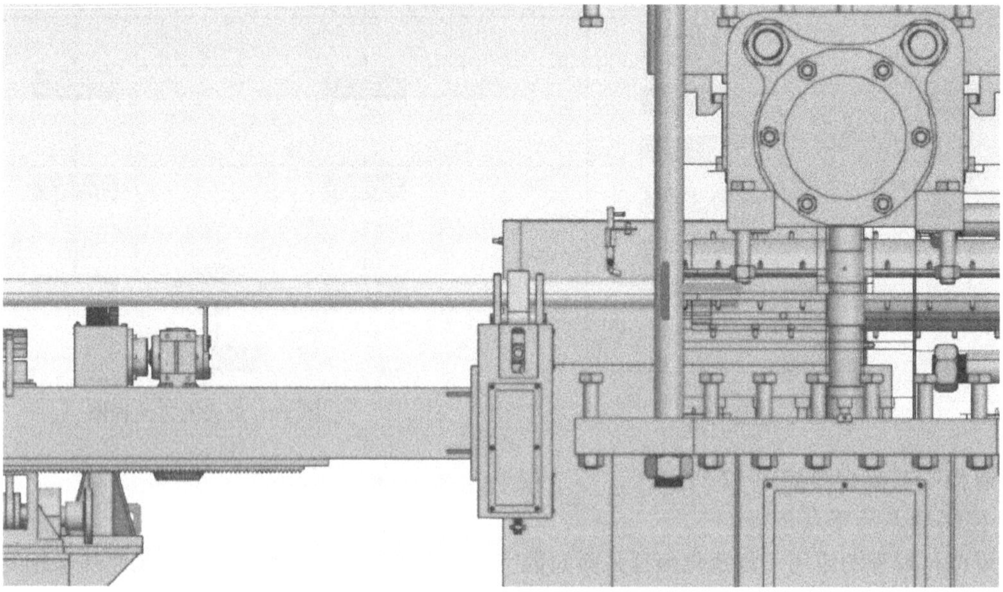

图 15　镦锻轨道送料机构

③ 基于 NX MCD 的虚拟调试，由于新型冠状病毒肺炎疫情的原因无法去现场调试，在办公室用 NX MCD 与 PLC S7-PLCSIM Advanced 进行虚拟调试，进一步缩短了现场调试所需的时间。

二、系统结构

1. 方案比较和说明

因为是双头抽油杆镦锻生产线，所以整个系统由两条抽油杆镦锻生产线组成，每条镦锻线负责抽油杆一端的镦锻。图 16 所示为两条水平相对放置的抽油杆镦锻线，上方为 1 号线，包含镦锻工艺、正火工艺、通径工艺；下方为 2 号线，与 1 号线的镦锻工艺完全一致。

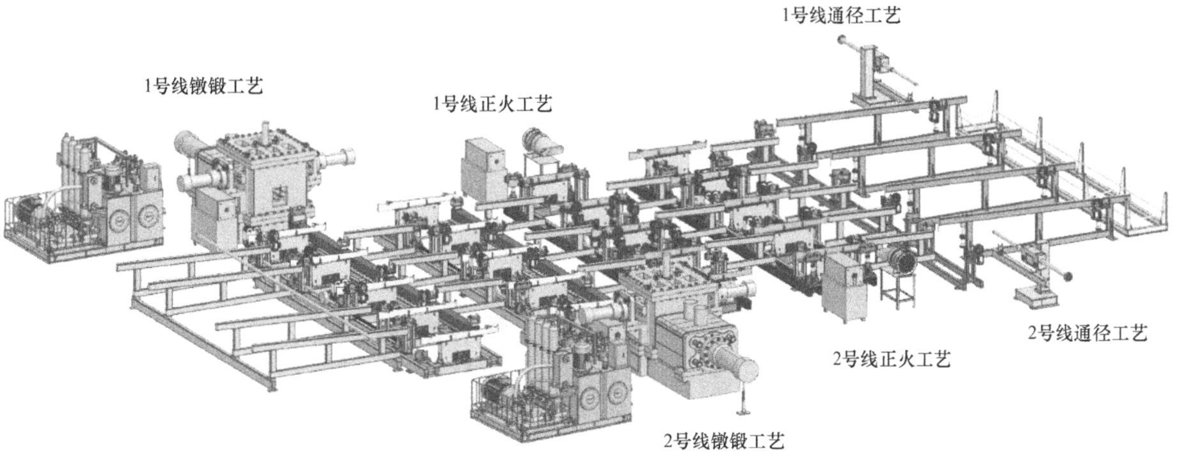

图 16 两条水平相对放置的抽油杆镦锻线

因为是 2 套同样的配置，以 1 套说明选型方案的比较。整个系统包含液压站 2 台液压泵电机控制、镦锻工艺轨道定位控制、排料机构输送电机控制等。

根据现场的需求指定以下 3 套方案：

1）方案 1：CPU 1510，液压站电机起动变频控制 2 台 G120+CU240 变频器，镦锻轨道定位 G120+CU250S EPOS，镦锻加热输送电机为 G120+CU240 变频器控制，其他输送电机使用 SIMATIC ET 200SP 电机起器控制。

2）方案 2：CPU 1510，液压站电机起动变频控制 2 台 G120+CU240 变频器，镦锻轨道定位 G120+CU250S EPOS，镦锻加热输送电机为 G120+CU240 变频器控制，其他输送电机为接触器和热继电器控制。

3）方案 3：CPU 1510，液压站电机起动 1 台为软起控制，1 台为接触器控制，镦锻轨道定位 G120+CU250S EPOS，镦锻加热输送电机为 G120+CU240 变频器控制，其他输送电机为接触器和热继电器控制。

根据现场情况，液压站分为主泵组：31.5MPa，负责镦锻液压回路；辅泵组：8MPa，负责合模和加紧液压回路。主泵组电机功率为 55kW，转速为 1480r/min，液压泵为 A4VSO250（博世力士乐柱塞泵）；泵排量为 250mL/r。辅泵组电机功率为 15kW，转速为 1450r/min，液压泵为 PV2R3-66（叶片泵）；泵排量为 66mL/r。因为现场液压泵工作为无负载起动，在起动后并不需要对泵电机进行调速，所以选择主泵组电机起动用软起控制，辅泵组电机用接触器+热继电器起动控制。

镦锻轨道有定位需求，但是减速电机本身无编码器，现场选项为 G120+CU250S+外置编码器，电机控制为 SLVC（无编码器矢量控制）与外置编码器形成位置闭环，做 EPOS 定位。

镦锻加热输送虽然本身无定位需求，但是有多段速调速的需求，因此选择 G120+CU240 变频器控制。

其他输送电机无定位需求和调速需求，为了提高性价比选择接触器和热继电器控制。

综上所述选择方案 3 为最终方案。

2. 选型计算

（1）PLC 系统选型

根据 TIA Selection Tool 选型计算，设备带 2 台变频器，1 个 HMI。因为定位的位置控制在 CU250 中不在 PLC 中，所以可以选择性价比较高的 PLC，现场选择 S7-1510，PLC 性价比比较高，不用轨道安装，另外 ET200S 的输入输出模块性价比也比较高。PLC 的连接资源、装载存储器、工作存储器及 DI 和 DO 的使用情况如图 17 所示。

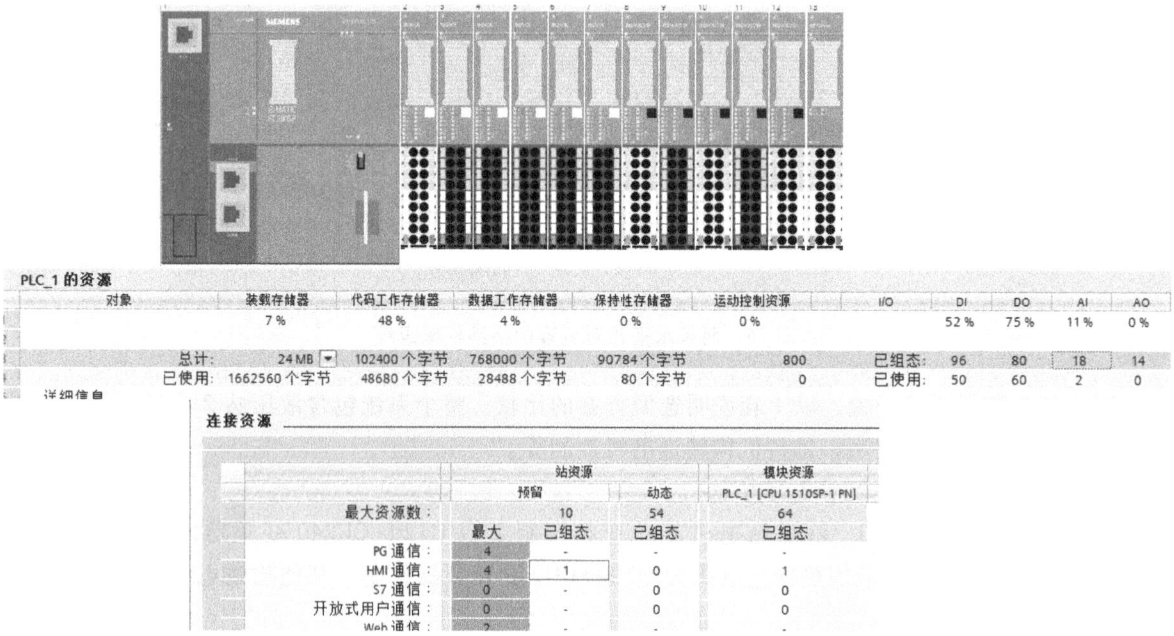

图 17　PLC 的连接资源、装载存储器、工作存储器及 DI 和 DO 的使用情况

（2）软起选型

主泵组电机功率为 55kW，转速为 1480r/min，液压泵为 A4VSO250（博世力士乐柱塞泵）；电机品牌为西门子贝得，型号为 1TL0001-2CB2，额定功率为 55kW，额定电压为 380V，额定电流为 104A，频率为 50Hz，功率因数为 0.86，角形连接，额定转速为 1480r/min。电机铭牌如图 18 所示。

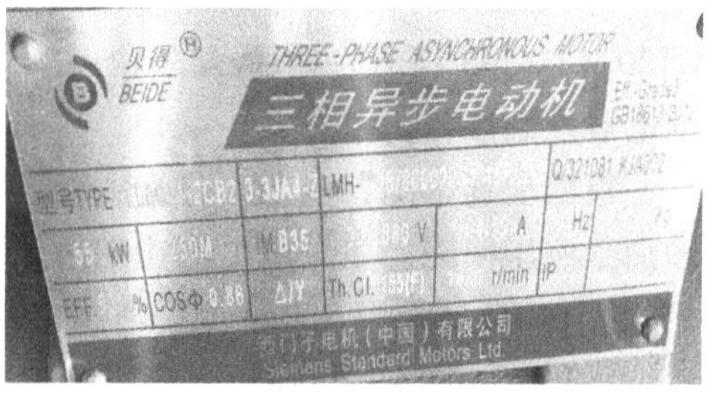

图 18　电机铭牌

应用 SIEMENS Simulation Tool for Soft Starters V5.0.0.0 软起模拟软件进行选型计算，计算数据见表 1。

表 1　计算数据

电源数据	
频率	50Hz
工作电压	400V
环境条件	
最高环境温度	40℃
现场海拔	1000m
电机数据	
额定电压	380V
额定功率	55kW
额定转速	1480r/min
额定电流	104A
极数	4
负载数据	
负载类型	液压泵
额定功率	55kW（假设与电机数据相同）
额定转速	1480r/min(假设与电机数据相同)
额定转速下的额定转矩	100%（355Nm）
转动惯量	20kg·m^2(根据起动时间的计算结果)
起始时间	10s（直接起动）

经上述数据计算生成的转矩/速度和电流/速度图如图 19 所示，生成选型数据和参数见表 2。

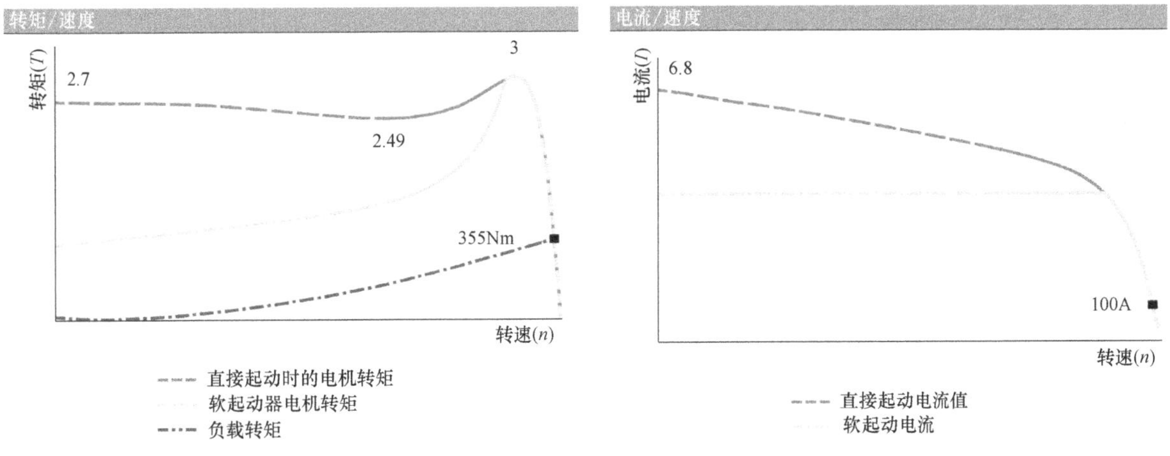

图 19　转矩/速度和电流/速度图

表 2　生成选型数据和参数

软起选型数据		建议软起起动参数	
订货号	3RW5134-1XC14	起动电压	40%
额定电流	113A	斜升时间	2s
每小时最大起动频率	41	相对起动限流值	4
脱扣类别	10E	额定工作电流	104A
控制电源	AC 110-250V	脱扣类别	10E
额定工作电压	AC 200-480V		

经过上述计算，软起选择3RW51系列，型号为3RW5134-1XC14，根据软起的型号选择相应的旁路接触器型号为3RT5054-1AP36；断路器型号为3VA2216-7MN32-0AA0。软起主电路及控制电路图如图20所示。

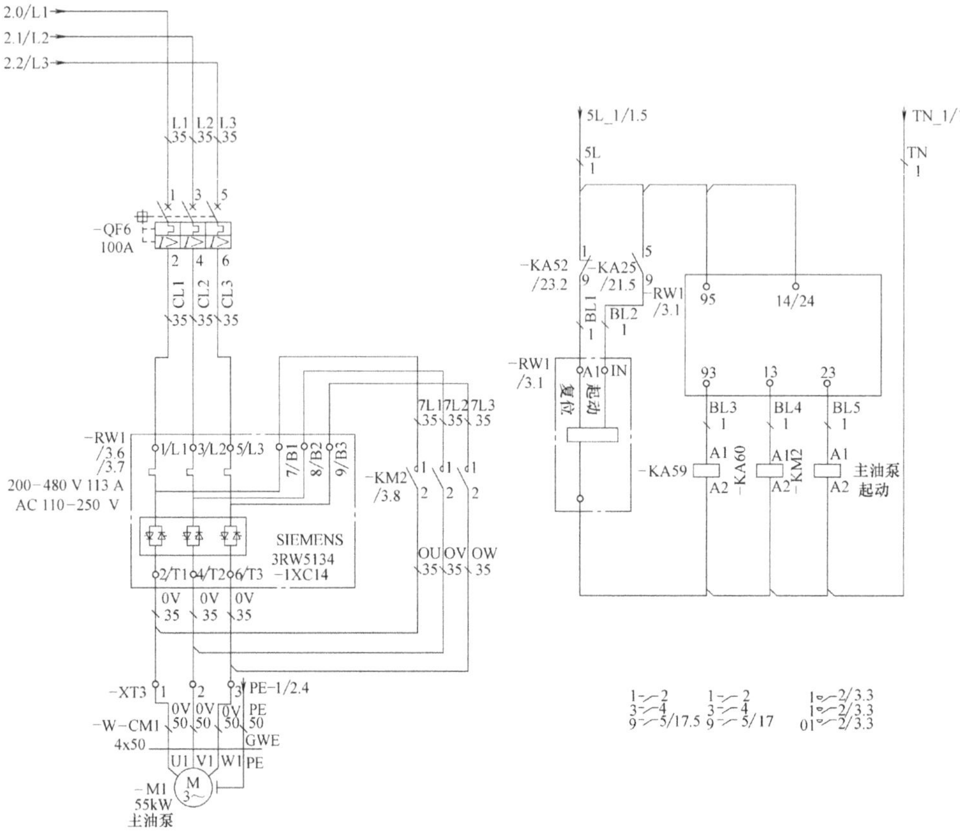

a) 软起主电路　　b) 控制电路

图20　软起主电路及控制电路图

(3) 变频器选型

镦锻轨道定位系统的机械结构为齿轮齿条，如图21~图23所示。

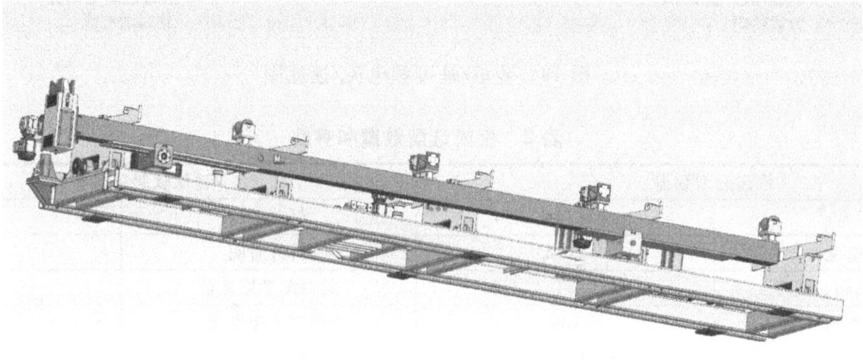

图21　齿轮齿条1

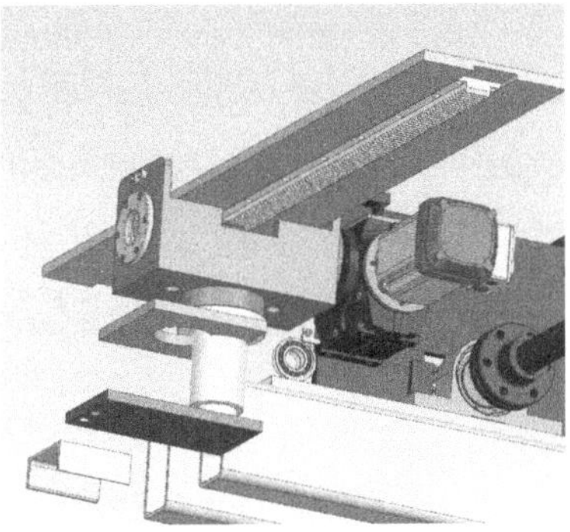

图 22　齿轮齿条 2

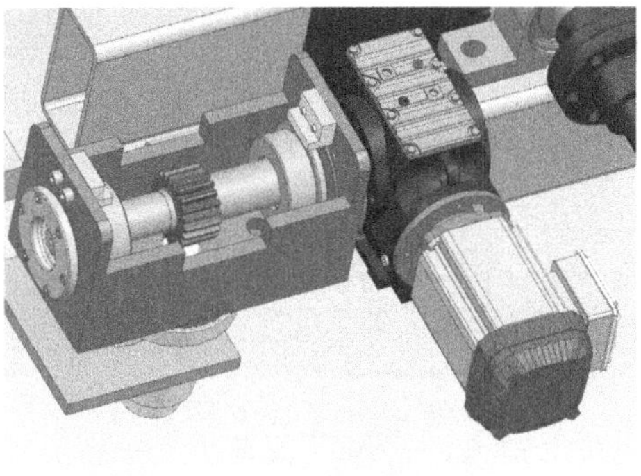

图 23　齿轮齿条 3

镦锻轨道机械结构数据见表 3。

表 3　镦锻轨道机械结构数据

轨道输送机械结构	
有效负载	741kg
内部质量	256kg
齿轮齿数	22
齿距	12.566mm
减速箱速比 3025	3025/153(19.77)
运行距离	800mm
最大速度	292mm/s

SIZER 机械选型如图 24 所示，运动曲线如图 25 所示。

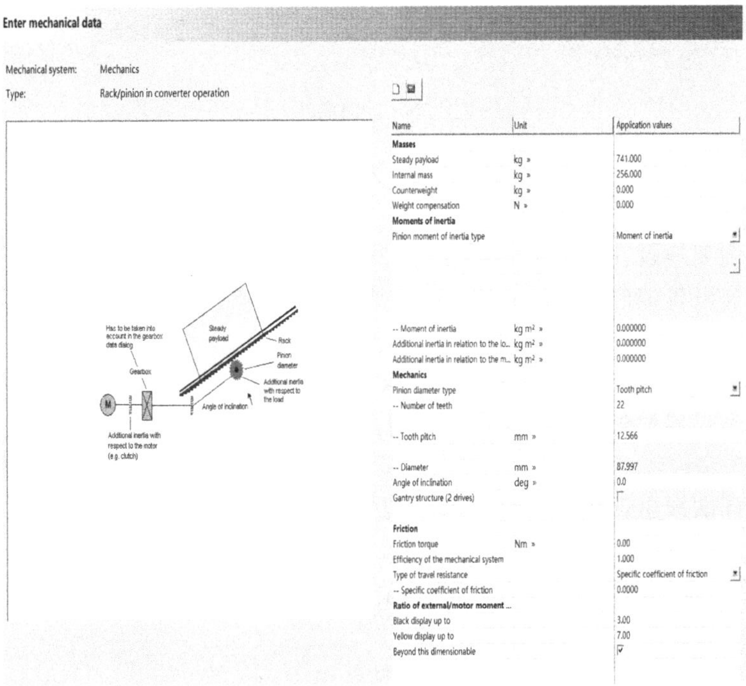

图 24　SIZER 机械选型

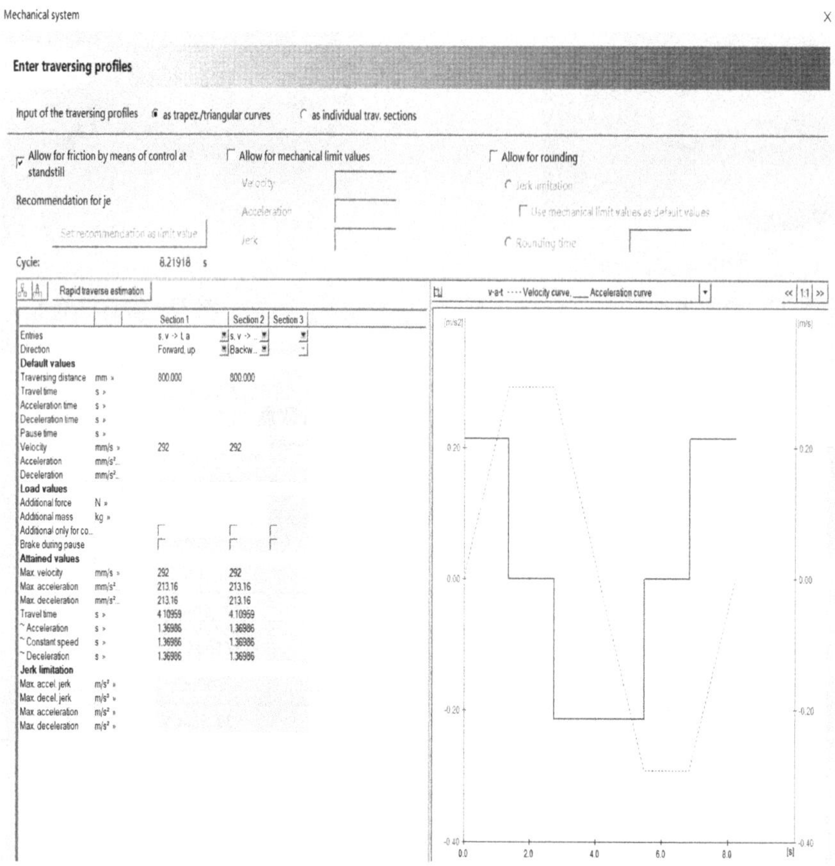

图 25　运动曲线

根据上述机械条件选择 2.2kW 的减速电机，减速比为 19.77。

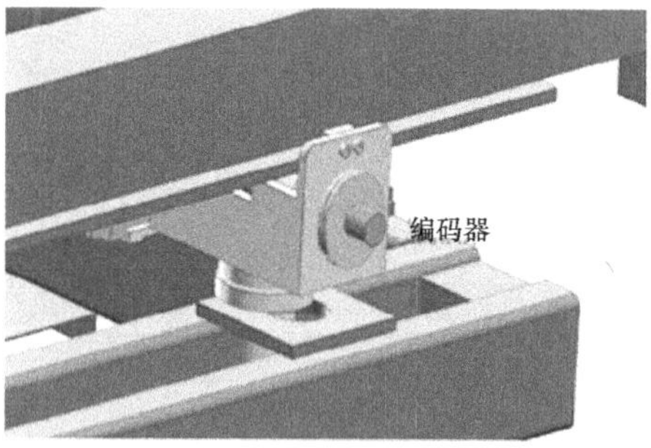

图 26　编码器的安装位置

镦锻轨道输送需要定位功能，定位精度在±3mm 以内。因为客户的减速电机编码器，所以编码器安装在齿轮齿条的齿轮侧（见图 26），为增量编码器。选择变频器控制单元为 CU250S，功率单元为 PM240-2，3kW。电机的控制方式为无编码器的矢量控制，位置控制方式为 EPOS。

（4）1 套抽油杆镦锻生产线网络结构图（现场为 2 套设备）

S7-1500 与 2 台 G120 使用 PROFINET-RT 通信，1 套 HMI 如图 27 所示。

（5）1 套抽油杆镦锻生产线配置清单

葫芦岛龙源镦锻机系统西门子从站设备清单见表 4。

现场电控柜如图 28 和图 29 所示。

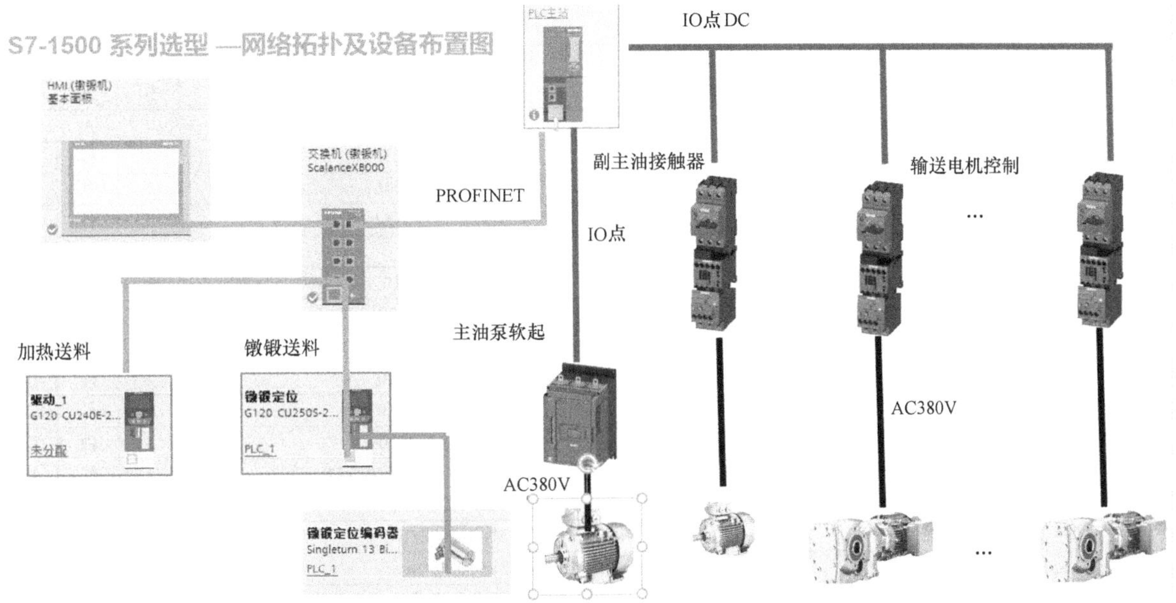

图 27　HMI 示意图

表 4　葫芦岛龙源镦锻机系统西门子从站设备清单

序号	名称	部件编号	数量	单位	备注
PLC					
1	CPU 1510SP-1 PN, 100KB PROG/750KB DATA	6ES7510-1DJ01-0AB0	1	件	FA
2	存储卡 24M	6ES7954-8LF03-0AA0	1	件	FA
3	总线适配器 BA 2XRJ45	6ES7193-6AR00-0AA0	1	件	FA
4	数字量输入 ET200SP	6ES7131-6BH01-0BA0	6	件	FA
5	数字量输出 ET200SP	6ES7132-6BH01-0BA0	5	件	FA
6	模拟量输入 ET200SP	6ES7134-6HD01-0BA1	1	件	FA
7	底座转发电位组	6ES7193-6BP00-0BA0	6	件	FA
8	底座新电位组	6ES7193-6BP00-0DA0	6	件	FA
HMI					
1	KTP1200 Basic	6AV2123-2MB03-0AX0	1	件	FA
变频器					
1	SINAMICS G120 CU240E-2 PN	6SL3244-0BB12-1FA0	1	件	GMC
2	SINAMICS CU250S-2 PN	6SL3246-0BA22-1FA0	1	件	GMC
3	SINAMICS PM240-2 IP20-FSA-U-400V-2.2kW	6SL3210-1PE16-1UL1	1	件	GMC
4	SINAMICS PM240-2 IP20-FSA-U-400V-3kW	6SL3210-1PE18-0UL1	1	件	GMC
5	扩展功能基本定位(EPos)授权	6SL3054-4AG00-2AA0-Z E01	1	件	GMC
6	SINAMICS G120 BASIC OPERATOR PANEL BOP-2	6SL3255-0AA00-4CA1	2	件	GMC
7	编码器	6FX2001-4SC50	1	件	GMC
8	编码器插头	6FX2003-0SU12	1	件	GMC
电源					
1	SITOP PSU100L,单相,DC 24V/10A	6EP1334-1LB00	2	件	PP
交换机					
1	SCALANCE XB008	6GK5008-0BA10-1AB2	1	件	CI

（续）

序号	名称	部件编号	数量	单位	备注
网络附件					
1	IE FC RJ45 PLUG 180 2×2	6GK1901-1BB10-2AA0	10	件	CI
2	IE FC TP 标准电缆 GP 2×2(A 型),按米出售	6XV1840-2AH10	10	米	CI
软起					
1	软起 3RW51(55kW)+标准 HMI	3RW5134-1XC140S	1	件	CP
2	软起旁路接触器	3RT5054-1 AP36	1	件	CP
3	软起断路器	3VA2216-7MN32-0AA0	1	件	LP
断路器					
1	断路器 10A	3RV6011-1JA10	1	件	CP
2	相序监控器	3UG4513-1BR20	1	件	CP
3	断路器 2.5A	3RV6011-1CA10	1	件	CP
4	变频器断路器 16A	3RV2011-4AA10	2	件	CP
5	断路器 16A	3RV6021-4AA10	11	件	CP
6	断路器 32A	3RV6021-4EA10	1	件	CP
7	断路器 400A	3VM1340-5EE32-0AA0	1	件	LP
8	门耦合旋转操作机构 400A 断路器	3VM9417-0FK21	1	件	LP
9	断路器 6A	5SL6106-8CC	4	件	LP
10	断路器 10A	5SL6100-8CC	4	件	LP
11	断路器 10A(24V 电源断路器)	5SL6210-7CC	4	件	LP
12	断路器 63A	5SL6363-8CC	2	件	CP
插座					
1	插座	5TE6806-2CC	1	件	LP
浪涌保护					
1	浪涌保护器	5SD7464-1CC	1	件	LP
按钮及指示灯					
1	指示灯	3SB6216-6AA20-1AA0	1	件	CP
2	指示灯	3SB6216-6AA30-1AA0	1	件	CP
3	指示灯	3SB6216-6AA40-1AA0	1	件	CP
4	急停按钮	3SB6160-1HB20-1CA0	1	件	CP
5	急停按钮 标签	3SB6900-0GC	1	件	CP
6	按钮指示灯标签	3SB6900-0HA	7	件	CP
7	带灯按钮 红	3SB6163-0DB20-1CA0	2	件	CP
8	带灯按钮 绿	3SB6163-0DB40-1BA0	2	件	CP
9	触点模块	3SB6400-1AA10-1BA0	6	件	CP
接触器					
1	断路器和接触器间的连接模块	3RA2921-1AA00	12	件	CP
2	接触器 17A	3RT6025-1AN20	21	件	CP
3	接触器 38A	3RT6028-1AN20	1	件	CP
4	接触器 300A	3RT5066-6AP36	1	件	CP
5	可逆接触器组件	3RA2923-2AA1	10	个	CP
6	可逆接触器机械互锁	3RA2922-2H	10	个	CP
热继电器					
1	热过载继电器 1.6kW	3RU6126-1EB0	8	件	CP
2	热过载继电器 5.5kW	3RU6126-1KB0	3	件	CP
3	热过载继电器 15kW	3RU6126-4EB0	1	件	CP
中间继电器					
1	中间继电器本体	3RQ0062-0DB43	60	件	CP
2	中间继电器底座	3RQ0082-1AB04	60	件	CP
3	连接器	3RQ0090-0CB00	6	件	CP

图 28　现场电控柜 1

图 29　现场电控柜 2

三、功能与实现

1. 程序规范化编程及 HMI 画面的规范化实现

（1）程序规范化编程

1）生产线设备拆解：设备拆解依据整个生产线的工艺，生产线分为镦锻工艺、正火工艺、通径工艺。将此三个工艺分为三个单元，如图 30 所示。

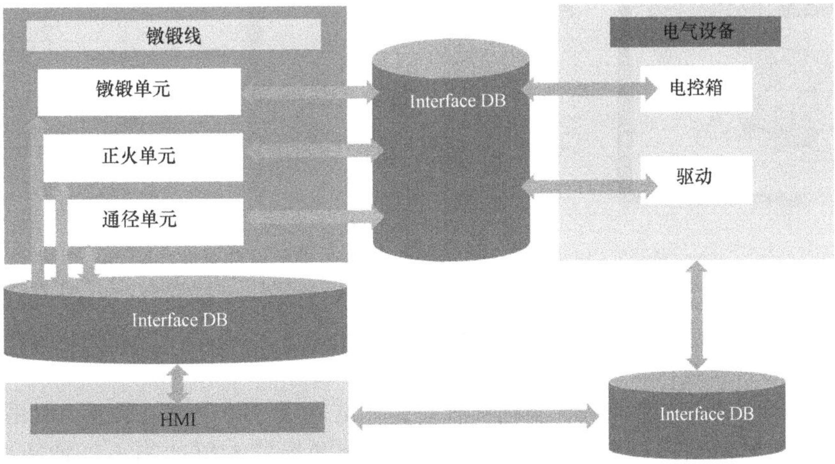

图 30　生产线工艺示意图

2）单元设备拆解：以正火工艺单元为例（见图 31），将正火工艺单元拆解为 3 个 EM（设备模块，分别为料架 EM、加热 EM、喷雾 EM），在 EM 中由各自的 CM（控制模块）和传感器组成。

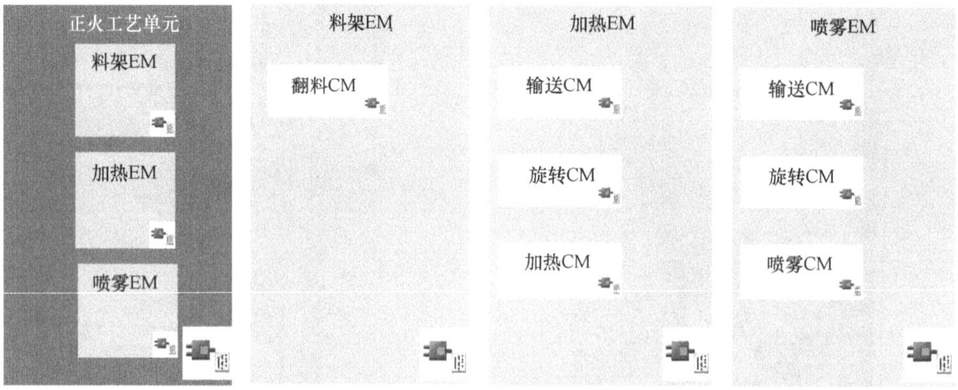

图 31　正火工艺单元

（2）HMI 画面的规范化实现

HMI 面板选择 12 寸精简面板，应用于 HMI_Template_Suite（西门子 HMI 模板套件）作为画面的模板，再根据现场设备工艺情况选择相应的导航模板，在此模板的基础上进行规范化画面的制作。图 32 所示为以 HMI_Template_Suite 为基础的设备画面。

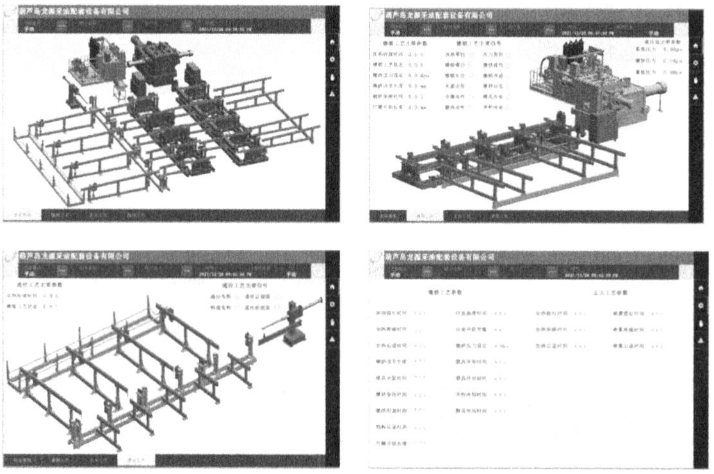

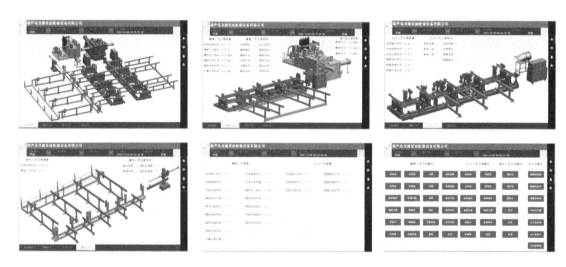

图 32　以 HMI_Template_Suite 为基础的设备画面

2. 镦锻轨道送料系统

（1）镦锻轨道送料运行流程及机械结构

轨道夹住抽油杆前进进入镦锻机，当抽油杆碰到光电传感器时开始记录进入镦锻机抽油杆的长度，保证进入镦锻机的抽油杆长度与 HMI 设置长度之间的误差不超过 3mm。抽油杆镦锻完成后，轨道夹住抽油杆后退至后限位处。图 33 所示为镦锻轨道送料系统整体结构图。

（2）镦锻轨道送料电气控制方式

CU250S EPOS 基本定位控制，电机为无编码器的矢量控制，增量编码器（HTL 2500 脉冲/转）在负载侧作为位置测量编码器接入 CU250S，光电传感器作为位置零点开关接入 CU250S，后限位开

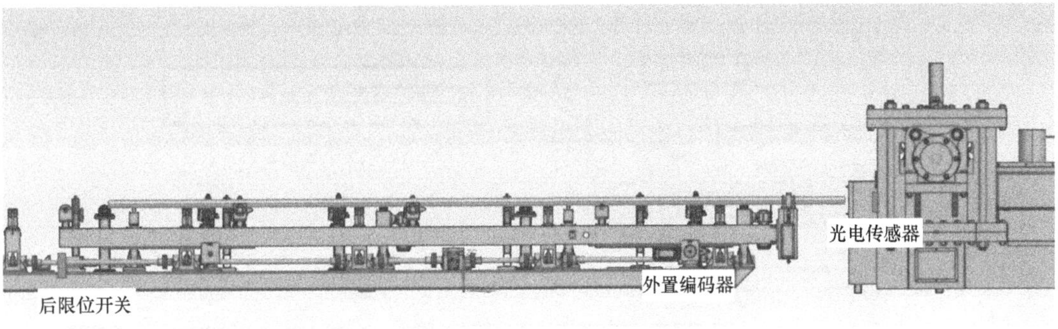

图 33　镦锻轨道送料系统整体结构图

关作为轨道后退停止开关。根据轨道的机械参数（齿数和齿距见表 3）和编码器参数可以做到精度为 0.03mm，因为驱动电机为异步电机而非伺服电机，且电机为无编码器的矢量控制，所以定位精度为 0.1mm。电气连接图如图 34 所示。

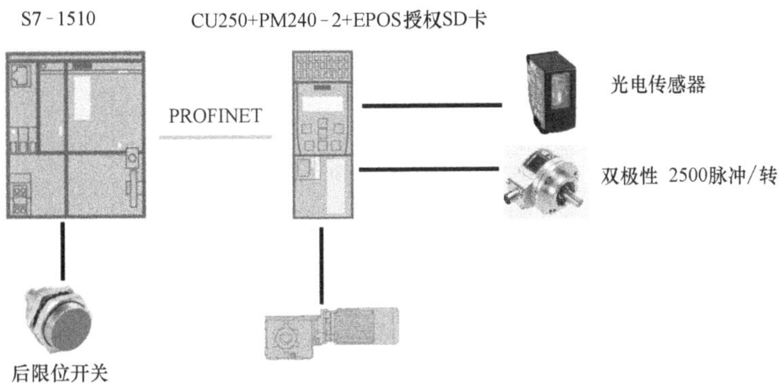

图 34　电气连接图

（3）镦锻轨道定位实现方式

由于抽油杆放置在轨道上的位置无法确定，因此只能借助镦锻机入口侧的光电开关计算进入镦锻机的抽油杆的长度。为了保证进入镦锻机中的抽油杆长度准确，使用了 EPOS 相对定位+被动回零功能。

由于被动回零参考点用于轴运动过程中任意定位状态时动态修改当前位置，执行被动回零后不影响当前轴的运行状态，轴并不是真正地走到零点而只是修改当前位置，因此重新计算开始位置，可以完全实现设备所需要的功能。

在 STARTER 中被动回零参数配置如图 35 所示。

第 1 步激活被动回零，第 2 步选择零点输入信号的高速输入点，第 3 步选择 EPOS 位置同步相对定位模式：P2603 = 0 include correction value in traversing distance（修正的设定值计入运行行程）；P2603 = 1 do not include correction value in traversing distance（修正的设定值不会计入运行行程）。这里选择 0 模式。

通过 P2603 参数 0 和 1 选择 EPOS 位置同步相对定位模式。图 36 所示为模式 0，图 37 所示为模式 1。

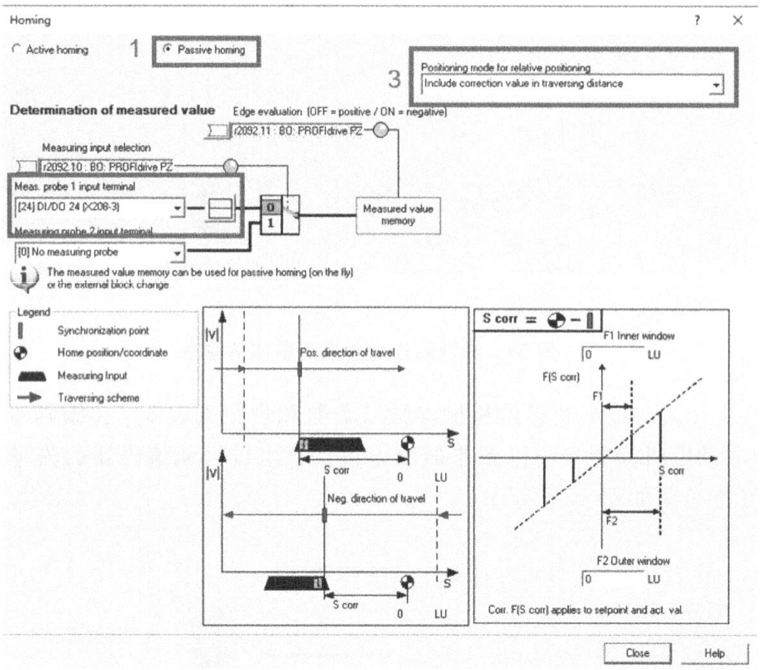

图 35　在 STARTER 中被动回零参数配置示意图

可以看出模式 1 无论被动回参考点的零点信号何时激发，它都能保证轴的移动总距离是确定的，而模式 0 只能保证在零点信号激活后轴移动的距离是一定的。为了保证进入镦锻机的抽油杆长度一定，P2603 只能选择模式 0。

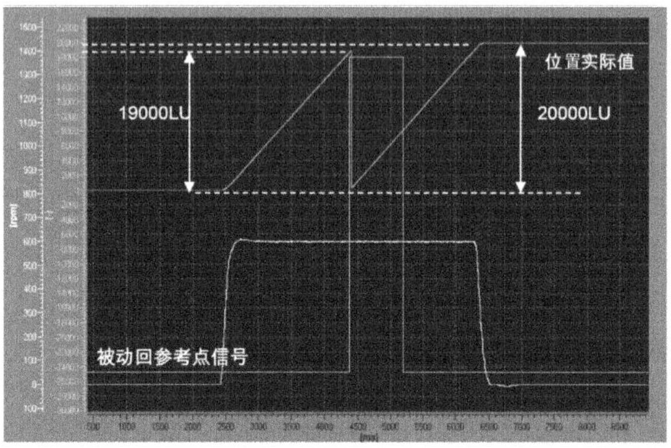

图 36　模式 0

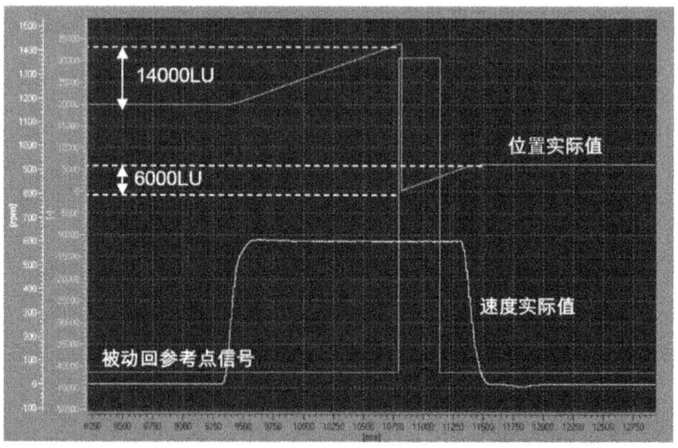

图 37　模式 1

镦锻轨道定位前进方式，如果进入镦锻机内抽油杆的长度为 360000LU（这里的 LU 为长度单元，在这个项目中 1LU = 0.1mm），第 1 步激活被动回零模式，第 2 步激活相对定位模式让轨道相对定位 360000LU 前进运行，第 3 步运行过程中光电开关被激活，第 4 步轴在光电开关被激活后运行 360000LU 距离自动停止。图 38 所示为此过程的 Trace 曲线。

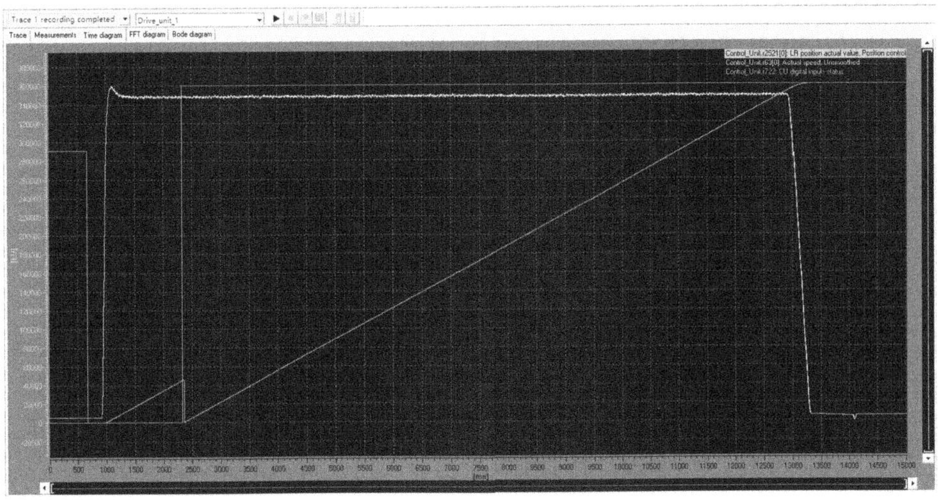

图 38　Trace 曲线

（4）虚拟调试程序

借助西门子 NX MCD 和客户给的设备 3D 模型及 S7-PLCSIM Advanced，在实验室就可以将程序进行先一步的虚拟调试，大大节省了设备现场调试的时间。虚拟调试实现设备组态如图 39 所示。一台便携式计算机运行 TIA 博途+S7-PLCSIM Advanced，另一台便携式计算机运行 NX2007 模型，两台便携式计算机应用 OPC UA 进行数据通信以及调试过程如图 40 所示。

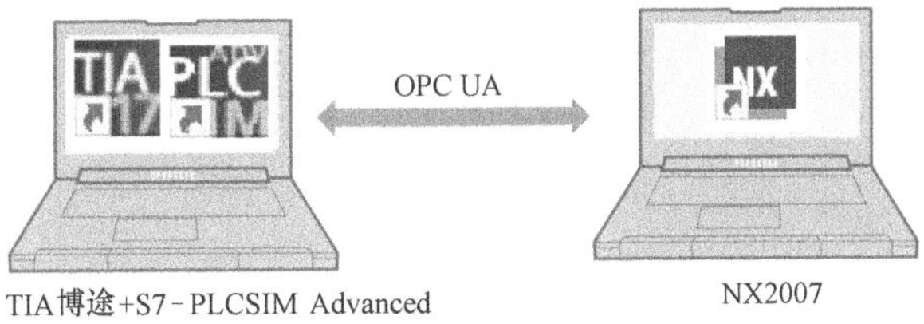

图 39　虚拟调试实现设备组态

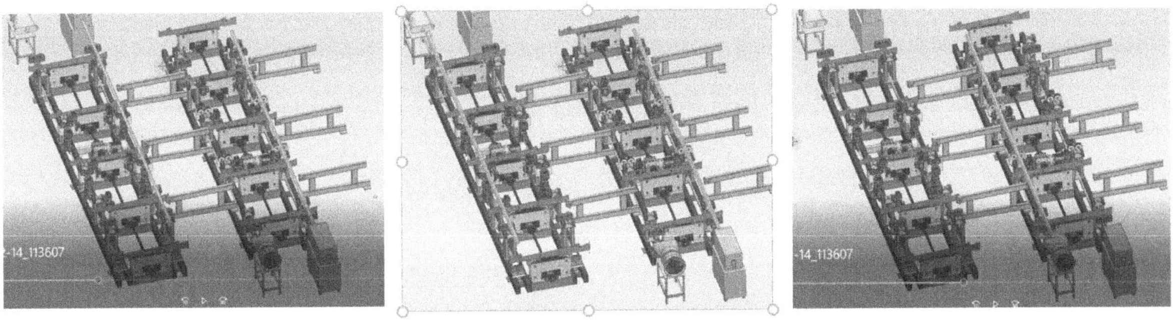

图 40　两台便携式计算机应用 OPC UA 进行数据通信以及调试过程

四、应用体会

1）本方案应用全套西门子解决方案，如 PLC、电源、变频器、软起、接触器、热继电器等。

2）本方案在选型以前就应用 TIA_Selection_Tool，SIEMENS Simulation Tool for Soft Starters，Sizer 及 NX MCD 从电气到机械进行数字化虚拟选型及调试。

3）NX MCD 虚拟调试大大节约了调试时间。

4）由于没有最新的 SIMIT 授权，因此无法模拟到 111 报文实现 EPOS 仿真调试。

参考文献

[1] 西门子（中国）有限公司. Standardization_Guideline [Z].

[2] 西门子（中国）有限公司. HMITemplateSuite_V3 [Z].

[3] 西门子（中国）有限公司. Programming_Styleguide [Z].

[4] 西门子（中国）有限公司. CU250X-2 EPOS 功能入门指南 [Z].

[5] 西门子（中国）有限公司. S7-1200/1500 通过 FB284 控制 S120 实现基本定位功能 [Z].

[6] 西门子（中国）有限公司. 基本定位器的功能手册 [Z].

[7] 西门子（中国）有限公司. SIMATIC Machine Simulator Virtual commissioning of machines Getting Started [Z].

西门子产品在机器人自动涂胶及检测系统中的应用
Application of SIEMENS products in robotic automatic gluing and inspection systems

刘　爽
（航星国际自动控制工程有限公司　北京）

[摘　要] 自动涂胶系统主要由 S7-300PLC、TP270 触摸屏、WinCC 数据服务器及机器人、智能相机等主要部件构成。PLC 根据条件触发机器人和智能相机的动作完成其在工件结合面的自动涂胶和视觉检测工作。数据服务器可以记录过程数据、照片和视觉检测结果，将数据和照片实时显示在大屏幕上并存储在服务器中。同时可以通过 RFID 读取的序列号检索查询已完成工件的照片和相关数据，并显示在大屏幕上。
[关 键 词] 自动涂胶、视觉检测、大屏展示
[Abstract] This paper introduces that the automatic gluing system is mainly composed of S7-300PLC, TP270 touch screen, WinCC data server and robots, smart camera and other major components. The PLC triggers the action of the robot and the smart camera according to the conditions to complete its automatic gluing and visual inspection work on the workpiece joint surface. The data server can record process data, photos, and visual inspection results, display the data and photos in real time on the big screen and store them in the server. At the same time, the serial number read by RFID can retrieve the photos and related data of the completed workpiece and display it on the large screen.
[Key Words] Automatic gluing、visual inspection、large screen display

一、项目简介

1）本项目的最终用户是北京博格华纳汽车传动器有限公司，博格华纳是世界知名汽车零配件供应商，其主要产品为 SUV 车型的动力传动器。

2）本项目是对传统齿轮传动器组装生产线中壳体接合面自动涂胶工位的升级和智能化改造。原组装生产线上的自动涂胶设备由韩国 Robot Star 四轴机器人、Graco 涂胶泵、SIEMENS 触摸屏及 PLC 等主要元件构成。该工位要实现的功能是对安装完毕的前端盖接合面进行自动涂胶。各部分的具体功能如下：

① Robot Star 四轴机器人：根据预设程序自动行走涂胶轨迹。

② Graco 涂胶泵：运用气压将胶桶的胶挤压到涂胶头顶端，再由涂胶阀控制是否出胶。

③ SIEMENS 触摸屏和 PLC：监视设备的运行状态和故障提示，实现设备的手动及自动运行逻

辑，包括与机器人的信号交互、产品换型、报警复位等功能。

3）原机械手功能比较单一，使用时间较长，故障高发，售后服务响应也慢，不能满足目前的生产和今后涂胶单元信息化及智能检测的要求。因此用户方提出更换新机器人的改造要求，并增加照相检测功能，以实现涂胶和检测的综合控制，同时还需要增加生产过程数据和照片的存储和查询功能，方便质量追溯。原设备照片如图1所示。

图1 原设备照片

4）原西门子PLC系统和触摸屏硬件不做更改，主要配置清单见表1。

表1 主要配置清单

名称	订货号	数量	控制对象
CPU 313C-2 DP	6ES73136CF030AB0	1	工位控制、机械手交互
MOBY ASM475	6GT2002-0GA10	1	两个工位RFID读写
CP343-1	6GK73431EX300XE0	1	1)与产线数采服务器通信 2)与本工位数据服务器通信 3)与智能相机PN通信
TP270	6AV65450CA100AX0	1	工位监控，机械手状态

二、系统结构

为了满足系统升级改造的要求，需要替换新的机械手，增加智能相机及配套软件，新增一台数据服务器、两台大屏幕电视和WinCC软件，同时对原有PLC控制程序进行调整。系统结构图如图2所示。WinCC在本项目中实现的主要功能包括：

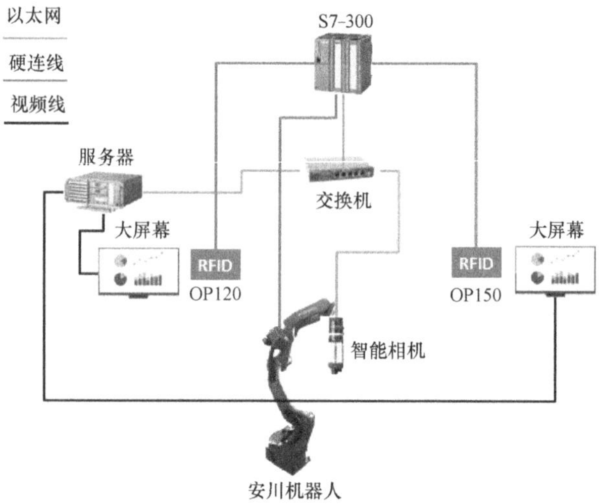

图2 系统结构图

1）与PLC通信，交换必要的信息。

2）照片信息的编码和检索，在大屏幕上显示存储在服务器中的照片，同时输出智能相机产生的实际照片和标准照片的比对结果。

3）与智能相机通信，实现产品换型后智能相机中预置的实际照片与标准照片比对程序的切换，实现不同型号产品涂胶轨迹照片的比对和判断结果的输出。

4）具体使用的产品为：WinCC V7.5 ASIA RC 128、USER ARCHIVE。

三、功能与实现

1. 机器人选型及功能

项目选用日本安川MOTOMAN-MH12机器人，轴数为6，负载为12kg，水平伸长度为1440mm。

机器人存储若干涂胶轨迹程序（最多256个），可根据不同产品型号自动切换（由PLC通过PN IO通信发送程序号），同时，机器人返回状态信号给PLC，包括：cycle start、cycle stop、cycle running等，PLC根据不同状态进行相应的程序处理。

机器人要完成的工作包括：根据PLC指令调用相应轨迹程序进行涂胶操作，涂胶完成后转换摄像头对设备的六个设定位置进行拍照，拍照完成后回涂胶杯等待，完成一个完整的操作流程。机器人主体及附件如图3所示。

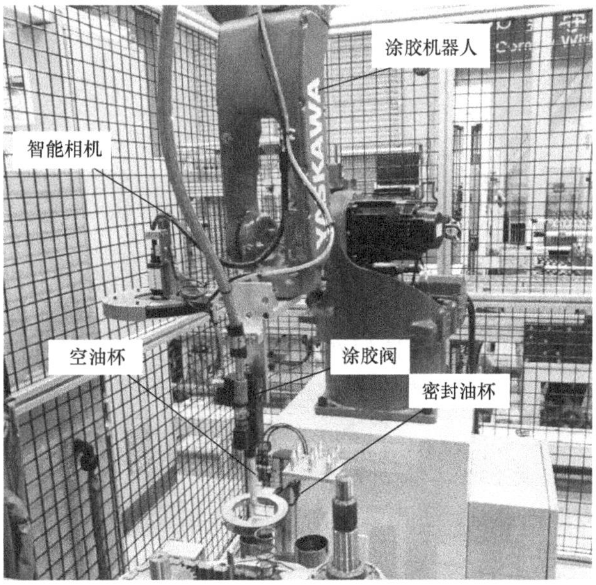

图3　机器人主体及附件

2. 视觉系统选型及功能

视觉系统配置清单见表2。

表2　视觉系统配置清单

序号	名称	数量	单位
1	智能相机(500W像素)	1	台
2	以太网连接线(10m)	1	套
3	POE电源	1	台
4	I/O线(10m)	1	套
5	光源(含光源和控制器)	1	套
6	视觉软件(Cognex Insight)	1	套

智能相机作为PN IO设备挂载在PLC的CP343-1以太网模块下，PLC根据机器人当前位置下达拍照指令，拍照任务完成后通知PLC进行下一步的操作。拍摄的照片通过以太网传输到数据服务器中保存，PLC将RFID获取的当前涂胶产品的条形码，通过以太网发送给数据服务器，并将照片与产品条形码相关联。切换型时，数据服务器将相关参数信息发送给智能相机，使相机完成实际照片和标准照片比对程序的切换；另外PLC通过RFID获取OP150工位（人工补胶工位，也就是机器人涂胶的下一工位）上的产品条形码，通过此产品条形码，数据服务器从数据库中检索该产品在

OP120（机器人涂胶工位）所拍摄的照片，并对六张照片按照是否合格进行有区别的显示（绿色外框代表合格，红色外框代表不合格），通过示意图标记提示操作工进行相关区域的检查。本项目所选数据服务器具备双显示输出功能，可以支持在 OP120 和 OP150 工位上的大屏幕分别展示各自的内容。工位布局示意图如图 4 所示。

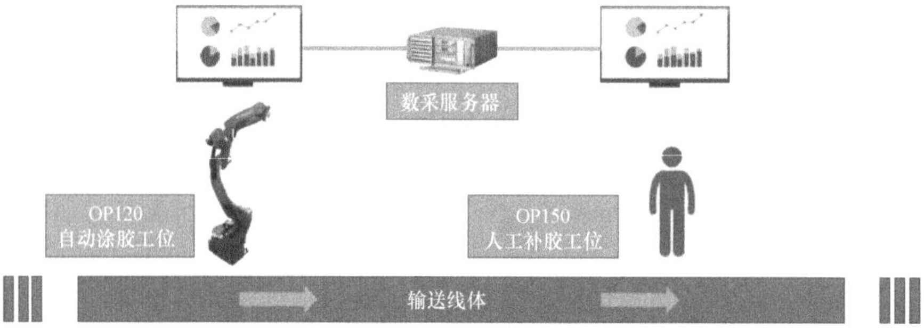

图 4　工位布局示意图

3. 自动涂胶工位的完整操作流程

1）工作状态：初始工作状态为急停按钮在松开复原状态，按下电源启动按钮，绿色电源指示灯亮起，触摸屏上显示的产品类型与当前生产的产品类型一致，选择开关打到自动位置上，绿色塔灯亮起。

2）操作顺序：

① 每天关机之前（即停止设备，退出系统断电），在触摸屏上手动将涂胶头返回到油杯上，进行密封，以防胶体固化将输胶管堵塞。

② 每天在开机启动系统之后，在控制面板上启动控制电源按钮，再将手动/自动选择开关打到手动上，长按下复位按钮（在此操作之前，必须先用机器人的示教器将机器人的控制方式切换到 PLC 系统控制模式），将涂胶头移出密封油杯，回到待机工作位置，操作人员打开安全门，用布将涂胶头上的油擦拭干净。操作人员再通过触摸屏，手动控制涂胶阀，将被油浸泡过的阀头上的胶吐出。操作人员将安全门关上，即可开始进入正常的自动工作。

③ 系统的自动工作，当有托盘载着壳体进入 OP120 站时，进口阻挡气缸下降，等托盘进入后，进口阻挡气缸回升；当托盘进入到位，顶升气缸将托盘顶起，当顶起到位后，机器人开始自动运行，其带动涂胶头运行涂胶轨迹，当涂胶完毕，涂胶阀停止涂胶，机器人回到原始的待机位置；此时顶升气缸下降，出口阻挡气缸下降，等托盘流出工位，出口阻挡气缸回升。至此，一个涂胶工作节拍完毕（此过程中如果有异常情况，如顶升气缸运动不到位、安全门被打开、机器人故障等，则蜂鸣器会鸣响，触摸屏会显示具体的出错信息）。

4. 改造后系统展示

当数据服务器系统启动运行后，自动进入照片显示画面。OP120 屏幕上显示的为当前涂胶后的工件状态（见图 5）。OP150 屏幕显示的是当前 OP150 工位上的工件在 OP120 拍摄的历史照片和判断结果，判断合格的照片边框会显示为绿色，不合格的照片边框会显示为红色。

数据服务器的系统 IMAGE 文件夹下储存了拍摄的照片，按照拍摄日期生成单独的文件夹，用于存放每天拍摄的照片。

OP150 工位的托盘到位后，RFID 读取条形码信息，通过数据服务器的处理，在该工位的大屏幕显示当前产品的照片（见图 6），如果有不合格的照片，系统会在左侧产品示意图上显示红色图

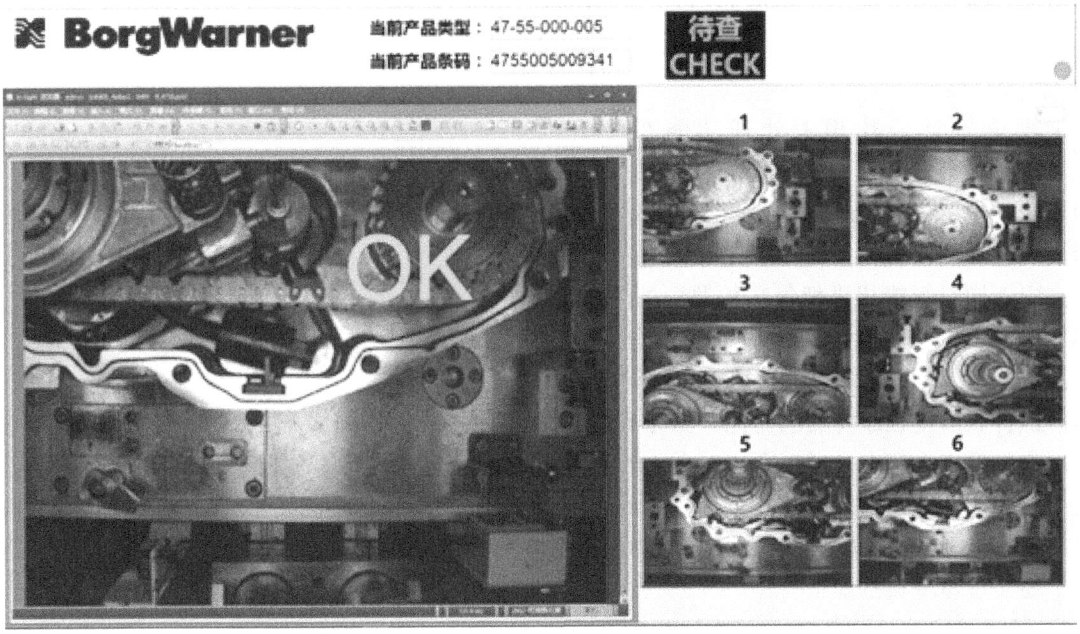

图 5　OP120 工位大屏幕展示

形以显示涂胶不合格的具体位置。产品示意图会跟随不同类型的产品自动进行变换。

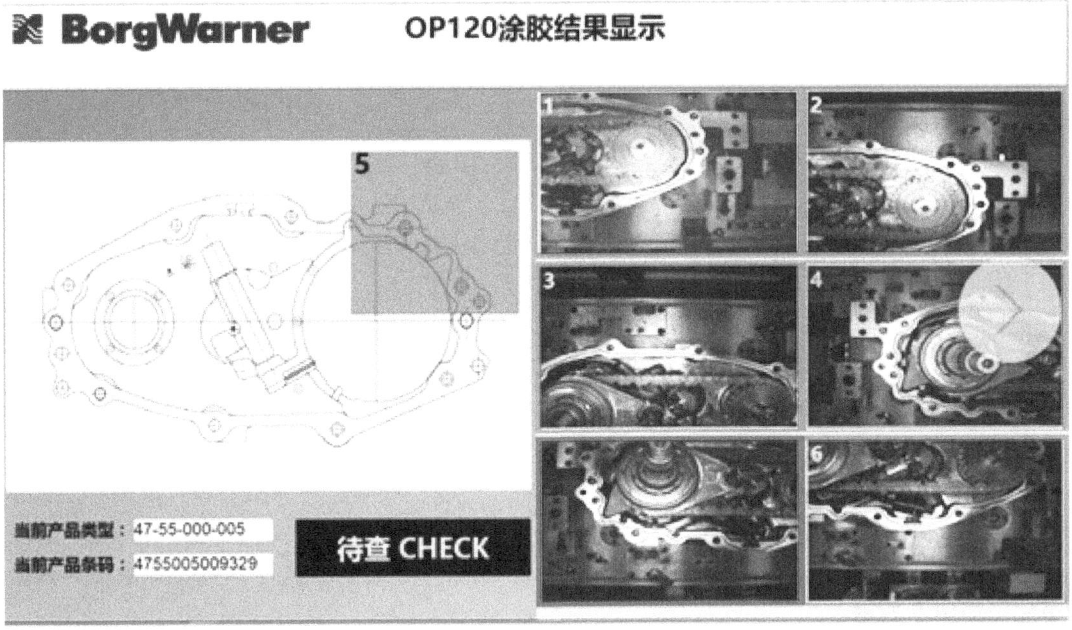

图 6　OP150 工位大屏幕展示

上述双屏显示功能需要计算机支持双显示输出，在 Windows 显示设置中将第二显示器设置为扩展模式，在 WinCC 一个主画面中插入两个画面窗口控件，将其监视器编号属性值分别设置成 1 和 2（对应 Windows 系统的显示器设置），这样当 WinCC 运行后，就会将画面窗口 1 的内容显示在 1 号显示器上，将画面窗口 2 的内容显示在 2 号显示器上，实现了双屏幕显示各自画面内容的功能。

WinCC 画面窗口设置如图 7 所示。

5. 照片相关处理在 WinCC 中的功能实现

下面来描述照片相关处理功能在 WinCC 中的具体实现过程。智能相机将拍摄的六张照片按照条形码+顺序号（16）的命名规则存储在每天按日期自动生成的文件夹中，同时智能相机把每次拍照后的比对结果传给 PLC。当拍摄流程结束时 PLC 向 WinCC 传送指令以触发相关 VBS 脚本的执行，脚本程序将当前时间、条形码值、六张照片的比对结果插入 SQL Server 数据库表中。按照用户的要求，每次拍照后要即时在 OP120 的大屏幕上显示图像，同时标记出比对结果。为了实现这个特殊的功能需求，本项目采用 Visual Basic 编写照片显示处理程序，然后以 ActiveX 控件的形式集成到 WinCC 图形编辑器中，保证了项目的完整性。

图 7　WinCC 画面窗口设置

主要实现步骤概括如下：

1）在 SQL Server 中新建一个数据表 Pictures（见图 8），该表的字段定义包括：起始时间、条形码字符串、照片比对结果。

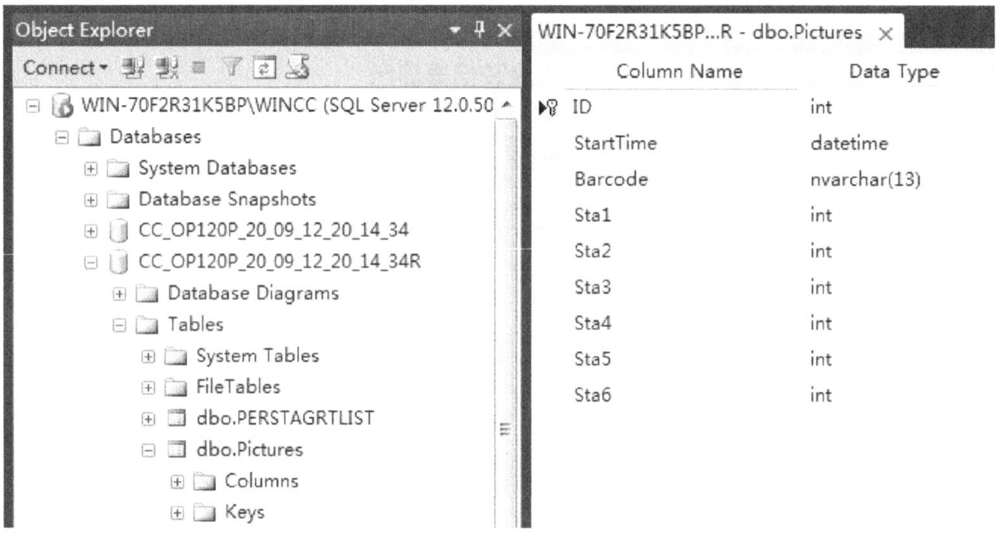

图 8　Pictures 数据表

2）当一个涂胶循环完成后 PLC 会通过变量触发相关 VBS 脚本的执行，VBS 脚本实现数据行插入程序片段如图 9 所示。

在上述脚本中，VBS 通过 Read 函数将 PLC 中的条形码值、照片比对结果赋值给相关变量，通过“INSERT”SQL 命令将上述变量值插入数据表 Pictures 中。需要查询某件产品的涂胶结果时，可以通过条形码值进行 SQL 查询获得想要的结果。

同时还需要将每张照片及其比对结果实时显示在大屏幕上，这时就需要通过 VISUAL BASIC 来实现了。首先需要建立一个 ActiveX 控件类型的项目，然后插入 Winsock、Image 等 VB 控件，通过

```
s1 = OP120_P_STATUS1.Read
s2 = OP120_P_STATUS2.Read
s3 = OP120_P_STATUS3.Read
s4 = OP120_P_STATUS4.Read
s5 = OP120_P_STATUS5.Read
s6 = OP120_P_STATUS6.Read

sSql = "INSERT Pictures (StartTime,Barcode,Sta1,Sta2,Sta3,Sta4,Sta5,Sta6) "&_
"VALUES ('"& ST &"','"& bar &"','"& s1 &"','"& s2 &"','"& s3 &"','"& s4 &"','"& s5 &"','"& s6 &"')"

Set conn = CreateObject("ADODB.Connection")
conn.ConnectionString = sCon
conn.CursorLocation = 3
conn.Open
Set oRs = CreateObject("ADODB.Recordset")
Set oCom = CreateObject("ADODB.Command")
oCom.CommandType = 1
Set oCom.ActiveConnection = conn
oCom.CommandText = sSql
Set oRs = oCom.Execute
```

图 9　VBS 脚本实现数据行插入程序片段

相应代码实现与智能相机的 TCP 通信、向智能相机传输照片命名规则、照片路径查找、照片显示、比对结果显示等功能。发送信息给相机的 VB 代码如图 10 所示，每次拍照前 VB 都会把日期、条形码值作为照片命名字符串发送给智能相机，相机以此为基础对拍摄的照片进行命名再存储到硬盘文件夹中。

```
Private Sub glue_Change()
If glue.Text = 0 Then
Dim a, b
a = Format(Now(), "yyyy-m-d")
b = a + "," + BC.Text
If START.Text = 1 Then
On Error GoTo ErrorHandler4
  w1.SendData b & vbCrLf
   Exit Sub
ErrorHandler4:
'MsgBox "网络连接故障，请检查。", vbCritical + vbOKOnly, "通信错误1"
Text1.Text = Text1.Text + 1
End If
End If
End Sub
```

图 10　发送信息给相机的 VB 代码

在图像处理方面，通过“LoadPicture”函数将指定的照片通过 Image 控件显示出来；“BorderColor”属性用来调整背景图像的边框颜色来反映比对结果（绿色代表 OK，红色代表 NG）。显示照片的 VB 代码如图 11 所示。

VISUAL BASIC 自带的 ActiveX 控件接口向导可以完成上述程序的接口定义工作，使用该向导可以灵活定义控件的属性、方法和事件，为与 WinCC 实现数据交互建立程序接口。ActiveX 接口向导如图 12 所示。

程序编写完成后将其生成为 *.OCX 文件，后续在 WinCC 图形编辑器中注册此 OCX 文件就可以使用了。

WinCC 支持对 ActiveX 控件的引用。在图形编辑器的控件窗口中右键单击 ActiveX 控件图标，然后选择“添加/删除控件”，在图 13 所示的“选择 OCX 控件”窗口中注册上述已生成的 OCX 文件并勾选，就可以将自定义的控制加载到控件窗口中。

```
Dim p1, p2, p3, p4, p5
p1 = b + BC.Text + "1.BMP"
p2 = b + BC.Text + "2.BMP"
p3 = b + BC.Text + "3.BMP"
p4 = b + BC.Text + "4.BMP"
p5 = b + BC.Text + "5.BMP"

Select Case CP

Case 1
Exit Sub

Case 2

On Error GoTo ErrorHandler1
Image1(0).Picture = LoadPicture(p1)
Image1(0).Visible = True
If T1.Text = 1 Then
Shape1(0).BorderColor = &HC000&
Else
Shape1(0).BorderColor = &HFF&
End If
```

图 11 显示照片的 VB 代码

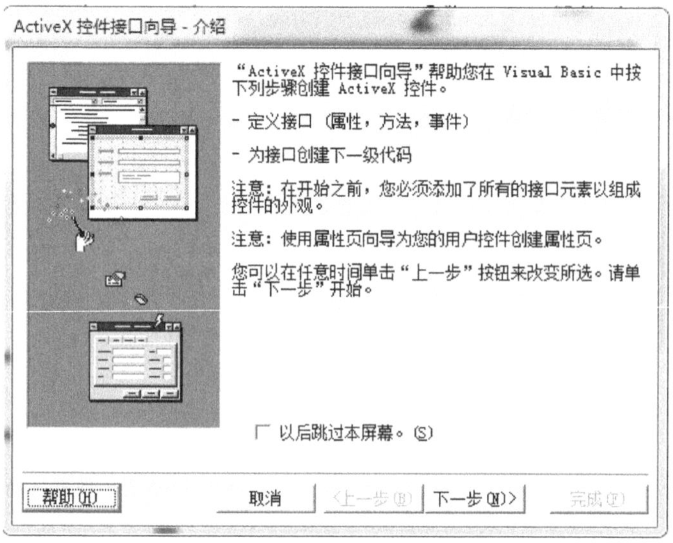

图 12 ActiveX 接口向导

加载完成后的控件列表如图 14 所示，就可以像使用 WinCC 自带的控件一样来使用自定义的 ActiveX 控件了。

图 13 加载 OCX 控件

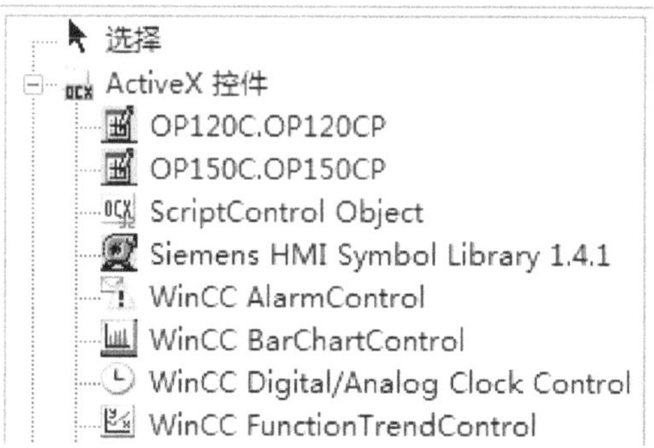

图 14 控件列表

将需要使用的控件拖放到图形编辑界面中后，选中该控件并打开属性编辑窗口，可以进行变量连接等工作，这样就将 WinCC 的变量与 ActiveX 控件建立了数据绑定，当 WinCC 的变量发生变化时，ActiveX 控件中的接口属性也会同步发生变化，进而触发控件中相应程序的执行，最终得到想要的结果。自定义控件属性设置如图 15 所示。

同样，如果想将控件中的属性值传递给 WinCC 的变量，就需要通过控件的事件来触发相关操作。自定义控件事件设置如图 16 所示，在控件中定义了一个 TC1 接口，它与控件中某个变量的 change 事件相绑定，当这个变量发生变化时就会触发相关联的 VBS 脚本的执行。

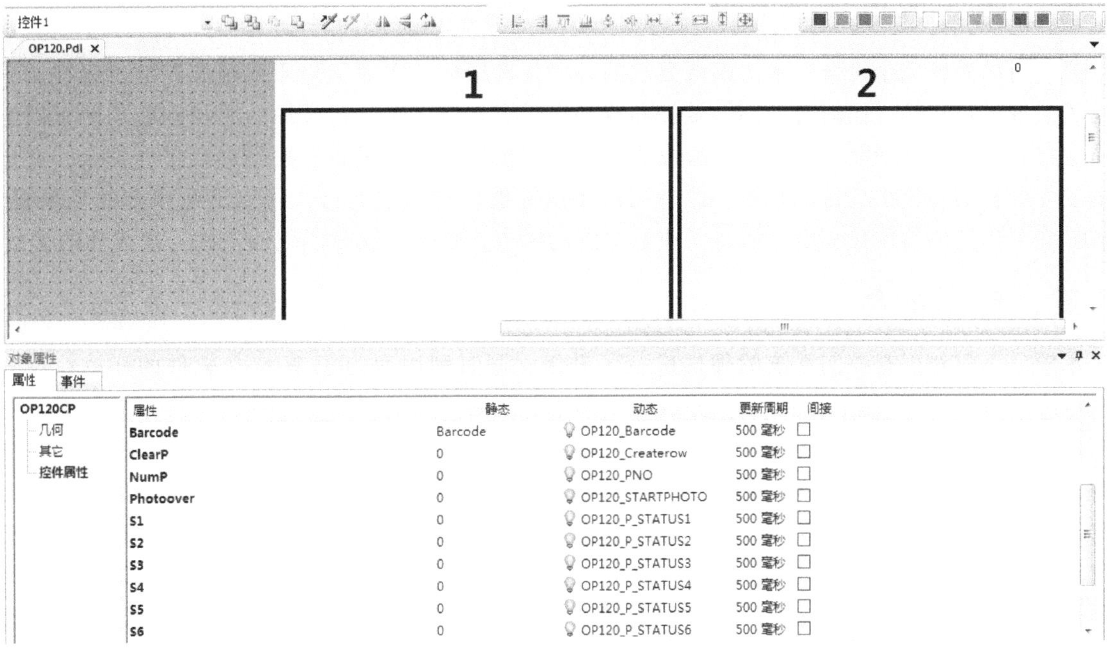

图 15　自定义控件属性设置

控件属性值传送给 WinCC 变量如图 17 所示，它可以将 ActiveX 控件的 T1 属性包含的数值传递到 WinCC 变量 P1 中去，这样就实现了数据的双向传递。

至此，通过 WinCC 综合运用 SQL Server 和自定义 ActiveX 控件的方式，将传统 PLC 控制系统与智能相机相结合，通过 IT 和 OT 技术的融合最终实现了大屏幕实时显示照片和比对结果的功能。这种处理方法既保证了项目的完整性，又满足了用户的实际需求。

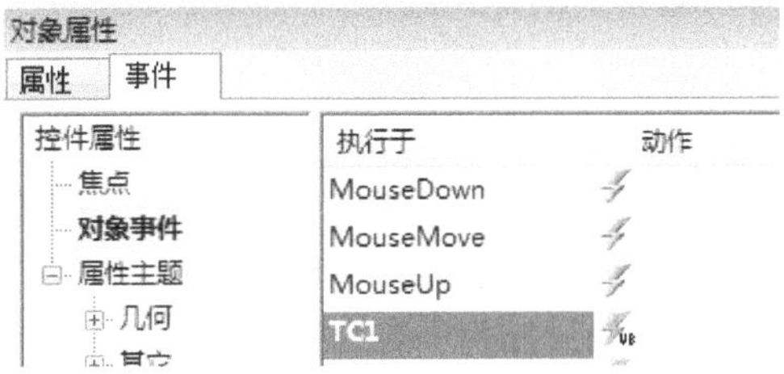

图 16　自定义控件事件设置

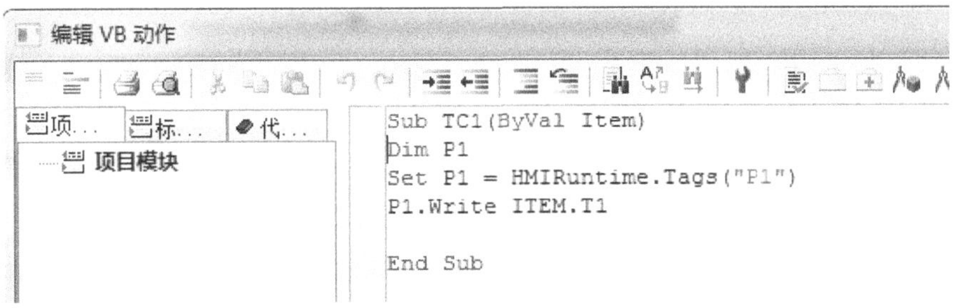

图 17　控件属性值传递给 WinCC 变量

对涂胶相关信息的记录和查询一方面是为了满足当前生产的需要，另一方面也为后期进行质量追溯提供了便利，可以通过条形码值在数据库表 Pictures 中进行查询，不仅获得六张照片的检查结果，还可以由字段“StartTime”所记录的日期时间在数采服务器硬盘上找到对应的图片文件夹，再通过文件名检索找到该工件的涂胶照片。上述功能可以满足用户的质量管理要求。

四、运行效果

改造后的系统完全符合技术协议所要求的各项技术指标，实现了与原系统相同的过程控制，并提高了系统的可靠性，同时为后期的维护和改进提供了方便。通过新增加的照相判断功能可以为涂胶质量检查提供辅助功能，对断胶、涂胶头出胶不顺畅导致胶条扭曲等缺陷进行报警提示，避免漏检的发生。从实际使用的情况来看，改造后的系统能够保持稳定运行，可以满足生产的各项要求，同时提高了工位的智能化程度，满足了质量追溯的要求，是生产线智能化改造的一次成功的尝试。

五、应用体会

本项目不仅对现有控制系统的硬件进行了升级，同时利用西门子 WinCC 软件的开放性在数字化技术应用方面进行了有益的尝试，并取得了不错的效果。如上所述，本项目的应用软件开发是基于西门子 WinCC 系统进行的，其中照片信息的存储和查询是通过对 SQL Server 数据库编程实现的；和智能相机通过 TCP/IP 协议通信，以及大屏幕照片的分区显示等功能是通过 VB 编程实现的，然后通过 ActiveX 控件方式集成到 WinCC 画面系统中，ActiveX 控件可以和 WinCC 实现双向数据交互，通过这种无缝集成使整个项目可以实现完美统一。从实际运行效果来看，整个系统既保证了通信的可靠性，又扩充了 WinCC 的功能，在实现原有 SCADA 功能的基础上根据项目需要又进行了必要的功能加持。目前，整个项目运行得非常稳定，各个部分配合得非常协调。从这个项目得出的经验使我们认识到通过合理应用程序接口可以把更多的数字化技术集成到 WinCC 中，帮助我们快速地开发出功能强大的应用程序。

参考文献

[1] 西门子（中国）有限公司. WinCC V7.5 亚洲版系统手册 [Z].
[2] 赵欣胜. VISUAL BASIC 经典范例 50 讲 [M]. 北京：科学出版社，2004.
[3] 向晓汉. 西门子 WinCC V7 从入门到提高 [M]. 北京：机械工业出版社，2015.
[4] 李代平. SQL Server 2000 数据库应用基础教程 [M]. 北京：冶金工业出版社，2001.

西门子自动化产品在消防演练系统中的应用
Application of Siemens automation products in fire drill systems

胡 宇
(武汉市博世康科技有限公司 武汉)

[摘 要] 本文涉及西门子 SIMATIC S7-1500PLC、S7-1200、WinCC7.4 和 V20 变频器等产品在集装箱组合式真火消防装置中的应用。介绍了如何通过 PLC 实现对安全保障系统、综合导控系统、训练辅助系统的数据采集与设备控制；利用 TIA 博途软件和 S7-1500 的 Graph 程序块完成对各训练场景的模拟；多重实例以及 UDT 结合 WinCC 的弹出画面和趋势控件完成对多个设备的监视与控制；叙述了相关通信以及 Trace 曲线在项目中的作用。

[关 键 词] 消防 Graph、训练场景、多重实例、WinCC、Trace

[Abstract] This paper introduces the application of Siemens SIMATIC S7-1500PLC, S7-1200, WinCC7.4 and V20 frequency converters in container combination real fire fighting devices. This paper introduces how to complete the data acquisition and equipment control of the safety assurance system, the integrated guidance control system and the training assistance system through the PLC. The Graph block of TIA Botu and S7-1500 was used to simulate each training scenario, multiple instances and structural variables combined with WinCC pop-up screens and trend controls to complete the monitoring and control of multiple devices, and described the relevant communication and trace curve in the project.

[Key Words] Fire Graph、Training scenario、Multiple instance、WinCC、Trace

一、项目简介

1. 项目所属公司基本情况

此项目为航天科工武汉磁电有限责任公司（见图 1）在安徽蚌埠消防基地建设的集装箱组合式真火消防装置。公司现有全数控蜂窝芯制造设备、全数控环氧胶膜生产线、全数控预浸料生产线、钎焊铝蜂窝生产线、复合材料专用热压机、真空热压罐、自动化裁切、10 万级无尘车间等设备，大量应用于军工、航空航天及轨道交通地面装备领域。

2. 项目的简要工艺介绍

此项目研发集装箱真火模拟训练系统的目的是为了满足消防基地建设要求，模拟各类场地的火灾演习救援训练场景。消防容器可以通过 PLC 控制房间点火时间、动作顺序、火焰大小、环境温度、烟雾释放、各类气体浓度等模拟多种训练场景，实现火灾现场火焰、浓烟、高温、嘈杂等环境

图 1　航天科工武汉磁电有限责任公司

模拟，开展火灾人员被困的情况下救援、灭火和救护等战术训练和实战演练。整个系统包含报警装置、烟雾训练、实火训练三个组成部分。其中，复杂环境下的火灾场景，真实的烟雾和火灾场景，是专门设计和制造的，灭火训练场景如图 2 所示。

图 2　灭火训练场景

以下描述蚌埠项目中消防训练流程和训练内容：

1）集装箱组合式真火消防装置，共 5 个燃烧舱室，分别是住舱、厨房、机舱（下层）、机舱（上层）、电站。

2）不同的燃烧舱室，分别实现不同的火灾类型，对应不同的消防训练预案。

3）每个燃烧舱室至少有 1 个点火装置，1 个燃烧盘。机舱（下层）有 2 个点火装置，6 个燃烧盘；机舱（上层）有 2 个点火装置，2 个燃烧盘。

4）一个预案只涉及一个点火装置，一个点火装置必然对应一个燃烧盘。通过“蔓延”，一个预案中至多有 3 个燃烧盘被依次点燃。

5）所有的预案使用同样的 PLC 程序（流程一致，只是有些预案不执行部分步骤）。通过加载预案文件（如一个 json 配置文件），上位机读取后，获取预案内容和预案的配置参数，并配置 PLC 中的变量，供 PLC 执行时使用。

6）遥控器必须按住“安全”按钮，PLC 才能执行程序；松开“安全”按钮，立即调用 PLC 的“急停”流程。

7）遥控器有 5 个，分别对应 5 个燃烧舱室。按住“安全”按钮，遥控器可以触发点火、增大、减小、蔓延、熄灭、急停功能。遥控器的功能与预案无关（可以在上位机主动设置当前点火权限归属是遥控器还是上位机程序）。

8）燃烧舱室的舱门有多个。开始训练时，舱门全部关闭。消防员打开某扇门，进入舱室后，需要检验舱室门是不是全部关闭。若是，则急停。

3. 项目涉及的设备

此项目采用了 1500PLC 配置分布式 IO（ET200SP）来用作安全保障系统和燃烧场景模拟系统，

外加一套 1200PLC 和 V20 变频器来用作通风系统的控制。

主要的控制对象包括：风机、风闸、开关阀、舱门、点火变压器以及各类电磁阀的开关量设备，同时有压力、温度、流量、气体浓度等模拟量信号的采集以及调节阀、变频器模拟量的控制。控制对象汇总表见表 1。

表 1 控制对象汇总表

设备型号	设备类型	信号类型	数量	量程
4~20mA 0~1.6MPa G1/2	燃气总管压力传感器	模拟量输入	1	0~1.6MPa
BFC8183 防爆灯	模拟照明开关信号	数字量输入	4	开关量
BYS-EX05P	燃烧盘电动调节阀	模拟量输出	12	0~100
BZA53	手动急停信号	数字量输入	8	开关量
CBF-300 0.18kW 220V	吹扫风机	数字量输出	4	开关量
CBF-600 0.75kW 220V	主机舱 1#吹扫风机	数字量输出	2	开关量
CGD-FK 3W	可燃气体含量	模拟量输入	8	0~100%LEL
CT-LDE 3~150m^3/h DN65 4~20mA	消防栓流量计	模拟量输入	12	7~70m^3/h
D971X-10C 开关型	风闸开关	数字量输出	8	开关量
DH-1 TRE820P/4 AC220V	点火变压器	数字量输出	12	开关量
CT-LUGB-50 DN50 380m^3/h	主管道燃气流量计	模拟量输入	1	20~350m^3/h
FHF WSDC-FK 550×550	风闸	数字量输出	8	开关量
HTF-I-B 1.1kW-2p 380V	排温排烟风机	数字量输出	8	开关(变频控制)
HTF-I-B 4kW-2p 380V	排温排烟风机	数字量输出	8	开关(变频控制)
LJ12A3-4-Z/BX PNP	舱门状态	数字量输入	16	开关量
MIK-6000	排温排烟风机压差传感器	模拟量输入	12	0~250Pa
MN18-8-ZK-W200 200℃ PNP	一层过道灭火器选择开关 1 接近开关	数字量输入	4	开关量
ND-T100	CO 气体含量	模拟量输入	12	0~500μmol/mol
ND-T100	CO_2 气体含量	模拟量输入	12	0~5%VOL
ND-T100	O_2 气体含量	模拟量输入	12	0~30%VOL
RE3	离子火焰控制	数字量输出	12	开关量
SIN-P300 0~1.6MPa	消防水压力传感器	模拟量输入	8	0~1.6MPa
STP11 DN15 DC24V	燃烧盘补水电磁阀	数字量输出	8	开关量
STP11 常闭型 DC24V DN25	紧急喷淋降温电磁阀	数字量输出	8	开关量
STP21 常闭型 DN10	点火装置水冷却电磁阀	数字量输出	8	开关量
WRNK-191 500℃ L=50mm，直径=3mm；馈线长度=2m	温度传感器	模拟量输入	10	0~500℃
WRNK-191 650℃ L=50mm，直径=3mm；馈线长度=2m	温度传感器	模拟量输入	10	0~650℃
WRNK-230 1100℃ L=200mm	主机舱顶温度	模拟量输入	4	0~1100℃
ZCF01-15B-0.6	燃烧盘燃气供应电磁阀	数字量输出	8	开关量
ZCF01-8B-0.6	点火装置防爆电磁阀	数字量输出	12	开关量
灯箱是 15W，AC220V	储气室报警灯箱继电器	数字量输出	1	开关量

根据现场设备类型以及数量统计出IO点位需求，见表2。

表2 IO点位统计表

控制系统	DI	DO	AI	AO
燃烧PLC控制柜	85	88	52	11
安全PLC控制柜	15	1	58	0
通风PLC控制柜	4	8	5	5

二、系统结构

1）控制系统产品配置表见表3。

表3 控制系统产品配置表

序号	设备名称	规格与型号	单位	数量	生产厂家
1	电源模块	6EP1332-4BA00	个	2	SIEMENS
2	1511CPU模块	6ES7 511-1AK02-0AB0	个	2	SIEMENS
3	4M内存卡	6ES7 954-8LC03-0AA0	个	2	SIEMENS
4	数字量输入模块16DI	6ES7 131-6BH01-0BA0	个	5	SIEMENS
5	数字量输出模块16DQ	6ES7 132-6BH01-0BA0	个	6	SIEMENS
6	模拟量输入模块8AI	6ES7 134-6GF00-0AA1	个	17	SIEMENS
7	模拟量输出模块4AQ	6ES7 135-6HD00-0BA1	个	4	SIEMENS
8	安装导轨160mm	6ES7 590-1AB60-0AA0	根	2	SIEMENS
9	ET200SP扩展模块PN接口	6ES7 155-6AA01-0BN0	个	2	SIEMENS
10	底座单元	6ES7 193-6BP00-0BA0	个	22	SIEMENS
11	底座单元	6ES7 193-6BP00-0DA0	个	10	SIEMENS
12	SITOP Lite电源	6EP13341LB00	个	4	SIEMENS
13	1214CPU	6ES7 214-1AG40-0XB0	个	1	SIEMENS
14	数字量输出模块8DQ	6ES7 222-1HF32-0XB0	个	1	SIEMENS
15	模拟量输入模块8AI	6ES7 231-4HF32-0XB0	个	2	SIEMENS
16	模拟量输出模块4AQ	6ES7 232-4HD32-0XB0	个	1	SIEMENS
17	变频器	6SL3210-5BE24-0UV0	台	2	SIEMENS
18	变频器	6SL3210-5BE21-1UV0	台	2	SIEMENS
19	WinCC RC 2048,V7.4 SP1 Asia	6AV6381-2BP07-4AV0	件	1	SIEMENS
20	SIMATIC STEP 7 Professional V16	6ES7822-1AE06-0YA5	件	1	SIEMENS

2）本项目灭火训练集装箱分为2层，一层平面图如图3所示，二层平面图如图4所示。

3）本控制系统的网络拓扑图如图5所示。

所用到的三台PLC控制柜内图如图6所示。

4）控制系统方案选择。

可选的方案有1200PLC+ET200SP、300PLC+ET200M和1500PLC控制系统，相比而言，1500控制系统有以下优势：

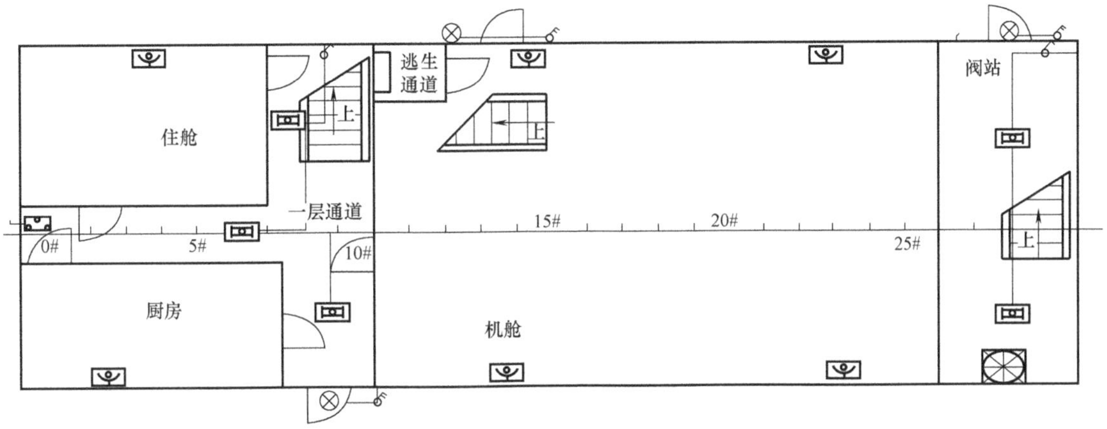

图 3　一层平面图

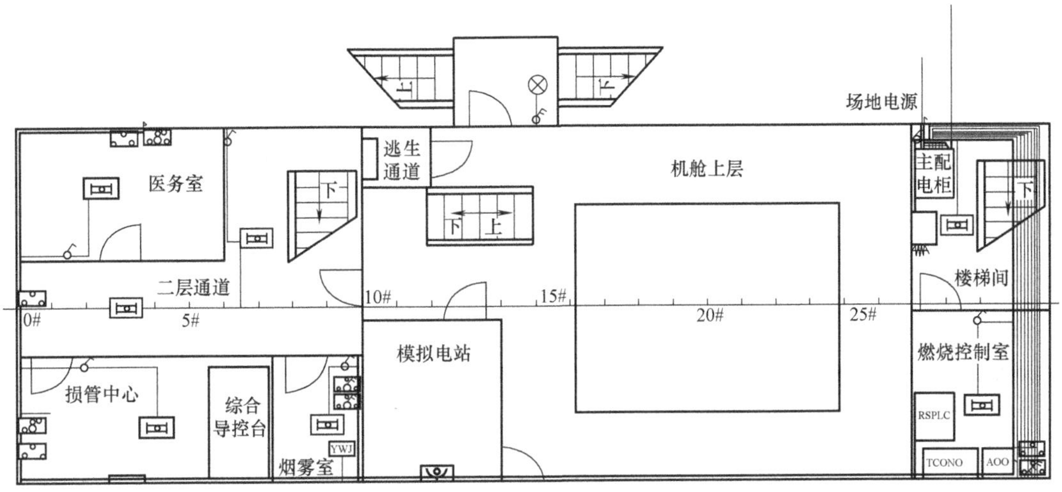

图 4　二层平面图

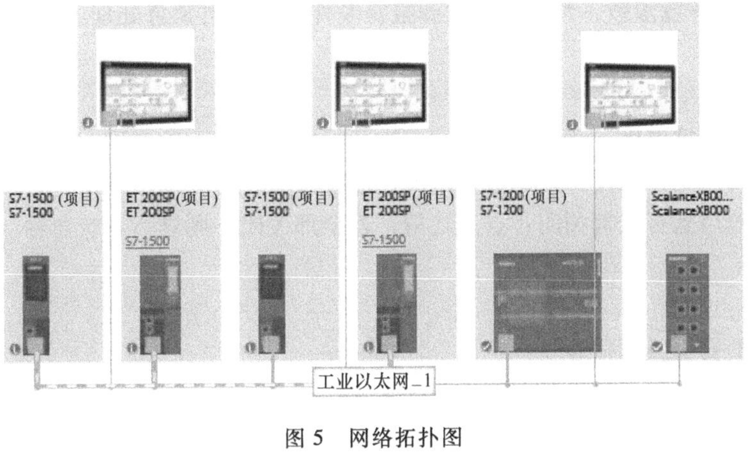

图 5　网络拓扑图

图 6　PLC 控制柜内图

① 支持的数据类型多：S7-1500PLC 的基本数据类型的长度最大到 64 位，而 S7-300/400 PLC 支持的基本数据类型长度最大为 32 位；S7-1500PLC 支持 Pointer、Any 和 Variant 三种类型指针，S7-300/400PLC 只支持前两种。相比之下，S7-1500PLC 的编程更加灵活。

② 访问速度快、容量大：在本项目编程中用到了大量优化块，因为数据量大，相比于标准的 DB 块，优化的 DB 块能提供更快的访问速度以及更大的容量，这都是 300PLC 所无法企及的。

③ 通信能力更强大：本项目中涉及各系统之间与上位机之间的大量的数据交换，在编程中会用到大量传送指令，由于 1200 不支持部分传送、加载、寻址指令，因此在处理速度、指令执行时间、集成的存储器方面 1500 显然更胜一筹。

④ 节省工程时间和项目成本：由于本项目涉及灭火，多数场景需要点火和喷水，涉及安全性以及成本，多数工艺功能需要通过仿真测试，PLCSIM Adcance 集成的仿真和测试能实现一遍又一遍地测试硬件配置以及代码，从而节省工程时间，以及因为不需要购买硬件来实现测试而节省前期项目成本。

三、功能与实现

1. 安全保障功能

主要是通过监测环境参数，判断是否达到报警条件，并做出紧急处理。该功能包括：

（1）监测功能

监测项包括：

1）燃烧舱室的环境温度：达到报警温度，进行报警；达到危险温度，进行系统急停。

2）燃烧舱室可燃气体浓度：达到报警浓度，进行报警；达到危险浓度；进行系统急停。

3）燃烧舱室舱门是否全部关闭：点火之后，若全部关闭，则进行系统急停。

（2）急停功能

急停流程如下：

1）开启舱室的安全照明信号。

2）开启报警讯响，包括开启紧急撤离报警警钟、关闭允许训练绿色安全指示灯、开启禁止训练红色安全指示灯、若燃气浓度超标另外需要启动旋转报警灯。

3）关闭烟雾发生器。

4）燃气总管紧急切断阀，通电关闭（通电时间不能超过0.4s），切断燃气供应。停止急停流程后，手动恢复。

5）点火装置防爆电磁阀，断电关闭。

6）舱室内燃烧盘对应的燃烧盘燃气供应电磁阀，断电关闭，切断燃气供应。

7）舱室内燃烧盘的燃烧盘电动调节阀复位，开度设为0。

8）打开燃烧舱室的紧急喷淋降温电磁阀，进行降温。当舱室温度达到70℃以下后，持续1min，关闭喷淋，风机恢复为正常功率。

9）燃烧舱室的排温排烟风机设为全功率运行，关闭喷淋，风机恢复为正常功率。

安全保障流程图如图7所示。

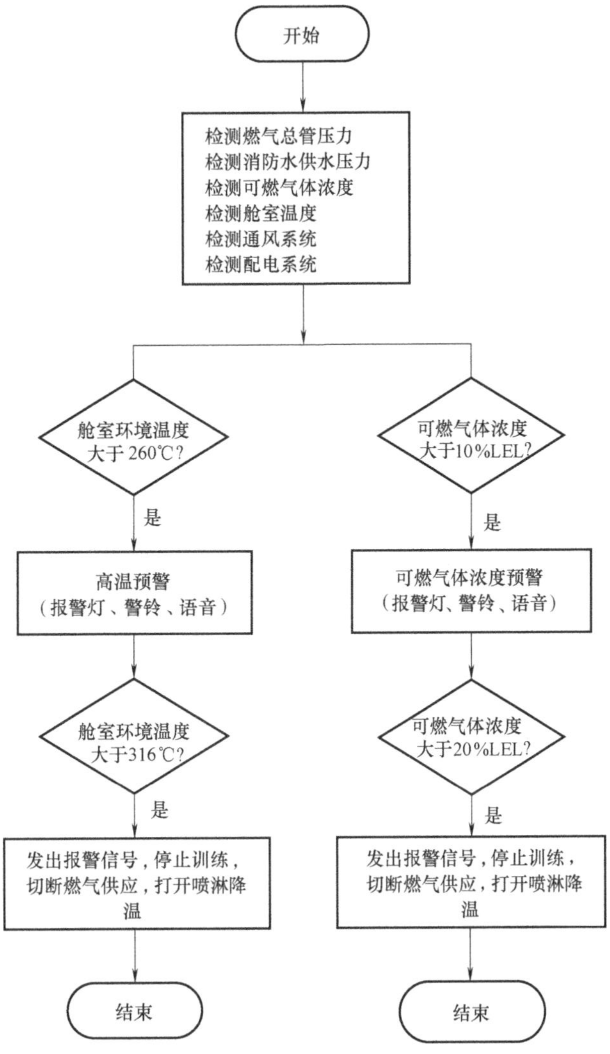

图7　安全保障流程图

相对于西门子PLC的其他类型编程语言，S7-Graph与计算机高级编程语言有着相近的特性，针对逻辑较多且较为复杂的情形，使用顺控则更加清晰，更加方便。

而且打开 Graph 程序，单击在线可以看到 Graph 中所有顺控器的执行状态，可以控制手自动模式，判断程序正在进行的步骤，方便前期的调试工作。

每一步都有监控步的时间，相对于通过梯形图等编程方式，对每一个动作的执行时间的调用也很方便。

安全保障涉及各种条件导致的急停，在前期调试过程中可能经常会有特殊状况导致频繁触发急停保障功能。此时可以用到顺控的 OFF_SQ 关闭顺控，方便调试。

本次利用顺控器建立的安全保障顺控图如图 8 所示。

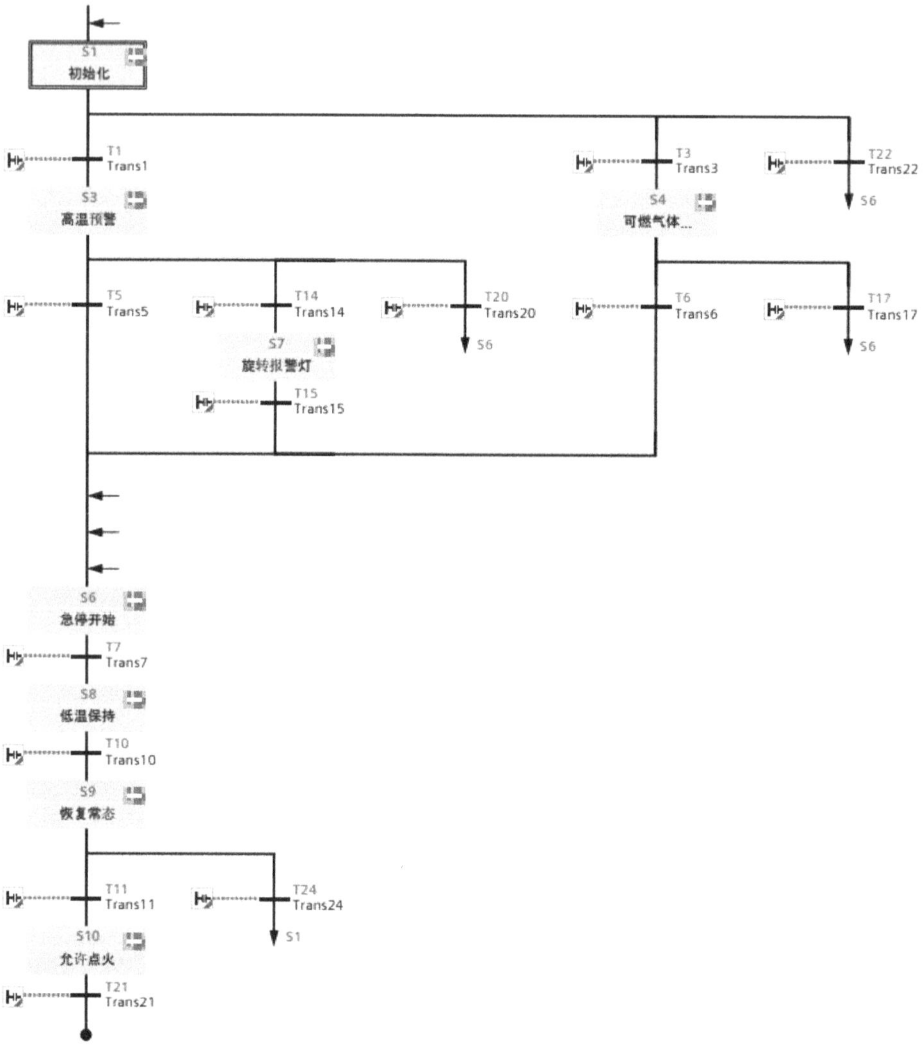

图 8　安全保障顺控图

2. 手持遥控器控制功能

遥控器用于手动训练模式。由教员在燃烧舱室，对燃烧设备进行启停控制。遥控器程序梯形图如图 9 所示。

1）遥控器有 5 个，分别对应 5 个燃烧舱室。

2）按住“安全”按钮，遥控器可以触发其他按钮的功能，包括：点火、增大、减小、熄灭、急停、蔓延、轰燃等流程。

3）在上位机设置遥控模式是否有效。即：当前遥控器是否能使用。

4）一个遥控器对应一个点火装置和至少一个燃烧器。其中，机舱（下层）例外，需要对应 1#和 2#两个点火装置。

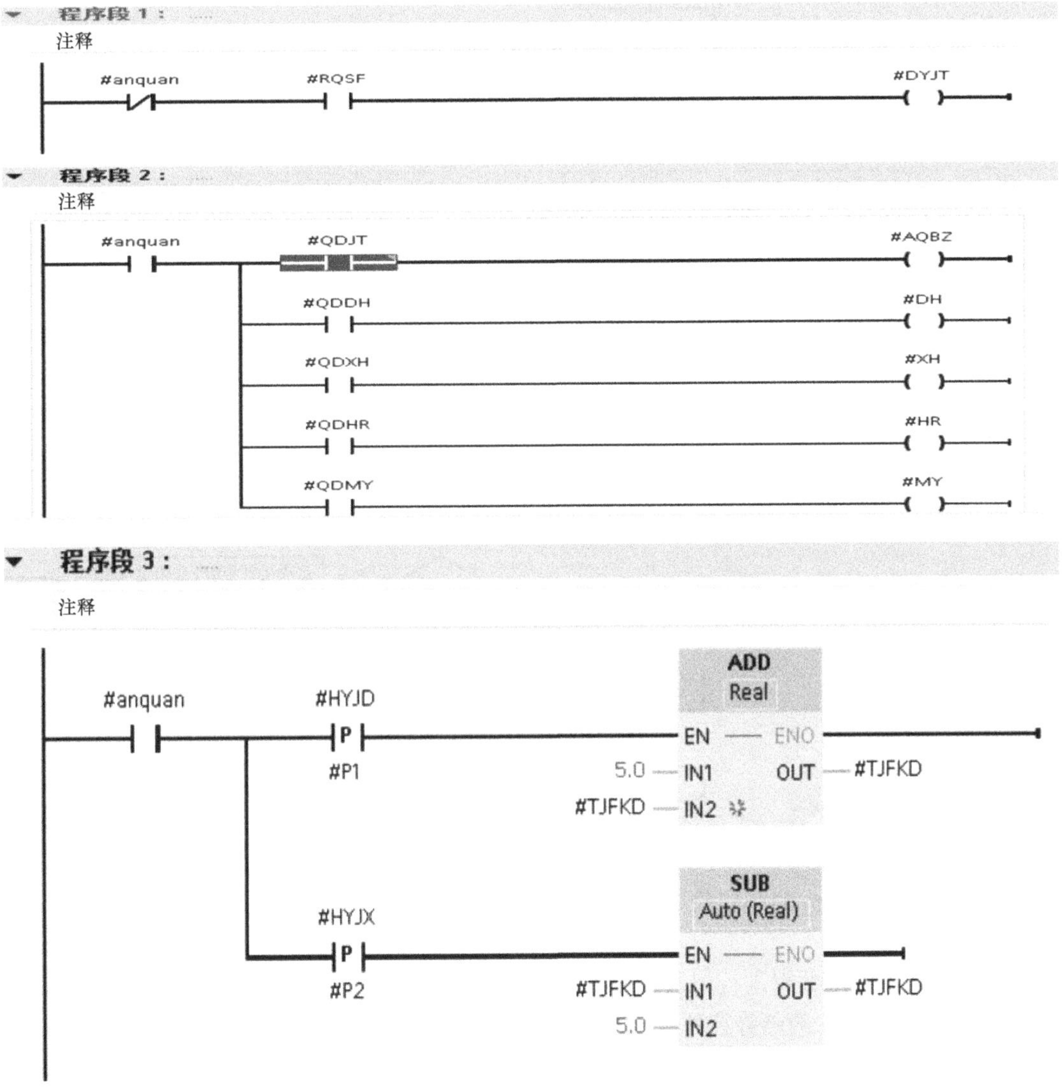

图 9　遥控器程序梯形图

3. 消防训练厨房轰燃火预案实现功能

厨房轰燃火为一个训练预案。先设置该预案相关的安全参数和设备运行参数，再启动预案（点火），通过采集设备反馈的环境参数和设备参数，对火焰大小进行控制，完成灭火训练。通过一个顺控的 FB，多个实例来完成对多个燃烧盘的点火控制，在调试过程中可以通过监控各个实例的顺控执行情况，来判断点火不成功的原因。由于调试过程中有些信号未接入系统或者点火条件尚未完全满足会导致点火失败，可以通过半自动或手动模式，结合激活步、跳转等 Graph 特有的功能，来提前测试点火流程，提升后期点火成功概率。

点火流程图如图 10 所示。

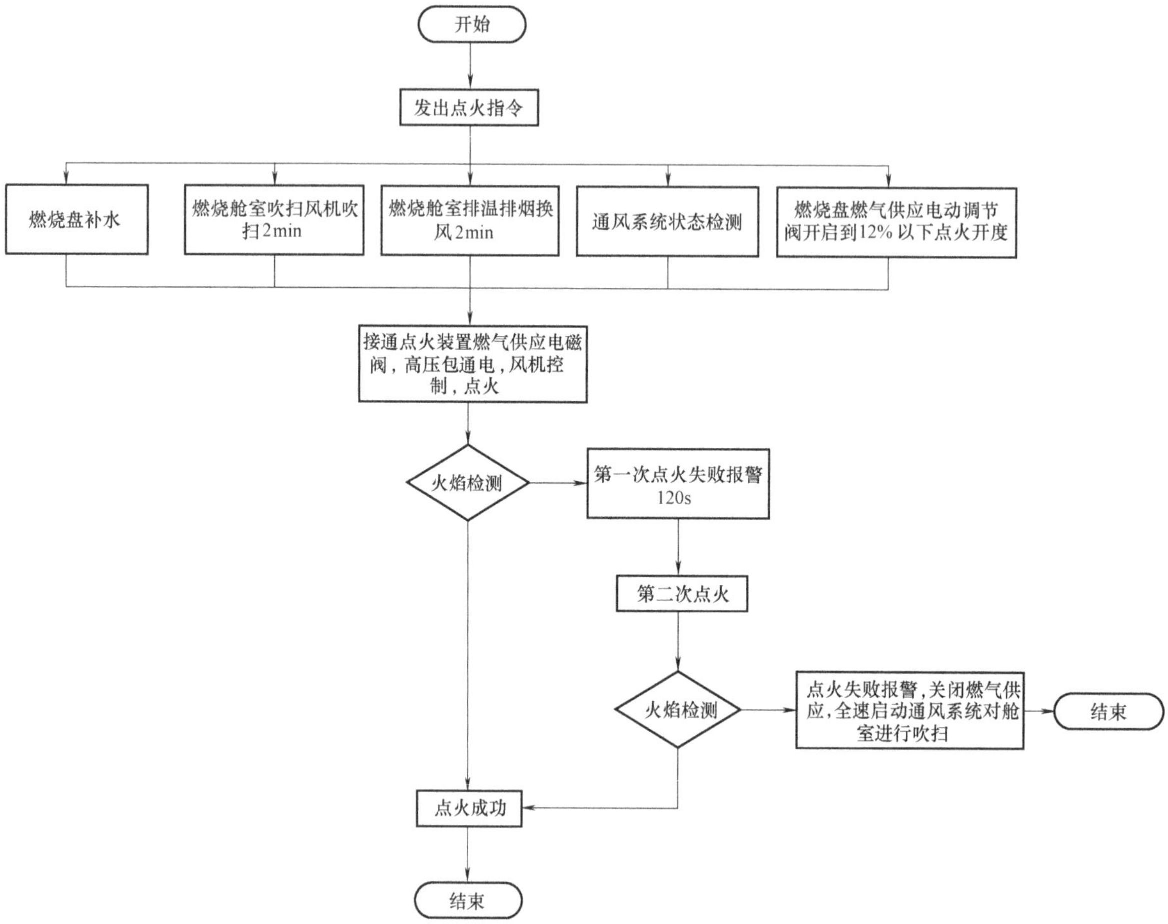

图 10　点火流程图

利用顺控器建立的点火程序顺控图如图 11 所示。

4. 点火实验

点火实验需要对温度数据进行记录，用作判断火焰效果，精度需要达到 10ms，记录 5min。

方案一：通过 WinCC 的趋势控件；

方案二：通过 PLC 程序记录数据；

方案三：通过 TIA 博途 Trace 曲线记录。

通过对比，显然 TIA 博途 Trace 更为方便，理由如下：

TIA 博途 Trace 具有采样速度快、频率高、测量点数大、监视直观、对比分析方便、存储简单等优点。

针对客户需求计算出所需要的记录数据量达到 30000 个之多。尤其是 10ms 的精度对于传统 WinCC 的变量归档能力来说是达不到的。

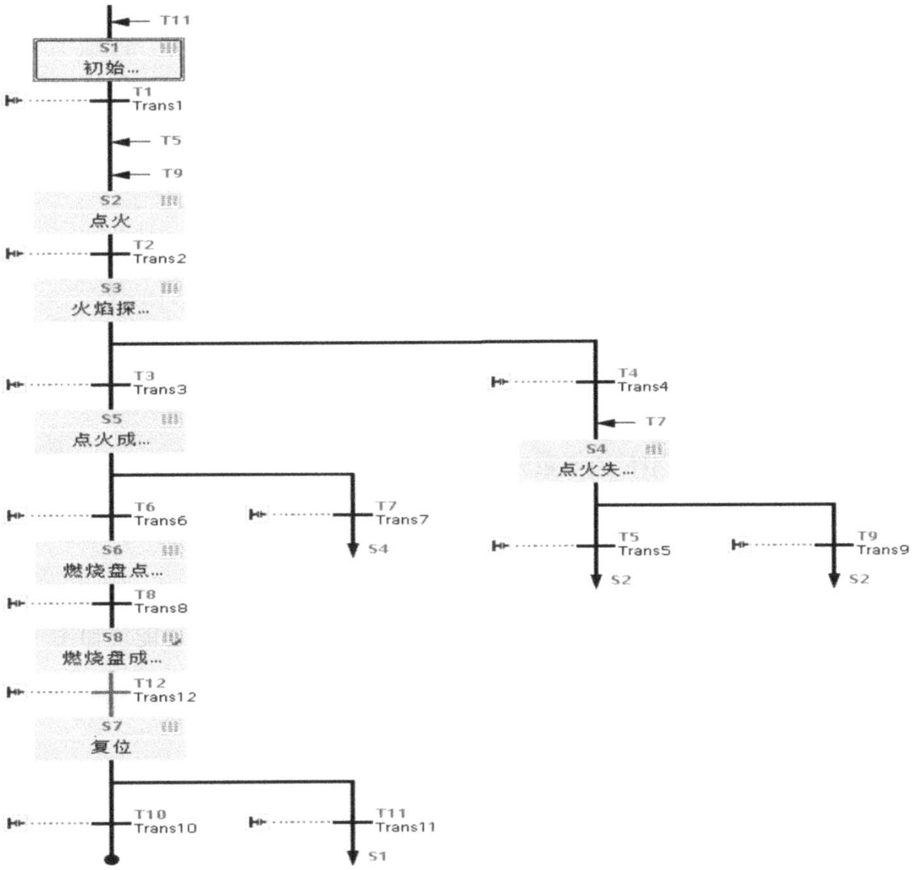

图 11　点火程序顺控图

因为 WinCC 归档周期最快一般设置到 500ms，而 PLC 可以把数据以更高的频率采集到数据块里，我们也考虑通过 1500PLC 来做数据记录的方式，通过循环 OB 来触发记录，将每 10ms 的数据依次存储到 DB 块当中，但是考虑到数据量太大，无论是将数据读取至上位机还是通过 PLC 数据块来监控，都不是一个方便快捷进行数据传输和监视对比的好办法。

在本次项目中，对于消防员的灭火效果和灭火过程中是否规范，教官可以通过燃烧盘温度的变化，来做出一定的判断与考核。利用 Trace 曲线，有以下优势：

1）可以精确到 ms 级的温度变化，记录一次消防员灭火 5min 的温度变化数据。

2）通过触发器可以自动且准确地开始记录有效的温度变化。

3）通过数据量的控制可以定时定量地将记录的数据自动保存，方便后期查看。

4）时序图和伯德图也可以帮助教官直观地对比分析灭火情况。

5. 火焰蔓延的模拟功能

需要通过调节燃气阀门的开度来控制燃烧盘周边温度，用作模拟火焰蔓延的效果。由于涉及安全问题以及考虑到现场实际情况，无法通过多次的点火实验来精确调节从而达到良好的蔓延效果。

可以通过 PLCSIM Advance 来仿真实际情况。通过观察阀门的变化和温度的变化可以大约估算出，其温度变化趋势截图如图 12 所示。

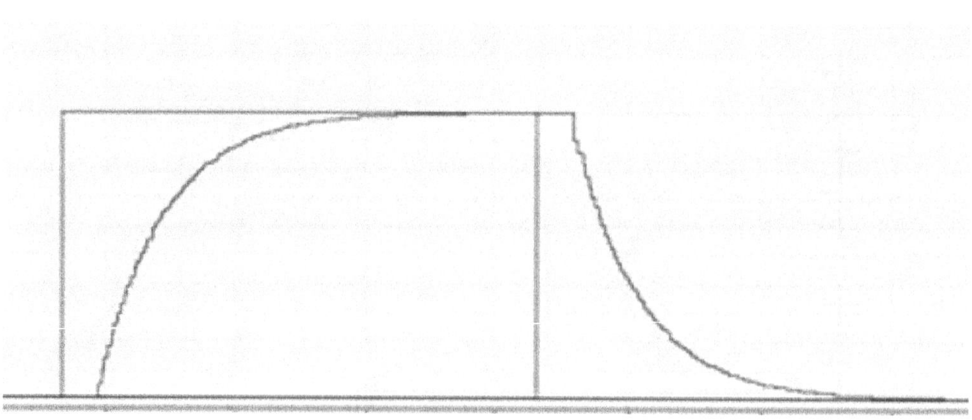

图 12　温度变化趋势截图

可以通过一个典型的数学模型传递函数来模拟温度变化，

$$F(p)=\frac{GAIN}{tmLag1\times p+1}$$

借助“PID_Compact”块和“LSim”仿真库，来模拟蔓延过程相邻燃烧盘的温度变化，从而得到一个调节阀控制开度的最佳方案。LSim 仿真功能块如图 13 所示，PID 功能块如图 14 所示，蔓延调试 Trace 图如图 15 所示。

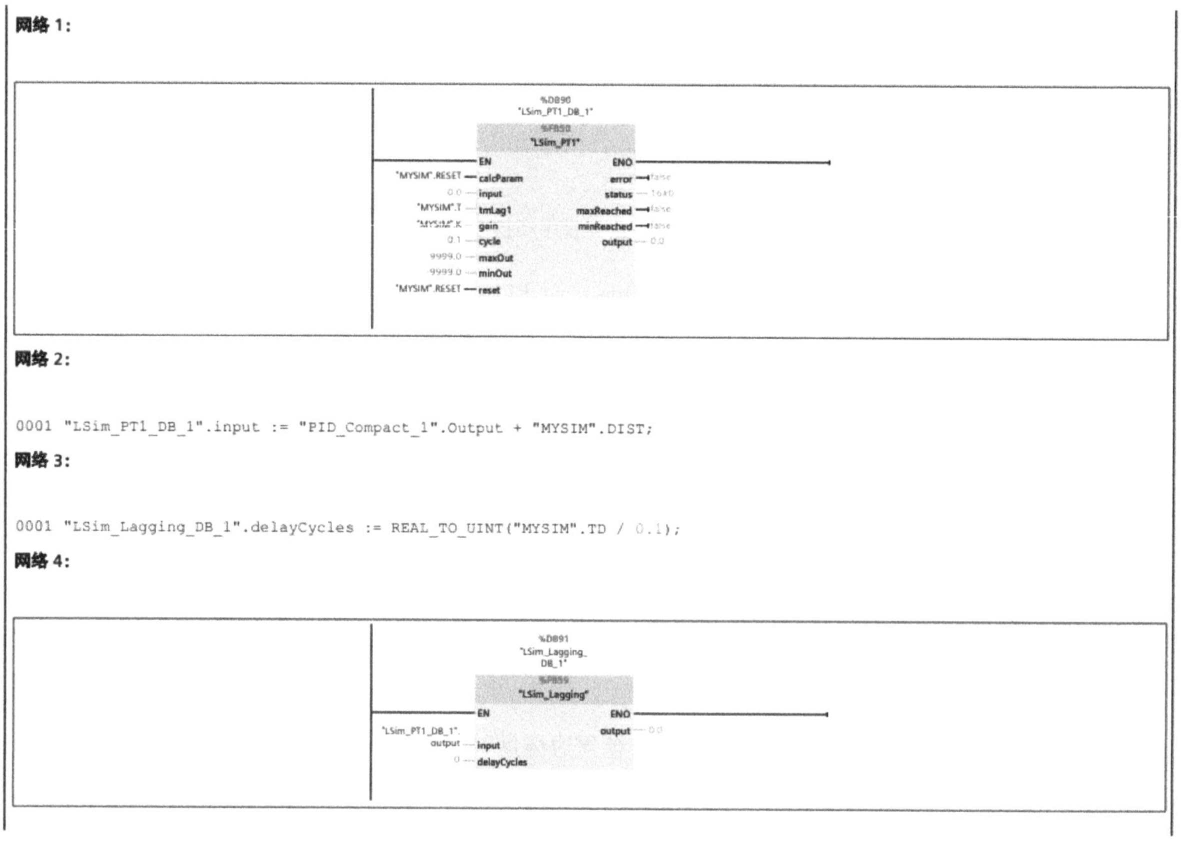

图 13　LSim 仿真功能块

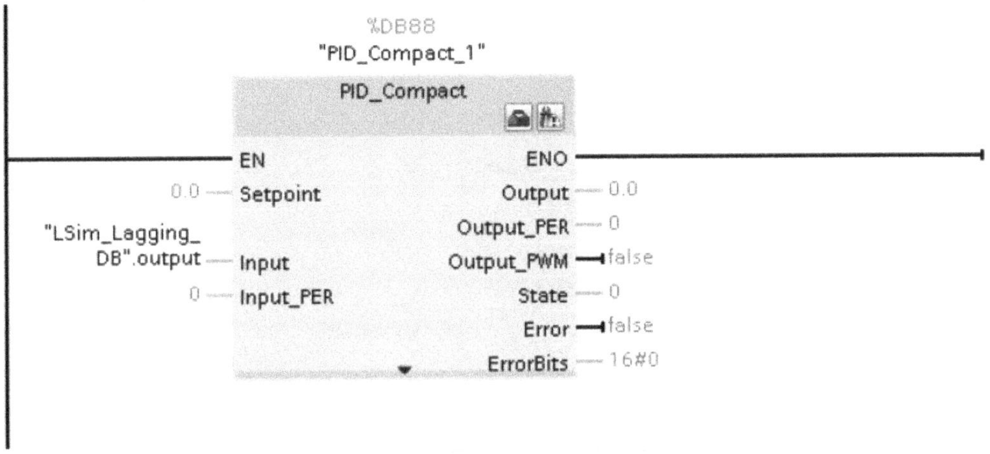

图 14 PID 功能块

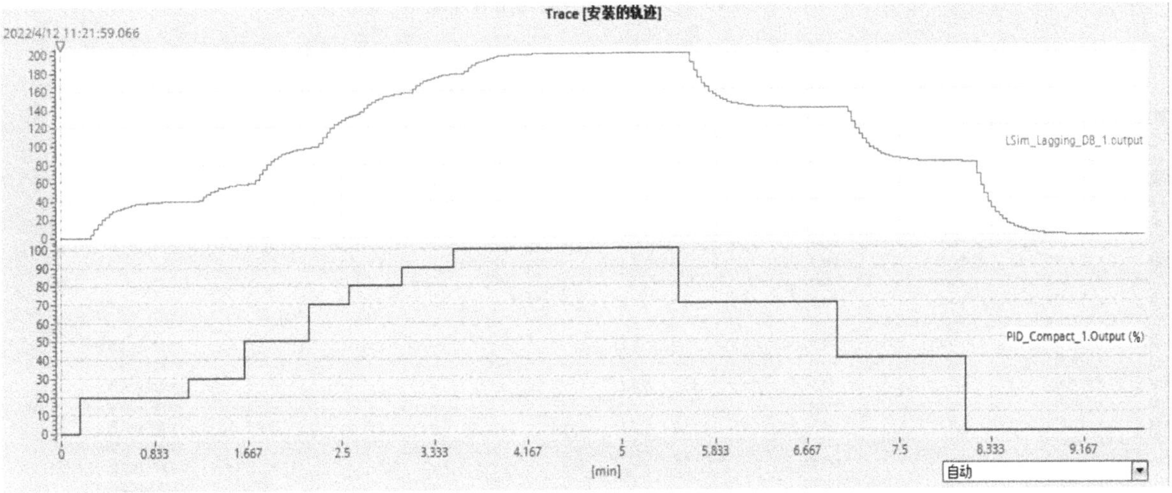

图 15 蔓延调试 Trace 图

在仿真过程中，由于蔓延过程是一个长时间的过程，因此可以借助 PLCSIM Advance 的 timescalingfactor 功能来加速仿真过程，这样能够提高测试效率。

6. 控制对象

现场大量的控制对象，通过调用 TIA 博途软件中多重对象实例以及 UDT 统一处理，结合 WinCC 弹出面板快速完成项目程序编写和画面组态。

快速完成对 95 个控制对象的驱动程序，多重对象实例调用程序段如图 16 所示。

新建的 PLC 数据类型也可方便模拟量处理程序的编写，通过 AI 数据类型的数组结合 FOR 循环即可完成对多个仪表的数据转换和报警设置，具体程序如下所述。仪表 UDT 数据块如图 17 所示。

```
FOR #k := 0 TO 95 DO
    // Statement section FOR
  #motors[#k](Mode:=#motors[#k].Mode,
              M_Start:=#motors[#k].M_Start,
              M_Stop:=#motors[#k].M_Stop,
              A_Start:=#motors[#k].A_Start,
              A_Stop:=#motors[#k].A_Stop,
              I_Remo:=#motors[#k].I_Remo,
              I_Run:=#motors[#k].I_Run,
              I_Fault:=#motors[#k].I_Fault,
              L_Start:=#motors[#k].L_Start,
              L_Stop:=#motors[#k].L_Stop,
              S_Start:=#motors[#k].S_Start,
              S_Stop:=#motors[#k].S_Stop,
              Q_Start=>#motors[#k].Q_Start,
              AUTO_OPEN=>#motors[#k].AUTO_OPEN);

END_FOR;
```

图 16　多重对象实例调用程序段

模拟量输入data（创建的快照：2021/11/18 11:59:48）

名称	数据类型	偏移量	起始值	保持	从 HMI/OPC..	从 H..	在 HMI ...	设定值	监控	注释
YB	Array[0..55] of "AI"	898.0		☐	☑	☑	☑	☐		
YB[0]	"AI"	898.0		☐	☑	☑	☑	☐		主管道燃气流量计
IN	Int	898.0	0	☐	☑	☑	☑	☐		
RANGE_L	Real	900.0	0.0	☐	☑	☑	☑	☐		
RANGE_H	Real	904.0	0.0	☐	☑	☑	☑	☐		
OUT	Real	908.0	0.0	☐	☑	☑	☑	☐		
VAL	Word	912.0	16#0	☐	☑	☑	☑	☐		
Sim_On	Bool	914.0	false	☐	☑	☑	☑	☐		
Sim_U	Real	916.0	0.0	☐	☑	☑	☑	☐		
YB[1]	"AI"	920.0		☐	☑	☑	☑	☐		1#消防栓流量计
YB[2]	"AI"	942.0		☐	☑	☑	☑	☐		2#消防栓流量计
YB[3]	"AI"	964.0		☐	☑	☑	☑	☐		7#消防栓流量计
YB[4]	"AI"	986.0		☐	☑	☑	☑	☐		8#消防栓流量计
YB[5]	"AI"	1008.0		☐	☑	☑	☑	☐		3#消防栓流量计
YB[6]	"AI"	1030.0		☐	☑	☑	☑	☐		4#消防栓流量计
YB[7]	"AI"	1052.0		☐	☑	☑	☑	☐		5#消防栓流量计
YB[8]	"AI"	1074.0		☐	☑	☑	☑	☐		6#消防栓流量计
YB[9]	"AI"	1096.0		☐	☑	☑	☑	☐		9#消防栓流量计
YB[10]	"AI"	1118.0		☐	☑	☑	☑	☐		10#消防栓流量计
YB[11]	"AI"	1140.0		☐	☑	☑	☑	☐		11#消防栓流量计
YB[12]	"AI"	1162.0		☐	☑	☑	☑	☐		12#消防栓流量计
YB[13]	"AI"	1184.0		☐	☑	☑	☑	☐		AI110_6
YB[14]	"AI"	1206.0		☐	☑	☑	☑	☐		AI110_7
YB[15]	"AI"	1228.0		☐	☑	☑	☑	☐		AI110_8
YB[16]	"AI"	1250.0		☐	☑	☑	☑	☐		床铺火燃烧盘温度传感器1
YB[17]	"AI"	1272.0		☐	☑	☑	☑	☐		床铺火燃烧盘温度传感器2
YB[18]	"AI"	1294.0		☐	☑	☑	☑	☐		住舱门1加热板温度
YB[19]	"AI"	1316.0		☐	☑	☑	☑	☐		炉灶火燃烧盘温度传感器1
YB[20]	"AI"	1338.0		☐	☑	☑	☑	☐		炉灶火燃烧盘温度传感器2

图 17　仪表 UDT 数据块

```
FOR #n := 0 TO 55 BY 1 DO
    // Statement section FOR
    IF ("模拟量输入 data".YB[#n].Sim_On = 1)THEN
```

```
        "模拟量输入 data". YB[#n]. OUT := "模拟量输入 data". YB[#n]. Sim_U;
    ELSE
        "SCALE"(IN := "模拟量输入 data". YB[#n]. IN,
            HI_LIM := "模拟量输入 data". YB[#n]. RANGE_H,
            LO_LIM := "模拟量输入 data". YB[#n]. RANGE_L,
            BIPOLAR := "AlwaysFALSE",
            RET_VAL_1 => "模拟量输入 data". YB[#n]. VAL,
            OUT => "模拟量输入 data". YB[#n]. OUT);
    END_IF;
END_FOR;
```

通过西门子“SIMATIC S7-1200，S7-1500 Channel”通道，WinCC 与 S7-1200/S7-1500 PLC 建立通信。通过 AS 读取将 PLC 变量读取至 WinCC 变量管理，通过 FACEPLATE 方便完成对各个设备的控制和对仪表的监视。WinCC 监控画面如图 18 所示。

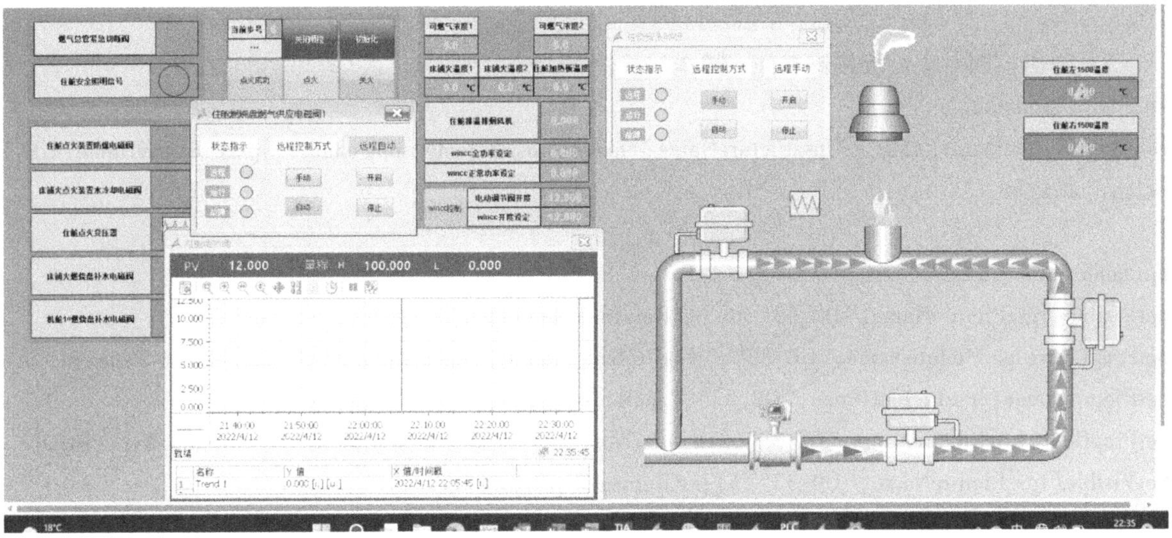

图 18　WinCC 监控画面

结合仪表和控制对象的结构变量，所使用的画面弹出脚本示例如下：

1）仪表监视面板中趋势控件 TrendTagName c 脚本如下：

```
#include "apdefap. h"
char * _main(char * lpszPictureName,char * lpszObjectName,char * lpszPropertyName)
{
#define apc_tag "Out_V"
static char TrendTag[120];
sprintf
(TrendTag,"SystemArchive\\%s" apc_tag,GetTagPrefix(GetParentPicture(lpszPictureName),GetParent-
PictureWindow(lpszPictureName)));
```

```
return TrendTag;

}
```

2）弹出仪表监视面板按钮事件 c 脚本如下：

```
#include "apdefap.h"
void OnClick(char* lpszPictureName,char* lpszObjectName,char* lpszPropertyName)
{
#pragma option(mbcs)
SetVisible(lpszPictureName,"YB7",0);//Return-Type:BOOL
SetPropChar(lpszPictureName,"YB7","TagPrefix","模拟量输入 data_YB[7]_");//Return-Type:BOOL
SetPictureName(lpszPictureName,"YB7","MonAs.pdl");//Return-Type:BOOL
SetPropChar(lpszPictureName,"YB7","CaptionText","7#消防栓流量计");//Return-Type:BOOL
SetVisible(lpszPictureName,"YB7",1);
}
```

3）弹出控制对象面板按钮事件 c 脚本如下：

```
#include "apdefap.h"
void OnLButtonDown(char* lpszPictureName,char* lpszObjectName,char* lpszPropertyName,UINT nFlags,int x,int y)
{
#pragma option(mbcs)
SetVisible(lpszPictureName,"Q0_33",0);//Return-Type:BOOL
SetPropChar(lpszPictureName,"Q0_33","TagPrefix","many_DB_motors[33]");//Return-Type:BOOL
SetPictureName(lpszPictureName,"Q0_33","motor.pdl");//Return-Type:BOOL
SetPropChar(lpszPictureName,"Q0_33","CaptionText","燃气总管紧急切断阀");//Return-Type:BOOL
SetVisible(lpszPictureName,"Q0_33",1);//Return-Type:BOOL
}
```

通过此类脚本，将公共弹窗分别定义到不同的画面窗口，并且给每个窗口中的结构变量赋予不同的变量前缀，用于操作或者监控不同的控制对象。

7. 通信相关

此次消防演练 PLC 控制系统用到了西门子 S7 通信、Modbus TCP 通信。

1）通过 S7 通信建立燃烧 PLC 与安全 PLC 和通风 PLC 的连接，S7 通信程序如图 19 所示。

2）通信 Modbus TCP 建立下位机与第三方 SCADA 软件的通信，其中 PLC 端做 TCP 服务器，上位机做客户端。

MB SEVER 程序段如图 20 所示。

Modbus 通信点位表见表 4。

四、运行效果

图 21 所示为现场点火实验的火场情形。

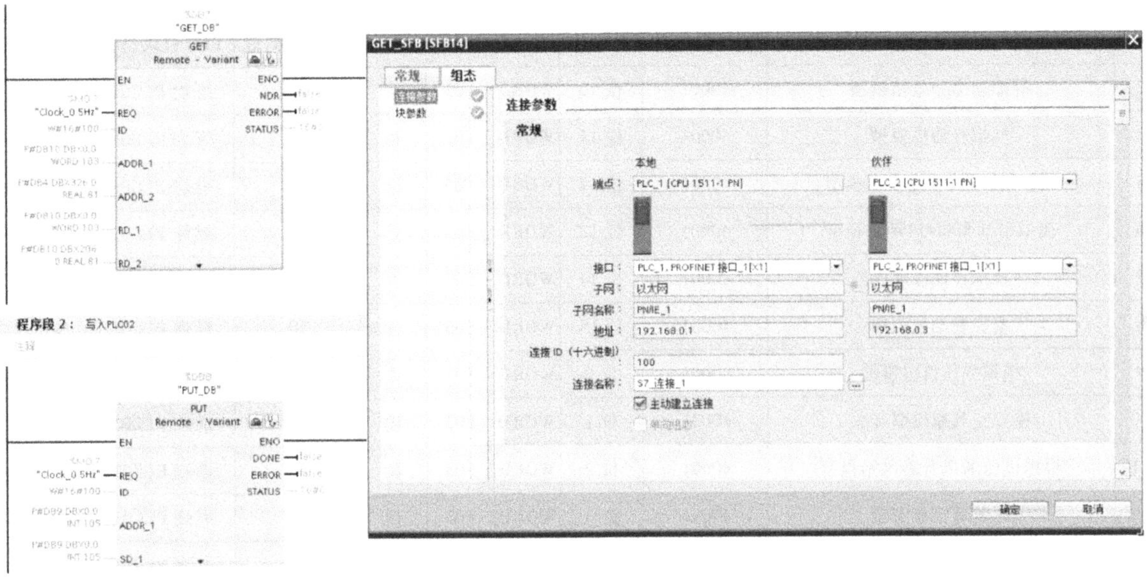

图 19　S7 通信程序

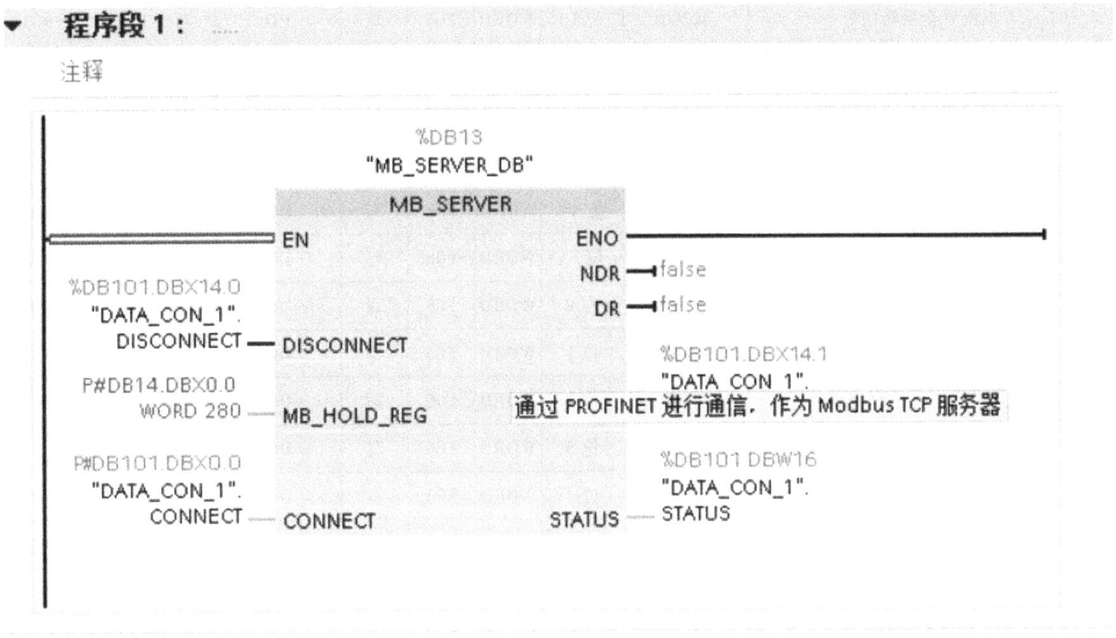

图 20　MB SEVER 程序段

表 4　Modbus 通信点位表

序号	信号描述	协议寄存器	协议位	格式	功能码	读/写	PLC 点类型	PLC 模块位置	PLC 地址
1	模拟切断电源	40001	位 8	WORD	F03	读	DI	燃烧 PLC01	%I0.0
2	模拟柴油机机旁控制箱模型	40001	位 9	WORD	F03	读	DI	燃烧 PLC01	%I0.1

（续）

序号	信号描述	协议寄存器	协议位	格式	功能码	读/写	PLC 点类型	PLC 模块位置	PLC 地址
3	模拟动力分电箱模型	40001	位 10	WORD	F03	读	DI	燃烧 PLC01	%I0.2
4	模拟废油桶模型	40001	位 11	WORD	F03	读	DI	燃烧 PLC01	%I0.3
5	模拟燃油泵组/启动器模型	40001	位 12	WORD	F03	读	DI	燃烧 PLC01	%I0.4
6	模拟滑油泵组/启动器模型	40001	位 13	WORD	F03	读	DI	燃烧 PLC01	%I0.5
7	模拟燃油隔离阀	40001	位 14	WORD	F03	读	DI	燃烧 PLC01	%I0.6
8	模拟燃油关闭阀	40001	位 15	WORD	F03	读	DI	燃烧 PLC01	%I0.7
9	模拟空压机组模型	40001	位 0	WORD	F03	读	DI	燃烧 PLC01	%I1.0
10	模拟空气瓶模型开关	40001	位 1	WORD	F03	读	DI	燃烧 PLC01	%I1.1
11	模拟机舱通风管路风闸模型	40001	位 2	WORD	F03	读	DI	燃烧 PLC01	%I1.2
12	住舱遥控器安全	40001	位 3	WORD	F03	读	DI	燃烧 PLC01	%I1.3
13	住舱遥控器急停	40001	位 4	WORD	F03	读	DI	燃烧 PLC01	%I1.4
30	住舱安全照明信号	40200	位 8	WORD	F06	写	DO	燃烧 PLC01	%Q0.0
31	厨房安全照明信号	40200	位 9	WORD	F06	写	DO	燃烧 PLC01	%Q0.1
32	机舱安全照明信号	40200	位 10	WORD	F06	写	DO	燃烧 PLC01	%Q0.2
33	电站安全照明信号	40200	位 11	WORD	F06	写	DO	燃烧 PLC01	%Q0.3
34	厨房门 1 加热控制	40200	位 12	WORD	F06	写	DO	燃烧 PLC01	%Q0.4
35	床铺火点火装置防爆电磁阀	40200	位 13	WORD	F06	写	DO	燃烧 PLC01	%Q0.5
36	床铺火点火装置水冷却电磁阀	40200	位 14	WORD	F06	写	DO	燃烧 PLC01	%Q0.6
37	床铺火燃烧盘补水电磁阀	40200	位 15	WORD	F06	写	DO	燃烧 PLC01	%Q0.7
38	床铺火燃烧盘燃气供应电磁阀 1	40200	位 0	WORD	F06	写	DO	燃烧 PLC01	%Q1.0
39	床铺火燃烧盘燃气供应电磁阀 2	40200	位 1	WORD	F06	写	DO	燃烧 PLC01	%Q1.1
40	厨房轰燃火燃气供应电磁阀 1	40200	位 2	WORD	F06	写	DO	燃烧 PLC01	%Q1.2
41	厨房轰燃火燃气供应电磁阀 2	40200	位 3	WORD	F06	写	DO	燃烧 PLC01	%Q1.3
42	厨房炉灶火点火装置防爆电磁阀	40200	位 4	WORD	F06	写	DO	燃烧 PLC01	%Q1.4
43	厨房炉灶火点火装置水冷却电磁阀	40200	位 5	WORD	F06	写	DO	燃烧 PLC01	%Q1.5
44	厨房炉灶火燃烧盘补水电磁阀	40200	位 6	WORD	F06	写	DO	燃烧 PLC01	%Q1.6
45	厨房炉灶火燃烧盘燃气供应电磁阀 1	40200	位 7	WORD	F06	写	DO	燃烧 PLC01	%Q1.7
46	住舱排温排烟风机	40236		WORD	F06	写	AO	通风 PLC03	%QW144
47	厨房排温排烟风机	40237		WORD	F06	写	AO	通风 PLC03	%QW146
48	主机舱 1#排温排烟风机	40238		WORD	F06	写	AO	通风 PLC03	%QW148
49	主机舱 2#排温排烟风机	40239		WORD	F06	写	AO	通风 PLC03	%QW150
50	电站排温排烟风机	40240		WORD	F06	写	AO	通风 PLC03	%QW152

图 21 现场点火实验的火场情形

本系统基本保证点火成功率为 100%，受现场燃气供应压力以及湿度的影响，在火焰轰燃以及蔓延效果上仍有待完善和优化的空间，本系统有着完善的急停和安全保障程序，无论在何种情况熄火的效果均满足要求。点火实验记录表见表 5。

表 5 点火实验记录表

位置	楼层	火灾类型	说明	点火装置	燃烧器	点火状况	场景模拟效果	燃烧时间/min	熄火速度
住舱	1 楼	住舱床铺火		6#	住舱床铺火燃烧盘	成功	80	15	100
厨房	1 楼	厨房轰燃火		7#	厨房炉灶火燃烧盘	成功	100	15	100
机舱(下层)	1 楼	舱底油水火 1	点燃 #5 蔓延#2-#1	1#	#5 燃烧器-#2 燃烧器-#1 燃烧器	成功	60	8	100
	1 楼	舱底油水火 2	点燃 #5 蔓延#4-#3	1#	#5 燃烧器-#4 燃烧器-#3 燃烧器	成功	80	15	100
	1 楼	舱底油水火 3	#6 无蔓延	2#	#6 燃烧器	成功	100	15	100
	1 楼	封舱灭火	不点火	无	无	无			
机舱(上层)	2 楼	机顶排烟管火		3#	机舱顶排烟管火燃烧盘	成功	100	15	100
	2 楼	燃油管喷射火	无燃烧盘、无补水	4#	干式燃烧器(燃气管)	成功	80	15	100
电站	2 楼	电站配电柜火	无需水枪灭火	5#	配电柜火燃烧盘	成功	100	15	100

五、应用体会

1. 收获

通过本次项目，个人收获的经验以及受益主要包括以下几点：

1）在调试中工程师经常会遇到信号捕捉问题，例如捕捉一个快速信号，或者快速监控一个变量的变化趋势，这些任务通过监控表很难完成，TIA 博途提供 Trace 功能，通过改变触发条件，可以捕捉与回放数据记录，使这些问题迎刃而解，调试与诊断也变得轻松和方便。博途里的 Trace 功能在本项目中非常实用，可方便监控燃气调节阀开度和燃烧盘温度信号，用光标定位分析问题更为直观，存储方便，便于不同时刻对比分析燃烧和灭火效果。

2）本项目通过 PLCSIM Advance3.0 和 PLCSIMV16 来仿真 1500 和 1200PLC，方便在前期做通信测试和程序模拟。但 S7-PLCSIM 无法仿真通信程序，与 PLCSIM Advance 相比有差距，由于版本兼容性的问题，导致多次实验仿真 1200 与 WinCC 的通信失败。

3）TIA 博途软件集成了 Graph 编程语言，该项目需模拟复杂的点火、轰燃、蔓延流程，Graph 编程起到了重要的作用。通过梯形图逻辑控制字的方式来实现逻辑控制，虽然也可完成，但相较而言，Graph 语言对于此次调试有以下优势：

① 监控程序执行所在步可以通过数值和直观的流程图体现，而梯形图可能还需要一定的时间去定位所在的程序段。

② 通过 Graph 可以很清晰地判断步无法执行下去的原因，展开转换条件即可快速作出判断，是哪一个条件不满足或者信号未收到。

③ 逻辑清晰且与前期绘制的流程图基本一致，只需填写正确相应的条件和执行的动作，即可快速完成对程序的搭建。

4）tia protal 中可以采用 SCL 与 LAD 混编的模式，作为一个有 C 基础的人来说，用 SCL 的灵活性更大。

2. 与施耐德 PLC 对比

1）西门子系列 PLC 基本都支持 S7 通信、Profinet 通信，而施耐德 PLC 基本是采用 Modbus 通信，很显然 Profinet 现场总线组态使用的方便性、可靠性和稳定性都比 Modbus 强得多。在远程 IO 扩展方面更具优势。

2）在产品线上，施耐德的 IO 通用性要更高，西门子的远程 IO 种类很多，可选性更高，但是 ET200sp 不能像施耐德那样 TM3 的 IO 模块既可以用在远程扩展，又可以用在本地扩展，而且支持的 PLC 无论是 M241、M251、M262 都是支持的，在客户选型和替换方面更为友好。

3）在软件方面，施耐德同西门子 TIA 博途一样推出 EcoStruxureMachine Expert 机器专家，但是在客户体验上有以下区别：

① 在安装软件方面，TIA 博途对系统要求高，设置多而且兼容性要求高，这样新手客户在使用西门子的第一步过程中，安装软件就碰一鼻子灰，而施耐德的机器专家安装方式既支持在线安装又支持本地安装，如果网络允许在线安装、一键安装，则不用到处找软件安装包，配置系统方便快捷。但西门子软件兼容性要求高，很多客户在安装多款西门子软件之后，软件兼容性差，在使用过程中出现 Bug，甚至导致重装系统。

② 在软件使用中，TIA 博途功能更为成熟，产品统一集成度更高，多个产品的组网更方便，虽然机器专家也可以在一个项目添加多台设备，但是不能同时在线监控设备，没有网络拓扑和 Device IO 智能从站。

③ 机器专家软件不存在 DB 块，所有数据都在变量列表，没有优化块访问，PLC 变量的调用更为棘手。而施耐德的非定位变量是一个亮点，类似于优化块中的数据，随时建立随时使用，不需要寻址。

④ 机器专家不能像 TIA 博途一样给 BOOL 型的数组定义地址，因此在编程中很难实现如 TIA 博途中使用到的 FOR 循环来访问控制 BOOL 变量。

⑤ 在模拟量的配置上，机器专家有一个很友好的细节，分辨率是可以自定义的，这样在调试过程中，看到通道的原始值很快就能对应到实际值。

⑥ 机器专家集成了仿真功能，只是停留在仿真程序逻辑。虽然 TIA 博途的仿真需要单独安装 PLCSIM Advance，但是其具有强大的功能，这是机器专家无法比拟的，可以同时仿真多台 PLC，仿真通信是施耐德 PLC 包括控制专家平台的 M340、M580、昆腾等无法比拟的。

参考文献

[1] 西门子（中国）有限公司. Library for Controlled System Simulation with STEP 7 (TIA Portal) [Z].

[2] 西门子（中国）有限公司. Closed-Loop Control with "PID_Compact" V2.3 [Z].

[3] 西门子（中国）有限公司. PLCSIM Advanced 入门操作 [Z].

PROFIenergy 在汽车生产线上的应用
Application of PROFIenergy in automobile production line

隆志勇　彭　华　杨正永　张　洪　赵文钦
（贵州吉利汽车制造有限公司　贵阳
西门子（中国）有限公司贵阳分公司　贵阳）

［摘　要］本文主要介绍了 PROFI energy 在汽车生产线上的应用。包括在汽车主机厂内实施节能的意义及可能性，利用 PROFI energy 实现节能的原理，系统的控制器及对象，主要功能及实现方法等；在非生产时间段内利用 S7-1500PLC 提供的功能块对被控对象（KUKA 机器人）进行休眠控制；在需要恢复生产前，基于 PC 网卡“WAKE ON LAN”的功能，利用 magic packet 对已休眠的设备进行唤醒，从而达到在非生产时间段内的节能。

［关键词］PROFIenergy、S7-1500PLC、KUKA 机器人、节能、“WAKE ON LAN”

［Abstract］This paper introduces the application of PROFIenergy in automobile production line. The article introduces in detail the significance and possibility of implementing energy saving in automotive OEM, the principle of realizing energy saving by using PROFIenergy, the controller and object of the system, the main functions and realization methods of the system. In the non-production period, the function block provided by S7-1500PLC is used to control the hibernation of the KUKA robot. Before resuming production, magic packet is used to wake up the hibernated device based on the function of PC network card " WAKE ON LAN", so as to achieve energy saving in the non-production period.

［Key Words］PROFIenergy、S7-1500PLC、KUKA Robot、Energy Saving、“WAKE ON LAN”

一、项目简介

1. 项目背景

随着气候变迁在给全球范围内带来的影响，碳排放的控制已成为世界各国家关注及讨论的热点。与之对应的，我国也制定了诸多政策及施行方案，积极推进各个行业的节能减排工作。汽车主机厂具备生产规模大、自动化程度高、能耗大的特点，同时汽车企业对精益生产要求高，因此能源管理及节能增效对响应国家政策、降低企业成本、增强企业竞争力具有重要的意义。

吉利汽车贵阳整车制造基地于 2015 年 11 月动工建设，2018 年 4 月起动生产线运行，建有注塑、冲压、焊装、涂装、总装等完备的汽车工艺生产线。基于打造高水平自动化生产及智能制造的需求，全线的工控硬件采用了 S7-1500F 系列 PLC、TP1200 comfort HMI、ET-200SP 分布式 IO、G120 系列变频器、S120 伺服驱动器、SCALANCE X 系列交换机等西门子控制产品，工控软件平台基于 TIA Portal V14。电气标准中现场总线采用 PROFINET，具备通过 PROFIenergy 实现能源管理及节能降耗的条件。

2. 项目需求

本项目已在正常生产的吉利汽车贵阳制造基地焊装车间生产线试点实施。吉利贵阳焊装车间由主焊线、机舱地板线、侧围线、门盖线、空中输送线等主要线体组成，有焊接机器人共计 250 余台。全线由 30 余套 CPU 1517F-3PN/DP PLC 搭建的系统控制生产运行。图 1 所示为焊装车间地板线一角。

图 1　焊装车间地板线一角

基于焊装车间线体有大量非生产时间，这些时间内所有的执行器基本处于不工作状态。例如作为执行器之一且数量庞大的焊接机器人处于待机状态时，机器人示教器正常工作显示，主板供电，风扇运转，主机运行，指示灯显示，伺服控制器运行，抱闸释放等，此时单台机器人待机功率为 300W。待机时焊装车间机器人的总待机功率为 75kW，按单班生产状态下每天非生产时间为 14 小时计算，每天仅机器人待机就消耗电能 1050kW · h。这部分电能的消耗，实际上未带来任何生产上的收益，属于被浪费掉的能源。如果每次生产结束后通过人工对机器人进行关机、断电工作，则工作量庞大；第二天开工生产，从人工操作机器人开机到可以正常运行时，所耗费的操作和等待时间同样很长。基于 PROFINET 总线运行的控制系统，自然具备利用 PROFIenergy 实现能源控制的条件，因此利用控制系统集中“软关断”这些机器人，对于节能降耗和增加企业收益都具有事半功倍的效果。

二、控制系统构成

1. 方案配置

焊装车间总计有 30 余套 CPU1517F-3PN/DP PLC 搭建的系统控制着生产运行，且各线体已经处于正常生产状态，为了减小对生产的影响，先对培训区域的单台机器人进行节能控制功能测试，再到一条规模适中的生产线体上进行一定范围内的试用，最后在整个焊装车间使用。

试用线体选择前地板焊接线，线体的主要控制对象为 10 台 KUKA 机器人及其附属的搬运夹具、焊钳等，线体的功能为全自动地完成白车身的前地板部分的焊接及转运等工作。项目中各元器件使用数量较多，限于篇幅，表 1 列出与项目部分相关的元器件。

2. 系统结构网络图

限于篇幅，图 2 所示为项目相关的部分设备的网络结构图。

表 1　相关元器件

序号	名称	描述	订货号	数量
1	CPU 1517F-3 PN/DP	故障安全型 CPU，代码存储器 3MB、8MB 数据存储器，位处理能力 2ns	6ES7 517-3FP00-0AB0	1
2	CP 1543-1	用于将 SIMATIC S7-1500 连接到工业以太网的 CP 1543-1 通信处理器、RJ-45 千兆位接口、TCP/IP、ISO、UDP、S7 通信、IP 路由、IP 广播/组播、安全（防火墙、VPN）、安全 OUC、FTP 客户端/服务器、SNMPv1/v3、DHCP、电子邮件、IPv4/IPv6、使用 NTP 进行时间同步、1 x RJ-45（10/100/1000 Mbps）	6GK7 543-1AX00-0XE0	1
3	TP1200 精智面板	12.1″TFT 显示屏、1280×800 像素、16M 色，触摸屏，1xMPI/PROFIBUS DP，1x 支持 MRP 和 RT/IRT 的 PROFINET/工业以太网接口（2 个端口），2x 多媒体卡插槽；3xUSB	6AV2 124-0MC01-0AX0	9
4	SCALANCE X216	SIMATIC NET、SCALANCE X216、网管型工业以太网交换机、16 个 10/100 Mbps RJ-45 端口、LED 诊断，可使用按钮设置信令触点，冗余电源，PROFINET IO 设备，介质冗余/冗余管理器，可选 C-PLUG	6GK5 216-0BA00-2AA3	2
5	ET200SP 分布式 IO	接口模块+ IO 模块	6ES7 155-6AU00-0BN0	10
6	KUKA 机器人控制器	KR C4	/	10

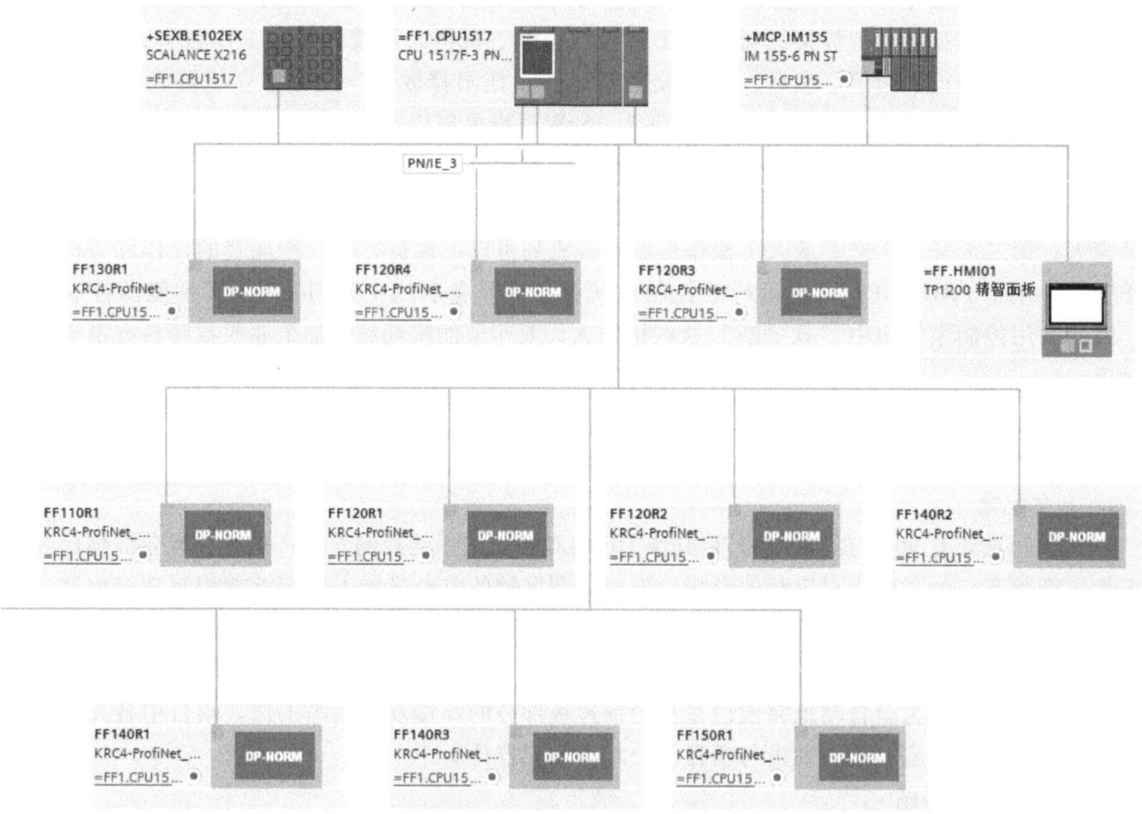

图 2　部分设备网络结构图

三、功能与实现

1. PROFIenergy 及其原理

PROFIenergy 是由 PROFIBUS & PROFINET 国际协会（PI）提出的基于 PROFINET 的标准化应用行规，可以通过已经定义的 PROFIenergy 命令（以下简称 PE 命令），在无生产时期，以系统协调的方式使单个设备或整体设备关闭或转换为更优化的能源利用状态（节能状态），在需要生产之前，再自动恢复到生产就绪状态。PROFIenergy 具备以下特点：

1）在节能状态下，可以保持网络的通信；

2）可以读出设备的状态及节能效值；

3）可以与不具备 PROFIenergy 功能的现场设备在同一个 PROFINET 网络中使用。

4）可以利用现有的系统实施，不需要投入额外的成本。

通常而言，每个机器或系统基本都有两种状态，即开和关。这些状态也可以代表生产状态。从能耗角度来说，开状态表示最高能耗，关状态表示最低能耗。理想情况下，能耗在关状态为零，但此时设备处于关闭状态，只能通过手动恢复到生产状态。

PROFIenergy 将设备能耗状态分为如图 3 所示的几个状态，各状态下能耗以及恢复到生产所需的时间均不相同。

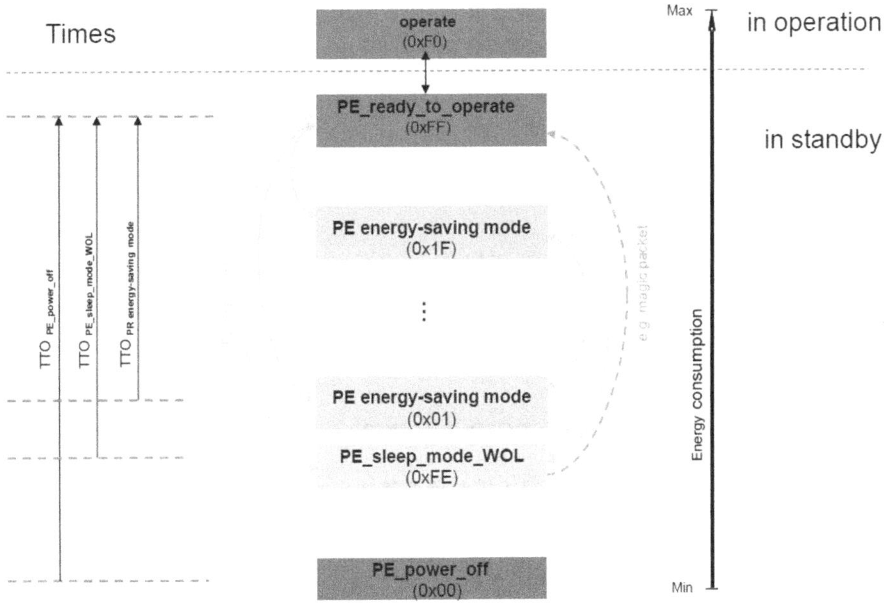

图 3 PROFIenergy 设备能耗状态图

1）operate：可以代表设备处于开状态，表示设备正处于生产操作中。

2）PE_power_off：在此状态下，设备已被切断能源，也代表设备处于关状态。意味着所有的 PROFINET 通信已中断，设备不能通过 PROFINET 通信控制自动恢复到生产中。

3）PE_ready_to_operate：设备已在等待操作，但未进入生产操作。在此状态下，设备可以被触发转换到节能状态。同时，所有的 PROFINET I/O 通信处于激活状态。

4）PE energy-saving mode：支持 PROFIenergy 功能的设备，至少具备一个由制造商定义的 PEenergy-saving_mode 状态编号。从能耗角度来看，此状态处于 PE_power_off 和 PE_ready_to_operate 之间。

5）PE_sleep_mode_WOL：这是一种为 PC 开发的特殊节能状态。在此状态下，没有 PROFINET I/O 通信，因此不能通过 PE 命令进行关断或开启设备。WOL 是 WAKE ON LAN 的简写，是一种由 AMD 公司最早提出的应用于计算机网卡和主板的技术规范。允许网卡以很低的功耗运行，且只对特定数据包的数据（magic packet）做出反应，引导主板启动系统运行，从而设备可以进入“PE_ready_to_operate”状态。

2. S7-1500 控制器的 PROFIenergy 扩展指令

S7-1500 系列的 PLC 可以利用 TIA 博途软件已集成好的扩展指令 PE_START_END、PE_CMD、PE_WOL 等发送 PE 命令控制具备 PROFIenergy 功能的设备进入节能或退出节能模式，如图 4 所示。

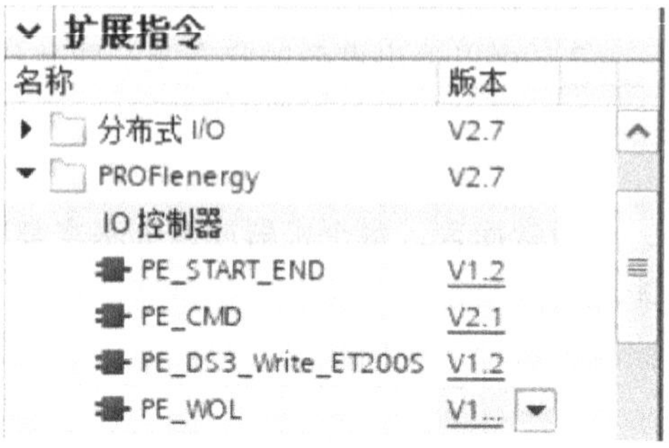

图 4　扩展指令

1）PE_START_END：用于控制设备进入和退出的节能模式，并在执行后，将设备当前的节能模式反馈到输出参数中。

2）PE_CMD：通过改变输入参数选择命令方式，用于控制设备起动和退出的节能模式，还可以从设备中读取更多信息和相应的能量测量。

3）PE_WOL：可以向系统中多个设备发送 PE 命令 Start_Pause 和 End_Pause，如果设备通过 UDP 连接，支持 WAKE ON LAN 功能，那么就可以通过指令协调控制多个 PE 设备。

3. 被控对象的 PROFIenergy 功能

本次项目的主要控制对象是 KUKA 机器人，控制器型号为 KR C4，它定义了自己的三个 PROFIenergy 状态，如下：

1）Ready_To_Operate：控制器就绪，等待操作。

2）Drive bus OFF：驱动已关闭，是一种 PE_energy-saving_mode 状态。

3）Hibernate：控制器进入休眠状态，只对 WAKE ON LAN 的数据包做出反应，PE_sleep_mode_WOL。

机器人控制器 KR C4 控制能够响应的 PE 命令见表 2。

表 2　机器人控制器能够响应的指令

命令	描述
Start_Pause	机器人控制器关闭伺服驱动
End_Pause	机器人控制器从 Drive bus OFF 中恢复
Start_Pause_Time_Info	查询控制器转换状态所需时间
Info_Sleep_WOL	从设备确定关于 PE_sleep_mode_WOL 状态的信息
Go_WOL	将设备转换到 PE_sleep_mode_WOL 状态
Query_Version	由于 PROFIenergy 有两个版本（V1.0 和 V1.1），它们在一些命令的结构上有所不同，因此该命令查询确定设备支持的 PE 版本
List_Modes	列出控制支持的节能模式
Get_Mode	查询指定节能模式信息

要激活 KUKA 机器人控制器的 PROFIenergy 功能，必须先通过 WorkVisual 进行 PROFINET 网络配置，如图 5 所示。

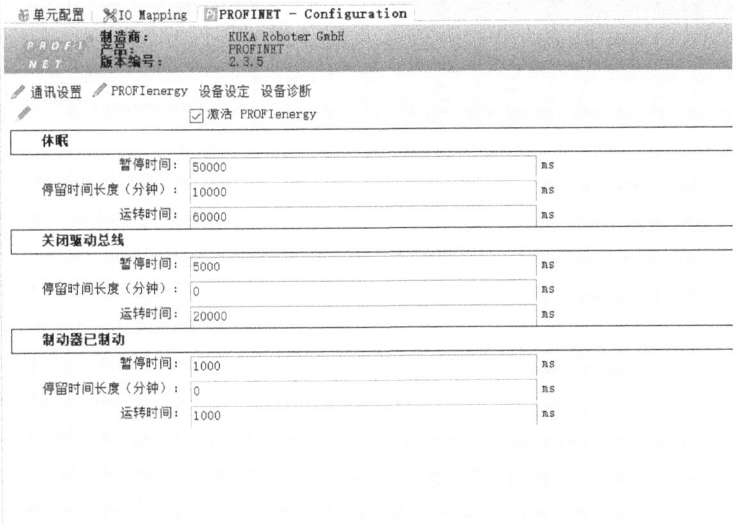

图 5　PROFINET 网络配置

4. 控制功能的实现

按照现场的生产情况分析，每天单班生产完成后，大约有 14~16 个小时处于空闲时间，此时段内不会进行设备的操作。从 KUKA 机器人控制支持的节能模式来分析，Drive bus OFF 简单易实施，恢复生产所需时间很短。但此模式下，仍然有 KUKA TP、控制器 PC、控制器温控风扇在运行。因此，选择节能效果更明显的 PE_sleep_mode_WOL 模式，让控制器的主板网卡以低功耗运行，其他主要耗能元器件关闭。在此种模式下，单台 KUKA 机器人的待机功率可由 300W 降低到 40W。

在扩展指令库中调用 PE_WOL，在执行控制休眠前，需要利用块的输入 COM_RST 进行初始化，对连接在 PROFINET 网络中且设备编号小于 256 的设备进行寻址，将完整的 I&M 数据储存于背景 DB 的 PENERGY 中，其中也包括设备支持 PROFIenergy 模式、支持 WAKE ON LAN 等数据，如图 6 所示。

在初始化完成后，利用输入 start 对网络内所有支持 WAKE ON LAN 功能的设备执行休眠操作，控制程序如图 7 所示。

指令执行后，成功地使机器人控制器进入"PE_sleep_mode_WOL 模式。

而休眠后的唤醒，根据本工厂的实际情况，结合 magic packet 唤醒的原理，利用 TCON、TDISCON、TUSEND 等系统功能块，通过自己编写一段代码用来发送 magic packet 来实现。回到网卡支持的 WAKE ON LAN 工作原理，休眠后的网卡只监听特定的报文（magic packet），此报文结构为连续 6 个字节的 255，（FF FF FF FF FF FF）紧接着为网卡自身的 48 位 MAC 地址，重复 16 次，数据包共计 102 字节。这个帧片段可以包含在任意协议中，最为常见的是 UDP。例如某一台机器人控制器网卡 MAC 地址为 90-1B-0E-CD-A7-47，则能够唤醒它的 magic packet 如下：

[FFFFFFFFFFFF901B0ECDA747901B0ECDA747901B0ECDA747901B0ECDA747901B0ECDA747901B0ECDA747901B0ECDA747901B0ECDA747901B0ECDA747901B0ECDA747901B0ECDA747901B0ECDA747901B0ECDA747901B0ECDA747901B0ECDA747901B0ECDA747]

▼ Device	Array[1..256] of PE_DEVICE	
▼ Device[1]	PE_DEVICE	
▼ Device	PE_DEV	
DeviceID	HW_DEVICE	0
PE_EntityID	HW_IO	0
▶ MACAddr	Array[1..6] of Byte	
▶ IPAddr	Array[1..4] of Byte	
OrderID_MxLen	Byte	16#0
OrderID_ActLen	Byte	16#0
▶ OrderID_Data	Array[1..20] of Char	
▼ PE	PE_PE	
ModeID	Byte	16#0
Result	Byte	16#0
PauseTime	Time	T#0ms
TimeToPause	Time	T#0ms
TimeToOperate	Time	T#0ms
MinSleepTime	Time	T#0ms
SleepToOperate	Time	T#0ms
StatusOperate	Bool	false
StatusPause	Bool	false
StatusSleep	Bool	false
StatusTransitOK	Bool	false
StatusInTransit	Bool	false
StatusTransitNOK	Bool	false
StatusError	Bool	false
StatusRetryEx	Bool	false

图 6　扩展指令库

前面提到，执行 PE_WOL 初始化后，可以寻址获得所有支持 WAKE ON LAN 设备的 MAC 地址，如图 7 所示。按照 magic packet 报文结构，便可以生成唤醒该设备的数据包，生成程序如图 8 所示。

```
#PE_WOL(COM_RST := #WOL.COM_RST,
        START := #WOL.START,
        END := #WOL.END,
        STATUS => #WOL.STATUS,
        PENERGY := #WOL.PENERGY);
#WOL.COM_RST := false;
#WOL.PENERGY.Header.PROFINET_ID := #ProfinetIOsys;
#WOL.PENERGY.Header.PortNo := #PortNo;
#WOL.PENERGY.Header.Connection.ID := #ConnectionID;
#WOL.PENERGY.Header.Connection.REM_TSAP_ID[1] := #PortNo.%B1;
#WOL.PENERGY.Header.Connection.REM_TSAP_ID[2] := #PortNo.%B0;
```

图 7　控制程序

```
IF #PE_WOL.s_ConfiguredStations[#Index] THEN
    FOR #Index1 := 1 TO 6 DO
        #TUSEND.DATA[#Index1] := B#16#FF;
        FOR #Index2 := 1 TO 32 DO
            #TUSEND.DATA[#Index1 + 6 * #Index2] := #DevBuf[#Index].MACAddr[#Index1];
        END_FOR;
    END_FOR;
END_IF;
```

图 8　生成数据包的程序

接下来利用指令 TCON 和 TDISCON 建立和断开 PLC 与机器人控制器的通信连接，用指令 TUSEND 按 UDP 协议将 magic packet 发送给机器人控制器网卡，控制程序如图 9 所示。

经过测试，自己封装的 magic packet 发送给控制器网卡后，可以唤醒处于休眠状态的机器人控制器。

TCON_ConfDB

名称	数据类型	起始值
▼ Static		
InterfaceId	HW_ANY	64
ID	CONN_OUC	1
ConnectionType	Byte	19
ActiveEstablished	Bool	false
▼ RemoteAddress	IP_V4	
▼ ADDR	Array[1..4] of Byte	
ADDR[1]	Byte	0
ADDR[2]	Byte	0
ADDR[3]	Byte	0
ADDR[4]	Byte	0
RemotePort	UInt	0
LocalPort	UInt	2000

```
#TCON_Instance(CONNECT := "TCON_ConfDB",
               ID := 1,
               REQ := #TCON.REQ,
               DONE => #TCON.DONE,
               BUSY => #TCON.DONE,
               ERROR => #TCON.ERROR,
               STATUS => #TCON.STATUS);
#TDISCON.ID := #TCON_Instance.ID;
#TDISCON_Instance(REQ := #TDISCON.REQ,
                  ID := #TDISCON.ID,
                  DONE => #TDISCON.DONE,
                  BUSY => #TDISCON.BUSY,
                  ERROR => #TDISCON.ERROR,
                  STATUS => #TDISCON.STATUS);
```

```
IF #TUSEND.REQ AND #Count3 < 10 THEN
    #Count1 := #Count1 + 1;
END_IF;
IF #Count1 = 256 THEN
    #Count3 := #Count3 + 1;
    #Count1 := 0;
END_IF;

#TUSEND_Instance(REQ := #TUSEND.REQ,
                 ID := #TUSEND.ID,
                 LEN := #TUSEND.LEN,
                 DONE => #TUSEND.DONE,
                 BUSY => #TUSEND.BUSY,
                 ERROR => #TUSEND.ERROR,
                 STATUS => #TUSEND.STATUS,
                 DATA := #TUSEND.DATA,
                 ADDR := #TUSEND.ADDR);
```

图 9 控制程序

四、运行效果

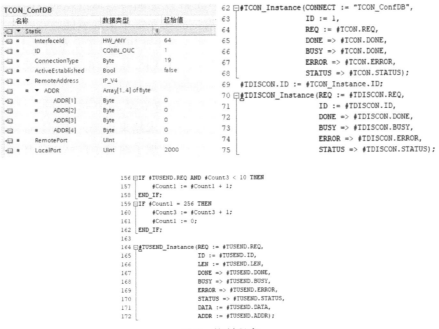

为便于生产恢复和操作，在 TP1200 Comfort HMI 上组态了休眠及唤醒控制按钮以及定时唤醒功能。同时也对节能效果进行了可视化，在 HMI 上进行展示，效果如图 10 所示。在前地板线成功地应用 PROFIenergy 之后，对其余线体也进行了部署，控制效果良好。焊装车间全线应用后，以年生产时间 300 天进行评估，结合工厂机器人的数量，全年最高可节约电能 279552kW · h，根据当地电费单价，全年最高可降低能耗成本 21. 25 万元，给企业带来的节能增效效果显著。

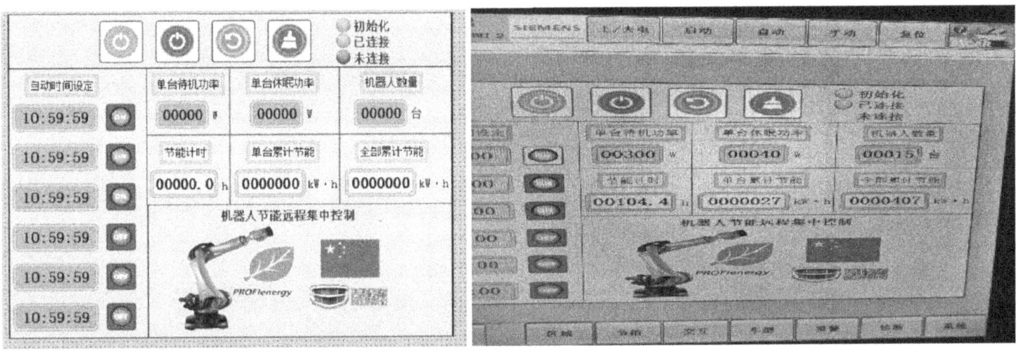

图 10 HMI 展示效果

五、应用体会

实际上，西门子的 TP1200 Comfort、ET 200SP 均支持 PROFIenergy 功能，但本次项目在做能耗分析时，鉴于 KUKA 机器人待机功率和休眠功率的差值为 260W，所以只选了 KUKA 机器人控制器作为节能控制对象。在需要更多地使用 PROFIenergy 进行节能时，也可以将 TP1200 Comfort、ET 200SP 纳入节能控制范围。同时，本次项目是在原有的控制系统中增加节能管理功能，且不能升级原产线的软件平台版本（基于 TIA PORTAL V14），所以并未使用西门子发布的关于 PROFIenergy 库的功能块（如 WAKE_ON_LAN BLOCK，基于 TIA PORTAL V15.1、V16 等），如后续在新项目中实施节能管理，使用这些库的功能块会更加方便实施，缩短调试时间。

实施本次项目时，了解到 PROFIenergy V1.0 版本的规范早在 2010 年 1 月便已提出并发布，但国内目前应用并不广泛。一方面体现出随着控制碳排放的要求越来越严，各行各业对节能也越来越重视，将不会放过点点滴滴的节能改善机会。另一方面也体现了西门子产品对于环境保护的重视以及为客户创造额外价值的能力。

参考文献

[1] 西门子（中国）有限公司. Application Guideline for Implementing Switch-off Concepts with PROFIenergy [Z], 2014.

[2] 西门子（中国）有限公司. PROFIenergy "Wake on LAN" Block [Z], 2019.

[3] 库卡机器人（上海）有限公司. Controller Option KR C4 PROFINET 3.0 [Z], 2013.

基于 MATLAB 实现 TIA 博途 PID 控制
TIA PID control based on MATLAB

刘　衡
（西门子（中国）有限公司重庆分公司　重庆）

［ 摘　要 ］ 本文主要描述基于 MATLAB 在 TIA 博途 S7-1200/1500 的 PID 控制中的应用过程，在实际项目应用中，由于被控对象特殊等，TIA 博途中自带的二自由度 PID 不能很好地达到控制效果，所以借助 MATLAB 中的系统识别、PID、Simulink、PLC coder 等工具箱实现在 PLC 中控制的改善。

［ 关 键 词 ］ MATLAB、S7-1200/1500、PID

［ Abstract ］ This paper mainly describes the application process of PID control based on MATLAB in TIA S7-1200/1500. In the actual project application, due to the special controlled object, the two degree of freedom PID brought by TIA cannot achieve the control effect well. Therefore, the improvement of control in PLC is realized with the help of system identification, PID, Simulink, PLC coder and other toolboxes in MATLAB.

［ Key Words ］ MATLAB、S7-1200/1500、PID

一、项目简介

1）本项目是重庆做温湿度控制的客户，主要应用于医药行业。

2）设备工艺相对简单，当产品放入设备后，启动 PID 进行温度和湿度的控制。

3）项目使用的是 S7-1200+TP 触摸屏，控制对象是加湿器和加热器。

二、系统结构

1. 系统中使用到的软件、硬件产品

软件产品：TIA、MATLAB

硬件产品：S7-1200、TP 触摸屏

2. 系统结构图、工作流图

（1）系统结构图（见图 1）

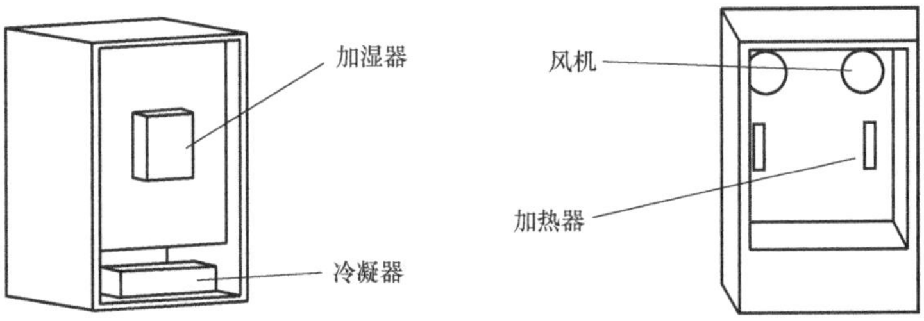

图 1　系统结构图

（2）工作流程图（见图 2）

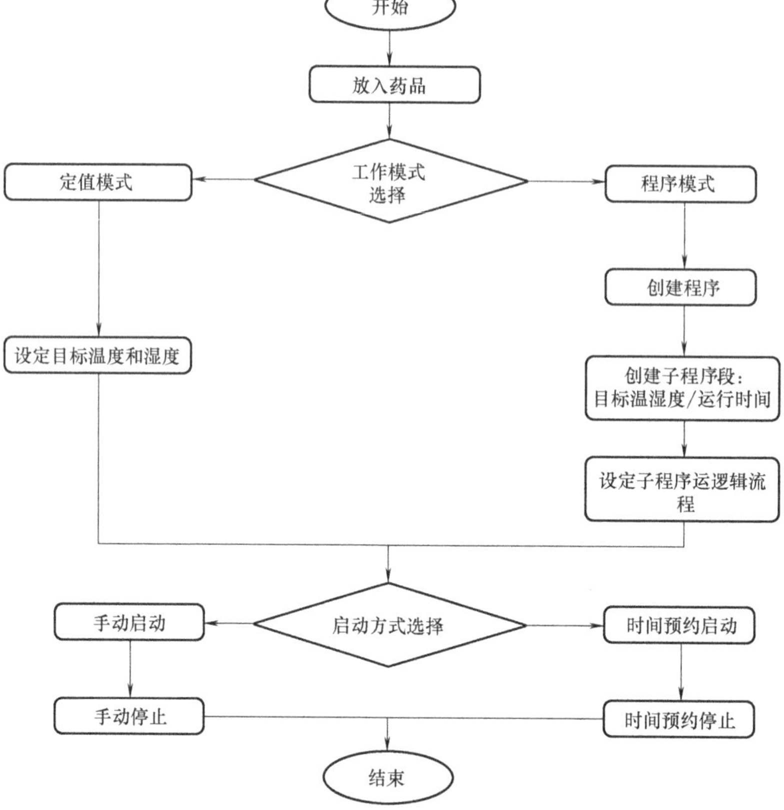

图 2　工作流程图

三、功能与实现

1. 系统实现的主要功能

本系统实现的主要功能是实现温度和湿度的稳定控制，确保控制效果在客户允许的波动范围内即可。

2. 重要或难点功能的实现

本设备控制难点主要在湿度控制上，而温度控制使用 TIA 博途自带 PID 及整定就能实现很好的控制效果，但是湿度波动度较大，使用 TIA 博途自带控制难以达到客户满意的效果。因此，这里采用 MATLAB 来显示温度控制的改善。

（1）系统识别

通过 TIA Trace 功能采集设备湿度控制输入和输出曲线历史数据，用 MATLAB 系统（见图 3）识别对被控对象模型进行识别。

通过修改极点、零点和输入延时设置，获得不同的识别模型。

通过对比不同模型的准确度，最终确定 plant2 准确度 85. 74 最高，故采用 plant2 模型（见图 4）。

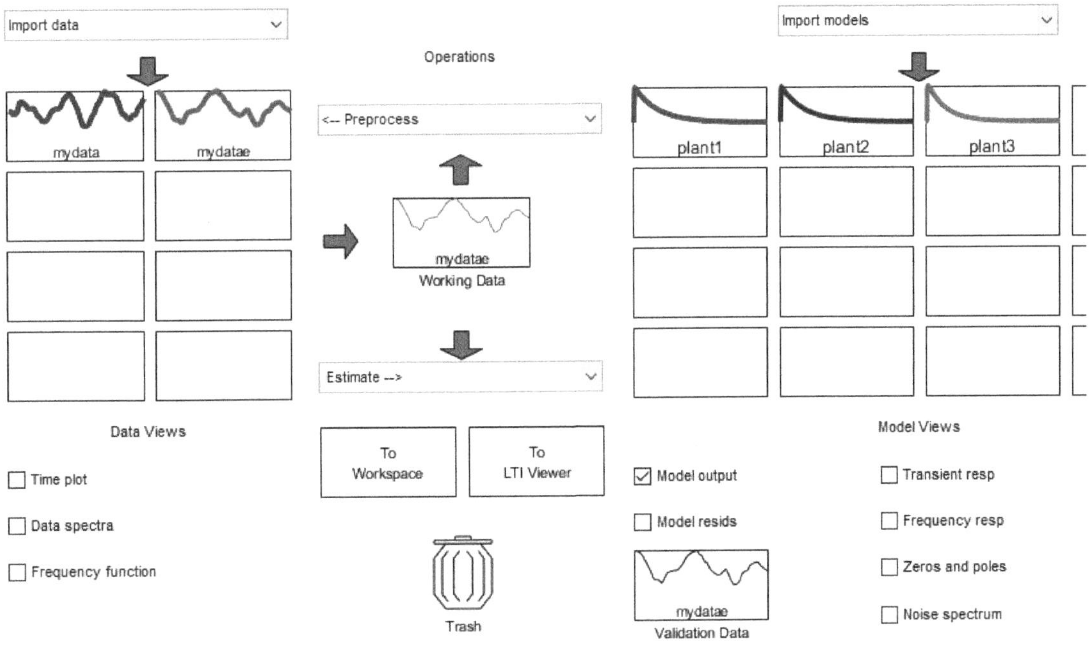

图 3　MATLAB 系统

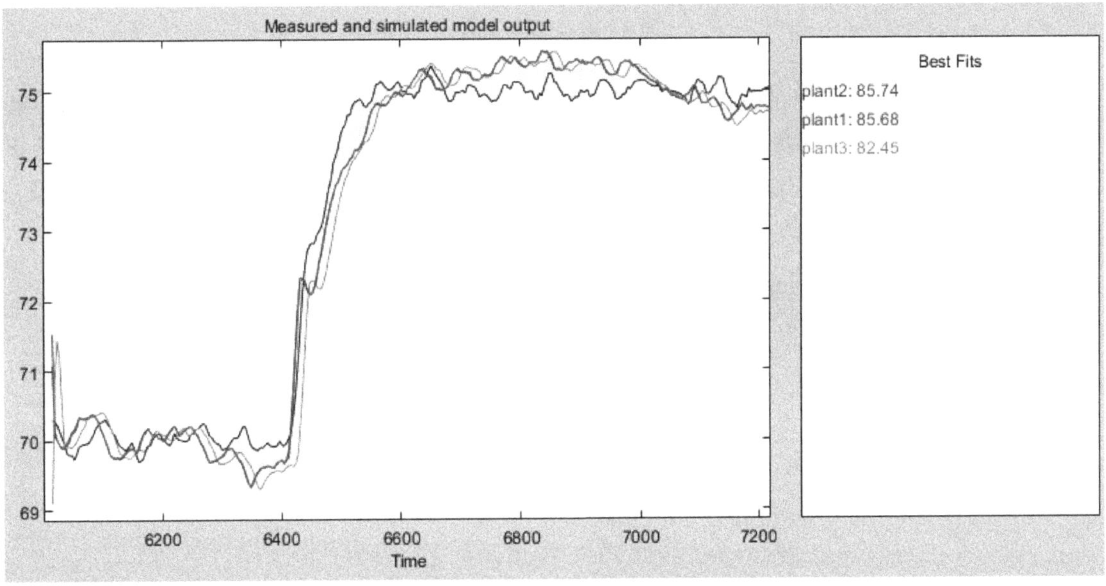

图 4　plant2 模型

P2D 传递函数如下：

$$G(s)=\frac{K_{\mathrm{p}}}{1+T_{\mathrm{p1}}s}\exp(-T_{\mathrm{d}}s)$$

$$K_{\mathrm{p}}=3.9949$$

$$T_{p1} = 205.42$$
$$T_d = 4.292$$

（2）整定模型 PID

获得模型后，接着进行模型的 PID 整定识别，这里使用 PID TUNER 工具箱对模型 plant2 进行 PID 整定，如图 5 所示。

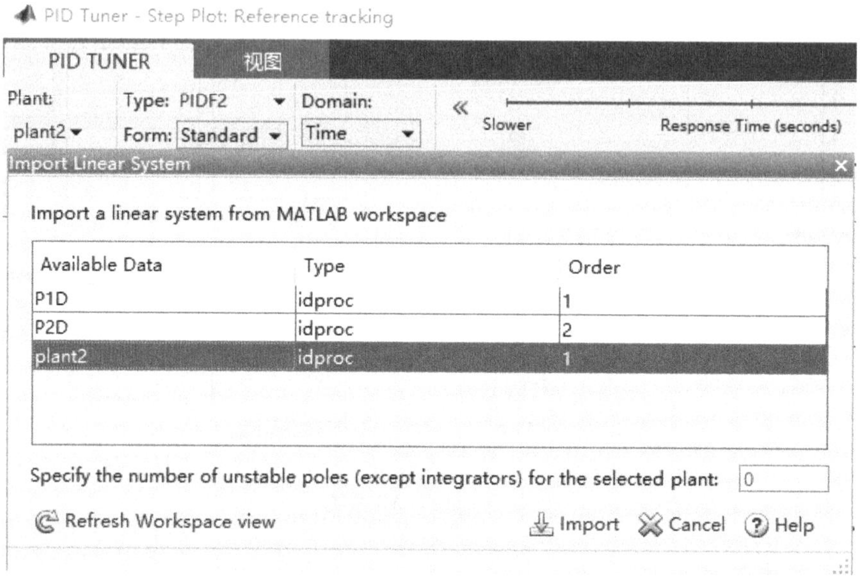

图 5　整定模型 PID

由于 TIA 博途软件中使用的是二自由度标准 PID，而非并行 PID，所以整定的时候需要参考 TIA 博途软件来进行设置。如果不使用 TIA 博途软件中自带的 PID 控制器，MATLAB 中支持转 PLC Coder 的 PLC 控制均是并行 PID，则需要选择并行 PID。图 6 则是二自由度标准 PID 整定结果，其中 N 对应 TIA 博途软件 ID 中的 T_f 参数，其余参数均一一对应。

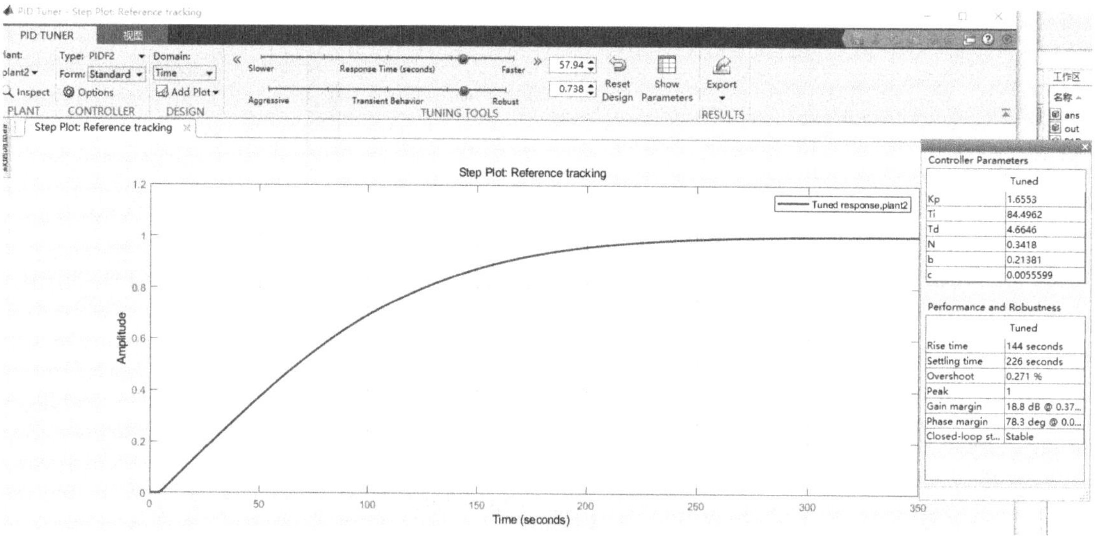

图 6　二自由度标准 PID 整定结果

（3）构建 Simulink 模型

通过前面操作获得了被控对象模型以及 PID 整定参数，接着进行控制系统模型构建，构建内容主要包含：PID 控制器、被控对象、滤波算法。实际应用中信号扰动较多，需要增加滤波算法进行滤波，这里使用 State Flow 编写滤波算法。Simulink 搭建模型如图 7 所示。

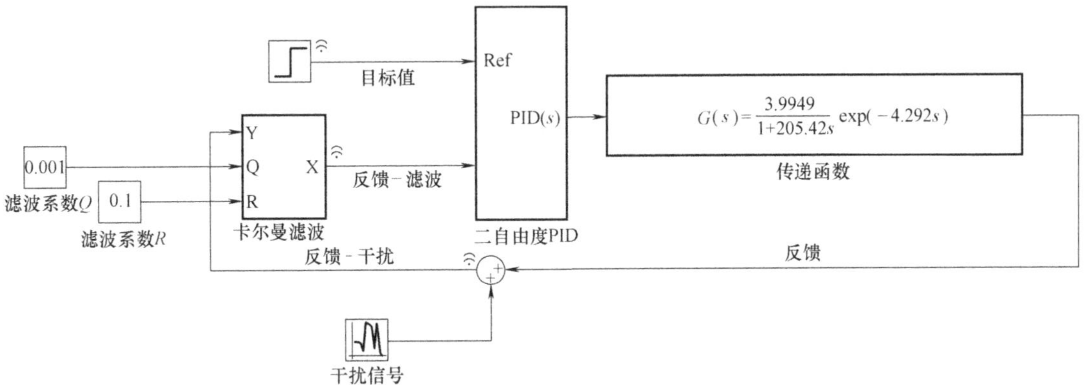

图 7　Simulink 搭建模型

通过 Simulink 仿真可以看到如图 8 所示的曲线结果。

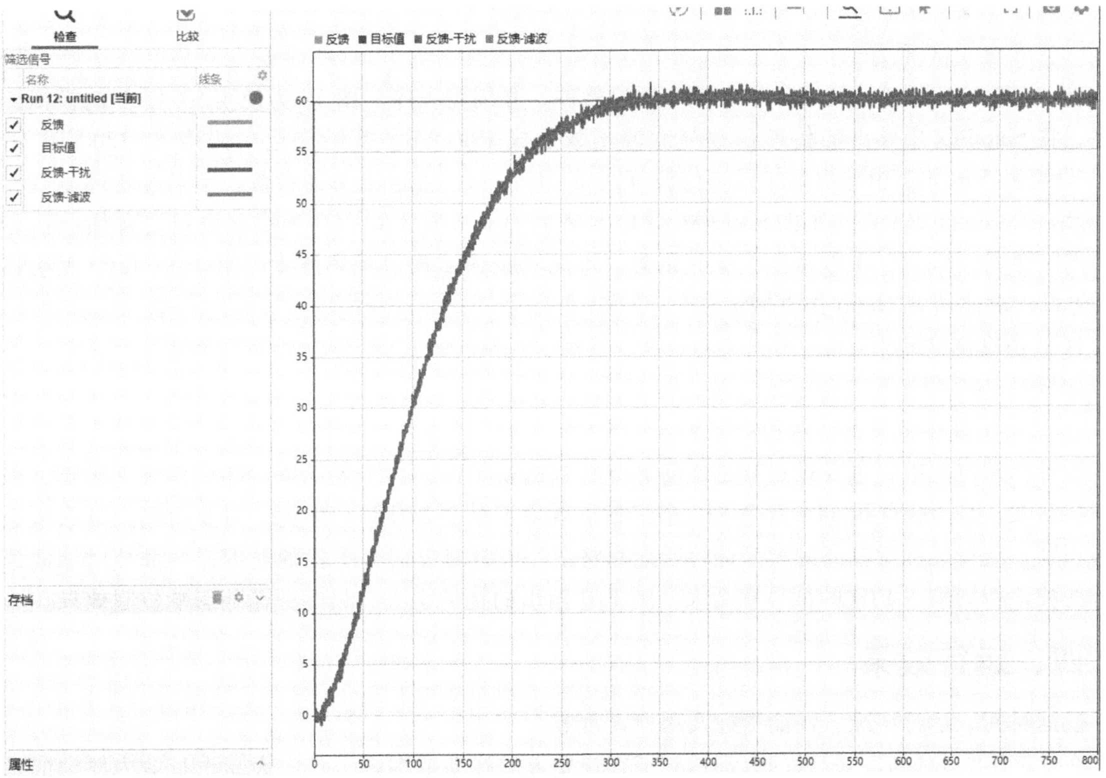

图 8　曲线结果

（4）生成 PLC 代码

这里主要将滤波算法以及传递函数生成 PLC 代码，如果需要 PID 也可以将 PID 生成 PLC 代码，如图 9 所示。

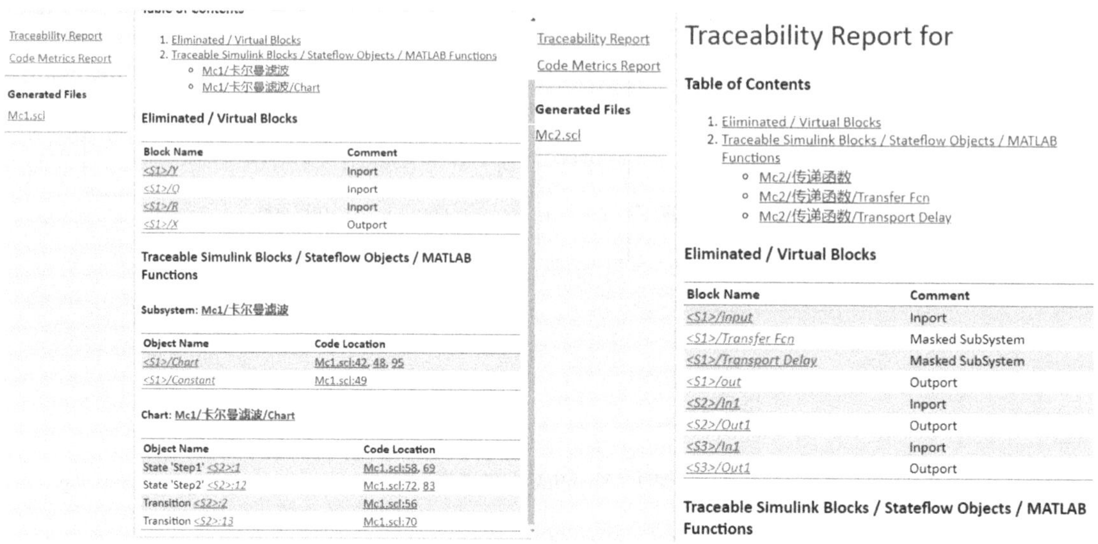

图 9　PID 生成 PLC 代码

（5）部署 PLC 程序

将 MATLAB 生成的 scl 文件导入 TIA 博途软件，并编写程序。图 10 为使用 S7-1500 的模拟测试程序，将 Simulink 中导出的传递函数与滤波函数生成 PLC FB。实际应用中采用 S7-1200 DC/DC/DC，只需要 Simulink 中导出的卡尔曼滤波算法及 PID Tuner 整定出来的参数，不需要传递函数，且 PID 管脚“Output_PWM”关联 S7-1200 CPU 本体的 Q 0.0/0.1/0.2/0.3 输出控制设备加湿执行机构，PID 管脚“Input”关联湿度模拟量采集。本文只概述实现过程和原理，由于 S7-1200 无法模拟 PID 仿真，故使用 S7-1500 仿真展示。

（6）仿真测试效果

部署完 PLC 程序后，测试运行效果如图 11 所示。

3. 对于实现过程及调试过程中的要点、难点

设备调试过程中，主要难点就是湿度 PID 控制的稳定性，由于受设备内部硬件等的影响，采集数据扰动大，且直接使用 TIA 博途 PID 整定控制效果不是非常理想。因此，需要收集大量数据进行模型识别，获得准确度较高的模型进行匹配和整定。同时对应信号干扰的处理需要额外的滤波算法进行滤波，否则输入 PID 的信号扰动大，则 PID 输出的扰动也大，最终死循环影响控制效果。

四、运行效果

投运时间、运行情况、性能指标及用户评价等。

在最终客户验证后，所以的点都达到了客户要求的扰动范围内，且大大超出行业内要求的基本水平。

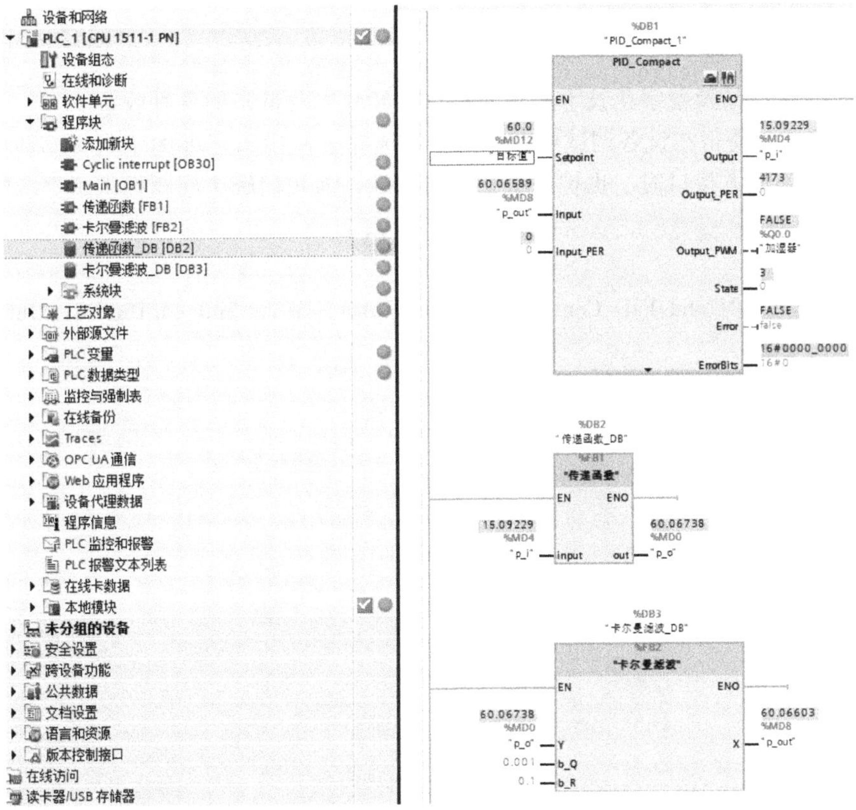

图 10　S7-1500 的模拟测试程序

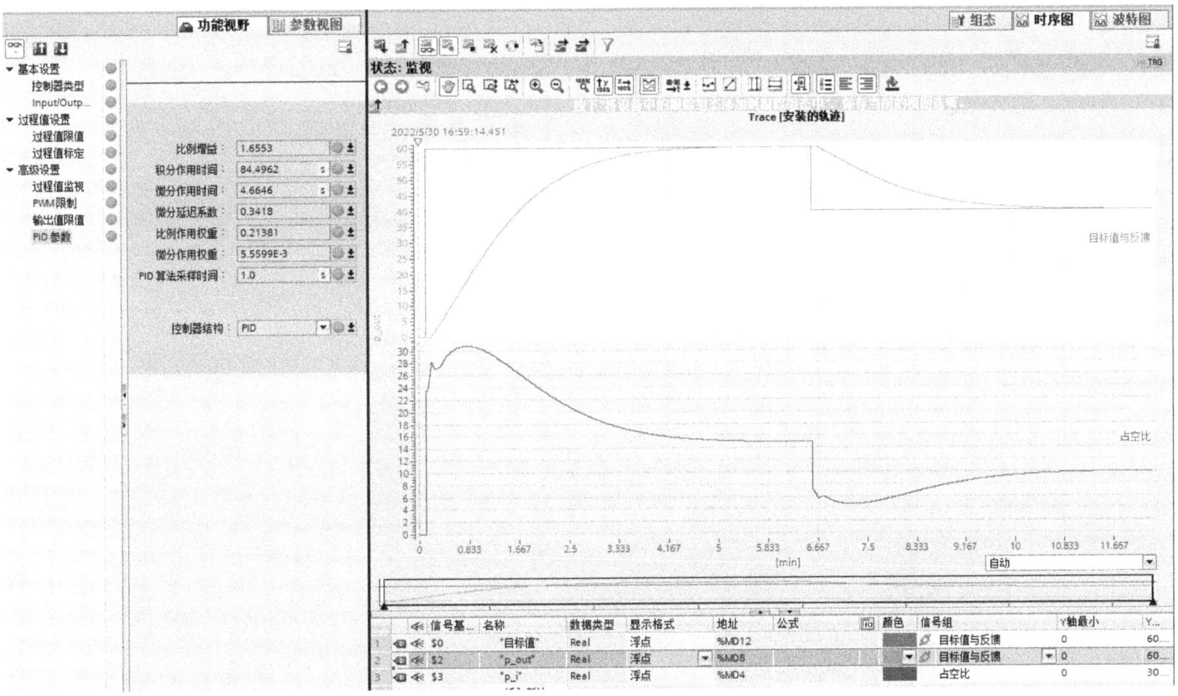

图 11　测试运行效果

五、应用体会

总结西门子工业产品及数字化技术应用的特点、经验以及带来的各种收益。

TIA 丰富的接口，使得在设备调试中有了更多的选择去使用第三方的工具提高改善在编程中遇到的问题，在使用第三方接口时，也扩展了我们的思维，为我们解决问题提供了更多的方法途径。

参考文献

[1] Aidan O'Dwyer. PI and PID Controller Tuning Rules [M]. 2nd ed. Dublin: Dublin Institute of Technology, 2006.

Simove 解决方案单机设备的应用

郭凯歌

（西门子（中国）有限公司　昆明）

［ 摘　要 ］ 本文主要介绍了西门子 Simove 解决方案通过 S7-1512SP 与第三方伺服驱动实现 AGV 的单机控制。本文介绍的 AGV 设备采用单差速方式进行驱动和换向，本次采用的控制算法主要是差速算法及 PID 算法纠偏，通信网络采用 PN/CAN 总线网络，Simove 标准程序涵盖导航算法、差速算法、驱动算法等，用户如果采用 Simove 解决方案，可以很方便地实现 AGV 的各种控制，本文主要介绍 AGV 单机控制系统。本文介绍的方案具有开发简单、硬件成本低的优势。

［ 关 键 词 ］ Simove 方案、差速算法、AGV、CAN 通信协议

［ Abstract ］ This paper mainly introduces Siemens Simove solution to realize the single machine control of AGV by s7-1512sp and third-party servo drive. This paper mainly introduces the algorithms of AGV/Simove network driver and the solutions of AGV/SIMV network driver. This paper mainly introduces the algorithms of AGV network driver and PID network. The scheme introduced in this paper has the advantages of simple development and low hardware cost.

［ Key Word ］ Simove solution、Differential algorithm、AGV、CAN communication protocol

一、项目简介

1. 项目背景

本文以云南省科瑞物流有限公司 AGV 开发项目为背景介绍 Simove 解决方案在 AGV 单机的应用，云南省科瑞物流有限公司的主要产品是物流设备，其中包括立库、AGV、RGV、穿梭车等设备。云南省科瑞物流有限公司于 2021 年 5 月自主研发 AGV 控制系统，其主要控制部件为自主研发的板卡控制器，经过反复调试，AGV 运行效果一直达不到工艺要求，尤其是差速转换不够稳定，客户于 2022 年 5 月了解到西门子 Simove 解决方案，提出采用西门子 Simove 方案进行系统更换。

客户要求测试沿用现有的总线网络及驱动，主控制器根据 Simove 标准产品进行配置。由于客户设备属于厂内物流，定位精度要求采用 SLAM 导航方式时能够达到±10mm，并且在 AGV 车体行进过程中需要进行实时计算偏差，并根据偏差值进行纠偏。本次客户需要研发的 AGV 设备工艺主要是在 SLAM 导航方式下根据设定路径进行物料运送。Simove 标准程序提供激光导航算法及二维码导航算法、磁条导航算法等，用户可以根据实际需求选择对应的算法进行控制，本次测试使用西门子 ANS+激光 SLAM 导航方式，本文主要就底层控制进行介绍。

2. 车体结构及运动方式简介

如图 1 所示，客户提供的样车共有 4 组驱动，但为了方便测试取消了工装机构驱动系统，仅保

留左右两组驱动进行运动测试，目前车体机械机构仅使用两个行星减速轮及两个万向轮作为支撑轮，运动过程中减速轮作为驱动轮进行运动。目前驱动系统使用国产步科直流伺服。

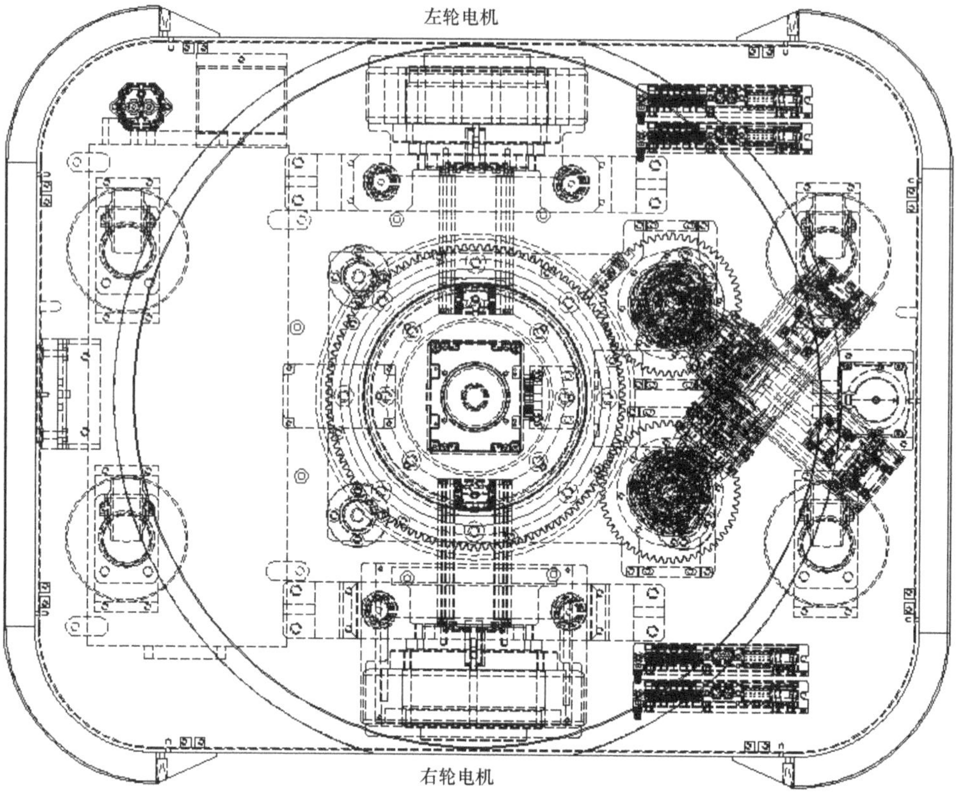

图 1　AGV 机械结构展示图

车体结构共有如下几个部分：

1）动力单元电池组。

2）驱动轮系（左轮、右轮）。

3）上装驱动装置。

4）降压器 2 组。

5）车体减振装置。

6）控制网络 CAN 总线网络。

7）车体单机主控部件。

本次测试的车型为单差速车体，AGV 在运行过程中通过左右两个轮进行同步赋值实现直行和转向，差速算法由 Simove 标准程序库提供，如有特殊需求可以更改算法，车体参数仅需通过 TIA Portal 进行设置操作，比较简单，整体由电池组进行供电，左右两个轮系动力需要经过降压装置进行动力匹配。左右驱动轮分别配置减振装置，车体尾部配置两个万向支撑轮，提高车载能力以及转向过程中减小摩擦阻力。

二、单机控制系统组成

1. 硬件组成

在单机控制系统中主要使用主控制器 S7-1512SP 以及网关 PN/CAN 模块、TP700 触摸屏进行调试，IPC127E 主要是在调度系统中使用，本文主要介绍单机部分，上位系统暂不做介绍。具体硬件配置如图 2 所示。

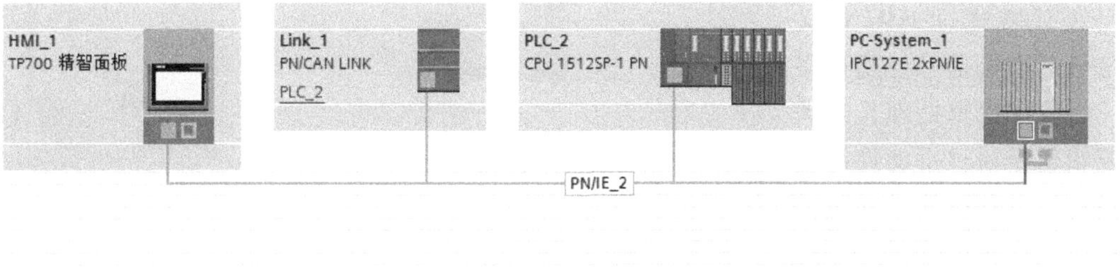

图 2　Simove 解决方案硬件配置

如图 2 所示，Simove 解决方案标准硬件配置由 PLC 及 IO 模块、网关 PN/CAN 模块、IPC、HMI 等设备，设备信息及在单机控制系统中的作用如下所述：

1）主控 CPU 1512SP-1PN 6ES7 512-1DK01-0AB0，主控 PLC 主要实现底层算法，如 AGV 运行过程中的差速算法，以及伺服驱动均由主控 PLC 完成。

2）PN/CAN 网关模块 6BK1 620-0AA00-0AA0，网关模块主要是完成网络耦合，将客户现有的 CAN 通信网络转换成 PN 网络，方便伺服控制，目前客户采用的低压伺服均使用 CAN 总线网络。

3）IPC 6AG4021-0AX11-XXAX，IPC 主要是在整套 AGV 系统中实现路径规划、SLAM 导航算法、调度系统等。

4）HMI 6AV2124-0GC01-0AX0，HMI 主要做手动控制器，标准产品应选用可移动式 HMI 作为手持控制器，特别是在 AGV 运行中出现超出定义安全区时需要手动将车体移动到安全区内。

2. 控制系统及控制流程介绍

Simove 解决方案主要是基于西门子提供的软件支持包，该软件包包括 AGV 车体参数以及基于标准报文的运动控制库、差速算法库、ANS+库、RFID 库等，由于 AGV 非标准设备用户在使用的过程中需要进行参数修改。在 AGV 单机控制中控制工艺流程如图 3 所示。

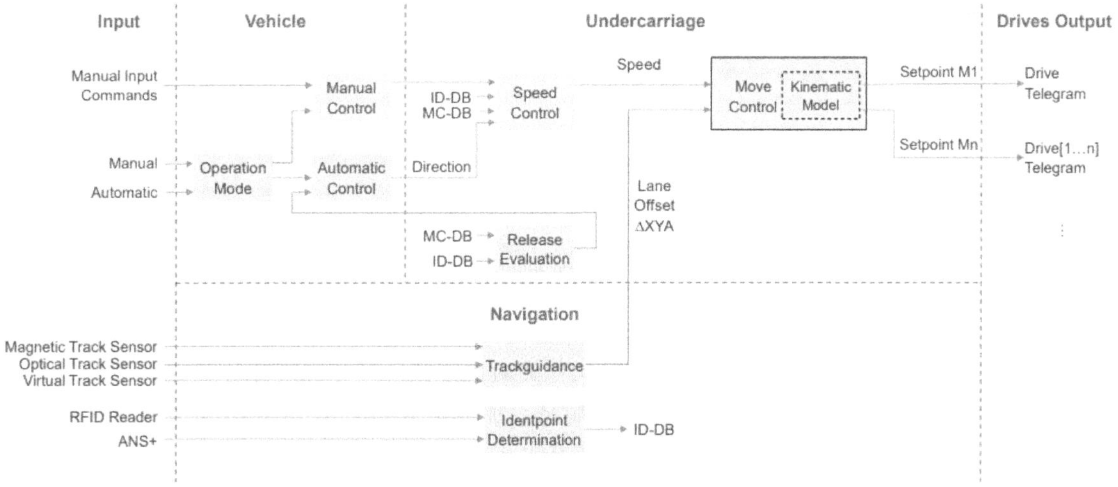

图 3　控制工艺流程

Simove 方案提供的软件包默认包含一套标准的操作流程，这里以手动模式操作流程进行介绍，用户将现场电气元件接入到 PLC 信号模块或通过 HMI 定义好操作信号后通过信号处理程序块 InputCC 进行逻辑处理，处理完成的逻辑信号通过手动控制程序块接口进行关联信号，同时标准程序块调用 Vehicle 车体参数，初始化参数完成后将操作模式、速度计算参数传送到底盘控制程序块 Undercarriage，程序块执行完，差速或速度控制参数通过标准报文与驱动器进行数据交互进行车体控制。具体程序块调用关系如图 4 所示。

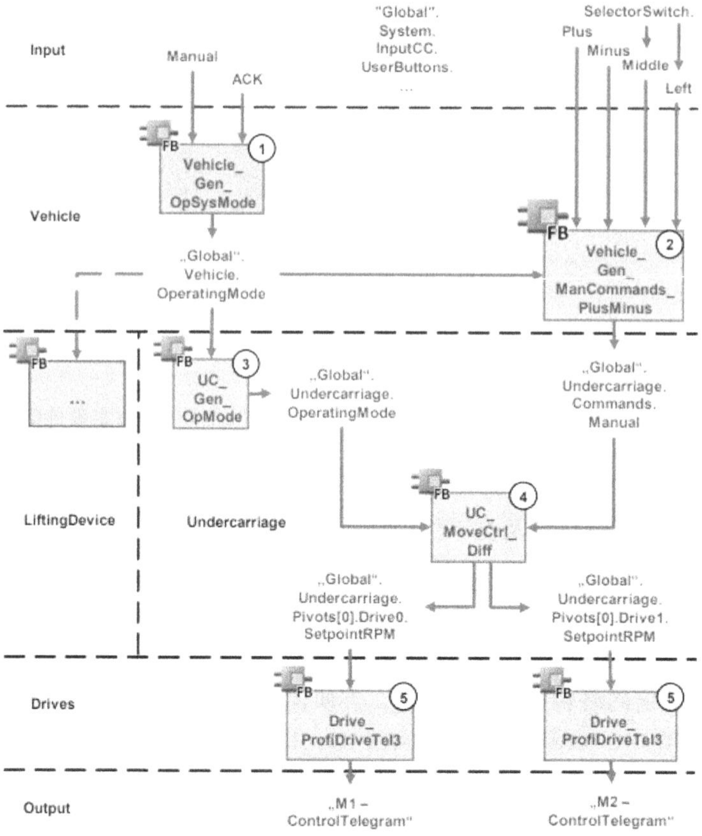

图 4　Simove 标准程序块基本调用关系

三、功能与实现

1. S7-1512SP 通过 PN/CAN 模块与步科伺服进行配置

PN/CAN 模块可以通过组态第三方 EDS 文件很方便地与第三方设备进行数据交互与通信，本次由于客户使用第三方步科伺服产品，需要与步科伺服驱动器进行字典配置，伺服数量 4 台，通过步科 EDS 文件定义收发数据，通过报文形式实现对步科伺服的速度控制。关于 CAN 节点配置如下所示。

1）首先选择 PN/CAN 模块为 CANopen manager 模式，然后添加节点并配置 EDS 文件数据，配置完成后在 CANopen manager 中创建数据收发字典。模式选择如图 5 所示。

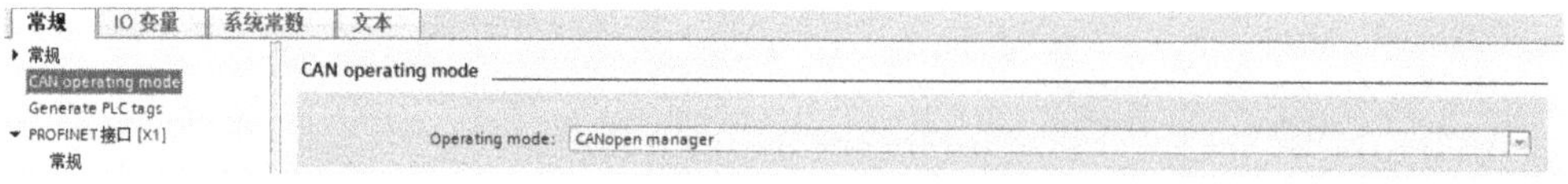

图 5　CANopen manager 设置

2）CANopen manager 数据配置之前需要确定 EDS 文件所提供的数据以及数据类型，由于这种配置数据的机制问题，这边可以首先查看 EDS 文件的对象字典，并根据对象字典进行数据配置，由于本次 AGV 所使用的数据仅为速度、位置、控制字、加减速等数据，字典 EDS 文件均有提供，这里以左驱动轮配置为例进行说明，其余驱动配置方法与左轮配置一致。创建 CANopen manager 收发数据字典如图 6 和图 7 所示。

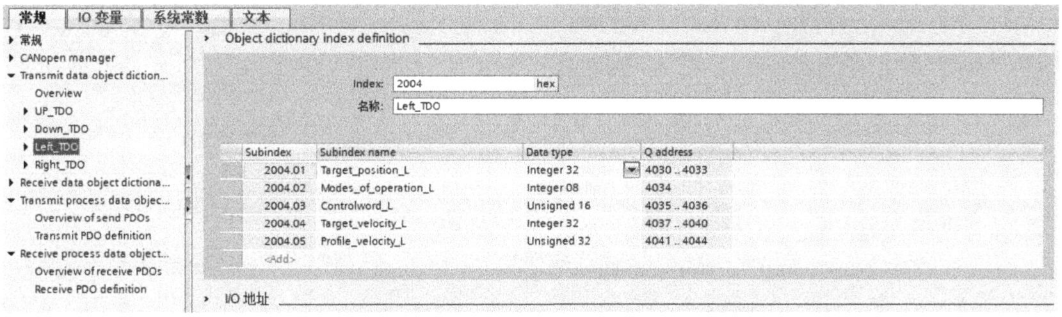

图 6　CANopen manager 左轮 TDO 配置

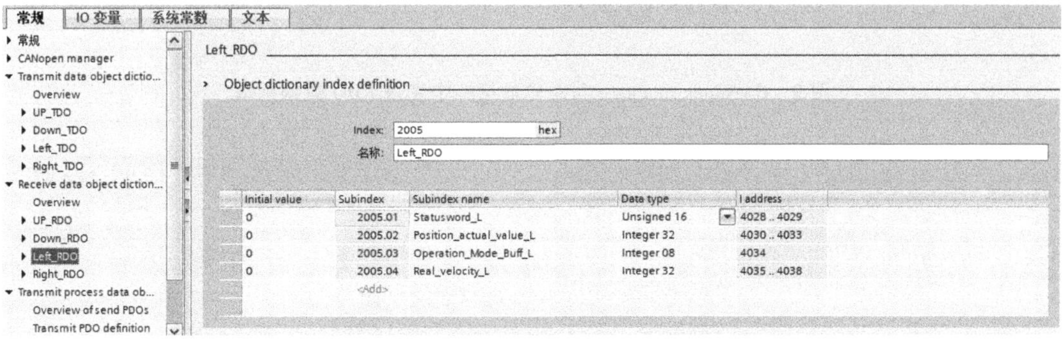

图 7　CANopen manager 左轮 RDO 配置

CANopen manager 数据字典建立之后需要创建收发区域，注意对于 CANopen manager 而言数据发送区域是指由 PLC 到驱动器，接收区域是由驱动器到 PLC，在配置这两个区域时需要定义 PDO 的 COBID，关于 COBID 的定义方式需要根据步科产品的定义规则进行设置，对于 PLC 侧发送区域而言，PDO1 的 COBID 定义为 X0+伺服站号，例如本次定义的左轮节点为 2 则对应的 PDO 的 COBID 为 202，下一个 PDO 对应的 COBID 为 302，需要注意每一个 PDO 对应的数据大小为 8 个字节，如过一次性传输的数据超过 8 个字节，那么需要再配置一个新的 PDO。接收区 PDO 配置 COBID 为 X8+站号，例如左轮节点为 2，那么定义的第一个接收 PDO 的 COBID 为 182，第二个 PDO 为 282，同样接收区的大小为 8 个字节。CANopen manager 配置的发送 PDO 及接收 PDO 如图 8～图 11 所示，定义完成后从数据字典中选取需要发送或接收的数据，而且该数据顺序需要与节点选取的数据顺序要一致。

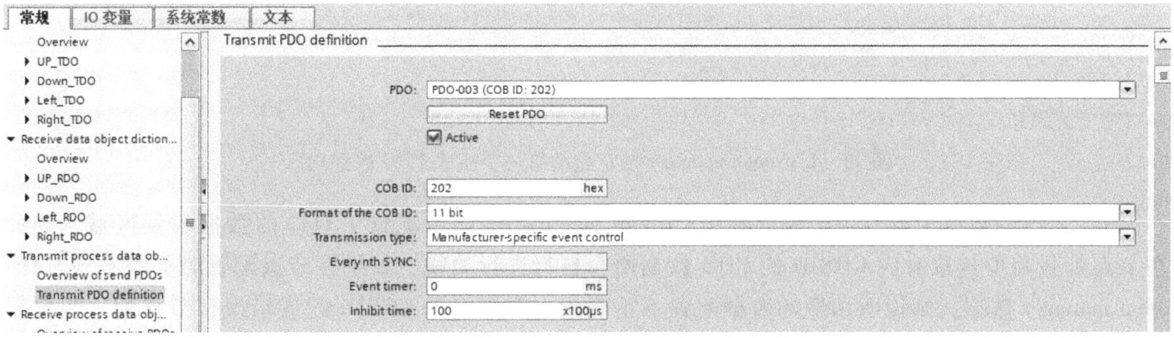

图 8　定义 CANopen manager 与左轮的第一个发送 PDO

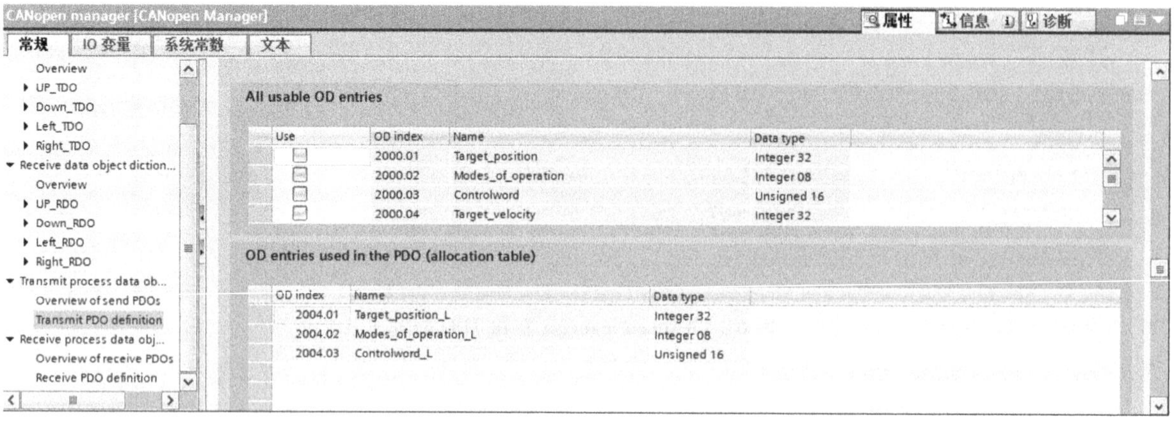

图 9　CANopen manager 与左轮的第一个发送 PDO 数据选取

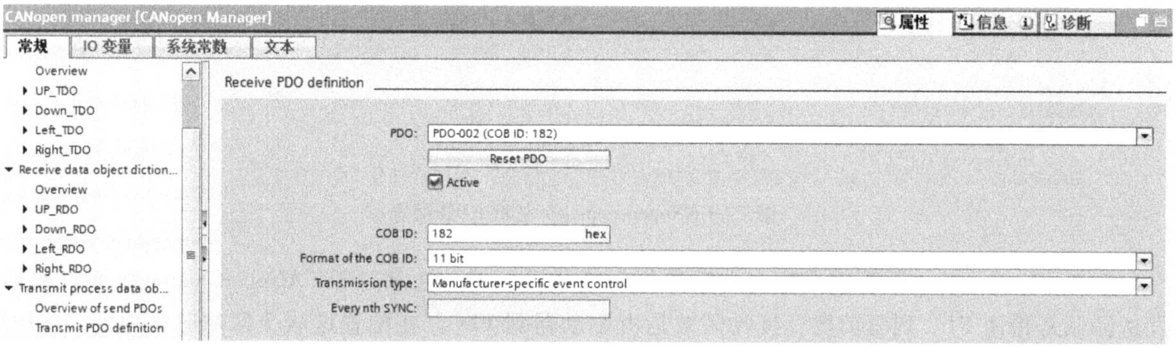

图 10　定义 CANopen manager 与左轮的第一个接收 PDO

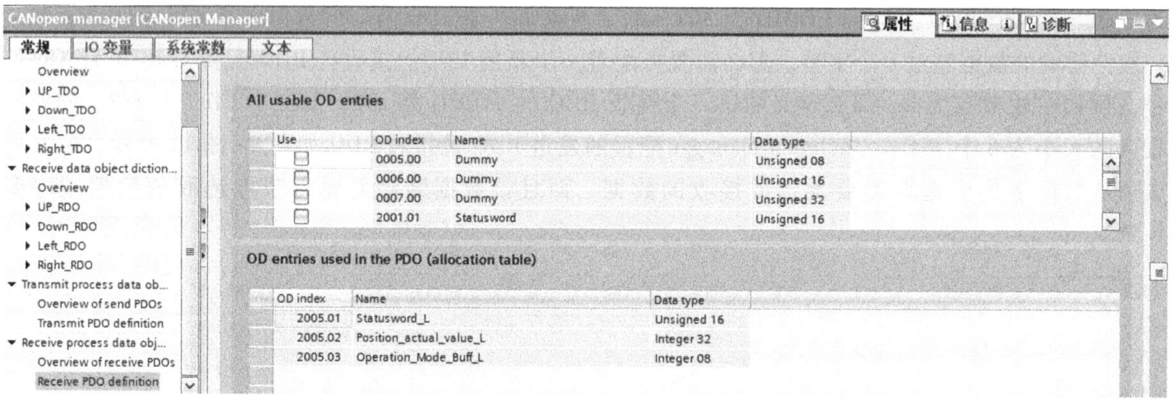

图 11　CANopen manager 与左轮的第一个接收 PDO 数据选取

3）节点的数据配置，由于先前在 CANopen manager 侧已经配置了对应的数据收发区域，因此在节点处只需要选取对应 COBID 的 PDO 数据便会自行进行关联，如果在节点配置时关联不到 CANopen manager 数据，则说明两侧的数据配置不正确，主要可能是 COBID 配置错误，节点配置需要导入 EDS 文件，具体操作如图 12~图 15 所示。

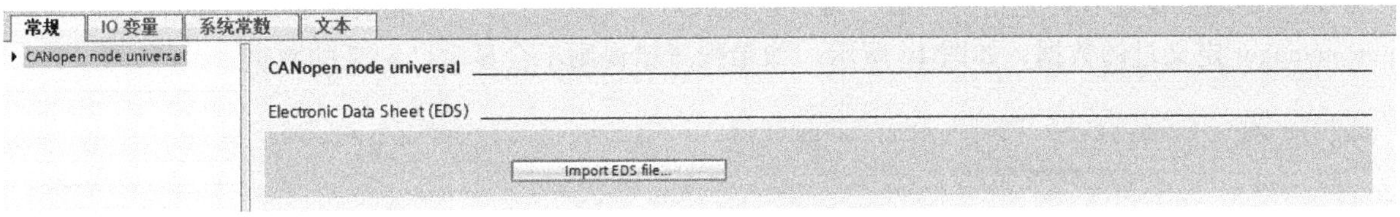

图 12　插入节点后导入 EDS 文件

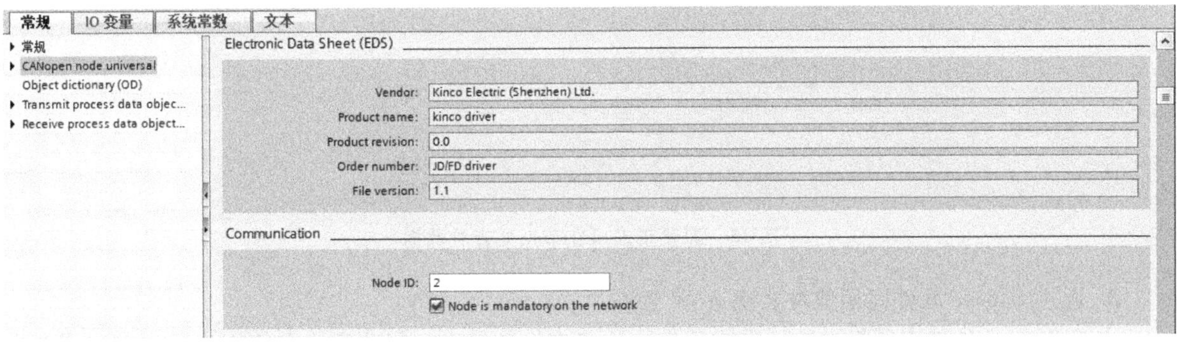

图 13　配置伺服节点地址

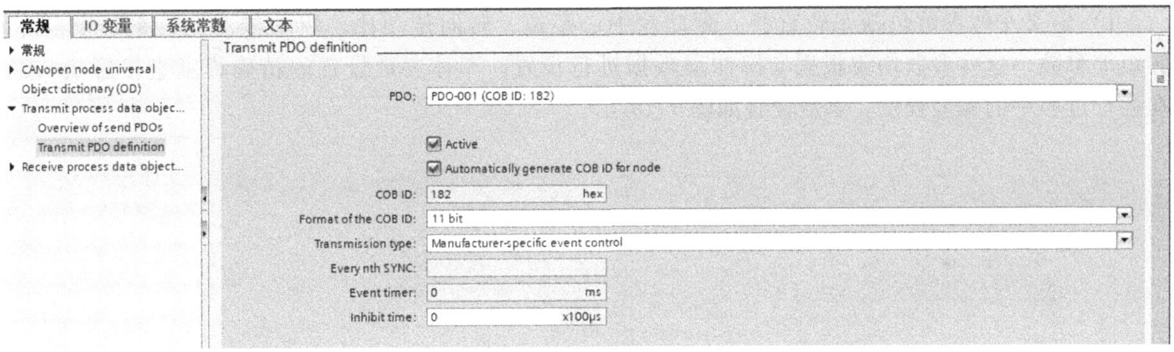

图 14　选取节点侧发送 PDO

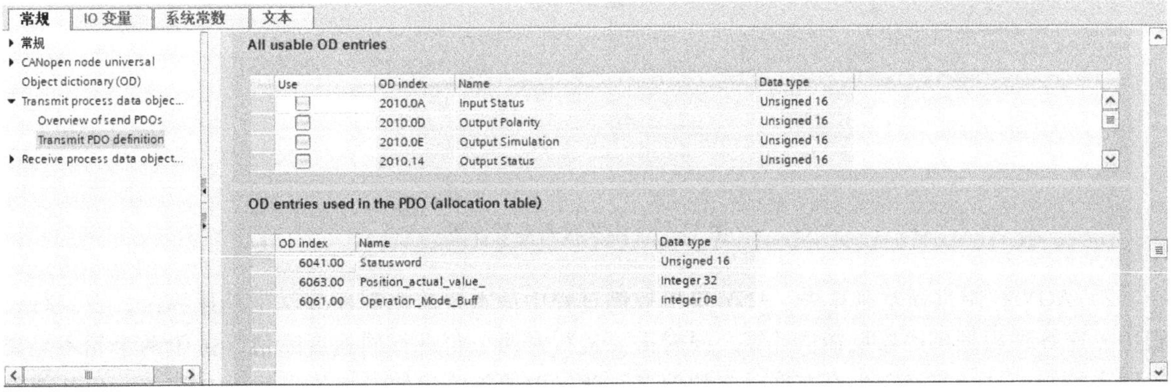

图 15　从对象字典选取节点发送数据

如果两侧数据配置均是正确的话，当节点选取对应 PDO 之后会在常规栏下方出现对应的 CANopen manager 定义过的数据，如图 16 所示。如果配置错误则不会显示已定义的数据。

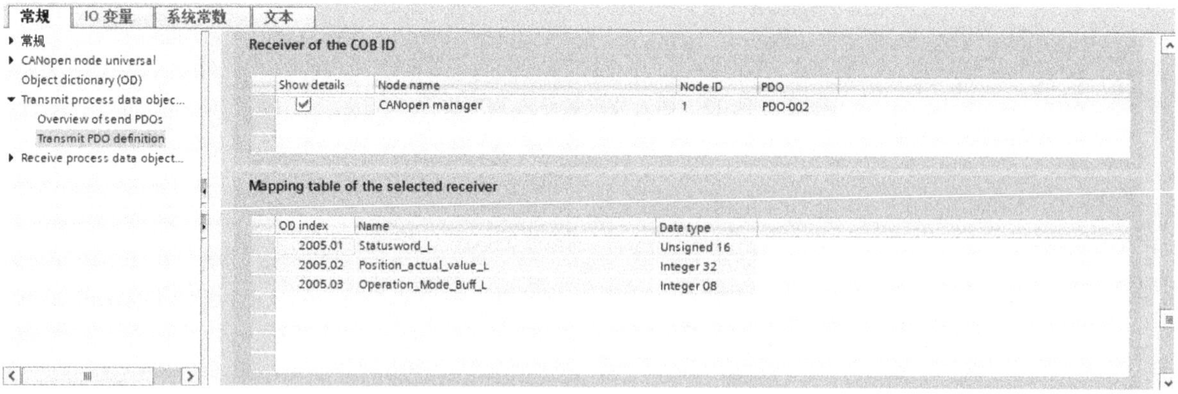

图 16 配置正确可在节点处查看数据

2. 通过 Simove 软件库函数块实现 AGV 控制

由于 Simove 软件库所提供的函数或函数块均具有标准接口，因此客户在使用过程中首先需要进行车体参数定义及操作模式信号配置、安全信号配置、报文配置。当需要使用的接口均定义完成后便可以对 AGV 进行控制。

1）定义车体参数包括车轮直径、驱动轮中心距离、转向传动比、驱动传动比、车轮半径环、转矩等参数，这些参数均要根据实际测量数据进行设置。车体参数设置的精确程度直接影响 AGV 在运行过程中的偏差程度。参数设置如图 17 所示。

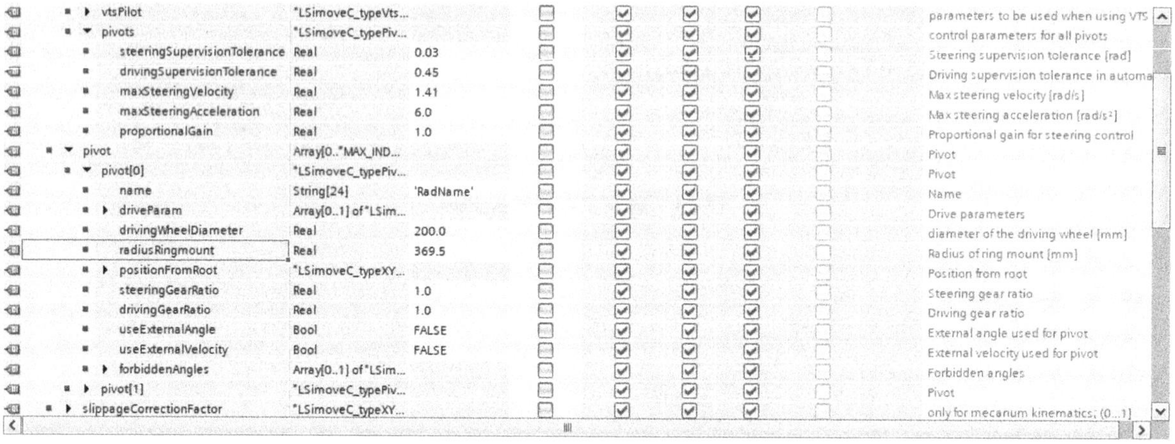

图 17 车体及轮系参数设置

2）AGV 控制过程差速算法。AGV 单机控制过程中最重要的控制环节就是差速算法，在直行过程中差速算法根据编码器反馈值计算，同时需要进行对两个轮进行同速度赋值，由于两个轮不是属于同步控制，在运行过程中会存在一定的偏差，此时差速算法根据反馈值进行 PID 调节，保证两轮有一个相对一致的速度值。在转向过程中，差速算法根据左转或右转信号计算两个轮子的速度值，两轮差速在 AGV 的应用过程中相对来说比较简单，其差速方式为两轮绕车体中心进行圆弧运动，车体配置的两个万向支撑轮跟随主动轮调整方向。车体差速示意图如图 18 所示。

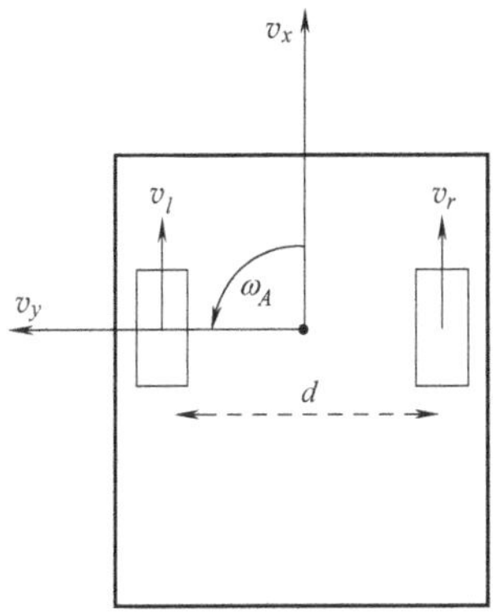

图 18　对于车体差速示意图

车体转向过程，车体前进速度 v_x 绕两轮中心点以一定的角速度 ω_A 进行旋转，从而达到转向的效果，Simove 所提供的两轮差速算法便是以这种方式进行转向操作。这种旋转方式通过两轮的反向运动来实现，左转时两轮的速度关系如式（1）和式（2）所示，当车体右转时两轮的速度关系与式（1）和式（2）相反。另外一种计算方法是通过两轮的速度进行差速计算，最终的计算结果是相同的，关于 v_l 和 v_r 的计算在算法中也有使用，具体计算过程如式（3）和式（4）所示，假设两轮的半径分别为 R_l 和 R_r，两轮的角速度分别为 ω_l 和 ω_r

$$v_l = v_x - \omega_A \frac{d}{2} \tag{1}$$

$$v_r = v_x + \omega_A \frac{d}{2} \tag{2}$$

$$v_l = \omega_l R_l \tag{3}$$

$$v_r = \omega_r R_r \tag{4}$$

$$v_x = \frac{v_l + v_r}{2} \tag{5}$$

将式（3）、式（4）带入式（5）可得 v_x 及 ω_A 与左右两轮线速度及角速度的关系，通过运动学正解可得到如下线性关系，如式（6）所示，在 Simove 提供的软件包中部分算法如图 19 所示。

$$\begin{pmatrix} v_x \\ \omega_A \end{pmatrix} = \begin{pmatrix} \dfrac{R_l}{2} & \dfrac{R_r}{2} \\ -\dfrac{R_l}{d} & \dfrac{R_r}{d} \end{pmatrix} \begin{pmatrix} \omega_l \\ \omega_r \end{pmatrix} \tag{6}$$

```
IF #calcMode = 0 THEN // CalcMode "0": wheel velocities [rpm]
    REGION _calcMode_0_RPM_
        IF #suppressEvaluation THEN
            #tempCurrentVelocityLeft := 0.0;
            #tempCurrentVelocityRight := 0.0;
        END_IF;

        #velocity.x := ((#tempCurrentVelocityRight + #tempCurrentVelocityLeft) / 2.0) * #tempRpmToMmS;
        #velocity.y := 0.0;
        #velocity.a := (#tempCurrentVelocityRight - #tempCurrentVelocityLeft) * #tempRpmToMmS / (2.0 * #tempRadiusRingmount);

        #position.a := "LSimoveC_Internal_ModReal"(IN := #statPreviousPosition.a + #velocity.a * #tempSystemRuntimeS, "DIV" := #BOGENMASS_MAX);
        #position.x := #statPreviousPosition.x + (#velocity.x * #tempSystemRuntimeS) * COS(#position.a);
        #position.y := #statPreviousPosition.y + (#velocity.x * #tempSystemRuntimeS) * SIN(#position.a);

        #absoluteDistance := #statTravelledDistanceBefore + (#velocity.x * #tempSystemRuntimeS);
        #referencedDistance := #statReferencedDistanceBefore + REAL_TO_LREAL(#velocity.x * #tempSystemRuntimeS);
    END_REGION;
```

图 19　部分差速算法

3. 实际调试过程报文转换

由于 Simove 提供的程序属于标准用户程序，Simove 默认使用西门子标准报文 3 进行驱动速度控制，对于支持西门子标准报文 3 的产品无需修改报文格式，本次调试的步科伺服驱动采用 EDS 文件报文与西门子标准报文 3 不兼容，因此用户使用过程中需要建立相同格式的报文数据并通过用户程序实现报文转换，标准报文 3 与步科 EDS 文件报文匹配见表 1 和表 2。报文对照见表 3。驱动器到 PLC 侧报文匹配见表 4。

表 1　报文对照表 1

标准报文 3	EDS 报文
STW1:0 使能	控制字 bit0 使能
STW1:1 OFF2	控制字 bit1 OFF2
STW1:2 OFF3	控制字 bit2 OFF3
STW1:3 允许使能	控制字 bit3 模式使能
STW1:4 允许使用斜波发生器	默认

表 2　报文对照表 2

STW1:5 连续斜波发生器	默认
STW1:6 禁止使能	默认
STW1:7 故障复位	控制字 bit7 故障复位
STW1:8 保留	默认
STW1:9 保留	默认
STW1:10 PLC 控制权	默认
STW1:11 设定值取反	默认
STW1:12 保留	默认
STW1:13 保留	默认
STW1:14 保留	默认
STW1:15 保留	默认
NOSLL_B 速度设定值 32 位	Target_velocity
STW2:0 保留	默认
STW2:1 保留	默认
STW2:2 保留	默认
STW2:3 保留	默认
STW2:4 保留	默认
STW2:5 保留	默认
STW2:6 保留	默认
STW2:7 保留	默认
STW2:8 运行至挡块位置	默认
STW2:9 保留	默认
STW2:10 保留	默认
STW2:11 保留	默认
STW2:12 主站生命符号 0	默认
STW2:13 主站生命符号 1	默认
STW2:14 主站生命符号 2	默认
STW2:15 主站生命符号 3	默认

表 3　报文对照表 3

G1_STW:0 请求功能 1	默认
G1_STW:1 请求功能 2	默认
G1_STW:2 请求功能 3	默认
G1_STW:3 请求功能 4	默认
G1_STW:4 请求命令 0	默认
G1_STW:5 请求命令 1	默认
G1_STW:6 请求命令 2	默认
G1_STW:7 飞速测量模式	默认
G1_STW:8 保留	默认
G1_STW:9 保留	默认
G1_STW:10 保留	默认
G1_STW:11 保留	默认
G1_STW:12 保留	默认
G1_STW:13 请求绝对值周期	默认
G1_STW:14 请求驻留编码器	默认
G1_STW:15 编码器故障复位	默认

表 4　驱动器到 PLC 侧报文匹配

标准报文 3	EDS 报文
ZSW1:0 准备接通就绪	状态字 bit0 接通就绪
ZSW1:1 运行就绪	状态字 bit1 驱动器就绪
ZSW1:2 运行使能	状态字 操作模式使能
ZSW1:3 存在故障	状态字 bit3 故障存在
ZSW1:4 OFF2	默认
ZSW1:5 OFF3	状态字 bit5 快速停车
ZSW1:6 禁止使能	状态字 bit6 禁止使能
ZSW1:7 存在报警	状态字 bit7 报警存在
G1_XLST1	Position_actual_value

在调试过程中，如果不使用 Simove 标准程序块，用户根据实际报文进行控制需要单独增加程序块并匹配系统参数接口，容易导致数据类型无效或冲突，因此在本次调试过程中为了保证系统的稳定性及系统的匹配性，通过多次报文解析得出相对比较适配的报文格式。报文调试的过程中首先根据状态字进行匹配，因为市场上产品实现速度控制所使用的报文大致相同，因此在匹配的过程中只需要反复地手动测试即可进行报文匹配。本次调试的过程报文匹配代码如图 20 所示。

注释

```

    #control_word.%X0 := #TEL3_out.STW1.On;
    #control_word.%X1 := #TEL3_out.STW1.NoCoastStop;
    #control_word.%X2 := #TEL3_out.STW1.NoQuickStop;
    #control_word.%X3 := #TEL3_out.STW1.EnableOperation;
    //#control_word.%X4 := #TEL3_out.STW1.EnableSetpoint;
    #control_word.%X7 := #TEL3_out.STW1.FaultAcknowledge;
    //#control_word.%X8 := #TEL3_out.STW1.NoCoastStop;
    #set_velocity := #TEL3_out.NSOLL_B;
    #TEL3_in.ZSW1.ReadyToSwitchOn := #Status.%X0;
    #TEL3_in.ZSW1.ReadyToOperate := #Status.%X1;
    #TEL3_in.ZSW1.OperationEnabled := #Status.%X2;
    #TEL3_in.ZSW1.FaultPresent := #Status.%X3;
    #TEL3_in.ZSW1.NoCoastStopActivated := #Status.%X6;
    #TEL3_in.ZSW1.NoQuickStopActivated := #Status.%X5;
    #TEL3_in.ZSW1.SwitchingOnInhibited := #Status.%X6;
    #TEL3_in.ZSW1.AlarmPresent := #Status.%X7;
    #TEL3_in.NIST_B := #act_velocity;
    #TEL3_in.G1_XIST1 := #act_position;

IF #control_word.%X0 THEN
    #servo_mode := 16#03;
ELSE
    #servo_mode := 0;
END_IF;
```

图 20　报文匹配代码

四、运行效果

本次 AGV 程序测试完成后，通过连续运行监测各个参数曲线，判定整个系统的稳定性以及算法所实现的速度控制的精度，首先 AGV 直线累计运行距离约 5.64km，其次运行过程中进行差速测试，通过监测两个驱动轮的速度特性验证差速计算公式。直行过程速度曲线如图 21 所示。

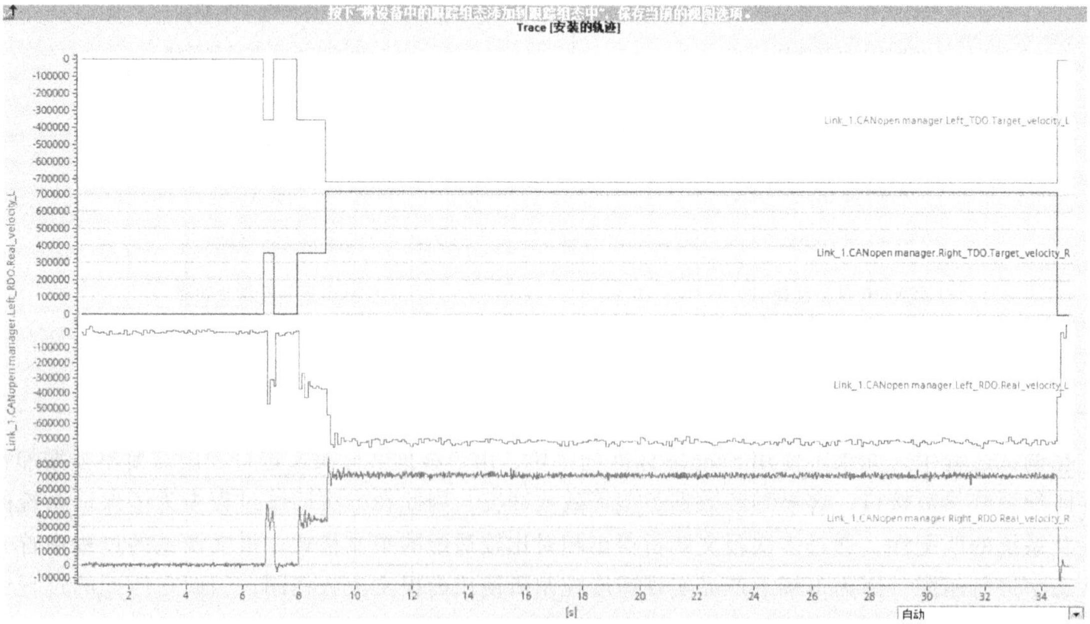

图 21　直行过程速度曲线

通过 Trace 左右轮的速度曲线，可见每个时刻两轮的速度值和波形均相同，由于驱动轮为内部相对安装，就顺时针和逆时针方向来说两个轮的转向相反，所以计算出的速度大小相同方向相反，由于测试过程中 AGV 为空载状态，导致伺服动态参数匹配度较差，故图中所示的速度抖动较大。转向过程速度曲线如图 22 所示。

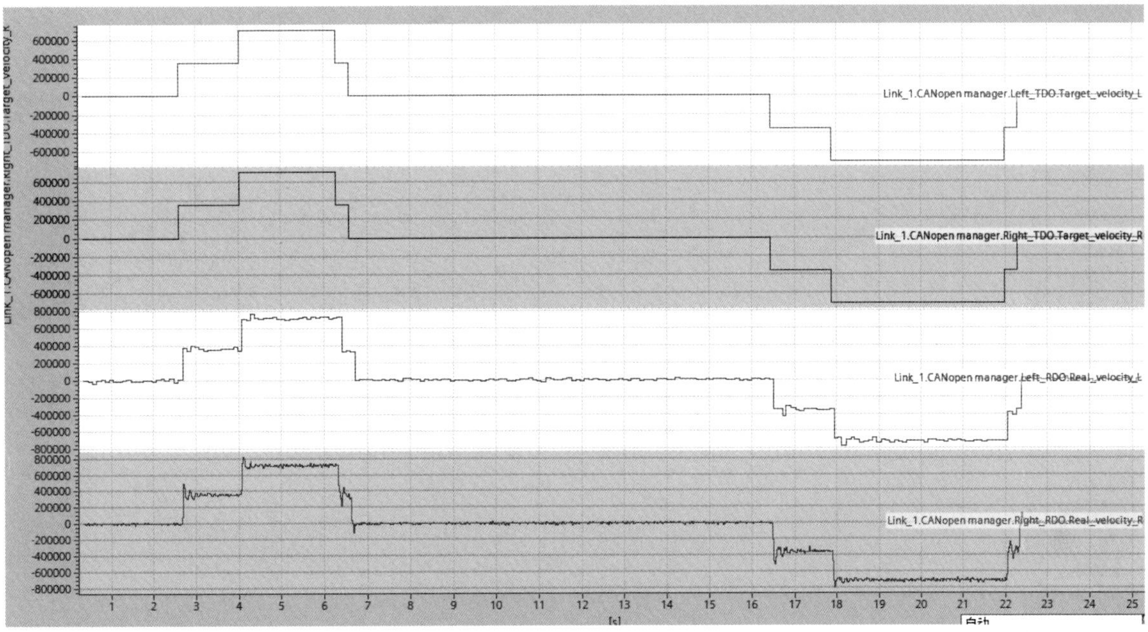

图 22 转向过程速度曲线

本次截取的曲线为 AGV 静止无直行方向速度时转向，即式（1）和式（2）中 $v_x=0$，所以计算结果为左右轮速度大小相同，转向相同，由于安装特性上文已做介绍，得出的曲线结果为大小相同的速度值，此时 AGV 车体沿车体中心做圆周运动。

五、应用体会

Simove 解决方案是西门子公司在 AGV 行业中较为新颖的解决方案，Simove 最为突出的特点是开放，包括通信开放，算法开放。对 Simove 提供的算法，用户也可以根据实际需求进行修改，其较为开放的兼容性可以很好地适应第三方产品，从开发的角度来说降低了 AGV 开发的门槛，相较于友商开发的系统，Simove 就有很好的接口以及人机交互体验。

在调试过程中尤其是与第三方产品进行对接时，要特别注意接口规则，本次调试体会到 Simove 标准化编程的便利性。

参考文献

[1] 109755405_Simove Carrier Control Library [Z].

[2] 20210415_SIMOVE_CC_GettingStarted_V3.1 [Z].

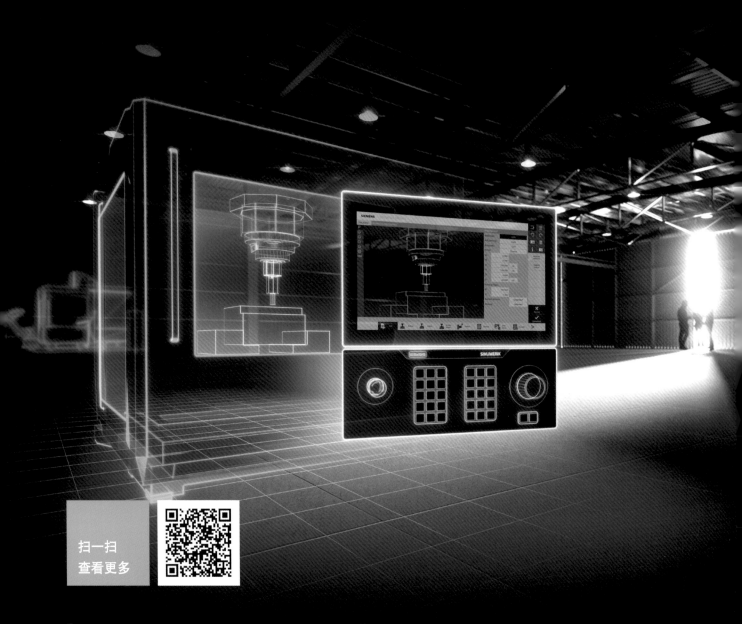

S7-1500T 和 S210 在 3D 激光打印机上的应用
Application of S7-1500T and S210 in 3D laser printer

潘双龙
(西门子(中国)有限公司　天津)

[摘　要] 3D 打印，增材制造的一种方法，是将材料逐层堆积叠加，形成具有预期形状的物体。增材制造不需要传统的刀具和夹具，在一台设备(而不是传统的复杂制造系统)上可以快速精密地制造出任意形状的零件，从而实现零件“自由制造”，大大减少了加工工序。产品结构越复杂，制造效益越显著。S7-1500T 和 S210 的组合正好满足了运动控制的要求，同时达到了超高的准确度需求。

[关 键 词] S7-1500T、S210、电子凸轮

[Abstract] This paper introduces that 3D printing, a method of additive manufacturing, is to stack and stack materials layer by layer to form an object with the expected shape. Additive manufacturing does not need traditional cutting tools and fixtures. It can quickly and accurately manufacture any shape parts on one equipment (instead of traditional complex manufacturing system), so as to realize " free manufacturing" of parts and greatly reduce the processing procedures. The more complex the product structure is, the more significant the benefit of manufacturing is. The combination of S7-1500T and S210 just meets the requirements of motion control, and also meets the requirements of ultra-high accuracy.

[Key Words] S7-1500T、S210、electronic cam

一、项目简介

1. 项目和行业简要背景

3D 激光打印包含计算机及 CAD。设计者在计算机上绘制零件的 3 维数学模型，然后对其进行分层切片，得到各层截面的平面(2 维)图形。材料按各截面图形逐层成形累加，终得到 3 维实物。如图 1 所示。切片的间距越小，得到的实物越接近模型。目前，分层高度可达 μm 级。

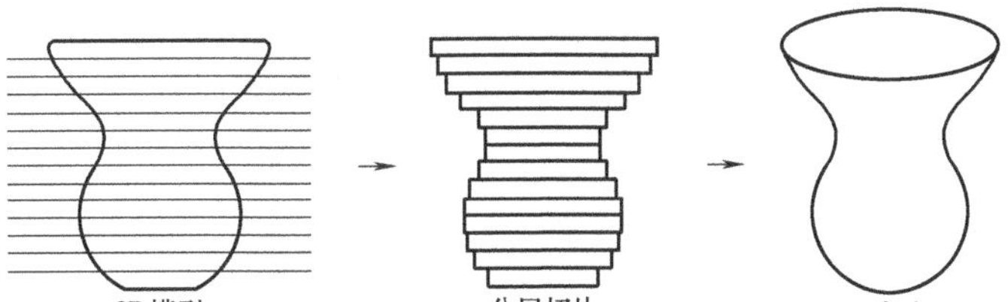

图 1　3D 打印原理

最早使用增材制造实现工业应用的是美国 3D systems 公司。与增材制造对应，还有减材制造、等材制造。切削（车、铣、刨、磨）加工是减材制造，锻造是等材制造。

2. 简要工艺介绍

3D 激光打印机工作原理：设备以粉状材料为加工物质，激光束分层扫描烧结，粉末在高强度的激光照射下被烧结在一起，得到零件的截面，并与已成形的部分粘接；如此循环，层层累积，最终得到制件。

机型示意图如图 2 所示。

设备启动时，落粉机构在托盘上落粉并刮平固定厚度金属粉尘，然后激光器根据图样的分层界面进行激光打印（烧结），打印完成后，盘架带动托盘下降一个固定长度，落粉机构继续，如此往复循环，层层加工，最终形成零件。

设备流程图如图 3 所示。

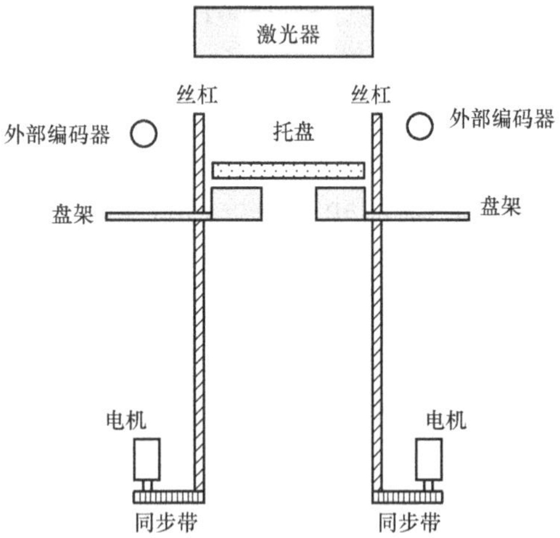

图 2　机型示意图

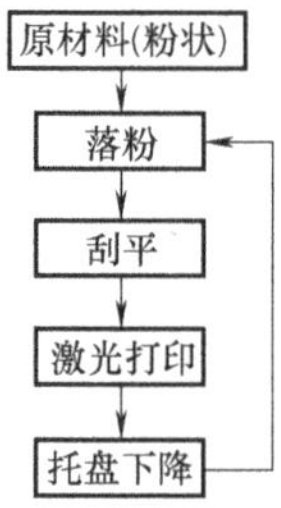

图 3　设备流程图

3. 现场照片（见图 4）

图 4　现场设备照片

二、系统结构

1. 系统结构网络图（见图 5）

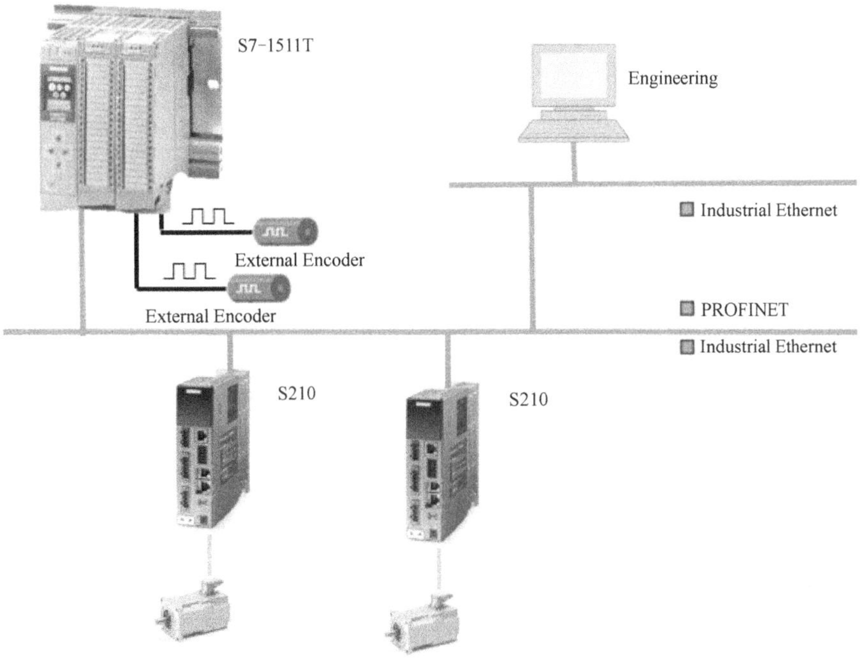

图 5 系统结构网络图

S7-1500T 通过工艺对象的形式，控制两台 S210 运行。通过外部编码器和凸轮同步，实现高准确度的同步和定位的要求。

2. 硬件配置清单（见表 1）

表 1 硬件配置清单

Pos.	硬件编号	数量	硬件描述
S210	6SL3210-5HB10-4UF0	2	S210 伺服 1AC/230V,0.4kW,2.4A,FSB
	1FK2204-5AF10-0MA0	2	S210,S-1FK2 紧凑型电机,1AC/230V,P_n=0.375kW,N_n=1500r/min,M_n=2.4N·m,轴高 40mm,22 位多圈绝对值编码器,光轴,带抱闸,IP64
	6FX5002-8QN08-1BA0	2	S210,OCC 电缆,用于轴高 40/48/52 的连接电缆,MC500,长度:10
S7-1511T	6ES7511-1TK01-0AB0	1	CPU 1511T-1 PN
	6ES7521-1BL10-0AA0	1	数字量输入,DI 32×24VDC BA;包括前连接器模块(直插式)
	6ES7522-1BL10-0AA0	1	数字量输出,DQ 32×24VDC/0.5A BA;包括前连接器模块(直插式)
	6ES7523-1BL00-0AA0	1	数字量输入/数字量输出 DI/DQ 16×24VDC/16×24VDC/0.5A BA;包括前连接器(直插式)

（续）

Pos.	硬件编号	数量	硬件描述
S7-1511T	6ES7531-7QD00-0AB0	1	模拟量输入，AI4×U/I/RTD/TCST；包括前连接器（直插式）
	6ES7531-7QF00-0AB0	1	模拟输入，AI8×U/I/R/RTD BA
	6ES7590-1AC40-0AA0	1	安装导轨 S7-1500 导轨，245mm
	6ES7592-1BM00-0XB0	1	前连接器，适用于 35mm 模块的直插式系统，40 针
	6ES7823-0BA00-1BA0	1	OPC UA S7-1500（小型）（≤CPU 1513（F））DVD
	6ES7954-8LF03-0AA0	1	存储器，24MB
编码器模块	6ES7551-1AB00-0AB0	1	S7-1500，TM PosInput2，2 通道计数与位置采集（增量型/绝对值编码器 SSI，RS422 和 5V TTL 信号），35mm 模块，不含前连接器

3. 选型依据及理论计算

（1） 机械部分计算和选型

托盘升降是由两台 S210 共同驱动，计算时可以将重量平分到两台 S210 上。

升降电机的出轴带一个齿轮，通过同步带连接到减速机输入轴上，齿轮的齿数相同，减速机的出轴带动一个丝杠。

升降电机运行的轨迹（测试模式时，中间无停顿时间）（见图 6）：

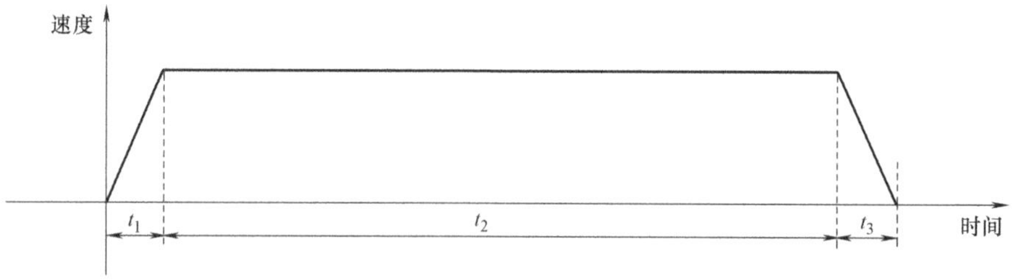

图 6　运行轨迹图

对于运行轨迹，有要求的数据为 t_1 到 t_3 运行的总长度为 60μm，时间为 2s。

1） 转矩的计算：

计算 t_1 段，需要推力：$F_1=mg+ma$

折算到减速机轴转矩：$M_{gear}=\dfrac{F_1P}{2\pi\eta_{sys}}$

折算到电机轴的转矩：$M_{mot}=\dfrac{M_{gear}}{i\eta_{gear}}$

式中，μ 为摩擦系数；m 为驱动的设备重量；a 为加速度；P 为丝杠的导程；η_{sys} 为丝杆系统的效率；η_{gear} 为同步带和减速机的总效率。

对于 t_2、t_3 段的计算方法相同。

等效转矩的计算：

$$M_{mot_{eff}}=\sqrt{\left(\frac{1}{t_{cyc}}\times(M_{t1}^2t_1+M_{t2}^2t_2+M_{t3}^2t_3)\right.}$$

式中，t_{cyc} 为 $t_1\sim t_3$ 的总时间，$M_{t1}\sim M_{t3}$ 为 $t_1\sim t_3$ 的电机转矩。

2）转动惯量的计算：

外部的转动惯量折算到电机轴为

$$J_{ext}=91.2m\left(\frac{v}{n}\right)^2$$

式中，J_{ext} 为设备转动惯量折算到电机轴的值；v 为任意时刻设备的线速度（m/s）；n 为此时刻电机的转速（r/min）。

3）平均转速的计算：

$$\bar{n}=\frac{1}{t_{cyc}}\times(n_{t1}t_1+n_{t2}t_2+n_{t3}t_3)$$

式中，$n_{t1}\sim n_{t3}$ 分别为 $t_1\sim t_3$ 的平均转速。

将项目中的参数代入到公式，并适当调整加速度的大小，可以得出相应的电机转矩、转速等参数，即可以进行相应的电机选型，并校核转动惯量比是否满足要求。

4）使用 TIA Selection Tool 进行计算。也可把相应的参数输入到 TIA Selection Tool 中进行计算选型。打开软件，新建设备，选择驱动技术，如图 7 所示。

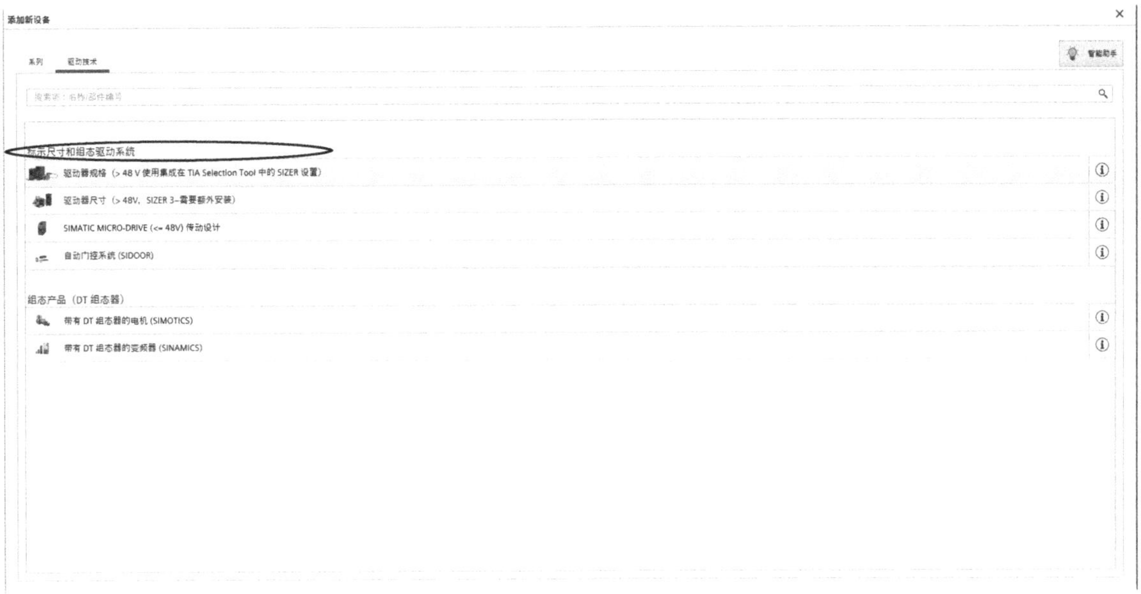

图 7　添加驱动

添加负载，选择滚珠丝杠结构，输入相应的机械数据，如图 8 所示。

输入运行轨迹如图 9 所示。

选择相应的电机后，会有详细的数据和图提供参考，如图 10 所示。

也可以使用 SIZER 软件进行计算，根据计算出来的数据，自己手动选择相应的 S210，方法相同，在此不再多做介绍。

（2）CPU 时间利用率的计算

在 TIA Selection Tools 中，可计算 CPU 做运动控制的载荷情况。在此项目中，我们用工艺对象的方式控制 S210，用作一个定位轴，一个同步轴。则在 4ms 的运动控制周期时，计算如图 11 所示。

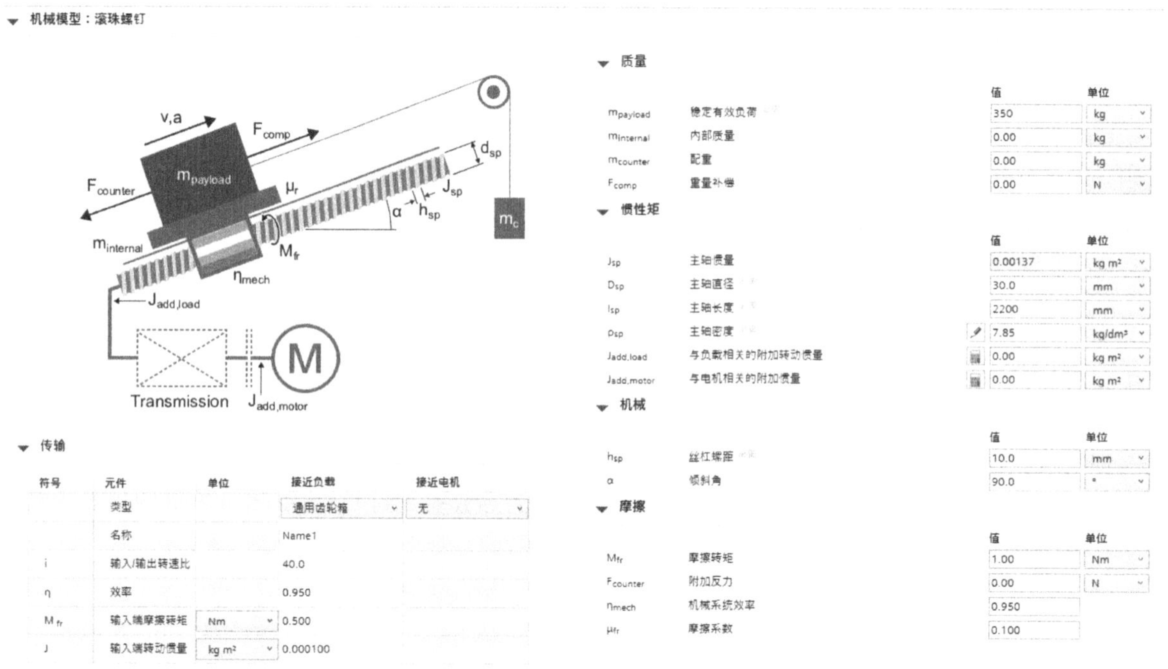

图 8　输入机械数据

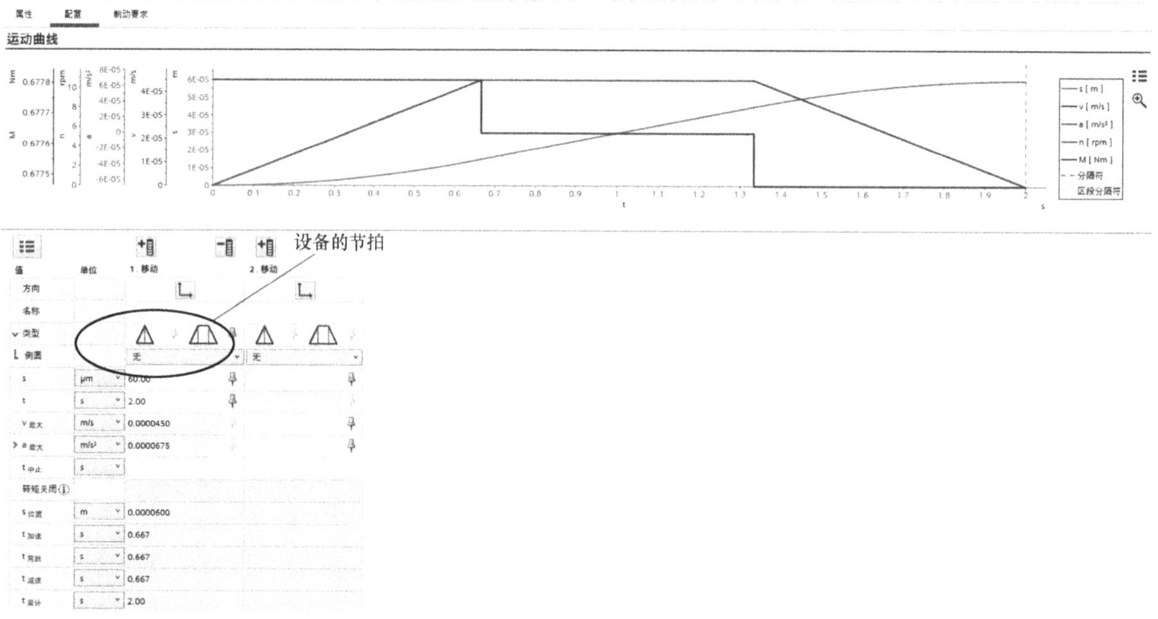

图 9　运行轨迹的输入

选择 S7-1511T，CPU 的利用率为 55%，如图 12 所示。

由此可以看出，S7-1511T 可以满足客户的运动控制要求。

4. 可选方案的比较

对于高准确度的定位和同步的应用，可以选择 S7-1500T CPU+S210 或者 S7-1500T CPU+S120，

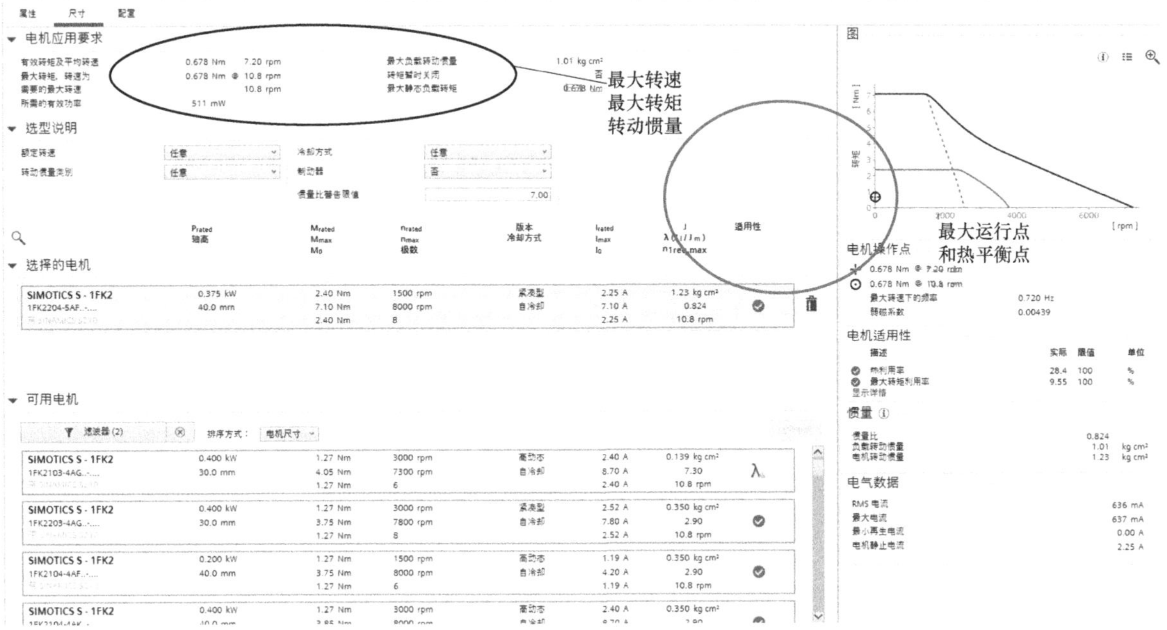

图 10　计算结果和电机数据

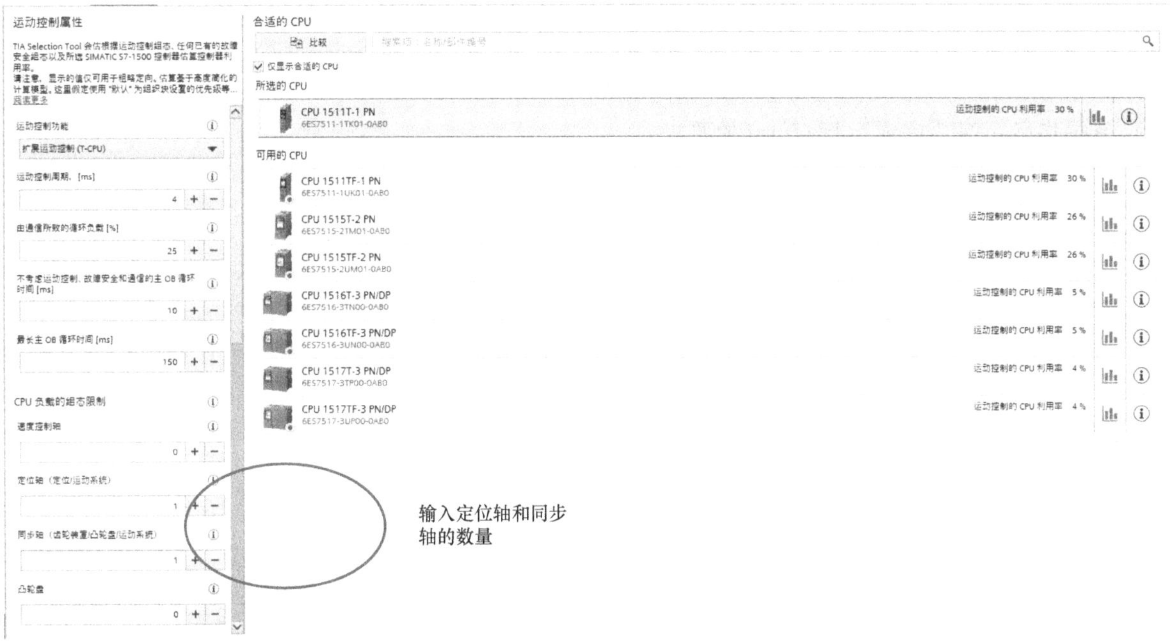

图 11　TIA Selection Tools 的输入

或者 Simotion 的方案，这几种方案都能完成相应的功能。但是 S7-1500T CPU+S210 的方案价格相对较低，在满足功能的情况下，此方案在成本上有很大的优势，且客户对 S7-1500T 的编程更加熟悉。所以此项目客户最终选择了 S7-1500T CPU+S210 的方案。

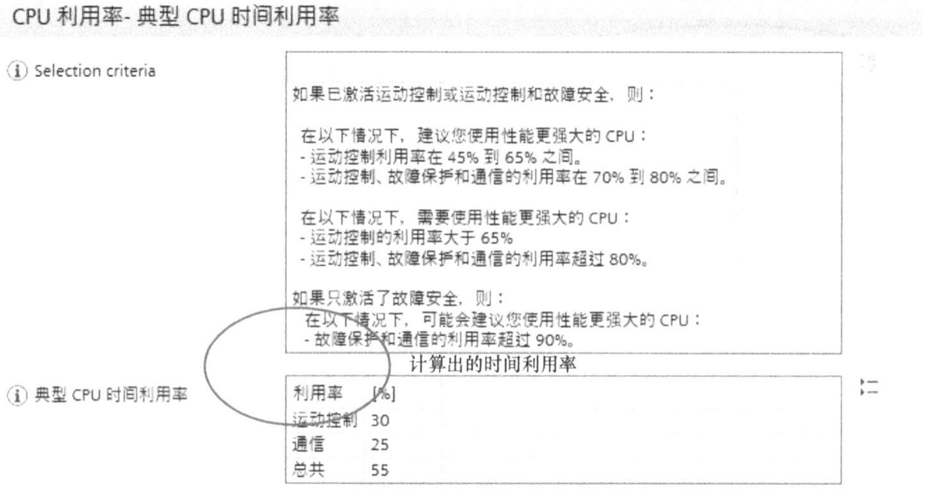

图 12　所选 CPU 的时间利用率

三、功能与实现

1. 控制系统实现的功能

本项目中，S7-1500T 用于控制整线的逻辑并且控制两台 S210 完成托盘的升降。实现方法：每次打印完成后，一台 S210 做定位，另一台 S210 与其进行同步，保证托盘的平稳运行和准确定位。

2. 性能指标

节拍指标：2s 内完成运行 60μm 的要求。

定位准确度指标：定位准确度 5μm。

同步准确度指标：同步准确度 50μm。

3. 控制关键点及难点

1）安装误差的补偿：设备对位置的准确度要求非常高，两侧编码器的安装弯曲或者不平行都会造成托盘的倾斜，由于需要达到微米级的安装准确度，机械安装很难能达到这种标准，所以需要电气上进行补偿。

2）断电再上电后的机械位置变化处理：设备断电上电后，由于气温或者应力的变化，造成两侧的轴位置与断电前不同，托盘可能出现倾斜的情况，需要进行处理。

4. 关键及难点部分的调试过程描述

1）安装误差的发现与补偿：设备安装完成后，将两个 S210 点动到同一高度，然后进入齿轮同步状态，将微米仪安装到两个托盘架上，进行检测。在运行 1m 左右的距离后，发现微米仪显示偏差值达到 19μm，此时观察两个外部编码器的值，同步误差在 7μm 左右。编码器的值如图 13 所示。

然后将设备运行回到原始位置，微米仪显示偏差为 0，外部编码器读取的值也相同。重复多次进行定位，结果相同。判断为安装误差导致。微米仪如图 14 所示。

如果是两侧安装不平行导致，则可以通过测量整个行程的误差，然后通过修改齿轮同步的比例，进行线性的补偿。

将设备回到零点位置，然后进入同步状态，点动运行到最大行程处，发现在此过程中，两侧托

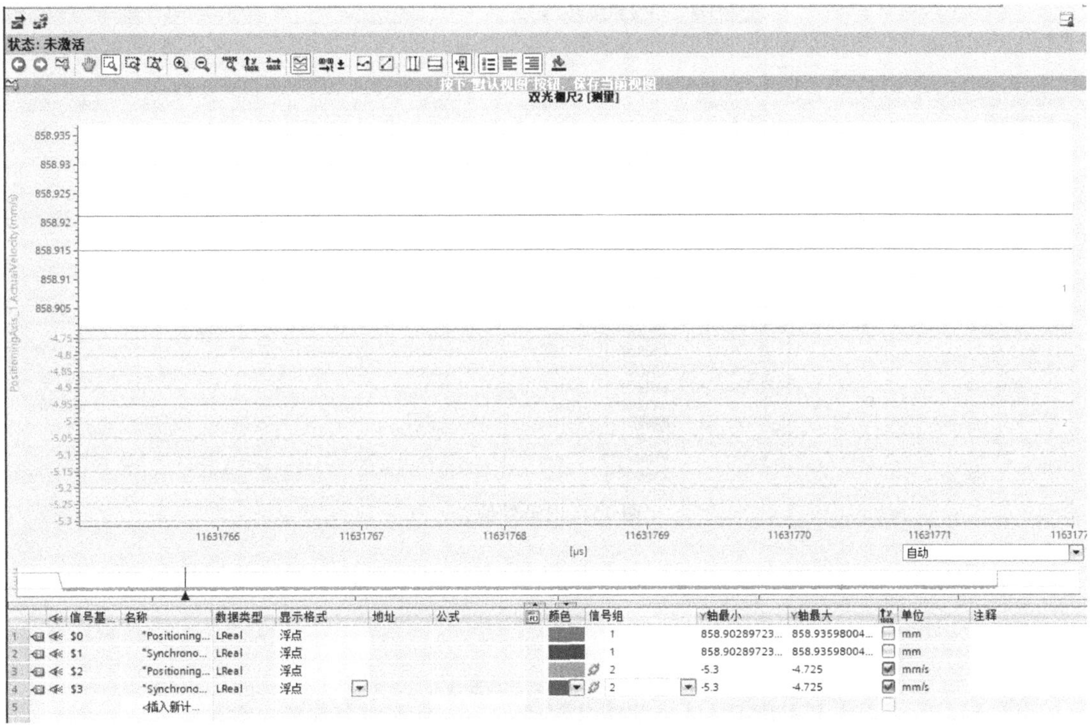

图 13 外部编码器的值

图 14 微米仪测出的偏差

盘架的偏差值，先从零到 30μm 左右，然后再回到 5μm 左右。偏差不是线性的，不能使用修改齿轮同步比例系数的方式进行补偿操作。改用 Cam 方式，每隔一定距离取一个点，将偏差写到 Cam 曲线中，通过 Cam 的方式实现分段补偿的效果。

首先每隔 100mm 记录一次偏差值，如图 15 所示。

然后将记录的数值写入到 Cam 中，如图 16 所示。

然后再将 Cam 曲线进行插补即可，如图 17 所示。

最后使用凸轮同步指令替换齿轮同步的指令，这样就能通过 Cam 曲线的方式，对设备的安装误差进行了分段的补偿，满足了客户的使用要求。

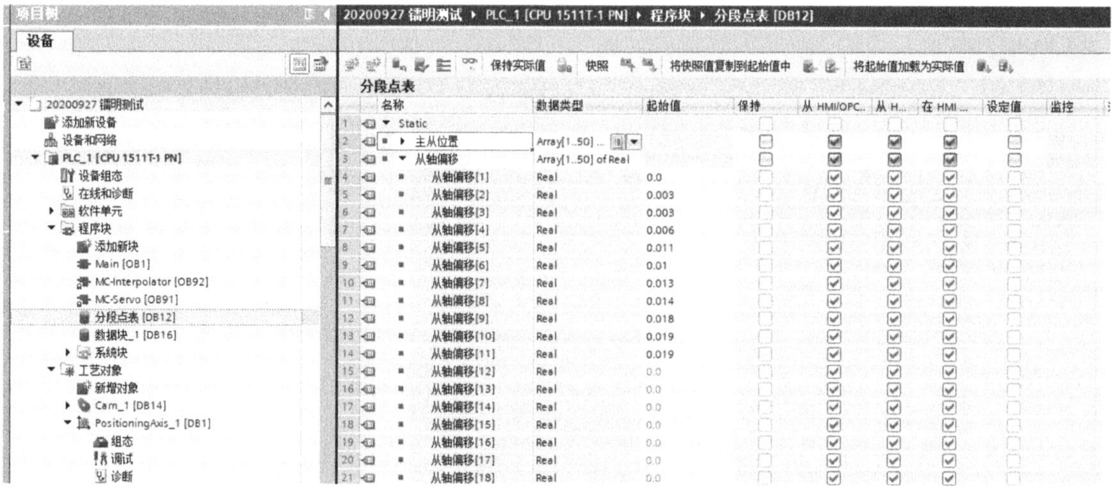

图 15　记录的偏差

```
IF NOT "InterpolateCam" THEN

    #i := 1;
    FOR #i := 1 TO 11 DO
        "Cam_1".Point[#i].x :="分段点表".主从位置[#i];
        "Cam_1".Point[#i].y := "分段点表".主从位置[#i] + "分段点表".从轴偏移[#i];
        "Cam_1".ValidPoint[#i] := TRUE;
        ;
    END_FOR;
;
END_IF;
```

图 16　将记录的数值写入到 Cam 中

如果想补偿得更精确，可以将采样的间隔减小。

2）断电再上电后的机械位置变化处理：设备在断电上电后，主从轴的位置可能发生变化，会有几微米的误差，需要进行补偿。

首先由于设备可能在任意位置断电，所以我们选择的进入 CAMIN 的方式为 2，直接进入同步的方式，如图 18 所示。CAMIN 的指令如图 19 所示。

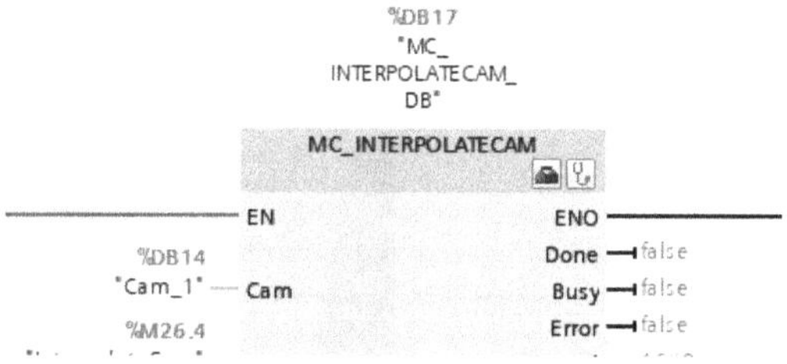

图 17　插补 Cam 曲线

SyncProfileReference	INPUT	DINT	1	Synchronization profile	
				0	Synchronization in advance using dynamic parameters
				1	Synchronization in advance using leading value distance
				2	Direct synchronous setting
				3	Subsequent synchronization using leading value distance
				4	Subsequent synchronization using leading value distance starting from current leading value position

图 18　CAMIN 的方式

然后根据主轴当前的位置，读取 Cam 曲线中对应的从轴位置，再将此位置作为绝对定位的目标位置，给到从轴，如图 20 所示。

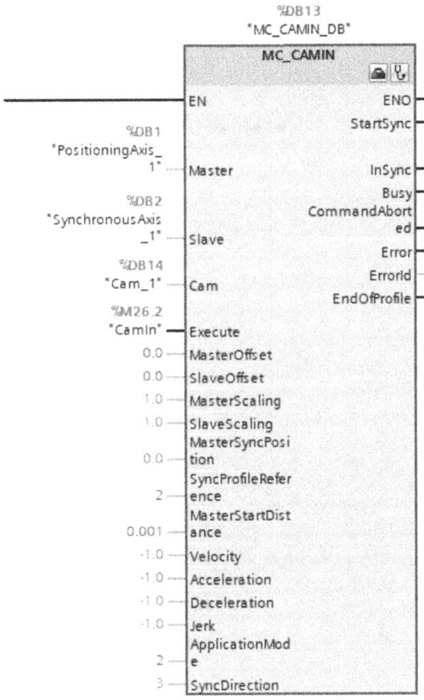

图 19　CAMIN 的指令

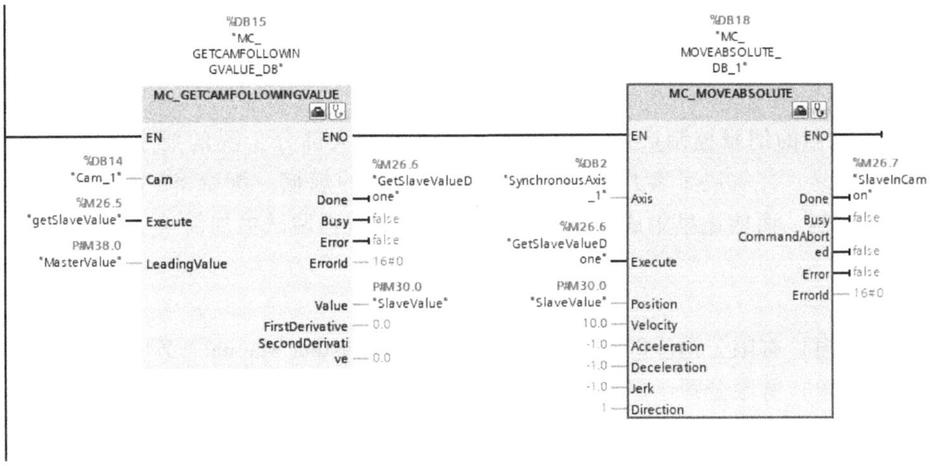

图 20　读取 Cam 曲线的位置给到从轴

最后根据从轴定位完成的指令，启动 CAMIN 指令，就能解决断电上电后的位置误差。

5. 控制效果

通过上述调试过程，设备能满足 2s 运行 60μm 的要求，并且同步准确度达到 7μm，定位准确度达到 1μm。运行时曲线如图 21 所示。

四、运行效果

设备自 2020 年 12 月份投入运行以来，一直在正常运行，达到了客户定位准确度 5μm，同步准确度 50μm 要求，并远远高于客户的要求，对于此运行效果，客户十分满意。

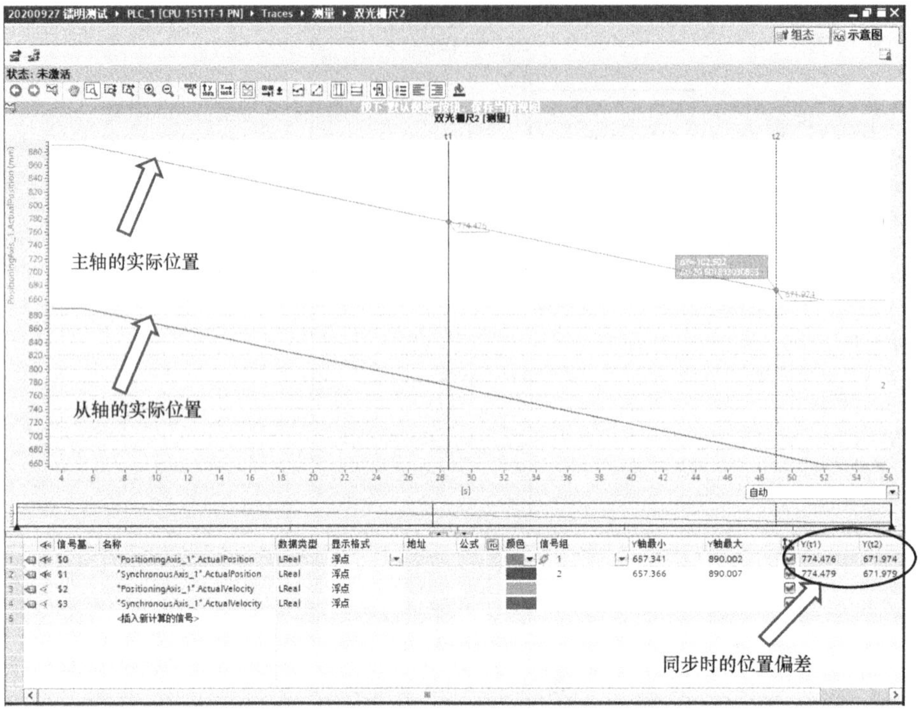

图 21 S210 的运行曲线

五、应用体会

S210 作为一款新的伺服控制产品，在性能上满足了绝大部分工况的要求。Web 调试的方式使调试更加直观、简易，并解决了客户需要装很多工程软件的烦恼。配合 S7-1500T PLC 使用，可以实现复杂的运动控制。而博途里集成的 PLCopen 指令，让编程调试更加简单、快捷。

参考文献

[1] 西门子（中国）有限公司. STEP 7 Professional V17 System Manual [Z].

[2] 西门子（中国）有限公司. SINAMICS S210 Servo drive system [Z].

西门子 S7-1500T 在新能源锂电池贴胶项目中的应用
Application of Siemens S7-1500T in gluing project of new energy lithium battery

李孟奇　卢宇翔　张其成　李　娟
（大族激光科技产业集团股份有限公司　深圳）

[摘　要] 该项目应用于新能源锂电池自动化生产线模组段的设备中，主要作用是将整卷的胶带切成均匀宽度的胶条贴在单个电芯上，而 S7-1500T 运动型 PLC 配合 V90 伺服能实现较严苛的工艺要求，同时提高了效率和精度。

[关 键 词] 工艺对象、电子凸轮、转矩控制、S7-1500T

[Abstract] The project is applied to the equipment of the module section of the new energy lithium battery automation production line, the main role is cutting the entire roll of tape into uniform width strips and pasting it on cell, and the S7-1500T PLC with V90 servo system can perfectly achieve the strict process requirements, while improving efficiency and precision.

[Key Words] Technology object、Cam、Torque control、S7-1500T

一、项目简介

近两年，在头部动力电池企业的大力推动下，新能源锂电池的 CTP（无模组技术，Cell To Pack，即电芯直接集成电池包）生产工艺被成熟地应用在多款新能源乘用车上。而在 CTP 工艺中，电芯之间的贴合也由传统的涂胶工艺更改为贴胶工艺。我们这款卷料裁切贴胶全自动一体机设备，正是为电芯贴胶工艺而研发的。

卷料裁切贴胶全自动一体机主要由放卷系统、缓存系统、模切系统、剥胶系统、贴胶系统、收卷系统构成。设备的主要动作是放卷轴旋转放料，使缓存机构缓存足够的料带，然后模切机构裁切料带，同时收卷系统拉动料带前进，切好的胶条到达剥胶位置时，剥胶系统将胶条与离心纸分离，贴胶系统将胶条取走并准确地贴在电芯上。主要结构如图 1 所示。

该设备主要的动作为切胶和贴胶，并由四轴机械手配合工业视觉系统完成，具体动作流程为：模切系统每次切四条胶条，四轴机械手每次取四条胶条，一次贴两条分两次将胶条贴在电芯上，将电池一面四条边都贴上胶条。客户工艺要求切胶精度±1mm，贴胶精度距离电芯边缘 0~1.5mm，虽然每个工序本身要求不高，但是各部分配合（四条边贴上胶时不能重叠，如果胶条过宽，工序靠后的卷料贴胶机将没有足够位置将胶条贴上）加上真空吸取成功率，实际胶条变化范围要在±0.5mm 以内，对设备的控制方式要求很高。具体工艺流程图及切胶效果图如图 2、图 3 所示。

如图 4 所示，由于收卷牵引和模切部分相距较远，会造成料带的弹性变形，对位置的影响较大，胶带位移的检测相对收卷牵引的运行有很大的迟滞性。为了解决此现象，就要对整个系统的张

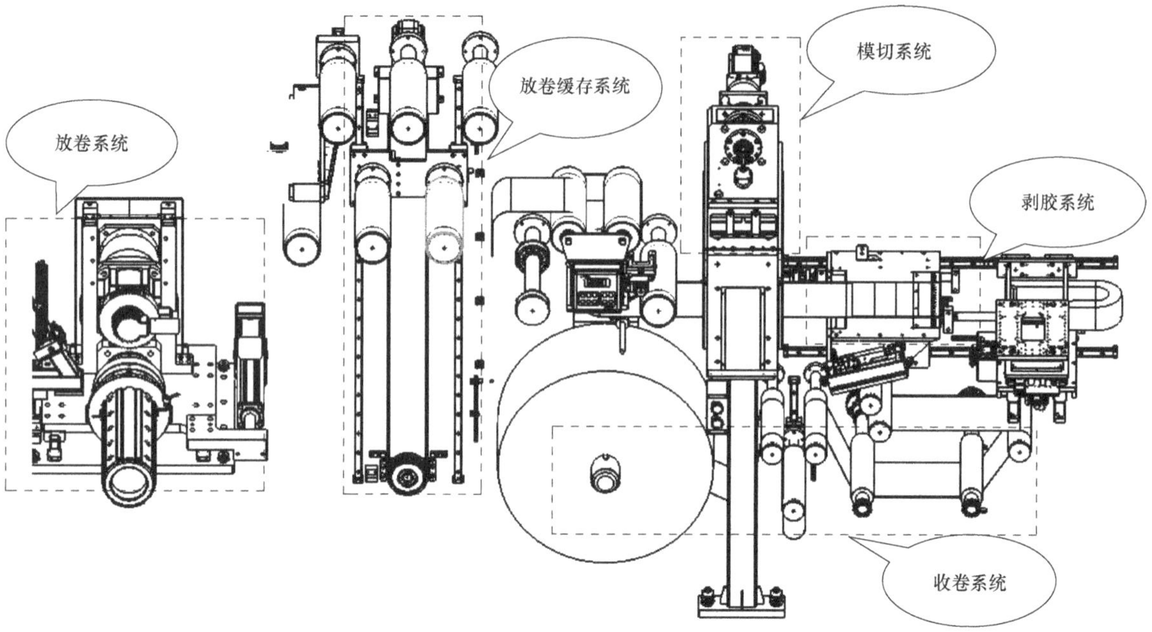

图 1　主要结构

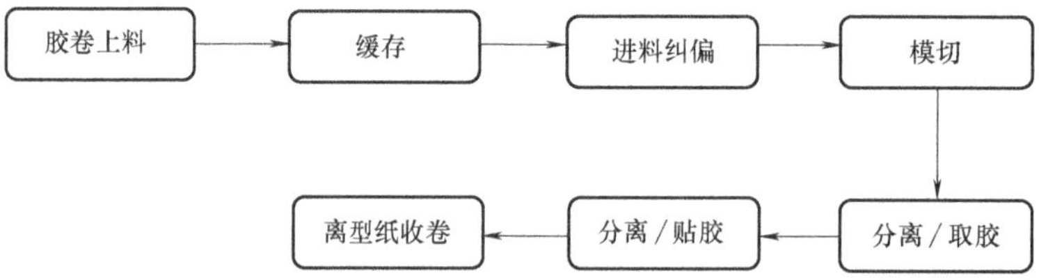

图 2　工艺流程图

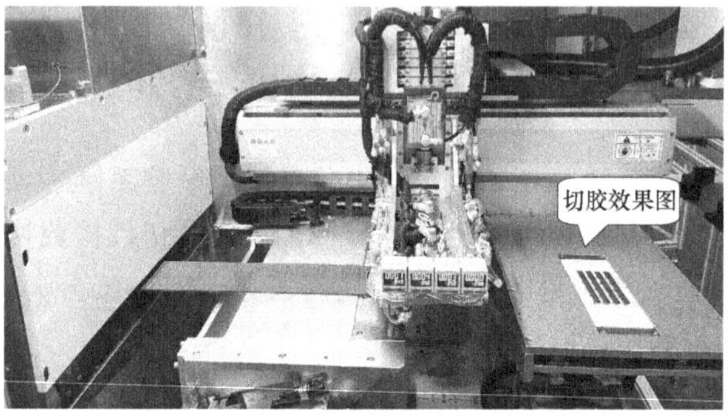

图 3　切胶效果图

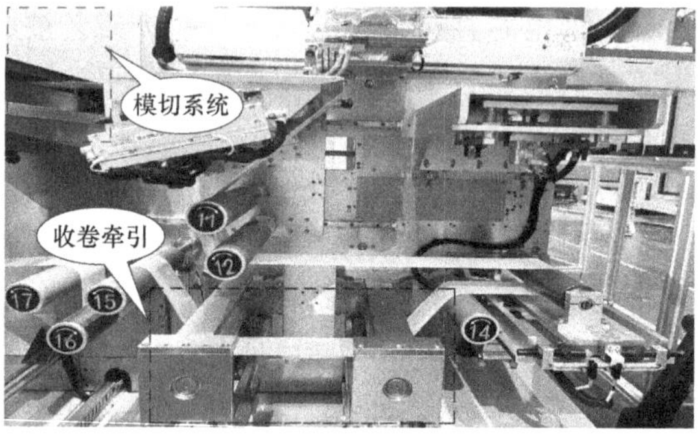

图 4　模切与收卷牵引部分

力变化提出一定的要求：裁切运行时，张力变化不能超过 5%，为灵活控制张力，缓存部分用伺服转矩限制来调整料带张力。

二、控制系统结构

1. 主要硬件配置

图 5 所示为整个系统在 TIA 中的硬件配置、系统结构。系统核心部分运用了 V90 伺服系统的

HSP 带 105 报文并与西门子 1515T 建立 IRT（等时同步）通信，发送时钟设定为 4ms，4ms 的设定时钟可以使通信有更好的响应速度，同时也不会影响 PLC 自身的扫描运行周期，如图 6 所示。

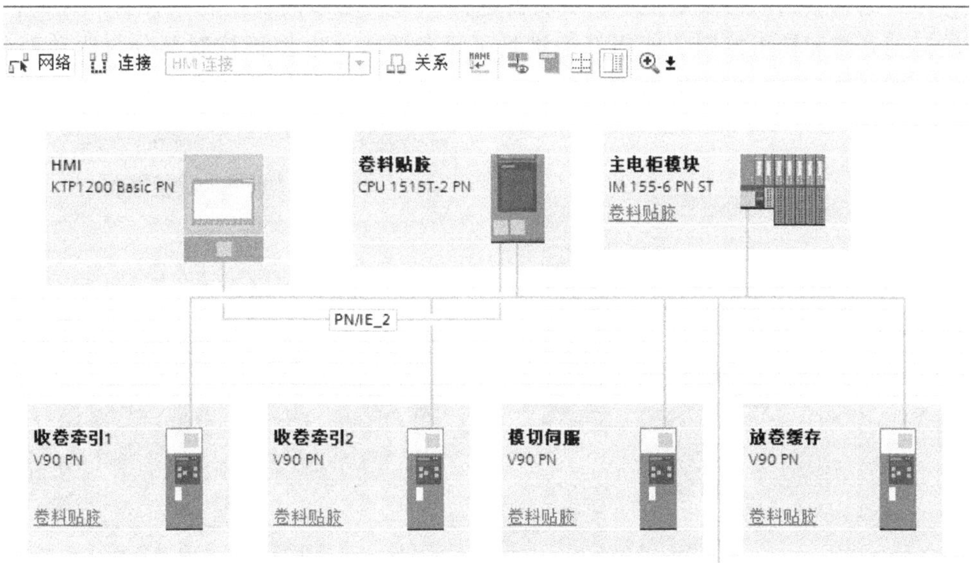

图 5　网络结构

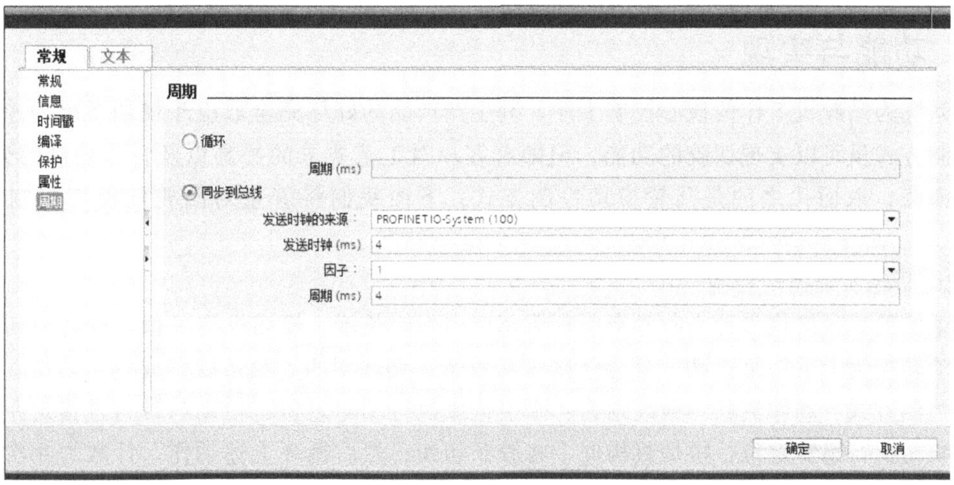

图 6　运动控制的应用周期

系统主要配置清单见表 1。

表 1　系统主要配置清单

名称	型号	驱动器型号	备注
PLC	CPU 1515T-2PN		
触摸屏	KTP1200 Basic 彩色 PN		
放卷缓存电机	1FL6042-1AF61-2LB1	6SL3210-5FE10-4UF0	400W 高惯量绝对值伺服,减速比 10：1
模切电机	1FL6042-2AF21-1AB1	6SL3210-5FB10-8UF0	750W 伺服(带抱闸),减速比 20：1
收卷牵引电机	1FL6062-1AC61-2AA1	6SL3210-5FE11-0UF0	1kW 高惯量伺服,减速比 20：1

2. 控制系统的组成

该设备主要使用博途编程软件进行 S7-1500T 和 V90PN 的编程，伺服驱动的使用应用了工艺对象的功能，PLC 给伺服驱动器发送指令，驱动器进行 DSC（动态伺服控制）位置环控制，S7-1500T 的电子凸轮运动系统和转矩控制功能很好地满足了设备要求。电控板控制部分与驱动部分如图 7、图 8 所示。

图 7 控制部分

图 8 驱动部分

三、功能与实现

模切系统为贴胶机工作的核心控制工序，其生产产品的好坏完全取决于模切系统的控制。常见的模切控制方式虽可以实现切胶的功能，但随着客户对工艺要求的提高以及自身控制的先天劣势，现逐渐被淘汰，取而代之的是凸轮模切控制方式，下面我们将着重对凸轮的模切控制方式进行分析。

1. 使用凸轮实现模切控制

模切系统的机械结构设计为收卷牵引伺服每牵引指定长度，模切机构（偏心轮将模切伺服的径向旋转运动转换为上下往复运动）就会下降切断胶带，循环切四条胶条后完成模切动作。如果采用传统伺服控制方式，动作流程一般规划为：牵引伺服执行相对定位，拉动料带行进指定距离；牵引完成后，模切执行绝对定位，模切机构向下将胶条切断，然后循环上述动作，计数为 4 次后动作完成。这种动作方案流程繁琐，每个步骤衔接都需要伺服启停，张力变化频繁（定位动作启动和结束时的加减速过程，定位完成时的位置振荡），节拍较慢（经实测，如果需要稳定运行，整个流程完成为 7s 左右）。因此，对于传统的控制方式，设备的生产效率以及贴胶精度都无法得到良好的保证。

为了提高设备生产效率并且保证贴胶精度，我们将裁切伺服和收卷牵引组成同步电子凸轮系统，裁切只需要模切伺服执行相对位移指令旋转四周，牵引伺服会根据模切伺服位置自动跟随动作，利用凸轮曲线同时保证裁切效率（减少停顿，提高节拍）和精度（利用连续运行减少加减速过程，减少运行时的料带张力变化，使胶条裁切均匀）。

同时，为方便换料，新的料卷会直接接在剩余料带上，设备需要有接头过渡功能，因此在机械结构上设计了可以避开接头的收卷牵引双轴电子齿轮同步系统。过接头时，模切会避开接头部分停止裁切，料带会残余部分胶条，如果不处理，胶条会粘在收卷牵引的辊轮上，越积越多。为防止这种情况，当接头部分到达收卷牵引辊轮附近时，收卷牵引压紧气缸打开，松开料带通过接头，料带的牵引由另一组收卷牵引机构带动，两组收卷牵引为冗余系统。

（1）电子凸轮控制系统

S7-1500T 使用工艺对象控制 V90，其中放卷缓存伺服和模切伺服为定位轴，收卷牵引 1 和收卷牵引 2 为同步轴。模切伺服作为主轴与收卷牵引 1 组成电子凸轮同步系统，收卷牵引 1 作为主轴与收卷牵引 2 组成电子齿轮同步系统。

（2）模切系统凸轮控制

模切系统凸轮控制如图 9 所示。

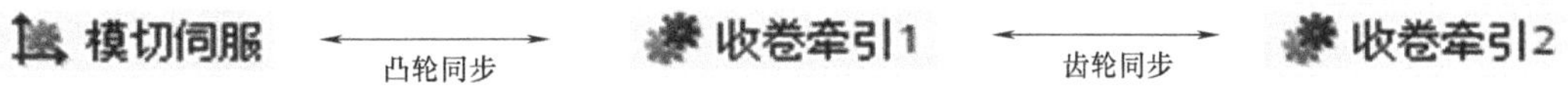

图 9　模切系统凸轮控制

模切伺服定义为模数为 360°的旋转轴，调用 MC_CamIn 指令，通过接口定义凸轮模式，应用模式（ApplicationMode）设为“2”（周期循环叠加模式）。同步模式（SyncProfileReference）设为“2”，同步时主从轴都处于停止状态，可以直接同步。同步方向（SyncDirection）设为“1”（正向同步）。程序如图 10 所示。

```
//Synchronous operation
#instMcCamIn(Master := #AxisMaster,
             Slave := #AxisSlave,
             Cam := #CamDisc,
             Execute := #FunctionEnable,
             MasterScaling := 1.0,
             SlaveScaling := 1.0,
             MasterSyncPosition:=#AxisMaster.ActualPosition,
             SyncProfileReference := 2,
             ApplicationMode := 2,
             SyncDirection := 1,
             InSync => #InSync,
             Busy => #Busy
);
```

图 10　程序片段

图 11 所示为凸轮曲线的定义规划，这其中有位置规范、位置、速度、加速度、加加速度等参数的变化。我们为了保证料带裁切均匀，就需要减小料带张力变化，因此从图中可以看到加速度变化均匀，从而使料带张力稳定，保证了裁切均匀。

凸轮曲线采用三次样条曲线插补定义，中间段的平衡速度和位置关系要保持一致，在图中虽有小幅度的牵引移动，但不影响裁切效果。

（3）电子凸轮控制效果

图 12、图 13 所示为凸轮运行的 Trace 监控曲线，通过曲线我们可以看到模切伺服位置与收卷伺服位置的变化。图 12 中，同步轴运行轨迹平滑，转速稳定，响应速度快。图 13 中，我们将引导轴和同步轴位置曲线放进一张图里放大查看，加速段和低速段斜率小，转矩变化小，运行平滑，无突变和迟滞。通过对数据的观察分析以及与实际裁切效果比较，裁切出来的胶条也比较均匀，可以达到预期效果。

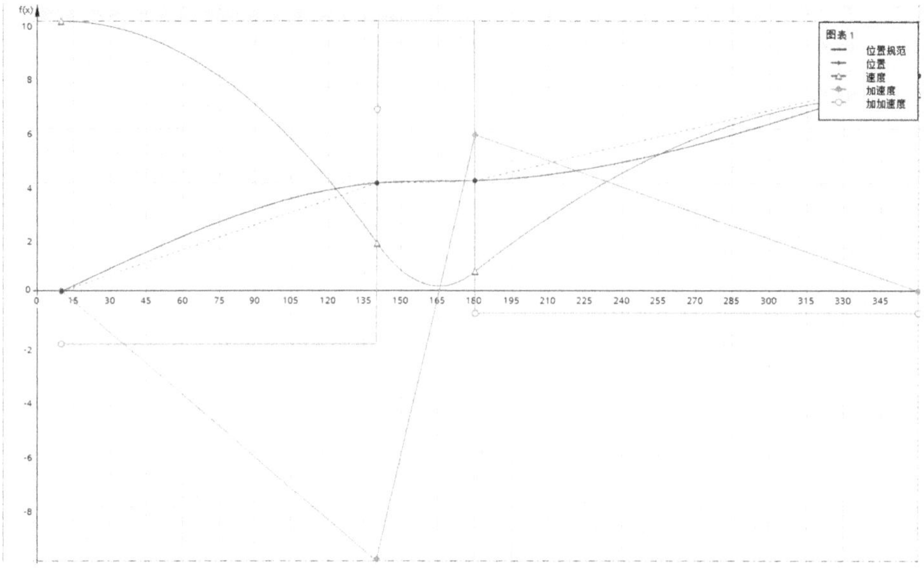

图 11　凸轮曲线规划

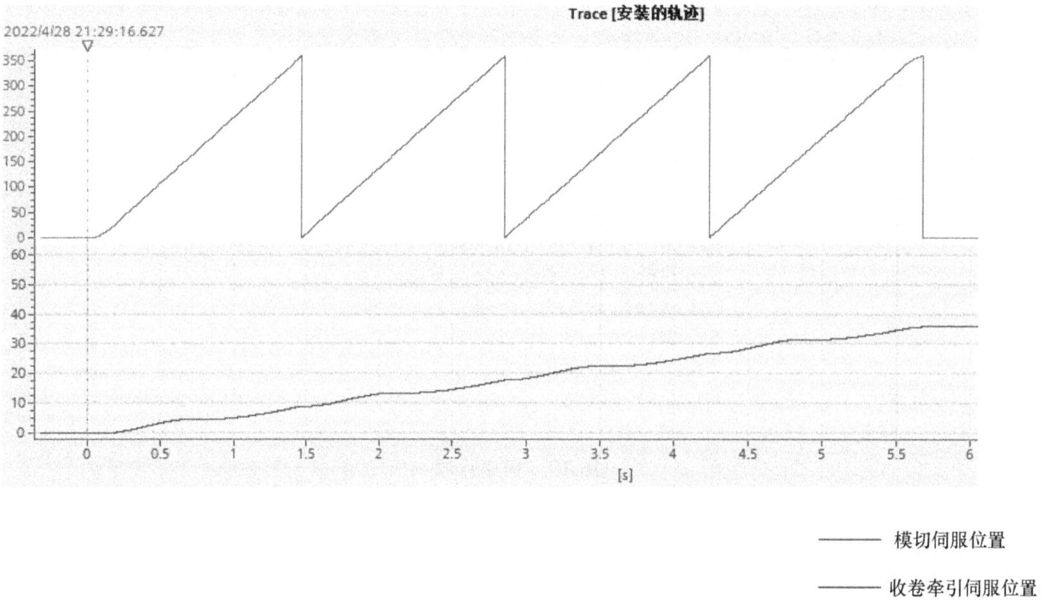

图 12　凸轮曲线监控 1

2. 转矩控制对料带张力调节

由于料卷之间差异大，加上卷绕不是非常均匀，而放卷和收卷牵引之间相隔较远，料带弹性形变大，因此放卷缓存系统（见图 14）中判断放卷速度并不能使用卷径计算，而根据放卷缓存伺服的位置判断会更加准确。模切启动时停止放卷，模切消耗缓存的料带。模切完成后，在剥胶和贴胶时，放卷流程启动，放卷伺服根据计算的速度旋转，放卷缓存下降缓存料带供裁切使用。通过对放卷缓存伺服转矩的控制，实现对整个系统料带的张力控制。

由于放卷缓存系统中辊轮的重力远大于系统所需要的张力（张力过大会拉断料带），所以放卷

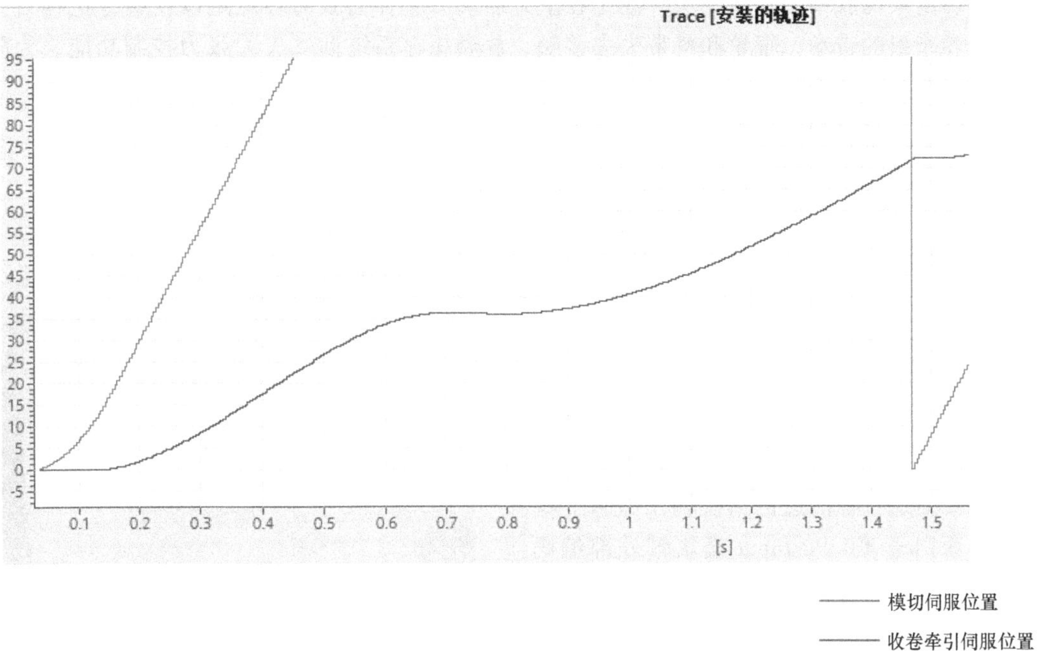

图 13　凸轮曲线监控 2

缓存伺服需要施加向上的转矩抵消部分重力，这样辊轮施加在料带上的压力就能达到系统所需。放卷缓存伺服垂直向下移动为正方向，垂直向上为负方向，垂直向上的转矩为负转矩，裁切时执行向上移动的速度指令，同时限制负向转矩，如图 15 所示。

3. 转矩监控的实现

在模切系统运行过程中，切出来的胶条会出现宽窄不一，这是因为放卷缓存机构在模切系统运行时会在收卷牵引的带动下上升，但是由于静摩擦力大于动摩擦力，放卷缓存在启动上升后料带作用在辊轮上的压力低于启动前的压力。如果动静摩擦力相差过大，机构配合不够顺滑，那么需要使放卷缓存上升的转矩设置得更大，上升启动后，料带的张力会显著

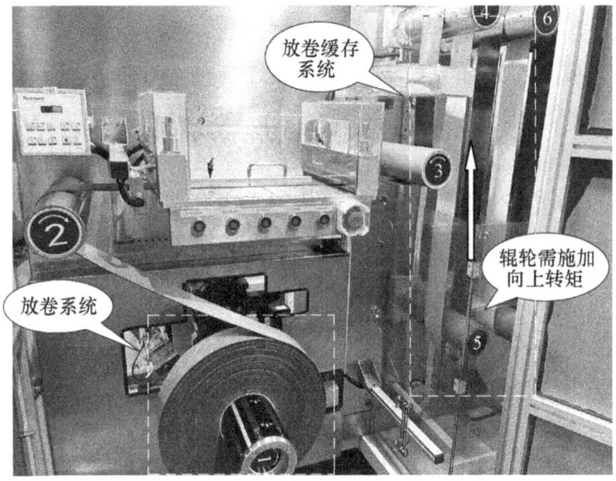

图 14　放卷缓存系统

```
//McMoveVelocity
#McMoveVelocity(Axis := #Axis,
                Execute := #Execute AND NOT #OP_Mode.Halt AND NOT #St_Halt,
                Velocity := "Data_MC".CacheVelocity,
                PositionControlled := 0);
//TorqueLimit
#McTorqueRange(Axis := #Axis,
               Enable := NOT #HMI.JogForward AND NOT #HMI.JogBackward AND #Axis.StatusWord.%X0,
               UpperLimit := 4,
               LowerLimit := #LimitTorque);
```

图 15　转矩限制

减小，这样切出来的胶条会宽窄不均，甚至在上升启动后缓存伺服的转矩足以使缓存机构自主上升而不需要收卷牵引的带动，辊轮和料带失去接触，放卷缓存系统彻底失去张力控制功能。为防止此类状况发生，需要对料带张力实时监控，在张力异常时触发报警，同时我们在放卷缓存的支撑辊轮下方加入了压力传感器，如图 16 所示。通过传感器反馈的数值对压力值进行监控，在调试的时候也能对机构的顺滑程度做出评估，并随之调整。如果没有传感器，那样我们便无法对顺滑程度进行评估，同时也增加了调试的难度。

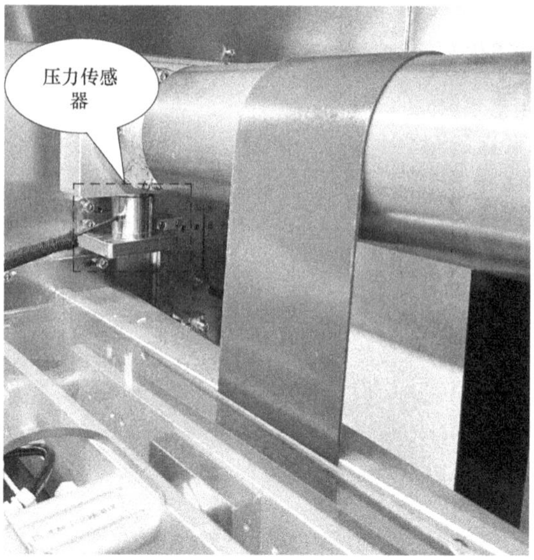

图 16　压力传感器

4. 料带位移监控

除了对转矩的监控，在模切系统附近还加入了料带位移的监控，针对料带打滑、辊轮旋转不顺畅导致料带未按预定行程前进的情况输出报警。位移监控系统为西门子 TM PosInput 模块带外部编码器组成 ExternalEncoder 工艺对象，外部编码器可以补偿料带位移距离，还可以配合颜色传感器记录接头位置，实现接头过渡，其只是起到监控报警的作用，并未参与到实际控制中。

5. 利用程序块对功能进行完善

模切伺服的运动指令为相对位移 MC_MoveRelative（见图 17），相对于绝对定位，其好处在于设备出现断电重启的情况时不用将轴重新回原点，方便简单。在设备因报警停机或人为暂停时，需要统计暂停前已经运行的距离，计算出剩余需要前进的距离，恢复运行时给 MC_ MoveRelative 指令的 Position 接口重新赋值。如果恢复运行时仍然按预定长度运行，会使收卷牵引前进的距离比需要的长度远。针对这一需求，我们编写了一段计算剩余长度的程序块，如图 18 所示。

```
//模切剩余长度计算
#RelativeControl_Cam(Start := #CamStart,
                     Mod_Length := 360.0,
                     Position := #CamAxis.ActualPosition,
                     Length := 1440.0,
                     Move => #CamExcute);
//凸轮定长
#MC_MOVERELATIVE_Cam(Axis := #CamAxis,
                     Execute := #CamExcute AND NOT #Opmode.Halt,
                     Distance := #RelativeControl_Cam.SurplusLength,
                     Velocity := #ProductVelocity);
```

图 17　位移指令

四、运行效果

设备最终运行可靠、稳定，尤其是在生产效率方面有明显优势，相比不用凸轮的方案，节拍提升 40%以上（裁切动作完成 4s 左右），并且使用电子凸轮方案，流程简单，程序代码量精简，大大减少工作量，可操作性和可靠性都很高。

后续机型加上 LCamHdl 标准库以后，可在线修改凸轮曲线，而不用停止 PLC，极大地方便了设

```
#FlagLengthl := #Mod_Length - 30;
#R[0](CLK := #Start);
IF #R[0].Q THEN
    #StartPosition := #Position;
END_IF;
IF #Start  THEN
    #R[1](CLK := #Position>#FlagLengthl );
    IF #R[1].Q THEN
        #Turns_Flag := TRUE;
    END_IF;
    #R[2](CLK := (#Turns_Flag AND #Position < #FlagLengthl));
    IF #R[2].Q THEN
        #Turns := #Turns + 1;
        #Turns_Flag := FALSE;
    END_IF;
    IF "HMI_Servo".InSync AND  "HMI_Servo".InGear  THEN
        #Distance := (#Mod_Length - #Position);
            IF #Turns = 0 THEN
                #SurplusLength := #Length - #Position;
            ELSIF #Turns > 0 AND #Turns <= 4 THEN
                #SurplusLength := #Length - (#Turns + 1) * #Mod_Length + #Distance;
            ELSIF #Turns > 4 THEN
                #SurplusLength := 0;
            END_IF;
            #Move := TRUE;
    ELSE
        #SurplusLength := 0;
    END_IF;
ELSE
    #Turns := 0;
    #Turns_Flag := FALSE;
    #StartPosition := 0;
    #Distance := 0;
    #SurplusLength := 0;
    #Move := FALSE;
END_IF;
```

图 18　RelativeControl_Cam 剩余长度计算程序块

备投入运行时对生产效果的实时调整。目前该设备经历多次迭代升级，已成为一款客户认可的标准设备。

五、应用体会

西门子工艺对象集成度高，编程简洁方便，尤其在运用 1500T 运动型 CPU 的项目中，软硬件结合，构建复杂的高动态运动机构，可以满足很多特殊设备的严苛要求，具有非常强的市场竞争力。

参考文献

[1]　西门子（中国）有限公司. S7-1500/S7-1500T Axis Function Manual [Z].
[2]　西门子（中国）有限公司. S7-1500/S7-1500T 凸轮的应用 [Z].
[3]　西门子（中国）有限公司. S7-1500/S7-1500T 同步轴 [Z].

S7-1500在流延膜生产线上的应用
Application of S7-1500 on the flow delay film production line

卢茂宏
（西门子（中国）有限公司 石家庄）

[摘 要] 本文主要介绍了S7-1500在流延膜生产线上的应用。文章描述了CPE流延膜生产线的主要设备构成和各部分功能，重点介绍了CPE流延膜生产线收卷部分的自动张力控制和收卷控制，以及自动换卷的控制。

[关 键 词] S7-1500、收卷、张力控制

[Abstract] This paper mainly introduces the application of s7-1500 on the production line of the flow delay film. This paper describes the main equipment composition and various functions of the CPE flow delay film production line. This paper mainly introduces the automatic tension control and winding control of the production line of the CPE flow delay film line，and the control of automatic change volume.

[Key Words] S7-1500、rewinding、tension control

一、项目简介

1. 项目背景

自20世纪90年代开始，CPP/CPE流延膜生产线国产化已经历了多年的发展，经过国产设备制造商及零配件供应商的共同努力，国产CPP/CPE流延膜生产线已经日趋成熟。随着多种新技术、新元器件和节能技术的运用，国产CPP/CPE流延膜生产线生产速度越来越快，产能与效率越来越高，耗电量越来越低，产品的厚度范围越来越大，目前可生产15~120μm的产品；厚度误差越来越小，可达±2%。产品也越来越多样化，有低温热封膜、蒸煮膜、高亮度热封膜（用热封仪测试热封膜性能）、增韧膜、镀铝膜、易撕裂膜（用拉力试验机测试易撕裂膜性能）等。

本生产线主要用于生产三层、五层、七层共挤CPE、CEVA和含PA、EVOH的高阻隔性薄膜。采用多层共挤技术，可以根据不同客户的需求，在原料使用方面更灵活、更成熟、配方成本更低。收卷部分采用无胶带自动上膜装置，在换卷过程中，传统的方法是在纸管表面绕上胶带，通过胶带的黏度来粘连缠绕膜上卷，这样薄膜容易在换卷过程中拉伸变形，打底不好，影响膜卷的表面质量，在使用时，每卷还有一定的浪费。本文介绍的自动生产线，节省了胶带成本、人工成本、时间成本及薄膜的浪费等；与传统缠绕膜生产线的区别就是，换卷轴采用两轴式180°换卷，速度快、无尾料、整个换卷动作时间短，在高速生产中，既可以生产手用小卷缠绕膜，也可以生产机用大卷缠绕膜，减少了后续二次复卷的工序，大大降低了复卷机设备的投入和人工成本。

2. 工艺介绍

CPE流延膜生产线由挤出机单元、分配器/模头成型单元、流延成型单元、测厚控制单元、电晕处理单元、牵引收卷单元、边料在线回收单元组成。

1）挤出机单元：CPE 流延膜生产线采用 A/B/C/D 四台单螺杆挤出机结构，为满足不同材料的生产要求，采用大长径比的分离型螺杆，为充分考虑树脂的塑化性能，挤出机的驱动采用交流电机，选用变频矢量控制。

2）分配器/模头成型单元：包括换网器、连接器、A/B/C/D 层分配器、衣架型平模头及真空箱等。随着薄膜厚薄均匀度要求越来越高，生产线采用自动调节模头。

3）流延成型单元：包括成型辊、冷却辊、吹风刀等，可前后移动、上下升降。成型辊采用多流道螺旋结构，确保两端温差±1℃，成型辊表面镀铬后抛光成镜面，然后再喷砂处理，生产过程中成型辊温度控制在 25~40℃，根据产品种类不同做出相应调整；冷却辊在成型辊之后，正常生产时根据产品种类回火辊温度控制在 45~65℃，以便有效清除薄膜应力；吹风刀采用铝合金多层米宫式结构，出气口可调整，确保整个幅宽方向出风均匀，吹气刀能确保薄膜贴附于辊，并能辅助冷却。

4）测厚控制单元：采用自动调节模头的 X 射线测厚仪进行厚度的检测，与自动调节模头装置进行独立控制。

5）电晕处理单元：采用硅胶电晕辊，电晕处理机电压最高为 15~25kV，电晕处理可以增加薄膜的表面张力、粗糙度和表面积。

6）牵引收卷单元：包括牵引辊、双工位全自动收卷机、收卷整体摆动机构、接触辊进退机构、收卷整体摆动机构、接触辊进退机构、收卷前展平机构等，CPP/CPE 的收卷很重要，收卷模式有表面卷取、中心卷取 2 种模式，根据不同产品需灵活选择；双工位收卷机换卷工作时应尽量快，换卷时间≤15s，可提高生产效率。

7）边料在线回收单元：包括边料粉碎机、边料风机、输送管道、不锈钢旋风除尘器、粉料输送螺杆等；粉碎后的边料经风机通过管道输送至旋风除尘器，经旋风除尘器分离后由粉料输送螺杆强制输送到中层挤出机中。

CPE 流延膜生产线现场设备如图 1 所示。

图 1 CPE 流延膜生产线现场设备图

3. 工艺流程

如图 2 所示，整线的主速度来源为 B 主机，其他的 A、C、D 主机轴跟随 B 主机的速度按照设定的相应比例关系运行：从成型轴开始的电机为辅助轴，辅助轴依次根据上一个轴运行状态启停，速度按设定的跟随关系和速度比例计算得到。

4. 控制要求与难点

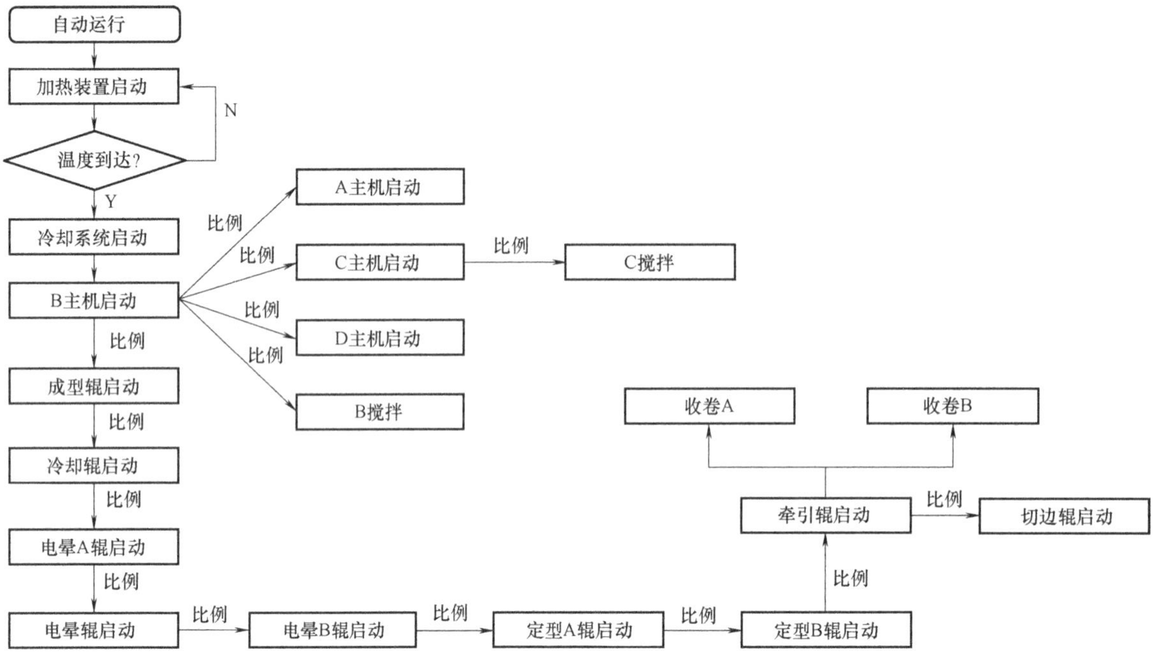

图 2　CPE 流延膜生产线工艺流程图

不同机型的主机数量、辅机辊轴数量也不同。项目要求程序设计需适应不同机型，设计了主机加辅机最多 24 个辊轴，采用数字量加模拟量组合的方式控制变频器，不同机型调试时不需要工程师修改程序，只需要根据图样在触摸屏上选择相应的轴是否使用，选择相应的轴对应的硬件数字量 I/O 地址、模拟量 I/O 地址，以及联动关系和速度比例即可完成调试工作。

收卷机构包含 2 个收卷轴（A 轴和 B 轴），收卷轴在达到设定米数后自动进行换卷，在 A、B 卷换卷过程中产线线速度保持不变，即在满速运行的情况下进行换卷操作，要求在不同卷径时换卷过程中张力的波动满足工艺要求最大不超过 150N，并且张力需要在较短时间恢复到设定值。

二、系统构成

1. 网络结构

该项目的网络结构如图 3 所示。

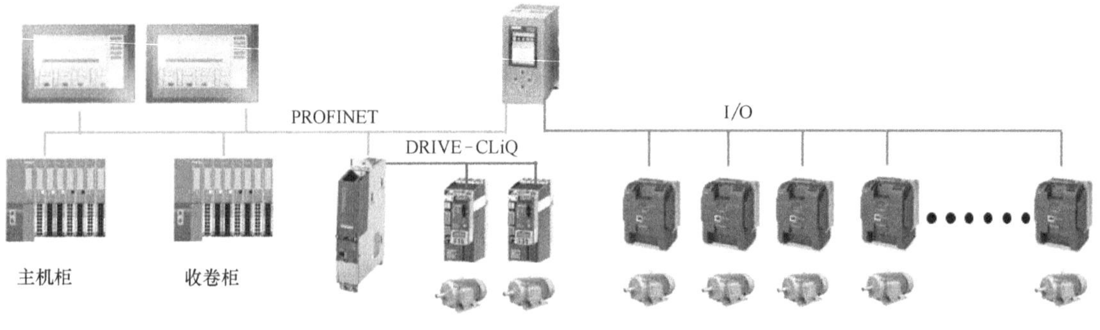

图 3　网络结构图

项目的配置清单见表 1。

表 1 系统配置清单

名称		部件编号	数量
辅机柜			
主机	安装导轨 S7-1500,160mm	6ES7590-1AB60-0AA0	1
主机	负载电源 PM 70W,120/230V AC,24V DC,3A	6EP1332-4BA00	1
主机	CPU 1513-1 PN	6ES7513-1AL02-0AB0	1
主机	通信模块,CM PtP,RS422/485,高性能型	6ES7541-1AB00-0AB0	1
主机	存储卡,24MB	6ES7954-8LF03-0AA0	1
主机	IM 155-6 PN ST,带服务器模块,带总线适配器 2×RJ45 (6ES7193-6AR00-0AA0)	6ES7155-6AA01-0BN0	1
主机	DI 16×24VDC ST	6ES7131-6BH01-0BA0	4
主机	DI 8×24VDC ST	6ES7131-6BF01-0BA0	1
主机	DQ 16×24VDC/0.5A ST	6ES7132-6BH01-0BA0	3
主机	AI 8×I 2/4 线制 BA	6ES7134-6GF00-0AA1	3
主机	AQ 4×U/I ST	6ES7135-6HD00-0BA1	6
主机	AI 8×RTD/TC 2 线制 HF	6ES7134-6JF00-0CA1	1
主机	BU A0 型,16 个直插式端子,2 个单独馈电端子(数字量/模拟量,最高 24VDC/10A)	6ES7193-6BP00-0DA0	4
主机	BU A0 型,16 个直插式端子,通过跳线连接 2 个馈电端子(数字量/模拟量,24VDC/10A)	6ES7193-6BP00-0BA0	13
主机	BU A1 型,16 个直插式端子,通过跳线连接 2 个馈电端子,温度(模拟量,最高 24VDC/10A)	6ES7193-6BP00-0BA1	1
主机屏	TP1200 Comfort	6AV2124-0MC01-0AX0	1
收卷柜			
收卷	IM 155-6 PN ST,带服务器模块,带总线适配器 2xRJ45 (6ES7193-6AR00-0AA0)	6ES7155-6AA01-0BN0	1
收卷	DI 16×24VDC ST	6ES7131-6BH01-0BA0	3
收卷	DQ 16×24VDC/0.5A ST	6ES7132-6BH01-0BA0	1
收卷	DQ 8×24VDC/0.5A ST	6ES7132-6BF01-0BA0	1
收卷	AI 4×U/I 2 线制 ST	6ES7134-6HD01-0BA1	2
收卷	AQ 4×U/I ST	6ES7135-6HD00-0BA1	2
收卷	BU A0 型,16 个直插式端子,2 个单独馈电端子(数字量/模拟量,最高 24VDC/10A)	6ES7193-6BP00-0DA0	4
收卷	BU A0 型,16 个直插式端子,通过跳线连接 2 个馈电端子(数字量/模拟量,24VDC/10A)	6ES7193-6BP00-0BA0	5
收卷屏	TP1200 Comfort	6AV2124-0MC01-0AX0	1
交换机	SCALANCE XC116	6GK5116-0BA00-2AC2	1

（续）

名称		部件编号	数量
变频器			
变频器	控制单元 CU320-2 PN 无 CF 卡	6SL3040-1MA01-0AA0	1
变频器	CF 卡用于 CU320-2 不带安全授权不带性能扩展	6SL3054-0EJ00-1BA0	1
变频器	控制单元适配器 CUA31	6SL3040-0PA00-0AA1	2
变频器	预装配 DRIVE-CLiQ 信号电缆规格长度 1m	6FX2002-1DC00-1AB0	2
变频器	基本操作面板 BOP20	6SL3055-0AA00-4BA0	1
变频器	PM240-2 功率模块 7.5kW	6SL3210-1PE21-8UL0	2
变频器	G120XA,132kW/237A,集成 BOP,内置滤波器,FSF	6SL3220-2YD48-0CB0	4
变频器	V20,11kW/25A,无滤波器,3AC,FSD	6SL3210-5BE31-1UV0	1
变频器	V20,5.5kW/12.5A,无滤波器,3AC,FSC	6SL3210-5BE25-5UV0	5
变频器	V20,4kW/8.8A,无滤波器,3AC,FSB	6SL3210-5BE24-0UV0	2
变频器	V20,3kW/7.3A,无滤波器,3AC,FSB	6SL3210-5BE23-0UV0	2
变频器	V20,2.2kW/5.6A,无滤波器,3AC,FSA	6SL3210-5BE22-2UV0	2
变频器	V20,1.1kW/3.1A,无滤波器,3AC,FSA	6SL3210-5BE21-1UV0	2

2. 方案比较

整个系统由 1 个主控柜、1 个分布式 I/O 从站、19 台变频器、2 台触摸屏组成，数字量输入输出，模拟量输入输出，热电偶输入共计 228 点。PLC 选择使用 1500 系列 PLC+ET200SP 的方案。变频器选择上有以下两种方案。

方案一：使用 PROFINET 总线型 G120C 系列变频器作为主机部分驱动单元，S120 变频器作为收卷轴的驱动单元。调试方便，接线少，系统维护简单，总线抗干扰能力强。

方案二：变频器使用 V20+G120XA 变频器作为主机部分驱动单元，S120 变频器作为收卷轴的驱动单元。主机部分通过数字量和模拟量结合的方式进行变频器的启停和调速，成本更低。

本生产线变频器只做调试运行，功能需求简单，通过数字量和模拟量从功能上能满足需求，考虑到成本的因素，最终选择方案二。

3. 选型依据

PLC 根据客户的 I/O 点数量结合客户的工艺要求选择 S7-1513 作为控制器，所有的 I/O 模块均使用 ET200SP 分布式 I/O。若对 I/O 点无特别要求，使用基本型和标准型模块，降低成本。

生产线上所有的电机均使用普通三相异步电机，通过 DI 点作为变频器报警信号输入，DO 点作为变频器启动，模拟量输入信号反馈电机电流，模拟量输出信号控制变频器的转速。根据电机的性能参数查找选型样本进行选择。电机的基本参数见表 2。

表 2　电机基本参数

名称	功率/kW	电流/A	转速/(r/min)	功率因数
A 主机	132	240	1480	0.88
B 主机	132	240	1480	0.88
C 主机	132	240	1480	0.88
D 主机	132	240	1480	0.88

（续）

名称	功率/kW	电流/A	转速/(r/min)	功率因数
B 搅拌	2.2	5.1	1400	0.81
C 搅拌	2.2	5.1	1400	0.81
成型辊电机	11	23	1460	0.81
冷却辊电机	5.5	11.7	1450	0.82
电晕 A 电机	3	6.7	1400	0.82
电晕电机	5.5	11.7	1450	0.82
电晕 B 电机	3	6.7	1400	0.82
定型 A 电机	5.5	11.7	1450	0.82
定型 B 电机	5.5	11.7	1450	0.82
牵引电机	4	8.5	1435	0.84
切边电机	1.1	3	945	0.71
收卷 A 电机	7.5	16.5	975	0.82
收卷 B 电机	7.5	16.5	975	0.82
翻转电机	7.5	15.5	1465	0.82
接触电机	1.1	2.55	1420	0.79

主机部分有 4 台 132kW 电机，V20 变频器功率范围无法覆盖，选择 G120XA 变频器控制 4 台主机电机。辅机电机功率为 1.1～11kW，根据功率和电流选择相应的 V20 变频器。2 台收卷电机进行收卷和转矩控制，为保证控制效果选择 S120 变频器，采用 CU320 作为控制单元，CUA31 作为控制单元接口模块，PM240-2 作为功率单元。

4. 控制策略

收卷轴 S120 变频器使用开环矢量控制模式，通过速度控制，转矩限幅的方式进行控制；PLC 根据设定张力、卷径计算和张力锥度以及摩擦转矩等因素控制收卷轴的转矩。使用 S7-1500 LCon 库提供的功能块结合生产线工艺要求对收卷张力和换卷张力进行控制。其他主机和辅机辊轴通过数字量和模拟量组合的方式进行速度调节。模头部分温度控制通过 Modbus 自由口通信的方式和第三方的温度控制器的预热、加温和温度调节等控制。

三、功能与实现

1. 性能指标

塑料颗粒加温熔化后经过 4 组模头进入，通过分配器分成 7 层流延膜，再拉伸到 0.03～0.12mm 薄膜，然后进行收卷和分切。生产线最高速度为 150m/min，张力设定值范围为 25～60N，张力精度为±5N。自动换卷过程进行不降速换卷，换卷动作要求在 15s 内完成。

2. 控制关键点和难点

（1）电机轴配置

根据生产工艺需求不同，CPE 流延膜设备的主机部分和辅机部分包含的电机轴数也不相同，主机轴和辅机轴的启动跟随关系、速度跟随关系也不相同，如果每套设备都进行画面和程序的改动会增加工程师和调试人员的工作量，为此在程序开发过程中为生产线预设了最大 24 轴的主机和辅机配置，不同机型的设备不需要修改程序，只需要在触摸屏上选择即可。

如图 4 所示，分别选择 24 个轴的使用情况、电机名称编号、启动跟随轴号、速度跟随轴号，故障停机状态等。

使用：表示该轴是否使用。

电机名称：选择对应轴号的电机名称，电机名称根据编号已提前预设。

跟随电机号：选择该轴速度以哪个轴作为速度来源进行比例缩放。

启动跟随：表示该轴在自动模式下跟随哪个轴的状态进行启停。

故障停线：表示该轴故障时是否整线停机。

是否主机：选择该轴是不是主机，如果是主机需要设定该主机的单位挤出量。

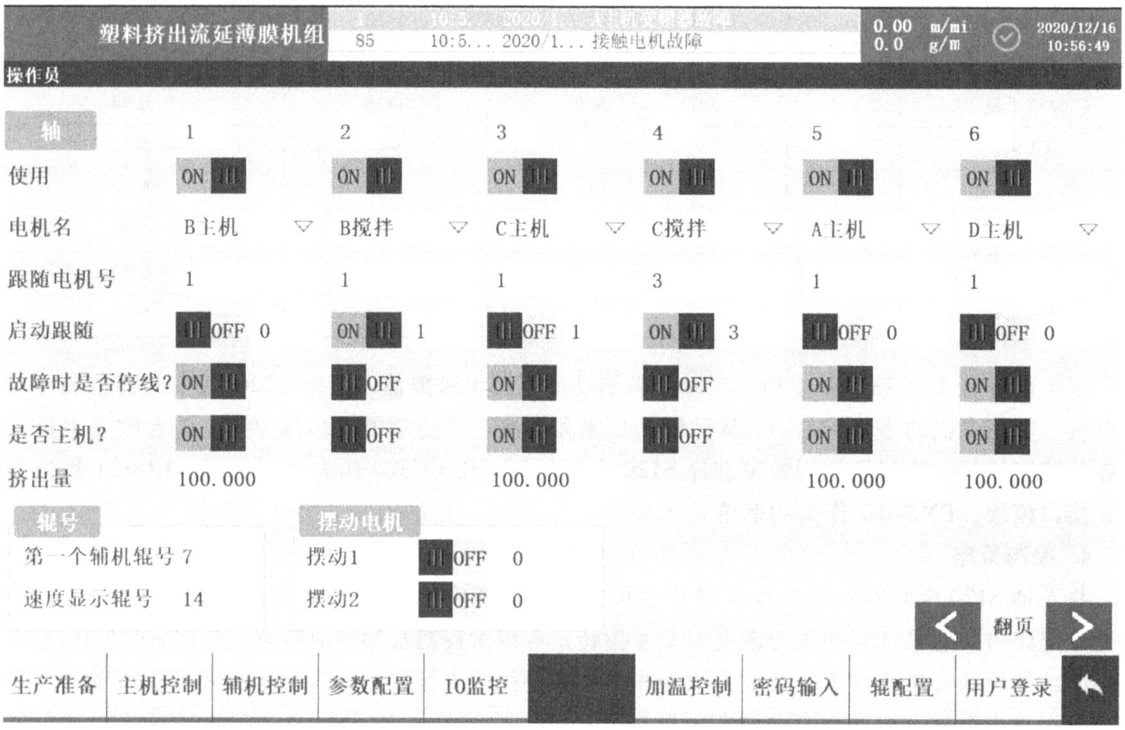

图 4　辊轴参数配置

如图 5 所示，根据选择的辊参数配置和 I/O 点实际的地址，将启动、停止、报警数字量信号和实际电流、转速命令模拟量信号的实际 I/O 地址输入到触摸屏上。PLC 通过间接寻址的方式读取和设定触摸屏上设定的 I/O 点。

如图 6 所示，配置好轴参数后进入辊轴运行画面，画面中将显示出配置完成的辊轴，辊轴会根据配置的跟随联动关系进行启动，按照跟随的速度比例运转。

（2）收卷和张力控制

编程中使用到了西门子的 winder 包 LCon 库，库中提供了如图 7 所示的 5 种控制方式，其中开环张力控制方式包含间接张力控制和恒速控制；闭环张力控制包含转矩限幅带张力传感器的闭环控制、速度调整带张力传感器的闭环控制、速度调整带跳舞辊的闭环控制。

间接张力控制：不需要检测张力，不使用 PID 工艺控制器。张力设定值乘以半径，结果直接作为转矩预控设定值。这意味着电机电流随直径的增加而线性增加，张力保持不变。

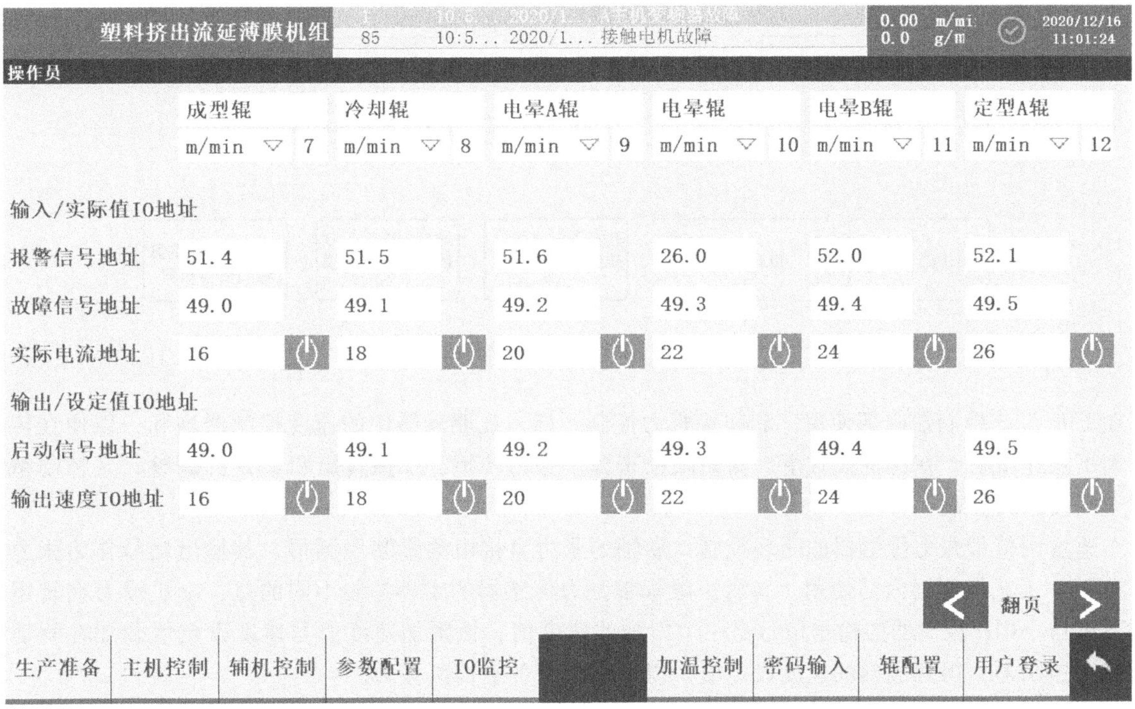

图 5 辊轴 I/O 地址配置

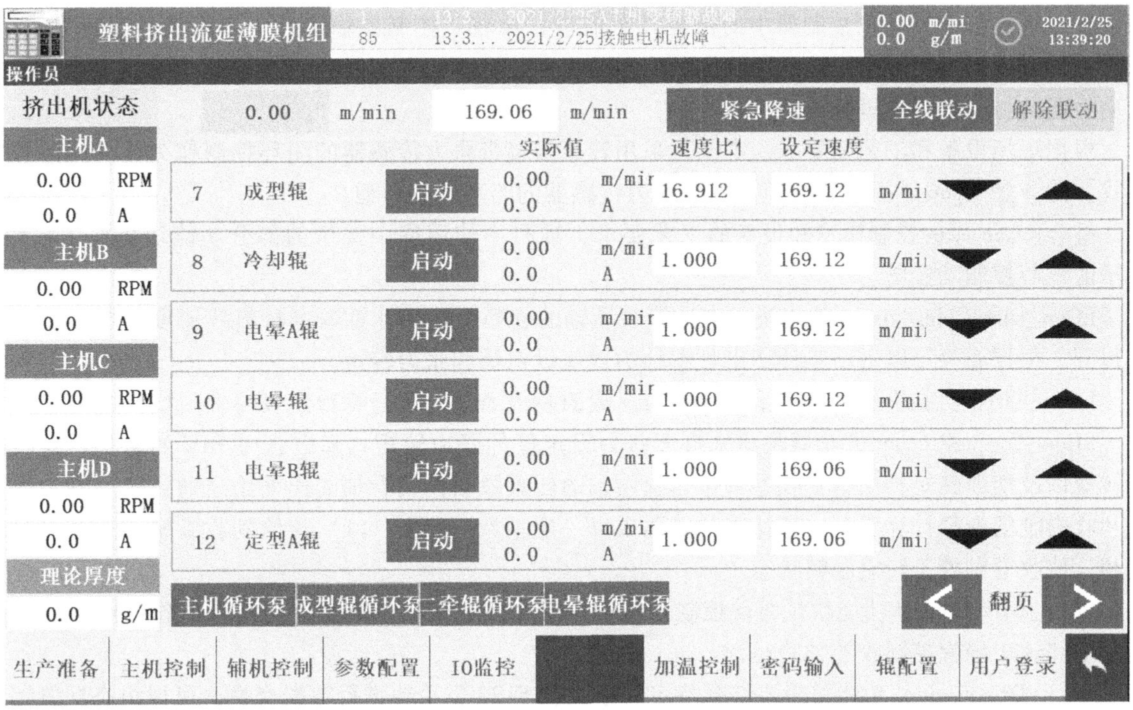

图 6 辊轴运行画面

恒速控制：用于无任何额外的测量系统，收卷机以恒定的线速度运行，也无须张力控制。

转矩限幅带张力传感器的闭环控制：卷轴的张力直接由测量装置测得，其输出信号作为张力实

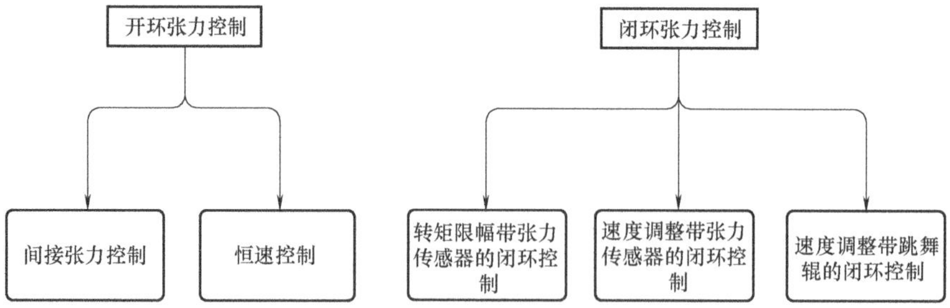

图 7　LCon 库张力控制方式

值在 PID 工艺控制器内部使用。和间接张力控制一样，在驱动器中的速度控制器饱和，以便在转矩限制下操作电机。在这种模式下，转矩限幅来源于张力转矩、摩擦转矩和 PID 的调整，其控制精度高于间接张力控制。

速度调整带张力传感器的闭环控制：卷轴的张力直接由测量装置测得，其输出信号作为张力实值在 PID 工艺控制器内部使用。与转矩限幅带张力传感器的闭环控制不同的是，电机没有在转矩限制下运行。PID 控制器的输出信号是一个附加的速度值，该附加速度值与速度设定值叠加在驱动器的速度控制器，得到准确的速度设定值，以达到所需的卷筒纸张力。

速度调整带跳舞辊的闭环控制：与测量装置相反，不是由 PID 控制器直接控制卷筒纸的张力，而是控制跳舞辊的位置。如果材料张力改变，跳舞辊的位置也会改变。使用位置编码器确定跳舞辊的位置，将其与 PID 工艺控制器中的位置设定值进行比较。控制器输出是一个附加的速度设定值，以保持跳舞辊的设定值位置。跳舞辊位置控制的优点是，跳舞辊的材料具有缓冲功能，可以吸收由扰动引起的材料张力的短暂波动。

根据现场设备和工艺的要求，本项目采用转矩限幅带张力传感器的闭环控制作为收卷轴的控制方式。图 8 是 LCon 库提供的转矩限幅带张力传感器的闭环控制模型。

结合 LCon 库的控制模型和设备的工艺要求，项目中使用库中提供的部分功能块搭建了如图 9 所示的核心控制功能图。

LCon_DiamCalcDivision 功能块用来计算收卷轴的卷径，卷径计算通过材料线速度和收卷轴的转速得到，根据卷径可以进一步计算出收卷轴的速度设定值和张力转矩。

LCon_TPID 功能块通过设定张力和张力反馈的差值经过 PID 运算得到收卷轴附加转矩给定。

LCon_TorquePrecontrol 功能块将来自于张力设定值的张力转矩、来自张力 PID 的附加转矩、摩擦转矩以及加速转矩相加给到收卷轴作为收卷轴的转矩限幅；收卷轴的速度给定通过牵引轴的线速度和收卷轴的卷径计算得到，该计算结果再乘以一定系数（例如 1.1）让给到收卷轴的速度设定值饱和，使收卷轴处于转矩限幅状态。

LCon_DriveControl 功能块是驱动控制功能块，速度设定值和转矩预控的结果将作为收卷轴的速度命令和转矩限幅控制收卷轴的运行。

LCon_DriveControl 功能块需要结合特定的报文和 S120 驱动器进行数据交换，可以组态配置控制字、转速、转矩限幅等参数，该方式不需要使用工艺对象以及相关的指令，PLC 控制器可以适用于 S7-1200 或 S7-1500，变频器适用于 S120 或 G120，只需要按 LCon 库说明配置报文并调用库提供的功能块即可。给驱动器配置自由报文 PZD8/8，通过 BICO 参数互联配置报文对应的控制和状态参数。

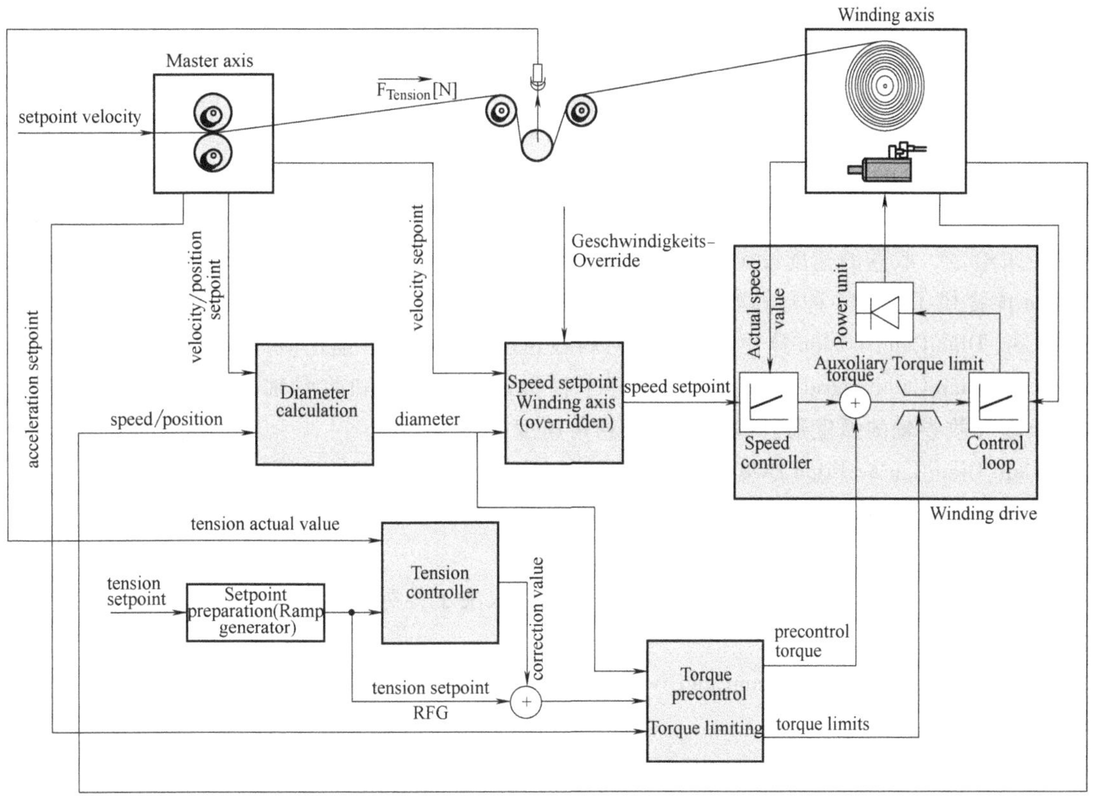

图 8　转矩限幅带张力传感器的闭环控制

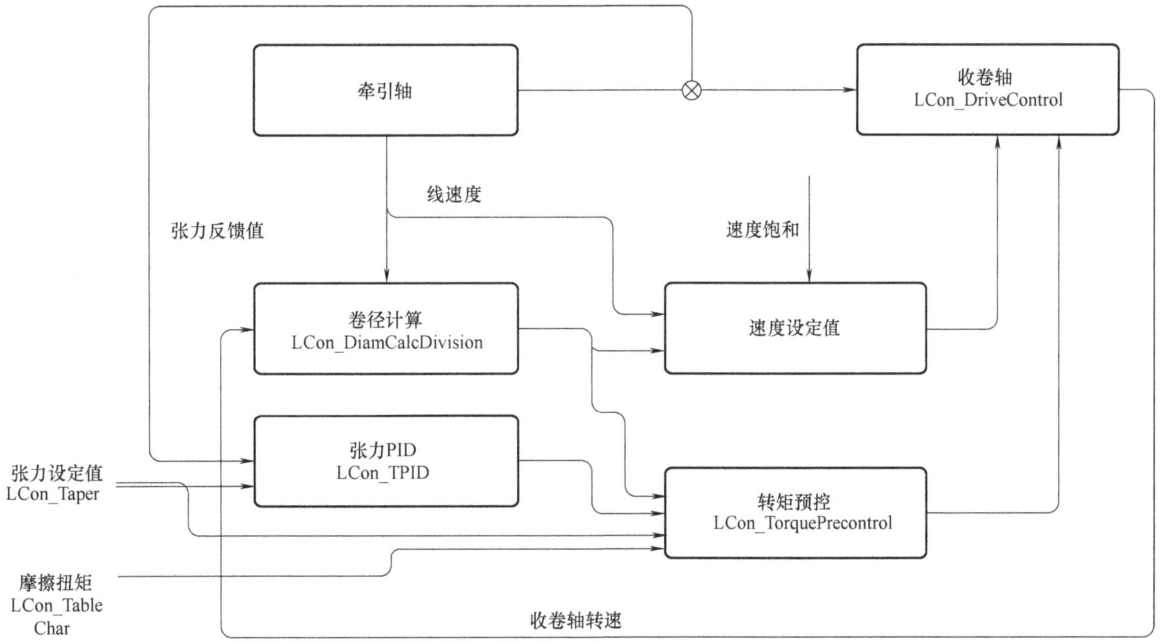

图 9　控制功能示意图

驱动器接收的包括控制字、速度设定值、转矩上限、转矩下限、附加转矩和速度环 P 增益自适应（G120 不支持）。驱动器发送给 PLC 的报文包括状态字、实际转速、实际转矩和故障代码。

LCon 库提供了丰富的功能块以便满足不同工艺的需求，用户可以根据工艺需求自行组合使用。本项目中最重要功能分别是卷径计算和转矩限幅计算，每个功能都会影响到工艺要求能否达到目标以及控制系统张力的稳定性。

1）卷径计算：收卷轴的卷径直接影响给到收卷轴的张力转矩的计算，同时张力的锥度也需要参考卷径来给定，收卷的速度设定值也跟随收卷轴的卷径变化而变化，是控制系统最重要的一个因素。LCon 库提供了以下 4 种计算卷径的方法：

➢ LCon_DiamCalcDivision 速比法：通过材料线速度与收卷轴转速比值计算卷径。

➢ LCon_DiamCalcIntegral 积分法：直径等于材料运行的长度和收卷轴转过的弧度比值的 2 倍，材料的长度和收卷轴的弧度通过线速度和收卷角速度的积分得到。

➢ LCon_DiamCalcAddition 厚度叠加法：卷轴每旋转一圈直径增加 2 倍的厚度。

➢ LCon_DiamCalcWebLength 长度计算法：通过卷材的长度（材料线速度积分得到）和卷材的厚度计算卷材直径。

当然还有一种方法是传感器直接检测，其准确性取决于传感器的精度，优点是不需要计算，直径直接得到。

本项目使用速比法 LCon_DiamCalcDivision 功能块根据材料的线速度和收卷轴的转速的比值来计算当前的收卷卷径，公式如下：

$$D=\left(\frac{v}{\pi n}\right)i$$

式中，D 为当前收卷直径（m）；v 为材料线速度（m/min）；n 为卷筒的转速（r/min）；i 为卷筒减速比。

优点：速度较高的均匀阶段，卷径计算较为精确。

缺点：处于加减速阶段，卷径计算精度较差，张力波动大，不稳定。

图 10 为速比法计算的功能块，该块必须在循环中断中调用。

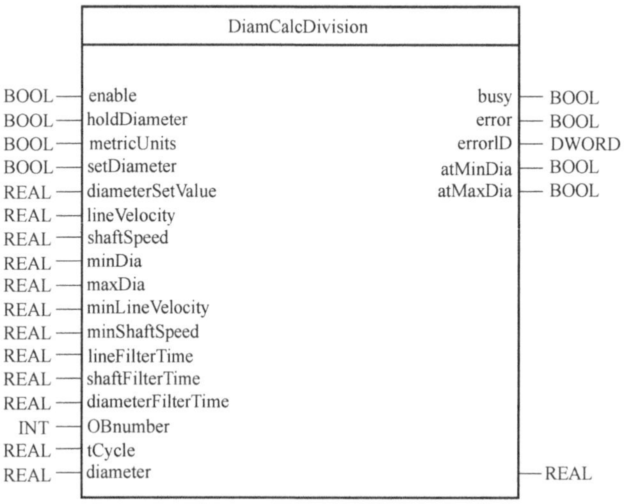

图 10　LCon_DiamCalcDivision 卷径计算功能块

2）转矩限幅计算：收卷轴使用速度模式转矩限幅的方式控制，使电机设定速度饱和处于转矩限幅的状态下运行，保证收卷材料的张力要求。收卷电机使用 LCon_TorquePrecontrol 块来做转矩限幅控制，转矩限幅包括张力转矩、摩擦转矩，以及加速转矩。流延膜设备属于挤出机设备，主机运行起来后很长一段时间都不会停止，而且在收卷、换卷过程中线速度保持不变，仅在首次启动时线速度由操作人员将速度逐渐提升，因此在计算电机转矩限幅时忽略了加速转矩的作用，仅计算张力转矩、张力锥度和摩擦转矩的影响。

张力转矩：通过张力的设定值和已经计算出的当前的收卷轴卷径，计算出设定张力对应的电机的转矩输出值，公式如下：

$$M=\frac{FD}{2i}$$

式中，M 为张力转矩（N·m）；F 为张力设定值（N）；D 为当前的收卷轴直径（m）；i 为卷筒减速比。

张力锥度：指在收卷时收卷张力随着卷径增大而减小的衰减率。张力锥度的目的，是为了使料卷的端面平整，使料卷不出现缩卷、起皱等不正常现象。在恒定张力卷取收料时，随着材料卷径增大，相对于内侧材料的力矩也会变大，使靠近卷芯的地方产生皱纹、表面凹凸不平的现象，还有由于材料的收缩及空气的放出指向中心的压力增大，使材料被挤坏或被横向挤出，产生所谓竹笋现象。挤出机流延膜设备在收卷时卷材的温度在经过逐渐降温后到收卷轴上时仍是高于环境温度的，卷径越大，每层的面积也越大，卷材外层和内层产生温度差，由于薄膜冷热收缩不一致，也会导致外边抱死里面的现象，必须进行张力锥度的控制。

LCon 库提供的张力锥度有以下 5 种方式：

- NO_TAPER 无锥度。
- LINEAR 线性锥度特性。
- HYPERBOLIC_1 双曲线锥度特性 1（最大的减小量在最大锥度的直径时）。
- HYPERBOLIC_2 双曲线锥度特性 2（最大的减小量在无限大的直径时）。
- TABLE 断点表。

图 11 是 5 种锥度类型的张力锥度系数随直径增加的变化率的曲线。

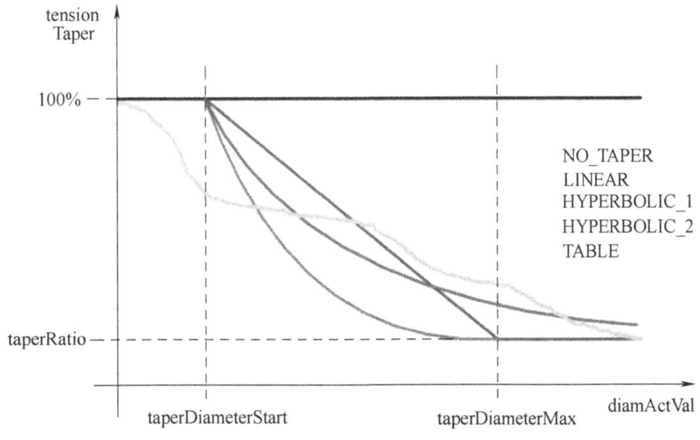

图 11　锥度计算图示

图 12 所示为张力锥度功能块 LCon_Taper，taperMode 参数选择上面介绍的 5 种锥度方式。本项目使用 TABLE 断点表的方式通过客户自己根据经验来输入张力和直径的关系以确定张力锥度系数。taperMode 参数选择 4，NoofBreakPoints 参数为断点数量，tensionValues 为张力断点表，diameterValues 为直径断点表，TensionTaper 是锥度系数，范围为 0~1。

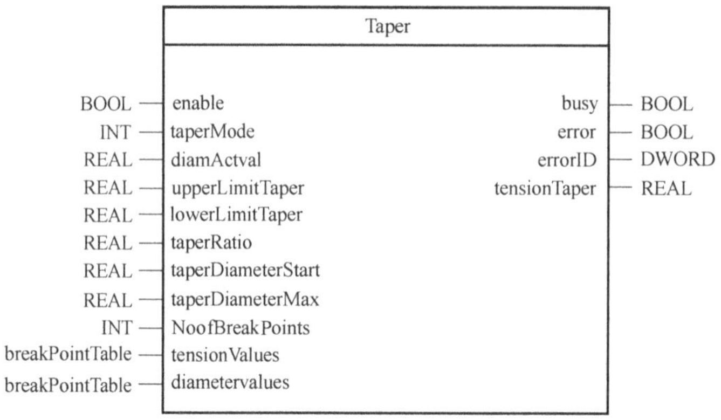

图 12 张力锥度功能块 LCon_Taper

摩擦转矩：由于收卷轴在不同转速下维持自身旋转的摩擦转矩是有变化的，摩擦转矩通过 LCon_FrictionMeasurement 功能块测定，使用断点表记录在数据区域中。调用 LCon_TableChar 功能块查表获得摩擦转矩，附加到电机的转矩限幅。图 13 为摩擦转矩测量功能块，图 14 为断点表示意图。

图 13 摩擦转矩测量功能块

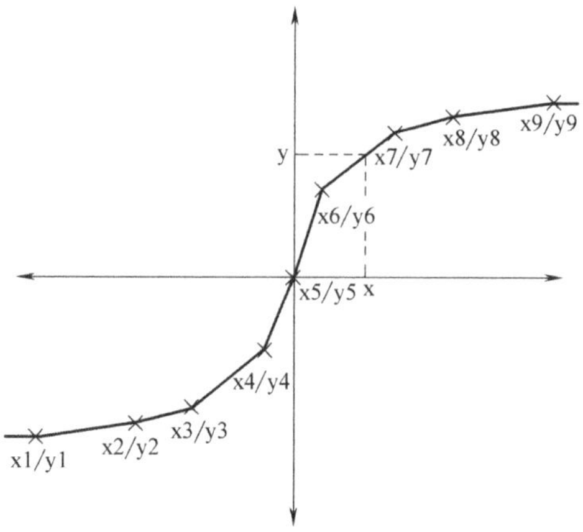

图 14 摩擦转矩断点表示意图

（3）自动换卷控制

如图 15 所示，换卷机构采用 A、B 两轴式 180°换卷，速度快、无尾料、整个换卷动作时间短。工艺上要求在 15s 内完成，在高速生产中，既可以生产机用大卷缠绕膜，也可以生产手用小卷缠绕膜，通过在收卷前排安装分切刀具即可生产小卷膜，减少了后续二次复卷的工序。通过计算材料长度的方式达到换卷长度后自动旋转 180°换卷，材料的长度根据牵引辊的周长和牵引辊旋转的圈数计算得到，在高速生产中不降速换卷，通过静电吸附的方式上新卷，无需贴胶带。

图 16 所示是自动换卷工艺流程图，当长度到达后翻转电机启动，翻转 180°，收卷轴和备用轴

图 15　换卷机构示意图

位置互换，旋转过程中备用轴加速使空卷筒的线速度和材料线速度一致，启动静电吸附并裁断材料，将收卷材料切换到备用卷轴上，满卷材料通过叉车装卸。新卷到达长度后重复此动作。

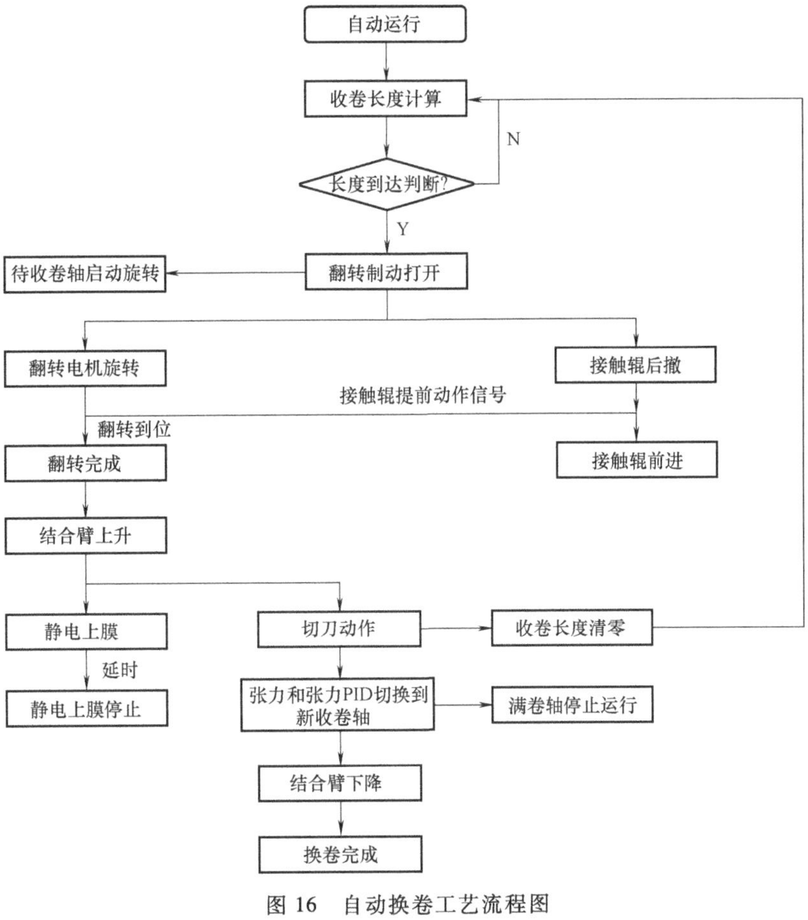

图 16　自动换卷工艺流程图

在换卷过程中满卷轴 PID 输出保持换卷前的输出以便使膜更紧实，在切刀切断和静电吸附到新卷时更容易上卷。上新卷后张力和张力 PID 切换到新卷轴上，此时新卷上张力大于设定张力，通过使用 2 组 PID 参数，当张力设定和实际张力差值超过设定值的 20%后使用更高增益的 PID 参数。使用更高增益的 PID 参数可以使张力快速达到设定值。项目中使用 LCon_TPID 功能块作为张力 PID 的控制，该功能块支持积分分量保持和 Kp 自适应功能，刚好满足工艺的要求。

四、运行效果

实施项目在现场已运行近半年，设备运行稳定，张力控制精度高，满足客户的生成要求。自动换卷稳定可靠，换卷后张力能快速达到设定值。

PLC 程序适应性强，首次开发后客户又生产了相似的几台机型，主机部分无须进行二次开发，只需要在触摸屏上进行选择和硬件 I/O 关联，在程序开发中使用西门子提供的 LCon 收放卷库，大大减小工作量，缩短了出厂调试时间，节约了人力成本，客户非常满意。

五、应用体会

项目中使用了西门子 TIA-Portal 提供的 LCon 库，该库提供了标准的收放卷应用所需的功能和应用功能块，可以直接使用库提供的项目案例，也可以结合设备的工艺需求使用库中提供的功能块，无需独立开发就可以直接使用，可以大大加快开发进度；LCon 库中的功能块编程严谨、功能丰富，可避免自行开发复杂功能块的可靠性问题。西门子 TIA-Portal 平台提供了基于开发软件的一体化解决方案，用户工程师可以在 TIA-Portal 平台上完成 HMI、PLC、Drive 等几乎所有关键自动化设备的调试工作，大大提高了工作效率。

参考文献

[1] 西门子（中国）有限公司. S7-1500 系统手册 [Z].
[2] 西门子（中国）有限公司. Manual_LCon_S7-1200_S7-1500_S7-1500T_V310 [Z].
[3] 西门子（中国）有限公司. S120_S150_参数手册 [Z].
[4] 西门子（中国）有限公司. G120XA_操作手册 [Z].

V90 在冲床机械臂中的应用
Application of V90 production on Punch arm

苏 锴
（众业达电气股份有限公司）

[摘　要] 根据传统手工送料给冲床的工艺流程，改进设计的全自动冲床送料取料机械臂。采用 V90 伺服加 S7-1200 控制。通过 EPOS 控制和 S7 通信，实现多台同步运行（通过 I/O 设备组态，以及相邻设备的 GET/PUT 通信）。经济高效，控制灵活。

[关 键 词] 西门子 S7-1200PLC、V90、EPOS

[Abstract] According to the process flow of traditional manual punching machine, the design of automatic punching machine feeding and taking mechanical arm is improved. V90 servo plus S7-1200 control. Through Epos control and S7 communication, realize multiple synchronous operation. Economic efficiency, flexible control

[Key Words] SIEMENS S7-1200PLC、V90、EPOS

一、项目简介

深圳市天恩精密机械有限公司创建于 2010 年，坐落在中国拥有活力的城市之一——深圳。与拥有 30 年历史的日本 TDY 制罐公司展开技术合作，生产出适合中国市场的自动制罐机。本公司以制造杂罐用自动机械为主业，设计、生产金属三片罐专用的自动压骨（咬合）罐身机、自动卷边机和自动封盖（底）机以及配套的模具和附属设备等，采用机械咬合技术，取代传统的焊接工艺，更加低碳环保，并且在日本技术指导下，制造与日本同样高速、高准确度、高效率的制罐机械。本公司秉持“互利互惠，精诚合作”的企业宗旨与“视质量为生命，以服务求发展”的经营理念，将为顾客提供最高质量的产品和满意的售后服务。2011 年新年伊始，加工酒罐罐身自动设备在四川泸州老窖酒业分装区顺利投产。

本次项目名称：MS400 冲床机械手。最终工艺要求：冲床工作速率为 120 次/min 时，机械手连线总产量必须达到 36pcs/min（此产量为实际成产数量，结果以最终实际成产数据为准）。

机组概貌如图 1 所示。

下图为机组概貌：

工艺要求如图 2 所示：机械手由横移 X 轴伺服电动机和上下移动 Z 轴伺服电动机组成一个可以在两个工位上取料放料的机械动作。还有一个可以左右移动的 A 轴负责中间物料的运送。A 与 X 运动方向相反，这样设计为了使机械手的行程减少，在速度限制的情况下缩短行程，进而减少一个周期的耗时。机械手 1 安放在送料线和冲床 1 之间，负责抓取料放置在冲床 1 上；机械手 2 安放在冲床 1 和冲床 2 之间，负责抓取物料从冲床 1 到冲床 2 上；根据工艺冲压的次数，可以最多安放 5 台机械手，从送料线到 4 次冲压成型，并最终放到包装线上。要求机械手之间动作必须同步，才能达到最高效率；启动信号根据冲床给出的安全点到位信号进行启动，确保机械安全。几台机械手之间

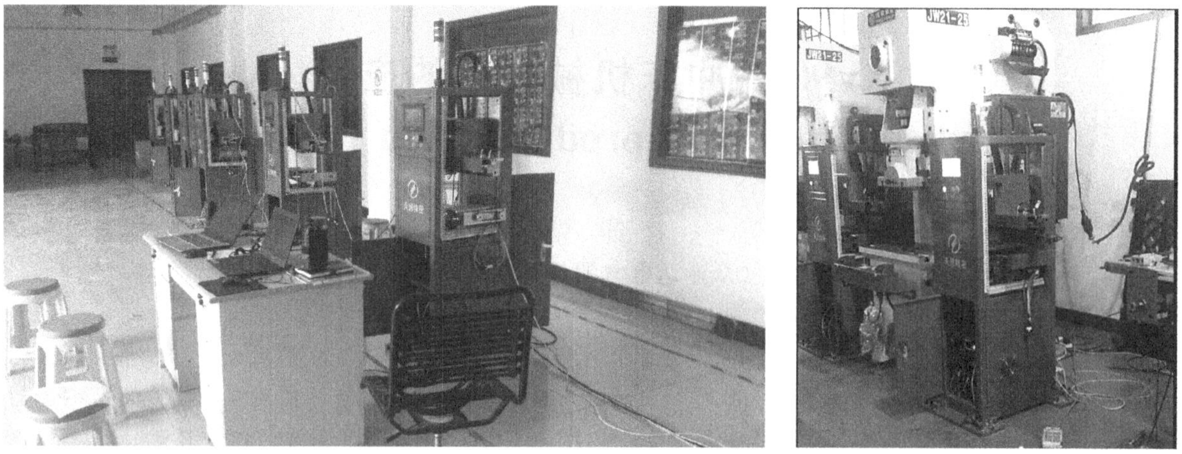

图 1　机组概貌

采用 S7 通信进行指令发送、状态监测。V90 控制使用 EPOS 模式，把运动控制的运算交给 V90 伺服自身进行处理，PLC 只负责发送指令。这样既减少 PLC 运算，提高扫描周期，V90 自身的运控处理也更稳定高效。

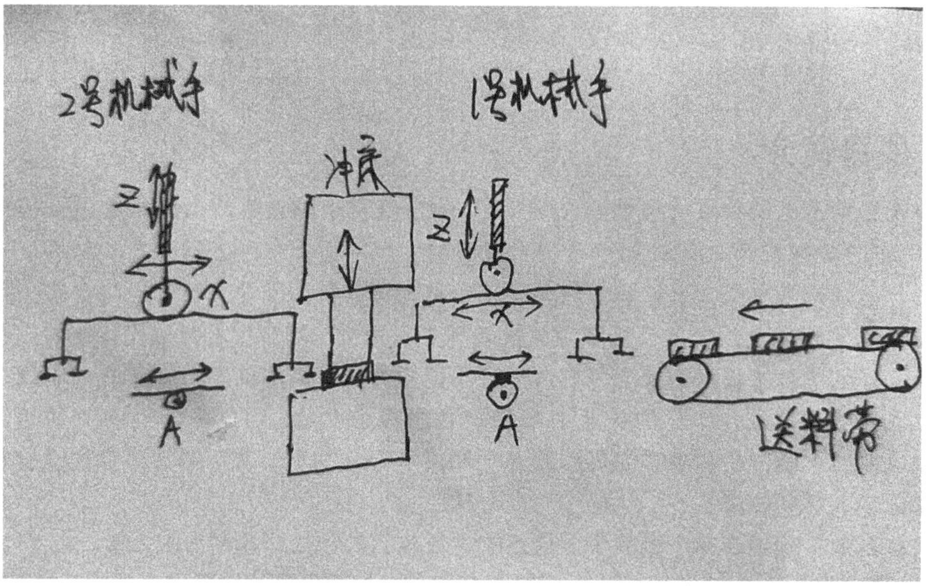

图 2　工艺要求

二、系统结构

产品参数见表 1。

V90 控制单元和伺服电动机的安装如图 3 所示。

PLC 的安装如图 4 所示。

设备硬件主要由 3 个伺服轴和 2 个吸真空电磁阀及压力开关组成。整机程序设计：其中包括单机循环测试程序和冲床连线程序两部分。单机循环测试程序主要用于单台设备出厂前的运行调试及空跑测试。冲床连线程序为整线真正工作时的程序。

表 1　产品参数

型号	参数	数量
6ES72141AG400XB0	CPU 1214C　DC/DC/DC,14 输入/10 输出,集成 2AI	8
6ES72231PH320XB0	SM1223 数字量输入输出模块 8 输入 24V DC/ 8 输出继电器	8
6SL32105FB104UF1	V90 控制器(PN),低惯量,0.4kW/2.6A,FSB	12
1FL60342AF211AA1	V90 电机,低惯量,P_n=0.4kW,N_n=3000r/min,M_n=1.27N·m,SH30,2500 线增量编码器,带键槽,不带抱闸	12
6SL32105FB108UF0	V90 控制器(PN),低惯量,0.75kW/4.7A,FSC	8
1FL60422AF211AB1	V90 电机,低惯量,P_n=0.75kW,N_n=3000r/min,M_n=2.39N·m,SH40,2500 线增量编码器,带键槽,带抱闸	8
6FX30025CK011AD	V90 配件,低惯量,动力电缆,用于 0.05~1kW 电机,含接头,3m,订货号:6FX3002-5CK01-1AD0	20
6FX30025BK021AD	V90 配件,低惯量,抱闸电缆,用于 0.05~1kW 电机,含接头,3m,订货号:6FX3002-5BK02-1AD0	8
6FX30022CT201AD	V90 配件,低惯量,2500S/R 增量编码器电缆,用于 0.05~1kW 电机,含接头,3m,订货号:6FX3002-2CT20-1AD0	20

图 3　控制柜内部的 V90 控制单元与伺服电动机安装

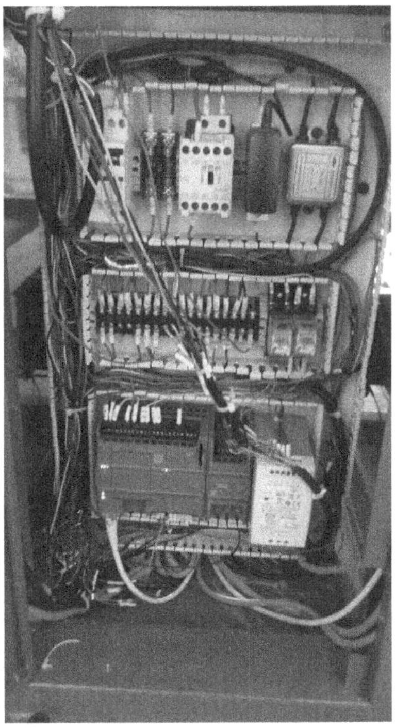

图 4　PLC 安装（布线未整理）

程序所包含具体功能要求如下：①可进行整线归原点，也可以单机独自归原点；②连线程序要兼容 1~4 台冲床工作的情况；③连线程序要兼容其中某台冲床不工作的情况；④连线方向要兼容从左向右和从右向左两种方式；⑤以上功能要求并非全部功能要求，具体情况需电控工程师到场，与我公司具体沟通分析。

操作流程：首先，接通主机电源。按下整机回原点，各个机械手判断限制条件是否满足进行找原点运行。由于机械手 X 轴的最左和最右位置会与相邻机械手相撞，所以各自需要检测自己的位置是否安全可以移动。最终回零完成，所有轴都停留在安全初始位置待命。按下启动按钮后，机械手动作，在检测到所有冲床都在安全点之后向 X 轴送料线一侧移动（如有冲床未在安全点，则等待并提示异常）；X 轴到达取料位置上方后，Z 轴向下移动，吸取物料，PLC 检测下移到位后开启真空吸泵。Z 轴上升，使物料脱离卡模位，X 轴向包装线一侧移动；到冲床加工位时 Z 轴下移，PLC 检测下移到位后关闭真空吸泵，物料放置到模具上，当机械手收回到安全位置后 PLC 发出指令，冲床动作。冲床动作完成到达安全点后，机械手移动取走工件；一个循环完成，继续进入下一个循环。循环流程如图 5 所示。

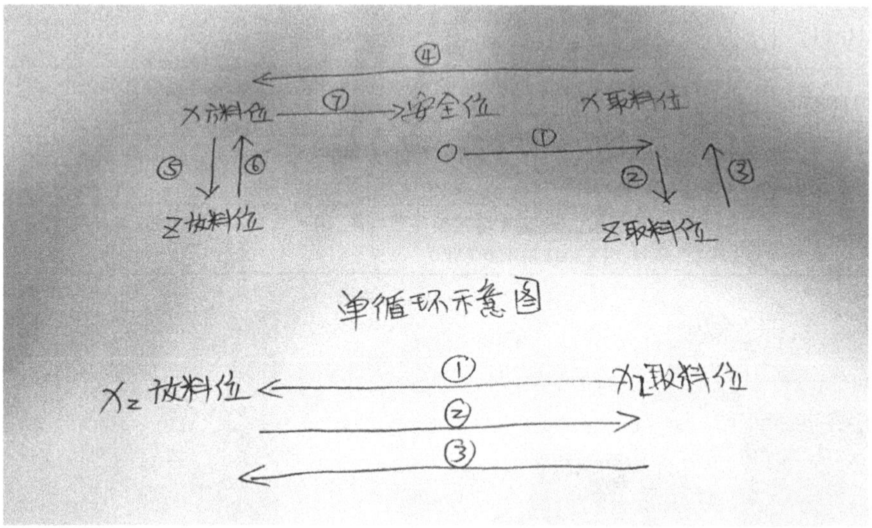

图 5　循环流程图

主界面图如图 6 所示。

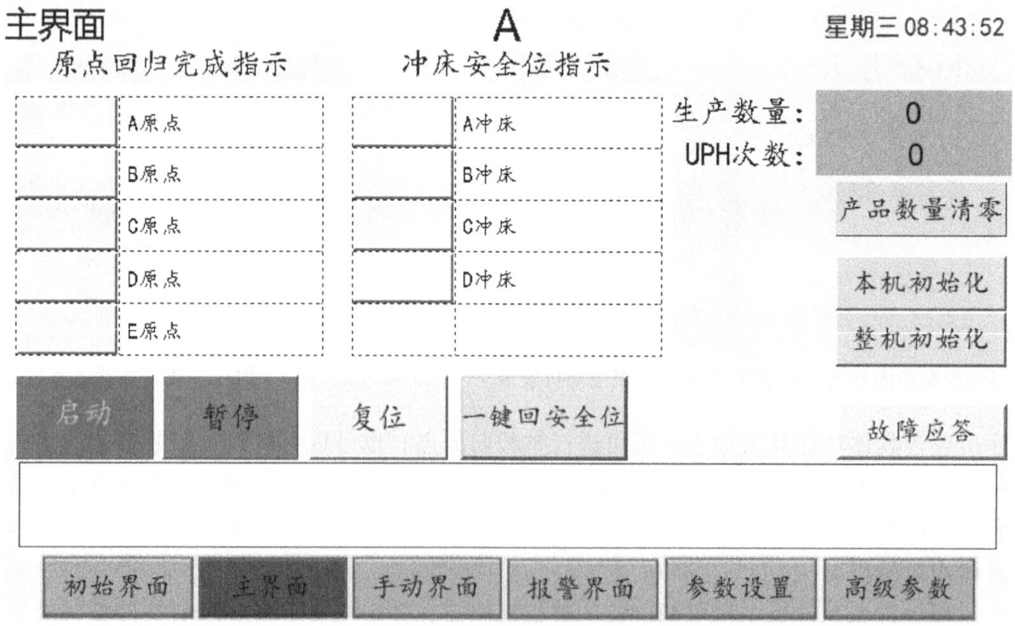

图 6　主界面图

项目硬件组态如图 7 所示。

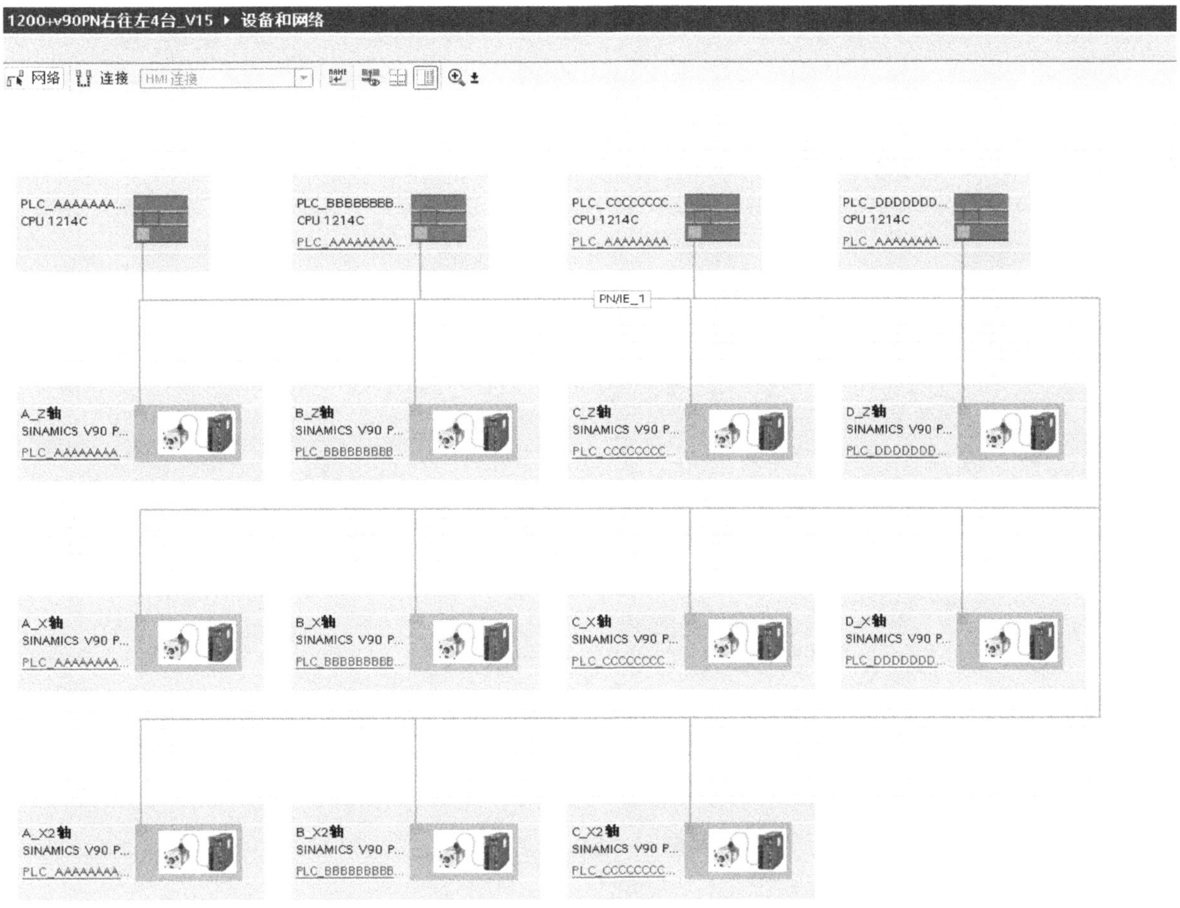

图 7　项目硬件组态

三、功能与实现

该项目控制系统主要由 S7-1200PLC 组成，负责逻辑控制运动控制指令发送，安全监测等。几台 PLC 直接采用 S7 通信读取数据，为了减少通信量，第一台 PLC 只读取后面一台 PLC 的数据，后面一台 PLC 的数据逐步向前一台推送。这样两台相邻的机器读到的状态更新是最快的，读取较远的 PLC 数据更新慢 2~3 个扫描周期。因为相邻机器有撞击干涉的危险，所以读取状态必须更实时。较远机器的状态最终只是传输给第一台 PLC 作为一个报警显示用，而显示之前本机器的状态已经检测到并且应急动作已经启动。

对于 V90 我们设置为 EPOS 控制模式，通过 V-ASSISTANT 软件对伺服控制器的机械特性和报文内容进行设置直观便捷。设置好 IP 地址和设备名称后，在博图设备组态中导入 GSD 文件进行配置。很快即完成了设备的硬件配置和链接。

通过调用 FB284 的程序块既可以对 V90 进行绝对定位控制、回零控制、点动控制等指令的发送，同时可以读取伺服的实时状态信息。

项目中的难点在于如何更高速的完成一个工艺周期，提高机械手之间的同步性，同时保证安全。机器一个工艺周期的控制逻辑程序如图 8 所示。

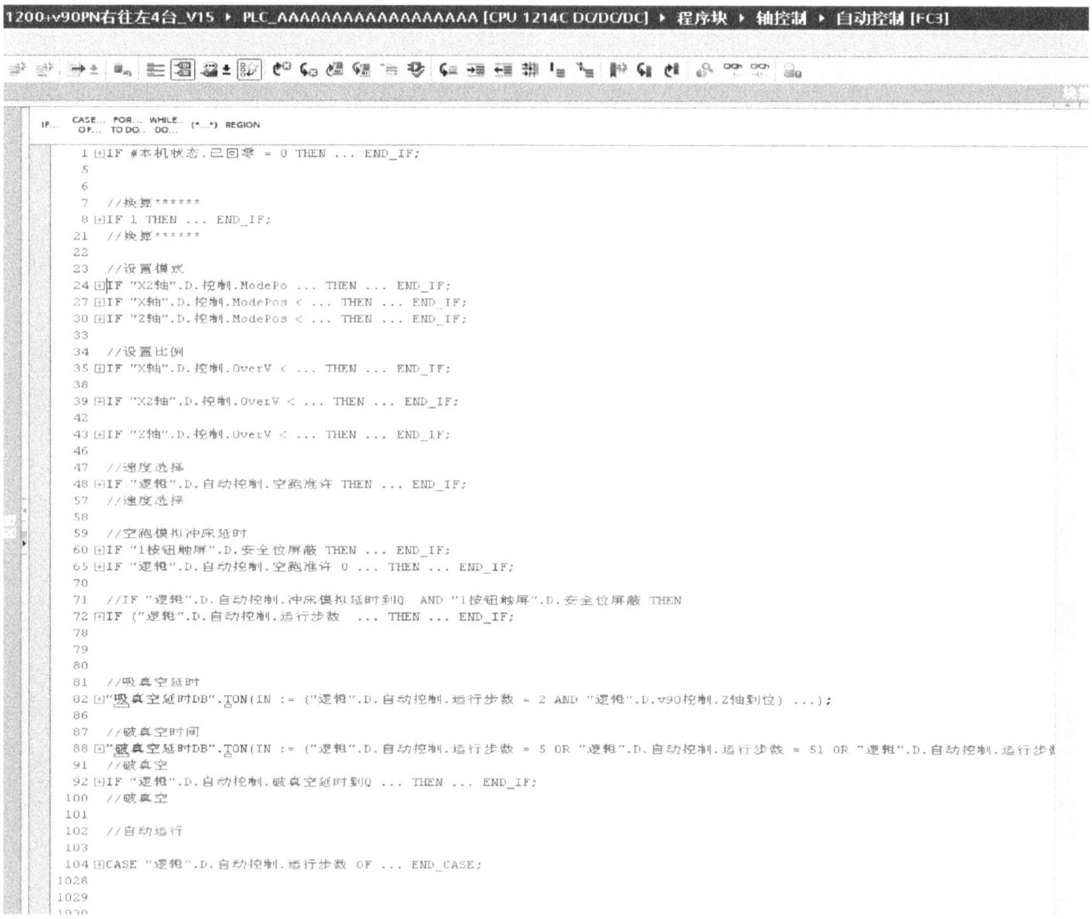

图 8　机器一个工艺周期的控制逻辑程序

对于自动运行的一个工艺周期控制，源程序采用 SCL 语言编写，可以更高效便捷。在一个工艺周期可以分为 7 个工艺段；每个工艺段的触发条件和限制条件各不相同，通过文本语言编写更直观的展现出了整个工艺循环流程的顺序和条件。对于 V90 的各个轴的运行情况可以通过 Trace 工具轻松监测，并对其动态响应，跟随误差等参数进行调整以达到最佳效果。

V90 伺服电动机的控制位置与实际位置的对比曲线如图 9 所示。

对于启动信号的同步性，将第一台 PLCA 作为 I/O 控制器，其余 PLC 作为 I/O 设备，接收第一台 PLC 的启动和停止信号。这样能确保所有设备的启动几乎是同时启动和停机。I/O 设备的设置如图 10 所示。

四、运行效果

目前，项目已经投入生产，运行稳定。替代了传统人工取送料的工艺，不仅安全可靠，效率也大大提升。设计上满足多工位自由组合，可以满足不同产品工艺需求。

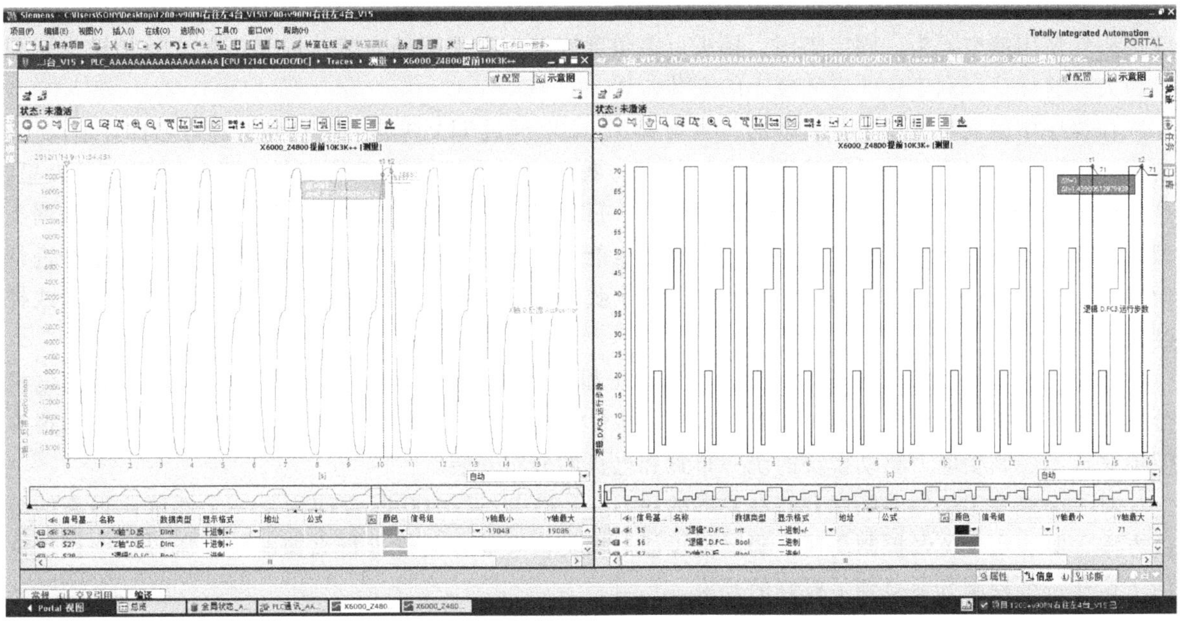

图 9　对比曲线图

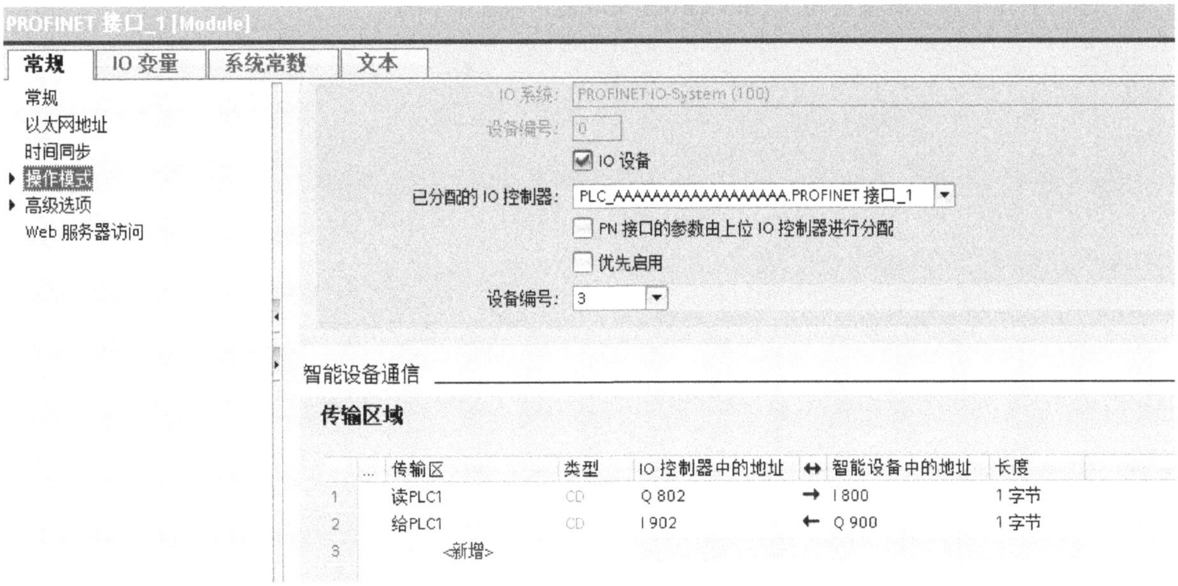

图 10　I/O 设备的设置

五、应用体会

在调试 V90 上，可以使用系统自整定、自动优化的功能，十分方便。S7-1200PLC 也是使用西门子高效通信协议，控制方便，在编程上给予很大便利。TIA 库里有大量程序库可以使用，对工艺控制可以极大限度地减少开发控制程序的工作量，SCL 编程语言，移植方便。V90 连线方便，快捷插拔设计的插头为安装的快捷和牢固提供了很大保障。控制器的安装也很方便，由于外形尺寸统

一、紧凑固定起来很便捷，使控制柜看上去很简洁、一目了然。电机安装上，编码器接头和动力电缆接头均使用航空插头，固定牢固，插头可多角度旋转，方便现场安装；但是不足之处是插头体积较为大，这样就不利于一些空间较小的安装位置。

在程序中的变量也是十分繁多的，系统就 S7-1200 通过 TIA 博途可以对变量进行名称寻址调用、注释，还可以添加变量表对变量进行分类管理。我们把各个工艺装置的变量分类到不同变量表里，这样变量是哪个工艺模块的，是具体做什么的一目了然。对于通用的数据，我们建立了 PLC 数据类型，这样对于一个动作流程所需要的数据我们也能很方便地调用，而且对数据类型里面的变量进行增减都不用在自己重新定义地址，极大地方便了我们程序的编写。分析处理后再显示在 HMI 上或控制机组的运行。

在使用上，从设备硬件连接组装方面来说：机组的 12 台 V90 采用 DRIVE-CLiQ 编码器的电机分布在机组的各个不同位置通过 DRIVE-CLiQ 具有极好的抗干扰能力和高速的传输效率，所以很方便地完成了控制柜电力驱动模块的统一布置和电机的分布安装。

对于高速度定位的准确度有较高要求的项目，V90 与 S7-1200 配合使用是一个性价比很高的解决方案，既能实现位置控制高速准确定位也能对探头信号等开关量进行高速响应，所以这个机组选用了这样一个控制方案得到了极好的效果。

参考文献

[1] 西门子（中国）有限公司.《SINAMICS V90 使用手册》[Z].

S7-1500T 搭配 S120 在步进梁项目中的应用
Application of S120 in walking beam project

陶诗伟
（南京朗驰集团机电有限公司　南京）

[摘　要] 该设备应用于步进梁设备，使用 S7-1500T PLC 配合 S120 能完美地实现客户的要求，完成工艺节拍，同时提高效率和准确率，增强设备品牌效应。

[关 键 词] S7-1500T、S120、多轴、凸轮同步

[Abstract] The equipment is applied to the walking beam equipment, S7-1500T PLC with S120 can achieve the perfect customer requirements, finish process beat , at the same time, improve efficiency, accuracy, and increase the brand effect of equipment.

[Key Words] S7-1500T、S120、Multi axis、Cam synchronization

一、项目简介

步进梁设备用于实现对热模锻压力机各工位间零件的高效传送，加工的零件为柴油发动机里的钢体活塞，设备主要配合高速压机使用，用于重工锻造行业。

该设备局部外观如图 1 所示。

图 1　设备局部外观

该设备由两套对称的机械结构组成，其中每一套都包含了步进、提升、夹紧 3 个部分，提升和夹紧有两根相同的轴来进行控制。通过两套机械结构，实现对加工件的锻压打造。

电气柜如图 2 所示。

二、系统结构

系统中使用到的软件、硬件产品见表 1。

表 1　软件、硬件产品

CPU	CPU 1516T-3 PN/DP
分布式 I/O	ET200SP
S120 控制单元	CU320
S120 电源模式	ALM 132kW
S120 伺服电动机	1FT7、1PH8
触摸屏	TP1200
调试软件	TIA Portal V16

图 2　电气柜

系统的硬件拓扑图、网络结构图如图 3 所示。

1. 控制系统完成的功能（工艺）

整个设备的动作流程可以简化为夹紧-提升-步进进给-下降-松开-步进返回几个动作，整个动作的周期和行程参考标准见表 2，夹紧-松开动作为 *Y* 轴方向动作，提升-下降动作为 *Z* 轴方向动作，步进进给-返回为 *X* 轴方向。

步进梁连续运行节拍设置见表 2。无模曲线如图 4 所示。

2. 方案对比

该设备的方案是为了替换进口设备的伦茨方案，因此将两套方案做对比，如图 5 所示。

西门子公司产品配置，如图 6 所示。

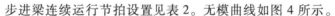

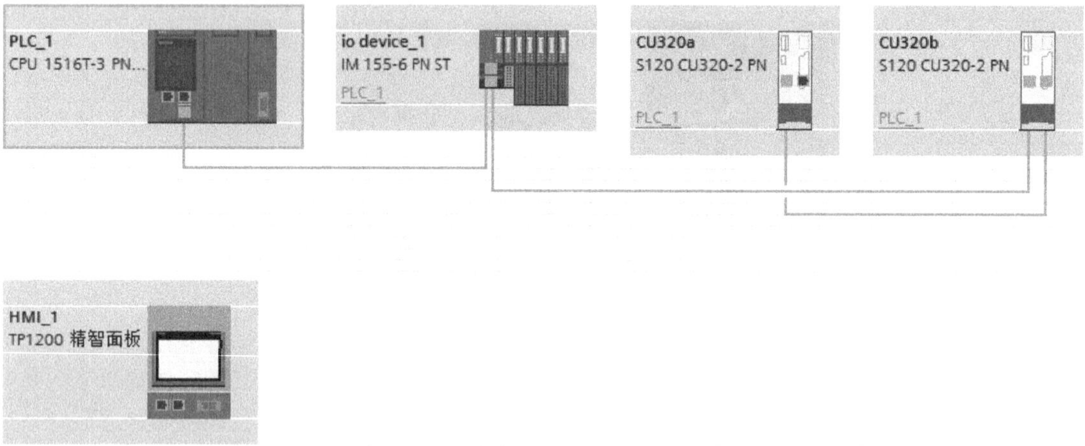

图 3　拓扑图、网络结构图

因为该套设备为国产化的第一套，因此为了保证设备能正常运行，整套配置和柜子都采用了最高规格。整套柜子由西门子成套制作，而且因为规范的接线和布局，最大限度地降低了 EMC 的干扰，保证了设备顺畅调试运行，大大节省了调试时间。

选用 1516T，主要是利用其运动资源总量大、处理能力强的优势，因为所有的实轴全部采用了同步轴，还组建了 2 根虚轴，同时有 7 个 Cam 曲线，因此对于 CPU 的运动资源要求比较高。同时，因为提升和夹紧部分都由两个伺服电动机来控制，因为对于 CPU 响应以及处理能力有较高的要求。

表 2 步进梁连续运行节拍设置

周期分为:夹紧→提升→步进进给 380→下降→松开→返回 380					
1 个周期连续用时≤2s					
各分周期时间分配	步进周期/s	提升周期/s	夹紧周期/s	1 周期总用时/s	备注
	0.86	0.58	0.56	2	
行程设置	步进行程/mm	提升行程/mm	夹紧行程/mm		
	380	170	150		
各个阶段时间设置					
夹紧/s	0.28				
松开/s	0.28				
提升/s	0.29				
下降/s	0.29				
步进进给 380	0.43				
步进返回 380	0.43				
每分钟运动节拍	30				

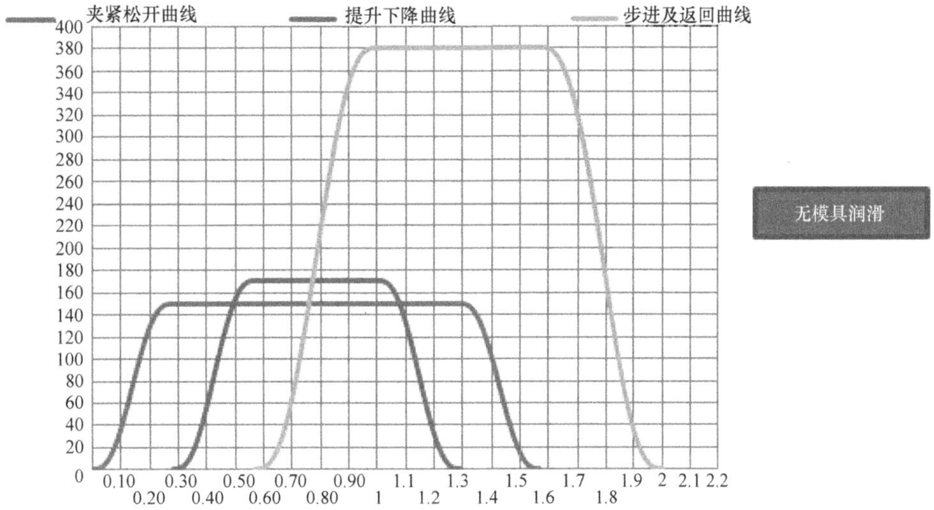

图 4 无模曲线（*X* 轴为时间，*Y* 轴为各轴行程）

3	运动控制器	PC E32GAC00000P5H8XXX-02S13300000	1
4	应用点卡	SD-Card Application Credit 500 EPCZEMSD0L 1050	1
5	伺服驱动器	SI E94ASHE0594A33NNER-HY0101	2
6	电源电抗器	Mains-filter 82,0A 3X500V verpackt UL	2
7	电源模块	Supply-module E70ACPSE 60A 1A	2
8	双轴驱动器	SI E70ACMSE 2x 32A SOA Enc 1C	4
9	制动电阻	Brake-resistor 12R 10% 1900W ZPRM	2

图 5 伦茨配置

9	6SL3330-7TE32-1AA3	整流模块132kW	1
10	6SL3300-7TE32-6AA1	AIM 132kW&160kW	1
11	6SL3120-1TE26-0AC0	单电机模块	2
12	6FX5002-2DC10-1CA0	编码器电缆	10
13	6SN1113-1AA00-1KA1	电压保护模块,200A	2
14	1PH8133-4FL02-0AA1-Z=U60	SIMOTICS M Compact synchronous motor 2500rpm, 31.7kW 121Nm, 55A forced ventilation	2
15	6SL3120-1TE22-4AD0	单电机模块	8
16	6FX5002-5DN46-1CA0	Power cable pre-assembled TYPE 4X4+ (2X1.5)C C , 20M	8
17	1FT7084-5SF71-1CH0	IMOTICS S Synchronous motor 1FT7, M0=27Nm (100K) NN=3000rpm, PN=7.20kW Forced ventilation	8
18	6SL3060-4AJ20-0AA0	DRIVE-CLiQ cable IP20/IP20 Length 2.80 m	2
19	6ES7516-3TN00-0AB0	SIMATIC S7-1500T, CPU 1516T-3 PN/DP, Central processing unit with 1.5 MB RAM	1

图 6　西门子公司产品配置

S120 的配置、电机的型号，由客户机械工程师选型而来，对标伦茨电机的参数。根据客户提供的电机型号，通过 SIZER 将驱动器和整流选出来，再通过 SIZER 选择控制器，SIZER 建议了 1516T。参阅 PLC 的样本，发现 1516T 运动资源总量大、处理能力强，因此，最终确定选择了 1516T。

实际工艺需求的运动资源如图 7 所示。SIZER 建议的控制器型号如图 8 所示。1516T 运动资源如图 9 所示。运动性能如图 10 所示。

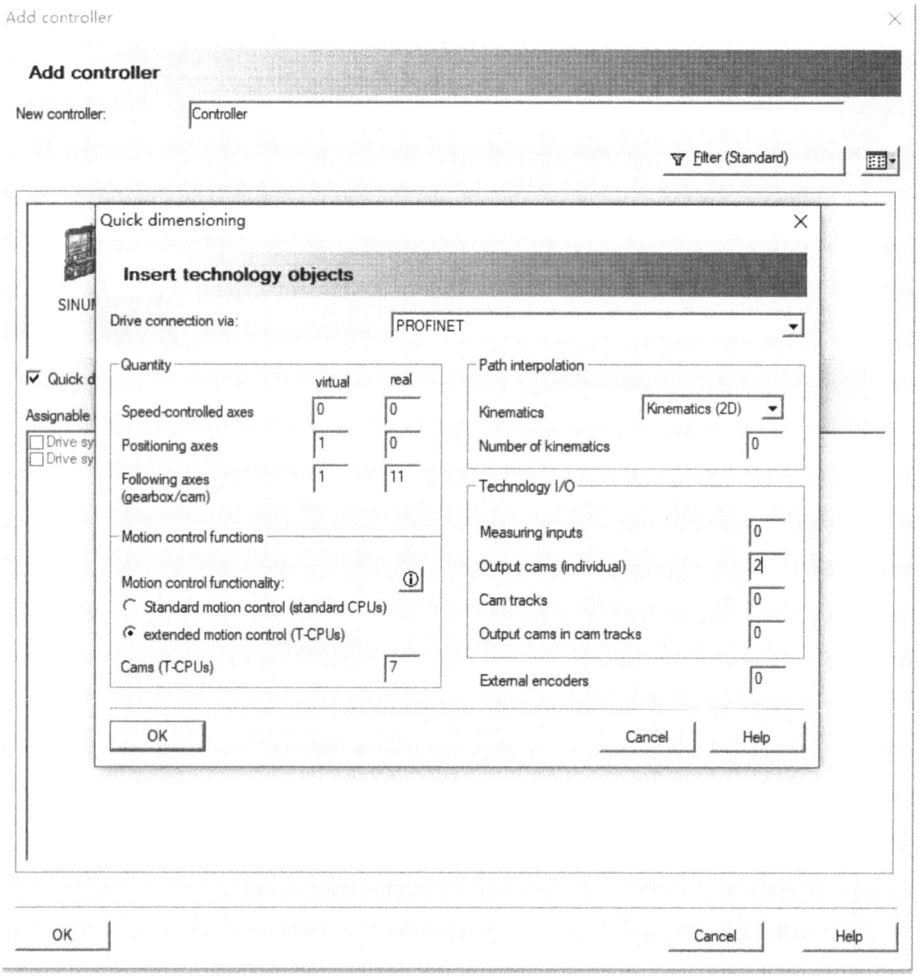

图 7　实际工艺需求的运动资源

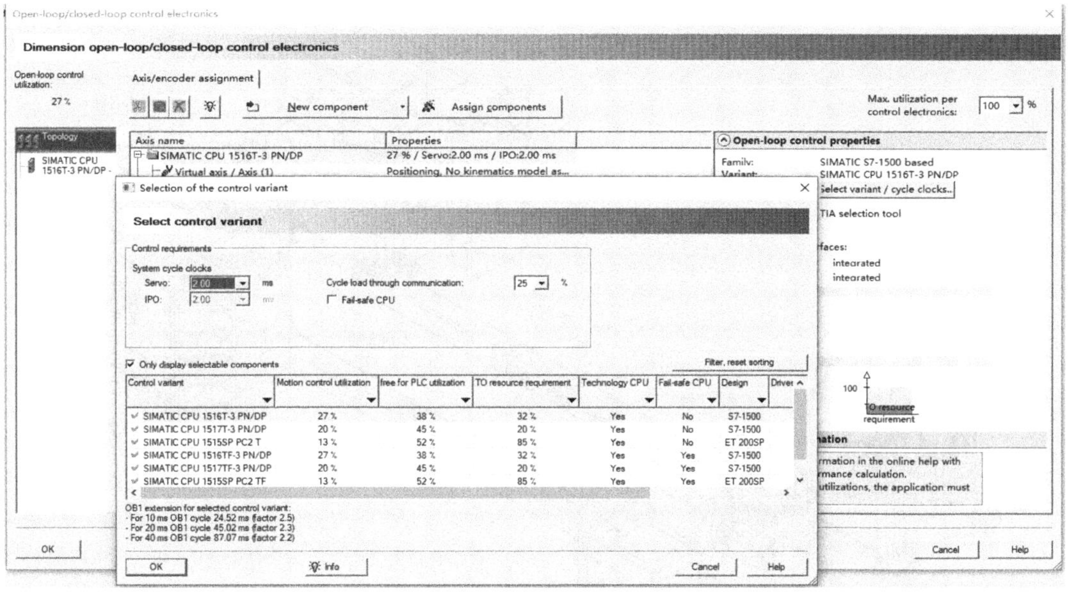

图 8　SIZER 建议的控制器型号

运动控制	
运控资源总量	6400
工艺对象种类及所占运控资源	速度轴 =40，位置轴（含速度轴功能）=80，同步轴（含位置轴功能）=160，外部编码器 =80，测量输入 =40，输出凸轮（凸轮开关）=20，凸轮轨迹（凸轮开关序列）=160
扩展运控资源总量	192
工艺对象种类及所占扩展运控资源	凸轮曲线（凸轮盘）=2，运动机构 =30，主轴代理 =3

图 9　1516T 运动资源

CPU 1516T-3 PN/DP，运控占 CPU 负荷 < 35% 时，典型位置轴数量：8ms 运控周期 80 个 /4ms 运控周期 55 个

图 10　运动性能

三、功能与实现

1. 运动控制要点

1）虚轴：v1a 为主虚轴（位置轴），v2b 为同步虚轴，两个虚轴以设备运行的周期为基本单位（默认周期 1s），组态成模态轴，同时两个虚轴之间也需要做凸轮同步；

2）实轴：所有的实轴全部设置为同步轴，10 个同步轴与两个虚轴分别做凸轮同步；

3）凸轮盘：多个凸轮盘的应用，以及互相调用、更改凸轮曲线；

4）凸轮输出：后期增加了喷墨功能，用到了凸轮输出（指定轴为虚主轴），V90PN。

主要工艺对象介绍（见图 11、图 12）

1）主虚轴、从虚轴——A 梁、B 梁的虚轴，作为凸轮主轴使用；

2）喷墨主轴——V90PN，外围辅助设备；

3）A 步进、B 步进——A 梁、B 梁的步进 *X* 轴；

4）A 夹紧 1、A 夹紧 2、B 夹紧 1、B 夹紧 2——A 梁、B 梁的夹紧 *Y* 轴；

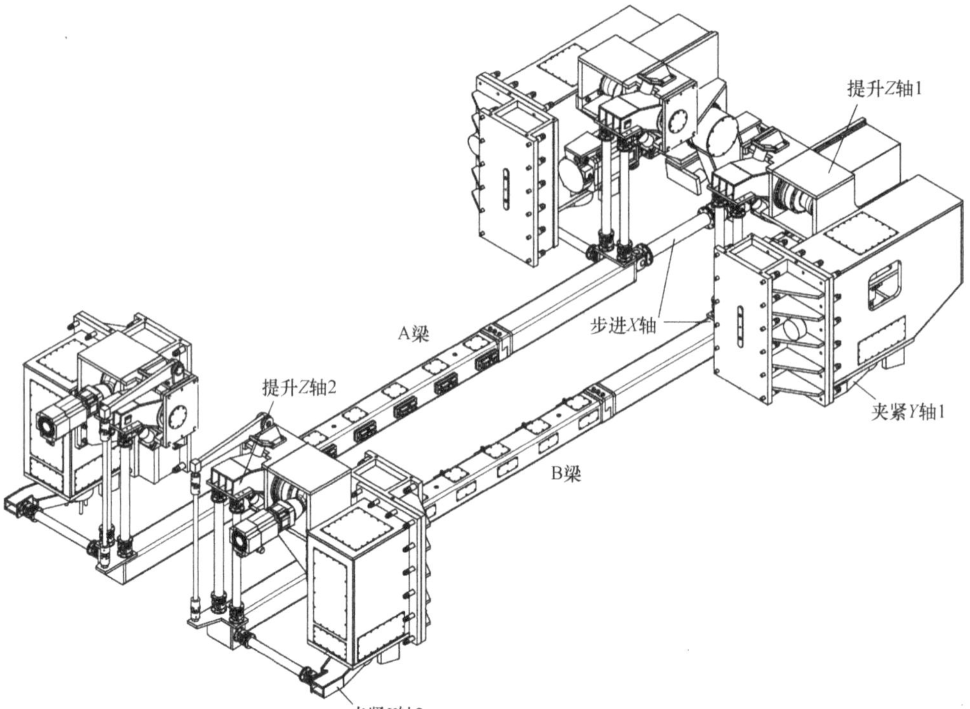

图 11　机械图

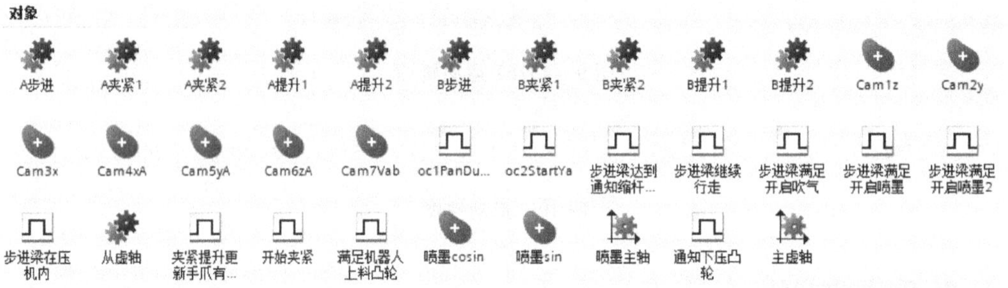

图 12　工艺对象

5）A 提升 1、A 提升 2、B 提升 1、B 提升 2——A 梁、B 梁的提升 Z 轴；

6）Cam1z——步进梁 Z 向位移凸轮曲线（机械实际位移）；

7）Cam2y——步进梁 Y 向位移凸轮曲线（机械实际位移）；

8）Cam3x——步进梁 X 向位移凸轮曲线（机械实际位移）；

9）Cam4xA——步进 X 轴 A、B 的凸轮曲线（电机实际曲线）；

10）Cam5yA——夹紧 Y 轴 A1、A2、B1、B2 的凸轮曲线（电机实际曲线）；

11）Cam6zA——提升 Z 轴 A1、A2、B1、B2 的凸轮曲线（电机实际曲线）；

12）Cam7Vab——从虚轴的凸轮曲线，主轴为主虚轴。

2. 项目调试

（1）伺服的控制

1）同步实轴：旋转轴，根据 Cam4xA、Cam5yA、Cam6zA 的位置来进行凸轮同步，这 3 个凸轮的位置是通过复合运算得出的，如图 13 所示。

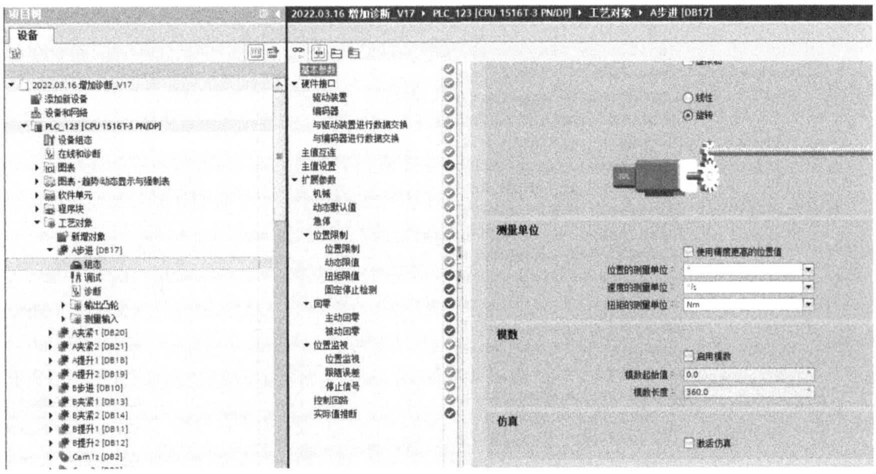

图 13 实轴的工艺对象参数

2）虚轴：模态轴（1000），虚轴作为主轴，为这个设备规定速度和工艺周期，同时，也为凸轮曲线生成点位提供了 X 轴的坐标。

（2）PLC 编程思路

运动资源有 11 个同步轴、1 个位置轴、7 个曲线，因为存在多个双轴驱动步进梁，因此对同步性要求很高，CPU 的负荷率、实时性需要保证，因此程序上需要处理。

1）DB_ANY：可以用 DB_ANY 指代速度轴、定位轴、同步轴等轴类型的 DB。通过建立 DB_ANY 类型的数组，方便在程序中使用 FOR 循序，一次调用多个轴的程序，简化了编程流程，如图 14 所示。

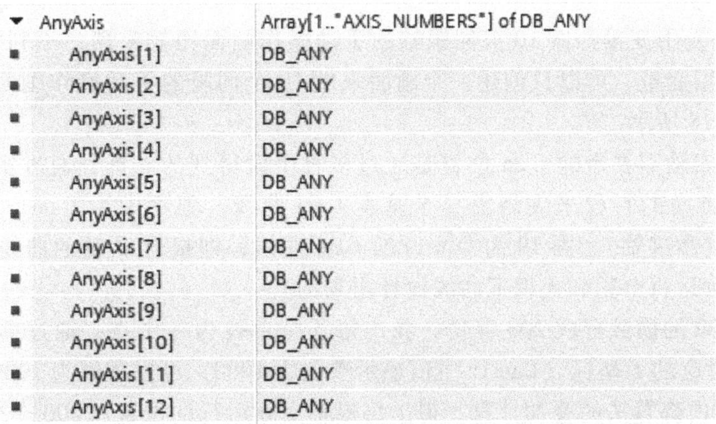

▼ AnyAxis	Array[1.."AXIS_NUMBERS"] of DB_ANY
■ AnyAxis[1]	DB_ANY
■ AnyAxis[2]	DB_ANY
■ AnyAxis[3]	DB_ANY
■ AnyAxis[4]	DB_ANY
■ AnyAxis[5]	DB_ANY
■ AnyAxis[6]	DB_ANY
■ AnyAxis[7]	DB_ANY
■ AnyAxis[8]	DB_ANY
■ AnyAxis[9]	DB_ANY
■ AnyAxis[10]	DB_ANY
■ AnyAxis[11]	DB_ANY
■ AnyAxis[12]	DB_ANY

图 14 DB_ANY 数据块

通过 DB_ANY 这种结构，加上数组的灵活运用，可以大大缩短运动控制的编程时间，提高伺服运行效率，如图 15 所示。

不同类型的轴对象，需要创建每一种轴对象的 MC 指令，如图 16 所示。

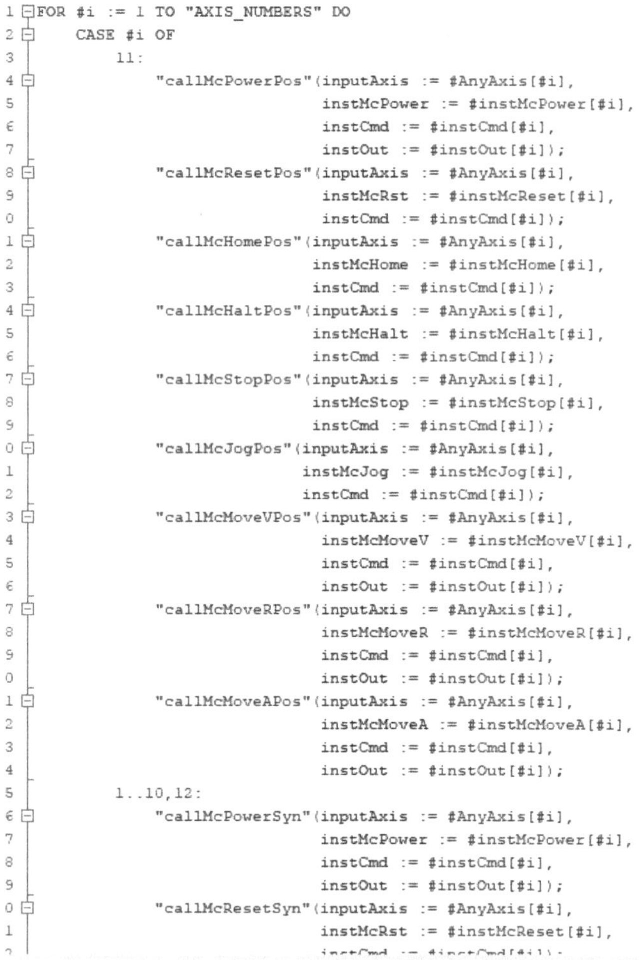
FOR #i := 1 TO "AXIS_NUMBERS" DO
CASE #i OF
11:
"callMcPowerPos"(inputAxis := #AnyAxis[#i],
instMcPower := #instMcPower[#i],
instCmd := #instCmd[#i],
instOut := #instOut[#i]);
"callMcResetPos"(inputAxis := #AnyAxis[#i],
instMcRst := #instMcReset[#i],
instCmd := #instCmd[#i]);
"callMcHomePos"(inputAxis := #AnyAxis[#i],
instMcHome := #instMcHome[#i],
instCmd := #instCmd[#i]);
"callMcHaltPos"(inputAxis := #AnyAxis[#i],
instMcHalt := #instMcHalt[#i],
instCmd := #instCmd[#i]);
"callMcStopPos"(inputAxis := #AnyAxis[#i],
instMcStop := #instMcStop[#i],
instCmd := #instCmd[#i]);
"callMcJogPos"(inputAxis := #AnyAxis[#i],
instMcJog := #instMcJog[#i],
instCmd := #instCmd[#i]);
"callMcMoveVPos"(inputAxis := #AnyAxis[#i],
instMcMoveV := #instMcMoveV[#i],
instCmd := #instCmd[#i],
instOut := #instOut[#i]);
"callMcMoveRPos"(inputAxis := #AnyAxis[#i],
instMcMoveR := #instMcMoveR[#i],
instCmd := #instCmd[#i],
instOut := #instOut[#i]);
"callMcMoveAPos"(inputAxis := #AnyAxis[#i],
instMcMoveA := #instMcMoveA[#i],
instCmd := #instCmd[#i],
instOut := #instOut[#i]);
1..10,12:
"callMcPowerSyn"(inputAxis := #AnyAxis[#i],
instMcPower := #instMcPower[#i],
instCmd := #instCmd[#i],
instOut := #instOut[#i]);
"callMcResetSyn"(inputAxis := #AnyAxis[#i],
instMcRst := #instMcReset[#i],

图 15　DB_ANY 应用

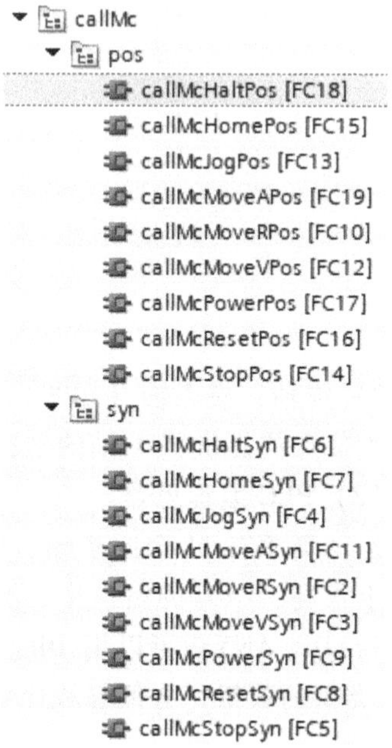
callMc
pos
callMcHaltPos [FC18]
callMcHomePos [FC15]
callMcJogPos [FC13]
callMcMoveAPos [FC19]
callMcMoveRPos [FC10]
callMcMoveVPos [FC12]
callMcPowerPos [FC17]
callMcResetPos [FC16]
callMcStopPos [FC14]
syn
callMcHaltSyn [FC6]
callMcHomeSyn [FC7]
callMcJogSyn [FC4]
callMcMoveASyn [FC11]
callMcMoveRSyn [FC2]
callMcMoveVSyn [FC3]
callMcPowerSyn [FC9]
callMcResetSyn [FC8]
callMcStopSyn [FC5]

图 16　工艺轴的基础 MC 指令

2）HMI 的多路复用变量：做 10 根伺服轴的手动操作画面比较繁琐，不利于调试阶段的操作，通过 HMI 的多路复用变量，可以只创建一个画面来做 10 个伺服的手动操作画面，节省画面和简化编程，如图 17、图 18 所示。

3）Cam：同步实轴需要走的 Cam 位置是通过多种手段得到的。首先通过实际的负载行程，即 *X*、*Y*、*Z* 三个机械方向的行程来规划出 3 个基本 Cam 曲线，程序中为 Cam1z（提升轴）、Cam2y（夹紧轴）、Cam3x（步进轴），图 19 为 Cam1z 的 Cam 曲线，即提升 *Z* 轴的曲线（Cam 曲线根据前面提到的步进梁连续运行节拍和无模下曲线设计出来的）。

然后将虚轴 1000 的模数分成 200 等份，找出每 5 个单位为一个点，通过 GetCamFollow 来读取 Cam1z 每 5 个单位对应的 *Y* 坐标（Cam1z 主值显示单位为 1000，可以理解为 1000ms，对应虚轴的模数值）。然后再通过内部算法的叠加计算，得出每根轴实际运行的位置（200 个坐标），然后生成的 Cam，Cam 的主值还是虚轴。如果要实时写入 200 个点的坐标会造成 CPU 死机，因此采用了此方法提前算出坐标点，如图 20、图 21 所示。

在这个项目中，Cam1z、Cam2y、Cam3x 不需要参与实际运行，主要作用就是为了生成基础的 Cam，方便计算出各个实轴运行的 Cam，最后启用 Cam 同步的只有 Cam4xA、Cam5yA、Cam6zA，如图 21 所示。

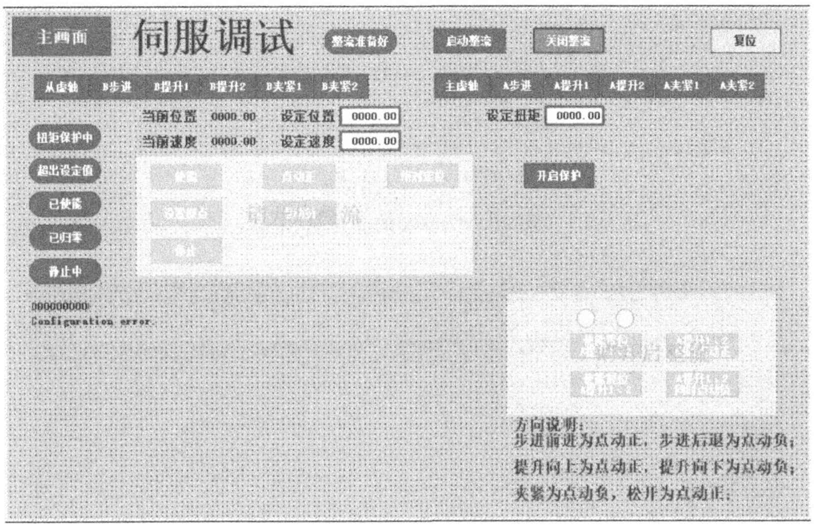

图 17 伺服点动画面

FB_servo_DB_instCmd{1}_halt	Bool	HMI_连接_1	PLC_1	<多路复用变量>	FB_servo_DB.instCmd[AxisNo].halt
FB_servo_DB_instCmd{1}_home	Bool	HMI_连接_1	PLC_1	<多路复用变量>	FB_servo_DB.instCmd[AxisNo].ho...
FB_servo_DB_instCmd{1}_jog-	Bool	HMI_连接_1	PLC_1	<多路复用变量>	FB_servo_DB.instCmd[AxisNo].jog-
FB_servo_DB_instCmd{1}_jog+	Bool	HMI_连接_1	PLC_1	<多路复用变量>	FB_servo_DB.instCmd[AxisNo].jog+
FB_servo_DB_instCmd{1}_mov...	Bool	HMI_连接_1	PLC_1	<多路复用变量>	FB_servo_DB.instCmd[AxisNo].mo...
FB_servo_DB_instCmd{1}_mov...	Bool	HMI_连接_1	PLC_1	<多路复用变量>	FB_servo_DB.instCmd[AxisNo].mo...
FB_servo_DB_instCmd{1}_mov...	Bool	HMI_连接_1	PLC_1	<多路复用变量>	FB_servo_DB.instCmd[AxisNo].mo...
FB_servo_DB_instCmd{1}_posS	Real	HMI_连接_1	PLC_1	<多路复用变量>	FB_servo_DB.instCmd[AxisNo].posS
FB_servo_DB_instCmd{1}_powe	Bool	HMI_连接_1	PLC_1	<多路复用变量>	FB_servo_DB.instCmd[AxisNo].po...
FB_servo_DB_instCmd{1}_stop	Bool	HMI_连接_1	PLC_1	<多路复用变量>	FB_servo_DB.instCmd[AxisNo].stop
FB_servo_DB_instCmd{1}_velS	Real	HMI_连接_1	PLC_1	<多路复用变量>	FB_servo_DB.instCmd[AxisNo].velS
FB_servo_DB_instOut{1}_com...	Bool	HMI_连接_1	PLC_1	<多路复用变量>	FB_servo_DB.instOut[AxisNo].com...
FB_servo_DB_instOut{1}_error...	UDInt	HMI_连接_1	PLC_1	<多路复用变量>	FB_servo_DB.instOut[AxisNo].error...
FB_servo_DB_instOut{1}_homed	Bool	HMI_连接_1	PLC_1	<多路复用变量>	FB_servo_DB.instOut[AxisNo].hom...
FB_servo_DB_instOut{1}_posA	Real	HMI_连接_1	PLC_1	<多路复用变量>	FB_servo_DB.instOut[AxisNo].posA
FB_servo_DB_instOut{1}_powe..	Bool	HMI_连接_1	PLC_1	<多路复用变量>	FB_servo_DB.instOut[AxisNo].pow...
FB_servo_DB_instOut{1}_stand..	Bool	HMI_连接_1	PLC_1	<多路复用变量>	FB_servo_DB.instOut[AxisNo].stan...
FB_servo_DB_instOut{1}_velA	Real	HMI_连接_1	PLC_1	<多路复用变量>	FB_servo_DB.instOut[AxisNo].velA
扭矩限制DB_轴{0}_扭矩保...	Bool	HMI_连接_1	PLC_1	<多路复用变量>	扭矩限制DB.轴[AxisNo].扭矩保...
扭矩限制DB_轴{0}_扭矩超...	Bool	HMI_连接_1	PLC_1	<多路复用变量>	扭矩限制DB.轴[AxisNo].扭矩超...
扭矩限制DB_轴{0}_设置扭矩	LReal	HMI_连接_1	PLC_1	<多路复用变量>	扭矩限制DB.轴[AxisNo].设置扭矩
扭矩限制DB_轴{0}_使能限制	Bool	HMI_连接_1	PLC_1	<多路复用变量>	扭矩限制DB.轴[AxisNo].使能...

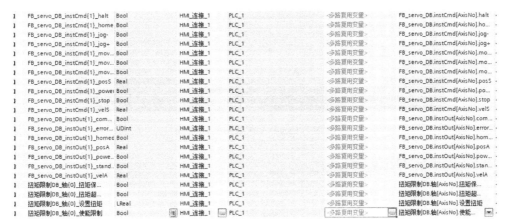

图 18 多路复用变量

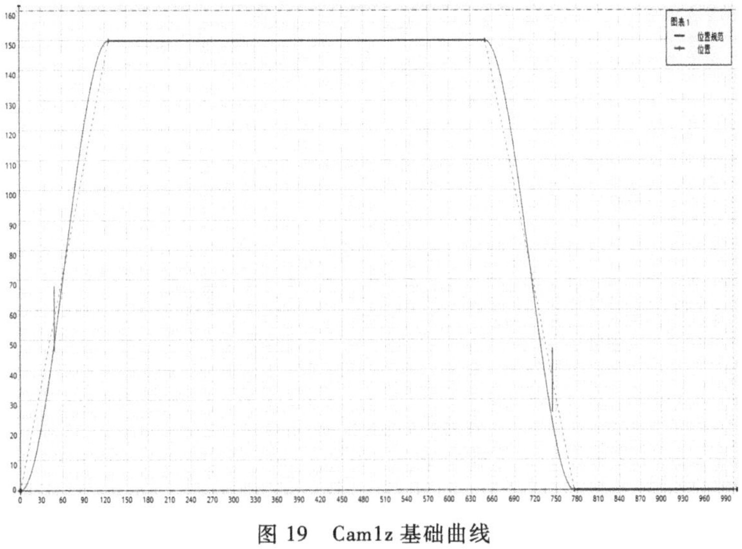

图 19 Cam1z 基础曲线

```
//GetLeadValue
#instGetCamFollow[1](Cam := "Cam3x",
                     LeadingValue := INT_TO_LREAL(IN := #statIndex) * 5.0);
#instGetCamFollow[2](Cam := "Cam2y",
                     LeadingValue := INT_TO_LREAL(IN := #statIndex) * 5.0);
#instGetCamFollow[3](Cam := "Cam1z",
                     LeadingValue := INT_TO_LREAL(IN := #statIndex) * 5.0);
```

图 20　Cam3x 的 *Y* 坐标值

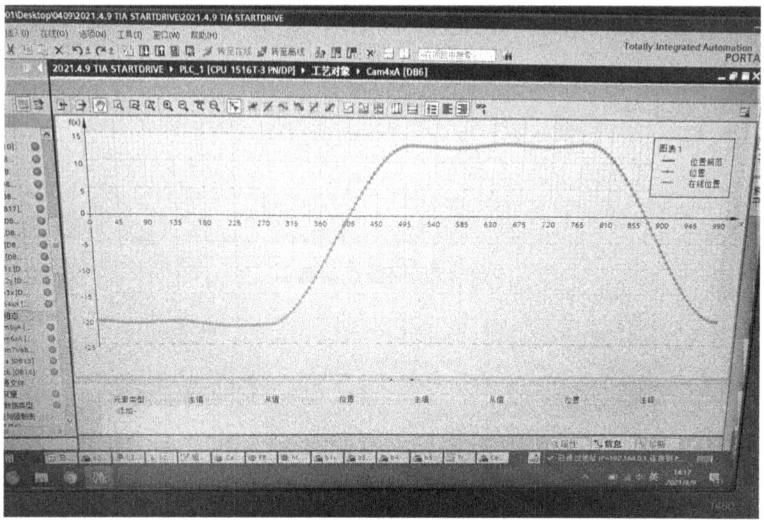

图 21　Cam4xA 在线的实际曲线

```
REGION 凸轮同步设置: camin
    CASE "autoCMD".模式选择 OF
        1, 2, 3, 4, 5, 6,7, 8:
            #instMcCamin[1](Master := "从虚轴",
                            Slave := "B步进",
                            Cam := "Cam4xA",
                            SyncProfileReference := 2,
                            ApplicationMode := 2);
            #instMcCamin[2](Master := "从虚轴",
                            Slave := "B提升1",
                            Cam := "Cam5yA",
                            SyncProfileReference := 2,
                            ApplicationMode := 2);
            #instMcCamin[3](Master := "从虚轴",
                            Slave := "B提升2",
                            Cam := "Cam5yA",
                            SyncProfileReference := 2,
                            ApplicationMode := 2);
            #instMcCamin[4](Master := "从虚轴",
                            Slave := "B夹紧1",
                            Cam := "Cam6zA",
                            SyncProfileReference := 2,
                            ApplicationMode := 2);
            #instMcCamin[5](Master := "从虚轴",
                            Slave := "B夹紧2",
                            Cam := "Cam6zA",
                            SyncProfileReference := 2,
                            ApplicationMode := 2);
```

图 22　Cam 同步启用

如果需要改动之前通过算法生成 Cam 的曲线，需要重新调用 Cam 插补才能生成曲线，为了防止 CPU 死机，所以在调用凸轮插补之前就将 200 个点写入到凸轮曲线中，并且激活，如图 23 所示。

```
IF NOT "FB_InverseAlgorithm_DB".execute THEN
    "Cam4xA".Point[#statIndex + 1].x := INT_TO_REAL(IN := #statIndex) * 5.0;
    "Cam4xA".Point[#statIndex + 1].y := "FB_InverseAlgorithm_DB".a1;
    "Cam4xA".ValidPoint[#statIndex + 1] := TRUE;
    "Cam5yA".Point[#statIndex + 1].x := INT_TO_REAL(IN := #statIndex) * 5.0;
    "Cam5yA".Point[#statIndex + 1].y :="FB_InverseAlgorithm_DB".a2;
    "Cam5yA".ValidPoint[#statIndex + 1] := TRUE;
    "Cam6zA".Point[#statIndex + 1].x := INT_TO_REAL(IN := #statIndex) * 5.0;
    "Cam6zA".Point[#statIndex + 1].y := "FB_InverseAlgorithm_DB".a3;
    "Cam6zA".ValidPoint[#statIndex + 1] := TRUE;
    #statCreatStep := 20;
END_IF;
```

图 23　生成凸轮曲线

4）LcamHdl，关于 Cam 库的应用：由于我们所有的电机轴实际运行的 Cam 曲线都是基于 *X*、*Y*、*Z* 三个方向的 Cam 曲线算出来的，因此实际运行中，如果需要更改 Cam 曲线，实际上只需要更改 *X*、*Y*、*Z* 三个 Cam 曲线，这 3 个 Cam 曲线我们只需要修改 4 段，既可以完成对整个设备 Cam 曲线的更改，这里用到了 CreateCamAdvanced 和 GetCamStatusWord，如图 24 所示。

```
#STEP_CALCULATE://interpolate points calculate
    #statNumberOfElements := 4;
    //first entry segment
    #statCamElement[0].leadingValueStart := 0.0;
    #statCamElement[0].leadingValueEnd := #statYtime + #statZtime;
    #statCamElement[0].followingValueStart := 0.0;
    #statCamElement[0].followingValueEnd := 0.0;
    #statCamElement[0].geoVeloStart := 0.0;
    #statCamElement[0].geoVeloEnd := 0.0;
    #statCamElement[0].geoAccelStart := 0.0;
    #statCamElement[0].geoAccelEnd := 0.0;
    #statCamElement[0].geoJerkStart := 0.0;
    #statCamElement[0].geoJerkEnd := 0.0;
    #statCamElement[0].inflectionPointParameter := 0.5;
    #statCamElement[0].modVeloTrapezoidParameter := 1.0;
    #statCamElement[0].modSineMaxAccelCaStar := 0.0;
    #statCamElement[0].camProfileType := "LCAMHDL_PROFILE_CONST_VELO";//"LCAMHDL_PROFILE_POLY_5";
```

图 24　更改 Cam

5）由于一根步进梁由 5 根伺服电动机同时驱动，因此对于电机的同步要求很高，同时为了防止步进梁受力不均的情况，需要做转矩限制和实时读取每个电机的转矩值，以及电机电流等参数。转矩值通过 750 报文读取即可，在读取每个电机的实际电流值时，用到了 SinaPara 功能块，在 S120 多轴系统中，单套 CU320 通过 AxisNo、多套 CU320 通过 Hardware identifer 来作为寻找里单轴的主要依据，如图 25、图 26 所示。

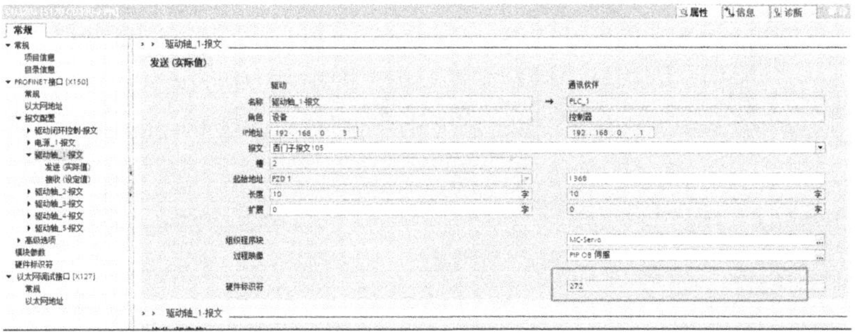

图 25　Hardware identifer

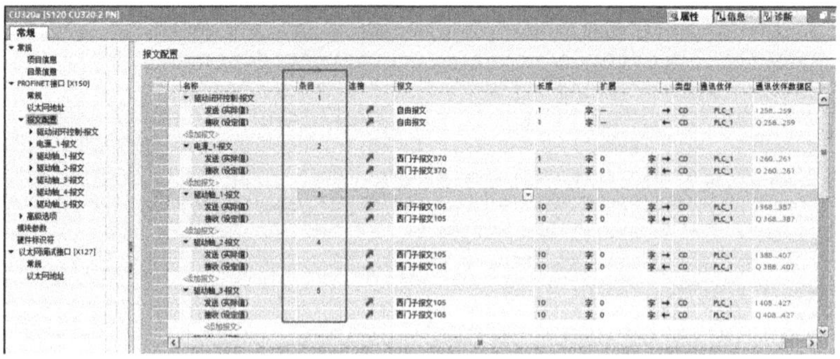

图 26 AxisNo

3. S120 的调试过程

步进结构的电机为 1PH8133-4FL0x-xxxx 的同步电机，TIA STARTDRIVE 无法直接上载该电机参数，导致上载 S120 配置失败，因此，首先将该电机模块的 DRIVE-CLiQ 电缆拔掉，然后读取其他 4 台 1FT7 的参数，再手动配置该电机。同时，TIA 里只有该款不带抱闸的电机型号，因此，在查阅相关资料，并且对比电机参数后，将电机配置为不带抱闸的型号，然后手动配置抱闸，完成整个配置过程，如图 27 所示。

在一开始测试电机的性能时，做了大量试运行，然后通过 Trace 来多次观察不同速度下的电机状态，通过这些参数来调整电机的增益，并且在调试过程中找到了机械安装过程中出现的问题！如图 28～图 30 所示。

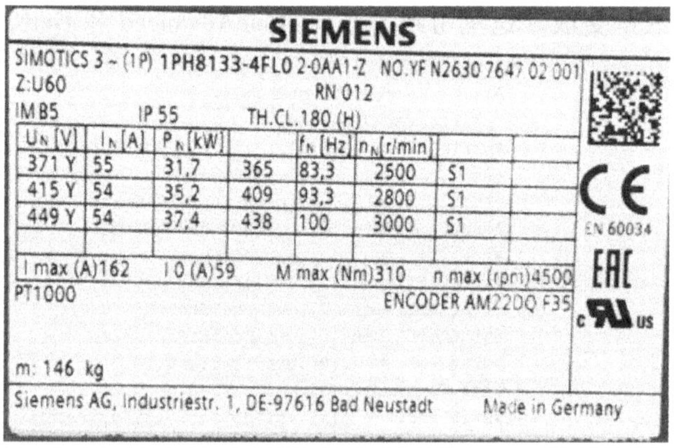

图 27 1PH8 电机

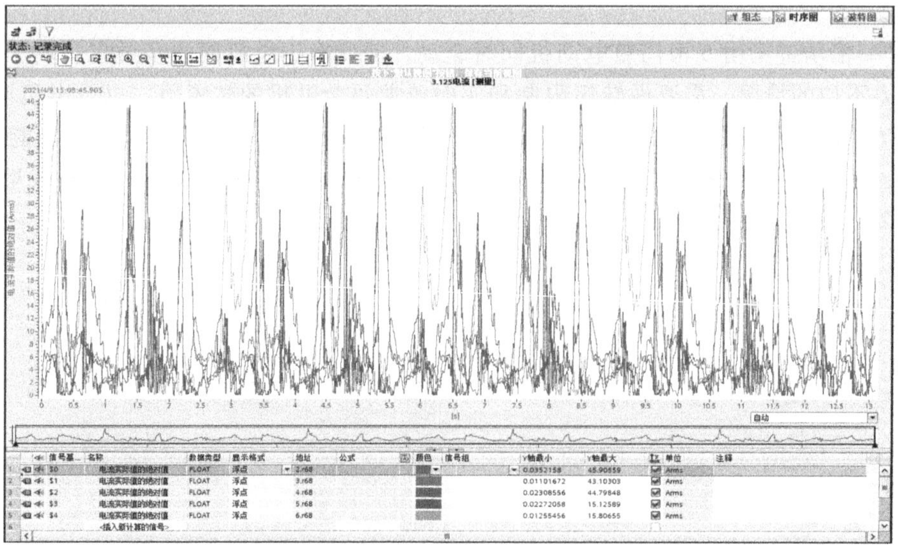

图 28 工艺周期 3.125s 下的电机电流

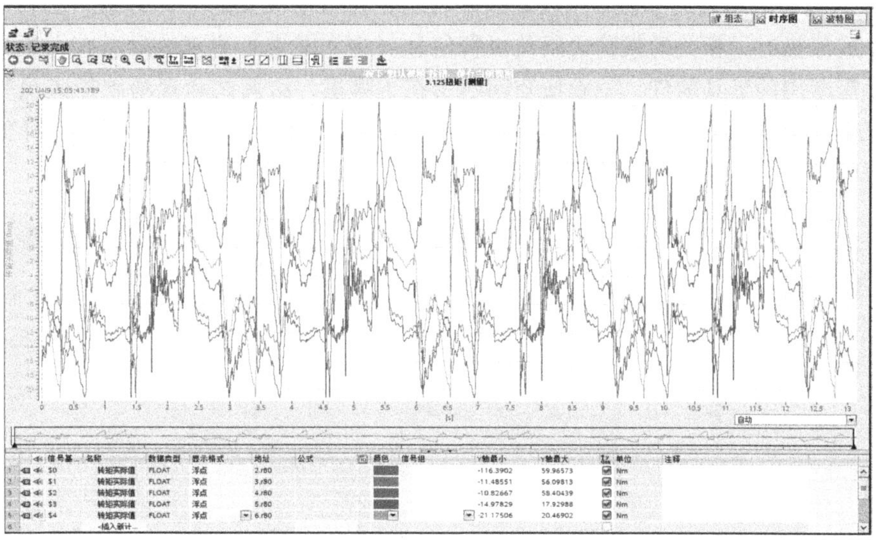

图 29　工艺周期 3. 125s 下的电机转矩

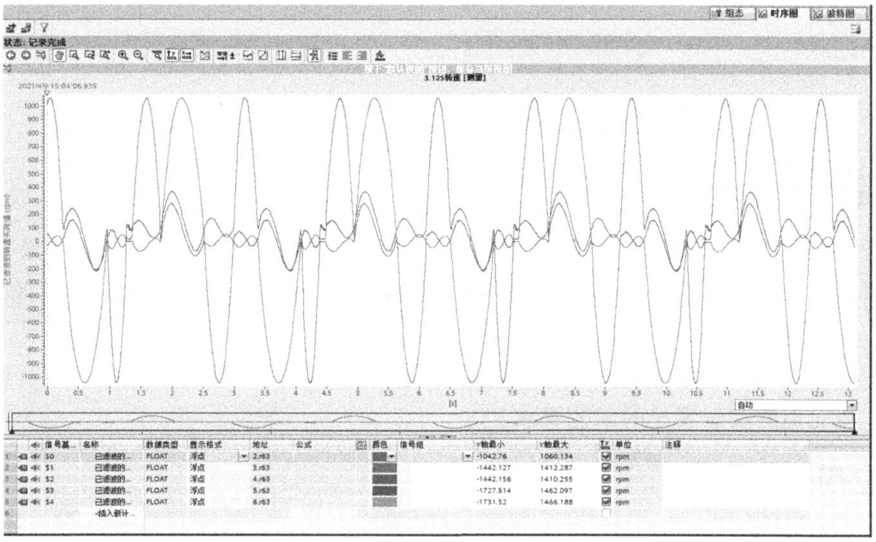

图 30　工艺周期 3. 125s 下的电机转速

上述趋势图，代表了整个设备在工艺周期 3. 125s 下的电机运行状态，其中 1 和 2 号趋势曲线代表了提升轴 *Z* 的实时数据，提升轴 *Z* 是 7. 23kW 的 1FT7 系列伺服电动机，额定电流为 18. 5A，额定转矩为 23N · m。通过分析上述趋势图可以发现，在一个周期的固定位置和时间，电流值、转矩值都非常大，接近 3 倍的报警阈值。然后我们通过对应的轴位置信息，配合机械设计师，找到了电流值、转矩值突然增大的原因，是法兰加工准确度较低以及安装错位导致的，在经过重新加工后，解决了这一隐患。

关于 S120 的诊断，以前的 S120 调试，对于 S120 的报警故障处理主要是通过 1500 PROFIdrive 标准诊断在线查看故障，或者是 S120 的 BOP 面板查看故障代码（见图 31）。在这次的调试过程中，我们采用了 LAlarmHdl 和 LAcycCom 两种库的结合方法，通过 PLC 记录和显示故障报警，并且在

HMI 设备上显示报警的相关文本而不仅仅是故障代码，这可以极大地提升诊断的便利性。当驱动器出现报警而造成停机时，相关的报警代码及报警信息（中文文本）直观地显示在人机界面上，使操作维护人员无需专用的工具软件，一看便知问题出在了哪里，给调试和现场维护人员带来了极大的便利。S120 的报警批量显示在 HMI 上，减少了制作报警的工作量，维护工作难度降低，极大地宣传了现阶段西门子系统方案的便捷性和优势！

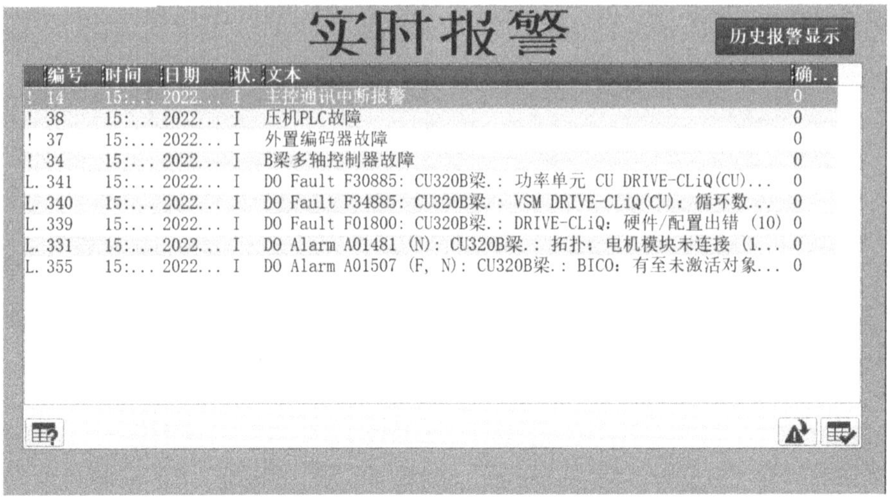

图 31　S120 故障报警

四、运行效果

该设备目前已经在生产，目前运行状况良好，没有出现其他的意外情况，同步效果非常好。效果好的主要因素之一，是电器柜的制作规范，有效地防止了 EMC 干扰，同时 1500T 和 S120 产品性能非常优越，能够满足客户的工艺需求。

S120 在整体运行中，各项参数都非常出色，步进梁整个机构在这套控制中的运行速度和平稳性都非常出色，能完美的实现客户的工艺要求！

五、应用体会

1500T 配合 S120 能实现客户比较苛刻的工艺要求，整个项目调试过程中，S120 都表现得非常出色，整体的性能非常卓越。而目前 S120 通过 TIA 调试非常方便，组态、更改参数、实时监控都非常方便，这样的组合搭配，使西门子方案在高端市场非常具有竞争力！

参考文献

[1] 西门子（中国）有限公司. SINAMICS S120 Startdrive 入门指南 [Z], 2017.

[2] 西门子（中国）有限公司. SINAMICS S120 功能手册 [Z], 2017.

[3] 西门子（中国）有限公司. S120_S150_参数手册 [Z], 2018.

[4] 西门子（中国）有限公司. SIMATIC S7-1500 TIA Portal V16 中的 S7-1500T 运动系统功能 V5.0 [Z], 2019.

[5] 西门子（中国）有限公司. S120 的控制方式及使用特点简介 [Z], 2019.

液压轴库在折弯机上的应用
The application of LSimaHydTO on press brake machine

王开元
（西门子（中国）有限公司江苏分公司　南京）

[摘　要] 折弯机在金属成型行业中使用广泛，主流控制系统通常有 Delem、TRIO、ESTUN、ELGO、CYBELEC 以及 STEP AUTOMATION 等。电液同步的折弯机为高端折弯机，主要通过左右两个液压缸来驱动滑块对金属进行加工，对电气控制而言，就是两个液压轴的同步控制，难度较大，客户通过使用液压轴库，大大降低了液压轴的调试难度，加快了产品的研发。

[关 键 词] S7-1500（T）、LSimaHydTO、电液伺服同步

[Abstract] Press brake machines are widely used in the metal forming branch. In recent years, nearly 40, 000 units have been increased/replaced in China each year. The mainstream control systems usually include Delem, TRIO, ESTUN, ELGO, CYBELEC and STEP AUTOMATION. The electro-hydraulic synchronous bending machine is a high-end bending machine. It mainly uses the left and right hydraulic cylinders to drive the slider to process the metal. For electrical control, it is the synchronous control of the two hydraulic axises, which is difficult. The use of hydraulic axis library greatly reduces the difficulty of debugging hydraulic axises and speeds up product development.

[Key Words] S7-1500（T）、LsimaHydTO、electro-hydraulic servo synchronous

一、项目简介

1. 行业简要背景

近几年折弯机保持了高速增长，主要分三档：扭轴折弯机（低档）、扭轴折弯机（高档）以及电液同步折弯机。其中电液同步折弯机的等级最高，我们就是基于电液同步的系统去突破市场。

目前，主流的控制系统也分高、中、低三档，其中高档的会有 3D 编程等高级人机交互功能。

2. 机型简要工艺介绍

设备主要部件见图 1 和表 1。

表 1　主要部件

序号	名称	功能
1	滑块	白色厚钢板，安装折弯刀后，上下滑动加工金属件
2	油缸（2 个）	左右两个油缸为滑块提供动力，加工零件时，需要同步
3	磁尺编码器	左右两个磁尺编码器用于反馈油缸位置

（续）

序号	名称	功能
4	后挡块	通过上下左右移动来保证金属件的待加工位置
5	油泵组件	为油压系统提供油压
6	比例阀(2组)	每组比例阀控制一个油缸的速度和方向

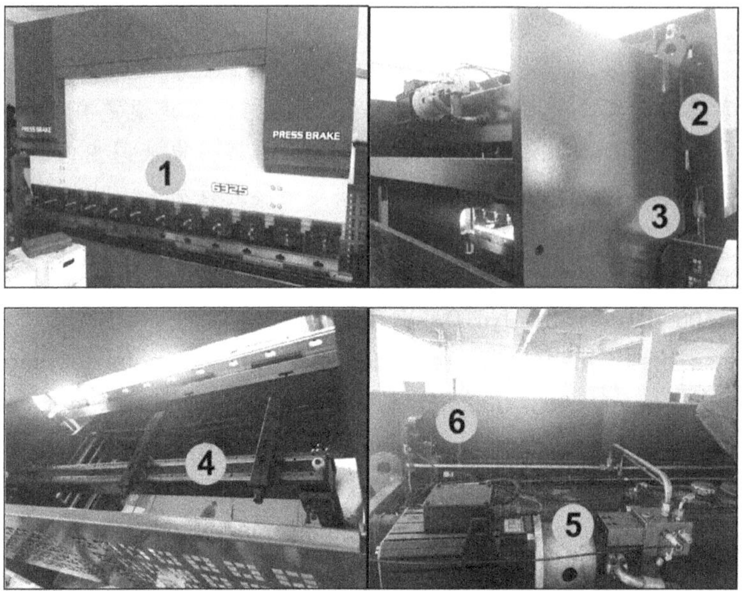
PRESS BRAKE
1
2
3
4
5
6

图 1　主要部件示意图

工艺流程如图 2 所示。

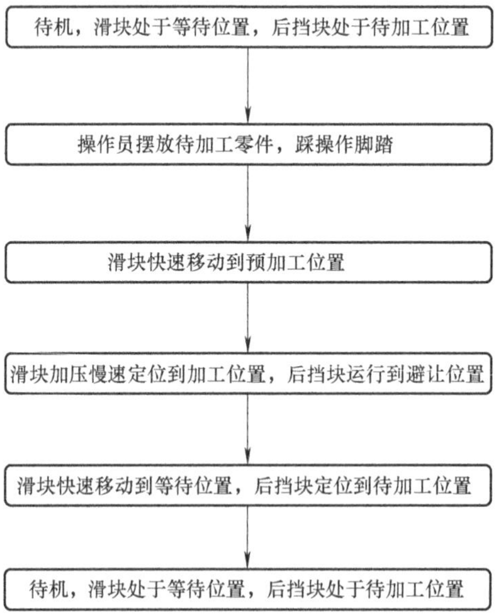
待机，滑块处于等待位置，后挡块处于待加工位置
操作员摆放待加工零件，踩操作脚踏
滑块快速移动到预加工位置
滑块加压慢速定位到加工位置，后挡块运行到避让位置
滑块快速移动到等待位置，后挡块定位到待加工位置
待机，滑块处于等待位置，后挡块处于待加工位置

图 2　工艺流程图

3. 设备详情（见图3~图6）

图3　设备正面视图

1—滑块　2—上模工装（安装在滑块1上）　3—下模底座

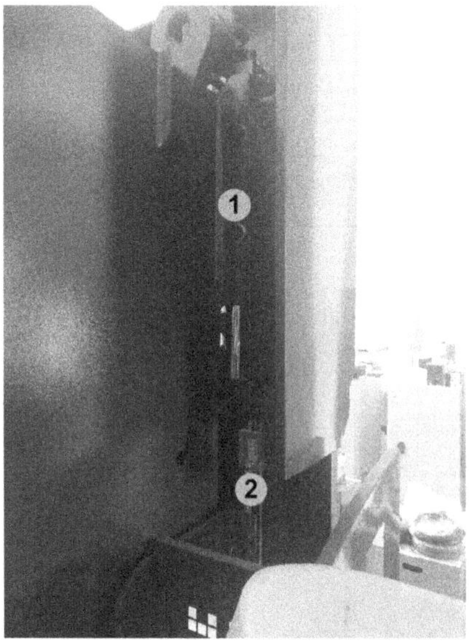

图4　油缸部分细节图

1—油缸（分布于油缸两侧，有同步需求）　2—磁尺编码器

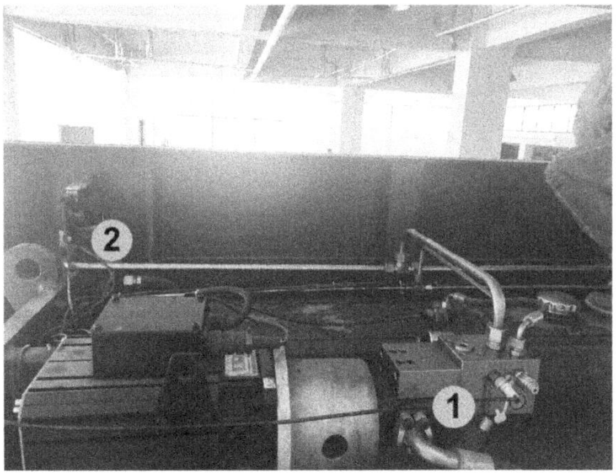

图5　部分油路图

1—油泵　2—比例阀组

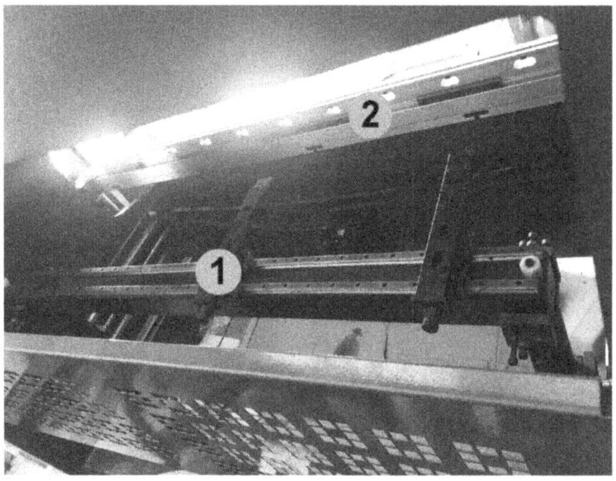

图6　设备背部细节图

1—后挡块（根据定制选配1~3个轴）　2—下模底座

4. 液压轴库的介绍

“LSimaHydTO”库在不影响原工艺对象（定位/同步轴工艺对象）功能的情况下，对工艺对象进行扩展，从而实现了将阀控液压应用转变成通用伺服电动机的应用。

此库除了提供了对液压轴的控制功能，还提供了测量比例阀特征曲线的功能。

“LSimaHydTO”液压轴原理如图7所示。

液压轴控制时，阀的开度与轴的速度是非线性关系，液压轴库利用描绘特征曲线的方法将速度控制线性化，如图8所示。

正是基于此原理，才能将液压轴当成通用伺服电动机来控制。

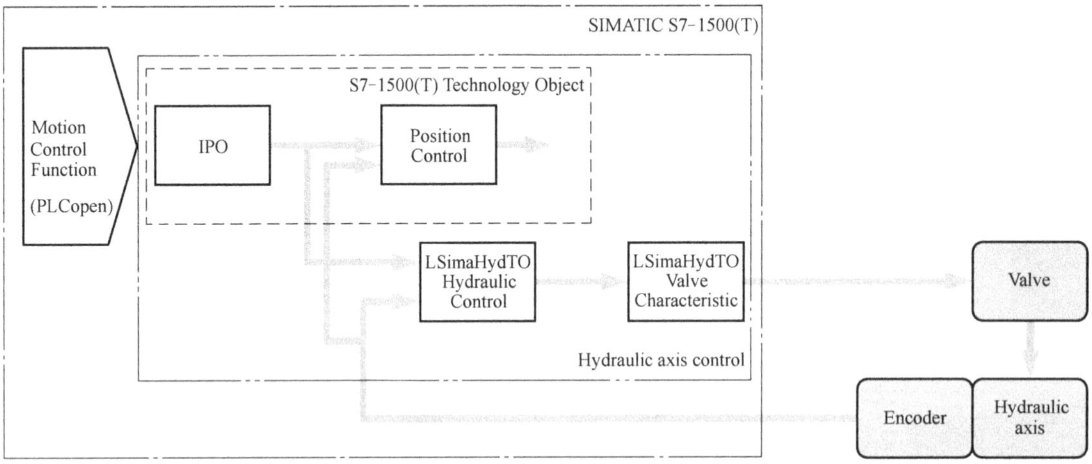

图 7　液压轴库原理图

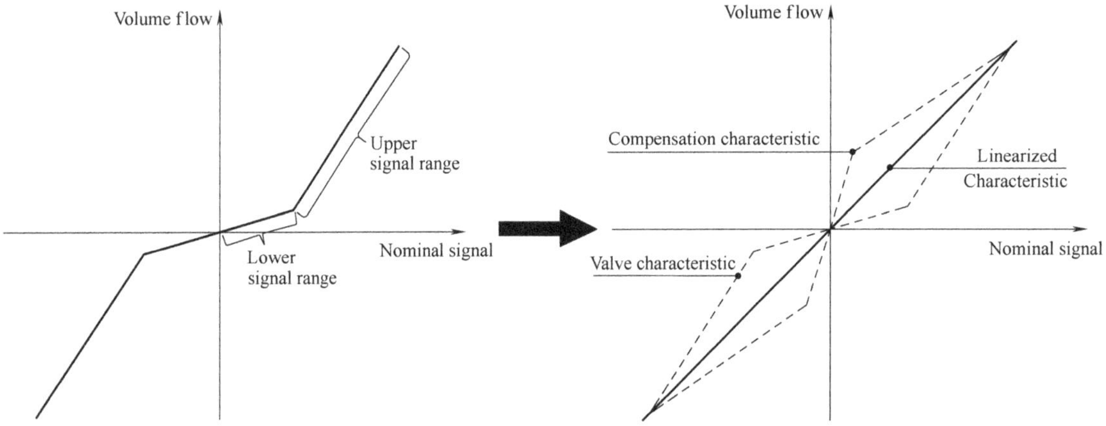

图 8　非线性补偿原理图

二、系统结构

1. 系统构成网络图（见图 9）

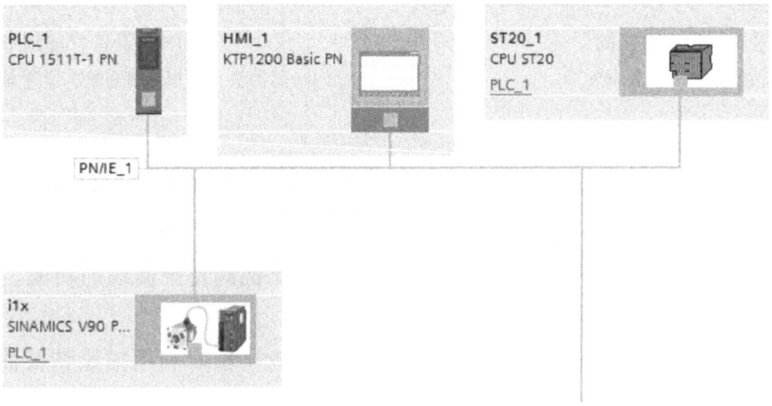

图 9　系统结构图

2. 硬件配置清单（见表2）

表2 主要配置清单

序号	设备	说明	名称	订货号	单位	数量
1	控制器	CPU	CPU 1511T	6ES7511-1TK01-0AB0	台	1
2	TM 模块	连接编码器	TM_PosInput2	6ES7551-1AB00-0AB0	台	1
3	挡块伺服	辅助折弯	V90 PN 0.75kW	6SL3210-5FE10-8UF0	台	1
4	操作屏	操作屏	KTP 1200 PN	6AV2123-2MB03-0AX0	台	1
5	智能设备	CPU 作远程 IO	SMART200 ST20	6ES7288-1ST20-0AA0	套	1

3. 选型依据及理论计算

因为有绝对同步的需求，所以选择了1511T的CPU。

编码器信号接口为RS422且有两个编码器，所以选择了本体的TM_PosInput2模块。

IO点较少，有2路模拟量输出用于控制比例阀，综合下来利用ST20作一个远程IO站比较划算。

当然编码器模块和IO也可以选择ET200SP的TM_PosInput+DIDO+AQ模块，主要多一个接口模块，价格稍高一些，但模拟量输出响应肯定比ST20好很多，客户可以根据需求选择对应的配置。

三、功能与实现

1. 控制系统实现的功能

整个系统有三个轴，包括两个液压轴和一个普通伺服轴。

两个液压轴共同驱动滑块下压来加工金属零件，有绝对同步要求。

普通伺服轴带动后挡块沿垂直于滑块的方向前后移动，用于标定操作工放置零件的深度。

2. 性能指标

滑块在高速（高速阀打开）滑动时，左右两边的位置差在3mm以内。

滑块在金属加工（加压阀打开）过程中，左右两边的位置差在0.02mm以内。

3. 控制关键点及难点

(1) S7-1500的液压轴方案离不开非线性转线性控制

比例阀开度与液压轴速度的曲线关系是非线性的，如图10所示，可以通过模拟量直接控制阀的开度，然后通过博途软件的trace功能取出轴的速度，多次采样后可以得到阀的特性曲线。西门子利用工艺对象现有的系统对液压轴进行控制，但工艺对象的输出与输入关系是线性系统，所以要做一个非线性到线性的转换来方便工艺对象的控制。

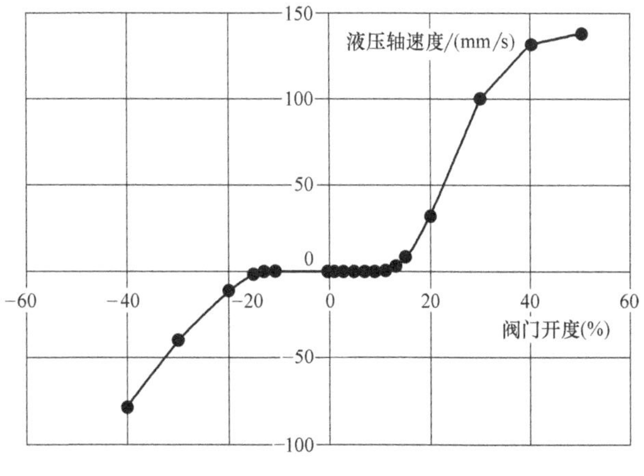

图10 阀的特性曲线图

(2) 两个液压轴共驱调试有难度

两个液压轴共驱一个滑块，如果两边控

制参数差别较大，一动就会出现卡死的情况，直接无法进行下一步操作。

（3）液压阀控制，重复定位精度难保证

经过初步调试后，1mm 以内的定位精度是没有问题的，但是重复定位时波动达到 0.3mm，距离目标 0.02mm 较多。如图 11 所示，目标位置都是 60mm，第一条测量是 60.34mm，第二条测量是 60.09mm。

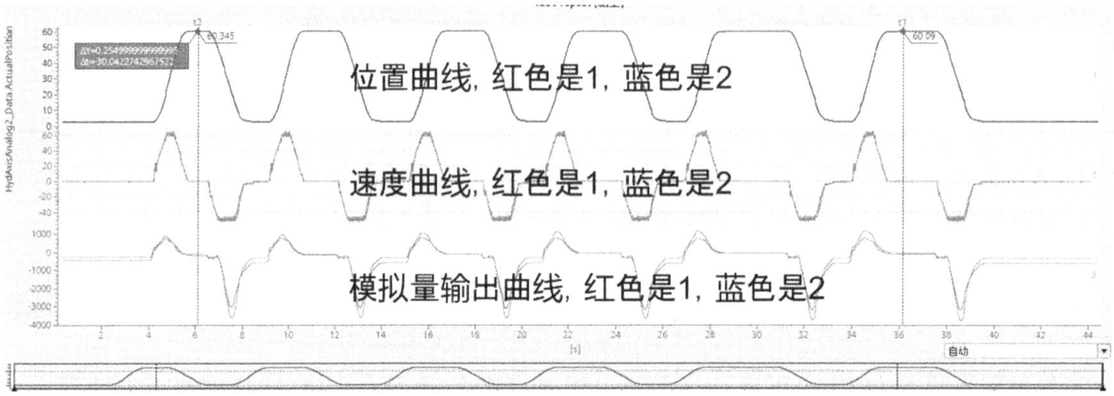

图 11　重复定位精度示例图

（4）定位不同距离时，定位精度不同

初步调试后，遇到的第二个问题就是定位不同的距离时，定位精度不一样。如图 12 所示，第一条测量线目标位置是 40mm，实际是 40.94mm；第二条测量线目标位置是 60mm，实际是 60.03mm。

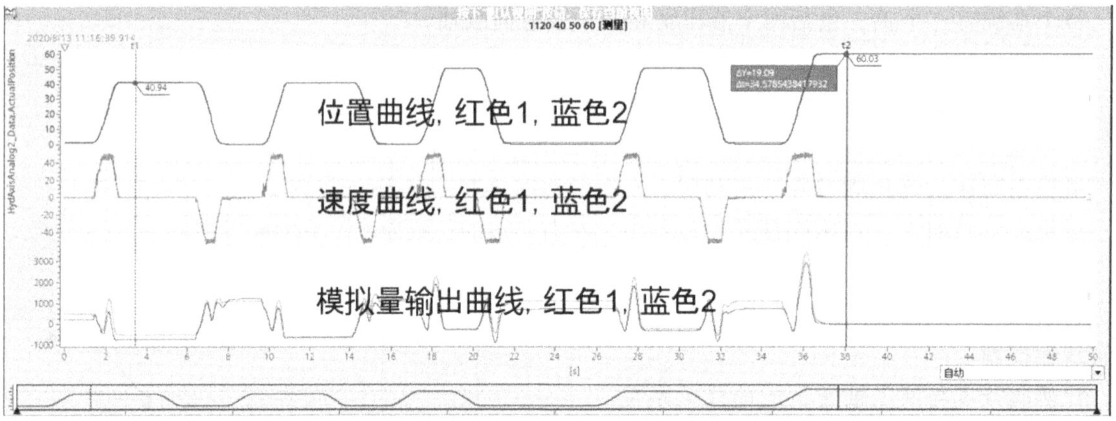

图 12　位置速度曲线图

4. 关键点及难点部分的调试过程描述

（1）非线性转线性

通过测试不同的开度下对应的液压轴的速度得到一个开度与液压轴速度的非线性曲线，如图 13 所示。

测量的开度采样如图 14 所示。

利用库提供的功能直接对开度进行控制，然后利用博途软件的录波功能录制两个轴的线速度，然后填入数据块如图 15 所示的位置。

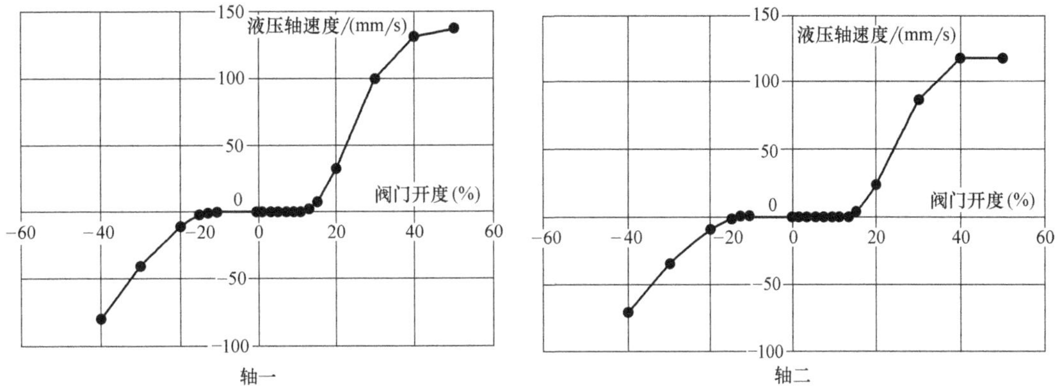

图 13　左右阀特性曲线图

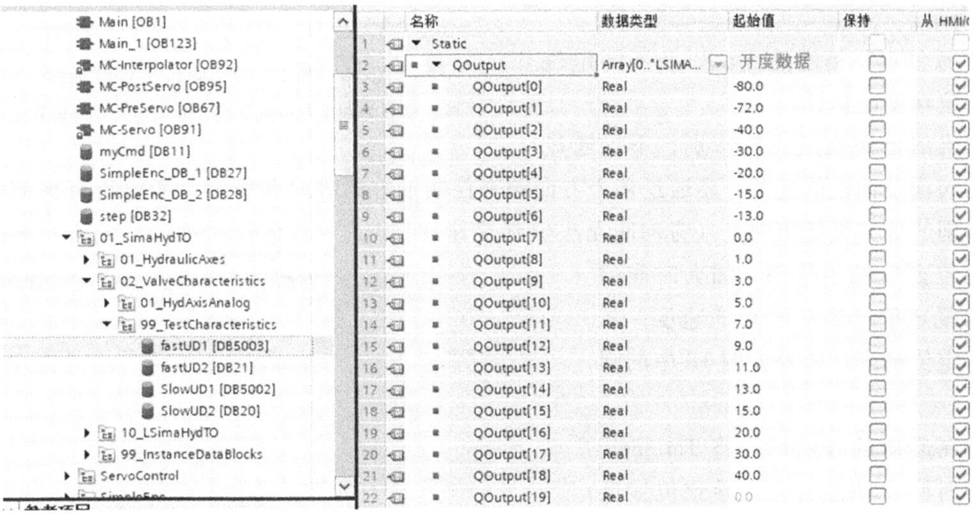

图 14　阀开度采样图

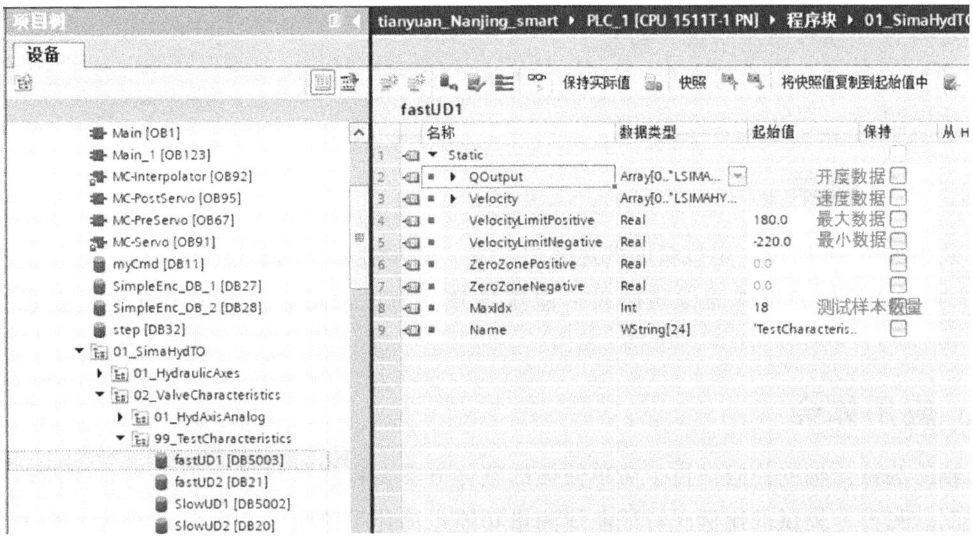

图 15　采样数据填写说明图

液压库将根据填写的数据自动进行非线性补偿。死区一定要测量精确，防止零速漂移。

（2）通过分别调整两个轴的预控以及比例参数来取得较好的同步效果

通过对两个轴的参数进行调整，使得两个轴定位特性接近，如图 16 所示，如果两个轴定位特性没调好，会发现一个轴动了，另一个轴还没开始动。

比较特别的是，液压库调整时需要调整数据块中的参数，而不是直接调整工艺对象，如图 17 所示。

（3）重复定位精度的保证以及不同定位距离下定位精度的保证

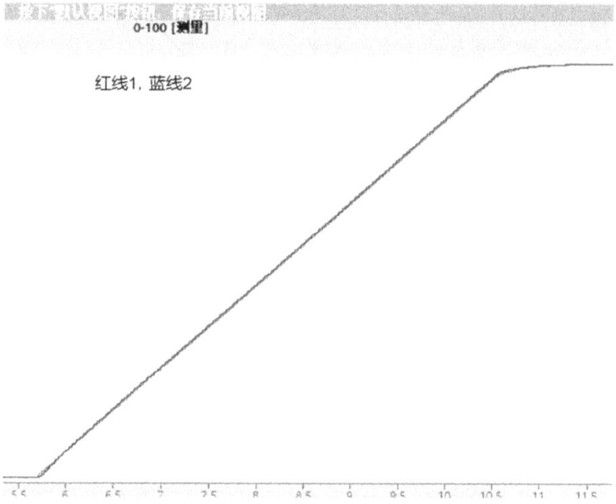

图 16　轴 1、轴 2 同步位置展示图

注：红线为轴 1 的位置曲线，蓝线为轴 2 的位置曲线。

折弯机的比例阀组比较特别，不仅通过一个比例阀调整油缸的速度，还通过多个方向阀来控制油缸的方向和压力，所以折弯机的液压轴定位有个特别的地方就是单向性（方向阀无法做到快速切换），一旦定位超过，是无法回调的，所以通过在定位窗口减小范围、加大时间的方法来减缓定位的最后阶段的速度，从而保证了定位精度。效果如图 18 中的圆圈所示。

当然在最初的时候忘了将 TM Input 模块的等时同步功能打开，导致位置反馈不及时，引起了重复定位精度无法保证的问题。对于这种单向高精度要求的定位，一定要打开等时同步功能，防止通信导致的位置过冲，因为折弯机一旦过冲就无法回调。

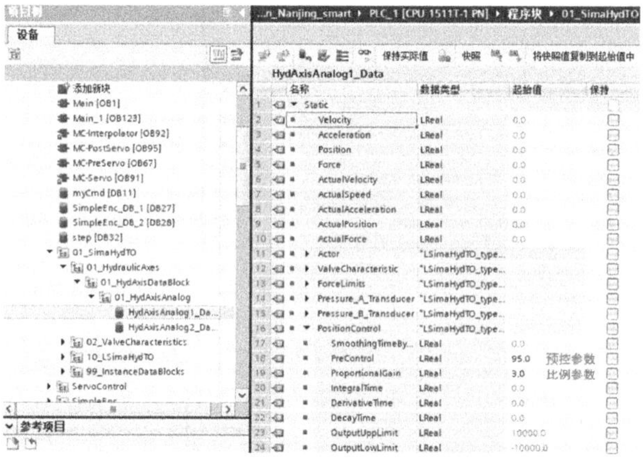

图 17　关键参数说明图

四、运行效果

具体效果如图 19 所示，定位精度满足客户需求，同步过程中两轴位置差也在 3mm 以内。

图 19 中出现的位置反弹为保压结束后泄压导致，为正常现象，定位精度只需要保持到加压结束。

五、应用体会

液压轴库为液压轴的控制提供了简单便捷的整体方案，特别是将液压控制的非线性转换成了通用伺服控制。另外，提供的比例阀特征曲线测量功能也简化了测量和参数输入步骤，大大降低了调试难度，也为批量设备生产提供了方便。

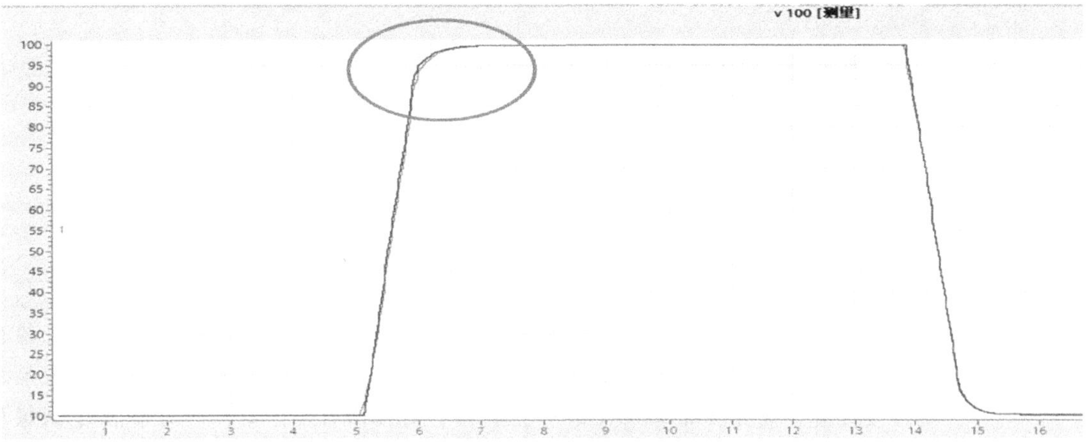

图 18　定位最后阶段的曲线示例图

注：红线为轴 1 位置曲线，蓝线为轴 2 位置曲线。

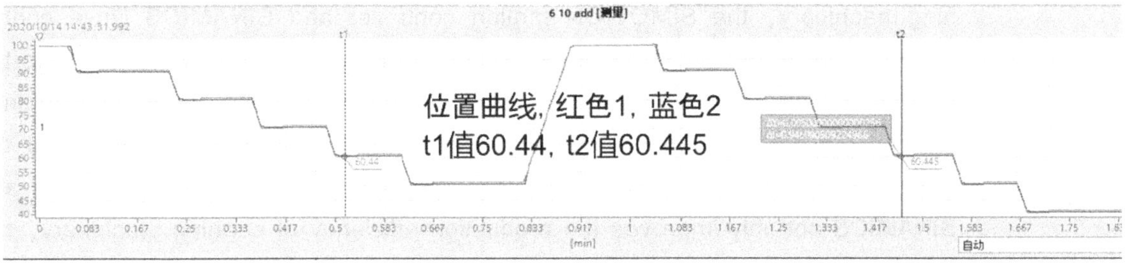

图 19　最终运行效果图

注：红色为轴 1 的位置曲线，蓝色为轴 2 的位置曲线。

参考文献

[1] 西门子（中国）有限公司. s71500_et200mp_manual_collection_zh-CH [Z], 2019.

[2] 西门子（中国）有限公司. 109756217_SimaHydTO_DOC_V15_v12_en [Z], 2020.

[3] 西门子（中国）有限公司. STEP_7_WinCC_V16_zhCN_zh-CHS [Z], 2019.

[4] 西门子（中国）有限公司. V90_PN_1FL6_op_instr_0418_zh-CHS [Z], 2018.

SINAMICS 为制罐机械“添翼”

赖天生、张贵年
（西门子（中国）有限公司　广州）

[摘　要] 针对传统的制罐机械控制系统运行不稳定性和效率低的现象，提出了使用西门子运动控制产品——SIMOTION 运动控制器和 SINAMICS 驱动控制系统代替传统的控制方式。文中介绍了金属包装的重要性、制罐工艺、控制系统的电气配置和控制系统的主要功能。使用 SIMOTION 运动控制器和 SINAMICS 方案，不但提高了制罐机械的生产效率，而且还保证了控制系统的稳定。

[关 键 词] 运动控制、同步、稳定、高效

[Abstract] In view of the instability and low efficiency of the traditional control system of canning machinery, the SIMOTION motion controller and SINAMICS Drive control system, which are Siemens motion control products, are proposed to replace the traditional control mode. This paper introduces the importance of metal packaging, the canning process, the electrical configuration of the control system and the main functions of the control system. The use of SIMOTION motion controller and SINAMICS not only improves the production efficiency of canning machinery, but also ensures the stability of the control system.

[Key Words] Motion control、Synchronous、Stable、High efficiency

一、项目简介

1. 背景介绍

作为中国包装工业重要组成部分的金属包装，其产值约占中国包装工业的 10%，广泛应用在饮料、化工、罐头、食品、药品及化妆品等行业。金属包装产品可分为印铁制品、易拉罐、气雾罐、食品罐，另外还有本文介绍的花篮桶和小方桶，由冷轧板、锌板制成 20~200L 的钢桶及 1~18L 马口铁制成的化工桶等，这些罐藏容器的“出生”，离不开制罐机械。SINAMICS S120 搭载 SIMOTION 运动控制器应用在制罐机械行业中，其功能发挥地淋漓尽致，SIMOTION 是西门子的一款紧凑型运动控制器，两者的完美融合，使得控制系统的运行更加流畅、稳定、可靠。以“高质量”和“高要求”著称的世界制罐机械龙头企业——Sabatier，均使用西门子的运动控制产品。罐藏容器与其他的包装形式相比，罐藏容器也有其优势：

1）密封性好，罐藏容器良好的密封性，可以避免食物杀菌后，因外界微生物的二次污染而造成的食物变质问题。

2）无毒且卫生，食品卫生安全至关重要。因罐藏容器直接与食物接触，所以出口的罐子，需要符合 FDA（美国食品药品管理局）的相关规定，进口的罐子，应符合国家卫生标准的规定。

3）抗腐蚀能力强，罐藏容器良好的抗腐蚀能力，可以抵抗存储食品产生有机酸、盐类、和其

他化合物等。

4）方便运输和使用，因为罐藏容器具有一定的强度和方便携带性，所以适合长距离的输送销售和方便人们的出行。

5）适合大批量工业化生产，罐藏容器不但能经受各种机械加工，而且生产成本较低。这有利于提高生产效率，实现工业生产的自动化[1]。

2. 制罐机械工艺简介

在金属包装中，有素铁罐、缩颈罐、三片罐和二片罐等种类，下面主要介绍花篮桶生产工艺。

花篮桶属于扩口罐，顾名思义，其罐身的顶端横截面扩大的罐，可以使用尺寸较大的全拉开罐盖的金属容器。目前，在花篮桶生产流程中，SINAMICS 主要参与从翻边到寻焊缝工艺段，如图 1 所示。

其完整的生产工艺流程如下：冷轧板、锌板→印花→开料→罐身卷圆→焊接氮化→烘干→翻边→封底→胀锥→UN 卷口→胀筋→寻焊缝→焊耳→穿提手→捡漏→包装→入库。花篮桶的成品如图 2 所示。

图 1　制罐机械设备

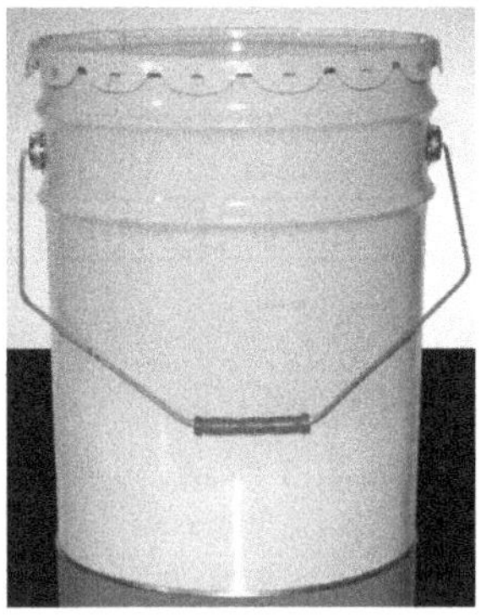

图 2　花篮桶的成品

二、控制系统的构成

1. 硬件配置（见表 1）

制罐机械设备电气配置为 SIMOTION D+CU320-2+S120+SMC30+TP1200+ET200SP。

根据制罐工艺的要求，主要运用 Cam 同步+Gear 同步技术。选择 SIMOTION D 控制器，该控制器将运动控制、逻辑控制和工艺控制功能集成于一身，为生成机械提供了完美的解决方案，采用开放性、灵活性、高效率和高性能的 PROFINET 网络，加上简单易用、身形小巧、功能强大的分布式 I/O ET200SP 以及方便扩展控制轴数的 CU320-2 多轴控制单元，如图 3 所示。

2. 控制方法

根据工艺动作流程，各轴之间的关系如图 4 所示。除寻焊缝是定位外，其他的实轴跟随主虚轴运动。

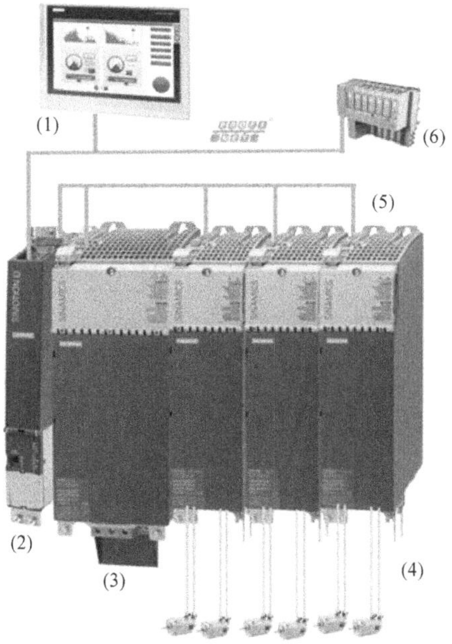

图 3　SIMOTION D 控制器

表 1　硬件配置

序号	名称	功能描述
1	HMI	TP1200,人机交互界面,主要用于设备的操作和参数设置
2	SIMOTION D435	核心控制器,支持多轴控制器,完成逻辑和运动控制
3	BLM	基本型电源模块,通过直流母线给各个电机模块提供电源
4	翻边 Motor	1FK7 增量式,驱动翻边机械结构,把罐子的底边外翻 90°
	封底 Motor	1PH8 增量式,驱动封底机械结构,把罐子的底部封上
	胀锥 Motor	1FK7 增量式,驱动胀锥机械结构,把罐子的口扩大
	UN 卷口 Motor	1FK7 增量式,驱动 UN 卷口机械结构,把罐口的顶边向外翻一个锥度
	胀筋 Motor	1FK7 增量式,驱动胀筋机械结构,把罐口的罐身胀出加强筋
	寻焊缝 Motor	1FK7 增量式,驱动转盘寻找罐身的焊缝
5	Driver	S120 双轴驱动模块,带 Drive-CLIQ 接口
6	ET200SP	分布式 I/O 模块,各个 I/O 信号的控制

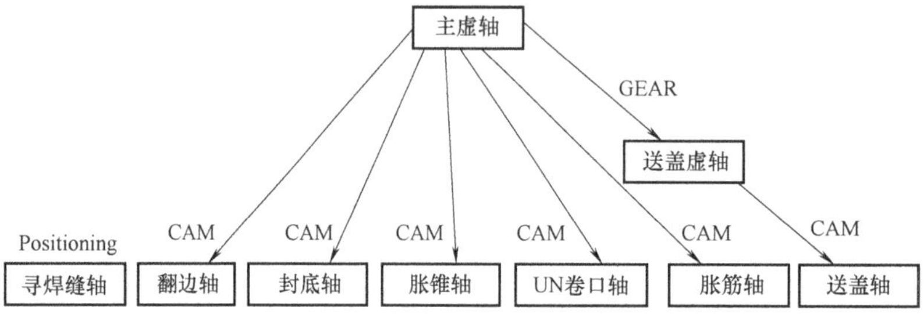

图 4　各轴之间的关系

3. 程序流程图

程序流程图如图 5 所示。

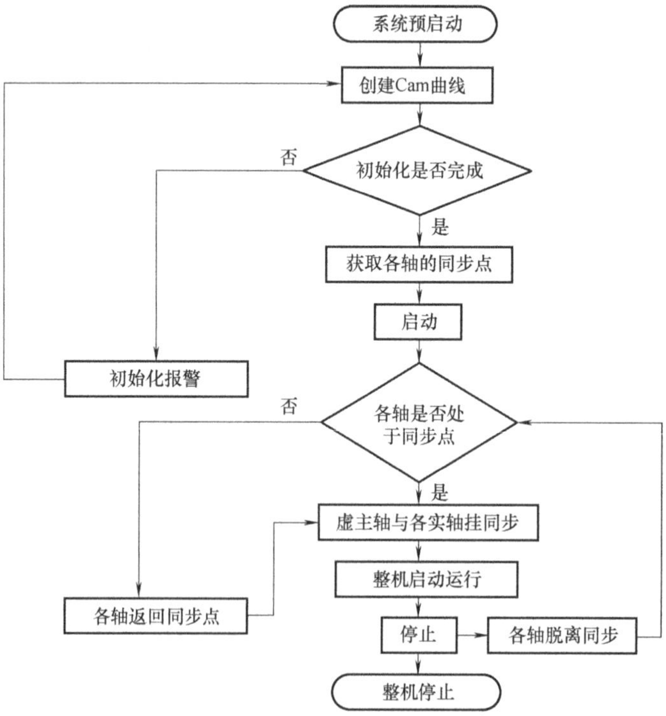

图 5　程序流程图

三、控制系统的主要功能

1. 采用快速测量输入 Measuring Input 功能进行寻焊缝

根据客户工艺，对原始的铁皮要有寻焊缝的功能，保证焊缝不能在罐的面筋上，同时要保证设备节拍，转盘要高速旋转，寻找焊缝并定位。难点主要是转盘高速运行寻找焊缝，需要用高速 Input，且触发第二段位置命令要与第一段命令速度连续。

为何能保证寻焊缝定位的高准确度？因为采用了全新的集 V/F、矢量控制及伺服控制于一体的高性能驱动控制系统——SINAMICS S120 与响应快、刚性强、转矩波动小的 1FK7 电机配合使用，具有可靠的闭环控制属性和极高的动态响应能力。加上使用西门子 Measuring Input TO 功能，用于快速、准确地记录某一时刻轴的位置值。此功能可根据支持硬件及功能的不同，Measuring Input 功能可以分为 Local Measuring Input 和 Global Measuring Input。Local Measuring Input 用于对单个轴或编码器的位置值进行记录，其测量点是固定的，通常是通过集成在驱动中的测量点来完成，在系统配置时，通过 Measuring Input Number 来确定相应的测量点。Global Measuring Input 可以对单个或多个轴或编码器的位置值进行记录，并且带有时间戳功能，可以更精确地记录位置信息。它对应的测量点通过设置硬件地址来确定。制罐机械寻焊缝定位的 Measuring Input，就采用了 Global Measuring Input，其功能介绍如图 6 所示。

图中，Global Measuring Input 触发信号为 All Edges，采用循环测量时的监控曲线，如图 6 所示。

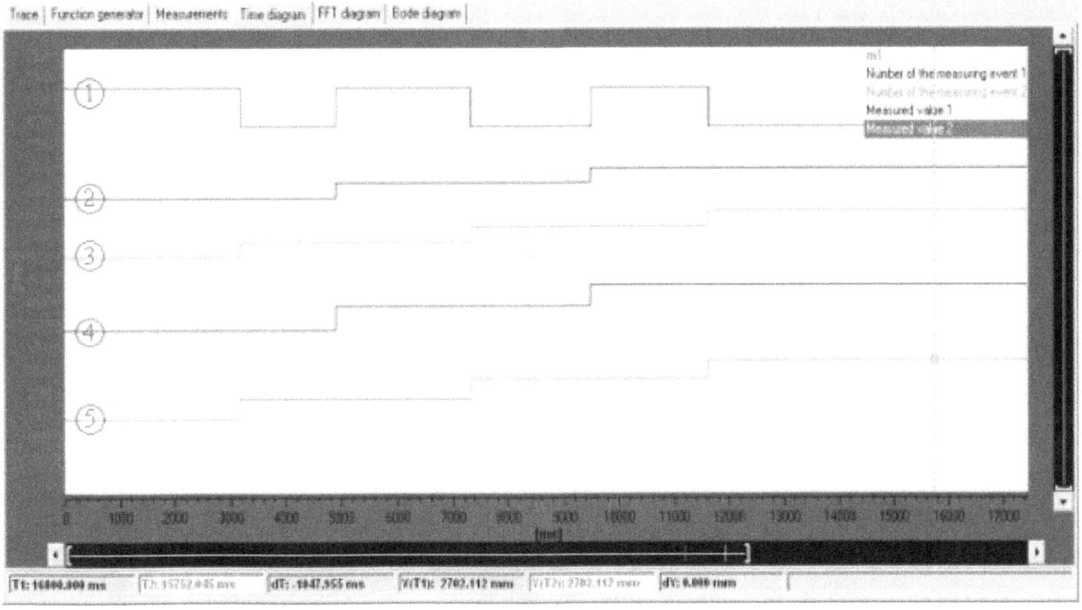

图 6　Global Measuring Input 选择 All Edges 时的实际监控曲线

注：图中曲线①-⑤的信号分别为

①：_Measuring Input 测量信号，即 DI/DO9 信号；

②：_to. Measuring_input_1. countermeasuredvalue1；

③：_to. Measuring_input_1. countermeasuredvalue2；

④：_to. Measuring_input_1. measuredvalue1；

⑤：_to. Measuring_input_1. measuredvalue2。

从图中可以看出，Measuring Input 对每个上升沿和下降沿都进行了触发，上升沿时的位置存入 Measuring_input_1. measuredvalue1，同时 Measuring_input_1. countermeasuredvalue1 加 1，下降沿时的位置存入 Measuring_input_1. countermeasuredvalue2，同时 Measuring_input_1. measuredvalue2 加 1，只要有测量信号，测量值就能马上被记录，保证了定位的高准确度[2]。

由此可见，Measuring Input 功能确保了寻焊缝定位的准确性。焊缝的位置，不但影响最终成型之后的罐子的美观，而且还关系罐子的质量问题。所以，寻焊缝在制罐工艺中起着举足轻重的作用。缝焊机把马口铁罐身缝焊之后，经过输送带，送入制罐机。其工作原理如图 7、图 8 所示，当检测机构检测到罐子到达转盘后，转盘高速旋转，开始寻焊缝，当检测到焊缝后，转盘以指定的速度旋转到某个指定的位置。实际效果如图 9 所示，罐身经过寻焊缝的工艺步骤之后，将整齐划一地进入下一个工序。

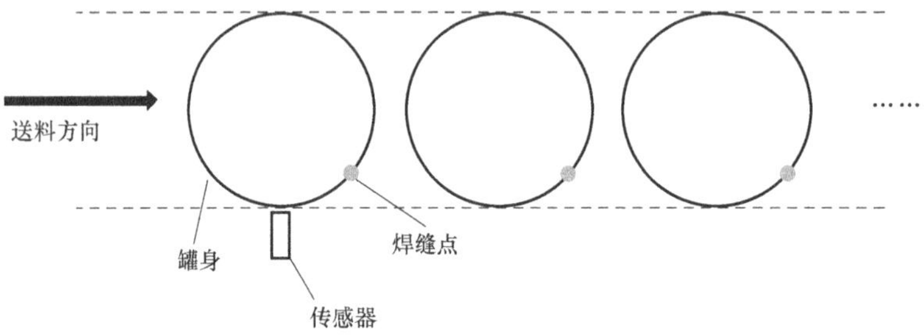

图 7　工作原理图 1

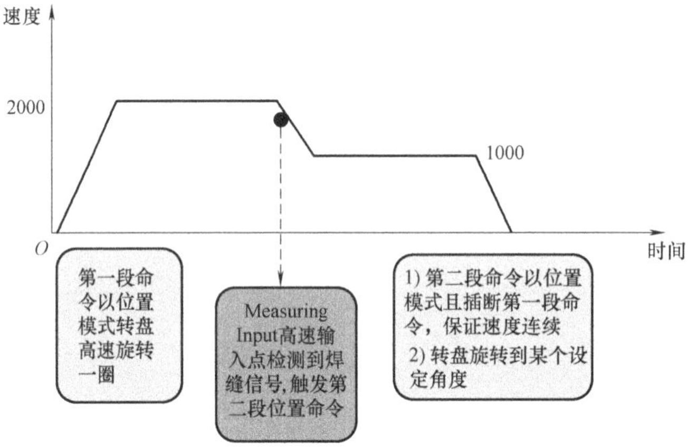

图 8　工作原理图 2

2. 回同步点功能

什么是回同步点功能？这个功能需求比较特殊，在制罐的生产过程中，当某个工位出现卡罐现象，这时需要人工手动点动该工位对应的轴离开一段距离，以便处理卡罐问题。处理完故障之后，设备应接着原来停止时的位置继续生产。如何实现这个功能呢？对于电气控制的解决方案，经过 SIMOTION 计算后，通过高效率和高性能的 PROFINET

图 9　实际效果图

网络通信，SINAMICS S120 接收到指令后，立即执行到位，如图 10~图 13 所示。它先把送罐轴此时停止的位置，通过_getCamLeadingValue 命令，反推出虚主轴对应的位置，再通过虚主轴对应的位置和_getCamFollowingValue 命令，反推出其他实轴对应的目标位置。在执行回同步点的操作后，各个实轴回到此目标位置，再次启动设备，设备将继续在原来停止时的位置继续生产。

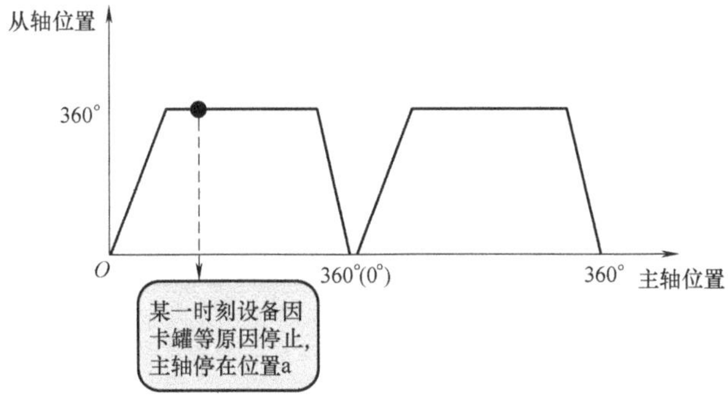

图 10　回同步点功能过程 1

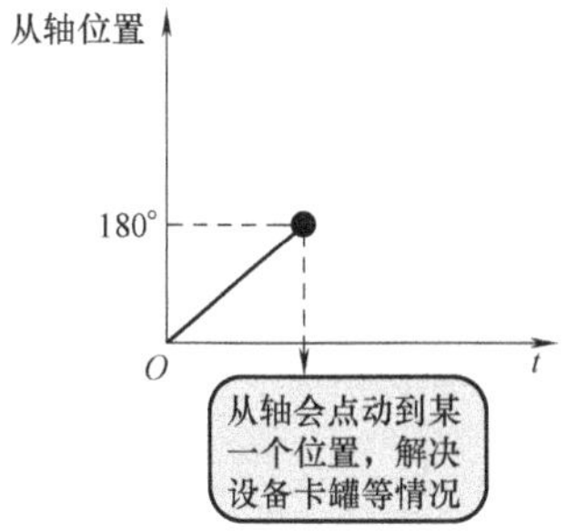

图 11　回同步点功能过程 2

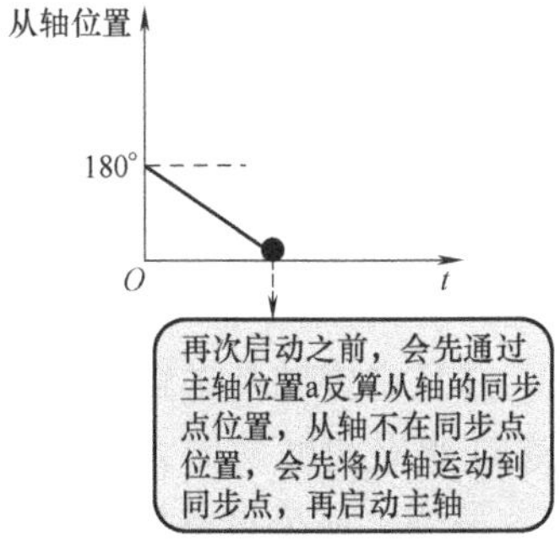

图 12　回同步点功能过程 3

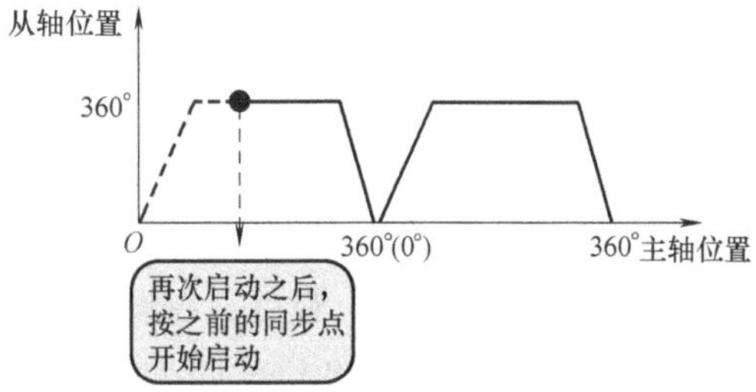

图 13　回同步点功能过程 4

3. SINAMICS S120 驱动第三方异步电机（带第三方编码器）

面对国内的制罐机械行业竞争激烈局面，如何在客户节省成本的同时又能保证设备的生产效率。SINAMICS S120 驱动第三方异步电机方案。可能有人会质疑，这方案是否可行？

答案当然是肯定的，调好第三方异步电机是关键！第一步，正确的配置电机参数（额定转速、功率、频率、电流）、外部编码器等参数；第二步，对电机进行静态识别，P340 设为 1 做完整计算定转子阻抗感抗，P1910 设为 1，做定子漏感、转子漏感、主电感等计算；第三步，确定电机正方向和编码器方向一致性；最后，通过 SINAMICS 的自动优化功能（Automatic controller setting），自动优化异步电机。

通过以上这些无误的操作以后，相信异步电机已经可以运行自如。SINAMICS 就是这样快捷、方便创建新的轴，有利于推进现场调试的进展。

当然，SINAMICS S120 驱动第三方异步电机，它的运行效果如何？想必又存有疑虑。在制罐设备高速生产时，其跟随轴的跟随误差（Following error）最大偏差 1.465°（第二条线）如图 14 所示，这个跟随误差在合理范围之内。从综合经济性和控制效果考虑，在某些场合应用 SINAMICS S120 驱动第三方异步电机的效果不亚于驱动伺服电机。

由此可见，SINAMICS S120 驱动第三方异步电机方案确实可行。它不但为企业减轻生产成本，

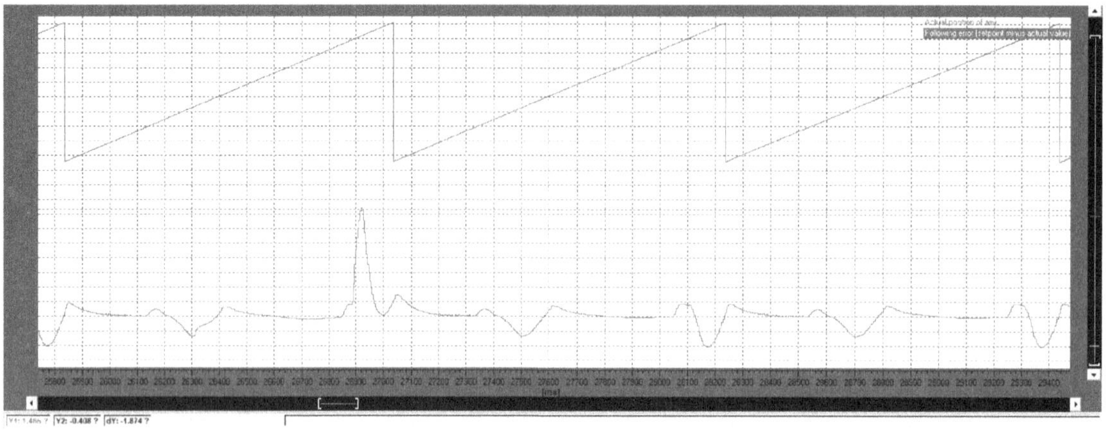

图 14　跟随误差在合理范围

提高企业效益，而且还能保证设备的生产效率。

4. 跨周期同步问题

跨周期同步，指的是主轴和从轴建立同步关系的时候，两个轴不在当前的同步周期内而建立的同步关系。因为在某些特殊的应用场合下，比如：制罐机需要主轴提前把罐子运送到位后，才能进行送盖子，完成封盖的工艺要求。在此应用下，送盖虚轴与主虚轴之间保持偏移 240°的位置，并通过主虚轴的位置，计数出送盖虚轴的位置后，再通过_homing 指令，标定送盖虚轴的偏移位置。它们之间的关系是怎样的呢？

先送盖虚轴标定 240°后，主虚轴与送盖虚轴立即建立同步，并且主虚轴与送盖虚轴之间始终保持 1∶1 的 Gear 同步关系，最后，在设备正常运行的情况下，通过非周期触发的方式，送盖虚轴与送盖实轴之间建立单周期的 Cam 同步关系，完成一次送盖动作。另外，如果设备停止运行后，再次起动情况下，如果检测到送盖实轴不在外部机械零点位置，则需要触发一次 Cam 同步命令，设备运行后，通过送盖虚轴与送盖实轴同步运行，最终把送盖实轴移动至外部机械零点位置，如图 15、图 16 所示。

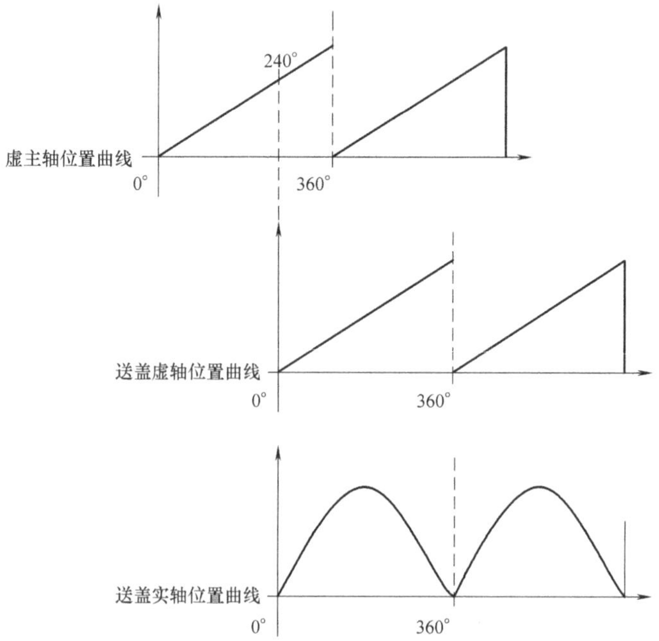

图 15　虚主轴位置曲线

在图 16 中，曲线 1：虚主轴曲线；曲线 2：送盖虚轴曲线。

四、项目应用体会

目前，国内生产的西门子控制系统的花篮桶制罐机械，最大生产速度可达 50 个/min，追平世界行业 NO.1 Sabatier，达到世界行业领先水平。SIMOTION 丰富的运动控制指令库，给复杂的运动控制，提供了简单可靠的解决方法。功能强大的 SINAMICS S120 不仅能控制普

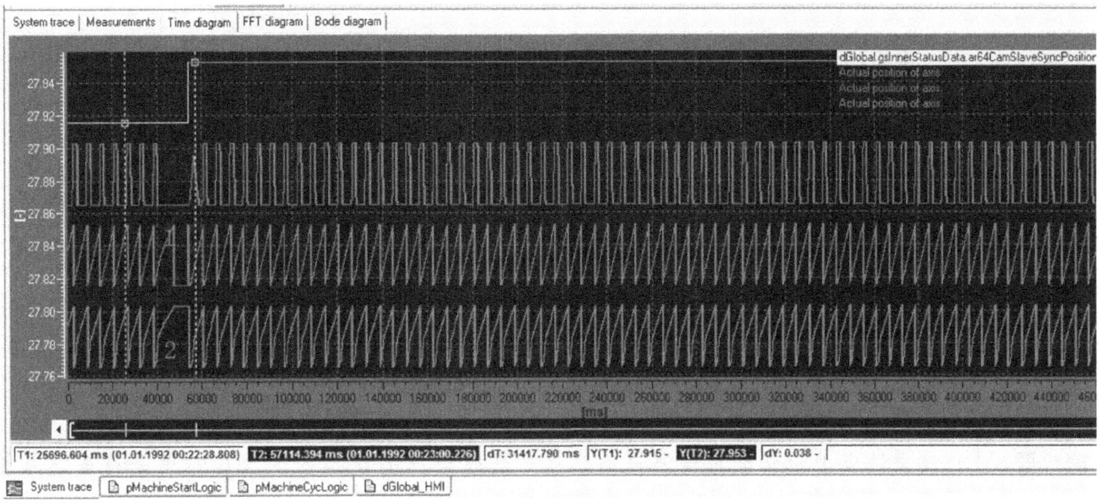

图 16　曲线图

通的三相异步电动机，还能控制同步电机、转矩电机及直线电机。项目采用了标准化程序编程，大大加快了项目的调试进度。

“如虎添翼”一词，比喻强有力的人得到帮助变得更加强有力。而实践证明，采用西门子 SINAMICS 产品的制罐设备不但提高设备的生产效率，而且还保证设备运行稳定性。既为用户赢得更多的终端应用市场，又获得用户的高度认可。这也成为助推制罐机械行业发展的“助推器”！如同“如虎添翼”！插上腾飞的“翅膀”！

参考文献

［1］ 西门子（中国）有限公司. SIMOTION Measuring Input 使用入门［Z］.

西门子 CPU 1515SP PC2 T 在新能源锂电池组件装配项目中的运用

Application of Siemens CPU 1515SP PC2 T in gluing project of New energy lithium battery assembly project

李孟奇　张其成　卢宇翔　李　娟
（大族激光科技产业集团股份有限公司　深圳）

［ 摘　要 ］ 该项目应用于新能源电池自动化生产线模组段的设备中，主要作用是将电芯堆叠成组，而 CPU 1515SP PC2 T 型 PLC 配合 V90 能够实现比较严苛的工艺要求，同时其自身强大的运算处理能力和超大的程序资源对提高复杂工序的处理和设备运行效率有着显著的作用。

［ 关 键 词 ］ 工艺对象、面向对象编程、CPU 1515SP PC2 T

［ Abstract ］ The project is applied to the equipment in the module section of the new energy battery automation production line. Its main function is to stack the cells into groups. CPU 1515SP PC2 T type PLC Combined with V90 can meet the more stringent process requirements. At the same time, its powerful operation processing capacity and super large program resources play a significant role in the processing of complex processes and the operation efficiency of the equipment.

［ Key Words ］ Technology object、Object-oriented programming、CPU 1515SP PC2 T

一、项目简介

近两年，在头部动力电池企业的大力推动下，新能源电池的 CTP（无模组技术，Cell To Pack，即电芯直接集成电池包）生产工艺被成熟地应用在多款新能源乘用车上。

本设备用于实现模组组件按配方要求组合预装配工序，主要包含电芯大包装上料、电芯扫码及不良品排出、电芯大面清洗、端板上料、电芯大面/端板贴胶、贴胶检测及不良品排出、模组堆叠、电芯扫码绑定、模组侧面清洗等工序。其中电芯扫码、模组成组数据、电芯清洗等设备均需要通过调度系统统一与 MES 进行数据交互。等离子清洗、涂胶部分参数需要和模组号绑定本地保存，使设备和上下游系统集成，实现生产能力的匹配，满足生产线生产工艺要求。

项目使用的西门子产品清单见表 1。

表 1　产品配置清单

名称	型号/参数	驱动器型号	备注
CPU 1515SP PC2 T	6ES7677-2VB42-0GB0		
总线适配器 2×RJ45	6ES7193-6AR00-0AA0		
负载电源 PM70W	6EP13324BA00SIEMENS		

（续）

名称	型号/参数	驱动器型号	备注
存储卡 24MB	6ES7954-8LF03-0AA0		
TP 1200	6AV2124-0MC01-0AX0		
ET200SP 数字量输入模块	6ES7131-6BH01-0BA0-DI16×24VDCST		
ET200SP 数字量输出模块	6ES7132-6BH01-0BA0-DQ16×24VDC/0.5AST		
BUA0 型,16 个直插式端子,通过跳线连接 2 个馈电端子	6ES7193-6BP00-0BA0		
BUA0 型,16 个直插式端子,2 个单独馈电端子	6ES7193-6BP00-0DA0		
伺服电动机(X 轴)	1FL6062-1AC61-2AA1	6SL3210-5FE11-0UF0	减速比 1：1
伺服电动机(Y 轴)	1FL6044-2AF21-1AA1	6SL3210-5FB10-8UF0	减速比 1：1
伺服电动机(Z 轴)	1FL6044-2AF21-1AB1	6SL3210-5FB10-8UF0	减速比 1：1

二、控制系统结构

该项目的主要功能就是，电芯通过 KUKA 机器人运至中转台，中转台通过四轴平台搬运至电芯输送线，在运输的过程中进行电芯的清洗以及贴胶处理，同时通过四轴平台将端板搬运到输送线上。在输送线的末端，预堆叠机器人按照产品蓝本配比将端板和电芯进行组合搬运至预堆叠台上，堆叠机器人再将预堆叠上的电芯与端板抓至预堆叠台堆叠整形成模组下线。

这其中的难点在于中转台通过四轴平台搬运至电芯输送线的过程中，需要同时抓取 8 个电芯，运行负载比较大，这样如果使用单轴对其控制，容易造成结构跨度大，丝杠容易“憋死”，运行不到位，以及速度节拍达不到客户要求的情况，因此对平移轴使用同步双驱轴来控制，这样的好处在于可以很好解决单轴控制存在的问题，并且使用 CPU 1515SP PC T 其自身强大的控制系统、高性能高运算处理速度来进行双驱的控制，可以完美地实现客户想要的运行效果，下面我们将着重介绍 CPU 1515SP PC2 T 和 V90 伺服电动机之间的控制。

1. 项目的技术介绍

1）该项目主要运用博途软件进行 CPU 1515SP PC2 T 与 V90 以及第三方设备的使用控制调试，伺服主要运用了工艺对象的功能，通过 PLC 对伺服驱动器发送控制指令，驱动器输出信号给电机进行位置环的控制，专有的线性运动控制指令实现走点定位的控制。

2）关于 V90 伺服驱动选择的报文如图 1 所示。

2. 控制系统的构成

（1）电芯中转上料四轴平台

该平台主要有两个水平同步 X 轴（后面简称为 X1 轴和 X2 轴），Y 水平轴，以及垂直 Z 轴。动作流程是，四轴运动至上料位，收到允许抓料信号后，Z 轴抓手下降，抓取电芯，Z 轴升起，X1、X2 轴同步移动至下料位，Y 轴也移动至下料点，收到允许下料信号后，Z 轴下降，放下电芯，Z 轴上升，X 轴、Y 轴回到上料位，重复上述流程。工艺流程如图 2 所示。

（2）运动平台

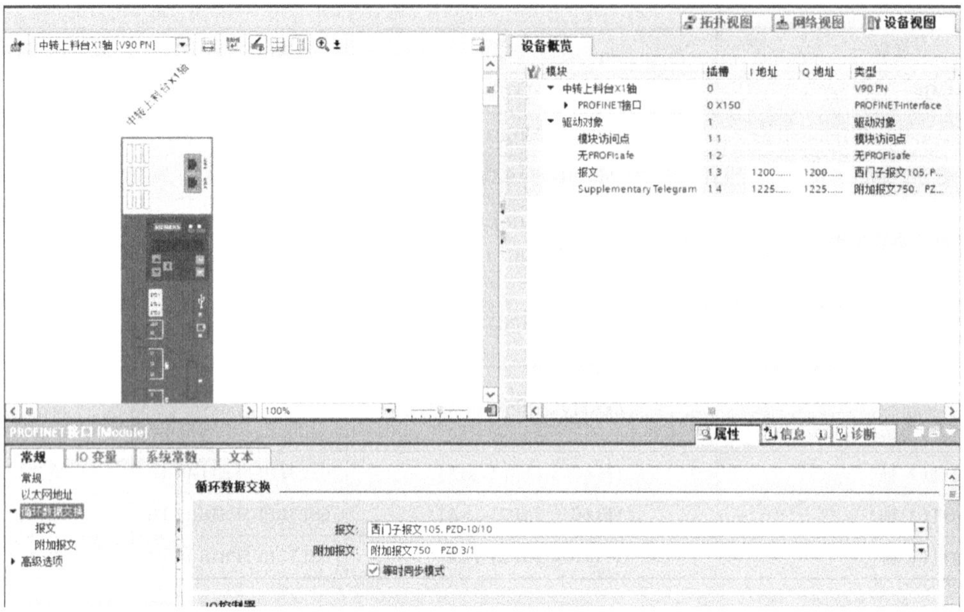

图 1　V90 伺服驱动报文

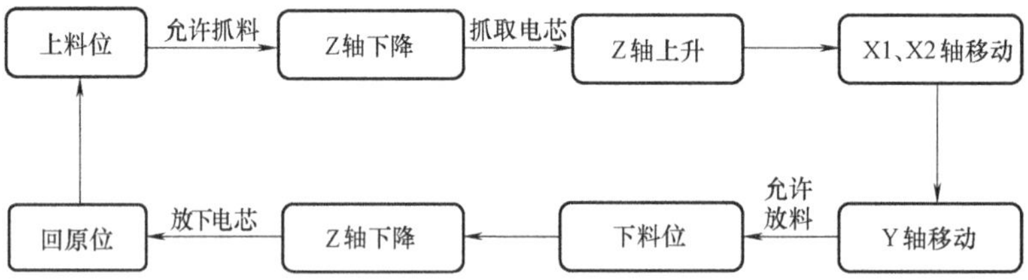

图 2　工艺流程

由于 X1、X2 轴跨度大，并且 X 轴和 Y 轴的水平运动距离比较长，但工艺要求运动平稳、移位速度快以及到位精度高，这样如果伺服轴跟随误差大，对机构运行稳定性及寿命影响就很大，所以这里使用了同步双驱动伺服轴，利用其高速响应解决了当前问题，但对 PLC 自身的性能及控制要求比较高。

（3）抓取组件

主要由升降 Z 轴和气动夹爪组成，抓取组件是固定安装在 X 轴和 Y 轴运动平台上面的，X 轴、Y 轴定位完成后，带动抓取组件到达目标位置，升降 Z 轴移动至目标位置，气动夹爪动作取放电芯，结构图如图 3 所示。

3. 中转台结构分析及主要参数

运动平台是中转平台的核心部分，它的运动性能决定了这个工位的生产效率。

1）安装组成：主要由两个 X 轴伺服电动机、联轴器、丝杠、滑块和光电开关组成；两个同步龙门轴上安装了一个 Y 轴。

2）主要参数见表 2。

其中，X1 和 X2 轴是绝对式编码器，这样使用的好处就是精确度更高，而且不需要每次回原都手动调试机构，并且减少了回原时造成的机构寿命衰减。

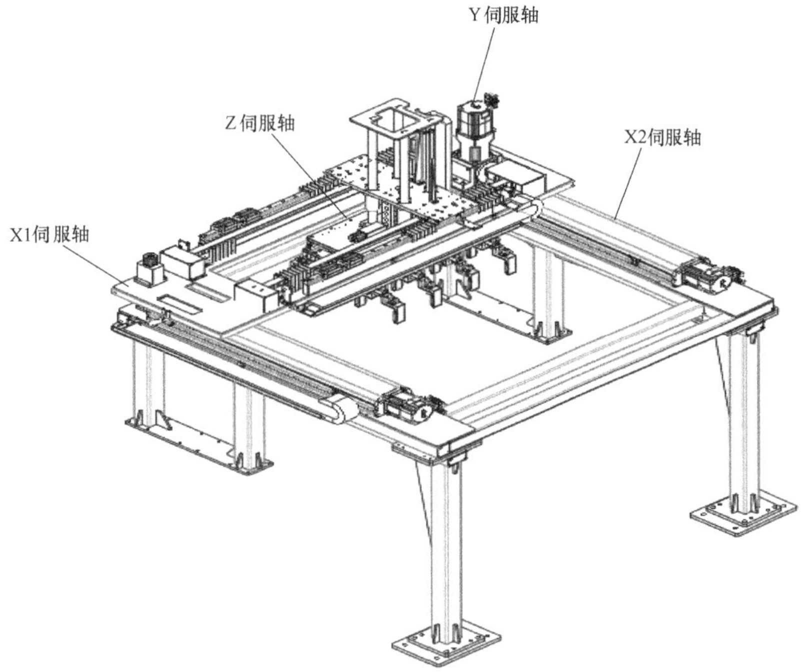

图 3 四轴运动平台

表 2 主要参数

项目	X1、X2 轴	Y 轴	Z 轴
电动机额定功率/kW	1	0.75	0.75
电动机额定转矩/N·m	4.78	2.39	2.39
丝杠导程/mm	10	10	10
减速比	1∶01	1∶01	1∶01
最大定位距离/mm	2000	1000	1000
最大定位时间/ms	1500	1000	1000
额定转速/(r/min)	3000	3000	3000
惯量	高	低	低

3）产品示意图如图 4 所示。

4. 控制系统配置

控制系统配置如图 5 所示。

中转平台伺服通信都是基于 Profinet 总线通信，X1 和 X2 轴采用都是 IRT（等时同步）控制，而 Y 轴和 Z 轴则使用的是 RT（实时）模式，两者相比的优缺点在于 IRT 的响应速度更快，其中 RT 响应时间在 5~10ms 左右，可以用来实现循环高性能数据、事件相关的消息/警告；而 IRT 响应时间在 1ms 左右，抖动时间小于 1μs，可以同步传输用户数据。所以通过以上比较可以看出，IRT 通信的时效性和通信周期明显优于 RT 模式，更有利于进行双驱同步控制。等时同步参数配置如图 6 所示。

图 4　产品示意图

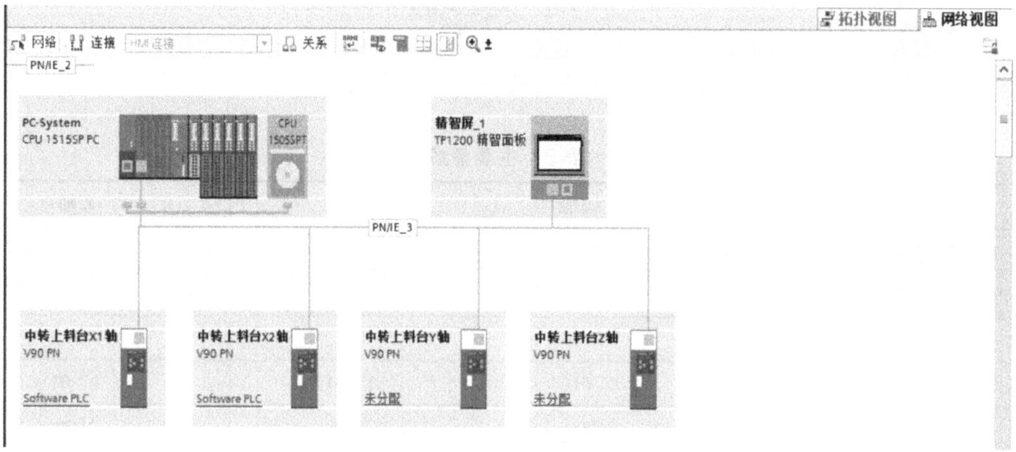

图 5　控制系统配置

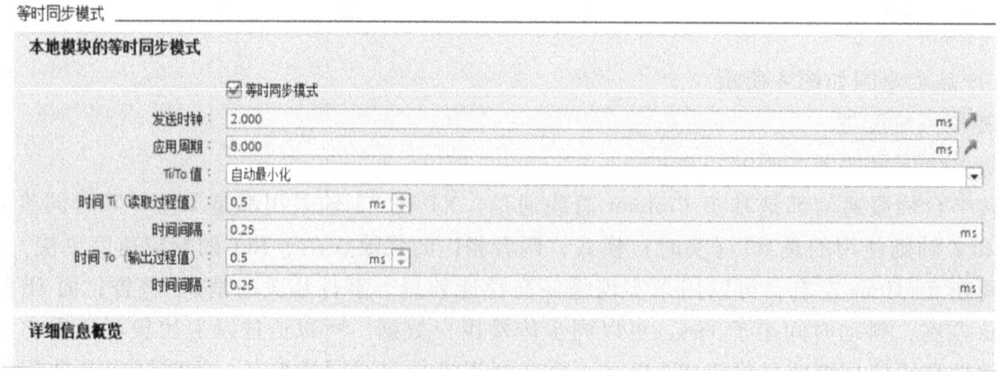

图 6　等时同步参数配置

配置工艺对象报文选择的是 105 报文，还额外添加了附加转矩报文，其作用可以进行扭力监控上下限，防止飞车，可以作为一种安全保护，这里不做详细介绍，详细如图 7 所示。

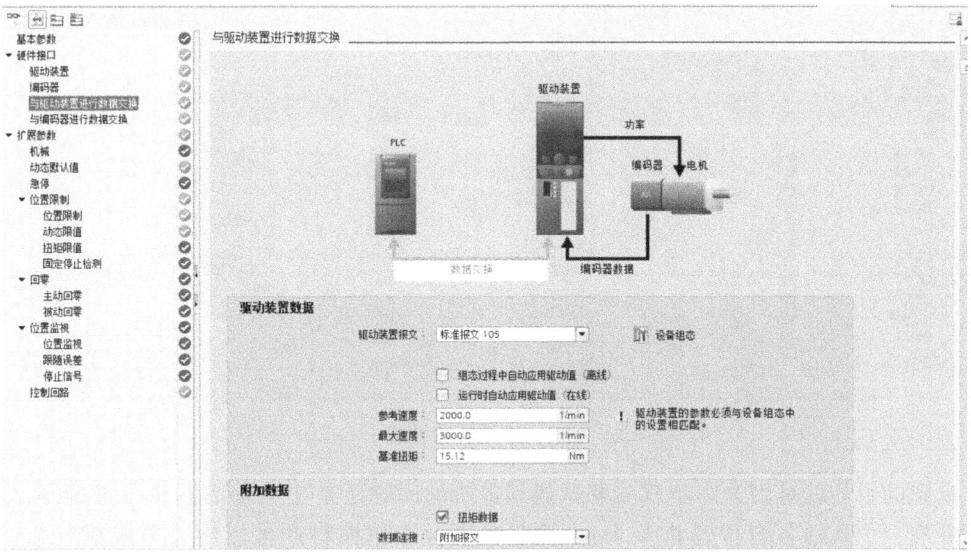

图 7　报文配置

在应用过程中，为了稳定快速启动，双驱控制也出现了一个技术难点，就是主从轴设置相同的加减速时间，从轴很容易出现响应跟不上，导致两轴同步位置偏差过大报警的情况。最终通过对参数的调试以及观察发现将主轴加速度设置得小一点，而从轴尽量将加速度设置得大一点，这样从轴的相应速度才能跟得上主轴，将主轴斜坡时间设置为 0.1s，同时加速度和减速度改为 1000，加加速度改为 5000，从轴的加速度可以相应地大一点，设置为 2000，最终可以满足要求。动态参数设置如图 8 所示。

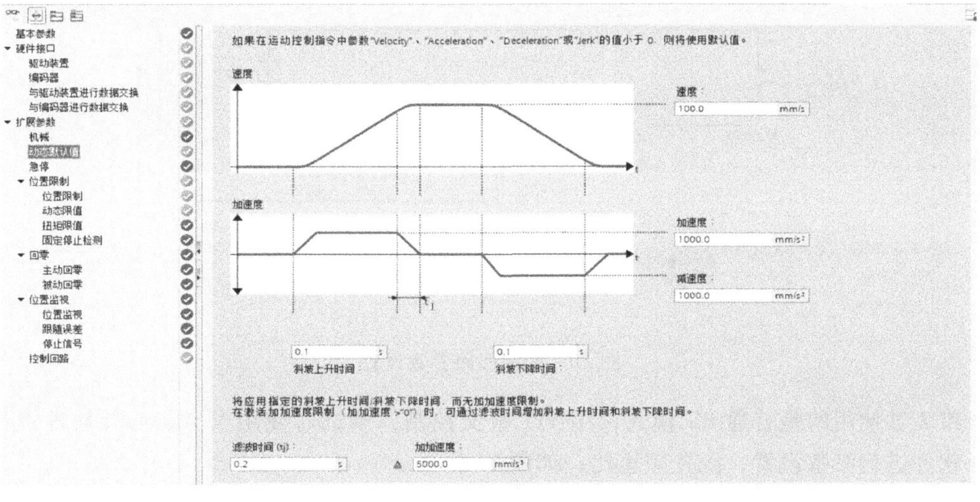

图 8　动态参数设置

由于双驱是同步控制，所以要求同步位置偏差非常小，因此就需要启用跟随误差监控，同时将跟随误差设置为 10mm，最大跟随误差设置为 100mm，详细设置如图 9 所示。

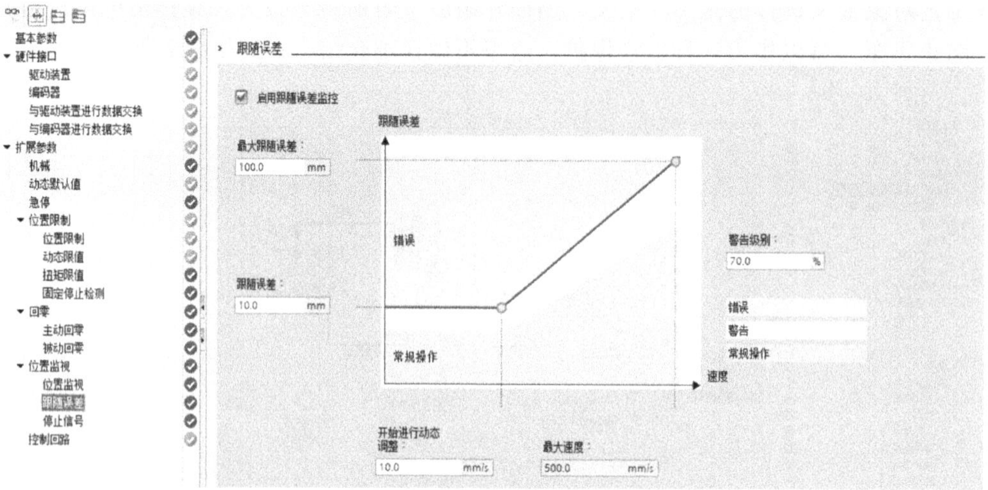

图 9　跟随参数设置

这样设置的目的就是因为同步双驱调试遇到最难的问题还是主从轴的同步位置偏差，因为我们通过调试发现，主从轴各自位置相差 4mm 就会对平台工作抓料产生影响，造成抓电芯位置不准，甚至有撞机的风险。开始以为是轴没整定好，后面重新整定了多次也不行，更改了主从轴的斜坡时间效果也不明显，最后发现需要去不断地调整各自轴的预控制和增益等参数，这样 PLC 发送控制指令使两轴有无限接近相同的响应，从而从轴的响应就很快，同步位置偏差变小，实现同步效果好，最终控制回路参数设置如图 10 所示。

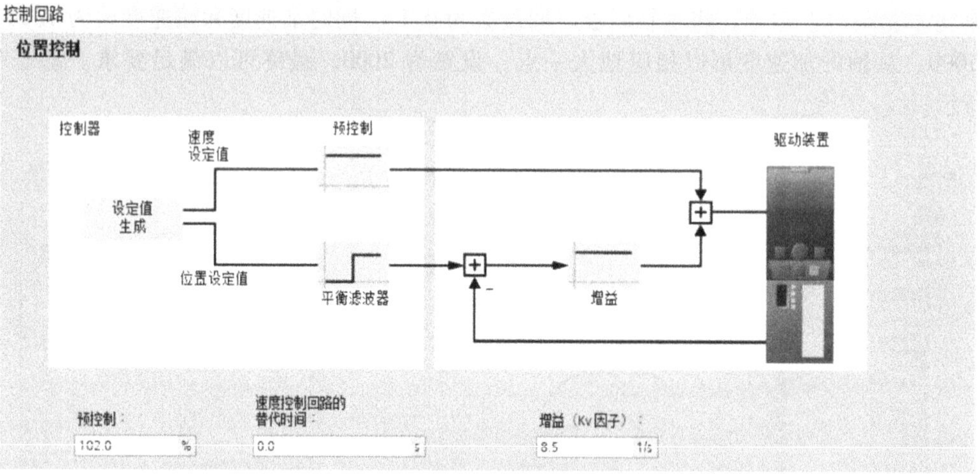

图 10　控制回路参数设置

Y 轴和 Z 轴使用的是普通 RT 模式，用 111 报文控制，调试时使用 V-Assistant 软件进行参数调试，打开软件进行参数设置，配置减速比，如图 11 所示。

设定最大加速度和最大减速度都为 1000，如图 12 所示。

还需设置一下斜坡参数，优化伺服轴平稳启停，如图 13 所示。

配置限位信号，如图 14 所示。

配置回原方式，如图 15 所示。

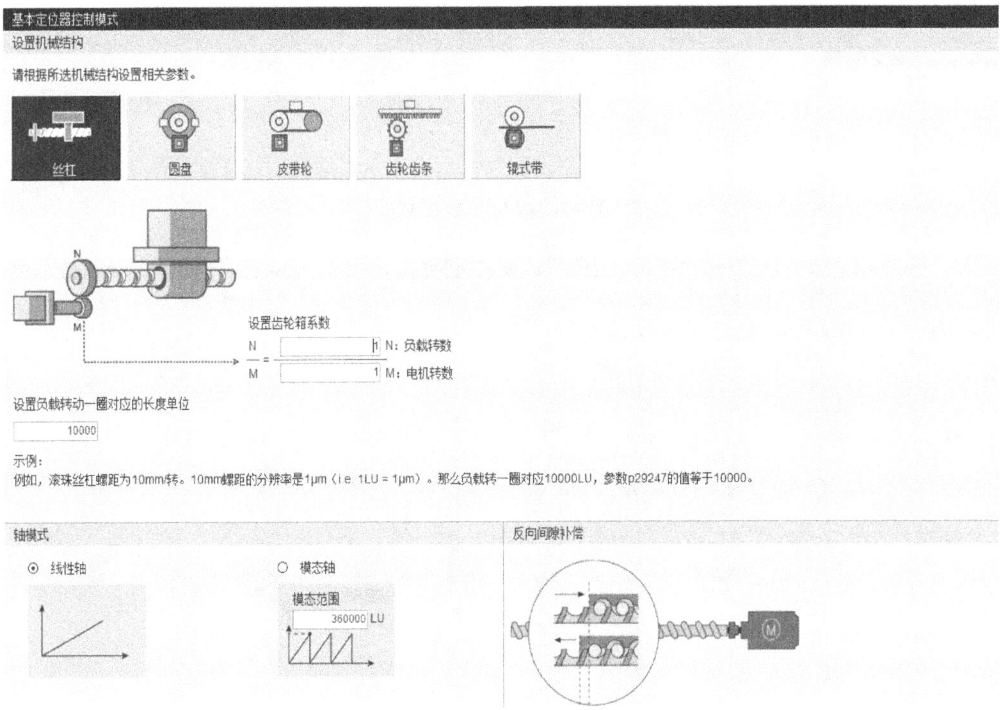

图 11　减速比设置

图 12　加速度设置

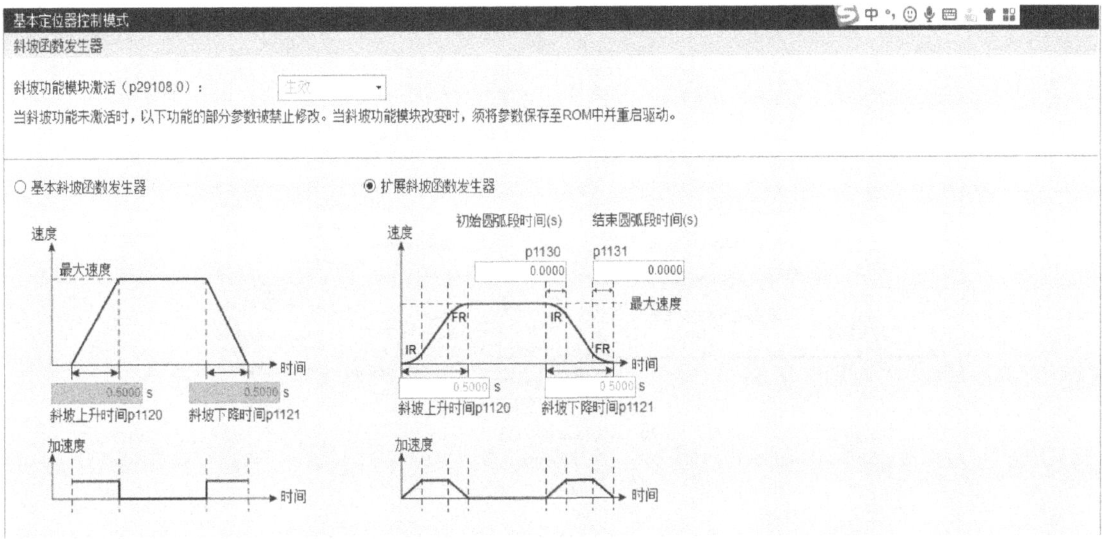

图 13　斜坡参数设置

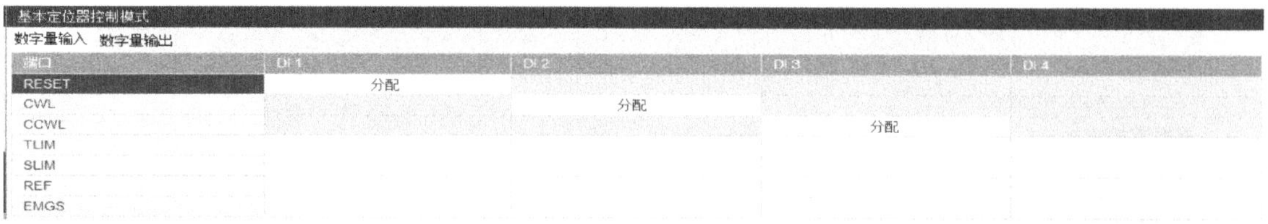

图 14 限位参数配置

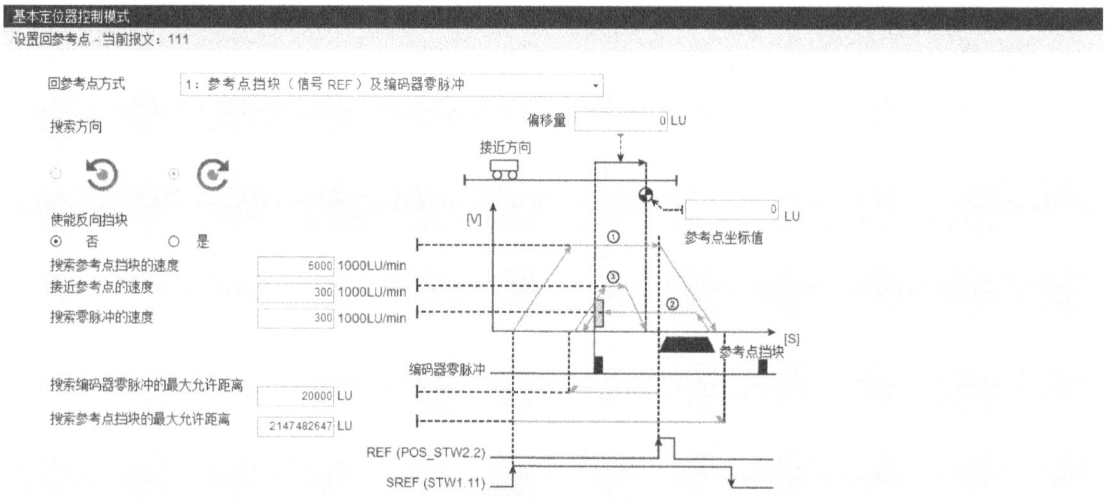

图 15 回原参数配置

设置完这些就可以进行“一键自动优化”，整形完成之后查看实际运动效果，如果实际运行有什么问题，一般可以手动调整一下增益以及速度环增益，直至效果稳定。

三、控制系统功能使用

为实现同步功能，则需要使用西门子专有同步控制指令“MC_GEARIN”（见图 16），使 X1 轴、

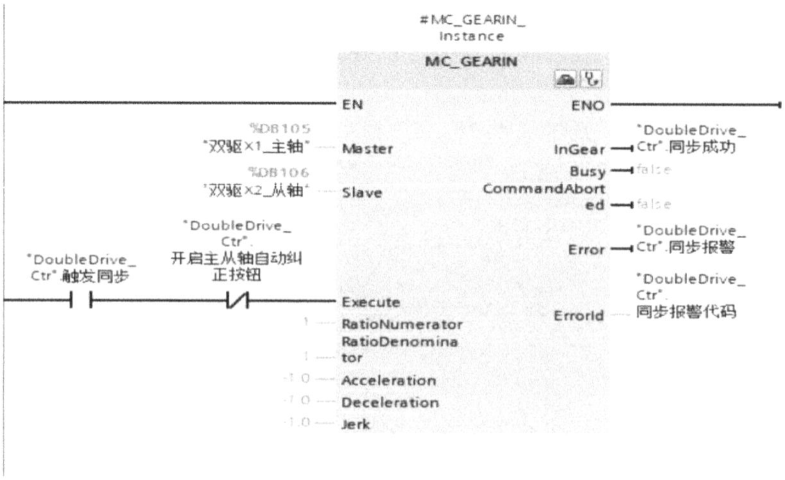

图 16 同步控制指令

X2 轴进行耦合，耦合完成之后只需要给主轴执行绝对定位指令“MC_MOVEABSOLUTE”到目标位置，完成动作。目前该项目已经稳定高速运行一段时间，高速响应时间也满足设计节拍要求。

四、运行效果

以上为使用 CPU 1515SP PC T 对中转平台实现同步双驱控制的过程，通过使用 CPU 1515SP PC T 对双驱控制可以高度同步，两轴间同步位置偏差可以实现在 4mm 以内，满足设备工艺要求。同时使工艺对象具有更高响应速度和运行更加平稳，并且在项目设计中，使用 CPU 1515SP PC T 系列产品应用在大型自动化项目上，其自身超强的性能也可以发挥得淋漓尽致，与传统 S7-1500 系列 PLC 相比，使用 CPU1515 的扫描周期是 150ms，这样就会产生时序的迟滞，而且严重影响了其他程序块的调用，远达不到设置节拍要求，然而更换完 CPU 1515SP PC T 之后，扫描周期可以控制在 10ms 以内，有了质的提升，很多程序时序错误就得以解决，直接实现超预期的节拍要求，获得了客户的高度认可。

五、应用体会

西门子工艺对象集成度高，编程方便，而面向对象编程具有“高内聚、低耦合”的特点，尤其在运用 CPU 1515SP PC T 型 CPU 的项目中，强大的处理能力和超大的程序资源软硬件结合，构建复杂的高动态运动机构，可以满足很多特殊设备的严苛要求，具有非常强的市场竞争力。

在 TIA 博途软件中，通过使用工艺对象的功能，可以很轻松地完成对伺服电动机的控制工作，并且可以很容易更改工艺对象的组态参数，而不需要编写复杂的程序。例如改变伺服的归零方法，只需要改变轴 DB 数据 Homing 中布尔量的状态就可以轻松实现。

并且在项目中配备西门子 V90 伺服驱动系统控制，在使用中发现其具有成本低、性价比高、伺服性能优异、使用方便快捷、运行可靠等特点，与 CPU 1515SP PC T 型 CPU 完美配合，值得推荐大家使用。

参考文献

[1] 西门子（中国）有限公司. S7-1500/S7-1500T Axis Function Manual [Z].

[2] 西门子（中国）有限公司. S7-1500/S7-1500 面向对象编程的应用 [Z].

[3] 西门子（中国）有限公司. S7-1500/S7-1500 同步轴 [Z].

S7-1500T 在连续式牙贴机上的应用
The application of S7-1500T in continuous tooth whitening strips machine

钟建鸿
（西门子（中国）有限公司广州分公司　广州）

[摘　要] 本文主要介绍了连续牙贴包装机的工艺，以及西门子 S7-1500T 轮切库的应用。通过应用轮切库，提高了设备的开发效率和设备的精度。

[关 键 词] 轮切库、S7-1500T

[Abstract] This paper introduces that the technology of continuous packing machine, The principle and application of Siemens S7-1500T rotary knife library. Through use of the rotary knife library, improve the development efficiency and the accuracy of the equipment is improved.

[Key Words] rotary knife library、S7-1500T

一、项目简介

1. 项目简介

美白牙贴（见图 1）是一种用于牙齿增白的弹性凝胶型薄膜贴片，使用简便有效，能迅速地增白牙齿。美白牙贴包含塑料薄膜层、弹性凝胶层、剥离背衬层。牙贴机是用于生产包装美白牙贴的专用设备，通过滚切成型、横封纵封、压花分切、横切成型等工序，完成牙贴的成型及包装等一系列工序。

图 1　美白牙贴外观

2. 项目的简要工艺

牙贴机工艺流程如图 2 所示，动作流程如图 3 所示，设备外形如图 4 所示。

内料拉膜轴拉动内料膜匀速往前，同时带动滚切辊，滚切辊上的模具刀将内料膜切成需要的牙贴料，后续内料横切轴上的刀具将牙贴料横切，最终完成入袋操作。

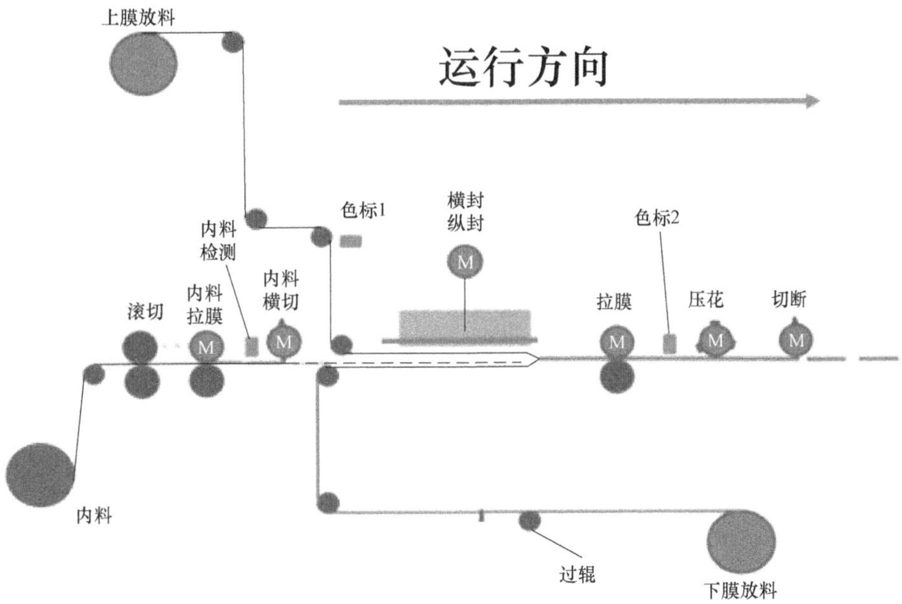

图 2　牙贴机工艺流程图

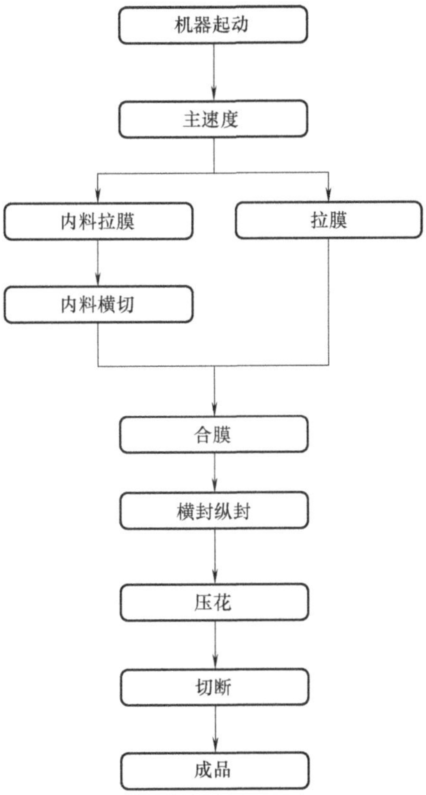

图 3　动作流程图

拉膜轴拉动包装膜匀速往前，一张作为包装袋的下膜，另一张作为上膜。上下两张膜合在一起通过横封纵封、压花、切断成为牙贴包成品。

主要性能参数为速度 80 片/min，精度±0.5mm。

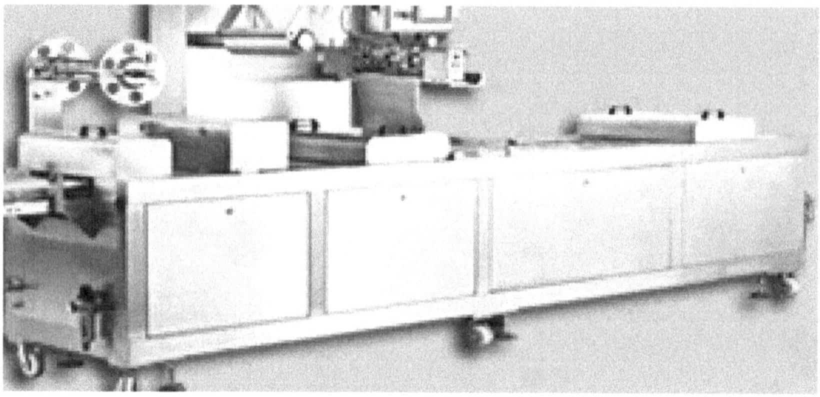

图 4　设备照片

二、系统结构

1. 网络结构图（见图 5）

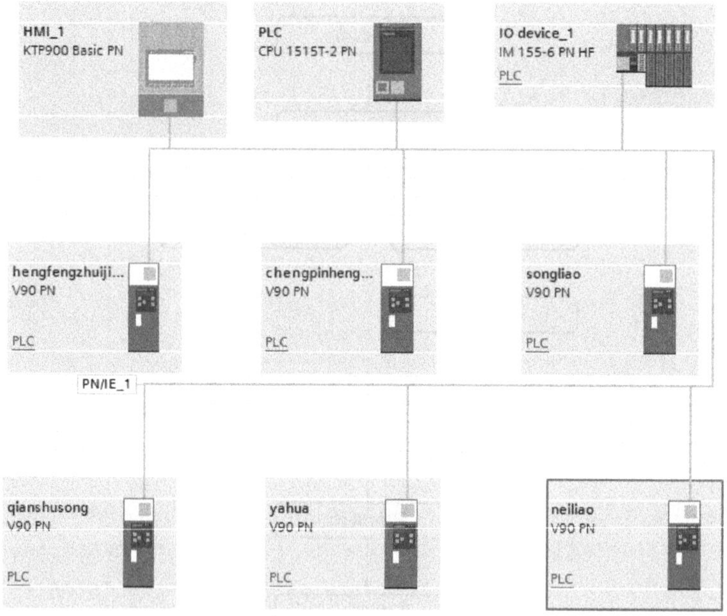

图 5　网络结构图

2. 项目中使用的西门子工业产品的型号、数量、类型（见表 1）

3. 方案比较

一种方案是使用 Time Base IO 作色标检测，优点是精度高，高低速差别不大。

表 1 主要配置清单

名称	数量	名称	数量
CPU S7-1500T	1	TM Timer	1
V90 驱动器	6	DI 32	1
1FL6 伺服电机	6	DQ 8	1
KTP900	1		

Time Base IO 可用于高精度的凸轮输出或测量输入，具有时间戳的功能，IO 通过时间戳计算轴或外部编码器的精确位置值。Time Base IO 的时间戳精度可以达到 1μs，因此测量的位置具有非常高的精度，此外使用 Time Base IO 可以在机器线速度不同的情况下测出高精度的值，因此也不需要再做高低速补偿。图 6 是测量输入的操作原理。

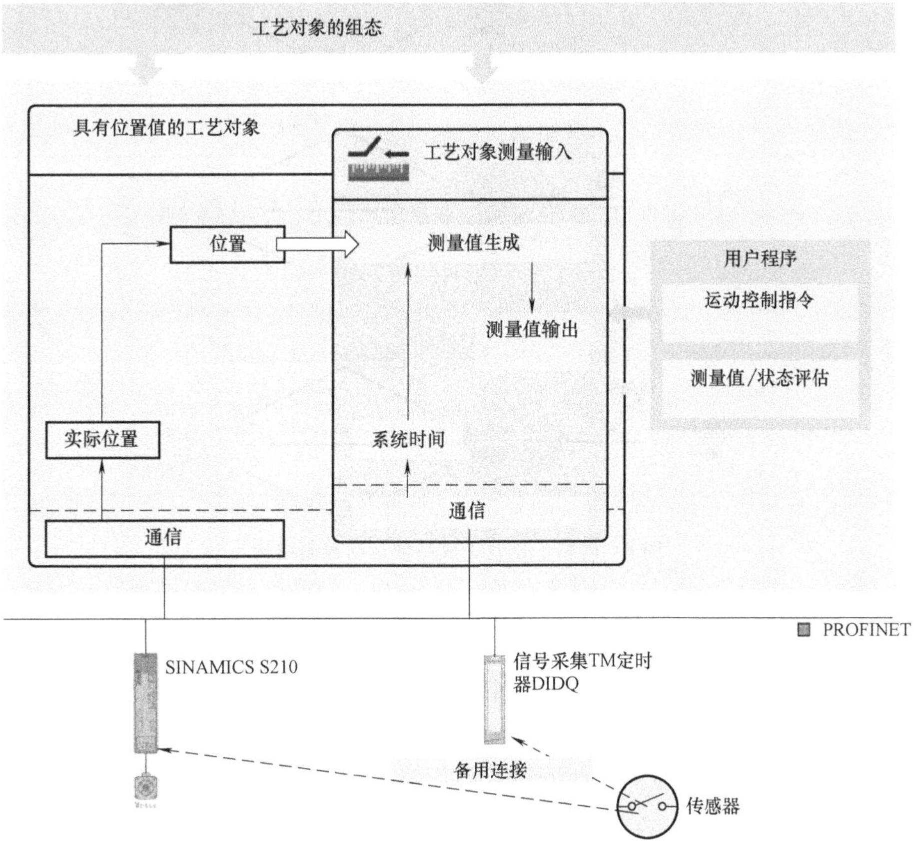

图 6 测量输入的操作原理

另一种方案是不使用 Time Base IO 作色标检测，改为使用高速输入，使用硬件中断进行色标检测，优势是价格便宜一些，劣势是需要进行更多的高低速补偿，多了一个变量，会使调试更复杂，精度也会低一点。

最终选择了 Time Base IO 的方式来做。

三、功能与实现

本项目的难点为轮切轴运动控制及双色标纠偏，下面一一介绍。

1. 运动控制结构

本项目运动控制方式分为两部分：一是横封纵封轴的控制，使用的是追剪的思路来控制（见图7）；二是内料横切轴、压花轴、成品横切轴的控制，使用的是轮切的思路来控制（见图8）。

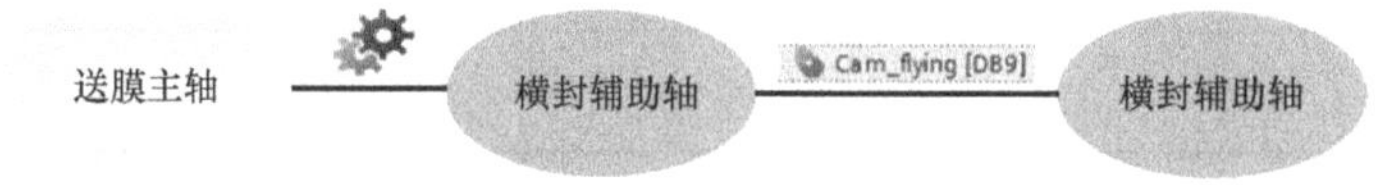

图7　横封轴运动控制结构

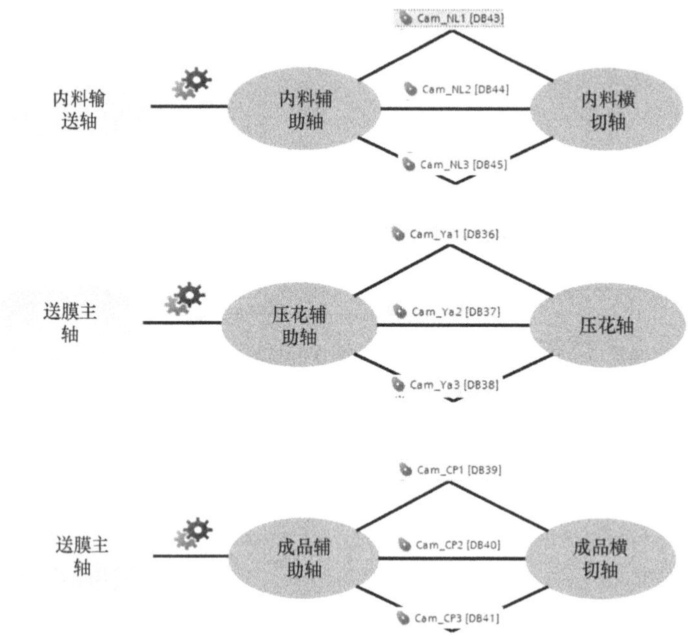

图8　内料、压花、成品轴运动控制结构

2. 追剪轴的控制

追剪轴的动作为：追主轴—同步中（压合)—返回，依此循环。追剪凸轮由生成凸轮库根据设定参数自动生成（见图9)，我们只需要设定凸轮的起点、同步点、返回点以及停止点即可。

由于追剪机构长度为一次性压三袋，而我们做的凸轮是按一袋的袋长生成的，因此我们需要设定 MC_CAMIN 的 scaling 参数，将 MasterScaling 设定为 3，代表三个袋长（见图 10)。

3. 难点

（1）难点 1：轮切轴的控制

在本项目中，我们使用西门子轮切库部分功能块实现，送料装置输送过来的带状物料需要被等分切割成段，使用旋转刀的切割装置被用来处理这种高速率送料和较小段长的切割工作。这种横切装置一般包含有一个滚筒，在滚筒的圆周上分布着一把或者多把刀具。物料在滚筒下传输的同时，伴随着滚筒的旋转，就能将物料源源不断地切割成需要的等长段（见图 11)。

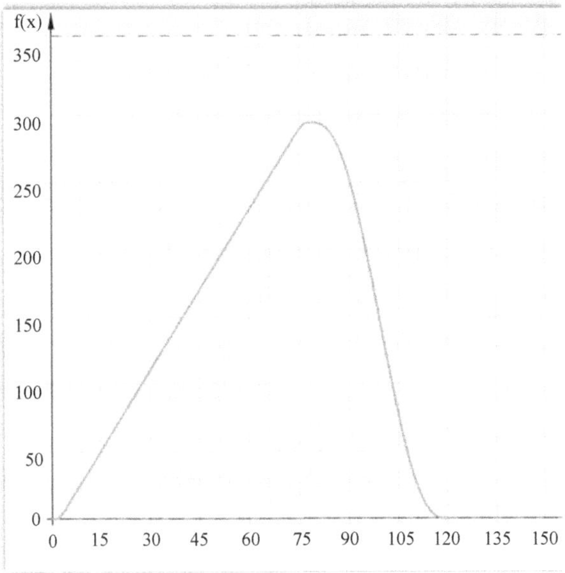

图 9　袋长 120 时的追剪凸轮

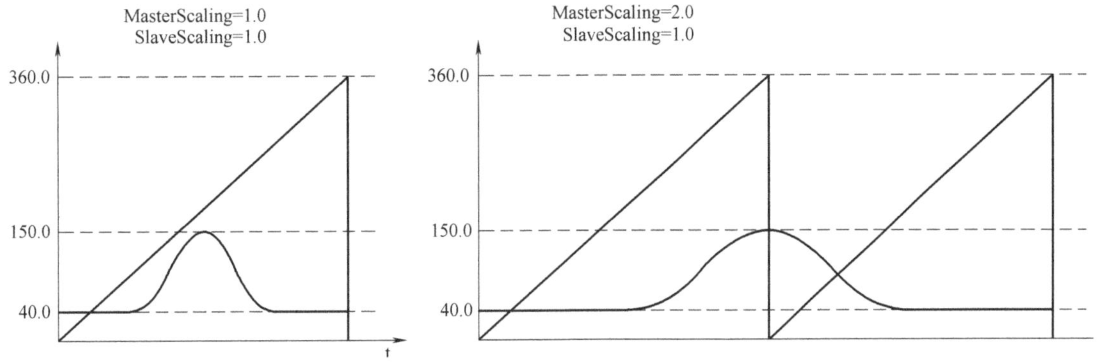

图 10　scaling 参数设置方法

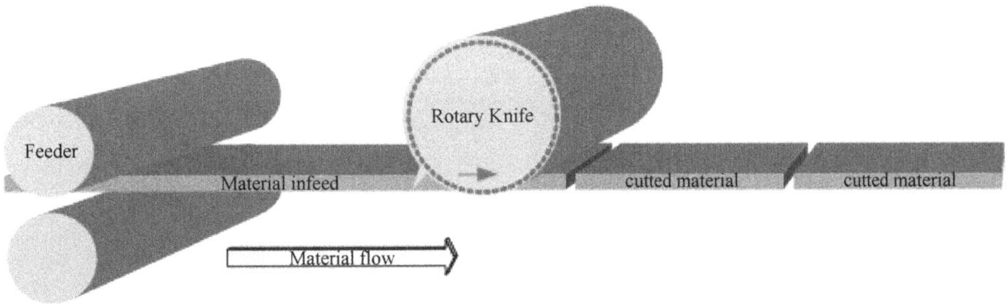

图 11　轮切的原理

轮切库应用范围为切割、打孔、表面压印、密封和其他类似应用。通过简单设置图 12 的参数即可生成轮切运动控制特性曲线（凸轮曲线）。

在本项目中，我们没有全部使用轮切库的块，只是使用了库中的生成凸轮功能块（见图 13）。

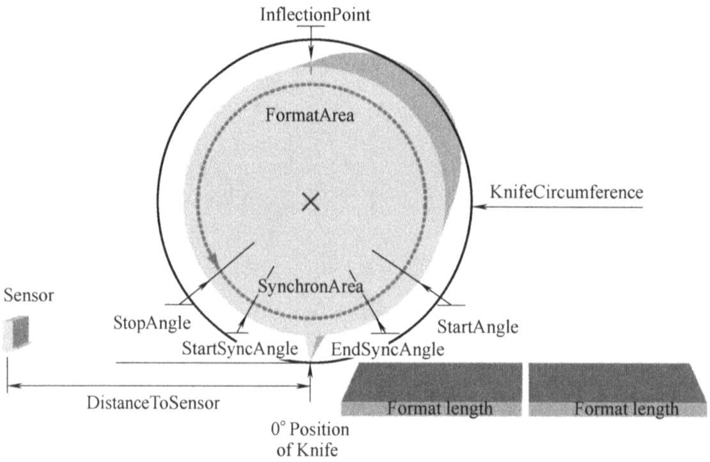

图 12　轮切的几何参数

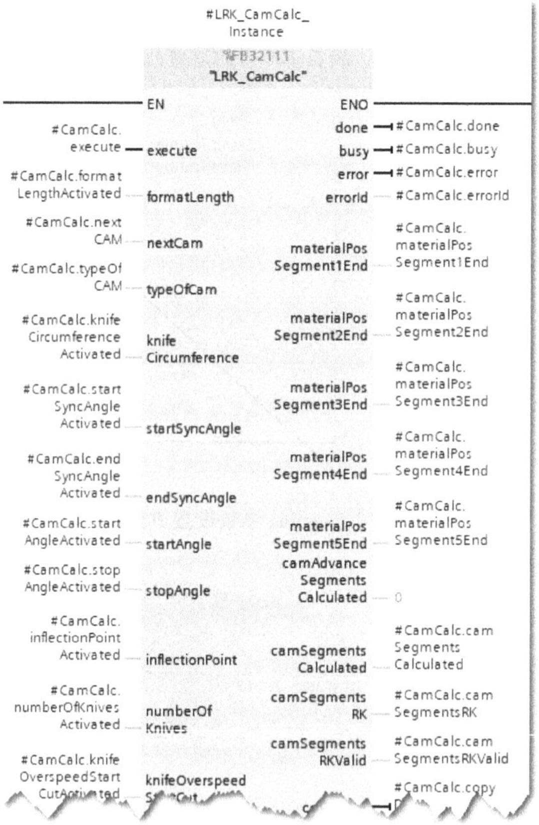

图 13　轮切库中计算凸轮的功能块

使用该块自动生成各个轮切轴的起动凸轮、循环凸轮以及停止凸轮。生成的凸轮如图 14 所示。

起始凸轮：通过起动凸轮，切刀会从起动位置运行到切割位置，并且加速到与线速度同样的速度，然后切换到循环凸轮。

循环凸轮：通过循环凸轮切割物料。

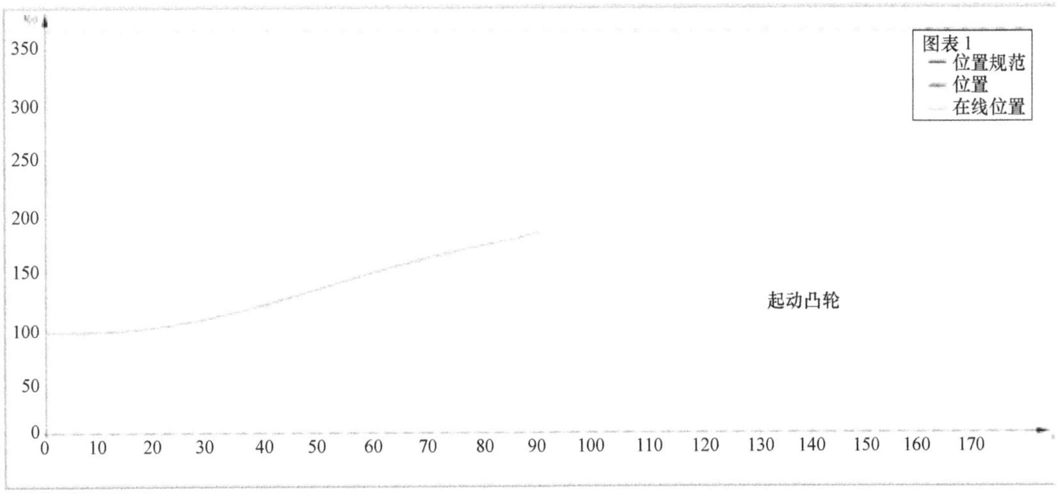

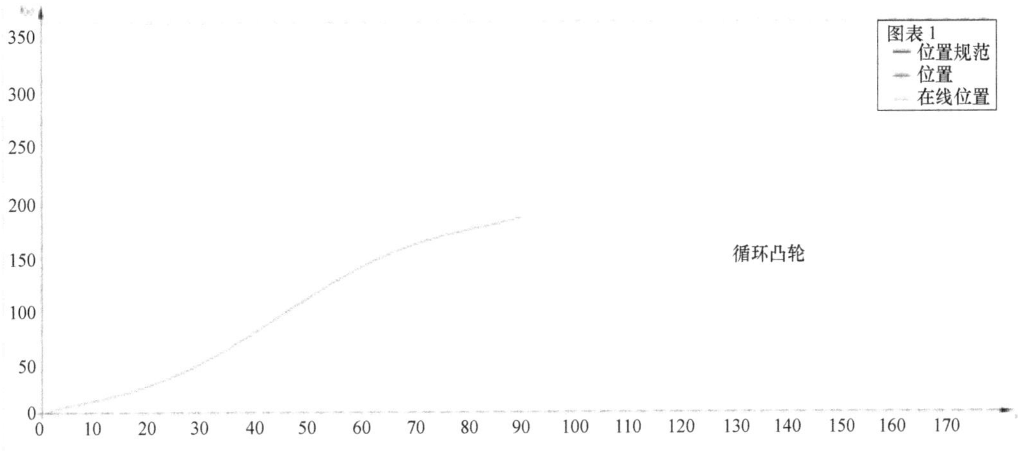

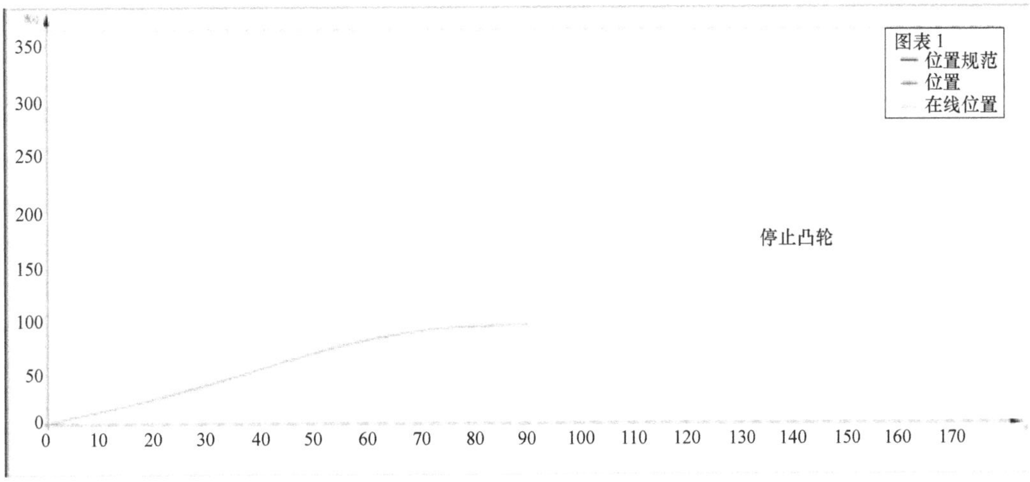

图 14　起动凸轮、循环凸轮、停止凸轮

停止凸轮：退出切割时，切刀运行到固定的位置停止。

（2）难点 2：色标纠偏

由于机械误差，拉膜速度波动以及膜本身的色标间距公差都会影响封合以及切断的精度，因此需要色标纠偏功能，以保证设备的最终精度。

由于整个设备较长（10 多米），我们使用了两个色标传感器进行色标检测：色标 1 对横封轴进行纠偏；色标 2 对压花轴及成品轴进行纠偏。

色标纠偏需要确定一个基准，基准减去色标检测到的值即为我们需要纠偏的值；由于膜本身的色标之间的间距误差较小，因此我们默认两个色标之间的距离不变，为一个袋长，以它为基准，纠正拉膜速度波动以及机械影响带来的误差。

两个色标处在不同的位置，也导致色标 1 的基准与色标 2 的基准计算方式有一点区别。

色标纠偏值计算如下：

横封轴（见图 15）：

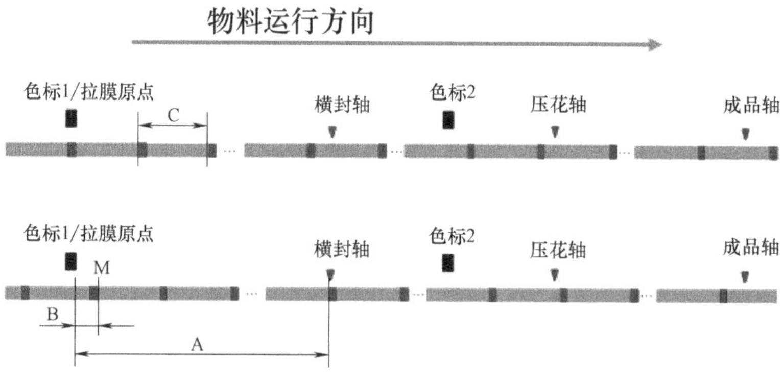

图 15　横封轴纠偏值示意图

横封轴纠偏值=色标 1 基准-横封辅助轴测量值

B=A MOD C

色标 1 基准=C-B

其中，A 为横封轴封合点与物料色标对齐时，色标检测 1 与横封轴封合点的距离；B 为横封轴封合点与物料色标对齐时，色标检测 1 与上一个物料色标 M 的距离；C 为两个色标点之间的长度，即袋长。

压花轴（见图 16）：

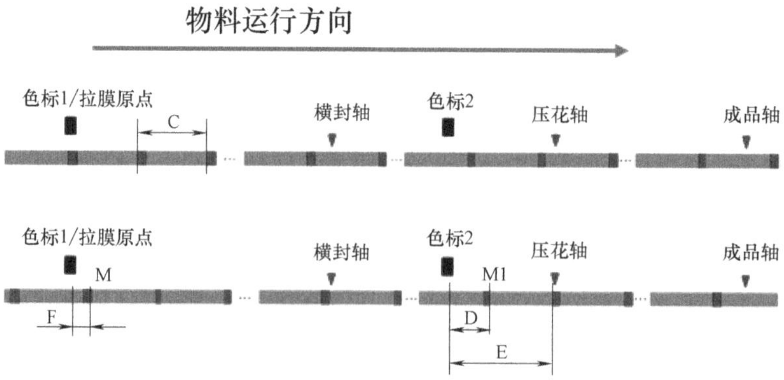

图 16　压花轴纠偏值示意图

压花轴纠偏值=色标2基准（压花）-压花辅助轴测量值

色标2基准（压花）= C-D+F

D=E MOD C

其中，E为压花轴压合点与物料色标对齐时，色标检测2与压花轴压合点的距离；D为压花轴压合点与物料色标对齐时，色标检测2与上一个物料色标M1的距离；F为压花轴压合点与物料色标对齐时，色标检测1与上一个物料色标M的距离；C为两个色标点之间的长度，即袋长。

成品轴（见图17）：

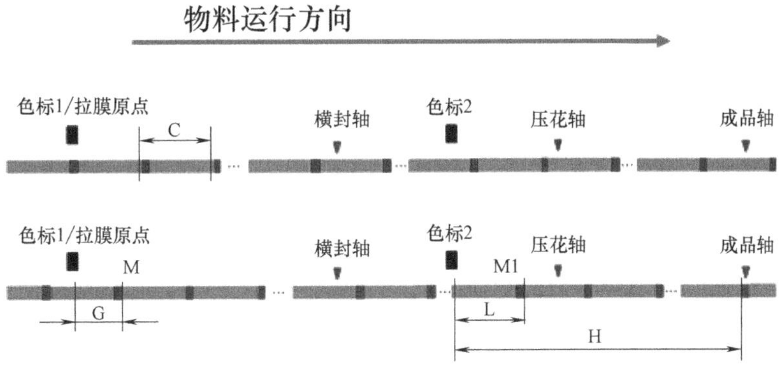

图17　成品轴纠偏值示意图

成品轴纠偏值=色标2基准（成品）-成品辅助轴测量值

色标2基准（成品）= C-L+G

L=H MOD C

其中，H为成品轴切点与物料色标对齐时，色标检测2与成品轴切点的距离；L为成品轴切点与物料色标对齐时，色标检测2与上一个物料色标M1的距离；G为成品轴切点与物料色标对齐时，色标检测1与上一个物料色标M的距离；C为两个色标点之间的长度，即袋长。

以上的纠偏值计算出来后，使用MC_MOVESUPERIMPOSED轴位置叠加指令，将偏差叠加到各自的辅助轴上，即可实现色标修正功能，使得刀轴每一次都切到物料色标点上。

横封轴色标纠偏流程示例：袋长C为120mm，横封轴封合点与色标检测1的距离A为1150mm，则色标检测1与上一个色标点M的距离B为A MOD C，等于70mm。横封轴的色标基准为120mm-70mm=50mm。

机器起动时，各轴先回零，回零完成后，横封辅助轴通过MC_GEARINPOS与送膜主轴齿轮同步，横封轴通过MC_CAMIN与横封辅助轴凸轮同步。给送膜主轴设定速度，机器开始运行，当下一个色标点被色标检测1检测到时，通过测量输入测得横封辅助轴的位置为52mm，则代表色标偏差为50mm-52mm=-2mm。使用MC_MOVESUPERIMPOSED轴位置叠加指令将该偏差叠加到横封辅助轴上，最终使横封轴滞后2mm封合，完成一次色标补偿。

四、运行效果

1. 色标纠偏效果

以压花轴为例，如图18所示，图中曲线是根据色标测量出来的纠偏值，可以直接用MC_MOVESUPERIMPOSED功能块补偿偏差即可，可以看到纠偏值一直在-0.7～+1.3mm之间，正常的色标偏差应该在 0 附近波动，我们测量的偏差符合该情况。

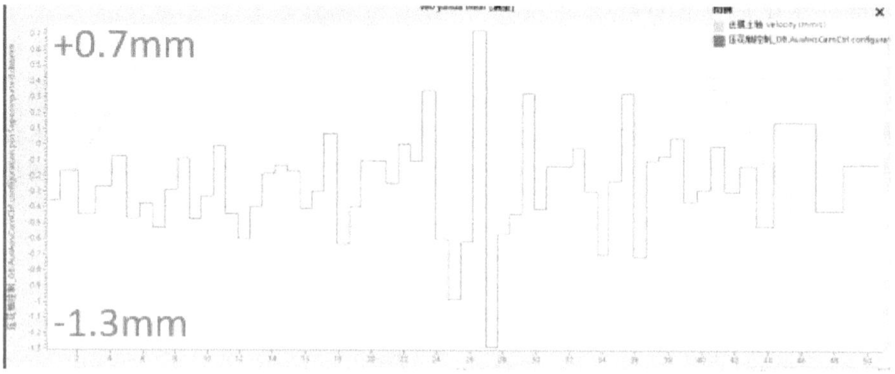

图 18　压花轴纠偏值

2. 成品效果

最终我们达到的效果为成品精度±0. 5mm，80 片/min。

五、应用体会

轮切库考虑得非常全面，我们只需要按照正确的方式设置参数即可获得很好的调试效果，效率非常高；轮切库的控制思路以及方式非常符合本项目的工艺，本台机器设计时的袋长精度为±1mm，最终调试出来达到了±0. 5mm，超过了预期。

参考文献

[1]　西门子（中国）有限公司. SIMATIC 1500T 轮切 [Z].

[2]　西门子（中国）有限公司. SIMATIC S7-1500 TIA Portal V16 中的 S7-1500T 运动系统功能 V5. 0 [Z].

西门子产品在硬脆晶体切割设备上的应用
SIEMENS products in hard brittle crystal cutting equipment application

赵春霖
（西门子（中国）有限公司沈阳分公司　沈阳）

[摘　要] 我国76%的国土光照充沛，太阳能资源分布较为均匀，与水电、风电、核电等相比，太阳能发电没有任何排放和噪声，应用技术成熟，安全可靠。在决定光伏产业整体制造价格的上游加工环节，近些年来呈现出白热化的趋势。本文针对上游加工环节介绍了光伏前道的加工设备及工艺，并介绍了硬脆材料加工设备的运动控制模型，以及设备中的卷径计算算法及解决方案。

[关 键 词] 硬脆材料加工、运动控制、卷径计算

[Abstract] 76% of China's land is full of sunlight, and solar energy resources are evenly distributed. Compared with hydropower, wind power and nuclear power, solar power generation has no emissions and noise, and its application technology is mature, safe and reliable. In recent years, upstream processing, which determines the overall manufacturing price of photovoltaic industry, has shown a white-hot trend. In this paper, the processing equipment and technology of photovoltaic front channel are introduced for upstream processing, and the motion control model of hard and brittle material processing equipment is introduced, as well as the calculation algorithm and solution of winding diameter in the equipment.

[Key Words] Hard and brittle material processing、motion control、winding calculation

一、项目简介

光伏发电作为较为成熟的清洁能源利用方式，其应用包括地面电站、分布式光伏等多种场景。光伏发电板主要由硅片、背板、透光玻璃等组成，其中硅片作为其核心单元，直接影响着太阳能电池板的性能与价格。单晶硅片的生产工艺流程如图1所示，大致可分为拉晶、截断、开方、研磨以

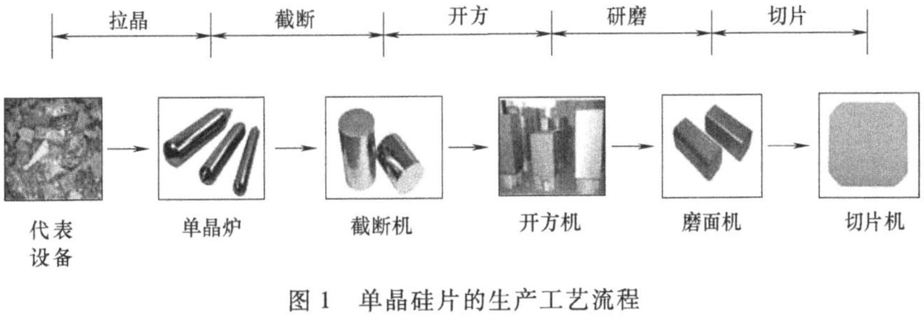

图1　单晶硅片的生产工艺流程

及切片五个环节，所使用的设备包括单晶炉、截断机、开方机、磨面机以及切片机等。其中截断、开方、切片等环节使用的均为金刚线切割技术。

光伏前道加工设备的主体是由钢线收放卷、钢线排线、张力摆杆、加工区过线辊、进给装置五个部分组成，主要用来完成单晶硅的加工。首先单晶硅料通过热场以及晶体的有序生长，生长成大约 6m 的圆柱体单晶硅棒；出于后续加工设备体积与效率方面的考虑，需要将大约 6m 长的圆柱体单晶硅棒进行切断，图 2 所示为九刀截断设备示意图。经过截断后的小段硅棒，通过“井”字型的线网，进行“圆柱”硅棒加工成“长方”硅棒的过程，该段工艺称之为“开方”，双棒开方设备如图 3 所示。经过开方后的硅棒，或者烧结过后的磁块，通过金属线的高速往复运动把磨料带入待切割材料加工区域进行研磨，将待切割材料同时切割为数百或数千片薄片，称之为多线切割机。其优点是速度快、加工精度高、切割损耗低。在切片的弯曲度、翘曲度、平行度、总厚度公差等关键技术指标上均明显优于传统的加工设备，已逐渐取代了传统的内圆切割和外圆切割技术，成为硬脆性材料切片加工的主流设备。图 4 所示为多线切割机的设备简图。

图 2　九刀截断设备示意图

图 3　双棒开方设备

图 4　多线切割机的设备简图

二、系统结构

本次项目是客户产品的更新迭代，使用西门子的经济产品进行开发，由于设备的工艺较为复杂，所以选型替代的过程中需要根据工艺需求进行二次校核，对于收放卷电机的选择要考虑是否满足材料的张力控制要求，是否可以满足加工的速度要求，需要对材料的张力大小、卷径的大小、线速度的大小、加减速时间、摩擦转矩等参数进行收集和计算。现有机型的电气参数见表 1，更新迭代后的选型见表 2。

表 1 现有机型的电气参数

	额定功率 /kW	额定转速 /(r/min)	额定转矩 /Nm	转动惯量 /10^{-4}kg · m^2	输入电压 /V	额定电流 /A
收放卷	5.5	1500	35.0	107	三相 380	21
过线辊	5.5	1500	35.0	107	三相 380	21
排线轴	0.4	3000	1.27	0.25	单相 220	2.8
浮动辊	1.8	1500	11.9	25.5	三相 380	8.4
进给轴	0.75	3000	2.39	1.3	单相 220	5.5

表 2 更新迭代后的选型

	电机型号	驱动器型号
收放卷	1FL6096-1AC61-0LG1	6SL3210-5FE17-0UF0(V90)
过线辊	1FL6096-1AC61-0LG1	6SL3210-5FE17-0UF0(V90)
排线轴	1FL6034-2AF21-1MG1	6SL3210-5FB10-4UF1(V90)
浮动辊	1FL6090-1AC61-0AG1	6SL3210-5FE12-0UF0(V90)
进给轴	1FL6042-2AF21-1MG1	6SL3210-5FB10-8UF0(V90)
PLC 电源	6ES7505-0KA00-0AB0(系统电源)	
PLC CPU	6ES7515-2TM01-0AB0(CPU 1515T-2)	
输入模块	6ES7521-1BH00-0AB0(数字量输入)	
输出模块	6ES7522-1BH01-0AB0(数字量输出)	

由于卷曲的材料是 0.2mm 左右的钢线，所以对于克服材料卷曲的转矩忽略不计。钢线是往复运动的，所以单侧电机在正转时，放卷示意图如图 5 所示，收卷示意图如图 6 所示。

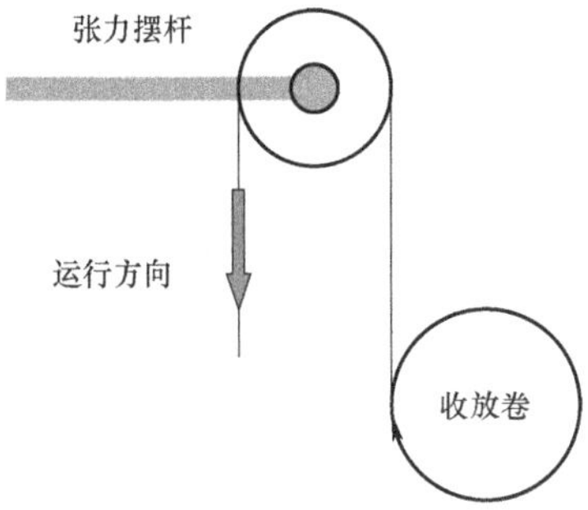

图 5 放卷示意图

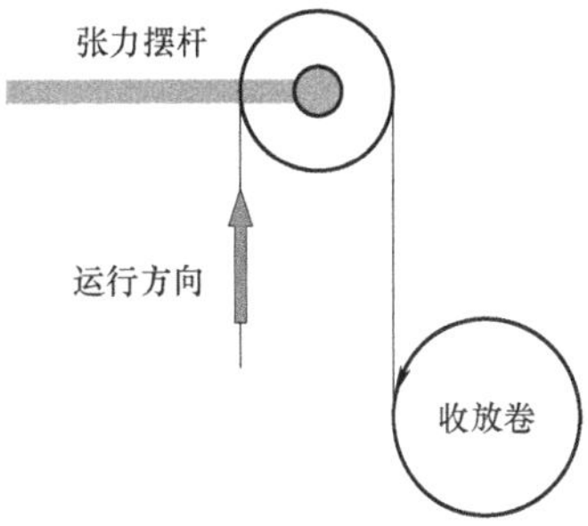

图 6 收卷示意图

对于静止阶段，由于有张力摆杆的存在，且对于收卷与放卷来说属于两种不同方向的受力，且要考虑运动趋势所带来的静摩擦转矩方向的变化，以及最大静摩擦转矩与材料张力间的大小关系。

如果材料张力引起的转矩大于最大静摩擦转矩，则收放卷最大所需转矩为

$$T_{放}=\frac{T_Z \times D}{L}+T_S$$

$$T_{收}=\frac{T_Z \times D}{L}+T_S$$

如果材料张力引起的转矩小于最大静摩擦转矩，则

$$T_{放}=0$$

$$T_{收}=0$$

对于加速阶段，要考虑加速过程中克服惯量的转矩，提供线上张力的转矩，克服动摩擦阻力的转矩。

$$T_{放}=\frac{J\times V}{\pi\times D\times T_i}+T_{\mathrm{M}}-\frac{T_{\mathrm{Z}}\times D}{L}$$

$$T_{收}=\frac{J\times V}{\pi\times D\times T_i}+T_{\mathrm{M}}+\frac{T_{\mathrm{Z}}\times D}{L}$$

对于匀速阶段，要考虑线上张力的转矩，克服动摩擦阻力的转矩。

$$T_{放}=T_{\mathrm{M}}-\frac{T_{\mathrm{Z}}\times D}{L}$$

$$T_{收}=T_{\mathrm{M}}+\frac{T_{\mathrm{Z}}\times D}{L}$$

对于减速阶段，要考虑减速过程中克服惯量的转矩，提供线上张力的转矩，克服动摩擦阻力的转矩。

$$T_{放}=-\frac{J\times V}{\pi\times D\times T_i}+T_{\mathrm{M}}-\frac{T_{\mathrm{Z}}\times D}{L}$$

$$T_{收}=-\frac{J\times V}{\pi\times D\times T_i}+T_{\mathrm{M}}+\frac{T_{\mathrm{Z}}\times D}{L}$$

式中，T_{Z} 为张力电机的输出转矩；L 为张力摆杆的长度；J 为收放卷电机的转动惯量；V 为线速度；D 为收放卷的直径；T_{S} 为收放卷电机的最大静摩擦转矩；T_{M} 为收放卷电机的动摩擦转矩；T_i 为收放卷电机的加减速时间。

在收放卷电机的选型中，为了应对最为极端的工况，列举了如下几点考虑要素。在进行往返拉锯运行切割时，钢线处于高速运动时的加工效率要高，所以在设计加工工艺时一般的加减速时间占一个循环的运动时间小于 8%，连续转矩可以近似于匀速阶段的转矩大小。根据以上原则计算出所需要的转矩和转速，选择合适的惯量，再进行一定裕量的放大，即可选择出一款合适的电机。

1）卷径最大时的收放卷的惯量 J_{MAX} 可通过建模软件计算得到。

2）卷径最小时的收放卷的直径 D_{MIN} 可通过机械设计进行设计。

3）整机运行的最大线速度 V_{MAX} 可基于机器的设计指标获得。

4）整机运行的最小加减速时间 $Time_{\mathrm{MIN}}$ 可基于机器的设计指标获得。

5）张力电机所需提供的最大转矩 T_{MAX} 可基于材料张力和张力摆杆长度计算得到。

6）收放卷最大动摩擦转矩 T_{MOVE} 可通过传动效率和标准件的摩擦系数计算仿真得到。

7）收放卷的最大静摩擦转矩 T_{STATIC} 略大于动摩擦转矩，一般通过实验测量所得。

在选型仿真阶段收放卷的最大静摩擦转矩可近似于最大动摩擦转矩，该指标影响机械系统的启动稳定性，后续可以通过算法进行补偿。抛开机器的算法优化部分，对电机进行初次选型后要根据以上要点进行仿真校核。Adams 软件是专门为虚拟样机而开发的动力学分析软件，其仿真可用于预测机械系统的性能、运动范围、碰撞检测、峰值载荷以及计算有限元的输入载荷等。在通过三维建模软件进行设计时加入偏心、材料密度等实际生产中无法忽略的元素，规划了二次方型加减速运动

曲线并生成曲线数据导入 Adams 软件中进行校核，动力学仿真校核结果如图 7 所示。从图 7 可以看出，规划加减速曲线为二次方型加减速，7s 的加减速时间，由于增加了偏心等考虑因素转矩有所波动，但运行的最大转矩未超过电机的额定转矩，基于以上考虑，电机选型替代合格。

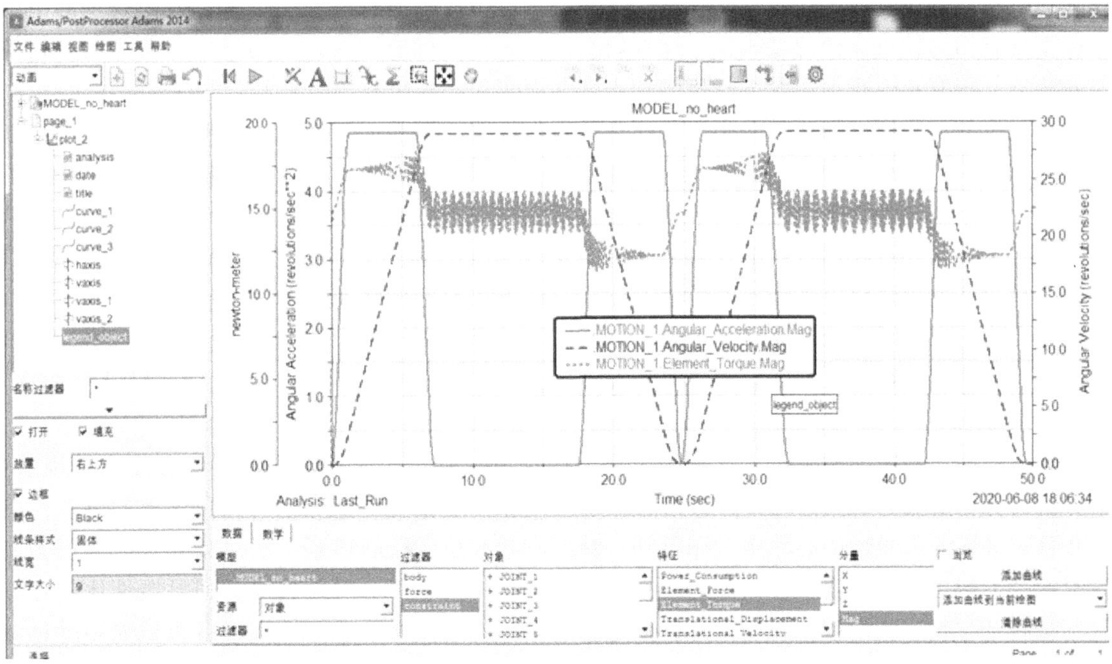

图 7　动力学仿真校核结果

三、功能与实现

线切设备的主体是由钢线收放卷、钢线排线机构、张力摆杆、加工区过线辊、进给装置五个部分组成。钢线首先由钢线放卷侧放出，经过放卷侧的钢线排线机构以及放卷侧的张力摆杆，通过导轮缠绕至带有均匀线槽的过线辊上，经过加工区后的钢线再通过收卷侧的张力摆杆以及钢线排线机构，按照一定的规律缠绕至收卷线轮上。图 8 所示为线切设备示意图。

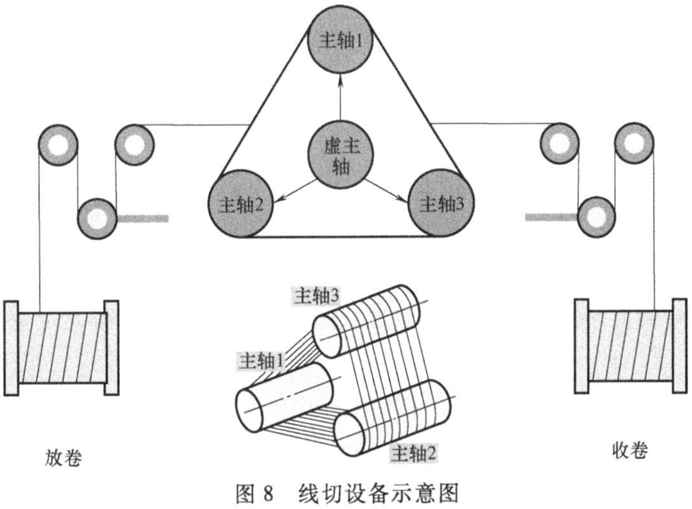

图 8　线切设备示意图

张力摆杆是由伺服电动机带动一个偏心的浮动辊，其主要的作用是提供钢线上的张力以及在高速收放卷的过程中提供一定程度的缓冲，并且根据伺服电动机的编码器反馈进行 PID 控制，输出至收放卷进行调节。通过收放卷放出或者收纳的钢线为了能够储存，需要按照一定的规律均匀地排布至收放卷线轮上，对应的规律是收放卷每转动一圈钢丝排线机构行进一个节距。线切设备的主要工作区在于具有均匀排布线槽的过线辊，过线辊上通过高速运行的钢线，利用进给装置驱动待切割物料与高速运行带有金刚石的钢线进行接触切割，从而实现硬脆材料的破断和切片工艺。

卷径计算的最大应用场景是在钢铁行业中的板材带钢的钢卷成型的过程。对于收放卷来说，能否正常工作以及卷取效果的好坏直接关系到连轧的生产和产品的质量。整个卷取过程中必须以恒定的张力来卷取带钢，否则张力偏大和偏小都有可能会导致钢卷质量差。在张力控制系统中，无论张力转矩的给定还是动态补偿转矩的计算都需要实时直径值，该直径是张力控制中极为重要的参数。主要原因是由于卷取过程中直径不断发生变化，造成收放卷电机转速不断发生变化。同时由于直径不断发生变化，造成系统转动惯量的变化，因此实时直径是卷取张力控制系统中非常重要的参数。为了达到张力恒定的控制目标，必须要得到准确的直径实时数值。

1. 直接测量法

超声波检测原理图如图 9 所示，是通过测量超声波与料轴表面的距离，再经程序换算成卷径。把超声波传感器安装在需要的地方并指向目标，要确保传感器离目标的距离在传感器的感应范围之内，并且对准料卷的卷轴中心，然后在料轴上装好不同大小卷径的料卷，通过计算机或人机界面监视不同卷径下超声波传感器对应输出的数字量，再与卷径大小一一对应列表，通过线性比例计算出当前实时卷径。超声波检测精确度很高，但是成本相对较高，如果卷筒不圆或者机械安装时料轴出现偏心，则会导致卷径持续剧烈波动，影响测量精度，从而降低了控制质量。

电位器检测原理图如图 10 所示。图 10 中接触臂始终紧贴着料轴表面，当半径变化时引起接触臂旋转，通过联动机构使电位器电位发生变化。因为该方法简单、成本低，并且有一定的精度而得到较为广泛的应用。但是如果卷筒不圆或者料轴偏心，电位器检测和超声波检测同样存在卷径波动剧烈的问题，并且对于一些材质敏感的产品，收卷时不能和接触臂直接接触，电位器检测便不适用。

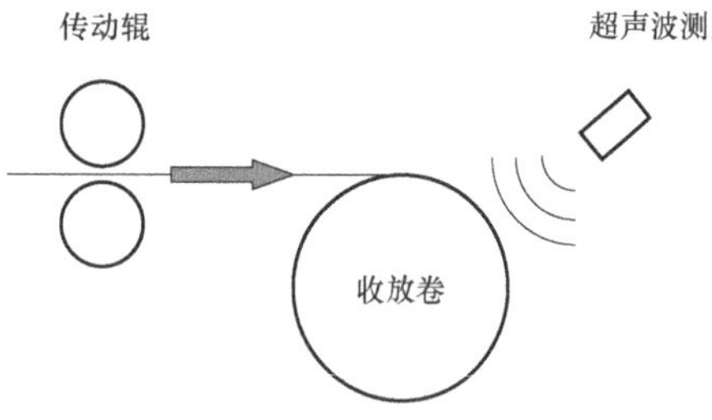

图 9　超声波检测原理图

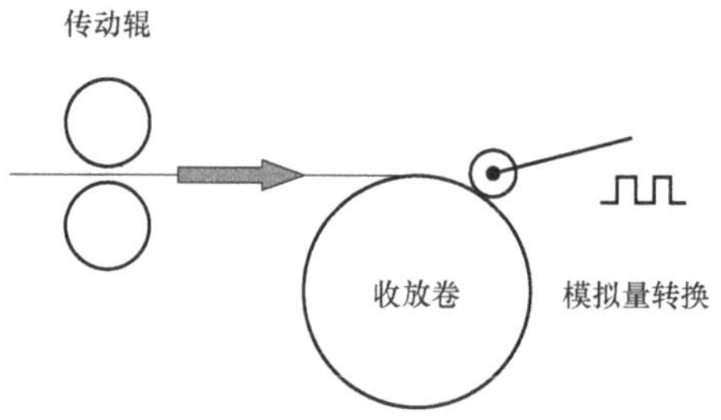

图 10　电位器检测原理图

2. 厚度累计法

根据材料厚度按卷筒旋转圈数进行卷径累加或递减，对于线材还需设定每层的圈数，计算公式如下

$$D_P = D_S + L_M \times N_C$$

式中，D_P 为当前的卷径值；D_S 为初始卷径值；L_M 为材料的厚度；N_C 为开始运行后收放卷卷动的圈数。

厚度累计法原理示意图如图 11 所示，收放卷的外径是由收放卷初始的直径与围绕在其周围的多圈材料共同形成的。除了收放卷初始的直径外，收放卷每卷入一周，直径增加 2 倍的材料厚度。那么只要计算出当前卷取的圈数，即可以获得实际卷径值。利用收放卷电机的编码器精确计算芯轴运转的圈数，并予以累加计数。自收放卷运行后，收放卷电机每转 1 圈，收放卷直径理论上增加 2 倍材料厚度大小。在 PLC 中的执行方式是，当收放卷每 1 圈完成后，系统触发 1 个上升沿信号，将原有直径值加上 2 倍材料的厚度，并将该值赋值给新的直径值，以此循环直至收放卷运行结束。该种卷径计算方法的优点是计算公式简单易懂，不需要借助外部检测设备即可实现卷径的实时计算。其缺点是在卷曲的过程中无法有效地过滤出累计误差，对于材料的一致性要求比较高。

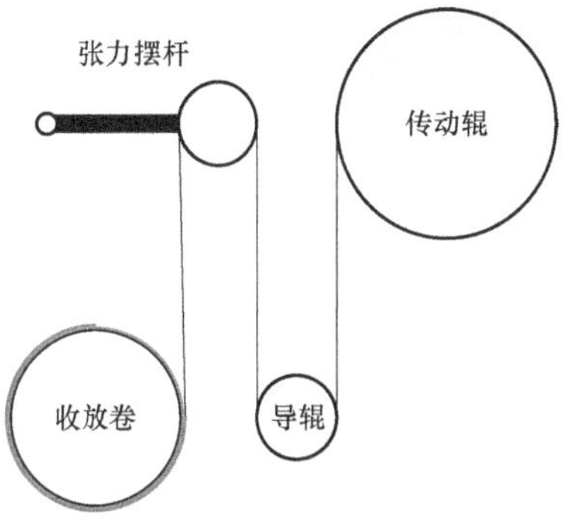

图 11　厚度累计法原理示意图

3. 瞬时速度法

根据过线辊与收放卷材料线速度一致的原理，实时读取当前的线速度值与收放卷电机的实时转速值，再通过下式进行求解，

$$D_P = \frac{V_L}{\pi \times N_P}$$

式中，D_P 为收放卷的实时卷径值；V_L 为当前系统中运行的线速度；N_P 为当前收放卷的转速。

该种方法需要过线辊与收放卷上同时安装编码器，来测量每一周期的过线辊和收放卷上的瞬时速度。该种方法的优点是不需要借助高昂费用的传感器，并且可以间接测量出瞬时卷径。其缺点是在实际的应用过程中，每个周期得出的瞬时卷径并不是平滑连续的，而是存在一定的波动，往往需要进行滤波运算。图 12 所示为瞬时速度法卷径计算示意图。首先读取过线辊的直径和转速以及收放卷的转速，其次进行公式计算，再次将计算出来的结果加入 buffer 区进行滑动均值滤波，最后将滤波后的直径更新至整个收放卷的当前直径中。

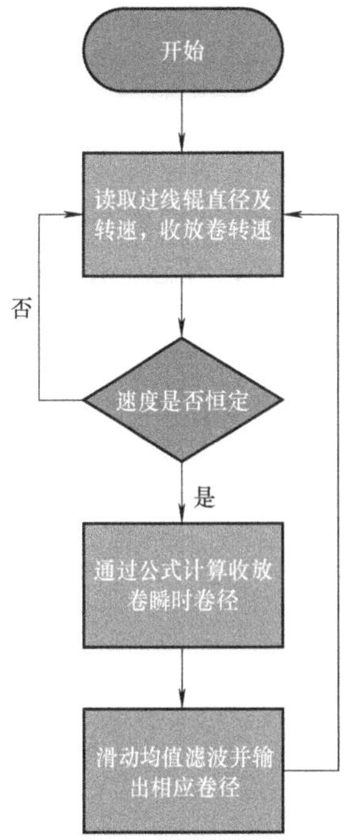

图 12　瞬时速度法卷径计算示意图

4. 速度积分法

根据过线辊与收放卷材料通过的材料长度相等的原理，周期性读取过线辊与收放卷的转动圈数，已知过线辊的直径，再通过下式进行求解，

$$D_P = \frac{D_L \times N_L}{N_P}$$

式中，D_P 为收放卷的阶段卷径值；D_L 为过线辊的直径；N_L 为过线辊在该阶段转动过的圈数；N_P 为收放卷在该阶段转动过的圈数。

该种方法同样需要过线辊与收放卷上同时安装编码器，来测量每一阶段的过线辊和收放卷转动的圈数。该种方法的优点是在不借助多余传感器的基础上，可以间接测量到阶段性的卷径值，其测量周期可调。其缺点是在实际的应用过程中，每次计算出来的卷径值并不是瞬时值，无法做到实时更新。图 13 所示为速度积分法卷径计算示意图。首先读取过线辊的直径以及设置卷径更新周期，其次记录当前周期的过线辊和收放卷的编码器位置，再次经过运动后到达设置的卷径更新周期并进行计算，最后将计算后的直径更新至整个收放卷的当前直径中。

线切设备的材料是 0.05~0.45mm 的线材，其收放卷属于往复拉锯运行，并且还有排线机构进行层叠式精密排线，所以单次往返的收放卷的卷径变化不大，该种场合适合使用速度积分法作为卷径计算的主要方法，且卷径更新周期不宜选择过小，适当地加长卷径更新周期可以使得卷径计算更加贴近当前段内卷径的平均值，使得收放卷控制更加稳定。

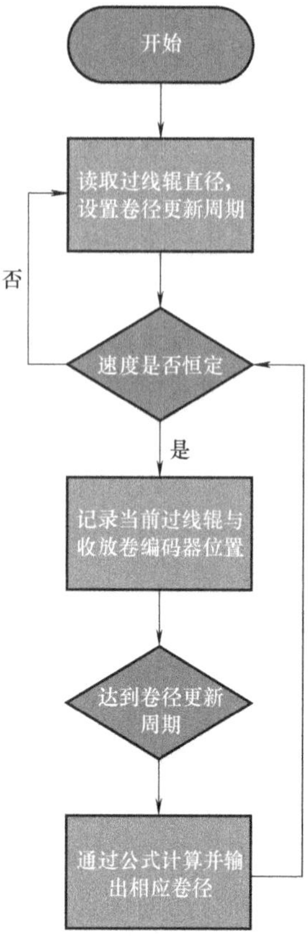

图 13　速度积分法卷径计算示意图

整个系统中最重要的一部分就是收放卷的运行，一个好的收放卷控制可以保障线切系统做到在更换线卷前保持钢线不断，在进行卷径计算后，通过线速度与卷径的比值计算出当前的转速值给定收放卷电机的转速，但是卷径计算难免会有些误差，所以通过张力摆杆的角度反馈进行 PID 调节，将 PID 输出的数值补偿至收放卷系统中，实现线切系统的平衡，具体的计算公式如下

$$N_P=\frac{D_L\times N_L}{D_P}+\text{PID\_OUT}$$

式中，D_L 为过线辊的直径；N_L 为过线辊的设定转速；D_P 为计算出来的卷径值；PID_OUT 为经过 PID 计算后输出的数值；N_P 为收放卷应该设定的转速大小。

由于本文的控制对象是线材的控制，对于平整的线轮来说，经过一个收放周期的卷径变化不大，在运行中不需要太快的卷径更新频率，所以选择速度积分法作为卷径计算的方法，卷径计算代码实现如图 14 所示。图 15 所示为功能块的调用，图 16 所示为卷径输出波形图。

```
//*******************************1. 输入处理*************************************
#vf_过线辊SetPos := LREAL_TO_REAL(#Axis_过线辊.Position);
#vf_收放卷SetPos := LREAL_TO_REAL(#Axis_收放卷.Position);
#vf_卷径更新长度 := #if_卷径更新长度 * 1000;
#vf_过线辊周长    := #if_牵引轴直径*3.1415926;

//*******************************2. 程序处理*************************************
IF #ib_计算开始 THEN
    CASE #vi_step_flag OF
        0://初始等待位
            IF #ib_计算开始 THEN
                #vi_step_flag := 10;
            END_IF;
        10://暂存过线辊以收放卷的长度和位置
            #vf_过线辊位置_暂存 := #vf_过线辊SetPos * #vf_过线辊周长;
            #vf_收放卷位置_暂存 := #vf_收放卷SetPos;
            #vi_step_flag := 20;
        20://卷径计算
            #vf_实时过线长度 := ABS(#vf_过线辊SetPos * #vf_过线辊周长 - #vf_过线辊位置_暂存);
            IF (#vf_实时过线长度 >= #vf_卷径更新长度) AND (ABS(#vf_收放卷SetPos - #vf_收放卷位置_暂存) > 0.1) THEN
                #vf_速度积分法卷径  := LREAL_TO_REAL(#vf_卷径更新长度/(ABS(#vf_收放卷SetPos - #vf_收放卷位置_暂存))/3.1415926); //卷径计算
                #vf_过线辊位置_暂存 := #vf_过线辊SetPos * #vf_过线辊周长;
                #vf_收放卷位置_暂存 := #vf_收放卷SetPos;
            END_IF;
    END_CASE;
ELSE
    #vi_step_flag := 0;
END_IF;

//*******************************3. 输出处理*************************************
#of_输出卷径 := LIMIT(MN := #if_最小卷径限值, IN := #vf_速度积分法卷径, MX := #if_最大卷径限值); //数值限幅
```

图 14　卷径计算代码实现

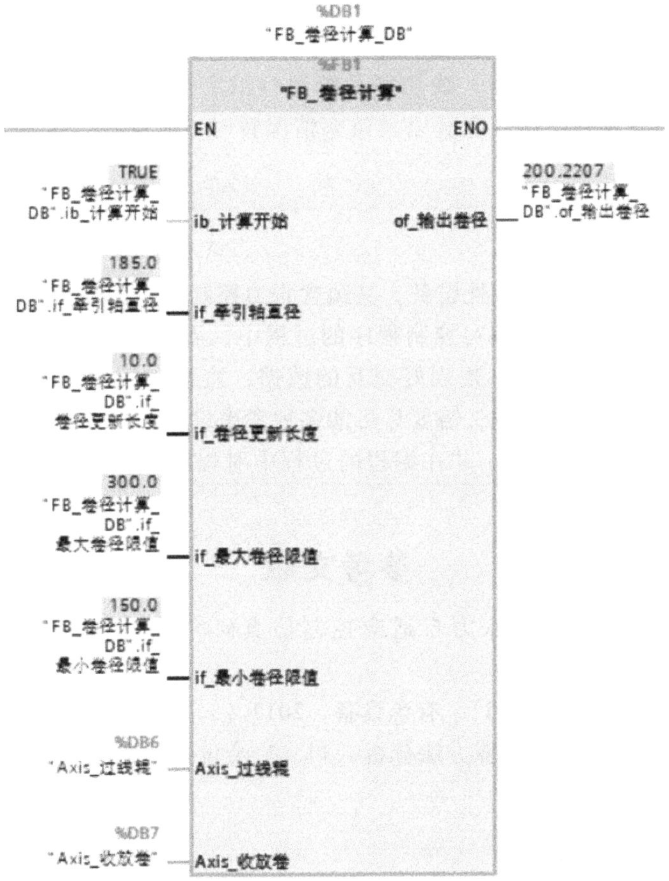

图 15　功能块的调用

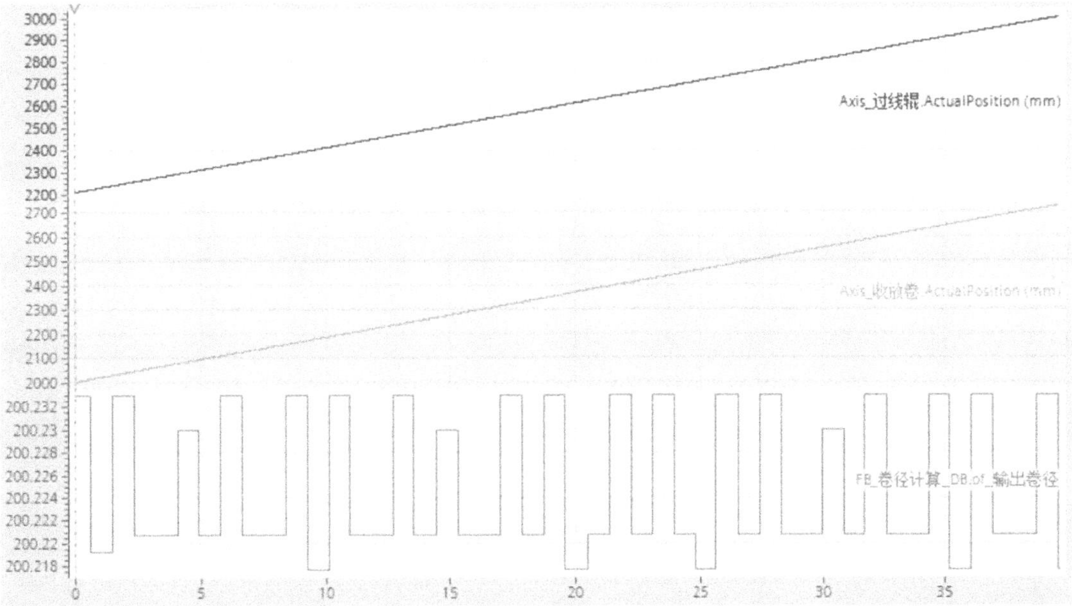

图 16　卷径输出波形图

四、运行效果

经过现场调试以及长时间的运行，线切割系统运行稳定且断线率较低，发挥了较大的经济价值，受限于客户未进行数字化赋能，产量以及效率情况暂时未做统计，待客户进行数字化升级后，会有完整的数据体现。

五、应用体会

线切设备属于中高难度工艺控制性设备，其蕴含张力控制、纠偏控制、排线控制、卷径计算等众多复杂工艺算法，在调试设备和编写控制程序的过程中，需要注意合理分配好每个部分的功能，功能块间的控制功能不能相互影响，规划好交互的数据，注意变量触发的时序以及做好程序的规划。为了节约在现场编程调试的时间，需要尽可能多地考虑设备的工艺细节，提前在 TIA 软件中进行仿真，进行整体运行曲线的 Trace，并在编程的过程中对程序注释，积极对客户进行培训，减少我方人员的现场调试压力。

参考文献

[1] 黄洁，李伟. 多线切割机线张力自适应控制仿真研究 [J]. 机械科学与技术，2012，31 (3)：437-441.

[2] 翁崇滨. 卷径计算方法探讨 [J]. 有色设备，2012 (3)：33-34.

[3] 丁正，王瑛. 热轧钢卷卷径计算方法分析 [J]. 冶金设备，2019 (1).

SINAMICS V90 在木工旋切机上的应用
SINAMICS V90，Applications on Rotary Cutting Machine

崔 伟

（青岛环海新时代科技有限公司 青岛）

[摘 要] 本文介绍了西门子 S7-1500T PLC、V90 在木工旋切机中的应用，详细介绍了系统的硬件配置，突出介绍了进给伺服电机速度计算的数学算法以及重点调试技术说明。实践证明，该系统完全满足木材生产的工艺要求，并在生产中得到了广泛的应用。

[关 键 词] S7-1500T PLC、SINAMICS-V90、速度计算

[Abstract] This paper introduces the application of Siemens S7-1500T PLC and V90 in woodworking rotary cutting machine, introduces the hardware configuration of the system in detail. It highlights the mathematical algorithm for calculating the speed of the feed servo motor and the key debugging technical instructions. Practice has proved that the system fully meets the technical requirements of wood production and has been widely used in production.

[Key Words] S7-1500T PLC、SINAMICS-V90、Velocity Calculation

一、项目简介

1）该设备是为山东某公司开发的，该公司主要制作用于出口的木工加工设备。

2）旋切机用于将一定长度和直径的木段加工成连续的单板带，以供生产胶合板、细木工板和其他人造板贴面之用。

3）项目当中使用的西门子自动化产品包括：

PLC：CPU 1511T-1PN（订货号： 6ES7 511-1TK01-0AB0），配 12MB 存储卡，数量：1 台

伺服：V90PN 1.5kW （订货号：6SL3210-5FE11-5UF0），数量：1 台

电机：1FL6 1.5kW 高惯量（订货号：1FL6064-1AC61-2LA1），数量：1 台

伺服：V90PN（位置同步）5kW （订货号：6SL3210-5FE15-0UF0），数量：2 台

电机：1FL6 5kW 高惯量（订货号：1FL6094-1AC61-2LA1），数量：2 台

HMI：KTP1200 精简屏 （订货号：6AV2123-2MB03-0AX0），数量：1 台

变频器：功率单元 PM240-2 （订货号：6SL3210-1PE26-0UL0），数量：2 台

控制单元 CU240E-2 （订货号：6SL3244-0BB12-1FA0），数量：2 台

变频电机参数（非西门子）：

双辊电机：11kW，22.4A，1470r/min，三角形接法，380V 数量：2 台

单辊电机：9.2kW，19A，1460r/min，三角形接法，380V 数量：2 台

二、控制系统硬件组态构成

项目的硬件配置以及系统结构（见图 1）。

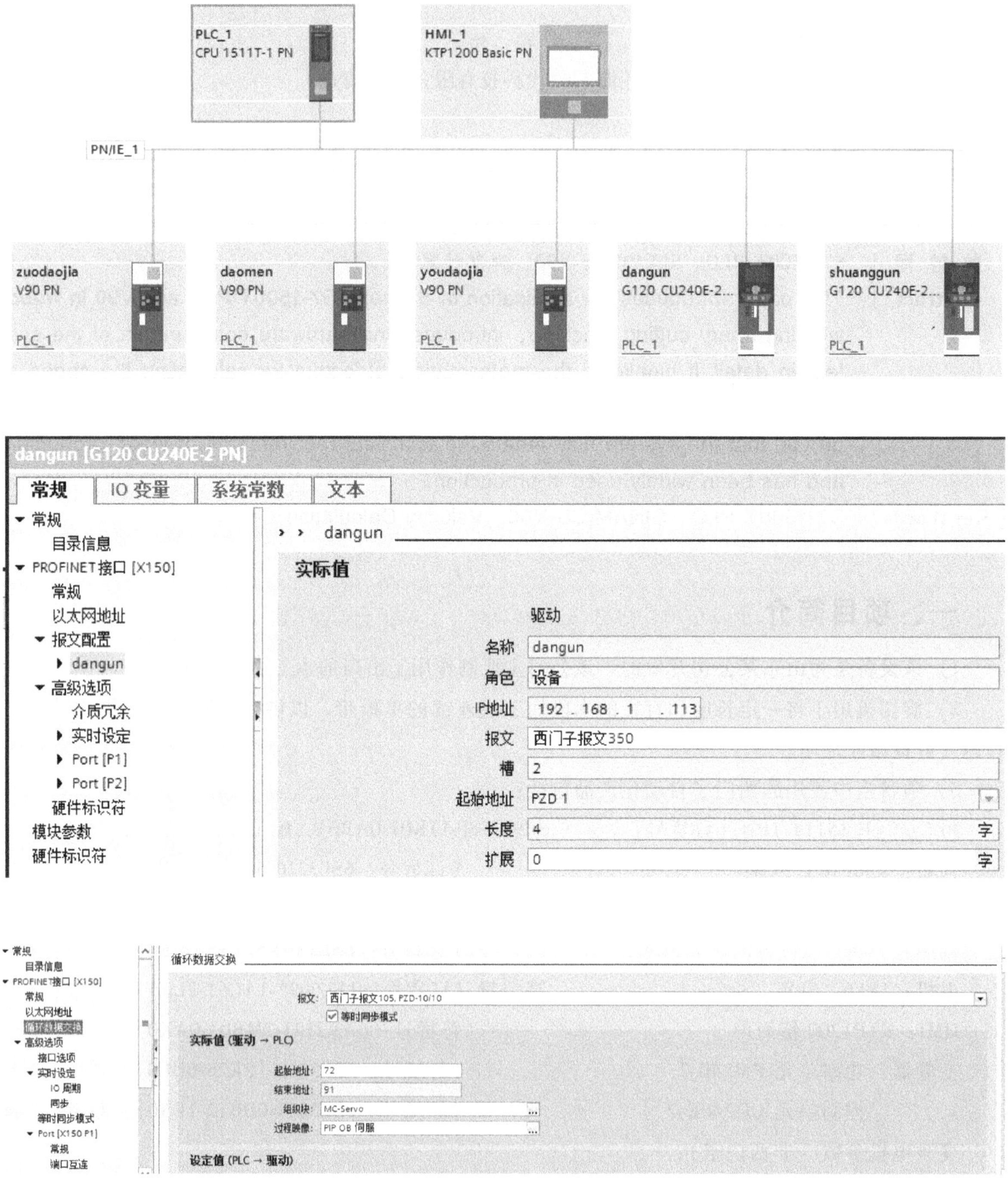

图 1　硬件配置以及系统结构

三、控制系统相关算法

1. 半径的计算

在图 2 中，双辊的半径和单辊的半径是相同的都是 r，木头的半径是 R，双辊之间的缝隙的一半为 h，双辊和单辊中心距为 L，构建直角三角形，由勾股定理，很容易就算出木头的 R。计算公式如下：

$$(R+r)^2=(L-r-R)^2+(r+h)^2$$

由于 L 的距离是随着木头半径的缩小而缩小，所以现在由上述公式可以实时计算出木头的半径 R 大小。

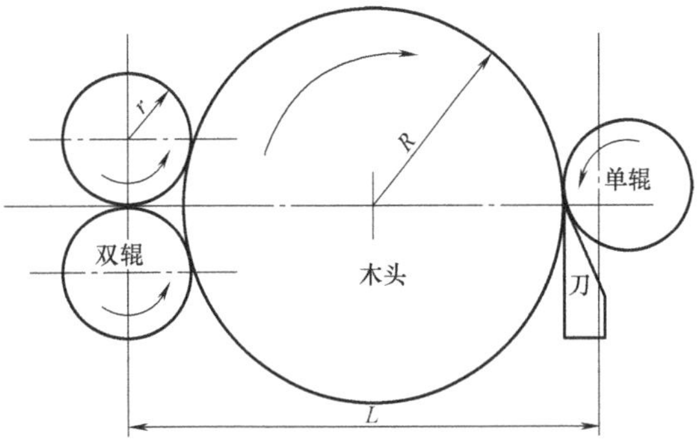

图 2　半径的计算

2. 推进同步伺服进给速度的计算

推进同步伺服进给速度 v 由以下两部分构成：

1）圆木由粗变细过程中半径变化引起的推进伺服的跟进速度 v_1；

2）木头变细的过程中，圆心位置也要相应移动，由圆心位置改变引起的推进伺服的跟进速度 v_2。

推进同步伺服进给速度 $v=v_1+v_2$，其中：

1）在两个速度的计算中，有个重要的因素是，木头的截面积变化率是不变的，由此也可以得到下面的公式：$(\pi R^2)'=vE$，其中 v 为木头的线速度，和单双辊的线速度是一致的，而 E 是木头要切的木皮的厚度。由相关的微积分知识，我们可以得到木头半径随时间的变化率，也就是 R 的导数，而这个变化率也就是我们想要求的 v_1；

2）在计算木头半径 R 的时候，我们由木头的圆心、双辊的圆心以及双辊两圆心的中心点共同构建了一个直角三角形，这样，由圆心的随时间的变化率就可以得出 v_2，也就是 $v_2=(\sqrt{(r+R)^2-(r+h)^2})'$。

这样，通过上面的两个公式，我们可以最终得到伺服的推进速度的公式，如下：

$$v=\frac{NrE}{60R}\times\left(\frac{R+r}{\sqrt{R^2+2r(R-h)-h^2}}+1\right)$$

其中，N 为辊子的线速度。

当然，这个公式是最理想的情况，在实际使用时，要根据实际情况去调整相关位置的公式数值。

这里举例说明上述公式的具体含义：双辊半径 $r=65$mm；双辊和单辊初始中心距 $L=600$mm；双辊之间的缝隙一半 $h=1.75$mm；通过上述数值可以计算出半径 R；切割木板的板厚 $E=2$mm；辊子的线速度 $N=40$m/min（这个辊子的线速度由 HMI 进行设置）。

将上述数值以及计算出的 R 带入到上述的速度公式中（注意单位），这里，由于 R 是不断变化的，所以计算出的速度 v 的值也将是不断变化的，通过 Trace 得到的速度图如图 3 所示。

四、设备的调试以及相关问题

按照上面所得到的计算公式，对设备进行相关的伺服和 G120 的调试。

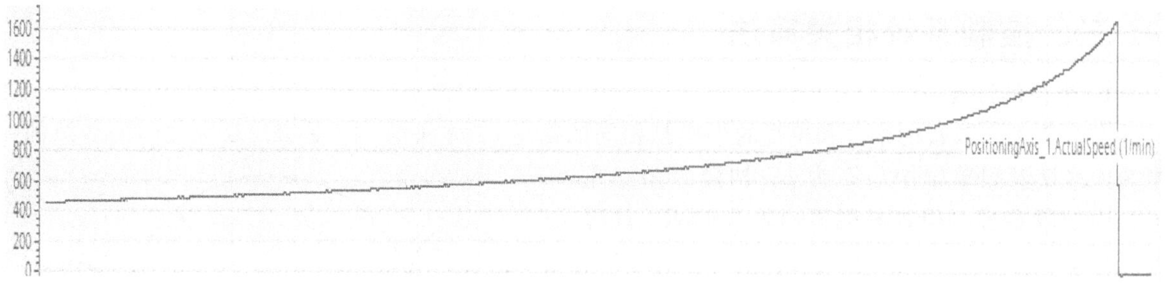

图 3　速度图

1. 同步伺服调整

1）伺服同步位置优化。由于推进的伺服在使用的时候二者始终是挂着同步的，那么使用 MC_GEARIN 指令就可以很容易达到目的，需要注意的是，在调试的时候最好先不带载调好运行方向，否则可能会导致伺服带上负载后由于机械传动导致运动方向不一致，对设备造成损害。

图 4 是同步两轴的位置曲线，可以看到误差是 0.019，考虑到机械相关特性，这个准确度应该是很好了。

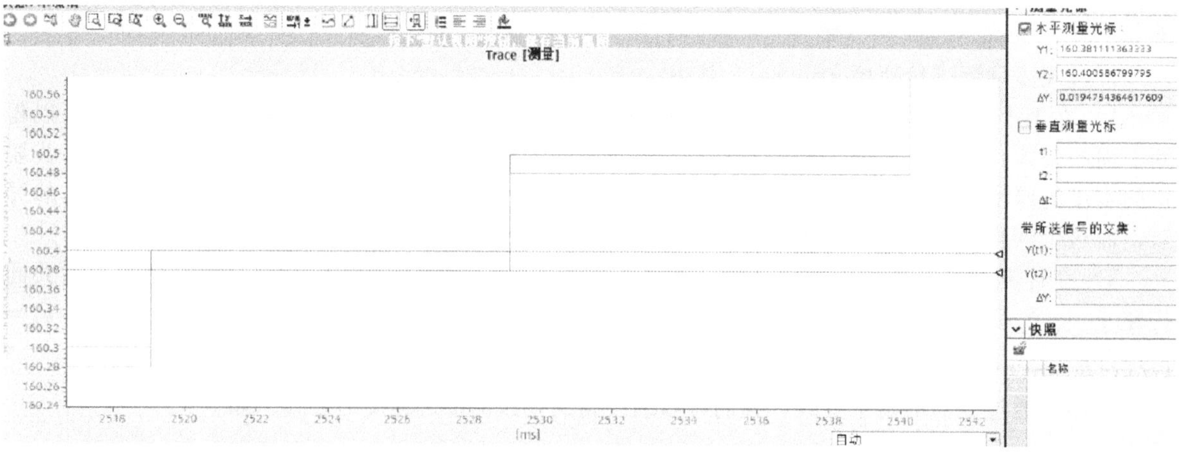

图 4　同步两轴的位置曲线

2）同步伺服速度响应优化。对该设备来说是一个很重要的点，因为推进轴由两个伺服进行同步控制，那么 V90 调试软件所自带的一键优化功能就无法使用了，只能手动去调整。这里需要通过调试软件所带 Trace 功能进行观察，并最终确定相关的参数。

从图 5 和图 6 可以比较清楚地看到优化后的伺服效果，标准就是速度的波动越小越好。当然这个优化需要经过多次的调整和验证，在空载和带载、带不同的负载等等各种情况下进行。

2. G120 变频器的优化

变频器对电机的控制方式都是一拖二，测试过 VF 和无编码器的速度控制两种方式，最终采用的是后者。

对变频的优化是这个系统中的另一个重点，由最开始的公式，可以很清晰地发现，对一个固定的木皮厚度来说，影响推进伺服速度的稳定性，除了伺服自身的因素以外，另外一个重要的因素就

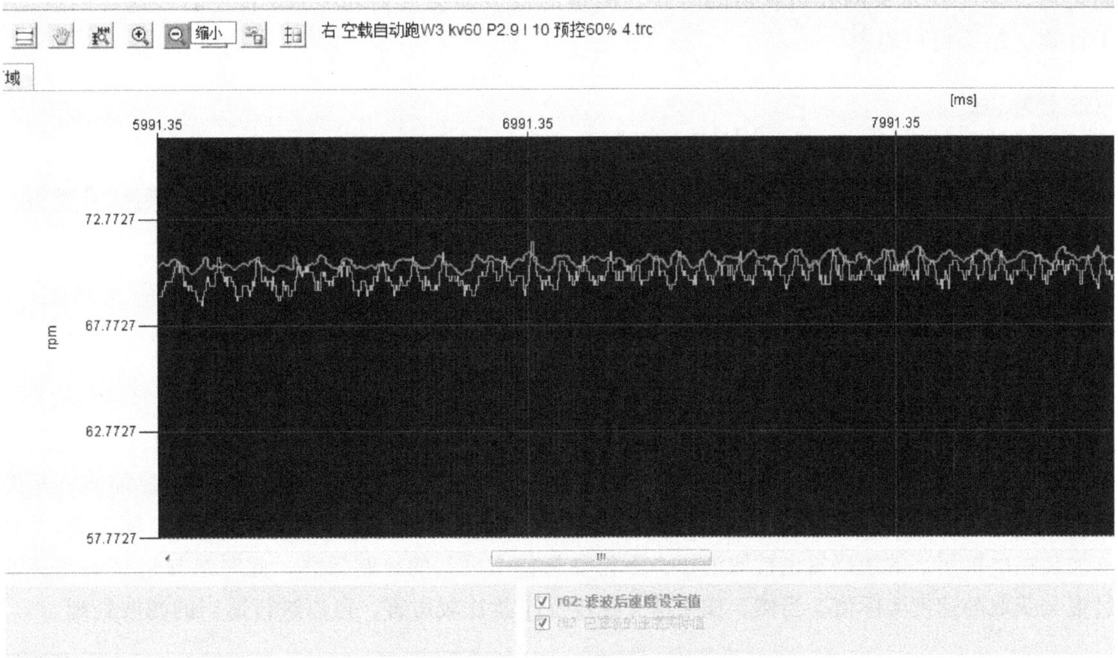

图 5　优化后伺服效果 1

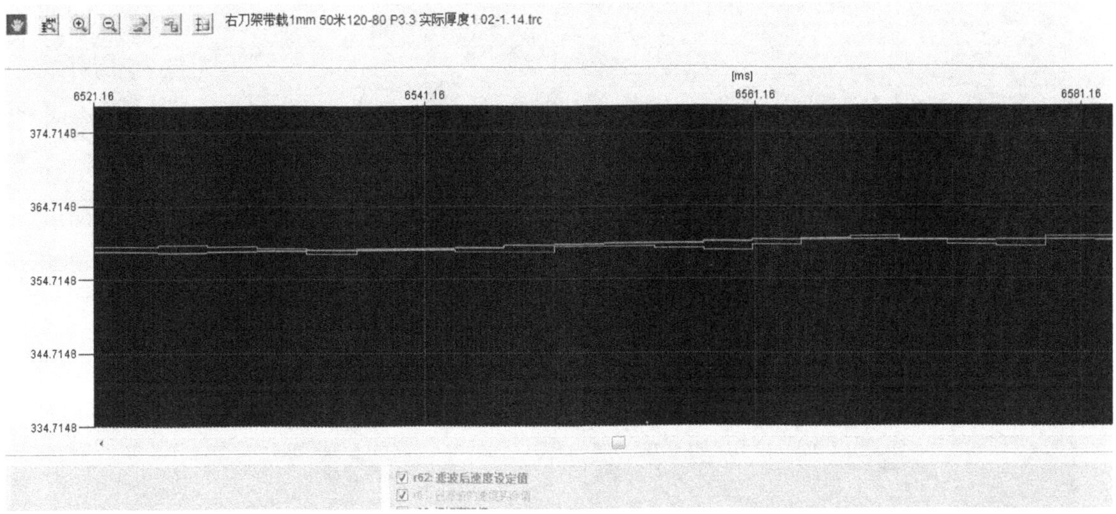

图 6　优化后的伺服效果 2

是 N，也就是辊子的转速，如果辊子的转速波动得很厉害，那么伺服的推进速度就会忽快忽慢，这样就切出来的木皮厚度就会有厚有薄，所以优化好变频的性能对最终的产品质量有着非常重要的作用。

图 7 是在使用 VF 控制的时候辊速度的波动曲线，速度曲线是由编码器测量出来的，但是由于编码器的安装方式等，可以很容易看出速度的波动是非常大的，而这个还是在木头已经旋切了一段

时间之后，至于在木头刚开始旋切的时候，测量的值波动会达到 80～120 转左右，这样的波动值，用于计算，结果可以想象。

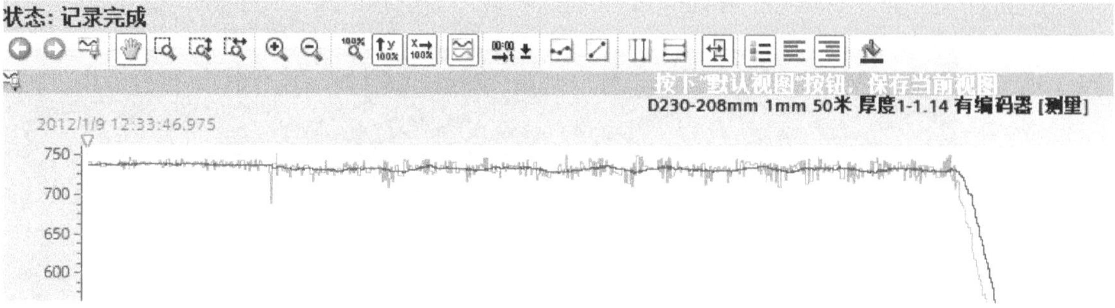

图 7　辊速度波动曲线

图 8 和图 9 中的绿色曲线为设定值，黄色曲线为实际值，控制方式由 VF 改为矢量控制，从图中可以看出，调整相关参数还是有比较明显的效果的（此时系统采用的是无编码器的矢量控制，同时，原本加装在电机尾部的编码器也被取消掉，不再参与整个设备的控制运算，此时参与运算的是速度是通过报文获取的速度实际值，当然，如果这个速度受干扰比较厉害，可以进行适当的滤波处理。）

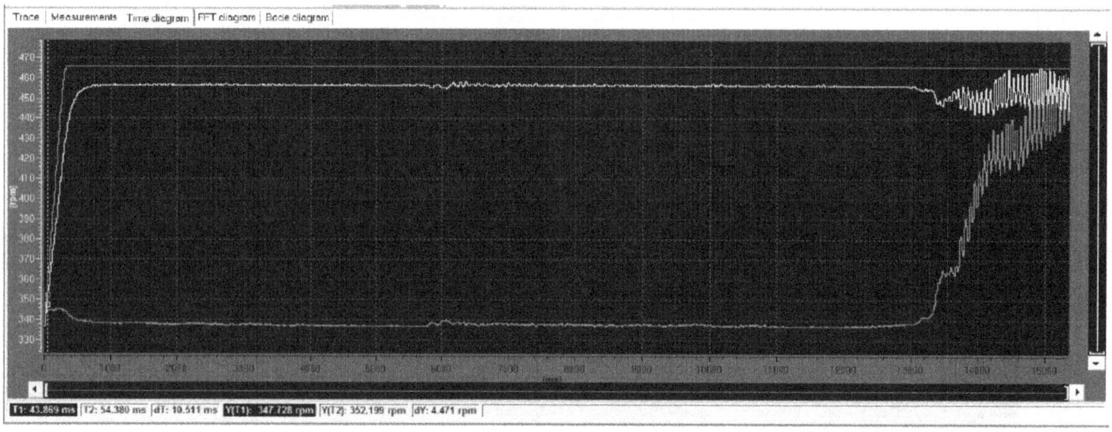

图 8　$P=12$，$I=300$

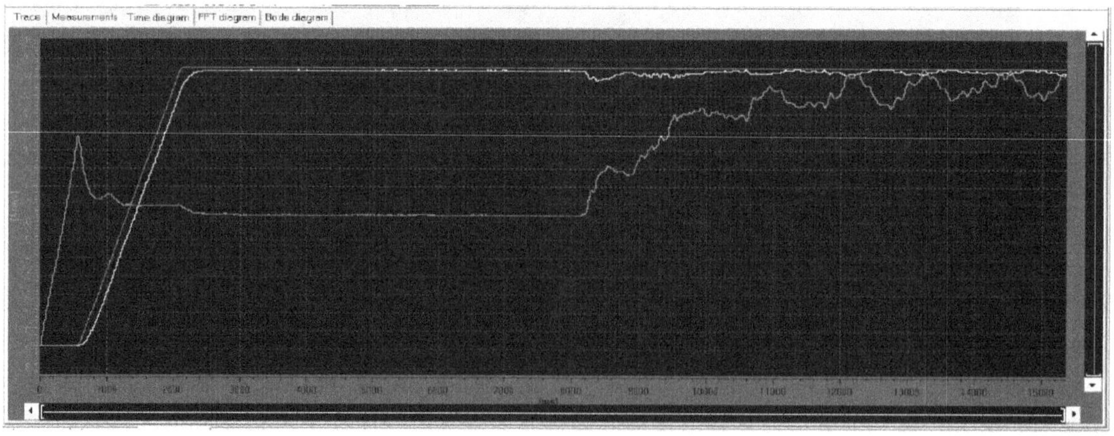

图 9　$P=9$，$I=300$

图 10 是经过优化后的速度曲线，这种情况下切出来的木皮的厚度准确度已经比较稳定了。当然，除了上述的调整以外，在其他的方面的调整也会对准确度的稳定以及提高产生影响。例如，更换 1515T，可以看到扫描周期变短后，对准确度的影响也有比较明显的变化，原因是由于更短的扫描周期，可以使推进伺服更快地针对变频器的速度变化进行响应，使木头的实时半径的计算更快，进而可以使产品准确度表现更好，当然，更好准确度还需要一个前提，就是要处理好变频器的实际速度稳定性和准确性。而针对初始进刀时的阻力大导致的转速下降以及低速时电机特性偏软，我们可以通过调整变频器的参数进行起动转矩补偿。同时，由于整个生产过程中，变频器实际上一直处于加速的过程，所以加速时间的设置合理与否也将会对产品质量产生影响，这方面我们可以根据实际的需求将整个运行过程速度分为几段，同时可以根据实际情况适当调整变频器的加速附加转矩，进而保证变频器的速度的稳定性，减少速度波动对整个生产过程的影响。

对旋切机来说，想要得到非常高的加工准确度，需要多方面的注意，除了电气部件的调整以外，机械部件的加工准确度以及装配准确度也有着很高的要求，例如凸轮、单双辊、切刀等等。

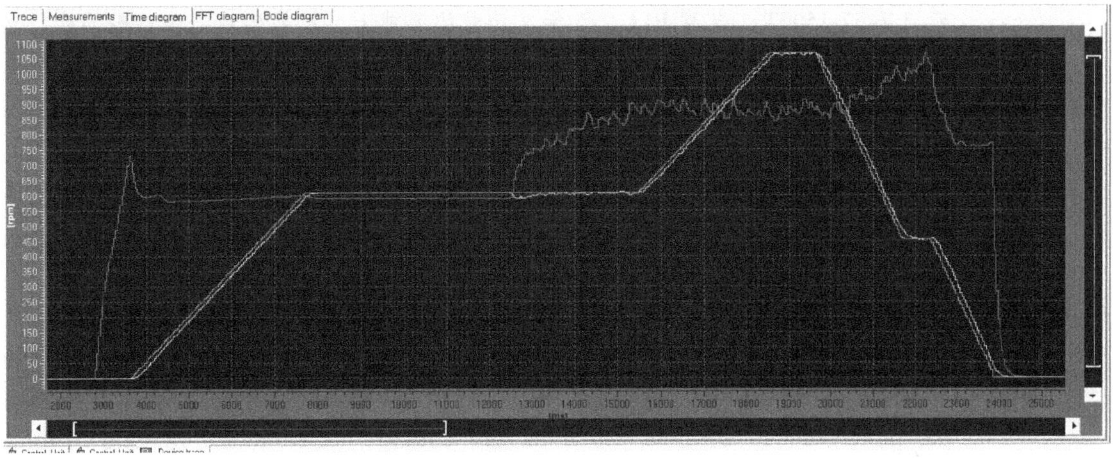

图 10　优化后的速度曲线

五、项目体会

使用 SINAMICS V90 伺服与 1500T CPU 进行绝对位置同步，程序的编写非常简单，只需要使用西门子提供的相关指令就可以很容易的实现，而不管是伺服调试软件的 TRACE 功能还是 PLC 自带的 TRACE 功能，对客户的程序调试以及伺服调试都能提供非常大的帮助，客户可以比较方便地调试出想要的效果。而 V90 作为一款西门子低端的伺服，在特性的表现上也是非常的亮眼的，不管是速度还是位置的控制都能很好地达到想要的效果，不管是调试软件的使用还是伺服特性的调整，对于具备基本伺服知识的工程师来说也是非常容易的。

参考文献

[1]　西门子（中国）有限公司．SINAMICS V90，SIMOTICS S-1FL6　操作说明［Z］.

[2]　西门子（中国）有限公司．SIMATIC STEP 7 Professional V14 系统手册［Z］.

[3]　西门子（中国）有限公司．SINAMICS SINAMICS G120 控制单元 CU240B-2/CU240E-2 参数手册［Z］.

S7-1500T 和 LCamHdl 库在卡匣式送纸机上的应用
The Application of S7-1500T and LCamHd1 Library on Cassette Feeder

陈树义
（西门子（中国）有限公司　潍坊）

[摘　要] 送纸机又称为输纸机，是瓦楞纸处理工艺流程中的重要设备。送纸机的主要作用是将单张瓦楞纸从纸垛中分离，并输送到下一个工艺段中进行处理，如模切、压痕、印刷、烫金等。

西门子 S7-1500T 工艺型 PLC，在标准功能的基础上，扩展实现了像凸轮同步、运动机构等更多的运动控制功能，可满足从简单到复杂的各种应用需求。同时借助于 LCamHdl 库的使用，S7-1500T 可以便捷地生成多种凸轮曲线，满足设备的凸轮控制要求。

本文主要介绍了一种卡匣式送纸机的应用，包括卡匣式送纸机的原理和工艺要求。针对卡匣式送纸机的工艺要求，详细介绍了卡匣式送纸机的控制及驱动系统选型、控制策略，以及在调试过程中遇到的问题及解决办法等。

[关 键 词] 卡匣式送纸机、1500T、LCamHdl 库、凸轮、预推

[Abstract] Feeder is an important machine of corrugated paper processing. The main function of feeder is to separate corrugated paper from the paper stack and transport it to the next process section, such as die cutting, indentation, printing, bronzing and so on.

SIEMENS S7-1500T Technology PLC, on the basis of the standard function, can be extended to realize more motion control functions, such as CAM synchronization, Kinematics, to meet a variety of application requirements from simple to complex. At the same time, with the use of LCamHdl library, S7-1500T can easily generate a variety of CAM disks, to meet the CAM control requirements of the equipment.

This paper introduces a cassette feeder application, which includes the working principle. In view of the technological requirements of the paper feeding mechanism, the paper feeding control and driving system selection, control strategy, problems encountered in the debugging process and solutions are introduced in detail.

[Key Words] Cassette feeder、1500T、LCamHdl Library、Cam、Extrapolation

一、项目简介

近年来，随着互联网以及电商的飞速发展，我国消费品市场不断扩大。市场对于产品包装的需求越来越高。瓦楞纸箱是一种应用广泛的包装制品。半个多世纪以来，瓦楞纸箱以其优越的使用性能和良好的加工性能逐渐取代了木箱等运输包装容器，成为运输包装的主力军。瓦楞纸箱是瓦楞纸板经过模切、压痕、钉箱或黏箱制成。送纸机就是将瓦楞纸板从纸垛中分离并输送到下一工艺段进行模切、压痕处理的送料设备。送纸机根据送纸形式的不同分为飞达送纸、前缘送纸、卡匣式送纸等。飞达送纸机构如图 1 所示。

图 1　飞达送纸机构

飞达送纸是在纸垛的上方设置真空吸附及输送装置。真空吸附装置移动到纸板上方，通过真空吸嘴吸住纸板并输送到送纸部。飞达送纸机构通常使用限位对纸张进行位置限定。这种限位结构虽然在一定程度上能够起到对纸张位置固定的作用，但是在纸张传送的过程中，纸张在飞达头的作用下由下往上移动，很容易带动被传送纸张下方的纸张运动并使其飘浮。

前缘送纸是目前使用比较广泛的工艺，主要在于它具备良好的超延伸功能和精确的送纸功能。前缘送纸的主要工作原理是以纸板前边缘为基准，通过格栅配合将纸板有规律地抬起和落下，控制纸板与纸垛底部太阳轮接触，通过太阳轮和纸板之间的摩擦力将纸板从纸垛中分离并输送到送纸胶轮中，并最终输送到送纸部。前缘送纸机构如图 2 所示。

图 2　前缘送纸机构

从工作原理可以看出，前缘送纸是依靠太阳轮和瓦楞纸板之间的静摩擦力作为纸板前进的动力。因此太阳轮就有可能在纸板上产生划痕，从而影响纸板的品质。卡匣式送纸就是为解决这一问题而出现的。卡匣式送纸机构示意图如图 3 所示。

卡匣式送纸机的机械结构主要由两部分组成：卡匣板送纸部分和皮带输送部分。

卡匣板送纸部分包括卡匣板和真空机构。其中卡匣板设有通气孔，可以产生真空吸力吸附瓦楞纸板，从而使瓦楞纸板跟随卡匣板移动。伺服电动机通过丝杠驱动卡匣板沿轨道往复运动，从而将瓦楞纸板从纸垛分离并输送到皮带输送部分。由于纸板是靠真空吸力跟随卡匣板的动作，纸板和卡匣板的相对运动也就不存在，也就避免了纸产生划痕的问题。

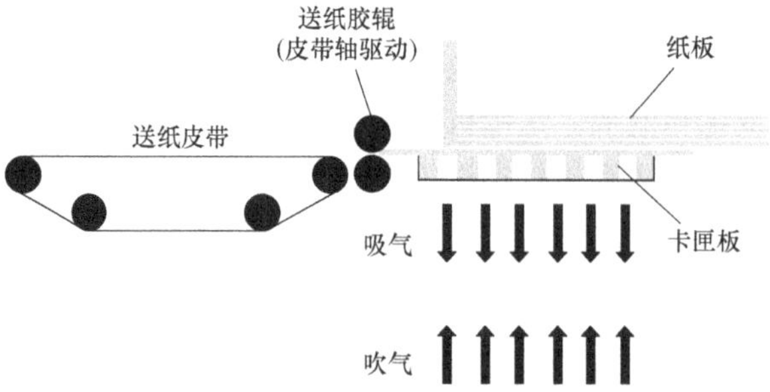

图 3　卡匣式送纸机构示意图

皮带输送部分包括送纸胶辊和送纸皮带。当卡匣板将瓦楞纸板输送到送纸胶辊后，送纸胶辊接到纸板，并将纸板传递到送纸皮带上，由送纸皮带将瓦楞纸板输送到主机，最终完成输送。其中送纸胶辊和送纸皮带由同一伺服电动机驱动。

整个卡匣式送纸机主要的控制点见表 1。

表 1　整个卡匣式送纸机主要的控制点

序号	机构	功能
1	卡匣驱动电机	通过丝杠机构驱动卡匣板往复运动
2	皮带输送电机	驱动送纸胶辊和送纸皮带
3	电磁阀	控制卡匣板处的真空吸力的建立

二、系统结构

1. 驱动选型

客户参考使用的友商电机确定电机型号见表 2。

表 2　友商电机确定电机型号

卡匣驱动电机	SIMOTICS S-1FL6，同步伺服电动机，高惯量，静态转矩为 9.55Nm，电机功率为 2.00kW，额定转速为 2000r/min
皮带输送电机	SIMOTICS S-1FL6，同步伺服电动机，高惯量，静态转矩为 23.9Nm，电机功率为 5.00kW，额定转速为 2000r/min

2. PLC 选型

整台送纸机需要配合主机工作，即送纸机的送纸速度要跟主机匹配。主机是变频器+编码器的方式驱动控制，因此 PLC 需采集主机编码器信号作为送纸机的基准主轴信号。

通过卡匣式送纸机的工作原理分析，各部分的工艺要求和控制策略汇总表见表 3。

以上控制策略中，绝对位置同步或者 CAM 同步，以及外部编码器做引导轴都是 T-CPU 所特有的功能。因此 PLC 选择 T 系列 CPU。

卡匣式送纸机各部分控制对象所占用的运动控制资源见表 4。

表 3　工艺要求和控制策略汇总表

序号	对象	工艺要求	控制策略
1	吸、吹气电磁阀	基于卡匣位置实现控制	输出凸轮(OUTCAM)
2	卡匣电机	特定位置范围内与送纸胶辊速度同步	绝对位置同步或者 CAM 同步
3	皮带送纸电机	主轴编码器特定角度范围内将纸送到牙排叼牙口	绝对位置同步或者 CAM 同步
4	主机编码器	基准主轴	外部编码器(TO)

表 4　卡匣式送纸机各部分控制对象所占用的运动控制资源

控制对象	工艺对象	所需运动控制资源
主轴编码器	外部编码器	80
卡匣送纸轴	同步轴	160
皮带送纸轴	同步轴	160
吸气电磁阀	输出凸轮	20
吹气电磁阀	输出凸轮	20
卡匣送纸曲线(可选)	凸轮	扩展资源 2
皮带送纸曲线(可选)	凸轮	扩展资源 2
总计		440(扩展资源 4)

通过 TIA Selection Tool 软件，可以看出当运动控制周期为 4ms，通信负荷为 25%时，S7-1511T 的典型运动控制时间为 1.53ms，运动控制利用率为 1.53/4 = 38%。此时 S7-1511T 是满足控制需求的。4ms 周期下运动控制资源计算如图 4 所示。

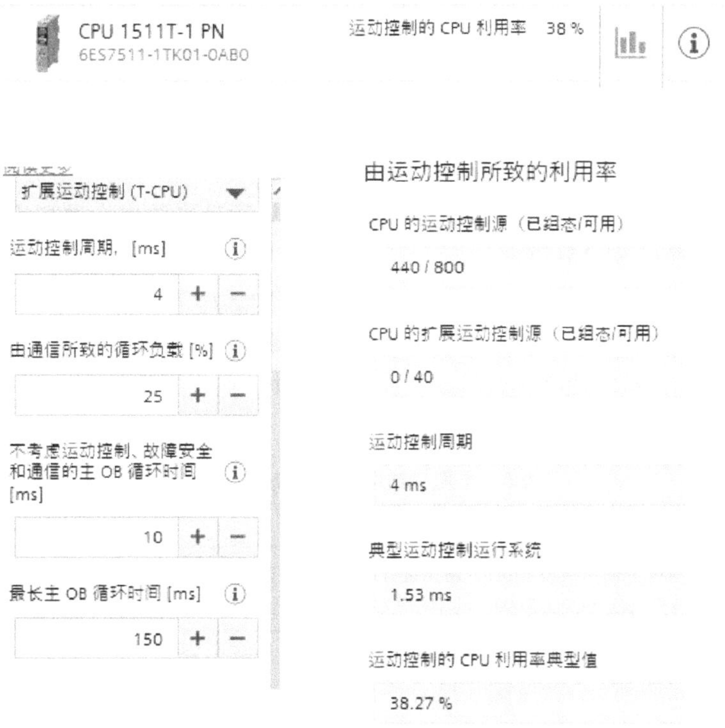

图 4　4ms 周期下运动控制资源计算

如果将运动控制周期缩短为 2ms，那么 S7-1511T 的运动控制利用率上升到 77%（1.53/2≈0.77），超过建议的运动控制、故障安全和通信的利用率。S7-1511T 将不满足控制需求，需要选择性能更高的 CPU。2ms 周期下运动控制资源计算如图 5 所示。

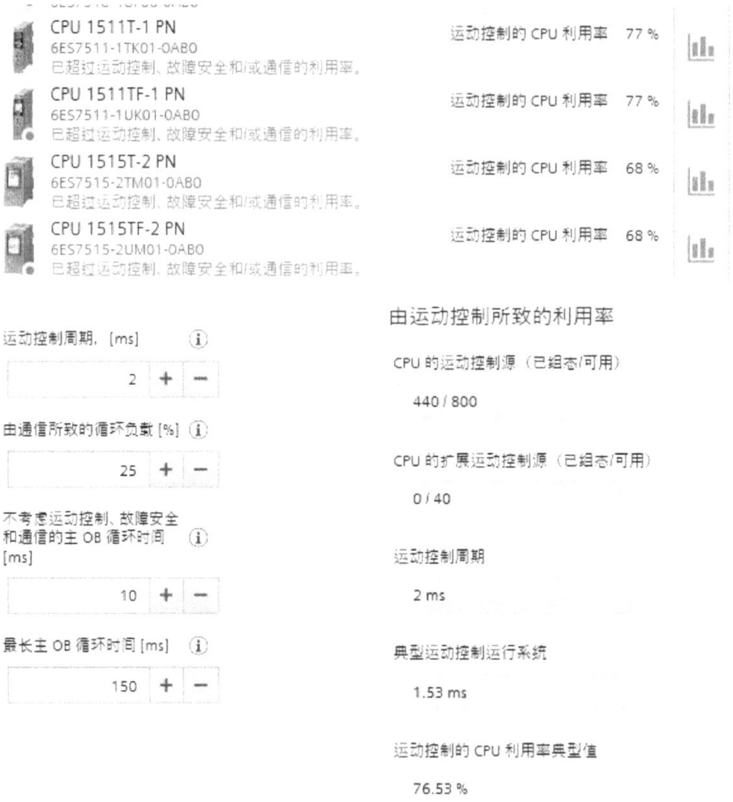

图 5　2ms 周期下运动控制资源计算

从工艺需求来看，卡匣式送纸机要求将纸板低速送进主机。由于纸板速度很小，2ms 的位置控制周期差异所带来的影响十分微小。但是性能更高的 CPU 所带来的成本增加比较明显。综合考虑，卡匣式送纸机的 CPU 选择 S7-1511T。

主机主轴编码器信号为 5V 的差分信号，因此送纸机侧选择 TM PosInput 模块接入编码器信号。

吸、吹气电磁阀通过普通的中间继电器驱动。继电器触点和电磁阀的动作时间远大于主程序周期，且从成本角度考虑，最终选择普通的数字量输出驱动，而没有选择 TimeBase 模块。

综上所述，卡匣式送纸机的最终控制方案见表 5。

表 5　卡匣式送纸机的最终控制方案

序号	描述	订货号	数量
1	SIMOTICS S-1FL6，同步伺服电动机，高惯量，静态转矩为 9.55Nm，电机功率为 2.00kW，额定转速为 2000r/min，轴高为 65.0mm，自冷却	1FL6067-1AC61-2AG1	1
2	SINAMICS V90，单轴，紧凑型，额定功率为 2.50kW	6SL3210-5FE12-0UF0	1
3	MOTION-CONNECT 300 电源电缆：5.00m	6FX3002-5CL12-1AF0	1
4	MOTION-CONNECT 300 增量式编码器电缆：5.00m	6FX3002-2CT12-1AF0	1

（续）

序号	描述	订货号	数量
5	SIMOTICS S-1FL6，同步伺服电动机，高惯量，静态转矩为 23.9Nm，电机功率为 5.00kW，额定转速为 2000r/min，轴高为 90.0mm，自冷却	1FL6094-1AC61-2AG1	1
6	SINAMICS V90，单轴，紧凑型，额定功率为 5.00kW	6SL3210-5FE15-0UF0	1
7	MOTION-CONNECT 300 电源电缆：5.00m	6FX3002-5CL12-1AF0	1
8	MOTION-CONNECT 300 增量式编码器电缆：5.00m	6FX3002-2CT12-1AF0	1
9	安装导轨 S7-1500，160mm	6ES7590-1AB60-0AA0	1
10	CPU 1511T-1 PN	6ES7511-1TK01-0AB0	1
11	工艺模块，TM PosInput 2	6ES7551-1AB00-0AB0	1
12	数字量输入/数字量输出 DI/DQ 16×24VDC/16×DC24V/0.5A BA；包括前连接器（直插式）	6ES7523-1BL00-0AA0	1
13	存储卡，12 MB	6ES7954-8LE03-0AA0	1
14	前连接器，适用于 35mm 模块的螺钉型端，40 针	6ES7592-1AM00-0XB0	1

三、工艺关键点

如前描述，卡匣式送纸机的工艺主要有以下两点：

1）卡匣板送纸部位真空吸、吹气的控制：准确合理地打开和关闭吸、吹气电磁阀，保证瓦楞纸及时跟随卡匣板前进，到达送纸胶辊处。当卡匣板返回时，卡匣板和纸板脱离，避免对纸板产生摩擦。

2）卡匣板和送纸皮带的同步控制：在瓦楞纸从卡匣板交接到送纸胶辊时，卡匣板和胶辊的线速度一致。

其中，真空电磁阀的控制是典型的基于位置的输出凸轮应用，选择合适的输出凸轮关联轴和凸轮打开范围可以满足控制要求。

卡匣板的控制是同步轴的应用，而且是绝对位置同步。对于绝对位置的同步控制，1500T 系列 PLC 可以通过 GearInPos 的绝对位置同步和 CamIn 的凸轮同步两种控制方案。

1）GearInPos 方案：基于位置的齿轮传动。引导轴和跟随轴之间的传动齿轮比为线性传递函数。

2）CamIn 方案：引导轴和跟随轴根据预先设定的 Cam 曲线同步。即引导轴和跟随轴之间的传动比为非线性传递函数。

对比两种同步方式以及本设备的控制需求，在同步送纸过程，两种控制方案的控制效果类似。但是 CamIn 方案在建立同步的过程中，跟随轴的同步速度和同步加速度可控。而且在送纸完成卡匣返回的过程中，CamIn 同步则只需要定义合适的 Cam 曲线即可。如果是 GearInPos 方案，建立同步时跟随轴的速度和加速度不可控。送纸完成后，跟随轴需要解除同步并停止，然后通过绝对定位的方式返回起始位置，准备下一次送纸。对比两种方案，对卡匣轴的同步控制，采用凸轮同步的方案，更加方便简洁。S7-1511T 的控制资源也能够满足控制要求。最终，卡匣轴的控制采用 CamIn 同步控制方案。

四、调试关键点及解决办法

1. 卡匣送纸轴曲线的定义

如前所述，卡匣送纸轴采用凸轮同步的方式进行控制。那么卡匣送纸轴的引导值就有两种选择：主轴编码器或者皮带送纸轴。如果选择主轴编码器作为引导值，优点是卡匣送纸轴和皮带送纸轴的同步效果好。一旦主轴编码器速度发生变化，两个送纸轴能够同时响应主轴速度的变化。此时，卡匣送纸轴的 CAM 曲线中需要有一段区域与皮带送纸轴的 CAM 曲线完全一致，以实现卡匣送纸轴和皮带送纸轴的线速度同步。

为保证纸板能够完全跟随皮带移动，不出现打滑现象，皮带送纸轴的 CAM 曲线选择为速度和加速度均连续变化的正弦规律曲线，图 6 所示为皮带轴与主轴编码器的位置关系。

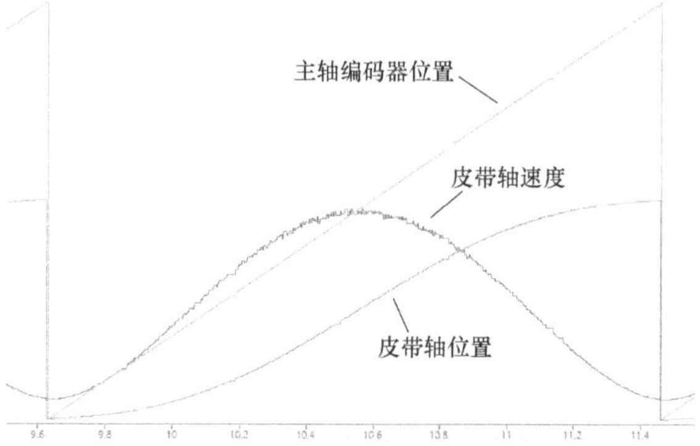

图 6　皮带轴与主轴编码器的位置关系

如果选择主轴编码器作为卡匣送纸轴的引导轴，CAM 曲线定义比较困难，而且调试过程中的曲线修改也比较麻烦。如果选择皮带送纸轴作为引导轴，则不会有类似的困难。同步区段只需要定义传动比为 1 即可。修改同步位置，只要通过曲线偏移就可实现。最终卡匣送纸轴的主轴选择皮带送纸轴的实际值。

卡匣板送纸完成后需要减速停车再反向运动。由于机械设计的原因，卡匣轴减速停车空间十分有限。因此，在控制卡匣板同步时要尽可能选择较小的同步线速度，以减小卡匣板的停车位移，避免机械碰撞。这个要求反映到 CAM 曲线上，即卡匣轴和皮带轴线速度同步的终点为皮带轴线速度最小时刻的位置，然后向前偏移卡匣板的移动距离的点即为线速度同步的起点。

通常定义 CAM 曲线只需要在 TO_CAM 中定义主、从轴的同步关系，由程序在运行期间通过插补使插补点/段之间的空隙闭合。这种方法直观简单，但是修改同步曲线要修改组态，比较麻烦。LCamHdl 库提供了一种通过程序编程来动态生成凸轮曲线的方法。它提供了三种功能块：LCamHdl_CreateCamBasic，LCamHdl_CreateCamAdvanced 和 LCamHdl_CreateCamBasedOnXYPoints，以满足不同的应用需求。每种功能块的使用条件见表 6。

表 6　每种功能块的使用条件

功能块	使用条件
LCamHdl_CreateCamBasic	凸轮盘中的点以及该点位的动态特性已知
LCamHdl_CreateCamAdvanced	凸轮盘中的特定工作区域位置以及几何微分已知
LCamHdl_CreateCamBasedOnXYPoints	仅有 X 坐标(主值)和 Y 坐标(从值)

从工艺需求方面分析，卡匣送纸轴一个周期的运动状态可分为以下几个阶段：静止-加速-同步-减速-静止-反向加速-反向匀速-反向减速-静止。其中静止和同步状态所处工作区域位置已知。因此选用 LCamHdl_CreateCamAdvanced 功能块创建 CAM 曲线。

LCamHdl_CreateCamAdvanced 用于根据定义的点/段生成凸轮曲线。凸轮轮廓定义存放在数据类型为 Array[*] of LCamHdl_type Advanced Element 的数组中。LCamHdl_type Advanced Element 数组

中的每个元素对应一段凸轮轮廓，其内部数据包含这段轮廓中主值和从值的位置、速度、加速度、曲线类型等参数。LCamHdl_type Advanced Element 的参数见表 7。

表 7　LCamHdl_type Advanced Element 的参数

名称	数据类型	值	备注
leadingValueStart	LReal	0.0	引导轴起始值
leadingValueEnd	LReal	0.0	引导轴结束值
followingValueStart	LReal	0.0	从轴起始值
followingValueEnd	LReal	0.0	从轴结束值
geoVeloStart	LReal	0.0	起始速度
geoVeloEnd	LReal	0.0	结束速度
geoAccelStart	LReal	0.0	起始加速度
geoAccelEnd	LReal	0.0	结束加速度
geoJerkStart	LReal	0.0	起始加加速度
geoJerkEnd	LReal	0.0	结束加加速度
inflectionPointParameter	LReal	0.5	转折点参数(λ)-default:0,5standardized ($0<\lambda<1$)
modVeloTrapezoid Parameter	LReal	1.0	元素参数(c)-(正弦-直线-混合)
modSineMaxAccelCaStar	LReal	0.0	优化正弦的特例 - Ca *
camProfileType	DINT	LCAMHDL_PROFILE_EMPTY	元素的曲线轮廓类型,0(默认值):LCAMHDL_PROFILE_EMPTY

LCamHdl_CreateCamAdvanced 功能块是基于线段的,这就允许线段之间存在空档。空档部分会在运行时由系统自动插补填充。因此,只需要将特定工作区域的凸轮轮廓定义数据填写进相应的数据块,然后执行 LCamHdl_CreateCamAdvanced 就可以生成 CAM 曲线。如果需要修改 CAM 曲线，只需要修改数据块内的数据，并重新执行 LCamHdl_CreateCamAdvanced 即可。

针对卡匣送纸轴，定义了 4 段凸轮轮廓，包括开始时的静止状态（见图 7），主、从轴同步状态（见图 8），送纸完成后的静止状态（见图 9）和返回后的静止状态（见图 10）。每两种状态之间的过渡由系统自动插补填充。最终生成的 CAM 曲线如图 11 所示。

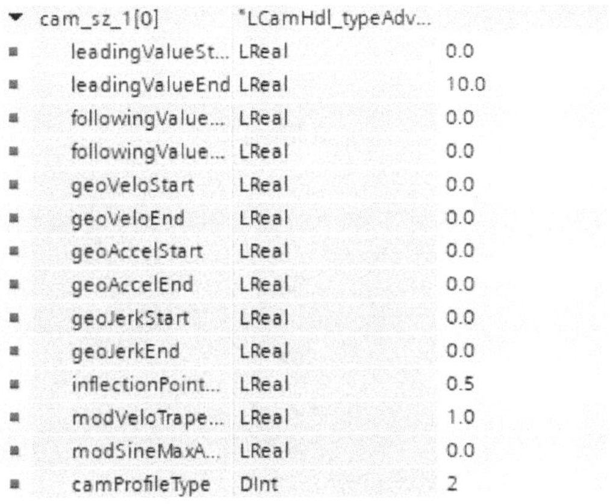

▼ cam_sz_1[0]	"LCamHdl_typeAdv...	
leadingValueSt...	LReal	0.0
leadingValueEnd	LReal	10.0
followingValue...	LReal	0.0
followingValue...	LReal	0.0
geoVeloStart	LReal	0.0
geoVeloEnd	LReal	0.0
geoAccelStart	LReal	0.0
geoAccelEnd	LReal	0.0
geoJerkStart	LReal	0.0
geoJerkEnd	LReal	0.0
inflectionPoint...	LReal	0.5
modVeloTrape...	LReal	1.0
modSineMaxA...	LReal	0.0
camProfileType	DInt	2

图 7　开始时的静止状态

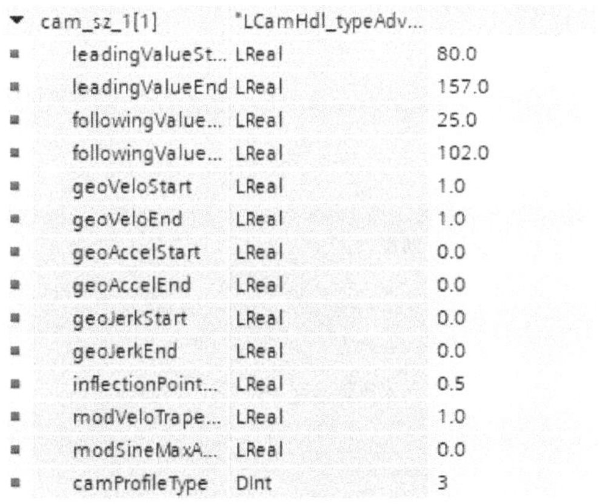

▼ cam_sz_1[1]	"LCamHdl_typeAdv...	
leadingValueSt...	LReal	80.0
leadingValueEnd	LReal	157.0
followingValue...	LReal	25.0
followingValue...	LReal	102.0
geoVeloStart	LReal	1.0
geoVeloEnd	LReal	1.0
geoAccelStart	LReal	0.0
geoAccelEnd	LReal	0.0
geoJerkStart	LReal	0.0
geoJerkEnd	LReal	0.0
inflectionPoint...	LReal	0.5
modVeloTrape...	LReal	1.0
modSineMaxA...	LReal	0.0
camProfileType	DInt	3

图 8　主、从轴同步状态

cam_sz_1[2]	"LCamHdl_typeAdv...	
leadingValueSt...	LReal	170.0
leadingValueEnd	LReal	300.0
followingValue...	LReal	110.0
followingValue...	LReal	110.0
geoVeloStart	LReal	0.0
geoVeloEnd	LReal	0.0
geoAccelStart	LReal	0.0
geoAccelEnd	LReal	0.0
geoJerkStart	LReal	0.0
geoJerkEnd	LReal	0.0
inflectionPoint...	LReal	0.5
modVeloTrape...	LReal	1.0
modSineMaxA...	LReal	0.0
camProfileType	DInt	2

图 9　送纸完成后的静止状态

cam_sz_1[3]	"LCamHdl_typeAdv...	
leadingValueSt...	LReal	600.0
leadingValueEnd	LReal	1450.0
followingValue...	LReal	0.0
followingValue...	LReal	0.0
geoVeloStart	LReal	0.0
geoVeloEnd	LReal	0.0
geoAccelStart	LReal	0.0
geoAccelEnd	LReal	0.0
geoJerkStart	LReal	0.0
geoJerkEnd	LReal	0.0
inflectionPoint...	LReal	0.5
modVeloTrape...	LReal	1.0
modSineMaxA...	LReal	0.0
camProfileType	DInt	2

图 10　返回后的静止状态

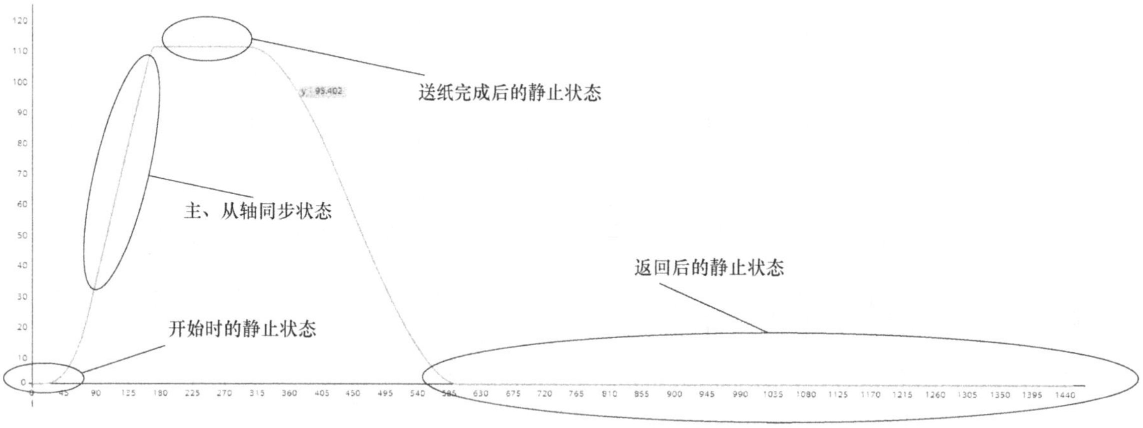

图 11　最终生成的 CAM 曲线

基于以上 CAM 曲线，在建立 CAM 同步时设置合适的从轴偏移量，即可满足卡匣送纸轴的控制要求。最终的卡匣轴和皮带轴的位置、速度关系如图 12 所示。

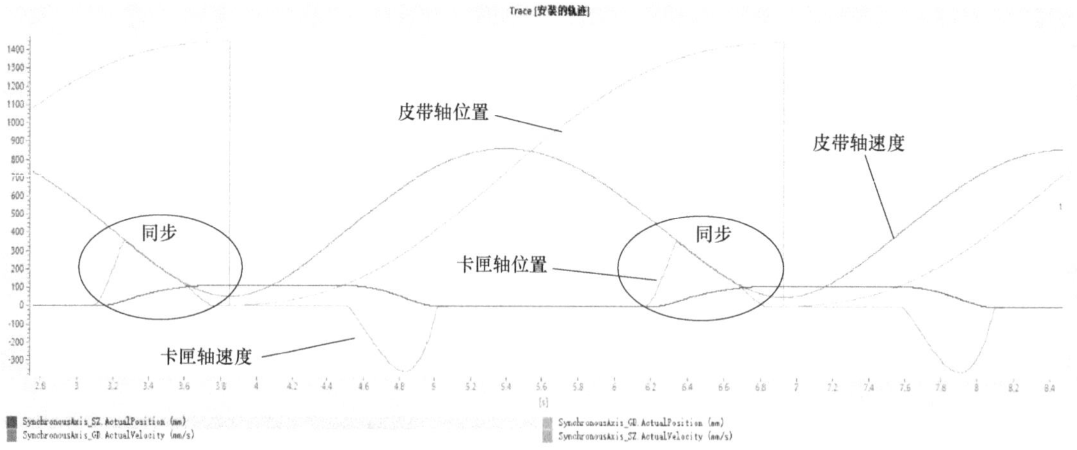

图 12　卡匣轴和皮带轴的位置、速度关系

2. 吸气电磁阀的控制

吸气电磁阀通过基于位置的正方向输出凸轮进行控制。要保证吸气的准确控制，输出凸轮必须要考虑电磁阀的动作时间，即设置预激活时间。然而初始调试时发现，不管预激活时间设置多大都没有效果，吸气电磁阀吸合总是滞后于卡匣轴起动。卡匣轴输出凸轮控制吸气电磁阀如图 13 所示。

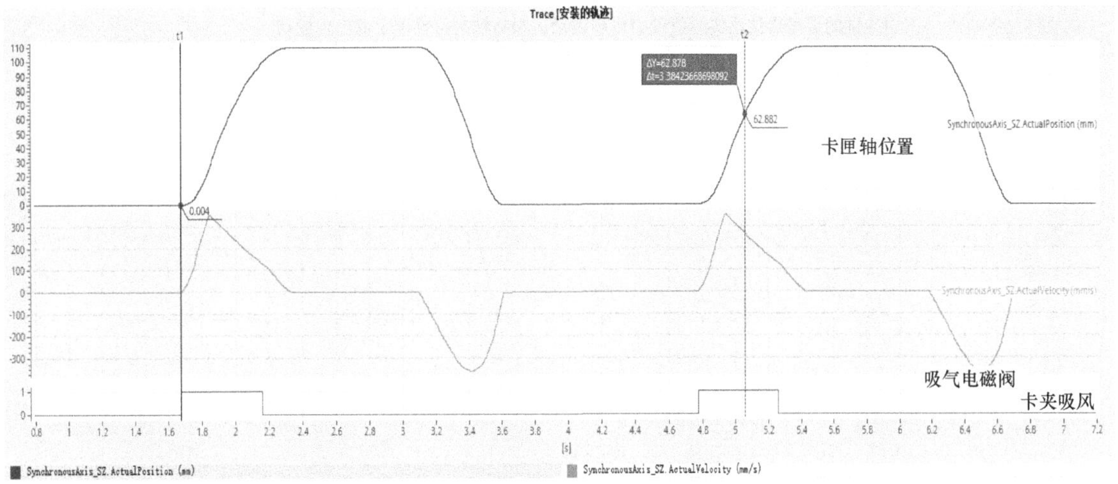

图 13　卡匣轴输出凸轮控制吸气电磁阀

通过查看手册发现，输出凸轮只有在激活两个方向后，才会在互联工艺对象静止时打开，否则输出凸轮在互联工艺对象静止时保持关闭。对吸气电磁阀控制是通过正方向的输出凸轮实现的，所以输出凸轮在卡匣轴起动前保持关闭，补偿时间不起作用，吸气电磁阀不可能提前吸合。

由于卡匣轴和皮带轴是通过凸轮同步进行控制的，因此卡匣轴和皮带轴的位置是一一对应的关系。而且皮带轴是一直运动的状态，因此只要通过 CAM 曲线读取卡匣轴起动时所对应的皮带轴的位置，就可以通过皮带轴的输出凸轮来控制吸气电磁阀，同样达到卡匣轴起动前，吸气电磁阀吸合的控制效果。修改 TO 组态和程序后，吸气电磁阀的控制达到了预期效果。皮带轴输出凸轮控制吸气电磁阀如图 14 所示。

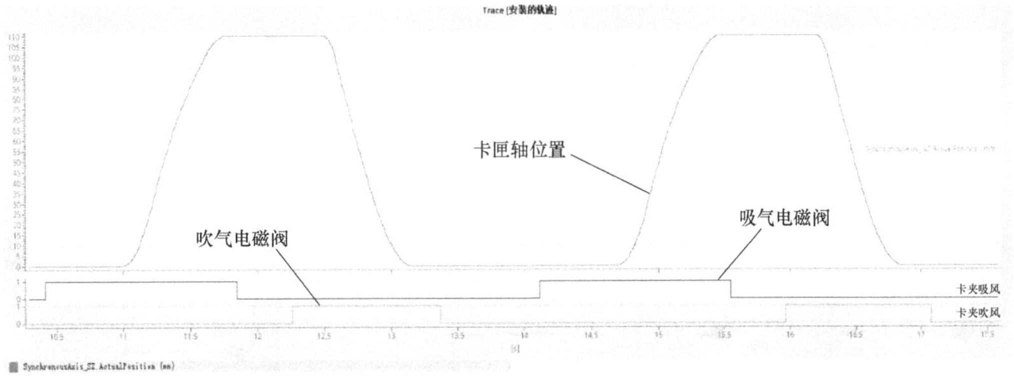

图 14　皮带轴输出凸轮控制吸气电磁阀

3. 停车时的皮带抖动问题

试车时发现，每次主机停机时，皮带送纸轴都会抖动。通过 Trace 曲线发现皮带送纸轴的抖动是位置设定值出现了抖动。由于皮带送纸轴是通过基于编码器作为引导轴的 CAM 同步进行控制的，因此进一步 Trace 了作为引导轴的编码器实际位置和皮带送纸轴的位置设定值，皮带送纸轴位置设定值抖动如图 15 所示。引导轴的编码器位置实际值没有出现波动，但是皮带送纸轴（跟随轴）的位置设定值出现了波动，那么波动只能产生在跟随轴位置设定值的生成过程。

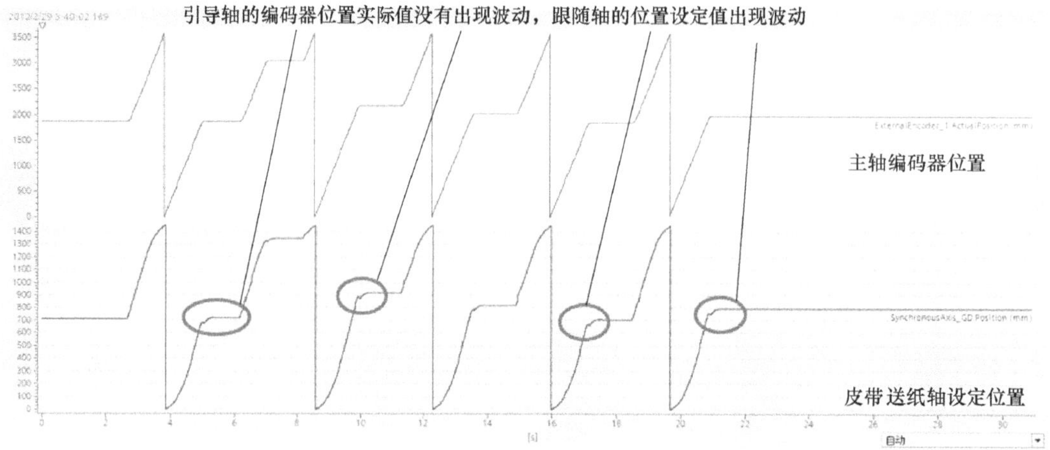

图 15　皮带送纸轴位置设定值抖动

引导轴是外部编码器的实际值。在同步控制中，为了保证跟随轴的跟随性，其主值是基于引导轴的实际值外推生成的。实际值外推原理如图 16 所示。通过分析外推原理，发现外推主要基于以下三个参数来实现：

1）滤波后的引导轴位置 X。

2）滤波后的引导轴速度 V。

3）外推时间 T。

最终跟随轴的设定值为

$$X' = X + V \times T$$

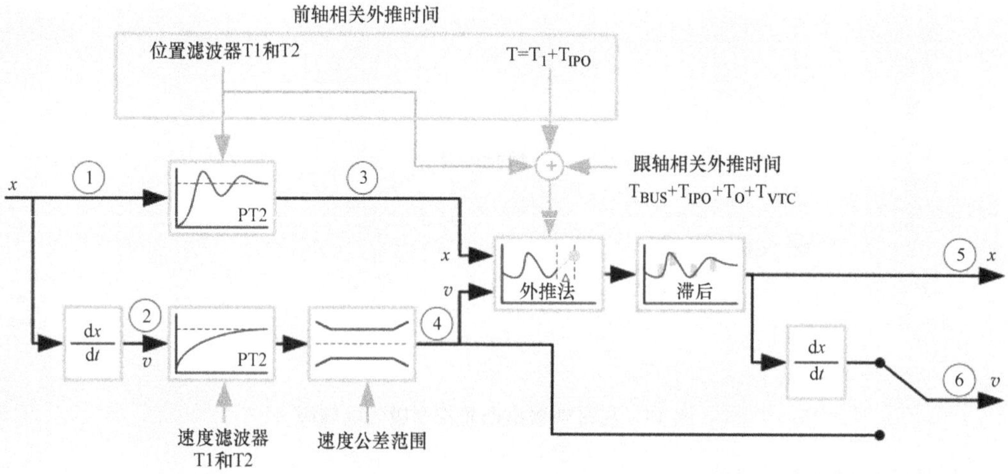

图 16　实际值外推原理

通过上述公式，可以看出外推位置的准确性是以速度恒定为条件的。也就是说，只有保持速度恒定，外推位置才是准确的。一旦速度发生变化，外推得到的位置将与实际位置产生偏差，这个偏差只能通过位置环的控制来补偿。

结合本机的实际情况，主轴编码器安装在负载侧。负载是由一台异步电机（变频控制）通过离合器驱动。设备停机时，电机先减速到较低的速度，然后离合器脱开，负载依靠机械摩擦停车。当离合器脱开时，负载突然丢失外部驱动，速度突然减小到 0，相当于急停动作。由于 PLC 不能预见离合器脱开导致负载的速度突变，从而导致外推的位置出现偏差。

在跟随轴位置设定值预推计算中，引导轴的位置和速度都不可修改，只能通过修改预推时间 T 来修正跟随轴的位置设定值。预推时间 T 包括引导轴位置实际值的滤波时间、总线时间、插补时间以及跟随轴的时间和平衡滤波器时间等。其中只有引导轴位置实际值的滤波时间和跟随轴的平衡滤波器时间可供修改。

如果将引导轴的位置滤波器的时间和跟随轴的平衡滤波器时间修改为 0ms，即外推时间接近 0，此时皮带送纸轴的位置设定值几乎直接来自于编码器的实际值（不考虑总线传输时间）。那么由外推所产生的位置偏差将不复存在，皮带送纸轴的位置设定值波动也就消失（见图 17）。最终的实验结果也验证了以上推理。

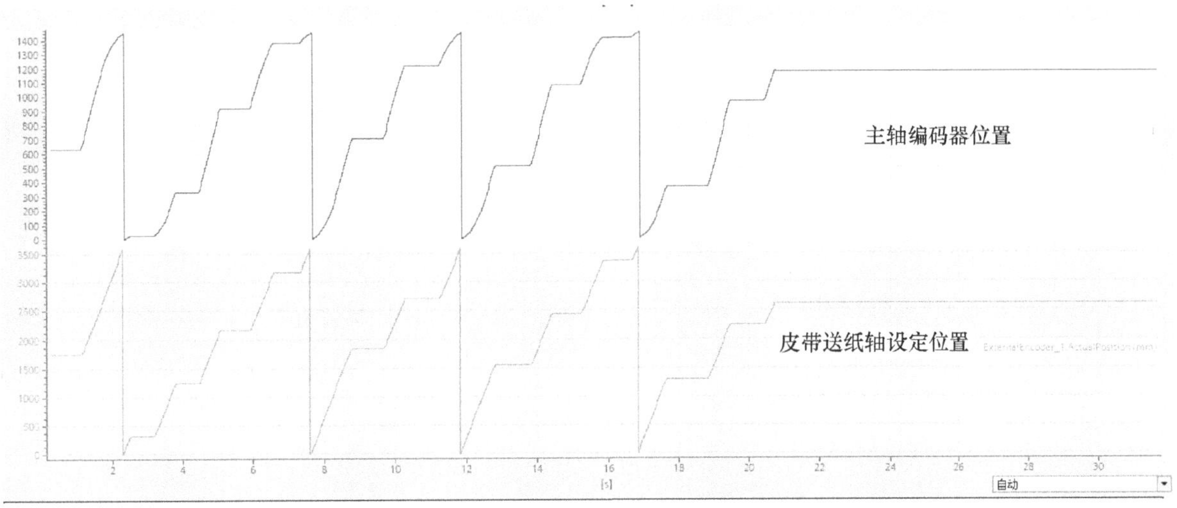

图 17　位置滤波器时间为 0，皮带送纸轴位置设定值抖动消失

五、最终调试效果及性能

卡匣式送纸机最终调试成功，产品品质达到客户的预期效果。目前，卡匣式送纸机已产生连续订单。卡匣式送纸机性能：5500pcs/h。

六、应用体会

从调试的过程分析，S7-1511T 的控制性能满足控制要求，同步功能调试比较顺利。LCamHdl 库的应用简化了 CAM 曲线的组态过程，方便客户在后续不同规格的机型中修改 CAM 曲线。

当使用引导轴实际值作为同步控制的主轴时，需要对实际值进行处理，提高跟随轴的跟随性。但是实际值外推的滤波参数设置需要谨慎合理，否则有可能会使跟随轴出现异常抖动。

参考文献

[1] 西门子（中国）有限公司. TIA Portal V16 中的 S7-1500/S7-1500T 测量输入和凸轮功能 V5.0 [Z].

[2] 西门子（中国）有限公司. SIMATIC S7-1500T：Guideline for Filtering and Extrapolation for Actual Value Coupling [Z].

[3] 西门子（中国）有限公司. Creation of cam disks at runtime for S7-1500T [Z].

S7-1500T 在铝塑包装转运机械臂上的应用
Application of S7-1500T in transfer manipulator for aluminum-plastic packaging

胡　霁
（西门子（中国）有限公司　天津）

［ 摘　要 ］ 本文介绍了西门子 S7-1500T 及伺服驱动产品在铝塑泡罩包装转运机械臂上的应用，实现了铝塑药板从铝塑包装机到装盒机的自动动态转运，大大提升了生产效率。

［ 关 键 词 ］ 铝塑包装、转运机械臂、S7-1500T

［ Abstract ］ This paper introduces the application of SIEMENSS7-1500T and servo drive products in the transportation manipulator for aluminum-plastic blister packaging, realizes the automatic and dynamic transportation of aluminum-plastic medicine plates from aluminum-plastic packaging machine to cartoning machine, and greatly improves the production efficiency.

［ Key Words ］ Aluminum plastic packaging、Transfer manipulator、S7-1500T

一、项目简介

1. 背景介绍

药品的铝塑包装具有保护性好、透明直观、使用方便等优点，越来越受到制药企业和消费者的欢迎，逐渐成为固体药品包装的主流。

铝塑泡罩包装机和自动装盒机作为铝塑泡罩的生产设备，多采用分体式设计，传统生产中设备间产品的衔接多采用人工转运的方式进行。但随着物品规模化生产、劳动用工成本增加和新版《药品生产质量管理规范》对无菌生产的要求更加严格，使得这样传统的作业方式随之正发生着改变，那就是无需人工的中转工序，实行联线自动生产。铝塑药板密封成型后，不再通过人工转入下道工序进行装盒，而是由传送带过渡进入自动装盒部分，其好处在于：一方面节省了转换工序需要的劳动力成本；另一方面，减少了物品的交叉污染，更加洁净卫生，而且大大地提高了生产效率。

目前，常见的自动转运方式主要有以下两种：

1）片基带转运。主流厂商基本采用此方式转运，实现方式较为简单。不过，此种方式受限于传送带线速度等指标，单线产能一般很难做高。另外，设备需要占据比较多的布局空间，有些转弯连接的线体在转角处有撞板的风险。

2）转运机械臂转运。这是近期兴起的智能转运方式，通过机械手将铝塑泡罩机输出到传送带上的铝塑板动态转运到装盒机输入传送带上。采用这种设计结构，设备可以直线布局，输送链长度可以缩短，节省空间，传送效率也很高，适合大产能线体。另外，装盒机也省去了叠片入库和旋片下料的工序。

本设备就是采用机械臂的转运方式，实现了铝塑药板从铝塑泡罩机到装盒机的自动转运。

2. 工艺介绍

转运机械臂的主要控制任务是将泡罩机载切出来后在格栅输送链上输送的泡罩板动态转移到并行的装盒机输送链上。泡罩板输送链的示意图如图 1 所示。

具体工艺可分解为以下三个要点：

1）泡罩机一次冲裁出三块铝塑板，形成 A、B、C 三列连续在中间链上输出；装盒机一次包装一盒，物料单列连续输入。如果要匹配使用，需要将泡罩机的三列物料变为一列。

2）泡罩机和装盒机为相对独立的设备，分属上下游设备，且控制系统品牌不统一。因此，转运机械手要连接上下游设备，实现铝塑板的动态转运，首先需要识别上下游设备输送链上的物料。为此，输送链上各安装一个外部编码器。

3）要实现动态转运任务，转运设备需要有三个轴，分别实现追踪传送带、上下动作取放料和在不同传送链之间移动。

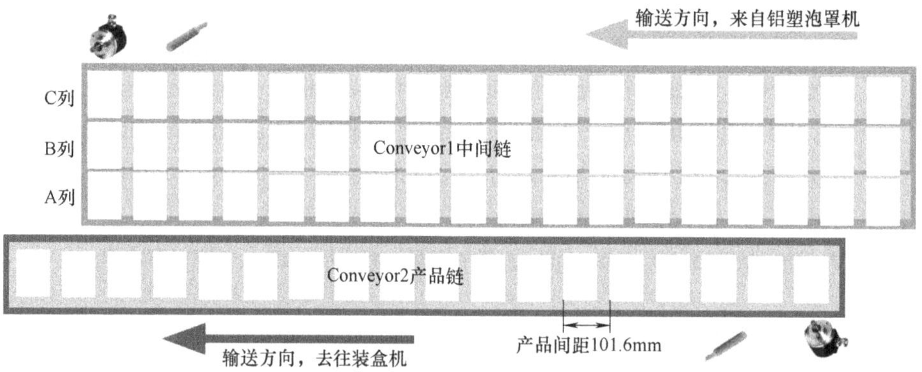

图 1　泡罩板输送链示意图

转运机械臂的结构示意图及实际图片分别如图 2 和图 3 所示。机械臂上的吸盘支架有三列真空吸盘，每列 10 个，一次可从中间链取 3×10 块铝塑板，分三次分别放置在产品链上，每次放 1 列 10

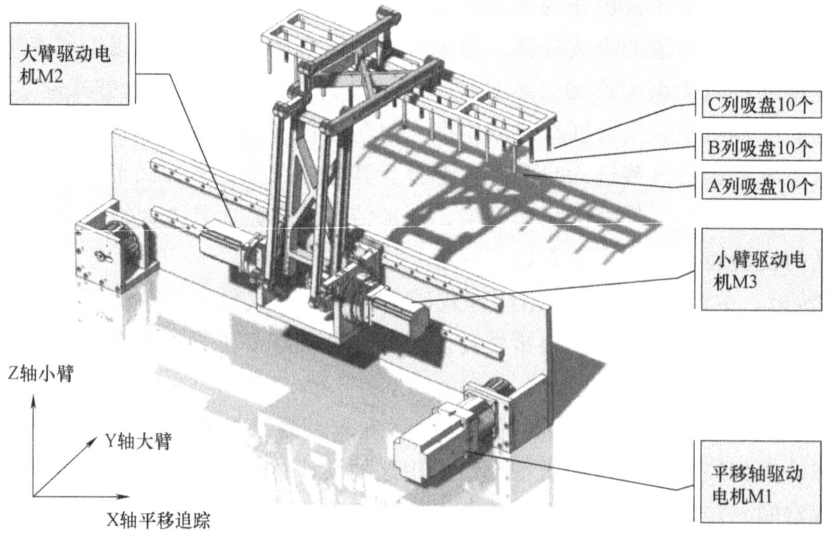

图 2　转运机械臂结构示意图

块。转运机械臂上主要有三个轴，分别为

- 平移追踪 X 轴。控制整个机械臂平移，与输送链同步运行及去往下一同步点。
- 大臂 Y 轴。控制吸盘支架在不同传送链之间移动。
- 小臂 Z 轴。控制吸盘支架上下动作取放铝塑板。

图 3　转运机械臂实际图片

二、系统结构

机械臂系统的网络结构图如图 4 所示。S7-1500T CPU 为该机械臂整个系统的控制核心，设备的驱动部分采用全伺服方案，共有 2 套 V90 伺服，1 套 S210 伺服。其中 2 套 V90 伺服分别驱动机械臂的大臂和小臂，小臂可控制吸盘支架上下动作，完成取放料，大臂可控制吸盘支架前后动作，将吸

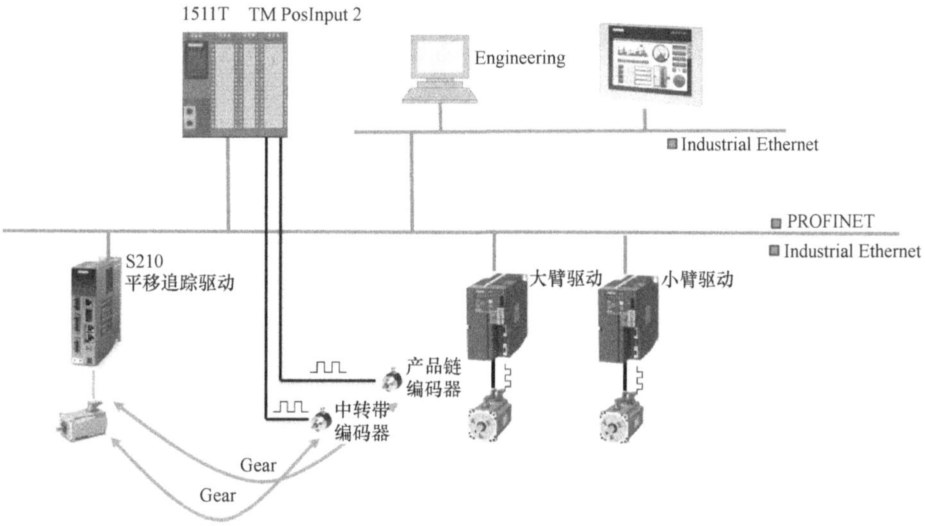

图 4　系统网络结构图

盘支架与传送带对齐；1套S210伺服驱动平移追踪轴，带动整个机械臂运动，可使吸盘支架与传送带同步运行。S7-1500T CPU作为PROFINET控制器利用自身集成的PROFINET接口，连接S210、V90等PROFINET IO设备。同时，S7-1500T CPU搭配TM PosInput 2工艺模块，采集中间链和产品链的位置信号。S210驱动整个机械臂分别与中间链编码器和产品链编码器同步，完成铝塑板的动态取放。人机界面（HMI）及工程组态工具PG/PC通过工业以太网与S7-1500T通信。

三、控制功能的实现

1. 性能指标

设备的性能参数要求见表1。

表1 设备的性能指标要求

主要参数要求	
设计最快转运速度	300盒/min
吸盘最大取放量	3×10盒
取放精度要求	2mm

2. 控制系统功能介绍

该设备的控制核心T-CPU需要处理机械臂的大臂、小臂两个定位轴，中间链和产品链上的两个外部编码器，以及机械臂平移追踪同步轴共五个工艺对象。由于在整个工艺动作中，平移追踪轴与大臂、小臂的动作不要求有特定的耦合关系，因此可以分开进行控制。

西门子公司提供的轴控制库LAxisCtrl，提供了轴控制的典型功能函数，例如外部编码器功能控制块、速度轴控制块、定位轴控制块、同步轴控制块等，不同工艺对象的相应功能被集成到了一个功能块中，简化了编程难度，提高了效率。本项目中，为了简化编程、提高效率，大臂、小臂、平移追踪轴及两个外部编码器的基本控制就使用了LAxisCtrl库中的LAxisCtrl_ PosAxis和LAxisCtrl_ ExtEncoder功能块，实现了如使能、寻零、复位、点动，定位等基本的控制功能。

平移追踪轴在取料和放料时需要分别与中间链和产品链上的外部编码器进行绝对同步，在同步运行过程中，才能通过吸盘进行取放料工作。取料和放料工序切换时，平移追踪轴需要切换作为引导轴的外部编码器。取料一次取3列，放料时，分3次分别放3列的料，需要重复进行同步-放料-退出同步-平移等待下次同步的过程。系统工艺流程图如图5所示。自动控制核心功能块FB“FlyingPickPlace”采用FBD语言编写，借用了基于SIMATIC控制器的FlyingSaw库中核心功能块编程使用的程序步编程思想，实现了自动取放料的控制。程序按照处理流程一步步执行，结构清晰。当发生异常时，根据输出的stepNr号，可以很方便地诊断

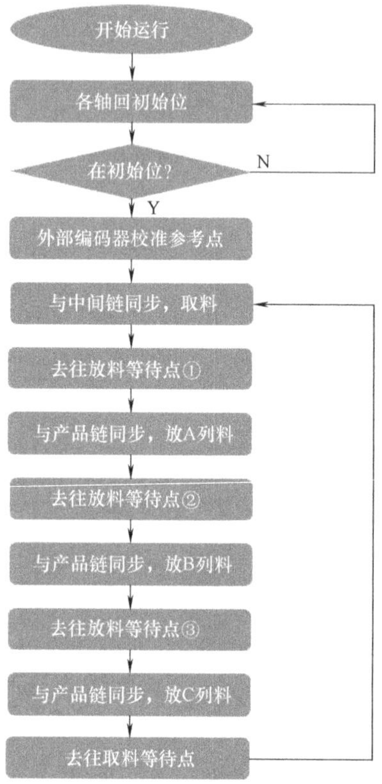

图5 系统工艺流程图

问题，部分程序如图 6 所示。

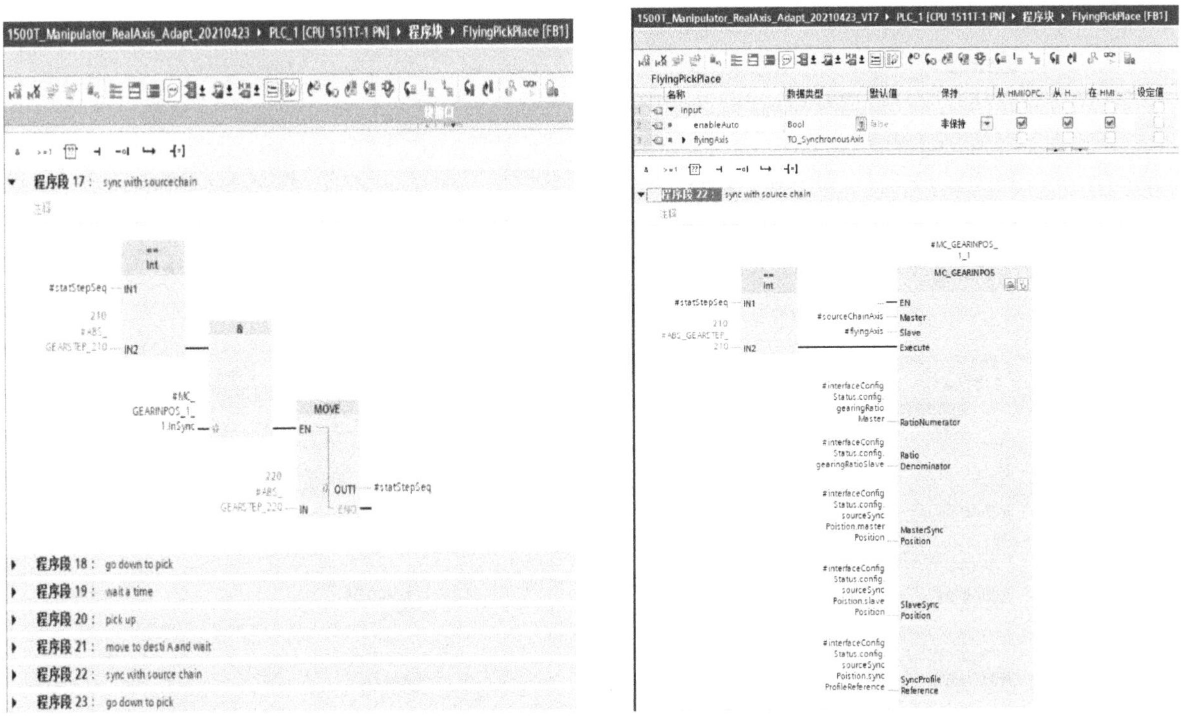

图 6　自动控制核心功能块 FlyingPickPlace 部分程序

3. 控制关键点及难点

（1）主值编码器信号的处理

中间链编码器和产品链编码器分别安装在中间链和产品链上，编码器信号类型为 TTL，分辨率为 2048 线。外部编码器作为平移追踪轴同步动作的主轴，安装在输送链上，设备动作时，编码器的速度会波动，尤其是产品链是由装盒机主电机（异步电机）驱动，如果不对编码器值进行滤波处理，跟随轴很难达到理想的运行效果和同步精度，甚至会导致跟随轴无法进入同步。主值编码器的处理参数及滤波处理后的速度值如图 7 和图 8 所示。主值速度的来源可以通过外部编码器工艺对象参数<TO>. Extrapolation. Settings. ExtrapolatedVelocityMode 选择来自外推后位置值的微分（1 = VelocityByDifferentiation）或者滤波后的速度值（0 = FilteredVelocity）。如果按照默认值选择外推后位置值的微分，速度滤波器 T1、T2 及速度容差就无效了。

（2）同步位置的获取

与飞锯功能不同，由于铝塑板在输送带上是放置在一个一个格栅内，因此，第一次运行时，就必须使用绝对同步。在产品链放置铝塑板时，需要分三次，每次都需要计算回退的同步等待位置及下次同步位置。

平移追踪轴需要分别与中间链和产品链的外部编码器同步，为实现铝塑泡罩机和装盒机的生产速度匹配，产品链的速度必须为中间链速度的 3 倍，因此，配置中间链和产品链外部编码器为模态轴，中间链的模态轴长度为 1016mm，产品链的模态轴长度为 1016mm×3 = 3048mm。平移追踪轴与外部编码器同步后，小臂方能向下动作，吸盘吸放铝塑板，时间大约需要 0.5s。规划的平移追踪轴和中间链及产品链的位置关系示意图如图 9 所示，具体同步位置见表 2。

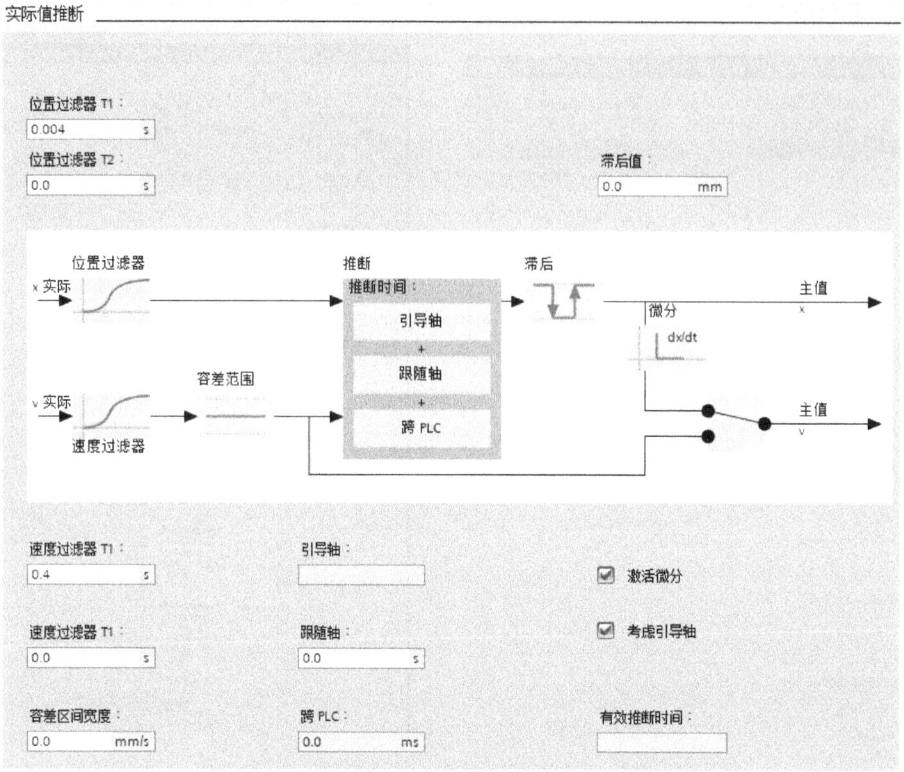

图 7 外部编码器的处理

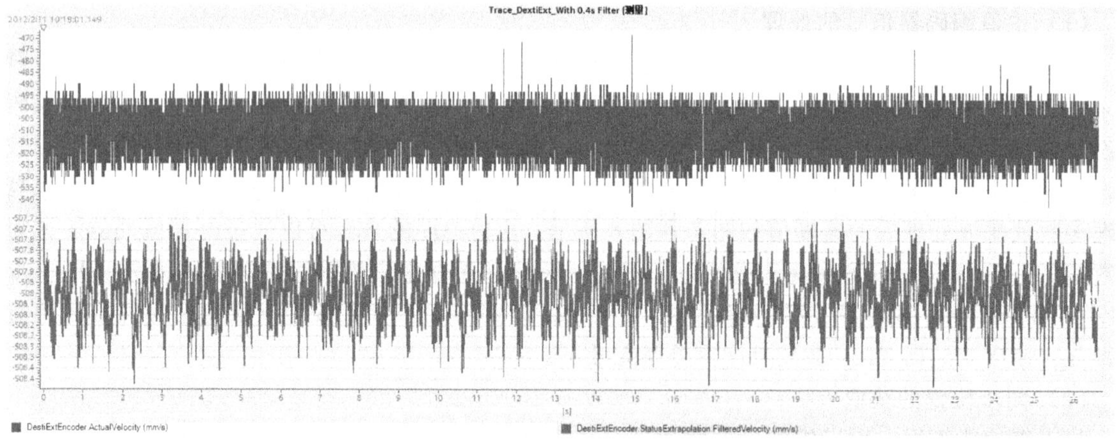

图 8 滤波处理后的外部编码器信号

（3）同步精度

伺服系统的跟随误差会影响到设备的动态性能和同步精度，需要将其刚性提高，达到快速响应的性能。S210 和 V90 伺服系统均集成一键自动优化功能，可以非常方便地对伺服系统的速度环进行自动优化，同时，S210 激活了 DSC 和速度前馈后，位置控制的 VTC 时间和最大增益值可以通过一键优化后的 r5277 和 r5276 参数读取。注意，驱动器中读取的这两个参数与 PLC 位置控制器中对应参数的单位不同，需要经过转换才能使用。例如，驱动器 r5276 参数的单位为 1000/min，而

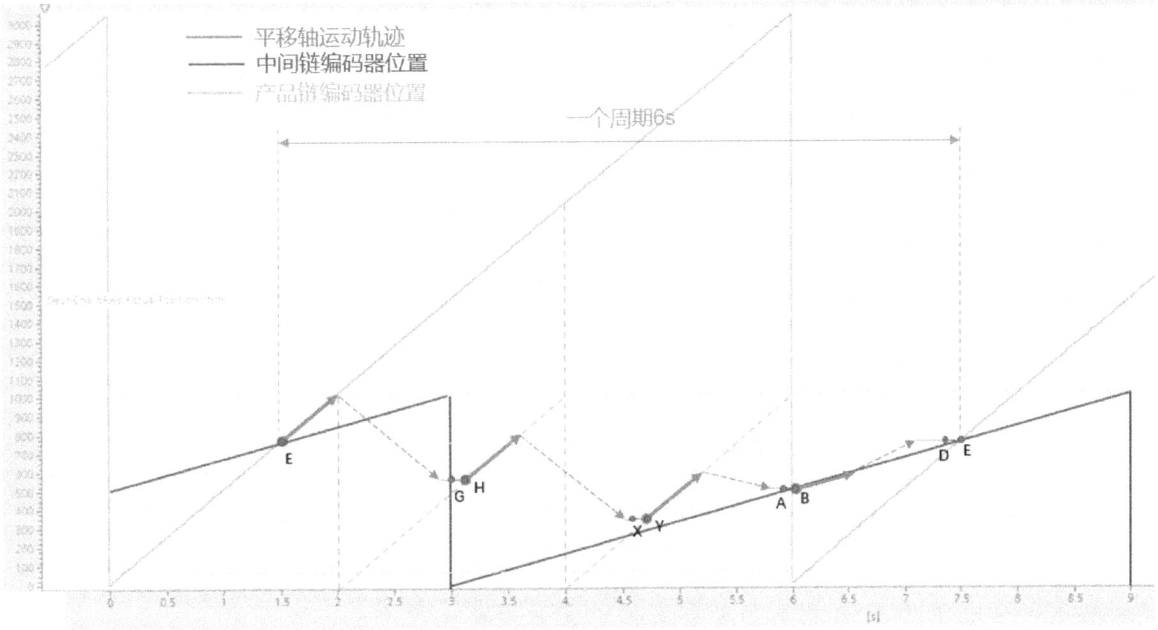

图 9　规划的平移追踪轴与外部编码器位置

表 2　同步关键点位置

位置标号	平移轴等待位置	平移轴同步位置	中间链外部编码器位置	产品链外部编码器位置	动作
A	530				取料
B		540	540		
D	735				放 A 列
E		760		760	
G	535				放 B 列
H		560		560+1016=1576	
X	335				放 C 列
Y		360		360+1016×2=2392	

SIMATIC 位置控制器增益的单位为 1/s。若自动优化后效果依然不能达到理想的效果，需要对驱动系统进行手动优化，具体实施步骤可参见 Drive Optimization Guide 手册中的说明。

另外，外部编码器位置参考点的精度也是影响同步精度的重要因素。中间链和产品链的每个格栅都有一个挡块，通过接近开关可以感应挡块进行外部编码器位置的校正。系统使用的伺服周期时间为 4ms，通过硬件中断激活寻参指令，在最快运行速度下，可达到最小 2mm 的精度要求。

四、运行效果

1. 实际运行效果

通过对以上关键因素的处理后，设备可达到最快 300 盒/min 的处理速度和 2mm 精度的设计要求。实际运行的 Trace 曲线如图 10 所示。

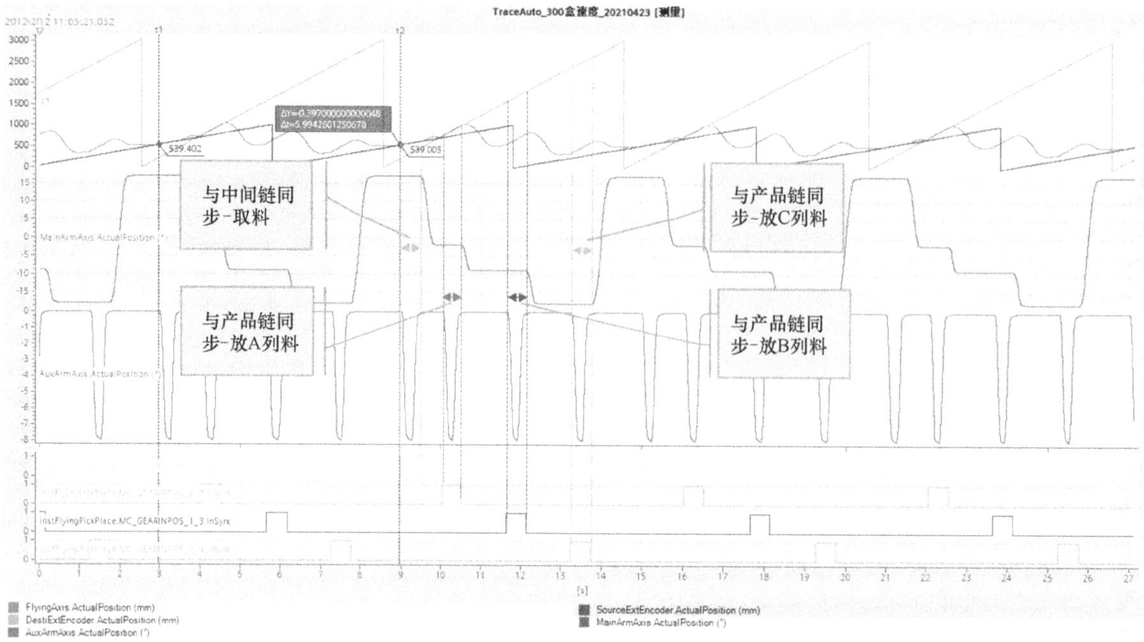

图 10　设备实际运行的 Trace 曲线

2. 改进空间

本项目初期通过 Gear 同步验证了方案的可行性，同时找到了运行曲线的各个同步位置关键点。但是整个过程需要分成四次同步和解除同步过程，等待过程会有所停顿，且机械冲击稍大。

随后改进为 CAM 同步方式，将取料和放料过程分成两个 CAM 曲线进行切换。

CAM 曲线的生成借助了西门子 LCamHdl 库，该库简化了凸轮曲线的创建，支持在线生成曲线，方便工艺调整时曲线的再次生成。该库分为 Basic 和 Advanced 两个版本，Basic 版适用于基本的凸轮应用，通过动态参数定义点实现凸轮的创建，采用五次多项式插补保证速度的平滑性；Advanced 版适用于复杂的凸轮应用，通过动态设定起点和终点来定义插补点或区段实现凸轮的创建，包含符合 VDI 2143 规范的凸轮轮廓类型，区段和插补点之间的间隔会根据系统组态的插补设置来闭合。

本项目使用的是 LCamHdlAdvanced 版本，平移追踪轴与中间链和产品链曲线数据的设置如图 11 和图 12 所示，生成的曲线如图 13 和图 14 所示。优化后可以实现更加流畅的运动过程，实现流程也更加简单。而且在节拍改变时，不需要对放料阶段的动态参数进行再次调整。

改进后设备最高达到 400 盒/min 的运行效果，如图 15 所示。

五、应用体会

西门子公司针对工业控制领域中的多种应用都有相应的应用案例发布在工业支持中心网站上，很多主要功能都封装成了功能块。在实际的设备开发过程中，对于类似功能的使用，将这些功能块拿来经过简单的修改就能轻松集成到用户程序中，降低了开发难度，并节省了大量的开发时间。同时这些应用案例也是开发者们重要的学习资料。

例如，本项目的开发就直接使用了 LAxisCtrl 库和 LCAMHdl 库，同时项目的核心平移追踪功能也借鉴了飞锯库核心功能块“FlyingSawLength”，采用程序步的概念进行编程，按照处理流程一步步执行，结构清晰。当发生异常时，根据输出的 stepNr 号，可以很方便地诊断问题。

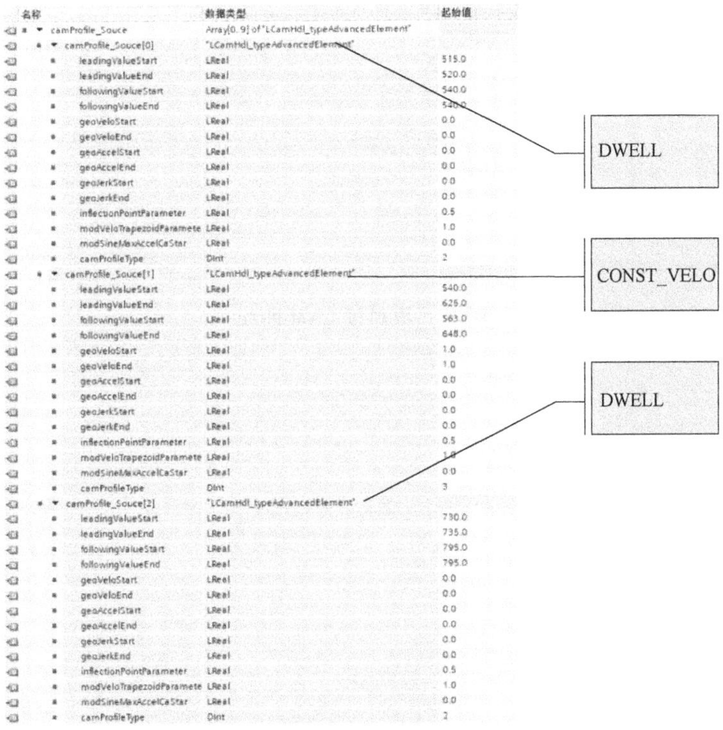

图 11　取料段 CAM 曲线参数配置

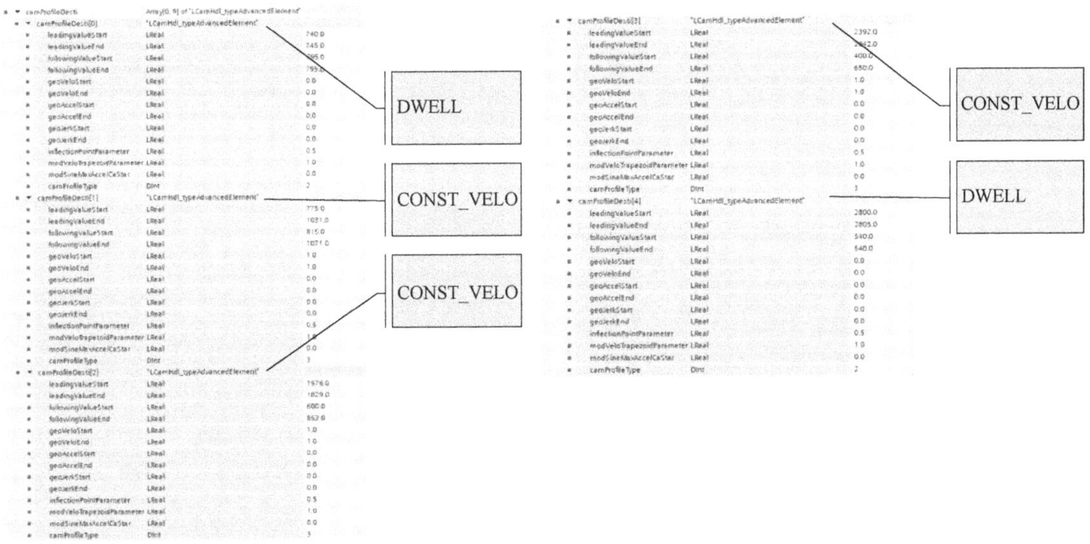

图 12　放料段 CAM 曲线参数配置

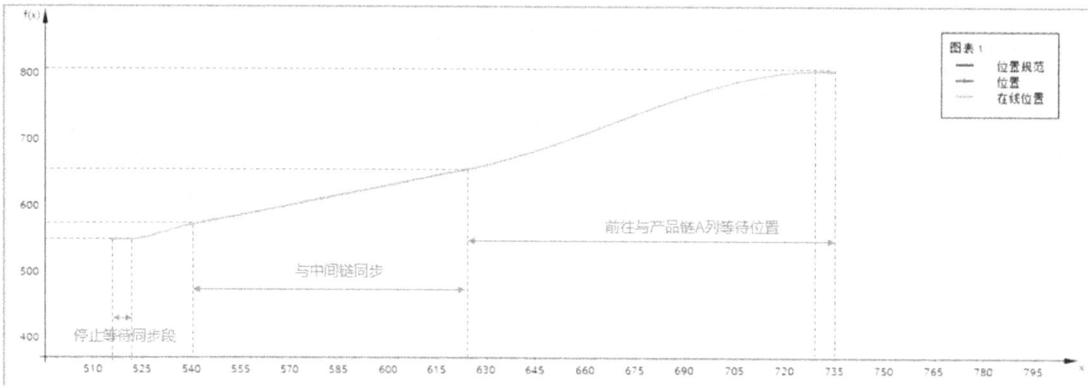

图 13　取料段 CAM 曲线

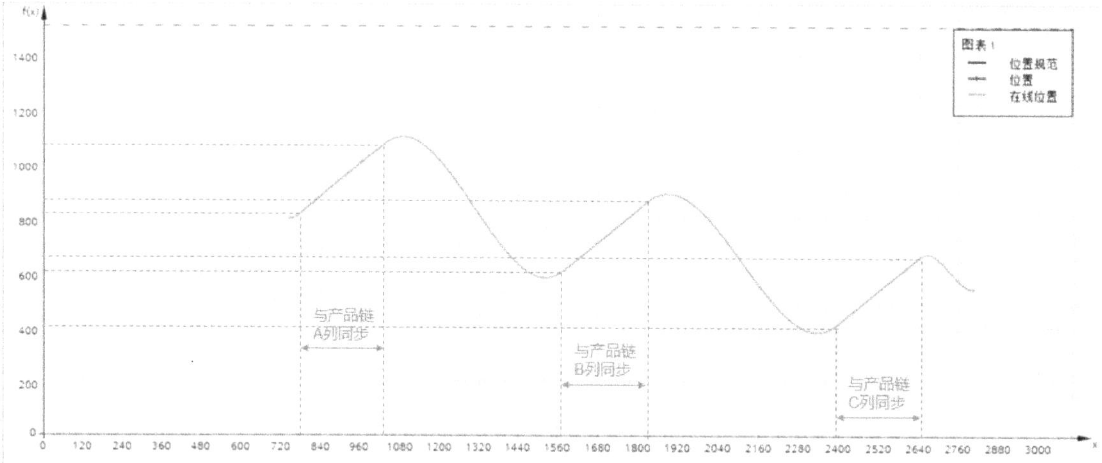

图 14　放料段 CAM 曲线

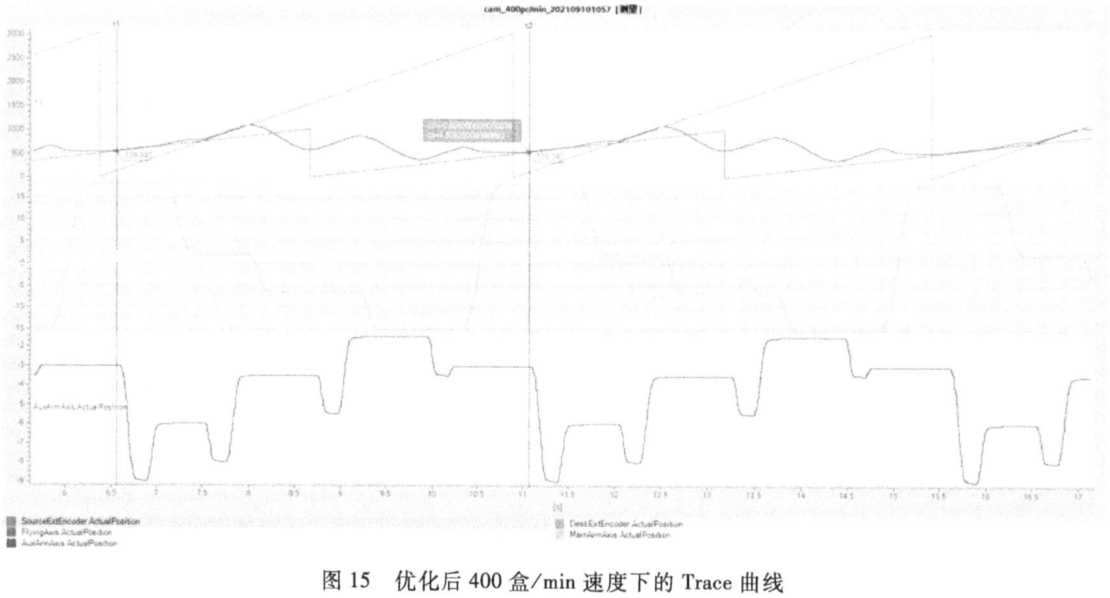

图 15　优化后 400 盒/min 速度下的 Trace 曲线

为了便于程序的标准化、增强可移植性，定义 PLC 数据类型用于功能块的参数传递，让功能块的接口更加清晰简洁。

参考文献

[1] 西门子（中国）有限公司. SIMATIC S7-1500T Flying Saw [Z].
[2] 西门子（中国）有限公司. Drive Optimization Guide [Z].
[3] 西门子（中国）有限公司. LAxisCtrl_AxisBasedFunctionalities_SIMATIC_V1_0_en_12_2017 [Z].
[4] 西门子（中国）有限公司. 109763337_ExternalEncoder_Extrapolation_DOKU_V10_en [Z].
[5] 西门子（中国）有限公司. STEP 7 Professional V16 System Manual [Z].
[6] 西门子（中国）有限公司. s71500_s71500t_synchronous_operation_function_manual_zh-CHS_zh-CHS [Z].

S7-1500T CPU在气体扩散层同步控制中的应用
Application of S7-1500T CPU in the Synchronous Control of Gas Diffusion Layer

张泽灵　唐　康　常　峻
（西安航天华阳机电装备有限公司　西安）

[摘　要] 本文主要介绍了S7-1500T CPU在新型氢功能材料气体扩散层同步控制中的应用，结合生产工艺重点阐述了1500T CPU控制器配合S120实现高精度的同步控制技术，最终达到设计要求，生产效果良好。

[关键词] S7-1500T、SINAMICS S120、同步控制、气体扩散层

[Abstract] This paper introduces that the application of S7-1500T CPU in the synchronous control of Gas Diffusion Layer. Focus on the key point of high accuracy synchronous control technology combined with 1500T CPU and S120. Finally, it has achieved predictive specifications.

[Key Words] S7-1500T、SINAMICS S120、Synchronous Control、GDL

一、项目简介

1. 公司简介

西安航天华阳机电装备有限公司是从事印刷包装设备研发和生产的航天军工企业。公司现有员工860余人，拥有一个120多人的高端机电装备研发中心和10个独立核算的事业部，拥有各类现代化大型、精密、专业加工和检测设备390多台。

公司经过二十多年的发展与技术创新，拥有了矢量变频张力控制技术、溶剂残留控制技术、高效干燥烘干技术、悬浮烘箱干燥技术，逗号、微凹、狭缝、间隙等精密涂布技术、精密涂布复合技术、计算机集成控制技术、精密机械制造技术等核心技术群，已取得国家专利189项，等级软件著作权32项。目前，公司已发展成为柔版印刷装备、精密涂布装备、凹版印刷装备、新材料新能源装备、智能化装备制造等五大系列高端装备的制造商和技术服务商。

2. 项目工艺背景

气体扩散层（Gas Diffusion Layer，GDL）是电解水制氢电解槽、燃料电池电堆中的关键功能材料，其广泛应用于制氢、燃料电池、储能、工业用氢等领域。GDL结构如图1和图2所示。

GDL材料的基材为碳基材料，材料薄、性质脆，运行过程中易拉伸，易造成基体层材料断裂或撕裂。成产工艺复杂，基材不利于成型加工、生产工艺难度大。国内目前没有GDL成套装备，在该领域处于技术空白状态。

如图3所示，高温状态下，烧结烘箱内的料膜比常温更脆弱，且料路长、料距大，被动驱动料膜会导致料膜划伤，甚至断裂在箱炉中，导致停机、停产。因此，为保证烘箱内GDL脆性基材的

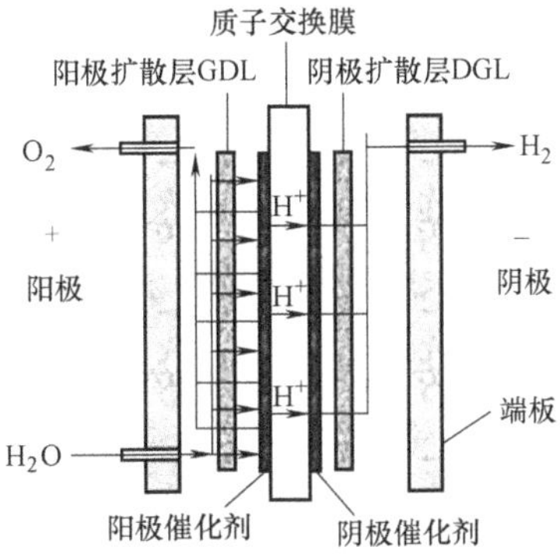

图 1　水电解槽制氢 GDL 结构图

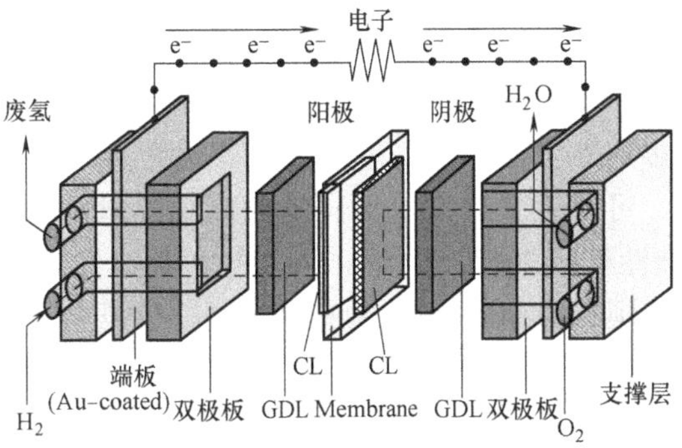

图 2　燃料电池 GDL 结构图

无划伤、张力恒定等生产指标及拉伸强度、面密度、体电阻、气通量等 GDL 材料性能指标，GDL 成套设备的关键点是保证 GDL 脆性基材在整机运行时张力恒定，且烘箱内无划伤。

3. 项目工艺简介

新型氢能源功能材料——气体扩散层生产线，其设备结构图如图 4 所示。

图 4 中，1#放卷部的基材为 0.2mm 含碳基体材料，涂布 1 后料膜通过两段长烘箱进行高温烧结来确保基体层材料与微孔层的有效结合以及微孔层孔隙率，同时保证材料的耐腐蚀性、疏水性能等。根据产品工艺不同，材料经过 2 段烘箱后有两段料路，可直接收卷或经涂布 2 实现疏水工艺生产或 MPL 涂层涂布生产。

图 3　烧结烘箱

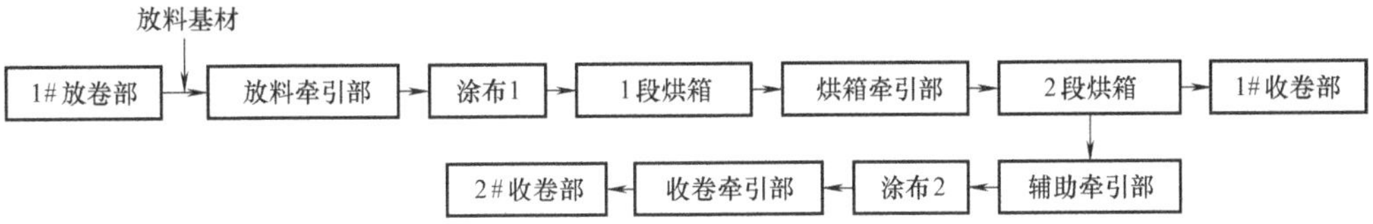

图 4　设备结构图

二、系统结构

根据工艺评估，长料路烧结烘箱内，料膜由于自重会平铺于导辊表面，通过控制各主动辊之间的速差，即可在烘箱内建立微张力，这样既可降低烘箱出入口的料膜张力，又能保证烘箱内小张力需求，避免了料膜的拉伸，满足 GDL 材料性能指标。

但如果各主动辊之间的速差不合适，则基材表面会产生划伤。所以导辊之间的速差既决定了微（恒）张力又要保证料膜不能产生划伤。

因此，通过分析，采用烘箱内主动轴的绝对同步技术尤为关键。烘箱内主动辊传动采用伺服电机驱动，导辊速差通过修改每个导辊的电子齿轮传动比来实现。由走料顺序方向，各烘箱导辊的给定速度使用齿轮同步跟随主机，并逐级递增。利用高精度的伺服电机控制速度，保证每个导辊的速差为 0.1m/min，这样既能建立微张力，又不会使料膜产生划伤。

而 SINAMICS S120 集多种控制模式于一体：①伺服控制可用于实现高动态响应的运动控制，控制多达 6 个伺服轴；②矢量控制可用于大转速范围内的精确转速和扭矩控制，控制多达 4 个矢量轴，可同时满足设备不同轴的配置要求。并且 S7-1500T 的同步运行功能使用“电子同步”替代“刚性机械连接的选项”，可提供更加柔性的解决方案。

项目采用 S120 实现运动控制，CPU 有两种方案可供选择：①采用 S7-1500 系列 CPU 进行整机逻辑控制结合 SIMOTION 进行轴运动控制，该方案可实现功能要求，但需要两套编程软件，而且 SIMOTION 对工程师要求门槛高，价格贵，整个系统成本高；②采用 1515T-2 PN CPU 作为整机控制系统，可同时实现整机逻辑控制和轴运行控制，并实现主轴和从轴之间启动绝对齿轮同步运动。比较两种方案，评估成本、货期及调试周期后，最终选择了 1515T-2 PN CPU 作为整机控制系统，运动控制单元 CU320-2 搭配 1FK7 系列伺服电机实现烘箱内的多轴同步控制，搭配 G120C 变频器实现烘箱内风机及其他轴的控制，采用 TP900 触摸屏作为人机交互界面。

控制系统硬件网络架构如图 5 所示。

主要硬件清单见表 1。

表 1　主要硬件清单

名称	型号	名称	型号
CPU1515T-2/PN	6ES7515-2TM01-0AB0	IM155-6/PN/ST	6ES7155-6AA00-0BN0
CU320-2PN	6SL3040-1MA01-0AA0	DI/16×24VDC/ST	6ES7131-6BH01-0BA0
CF 卡	6SL3054-0EJ01-1BA0	DO/16×24VDC/ST	6ES7132-6BH01-0BA0
BLM	6SL3130-1TE22-0AA0	AI4/U/I/2-wire/ST	6ES7134-6HD01-0BA1
双电机模块	6SL3120-2TE13-0AD0	AO4/U/I/ST	6ES7135-6HD00-0BA1
伺服电机	1FK7060-2AC71-IRG1	变频器	6SL3210-1KE18-8AF1
触摸屏	6AV2124-0JC01-0AX0	CPU1211C/DC/DC/DC	6ES7211-1AE40-0XB0

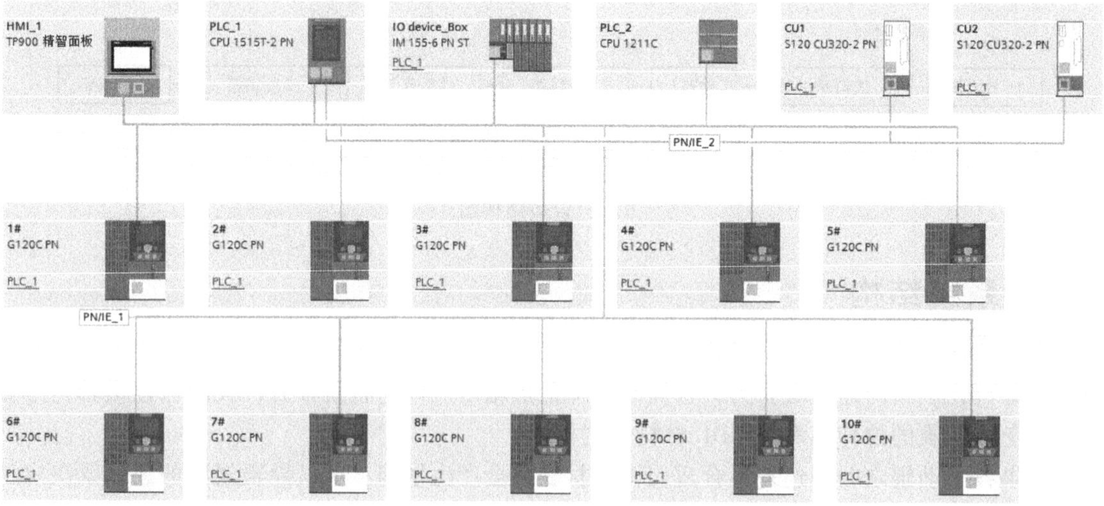

a) 硬件网络架构

图 5　控制系统硬件网络架构

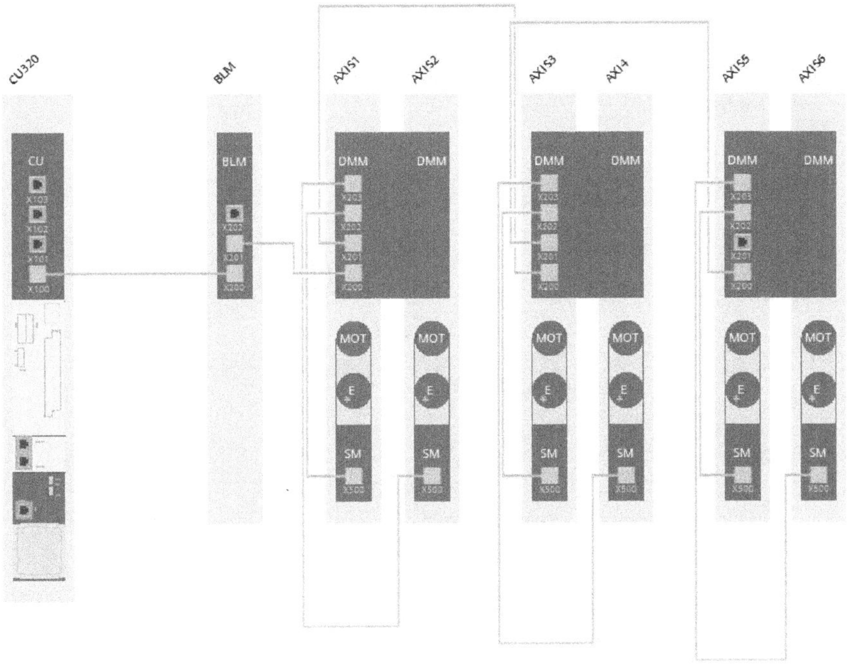

b) SINAMICS S120架构

图 5　控制系统硬件网络架构（续）

三、控制系统的功能与实现

1. 控制要求

1）整机生产速度：1.5~2m/min；

2）张力分段控制，整机张力精度：±2N（接换料升降速除外）；

3）收放料部可准确计算实时卷径，并调节收放料速度，保证运行时收放料张力恒定；

4）烘箱采用辊式烘箱，烘箱导辊主动，要求基材无划伤、无褶皱。

2. 控制策略

1）除主机之外，牵引轴叠加编码器反馈值的 PID 调节量作为速度给定；

2）通过压辊或大包角实现张力整机张力分段，各段张力由浮动摆辊或张力传感器控制；

3）收放料部由实际线速度计算卷径；

4）烘箱部，烘箱牵引（AXIS1）编码器作为主轴，烘箱内 5 个主动轴（AXIS2~AXIS6）为从轴。根据走料顺序，AXIS2 跟随 AXIS1，AXIS3 跟随 AXIS2…以此类推，并调节烘箱的电子齿轮比使各主动辊速度逐级递增。在 TIA 的工艺对象中所有轴均配置为同步轴，启用外部编码器作为位置反馈，设置驱动器报文为 105。工艺对象组态如图 6 所示。

完成硬件组态后，编写对应的软件程序。使用 MC_POWER 命令启用烘箱牵引主轴及各同步轴、MC_RESET 命令复位、MC_HALT 命令进行暂停或制动、MC_HOME 命令进行回零、MC_MOVEVELOCITY 命令计算主轴速度，MC_GEARIN 命令块实现同步功能。部分程序如图 7 所示。

其中，引导轴（Master）为烘箱牵引（AXIS1）工艺对象，跟随轴（Slave）为 AXIS2 工艺对象，使用脉冲初始化“MC_GEARIN”作业，跟随轴将与引导轴进行同步。烘箱内其余主动辊的命

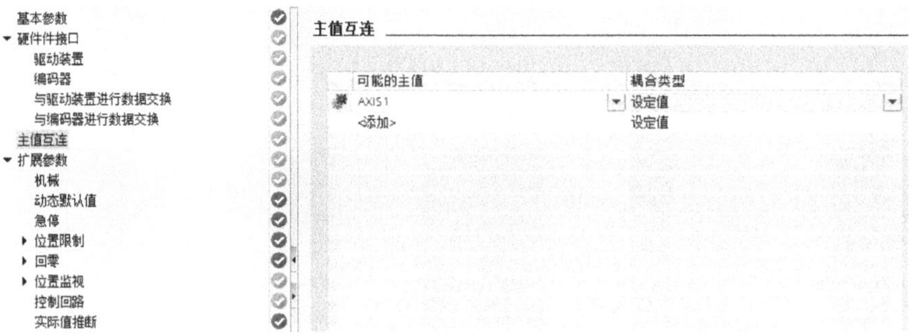

a) 定义主轴

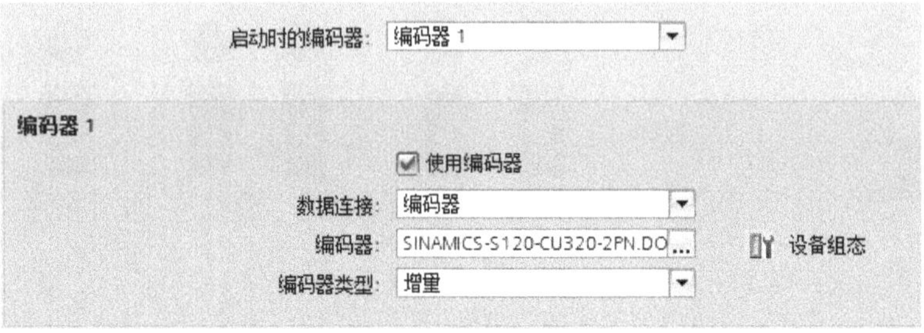

b) 主轴编码器配置

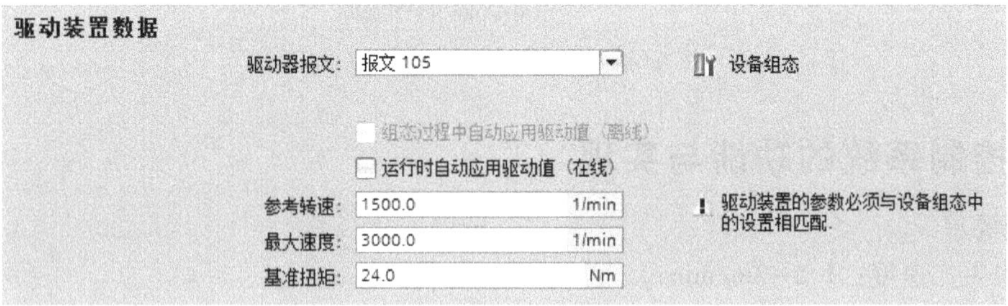

c) 配置报文

图 6　烘箱牵引轴工艺对象组态

令调用仅更改引导轴、跟随轴的工艺对象及速度给定，即可实现高温长料路下烘箱内主动辊的同步控制技术设备。现场控制柜如图 8 所示。

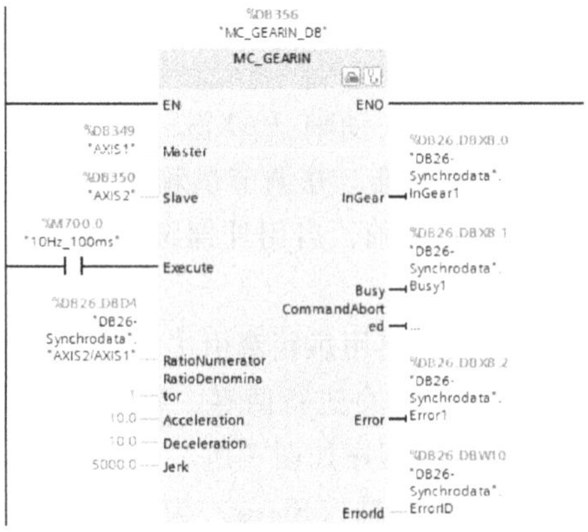

图 7　程序中 MC_GEARIN 命令调用

图 8　现场控制柜

四、运行效果

目前，气体扩散层生产线已在客户现场调试完毕，并投入生产使用。设备运行稳定，烘箱内各主动辊速度偏差可控制在±0.001m/min 范围内，料膜无划伤现象，张力波动在±2N 之内，满足生产指标。烘箱牵引和 AXIS1 速度 Trace 曲线如图 9 所示，烘箱牵引张力如图 10 所示。

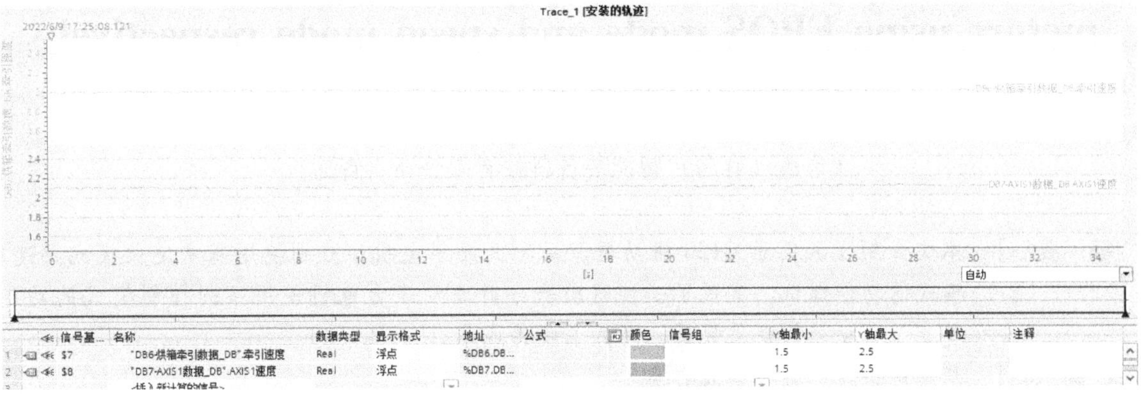

图 9　烘箱牵引与 AXIS1 速度

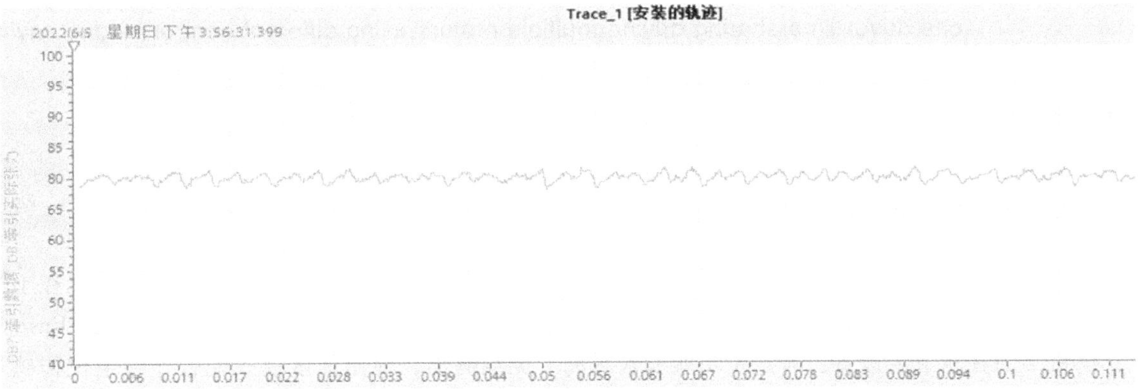

图 10　烘箱牵引张力

五、应用体会

使用 S7-1500T CPU 来实现 S120 系列伺服电机的同步控制，在实现工艺要求的基础上，不但降低了设备的电气成本，而且因为使用的是 TIA 编程软件，电气工程师上手快，有种天高任鸟飞的感觉，不再畏手畏脚。

参考文献

[1]　西门子（中国）有限公司. S7-1500/1500T 同步功能介绍 [Z].
[2]　西门子（中国）有限公司. S7-1500 通过在 TO 实现 S120 的位置控制 [Z].
[3]　西门子（中国）有限公司. TIA Portal V15 中的 S7-1500 运动控制 V4.0 [Z].

SINAMICS G120 变频器分时驱动两台电机分别使用基本定位（EPOS）模式和速度模式的实现方法

SINAMICS G120 frequency converter time-sharing drive two motors using EPOS mode and speed mode respectively

孙运营　张小鹰

（华晟（青岛）智能装备科技有限公司　青岛）

[摘 要] 本文介绍了西门子 G120 驱动器驱动不同功率电机，分别使用基本定位模式及速度模式的功能调试，实现了一台驱动器分时驱动多台电机使用不同控制模式的功能，节省了驱动器的硬件数量，降低了硬件成本。

[关 键 词] 基本定位器、驱动参数切换

[Abstract] This article introduces the function with Siemens G120 driver driving different power motors, using the EPOS and speed mode respectively, realizing the function of one driver time-sharing driving multiple motors using different control mode, saving the hardware quantity of the driver and reducing the hardware cost.

[Key Words] EPOS、DDS

一、功能需求与实现

设备为一台托盘搬运机构，使用两台电机，电机 1 负责水平方向设备自身的位移，实现在不同工位间移动，电机自带增量编码器，需要比较精确的定位功能，因此使用了 G120 驱动器的 Epso 功能，电机 2 为托盘取放设备，对定位功能要求不高，无编码器，使用速度模式配合外部定位传感器进行定位，行走到位停止后，进行托盘的存取工作，两台电机不同时运行。

鉴于两台电机不同时运行，考虑综合成本，决定使用同一个变频器分时驱动这两台电机。两台电机各自的参数数据见表 1。

表 1　两台电机各自的参数数据

	电机 1	电机 2
电机类型	三相异步感应电机	三相异步感应电机
额定功率/kW	13. 2	2. 2
额定电压/V	329	380
额定电流/A	34. 8	5. 8
额定转速/(r/min)	3000	1380
额定频率/Hz	101	50
功率因数	0. 85	0. 84
编码器类型	增量编码器 HTL(1024 分辨率)	无

因为大电机使用了 EPOS 模式，小电机使用了速度控制，共用变频器需要解决的问题除了必需的 DDS 切换功能之外，还需考虑变频器工作模式的切换，即驱动大电机时使用 EPOS 模式，驱动小电机时使用常规的速度控制模式，因为 EPOS 模式为位置闭环模式，如果只单纯切换 DDS，驱动器依然工作在 EPOS 模式下，如果依然按照 EPOS 控制模式启动，无论是使用点动模式还是连续速度模式，位置监控功能依然是有效的，会导致相关报警，因此需要进行相对复杂的参数配置以实现大电机运行时为定位模式，小电机运行时为普通的速度模式。

1. 关于 DDS 切换及电机初始化

将参数 P180 驱动数据组（DDS）数量修改为 2，并修改报文关联切换 DDS 的相关控制字，通过使用基于 111 报文后的自由报文，选择控制字里面的空闲位用于 DDS 切换，如图 1 所示。

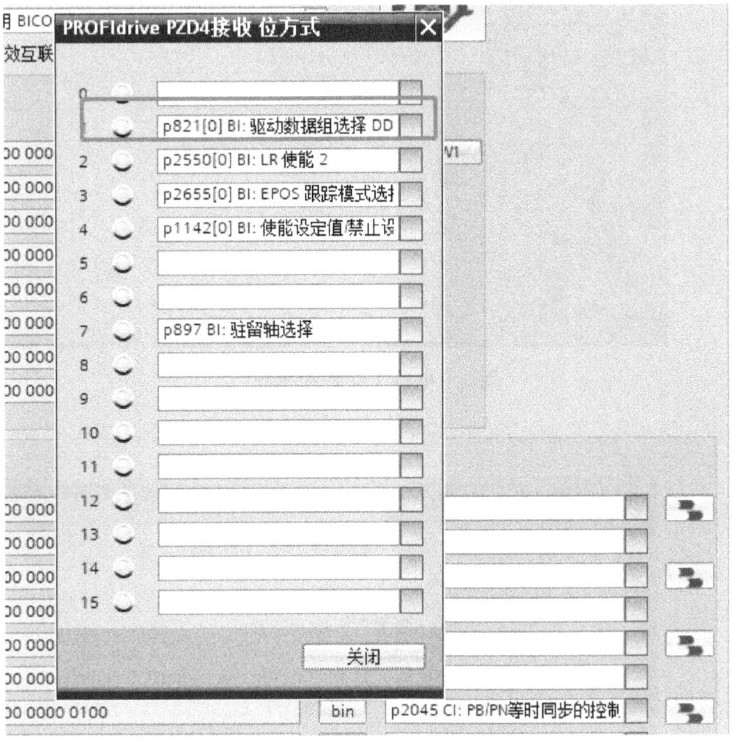

图 1　DDS 切换控制字报文设置

然后在各自 DDS 编号下依次初始化相关电机的参数，如图 2 和图 3 所示。

电机初始化完成之后，在确保切换到对应 DDS 前提下进行相关的电机识别及进一步的功能调试。包括 Epos 功能的相关调试。

2. 关于 Epos 模式与速度模式切换的相关参数设置

定位模式与速度模式切换是相对复杂的使用方式，需要充分理解定位功能下相关参数的具体作用及熟悉 111 报文的使用。

涉及的相关参数有如下几个。

P2550：使能/禁止位置控制，该参数决定了定位功能是否可以使用；

P2655：EPOS 跟踪模式选择，该参数为定位功能下位置跟踪功能的启用与禁用选择；

P1142：使能设定值/禁止设定值，速度模式下转速设定值的生效控制。

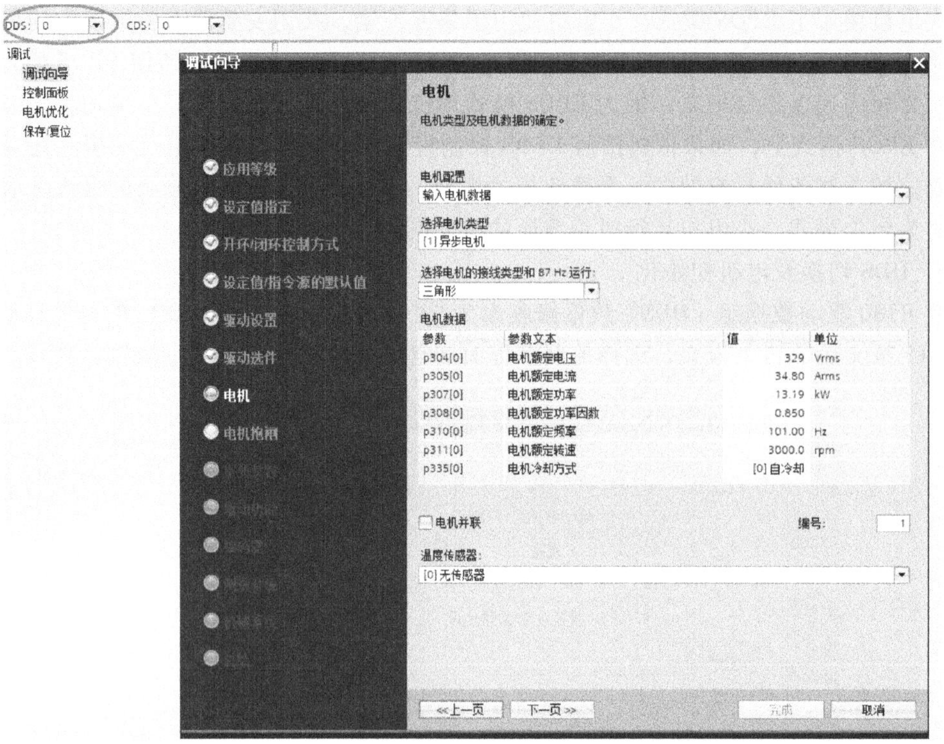

图 2　电机 1 参数初始化

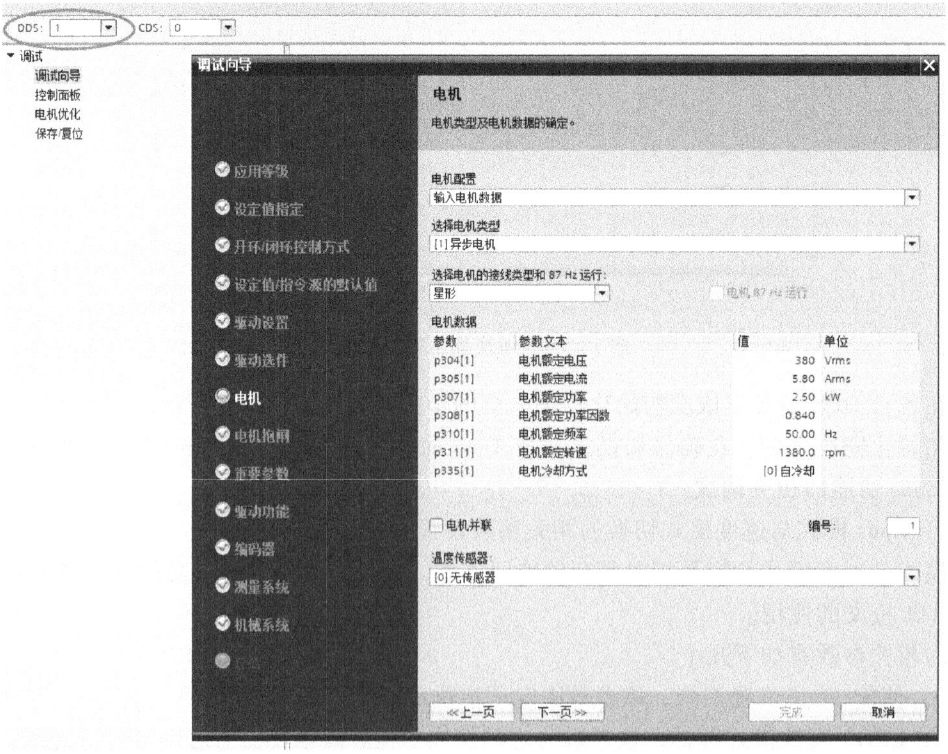

图 3　电机 2 参数初始化

1）使用定位模式时，P2550 设置为 1，P2655 设置为 0，表示启用定位功能，禁用位置跟踪功能，P1142 设置为 0，禁止主设定值起效。

2）使用速度模式时，P2550 设置为 0，P2655 设置为 1，P1142 设置为 1，表示禁用定位功能，启用位置跟踪功能；保证转速设定值有效。

因为要根据不同的电机动作修改不同的参数设置，需要在 111 报文基础上调整为自由报文，并进行相关 BICO 关联，111 报文中 PZD4 空闲位比较多，因此通过修改 PZD4 前几位的功能，实现了参数切换，具体设置如图 4 所示。

速度模式下，转速设定是直接给定的，111 报文中本身无该接口设置，通过将 PZD12 设置为主设定值关联，用于速度模式下的转速设定，具体操作如图 5 所示。

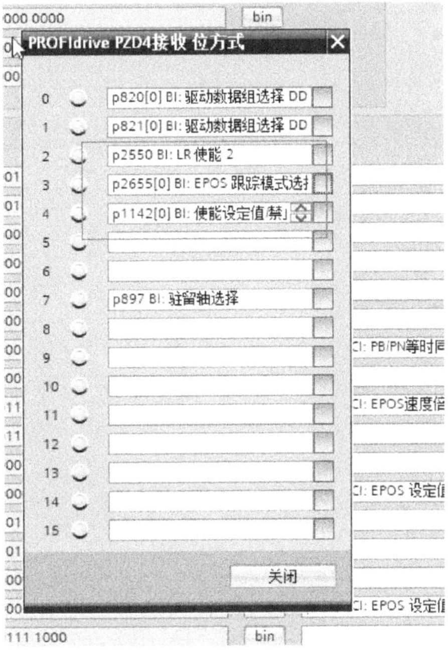

图 4　控制字报文修改

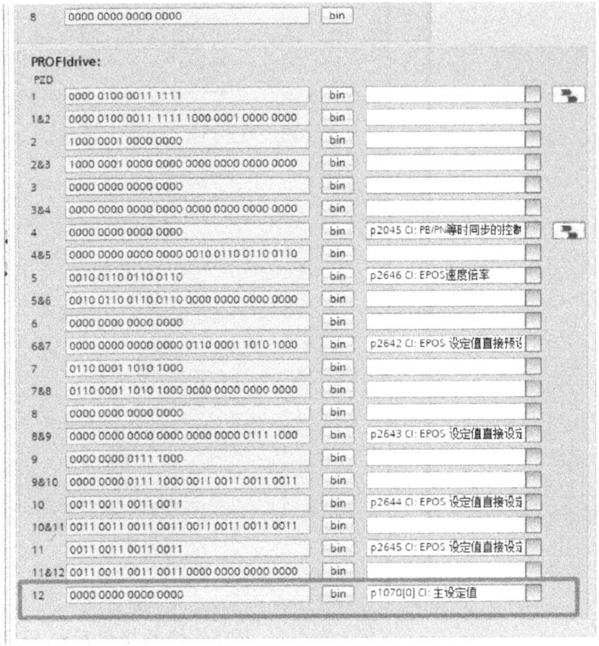

图 5　速度模式下转速设定报文修改

电机功率不同，控制模式不同，驱动器为同一个，为实现程序的方便移植，通过修改 FB284（SINA_POS）程序块，增加部分接口及修改内部功能，实现在外部输入接口即可选择 DDS 编号、运行模式（EPOS 或速度模式），以及速度模式下的相关参数，主要是速度设定（包含方向）、参考转速（用于换算为设定给驱动器的设定值）。修改后的程序块接口如图 6 所示。

内部程序逻辑的改动主要为上述不同模式下需要操作的相关参数，以及针对不同功率的电机进行相关的 DDS 选择及时序控制。

实现该功能需要注意的地方主要有两点：

1）不同模式下对应参数的设置，这个前面已经进行了相关说明。

2）需要注意相关参数包括 DDS 的切换时序，使用不同的功能不同的电机，需要确保相关参数及 DDS 已经切换到对应的需求上，并且需要考虑参数及 DDS 切换的时间，然后再使能驱动器，否则可能会导致相关报警出现；类似参数的切换，因为同一驱动器驱动不同电机，驱动器和电机之间的连接使用了接触器进行切换，该过程也需要考虑接触器的动作时间，避免出现驱动器未完全停止

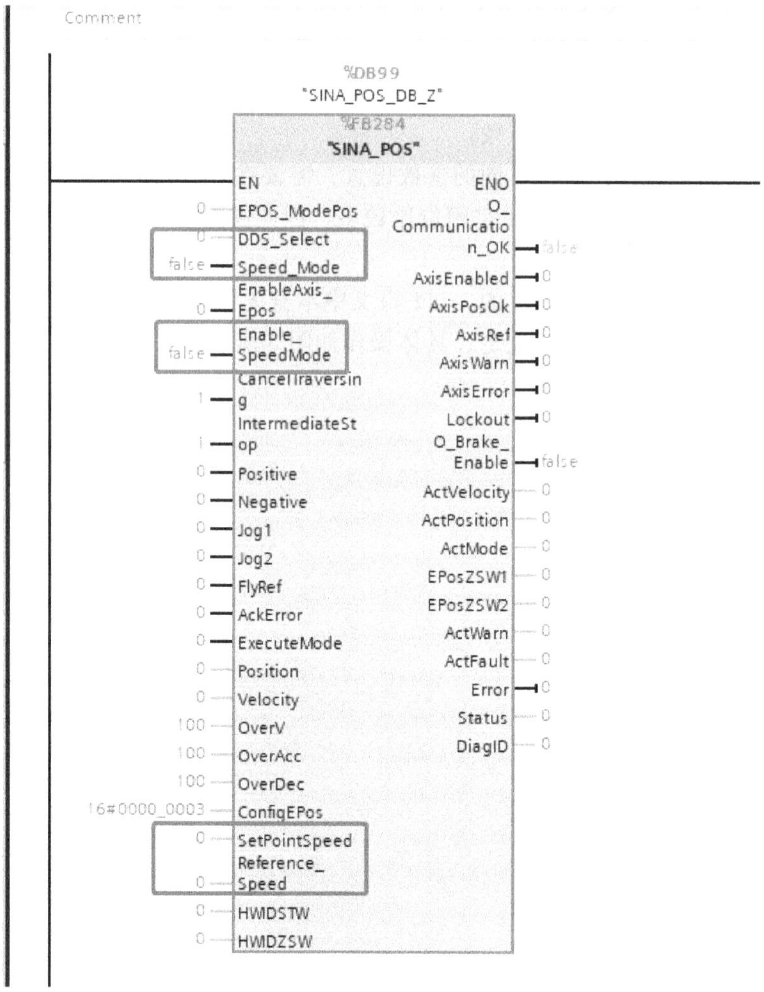

图 6　修改接口后的 SINA_POS 程序块

就断开电机与驱动器的连接，以及电机未完全与驱动器连接就启动驱动器的情况，否则也会导致相关的报警。

二、运行效果

经过调试，设备正常投入使用，实现了硬件上的降本且保证了原有的运行效果。而且通过修改程序块，实现了类似功能设备的批量复制，大大降低了公司类似设备的电控驱动器成本。

图 7 为两台电机切换过程中的相关变量曲线展示，曲线展示了电机先通过定位模式运行到设定目标位置，然后经过 DDS 切换、电机接触器切换等相关参数切换，并驱动电机 2 的运行过程。

三、应用体会

该功能得以实现，得益于西门子 SINAMICS 系列驱动器强大而自由灵活的 BICO 功能及自由报文的使用，通过 PN 总线的实时通信，即使存在多个参数的切换，实时性上依然可以保障，最终不会影响设备的使用效果及运行效率，而之前接触过一些其他品牌的驱动器的类似应用，报文功能比

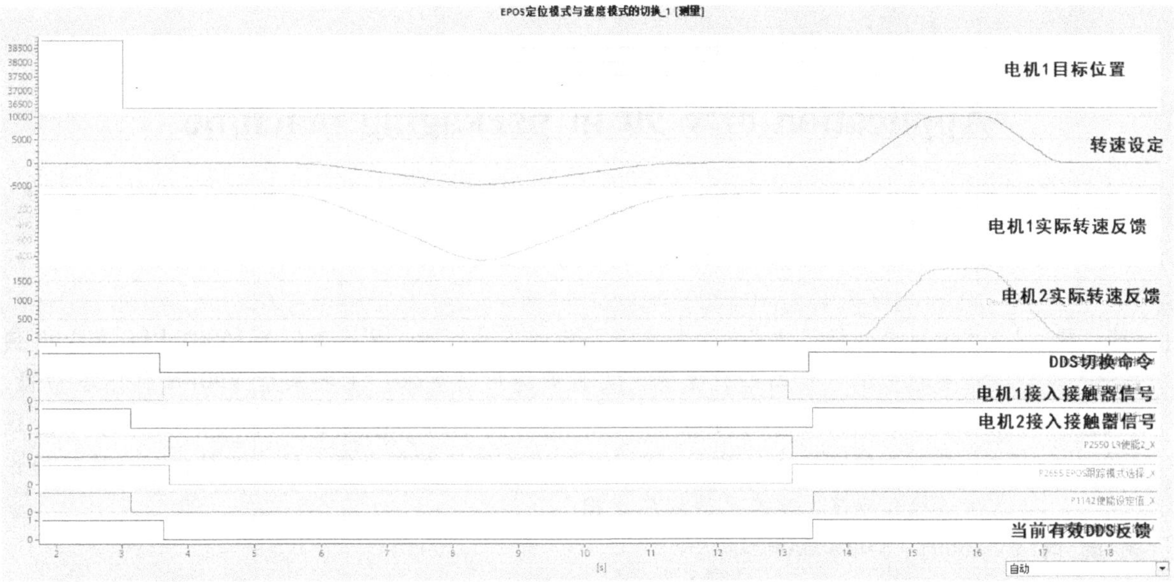

图 7　包含运行模式切换的相关变量曲线

较固定，可以自定义的空间非常有限，而且有些参数要么不支持通过上位机控制器修改，要么只能使用非周期性通信功能，针对需要频繁修改的参数，非周期性通信的可靠性和实时性则大打折扣。

本项目使用到的 G120 系列驱动器，对不同功率的电机驱动调试比较方便，非常自由灵活，初始化电机参数时没有功率相关的限制，输入电机铭牌参数并进行一定的参数优化及电机识别就可以正常驱动不同功率的电机，驱动器手册上给出的说明是电机和驱动器功率比最小为 1/4，本设备实际使用时已经小于该值，但调试初始化过程中，调试软件及驱动器并没有相关的限制和异常提醒，实际运行也是正常的。这对比之前接触过的一些其他品牌的驱动器对驱动器和电机功率段有明确限制的情况（大功率的驱动器只能驱动特定功率以上的电机，无法自由地根据电机铭牌初始化参数），G120 系列驱动器有着更为灵活方便的应用体验。

参考文献

[1]　西门子（中国）有限公司. SINAMICS G120 控制单元 CU250S-2 参数手册［Z］，2017.

[2]　西门子（中国）有限公司. SINAMICS G120 低压变频器 控制单元 CU250-2 的基本定位器（Epos）功能手册［Z］. 2015.

[3]　西门子（中国）有限公司. CU250X-2 Epos 功能入门指南［Z］，2017.

V90在包装机中的应用
Application of v 90 in packaging machine

刘 斐
（青岛环海时代科技有限公司 青岛）

[摘 要] 本文主要介绍了枕式包装机电子凸轮的工艺控制，采用西门子1500T PLC与V90伺服驱动器配合完成工艺流程，实现最终用户要求。主要采用V90PN伺服驱动器，功能应用CAM、工艺对象同步轴、定位轴、ModBus通信等，采用西门子自动生成凸轮曲线的高级库。因为电子凸轮可以有效地提高速度，减小机械振动，降低操作者的操作难度，现在已得到广泛推广。

[关 键 词] 1500T、V90、CAM

[Abstract] This paper is about the technological control of electronic cam of pillow packaging machine, using SIEMENS 1500T PLC and V90 servo controller to complete the technological process, to achieve the end-user requirements. Mainly uses V90PN servo driver, function application CAM, process object synchronization axis, positioning axis, ModBus communication, using SIEMENS automatic CAM curve generation advanced library. Because the electronic cam can effectively improve speed, reduce mechanical vibration, reduce the difficulty of the operator's operation, it is now widely promoted.

[Key Words] 1500T、V90、CAM

一、项目

1）项目地点：青岛；

2）公司名称：青岛日清食品机械有限公司；

3）公司简介：青岛日清食品机械有限公司前身是1989年成立的中日合资经营企业，现隶属青岛市直企业-青岛饮料集团有限公司。本公司全套采用日本技术和图样及元器件，共同开发和生产顺应时代潮流的食品机械和包装机械。

多年来共向国内外提供上万套包装机械和食品机械，全国主要地区均有青岛日清食品机械的产品，并远销美国、俄罗斯、日本、东南亚等国家和地区，均受到较好的评价。在泰国国际食品加工博览会上被评为金像奖，在第四届中国国际食品加工和包装机械展览会上被评为金奖，是目前国内专业生产包装机械的公司，并通过ISO9001国际质量体系认证。“NISSIN”和“日清”为山东省著名商标、青岛市知名品牌。

1. 工艺介绍

枕式包装机有机械凸轮和电子凸轮两种。枕式包装机分为横封刀、膜、拨差三部分，一般由三个伺服分别驱动三部分。也有一部分机型由两个伺服驱动，其中型刀和拨叉一起由一个伺服驱动，横封刀由一伺服驱动。

本机属于往复式包装机，采用电子凸轮设计，主要包装物是酒曲。

2. 项目信息

横封刀、膜、输送这三部分分别由三个高惯量750WV90伺服轴来驱动，温控部分采用第三方仪表，使用ModBus进行通信，PLC控制部分用1500T+Et200SP+KTP900来实现，如图1所示。

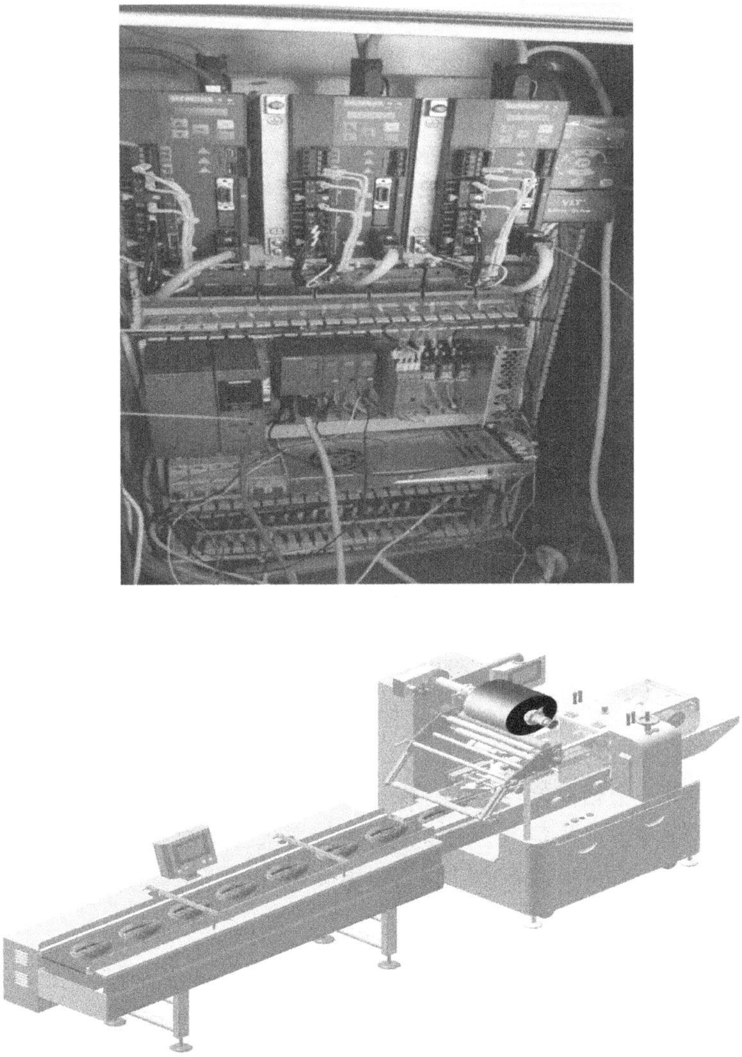

图1　项目所用机型

二、控制系统

1. 网络构成（见图2）

2. 电气方案

一台1500T带三台V90PN伺服驱动器，V90采用工艺对象分为刀轴/膜轴/拨叉（输送带），外围由一台温度控制仪表通过PLC进行ModBus通信，采用KTP900触摸屏进行画面操作。

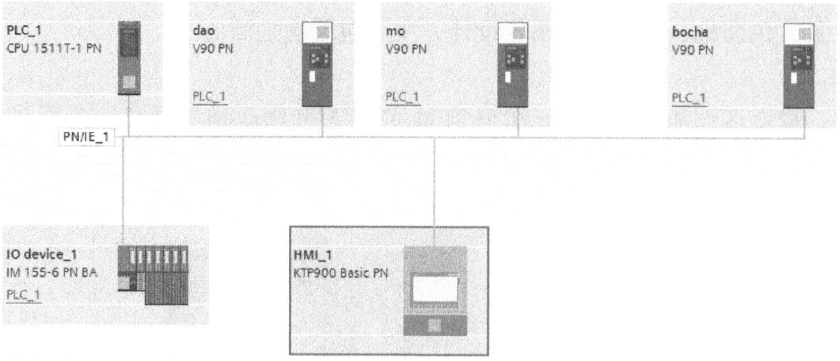

图 2　网络构成

三、项目调试

1. 功能区域划分

项目整体分为三个功能区域，即刀轴、膜轴、输送带。

2. 工艺介绍

刀轴机构包括刀轴和横封加热。

1）刀轴：刀轴属于横封轴，也是切断轴，刀轴是整个控制的重点。刀轴与膜轴需要配合，膜轴跑过一个产品的长度时刀轴必须转一圈，并且刀轴在切点位置时应该与膜轴的速度同步。因为膜轴的长度是变化的，所以如果刀轴是线性轴的话也需要改变长度，刀轴就变成了凸轮轴。普通的刀轴是机械凸轮，即电机的速度恒定，刀轴的运动速度通过机械自动调整。机械凸轮应根据袋长需要经常调整，并且维护麻烦，速度也较慢，所以就有了电子凸轮，电子凸轮通过同步带或者链条带动电机，通过 CAM 曲线保证刀轴与膜轴的同步，如图 3 所示。

2）膜轴机构：膜轴一般有光膜和带色标。

光膜：刀轴与膜轴有一个相对位置即可，保证每次切出设定袋长的膜。

带色标：在膜轴上每隔固定的距离会有一个标志，要求刀每次都需要切到色标上，这就不仅需要刀膜的同步，还要对色标进行追踪补偿，当切点不在色标位置时系统应自动调整，以保证在几包之内切到色标位置，如图 4 所示。

图 3　刀轴的工作场景

图 4　膜轴机构

3）拨叉机构：拨叉轴属于送料轴，产品经过拨叉或者传送带送到包装机中进行包装，拨叉轴需要与膜轴进行同步，包装每包产品的位置固定并且正好处于中心，防止切料。本机采用传送带送料。

4）其他工艺：①自动接膜：客户的设备膜轴有一用一备，当一根轴的膜用完之后需要通过电磁阀控制自动切换到另一跟膜轴上，光轴的膜自动接膜只需要保证膜能接上即可，但是带色标的膜轴需要把备用卷的色标点与使用的最后一个色标点正好对应起来，因此需要进行运算；②温度控制：PLC 与电温控器进行 ModBus 通信，分为横封、纵封和下封。

3. 主要功能

1）CAM 曲线的生成：包装物的改变会导致膜长改变，膜长改变就会导致刀轴与膜轴的 CAM 曲线发生改变，可通过 CAM 高级库自动生成 CAM 曲线，如图 5 所示。

CAM 曲线由同步区与非同步区组成，首先确定同步区域的大小，同步区刀轴的速度跟随膜轴速度，采用线性插补方式。离开同步区后采用五次多项式进行插补，以保证速度的平滑改变。

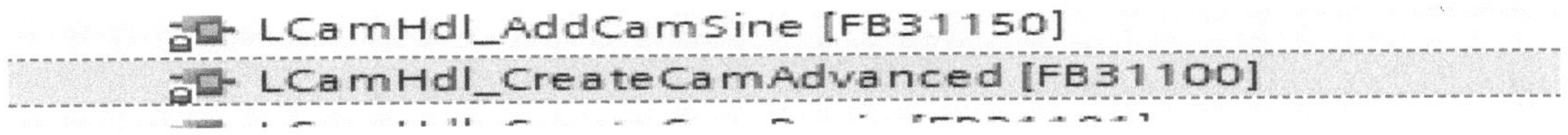

图 5　CAM 高级库

2）模态轴：刀轴与膜轴的 CAM 对应关系需要使用模态轴功能，但是膜轴的数值会发生变化，这就需要修改模态轴的数值，采用 WRIT_DBL 指令修改工艺对象的数据，并且需要重启工艺对象，如图 6 所示。

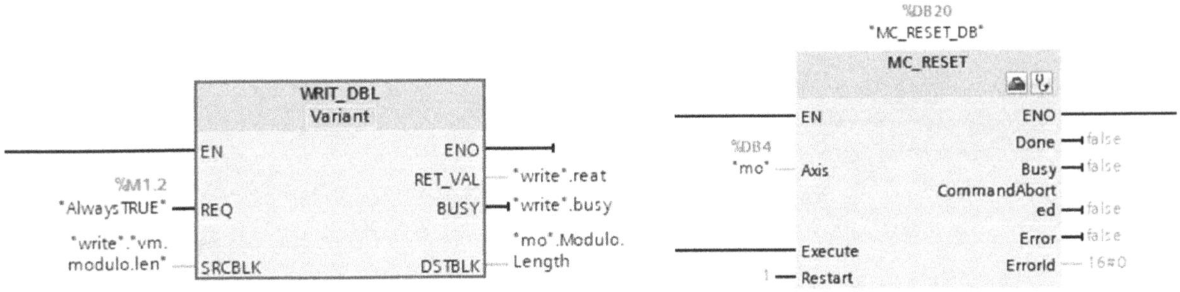

图 6　模态轴功能

3）首次同步时的模式选择：在设备首次同步时，刀轴与膜轴的位置与 CAM 的曲线有偏差，刀轴需要进行同步追踪，如图 7 所示。同步模式有三种（运动控制库 4.0 以上），即动态、同步距离、立即同步。采用动态同步时刀轴会突然加速追踪膜轴的位置，后来采用初始化，首次同步时刀与膜均行走到 CAM 的指定对应位置，然后挂载立即同步。

四、问题与解决方案

问题 1　首次同步时的模式选择。

解决方案：调试初始时由于选择的老版本 CAM 库文件，默认生成的位置轴及 CAM 曲线版本太低，低版本的 CAMIN 指令没有立即同步模式，故每次重新挂载同步时即使刀轴与膜轴在指定位置，刀轴也不能马上挂上同步，需要追踪，客户难以接受。后来发现有立即同步模式，于是切换了新版本的库文件，新建了新版本的定位、同步轴及 CAM 曲线。当在指定位置时刀轴与膜轴可以立即同步直接运行。

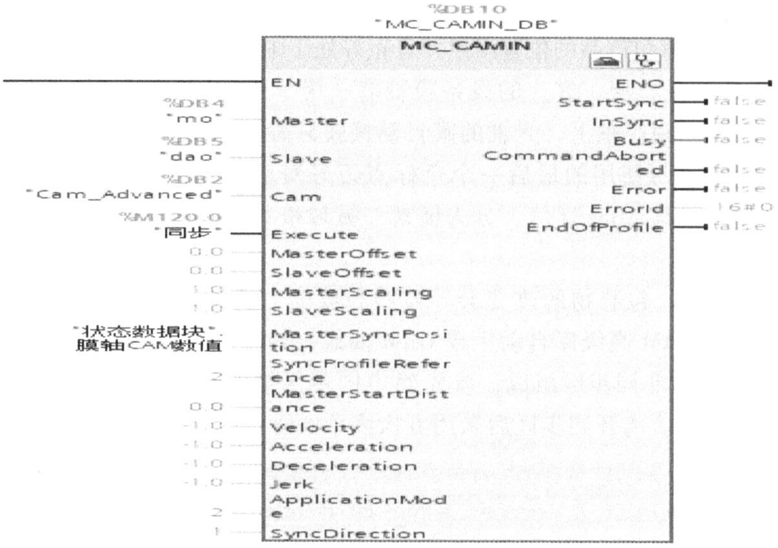

图 7　同步模式

问题 2　选择立即同步模式时刀轴与膜轴的速度同步区发生偏移。

解决方案：选择立即同步模式后，刀轴与膜轴的位置没有问题，但是后来发现刀轴与膜轴的同步区有问题，刀轴在切点位置的速度与膜轴的速度不匹配，录波形之后发现同步区域不在切点位置，如图 8 所示。

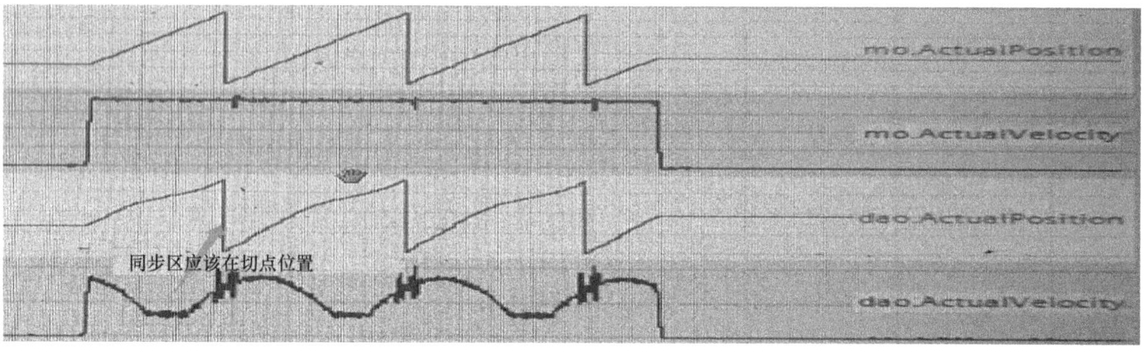

图 8　同步区波形

两个轴之间的同步位置没有问题，但是每个位置对应的速度关系发生了变化，只有使用立即同步模式时才会出现这种问题，经过反复实验发现误差也没有规律。开始时怀疑 CAM 曲线生成有问题，可是不使用立即同步而使用其他两种同步时曲线正常，证明曲线生成没有问题，然后开始研究 CAMIN 指令的功能，发现有一个参数 MasterSyncPosition，同步位置的参数帮助里面对这个参数的介绍不多。尝试修改这个参数，将它设置成立即同步点的主轴位置后，问题解决。

MasterSyncPosition	INPUT	LREAL	0.0	同步位置 主值端同步操作的结束位置，相对于凸轮超轴位置（<TO>StatusCam. StartLeadingValue）。该值必须介于凸轮的定义范围内

图 9　Mast SyncPosition 参数

问题 3　设备重新上电后，赋值膜轴位置有时会失败。

解决方案：客户采用的是增量式编码器，客户希望断电再重新上电后，如果机械位置没有变化则可以直接开机，这就需要保存刀轴及膜轴的位置，上电后把断电前的位置赋值给相应的轴，采用上电第一个扫描周期时给轴发送赋值命令，开始时采用的 MC-HOME 的 DONE 作为回零完成的命令，后来发现 DONE 之后零位仍然会丢失，然后从工艺对象的状态位中取出回零完成信号，仍然不行。增加一个 5M 的接通延时，问题基本解决，但是还是会偶发零位丢失，如图 10 所示。

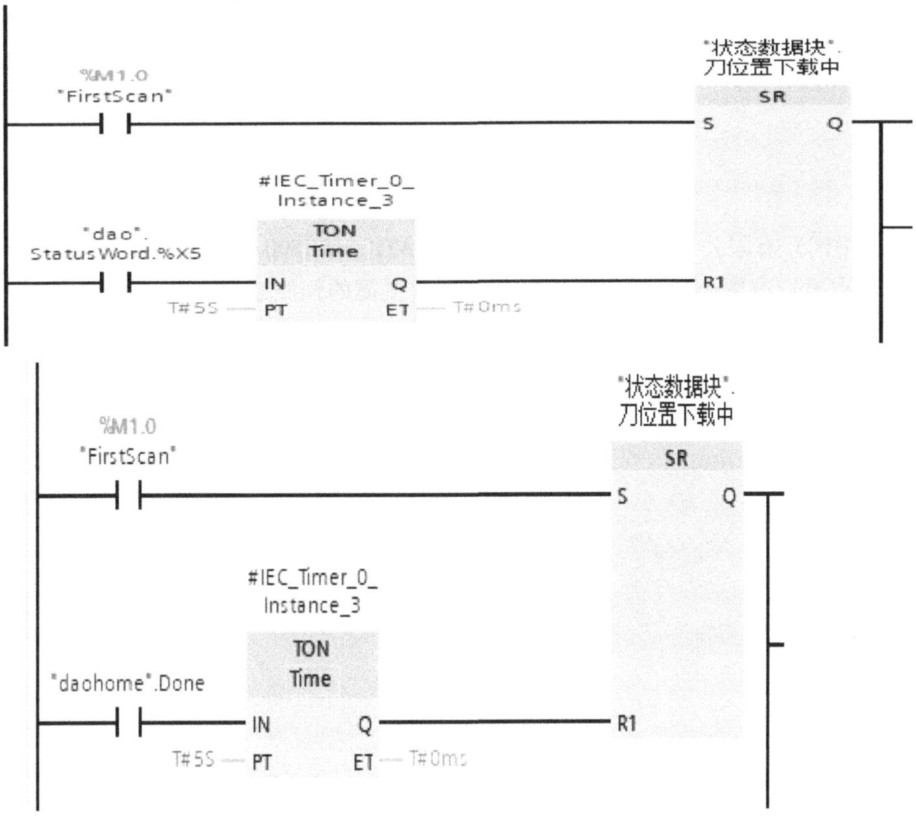

图 10　程序图

五、应用体会

项目结束以后与现场人员沟通了对西门子 V90 产品的认知与评价，整体来说还是肯定的。但是客户提出几点意见：

1）希望 V90 电机的 U/V/W 电缆应区分颜色；

2）希望 V90 可以通过网线调试。

自身的总结：由于是第一次使用 1500T 做项目，发现对运动控制功能的了解还是不多，应需要参与更多的项目调试与实践。这次调试的关键点在于 CAM 库的使用，西门子有很多功能强大的库。但是这种库的搜索比较难，除非用户知道有这个库，或者知道库的名称，否则不是很好查找。希望西门子能做一个库的目录，对西门子的库进行整理和分类。另外，库的说明都是英文，这样用户对库的使用与理解会更难，希望会有中文的说明。还有运动控制的同步功能一旦挂上，就必须使用另一个命令超迟，感觉不是很方便，考虑是否可以把同步触发引脚做成置 1 同步，置 0 解除同步。最后，修改工艺对象参数也比较麻烦，修改完成后必须重启工艺对象，重启完成后零点位置就会丢失，需要重新设置零点。

客户对 V90PN 的 PN 通信很认可，认为可以减少布线难度，提高产品的品质。在轴数较多的情况下，V90PN 的解决方案还是有一定优势的。

后续：本项目周期比较急，客户要求四天完成调试，而且客户的工艺本身存在缺陷，送料部分的工艺影响了整机的运行速度，经过调试达到了客户的要求，在 10 天内完成了设备的发货，客户对效率表示认可，同时也积累了包装机行业电子凸轮的经验。客户之后还有两套 1500T 的设备要调试，工艺会有些调整，并且其他包装机客户也有类似的需求，可以一起推进 V90 在包装机电子凸轮的整体应用。

参考文献

[1] 西门子（中国）有限公司. TIA 博途软件与 SIMATIC S7-1500 可编程控制器 样本 [Z]，2017.
[2] 西门子（中国）有限公司. SINAMICS V90 高效便捷的伺服系统 [Z].
[3] 西门子（中国）有限公司. V90_PN_1FL6_op_instr_1218_zh-CHS [Z].
[4] 西门子（中国）有限公司. 1500T 修改工艺对象数据 [Z].
[5] 西门子（中国）有限公司. LCamHdl_Advanced_SIMATIC_V1_0_1_en [Z].

西门子 S7-1500 和 V90 在多列立式包装机的应用
Application of Siemens S7-1500 and V90 in multi-row vertical packaging machine

梁祖标
（佛山市正一大自动化设备有限公司　佛山）

[摘　要] 本文介绍了 S7-1515T 和 V90 在多列立式包装机上的应用，主要阐述了包装机系统的组成结构和实现的功能，并且提出了一种减少包装废料的解决方法。本系统自适应能力强，具有纠偏功能，可以自适应不同的包装速度，并且在正常启停情况下，不产生废料。利用西门子 LRotaryKnife for SIMATIC 轮切库进行开发，可方便地进行凸轮曲线计算和完成色标纠偏功能，在保证系统稳定性的前提下加快了系统开发的速度。

[关 键 词] S7-1515T、V90 PN、轮切库

[Abstract] This article introduces the application of S7-1515T and V90 in the multi-row vertical packaging machine, mainly expounds the composition structure and realized functions of the packaging machine system, and proposes a solution to reduce packaging waste. The system has strong self-adaptive ability, has the function of correcting deviation, can adapt to different packaging speeds, and does not produce waste under normal start and stop conditions. The Siemens LRotaryKnife for SIMATIC wheel cutting library is used for development, which can easily calculate the cam curve and complete the color mark correction function, which speeds up the development of the system under the premise of ensuring the stability of the system.

[Key Words] S7-1515T、V90 PN、LRotaryKnife

一、项目简介

1. 项目情况

本项目是一个改造升级的项目，该立式包装机主要用来包装活性酵母。原来设备使用的是 S7-1200 和 V90 的配置，包装速度最多只能达到 30 包/min，无法满足客户的生产需求。本项目通过更换硬件配置为 S7-1500 和 V90，利用 S7-1500 的运动控制功能，将设备的包装速度提高到 40 包/min。现场设备如图 1 所示。

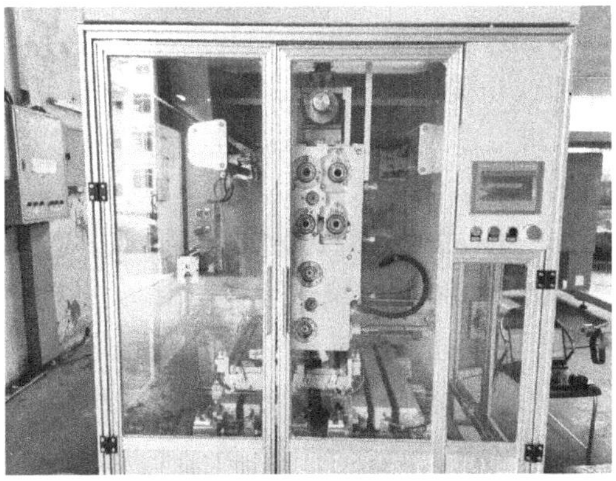

图 1　现场设备

2. 项目简要工艺

本项目的工艺主要分为三部分：制袋、下料、抽真空，其中最主要的部分是制袋部分。

（1）制袋

制袋部分由四个工艺组成：拉膜、横封（热封）、撕口、切刀。每个工艺由一个伺服轴控制：拉膜轴通过摩擦力往下拉膜；横封轴用作下料后封口；撕口轴在膜上切一个易撕口；切刀轴将膜切成固定长度。在设备运行情况下，拉膜轴以设定速度连续运行，横封、撕口、切刀这三个轴通过凸轮曲线自动跟随拉膜轴的位置动作。在拉膜过程中，使用色标纠偏功能，自动校正可能存在的拉膜打滑情况。

（2）下料

该工艺通过一个量杯伺服控制螺杆下料的方式实现，在拉膜过程中根据配方重量把一定重量的物料放到包装袋内。

（3）抽真空

在制袋完成后，通过链斗伺服控制真空箱动作，将包装袋抽真空并且封口。抽真空完毕后，通过传送带将产品输送到出料处。

3. 项目使用的配置（见表 1）

表 1 项目使用的配置

名称	型号	数量
CPU 1515T-2 PN	6ES7515-2TM01-0AB0	1
TM Timer DIDQ 16×24V	6ES7552-1AA00-0AB0	1
CPU 1215C	6ES7215-1AG40-0XB0	1
V90 伺服驱动(PN)	6SL3210-5FB10-8UF0	6
SIMATIC HMI KTP700	6AV2123-2GB03-0AX0	1

二、控制系统构成

设备的控制系统拓扑图如图 2 所示。

系统采用 SIMATIC S7-1515T 控制器搭配 V90 PN 伺服驱动。

1）控制器采用 SIMATIC S7-1515T，轴资源数为 2400，最多可以带 30 个定位轴。通过 Selection Tool 软件进行选型，运动控制周期设置为 4ms，定位轴 1 个，同步轴 6 个，考虑到需要位置同步、凸轮曲线功能，故选用技术型的控制器，采用 SIMATIC S7-1515T 控制器得出的 CPU 的利用率为 55%，可以满足使用要求。控制器的位运算速度达到 30ns，可以满足客户设备数据实时处理的要求。

2）SIMATIC S7-1200 控制器。由于是改造项目，原项目采用的是 SIMATIC S7-1200 系统，故继续沿用 S7-1200 的系统作为智能 IO 设备使用，控制气缸、电机等执行设备，而伺服改用 SIMATIC S7-1500 系统进行控制。

3）V90 伺服分为了两部分进行控制。一部分是拉膜轴、横封轴、撕口轴、切刀轴，这部分对于轴控制的实时性要求比较高，采用 IRT（等时同步）模式和控制器通信，通信周期设置为 4ms，保证数据传输的实时性，确保轴运动的动态响应性和精度可控。另一部分是链斗伺服和量杯伺服，

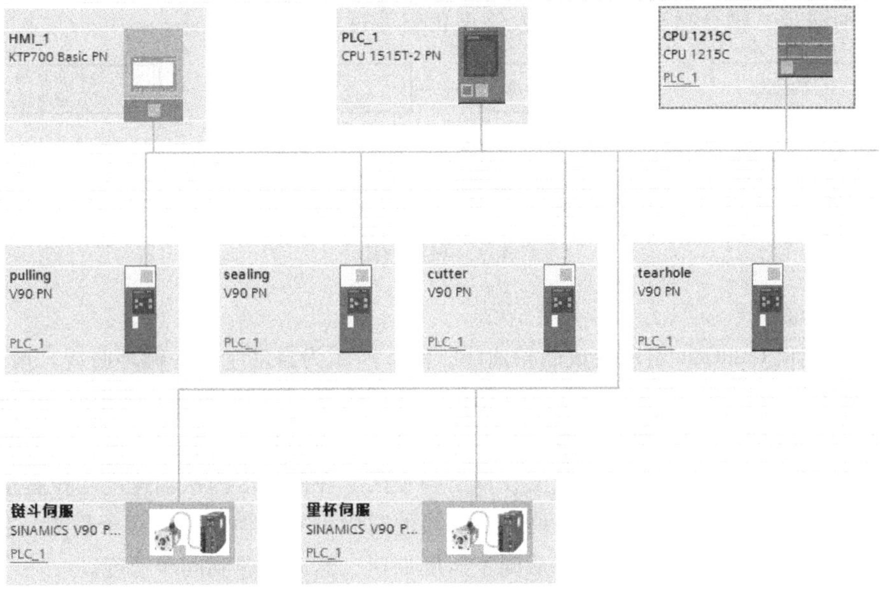

图 2　系统拓扑

这两个伺服用在真空箱和下料工艺，由于实时性要求不高，故采用 RT 的方式进行通信，V90 选择 EPOS 模式，采用 111 报文。

三、控制系统完成的功能

1. 主要功能

本项目使用西门子轮切库 LRotaryKnife for SIMATIC 为基础进行开发。主要实现的功能有生成凸轮曲线、色标偏移、色标纠偏。为实现这些功能，在本项目中，建立了 1 个定位轴和 6 个同步轴，如图 3 所示。其中拉膜伺服、横封实轴、撕口实轴、切刀实轴这 4 个为实轴，同时建立 3 个虚轴，横封虚轴、撕口虚轴、切刀虚轴分别作为横封实轴、撕口实轴、切刀实轴的虚主轴。

其中横封虚轴、撕口虚轴和切刀虚轴作为拉膜轴的从轴，与拉膜轴位置同步；横封实轴、撕口实轴、切刀实轴则作为虚轴的从轴，分别与对应的虚轴 CamIn。轴配置如图 4 所示。

图 3　工艺对象轴

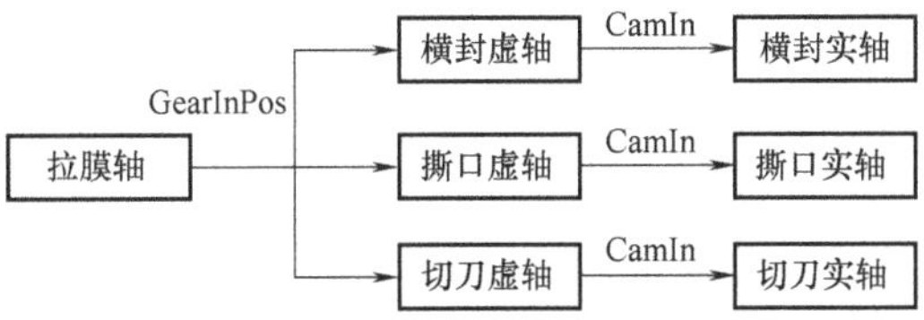

图 4　轴配置示意图

根据轴配置和功能需求，设计如图 5 所示的程序结构，主要完成了曲线的计算、耦合起始曲线、从轴和主轴同步、耦合循环曲线、进入停止状态等过程。

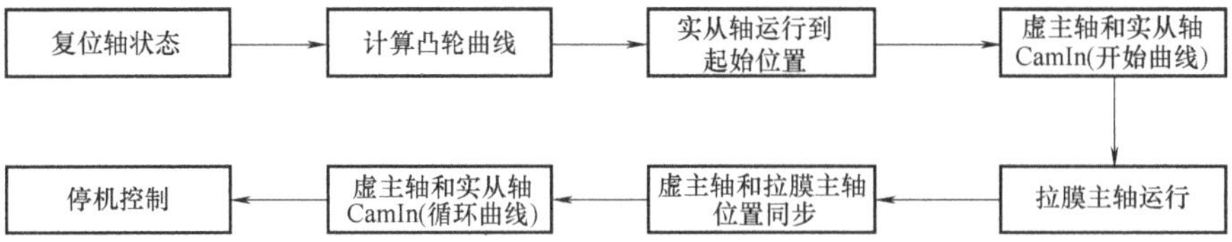

图 5　程序结构

（1）生成凸轮曲线

使用库函数 LRK_CamCalc 自动生成凸轮曲线，图 6 所示为自动生成的循环曲线。该函数只需要输入袋长、轮切轴的周长、同步开始角度、同步结束角度等参数，即可自动生成相应的凸轮曲线，适应性很强。以横封循环曲线为例，整段曲线分为三个部分：①为横封结束的同步区，②为横封非同步区，③为横封开始的同步区。函数根据同步角度计算出同步区，在同步区内从轴速度和拉膜主轴速度一致，并且将横封点定义为凸轮切换点，让凸轮曲线在切换的时候没有任何跳变。由于横封长度（袋长）小于横封轴的周长，在非同步区，横封轴需从同步速度加速，然后减速到同步速度。

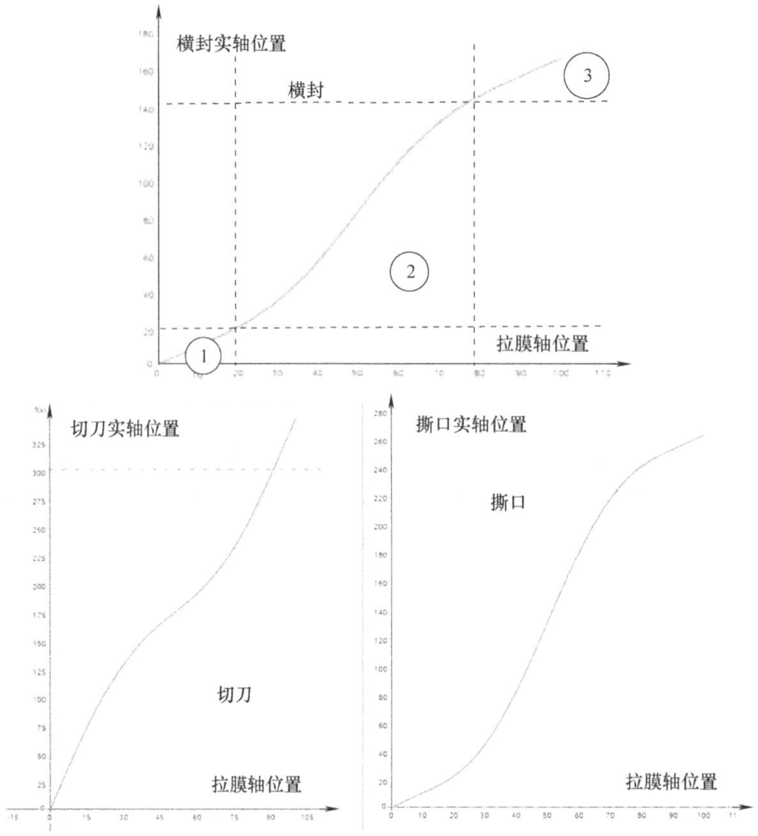

图 6　凸轮曲线

（2）色标偏移

色标偏移的作用是调整包装膜上的横封位置、撕口位置、切点位置，使包装膜上显示完整的产品信息。为方便调整色标偏移位置，使用式（1）计算色标偏移值。由于袋长和膜上色标距离是一致的，只需要将色标传感器到切点的位置与袋长求余数，即可得出切点相对于色标的偏移值。在计算的时候只需要输入色标到切点的位置，即可自动计算出对应的偏移值。完成计算后，使用了 MC_GearInPos 指令块，让 3 个虚主轴分别在指定的偏移位置与拉膜轴完成位置同步。

$$色标偏移值=(色标到切点位置\times1000.0)\mathrm{MOD}(袋长\times1000.0)/1000.0 \tag{1}$$

（3）色标纠偏

色标纠偏功能的主要作用是校准横封位置、撕口位置和切刀位置。在设备拉膜的过程中，可能存在打滑情况，导致拉膜轴与横封虚轴、撕口虚轴、切刀虚轴的位置关系发生偏差。设备由色标电眼检测包装膜上的色标，通过 TM Timer 模块使用测量输入功能，记录拉膜轴两次检测色标时的位置信息，计算出偏差值。由于横封实轴、撕口实轴、切刀实轴这三个实轴的偏差情况不一样，需要对三个轴分别进行调整。

在纠偏的时候，使用 MC_MoveSuperimposed 指令在虚轴上进行位置叠加。以横封轴为例，如图 7 所示，当前的偏差值为-2mm，需要将横封轴位置校正 2mm。位置值叠加前，横封虚轴和拉膜轴的位置相差 565mm，位置叠加完成后，横封虚轴和拉膜轴的位置相差 567mm。位置叠加后，拉膜轴与横封虚轴的位置关系得到校正，横封实轴跟随凸轮曲线运动，其位置也得到校正。

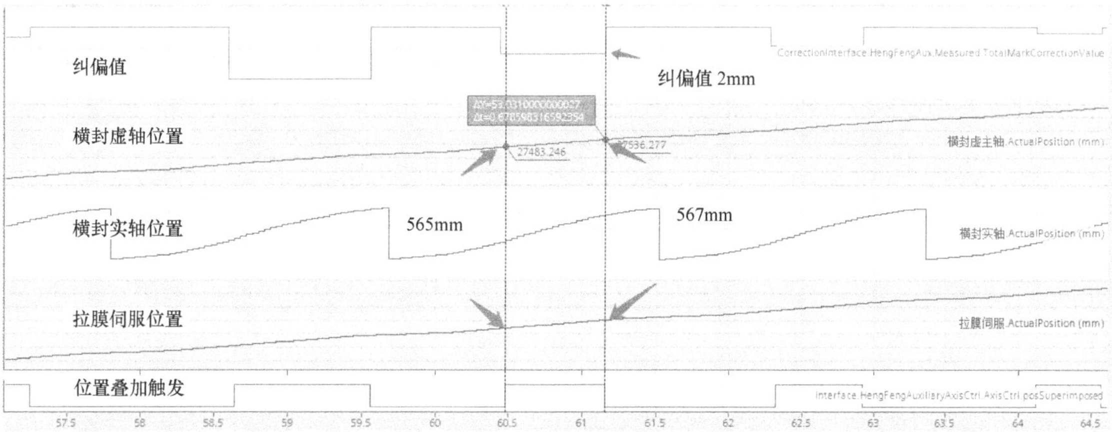

图 7　位置叠加过程

2. 难点分析

（1）设备拉膜长度的问题

在标准的轮切库应用当中，轮切运动分为从轴和主轴同步、启动曲线、循环曲线、停止曲线四个过程。在从轴和主轴同步的过程中，会产生一个偏移值长度的袋长，而且进入停止曲线后，最后一个袋子不会被切断，这两个因素都会导致设备启动后第一个袋子的长度超过设定袋长的长度。由于客户的机械设计比较紧凑，不允许有超过一个半袋长度的袋子落在真空箱上，否则会导致卡料的情况，而且会产生废料，所以需要对标准的轮切功能进行优化。

除此之外，客户在设备出现异常的时候需要停机处理，譬如换膜、加物料、卡料等，在进行处理的时候可能需要点动单个实轴。在同步模式下，该功能无法实现，需要在停机情况下脱离实轴和虚轴的同步，当设备重新启动的时候，同样会出现第一个袋长度偏长的问题。针对这种应用，本项目设计了一种解决方案。

1）在正常停止情况下，取消耦合停止曲线，通过逻辑判断每个从轴的非同步区域，当 3 个从轴（横封实轴、撕口实轴、切刀实轴）都处于非同步区域，停止拉膜轴运行，系统进入停止状态，并且断开横封实轴、撕口实轴、切刀实轴与对应虚轴的同步状态，但是保持拉膜轴和虚轴的同步关系。这样的作用有两个：

① 当拉膜轴工作的时候，虚轴也会跟随运动，保证位置关系，但是实轴不会有跟随动作。由于横封实轴、撕口实轴、切刀实轴和虚轴的同步状态已经脱离，所以在停止状态下，可以任意点动横封实轴、撕口实轴、切刀实轴进行异常处理。

② 保证停止的时候拉膜长度不会超过一个袋长的距离。

2）在正常启动情况下，首先通过虚轴和拉膜轴的位置关系，计算出虚轴的偏移距离和主值位置，然后使用函数 MC_GETCAMFOLLOWINGVALUE 计算出横封实轴、撕口实轴、切刀实轴这 3 个轴的理论当前位置。计算完毕后，将横封实轴、撕口实轴、切刀实轴移动到该理论位置。

到达位置后，通过 MC_CamIn 指令，同步设置 SyncProfileReference 使用模式 2 直接同步的方式将实轴和虚轴耦合循环曲线。因为横封实轴、撕口实轴、切刀实轴和对应的虚轴位置关系与循环曲线一致，所以在静止情况下就能实现位置同步。这样的作用是保证在设备启动后，设备根据循环曲线运行，不会出现拉膜偏长的情况。

经过以上调整后，除了首次上电需要人工处理废料外，正常启停可以做到没有废料。如图 8 是调整前的曲线，图 9 是调整后的曲线，通过曲线对比可以看出，调整前设备启动后第一个袋的长度约为 162mm，调整后设备启动第一次拉膜的长度约为 98mm，设定袋长为 100mm，经过调整后，解决了首次拉膜长度偏长的情况。

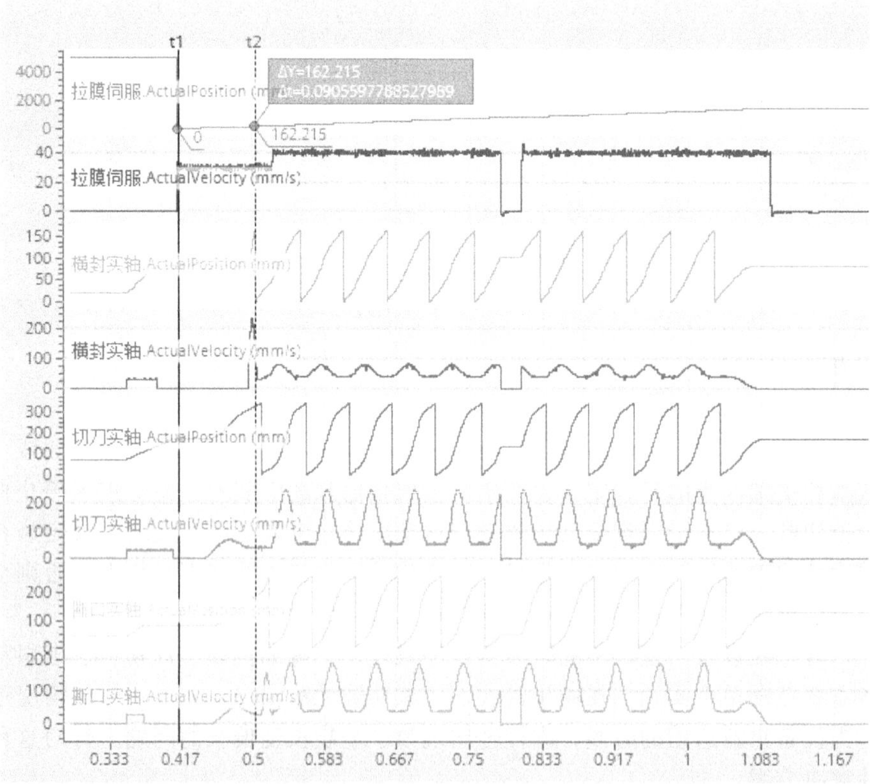

图 8　调整前曲线

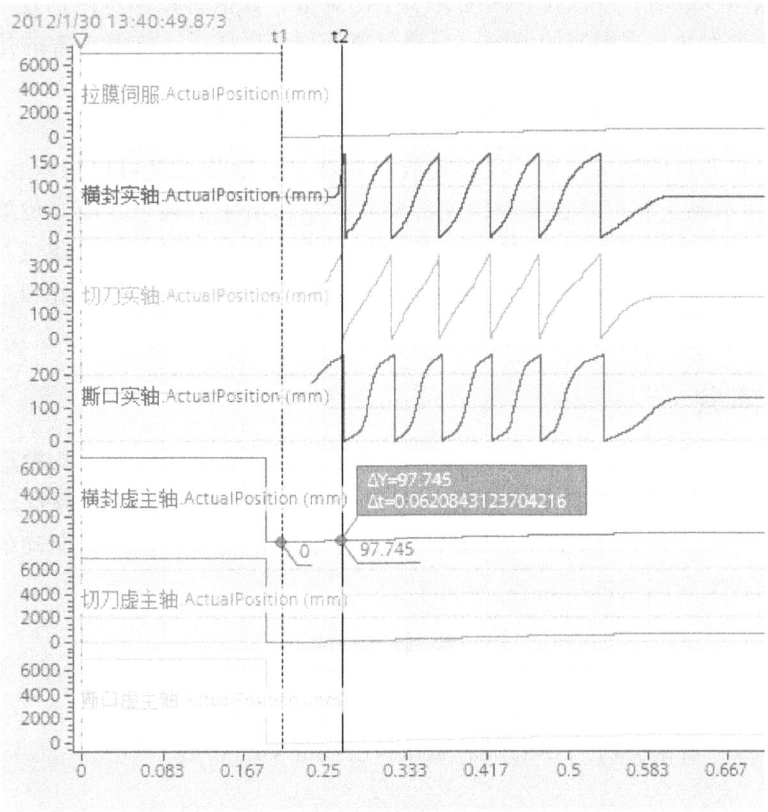

图 9　调整后曲线

（2）切刀速率的问题

根据客户的要求，切刀的速率需要保持恒定。为实现该功能，需要利用 CameCalc 函数的 KnifeOverSpeedStartCut、KnifeOverSpeedZero、KnifeOverSpeedEndCut 引脚对凸轮曲线进行更改。由于拉膜速度会发生变化，这 3 个参数不能使用固定值，需要根据拉膜速度和切刀速度动态计算。

（3）横封时间的问题

在调试过程中发现一个问题，当拉膜速度越快，横封轴通过同步区的时间越短，会导致横封时间不够，膜不能很好地封合，而且在横封处出现了皱褶的情况（见图 10），横封效果不好。解决办

图 10　横封褶皱

法是当横封轴进入同步区后，降低拉膜速度为一个固定值，让横封在同步区的速度减慢，增加横封时间，避免因为速度太快出现褶皱的情况。当横封离开同步区域后，恢复正常的拉膜速度。

四、项目运行

目前设备已经在客户处调试完毕，经过连续拉膜测试，制袋速度可以稳定在 40 包/min，制袋误差为±1.5mm，可以满足客户对速度和精度的要求。制作出来的袋子，撕口位置平整，没有凸起和凹进去的情况，大大改善了之前 S7-1200 系统的撕口不平整的情况。经过测试，该设备的拉膜速度还能继续提升，但由于真空箱工艺动作周期的原因，限制了速度的提升，在以后的改造中，可以考虑更改真空箱的机械，将速度继续提升。

五、应用体会

SIMATIC S7-1500 具有强大的运动控制能力，能很好地完成位置同步、凸轮运动等运动控制功能，完成复杂的工艺。V90 总线驱动具有通信方便、不需要外接控制线等特点，除了减少现场接线，还方便对项目进行改造。SIMATIC S7-1500 和 V90 驱动的配合，可以将驱动的性能最大限度地发挥出来，完成更多复杂的项目。

参考文献

[1] 西门子（中国）有限公司. SIMATIC S7-1500T 轮切 [Z].
[2] 西门子（中国）有限公司. S7-1500T Motion Control V4. 0 [Z].

V90PN 在 N99 杯型口罩全自动生产线中的应用
Application of V90PN in the Automatic Production Line of N99 Cup Mask

李军
（四川省机械研究设计院（集团）有限公司　成都）

[摘　要] 2020 年新型冠状病毒（2019-nCoV）在全球的蔓延和传播，严重威胁着人们的生命安全。面对突发的公共卫生安全事件，口罩作为最重要的防疫物资装备，在这次全球抗疫过程中起到了关键性作用。为提高后疫情的防疫装备升级，防护等级更高的 N99 杯型口罩全自动生产线的研制势在必行，通过运用西门子 S7-1500 PLC 控制器和 V90 伺服系统，实现了 N99 杯型口罩的从成型、压合、移印、切边、冲孔、焊接、消毒包装等全自动生产，取代传统的手工作业的低效生产，大大提高后疫情时代的抗疫产品升级换代。

[关 键 词] N99、西门子 S7-1500 PLC、V90 PN、移动焊接、移动印刷

[Abstract] The global spread and spread of the 2020 novel coronavirus (2019-nCoV) has seriously threatened people´s lives. Faced with sudden public health and safety incidents, masks, as the most important anti-epidemic materials and equipment, have played a key role in the global anti-epidemic process. In order to upgrade the epidemic prevention equipment after the epidemic, it is imperative to develop a fully automatic production line for N99 cup masks with higher protection levels. By using Siemens S7-1500 PLC controller and V90 servo system, the N99 cup masks are realized from forming, Fully automatic production such as pressing, pad printing, trimming, punching, welding, sterilizing packaging, etc., replaces the traditional manual inefficient production, and greatly improves the upgrading of anti-epidemic products in the post-epidemic era.

[Key Words] N99、Siemens S7-1500 PLC、V90PN、Ultrasonic welding、Precise positioning

一、项目简介

根据用途，一般将口罩分为普通纱布口罩、医用口罩、日用防护型口罩和工业防尘口罩四大类。

医用口罩通过过滤进入肺部的空气降低感染呼吸道传染病的风险，以降低环境中的微小污染物（如细菌、病毒、PM2.5、飞沫）对呼吸系统的侵害。由于 N99 杯型口罩（见图 1）与脸部的密闭性更好，粉尘、病毒不能轻易漏入，且其鼻部设计更符合人体工学，内置柔软泡沫鼻垫，佩戴的舒适性更高，因此高等级医用口罩多采用杯型设计。N95 口罩对 0.3μm 的颗粒过滤效率为 95%，而

N99 口罩可以达到 99%以上。由于 N99 杯型口罩相比 N95 口罩生产工艺更复杂，传统的杯型口罩生产大多数还处于一条产线有多人工、多流程的半自动生产状态，所以生产效率低下，远远无法满足突发公共卫生安全事件时的爆发式的市场需求。

平面口罩　　N95 口罩　　N99 杯型口罩

图 1　几种口罩

为提高后疫情的防疫装备升级，防护等级更高的 N99 杯型口罩全自动生产线的研制势在必行，通过运用西门子 S7-1500 PLC 控制器和 V90 伺服系统（见图 2），实现了 N99 杯型口罩的从成型、压合、移印、切边、冲孔、焊接、消毒包装等全自动生产，取代传统的手工作业的低效生产，大大提高后疫情时代防疫物质的升级换代。

图 2　N99 杯型口罩机 3D 模型图

二、项目技术介绍

1. 项目的实现原理和简要工艺介绍

N99 杯型口罩全自动生产线包括的主要流程如下：

1）层面罩成型，主要用定型棉热压成杯形状；

2）外层面罩成型，主要用无纺布（有克重要求）、熔喷布、活性炭无纺布等材料裁片成型；

3）移印，在外层面罩上印刷字样或图案，用于说明口罩的型号、达到的标准、商标等；

4）多层面罩压合，将内、外等多层面罩压合，一般为 3~5 层面罩；

5）切边，将压合的面罩多余的边缘裁掉，剩下杯形形状的口罩；

6）呼吸阀冲孔，在口罩顶部打孔，用于安装口罩呼吸阀，这一步可根据不同类型的口罩选择是否取消；

7）鼻线贴合，口罩需要鼻线来调整佩戴位置，鼻线可以是铝条、橡胶条等可以固定位置的材料；

8）耳带焊接，将耳带焊接在杯型口罩两端，耳带材料有多种，可以焊接 1 条或 2 条耳带；

9）呼吸阀焊接，将呼吸阀焊接在打孔位置，呼吸阀种类很多，可根据需要选择；

10）最后加工，包装、消毒、装箱等工作。

主要的工艺流程如图 3 所示。

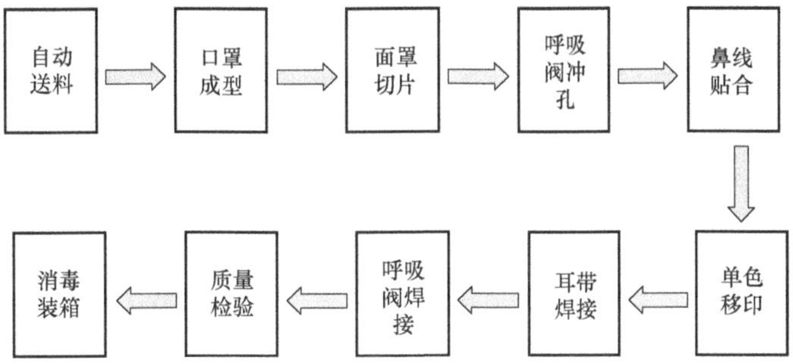

图 3　主要工艺流程

N99 杯型口罩机的传动及功能示意图如图 4 所示。

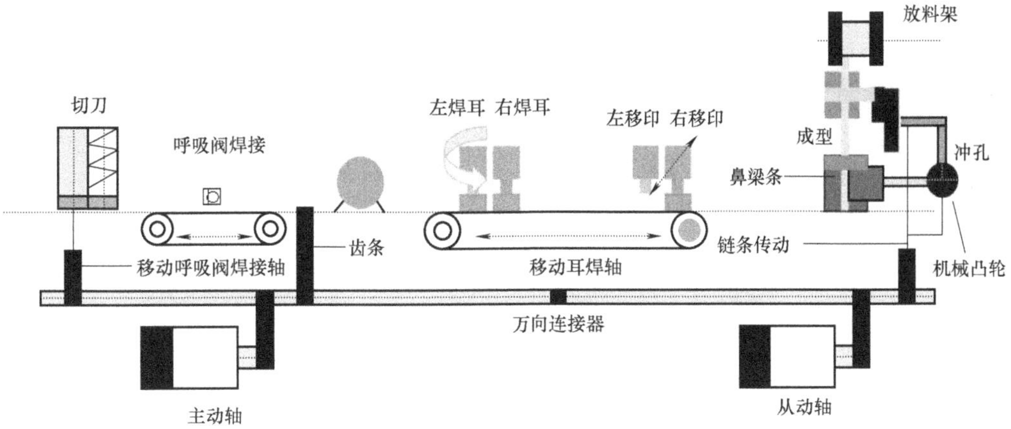

图 4　N99 杯型口罩机的传动及功能示意图

主要关键控制技术：

单色移印和耳带焊接的两个工序在同一个移动平台装置中，如图 5 所示。

可以看到，左右耳带焊接机构和移印机构之间，都是通过螺杆连接着的，同时它们可以沿机架上的导轨一起运动，驱动机构是由机架下面的 V90 伺服电机+丝杆机构组成，如图 6 所示。

口罩成型布料是一直处于前进运动状态的，而移印机构和焊接耳带机构在工作时，是需要和布料直接接触作业，所以就要保证布料和以上两个机构在接触时，是没有相对运动的，即保持两者的移动速度相同。因此移印机构和焊接耳带机构就需要在和布料接触时，和布料一起前进；作业完成后在和布料分开后迅速返回作业原点，进行下一次作业。耳带移动焊接时序如图 7 所示。

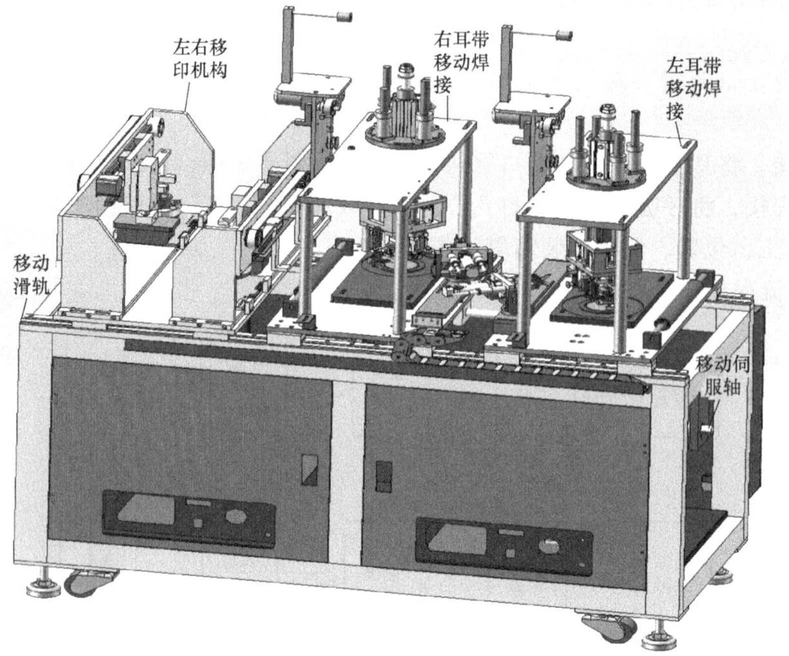

图 5　单色移印和耳带焊接

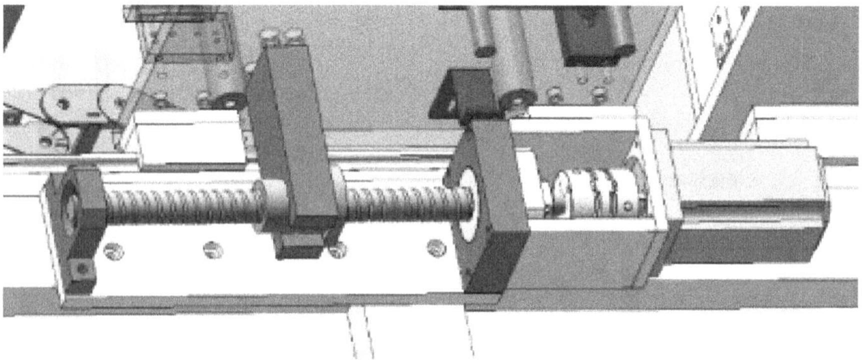

图 6　V90 伺服电机和丝杆机构

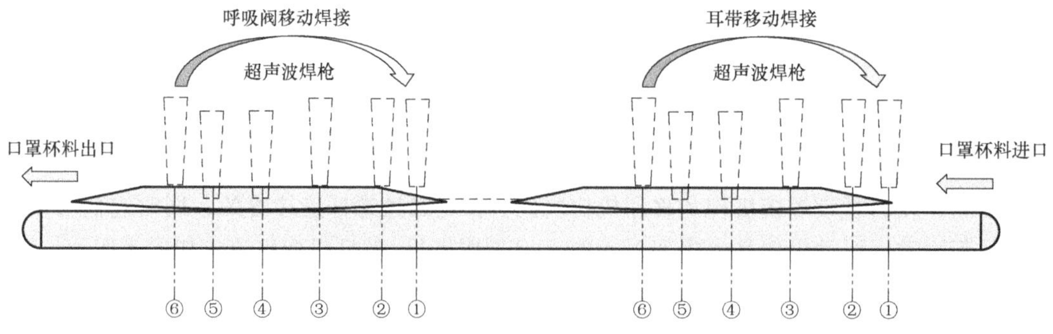

① 起始参考点 ② 相对同步 ③叠加同步 ④ 点焊 ⑤焊接固化 ⑥焊接完成，返回起始参考点

图 7　耳带移动焊接时序

由于呼吸阀移动焊接过程与耳带移动焊接时序逻辑完全一致，只是分别在两个不同的工序中进行。如图 7 所示，移动焊接过程包括起始参考点、相对同步、叠加同步、点焊、焊接固化及焊接完成，返回起始参考点进行下一个焊接循环周期。由于 N99 杯型口罩展开尺寸相比 N95 口罩更短，焊接过程时间必须更短，所以对移动同步过程的控制要求更高。

2. 控制系统方案

N99 杯型口罩机由主动轴、从动轴、移动耳焊轴、移动呼吸阀焊接轴等 4 套伺服系统组成了主要的驱动系统，主动轴和从动轴通过万向连接器连接，共同提供口罩成型、冲孔、切边、压鼻梁条等过程所需要的动力，需要主动轴和从动轴保持速度相对同步运行，速度的差异和波动控制在万向连接器允许范围内。移动耳焊轴、移动呼吸阀焊接轴在口罩布料移动过程中，需要先迅速实现速度相对同步，再实现位置的同步，然后当与主动轴相对静止后进行点焊、固化等焊接操作，焊接完成后，移动轴迅速返回起始参考点，进入下一个周期性的作业。为了实现主从轴和移动轴的速度与位置同步运行，本系统选用西门子高效便捷的伺服系统 SINAMICS V90，PLC 控制器选用 SIMATIC S7-1500 系列，该 PLC 拥有丰富的运动控制功能，可以轻松实现项目的所有运动同步运行。

3. 系统硬件选型

系统机械传动参数见表 1。

表 1　系统机械传动参数

序号	定义	符号	单位
1	主传动比	i	
2	螺距	M	mm
3	滚轮直径	D	mm
4	产能	N	片/min
5	焊接时间	T1	ms
6	固化时间	T2	ms
7	伺服最大转速	rMax	r
8	伺服最大加速时间	T3	ms
9	偏移距离	L1	mm
10	单片口罩宽度	L	mm
11	主轴线速度	V1	mm/s
12	主轴电机转速	R1	r
13	焊接电机转速	R2	r
14	加速度	a	mm/ms^2
15	加速时间	T4	ms
16	加速距离	L2	mm
17	加速距离差	L3	mm
18	等待时间	T5	ms
19	焊接距离	L4	mm
20	减速距离	L5	mm
21	总移动距离	L6	mm
22	单片时间	T	ms
23	返回时间	T6	ms

最终设备的生产节拍要求不低于 30 片/min，根据上述机械参数及传动计算，主动轴伺服的最低扭矩为 4.5N·m，移动焊接轴最低扭矩为 3.0N·m，所有伺服轴为单相 AC 220V，最高转速 3000r/min，不需要抱闸控制，由于有参考点开关，所以伺服电机使用增量编码器就可以实现定位控制功能。本系统的主从轴的相对同步、移动同步、定位回零等控制功能可以使用 S7-1500 系列 CPU 的工艺对象（TO），利用 S7-1500 丰富的运动控制资源实现本系统的各个轴的定位及同步控制需求。

本系统主要设备具体选型见表 2。

表 2　主要设备具体选型

序号	订货号	描　　述	数量
1	6ES75111AK020AB0	CPU 1511-1 PN,150 KB 程序,1MB 数据;60ns	1
2	6ES75211BL100AA0	DI 32:数字量输入模块,高性能 DI·35mm 模块	3
3	6ES75221BL010AB0	DQ 32:数字量输出模块,晶体管 DQ·35mm 模块	2
4	6ES75317KF000AB0	AI 8:模拟量输入模块,35mm 模块	1
5	6ES75325HD000AB0	AQ 4:模拟量输出模块,35mm 模块	1
6	6AV21232MA030AX0	新一代精简面板 KTP1200,按键+触摸操作,12 寸 6.5 万色显示	1
7	6GK50080BA101AB2	SCALANCE XB008	1
8	6SL32105FB110UF1	伺服控制器,单相 1.0kW	2
9	1FL60442AF211AA1	伺服电机,单相 1.0kW	2
10	6FX30025CK011AF0	动力电缆,含接头 5m	2
11	6FX30022CT201AF0	编码器电缆,含接头 5m	2
12	6SL32105FB115UF0	伺服控制器,单相 1.5kW	2
13	1FL60522AF212AA1	伺服电机,单相 1.5kW	2
14	6FX30025CK321AF0	动力电缆,含接头 5m	2
15	6FX30022CT121AF0	编码器电缆,含接头 5m	2
16	6GK19011BB102AA0	IE FC RJ45 接头	12
17	6XV18402AH10	FC 标准以太网电缆	30

本系统需要的软件见表 3。

表 3　系统需要的软件

序号	名称	描　　述	数量
1	组态软件	TIA_Portal_STEP7_Prof_Safety_WINCC_Prof_V16	1
2	V90 组态	HSP_V16_0185_001_Sinamics_V90_PN_1.4	1
3	V90 调试	SINAMICS-V-ASSISTANT-v1-06-00	1

三、控制系统构成及组态

1. 系统拓扑图（见图 8）

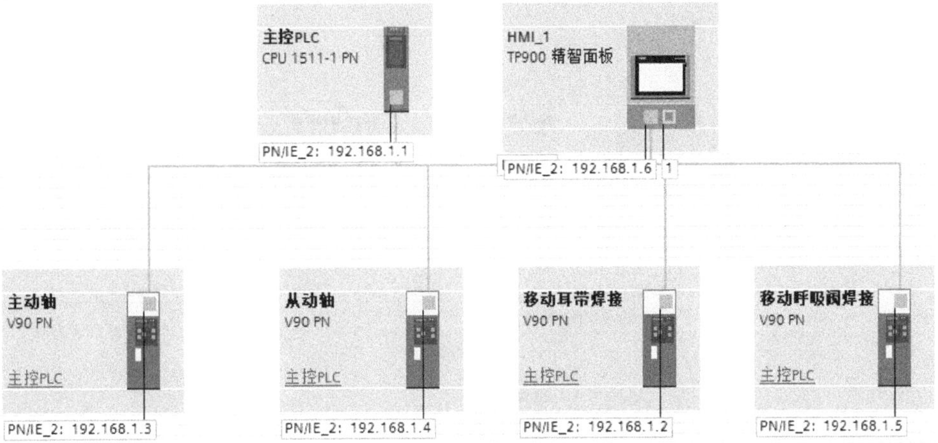

图 8　系统拓扑图

2. 创建工艺对象

工艺对象（Technology Object，TO）代表控制器中的每个实体对象（如一个驱动装置），在用户程序中通过运动控制指令可调用工艺对象的各个功能。可通过工艺对象的组态表示实体对象的属性，组态数据则存储在工艺对象数据块中。

（1） 定位轴工艺对象

可通过定位轴工艺对象（TOPositioningAxis）控制驱动装置的位置，然后通过用户程序中的运动控制指令为轴分配定位作业。

（2） 同步轴工艺对象

同步轴工艺对象（TOSynchronousAxis）包括定位轴工艺对象的全部功能，还可将轴与主值互连，从而使轴在同步操作中跟随引导轴的位置变化。

本项目根据实际运动轴的要求，主动轴需要配置为位置轴（PositioningAxis_主动轴），实现口罩布料位置控制及前段工艺装备的动力驱动，从动轴需要配置为同步轴（SynchronousAxis_从动轴），实现口罩生产后端工艺装备的速度同步运行和动力驱动，移动耳带焊接轴需要配置为同步轴（SynchronousAxis_移动耳带焊接），实现耳带移动焊接和移动商标印刷，移动呼吸阀焊接轴需要配置为同步轴（SynchronousAxis_移动呼吸阀焊接），实现呼吸阀的移动焊接。

工艺对象的配置及调试步骤如下：

1） 配置 S7-1500 CPU 和 SINAMICS V90 PN；

2） 配置 S7-1500 和 V90 PN 的 IP 地址和设备名称；

3） 建立 S7-1500 和 V90 PN 的网络连接；

4） 建立 S7-1500 和 V90 PN 的拓扑连接；

5） 配置 4 根轴工艺对象；

6） V90 PN 的在线测试与优化；

7） 轴位置同步功能编程及测试。

当使用 S7-1500 CPU 通过工艺对象实现 SINAMICS V90 PN 的位置控制时，优先使用具有动态伺服控制（DSC）的 105 报文，并通过 CPU 的 PROFINET IRT 等时同步的通信方式实现 V90 的高精度定位控制。所以在配置 V90 PN 时必须配置 IRT（等时同步）功能，需要注意当前 V90 PN 的通信时间最短时间为 2ms，如图 9 所示。

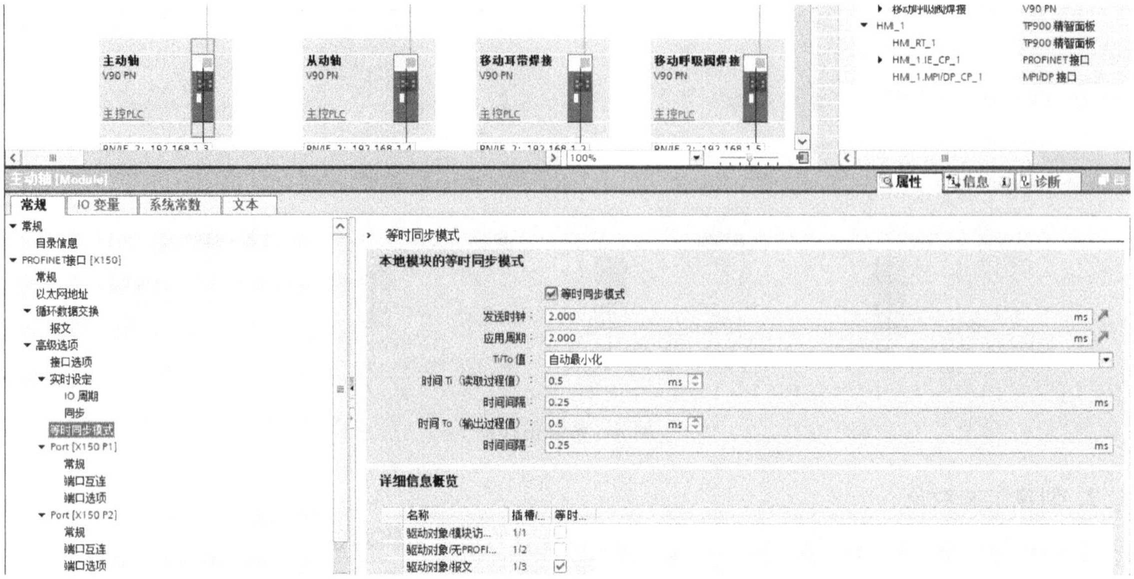

图 9　V90 PN 的等时同步配置

PN 网络的等时同步配置如图 10 所示。

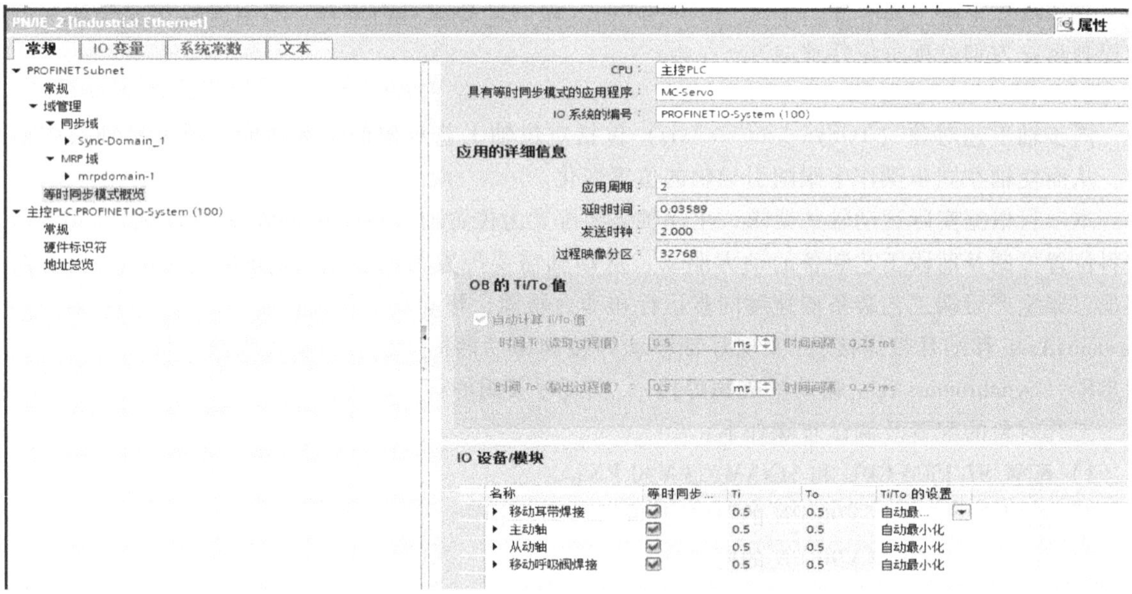

图 10　PN 网络的等时同步配置

在工艺对象配置中，需要注意同步轴与位置轴在主值互连时，将可能的主值连接到“PositioningAxis_主动轴”作为设定值，这样可将主动轴实时位置作为同步轴的输入，实现齿轮同步和速度同步。本项目需要将主动轴分别与从动轴、移动耳带焊接轴、移动呼吸阀焊接轴进行主值互连，可实现 3 根同步轴与主动轴的位置相对同步和绝对同步，如图 11 所示。

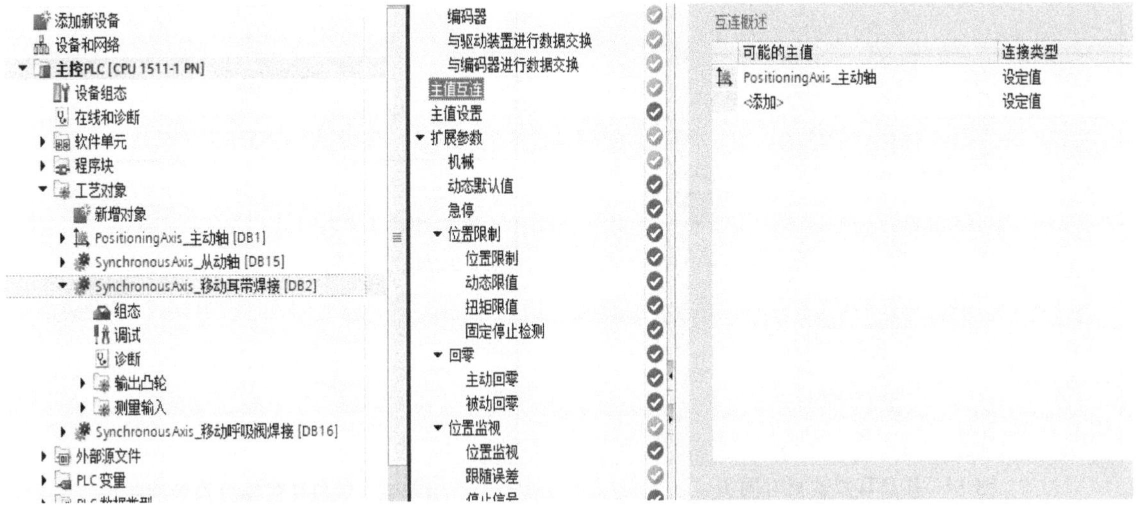

图 11　3 根同步轴与主动轴的位置相对同步和绝对同步

3. 位置同步功能实现

本项目中，位置主动轴使用速度控制指令“MC_MOVEVELOCITY”进行连接，实现口罩机的工作速度控制，同时从动轴使用相对齿轮同步“MC_GEARIN”进行连接，实现从动轴的相对速度同步，共同提供口罩机前后端工序的驱动动力，保持前后系统动力平稳、无相对速度差产生。移动耳焊轴、移动动呼吸阀焊接轴分别通过相对齿轮同步“MC_GEARIN”和位置叠加同步“MC_MOVESUPERIMPOSED”指令进行连接，先实现与主轴的相对位置同步，再通过位置偏差的叠加同步消除同步误差，间接实现与主动轴的绝对位置同步，实现耳带和呼吸阀的绝对位置焊接，确保定位准确。焊接工艺完成后，移动耳焊轴、移动动呼吸阀焊接轴再分别通过绝对定位“MC_MOVEABSOLUTE”指令，返回初始工作位，进行下一工作循环的作业任务。如图 12~图 17 所示。

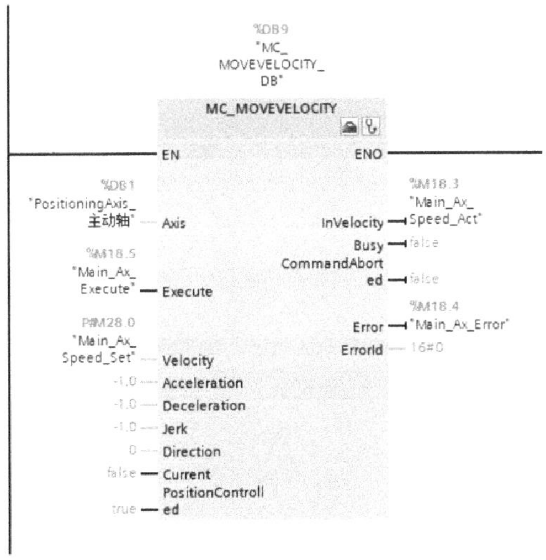

图 12　主动轴速度控制

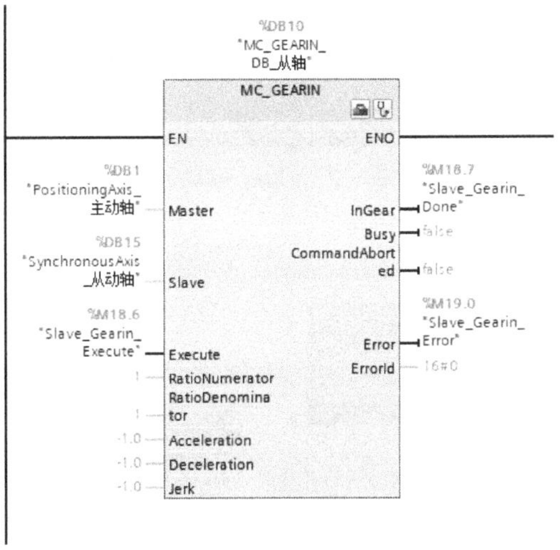

图 13　从动轴相对同步

4. V90 PN 一键自动优化（见图 18）

一键自动优化通过内部运动指令估算机床的负载惯量和机械特性，为达到期望的性能，在使用

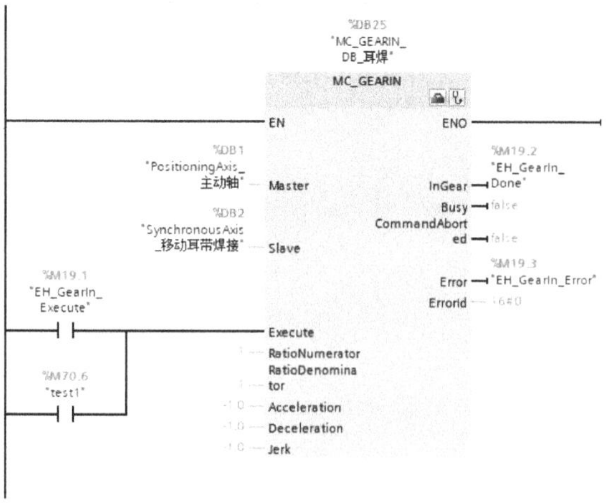

图 14　移动耳焊轴相对同步

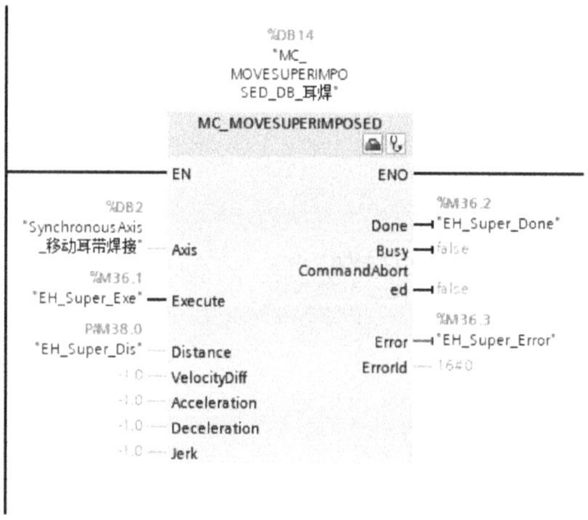

图 15　移动耳焊轴位置叠加同步

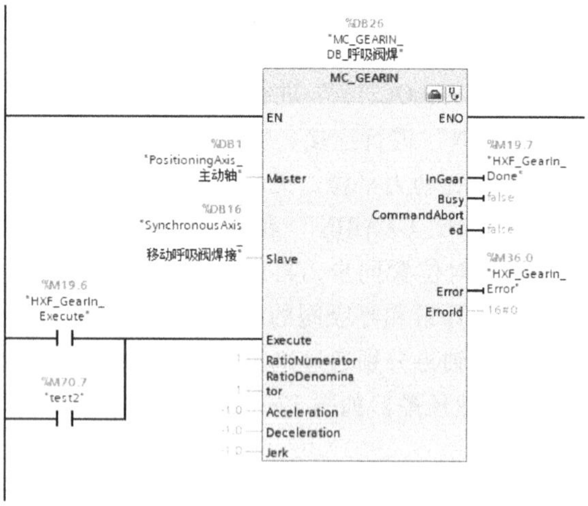

图 16　呼吸阀移动焊接轴相对同步

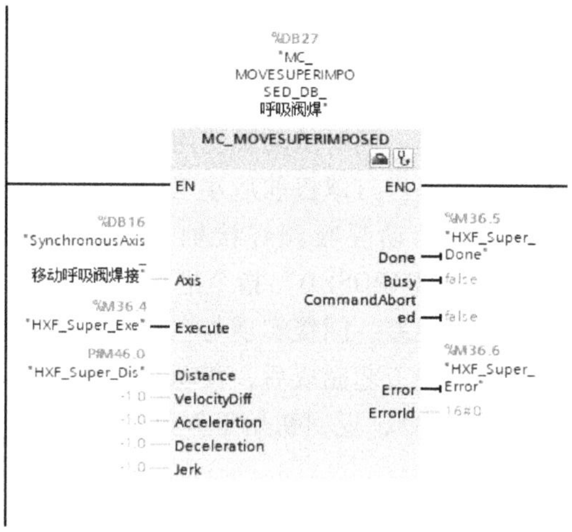

图 17　呼吸阀移动焊接轴位置叠加同步

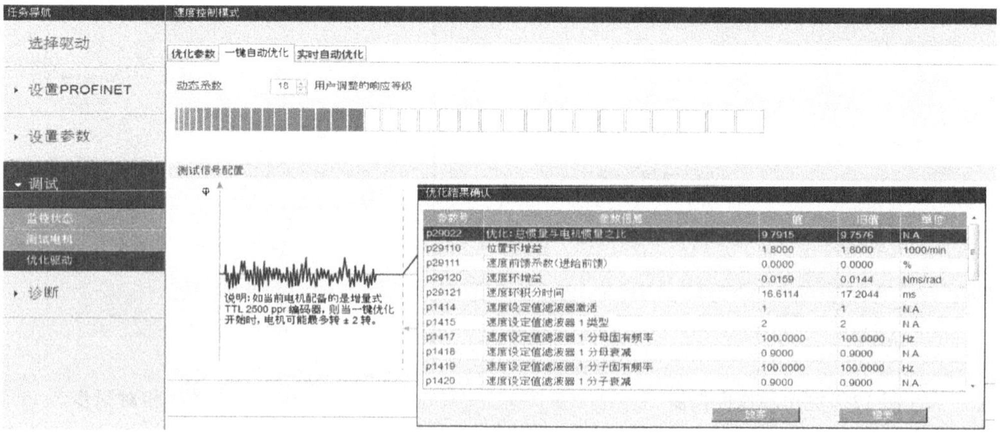

图 18　一键自动优化

PLC 控制驱动运行之前，可以多次执行一键自动优化，电机最大转速为额定转速。使用一键自动优化之前，将伺服电机移至机械位置中间来避免触碰设备的实际限位位置。使用一键自动优化，伺服驱动可以自动估算负载惯量比，使 V90 电机有更好的动态特性。

5. 同步功能调试

先通过指令“MC_POWER”启用和使能工艺对象轴，再通过指令“MC_HOME”使各运动轴回零，同步轴和位置轴到达初始工作位，所有工序就位后启动主动轴，以固定速度运行位置轴，同时启动从动轴、移动耳焊轴、移动动呼吸阀焊接轴的相对位置同步。当移动耳焊轴、移动动呼吸阀焊接轴的相对位置同步完成后，启动叠加位置同步以消除同步位置偏差，叠加位置同步完成后，移动轴与主动轴就保持相对静止并实现绝对位置定位，立即启动耳带和呼吸阀焊接工艺，执行超声波快速焊接，经过焊接固化后焊接工序完成，主动轴通过回零指令，移动轴通过绝对定位指令返回初始工作位，进入下一个焊接工作循环。

根据 N99 口罩的展开尺寸，总长度为 142.5mm，初步设置在主轴开始运行（EH_GearIn_Execute）后，位置轴到达 5mm 时启动相对同步（EH_GearIn_Execute），在 20mm 后执行位置叠加同步（EH_Super_Exe），叠加同步完成（EH_Super_Done）后启动焊接任务，在位置轴到达 72.0mm 即约口罩展开尺寸的一半时，主轴和移动轴启动绝对定位（EH_Abs_Start）回起始参考点，移动轴返回初始工作位启动回零（Home_Auto），进入下一工作循环。

通过 TIA 博途软件的 Traces 功能，可以监控各轴的运动及同步时序，如图 19 所示。

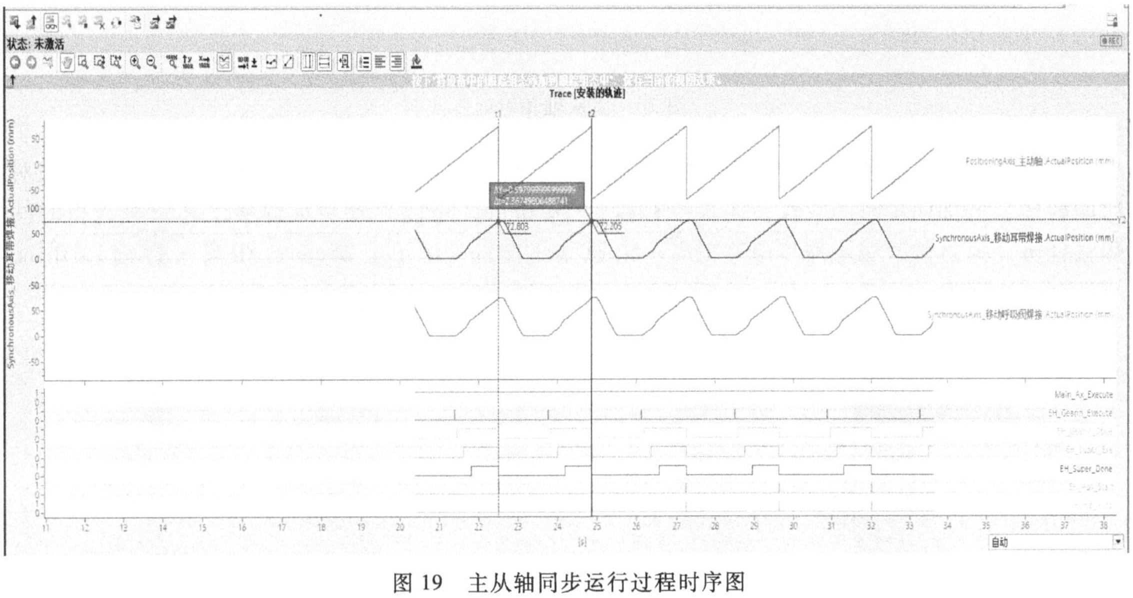

图 19　主从轴同步运行过程时序图

其中：

"PositioningAxis_主动轴".ActualPosition 代表主轴实际位置值；

"SynchronousAxis_移动耳带焊接".ActualPosition 代表移动耳带焊接轴实际位置；

"SynchronousAxis_移动呼吸阀焊接".ActualPosition 代表移动呼吸焊接轴实际位置；

"Main_Ax_Execute"代表主轴开始运行；

"EH_GearIn_Execute"代表位置相对同步开始；

"EH_GearIn_Done"代表位置相对同步结束；

"EH_Super_Exe"代表位置叠加同步开始；

"EH_Super_Done"代表位置叠加同步结束；

"EH_Abs_Start"代表主、从轴绝对定位回工作初始位；

"Home_Auto"代表执行主、从轴回零运行。

通过三根曲线的重合叠加，可以看到整个同步过程与各触发信号时序完全正确，并可靠触发相应过程，相对同步位移 1.974mm，同步时间为 0.079s，如图 20 所示，说明相对同步比较快，存在有轻微超调现象，可以减小速度环，相应调节增益 P，增加相对同步时间，消除同步超调现象。

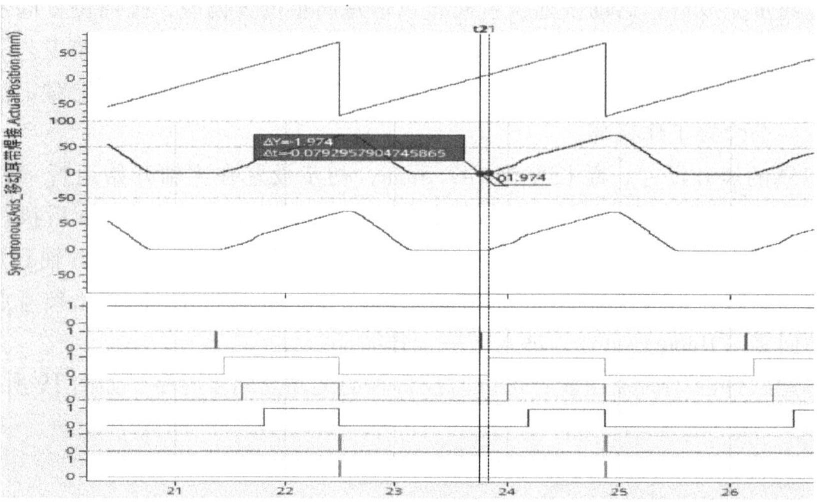

图 20　主从轴相对同步

主从轴的位置叠加同步位移为 19.01mm，同步时间为 0.187s，如图 21 所示，可以看出相对同步时间较短，叠加同步时间较长，同步位移接近 20.0mm，可能导致后续焊接工艺没有充裕时间执行焊接任务，通过修改相对同步位移距离，由原来的 20mm 延长至 25mm，相当于提前15.0mm 执

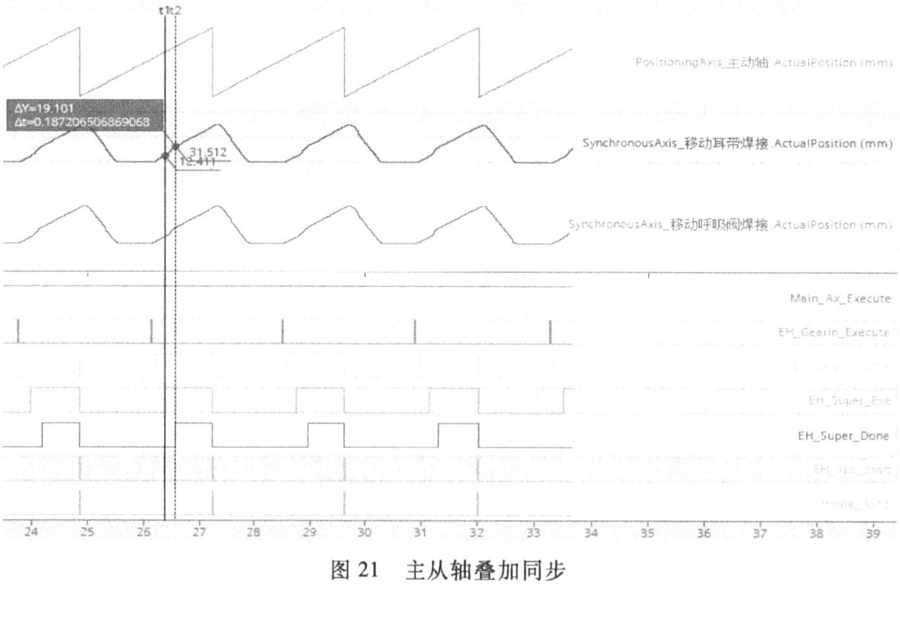

图 21　主从轴叠加同步

行叠加同步，可以确保在 35.0mm 前执行完成叠加同步，剩余 37.0mm 的位移执行移动焊接任务，确保焊接工艺执行充分，焊接可靠。

当完成主从轴同步运行后，完成了耳带和呼吸阀焊接任务后，主从轴需要立即返回初始参考点，如图 22 所示，进行下一周期的移动焊接任务。当主动轴回零后，移动轴理论上应该在 72.0mm 返回初始工作位，由于 OB 执行周期和移动轴执行误差，在 72.2～72.8mm 才返回，但由于返回速度很快，保证在初始工作位有充分的等待时间，所以可以忽略其同步误差对系统的影响。

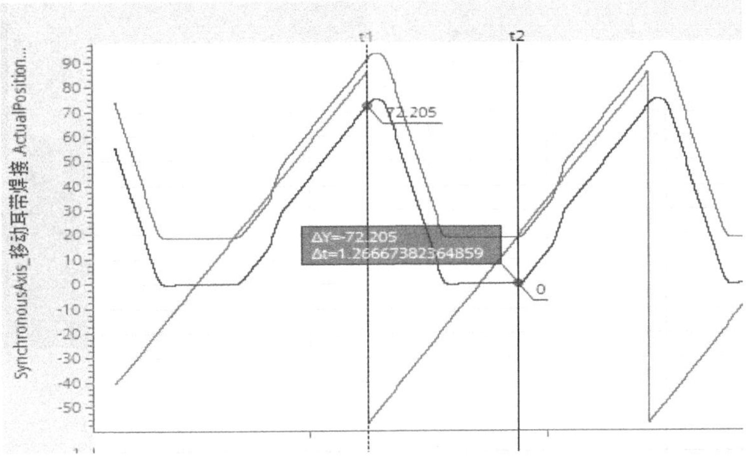

图 22　完成焊接后返回初始参考点

经过参数优化和改进后，各工艺过程执行可靠、时序紧凑、定位准确，经实际测试在产能 30 片/min 的条件下，能稳定运行，且产品质量稳定。

6. 人机交互调试

通过人机交互触摸屏，可以设置系统的各种工艺参数和功能调试，如图 23～图 26 所示。

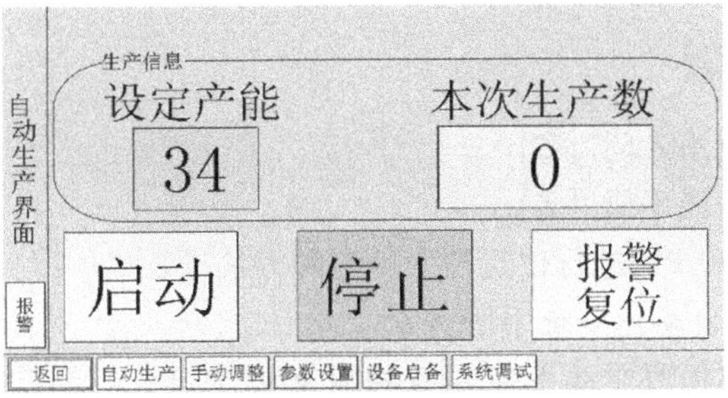

图 23　自动生产画面

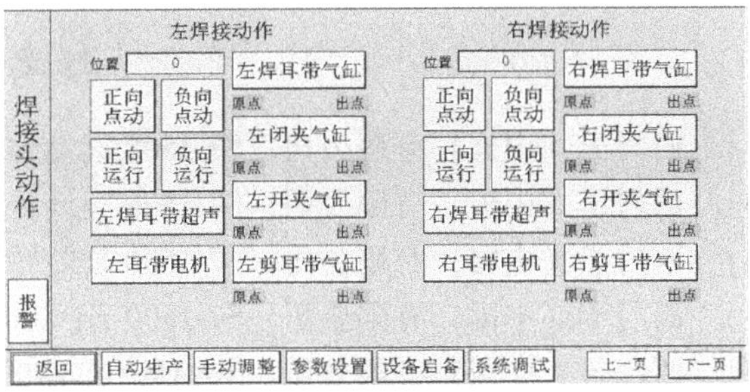

图 24　手动调试画面（一）

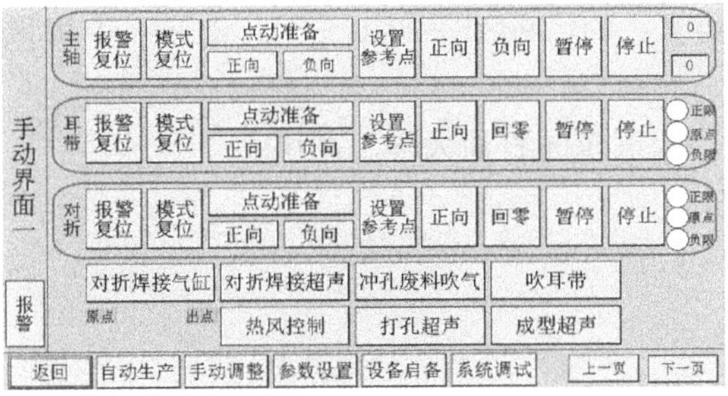

图 25　手动调试画面（二）

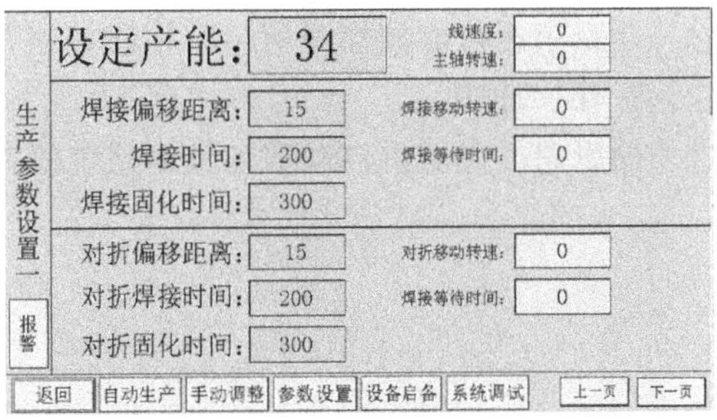

图 26　自动生产参数设置

四、项目运行

设备于2021年3月中旬开始在现场调试，如图27所示，经过试运行，4月下旬到达四川新津某医疗器械公司稳定生产，符合我国医用防护口罩标准GB 19083—2010，达到标准要求的3级，稳定每分钟产量为32个，设备生产合格率>95%，设备故障率<1%。

图27　项目现场调试

五、应用体会

S7-1500具有丰富的运动控制资源，通过组态速度轴、位置轴、同步轴、外部编码器、凸轮轴等不同工艺对象，满足对不同运动轴的控制要求，可以使得复杂的运动控制工艺变得简单而更易于实现，既节约现场调试时间，又提高设备运行的精度和稳定性。当组态位置轴和同步轴时，可以应用5和105报文进行动态伺服控制（DSC），利用S7-1500的等时同步（IRT）模式，可以大大提高V90 PN的位置控制精度和动态响应特性。

参考文献

[1]　西门子（中国）有限公司. S7-1500运动控制使用入门［Z］.
[2]　西门子（中国）有限公司. S7-1500运动控制功能手册［Z］.
[3]　西门子（中国）有限公司. S7-1500（T）对V90 PN进行位置控制的三种方法［Z］.
[4]　西门子（中国）有限公司. S7-1500 ET 200MP自动化系统手册［Z］.
[5]　西门子（中国）有限公司. SINAMICS V90基本伺服驱动系统 运动控制驱动［Z］.
[6]　西门子（中国）有限公司. SINAMICS V90，SIMOTICS S-1FL6操作说明［Z］.
[7]　北京市医疗器械检测所. 医用防护口罩技术要求：GB 19083—2010［S］. 北京：中国标准出版社，2010.
[8]　徐思萌. 飞剪机自动剪切控制系统研究［D］. 大庆东北石油大学，2016.

S7-1511T 和 V90 在展布机上的应用
Application of S7-1511T and V90 in washing equipment

吕玉明
（西门子（中国）有限公司 上海）

[摘　要] 展布机是工业洗衣流水线中的最为复杂的设备。由于要展开的布料宽度材质不一，工人操作的随机性大。因此要求该设备具有比较强的适应性。加之设备中要求的效率高，需要用到转矩控制、同步控制等功能。对程序的编写有较高的要求。本文主要讲述展布机的工艺和编程实现。

[关 键 词] S7-1511T、V90、750 报文、转矩控制、同步控制、工业洗衣、展布机

[Abstract] the spreader is the most complex equipment in the industrial laundry line. Because the width and material of cloth to be spread are different, the operation of workers is random. Therefore, the equipment is required to have strong adaptability. In addition to the high efficiency required in the equipment, torque control, synchronous control and other functions need to be used. There are higher requirements for the programming. This paper mainly describes the technology and programming of the spreader.

[Key Words] S7-1511T、V90、telegram750、torque control、synchronous control、industrial laundry line、spreader

一、项目简介

1. 行业简要背景

工业洗衣行业是目前正在高速发展的行业。该行业是将床单、被罩、毛巾、地毯、窗帘（行业里统称为“布草”）等收集之后进行统一清洗消毒、脱水、熨烫、折叠、打包等处理的一条产业链。随着自动化水平的进步，劳动力的成本的提升，工业化、自动化洗涤的需求不断扩大。工业洗衣机已经在服装企业、纺织企业、水洗企业、各类工厂、学校、宾馆、酒店、医院等行业得到广泛应用。

据统计，2017 该行业市场规模已经达到 700 多亿人民币并且还在以每年 10%以上的速度快速增长。目前该行业还处在厂家规模小、信息化程度不高、产业比较分散的阶段。随着互联网巨头逐渐向衣食住行各行业的渗透。该行业有可能会迎来巨大的发展。

按照对布草的处理过程，该行业使用的设备主要是 工业洗脱机、展布机、送布机、烫平机、叠布机等。工业洗衣机主要是变频带动旋转和温度控制。送布机和烫平机主要是输送和温度控制。叠布机主要是开关量控制。动作都比较简单。展布机动作复杂，是整个流程技术含量最高的

关键设备。

2. 展布机工艺介绍

展布机的各组成部分如图1所示。

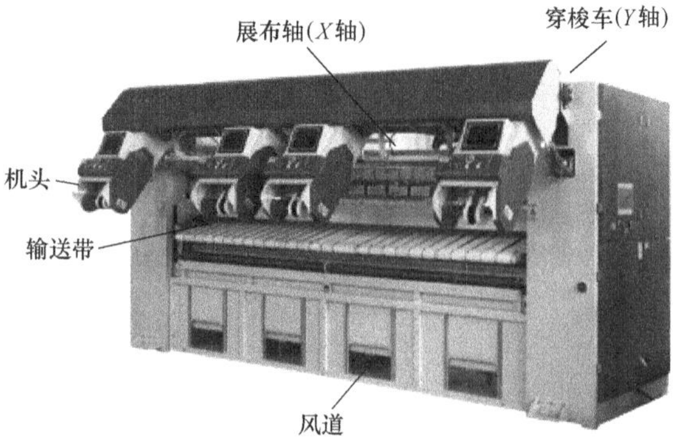

图1 展布机的组成

机头：4个机头，相互独立。每个里面一个电机带动链条转动。用于挂布、提升，并将布交接给X轴（展布轴）。

X轴（展布轴）：用于布草展开。同一导轨上三个夹头，每个夹头一个伺服控制。1、2两个夹头展开1、2机头递交的布草，2、3夹头展开3、4机头递交的布草。

Y轴（穿梭车）：负责把已展开的布草拖放到传送带上。三米宽的拖板由左右两个伺服电动机拖动。两个伺服之间需要同步。

输送带：由上、下传送带和前后两个毛刷、限高杆等组成。用于将布草向后道工序传递。

风道：展布之后将布吸入风道，起到抖布的作用。

展布机的作用是将洗涤过后的布草展平之后输送到后面的烫平工序。洗涤过后的布草都是团在一起的，需要人工分开并找到边角。工人将布草的两个角挂在展布机的机头之后，机头把布草提升并交接给展布轴。为了提高工作效率，该机器配置了4个机头。每个机头一个工人操作。4个机头放布草的顺序是随机的。

机头将布草提升之后，展布轴上相应的两个夹头会移动到该机头工位。机头再次提升把布草交接给展布轴。展布轴夹头夹住布草两角移动到中间之后开始逐渐向两边展开，到达设定的转矩，展布完成。

展布完成之后，Y轴向前抵住布草，X轴夹头松开布草一边掉落到Y轴并被Y轴压板压住。Y轴向后快速移动，拖动布草到传送带上。Y轴比较宽需要左右两个电机拖动。两个电机要同步。

二、控制系统构成

1. 系统构成网络图（见图2）

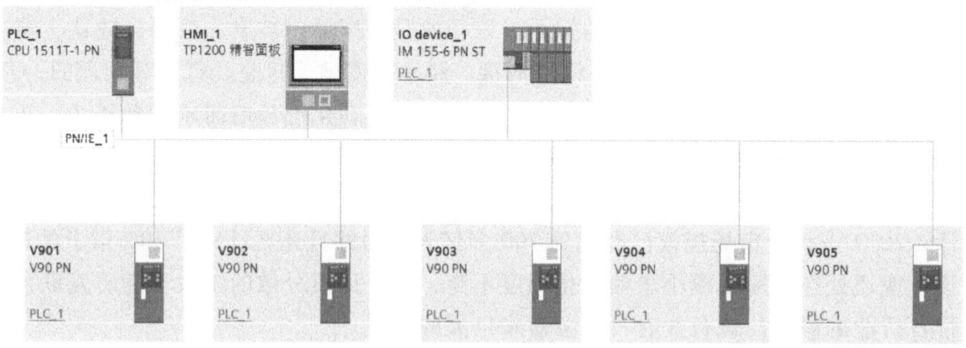

图2 系统网络图

2. 硬件配置清单（见表1）

表 1 硬件配置清单

型号	描述	数量	单位
6ES7131-6BH01-0BA0	ET200SP,16DI,24VDC,标准型,适用 A0 型基座单元	5	台
6ES7132-6BH01-0BA0	ET200SP,16DO,24VDC/0.5A,标准型,适用 A0 型基座单元	4	台
6ES7135-6HD00-0BA1	ET200SP,4AO,U/I,标准型,适用 A0 或 A1 型基座单元	1	台
6ES7137-6AA00-0BA0	ET200SP,支持 ASCII、3964R、USS、Modbus,适用 A0 型基座单元	1	台
6ES7138-6AA00-0BA0	ET200SP,TM Count 1×24V,高速计数模块,适用 A0 型基座单元	2	台
6ES7155-6AA01-0BN0	ET200SP,IM155-6 PN 标准型,含服务模块和总线适配器 BA 2×RJ45	1	台
6ES7193-6BP00-0BA0	ET200SP,BU15-P16+A0+2B,类型 A0	9	台
6ES7193-6BP00-0DA0	ET200SP,BU15-P16+A0+2D,类型 A0,用于形成新的负载组	4	台
6ES7511-1AK02-0AB0	S7-1500,CPU 1511-1 PN,150 KB 程序,1MB 数据;60ns;集成 1×PN 双端接口,支持 IRT	1	台
6ES7954-8LE03-0AA0	12MB 存储卡	1	台
6AV2124-0MC01-0AX0	TP1200 精智面板 12 寸,1600 万色 LED 背光,16∶9 宽屏显示,触摸屏,12MB 用户内存	1	台
6SL3210-5BE21-5UV0	V20,1.5kW/4.1A,无滤波器,3AC,FSA	2	台
6SL3210-5BE22-2UV0	V20,2.2kW/5.6A,无滤波器,3AC,FSA	2	台
6SL3210-5FB10-8UF0	V90 控制器(PN),低惯量,0.75kW/4.7A,FSC	5	台
1FL6042-2AF21-1MA1	V90 电机,低惯量,P_n=0.75kW,N_n=3000r/min,M_n=2.39N·m,SH40,21 位单圈绝对值编码器,带键槽,不带抱闸	5	台
6FX3002-2DB20-1BA0	V90 配件,低惯量,编码器电缆,用于绝对值编码器,用于 0.05~1kW 电机,含接头,10m	5	台
6FX3002-5CK01-1BA0	V90 配件,低惯量,动力电缆,用于 0.05~1kW 电机,含接头,10m	5	条

3. 选型依据

设备需要控制 5 台伺服电动机，并且 Y 轴两台电机需要同步功能。因此，选择了 1511CPU 作为控制器，该 CPU 有 800 控制资源。可以满足该项目 4 个位置轴、1 个同步轴的控制要求。

目前，该行业使用的控制系统以日系和国产为主，对价格敏感。因此伺服系统选择了性价比较高的 V90 系统。设备对节拍和准确度的要求都不高，V90 完全可以满足要求。

根据客户给出的转矩和惯量数据，选择了 0.75kW、低惯量多圈绝对值的伺服电动机。

4. 方案比较

该设备需要用到同步功能，也可以选择 1511TCPU，该 CPU 支持位置同步和凸轮功能并且能支持 225KB 的数据。考虑到设备上两个 Y 轴电机虽然是位置控制，但是是始终处于同步状态的，因此可以在静止的状态下就同步上，同步上之后，速度同步和位置同步的效果相同。综合考虑之后，选择了价格较低的 1511，降低客户的成本。

三、控制系统的编程实现

1. V90 转矩控制的设置

展布轴使用工艺对象的方式控制，由于要控制转矩需要设置 750 报文。使用 V90 专用调试软件 V-Assistant 进行配置。

伺服的控制模式选择速度控制，如图 3 所示。

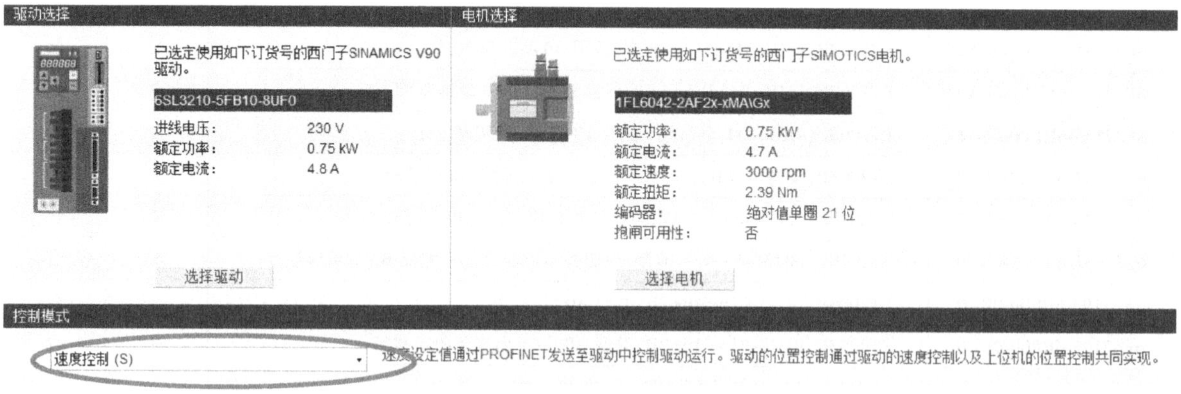

图 3　控制模式选择速度控制

主报文选择 1500 专用报文（105 报文），附加报文选择 750 报文，如图 4 所示。

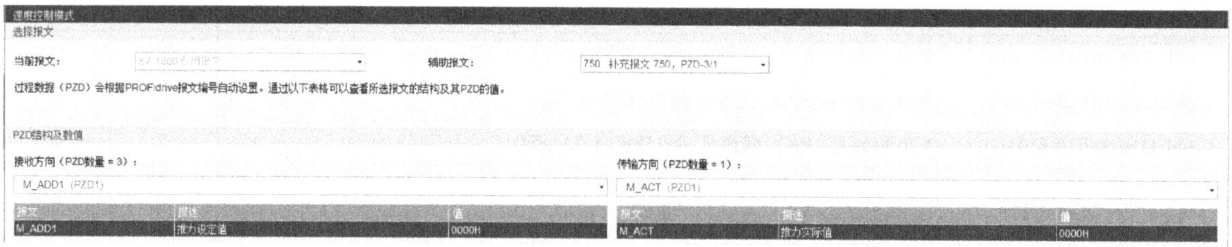

图 4　选择 S7-1500 专用报文（105 报文）和 750 附加报文

750 报文的结构如下：

M_ADD1(PZD1)：附加转矩；

M_LIMIT_POS(PZD2)：正向转矩限制；

M_LIMIT_NEG(PZD3)：负向转矩限制。

TIA 博途软件里面硬件组态中设置的报文跟 V-Assistant 中配置的相一致，如图 5 所示。

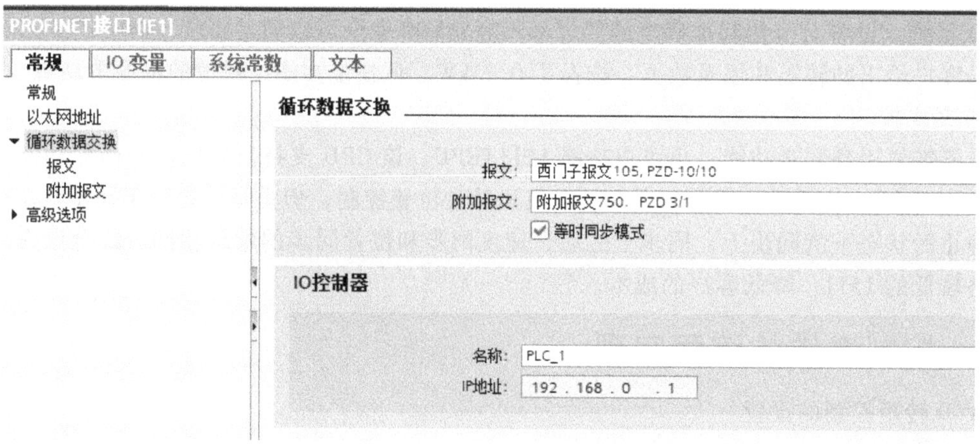

图 5　TIA 博途软件中的报文配置

在工艺对象/与驱动装置进行数据交换/附加数据中附加报文处选择驱动对象的附加报文，如图 6 所示。

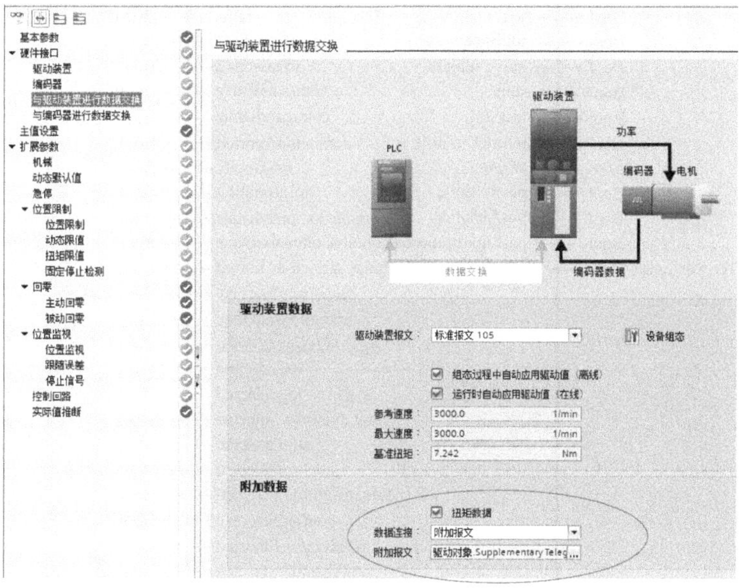

图 6　TIA 博途软件中的附加报文配置

2. LAxisCtrl 轴控制功能库

LAxisCtrl 库是西门子开发的专门用于工艺对象方式做运动控制的功能库。该库把运动控制所有常用的功能都集成到了一个功能块中。只需要对该功能块的引脚触发就可以实现相应动作。并且该功能块还支持在运动过程中实时改变速度和目标位置。使用非常方便，大大降低了编程的复杂程度。

以该库中位置轴控制的功能块为例（见图 7、图 8）：

该功能块的参数设置都在 INOUT 引脚 configuration 中。以绝对定位为例，要进行绝对定位。需要在该数据结构中写入目标位置、速度等数据。具体参数的功能见表 2。

速度、加速度、减速度、加加速度如果设置为-1，表示使用工艺对象中的默认设置。

positionChangeOnTheFly 设置为 1，表示可以在运行过程中更改目标位置，不用重新触发。

VelocityChangeOnTheFly 设置为 1，表示可以在运行过程中改变速度，不用重新触发。

这两个都是需要在触发之前设置，触发之后再设置无效。

参数设置完成之后，触发 posAbsolute 针脚就可以实现定位控制。定位过程中要停止，需要触发 stop 针脚。

要实现转矩控制，要设置的参数如下（见表 3）：

在 limit 中设置要限制的转矩数值。Mode 中设置转矩限制的模式。设置完成之后把 torquelimiting 针脚设置为 1，进入转矩限制状态。设置成 0 退出转矩限制状态，如图 9 所示。

3. 程序功能实现

设备整体的操作模式和状态使用了符合 PACKML 标准的状态机进行控制。PACKML 是机器自动化和控制组织（OMAC）制定的一套包装行业的程序标准。其中的状态机定义了设备的操作模式

图 7　位置轴控制功能块

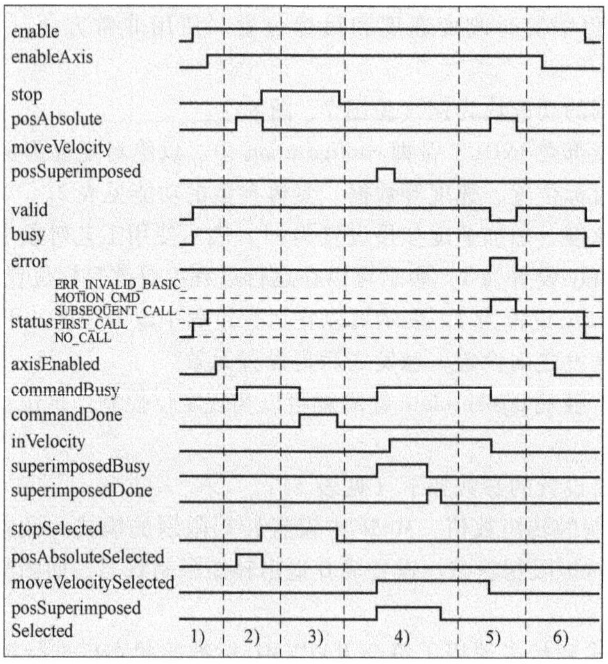

图 8　FB30602 的时序图

表 2　FB30602 的参数

Parameter	Data type	Comment
position	LReal	Absolute target position (default: 0.0)
velocity	LReal	Velocity setpoint for absolute positioning(Value>0.0: The specified value is used; Value=0.0: Not permitted; Value<0.0: Use of the default value configured in the technology object) (default: -1.0)
acceleration	LReal	Acceleration setpoint for absolute positioning (Value>0.0: The specified value is used; Value=0.0: Not permitted; Value<0.0: Use of the default value configured in the technology object) (default: -1.0)
deceleration	LReal	Deceleration setpoint for absolute positioning (Value>0.0: The specified value is used; Value=0.0: Not permitted; Value<0.0: Use of the default value configured in the technology object) (default: -1.0)
jerk	LReal	Jerk for absolute positioning (Value>0.0: Smooth velocity profile, the specified value is used; Value=0.0: Trapezoidal velocity profile; Value<0.0: Use of the default value configured in the technology object) (default: -1.0)
direction	Int	Motion direction of the axis (1: Positive direction; 2: Negative direction; 3: Shortest way) (default: 1)
positionChangeOnTheFly	Bool	TRUE: Changing position on-the-fly; FALSE: Position change requires a new rising edge at *posAbsolute* input (default: FALSE)
velocityChangeOnTheFly	Bool	TRUE: Changing velocity on-the-fly; FALSE: Velocity change requires a new rising edge at *posAbsolute* input (default: FALSE)

表 3　转矩控制设置参数

Parameter	Data type	Comment
limit	LReal	Value of force/torque limiting(in the configured unit of measurement) (default:-1.0)
mode	DInt	0:Force/Torque limiting;1:Fixed stop detection (default:0)

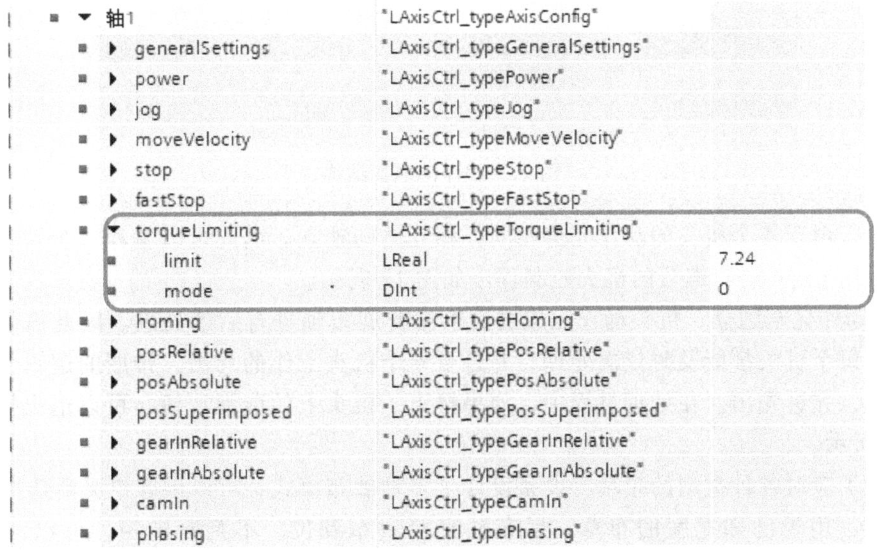

图 9　功能块配置实列

和状态的切换方式和切换顺序。该标准使不同设备厂商的机器具有了相同的操作模式和接口，极大地方便了设备之间以及 MES、SCADA 系统与设备之间的系统集成。西门子公司是 OMAC 组织的重要成员，已经开发出符合该标准的模板。用户可以直接下载使用。状态管理界面如图 10 所示。

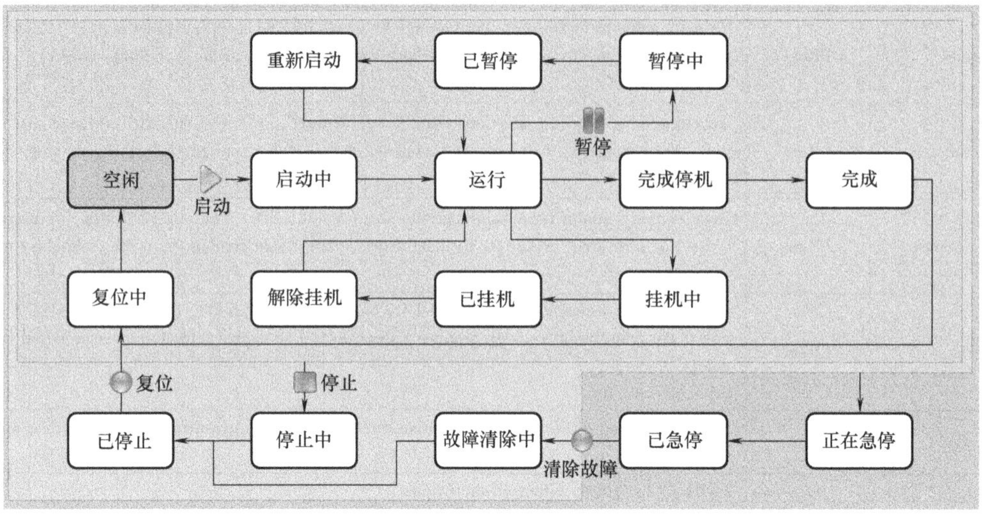

图 10　状态管理

根据设备的控制工艺。该设备可以划分成机头、展布轴、穿梭车、传送风机等几个独立部分，每个部分独立编程。这样就大大降低了程度的编写和维护的难度。

分成多个部分之后，每个部分的逻辑顺序都比较清晰，可以使用 graph 语言编程。该编程语言逻辑顺序清晰。非常容易上手，也便于以后程序的维护和修改。程序的整体架构如图 11 所示。

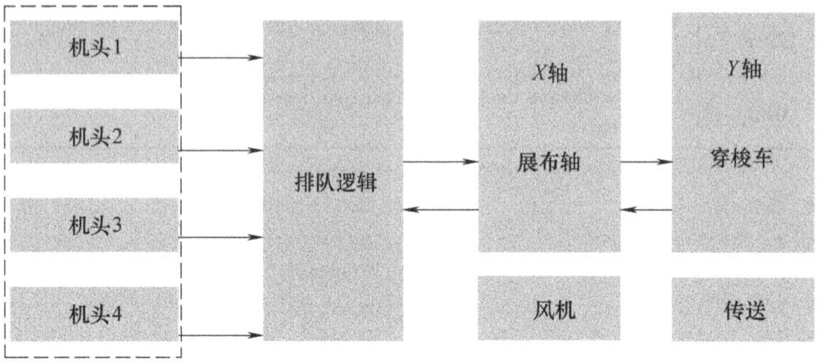

图 11　程序的框架结构

机头程序，由于 4 个机头的动作完全相同，相互之间独立。因此可以编程一个功能块多次调用就可以实现。用 graph 语言编写的机头控制程序如图 12 所示。

4 个机头动作完全独立，机头动作完成之后都需要展布轴进行后续处理。因此需要编写一个排队程序，保证每个机头都能及时依次处理，并且要 4 个机头工作的均衡。排序的逻辑使用一个 4 元素的数组实现，先进先出。在处理过程中，如果按下了机头上的取消按钮，可以退出排队。排队的逻辑如图 13 所示。

另外，为了应对各种类型的布草，设备设计了多种展布模式，可以供客户灵活选择。

定宽模式：用于已知宽度的布草。展布轴直接展布到位，不判断转矩，可以大大提高展布效率。

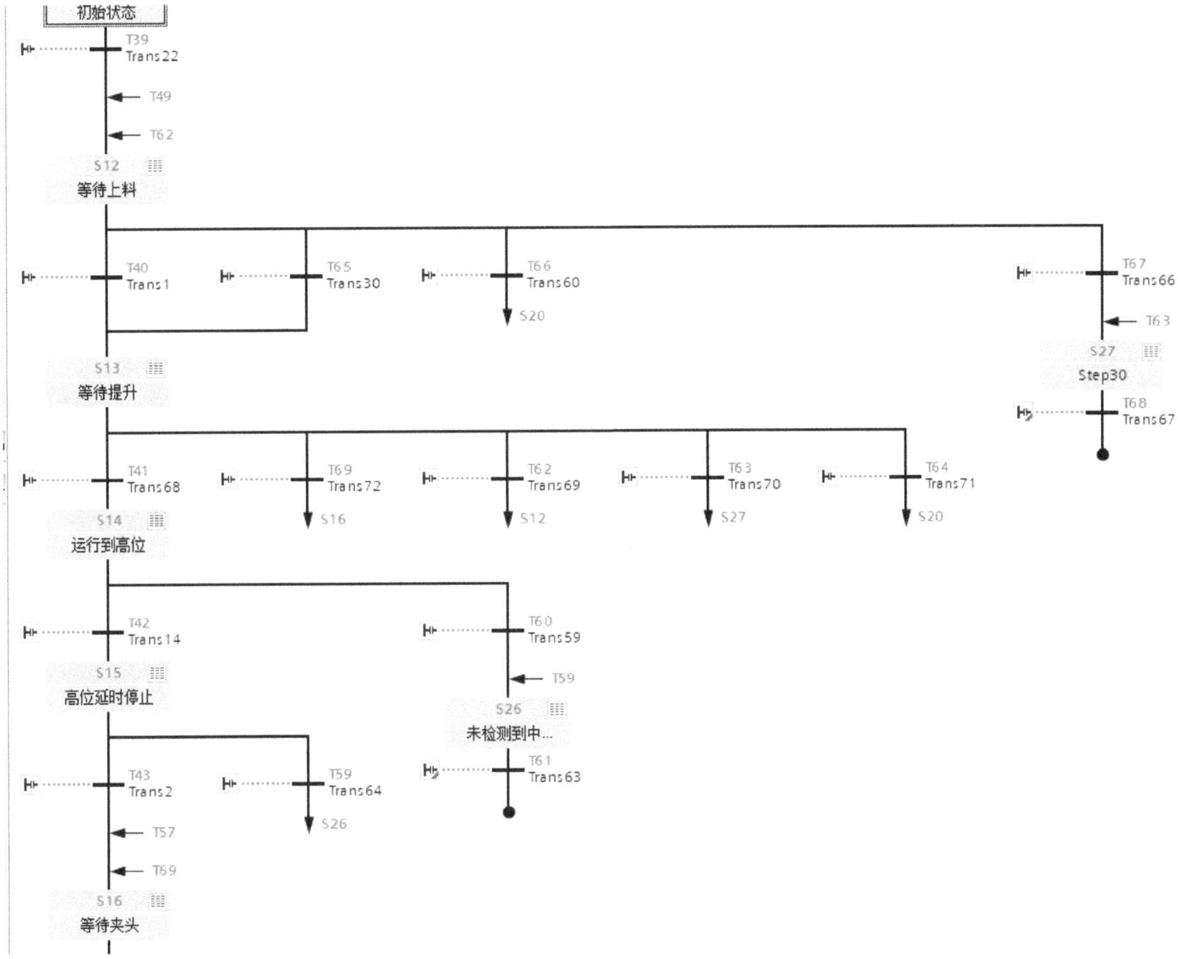

图 12　TIA 博途软件 Graph 语言编写的初始化程序

转矩模式：使用判断转矩的方法进行布草展开，可以应对各种宽度的布草。

光目模式：使用竖杆上部的光目判断布草是否已经展开到位。

穿梭车两个电机，在设备进入自动模式的情况时就自动进入耦合模式，始终同步运行。这样只控制左侧的电机进行定位就可以实现功能。该部分也可以使用 graph 编程。

四、设备调试

1. 提速问题

设备开始试机阶段，每分钟只能展布 6 条左右，达不到客户的要求。详细观察了设备的整个动作逻辑之后。对设备的动作进行了优化，尽量让一些动作可以同时运行。这样大大节省了时间，提高了运行速度。

2. 无法完全展开

设备使用过程中，偶然会出现布草无法完全展开的问题。用 Trace 功能观察运行曲线发现，在展开的加速阶段需要的转矩比较大，这时候容易出现转矩达到的误判。加一段延时，夹头到达匀速之后再判断转矩就解决该问题。

```
IF #工位1就绪 AND NOT "排队检测"(工位号 := 1, 清除 := FALSE) AND #工位队列[4] = 0 THEN
    #工位队列[4] := 1;
END_IF;

IF #工位4就绪 AND NOT "排队检测"(工位号 := 4, 清除 := FALSE) AND #工位队列[4] = 0 THEN
    #工位队列[4] := 4;
END_IF;

IF #工位2就绪 AND NOT "排队检测"(工位号 := 2, 清除 := FALSE) AND #工位队列[4] = 0 THEN
    #工位队列[4] := 2;
END_IF;

IF #工位3就绪 AND NOT "排队检测"(工位号 := 3, 清除 := FALSE) AND #工位队列[4] = 0 THEN
    #工位队列[4] := 3;
END_IF;

IF NOT #工位1就绪 THEN
    #btemp := "排队检测"(工位号 := 1, 清除 := TRUE);
END_IF;

IF NOT #工位2就绪 THEN
    #btemp := "排队检测"(工位号 := 2, 清除 := TRUE);
END_IF;

IF NOT #工位3就绪 THEN
    #btemp := "排队检测"(工位号 := 3, 清除 := TRUE);
END_IF;

IF NOT #工位4就绪 THEN
    #btemp := "排队检测"(工位号 := 4, 清除 := TRUE);
END_IF;

FOR #TEMP := 1 TO 3 DO
    IF #工位队列[#TEMP] = 0 THEN
        #工位队列[#TEMP] := #工位队列[#TEMP + 1];
        #工位队列[#TEMP + 1] := 0;
    END_IF;
END_FOR;
```

图 13　TIA 博途 SCL 语言编写的排队逻辑

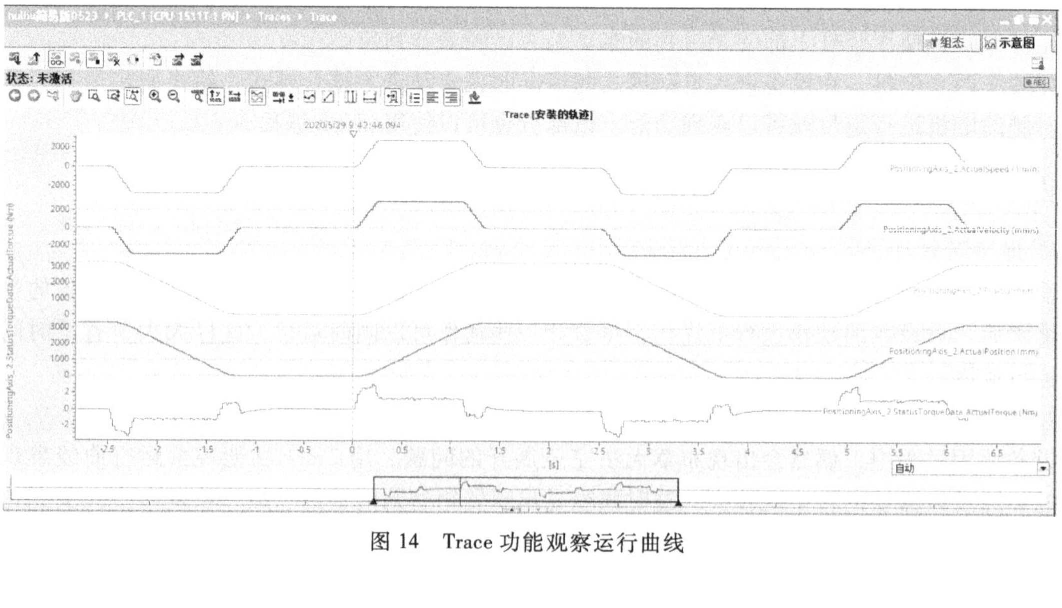

图 14　Trace 功能观察运行曲线

五、应用体会

西门子博途软件具有 SCL、graph 等多种编程语言，极大地提高了编程的灵活性。丰富的功能库极大地降低了编程的难度。两者结合可以方便地实现程序的标准化和模块化，为厂家的数字化转型打好基础。

参考文献

[1] 西门子（中国）有限公司. SINAMICS V90 PROFINET，SIMOTICS S-1FL6 操作说明［Z］.

[2] 西门子（中国）有限公司. Axis Control Blocks for S7-1500/S7-1500T［Z］.

SIMOTION 在包装设备中的应用
Application of SIMOTION in packaging machine

许建林
（西门子中国有限公司　石家庄）

[摘　要] 本文介绍了 SIMOTION D410 在包装设备上的应用。主要介绍了项目背景，系统构成，方案选型，控制系统实现的功能及结果分析；详细描述了系统功能实现的主要过程，以及涉及的要点和难点，包括外部编码器对象齿轮比的确定过程，使用库函数 Library_LCamHdl 进行凸轮曲线的控制，描述设备代理的主要操作步骤。设备运行稳定，达到了客户设计需求。

[关 键 词] 包装设备、SIMOTION D410

[Abstract] This article mainly introduces the application of SIMOTION D410 in packaging equipment. The project background，system composition，scheme selection，functions realized by the control system and result analysis are introduced. Describes in detail the main process of system function realization，as well as the main points and difficulties involved，including the determination process of external encoder object gear ratio，the use of library function Library _ LCamHdl to control cam curve，and the main operation steps of device proxy are described. The equipment runs stably and meets the customer′s design requirements.

[Key Words] Packaging machine、SIMOTION D410

一、项目背景及简介

包装机械行业已成为机械工业的一大分支，食品饮料是其中很重要的组成部分。现在的生产线，速度越来越快，靠人工早已不可能完成，后续包装设备发展愈加引人关注。

本项目的包装设备主要应用于饮品罐装完成后，实现饮品的打包。以往的解决方案多是采用 PLC 和驱动系统相结合的方式，完成程序逻辑控制和运动控制。但是在控制器和驱动器之间数据的高速传输、控制精度方面存在问题。SIMOTION 集 PLC 和驱动器功能为一体，能实现更为复杂、精准、高速的控制要求。

本设备工艺流程如图 1 所示。

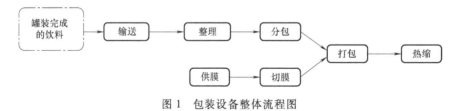

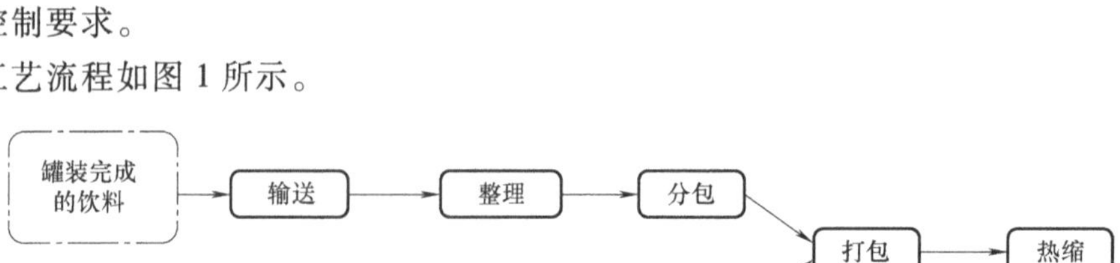

图 1　包装设备整体流程图

工艺流程：罐装完成的饮品，经过本设备输送部分，输送至分道整理部分，根据控制要求实现不同排列的分包。同时，供膜系统供应包装薄膜，并根据需求切割薄膜。设备用分割好的薄膜将分包完成的饮品进行包裹，并输送至设备热缩部分进行热缩，实现整个包装过程，供后续处理。

主要工艺指标和要求：生产节拍 30 包/min。每包根据不同需求有不同数量的组合，比如 4×3、6×3 等。

本项目的工艺难点：外部编码器工艺对象的使用；触摸屏修改数据，实现凸轮曲线的生成。

二、控制系统方案描述

1. 系统结构图

本设备控制方案选用西门子 SIMOTION D410+G120XA+V20+HMI。系统结构如图 2 所示。

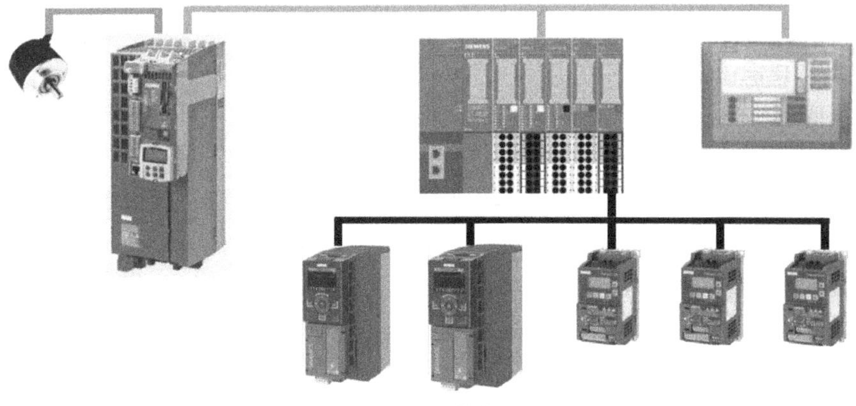

图 2　系统结构图

D410 完成整个系统的控制，集成的 S120 作为供膜系统的动力部分。两台 G120X 和三台 V20 驱动第三方电机作为该设备运行的其他动力部分。其中一台 G120XA 带动设备的主电机，主电机装有编码器，该编码器接入 D410，作为外部编码器对象，是设备同步运行、控制凸轮输出等的信号源。D410 下挂一组 ET200SP，作为接收设备的输入信号，并控制输出，其中的模拟量输出模块，作为调节变频器速度的设定信号源。HMI 工作站供操作人员现场调试及维护使用。

2. 硬件配置清单

本项目使用的西门子硬件组成见表 1。

表 1　系统硬件配置清单

序号	名称	型号	数量
1	D410	6AU1410-2AD00-0AA0	1
2	存储卡	6AU1400-1PA23-0AA0	1
3	伺服电机(带抱闸)	1FK7083-2AH71-1UB0	1
4	动力电缆(8m)	6ES7521-1BH10-0AA0	1
5	编码器电缆(8m)	6ES7522-1BH10-0AA0	1
6	功率单元(7.5kW)	6SL3210-1PE16-1UL1	1
7	变频器 G120XA(2.2kW)	6SL3220-2YD16-0UB0	1
8	变频器 G120XA(1.5kW)	6SL3220-2YD14-0UB0	1

（续）

序号	名称	型号	数量
9	变频器 V20(750W)	6SL3210-5BE17-5UV0	3
10	接口模块(带服务器模块)	6ES7155-6AU01-0BN0	1
11	总线适配器	6ES7193-6AR00-0AA0	1
12	模拟量输出	6ES7135-6GB00-0BA1	3
13	数字量输出 DQ 16×24VDC ST	6ES7132-6BH01-0BA0	1
14	数字量输入 DI 16×24VDC ST	6ES7131-6BH01-0BA0	2
15	BU A0 型底座 浅色	6ES7193-6BP00-0DA0	3
16	BU A0 型底座 深色	6ES7193-6BP00-0BA0	3
17	触摸屏 KTP700	6AV2123-2GB03-0AX0	1

3. 选型依据及理论计算

整个系统主要工艺对象有一个外部编码器，D410 的 CU 上正好有外接编码器接口 X23，完全满足需求。

D410 本身集成的 1FK7 电机性能转矩、转速均能满足需求。电机主要参数如图 3 所示。

Basic type	P-rated	M-rated	I-rated	n-rated	P-calc	M0	I0	M-max	I-max	n-max	Shaft height	Version	J-motor
1FK7083-2AH7.-....	1.41 kW	3.00 Nm	3.60 A	4500.00 rpm	7.54 kW	16.00 Nm	15.00 A	50.00 Nm	52.00 A	6000.00 rpm	80 mm	Compact (generation 2)	0.002950 kg m²

图 3　所选电机主要参数

对于 G120X 和 V20，根据行业设备经验直接选择。

4. 可选方案比较

两套方案供客户选择，主要是控制器上的区别。

方案 1：S7-1500T。

方案 2：SIMOTION D410。

把方案对比介绍给客户，客户从做高端机型，方便后续性能扩展及占有市场考虑，最终使用方案 2。

三、调试要点和难点及解决说明

下面介绍系统功能实现的主要过程，涉及的要点和难点，以及解决说明。

本设备可以包装各种饮品以及相类似产品，为方便描述，下面提到该包装对象或与之相关的功能描述，均以瓶代替。

1. 外部编码器对象齿轮比的确定（要点）

本设备控制中，外部编码器对象运动状态数据，比如速度、位置是其他控制的基础。在配置外部编码对象时，齿轮比是最为关键的参数。但是调试时，按照给出的机械结构参数，理论计算出齿轮比，设置后发现运动对象运动状态不正确。说明提供的机械结构参数存在误差，或者机械装配中存在偏差。

因此，确定外部编码器对象的齿轮比参数，成了该设备调试的第一要点。

下面详细描述用实际运动测量的方式确定电子齿轮比的解决过程。

本设备核心动力部分包含主电机和 1FK7 电机。其中主电机尾部连接有编码器，该编码器作为外部编码工艺对象源，如图 4 所示。

图 4 主电机编码器

图 5 所示为设备的分包拨杆运动部分。该部分配合放瓶机构，实现分包功能。该部分包含一个传感器作为原点开关。

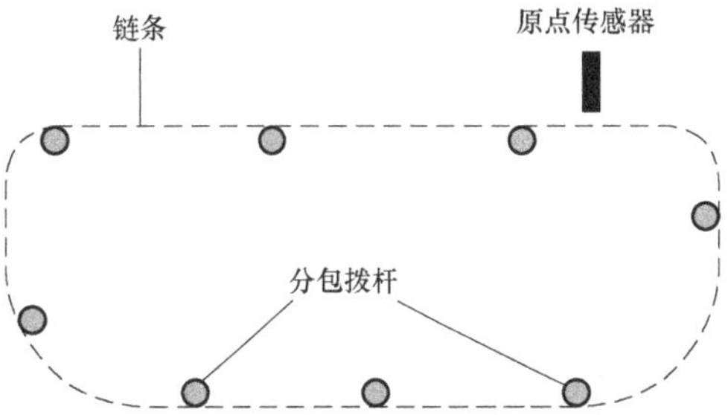

图 5 设备的分包拨杆运动部分

该部分结构由主电机通过齿轮+链条进行传动，在链条上均匀分布着 8 根拨杆。为了方便控制，每两根拨杆间定义为外部编码器工艺对象的一个控制循环，设定为模态 360°。

首先在外部编码工艺对象中设定齿轮比为 1：1，取消模态设置。同时写一步程序，通过原点传感器的上升沿，读取外部编码器工艺对象的当前值。连续读取 9 个值，然后计算拨杆间编码器对象当前值的平均值。该平均值可以检测拨杆间距一致性。同时，该平均值再除以 360，就应该为实际的齿轮比。

以上操作分别采用不同运行速度多进行几遍，再求平均值。这样可以使计算更准确。把计算的齿轮比再输入到工艺对象中，再次重复以上操作，进行验证。

表 2 所示为其中两组试验数据，一组为测量数据，一组为验证数据。

表 2 测量齿轮比数据

1：1 5Hz			40：1 5Hz		
	Pos	差值		Pos	差值
1	14432.54		1	181.361	
2	28841.63	14409.09	2	541.361	360
3	43220.21	14378.58	3	900.83	359.469
4	57649.28	14429.07	4	1261.905	361.075
5	72042.53	142393.25	5	1621.831	359.926
6	86455.4	14412.87	6	1982.234	360.403
7	100839.29	14383.89	7	2341.345	359.111
8	115234.7	14395.41	9	2702.513	361.168
9	129638.39	14403.69	9	3061.435	358.922
合计		115205.85	合计		2880.074
平均		14400.73125	平均		360.00925
最大-最小	115205.85		最大-最小	2880.074	
平均/360		40.00203125	平均/360		1.000025694

最终测量结果是，该外部编码器工艺对象实际齿轮比为 40∶1。设置结果如图 6 所示。

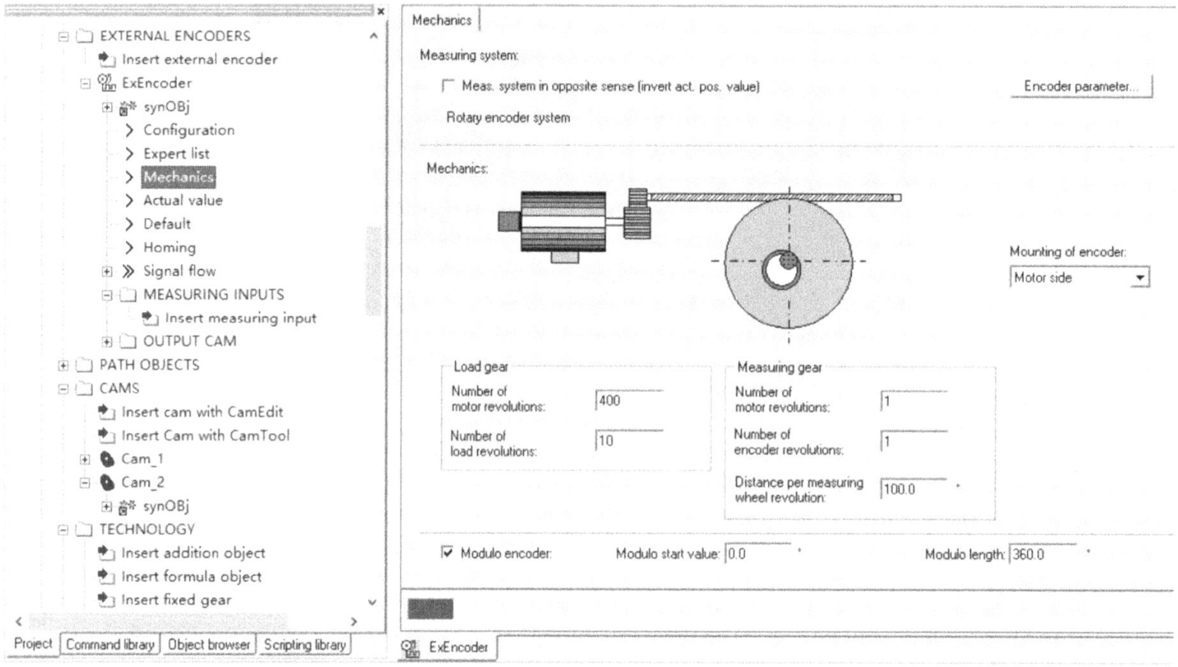

图 6　外部编码器机械参数设置

2. 凸轮曲线的控制（要点和难点）

分包之后，就是包装薄膜上膜及包裹过程。其中上膜是由 D410 集成的 1FK7 伺服轴控制。该伺服轴作为外部编码器主轴的从轴，主从运动之间位置关系不是简单的线性比例关系，为了使包装达到满意效果，出膜和饮料输送机之间采用凸轮曲线关系确定。

根据工艺控制需要，在包装不同产品组合时，需要能在触摸屏上方便地修改凸轮曲线参数。调试完成后，参数存储在配方里，实际生产时，直接调用配方即可。因此凸轮曲线的生成控制及应用，是设备运行的控制要点和难点。

首先，在触摸屏上设计交互界面，实现凸轮坐标的输入。

其次，使用输入的数据，生成凸轮曲线。凸轮曲线的生成，使用了 SIMOTION 函数库 Library_LCamHdl_V1_4_2_en，该库的核心函数是 FBLCamHdlCreateCam，如图 7 所示。其中 camProfile 又是该函数的核心参数，该参数是结构体类型参数，包含了曲线的变量数、变量值、坐标点之间的转换类型等控制参数，如图 8 所示。生成凸轮曲线使用变量数 i16NumberOfElements 必须输入正确，否则会报错。

Scout 切换至在线模式，可以读取生成的曲线，如图 9 所示。

如图 9 所示，从轴跟随主轴从 0 开始同步。但是实际控制过程中，需要改变同步起始位置。这就需要对凸轮曲线进行偏移。使用 MCC_Set offset on camming 指令实现凸轮曲线的偏移，如图 10 所示。图 11 为运行效果，图中同步起始偏移角度为 90°。

图 12 所示为设备连续运行结果。

3. 外部编码器实际值反向波动（关键难点）

调试设备过程中，偶尔会发生外部编码器位置值反向轻微波动的问题。外部编码器位置值一旦

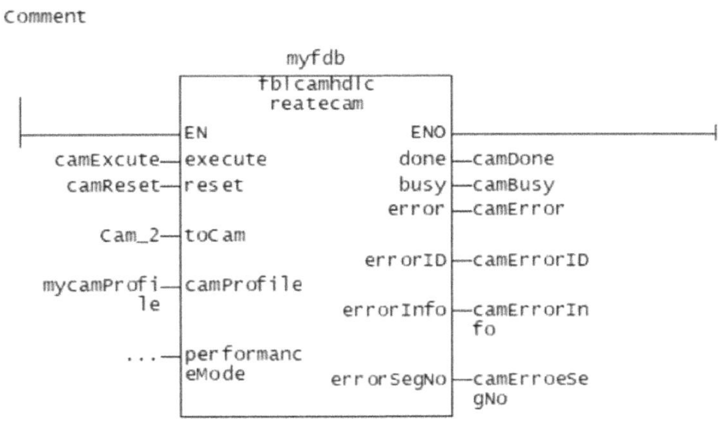

图 7　生成凸轮曲线的核心函数

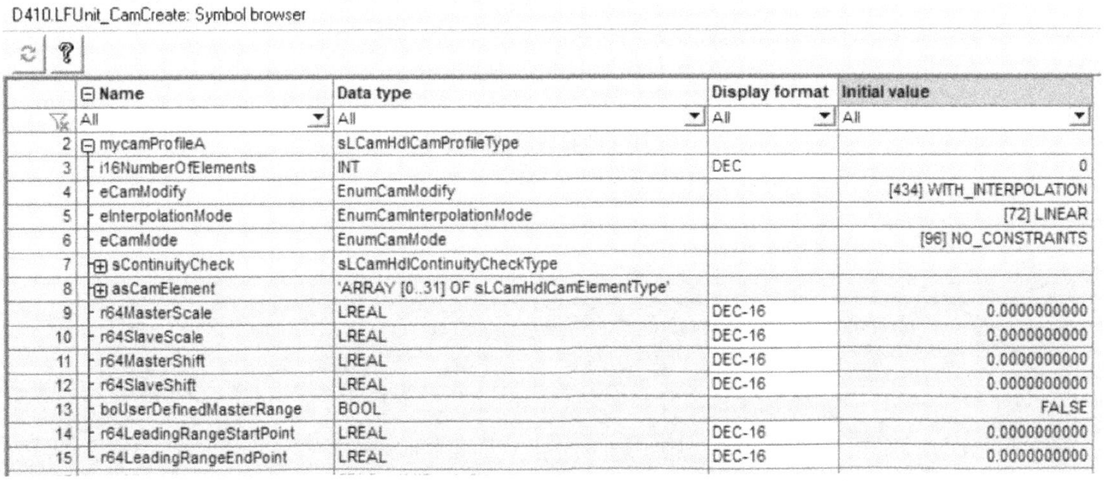
D410.LFUnit_CamCreate: Symbol browser

	Name	Data type	Display format	Initial value
	All	All	All	All
2	mycamProfileA	sLCamHdlCamProfileType		
3	i16NumberOfElements	INT	DEC	0
4	eCamModify	EnumCamModify		[434] WITH_INTERPOLATION
5	eInterpolationMode	EnumCamInterpolationMode		[72] LINEAR
6	eCamMode	EnumCamMode		[96] NO_CONSTRAINTS
7	sContinuityCheck	sLCamHdlContinuityCheckType		
8	asCamElement	'ARRAY [0..31] OF sLCamHdlCamElementType'		
9	r64MasterScale	LREAL	DEC-16	0.0000000000
10	r64SlaveScale	LREAL	DEC-16	0.0000000000
11	r64MasterShift	LREAL	DEC-16	0.0000000000
12	r64SlaveShift	LREAL	DEC-16	0.0000000000
13	boUserDefinedMasterRange	BOOL		FALSE
14	r64LeadingRangeStartPoint	LREAL	DEC-16	0.0000000000
15	r64LeadingRangeEndPoint	LREAL	DEC-16	0.0000000000

图 8　参数 camProfile 的结构

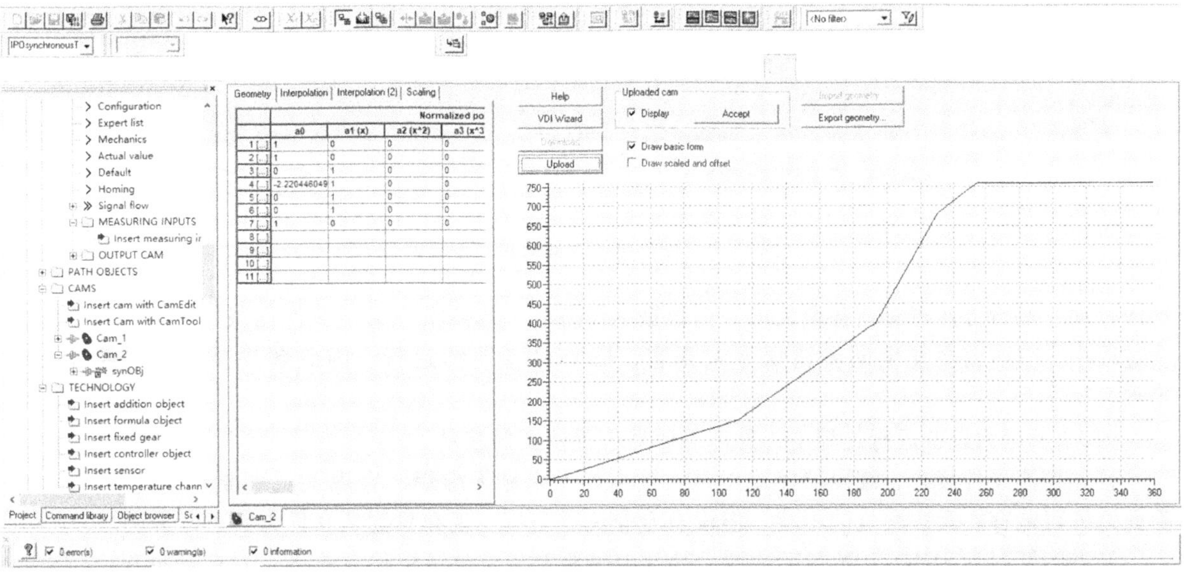

图 9　在线读取生成的凸轮曲线

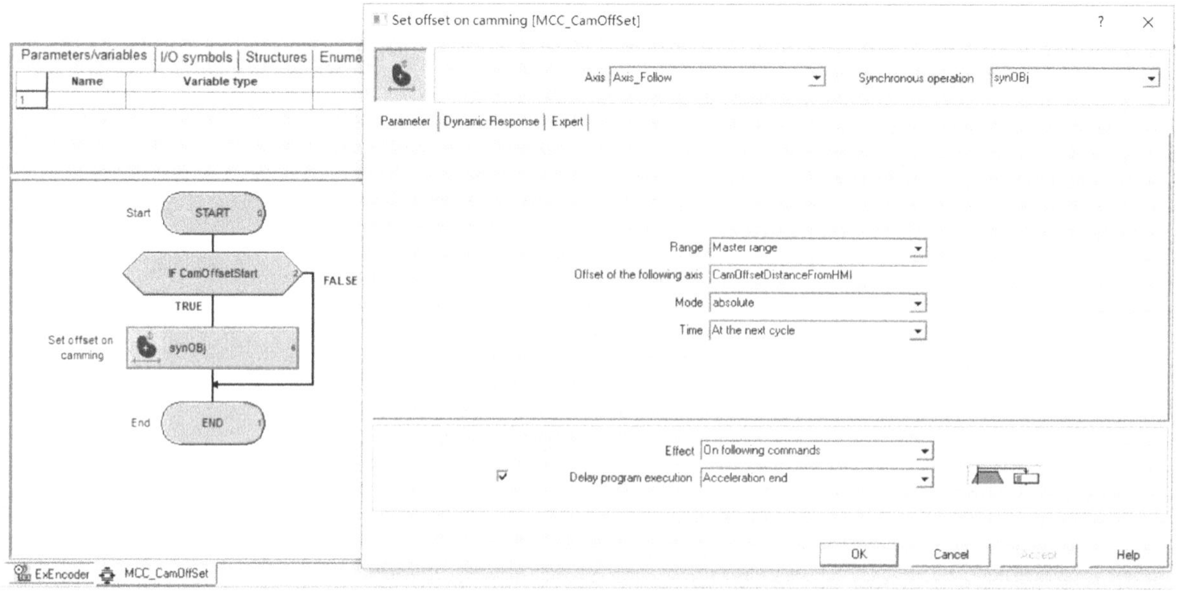

图 10　凸轮曲线进行偏移

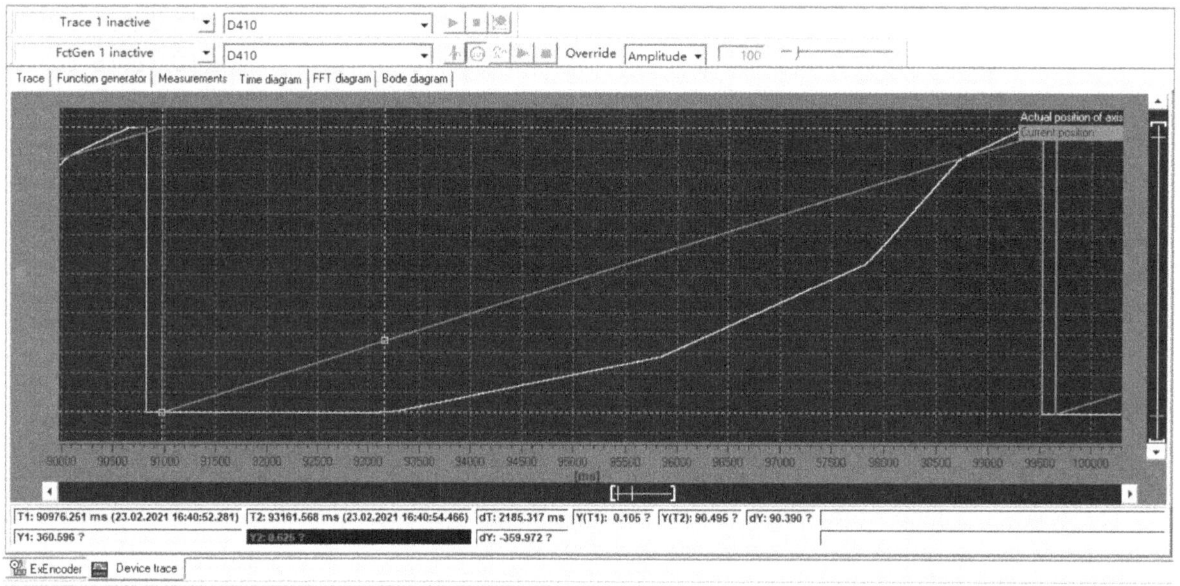

图 11　凸轮曲线进行偏移运行效果图

反向波动，运行方向将减速甚至反向，而根据本设备的工艺需求，又不允许伺服轴反转，从而在这个过程中，有时就会发生同步错误导致报警，影响设备连续运行。因此解决该问题，成了关键难点。

图 13 所示为设备运行过程中，外部编码器位置值反向波动。

首先检测硬件接线、编码器接线正常，接头焊点牢靠无虚焊，直观上观察屏蔽层连接均良好。除此之外可能存在无法察觉的干扰，但没有专业仪器测量。现在只能从软件方面予以解决。

经查阅资料和 SIMOTION 帮助文档，外部编码器工艺对象可以设置参数，对运动过程中位置反向波动进行过滤，从而避免上述问题。

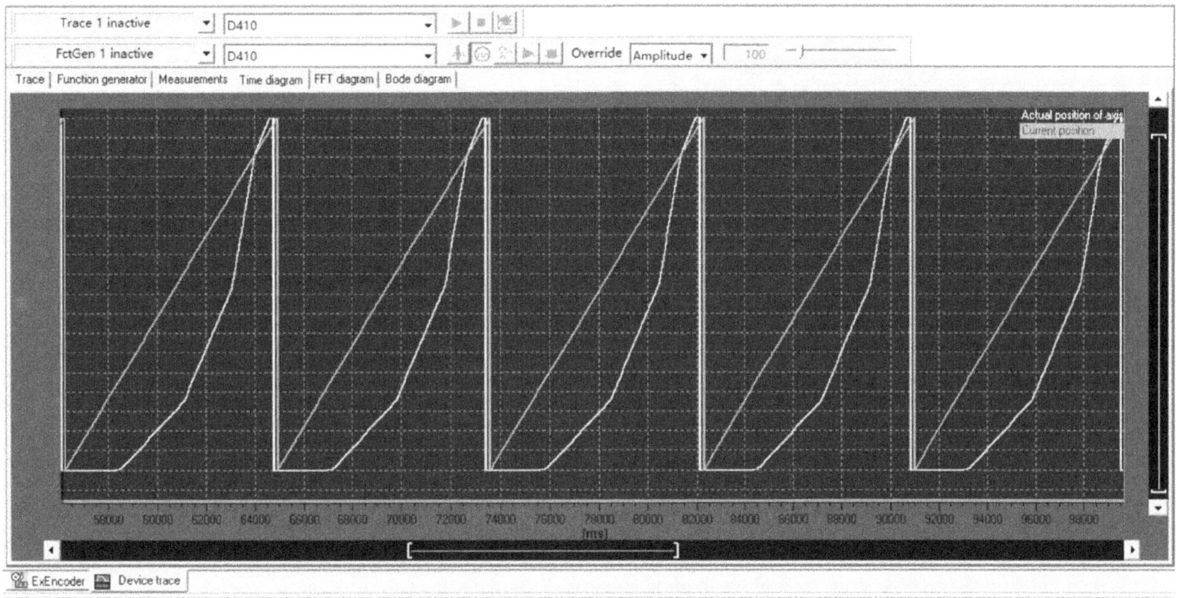

图 12　设备连续运行效果图

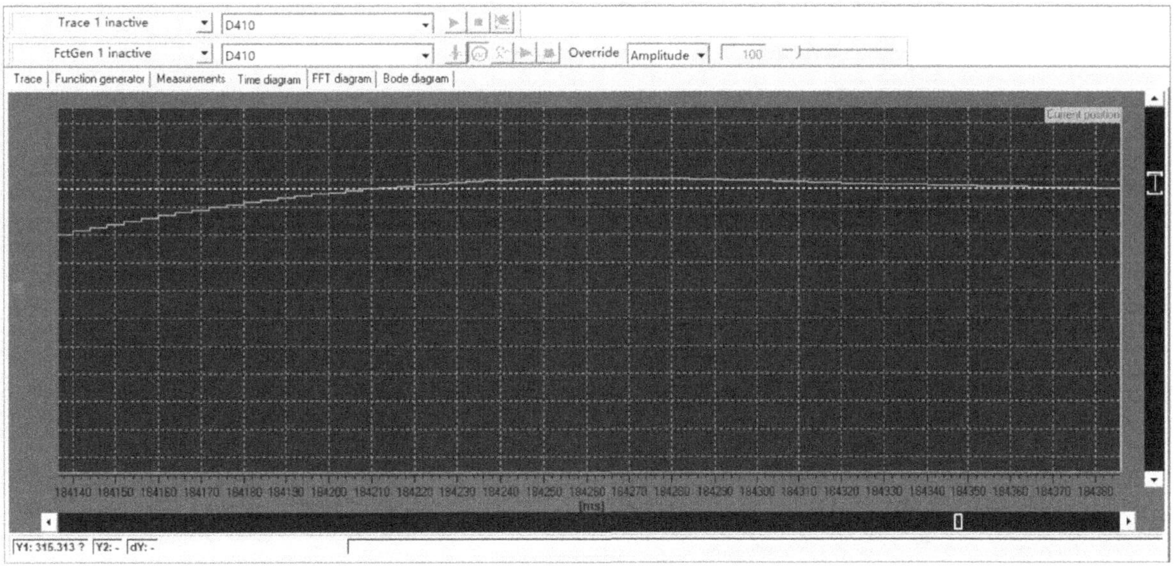

图 13　外部编码器位置值反向波动

外部编码器位置值反向波动大概在 1°，因此参数可以设置为 2，如图 14 所示。经过参数设置，后面没有发生由于外部编码器位置值反向波动，导致同步失败的现象。

4. 采用设备代理编辑触摸屏画面

该设备人机界面采用的是 KTP 精简系列触摸屏，必须使用 TIA Portal 进行操作界面的设计。而控制程序是在 Scout 里编程。TIA Portal 无法直接访问 Scout 中的变量，采用 Portal 设备代理功能可以解决这一问题。

下面就介绍主要步骤。

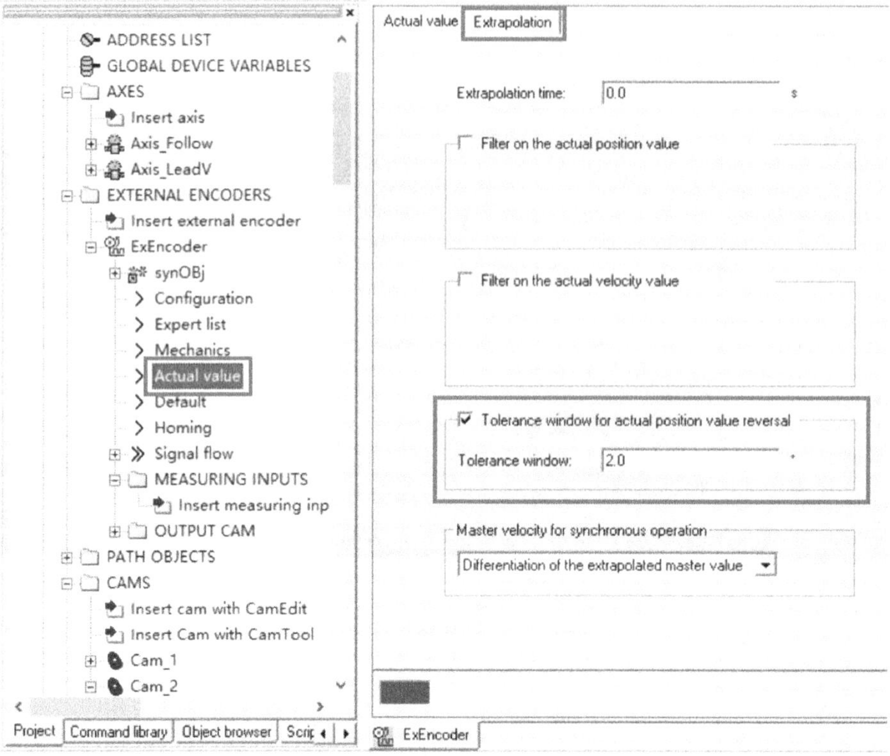

图 14　外部编码器参数设置

第一步，新建设备代理，如图 15 所示。

第二步，更新设备代理的数据，如图 16 所示。

图 15　新建设备代理

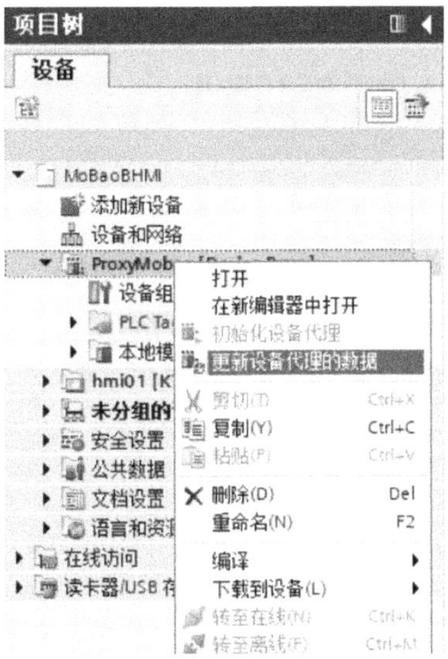

图 16　更新设备代理的数据

第三步，打开后缀 . mcp 的文件，如图 17 所示。

第四步，确定更新设备代理数据，如图 18 所示。

第五步，执行到这里，Portal 触摸屏项目就可以访问 SIMOTION 设备的变量了，就像在同一个项目里一样，如图 19 所示。

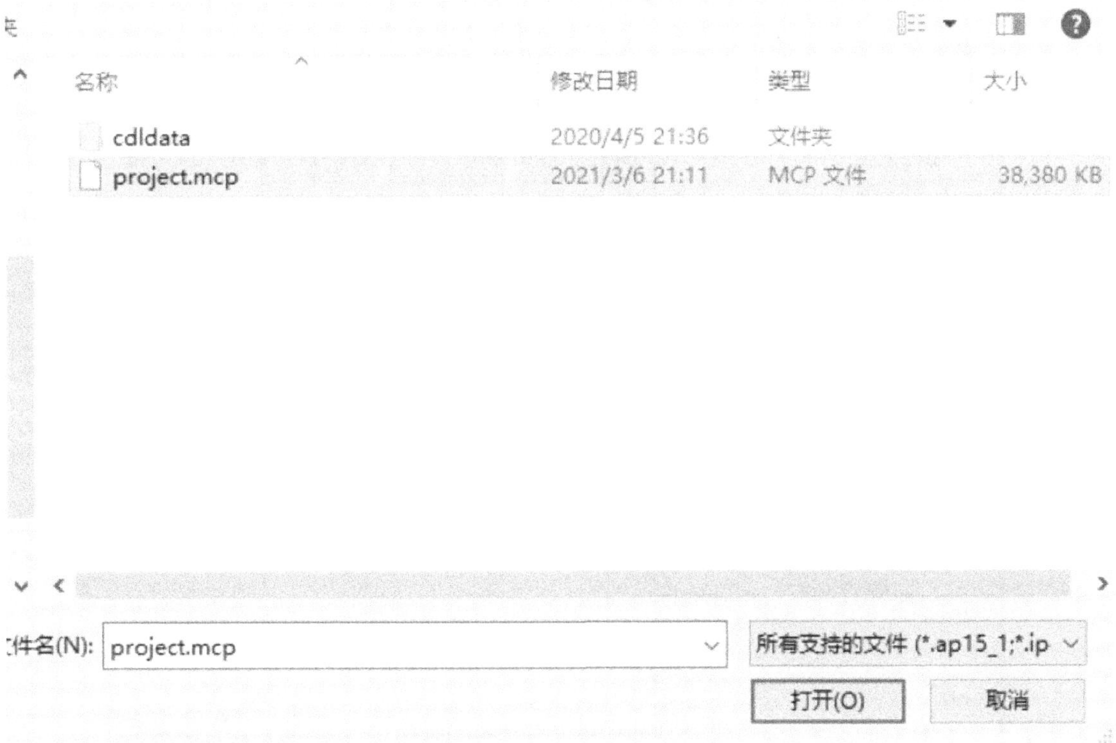

图 17　打开后缀 . mcp 的文件

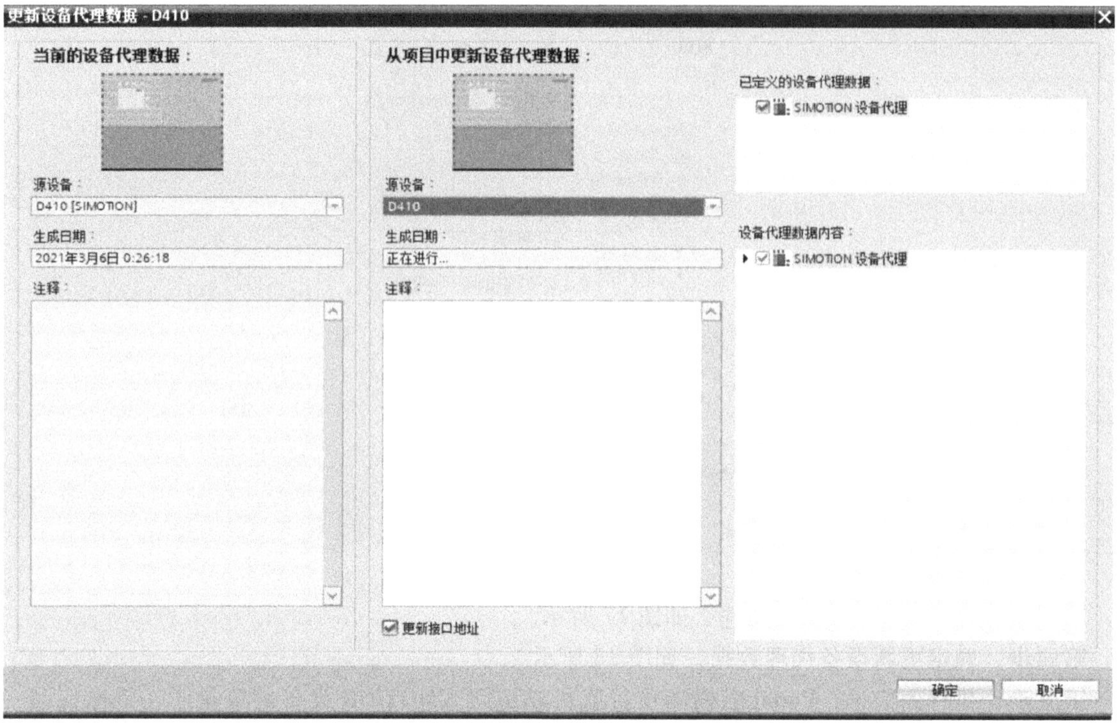

图 18　确定更新设备代理数据

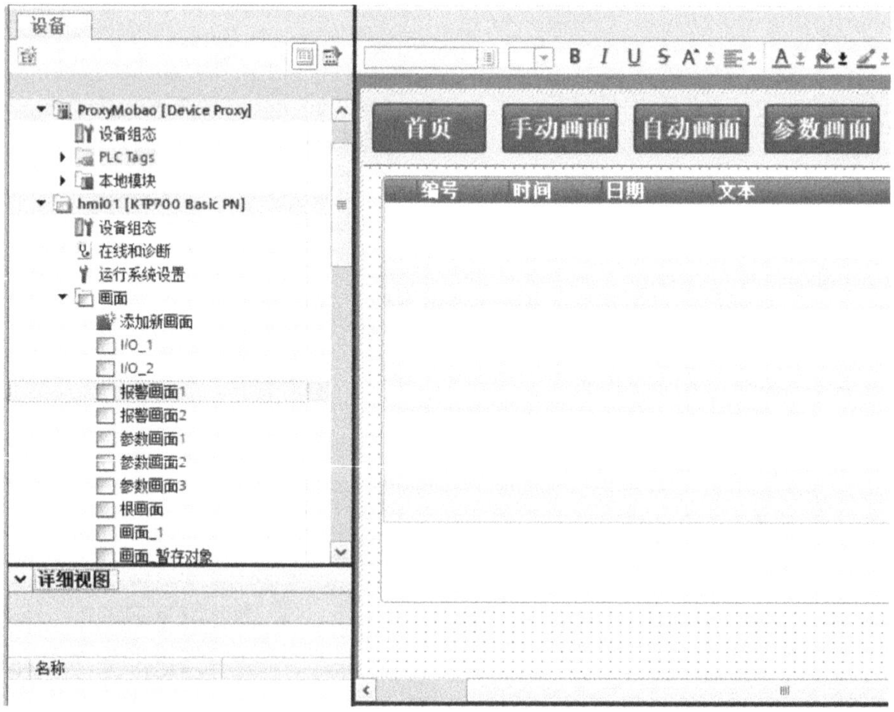

图 19　编程

四、运行效果

经过现场多次机械结构和程序优化调整，最后设备运行稳定，达到了客户 30 包/min 的初步设计要求。

五、应用体会

通过使用，体会搭配 SIMOTION 的功能非常强大，在运动控制方面有很大的优势，同步控制上有非常大的灵活性。支持多种编程语言，使程序开发更为简便。

SIMOTION Scout 软件支持变量的导入导出功能，可以借助 Excel 进行修改，提高了编程效率。

本项目采用 SIMOTION 工艺库 Library_LCamHdl，节省了程序开发时间。

方便的 Trace 在线曲线分析功能，为程序调试优化提供了直观的帮助，能很快发现程序里不完善，以及参数不合适的地方，对设备调试提供了极大的帮助。

参考文献

[1] 西门子（中国）有限公司. SIMOTION 强大的运动控制系统满足所有需求-宣传册 [Z].
[2] 西门子（中国）有限公司. SIMOTION D4x5-2-Commissioning and Hardware Installation Manual-en [Z].
[3] 西门子（中国）有限公司. Library_LCamHdl_V1_4_2_en [Z].
[4] 西门子（中国）有限公司. SINAMICS S120 调试手册 [Z].
[5] 西门子（中国）有限公司. SINAMICS S120 参数手册 [Z].
[6] 西门子（中国）有限公司. SINAMICS S120 功能手册 [Z].

SIMOTION 在植毛机上的应用
Application of SIMOTION in hair planting machine

陈金来
（西门子（中国）有限公司　杭州）

[摘　要] 本文主要介绍了西门子 SIMOTION PLC 和 S210 伺服系统在橡塑行业的植毛机设备中的应用，从方案选择、系统构成、主要功能及实现方法等方面进行详细介绍，通过标准的程序框架实现了工艺流程的优化，使得逻辑控制简单清晰，节约了大量的调试时间，减少了错误的存在可能，并通过优化 S210 伺服系统的相关参数，大大缩短了生产节拍时间。设备在终端用户现场稳定运行，各项指标参数满足生产线节拍需求，得到了客户的好评。

[关 键 词] 电机选型、Modbus TCP、工艺关键点

[Abstract] This paper mainly introduces the application of Siemens SIMOTION PLC and S210 servo system in the wool planting machine equipment of rubber and plastic industry. The paper introduces the scheme selection, system composition, main functions and realization methods in detail. The process optimization is realized through the standard program framework, making the logic control simple and clear. It saves a lot of debugging time, reduces the possibility of bugs, and greatly shortens the production beat time by optimizing the relevant parameters of S210 servo system. The equipment runs stably in the field of end users, and the parameters meet the demand of production line rhythm, which is well received by customers.

[Key Words] Motor selection、Modbus TCP、Key points of process

一、项目简介

1. 行业背景

毛刷分牙刷、日用刷、工业刷等，植毛机（见图 1）致力于日用刷、工业刷的制刷解决方案，使制刷更加智能化和绿色化。

2. 机型简要工艺介绍

启动后首先需要平台先到首孔，然后根据刷子程序的位置生成比如 100 个孔位的平台 5 轴曲线，然后主轴变频器开启旋转主轴，带动主轴编码器。根据主轴编码器位置，5 轴根据 CAMIN 同步。中间如果因为孔距过大，可采用跳转孔功能以绝对定位的方式动作，再继续剩下的同步。在孔位走完后，到达最终孔，方便拿取并上新的刷胚用于生产，脚踏开关后移动到下一工位重复生产（见图 2）。

图 1　植毛机

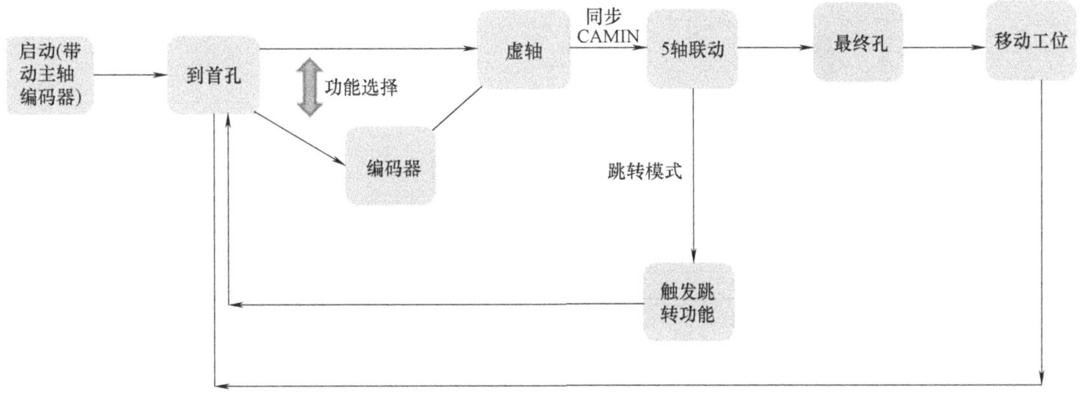

图 2　工艺过程

3. 设备控制系统采用 D425+S210+ET200SP+IPC 的方案

西门子控制产品的特点如下：

1）SIMOTION D425：运动控制器，本项目中需要平台 5 轴以及铁丝轴同步于主轴编码器，以及两个毛箱轴根据需求快速定位换毛色的操作。

2）S210：搭配 1FK2 电机，采用 62.5μs 的电流环时间，控制器采用 DSC 模式，轻松地控制平台实现快速高动态动作。实现最快 80ms 动作一个周期的要求。

3）ET200SP：采用 IRT 等时实时同步，快速控制信号的输入输出。

4）IPC：多上位机控制方案，网口 1 采用 WinCC ADV 实现 D425 内置系统参数的设置等。网口 2 用于客户自主开发的上位机采集并自动编写刷子程序下发给 D425 执行动作。

二、控制系统构成

1. 系统结构网络图（见图 3）

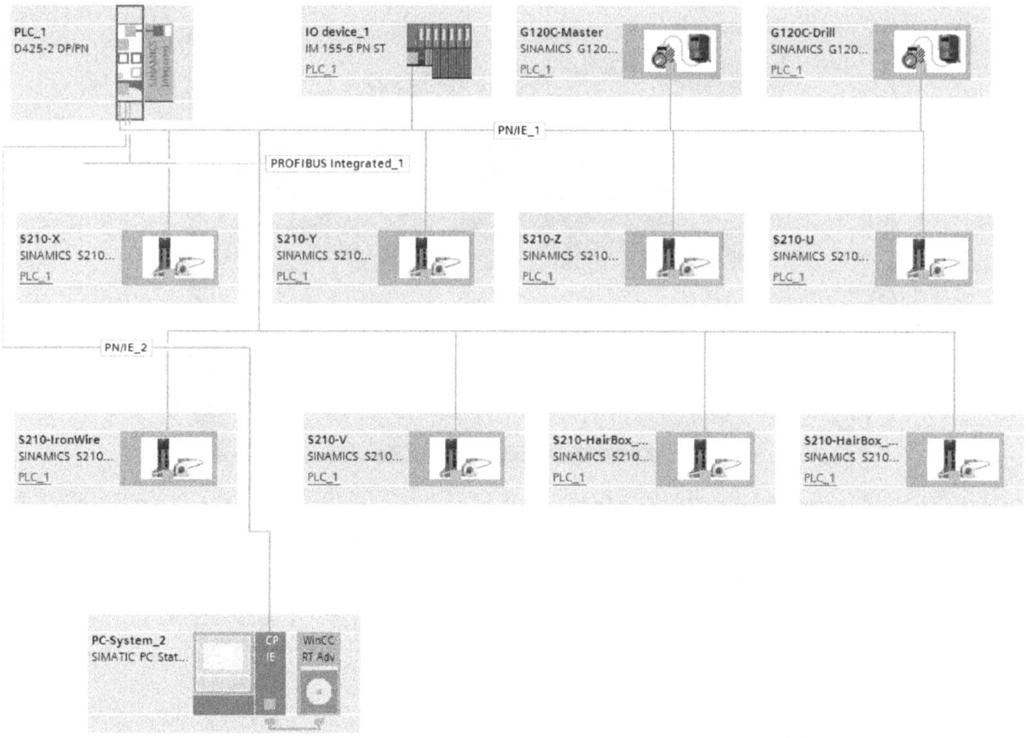

图 3　系统结构网络图

2. 西门子电器元件清单（见表 1）

表 1　电器元件清单

序号	品牌	名称	规格型号	数量
1	西门子	运动控制器	6AU1425-2AD00-0AA0	1
2	西门子		6AU1400-2PA23-0AA0-Z	1
3	西门子		6SL3060-4AU00-0AA0	1
4	西门子	高速计数	6SL3055-0AA00-5CA2	1
5		hellolink 网线	RJ45-RJ45-1M	10
6	西门子	ET200SP/分布式 I/O(30 进,22 出)	6ES5710-8MA11	1
7	西门子		6ES7131-6BH01-0BA0	2
8	西门子		6ES7132-6BH01-0BA0	1
9	西门子		6ES7132-6BF01-0BA0	1
10	西门子		6ES7155-6AR00-0AN0	1
11	西门子		6ES7193-6BP00-0BA0	2
12	西门子		6ES7193-6BP00-0DA0	2
13	西门子	钻孔机变频	6SL3210-1KE15-8UF2	1
14	西门子		6SL3210-1KE18-8UF1	1
15	西门子	开关电源	6ES7 288-0KD10-0AA0	2

（续）

序号	品牌	名称	规格型号	数量
16	西门子	塑壳断路器	3VM10102ED420AA0	1
17	西门子	手柄	3VM91170FK21	1
18	西门子	微型断路器	5SL63047CC	1
19	西门子	微型断路器	5SL63107CC	8
20	西门子	微型断路器	5SL63167CC	3
21	西门子	微型断路器	5SL62107CC	2
22	西门子	微型断路器	5SL62207CC	1
23	西门子	接触器	3RT60241BB40	3
24	西门子	3 孔插座	5TE68061CC	1
25	西门子	电机断路器	3RV60110HA10	3
26	西门子	铁丝伺服	6SL3210-5HE11-5UF0	1
27	西门子		1FK2105-4AF00-0MA0	1
28	西门子		6FX8002-8QN08-1AH0	1
29	西门子	X 轴伺服	6SL3210-5HE12-0UF0	1
30	西门子		1FK2105-6AF00-0MA0	1
31	西门子		6FX8002-8QN08-1AG0	1
32	西门子	Y 轴伺服	6SL3210-5HE11-5UF0	1
33	西门子		1FK2105-4AF00-0MA0	1
34	西门子		6FX8002-8QN08-1AJ4	1
35	西门子	Z 轴伺服（带抱闸）	6SL3210-5HE11-5UF0	1
36	西门子		1FK2105-4AF10-0MA0	1
37	西门子		6FX8002-8QN08-1AJ4	1
38	西门子	U 轴伺服	6SL3210-5HE11-5UF0	1
39	西门子		1FK2105-4AF00-0MA0	1
40	西门子		6FX8002-8QN08-1AJ6	1
41	西门子	V 轴伺服	6SL3210-5HE11-0UF0	1
42	西门子		1FK2104-6AF00-0MA0	1
43	西门子		6FX8002-8QN08-1AJ4	1
44	西门子	左毛箱轴伺服	6SL3210-5HE11-0UF0	1
45	西门子		1FK2104-6AF00-0MA0	1
46	西门子		6FX8002-8QN08-1AH0	1
47	西门子	右毛箱轴伺服	6SL3210-5HE11-0UF0	1
48	西门子		1FK2104-6AF00-0MA0	1
49	西门子		6FX8002-8QN08-1AG0	1

3. 选型依据

（1）客户机器要求

目前，对于客户 8 轴（主轴，X 轴，Y 轴，Z 轴，U 轴，V 轴，左毛箱，右毛箱）植毛机的要求如下：

1）机器能够在 500r/min 的速度下运作。相当于完成一次打孔动作要在 60s/500 = 0.12s。其中这个动作是平台在主轴一圈的 260°完成，主轴还有 100°等待钻头对产品植毛。所以实际动作是

0. 12s×260/360=0. 087s 内完成。其中为了走动柔和，加速时间和减速时间各 1/5。那么加速时间和减速时间为 0. 0174s，匀速时间为 0. 0522s。

2）主轴、X 轴法兰无要求，Y 轴、Z 轴、U 轴法兰在 DN100 以内，V 轴、左毛箱、右毛箱在 DN80 左右。

（2）平台 5 轴机械选型计算

1）X 轴：法兰无要求，丝杠结构，承重 250kg，导程为 10mm，没有减速比。加速时间和减速时间为 0. 0174s，匀速时间为 0. 0522s。一次定位最大 20mm。

2）Y 轴：法兰≤DN100，承重 150kg，齿轮齿条结构，减速比 1∶6，其中电机连接减速机，连接 22 齿带 44 齿，其中 44 齿和 28 齿是同轴连接，28 齿带齿条。加速时间和减速时间为 0. 0174s，匀速时间为 0. 0522s。一次定位最大 20mm。

3）Z 轴：法兰≤DN100，承重 200kg，齿轮齿条结构，减速比 1∶10，其中电机连接减速机，连接 22 齿带 44 齿，其中 44 齿和 28 齿是同轴连接，28 齿带齿条。加速时间和减速时间为 0. 0174s，匀速时间为 0. 0522s。一次定位最大 20mm。

4）U 轴：法兰≤DN100，承重 100kg，齿轮齿条结构，减速比 1∶6，其中电机连接减速机，连接 22 齿带 44 齿，其中 44 齿和 28 齿是同轴连接，28 齿带 174 齿的大齿条。加速时间和减速时间为 0. 0174s，匀速时间为 0. 0522s。一次定位最大 15°。

5）V 轴：法兰≤DN80，承重 50kg，丝杠结构，导程为 10mm，没有减速比。加速时间和减速时间为 0. 0174s，匀速时间为 0. 0522s。一次定位最大 23. 2mm。

以下为计算过程及选型结果（以 X 轴为例）：

X 轴：法兰无要求，丝杠结构，承重 250kg，导程 10mm，没有减速比。加速时间和减速时间为 0. 0174s，匀速时间为 0. 0522s。一次定位最大 20mm（见图 4）。

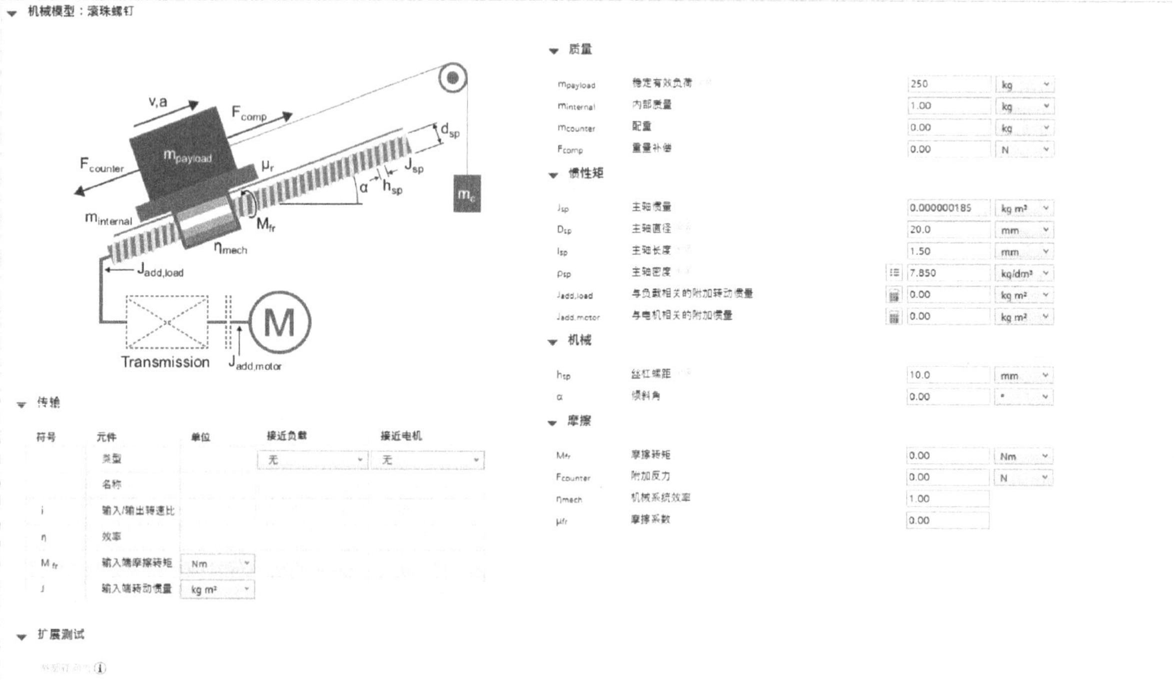

图 4　选型结果 1

250kg，丝杆直径为20mm，长1.5m，导程10mm（见图5）。

运动距离为20mm，速度为0.287m/s，加速度为$\frac{0.287\text{m/s}}{0.0174\text{s}}=16.5\text{m/s}^2$，得到使用的最大转矩为6.59N·m，最大转速为1710r/min。通过此负载类型选择的电机如图6所示，使用1FK2105-6AF10-0MA0。

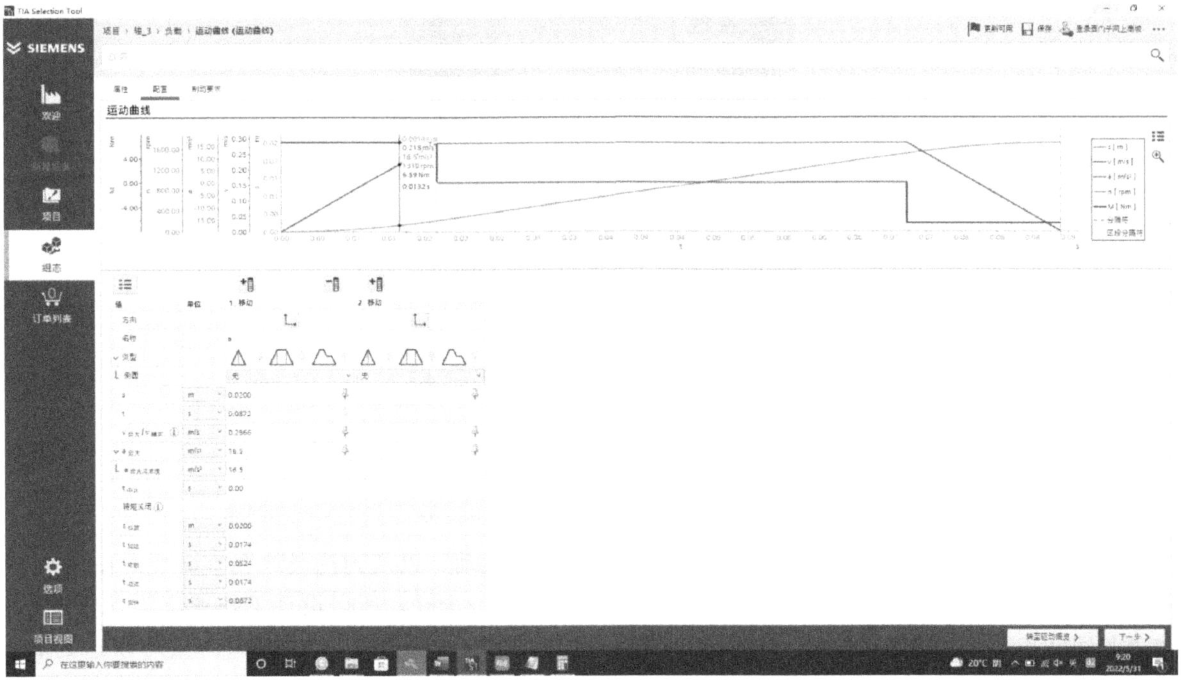

图5 选型结果2

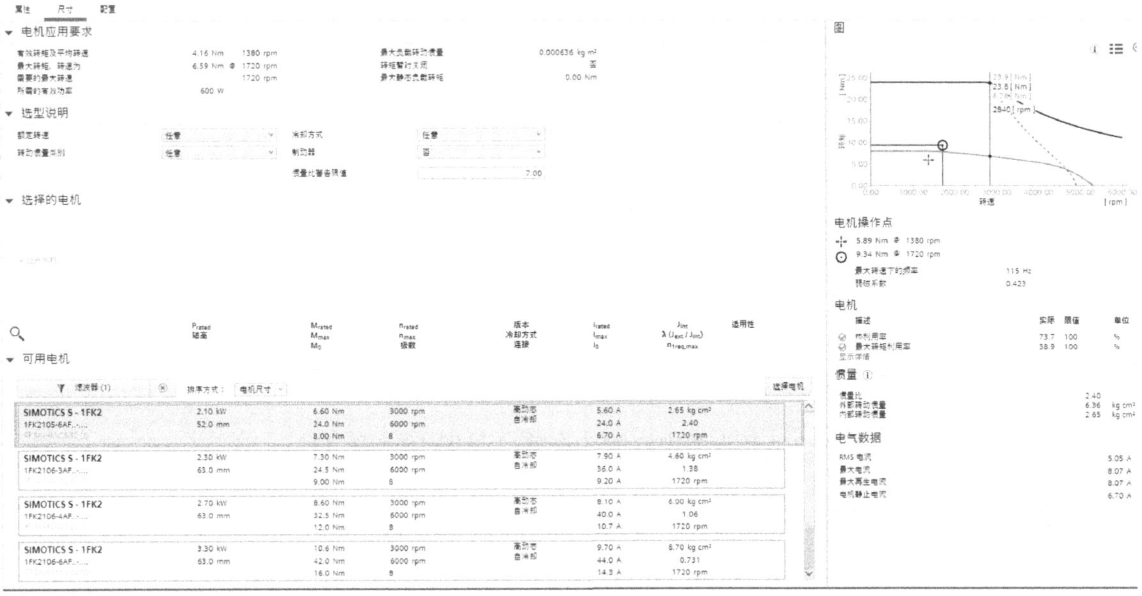

图6 选择的电机

4. 现场主控柜（见图 7）

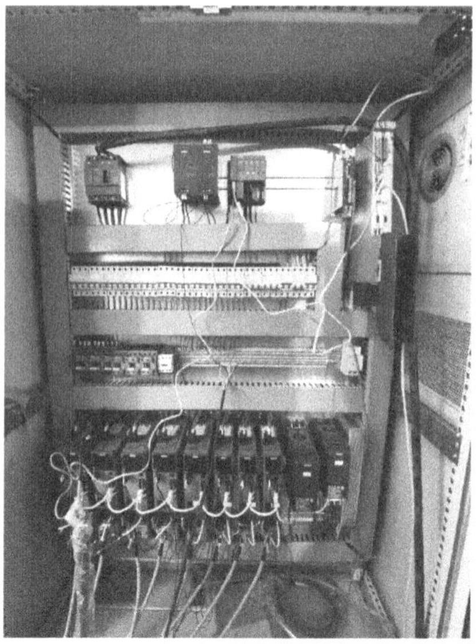

图 7　主控柜

三、控制系统完成的功能

系统主要功能包括回首孔，首孔和最终孔内的 CAM 联动，以及到达最终孔。必要时使用跳转孔功能等。其中主轴转一圈，平台动一个孔位以及主轴钻一个孔。所以设计工作速率为 500r/min，也就是 500 孔/min。以扫把刷总共 100 孔为例，以 500 孔/min 的速度，在 1h 内产量可以达到 300 个刷子。其中控制难点及要点如下。

1. ModbusTCP 通信

（1）使用自写 Modbus LCom TCP By TSS_ZJ CJL 库调试成功

功能码 03H，读取 10000 地址开头的内容的 3 个值（见图 8 和图 9）。

ar32RealDataDWord	'ARRAY [10000..30000] OF...				☑	
[10000]						
ar32RealDataDWord[10000]	REAL	DEC-10	0.0000000	1.100000	☑	1.100000
ar32RealDataDWord[10001]	REAL	DEC-10	0.0000000	2.200000	☑	2.200000
ar32RealDataDWord[10002]	REAL	DEC-10	0.0000000	3.300000	☑	3.300000
ar32RealDataDWord[10003]	REAL	DEC-10	0.0000000	0.0000000	☐	
ar32RealDataDWord[10004]	REAL	DEC-10	0.0000000	0.0000000	☐	

图 8　读取值 1

功能码 03H，读取 1000 地址开头的内容的 3 个值（见图 10 和图 11）。

使用功能码 06H，写地址 1000 的单字（见图 12）。

使用功能码 10H，写 1000 开头的 6 个字 10、11、12、13、14、15（见图 13）。

使用功能码 10H，写 10000 开头的 16 个字 1.1、2.2、3.3、4.4、5.5、6.6、7.7、8.8、9.9、10.10、11.11、12.12、13.13、14.14、15.15、16.16（见图 14）。

图 9　读取值 2

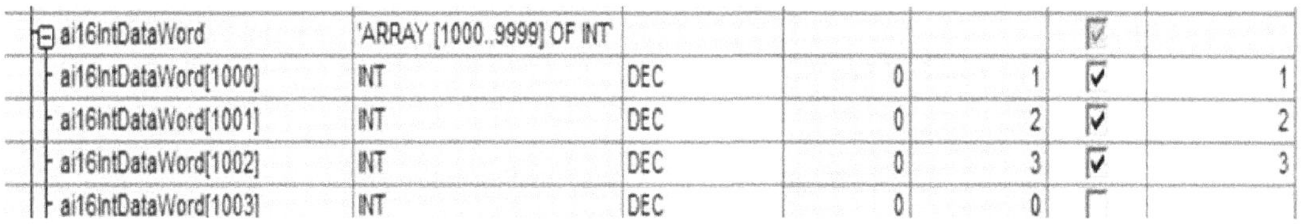
ai16IntDataWord
'ARRAY [1000..9999] OF INT'
ai16IntDataWord[1000]
ai16IntDataWord[1001]
ai16IntDataWord[1002]
ai16IntDataWord[1003]
INT
DEC

图 10　读取值 3

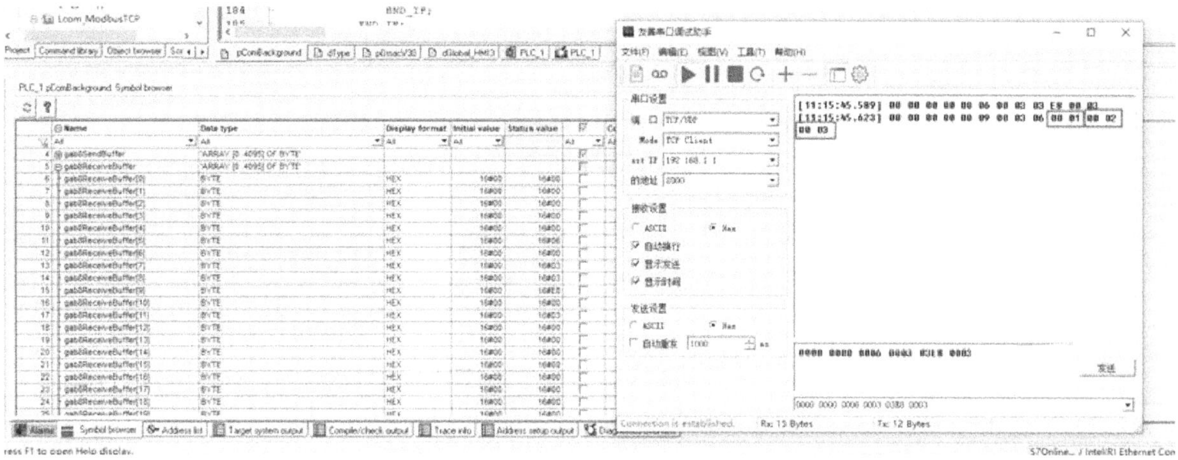

图 11　读取值 4

（2）如何编写 Modbus LCom TCP By TSS_ZJ CJL 库

首先编写数据类型，考虑到通用使用，采用了 10000 个字，起始地址为 0，此处可以包括单字或者布尔量的控制。采用了 10000 个 DINT，起始地址为 10000，此处可以包括双字的控制。采用了 20000 个 DINT，起始地址为 20000，此处可以包括浮点数的控制。值得注意的是收发的数据不能超出这 3 种数据类型的地址范围，不在这些地址范围会引起 PLC 地址超出导致的 STOP。

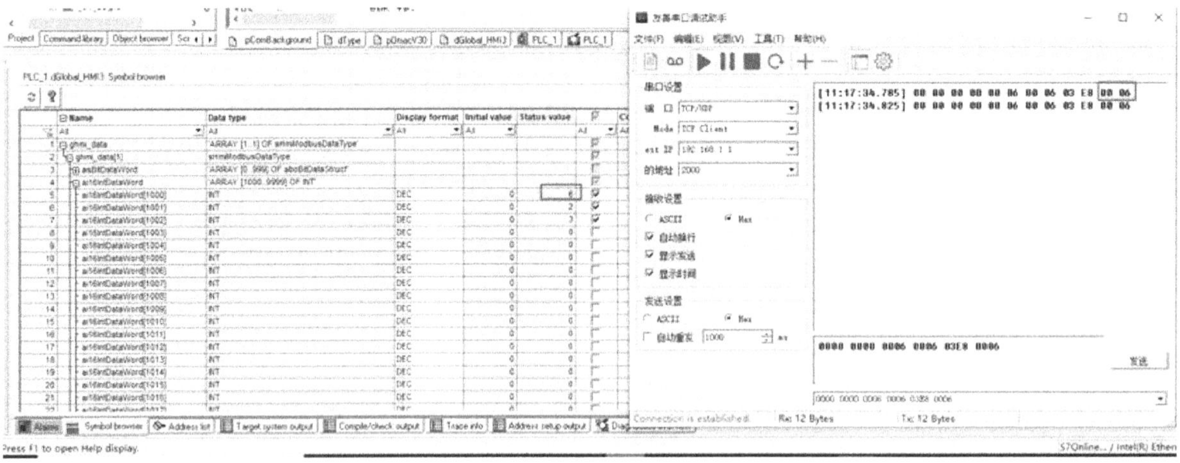

图 12　写地址

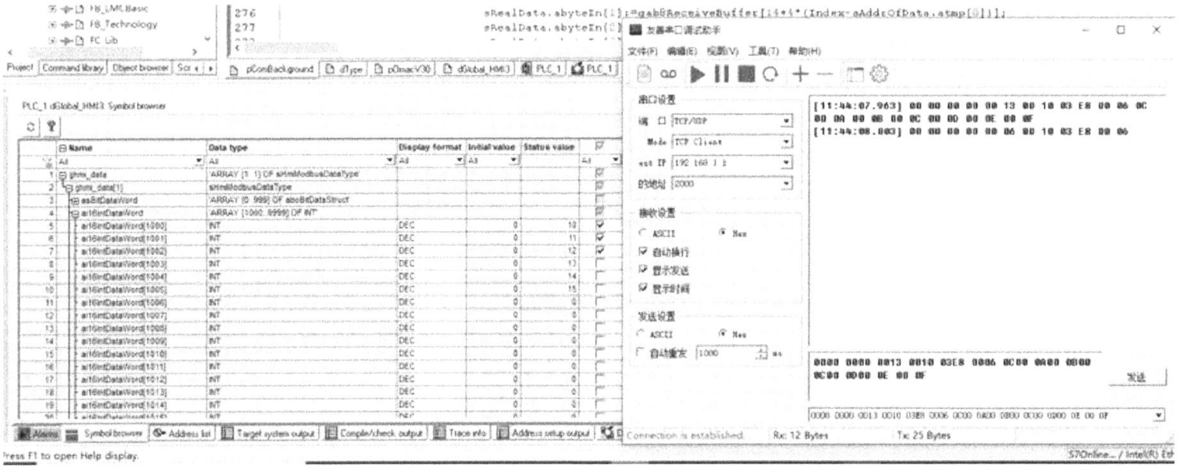

图 13　写 1000 开头的 6 个字

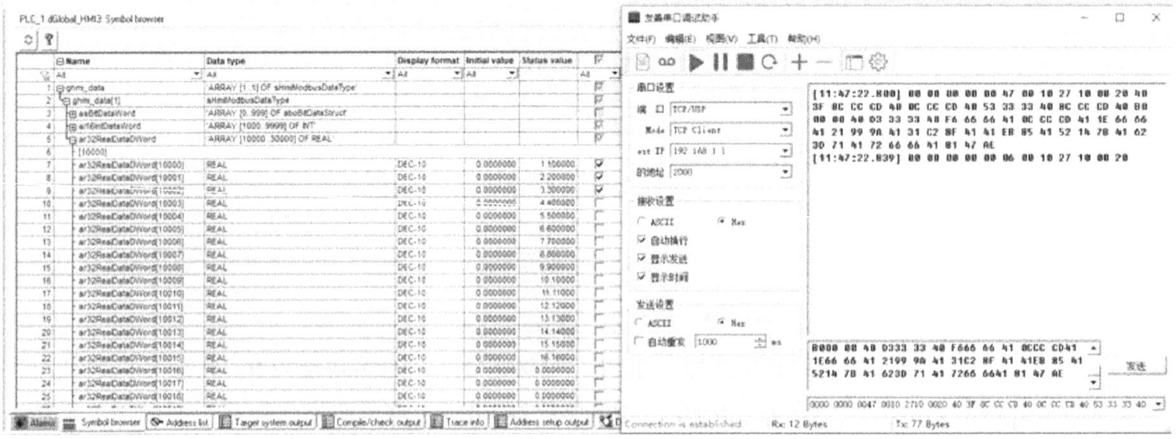

图 14　写 16 个字

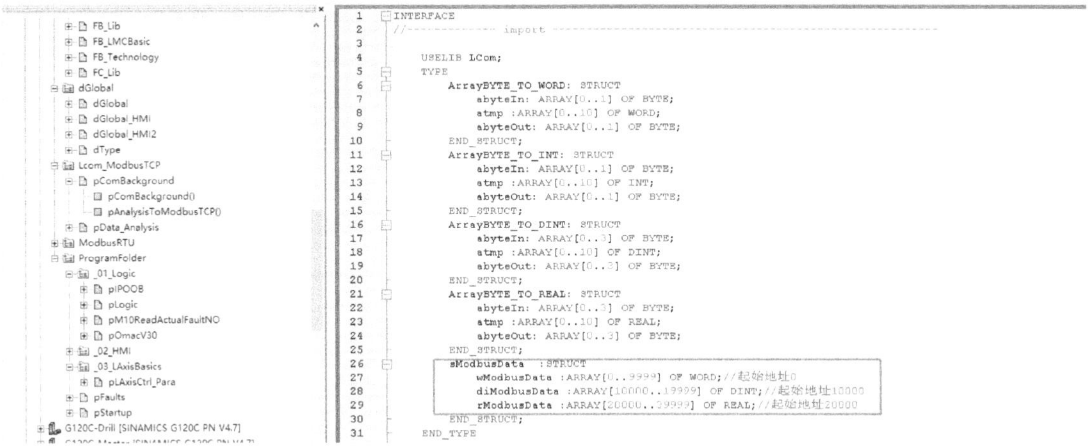

图 15

全文主要控制功能码 03H、06H、10H。其中以功能码 03H 举例，先获取字节，再按照 Modbus TCP 规约进行响应回复（见图 16）。

◇ 功能码：03，读单个或多个字装置寄存器的值。

请求信息图标数据结构：

数据顺序	名称	字节说明
Byte0	事务标识符	高字节
Byte1		低字节
Byte2	协议标识符	高字节
Byte3		低字节
Byte4	Modbus 数据长度	高字节
Byte5		低字节
Byte6	Modbus 站号	低字节
Byte7	功能码	单字节
Byte8	读取字装置首地址	高字节
Byte9		低字节
Byte10	读取字装置地址个数(以字为单位)	高字节
Byte11		低字节

回应信息数据结构：

数据顺序	名称	字节说明
Byte0	事务标识符	高字节
Byte1		低字节
Byte2	协议标识符	高字节
Byte3		低字节
Byte4	Modbus 数据长度	高字节
Byte5		低字节

（续）

数据顺序	名称	字节说明
Byte6	Modbus 站号	单字节
Byte7	功能码	单字节
Byte8	读取字装置地址的数目(以字节为单位)	单字节
Byte9	字装置地址内容	高字节
Byte10		低字节
…	字装置地址内容	高字节
Byten		低字节

异常回应信息数据结构：

数据顺序	名称	字节说明
Byte0	事务标识符	高字节
Byte1		低字节
Byte2	协议标识符	高字节
Byte3		低字节
Byte4	Modbus 数据长度	高字节
Byte5		低字节
Byte6	Modbus 站号	单字节
Byte7	0x80+功能码	单字节
Byte8	异常回应码	单字节

图 16　功能码 03H 举例

获取读取字首地址后再进行数据响应的给定并发出（见图 17）。

若是通信接收数据不对，则进行异常的响应（见图 18）。

之后再使用核心的 Lcom 进行收发字节（见图 19）。

2. 定位尺寸误差

在主轴编码器连续旋转，铁丝轴在每一圈的 290°～340°走一个固定长度（见图 20），但是实际发现定位尺寸误差很大。

```
////////
  IF 0<=sAddrOfData.atmp[0]AND sAddrOfData.atmp[0]<10000 THEN
      LastAddress:=sAddrOfData.atmp[0]+sNumberOfData.atmp[0]-1;
      IF LastAddress >=sAddrOfData.atmp[0] THEN
          FOR Index:=sAddrOfData.atmp[0] TO LastAddress DO
              sWordData.atmp[0]:=g_sModbusData.wModbusData[Index];
              sWordData.abyteOut:=ANYTYPE_TO_BIGBYTEARRAY(anyData := sWordData.atmp[0]);
              gab8SendBuffer[9+2*(Index-sAddrOfData.atmp[0])]:=  sWordData.abyteOut[0];//字装置地址内容  1
              gab8SendBuffer[10+2*(Index-sAddrOfData.atmp[0])]:=  sWordData.abyteOut[1];//字装置地址内容  1
          END_FOR;
      END_IF;
  ELSIF
      10000<=sAddrOfData.atmp[0]AND sAddrOfData.atmp[0]<20000 THEN
      LastAddress:=sAddrOfData.atmp[0]+sNumberOfData.atmp[0]-1;
      IF LastAddress >=sAddrOfData.atmp[0] THEN
          FOR Index:=sAddrOfData.atmp[0] TO LastAddress DO
              sDintData.atmp[0]:=g_sModbusData.diModbusData[Index];
              sDintData.abyteOut:=ANYTYPE_TO_BIGBYTEARRAY(anyData := sDintData.atmp[0]);
              gab8SendBuffer[9+4*(Index-sAddrOfData.atmp[0])]:=  sDintData.abyteOut[0];//字装置地址内容  1
              gab8SendBuffer[10+4*(Index-sAddrOfData.atmp[0])]:=  sDintData.abyteOut[1];//字装置地址内容  1
              gab8SendBuffer[11+4*(Index-sAddrOfData.atmp[0])]:=  sDintData.abyteOut[2];//字装置地址内容  1
              gab8SendBuffer[12+4*(Index-sAddrOfData.atmp[0])]:=  sDintData.abyteOut[3];//字装置地址内容  1
          END_FOR;
      END_IF;
  ELSIF
      20000<=sAddrOfData.atmp[0]AND sAddrOfData.atmp[0]<30000 THEN
      LastAddress :=sAddrOfData.atmp[0]+sNumberOfData.atmp[0]/2 -1 ;
      IF LastAddress >=sAddrOfData.atmp[0] THEN
          FOR Index:=sAddrOfData.atmp[0] TO LastAddress DO
              sRealData.atmp[0]:=g_sModbusData.rModbusData[Index];
              sRealData.abyteOut:=ANYTYPE_TO_BIGBYTEARRAY(anyData := sRealData.atmp[0]);
              gab8SendBuffer[9+4*(Index-sAddrOfData.atmp[0])]:=  sRealData.abyteOut[0];//字装置地址内容  1
              gab8SendBuffer[10+4*(Index-sAddrOfData.atmp[0])]:=  sRealData.abyteOut[1];//字装置地址内容  1
              gab8SendBuffer[11+4*(Index-sAddrOfData.atmp[0])]:=  sRealData.abyteOut[2];//字装置地址内容  1
              gab8SendBuffer[12+4*(Index-sAddrOfData.atmp[0])]:=  sRealData.abyteOut[3];//字装置地址内容  1
          END_FOR;
      END_IF;
  END_IF;
```

图 17　给定数据响应并发出

```
        gu32SendDataLength:=INT_TO_UDINT(9+sNumberOfData.atmp[0]*2);
    ELSE
        gab8SendBuffer[0]:=  gab8ReceiveBuffer[0];//事务标识符
        gab8SendBuffer[1]:=  gab8ReceiveBuffer[1];//事务标识符
        gab8SendBuffer[2]:=  gab8ReceiveBuffer[2];//协议标识符
        gab8SendBuffer[3]:=  gab8ReceiveBuffer[3];//协议标识符
        gab8SendBuffer[4]:=  16#00;                //Modbus 数据长度
        gab8SendBuffer[5]:=  16#03;                //Modbus 数据长度
        gab8SendBuffer[6]:=  gab8ReceiveBuffer[6];//Modbus 站号
        gab8SendBuffer[7]:=  16#83;                //0x80 +  功能码
        gab8SendBuffer[8]:=  16#03;                ///异常回应码  非法数据值

        gu32SendDataLength:=8;
    END_IF;
END_IF;
```

图 18　异常响应

1）首先建立电子凸轮。

2）Trace 该轴的速度曲线，因到位后速度过冲厉害，适当增大速度环增益（见图 21）。

3）主值互联时选择编码器轴的实际值推断，同时设定位置和速度滤波为 0.01（见图 22）。

3. 实现 5 轴联动

实现 5 轴联动，使得主轴在 195°之后平台开始移动，同时可以实现在中途到指定孔后正反转主轴，平台也能跟随移动到任意孔。

1）因为植毛机最大会产生 1000 个孔的程序，实际发现采用 LCamHdl 会导致报警（见图 23）。

图 19　收发字节

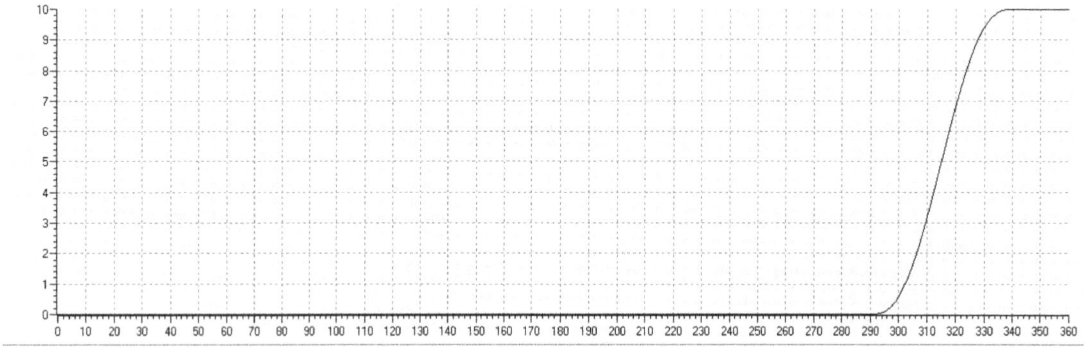

图 20　定位尺寸

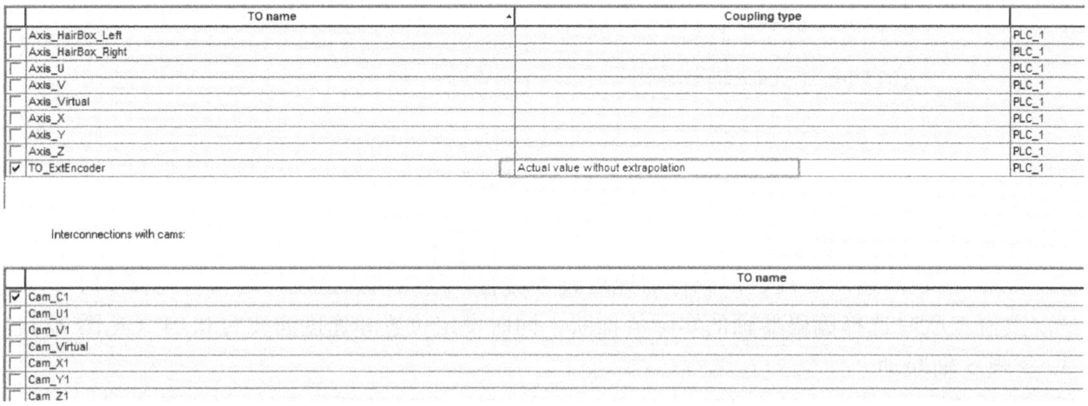
TO name
Coupling type
Axis_HairBox_Left
Axis_HairBox_Right
Axis_U
Axis_V
Axis_Virtual
Axis_X
Axis_Y
Axis_Z
TO_ExtEncoder
Actual value without extrapolation
PLC_1
Interconnections with cams:
TO name
Cam_C1
Cam_U1
Cam_V1
Cam_Virtual
Cam_X1
Cam_Y1
Cam_Z1

图 21　速度码增益

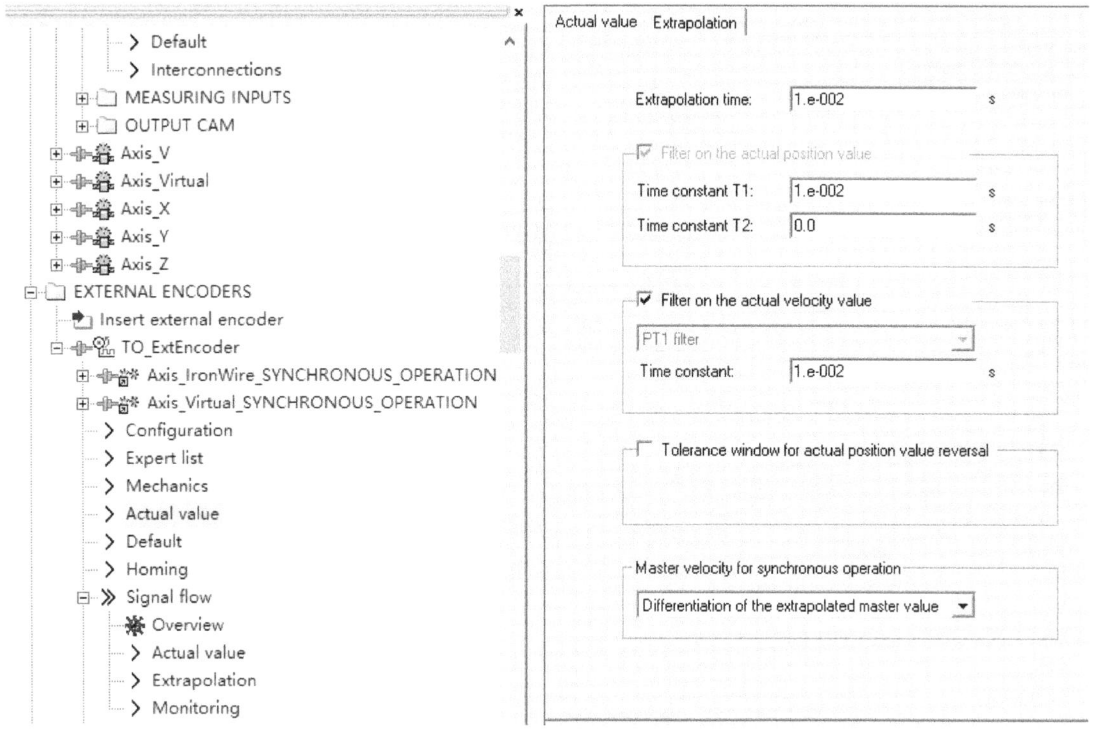

图 22　编码器轴的实际值

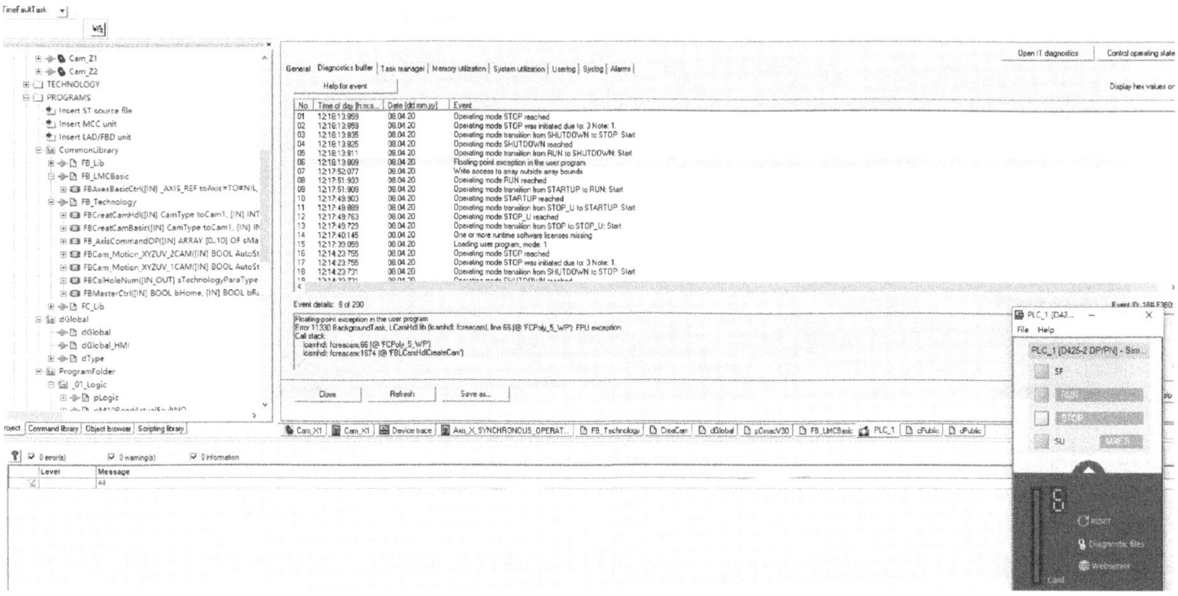

图 23　报警信息

SIMOTION 的生成曲线库采用 1000 个点生成 3000 条线段，报警浮点数操作超出程序，所以采用旧版 L_Cam 生成 5 轴电子凸轮曲线（见图 24）。

2）在主轴打下一个孔抬起到 195°后，平台开始动作，采用 RELATE_SYNC_PROFILE_TO_LEADING_VALUE 的同步轮廓，ON_MASTER_POSITION 的同步模式，BE_SYNCHRONOUS_AT_POSITION 的同步位置参考（见图 25）。

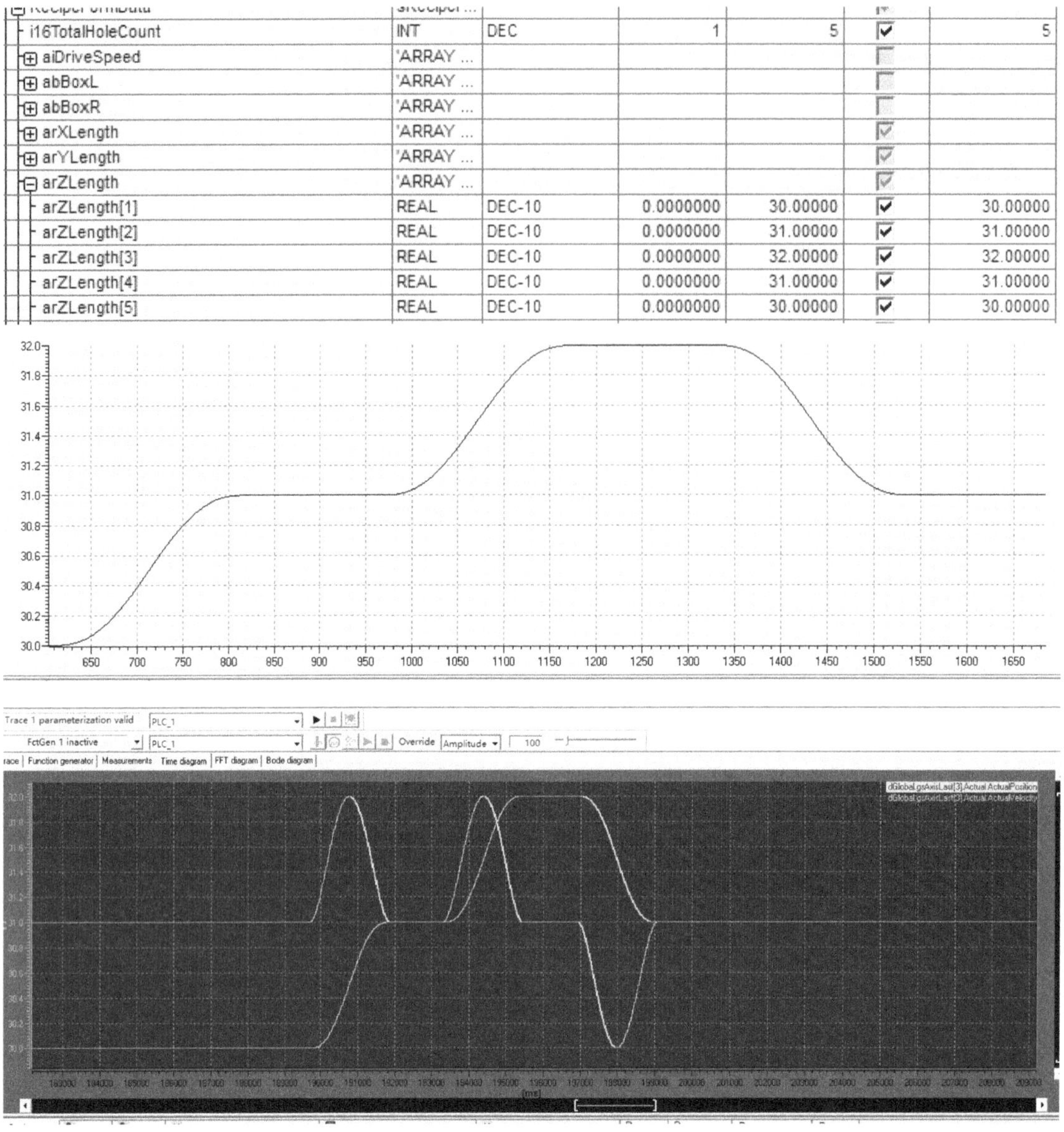

i16TotalHoleCount	INT	DEC		1	5	☑	5
aiDriveSpeed	'ARRAY ...					☐	
abBoxL	'ARRAY ...					☐	
abBoxR	'ARRAY ...					☐	
arXLength	'ARRAY ...					☑	
arYLength	'ARRAY ...					☑	
arZLength	'ARRAY ...					☑	
arZLength[1]	REAL	DEC-10		0.0000000	30.00000	☑	30.00000
arZLength[2]	REAL	DEC-10		0.0000000	31.00000	☑	31.00000
arZLength[3]	REAL	DEC-10		0.0000000	32.00000	☑	32.00000
arZLength[4]	REAL	DEC-10		0.0000000	31.00000	☑	31.00000
arZLength[5]	REAL	DEC-10		0.0000000	30.00000	☑	30.00000

图 24　5 轴电子凸轮曲线

4. 在任意位置停止

原先按停止键后有时不能立即停止,需要回到初始位置才能停止。在速度快时看不出来,在速度慢时非常明显。分析程序发现,原先 disablecamming 解除同步的方向是正方向。需要改成相同方向 same direction 才能实现在任意位置停止(见图 26)。

5. 编码器使用 Z 相被动回零

首先前提是在 S120 处配置的编码器使用了 Z 相(见图 27)。

其次在工艺对象处选择回零模式(见图 28)。

之后再使用编码器专用回零指令(见图 29)。

```
IF rSyncPositionMaster>= sTechnologyPara.rSetMaster_OffsetPOS THEN
    i32RetDINT :=
    _enableCamming(
        followingObject := toFollowingObjectX
        ,direction := POSITIVE
        ,masterMode := Absolute
        ,slaveMode := Absolute
        ,cammingMode := NOCYCLIC
        ,cam := toCam1
        ,synchronizingMode := ON_MASTER_POSITION
        ,syncPositionReference := BE_SYNCHRONOUS_AT_POSITION
        ,syncProfileReference := RELATE_SYNC_PROFILE_TO_LEADING_VALUE
        ,syncLengthType := DIRECT
        ,syncLength := 30.0
        ,syncPositionMasterType :=DIRECT
        ,syncPositionMaster   := REAL_TO_LREAL(rSyncPositionMaster)
        ,velocityType := DIRECT
        ,velocity := 100000.0
        ,positiveAccelType := DIRECT
        ,positiveAccel := 100000.0
        ,negativeAccelType := DIRECT
        ,negativeAccel := 100000.0
        ,positiveAccelStartJerkType := DIRECT
        ,positiveAccelStartJerk := 1000000.0
        ,positiveAccelEndJerkType := DIRECT
        ,positiveAccelEndJerk := 1000000.0
        ,negativeAccelStartJerkType := DIRECT
        ,negativeAccelStartJerk := 1000000.0
        ,negativeAccelEndJerkType := DIRECT
        ,negativeAccelEndJerk := 1000000.0
        ,velocityProfile := TRAPEZOIDAL
        ,mergeMode := IMMEDIATELY
        ,nextCommand := IMMEDIATELY
     // ,commandId := (0,0)
        ,synchronizingDirection := SHORTEST_WAY
    );

    rSyncPositionMasterOld:=rSyncPositionMaster;
    u16AutoCyclicStep:=100;
END_IF;
```

图 25　同步模式

```
// Axis X 解同步
i32DisableCammingRetDINT    := _disableCamming(
    followingObject             := toFollowingObjectX
    ,syncOffMode                := IMMEDIATELY
    ,syncOffPositionReference   := USER_DEFAULT
    ,syncProfileReference       := RELATE_SYNC_PROFILE_TO_TIME
    ,mergeMode                  := IMMEDIATELY
    ,nextCommand                := IMMEDIATELY
    ,synchronizingDirection     := Same_DIRECTION
    ,commandId                  := _getCommandId()
);
```

图 26　解同步

6. 与变频器进行 999 报文通信

首先应先配置好变频器通信报文（见图 30）。

其次再添加对应变频器的 GSD 文件并添加报文（见图 31）。

之后再在 SIMOTION 的地址索引处添加对应 800 地址的输入输出（见图 32）。

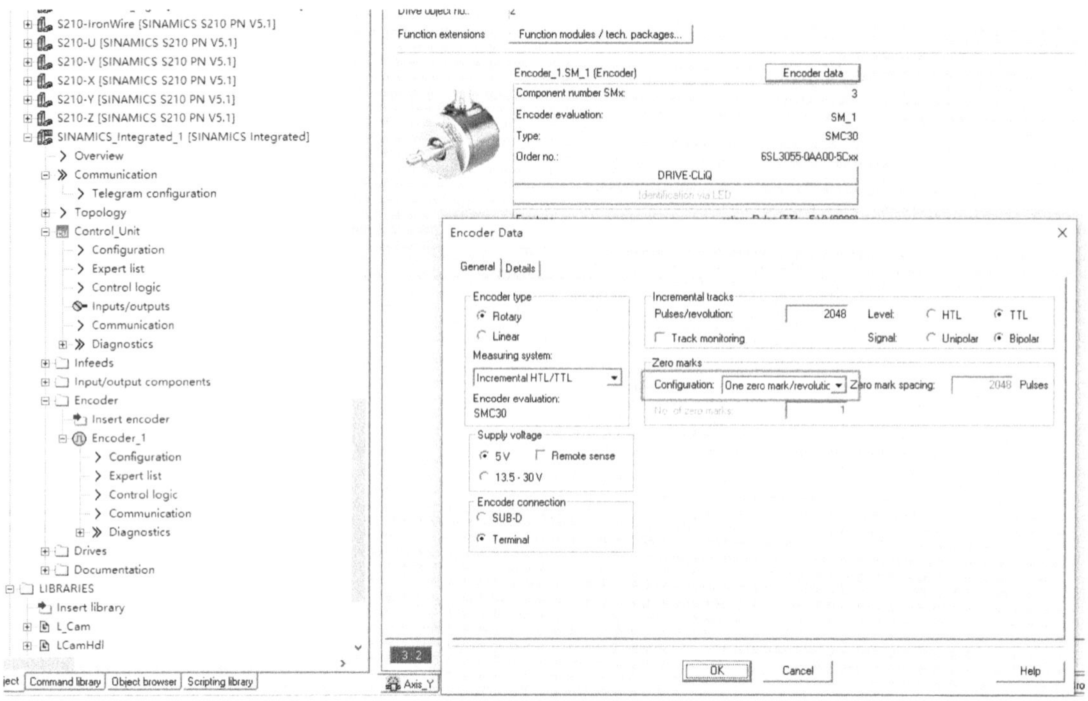

图 27　使用 Z 相

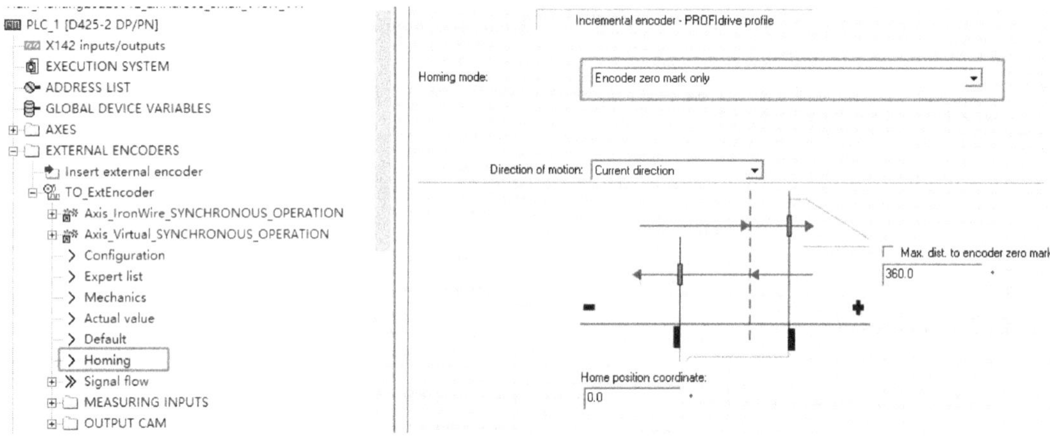

图 28　选择回零模式

```
IF //((boEnableHome AND gsTechnologyPara.boDebugMode) OR
        gsTechnologyPara.sTool.bMasterHome
    AND NOT gsActValueHMI.CMD.bAutoing AND TO_ExtEncoder.control = ACTIVE  THEN

    i32HomingRetDINT :=
    _synchronizeExternalEncoder(
                externalEncoder := TO_ExtEncoder
               ,synchronizingMode := PASSIVE_HOMING
               ,syncPositionType := DIRECT
               ,syncPosition := 0.0
               ,nextCommand := IMMEDIATELY
               ,commandId := _getCommandId()
                );
END_IF;
boEnableHome:=NOT boEnableHome;
```

图 29　专用回零指令

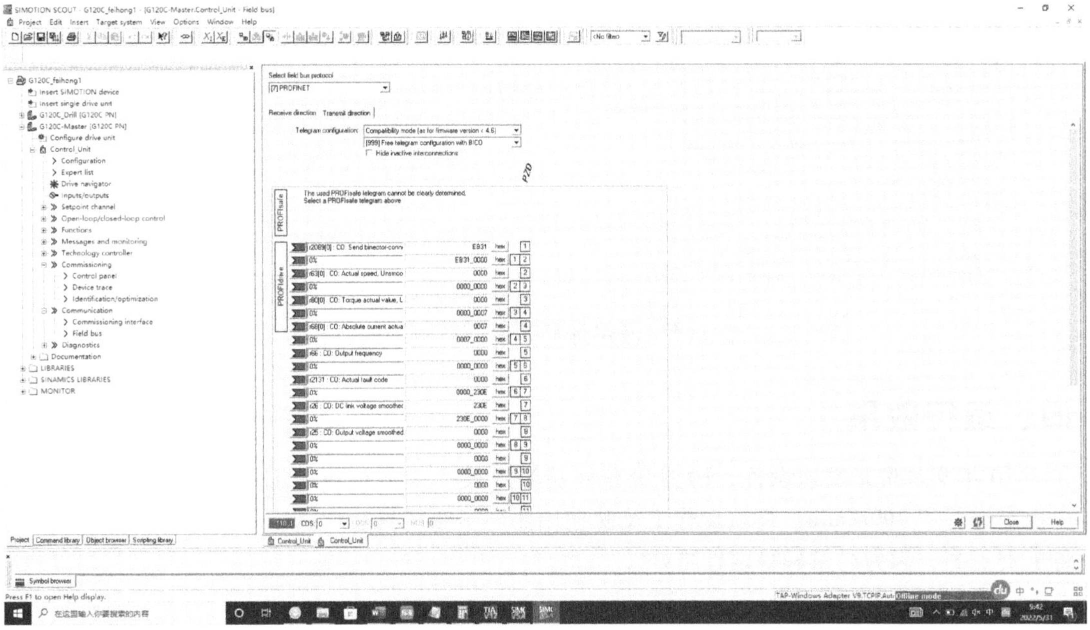

图 30　配置通信报文

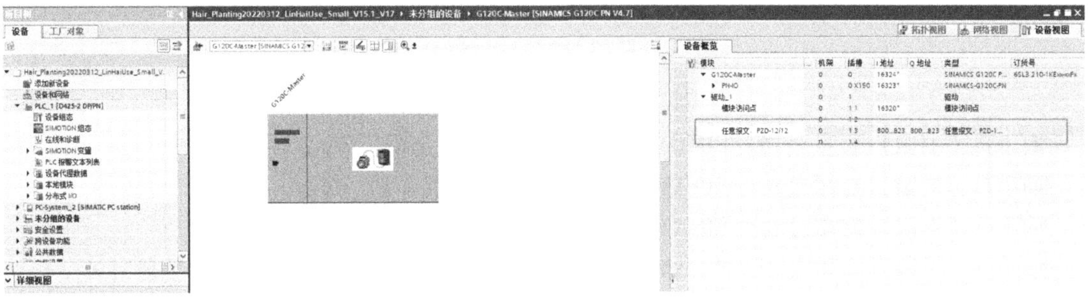

图 31　添加 GSD 文件并添加报文

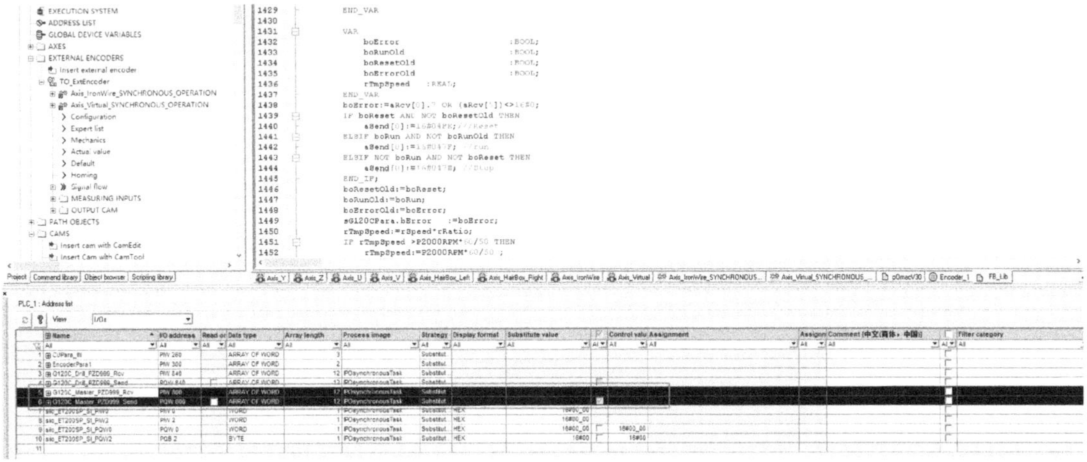

图 32　添加对应 800 地址的输入输出

然后程序再对不同报文进行使用，读取并写入对应地址（见图 33）。

```
instG120C_999Control[1](
    boRun := gsMaster_DrillCtrl.Out.rSpeedOut>0
    ,boReset := (gsMaster_DrillCtrl.CMD.bReset AND gsActValueHMI.Para.sDriverPara.aG120CPara[1].r63rpm_2<2)
    ,rSpeed := gsMaster_DrillCtrl.Out.rSpeedOut
    ,aRcv := G120C_Master_PZD999_Rcv
    ,P2000RPM := G120C_Master_P2000RPM
    ,P2003NM := G120C_Master_P2003NM
    ,P2002A := G120C_Master_P2002A
    ,P2001V := G120C_Master_P2001V
    ,PHZ := G120C_Master_HZ
    ,rRatio:= G120C_Master_Ratio
    ,aSend => G120C_Master_PZD999_Send
    ,sG120CPara => gsActValueHMI.Para.sDriverPara.aG120CPara[1]
);
```

图 33　读取报文并写入对应地址

四、运行效果

在 2020 年 9 月份开发该设备，10 月份在终端客户投产，项目最大工作速率为 500r/min，在终端客户稳定运行于 400r/min。终端操作工反映使用西门子系统这台设备，计件工资相对比以前使用的设备工资更高，因为产量和稳定性更好。

五、应用体会

通过该样机，不仅提高了客户机器的稳定性，验证了新方案的可行性，还巩固了客户在行业的领先地位。

参考文献

[1]　西门子（中国）有限公司. SIMOTION 同步运行功能介绍［Z］.

[2]　西门子（中国）有限公司. SINAMICS S120/S150 参数手册［Z］.

[3]　西门子（中国）有限公司. SINAMICS S120 驱动功能 功能手册［Z］.

[4]　西门子（中国）有限公司. SINAMICS S120 控制单元和扩展系统组件设备手册［Z］.

SIMOTION D 在伺服摆剪中的应用
Application of SIMOTION D in servo swing shear

孙瑞

（西门子（中国）有限公司　济南）

[摘　要] 本文主要介绍 SIMOTION D、S120、力矩电机在伺服摆剪中的应用，通过对相关行业背景及工艺过程的介绍，详细阐述 SIMOTION D 控制系统在摆剪中各个功能的实现，其中包括硬件配置、电机同步、CAM 生成、CAM 同步、编程及系统测试等功能。

[关 键 词] 伺服摆剪结构、同步、CAM 曲线、CAM 同步、力矩电机

[Abstract] This paper mainly introduces the application of SIMOTION D, S120 and torque motor in servo swing shear. Through the introduction of relevant industry background and process, this paper introduces in detail the realization of various functions of SIMOTION D control system in swing shear, including hardware configuration, motor synchronization, cam generation, cam synchronization and programming.

[Key Words] Servo Swing Shear Structure、Synchronization、Cam Curve、Cam Synchronization、Torque Motor

一、项目简介

1. 设备背景介绍

传统的摆剪以液压摆剪为主，首先精度差，其次剪切次数不高，严重影响汽车生产的产能。摆剪是全自动数控摆剪线的一部分，主要应用在汽车小型冲压件的生产中，由上料单元、引料单元、清洗单元、校平单元、送料单元、摆剪单元和堆垛单元等功能部件组成。本文介绍的伺服摆剪为摆剪线中的摆剪单元，其最大剪切次数为 110 次/min，最大摆动角度为±30°。

如图 1 所示，伺服摆剪共有三个轴，在设备的最上方有两个剪切轴，在实际的运动过程中需要做位置同步进行剪切，下方是摆动轴，用来摆动角度，从而确定剪切工件的形状。因为摆剪的体积和安装空间的原因，不适合安装减速机，所以本项目选择的是力矩电机。上方两台剪切轴选择的是 1FW3 的电机，额定转矩为 5000N，直接连接凸轮，继而驱动下面的工作台。下方一台摆动轴选择的是 1FW6 电机，额定转矩为 2500N，直接连接摆动工作台。

2. 设备控制及性能指标

设备的运行顺序是：送料—左摆角度到位—剪切（下压抬升）—送料—右摆角度到位—剪切（下压抬升）。该设备有两个指标，一是摆动精度，二是剪切次数。在摆动角度为±30°时，每分钟的剪切次数要求达到 30 次，在摆动角度为 0（停剪）时，剪切次数要求达到 110 次，实际如图 2 所示。

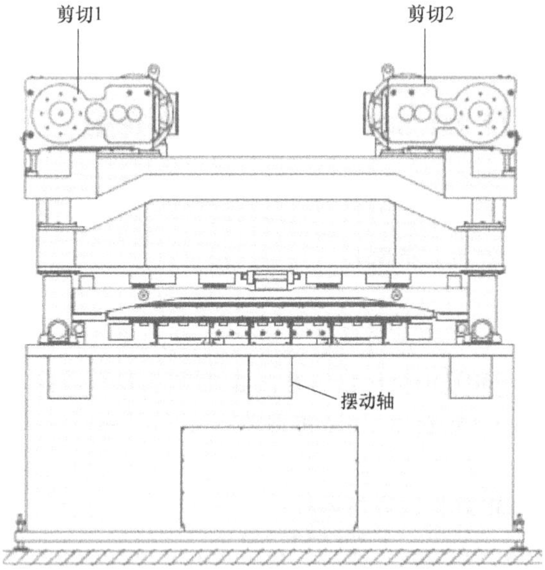

图 1　伺服摆剪剖面图

图 2　设备实物图

3. 设备应用领域

3~5mm 冷轧钢板。

二、项目使用的西门子自动化产品（见表 1）

表 1　项目使用的西门子自动化产品

序号	名称	订货号	数量
1	力矩电机	1FW32852CE685AS0	2
2	冷却套件	1FW61601BA000AA0	1
3	力矩电机	1FW62300WB154CD2	1
4	CF 卡	6AU14002PA220AA0	1
5	D445-2	6AU14452AD000AA0	1
6	多轴授权	6AU18200AA440AB0	1
7	开关电源	6EP14362BA10	1
8	电机电缆	6FX20021DC001AB0	1
9	电机电缆	6FX20021DC001AE0	1
10	DRIVE_CLIQ 电缆	6FX50022DC101BA0	2
11	电机电缆	6FX80025CS641BA0	1
12	DRIVE_CLIQ 电缆	6SL30604AA100AA0	2
13	AIM	6SL31000BE312AB0	1
14	电机模块	6SL31201TE260AA3	1
15	电机模块	6SL31201TE320AA4	2
16	ALM	6SL31307TE312AA3	1
17	24V 端子	6SL31622AA000AA0	1
18	DC LINK 组件	6SL31622BD000AA0	1
19	RS485 连接器	6ES7972-0BA42-0XA0	2

（续）

序号	名称	订货号	数量
20	导轨	6ES5710-8MA11	1
21	4DI	6ES7131-4BD01-0AA0	2
22	4DO	6ES7132-4BD00-0AB0	2
23	2AI	6ES7134-4GB01-0AB0	1
24	PM-E	6ES7138-4CA01-0AA0	2
25	IM 151	6ES7151-1AA05-0AB0	1
26	通用终端模块	6ES7193-4CA40-0AA0	3
27	为 AUX1 供电的终端模块	6ES7193-4CD20-0AA0	2
28	MP377	6AV6644-0AB01-2AX0	1

三、控制系统构成

项目中的硬件配置如下：

1）该设备三个轴均需要快速反转启停，所以选择了 ALM+MM 的结构。

2）SIMOTION D445-2 通过内置 CU 挂了三个轴，三个轴中两台为 1FW3 剪切电机，通过 DRIVECLIQ 电缆连接驱动器。另外一台为 1FW6 摆动电机，单独安装 EnDat2.1 单圈绝对值编码器，通过 SMC20 连接驱动器。

3）SIMOTION 通过 DP 挂 ET200S 拓展外部 I/O，通过以太网连接触摸屏。

相应的硬件配置图和系统拓扑图如图 3 和图 4 所示。

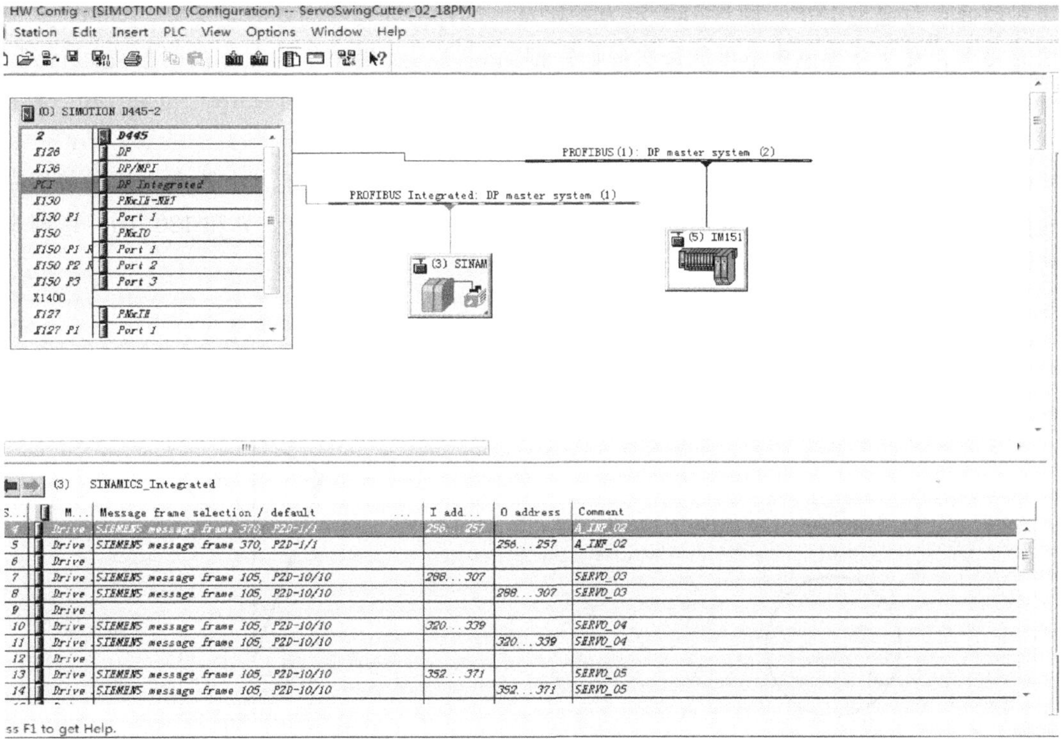

图 3　系统硬件图

图 4　拓扑结构图

四、项目分析

1. 控制思路

该设备实际运动部件有两个，即剪切部件和摆动部件。首先考虑剪切部件，剪切部件运动过程就是下降剪切，剪切完后抬升。剪切部件的动作是通过伺服电动机驱动机械凸轮来实现的，将剪切部件降到最低点时定为 180°，即将 180°定为下死点。部件抬升到最高处时定为 0°（360°），因为生产节拍的要求，在实际控制中不可能每次剪切完都回到最高点 0°待机，工作的时候先运行到 180°，然后再抬升到 0°。为了提高节拍数，需要制定一个工作区域 θ，让摆剪在 180°-θ 和 180°+θ 之间运行，如图 5 所示。

首先，不同的模具，下死点即剪切点都是一定的，都是下死点 180°，上死点也就是剪切完的待机位随着装模高度的不同而变化。看图 5 可以得到两个上死点，即 180°-θ 和 180°+θ，这两个位置即为剪切完停止的待机位。

为了得到控制变量 θ，需要先建立一个机械模型（见图 6）。

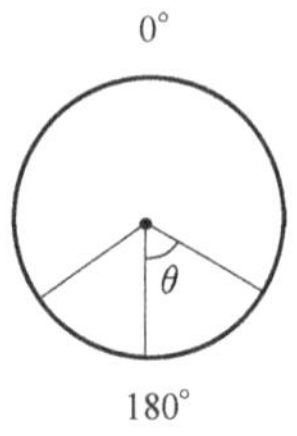

图 5　制定工作区域

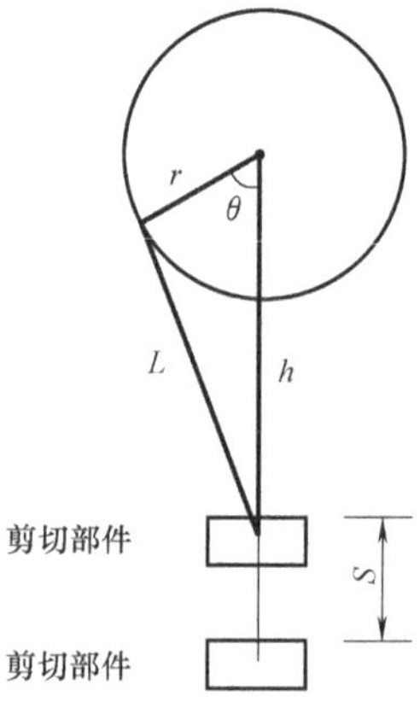

图 6　建立的机械模型

r—凸轮的半径；L—连接轴长度；S—剪切位移；h—剩余高度；θ—基于剪切位移的摆动角度

根据图 6 可以看出，当 $\theta=0$ 时，即凸轮旋转到下死点时

$$r+L=h+s$$

转换后

$$h=r+L-s \tag{1}$$

根据三角形定理

$$\cos\theta=\frac{r^2+h^2-L^2}{2rh} \tag{2}$$

将式（1）带入式（2）

$$\cos\theta=\frac{r^2+(r+L-s)^2-L^2}{2r(r+L-s)}$$

继而

$$\theta=\arccos[(r+L+s\cdot s/2/r-L\cdot s/r-s)/(r+L-s)]\times180/\pi$$

已知

$$\theta=\arccos=\frac{r+L+s\dfrac{s}{2r}-L\dfrac{s}{r}-s}{r+L-s}\times\frac{180}{\pi}$$

$r=60\text{mm}$；$L=500\text{mm}$；S—上位机设定装模高度。

通过上述公式就可以得出摆动角度 θ。

2. 确定 CAM 曲线

摆剪每分钟的摆动次数是通过上位机来输入（iStroke）控制的，于是可以建立一个控制次数的主虚轴 VA_LineMaster，运行范围为 0°~360°，根据设定的剪切速度计算出主虚轴速度匀速运行，主虚轴的速度=iStroke/2.0×360.0/60.0，相应的 CAM 曲线如图 7 所示。

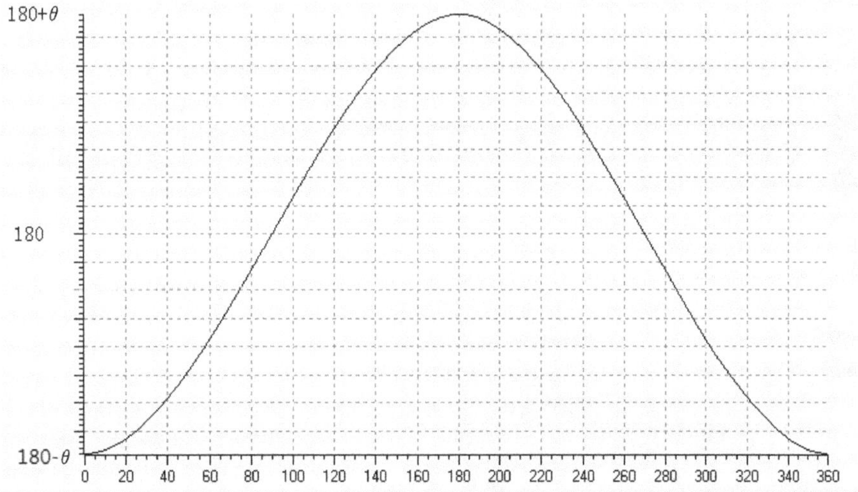

图 7　CAM 曲线

根据图 8 看，虚轴每旋转一周，摆剪执行两次剪切，但是这种方式存在一个问题，当剪切次数较少时，主虚轴 VA_LineMaster 的速度就会很低，从而剪切轴的速度也很低，这样就有可能出现无

法切断的现象。

为了解决这个问题，引入另外一个剪切虚轴 VA_Slide。VA_LineMaster 只按照剪切次数设定的速度匀速旋转 iStroke×360.0/60.0，剪切虚轴 VA_Slide 做剪切 CAM 的主轴，如图 8 所示。

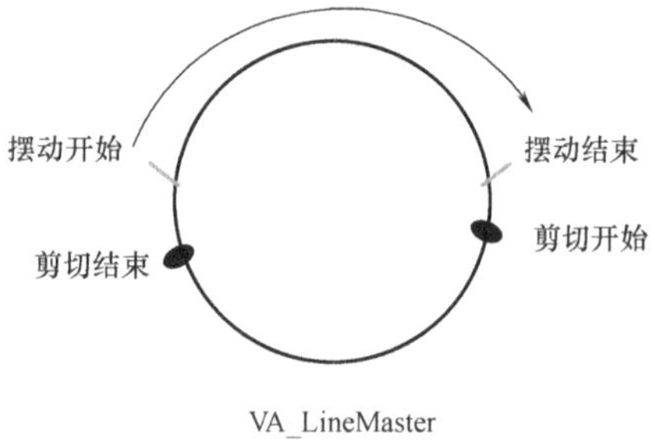

图 8　VA_LineMaster 示意图

因为主虚轴 VA_LineMaster 在 0°～360°之间匀速运行，而整个机械的动作节拍为先摆动，摆动到位再剪切，根据图 8 就可以将主虚轴分为摆动区和剪切区，当控制次数的主虚轴 VA_LineMaster 旋转到剪切开始角度时发出一个信号，VA_Slide 就快速旋转一个相对角度 180°，速度设定为最大剪切次数也能满足的一个速度，其目的是为了保证在 VA_LineMaster 离开剪切结束点前，剪切动作就已经执行完，另外在较快的剪切动作下，不会出现无法剪断的情况。VA_Slide 再作为剪切实轴的主轴，执行的 CAM 曲线见图 7。

3. 摆动控制思路

从图 8 可以看出，控制次数的虚轴下半周用来控制剪切，上半周用来控制摆动，这里摆动有两种方式，一种是以 VA_LineMaster 为主轴，摆动实轴为从轴，执行 CAM 曲线，第二种是当 VA_LineMaster 旋转到摆动开始位置时，以固定速度摆到指定位置，该速度必须保证 VA_LineMaster 旋转到摆动结束位置之前能够摆动到位。

本次项目实际采用的是第二种方式。

五、调试步骤

1. 组态驱动

剪切轴和摆动轴参数如图 9～图 11 所示。

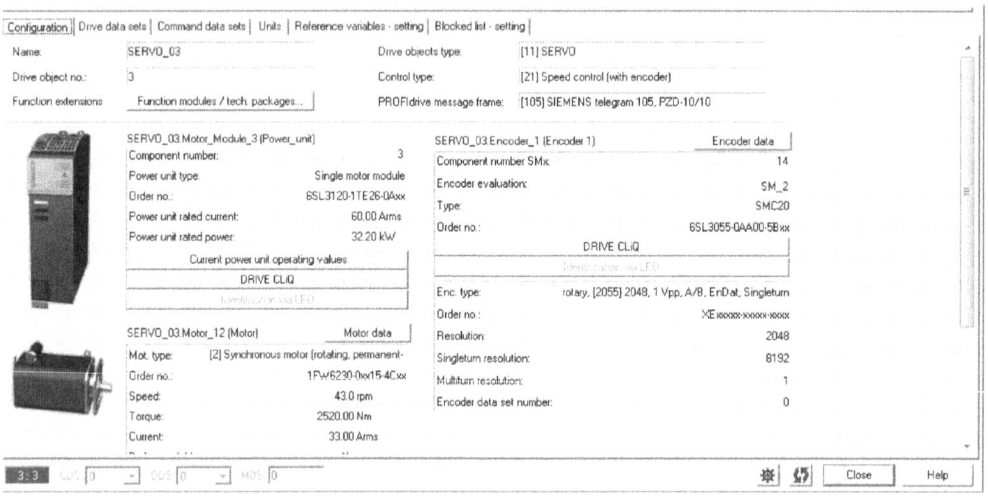

图 9　剪切轴 1

2. 优化电机

两台 1FW3 电机自带绝对值编码器，利用软件自动优化电机，然后接受优化数据，如图 12 所示。

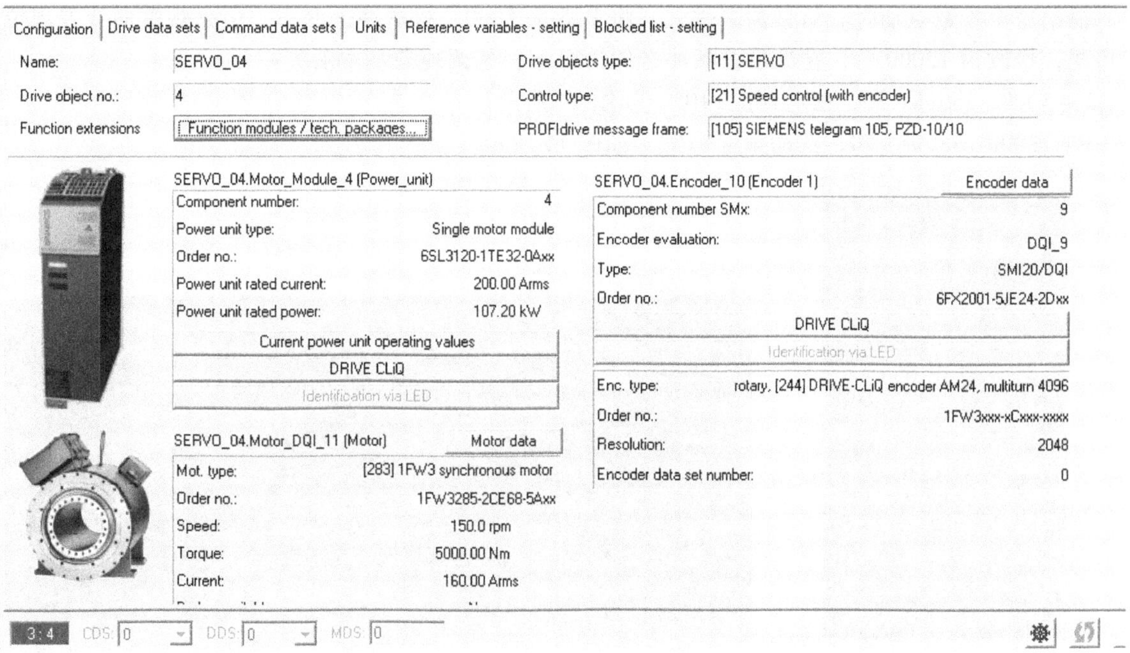

图 10　剪切轴 2

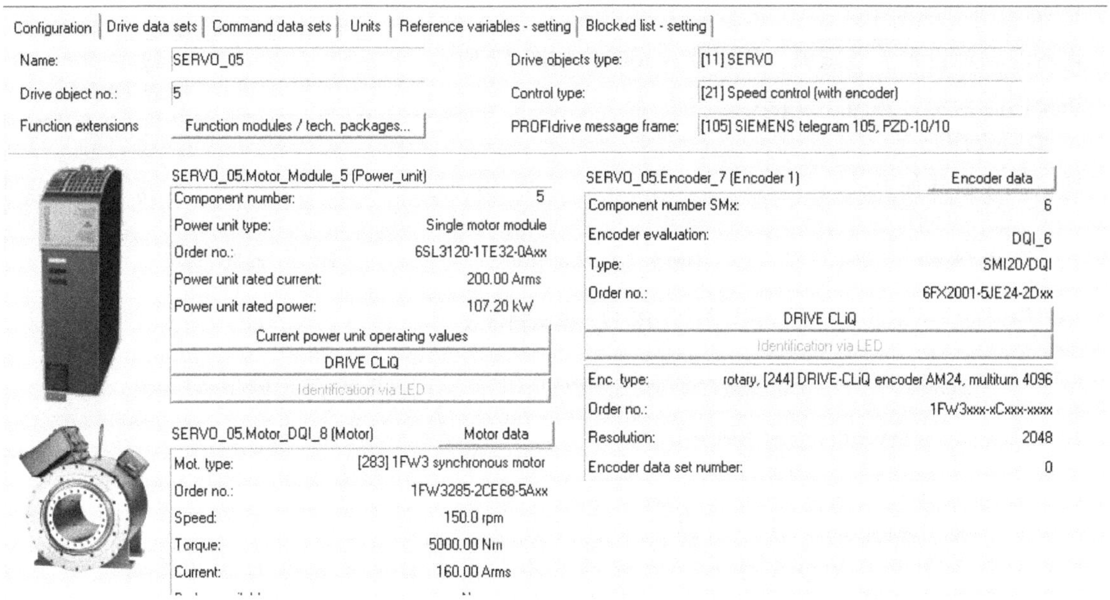

图 11　摆动轴

另外一台 1FW6 电机，外装海德汉 EnDat2.1 单圈绝对值编码器，优化之前先进行磁极位置识别，然后再进行自动优化，参数如图 13 所示。

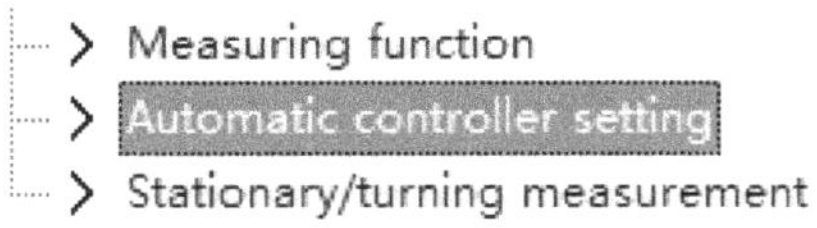

图 12　优化电机选项

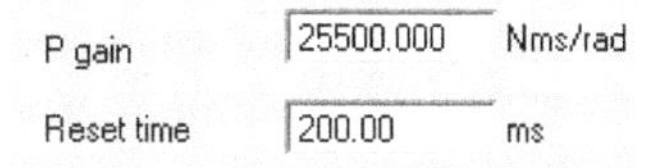

图 13　自动优化参数

根据这个参数点动时，机械冲击过大。将 P 改为 5000，机械冲击变小，但是观察曲线发现位置有超调，修改为 12000 后，在满足机械冲击的情况下，超调现象基本消失。

P = 5000，iStrok = 70，摆动角度±10°，如图 14 所示。

P = 12000，iStrok = 70，摆动角度±10°，如图 15 所示。

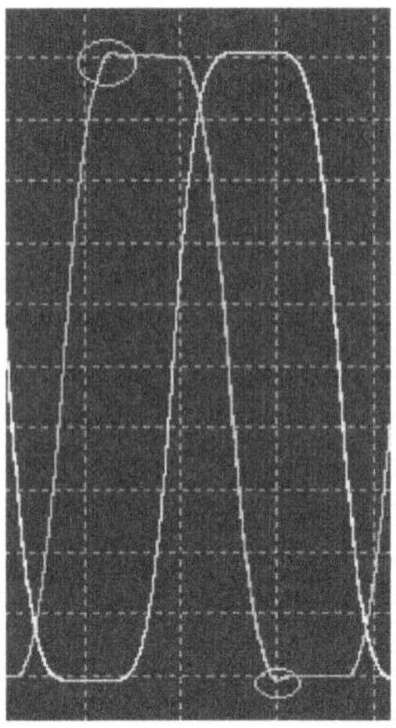

图 14　P = 5000 时的曲线图

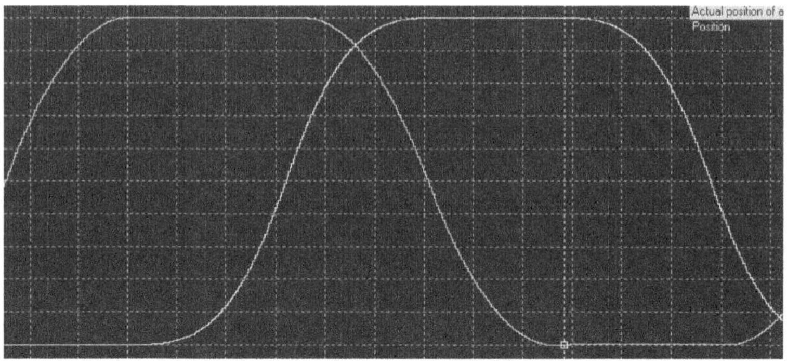

图 15　P = 12000 时的曲线图

3. 组态轴（见图 16）

将所有轴都设置为模态轴，位置 0°～360°，如图 17 所示。

建立同步关系，如图 18 所示。

4. 编写程序

确定操作模式如下：

图 16　组态轴选项

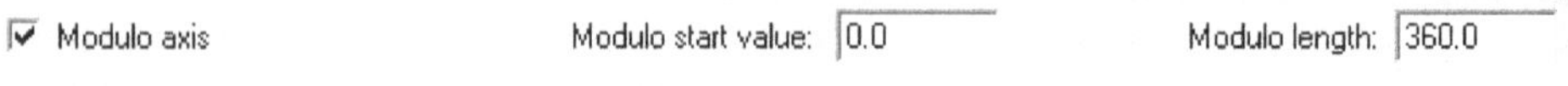

图 17　模态轴参数

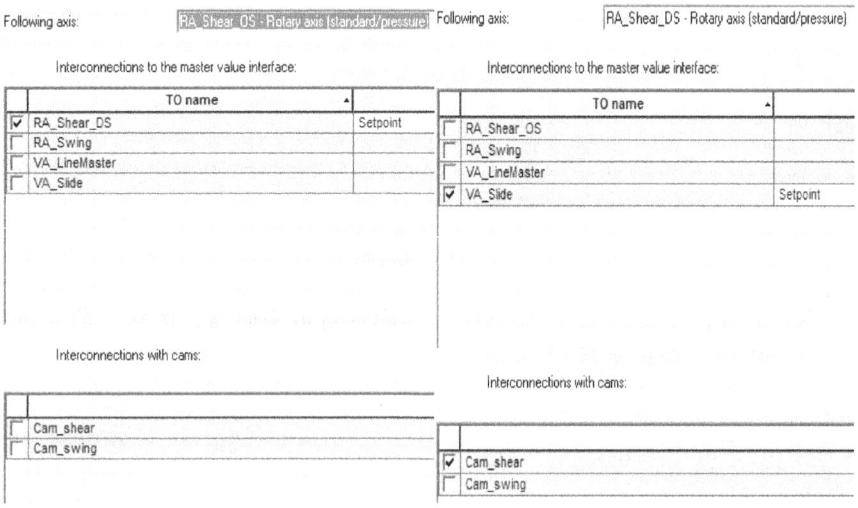

图 18　建立同步关系

—

```
OperationMode:(ENABLE,ESTOP,DISABLE,HOMING,GEARING,CAMMING,DISCAMMING,
ENADJUST,STOP,POSABS,MOVEVEL,AUTO,
eSwingControlMode: (ENABLE, DISABLE, HOMING, ENADJUST, NOP, Stop, POSABS,
MOVEVEL);
```

建立剪切、摆动功能块接口输入输出变量，如图 19 和图 20 所示。

```
SlideModeControlcIn: STRUCT
    iStroke              : INT;
    bSingleCut           : BOOL;
    bPowerOn             : BOOL;
    bHoming              : BOOL;//new
    bStop                : BOOL;
    bEncoderAdjust       : BOOL;//new
    bJogUp               : BOOL;
    bJogDown             : BOOL;
    bMoveUDC             : BOOL;
    bMoveBDC             : BOOL;
    bMoveToolChange      : BOOL;
    bCycle               : BOOL;
    bDpStop              : BOOL;
    bAutomatic           : BOOL;
    rMaxSpeedMan         : REAL;
    rMaxAccMan           : REAL;
    rMaxSpeedAutoOsc     : REAL;
    rMaxAccAutoOsc       : REAL;
    iUDC_Position        : INT;
    iOvSpeedMan          : INT;  // Speed Overide
    iOvSpeedAuto         : INT;
    toSynWithSlideMaster: FollowingObjectType := TO#NI
    toSynbetweenBothSide: FollowingObjectType  := TO#N

    toCamSlide           : CAMTYPE       := TO#NIL;
    toVirMasterAxis      : POSAXIS       := TO#NIL;
    toSlideMaster        : POSAXIS       := TO#NIL;
    toSlideSlave         : POSAXIS       := TO#NIL;
END_STRUCT
```

图 19　剪切功能块接口输入输出变量

```
SwingModeControlcIn: STRUCT
    bStop                : BOOL;
    bMove0Deg            : BOOL;
    bCycle               : BOOL;
    bAutomatic           : BOOL;
    bEncoderAdjust       : BOOL;//new
    bPowerOn             : BOOL;
    bJogLeft             : BOOL;
    bJogRight            : BOOL;
    rAutoStartPoint      : REAL;
    rAutoStopPoint       : REAL;
    rSwiMaxAccAuto       : REAL;
    rSwiMaxDecAuto       : REAL;
    rSwiMaxSpeedAuto     : REAL;
    rSwiMaxSpeedMan      : REAL;
    rSwiMaxAccMan        : REAL;
    rSwiMaxDecMan        : REAL;
    iSwivelPositionR     : INT;
    iSwivelPositionL     : INT;
    iOvSpeedMan          : INT;
    iOvSpeedAuto         : INT;

    toSwingAxis          : POSAXIS    := TO#NIL;
    toLineMaster         : POSAXIS    := TO#NIL;
END_STRUCT
```

图 20　摆动功能块接口输入输出变量

利用多项式插补，编写 CAM 曲线生成程序，如下：

```
  VAR
MyAddPointFollowing  : ARRAY[0..4] OF REAL;
      i16Index             : INT;
      i16IndexArray        : DINT;
      i32RetValue          : DINT;
      ar64PolyCoefficients  : ARRAY [0..6] OF LREAL;
    END_VAR

    //reset cam before reprogramming
    i32RetValue := _resetcam(
      cam                := Cam_shear
,insertmode         := BY_START_POSITION
,userdefaultdata     := DO_NOT_CHANGE
,activaterestart     := NO_RESTART_ACTIVATION
,camdata            := CAM_DATA_RESET
,nextcommand         := WHEN_COMMAND_DONE
      //commandid  := (0,0)
      );
    //add point and segment to the cam
MyAddPointFollowing[0]:=grCamStartPoint;
MyAddPointFollowing[1]:=180.0;
MyAddPointFollowing[2]:=grCamEndPoint;
MyAddPointFollowing[3]:=180.0;
MyAddPointFollowing[4]:=grCamStartPoint;

    ar64PolyCoefficients[0]:=0.0;
    ar64PolyCoefficients [1]:=0.0;
ar64PolyCoefficients[2]:=0.0;
    ar64PolyCoefficients[3]:=10.0;
    ar64PolyCoefficients[4]:=-15.0;
    ar64PolyCoefficients[5]:=6.0;
    ar64PolyCoefficients[6]:=0.0;
FOR  i16Index := 0 TO 360 BY 90 DO
      i32RetValue := _addpointtocam(
      cam                     := Cam_shear
,campositionmode         := BASIC
,leadingrangeposition   := INT_TO_LREAL(i16Index)
,followingrangeposition := MyAddPointFollowing[i16Index/90]
```

```
        );
    END_FOR;

        i32RetValue :=_interpolateCam(
cam := Cam_shear
,camPositionMode := BASIC
,leadingRangeStartPointType :=  LEADING_RANGE_VALUE
,leadingRangeStartPoint := 0.0
,leadingRangeEndPointType :=  LEADING_RANGE_VALUE
,leadingRangeEndPoint := 360.0
,camMode := CYCLIC_ABSOLUTE
              ,interpolationMode := C_SPLINE
,noChangeDifferenceLeadingRange := 1e-006
,noChangeDifferenceFollowingRange :=1e-006
,combineDifferenceLeadingRange := 1e-006
,combineDifferenceFollowingRange :=1e-006
              );
```

将 CAM 曲线生成程序放入 motiontask2 中，在上位机修改装模高度后，生成一次，程序如下：

```
IF (grCamStartPointold<>grCamStartPoint) OR (grCamEndPointold<>grCamEnd-
Point) THE1
    grCamStartPointold:=grCamStartPoint;
    grCamEndPointold  :=grCamEndPoint;
    i16MyRetDWORD  :=_restartTaskId( id  :=_task.MotionTask_2);
END_IF;
```

编写摆动、剪切功能块及模式切换程序块如图 21 所示。

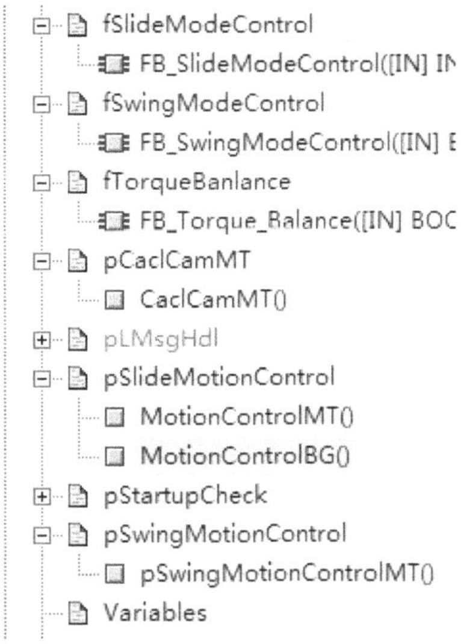

图 21　摆动、剪切功能块及模式切换程序块

设备运行曲线如图 22 所示。

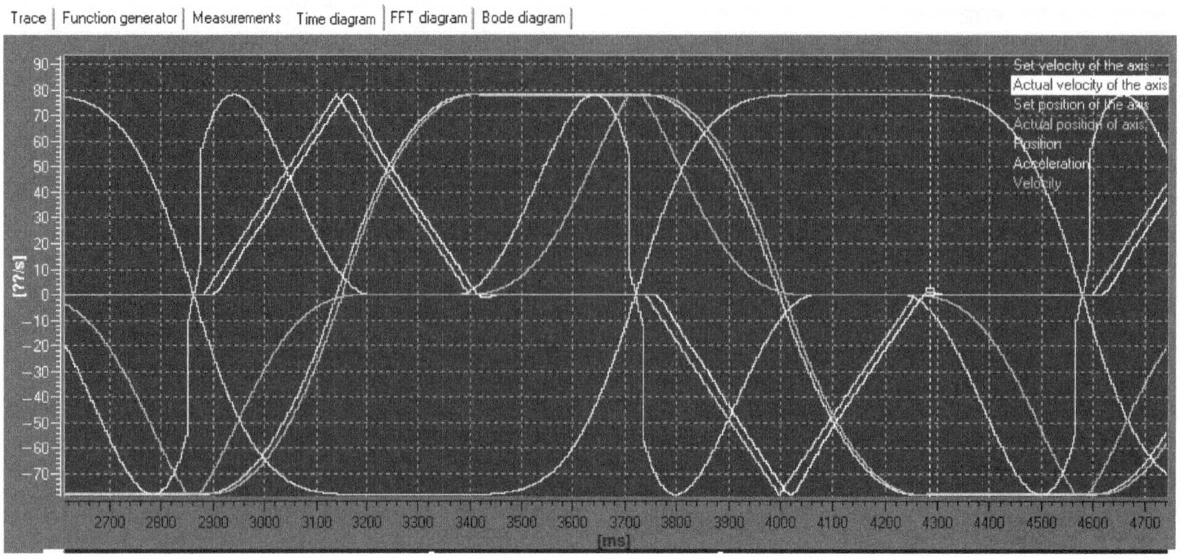

图 22　设备运行曲线

六、调试过程遇到的问题

在调试摆动轴的过程中，因为海德汉编码器未到货，临时使用西门子 SSI 绝对值编码器调试，在优化完电机后，点动轴振动很大，超调严重，然后跟踪编码器速度信号，发现速度信号不是一个连续的曲线，而是脉冲信号，采取接地、滤波等措施，速度信号依然是脉冲。经过分析，原因是驱动器采样周期太短，而 SSI 编码器发出的是一个位置信号，速度太慢，在驱动器连续几个采样周期内，SSI 编码器位置信号如果都没有变化，那么驱动器就认为速度为 0，所以显示的速度信号为脉冲。

七、应用体会

1）SIMOTION D 伺服周期短，位置计算功能强大，用户使用过程中，大部分情况只需要自动优化电机就可以满足要求，并且 SIMOTION D 提供的丰富运动控制功能及多种编程方式，极大地减轻了编程工作量。

2）对于 CAM 曲线的生成，SIMOTION D 提供多种方法，如点插补、多项式插补等。值得一提的是，西门子提供的 CAM 曲线生成库可以更加简单方便地规划复杂曲线，如图 23 所示。

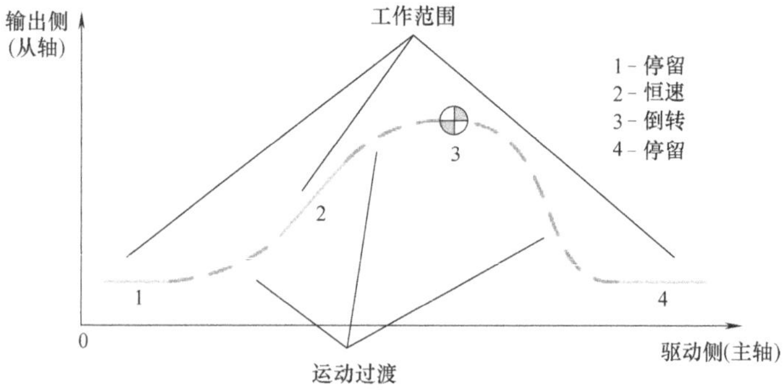

图 23　CAM 曲线生成库

可以把需求的复杂曲线分成若干段，然后再定义每一段的运动特征，这样对于复杂应用的 CAM 曲线也可以做到快速生成。

3）本文剪切轴是由两个负载共同驱动的，所以需要考虑负荷分配，SIMOTION D 在轴负荷分配上也非常方便。对于硬连接轴，可以选择在驱动的控制单元中做，对于软连接轴也可以选择在位置环做。

V90 在胶囊称重分选机的应用
Application of V90 in capsule weighing and sorting machine

于兴兴
（青岛环海新时代科技有限公司　青岛）

[　摘　要　]　本文介绍了西门子 PLC1500T 控制器通过凸轮同步控制 V90 伺服电机进行胶囊称重分选，实现胶囊称重分选自动控制，保证胶囊高速（16 万粒/h），准确筛选（准确度±0.5mg）。

[　关 键 词　]　西门子、控制器、触摸屏、伺服、TIA 博途、KTP900、S7-1500T PLC、V90、S210、胶囊、凸轮、同步

[　Abstract　]　This paper introduces the Siemens PLC1500t controller, which uses the cam synchronous control V90 servo motor to carry out capsule weighing and sorting, and realizes the automatic control of capsule weighing and sorting, so as to ensure the capsule high speed (160000 capsules/hour) and accurate screening (precision±0.5mg).

[Key Words]　SIEMENS、S7-1500T、PLC、HMI、SERVO、TIA Portal、KTP900、S7-1500T PLC、V90、S210、Capsule、cam、synchronization

一、项目简介

1. 项目背景介绍

青岛百精金检技术有限公司，是一家全心致力于金属检测领域的公司。地处经济发达的国际化海滨城市——青岛。公司产品主要有集成于管道生产线中的直落式金属检测机、配套输送带的流水线金属检测机等。广泛应用于食品、医药、化工、塑料、材料回收、橡胶轮胎等不同行业。

随着疫情发展和药品行业市场需求，药品检测要求越来越高，单纯金属检测已经不满足要求，需要加入高准确度重量检测，药品胶囊检测非常重要，需要高准确度，检测量非常大，于是研发高准确度快速胶囊检测机势在必行。

2. 项目的简要工艺介绍

胶囊称重分选机工艺介绍：胶囊由输料通道落下，进料杆拨动胶囊进夹轮，夹轮顺时针一直旋转，胶囊到了正下方位置，出料杆下压，胶囊被压出夹轮，落到称台上称重，下一个胶囊落下前，夹轮把上一个胶囊推出，按照重量进行剔除或者保留，如图 1 所示。

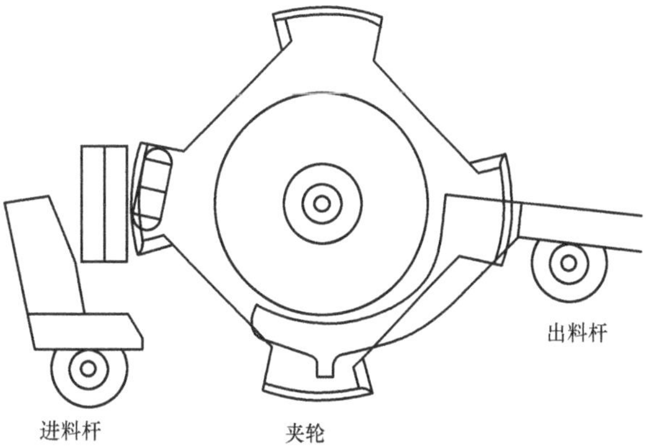

图 1　工艺介绍

3. 项目信息

本项目背景是百精金检公司为医药企业胶囊全检困扰而研发的国产胶囊称重分拣机，替代进口胶囊称重分拣机。

项目中主要使用 CPU 1511T 作为主控制器，ET200SP 控制输入输出信号，KTP900 触摸屏作为人机交互界面，三台 V90 伺服驱动器控制三个轴进行胶囊筛选，TCPU 运动控制功能一台 V90 主轴运行，其余两台 V90 凸轮同步主轴运行。

4. 公司照片

公司展会照片如图 2 所示。

图 2　公司展会

二、控制系统构成

1. 系统组成

系统硬件组成见表 1，软件组成见表 2。

表 1　硬件组成

组成	数量	订货号	描述	
CPU 1511T-1 PN	1	6ES75111TK010AB0	V2.8	
KTP900 Basic PN	1	6AV21232JB030AX0		
ET200SP	1	6ES71556AA010BN0		
V90 Motor 1FL6	3	1FL60322AF211MB1	200W 单圈绝对值	
V90 Drive 200V	3	6SL32105FB102UF2	200W	

表 2　软件组成

组成	数量		描述	
TIA Portal	1		V16	
V-ASSISTANT	1		V1.06.02	

2. 系统结构的硬件配置图

网络结构图如图 3 所示，监视画面如图 4 所示。

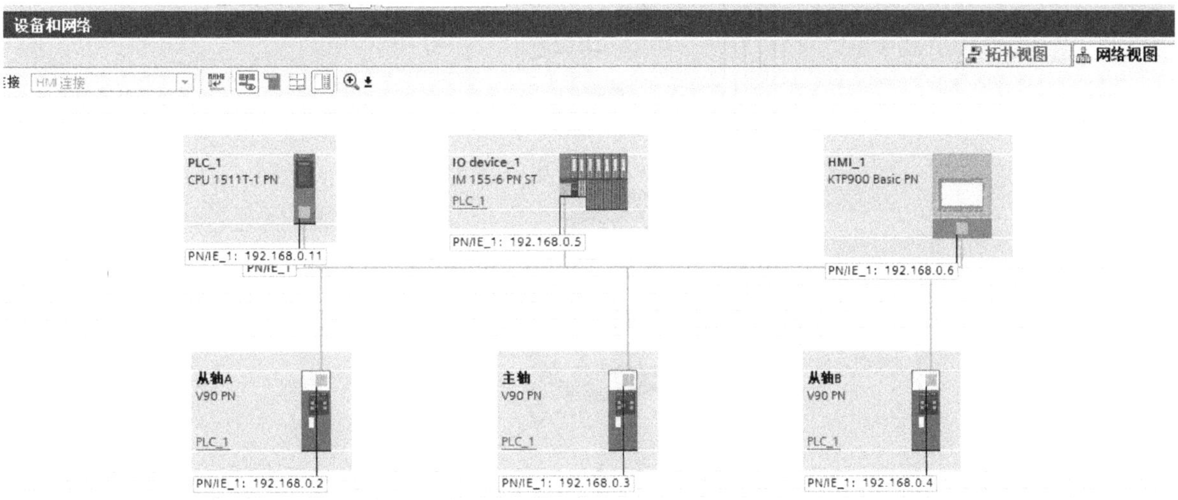

图 3　网络结构图

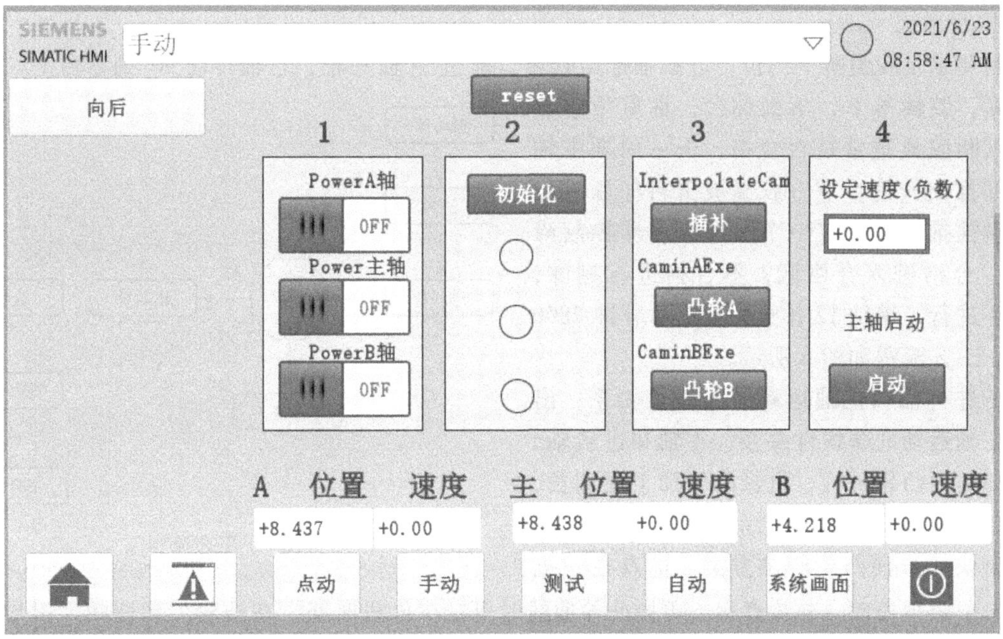

图 4　监视画面

3. 多种可选方案的比较

现在方案为 1511T 配合 V90 方案，胶囊高速（16 万粒/h），后期机型升级可以使用 S210 替代 V90，速度更快，准确度更高，使用新型 SIMOTICS S-1FS2 系列电机代替 1FL6 电机，其采用不锈钢外壳，满足制药行业特殊需求，S210 伺服系统与 1500T 控制器完美配合，实现更高动态定位、凸轮同步等运动控制功能。运动结构如图 5 所示。

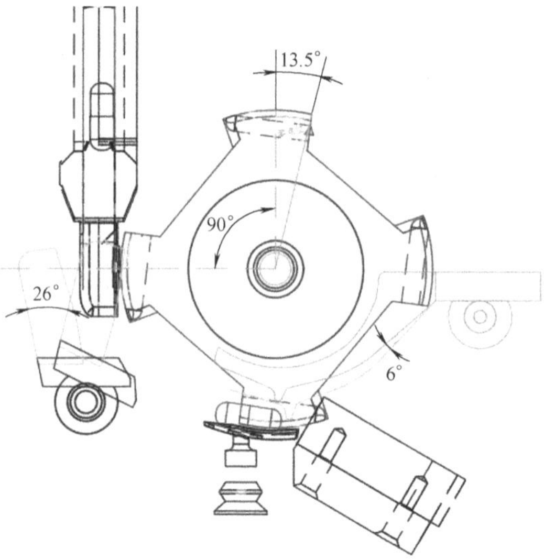

图 5　运动结构

三、控制系统完成的功能

1. 控制系统

控制要求是胶囊落下到位，进料轴推出胶囊，推进主轴夹轮，主轴转动 90°到称台上，出料杆下压胶囊，胶囊落下，落到称台，称重传感器称重，判断胶囊重量是否合格，下一周期主轴夹轮前部推出胶囊，下一胶囊被出料杆压下称重，胶囊被推出后，有一个筛选继电器控制筛选阀门，合格进入合格区，不合格进行剔除，一直循环进行，单轴 12 排机构要求每分钟 2800 粒胶囊。工艺流程如图 6 所示。

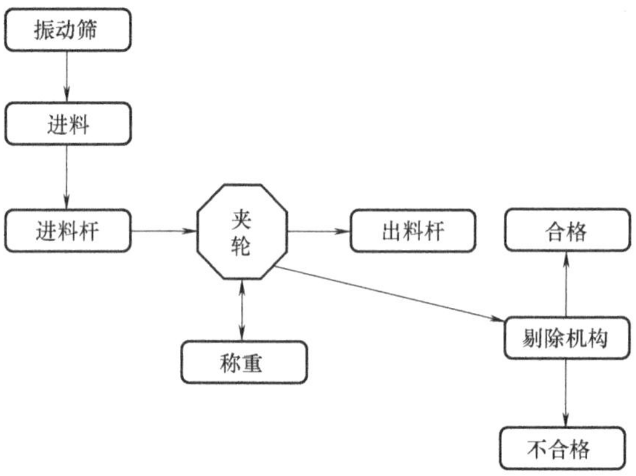

图 6　工艺流程

由于进料轴和主轴运动的非线性关系，出料轴和主轴运动的非线性关系，主轴和进料轴、出料轴都需要凸轮机构，机械凸轮加工周期长，适应性差。西门子 S7-1500T 系列 PLC 电子凸轮功能给出快捷方便凸轮解决方案，优点在于机械无冲击，减少振动，减少磨损，更换凸轮曲线时可减少停机时间，在凸轮传动期间，引导轴和跟随轴将通过同步操作功能进行耦合（通过凸轮进行指定）。S7-1500T 与 V90 配合 IRT 通信，高效快速实现运动控制。

对于需要同步的主轴、送料轴和出料轴，S7-1500T 使用工艺轴创建了一个位置轴和两个同步轴，通过 IRT 等时同步模式，V90 支持最快 2MS 的通信周期，配合 OB91 MC_SERVO 同步总线，因子 3，6MS 运控周期控制 V90，对于振动筛电机，采用直接多段速控制，控制简单明了。S7-1500T 支持最多 10 个位置轴 TO 控制对象，支持的绝对同步轻松实现轴同步，定位运动比传统的脉冲型伺服调速准确度和稳定性大大提高，连续运行同步误差始终稳定小于允许的偏差值，并且不会产生累积偏差。

2. 凸轮曲线和运动优化

难点 1：凸轮曲线由实际机械分析变成程序凸轮盘

机械运动情况分析，按照时序分析主轴和从轴位置关系，如图 7 所示，按照机械对应时序，关键位置在博图新建工艺对象—凸轮盘—进行描点，画出主轴和从轴位置关系，实际运行反复测试实际位置关系和加减速、位置曲线，如图 8、图 9 所示，调整凸轮盘位置达到最优。

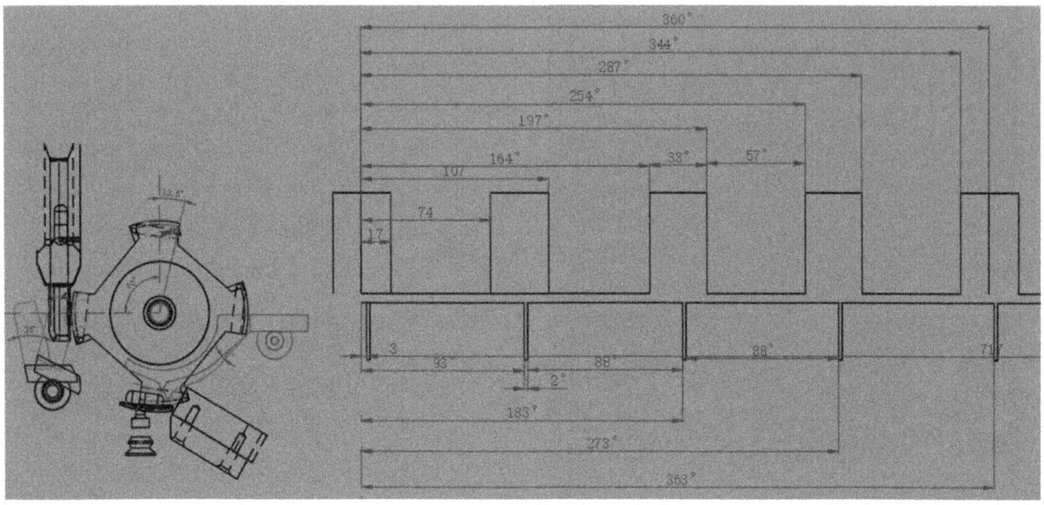

图 7　机械分析凸轮

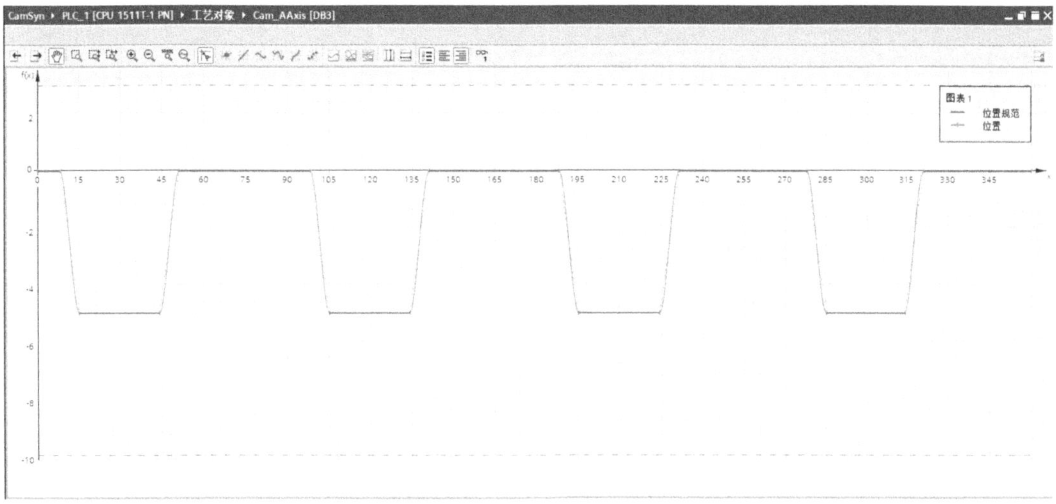

图 8　进料轴曲线

难点 2：设定位置和实际位置曲线不平滑

最终表现位置控制运动不平缓，运动滞后，如图 10 所示，无法满足实际运动控制需要，需要调整电流环，优化速度环，优化位置环。首先进行一键自动优化驱动器，匹配合适的惯量比和速度环增益，然后手动测试优化位置环增益。

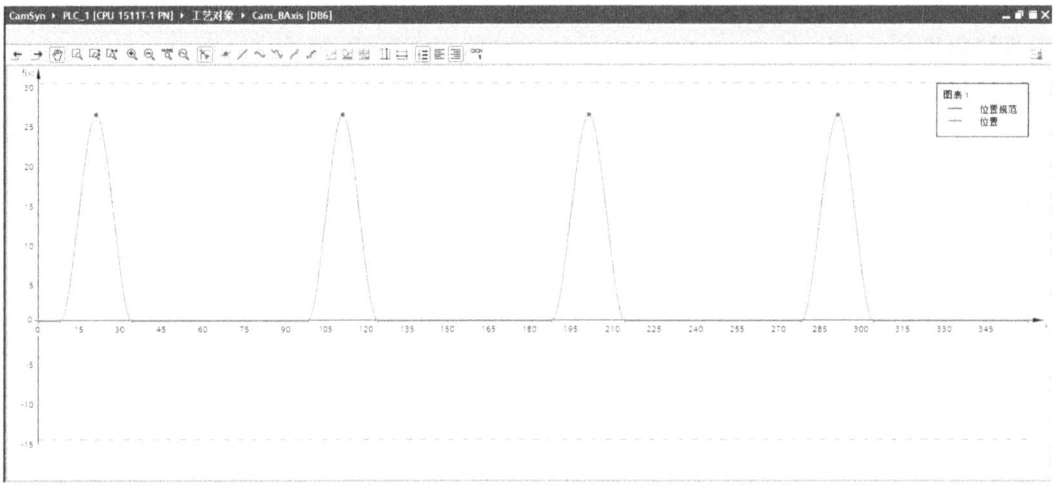

图 9　出料轴曲线

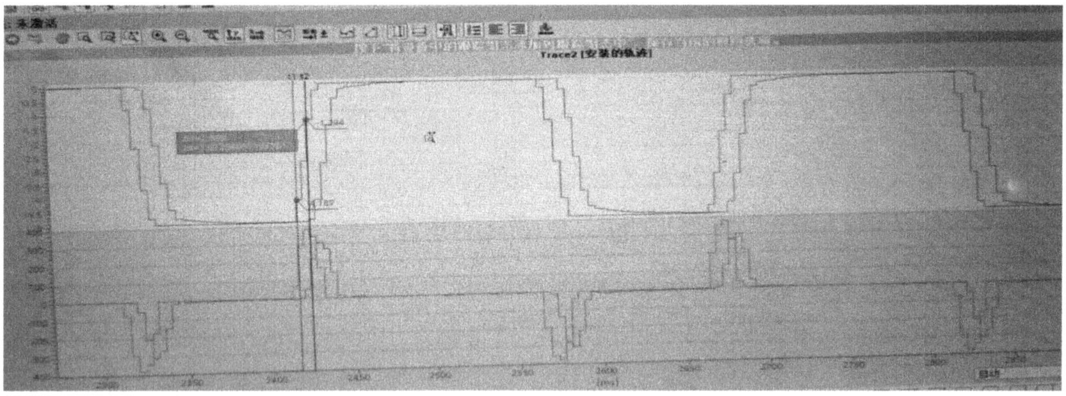

图 10　运动情况

典型伺服控制理论图如图 11 所示。

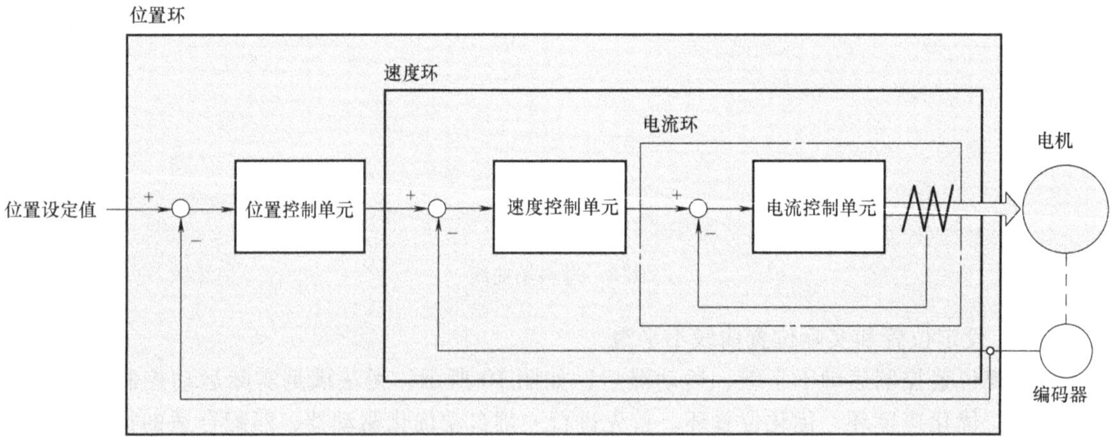

图 11　伺服控制框图

电流控制：系统内部根据已知的电机绕组数据等信息自动计算电流环增益。

速度控制：手动优化调整速度环增益 p29120 和速度环积分时间 p29121。

位置控制：优化 TO 工艺对象里面控制回路——增益因子 10→25。

优化后运动情况如图 12 所示。

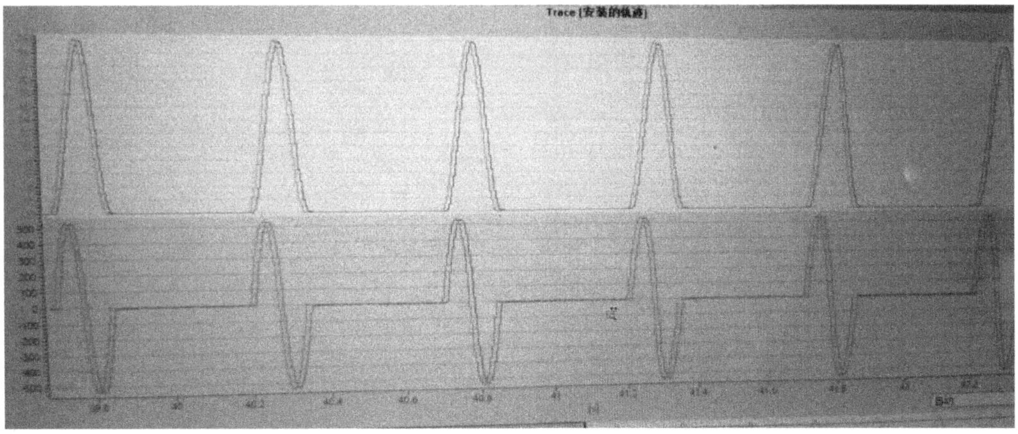

图 12 优化后运动情况

3. 运动控制调试

系统关键是凸轮同步运动控制，PLC1511T 控制器控制 V90 伺服运行凸轮运动，西门子 SINAMICS 运动控制编程基于国际标准 PLCopen，面向工艺对象（TO）的控制方式，便于工程、调试和维护，简化了机器制造商和用户的工作。

工艺中的“运动控制”指令进行运动控制编程，如图 13 所示。

凸轮同步功能介绍：

1）主轴和从轴工艺对象正确组态；

2）主轴为定位轴；

3）从轴是同步轴；

4）通过“MC_InterpolateCam”对凸轮进行插补；

5）凸轮同步程序；

6）启动主轴，从轴直接同步，同步运动进行；

7）停止主轴，从轴将停止。

MC_CAMIN 系统块如图 14 所示。

主从轴的运动关系是用电子凸轮而不是以前的机械凸轮实现的。优点在于机械无冲击，减少振动，减少磨损，更换凸轮曲线时可以减少停机时间。与之前西门子控制器不同的是，S7-1500T 在使用 Cam 曲线之前需要通过 MC_InterpolateCam 命令对 Cam 曲线进行插补。完成插补后，定义的凸轮插补点和段之间的空隙即可闭合。随后可以通过运动控制命令“MC_CamIn”启动主轴和从轴之间的凸轮运动操作。

图 15 为 MC_CAMIN 引脚参数。

凸轮同步：

直接同步原理：移动运动坐标系到凸轮坐标系同步点，设置“MC_CamIn. SyncProfileReference”

=2 参数时，状态将直接同步设置在当前主值位置和当前从值位置上。

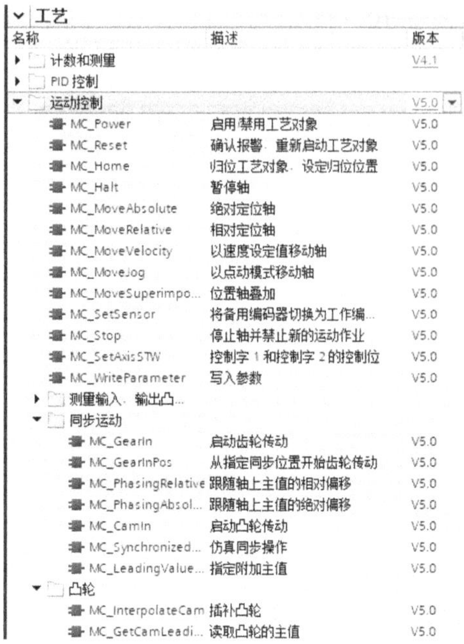

图 13 PLCopen 运动控制指令

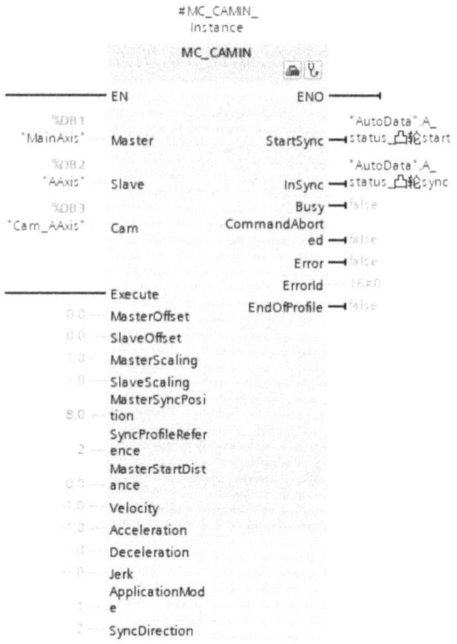

图 14 MC_CAMIN 系统块

输入参数		
参数	数据类型	功能
Master	TO Axis	主轴的 TO 对象名称
Slave	TO SynchronousAxis	同步从轴的 TO 对象名称
Cam	TO Cam	凸轮曲线的对象名称
Execute	BOOL	启动同步功能，上升沿触发
MasterOffset	LREAL	凸轮主值的偏移值
SlaveOffset	LREAL	凸轮从值的偏移值
MasterScaling	LREAL	缩放凸轮的主值
SlaveScaling	LREAL	缩放凸轮的从值
MasterSync Position	LREAL	主轴和从轴同时移动的位置即为主轴的起始位置
SyncProfileReference	DINT	同步类型 = 0 使用动态参数进行同步 = 1 使用主值距离进行同步 = 2 立即同步
MasterStart Distance	LREAL	主值距离 “SyncProfileReference” = 1 时生效
Acceleration	LREAL	加速度
Deceleration	LREAL	减速度
Jerk	LREAL	加减速度变化率
ApplicationMode	DINT	凸轮的类型：|

图 15 MC_CAMIN 引脚参数

		=0：一次性/非循环（主轴绝对，从轴绝对） =1：循环（主轴相对，从轴绝对） =2：循环附加（主轴相对，从轴相对）
SyncDirection	DINT	同步方向（同步期间，激活模态功能时的从轴方向）
输出参数		
StartSync	BOOL	开始建立同步
InGear	BOOL	同步已经建立
Busy	BOOL	命令任务正在处理
CommandAborted	BOOL	此命令被放弃
Error	BOOL	命令出错
ErrorID	WORD	出错编号
EndOfProfile	BOOL	已达到凸轮的末端

图 15　MC_CAMIN 引脚参数（续）

凸轮周期性运行：当凸轮正向运行时，同步操作在达到凸轮终点后从起点开始重复。当凸轮负向运行时，同步操作在达到凸轮起点后从终点开始重复。为防止动态值发生步长变化，凸轮起点和终点必须匹配，并且起点和终点的速度必须一致。图 16 为凸轮同步坐标系。

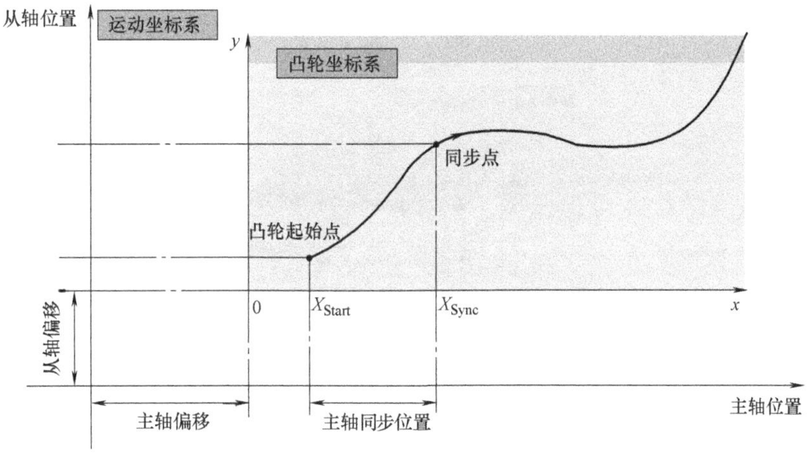

图 16　凸轮同步坐标系

4. Trace 监控位置相应位置

图 17 为轴位置运动情况。

四、项目运行

系统按照客户要求 2021 年 4 月正式运行，运行稳定帮助客户全部筛选胶囊，根据两个月运行情况，没有无故停机状况，24h 不间断运行，用户对胶囊称重分选机连续运行，效率很满意，达到预期目标。图 18 为客户产品现场。

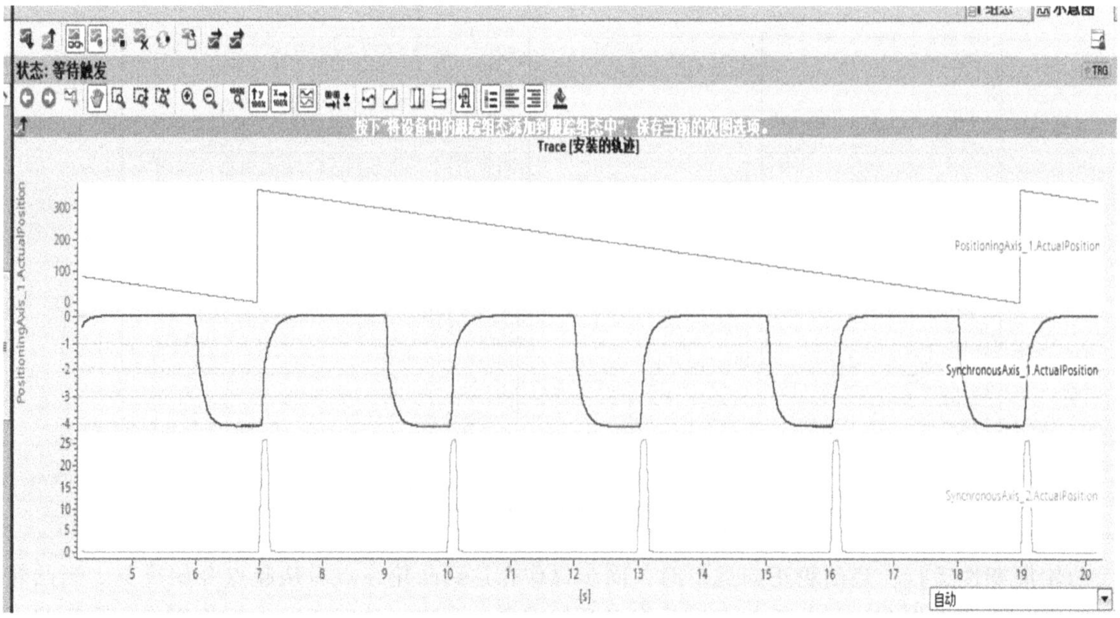

图 17 轴位置运动情况

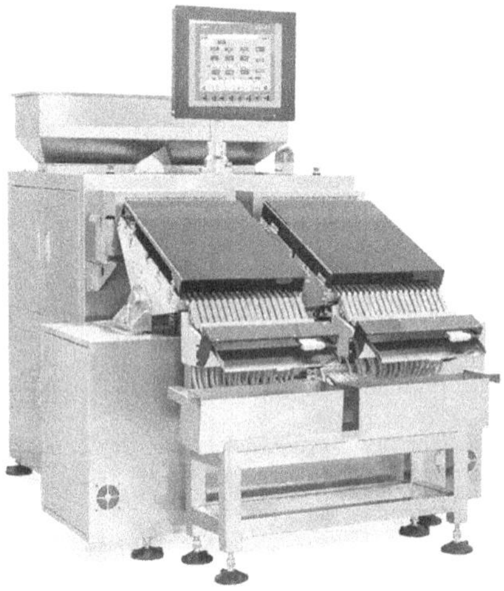

图 18 客户产品现场

五、应用体会

1500PLC 可以与 V90PN 及 ET200SP 进行 PROFINET 通信，实时性好。100Mbit/s 的通信速度是传统 PROFIBUS 通信最大速度的 8 倍以上，与 PLC 统一的数据平台，PLC 集成的报警和诊断功能可以直接使用报警视图显示，权限管理功能防止操作人员未经授权的访问，避免对系统进行误操作，产生危害。

1500PLC 与 V90 通过 PN 网络通信，通信速率快，抗干扰能力强。IRT 模式下通信周期固定 2MS。1511T 控制器处理速度快，运动控制功能作为标准 CPU，支持的功能强大，功能实现方便简洁，程序最终的平均扫描周期在5MS。硬件方面，S7-1500PLC的处理速度更快，联网能力更强，诊断能力和安全性更高，不仅可节省成本，提高生产效率，而且安全可靠，维护简单方便，真正成为工厂客户和现场维护人员的首选控制器。例如，相对于S7-300/400，S7-1500 PLC采用新型的背板总线技术，采用高波特率和高传输协议，使其信号处理速度更快；S7-1500所有CPU集成1-3个PROFINET接口，可实现低成本快速组态现场级通信和公司网络通信，而S7-300/400PLC只有个别型号CPU才集成有PROFINET接口；S7-1500 PLC的模块集成有诊断功能，诊断级别为通道级，无需进行额外编程，当发生故障时，可快速准确地识别受影响的通道，减少停机时间，这是S7-300/400PLC所无法比拟的。

项目调试过程，西门子选型TST工具，产品直接导入博图，TIA博途软件支持全中文的编程环境，真正做到了所见即所得。工程师在界面中所有能看到的指令都是PLC所支持的，并且都可以实现拖拽操作。新增了运动功能、诊断、库等功能，丰富了数据类型，做到了数据库的统一，使得PLC与触摸屏变量统一，只需要建一次变量，整个项目中都可以引用。并且项目中即使出现错误依然可以保存，自由灵活的编程提高效率，缩短了编程时间。此外，1500PLC和KTP900触摸屏都可以通过博途软件仿真，方便了工程师对程序进行试验和检查，避免了程序不当可能对设备造成的损害，缩短了调试时间。

参考文献

[1] 西门子（中国）有限公司. SIMATIC S7-1500自动化系统手册［Z］.

[2] 西门子（中国）有限公司. TIA Portal V16中的S7-1500/S7-1500T同步操作功能V5.0手册［Z］.

[3] 崔坚. 西门子工业网络通信指南［M］. 北京：机械工业出版社，2004.

[4] 崔坚. SINAMICS V90，SIMOTICS S-1FL6操作说明［Z］.

[5] 西门子（中国）有限公司. SINAMICS S210，SIMOTICS S-1FK2样本手册［Z］.

S7-1515SP 和 S210 在多线切割机中的应用
Application of S7-1515SP and S210 in Multi-wire Saw

胡凯
（西门子（中国）有限公司烟台分公司　烟台）

[摘　要]　多线切割是一种通过金属线的高速往复运动，把磨料带入半导体加工区域进行研磨，将半导体等硬脆材料一次同时切割为数百片薄片的一种新型切割加工方法。本文介绍了多线切割机的工艺流程、控制系统的硬件、网络配置，以及关键的收放卷控制、排线控制、负荷平衡控制程序。该机型采用西门子 S7-1515SP PLC 搭配 S210 伺服系统，速度和张力运行稳定。

[关键词]　SINAMICS S210、S7-1515SP、多线切割、收放卷、负荷平衡

[Abstract]　Multi-wire Saw is a new cutting method. By high-speed reciprocating motion of the metal wire, the abrasive is brought into the semiconductor processing area for grinding. Semiconductors and other hard and brittle materials are cut into hundreds of thin sheets at one time. This paper describes technological process, control system hardware, network configuration, pivotal rewinding and unwinding control program, wire arranging control program, and load balancing control program in Multi-wire Saw machine. SIEMENS S7-1515SP PLC combined with S210 servo-system was adopted to keep speed and tension steady.

[Key Words]　SINAMICS S120、S7-1515SP、Multi-wire Saw、Winder、Load Balance

一、项目简介

1. 行业背景

多线切割机是 IC（集成电路）、IT（信息技术）、PV（光伏）等行业核心器件基片制造流程中的关键装备。多线切割是目前最先进的切片加工技术，其原理是通过金属线的高速往复运动把磨料带入待切割材料加工区域进行研磨，将待切件同时切割为数百或数千片薄片的创新性切片工艺。在切割过程中，金属线通过导向轮的引导、换向，在导线辊上形成一张线网，待切件慢速通过线网后，便可被切割为片件。多线切割技术与传统加工技术相比有效率高、产能高、精度高等优点，目前被广泛应用于单（多）晶硅、石英、水晶、陶瓷、人造宝石、磁性材料、化合物、氧化物等硬脆材料的切割加工。

多线切割工艺具有以下优点：

1）经济效益高，一次可切割几百个晶片。

2）可切开直径至 300mm 的材料。

3）晶体缺陷深度小。

4）几何缺陷少（TTV、弓曲、偏差等）。

5）适合于切割脆硬或难以切削的材料。

6）损耗率低，切割误差小。

2. 工艺概述

多线切割技能是进行脆硬材料（如硅锭等）切开的一种立异性工艺。在该工艺中，切开线被缠绕在一个导向轴上，可以几百个一起进行切割，同时取得几百个切片。

多线切割技能工艺可进一步分为两个进程分支，其中一个是传统的、已被广泛运用的切割抛光工艺，另一个是新的切割磨削工艺。在切割抛光工艺中运用的是没有涂层的切割线，在切割进程中，把切割线涂上抛光液。切割磨削工艺运用的是附有金刚砂涂层的切割线以切削的方法进行，从而达到理想的切割效果，很大地提高了出产效率。

硅片是半导体和光伏领域的主要出产资料。硅片多线切开技能是现在世界上比较先进的硅片加工技能，它不同于传统的刀锯片、砂轮片等切割方法，也不同于先进的激光切开和内圆切开，它的原理是经过一根高速运动的钢线带动附着在钢丝上的切开刃料对硅棒进行摩擦，然后达到切割效果。在整个进程中，钢线经过十几个导线轮的引导，在主线辊上形成一张线网，而待加工工件经过工作台的下降完成工件的进给。硅片多线切开技能与其他技能相比有功率高、产能高、精度高等优点，是现在选用最广泛的硅片切开技能。

在整个切割过程中，对硅片的质量以及成品率起主要作用的是切割液的黏度、碳化硅微粉的粒型及粒度、砂浆的黏度、砂浆的流量、钢线的速度、钢线的张力以及工件的进给速度等。

3. 设备概述

本设备主要由工作台、工作台升降伺服、主轴槽轮、金刚石切割线、张力摆杆、排线摆杆、放线轮、收线轮以及人机交互界面等组成，多线切割机如图 1 所示。

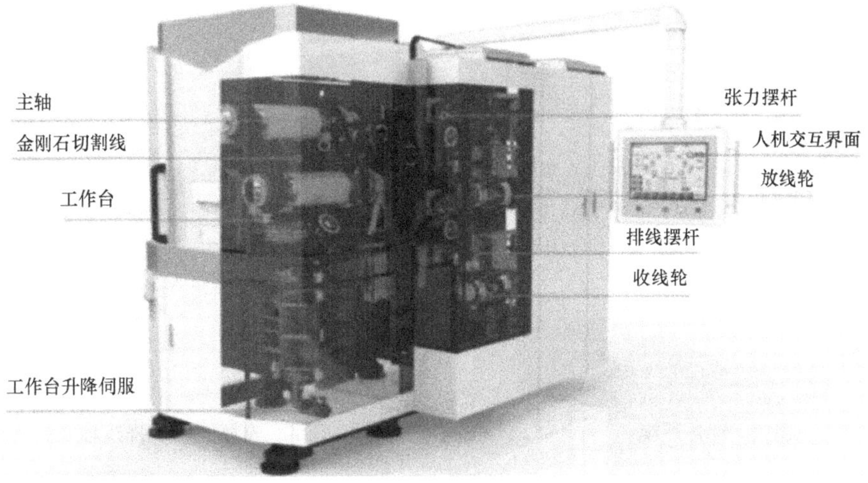

图 1　多线切割机

传动部分包括：主轴伺服电动机部分、放线轮伺服电动机部分、放线张力伺服电动机部分、放线排线伺服电动机部分、回收线轮伺服电动机部分、回收线张力伺服电动机部分、回收排线伺服电动机部分、工作台伺服电动机部分。多线切割机走线布局图如图 2 所示。

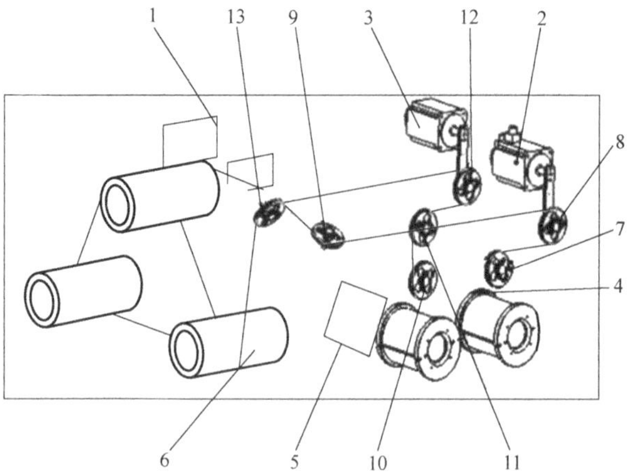

图 2　多线切割机走线布局图

1—主轴旋转电机　2—放线张力电机　3—收线张力电机　4—放线电机　5—收线电机　6—罗拉
7—放线跟踪排线滑轮　8—放线张力滑轮　9—罗拉放线跟踪滑轮　10—收线跟踪排线滑轮
11—收线固定过渡滑轮　12—收线张力滑轮　13—罗拉收线跟踪滑轮

设备走线时的工作过程：金刚线从 4-放线电机→7-放线跟踪排线滑轮→8-放线张力滑轮→9-罗拉放线跟踪滑轮→6-罗拉→13-罗拉收线跟踪滑轮→12-收线张力滑轮→11-收线固定过渡滑轮→10-收线跟踪排线滑轮→5-收线电机。设备外观如图 3 所示，收放线轴、排线轴及张力轴如图 4 所示。

图 3　设备外观

图 4　收放线轴、排线轴及张力轴

二、系统结构

1. 系统网络结构图

多线切割机控制系统采用 S7-1515SP 作为控制器，通过 PROFINET 网络连接伺服驱动系统 S210 和精简屏 KTP1200。通过 PROFINET 网络的等时同步模式 IRT 满足 PLC 控制伺服系统的高动态性和高实时性要求，网络中可进行快速安全的数据交换，凭借 PROFINET 现场总线的开放性，可灵活自由搭建控制系统网络构架。多线切割机控制系统的网络结构图如图 5 所示。

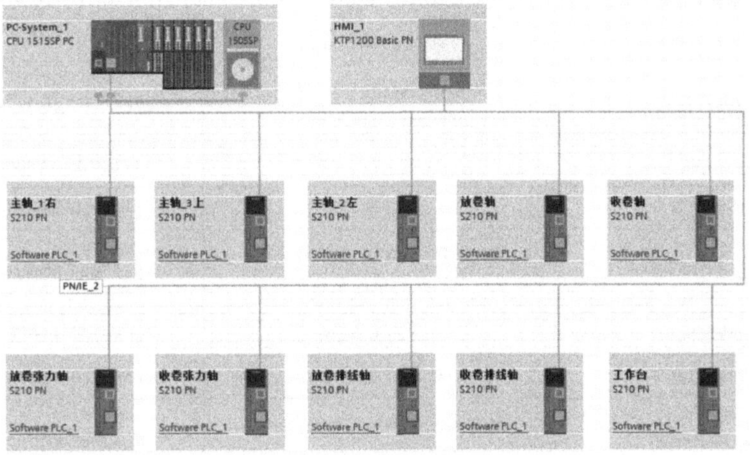

图 5　多线切割机控制系统的网络结构图

2. 选型及硬件配置

多线切割机需满足不同线径和张力的生产要求，生产线要求最高线速度为 1500m/min，速度控制精度在 0.1m/min，张力波动精度在 0.1Nm，线上的张力最大可达到 30Nm，收放线轮最大储线量的长度为 30km。多线切割机硬件配置表见表 1。

表 1　多线切割机硬件配置表

序号	名称	描述	订货号	数量
1	CPU 1515SP PC2	CPU	6ES7677-2DB42-0GB0	1
2	BusAdapter 2×RJ45	总线适配器 2×RJ45	6ES7193-6AR00-0AA0	1
3	DI 16×24 V DC ST	16 通道 DI	6ES7131-6BH01-0BA0	2
4	DQ 16×24 V DC ST	16 通道 DQ	6ES7132-6BH01-0BA0	1
5	AI 4×U/I 2-wire ST	4 通道 AI	6ES7134-6HD01-0BA1	1
6	BU type A0; New load group	基座单元	6ES7193-6BP00-0DA0	1
7	BU type A0; Forwarding of load group	基座单元	6ES7193-6BP00-0DA0	3
8	KTP1200	12 寸 KTP	6AV2123-2MB03-0AX0	1
9	SITOP smart	40.00 A	6EP1437-2BA20	1
10	Connector set AC and DC link; For coupling the DC link and the line infeed	共直流母线连接器	6SL3260-2DC00-0AA0	10
11	主轴驱动器	7kW 驱动器	6SL3210-5HE17-0UF0	3
12	主轴 OCC 电缆	MOTION-CONNECT 500 with brake cable; 5.0m	6FX5002-8QN11-1AF0	3
13	主轴电机	1FK2; 6.40kW	1FK2210-4AC01-1SA0	3
14	收/放卷轴驱动器	7kW 驱动器	6SL3210-5HE17-0UF0	2
15	收/放卷轴 OCC 电缆	MOTION-CONNECT 500 with brake cable; 5.0m	6FX5002-8QN11-1AF0	2

（续）

序号	名称	描述	订货号	数量
16	收/放卷轴电机	1FK2；5.5kW	1FK2210-3AC01-1SA0	2
17	张力轴驱动器	3.5kW 驱动器	6SL3210-5HE13-5UF0	2
18	张力轴 OCC 电缆	MOTION-CONNECT 500 with brake cable；5.0m	6FX5002-8QN11-1AD0	2
19	张力轴电机	1FK2；2.7 kW	1FK2106-4AF00-1SA0	2
20	物料轴驱动器	0.4kW 驱动器	6SL3210-5HE10-4UF0	1
21	物料轴 OCC 电缆	MOTION-CONNECT 500 with brake cable；5.0m	6FX5002-8QN08-1AF0	1
22	物料轴电机	1FK2；0.4kW	1FK2104-4AF11-1MA0	1
23	排线轴驱动器	0.4kW 驱动器	6SL3210-5HE10-4UF0	2
24	排线轴 OCC 电缆	MOTION-CONNECT 500 with brake cable；5.0m	6FX5002-8QN08-1AF0	2
25	排线轴电机	1FK2；0.4kW	1FK2104-4AF11-1MA0	2

3. 方案对比

本设备是客户的成熟机型，客户前期一直采用汇川 AM403-CPU1608TN 的 PLC 和 SV660N 系列伺服驱动器。根据客户反馈，该配置的系统在运行时实测伺服周期在 6ms 左右，且运行过程中客户反馈设备的三个主轴的转矩平衡功能运行效果不理想，三个主轴的转矩偏差较大，汇川系统三主轴转矩曲线如图 6 所示。从图 6 中可以看出，在换向时转矩偏差较大。

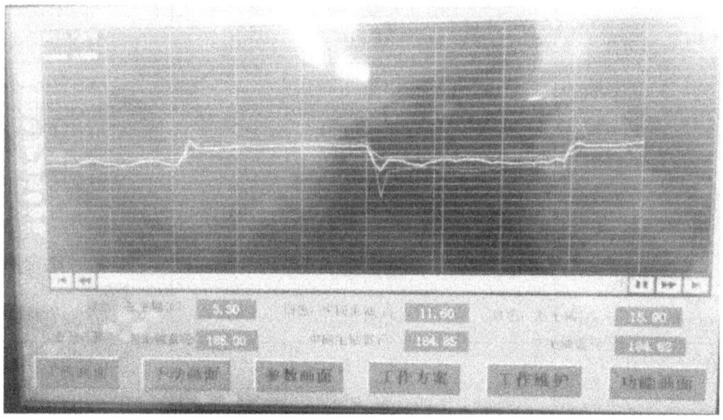

图 6 汇川系统三主轴转矩曲线

客户希望西门子能够提供伺服周期更快的控制系统和更优的控制策略实现设备的功能。综合对比 1515SP PC2 和 CPU 1516T-3PN/DP，从更具性价比的方面考虑，客户最终选择本方案。

三、功能与实现

1. 工艺要求功能分析

根据工艺功能需求，建立如图 7 所示的各个轴之间的同步关系。

按照多线切割机的工艺流程，工艺要求的功能可分为以下几部分：

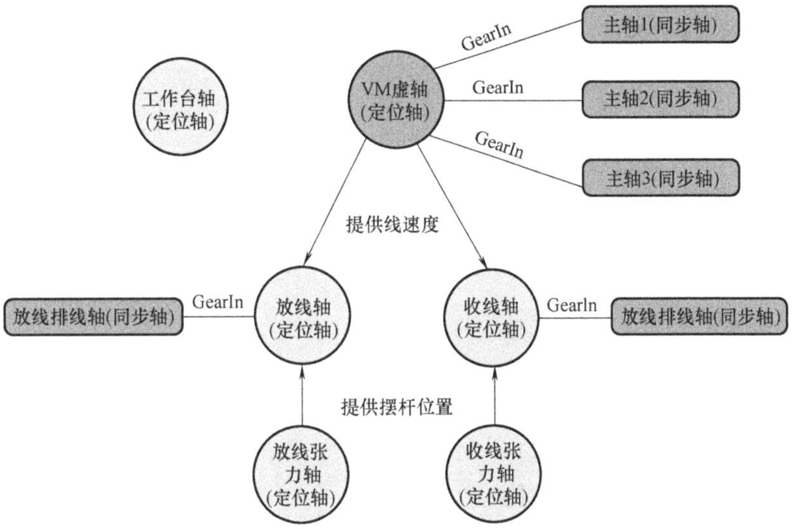

图 7　各个轴之间的同步关系

1）放卷侧：操作工人将成卷的金刚线安装至放卷轴固定好，将线穿过放卷侧纠偏装置，该装置为防止源基线辊的排线不规范可能引起线张力突然波动，这可能会造成断线。当按照顺序依次穿过导轮和放卷张力轮时，张力轮可左右摆动来缓冲线上张力波动，并通过 T-PID 输出实时微调放卷轴速度。T-PID 的增益值根据线速度做自动调整，设置参数为线速度从 200~600m/min 变化时，增益 Gain 的变化范围为 4.2~2.0，目的是在低速时快速调整速度偏差，高速时微调，防止调整过速拉断金刚线。

2）切割工艺区：切割工艺区由 3 个主轴组成，主轴上面穿入罗拉，金刚线一圈一圈地缠绕在罗拉上面。三个主轴示意图如图 8 所示，在运行过程中，因罗拉 1、2、3 会有不同程度的磨损，因此需要调整各个轴的线速度，通过改变线速度来实现负荷平衡，具体算法在控制要点中进行描述。若出现转矩偏差过大，可能会出现金刚线在主轴上面被拉断的情况；另外，若转矩偏差过大，切割出来的材料质量也会受影响。

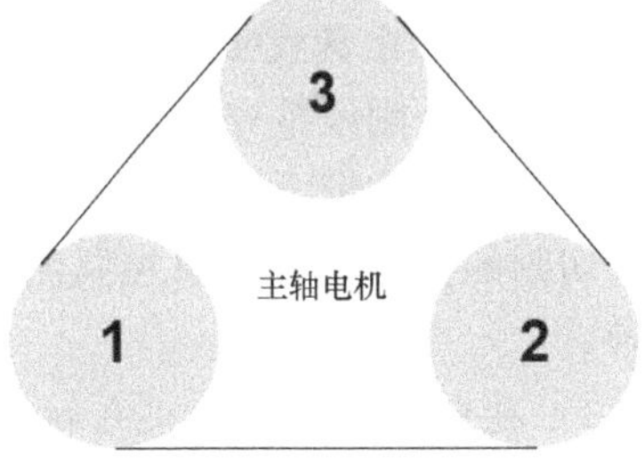

图 8　三个主轴示意图

3）收卷侧：完成切割的金刚线在经过收卷张力轮和导轮后，张力轮可左右摆动来缓冲张力波动，并通过 PID 输出实时微调收卷轴速度，再经过收卷排线轮，排列整齐且等间距地完成收卷，在收卷辊的内沿和外沿实现排线平稳快速换向，并且根据工艺需要还可以点动修改排线轴位置。

4）张力控制：设备中包括放线排线和收线排线，分别用来保证放卷部分和收卷部分的张力恒定。

5）排线控制：设备中包括放卷和收卷张力两个张力控制区，分别用来金刚线跟踪收/放卷轴，将金刚线整齐有序地排列在轴上。

6）待切割物料控制：根据预设的工艺配方实现定位，完成对物料的切割。

7）人机交互界面：通过 KTP1200 实现对多线切割机的监视和控制，如工艺配方设置、实时监控线网运行状态、报警记录和参数设定等。

2. 控制方案

控制系统采用西门子 S7-1515SPPC2 作为控制器，在 TIA 博途平台下统一编程调试，通过 PROFINET 网络连接 S210 和 KTP1200。S7-1500 与 S210 通过等时同步模式保证了运动控制的高动态性。多线切割机自动运行模式下的操作步骤如下所述：

1）在金刚线辊安装固定后，首先选择放线模式，设定较小张力值，并使能放卷张力开关；设定放线速度并测量放线长度，将计算得出的卷径自动输入自动运行画面的收卷和放卷直径参数中；在放卷侧测量排线内极限和外极限（电机的软极限），内换向和外换向位置（正常换向位置），在排线设置画面中输入参数。再设置切割工艺区切割量、初切速度、终切速度、线速度、进线量、往复频率，在参数设置正确且无故障报警时，系统会自动计算走线量。

2）启动张力开关，金刚线张力建立，开始自动走线生产，此时各个轴依据各自控制方式走速度或定位来完成生产，切割完成的金刚线整齐等间距地排列在收线辊，依照工艺配方完成产品的切割。金刚线切割的控制系统逻辑控制流程如图 9 所示。

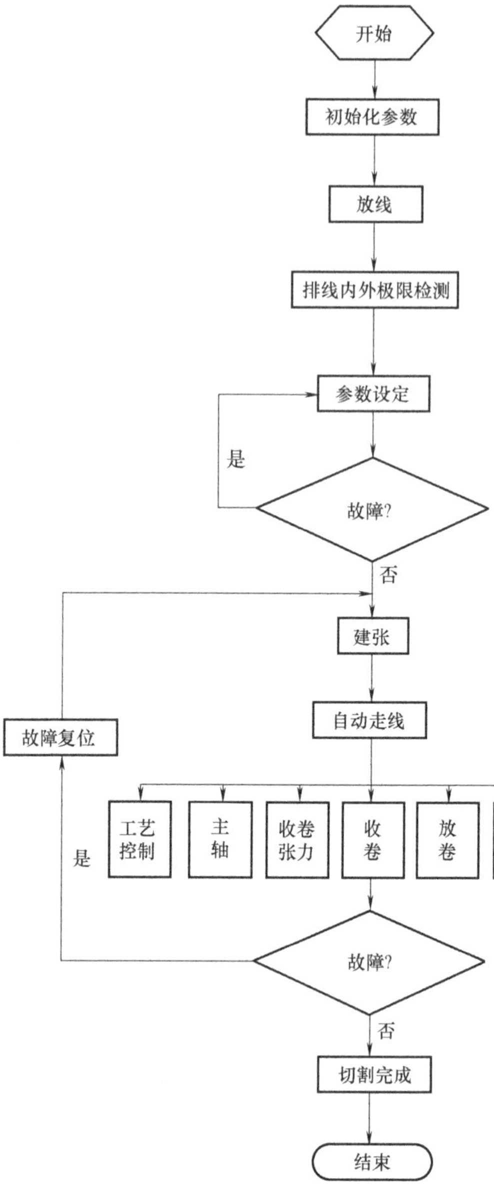

图 9 金刚线切割的控制系统逻辑控制流程

3）在自动运行时，可在触摸屏上查看实际速度和设定速度的值比对运行是否稳定，可查看收卷张力轴和放卷张力轴的 PID 输出大小，查看收卷卷径和放卷卷径的变化情况，查看三个主轴的实时转矩曲线，并查看各个轴的运行状态，监控工艺参数是否正常。

3. 控制要点

（1）卷径计算

卷径计算要求实时性和准确性，放在循环中断组织块中执行，即 OB 卷径计算。将预设的初始卷径，根据 T-PID 的输出大小予以调整。每 1s 判断一次 PID 输出的大小，然后根据当前是正放线还是反放线，利用修正值去修正卷径。卷径修正值再根据当前是自动模式还是绕线模式调整大小，经过验证在绕线模式时一般取卷径修正值为 0.5~2.0，在低速绕线运行的 10s 内就可纠正当前卷径至合理的范围内；在自动模式时一般取卷径修正值为 0.1，进行微调即可满足设备运行需求。卷径计算程序如图 10 所示。

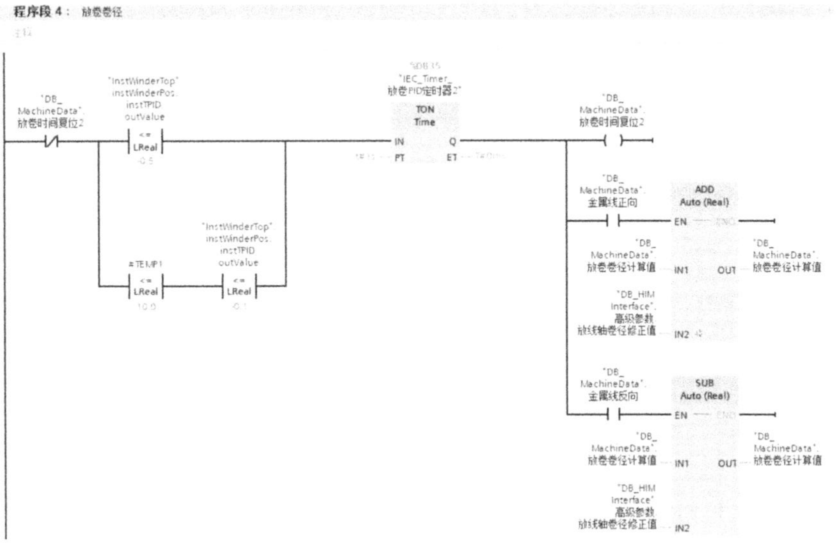

图 10　卷径计算程序

（2）收放卷控制

在本项目中收卷电机、放卷电机都配置为西门子报文 105，都是采用速度模式，控制原理相同，以收卷电机控制为例说明。首先是速度设定值的斜坡处理，通过调用斜坡函数功能块 RFGJ，该功能块带加加速度限制和平滑处理，按照给定上升时间和下降时间平滑输出速度给定；然后是计算电机转速设定值，电机转速设定值包括线速度设定值和 PID 调整值两部分，电机转速设定值：$n_{set}=\frac{V_{set}\times i}{\pi d}+PID_{out}$；最后是调用 Converting Toolbox 中的 Winder 功能块 WinderSMC_V301，控制驱动运行在速度模式下。收卷电机控制程序如图 11 所示。

（3）排线电机控制

排线电机要实现与收放卷轴同步和点动运动控制功能，还需要自动换向功能。排线电机速度要与收卷轴速度保持同步关系，也就是收卷轴旋转一圈，排线轴行走一个排线间距，当然还要考虑到减速比、排线轴螺距和单位换算。排线电机与收放卷轴采用 Gear_In 同步的方式。

另外是排线换向控制，在排线轴上电时先初始化排线初始方向，在运行过程中通过判断排线轴实时位置和排线内外换向极限的大小关系，来改变控制排线方向变量的状态，实现排线换向控制功能。另外，排线运行过程中各有一个内纠偏和外纠偏传感器，防止排线位置偏移。排线电机控制程序流程图如图 12 所示。

（4）负荷平衡控制

负荷平衡即转矩平衡控制，目的是控制三个主轴电机的输出转矩，保证输出转矩偏差在允许的范围内。本设备的转矩平衡采取的控制策略是以上主轴的实际转矩作为参考转矩，实时比较上主轴与左、右主轴的转矩偏差。在转矩偏差绝对值大于 1.5Nm 时，执行#MC_MOVESUPERIMPOSED 指令，设定补偿速度为转矩偏差×0.5，当偏差为正时，说明此时该主轴电机输出转矩大，补偿一个 -0.01m 的位置，来减小电机的转矩输出；相反地，当偏差为负时，说明此时该主轴电机输出转矩

```
''
"InstWinderDown"(enable := "LConSMC_Data".WinderInput["BOTTOM_WINDER"].enable,
                speedMatch := "LConSMC_Data".WinderInput["BOTTOM_WINDER"].speedMatch,
                cntrlEnable := "LConSMC_Data".WinderInput["BOTTOM_WINDER"].cntrlEnable,
                jogPos := "LConSMC_Data".WinderInput["BOTTOM_WINDER"].jogPos,
                jogNeg := "LConSMC_Data".WinderInput["BOTTOM_WINDER"].jogNeg,
                lineAxisMotionVector := "LConSMC_Data".WinderInput["BOTTOM_WINDER"].lineAxisMotionVector,
                lineAxisActualValues := "LConSMC_Data".WinderInput["BOTTOM_WINDER"].lineAxisActualValues,
                additionalVelocity := "LConSMC_Data".WinderInput["BOTTOM_WINDER"].additionalVelocity,
                typeOfWinder := "LConSMC_Data".WinderInput["BOTTOM_WINDER"].typeOfWinder,
                controlMode := "LConSMC_Data".WinderInput["BOTTOM_WINDER"].controlMode,
                typeOfDiameterCalc := "LConSMC_Data".WinderInput["BOTTOM_WINDER"].typeOfDiameterCalc,
                holdDiameter := "LConSMC_Data".WinderInput["BOTTOM_WINDER"].holdDiameter,
                setDiameter := "LConSMC_Data".WinderInput["BOTTOM_WINDER"].setDiameter,
                CntrlSetpoint := "LConSMC_Data".WinderInput["BOTTOM_WINDER"].CntrlSetpoint,
                CntrlActual := "LConSMC_Data".WinderInput["BOTTOM_WINDER"].CntrlActual,
                tCycle := "LConSMC_Data".WinderInput["BOTTOM_WINDER"].tCycle,
                winderAxis := "LConSMC_Data".WinderInput["BOTTOM_WINDER"].winderAxis,
                busy => "LConSMC_Data".WinderOutput["BOTTOM_WINDER"].busy,
                active => "LConSMC_Data".WinderOutput["BOTTOM_WINDER"].active,
                ctrlBusy => "LConSMC_Data".WinderOutput["BOTTOM_WINDER"].ctrlBusy,
                inSync => "LConSMC_Data".WinderOutput["BOTTOM_WINDER"].inSync,
                error => "LConSMC_Data".WinderOutput["BOTTOM_WINDER"].error,
                errorID => "LConSMC_Data".WinderOutput["BOTTOM_WINDER"].errorID,
                winderMotionVector => "LConSMC_Data".WinderOutput["BOTTOM_WINDER"].winderMotionVector,
                diameter := "LConSMC_Data".winderDiameter["BOTTOM_WINDER"],
                winderConfig := "LConSMC_Data".WinderConfig["BOTTOM_WINDER"],
                winderDiag := "LConSMC_Data".winderDiag["BOTTOM_WINDER"]
'.
```

图 11　收卷电机控制程序

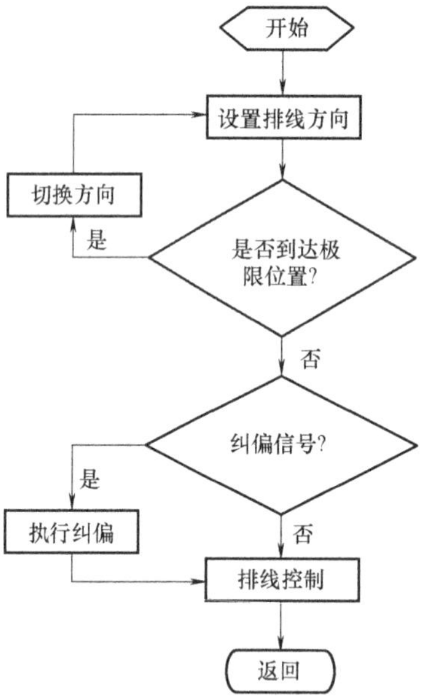

图 12　排线电机控制程序流程图

小，补偿一个+0.01m的位置，来增大电机的转矩输出；当转矩偏差绝对值小于或等于1.5Nm时，补偿位置设为0，不做调整。负荷平衡的各个补偿参数，通过现场测试验证得来。在定时中断OB中调用该程序，转矩平衡控制程序如图13所示。

```
"DB_HIM Interface".高级参数."r主轴力矩差3-1" := "SynchronousAxis_主轴1(右)".StatusTorqueData.ActualTorque - "SynchronousAxis_主轴3(上)".StatusTorqueData.ActualTorque;
"DB_HIM Interface".高级参数."r主轴力矩差3-2" := "SynchronousAxis_主轴2(左)".StatusTorqueData.ActualTorque - "SynchronousAxis_主轴3(上)".StatusTorqueData.ActualTorque;
"DB_HIM Interface".高级参数."i主轴力矩差3-1" := ROUND("DB_HIM Interface".高级参数."r主轴力矩差3-1" * 3);
"DB_HIM Interface".高级参数."i主轴力矩差3-2" := ROUND("DB_HIM Interface".高级参数."r主轴力矩差3-2" * 3);
IF NOT "DB_HIM Interface".高级参数.主轴负荷平衡启用
    AND "DB_MachineData".MachineMode>=2
    AND"DB_AxisCtrl".Main1_AxisStatus.inSync
    AND"DB_AxisCtrl".Main2_AxisStatus.inSync
    AND "DB_AxisCtrl".Main3_AxisStatus.inSync
    // AND "VM虚拟轴".ActualVelocity <> 0
    //AND ABS("DB_HIM Interface".高级参数."r主轴力矩差3-1") > ABS("DB_HIM Interface".高级参数."r主轴力矩差3-2")
THEN
    IF ABS("DB_HIM Interface".高级参数."r主轴力矩差3-1") > 1.5
    THEN
        "DB_力矩平衡".Main1_VelocityDiff := ABS("DB_HIM Interface".高级参数."r主轴力矩差3-1") * 0.5;
        "DB_力矩平衡".Main1_Acceleration := ("DB_力矩平衡".Main1_VelocityDiff/60.0)*20.0;
        "DB_力矩平衡".Main1_Deceleration := ("DB_力矩平衡".Main1_VelocityDiff / 60.0) * 20.0;
        IF "DB_HIM Interface".高级参数."r主轴力矩差3-1" > 1.5 THEN
            "DB_力矩平衡".Main1_Distance := -0.01;
        END_IF;
        IF "DB_HIM Interface".高级参数."r主轴力矩差3-1" < -1.5 THEN
            "DB_力矩平衡".Main1_Distance := 0.01;
        END_IF;
    END_IF;
    IF ABS("DB_HIM Interface".高级参数."r主轴力矩差3-1") <= 1.5 THEN
        "DB_力矩平衡".Main1_Distance := 0.00;
    END_IF;
```

图 13　转矩平衡控制程序

四、运行效果

图 14 所示为三主轴实际转矩及实际速度曲线，从图 14 中可以看出，在主轴加速、匀速、减速、换向时，三个主轴转矩偏差在 2Nm 以内，特别是换向时未出现汇川设备的转矩偏差过大的问题。

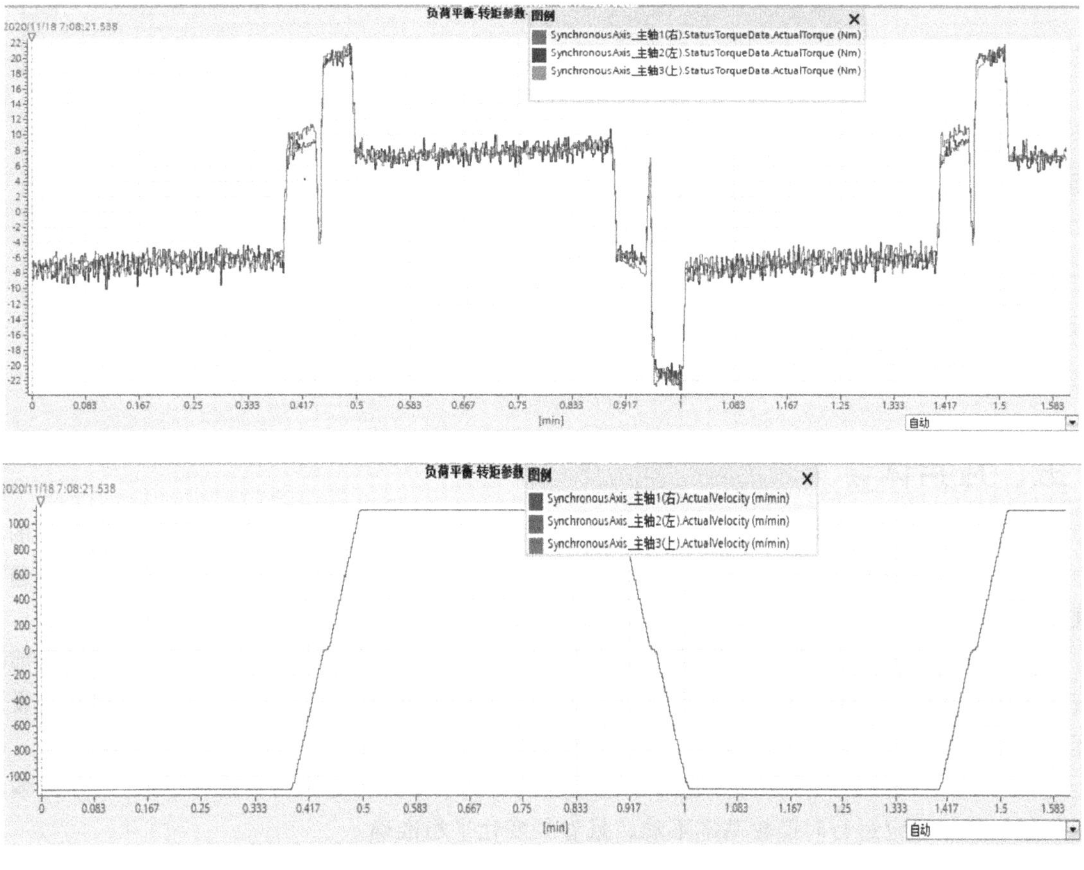

图 14　三主轴实际转矩及实际速度曲线

图 15 所示为放卷张力轴与收卷张力轴的位置和实际转矩曲线，从图 15 中可以看出，两个轴的位置波动在±3°以内，实际转矩约为 8.4Nm（换算到线张力为 28N），一直处于转矩限幅的工作状态，张力系统运行稳定。

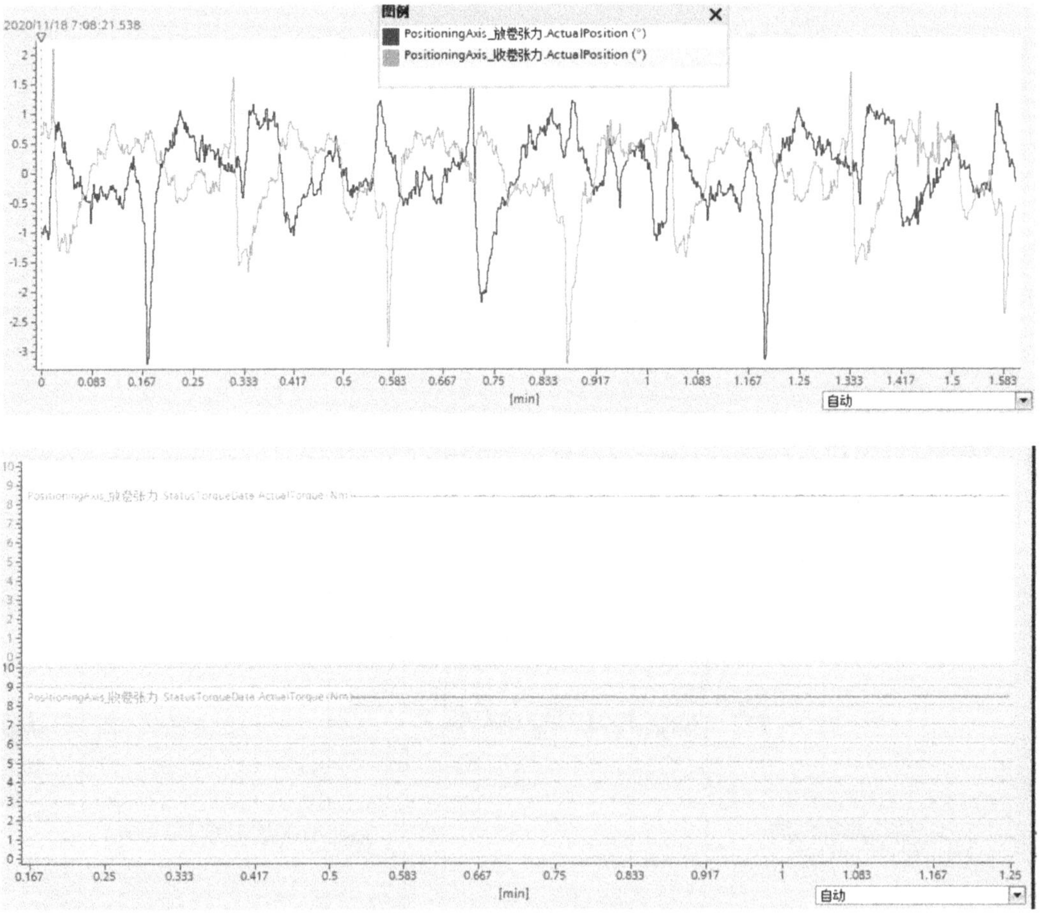

图 15　放卷张力轴与收卷张力轴的位置和实际转矩曲线

五、应用体会

经过编程调试，多线切割机设备可实现线速度最高为 1500m/min 和线网张力最大为 30N 的稳定生产，张力、速度稳定性和精度均满足工艺要求，设备处于稳定运行中。对设备调试过程中遇到的问题总结如下：

1）对于收放卷应用，首先要分析机械结构，然后选择合适的控制方式。在自动运行之前，要进行正确的收放卷轴参数初始化，如收放卷轴方向、卷径上下限、速度上下限等，否则参数设置与实际工艺不匹配会造成控制结果偏差。在进行轴的速度给定时，进行正确的速度单位换算。

2）多线切割机的调试效果是否良好，可通过观察两个张力轮的摆动幅度和 Trace PID 的输出值来做判断依据，稳定运行时摆轮基本不动，且卷径变化平稳准确。

3）卷径计算采用预设初始卷径，然后根据 PID 输出做卷径补偿的方式。调试初期时卷径补偿值按照一个固定的值做补偿，并且该值设置得比较小，在0.5左右。调试过程中发现，如果设备不能很快地调整好卷径，在高速运行时会导致PID输出过大。因此后面需更改算法，在设备低速运行和绕线模式时采用一个比较大的补偿量，范围为0.5~5，让卷径尽快向实际卷径的方向调节，而在高速运行时采用一个比较小的补偿量0.1，这样卷径计算既可兼顾实时性要求又可达到较好的稳定性。

参考文献

[1] 西门子（中国）有限公司. SINAMICS S210，SIMOTICS S-1FK2 操作说明 [Z].

[2] 西门子（中国）有限公司. Manual_LConSMC_S7-1500_S7-1500T_V301 [Z].

[3] 西门子（中国）有限公司. CPU_1515sp2_pc_manual_zh-CHS_zh-CHS [Z].

[4] 西门子（中国）有限公司. LAxisCtrl_AxisBasedFunctionalities [Z].

[5] 杨佳葳，蒋罗雄，郭丽，等. 基于张力传感器辨向的多线切割机张力控制方法 [J]. 信息记录材料，2020 (4)：41-44.

[6] 贺敬良，王成武，王学军，等. 多线切割张力控制系统研究 [J]. 封装. 检测与设备，2011，36 (11)：885-889.

S7-1500 和 V90 在 H 型钢腹板贴标设备中的应用
Application of S7-1500 and V90 in the labeling equipment of H-beam web

李亮亮
（西门子（中国）有限公司　南京）

[摘　要] 成品 H 型钢入库前，需要在其腹板黏贴含批号、轧制规格等各类信息的标签。原先由人工在 H 型钢库区手动黏贴标签，现设计一套贴标设备在 H 型钢堆垛之前自动黏贴标签。本文主要讲述 S7-1500 和 V90 在自动贴标设备中的应用。
[关 键 词] H 型钢、贴标、S7-1500、SINAMICS V90
[Abstract] This paper introduces that before the finished H-beam is put into storage, labels containing various information, such as lot number and rolling specifications, etc, need to be pasted on its web. Originally, the labels were manually pasted in the H-beam storage area, but now one labeling equipment is designed to automatically paste the labels before the H-beams are stacked. The article mainly describes the application of S7-1500 and SINAMICS V90 in automatic labeling equipment.
[Key Words] H-beam、Labeling、S7-1500、SINAMICS V90

一、项目简介

H 型钢具有抗弯能力强、施工简单、节约成本和结构重量轻等优点，可作为工业与民用结构中的梁、柱构件被广泛应用。在 H 型钢的生成制造过程中，基于 H 型钢生产过程质量追溯以及客户对 H 型钢产品信息快速查阅等需求，需要把含有批号、轧制规格等各类信息的标签黏贴在 H 型钢腹板表面。

传统方式由人工来操作，首先使用标签打印机批量打印标签，然后在 H 型钢库区手动黏贴标签。这种方式费时费力，而且由于不能实时追踪到单根 H 型钢信息，导致人工贴标签出现 H 型钢信息与实际不一致的情况。基于此设计一套自动贴标设备，以保证单根 H 型钢信息追踪的准确性从而代替人工。该 H 型钢红样长 120m，红样在冷床冷却后，由矫直机矫正，冷锯定尺切割成 12m 的 H 型钢。由辊道输送至 3 段堆垛前区域，然后横向翻钢输送过程中在检查台架检查（见图 1），不合格品经检查台架辊道纵向输送至废料区，合格品继续横向输送至堆垛区，堆垛打捆入库。根据生产流程，在堆垛之前安装自动贴标设备较为合适。桁架贴标系统示意图如图 2 所示。

根据该产线设备机械图纸和现场测量尺寸数据，参照图 1，可知 3 段堆垛前区域，跨度大于 40m，产线设备安装结构紧凑，H 型钢有横向和纵向运动，上方有行车频繁工作。因为没有合适空间安装机器人以及存在运动交叉干涉，不能实现贴标要求，工业机器人抓取标签贴标的方案，不予考虑；龙门式桁架跨度需要大于 40m，也不予考虑；最终设计 3 套相同的桁架自动贴标设备，安装在 3 段堆垛前区域，使用 1500PLC 控制系统，利用生产线检查通道基础钢结构侧壁悬挂方式。

图 1　H 型钢堆垛前翻钢区域

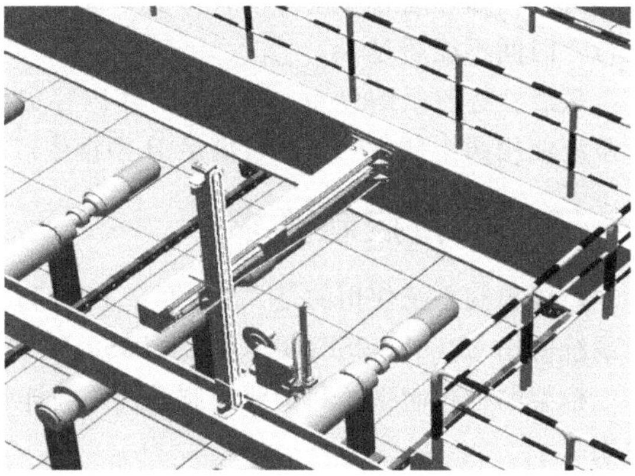

图 2　桁架贴标系统示意图

二、项目工艺要求

该产线 H 型钢尺寸有 250 多种，此外钢种、执行标准等规格也有所不同。H 型钢尺寸对贴标位置有直接关系，图 3 所示为 H 型钢尺寸示意，其中 H 为高度，B 为宽度，t_1 为腹板厚度，t_2 为翼缘厚度，r 为工艺圆角。图 4 所示为 H 型钢贴标位置示意。H 型钢信息见表 1。

表 1　H 型钢信息

H 型钢截面尺寸	*H*	270～1040mm
	B	250～500mm
表面温度	约 40℃	
表面状况	无水或少量水	
H 型钢朝向	垂直于传送链前进方向(纵向)	

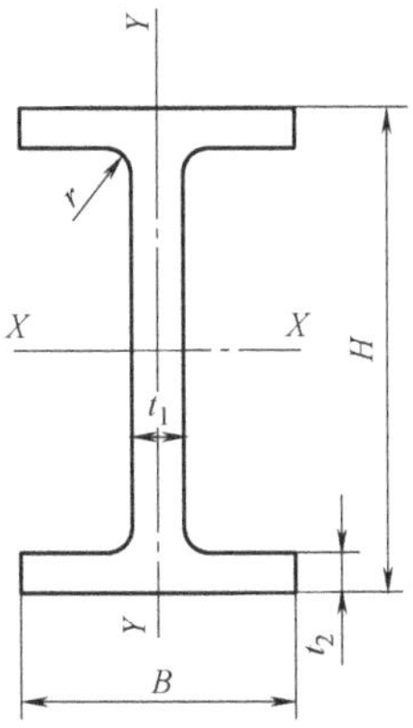

图 3　H 型钢尺寸示意

图 4　H 型钢贴标位置示意

另外，H 型钢腹板贴标位置有距离要求，标签边沿与 H 型钢断面之间距离：小于 50mm；标签边沿与 H 型钢翼缘之间距离：标签中心线与图 3 中 X 中心线重合，即腹板中心位置和两边翼缘等距。可知横向（与 H 有关）、竖直方向（与 B 有关）有位置变化，需要定位控制；纵向位置固定，无定位控制要求，只需考虑机械设计安装，所以仅需要两个伺服轴。

此外，贴标还有节拍要求，每根H型钢从停止位到贴标位置贴标，再回到停止位，完成后可以放行，时间不能超过8s。

最后，标签纸的尺寸、种类、打印内容也有要求，本文不予介绍。由以上可知，该桁架自动贴标系统使用两个伺服轴，即可满足H型钢生产过程中不同规格的贴标定位要求。

三、项目控制要求

产线控制系统使用的是400H冗余PLC和ET200SP分布式IO系统，为备件统一考虑，要求贴标系统使用CPU 1512SP-1PN和ET200SP IO模块。

桁架贴标控制系统和产线控制系统之间连锁信号通过硬接线交互，一级接口部分（硬线接口）见表2。

表2 一级接口部分（硬线接口）

产线>>贴标系统		
名称	类型	描述
产线运行	DI干接点	生产线当前运行或工作状态
产线连锁	DI干接点	产线告诉打印机械手连锁已投入
贴标请求	DI干接点	用于执行贴标系统贴标的动作信号
产线<<贴标系统		
名称	类型	描述
系统运行	DO干接点	贴标系统当前处于运行状态
系统投入	DO干接点	贴标系统当前处于投入状态
系统在安全位	DO干接点	贴标系统当前在设定的安全位置
系统故障	DO干接点	贴标系统当前处于故障状态
连锁信号(放行)	DO干接点	系统工作中,锁住产线,该信号为0

产线通过西门子S7通信PUT指令主动发送报文内容给贴标系统，并且产线主动实时更新报文数据。一级接口部分（通信接口）见表3，其中char类型不足位用空格补齐。

表3 一级接口部分（通信接口）

名称	类型	描述
标签模板选择	int	1:模板1;2:模板2
当前钢高度 H	real	
当前钢宽度 B	real	
当前钢腹板厚度 t_1	real	
当前钢翼缘厚度 t_2	real	
当前钢工艺圆角 r	real	
当前钢米重	real	
当前钢单重	real	
当前钢炉号	Array[0..15] of Char	例如:203-02278

（续）

名称	类型	描述
当前钢批号	Array[0..15] of Char	例如:119070701
当前钢生产日期	Array[0..15] of Char	例如:2020/03/05
当前钢执行标准	Array[0..15] of Char	例如:GB/T 11263-2017
当前钢牌号	Array[0..15] of Char	例如:Q355B
当前钢长度	real	
下一条钢高度 H	real	
下一条钢宽度 B	real	
下一条钢腹板厚度 t_1	real	
下一条钢翼缘厚度 t_2	real	
下一条钢工艺圆角 r	real	
下一条钢米重	real	
下一条钢单重	real	
下一条钢炉号	Array[0..15] of Char	
下一条钢批号	Array[0..15] of Char	
下一条钢生产日期	Array[0..15] of Char	
下一条钢执行标准	Array[0..15] of Char	
下一条钢牌号	Array[0..15] of Char	
下一条钢长度	real	

贴标系统 PLC 把从产线接收的通信数据，经过内部程序处理转换成标签打印机可以识别的通信数据，使用 TCP/IP Socket 通信协议在需要打印标签时发送给打印机，另外 H 型钢尺寸数据经 PLC 程序计算出伺服轴定位位置值。PLC 和打印机之间的动作控制通过硬接线交互完成，这里不予介绍。

四、控制系统介绍

1. 控制流程介绍

H 型钢到达贴标位置（机械挡块定位）后，产线给出到位信号和产品规格型号信息，桁架贴标设备根据提供的 H 型钢尺寸数据，通过水平（X）伺服轴系统及竖直（Y）伺服轴系统的移动，将打印机移动到 H 型钢贴标区域上方，给出桁架工作信号，打印机进行贴标动作，贴标完成后打印机给出贴标完成信号，桁架贴标设备移动到安全区（或下一条钢贴标准备区），等待下一组 H 型钢的贴标工作。如此重复依次完成贴标循环。当打印机纸卷被贴完后，打印机给出缺纸信号，此时桁架将打印机移动到前期设置好的人工方便更换标签纸的区域（换纸位）等待人工更换标签纸（见图 5），人工更换完成后，桁架贴标设备将打印机移动到等待安全区，切换到

图 5　桁架贴标设备换纸位置示意图

贴标预备工作状态。

2. 控制系统选型依据及理论计算

PLC 硬件系统被指定为 CPU 1512SP-1PN 和 ET200SP IO 模块。要求贴标周期为 8s，桁架贴标系统 X、Y 伺服轴在贴标定位运动中，无需插补，可独立移动，且行程不超过 3.5m；因此采用增量式编码器 V90 驱动较为合适，并且使用 FB284 的方式控制 V90。由于腹板在整个 H 型钢内部，可知每次贴标时 X 轴位置变化较小，为防止 H 型钢翼缘碰撞，每次贴标完成后须定位在 H 型钢宽度 B 的上方，Y 轴位置变化较大。在实际贴标过程中，一个批次 H 型钢尺寸均一样，且同批次堆垛完成后，至少间隔 5min，才切换生产新尺寸 H 型钢。实际选用的 V90 驱动减速器减速比为 15：1，减速后级齿轮每转负载位移（实际为齿轮齿条啮合）为 200.96mm，以 3000r/min 计算的话，最大移动速度为 $(3000/60)\times(200.96/15)\approx669.87\text{mm/s}>500\text{mm/s}$。桁架贴标设备技术参数见表 4。根据桁架机械安装尺寸，以及 H 型钢尺寸 B，单个 H 型钢贴标周期最大 8s 计算。打印机工作时间最长为 3s，可以算出在节拍要求下，Y 轴最大移动距离是 1.25m，完全满足控制要求。

根据实际机械参数计算，X 轴选用 400W V90 伺服电动机，Y 轴选用 750W V90 伺服电动机。

表 4　桁架贴标设备技术参数

H 型钢桁架贴标设备技术参数		
1	重复定位精度	<±0.2mm
2	最大移动速度	500mm/s
3	X 轴长度	2.5m
4	Y 轴长度	2.6m

3. 硬件配置清单

根据控制要求以及控制系统的硬件选型要求，计算出 IO 点数，可以确定单套桁架贴标控制系统主要硬件配置（见表 5）。

表 5　单套桁架贴标控制系统主要硬件配置清单

序号	名称	型号	数量
1	CPU 1512SP-1PN	6ES7512-1DK01-0AB0	1
2	浅色基座单元	6ES7193-6BP00-0DA0	3
3	深色基座单元	6ES7193-6BP00-0BA0	1
4	DI 16×24VDC ST	6ES7131-6BH01-0BA0	2
5	DQ 16×24VDC/0.5A ST	6ES7132-6BH01-0BA0	2
6	24MB SIMATIC 存储卡	6ES7954-8LF03-0AA0	1
7	400W 伺服电动机	1FL6042-1AF61-2AB1	1
8	750W 伺服电动机	1FL6044-1AF61-2AB1	1
9	V90 PN 伺服驱动器	6SL3210-5FE10-4UF0	1
10	V90 PN 伺服驱动器	6SL3210-5FE10-8UF0	1
11	KTP1200 PN 触摸屏	6AV2123-2MB03-0AX0	1

4. 控制系统网络图

现场安装 3 套桁架贴标设备，分别与产线交互通信，独立控制。控制系统网络视图如图 6 所示。

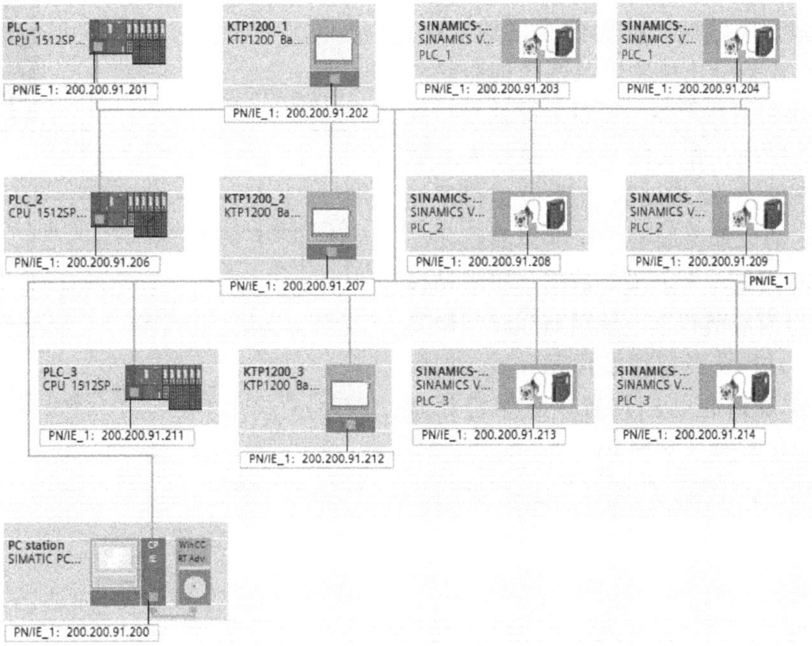

图 6　控制系统网络视图

五、控制系统功能

1. 控制系统实现的功能

桁架贴标设备控制逻辑如下：

1）初始状态：桁架贴标设备系统处于安全位或等待位。

2）H 型钢移动到指定位置停止（辊道挡块处），产线主动下发数据给贴标系统，同时向贴标系统发送贴标请求信号。

3）1521PLC 通过 FB284 控制方式控制 V90 驱动器做绝对定位控制，移动打印机至当前钢贴标位置，然后向标签打印机发送数据并执行打印任务，标签粘贴至 H 型钢腹板指定位置。

4）V90 做绝对定位，移动打印机回到安全位或等待位。

5）贴标系统向 PLC 发锁定释放命令，释放传送链带动 H 型钢横向运行。

6）进入下一贴标周期。

另外要求单个贴标周期不能大于 8s，否则会影响产线的生产节拍；同时标签要粘贴牢固，具有一定的防水能力。

2. 控制的关键点

整个控制系统对定位要求精度不是很高，节拍时间较充裕。关键点之一是伺服轴各工作位置值要准确。因为在 H 型钢腹板贴标签时，标签打印机的气缸托臂要下探到腹板上表面，此时气缸托臂和 H 型钢是干涉的，一旦 H 型钢横向移动就会发生碰撞，所以要求有硬接线互锁信号，保证贴标过程中 H 型钢不能移动。

此上述可知，H 型钢运动到停止位置之前，贴标完成后贴标设备停止位置以及两个伺服轴的运动都不能和 H 型钢有干涉。所以关键就是产线尺寸数据跟踪要准确，和实际一致。根据安装数据示意图（见图 7），要求贴标系统 PLC 程序计算出来的伺服运动位置要准确，比如当前钢要贴标签，主线 PLC 发送过来需要的数据，要求贴标系统 PLC 计算出当前钢和下一条钢贴标时伺服要定位的位置值，这样在当前钢贴标完成后，伺服直接定位到下一条钢的贴标位置，既能避免碰撞，又能缩短定位时间（见图 8）。

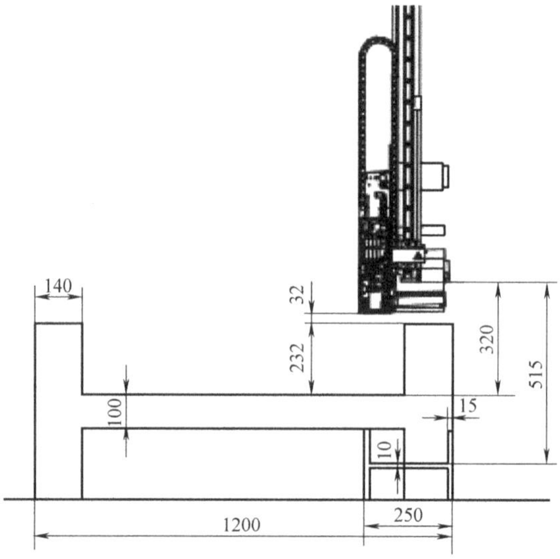

图 7　安装数据示意图

```
IF (*"H_Steel_1".H_Steel_n.ID <> 0 AND*) "H_Steel_1".H_Steel_n.B <> 0 AND "H_Steel_1".H_Steel_n.H <> 0 AND
    "H_Steel_1".H_Steel_n.tw <> 0 AND "H_Steel_1".H_Steel_n.tf <> 0 THEN

    // 距离筋板高度一定,"BASIC_UCS".Y_Basic应该为Y轴行程极限最大值加上打印机地板到底部链条表面的距离，2239mm+510
    //"BASIC_UCS".Y_Offset初始为0mm
    //打印机气缸行程600mm，打印机吸标板到打印机底板之间距离73mm
    //"LABEL_State".LABEL_High_J    筋板模式下，气缸伸出的距离
    //"LABEL_State".LABEL_High_F    腹板模式下，气缸伸出的距离
    //
    ////第一套只能选择腹板模式，筋板模式下最小的钢距离太远，无法贴标，600-111=489不可能大于510
    IF #HightType THEN
       // 238，是最大钢的B尺寸276的一半，476/2=238
        #Target_n.X_POS := "BASIC_UCS".X_Basic + ("H_Steel_1".H_Steel_n.H / 2) + "BASIC_UCS".X_Offset;
        #Target_n.Y_POS := "BASIC_UCS".Y_Basic -( "H_Steel_1".H_Steel_n.B +("LABEL_State".LABEL_High_J -73-238))+ "BASIC_UCS".Y_Offset;

    ELSE
        // 虽然是到腹板，但是H型钢上半部分距离，都算是气缸伸出的行程；反而腹板模式更好，只考虑气缸行程，不用再算一半的B尺寸

        #Target_n.X_POS := "BASIC_UCS".X_Basic + ("H_Steel_1".H_Steel_n.H / 2) + "BASIC_UCS".X_Offset;
        #Target_n.Y_POS := "BASIC_UCS".Y_Basic -( ("H_Steel_1".H_Steel_n.B + "H_Steel_1".H_Steel_n.tw) / 2 + ("LABEL_State".LABEL_High_F-73)) + "BASIC_UCS".Y_Offset;

    END_IF;
    #Result_n := TRUE;

ELSE
    #Result_n := FALSE;
END_IF;
```

图 8　单个贴标周期内伺服轴运动位置值计算程序

计算出伺服运动的准确位置后，采用 FB284 的控制方式控制 V90 驱动器，PLC 对 V90 的控制指令均在 FB284 功能块中，关键是熟悉要用到的回零、绝对定位、jog 等模式的选择，以及各模式触发的方式。硬限位要接到 V90 的 X8 端子上，ConfigEPos 管脚各 bit 位的意义，激活硬限位、软限位等也要熟悉。

定位数据准确，确保不发生干涉碰撞之外，使用 FB284 控制 V90，把标签打印机移动到合适的贴标位置进行贴标作业。这个过程中还要求控制系统对于从产线接收到的数据，在 PLC 程序中把需要打印的每个变量（即单个内容信息），加上可以被打印机识别的标识（如 “Ra” ），所有的变量拼接成字符串，再加上打印机报文头尾，整合成标签打印机可识别的正确内容（见图 9）。通过 TCP/IP Socket 通信协议发送给打印机，以保证打印出来的标签内容正确，这样黏贴在 H 型钢腹板表面的标签才有实际意义。

```
//7个变量全部加上cab中对应的变量名,详细参考cab中的指令
"Lable_Data".Printer_LableData_Str[2] := CONCAT(IN1 := 'R a;', IN2 := "Lable_Data".Printer_LableData_Str[2]);
"Lable_Data".Printer_LableData_Str[3] := CONCAT(IN1 := 'R b;', IN2 := "Lable_Data".Printer_LableData_Str[3]);
"Lable_Data".Printer_LableData_Str[4] := CONCAT(IN1 := 'R c;', IN2 := "Lable_Data".Printer_LableData_Str[4]);
"Lable_Data".Printer_LableData_Str[5] := CONCAT(IN1 := 'R d;', IN2 := "Lable_Data".Printer_LableData_Str[5]);
"Lable_Data".Printer_LableData_Str[6] := CONCAT(IN1 := 'R e;', IN2 := "Lable_Data".Printer_LableData_Str[6]);
"Lable_Data".Printer_LableData_Str[7] := CONCAT(IN1 := 'R f;', IN2 := "Lable_Data".Printer_LableData_Str[7]);
"Lable_Data".Printer_LableData_Str[8] := CONCAT(IN1 := 'R g;', IN2 := "Lable_Data".Printer_LableData_Str[8]);


//把所有的字符串转换成字符
"Lable_Data".Printer_Length := 0;
FOR #k := 1 TO 9 BY 1 DO
    Strg_TO_Chars(Strg := "Lable_Data".Printer_LableData_Str[#k],
                  pChars := "Lable_Data".Printer_Length,
                  Chars := "Lable_Data".Printer_LableData_Final,
                  Cnt => #length);
    "Lable_Data".Printer_Length := "Lable_Data".Printer_Length+ #length;
END_FOR;

//判断报文是不是以回车结尾
IF "Lable_Data".Printer... THEN ... END_IF;

END_IF;

//发送签数据给打印机,要填写打印机的IP地址
"Lable_Data".TSEND_C_Len := DINT_TO_UDINT("Lable_Data".Printer_Length);//数据类型转换,防止精度丢失

"TSEND_C_DB_1"(REQ:=#Printer_Data_Send_Req,
               CONT:=1,
               LEN:="Lable_Data".TSEND_C_Len,
               DATA:="Lable_Data".Printer_LableData_Final, CONNECT := "PLC_1_Send_DB");
```

图 9　发送给打印机的数据处理程序（部分）

另外每台设备在就地处也配备了 KTP1200 触摸屏，用于伺服的各种参数、机械安装定位尺寸的设置，操作工更换标签纸时手动操作伺服，以及报文信息的显示等。触摸屏画面 1 如图 10 所示，触摸屏画面 2 如图 11 所示。

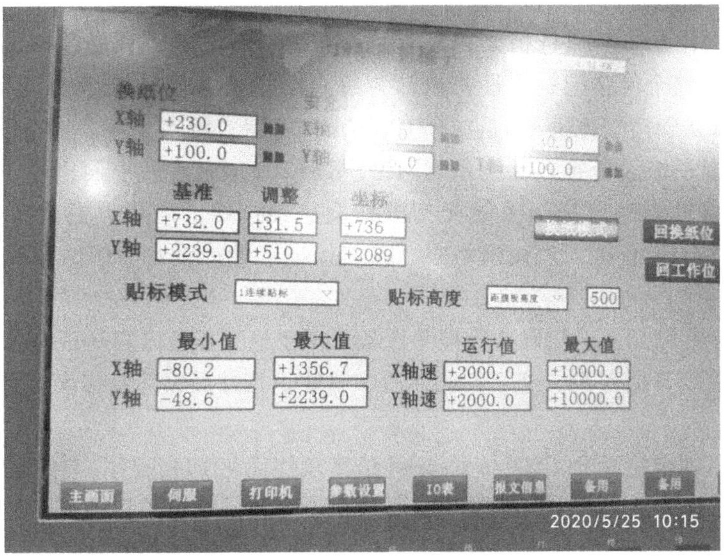

图 10　触摸屏画面 1

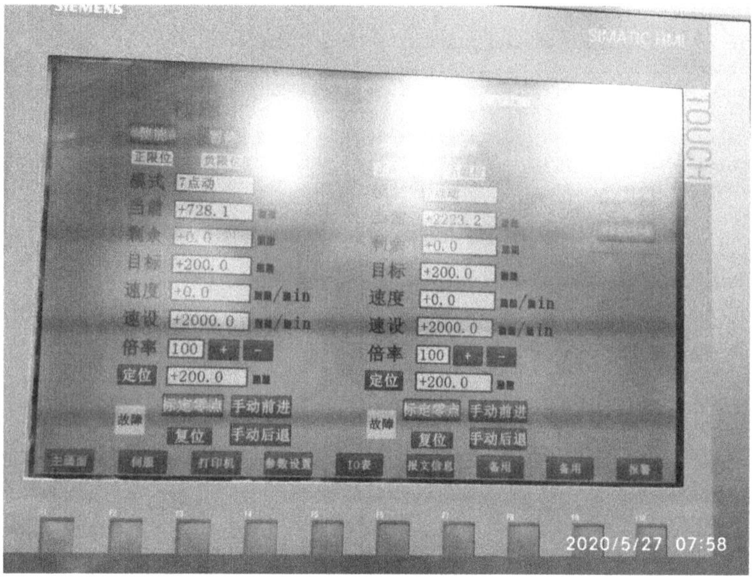

图 11　触摸屏画面 2

总体来说，产线数据跟踪要精准，控制系统接收 H 型钢尺寸数据无误，程序计算的伺服轴工作位置值准确，就不会发生碰撞；控制系统程序把从产线接收的数据处理后，将正确的标签模板数据内容发送给标签打印机，PLC 通过 FB284 控制 V90 驱动器，把打印机停在合适的贴标位置，接收到准确的贴标内容，单个周期贴标完成。

六、总结

该桁架自动贴标设备控制系统相对比较简单，虽然使用了两个 V90 伺服，但只是独立的绝对定位，没有插补功能，对贴标位置精度要求也不高。

由于该设备是国内第一套非标桁架式 H 型钢腹板贴标设备，设计安装调试的过程有一些考虑不全的地方。首先是整个网络架构，最初设计为每套贴标设备自身有 5 个 IP 通信的设备（含贴标打印机），并且独立和产线之间通过 TCP/IP Socket 通信。没有考虑网络隔离的问题，MES 系统不可能允许这么多一级设备接入二级系统网络。1512CPU 只有一个网段，没有采购 CP 通信模块来增加网段，所以只能改成 MES 系统先把数据发送给产线，产线再把数据发送给自动贴标设备，这样贴标设备各子设备接入产线网络中，虽然保证了贴标设备的调试、投用，但是网络架构还是不合理。

其次是未安装标签贴完后的扫码器等检测设备，用于检测标签内容是否和接收的 H 型钢信息数据一致。但是实际生产节拍为 8s，加装扫码器后，只能识别并反馈标签错误信息，没有足够时间进行二次贴标纠正。

另外，写完程序后未使用 PLCSIM Advanced 仿真软件优化 PLC 程序，3 套设备同时调试，调试中不停地修改程序，由于 3 套设备机械安装有误差，导致伺服轴各位置值有区别，不能简单地复制程序，出现大量的低端重复工作，降低效率。

该贴标设备定位要求不高，导致调试过程中没有 Trace 分析曲线的意识。以后调试工作过程中遇到一些问题的时候，尽量使用 Trace 功能，通过 Trace 能很容易地分析出程序的时序、伺服的速度位置之间的关系，从而更清晰、快速地找到问题的根源，并养成保存 Trace 图形的习惯，以便后续的回顾。

参考文献

[1] 西门子（中国）有限公司. SINAMICS V90 PROFINET, SIMOTICS S-1FL6 操作说明 [Z].
[2] 西门子（中国）有限公司. SIMATIC ET 200SP CPU 1512SP-1 PN 设备手册 [Z].

西门子 S7-1511T 在刹车片磨床上电子凸轮的应用
Application of SIEMENS S7-1511 Telectronic CAM on brake pad grinder

张　超

（济南鲁控电气自动化有限公司　济南）

[摘　要] 在自动化运动控制工程中，同步运行功能承担着越来越重要的作用。随着自动化技术的不断发展，机械解决方案越来越频繁地被不同的电气解决方案所替代。S7-1500T 的同步运行功能提供了使用“电子同步”代替“刚性机械连接的选项”，可提供更加柔性、友好维护的解决方案。本文主要描述了 S7-1500T 在汽车行业刹车片快速加工设备中的应用，使用 S7-1511PLC 控制 V90 实现对连续快速输送工件的加工，主要使用定位轴同步，以及凸轮曲线等问题。

[关 键 词] S7-1500T、TIA、V90、同步、凸轮曲线

[Abstract] In automatic motion control engineering, synchronous operation function plays an increasingly important role. With the continuous development of automation technology, mechanical solutions are increasingly replaced by different electrical solutions. The synchronous operation of the S7-1500T provides a more flexible, maintenance-friendly solution by using " electronic synchronization" instead of " rigid mechanical connection options". This paper mainly describes the application of S7-1500T in the automotive industry brake pad rapid processing equipment, using S7-1511PLC and v90 to achieve the continuous rapid transmission of workpiece processing, mainly using positioning shaft synchronization, as well as CAM curve and other problems.

[Key Words] S7-1500T、TIA、V90、Synchronous Axis、TO_Cam

一、项目简介

1. 背景介绍

本项目主要实现对连续进给的刹车片工件进行对中、开槽、粗磨、精磨和磨斜等工艺的实现。本文主要介绍 S7-1500T 在此设备中的同步凸轮曲线的应用，使用 CPU 1511T，通过 PN 控制 V90 实现上述功能，如图 1 和图 2 所示。

2. 项目的工艺技术介绍

本设备主要是对刹车片进行加工，达到使用的目的，其中加工包括粗磨、精磨、开槽、磨斜等工序。工艺要求如图 3 所示。

图 1　设备结构图

图 2　设备调试完成图

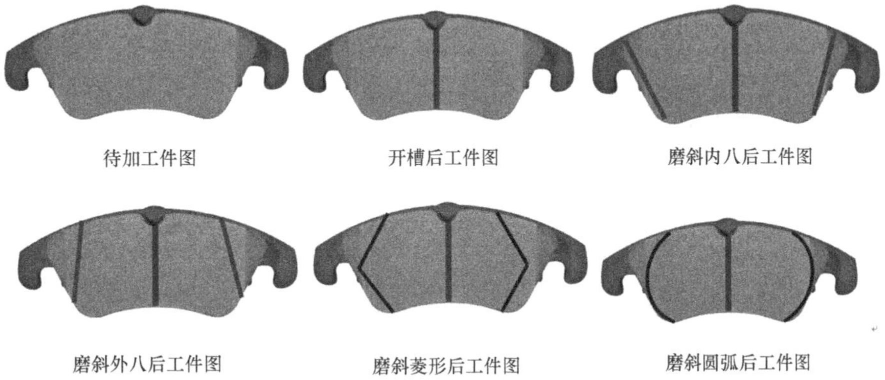

图 3　件加工工艺图

3. 设备俯视结构图（见图 4）

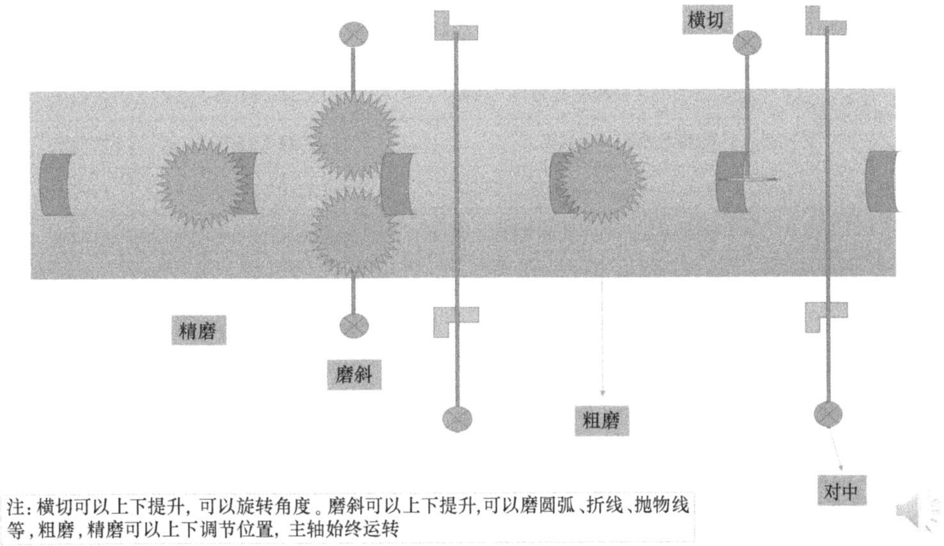

图 4　设备俯视示意图

二、控制系统构成

1. 硬件配置（见表 1）

表 1　实际使用的西门子产品清单

	功能	性能要求	型号	厂家	单位	个
1	电源	负载电源 PM 190W，AC 120/230V，DC 24V，8A	6EP1333-4BA00	西门子	个	1
2	PLC 1511T	CPU 1511T-1 PN	6ES7511-1TK01-0AB0	西门子	个	1
3	扩展模块	数字量输入，DI 16×DC 24V HF	6ES7521-1BH00-0AB0	西门子	个	1
4	扩展模块	数字量输入，DI 32×DC 24V HF	6ES7521-1BL00-0AB0	西门子	个	1
5	扩展模块	数字量输出，DQ 16×DC 24V/0.5A HF	6ES7522-1BH01-0AB0	西门子	个	2
6	导轨	安装导轨 S7-1500，482mm，用于 19″机柜	6ES7590-1AE80-0AA0	西门子	个	1
7	前连接器	前连接器，适用于 35mm 模块的螺钉型端，40 针	6ES7592-1AM00-0XB0	西门子	个	4
8	存储卡	存储卡，24MB	6ES7954-8LF03-0AA0	西门子	个	1
9	TP900 精智面板 9 寸		6AV21240JC010AX0	西门子		1
10	网线	IE FC TP 标准电缆 GP 2×2(A 型)，按米出售	6XV1840-2AH10	西门子	米	20
11	网线头	IE FC RJ45 PLUG 180 2×2	6GK1901-1BB10-2AA0	西门子	个	28
12	V90 伺服驱动	3AC380V 伺服驱动器 5kW	6SL3210-5FE15-0UF0	西门子	台	1
13		伺服电动机 5kW	1FL6094-1AC61-2AA1	西门子	台	1
14		3AC380V 伺服驱动器 1kW	6SL3210-5FE11-0UF0	西门子	台	1
15		伺服电动机 1kW，带刹车抱闸	1FL6062-1AC61-2AB1	西门子	台	1
16		3AC380V 伺服驱动器 0.75kW	6SL3210-5FE10-8UF0	西门子	台	3
17		伺服电动机 0.75kW	1FL6044-1AF61-2AA1	西门子	台	3
18		3AC380V 伺服驱动器 0.75kW	6SL3210-5FE10-8UF0	西门子	台	5
19		伺服电动机 0.75kW，带刹车抱闸	1FL6044-1AF61-2AB1	西门子	台	5
20		3AC380V 伺服驱动器 0.4kW	6SL3210-5FE10-4UF0	西门子	台	2
21		伺服电动机 0.4kW	1FL6042-1AF61-2AA1	西门子	台	2
22	伺服动力线缆	动力线缆(10m)	6FX3002-5CL12-1BA0 (4×2.5mm^2)	西门子	根	1
23		动力线缆(10m)	6FX3002-5CL02-1BA0 (4×1.5mm^2)	西门子	根	11
24	伺服编码器线缆	编码器线缆(10m)	6FX3002-2CT12-1BA0	西门子	根	12
25	伺服抱闸线缆	抱闸线缆(10m)	6FX3002-5BL03-1BA0	西门子	根	6

2. 设备拓扑图（见图 5）

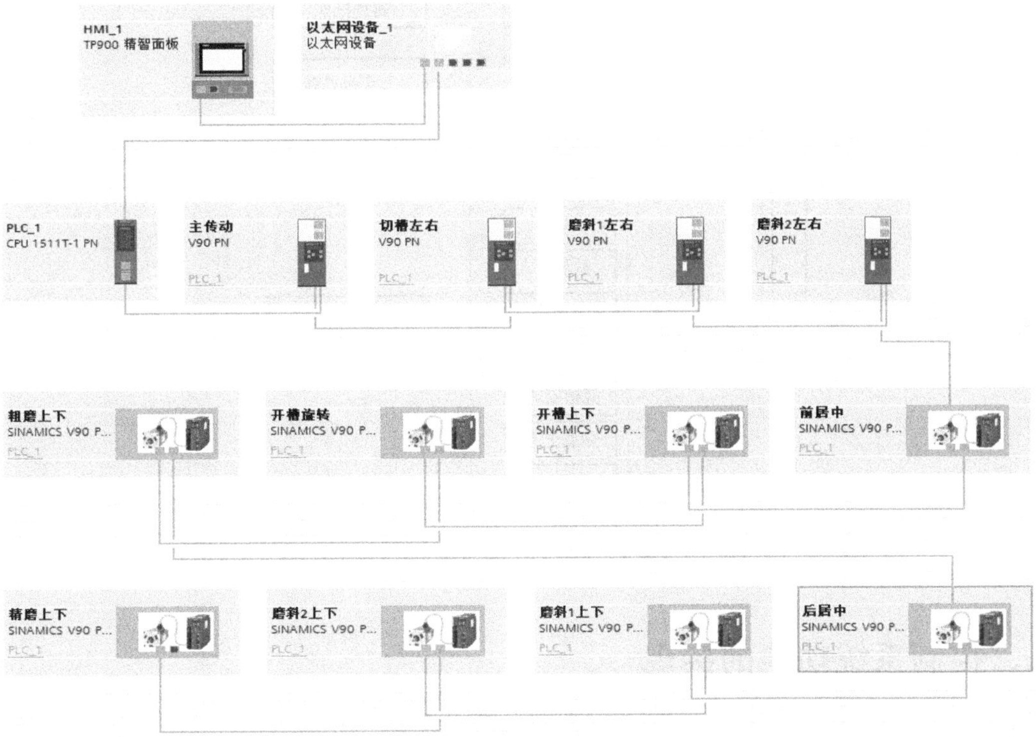

图 5　设备拓扑图

3. 各轴的功能分布

因 S7-1500 有运动资源限制，为了给客户节省成本，当时选用了 CPU1511T。CPU1511T 共有 800 个运动资源，其中磨斜左、磨斜右、开槽均需要与主轴进行同步，单个同步轴占用 160 个资源，加上主轴运动轴占用 40 个资源，导致没有足够的运动资源带动其他轴。所以在设计系统时，一部分不需要跟随主轴同步，仅需要基本定位的轴，如对中和上下定位轴采用了 EPOS 基本定位模式。需要与主轴进行凸轮同步的轴，如磨斜和主轴等使用 TO 模式，如图 6 所示。

主轴：连续运动轴，单方向运送工件。

开槽：与主轴同步需要工件在到达开槽位置时，对工件开槽处理。

磨斜左右：与主轴实现同步 CAM 曲线对称运动，打磨斜线、菱形、圆弧等。

粗磨：上下定位，定位高度，先对工件进行初步打磨。

前对中：工件初步进入加工带时，实现工件的对中定位处理。

后对中：工件进入磨斜加工时，实现工件的对中定位处理。

磨斜左右上下：对磨斜电机进行上下定位。

开槽旋转：带动开槽电机旋转定位，以达到开槽切斜线的目的。

精磨上下：带动精磨电机上下定位，实现对工件最后的打磨。

开槽上下：带动开槽电机上下定位。实现对开槽电机切槽深度的控制。

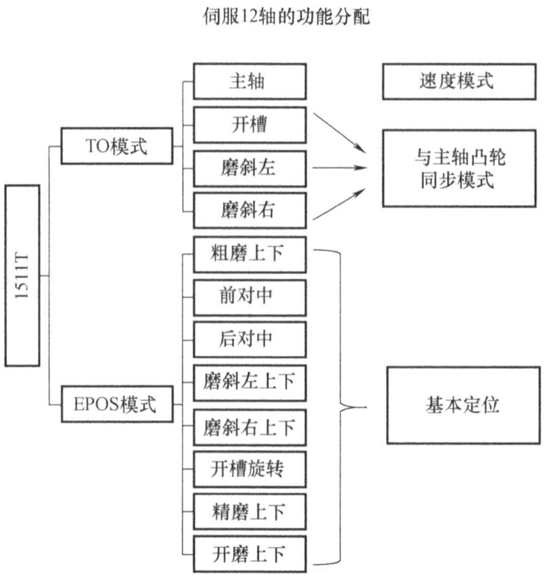

图 6　伺服轴功能分配图

三、控制系统功能的实现

本项目主要的难点在于需要对连续进给工件进行磨斜加工，这就需要主轴始终在运动，由链条带动工件始终连续进给，然后由磨斜左右两个轴与主轴进行同步移动，并且按照所设定的曲线进行磨斜加工。如图 3 所示的磨斜内八或磨斜外八、磨圆弧等，主要程序流程如图 7 所示。

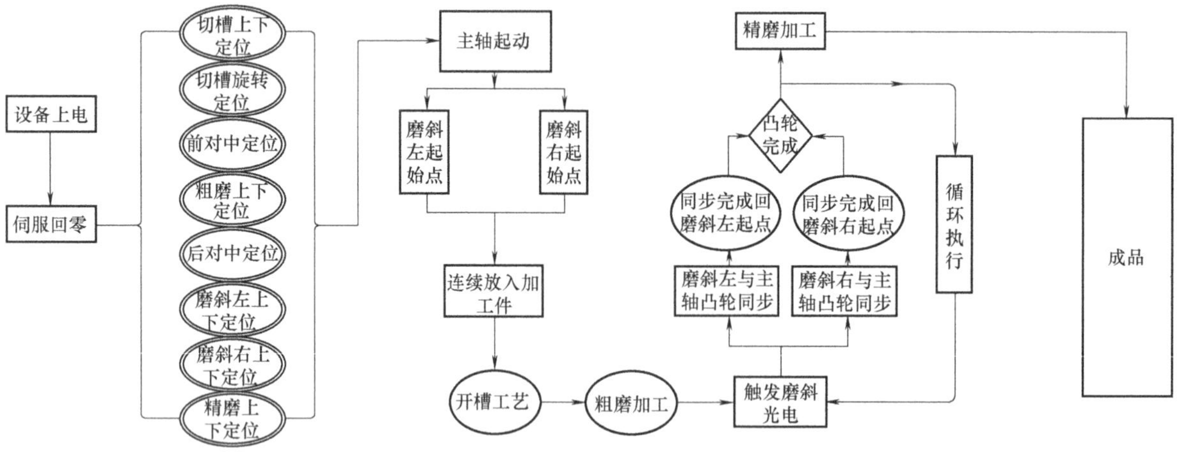

图 7　工艺流程图

1. 磨斜斜线的实现

因工件工艺要求工件两边对称加工（见图 3），所以机械上采用的对称结构。

为了实现左右磨斜同时与主轴进行凸轮同步，在程序内同时调用了两个凸轮曲线块，指定相同的主轴以及相同的曲线配置，用来实现左右同步。磨斜曲线根据客户实际要求加工的曲线设计。指令如图 8 所示。

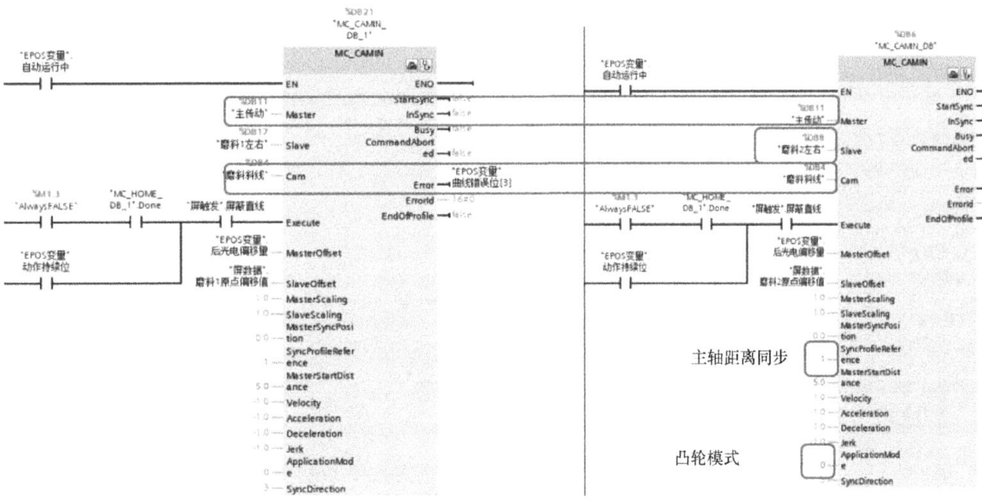

图 8　CAMIN 指令块

工件为连续进给，加工完成第一块后需要继续加工第二块，这就要保证凸轮动作完成后，从轴定位回到起点。此处采用了直接使用动态曲线回到起始点的方式，这样就省去了程序的逻辑判断，提高了程序可读性与伺服的高动态性。CAM 曲线如图 9 所示。

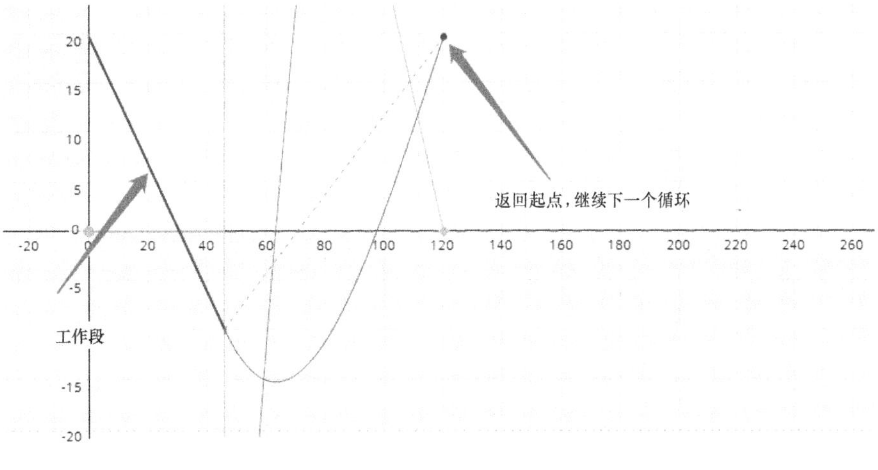

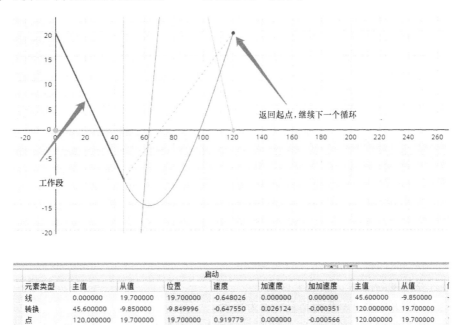

	启动							
元素类型	主值	从值	位置	速度	加速度	加加速度	主值	从值
线	0.000000	19.700000	19.700000	-0.648026	0.000000	0.000000	45.600000	-9.850000
转换	45.600000	-9.850000	-9.849996	-0.647550	0.026124	-0.000351	120.000000	19.700000
点	120.000000	19.700000	19.700000	0.919779	0.000000	-0.000566	120.000000	19.700000

图 9　CAM 曲线设置

客户需要磨斜曲线能够自由设定，选择使用触摸屏直接编辑 CAM 曲线 DB 块地址的方式实现。

找到对应 CAM 曲线工艺对象，右键编辑 DB 块后，查找相应的 Point 块下即为凸轮编辑器内的凸轮曲线数据，此数据可以实时修改。修改后通过重新触发 MC_INTERPOLATECAM 块生效。此处需要注意修改的值必须保证起点与终点斜率一致并给与一定的延长系数，否则会导致磨斜斜线不合格。图 10 所示 Point 数组下的数据即为 CAM 曲线的数值。

图 10 CAM 曲线修改位置

2. 磨斜圆弧的实现

在使用伺服画圆时，需要使用圆弧插补指令。圆弧插补的动作需要正弦运动与余弦运动叠加去实现。两轴插补运行才能画出圆，如图 11 所示。

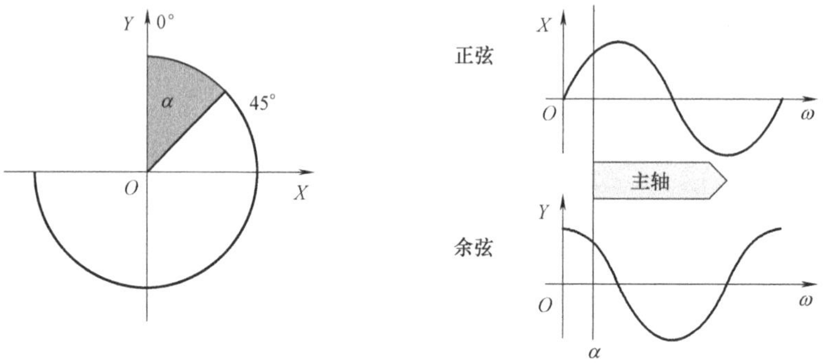

图 11 正余弦与圆的关系

根据图 11，在角度为 α 时，圆的坐标为

$X=R\sin(\alpha)$，$Y=R\cos(\alpha)$，R 为半径，α 为角度。

随着角度 α 的不断增加，X 轴坐标会按照正弦变化，Y 轴坐标会按照余弦变化。由此可见，只要知道了 α 的角度以及半径 R，就可以算出任意角度的 X、Y 坐标值。

明白了计算圆坐标的方法，就需要结合工艺去实现画圆功能。因为设备的 Y 轴是始终按照一条直线连续运行的。结合前面实现画斜线已经使用动态凸轮，最终选择描点法实现。即通过公式算出坐标点，然后逐点去定位。角度对应坐标见表 2（仅列举 0°~45°）。

表 2 圆坐标值

R	α 角度(°)	弧度/rad	sinα	cosα	Y	X
33. 1	0	0	0	1	33. 1	0
33. 1	1	0. 017453	0. 017452	0. 999848	33. 09496	0. 577675
33. 1	10	0. 174533	0. 173648	0. 984808	32. 59714	5. 747755
33. 1	20	0. 349066	0. 34202	0. 939693	31. 10383	11. 32087
33. 1	30	0. 523599	0. 5	0. 866025	28. 66544	16. 55
33. 1	40	0. 698132	0. 642788	0. 766044	25. 35607	21. 27627
33. 1	45	0. 785398	0. 707107	0. 707107	23. 40523	23. 40523

通过分析表 2，结合工件 Y 轴需要持续往一个方向运行的加工工艺。可以截取 Y 坐标值红框内为从负半径移动到正半径，对应 X 坐标刚好是一个正弦的下弦，对应圆画的角度为 180°。至此就可以结合设备的实际工艺通过描点法画圆弧了，如图 12 所示。

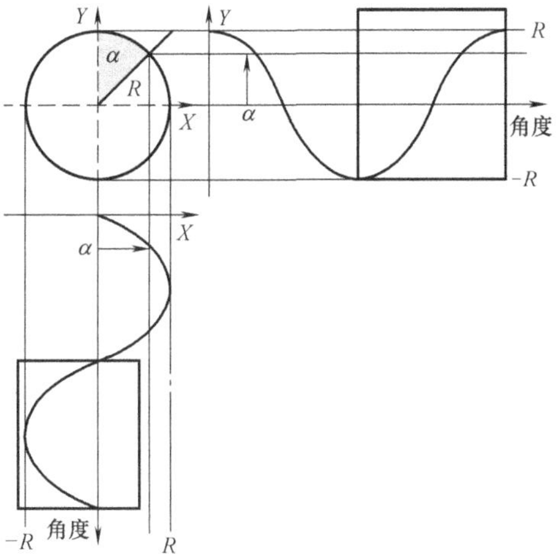

图 12 正余弦坐标图

根据以上分析，使用 excel 曲线模拟了圆轨迹，即 Y 值为从负值半径到正值半径，经过转换计算使 Y 坐标从 0 至直径值（半径负相位加半径正相位），对应 X 轴实现一个正弦的坐标对应，如图 13 所示。

根据描点法算法开发画圆的功能块，用来计算 X/Y 的坐标值，并把 Y 值替换为从 0 到直径的坐标值，然后在切换画圆弧曲线时把数据写入点组。程序块功能主要实现目的是根据开始结束角度计算出圆弧开始与结束的 X/Y 坐标点，如图 14 所示。

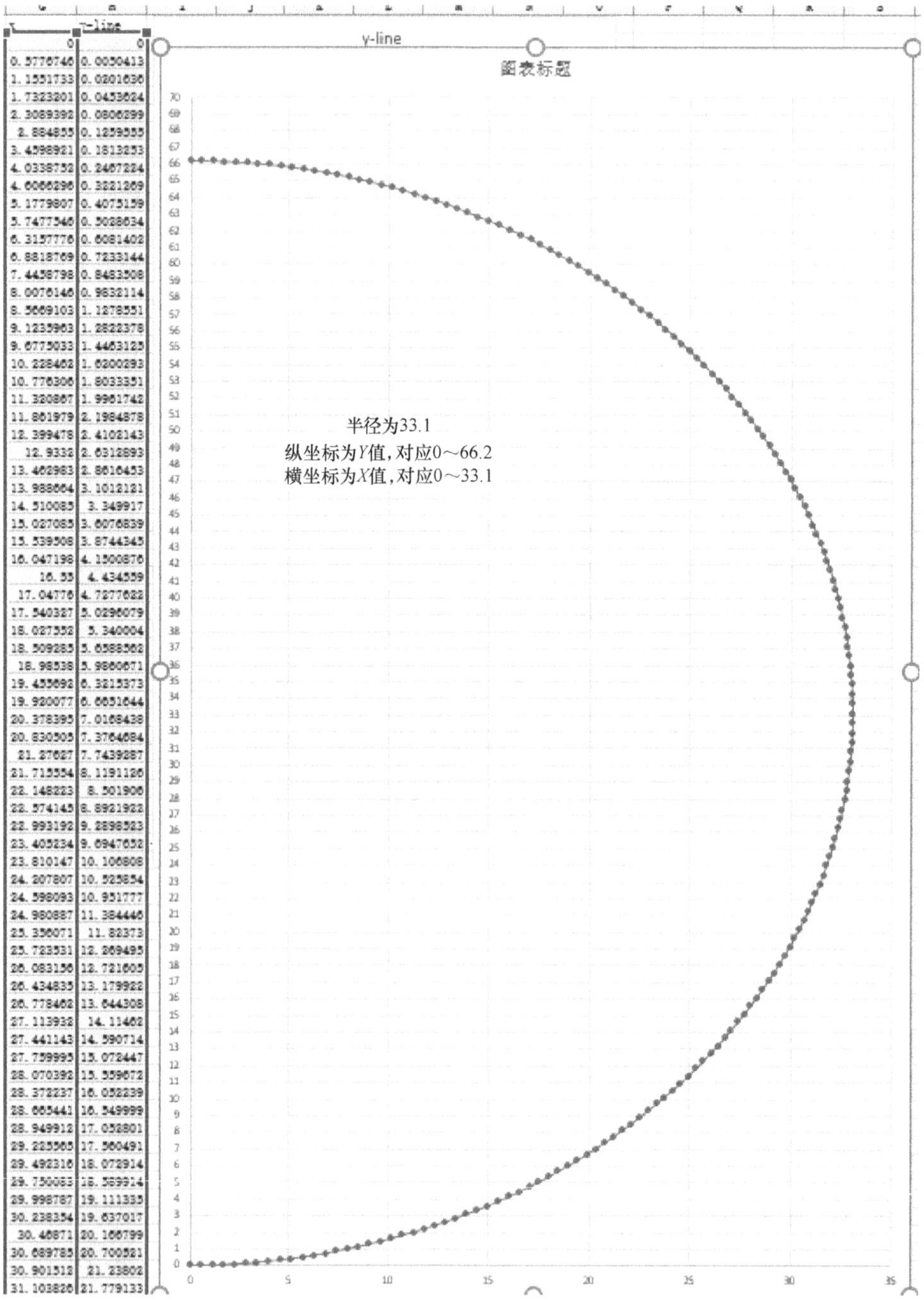

图 13　模拟描点法坐标画圆

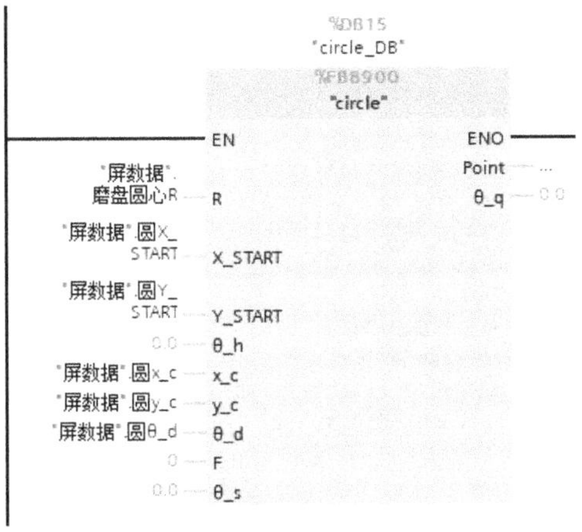

图 14　圆功能块

创建 CAM 工艺对象，并创建点组，创建点组的目的就是为了方便写入上一步程序块计算出的坐标值，如图 15 所示。

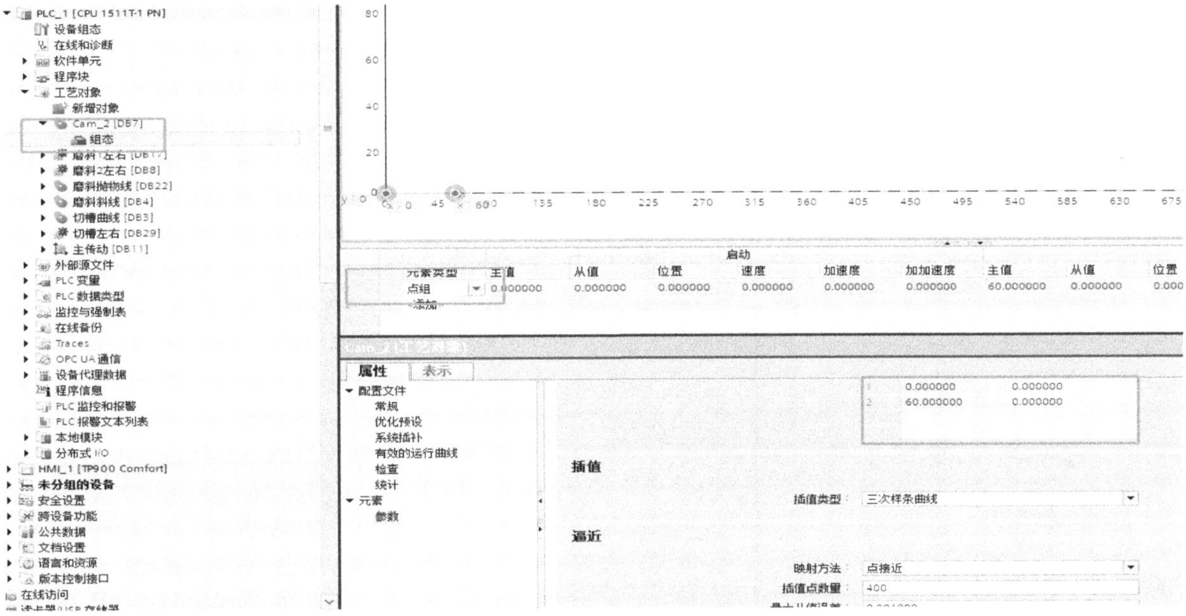

图 15　CAM 工艺对象点组图

将计算后的坐标写入 CAM 对象 DB 块内，先参考第三部分步骤将算出的坐标写入对应位置，然后触发 MC_InterpolateCam 重新插入凸轮盘即可实现凸轮曲线按照点组坐标执行，如图 16 和图 17 所示。

实际运行 CAM 曲线，就完成了使用凸轮画圆的功能。实际 trace 曲线与图 13 模拟描点法坐标图形一致，如图 18 所示。

```
▶ 如果小于结果角度,则从起始角度弧度开始,如起始为45度,结果146,则从45度开始算出弧度值一直算到146度(146减去46个...

FOR #i := 1 TO 400 DO
    IF #i<#j THEN
        #Point[#i].x := (#j1+#i-1.0) * 0.017453;
        #Point[#i].x := COS(#Point[#i].x);
        #Point[#i].x := #x_c + #R * #Point[#i].x;
        #Point[#i].x := #R - #Point[#i].x;
    END_IF;
    IF #i >= (#j -#j1) THEN
        #Point[#i].x := #j * 0.017453;
    #Point[#i].x := COS(#Point[#i].x);
    #Point[#i].x := #x_c + #R * #Point[#i].x;
    #Point[#i].x := #R - #Point[#i].x;
END_IF;
END_FOR;
FOR #i := 1 TO 400 DO
    IF #i<#j THEN
        #Point[#i].y := (#j1+#i-1.0) * 0.017453;
        #Point[#i].y := SIN(#Point[#i].y);
        #Point[#i].y := #y_c + #R * #Point[#i].y;
    END_IF;
    IF #i >= (#j -#j1) THEN
        #Point[#i].y := #j * 0.017453;
        #Point[#i].y := SIN(#Point[#i].y);
        #Point[#i].y := #y_c + #R * #Point[#i].y;
    END_IF;
END_FOR;
FOR #j0 := 1 TO 400 DO
    "Cam_2".Point[#j0].x := #Point[#j0].x
    ;
    "Cam_2".Point[#j0].y := #Point[#j0].y;
END_FOR;
```

图 16 计算圆坐标及写入数据

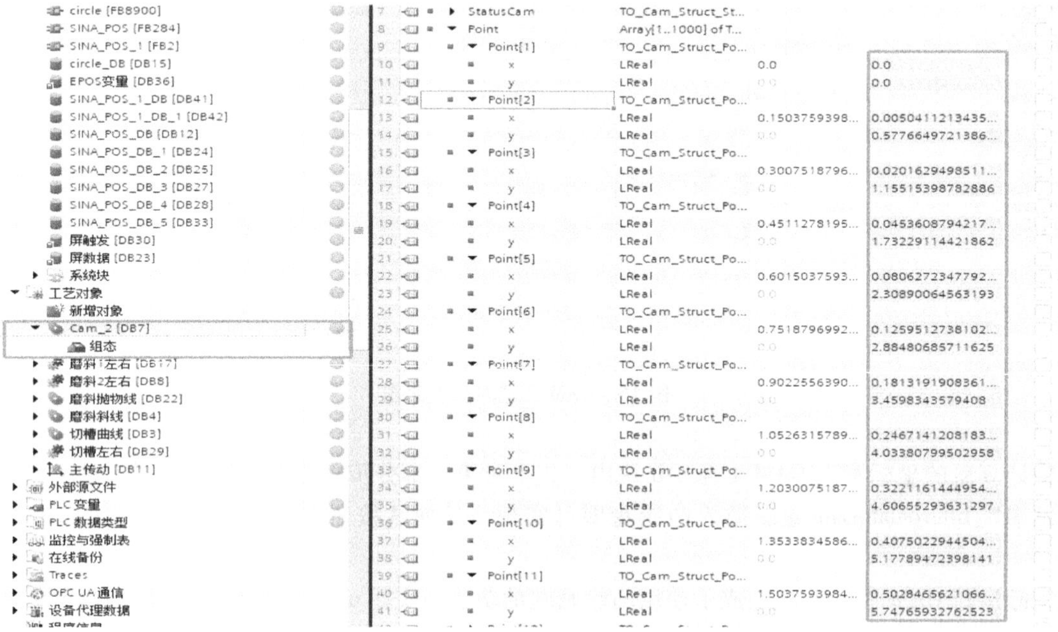

图 17 CAM 曲线点组坐标

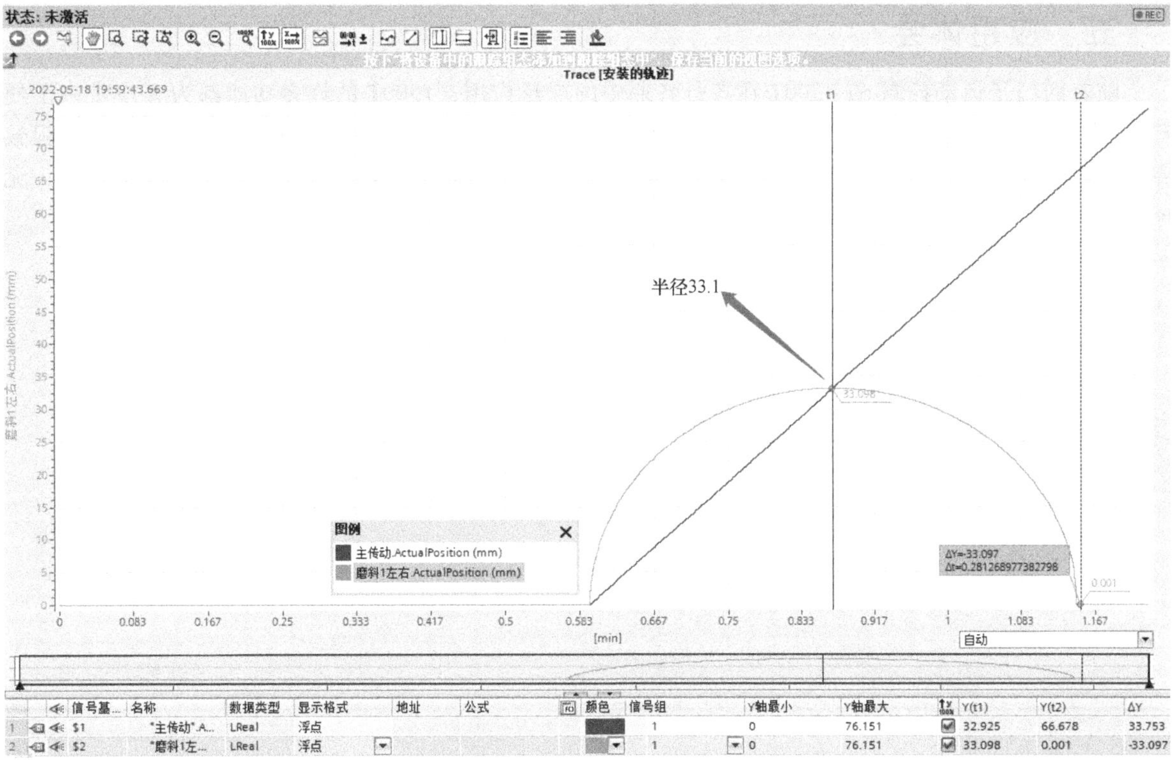

图 18　CAM 凸轮画圆曲线

四、项目运行

调试完成后，可以快速、稳定地加工出合格的产品，当前加工效率可以达到 720 块/时，相较于其他加工中心速度 200～300 块/时，速度大幅度提高。

通过修改 CAM 曲线数据块的方式，用户可以根据自己的需要自由修改所需要的曲线，斜线等数据，达到客户加工不同工艺的目的，如图 19 和图 20 所示。实际加工效果完全符合客户要求的尺寸以及精度要求。

图 19　磨斜内八工件

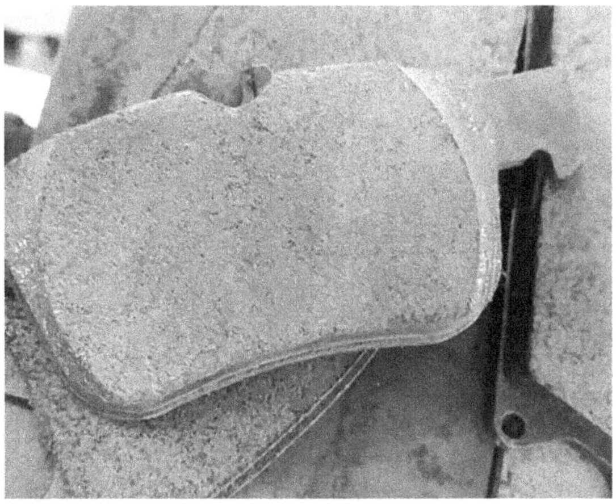

图 20　磨斜圆弧工件

五、应用体会

随着西门子运动控制 S7-1500T 在各行各业中的广泛应用，1500T 的许多功能都为客户带来了便利之处，如本项目用的同步凸轮曲线功能，大大地提高了系统的可用性，提高了工程师的编程效率，并且规范、简单，缩短了工程师编程以及调试的时间，降低了维护时间，从而降低了成本，无论对客户还是对工程师来说都是大有益处的。

参考文献

[1] 西门子（中国）有限公司. STEP 7 Professional V16 系统手册［Z］.
[2] 西门子（中国）有限公司. WinCC Comfort/Advanced V16 系统手册［Z］.
[3] 西门子（中国）有限公司. S7-1500 CPU1511T 手册［Z］.
[4] 西门子（中国）有限公司. SINAMICS V90 系统手册［Z］.
[5] 西门子（中国）有限公司. Circular Motion on the Basis of Cam Discs "MoveCircle2D"［Z］.

西门子 1515SP PC2 T 和 V90 在全自动胶带分切机中的应用
Application of SIEMENS 1515SP PC2 T 和 V90 in Automatic Tape Slitting Machine

阎新拓
（西门子（中国）有限公司　唐山）

[摘　要] 本文主要介绍了西门子开放式运动控制器和 SINAMICS V90 产品在全自动胶带分切机中的应用，通过定位轴、同步轴、运动学机构工艺对象实现了各伺服轴的控制，通过 LKinematics Control Lib、Winder Lib 等库的应用使机械臂控制、收/放卷控制更加简单且便捷。

[关 键 词] 开放式控制器、V90、运动学机构、同步、收/放卷、张力控制

[Abstract] This paper mainly introduces the SIEMENS Open Motion Controller and SINAMICS V90 products in the application of Automatic Tape Slitting Machine, By using Positioning axis, Synchronous axis, Kinematics TechnologyObjects Control all ofservo axis, such as LKinematics Control Lib, Winder Lib makes RobotArm Control, ReWinder/UnWinder Control is more simple and convenient.

[Key Words] Open Controller、V90、Kinematics、Synchronization、Rewinder/UnWinder、Tension Control

一、项目简介

1. 项目背景

全自动胶带分切设备是将半成品纸管和半成品胶带经过纸管分切、胶带切割及卷绕将半成品胶带加工成单卷透明胶带。全自动胶带分切机可实现纸管、胶带自动装卸，自动分切，超透收卷；自动切断，自动纠偏；放卷张力自动调整，收卷张力双轴单独自动控制，超大卷收废。超透全自动胶带分切机，收卷采用双气胀轴各自独立控制张力，有效地保证了成品的松紧度、透明度。驱动系统采用全伺服驱动，不仅提高了胶带长度的准确度和收卷速度，而且保证了停机位置及贴标位置的准确，实现了高智能化和全自动化的多项革命性的技术突破。在生产效率极大提高的同时，多维度降低了传统设备生产过程中模具更换及调试投资成本、人力成本和设备易损件消耗成本。设备操作舒适度和运行人性化程度大幅度提高，且提高了生产效率。

2. 工艺介绍

1）工艺流程：全自动胶带分切机由纸管切割、纸管气胀轴装卸、胶带卷绕分切三部分组成，通过两套机械臂的协调运动完成空轴、纸管气胀轴、成品轴在装卸区、中转区和分切区的流转。工艺流程图如图 1 所示。

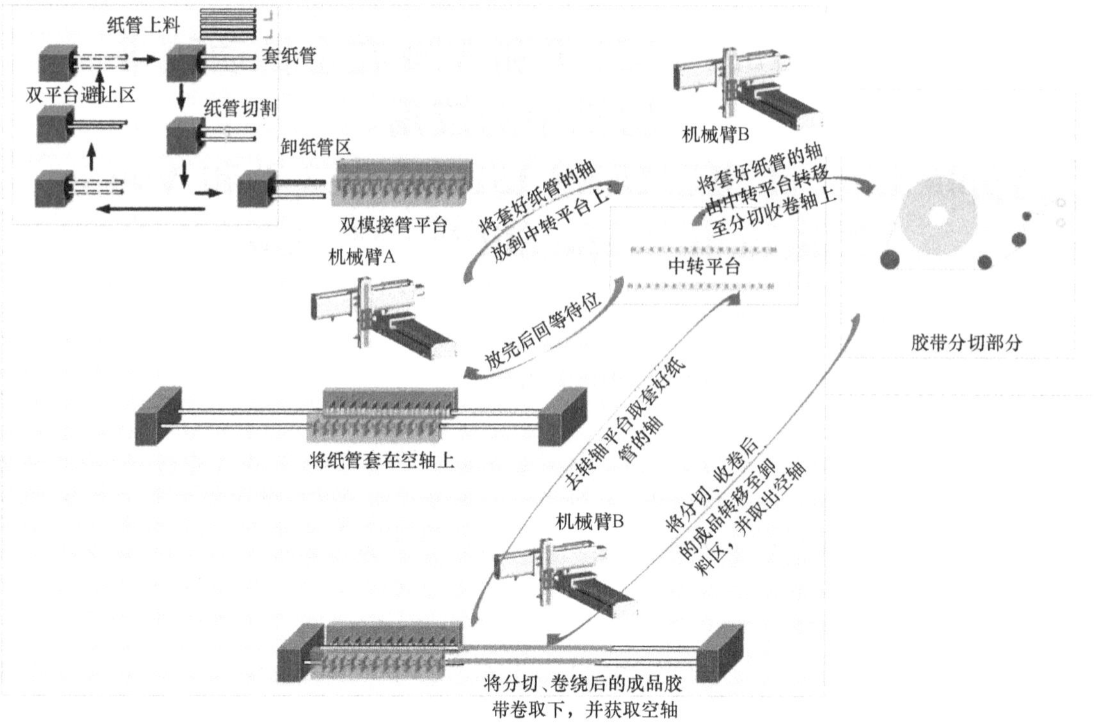

图 1　工艺流程图

2）纸管切割：该部分为了提高生产效率，由上下两个平台组成，每个平台的运动轨迹、流程、动作均一致。纸管上料部分将整根的纸管放到上料平台上，通过气动挡板将纸管下放到等待穿管位置，平台由初始位置运动到穿管位，通过气动装置配合将纸管套在平台的上下两个轴上并给轴充气使纸管固定在轴上，平移至切管区域，左右切刀平台根据设定的成品胶带卷规格和数量自动完成刀平台移动、进刀、切割、退刀的交替过程，切割完成后平台运动到卸管位。上下两个平台通过位置信息和顺控 STEP 联锁、避让自动轮流运动。

3）装卸部分：装卸部分由 A/B 模移动、A/B 模开合、A/B 模具调整、推轴、拉轴组成，根据胶带卷的规格和数量，模具按顺序自动调整。通过模移动和开合完成卸纸管并将排在奇数、偶数位的纸管分别装载到 A/B 两套模具上。A/B 模移动到装轴位，通过推拉轴的动作将气胀轴装到纸管上，充气后将纸管固定到气胀轴上，完成空轴套纸管的流程。

4）分切部分：分切部分由放卷、解卷辊、刀上差速辊、收卷 A/B、收卷旋转、切刀调整组成。切刀模具根据成品规格自动调整位置，按照奇偶顺序套好纸管的气胀轴分别放到收卷 A/B 上，与切刀位置一一对应，收卷 A/B 旋转开始收卷，收卷完成后，机械臂将另外两个套好纸管的轴放到收卷 A/B 的待收卷轴上，通过翻转机构将收卷完成轴和待收卷轴互换位置并将胶带贴附在待收卷轴上，通过切割装置将胶带切断，机械臂将成品轴取走送至下料区（与装轴区在同一物理位置），开始下一个收卷流程。

5）机械臂：由机械臂 A 和机械臂 B 组成，机械臂 A 将套好纸管的轴转运到中转台，机械臂 B 完成中转台、分切区、装卸区（卸成品区）之间的轴轮转。根据各物理位置气胀轴的数量及状态自动调整两套机械臂的运动优先级，使运动的路径最优，提高生产效率。

控制流程图如图 2 所示。

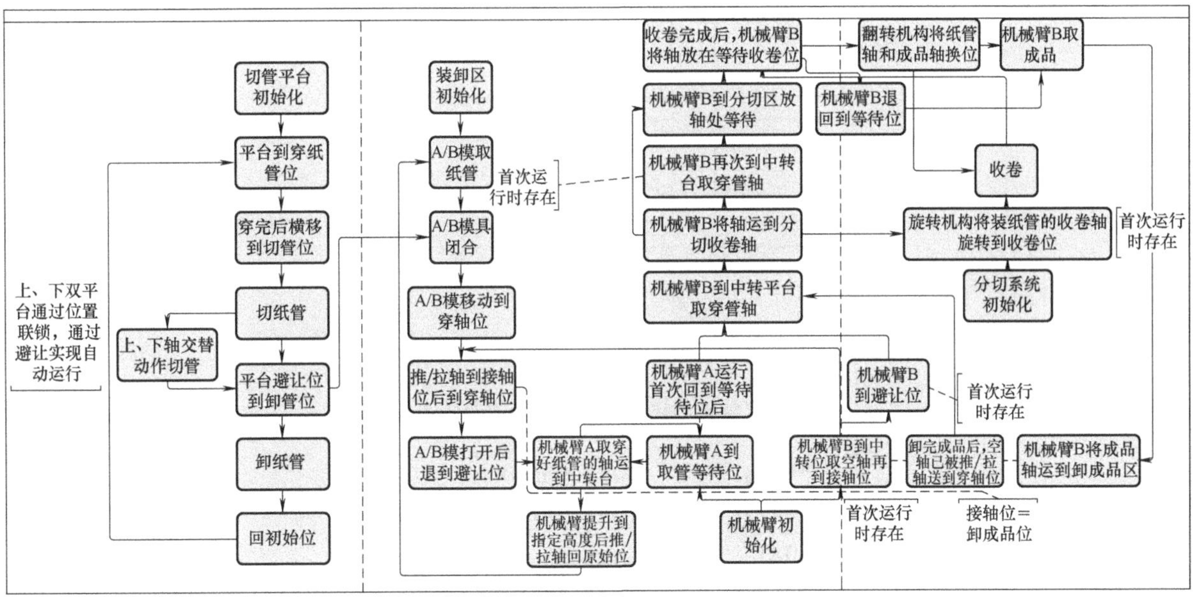

图 2 控制流程图

二、系统结构

1. 控制系统组成

该控制系统共包含 38 根轴，纸管切割部分有 16 根轴、装卸部分有 9 根轴、分切部分有 7 根轴，两套机械臂有 6 根轴，纸管切割部分由 ET200SP CPU 1512SP 控制，装卸部分、分切部分及机械臂由 Open Controller 1515SP PC2 T 控制，驱动系统全部为 SINAMICS V90。轴类型及数量见表 1。

表 1 轴类型及数量

	速度轴	位置轴	同步轴	EPOS
纸管切割区域	0	10	0	6
装卸区域	0	6	3	0
分切区域	0	7	0	0
机械臂	0	6	0	0

2. 电机及驱动器选型

(1) 收卷电机选型及 Sizer 验证

收卷轴的速度、卷径、张力及转矩曲线如图 3 所示。

考虑电机的转速

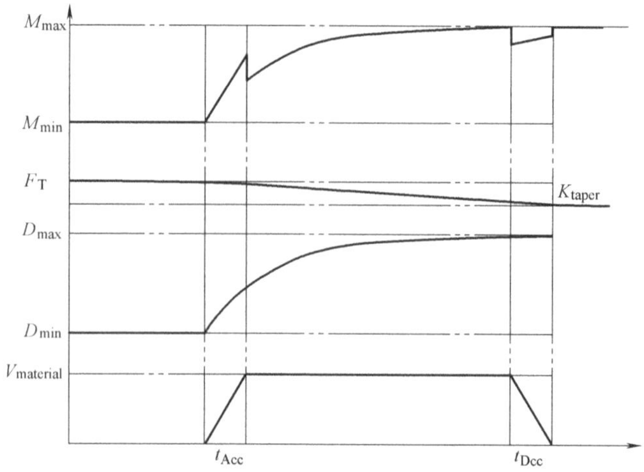

图 3　收卷轴的速度、卷径、张力及转矩曲线

$$N_{max}=\frac{60\times V_{line}\times i_{gear}}{\pi\times D_{min}}=\frac{60\times 3.0\text{m/s}\times 4}{3.14159\times 0.085}=2696.2\text{r/min}$$

$$N_{min}=\frac{60\times V_{line}\times i_{gear}}{\pi\times D_{max}}=\frac{60\times 3.0\text{m/s}\times 4}{3.14159\times 0.2}=1146.5\text{r/min}$$

考虑张力形成的转矩

$$M_{T\text{-}Max}=\frac{F_T\times D_{Max}}{2\times\eta\times i_{gear}}\times K_{taper}=\frac{100\text{N}\times 0.2\text{m}}{2\times 0.9\times 4}\times 0.75=2.083\text{nm}$$

$$M_{T\text{-}Min}=\frac{F_T\times D_{Min}}{2\times\eta\times i_{gear}}=\frac{100\text{N}\times 0.085\text{m}}{2\times 0.9\times 4}=1.181\text{nm}$$

考虑摩擦转矩，按最大张力转矩的 10%计算，加上摩擦转矩后的张力转矩为

$$M_{T\text{-}Max+f}=M_{T\text{-}Max}+0.1\times M_{T\text{-}Max}=2.2913\text{nm}$$

$$M_{T\text{-}Min+f}=M_{T\text{-}Min}+0.1\times M_{T\text{-}Max}=1.3893\text{nm}$$

考虑加减速过程中的加减速转矩，转动惯量和转矩均折算到电机侧

$$m_{roller}=\rho\times\pi\times(R_1^2-R_2^2)\times l=2700\text{kg/m}^3\times 3.14159\times 0.00118125\times 1.35\text{m}=13.527\text{kg}$$

$$J_{roller}=\frac{\frac{1}{2}\times m\times(R_1^2+R_2^2)}{i_{gear}^2}=0.00104\text{kg}\cdot\text{m}^2$$

$$J_{Max}=J_{roller}+0.5\times J_{material\text{-}Max}=J_{roller}+0.5\times\frac{\pi\times b\times\rho}{32\times i_{gear}^2}(D_{Max}^4-D_{Min}^4)$$

$$=0.00104\text{kg}\cdot\text{m}^2+0.5\times\frac{3.14159\times 1.26\text{m}\times 1390\text{kg/m}^3}{32\times 4^2}(0.2^4-0.085^4)=0.0094\text{kg}\cdot\text{m}^2$$

$$M_{Acc\text{-}Max}=\frac{J_{Max}\times\omega}{\eta}=J_{Max}\times\frac{2\times V_{Max}\times i_{gear}}{t_{acc}\times D_{Max}\times\eta}=0.0094\text{kg}\cdot\text{m}^2\times\frac{2\times 3\text{m/s}\times 4}{0.5\text{s}\times 0.2\text{m}\times 0.9}=2.50\text{nm}$$

$$M_{Acc\text{-}Min}=\frac{J_{Min}\times\omega}{\eta}=J_{Max}\times\frac{2\times V_{Max}\times i_{gear}}{t_{acc}\times D_{Min}\times\eta}=0.00104\text{kg}\cdot\text{m}^2\times\frac{2\times 3\text{m/s}\times 4}{0.5\text{s}\times 0.085\text{m}\times 0.9}=0.653\text{nm}$$

考虑急停情况下的转矩

$$M_{\text{Estop-Max}}=\frac{J_{\text{Max}}\times\omega}{\eta}=J_{\text{Max}}\times\frac{2\times V_{\text{Max}}\times i_{\text{gear}}}{t_{\text{estop}}\times D_{\text{Max}}\times\eta}=0.0094\text{kg}\cdot\text{m}^2\times\frac{2\times3\text{m/s}\times4}{0.3\text{s}\times0.2\text{m}\times0.9}=4.17\text{nm}$$

在保证加减速的过程中需保持张力，因此

$$M_{\text{Max}}=M_{\text{T-Max}}+0.1\times M_{\text{T-Max}}+M_{\text{estop}}=6.4614\text{nm}$$

收卷轴 Sizer 选型验证如图 4 所示。

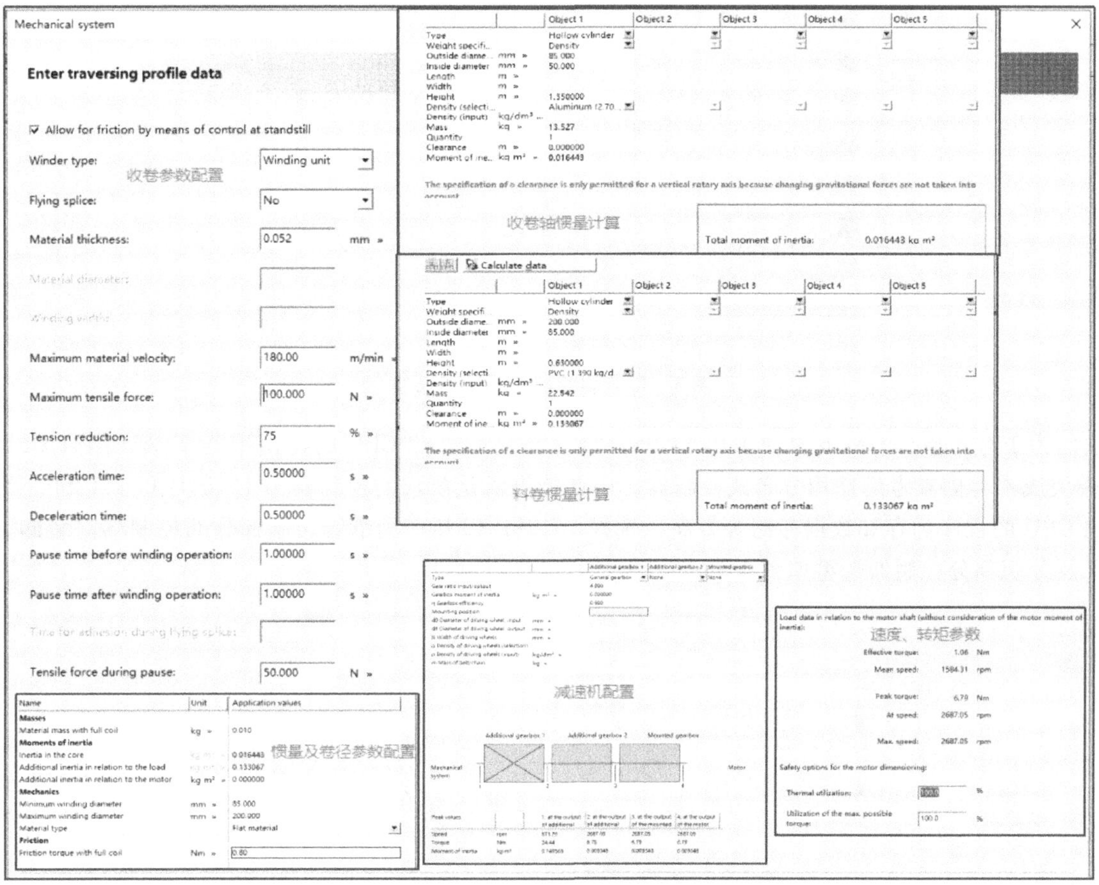

图 4　收卷轴 Sizer 选型验证

结合上述数据，选择 1FL6044 -1AF61-0xx1 ，对比电机数据如下：

1）额定功率：0.75kW。

2）额定转速：3000r/min>2696.2r/min。

3）额定转矩：2.39Nm，能够覆盖稳态运行的转矩。

4）最大转矩：7.2Nm>6.4614Nm，能够满足最快停车时间对应的最大转矩。

因此选择此电机为收卷 A/B 的电机。

（2）控制器选型

根据上述提供的轴类型及数量，通过 TIA Selection Tool 进行选择，纸管切割部分控制器选型如图 5 所示。

由于该部分的轴均为定位轴，无同步运动，且对运动控制的周期要求不高，因此采用 6ms，10

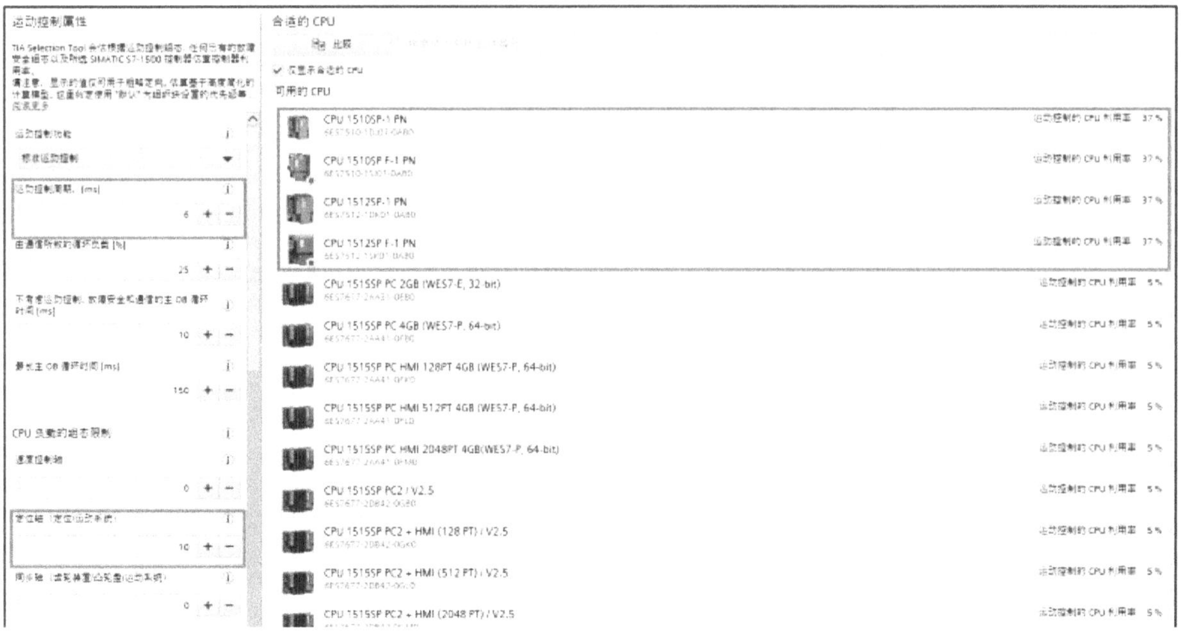

图 5　纸管切割部分控制器选型

根轴作为工艺对象，另外 6 根轴采用 EPOS。软件自动计算的 CPU 的使用率为 37%，结合 CPU 及 IO 模块成本等因素考虑使用分布式控制器，因此能够满足要求的控制器为 1510SP 和 1512SP，综合考虑 CPU 的程序内存和数据存储等方面，选择 1512SP CPU 作为纸管切割部分的控制器。装卸、机械臂及分切部分控制器选型如图 6 所示。

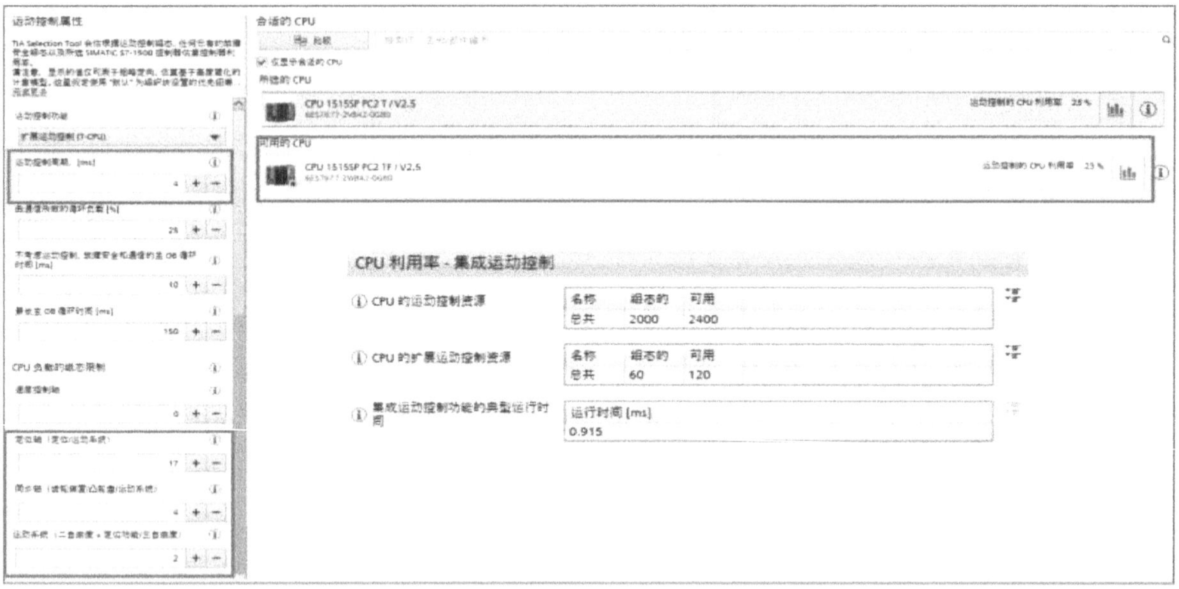

图 6　装卸、机械臂及分切部分控制器选型

除纸管切割部分外，其他工艺区既有定位运动需求，也有同步运动和运动学机构的应用需求，因此采用运动控制器 T-CPU，结合轴类型和数量，采用典型运动控制周期 4ms，1515SP PC2 T 满足

要求，而且 CPU 的利用率较低。相同情况下比较开放式控制器与标准 CPU，当运动控制周期为 4ms，系统推荐的 1516T 和 1517T-CPU 利用率很低，当运动控制周期为 10ms 时，1515T 可以实现，但是 CPU 的利用率达到 58%，系统建议在运动控制的 CPU 利用率达到 45%～65%时使用性能更高的控制器，因此 1515SP PC2 T 为最佳选择。

（3）设备清单

设备清单见表 2。

表 2　设备清单

工艺区域	名称	描述	部件编号	订购数量
纸管分切部分	ET 200SP	CPU 1512SP-1 PN 及 IO 系统	6ES7512-1DK01-0AB0	1 套
	PANEL	KTP1200 Basic 12 寸变量数为 800	6AV2123-2MB03-0AX0	1 套
	平台移动 X 轴×2 切刀平台移动×2	V90 电机，高惯量，P_n＝0.75kW 控制器及附件	1FL6044-1AF61-2LA1	4 套
	平台移动 Y 轴×2	V90 电机，高惯量，P_n＝3.5kW 控制器及附件	1FL6092-1AC61-2LA1	2 套
	平台翻转机构×2	V90 电机，高惯量，P_n＝0.75kW 控制器及附件	1FL6061-1AC61-2LB1	2 套
	进刀轴×4 转刀轴×4	V90 电机，高惯量，P_n＝0.4kW 控制器及附件	1FL6042-1AF61-2AA1	8 套
装卸部分 & 分切部分 & 机械臂×2	Open Controller	CPU 1515SP PC2 T/V2.5	6ES7677-2VB42-0GB0	1 套
	ET 200SP	分布式 IO		1 套
	A/B 模移动/A/B 模调整/拉/拉轴	V90 电机，高惯量，P_n＝0.75kW 控制器及附件	1FL6044-1AF61-2LA1	6
	A/B 模开合	V90 电机，高惯量，P_n＝0.75kW 控制器及附件	1FL6044-1AF61-2LA1	2 套
	卸料翻转	V90 电机，高惯量，P_n＝1.5kW 控制器及附件	1FL6064-1AC61-2AB1	1 套
	收卷 A/B	V90 电机，高惯量，P_n＝0.75kW 控制器及附件	1FL6044-1AF61-2AB1	2 套
	刀上差速棍	V90 电机，高惯量，P_n＝0.75kW 控制器及附件	1FL6044-1AF61-2AA1	1 套
	解卷	V90 电机，高惯量，P_n＝2.0kW 控制器及附件	1FL6067-1AC61-2AA1	1 套
	放卷	V90 电机，高惯量，P_n＝7.0kW 控制器及附件	1FL6096-1AC61-2AB1	1 套
	翻转 1	V90 电机，高惯量，P_n＝0.75kW 控制器及附件	1FL6044-1AF61-2LB1	1 套
	刀调整	V90 电机，高惯量，P_n＝0.75kW 控制器及附件	1FL6044-1AF61-2LA1	1 套
	机械臂 Z×2	V90 电机，高惯量，P_n＝2.0kW 控制器及附件	1FL6067-1AC61-2LB1	2 套
	机械臂 Y×2	V90 电机，高惯量，P_n＝1.5kW 控制器及附件	1FL6064-1AC61-2LA1	2 套
	机械臂 X×2	V90 电机，高惯量，P_n＝1.0kW 控制器及附件	1FL6062-1AC61-2LA1	2 套

（4）控制系统组成

控制系统网络结构图如图 7 所示。

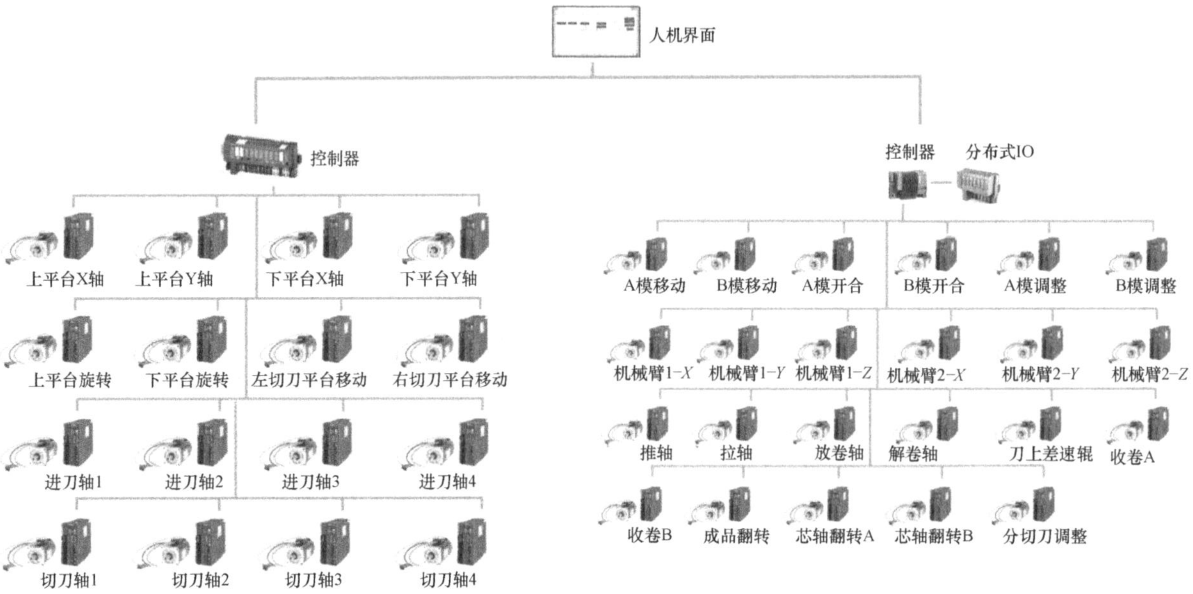

图 7　控制系统网络结构图

三、功能与实现

1. 切刀及调模算法

纸管切割、模具调整、切刀调整示意图如图 8 所示。

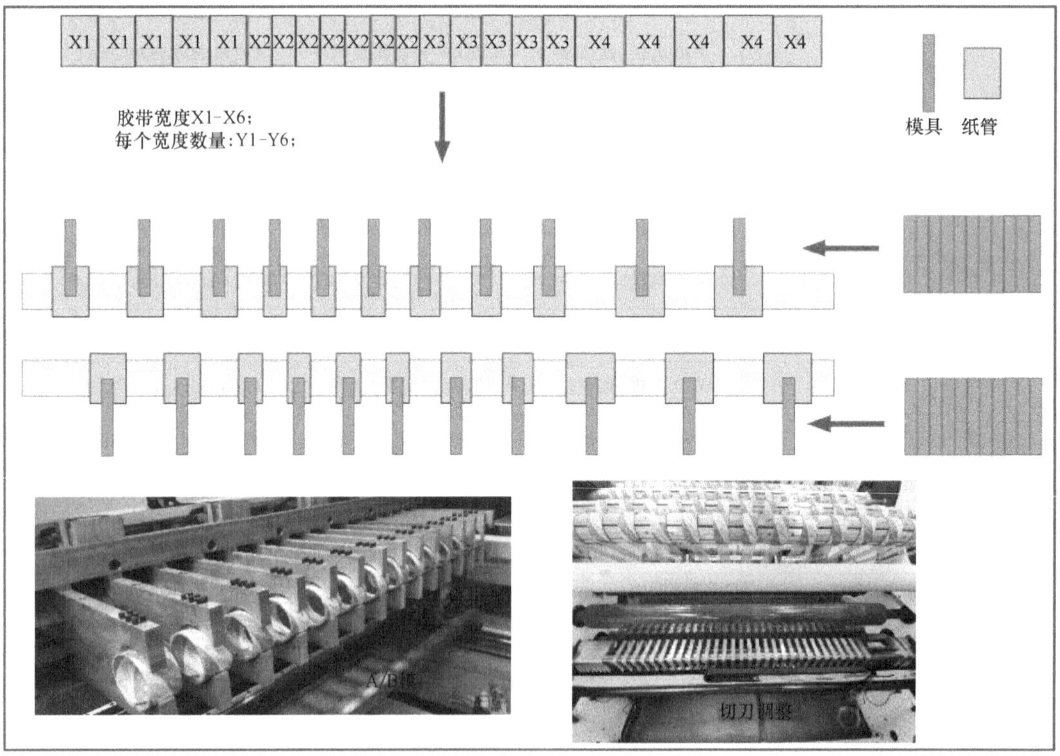

图 8　纸管切割、模具调整、切刀调整示意图

该设备纸管切割区域的切刀平台移动、装卸部分的 A/B 模取纸管模具、卷绕分切部分切刀模具调整具有类似功能。根据成品的规格，操作人员将胶带的宽度（纸管）、对应宽度的数量通过人机界面输入系统（同一个纸管最多 6 种规格），纸管切割部分控制器自动生成切刀平台每个切点的位置，左右纸管切刀平台根据设定好的位置交替动作完成纸管的切割。由于装卸部分 A/B 取模部分的模具调整也是自动完成的，与上一部分不同的是模具要夹在纸管的中心位置，因此在算法上不仅要考虑纸管的宽度、数量，还要考虑同一根纸管中不同规格切换时的宽度变化，同时由于模具本身有固定厚度，因此还要考虑取模时的算法。由于纸管按照规格要求完成切割，胶带也要被切割成相对应的宽度和数量，因此收卷分切部分的切刀模具调整及位置算法与纸管切割部分基本一致，只需在算法上再加上切刀模具的厚度和取模的位置算法即可。此处以纸管切割平台算法为例，简要介绍算法的实现，其他部分类似，文章不再赘述。

1）根据设定的胶带宽度和数量，通过 FILL_BLK 填充数组，通过 Array 变量建立数组。

2）通过数据数组、纸管长度循环计算每个切刀的位置。

```
REGIONPosCalc
#position_temp := 0;
    FOR #Counter_L := 1 TO #Counter + 1 BY 1 DO
        #position_temp := #position_temp + #Input_1[#Counter_L];
        #Input_Lengh := #position_temp;
        #position_temp := #Input_Lengh;
    END_FOR;
    #position := #Total_Lengh-#position_temp;
    #position_Last := #position;
    #Total_Lengh := #position_Last;
    #next_Position := #position_Last;
    #Cut_Tal := #position_temp+#Input_1[0]-#Input_1[#Counter]-#Input_1[#Counter + 1];
END_REGION
```

3）通过切割完成信号计数作为 2）中的循环#Counter_L 计算生成左右平台的位置设定。

2. 机械臂 A/B 控制

系统中设有两套机械臂，机械臂 A 将套好纸管的气胀轴转运到中转台，机械臂 B 完成中转台、分切区、装卸区（卸成品区）之间的气胀轴流转。两套机械臂在运动过程中均采用单轴独立运动按照顺序控制执行动作，逻辑复杂、开发周期长、运动效率低。T-CPU 集成的运动学机构工艺对象和 LKinematics Control Lib 可以方便快捷地实现机械臂控制。由于两套机械臂的运动存在物理位置的交叉区域，可以通过运动机构各轴的位置信息、顺控步及功能块提供的当前运动状态信号进行联锁，使两套机械臂以最优的运动路径和运动时序完成动作。下面结合运动机构工艺对象及 LKinematics Control Lib 介绍两套机械臂的运动控制：

1）机构选择及参数设置：该机械臂是典型的三轴直角坐标系机械臂，运动机构类型选择 Cartesian Portal 3D，根据机械臂的尺寸和运动范围定义测量单位、几何结构的变换参数、轨迹范围、动态预设值和限值。由于三个轴的伺服电机均采用绝对值编码器，根据实际位置需要采用直接回零的方式确定原点并设置各目标区域位置。由于在运动过程中，机械臂的运动轨迹固定且与周边机械设备距离较近，因此利用工艺对象组态中的运动机构工作空间区域定义工作区域、信号区域、封锁区域以确保设备能够在指定轨迹上安全运行。机械臂工作区域示意图如图 9 所示。

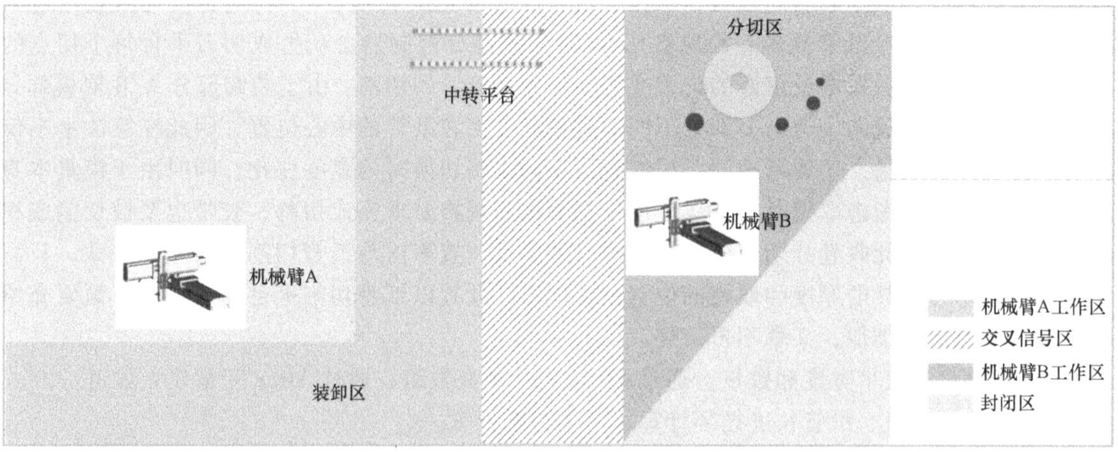

图 9　机械臂工作区域示意图

2）机械臂控制：使用 LKinematics Control Lib 完成机械臂的使能、复位、起动、暂停、重启等功能，机械臂的使能、复位由 LKinCtrl_MC_GroupPower 和 LKinCtrl_MC_GroupReset 实现，其他功能使用库文件中的 LKinCtrl_MC_MovePath 及 PathData、flags、valueFlags 等接口参数实现，图 10 所示为 LKinCtrl_MC_Move Path 功能块及 PathData 数据类型。

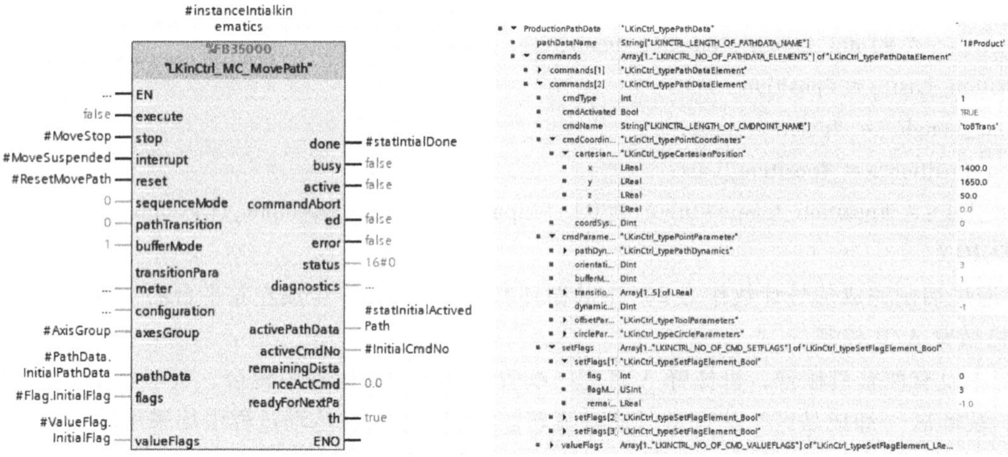

图 10　LKinCtrl_MC_MovePath 功能块及 PathData 数据类型

通过 LKinCtrl_typePathData 的数据类型定义 pathData 参数，并通过接口参数“pathData”传送至功能块，在 LKinCtrl_typePathData 的 pathDataName 中定义运动的名称；通过数据类型为 LKinCtrl_typePathDataElement 的 commands［i］定义各步运动的参数；通过 cmdType 定义运动的类型，该机械臂中包含直线插补运动、圆弧插补运动以及按时间等待三种类型，对应的 cmdType = 1、3、100；通过 cmdActivated 可以控制是否激活当前步，如果该步已进入 MotionQueue，则参数数值变化后，只有 MotionQueue 重新更新后才会生效；通过 cmdName 定义步的名称并传送到 HMI 上显示；通过 cartesianPosition 定义该步的目标位置；通过 CmdParameters. pathDynamics 定义每步的动态参数；通过 cmdParameters. circleParameters 定义圆弧插补运动中模式、辅助点、半径、角度等。完成参数配置后，设备即可按设定的步及运动曲线连续完成各步运动。

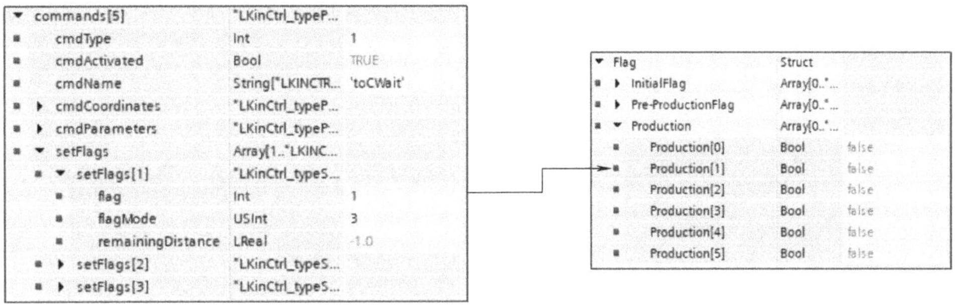

图 11　setFlags 配置

图 11 所示为 setFlags 配置，通过 setFlags 来实现机械臂抓手的动作，setFlags. flag 选择接口参数 flags 数组中的索引，flagMode 定义选择该标志位置位及复位的动作时序。flagMode = 3 的时序图如图 12 所示，flag 的置位状态为 1 个程序执行周期，1 个周期后该 flag 自动被复位。

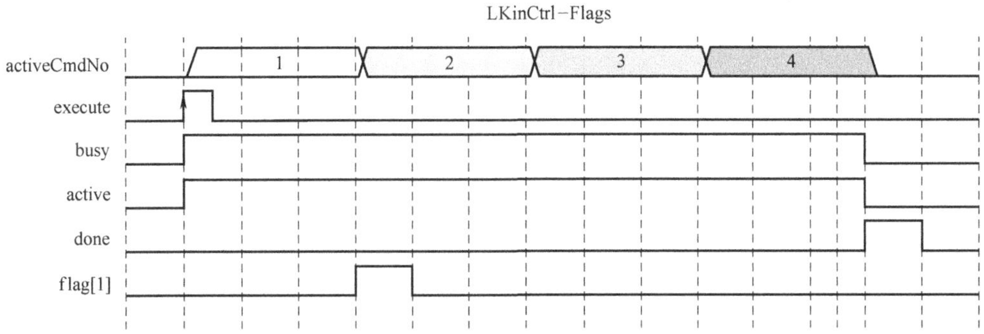

图 12　flagMode = 3 的时序图

根据各区域实际位置配置好上述数据，由于库程序中 commands 数量默认为 10，而现场实际需要的步数大于该值，通过变量表中的用户常量 LKINCTRL_NO_OF_PATHDATA_ELEMENTS 修改元素的数量即可。定义完 pathData 参数后即可通过功能块参数中 excute 参数执行运动，当出现需要避让或临时需要停止的情况可以通过 interrupt 来暂停执行，由于在 excute 执行时已将多个运动送到作业队列中，通过 restart 即可从当前步继续运动。机械臂执行时序如图 13 所示。

1）通过 HMI 变量多路复用及 DB_Any 实现批量轴控、诊断及 I/O_Test。

该项目中轴数较多，如果为每个轴单独做一个控制及诊断界面，则工作量大、重复性高且不便于操作人员查看。通过 PLC 程序中使用 DB_ANY 数据类型配合 HMI 中的变量多路复用实现方便的轴控及信息诊断，再通过 For 循环实现轴使能、复位等通用操作。多路复用既可以实现轴控及诊断，还可以在 I/O_Test 中应用，可以便捷地实现调试初期的 IO_Test，人机界面主页如图 14 所示。

在文本和图形列表选项中建立文本列表名称 Device Name，在文本列表条目中增加所有轴的名称，建立 axis No 内部变量，在画面模板中增加符号 IO 域，过程变量连接到 axis No，文本列表连接到 Device。将轴控或诊断信息的变量互联到 PLC 侧的轴控或诊断信息的数组变量上，并将数组变量的索引修改为 axis［axis No］. xxxx，运用这种方式便可通过文本列表对应的“值”去给 axis No 赋值从而选择数组对应的轴进行控制和诊断信息的读取。IO_Test 实现的过程与轴控相同，不再赘述。

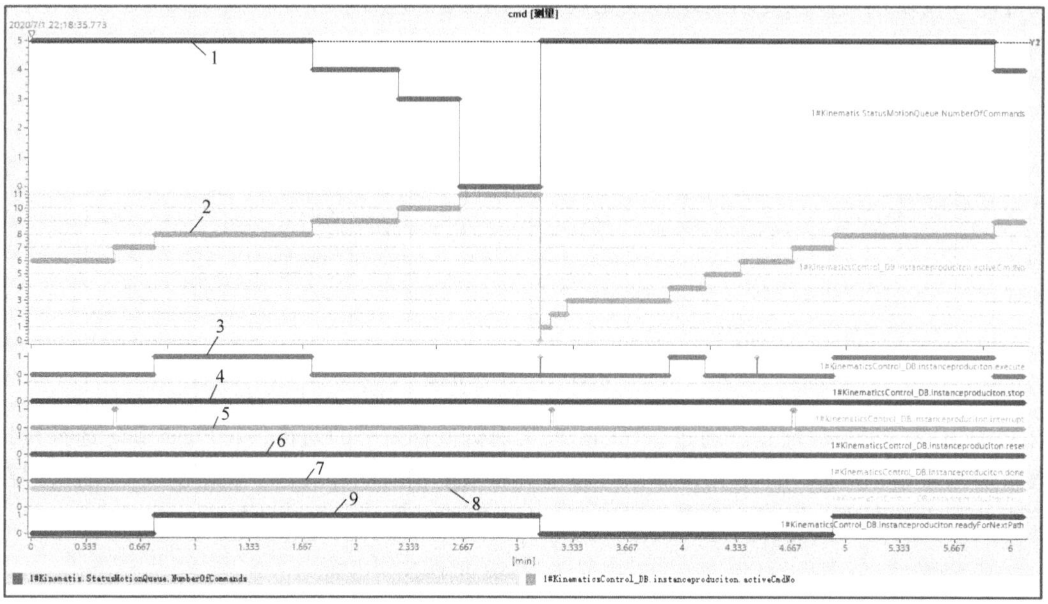

图 13　机械臂执行时序

注：1—MotionQuene 中存在的指令数量；2—当前激活的指令号；3—机械臂控制的 Execute 指令；4—机械臂控制的 Stop 指令；5—机械臂控制的 Interrupt 指令；6—机械臂控制的 Reset 指令；7—机械臂运动流程 Done 信号；8—机械臂处在运动中 Busy 状态；9—机械臂控制中下一个运动指令已准备好。

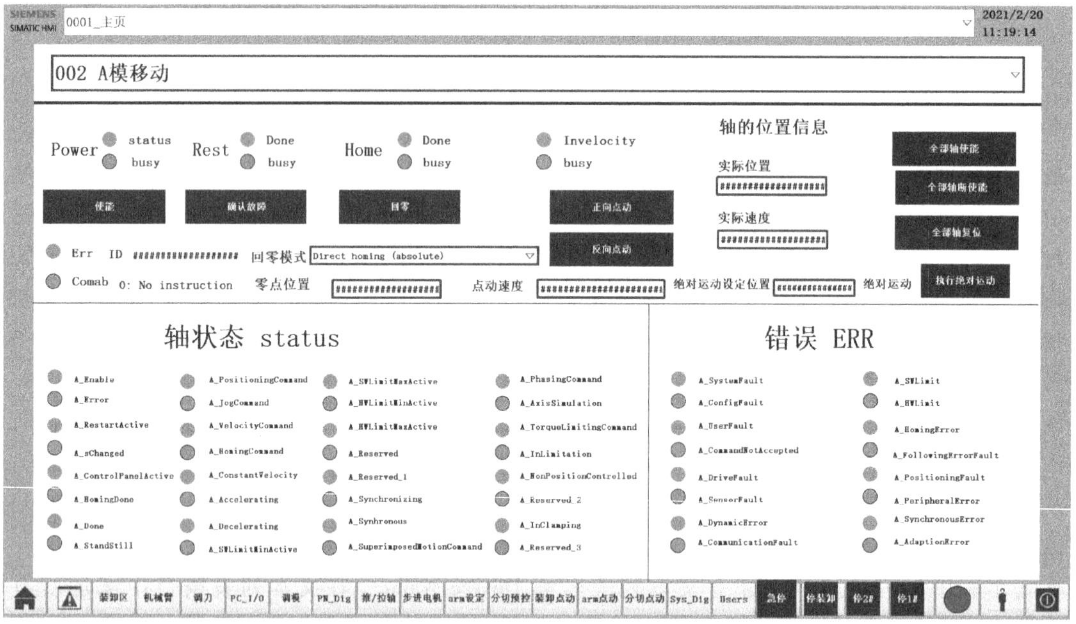

图 14　人机界面主页

对于轴使能、复位等可以批量处理的功能，建立 DB_Any 数组通过初始值去对应所有轴工艺对象数据块，通过 For 循环给数组索引赋值从而实现轴批量控制，接下来是以使能、复位功能为例：

```
REGIONpower&reset
  FOR #Temp_1:= 0 TO 22 DO
    #"power&jog&home"[#Temp_1](axis:= #"Axis DB Number"[#Temp_1],
      powerEnable:= ("LAxisBasics_AxisDataBlock".axis[#Temp_1].axisControl.axisControlCommand.powerEnable OR #"enable all axis"),
resetExecute:= "LAxisBasics_AxisDataBlock".axis[#Temp_1].axisControl.axisControlCommand.resetExecute OR #"reset all axis",
    END_FOR;
END_REGION
```

2）卷径计算。

胶带的分切收卷效果决定了成品的质量，高质量的成品胶带卷边缘齐整度好、透明度好、带卷长度固定，因此收卷的控制至关重要。由于设备中无张力传感器、Dancer Roll 等张力测量装置，因此只能采用间接张力控制方式，通过准确的摩擦转矩、加减速转矩预控、转矩限幅来实现精确的张力控制。在加减速预控的过程中，通过计算的方式获取准确的卷径以实现加减速转矩的精确补偿。在该设备中采用的是通过材料长度和厚度的方式来实现的卷径计算（见图 15）。

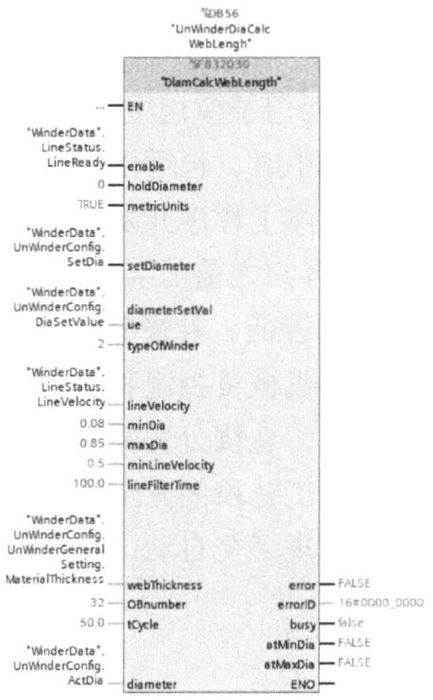

图 15　卷径计算

实际卷径是通过在循环中断中调用 Winder Lib 中的卷径计算功能块实现，通过材料的长度和厚度进行计算。根据材料长度和厚度计算卷径采用的是体积等效原理，计算过程如下

$$V_{长方体}=L\times H\times W$$

$$V_{空心柱}=\pi\times\left(\frac{D_{外}}{2}\right)^2\times W-\pi\times\left(\frac{d_{内}}{2}\right)^2\times W$$

可得外径为

$$D=2.0\times\sqrt{\frac{L\times H}{\pi}-\left(\frac{d_{内}}{2}\right)^2}$$

式中，L 为材料长度；H 为材料厚度；W 为材料宽度；$D_{外}$ 为外径；$D_{内}$ 为内径。

由计算公式可以看出，理想情况下，影响卷径计算的因素有材料长度、材料厚度、内径，由于材料厚度和内径为固定值，材料长度的准确决定了卷径计算的准确，而材料长度是通过线速度计算而来，所以最终的影响因素为线速度。在不考虑弹性形变的基础上，相同时间内材料在各辊走过的长度相同，而解卷辊辊径固定，因此长度计算的线速度来源为解卷辊的线速度，通过优化伺服系统的稳态性能和对速度实际值进行滤波处理以获得更准确的线速度从而获取更加精确的卷径。

四、设备运行状况

设备于 2020 年 6 月调试完成，实现整个系统的全自动化生产流程，纸管切割部分完成双纸管切割时间为 120s，纸管经机械臂转运时间为 50s，收卷线速度最高可达 200m/min，单次收卷长度为 100m，用时 45s，中间设置纸管缓冲装置 2 套以匹配生产节拍。

设备整体运行良好，由于机械中的气动装置、传感器安装等问题会造成设备全流程自动化运行中断，因此在易出现问题的信号中设置了仿真信号，通过操作人员的确认后可以激活仿真信号以确保自动运行流畅。

五、应用体会

1）该机型中采用了1515SP PC2 T+V90的全套西门子产品解决方案。在样机开发的过程中，利用TIA Portal全集成自动化的平台完成了控制程序的编写、人机界面的开发、伺服系统的调试；在调试初期利用PRONETA网络工具进行拓扑结构的诊断和分析；通过触摸屏变量的多路复用实现了便捷的IO_Test及轴控和诊断信息的批量处理。诸如此类的功能使样机开发过程变得更加高效和便捷。

2）T-CPU中集成的运动机构工艺对象提供了多种运动机构模型，可通过简单的组态和配置实现机械臂的控制。西门子应用中心提供的LKinematics Control Lib将运动机构的控制变得更加方便，通过位置参数、插补曲线类型配置即可实现多个运动的组合，并可以通过接口参数flags的配置实现气动装置的控制。集成的调试面板和运动系统轨迹功能可以实现在调试初期阶段的程序仿真和验证。

3）西门子应用中心提供多种类型的卷绕库可以实现收放卷的控制，即使在不完全采用该库应用在项目中时，也可以通过其中诸如卷径计算、摩擦转矩测量、转矩预控等标准功能块进行程序的开发，提高了程序开发和样机调试的效率。

4）客户之前的第一代机型采用了全套台达的解决方案，设备的自动化程度较二代产品（本机型）相对较低，卷绕分切部分的线速度较慢。设备开发周期长达1年之久且设备的运行效果并不尽人意，在机械臂控制和全自动流程中遗留了很多问题。在二代机型中采用西门子的解决方案后设备运行流畅，卷绕分切部分的线速度最高可达200m/min；在纸管切割、气胀轴装卸、卷绕分切和成品下料各工艺段间完全实现了自动化；纸管切刀控制、模具调整、胶带切刀模具调整、收卷轴切换等工艺实现了全自动，大大提高了生产效率。

参考文献

[1] s71500_s71500t_axis_function_manual_en-US_en-US [Z].

[2] s7-1500t_kinematics_function_manual_en-US_en-US [Z].

[3] s71500_s71500t_synchronous_operation_function_manual_en-US_en-US [Z].

[4] S7-SCL Programming Guide [Z].

[5] Manual_LConSMC_S7-1500_S7-1500T_V301 [Z].

[6] STEP_7_WinCC_V15&16_zhCN_zh-CHS [Z].

不同凸轮曲线在 SINAMICS DriveSim Basic 中的仿真
Simulation of different CAM profiles using SINAMICS DriveSim Basic

金　鑫
（西门子（中国）有限公司　济南）

[摘　要] 在压机送料及电池行业中，经常用到不同类型的凸轮曲线。如何在设计阶段评价和选择不同的凸轮曲线，是一个难题。本文通过 SINAMICS DriveSim Basic 工具，在 Simulink 环境中，对不同类型的凸轮曲线的实际运行效果进行了仿真，提供了一种工程设计的方法，并对其他影响曲线运行效果的因素进行了仿真测试。

[关 键 词] 凸轮曲线、SINAMICS DriveSim Basic、数字化、仿真、Simulink

[Abstract] Different types of CAM profiles are commonly used in PressHandling and Battery branch. It is a hard problem to evaluate and choose different types of CAM profiles in design and engineering phase. This paper introduces a method to simulate the result of different CAM profiles, using the SINAMICS DriveSim Basic tool in Simulink environment. Other variables that could affect the result of CAM profiles are also simulated.

[Key Words] CAM profiles、SINAMICS DriveSim Basic、Digitalization、Simulation、Simulink

一、项目简介

1. 压机送料（Press Handling）行业应用与工艺介绍

压机送料指的是给压机传送工件的装置。常见的类型有多工位送料、单臂送料、双臂送料、机器人送料等形式。

在压机送料装置中，凸轮曲线的设计和选择是电气设计的关键。以凸轮曲线的规划为重点，西门子 PMA APC 总部开发了 Press Handling standard application 和 library，这个标准应用有 SIMOTION 和 1500T 两个版本。

该标准应用适用于以下几种压机送料的类型：

（1）多工位送料/三次元送料

图 1 所示为多工位送料结构示意图，多工位送料配合多工位压机使用，通常有 X、Y、Z 三个垂直方向的运动，运动机构的运动学关系简单，不需要运动学的正解和逆解。

多工位送料通常和压机编码器进行同步，对应压机送料中的 SimoTrans 功能。

（2）单臂送料

图 2 所示为一种单臂机械手结构。因为该机械手的结构外观类似于人的一只手臂，所以被称为单臂机械手。

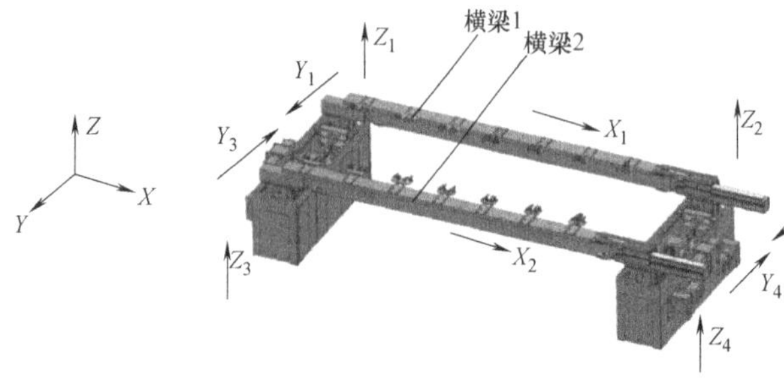

图 1　多工位送料结构示意图

图 2　一种单臂机械手结构

单臂机械手在应用压机送料库的时候，可以使用 SimoTrans 或者 SimoFeed，两种模式都可以。

（3）双臂送料

图 3 所示为双臂送料结构照片，双臂送料是在板料工件的两侧，各有一个手臂，两个手臂同步运行，所以称为双臂送料。

双臂送料在应用压机送料库的时候，一般来说，使用 SimoTrans 模式，方便与主轴同步。

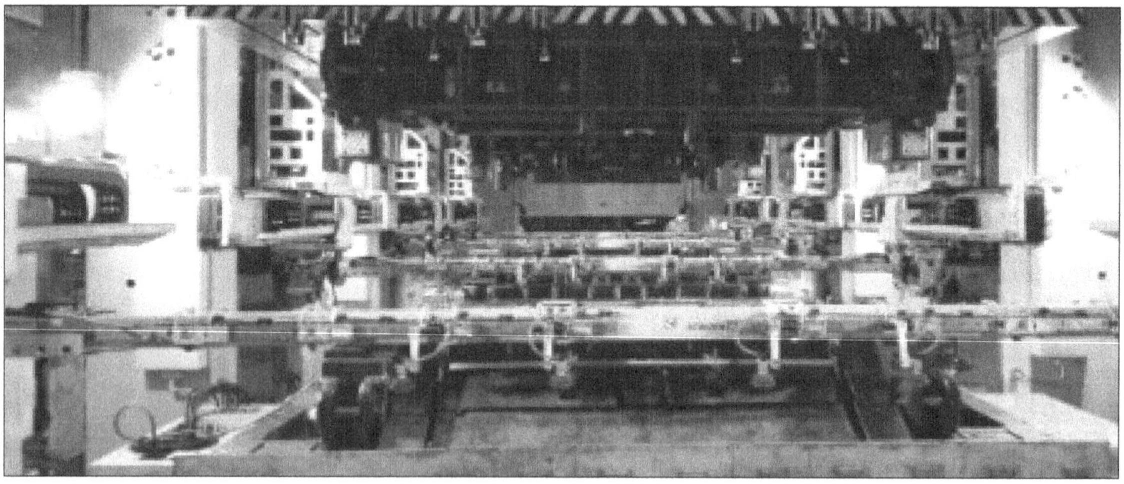

图 3　双臂送料结构照片

2. 压机送料中使用的西门子产品典型配置

压机送料中使用的西门子产品典型配置如图 4 所示，控制器一般采用 SIMOTION D 系列运动控制器，驱动器采用 SINAMICS S120 或 S210 系列。

具体的型号和选型与本文所讨论的凸轮曲线仿真无关，故在此不做讨论。

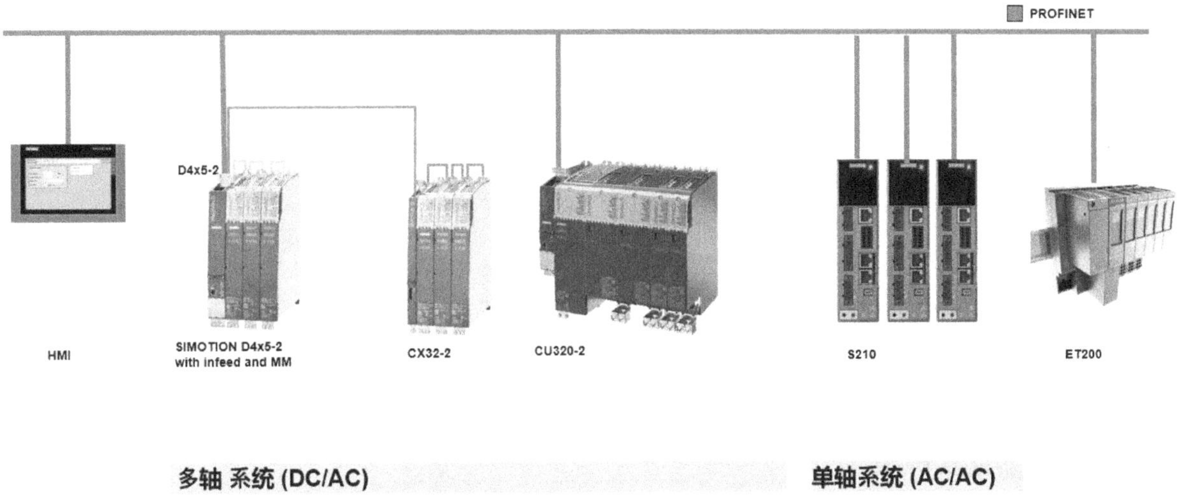

图 4　压机送料中使用的西门子产品典型配置

3. 项目中使用的相关数字化技术

压机送料凸轮曲线的实际应用效果通常需要在设备调试阶段才能得到。在设备调试阶段，一是机械已经成型，如果效果不好，更改机械费时费力；二是调试时间紧张，没有充足时间修改和规划凸轮曲线。这样就要求工程师尽量在设计阶段，通过各种手段评价和选择不同类型的凸轮曲线。

如何在设计阶段评价和选择不同的凸轮曲线，是一个难题。数字化工具可以帮助我们更快地、量化地进行评价和选择。

本文通过自制的 Sizing Tool 工具，在 Matlab 环境中，对不同类型的凸轮曲线的动态特性及时间需求做了对比，并生成了凸轮曲线的位置设定值及速度设定值。

本文还通过西门子 SINAMICS DriveSim Basic 工具，在 Simulink 环境中，对不同类型的凸轮曲线的实际运行效果进行了仿真，提供了一种工程设计的方法，并对其他影响曲线运行效果的因素进行了仿真测试。

二、系统结构

1. 系统中使用到的软件、硬件产品

本文的工作内容在计算机软件仿真环境下运行，没有使用硬件产品。

使用的软件产品有西门子 SINAMICS DriveSim Basic V1.0.04 版本、自制的 Linear Motor Sizing Tool 20210816 版本和 MathWorks 的 Matlab Simulink R2021b 版本。

2. 项目主要工作原理

Linear Motor Sizing Tool 用来计算和生成曲线，以及用来衡量对比不同曲线类型对于动态特性和时间的需求（见图 5）。

该工具在 Matlab 环境中编程开发，可以将生成的凸轮曲线的位置值、速度值等方便地与 Simulink 进行连接，仿真计算得到的结果。

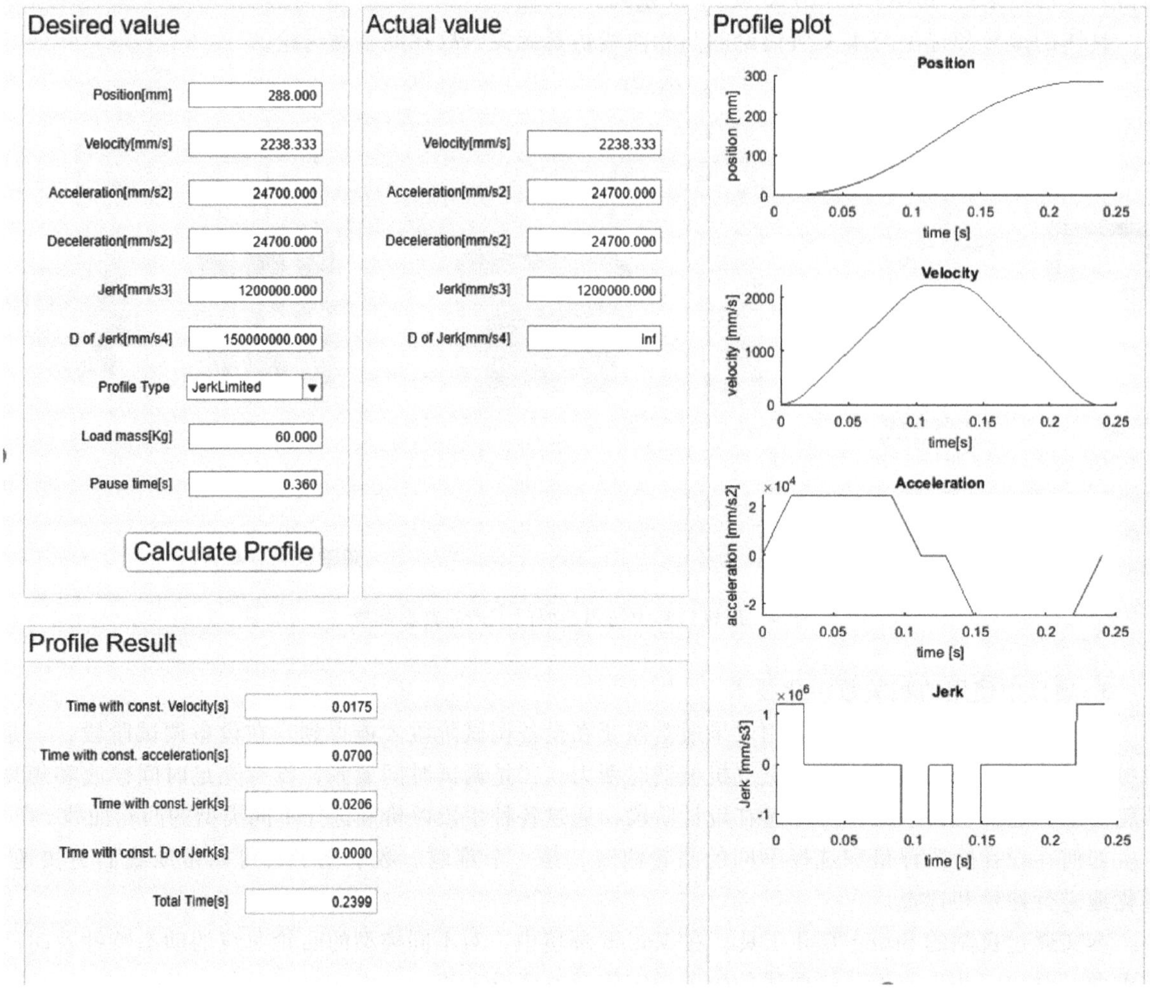

图 5　Linear Motor Sizing Tool 曲线计算部分截图

图 6 所示为 SINAMICS DriveSim Basic 应用框图，DriveSim Basic 仿真了控制回路中的速度环和电

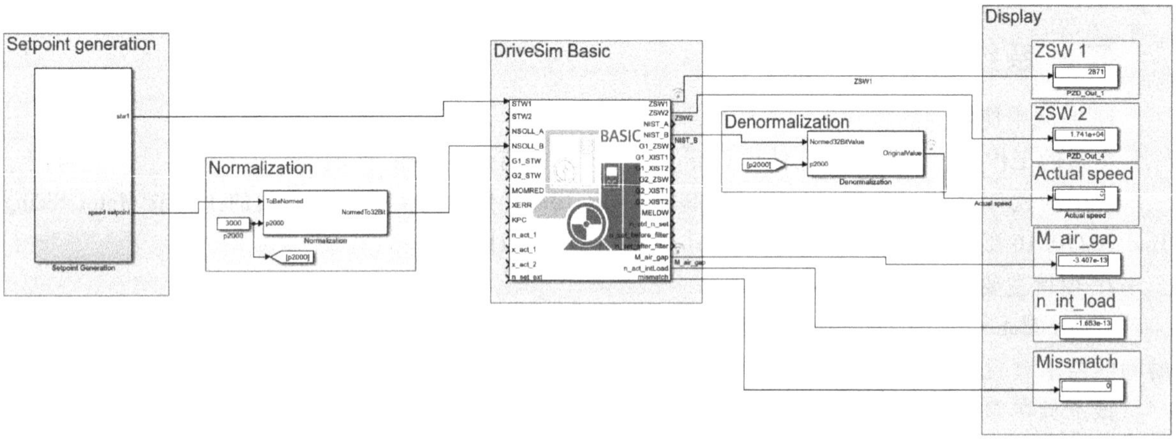

图 6　SINAMICS DriveSim Basic 应用框图

流环，以及负载；左侧 Setpoint generation 为凸轮曲线的生成以及对应速度设定值的生成。图 7 所示为 SINAMICS DriveSim Basic 内部结构。

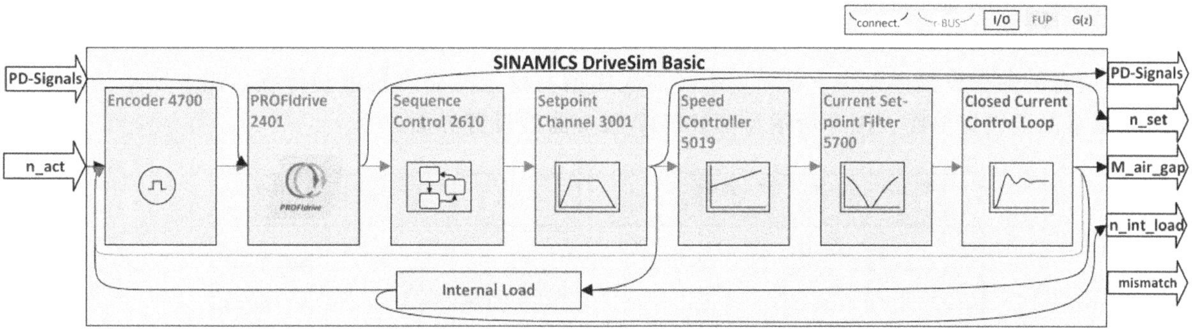

图 7　SINAMICS DriveSim Basic 内部结构

因为速度环和电流环以及负载都可以被仿真，所以该模型可以用来对不同速度设定值所产生的实际效果进行仿真，还可以测试不同速度环、电流环以及负载的设置对最终效果的影响。

本文中没有对位置环及其相关参数进行仿真，将作为下一步完善模型的重点。

3. 方案比较

针对凸轮曲线的计算，除了使用本文中的选型工具外，也可以使用 SIMOTION SCOUT 及 SIMO-SIM，或者 TIA Portal 加 PLCSIM Advanced，仿真运行凸轮曲线的生成算法，并从 Trace 中获得运行结果，从而得到不同曲线对于动态特性和时间的需求。

本文中使用自制选型工具的优势在于，可以在 Matlab 环境中编程开发，将生成的凸轮曲线的位置值、速度值等方便地与 Simulink 进行连接，仿真计算得到的结果。

针对凸轮曲线运行实际效果的仿真，除了使用 SINAMICS DriveSim Basic 以外，也可以自己在 Simulink 中搭建速度环、电流环以及负载的模型。但是自己搭建的模型可能和西门子的驱动有所差异，使用官方的驱动模型可以保证仿真结果更加贴近真实的硬件运行结果。

另外，SINAMICS DriveSim Basic 还有其他软件平台的版本（见表 1），要求平台支持 FMU 2.0 co-simulation import（https://fmi-standard.org/tools/）即可。包括：

表 1　SINAMICS DriveSim Basic 各个版本对应的平台

软件平台	软件提供商	PLCSIM Advanced 接口
Simit	SIEMENS	有
Simcenter Amesim	SIEMENS	有
Matlab Simulink	Mathworks	有
ANSYS Twin Builder	ANSYS	无
Hopsan	Linköping University	无

本文中选择在 Matlab Simulink 环境中使用的优势在于，可以利用之前在 Matlab 中开发的凸轮曲线算法，并且将来也可以连接 PLCSIM Advanced 进行协同仿真。

三、功能与实现

1. 压机送料标准应用中的曲线生成

目前，压机送料有两个版本，分别是 SIMOTION 和 SIMATIC。

在两者的曲线设置界面中，都可以选择曲线类型，设定需要的角度和行程。图 8 所示为 SIMOTION 版本曲线设置界面，图 9 所示为 SIMATIC 版本曲线设置界面。

nb.	master value start	master value end	position	mode	V,%	A,%	max. stroke rate
1	255.00	295.00	200.00	Poly5	100.0	100.0	17.03
2	70.00	110.00	0.00	Poly5	100.0	100.0	17.03
3	0.00	0.00	0.00	Poly5	100.0	100.0	0.00
4	0.00	0.00	0.00	Poly5	100.0	100.0	0.00
5	0.00	0.00	0.00	Poly5	100.0	100.0	0.00
6	0.00	0.00	0.00	Poly5	100.0	100.0	0.00

图 8 SIMOTION 版本曲线设置界面

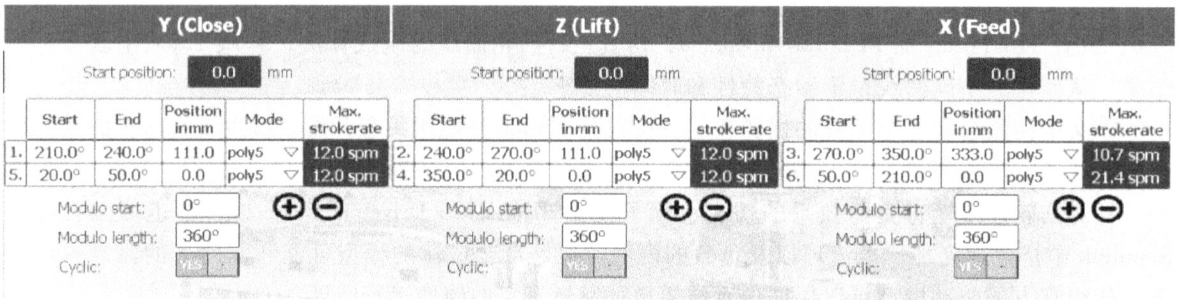

图 9 SIMATIC 版本曲线设置界面

其中，设置的参数含义如下：

1） Start angle-start leading value 主轴起始角度。

2） End angle-end leading value 主轴结束角度。

3） Position-target position 从轴目标位置。

4） Mode-motion type：凸轮曲线类型。

5） Max. stroke rate-maximum stroke rate in strokes/minute, is calculated line by Line 可以达到的最大次数。

其中，凸轮曲线类型也有以下三种：

1） Poly5：5th order polynomial 对应五次多项式。

2） ModPoly：对应修改的多项式。

3） Smooth：对应 Const jerk 曲线类型。

2. 三种运动曲线的对比

（1） 5 次多项式

5 次多项式曲线的特点是，在压机送料应用中，常用于从 dwell 到 dwell 的运动。5 次多项式曲线如图 10 所示。

在计算 5 次多项式曲线过程中，纳入计算的参数有最大 jerk、最大加速度、最大减速度、最大速度。

5 次多项式曲线对应的系数为：

$a_0=0$；$a_1=0$；$a_2=0$；$a_3=10$；$a_4=-15$；$a_5=6$；$a_6=0$；$A=0$；$\omega=0$；$\varphi=0$；

$x_{n1}=0$；$x_{n2}=1$

5 次多项式曲线的特点是所有动态特性，速度、加速度、jerk 都只在一个点达到最大值，然后马上下降，这样的缺点是带来整机速度受到限制。

5 次多项式曲线的优点是，速度、加速度、jerk 的切换都非常平滑，没有突变，这样使得对机械的冲击很小，运行的直观感受会比较柔和。

（2）修改的多项式

5 次多项式曲线的所有动态特性都只在一个点达到最大值，这样导致整机速度受到限制，为了解决这个问题，提出了修改的多项式。修改的多项式曲线如图 11 所示。

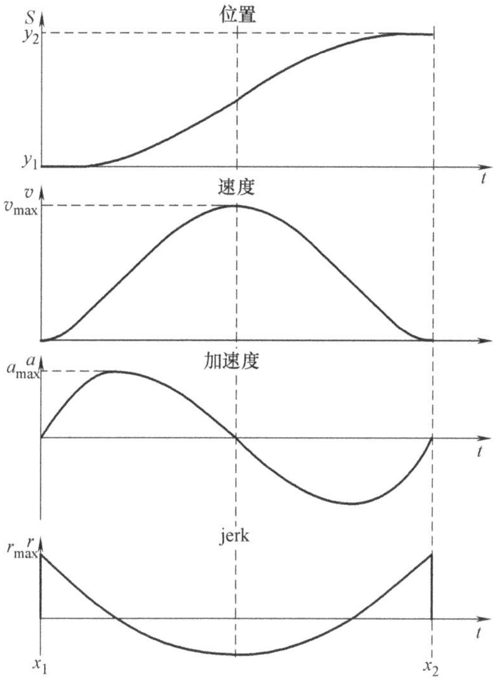

图 10　5 次多项式曲线

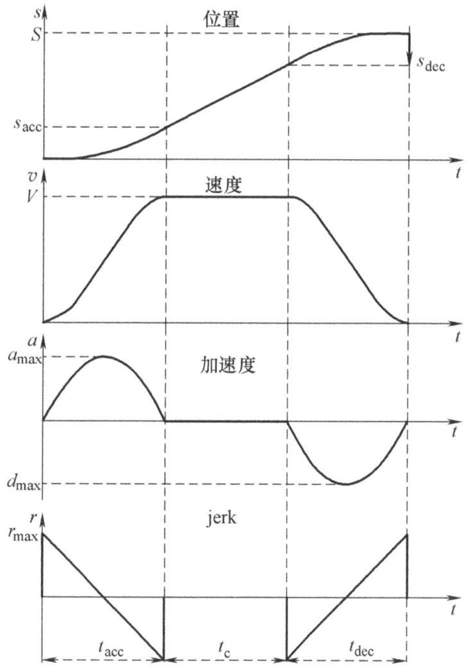

图 11　修改的多项式曲线

在修改的多项式曲线中，运动分为三段。

第一段为从 dwell 到匀速的加速段。

第二段为以最大速度运行的匀速段。

第三段为从最大速度到 dwell 的减速段。

这样，因为有了一个以最大速度运行的匀速段，所以该轴的最大速度可以被利用，该轴能够以更高速度运行。

（3） Const jerk 类型

Const jerk 曲线分为三大段，从速度来看，分为加速段、匀速段、减速段（见图 12）。

在加速段中，又分为三段，分别是加速度以 constant jerk 增加段，加速度恒定段，加速度以 constant jerk 减小段。

在减速段中和加速度段相同，分为三段。

Const jerk 曲线的优点是，可以利用轴的最大动态特性，达到相对高的节拍。

相对于修改的多项式曲线，Const jerk 曲线的速度更快，但是对机械的冲击要比修改的多项式曲线更大。

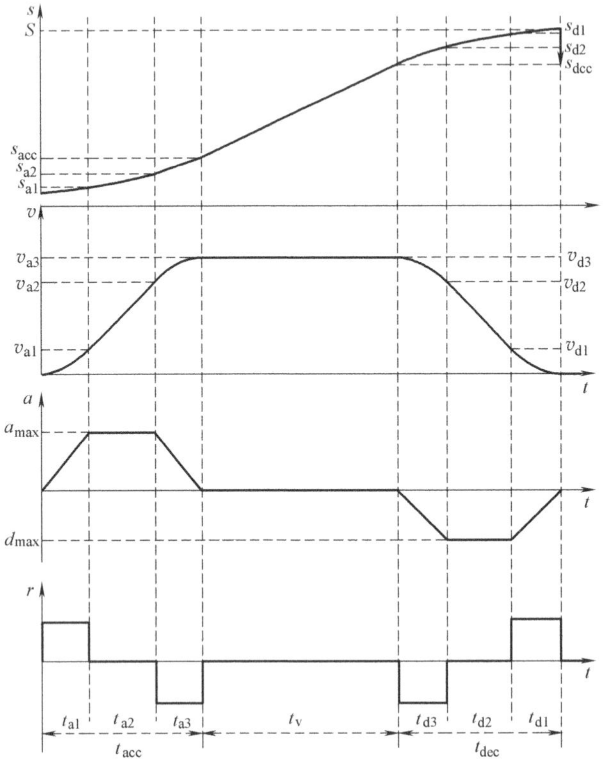

图 12 Const jerk 曲线

3. 自制选型工具中曲线的计算

选型工具曲线计算部分分为 4 个部分，分别为：

1） Desired value，需求数据输入。

2） Actual value，实际的动态限制值。

3） Profile result，分段时间结果。

4） Profile plot，曲线绘制。

下面依次进行介绍：

（1） 需求数据输入部分

需求输入部分分两大部分，一部分是曲线的参数，另一部分是机械参数。需求输入部分截图如图 13 所示。

在直线电机选型中，当前只使用了负载重量这一个参数。

曲线参数包括需要运行的距离、动态限制值、曲线类型、等待时间等。

其中动态限制值包括速度、加速度、jerk 和 jerk 的变化率。

Profile type 曲线类型目标支持以下四种：

1） 五次多项式。

2） 修改的多项式。

3） Const jerk 类型。

4） 四次多项式。

（2） 实际的动态限制值部分

实际的动态限制值包括速度、加速度、jerk 和 jerk 的变化率。实际的动态限制值部分截图如图 14 所示。

在这里显示的意义是，可以看出对实际值的要求，有时设定的动态参数太大，则用不到，会造成性能的浪费。

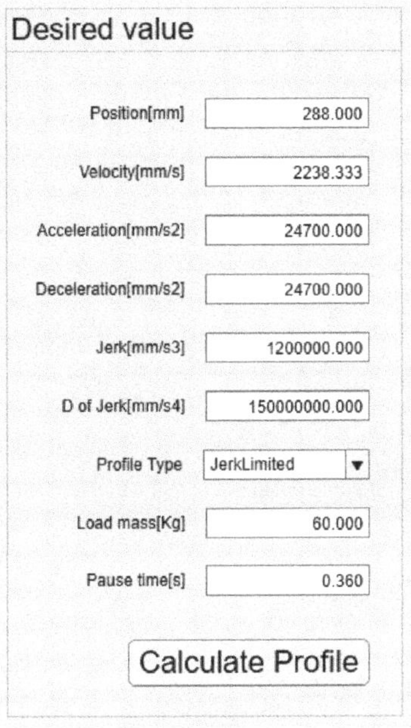

图 13　需求输入部分截图

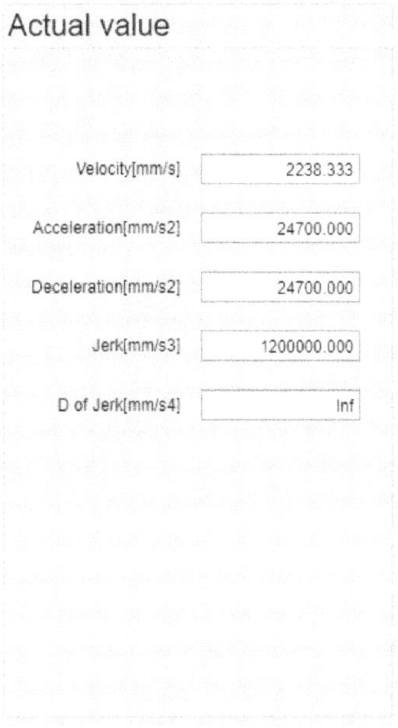

图 14　实际的动态限制值部分截图

（3） 分段时间结果部分

分段时间结果中，最重要的是运行总时间。分段时间结果部分截图如图 15 所示。

其他显示的时间包括匀速运行的、匀加速运行的、匀 jerk，以及匀 jerk 变化率运行的时间。通过这些时间，可以反映曲线的特性，为进一步优化指明方向。

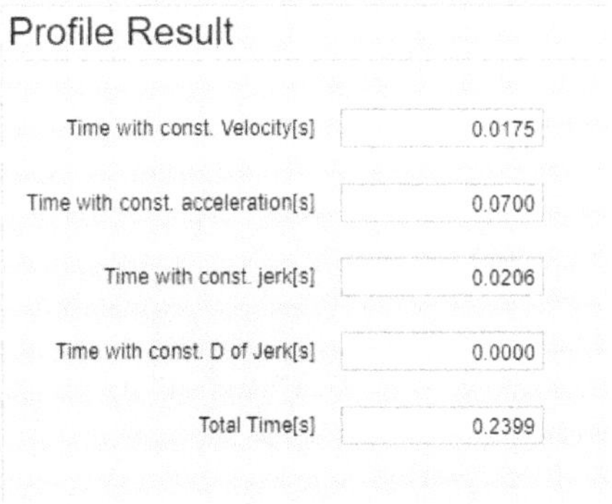

图 15　分段时间结果部分截图

（4） 曲线绘制部分

曲线绘制部分会绘制 5 条曲线，包括位置、速度、加速度、jerk、jerk 的变化率。曲线绘制部分截图如图 16 所示。

当曲线为 3 次时，jerk 的变化率无穷大，jerk 变化率曲线不适用，会隐藏不显示。

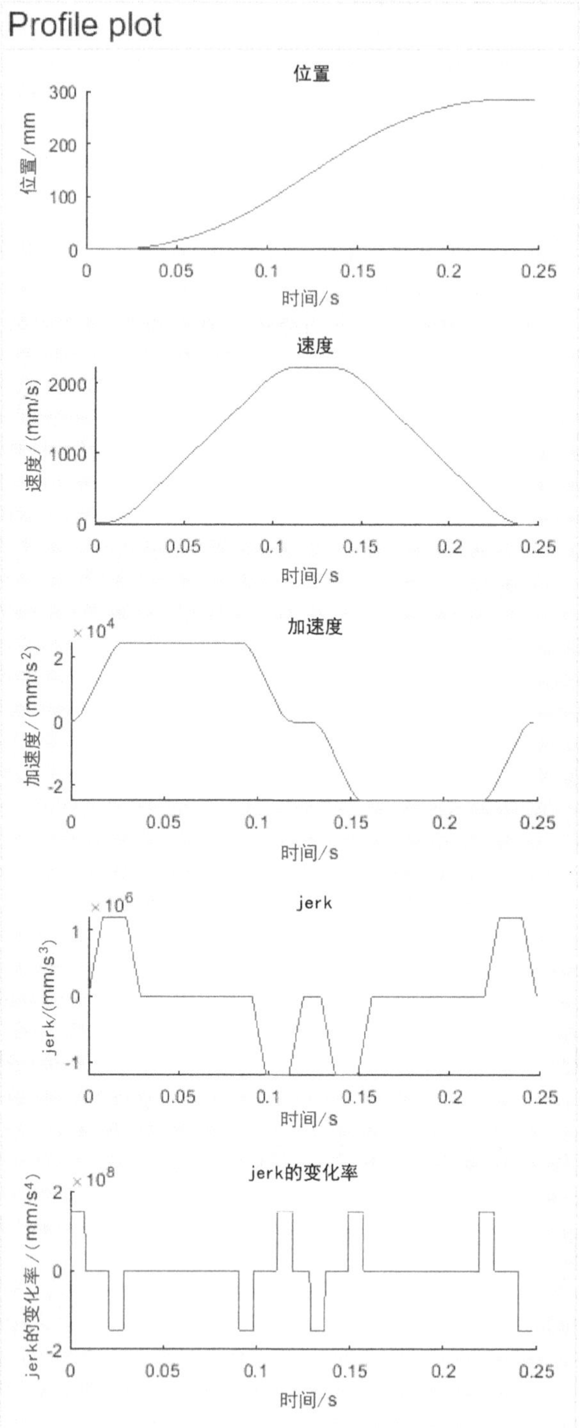

图 16　曲线绘制部分截图

4. 自制选型工具

使用自制的选型工具，对比四种曲线对动态特性的要求，以下列要求为例，通过计算，得出四种曲线对动态特性的要求。

行程：288mm；时间：0.24s。

最大速度、最大加速度、最大 jerk、最大的 jerk 变化率是变量。曲线绘图结果汇总如图 17 所示，汇总的 Actual value 结果如图 18 所示。

Const jerk类型	5次多项式类型	修改的多项式类型	四次方曲线类型

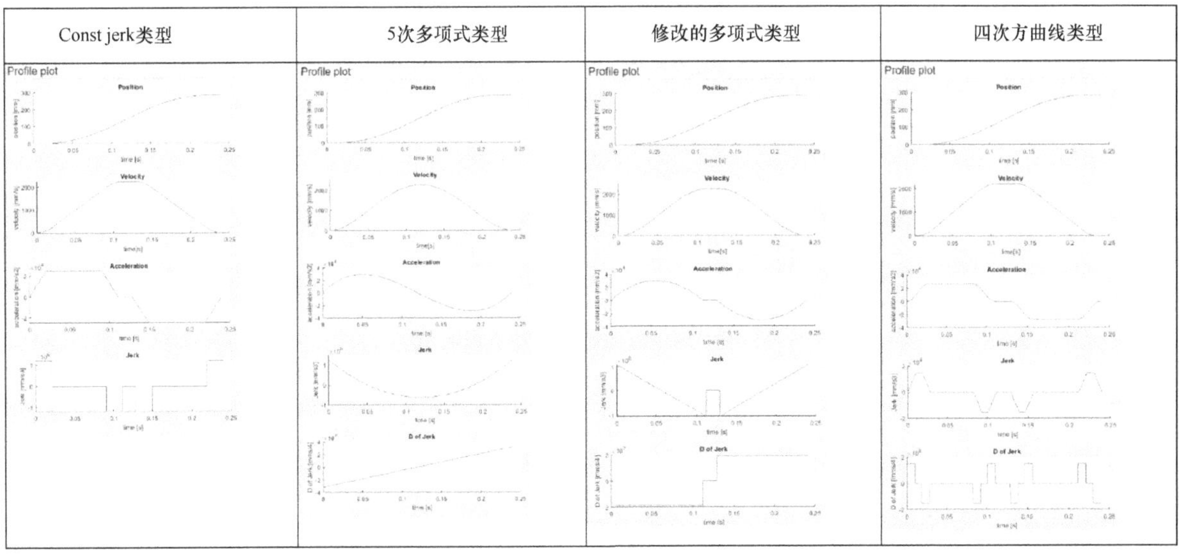

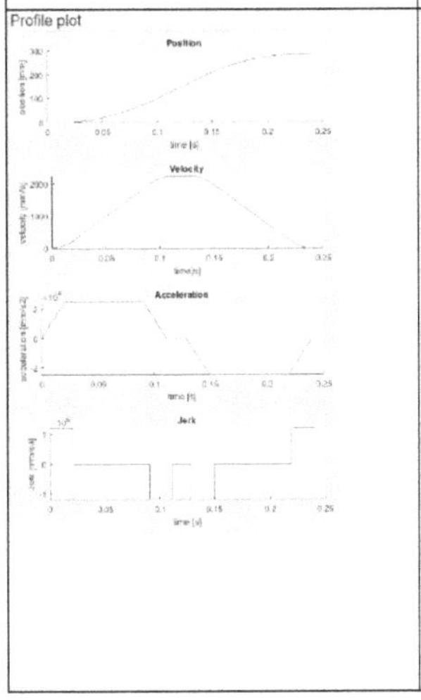

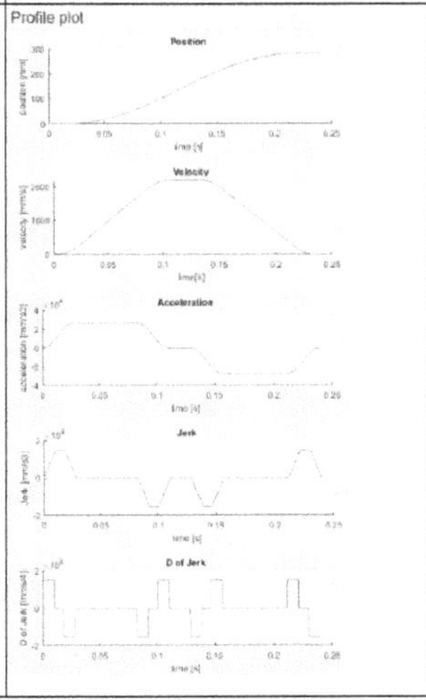

图 17 曲线绘图结果汇总

	Const jerk类型	5次多项式类型	修改的多项式类型	四次方曲线类型
Velocity[mm/s]	2238.333	2258.333	2238.333	2238.333
Acceleration[mm/s2]	24700.000	29081.742	30000.000	27000.000
Deceleration[mm/s2]	24700.000	29081.742	30000.000	27000.000
Jerk[mm/s3]	1200000.000	1263940.337	1072226.375	1500000.000
D of Jerk[mm/s4]	Inf	31715539.463	Inf	150000000.000

图 18 汇总的 Actual value 结果

从汇总的结果来看，要在同样的时间内运行相同的距离，不同类型的曲线对动态参数的要求是不同的。

在本示例中，对加速度要求从小到大依次是：

Const jerk 类型，四次方曲线类型，5 次多项式类型，修改的多项式类型。

在本示例中，对 jerk 要求从小到大依次是：

修改的多项式类型，Const jerk 类型，5 次多项式类型，四次方曲线类型。

5. 通过自制选型工具观察不同曲线的表现

可以通过自制选型工具，对比同样动态参数下不同曲线类型的表现。另外，可以规定总的行程和动态限制值，看曲线运行的时间结果。规定总的行程和动态限制值如图 19 所示，汇总的 Actual value 结果如图 20 所示，汇总的 Profile Result 结果如图 21 所示，曲线绘制结果汇总如图 22 所示。

Desired value

Position[mm]	288.000
Velocity[mm/s]	2238.333
Acceleration[mm/s2]	24700.000
Deceleration[mm/s2]	24700.000
Jerk[mm/s3]	1200000.000
D of Jerk[mm/s4]	150000000.000

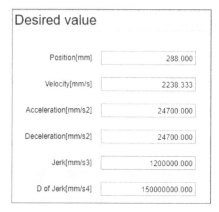

图 19 规定总的行程和动态限制值

	Const jerk类型	5次多项式类型	修改的多项式类型	四次方曲线类型
Velocity[mm/s]	2238.333	2081.260	2157.863	2238.333
Acceleration[mm/s2]	24700.000	24700.000	24700.000	24700.000
Deceleration[mm/s2]	24700.000	24700.000	24700.000	24700.000
Jerk[mm/s3]	1200000.000	989330.453	726838.432	1200000.000
D of Jerk[mm/s4]	Inf	22878375.007	Inf	150000000.000

图 20 汇总的 Actual value 结果

	Const jerk类型	5次多项式类型	修改的多项式类型	四次方曲线类型
Time with const. Velocity[s]	0.0175	0.0000	0.0000	0.0095
Time with const. acceleration[s]	0.0700	0.0000	0.0000	0.0620
Time with const. jerk[s]	0.0206	0.0000	0.0000	0.0126
Time with const. D of Jerk[s]	0.0000	0.0000	0.0000	0.0080
Total Time[s]	0.2399	0.2595	0.2669	0.2479

图 21 汇总的 Profile Result 结果

从计算得到的时间结果汇总来看，在本示例中，在同样动态参数下，同样行程所需时间由小到大，也就是由快到慢排列如下：

Const jerk 类型，四次方曲线类型，5 次多项式类型，修改的多项式类型。

Const jerk类型	5次多项式类型	修改的多项式类型	四次方曲线类型

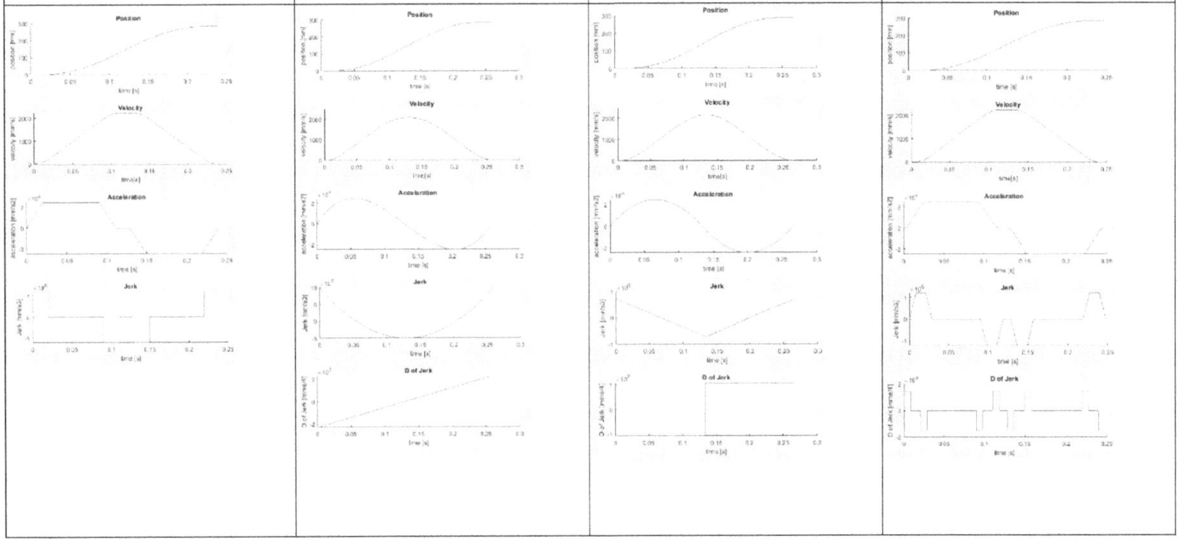

图 22　曲线绘制结果汇总

在其他案例中，曲线的快慢和本示例很有可能不同，所以不能说某种曲线类型一定快，或者一定慢。

6. 通过 SINAMICS DriveSim Basic 进行仿真对比

使用 SINAMICS DriveSim Basic，对不同曲线的最终运行效果进行仿真对比。

（1）负载类型设定

在 DriveSim 中，可以设定两种负载类型，一种是内部负载，另一种是外部负载。需要注意的是，此处的内部并不指代驱动器内部，而是指代 FMU 模型内部。DriveSim FMU 中负载类型的设定截图如图 23 所示，配置为内部负载时的仿真逻辑如图 24 所示，配置为外部负载时的仿真逻辑如图 25 所示。

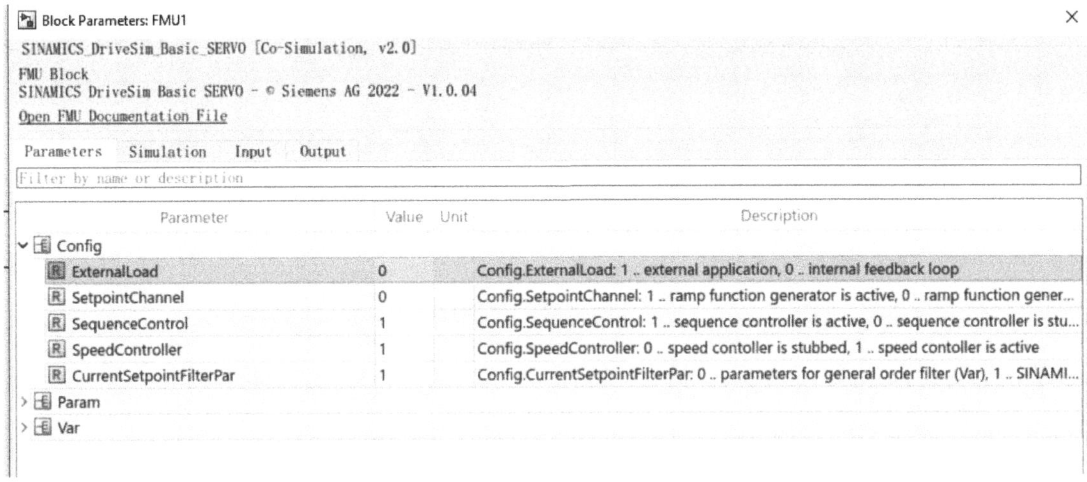

图 23　DriveSim FMU 中负载类型的设定截图

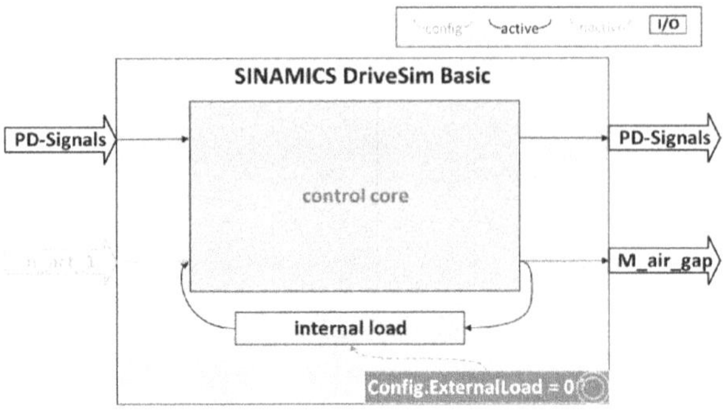

图 24　配置为内部负载时的仿真逻辑

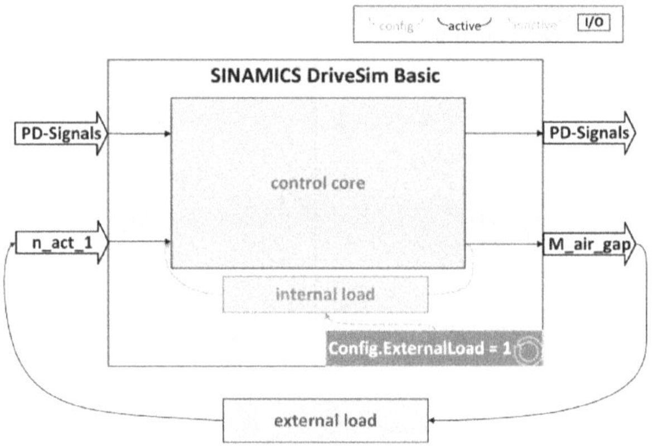

图 25　配置为外部负载时的仿真逻辑

当配置为内部负载时，FMU 仿真模型内部，会使用二质量体模型来仿真负载。速度实际值输入 n_act_1 在此时不起作用。简化的二质量体模型如图 26 所示。

当配置为外部负载时，内部负载模型不起作用，电机扭矩 M_air_gap 和速度实际值 n_act_1 之间，可以连接一个用户自定义的负载模型。自定义的负载模型可以比二质量体模型更加贴近实际机械负载的情况，使仿真更加精确。

在本例中，设置 Config. ExternalLoad = 0，配置为内部负载。并设置电机转动惯量、负载转动惯量，之间连接的刚性和阻尼如下默认值（见图 27）。

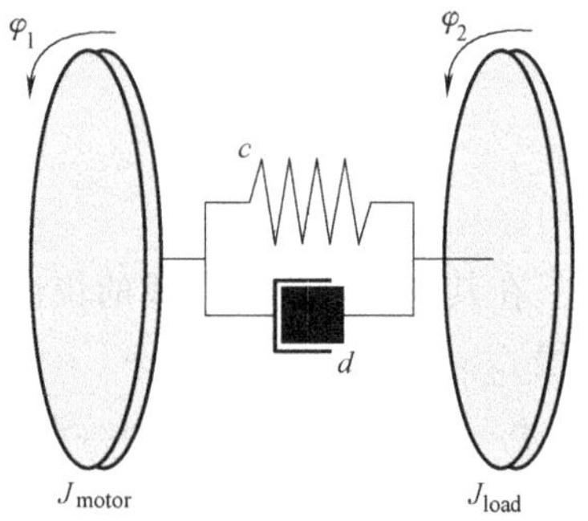

图 26　简化的二质量体模型

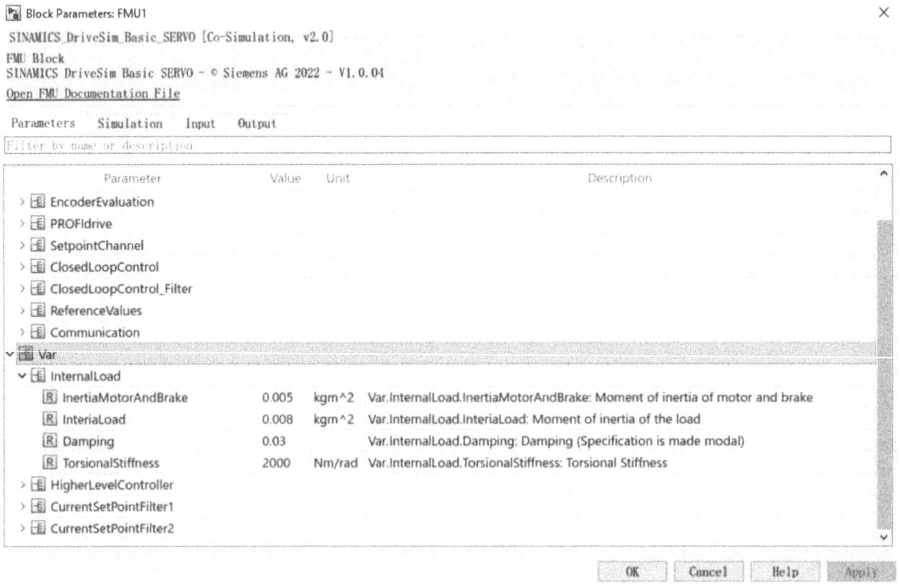

图 27　内部负载的质量模型参数设置

（2）运行效果对比

对两种最常用的曲线类型，即5次多项式类型和修改的多项式类型进行仿真对比。

针对两种类型，曲线生成时，给定的条件统一为：

曲线行程	totalWay = 288
最大速度	maxVelocity = 1200
最大加速度	maxAcc = 24700
最大减速度	maxDec = 24700
最大 jerk	maxJerk = 1200000
最大 jerk 变化率	maxDofJerk = 15000000

在 Simulink 环境中，trace 5 次多项式运行时的位置设定值（曲线 1）、速度设定值（曲线 2）和速度实际值（曲线 3），如图 28 所示。可以看出，5 次多项式的速度值没有匀速段，实际值相比设定值有一定滞后。

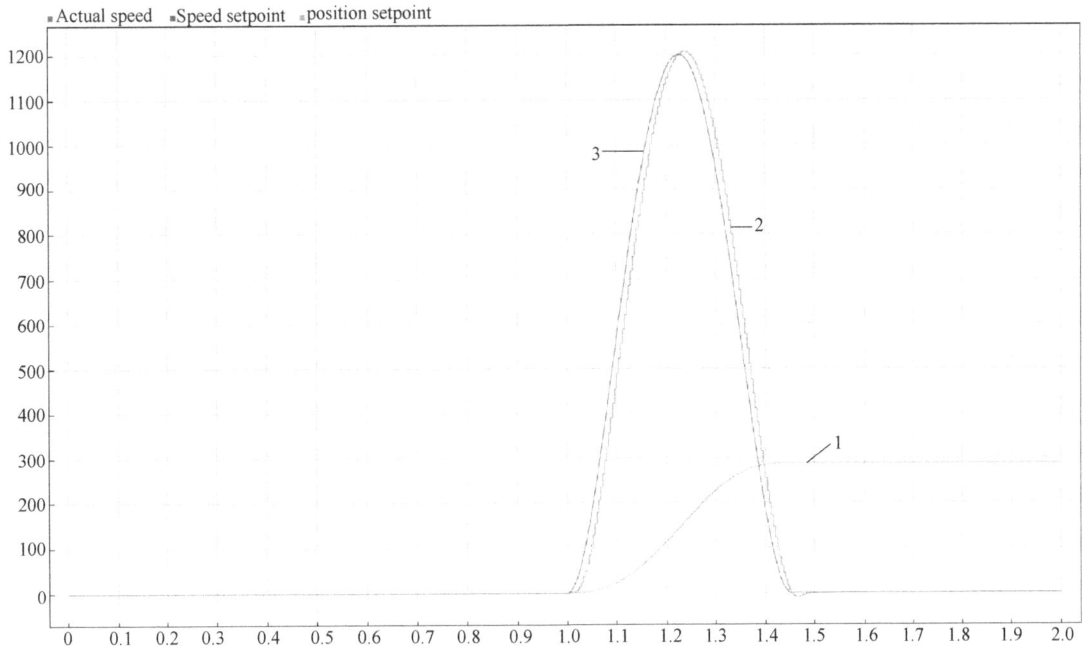

图 28　5 次多项式运行时的 trace 曲线

同样，trace 修改的多项式运行时的位置设定值（曲线 1）、速度设定值（曲线 2）和速度实际值（曲线 3），如图 29 所示。可以看出，速度值有匀速段，速度实际值相比设定值有一定超调。

把两种曲线 trace 的位置设定值及速度实际值放在一起对比（见图 30），可以看出，5 次多项式的位置设定值更为平缓，用时更多；而修改的多项式速度实际值超调更多。

从该对比可以看出，通过 DriveSim 仿真的方法，可以计算出不同类型的凸轮曲线运行的实际效果。电气工程师可以根据这种对比方法及结果，选择合适的凸轮曲线。

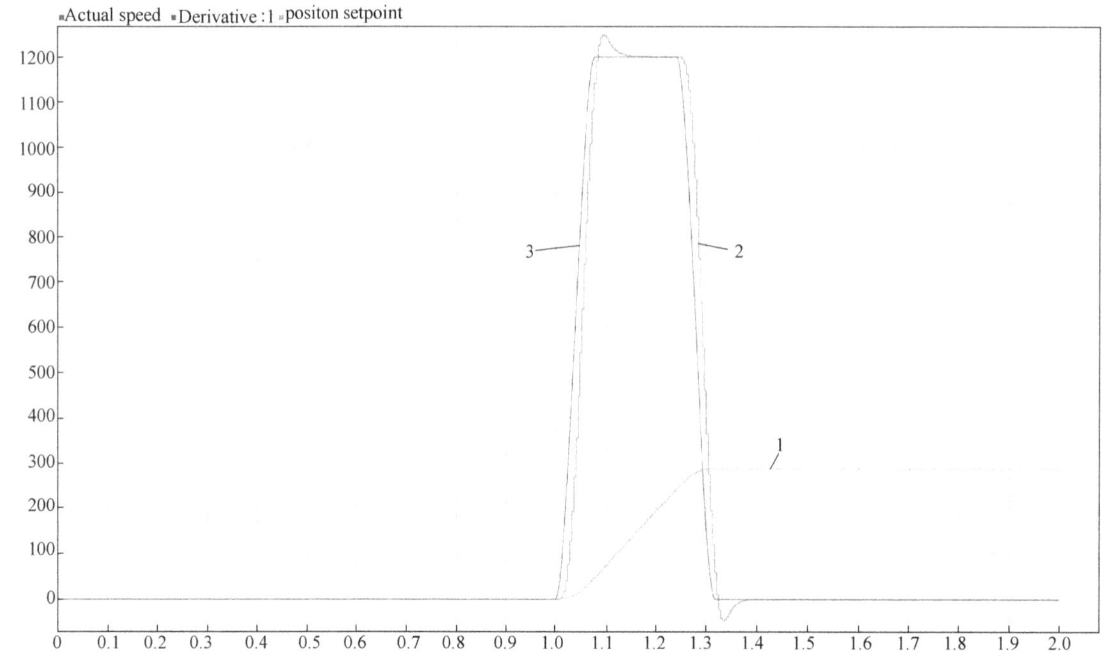

图 29　修改的多项式运行时的 trace 曲线

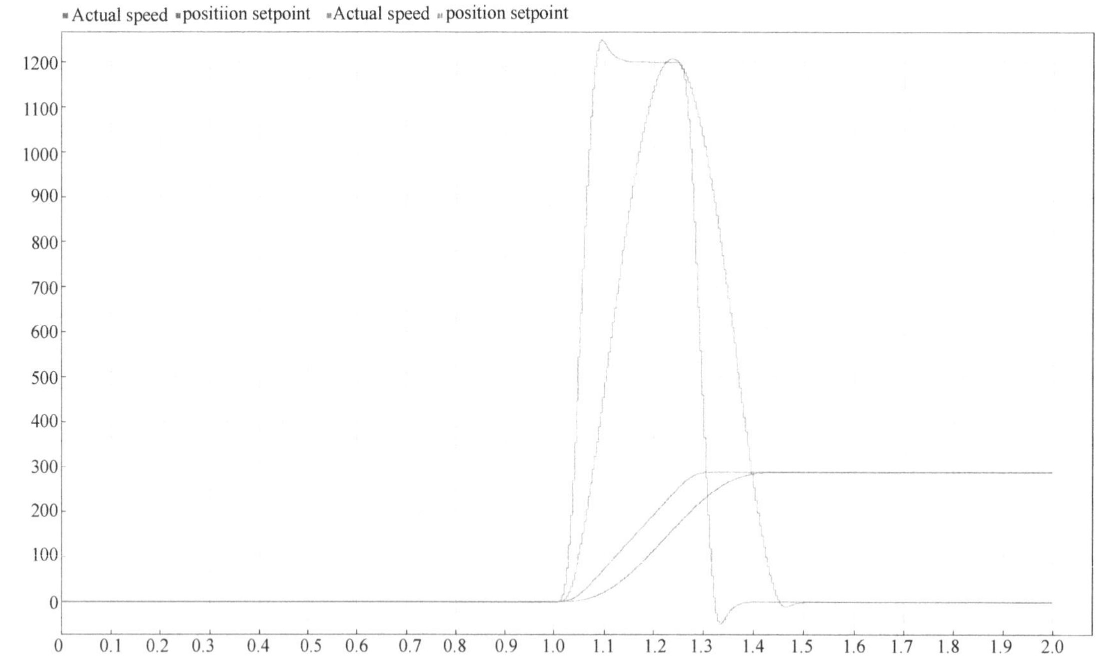

图 30　两种曲线的 trace 放在一起对比

7. 仿真对比不同负载参数对曲线运行效果的影响

通过使用 SINAMICS DriveSim Basic，仿真对比不同负载参数对曲线运行效果的影响。

（1）修改负载参数中的刚性

以修改的多项式为例，修改后的负载参数如图 31 所示。其他值不变，将连接的刚性值从 2000Nm/rad 修改为 20Nm/rad，即降低电机和负载之间的连接刚性。

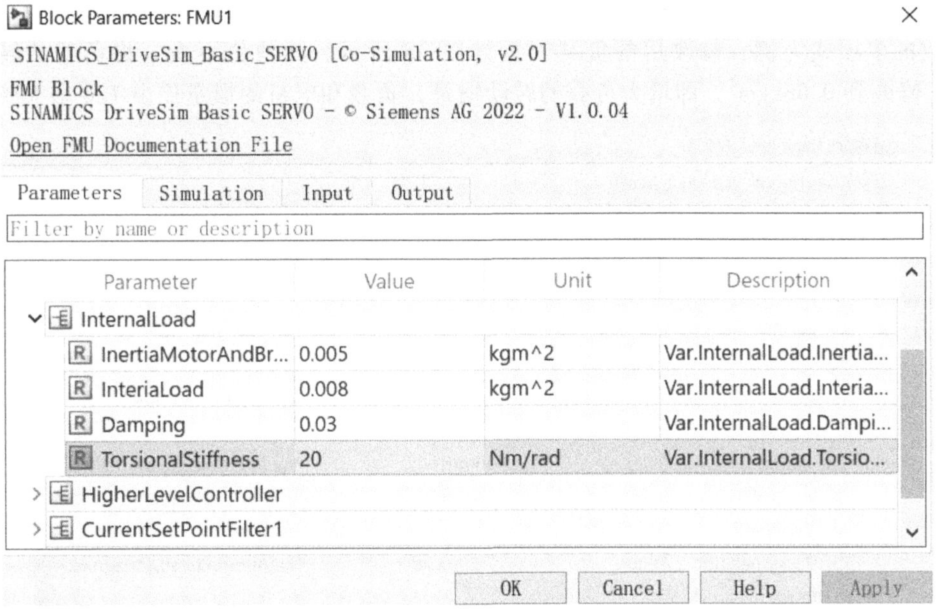

图 31　修改后的负载参数

对比修改刚性前后的速度实际值（见图 32），可以发现，在当前参数条件下，当电机和负载之间的连接刚性下降为 20Nm/rad 后（曲线 1），速度实际值的超调更大，而且停止后达到静止的时间更长。

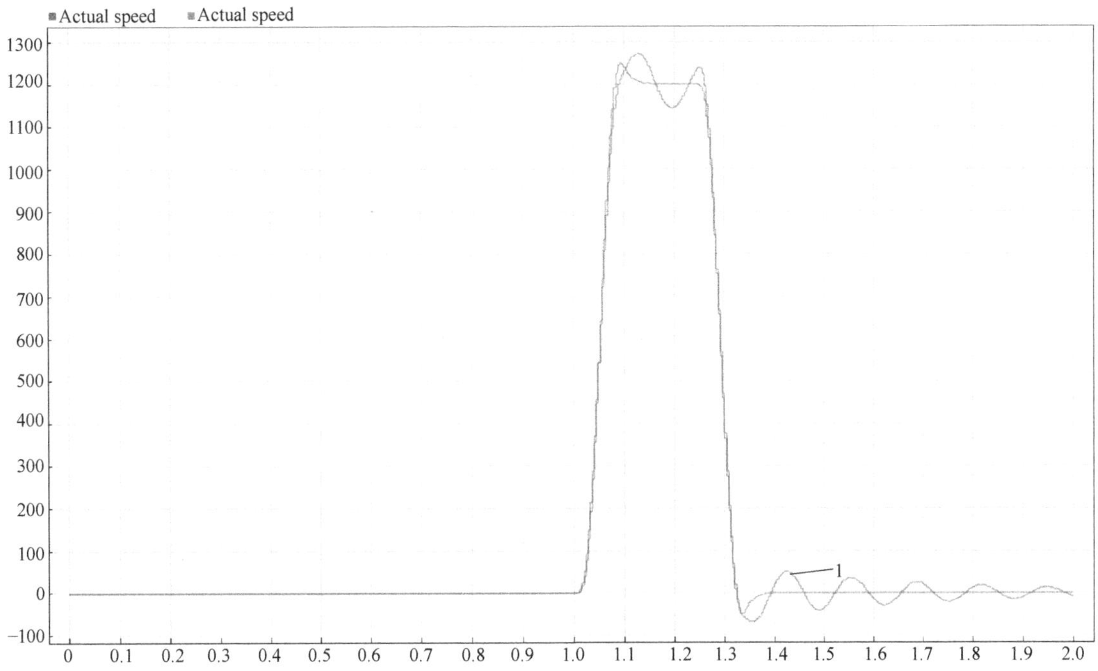

图 32　修改后和修改前的对比

从该对比可以看出，通过 DriveSim 仿真的方法，可以计算出电机和负载之间的连接刚性对曲线运行的实际效果的影响。电气工程师可以根据这种对比方法及结果，对机械的连接提出更改的建议。

（2）修改负载参数中的负载惯量

以修改的多项式为例，修改后的负载惯量如图 33 所示。其他值不变，将负载的转动惯量从 0.008kgm^2 修改到 0.08kgm^2，即增大负载的转动惯量，负载和电机的惯量比由 1.6 增大到 16。

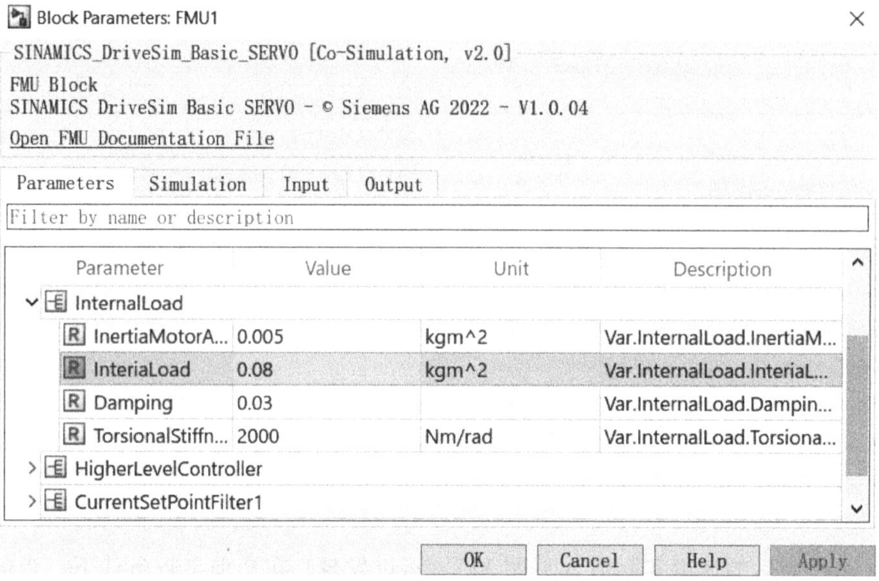

图 33　修改后的负载惯量

对比修改刚性前后的速度实际值（见图 34），可以发现，在当前参数条件下，当负载惯量增大

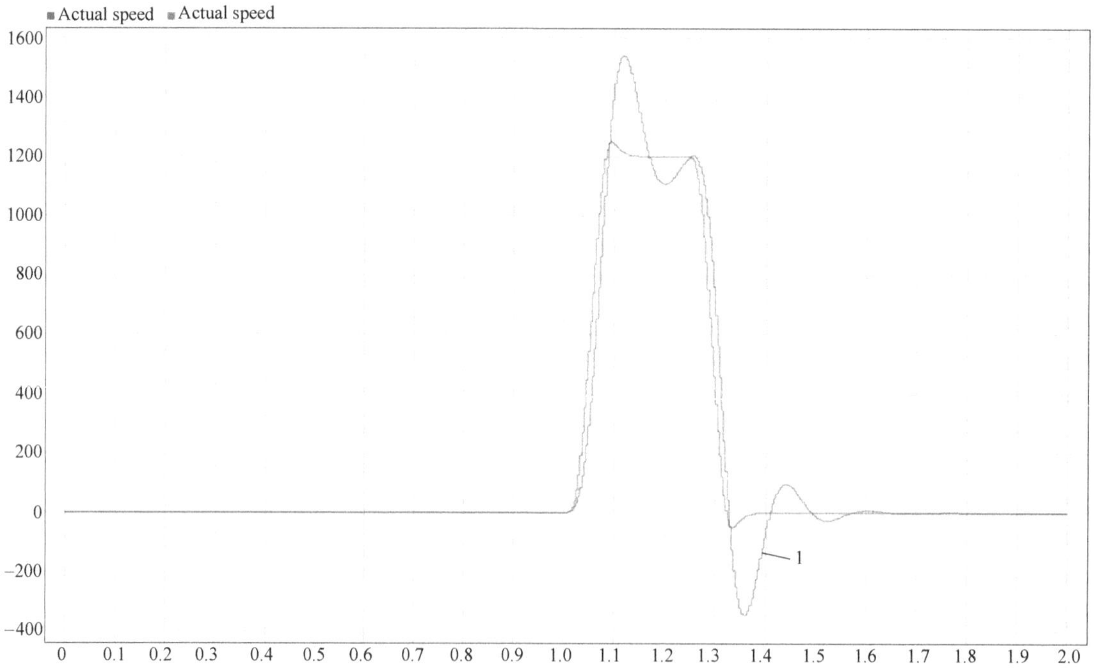

图 34　修改后和修改前的对比

到 0.08kgm^2 之后（曲线 1），速度实际值的超调更大，而且停止后达到静止的时间更长。

从该对比可以看出，通过 DriveSim 仿真的方法，可以计算出负载和电机的惯量比对实际效果的影响。电气工程师可以根据这种对比方法及结果，指导电机的选型和机械的减重。

8. 仿真对比不同速度环参数对曲线运行效果的影响

使用 SINAMICS DriveSim Basic，仿真对比不同速度环参数对曲线运行效果的影响。

（1）速度环参数修改

速度环中经常调节的两个重要参数为增益 Kp 和积分 Tn。本例中以 Kp 调节为例，演示速度环参数修改后对运行效果的影响。

图 35 所示为修改后的速度环参数，将速度环的 Kp 从 3 增大到 10，其他参数保持不变。

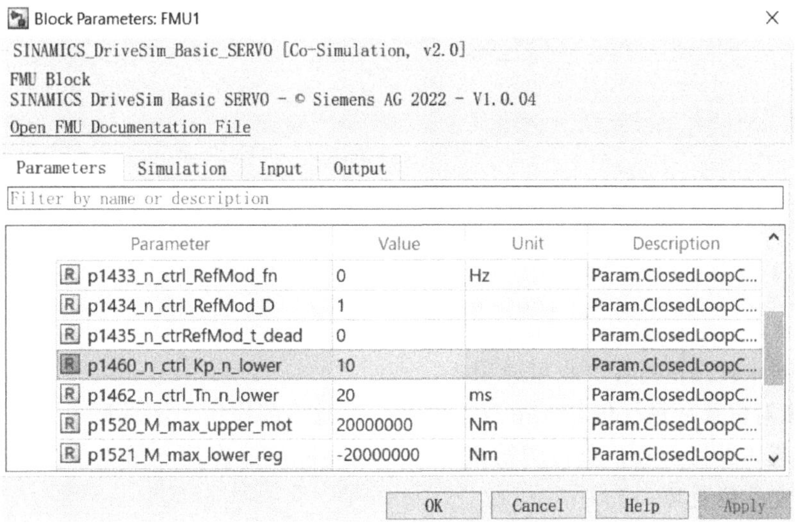

图 35　修改后的速度环参数

（2）运行效果对比

对比修改速度环增益前后的速度实际值（见图 36），可以发现，在当前参数条件下，当增益从 3 增大到 10 之后（曲线 1），速度实际值的超调减小。

从该对比可以看出，通过 DriveSim 仿真的方法，可以计算出速度环参数对实际效果的影响。电气工程师可以根据这种对比方法及结果，在办公室中得到正确的速度环的参数，省去在现场频繁试错的过程。

四、总结及体会

1）凸轮曲线的评价及选择，乃至优化，有几个关键方面，分别为对动态特性的要求、对时间的要求，以及实际应用的效果。凸轮曲线相关的工作，应该尽量在工程设计阶段完成，而且应该有量化的结果作为依据，而不是在调试阶段完成，更不是在调试现场反复试错的过程。

数字化的选型工具以及仿真工具可以帮助工程师在工程设计阶段，很好地完成凸轮曲线的评价、选择和优化。本文中使用的 SINAMICS DriveSim Basic 工具，填补了之前西门子驱动器仿真的空白，其在速度环、电流环、负载的仿真方面，对设计工作有重要的意义。

2）本文涉及的凸轮曲线相关测试方法，并不局限于压机送料应用，实际上在电池、纺织、包

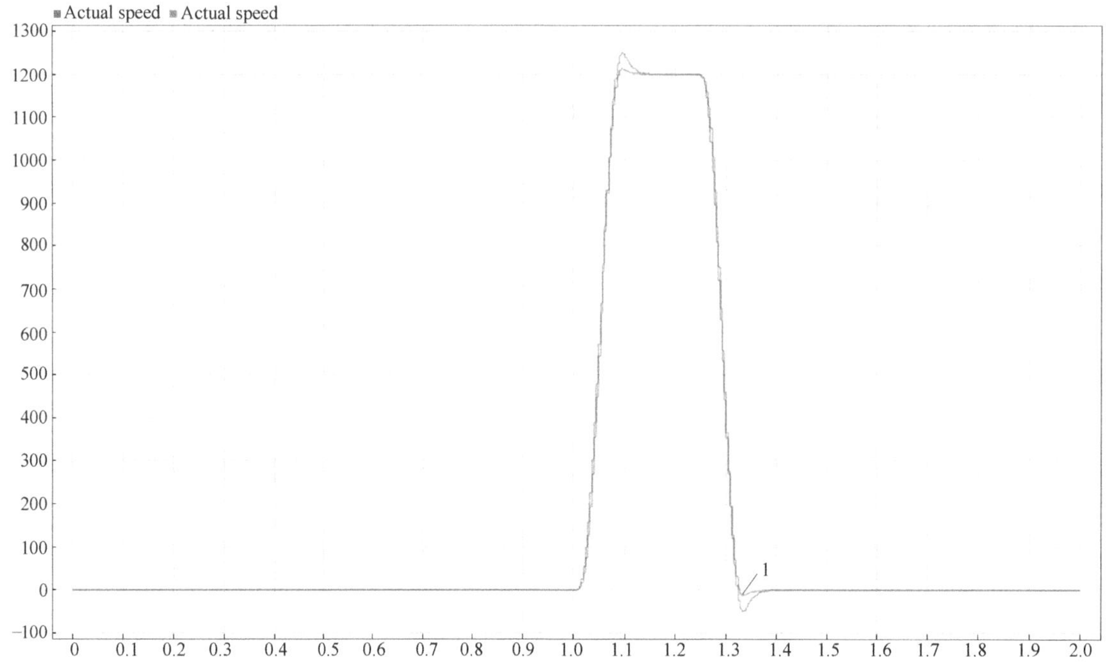

图 36　速度环参数修改前后的速度实际值对比

装等对凸轮曲线要求较高的行业，也可通用。

3）本文并未对位置环进行仿真，相当于位置环增益不起作用，不做调节，只是把速度设定值送到速度环和电流环进行仿真，获得的结果也仅限于实际的速度值、扭矩值。在将来的仿真过程中，需要进一步完善位置环。

4）本文中涉及的凸轮曲线计算和仿真、驱动的调试优化以及二质量体模型，都是 Mechatronics 知识及服务的组成部分。目前，西门子公司提供 Mechatronics 机电一体化服务，目标是提高设备的性能、速度、精度、减小振动和噪音。

由文中仿真结果可以看出，凸轮曲线、驱动参数和机械变量，都对最终运行结果有影响，应将其看作一个整体来做工程设计，而非机械和电气分开独立设计，所以称作机电一体化。

参考文献

[1] 西门子（中国）有限公司. SIMOTION PressHandling Application, SIOS ID: 38714784 [Z].
[2] 西门子（中国）有限公司. SIMATIC PressAutomation Application, SIOS ID: 109779147 [Z].
[3] 西门子（中国）有限公司. SINAMICS DriveSim Basic, SIOS ID: 109798225 [Z].

S7-1515SP PC T 及 V90 和 S210 在纸包机及膜包机上的应用
S7-1515SP PC T and V90&S210 in carton and film packing machine on the application

唐永超[1]　刘洋[2]
（西门子（中国）有限公司　西安
宝鸡诺博台科智能包装设备有限公司　宝鸡）

[摘　要] 本文主要介绍基于 S7-1515SP PC T 为控制核心的纸包机和膜包机设备控制系统，对这两台设备的结构和控制工艺进行简单介绍，给出控制系统的组成架构以及调试中遇到的难点问题的分析和解决过程。
[关 键 词] 纸包机/膜包机、S7-1500T、CAM
[Abstract] This paper introduces the control system of paper wrapping machine and film wrapping machine based on S7-1515SP PC T as the control core. The structure and control process of the two equipment are briefly introduced. The composition of the control system and the analysis and solution of the difficult problems encountered in the commissioning are given.
[Key Words] Carton/Film Packaging Machine、S7-1500T、CAM

一、纸包机及膜包机设备介绍

纸包机和膜包机作为瓶装、罐装饮料产品的后端核心包装设备，是宝鸡诺博台科智能包装设备有限公司近年来成功开发的机型。

纸包机产品举例如图 1 所示。

膜包机产品举例如图 2 所示。

图 1　纸包机包装产品列举

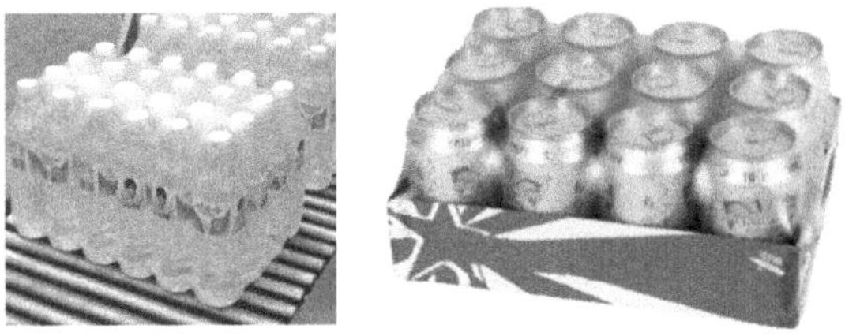

图 2　膜包机包装产品列举

从设备结构、控制工艺上来讲，这两种设备有较多的共同之处，纸包机的设备组成结构示意图如图 3 所示。

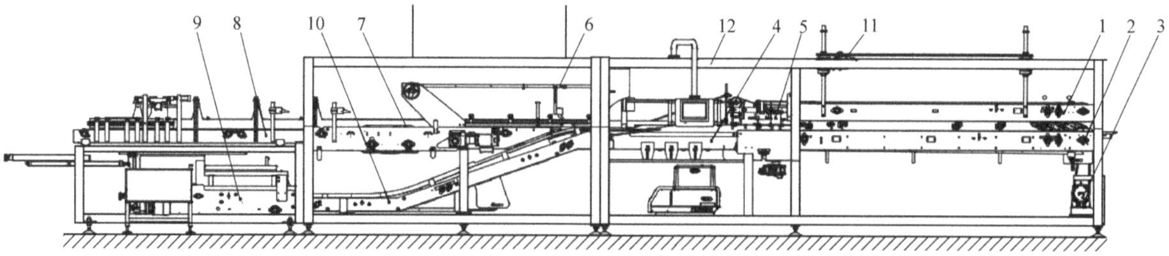

图 3　纸包机设备结构示意图

1）送纸，当分纸部分检测到无纸时，传送带和推纸气缸配合将纸送到分纸部分。

2）分纸，伺服电动机带动分纸传送带，和上纸链条进行同步，每个周期送出一张纸。

3）送瓶，传送带将进来的瓶子输送到分瓶区。

4）分瓶，将传送带送来的瓶子进行分瓶处理，每包分成 $X×Y$ 的形状。

5）推瓶，将分瓶区分出来的瓶子进行推送，准备包装。

6）喷胶，对里面放置了瓶子的纸箱并即将进行折纸的部分进行喷胶。

7）折纸，伺服电动机带动折叶对喷完胶的纸箱进行封口。

8）上下成型，伺服电动机带动机器后半部分（推瓶区往后）运行，并将喷胶折叶后的箱子压缩成型。

膜包机设备的前端分瓶、赶瓶与纸包机相同，只是膜包机有上膜机构，无上纸机构，膜包机后端为热缩烤箱，纸包机后端为封箱机构，主机部分的示意图如图 4 所示。

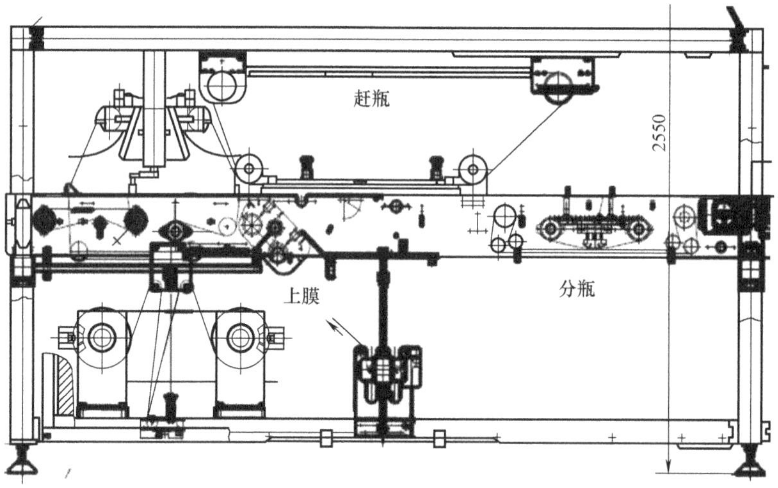

图 4　膜包机设备结构示意图

二、系统配置

纸包机由一个 1515SP PC T，六个 V90 驱动，一个 KTP1200 构成，见表 1。

膜包机由一个 1515SP PC T，四个 S210 驱动，一个 KTP1200 及 ET200SP 扩展子站等构成，见表 2。

表 1　纸包机配置

单元名称	硬件配置
控制单元	CPU 1515SP PC T
分布式 IO	ET200SP
HMI	KTP1200
上纸驱动及电动机	V90+1FL6 电动机
分瓶 1、2 驱动及电动机	V90+1FL6 电动机
赶瓶驱动及电动机	V90+1FL6 电动机
上下成型驱动及电动机	V90+1FL6 电动机
成型折纸驱动及电动机	V90+1FL6 电动机

表 2　膜包机配置

单元名称	硬件配置
控制单元	CPU 1515SP PC T
分布式 IO	ET200SP
HMI	KTP1200
分瓶 1、2 驱动及电动机	S210+1FK2 电动机
赶瓶驱动及电动机	S210+1FK2 电动机
上膜驱动及电动机	S210+1FK2 电动机

与纸包机相较而言，膜包机除了驱动轴数量少以外，因上膜轴控制要求精度更高、响应速度更快，因此选用了 S210 驱动方案，此外由于彩膜工艺要求，需要用到凸轮输出控制切膜刀以及色标信号捕捉，因此选用了 ET200SP HF 实现，如图 5 所示。

a) 纸包机控制柜　　b) 膜包机控制柜

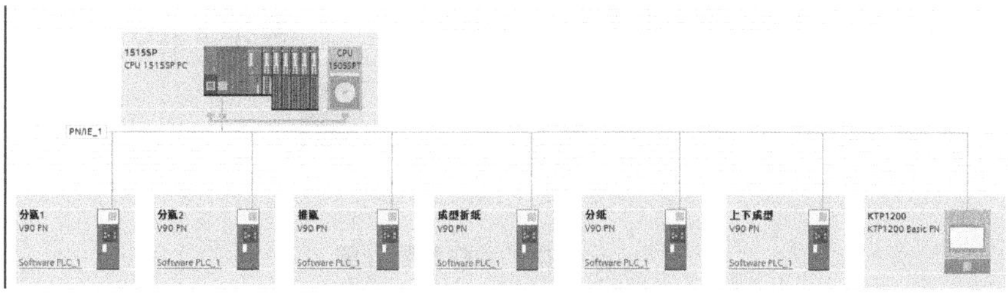

c) 控制系统网络组态

图 5　纸包机和膜包机控制系统配置结构

三、主要工艺环节

1. 拨叉分瓶

分瓶装置的机械部分如图 6 所示。

分瓶拨叉把连续向前输送的瓶子分成个数相等的单元，分瓶机构的主要工作原理如图 7 所示，两个分瓶电动机的传送链条上分别安装有等间距的两组分瓶拨叉，两个分瓶电动机交替快慢工作，即可实现将排列紧密的瓶体队列分隔成 3×3 或其他数量的单元组，然后在推杆电动机的带动下每一个单元组在后续实现纸包、膜包等作用。

图 6　分瓶拨叉位置示意图

如图 7 所示，初始状态，M_2、M_1 的拨叉上安装有接近开关的挡片，使用 Jog 指令加接近开关上升沿即可实现对 0 初始位置的标定。送料分瓶分为两种情况：①1、M_2 送、M_1 挡，此时 M_2 速度>M_1 速度，因为 M_1 拨叉挡住了瓶子，实现了组之间的差速分隔作用；②1、M_2 挡、M_1 送，此时 M_2 速度<M_1 速度，因为 M_1 拨叉挡住了瓶子，实现了组之间的差速分隔作用。

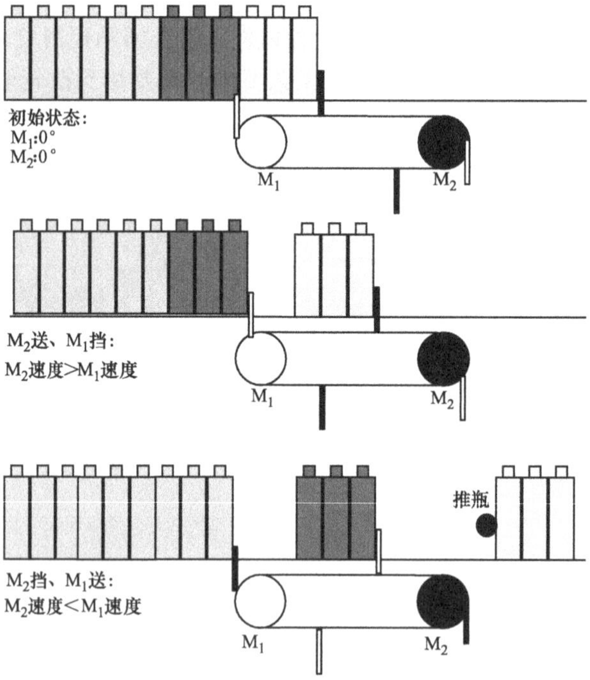

图 7　分瓶拨叉动作流程分解

工艺操作时，根据不同的瓶型，可能需要不同的分瓶距离，实现三包一组向四包一组的切换，

M_1、M_2 均设置为 720°的模态轴，M_1 旋转 720°的同时 M_2 也旋转 720°，链条实现了一个周期的旋转，共分出四组瓶子，M_1 和 M_2 电动机的运动跟随主轴，以设定的凸轮曲线实现凸轮同步运动，凸轮曲线如图 8 所示。

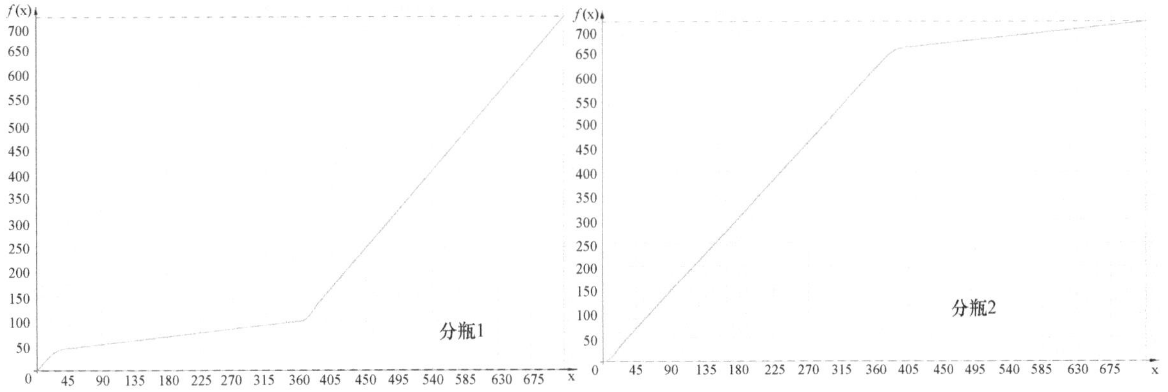

图 8　分瓶轴凸轮轮廓曲线

2. 纸包机上纸

如图 9 所示，送纸轴将一垛叠放在一起的 *N* 张纸通过和主轴同步运动的方式由摩擦皮带带着最底层的一张纸运送至主轴上，每一张纸对应一组分瓶组，最后组合成一个纸箱包装的成品。由于主轴上安装有纸钩，故送入的纸可以被准确地带至分瓶组的正下方。

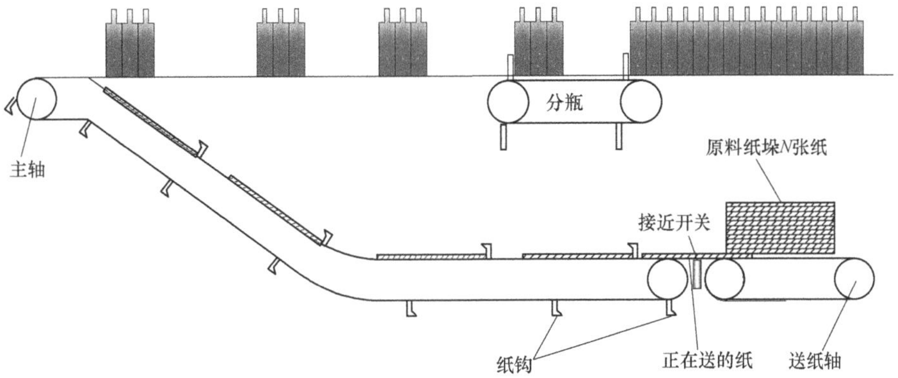

图 9　纸包机上纸原理示意图

3. 上膜控制

膜包机的膜和分好的瓶组单元的包覆是在上膜阶段完成的，机械结构如图 10 所示。

如图 10 所示，上膜的过程分为三个阶段：

1）赶瓶杆将瓶子赶到包膜传送带，当第一个瓶子到达传送带的同时，上膜电动机工作，将膜从下方拉出，使膜头刚好压在第一个瓶子下方，此时持续上膜，上膜速度与传送带运行速度一致。

2）当一组瓶子完全到达包膜传送带后，导膜杆通过机械传动控制，速度要求快于传送带速度，此时上膜速度也需要加快跟上导膜杆的速度，使得导膜杆上面有膜，当上膜达到设定膜长时，裁刀在上膜匀速运行过程中切断，等待下一组瓶子。

3）导膜杆由瓶子后方向前方带膜，追上最前方的瓶子，使薄膜缠绕一圈，包膜完成。

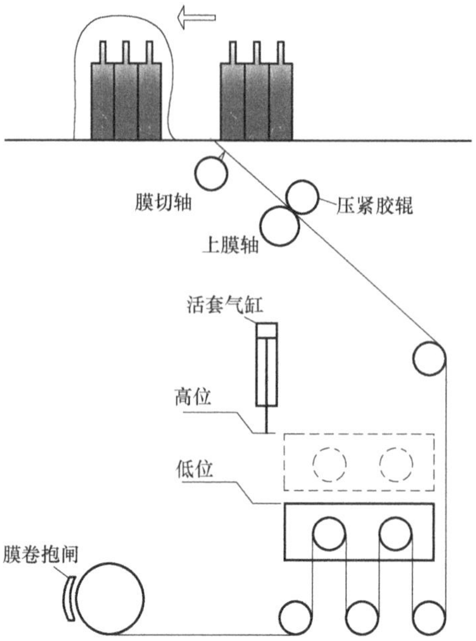

图 10　上膜机械结构

由以上工作过程，可以绘制出上膜电动机的凸轮曲线，使上膜电动机轴与主轴实现凸轮同步，以满足不同阶段的上膜速度要求。

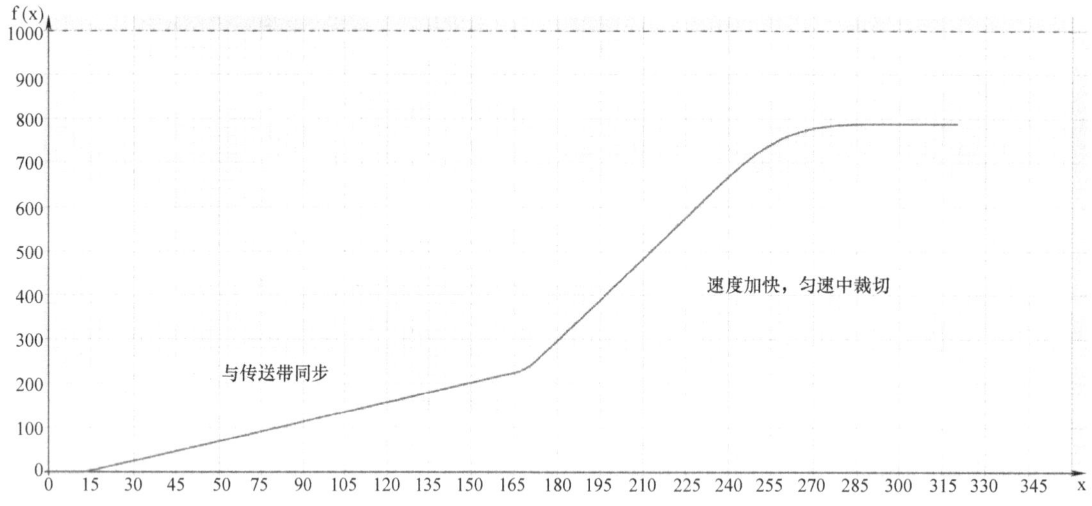

图 11　上膜驱动凸轮曲线

四、控制难点及问题的分析和解决

1. 设备起停及故障处理逻辑

通过对开发过程的总结，发现应要对各子环节的工作原理有完全的理解，因为各轴之间在不同阶段所处位置的耦合性极强，而不同工艺阶段轴的工作状态可能处于点动、基本定位、凸轮同步、Halt 等状态，不得不说与工艺完全匹配的控制逻辑和流程，以及对急停、快停、不同类的故障报警等突发情况的处理是调试过程的难点，这里以纸包机为例，列举几个重要工作流程：

1）纸包机工作主流程图如图 12 所示。

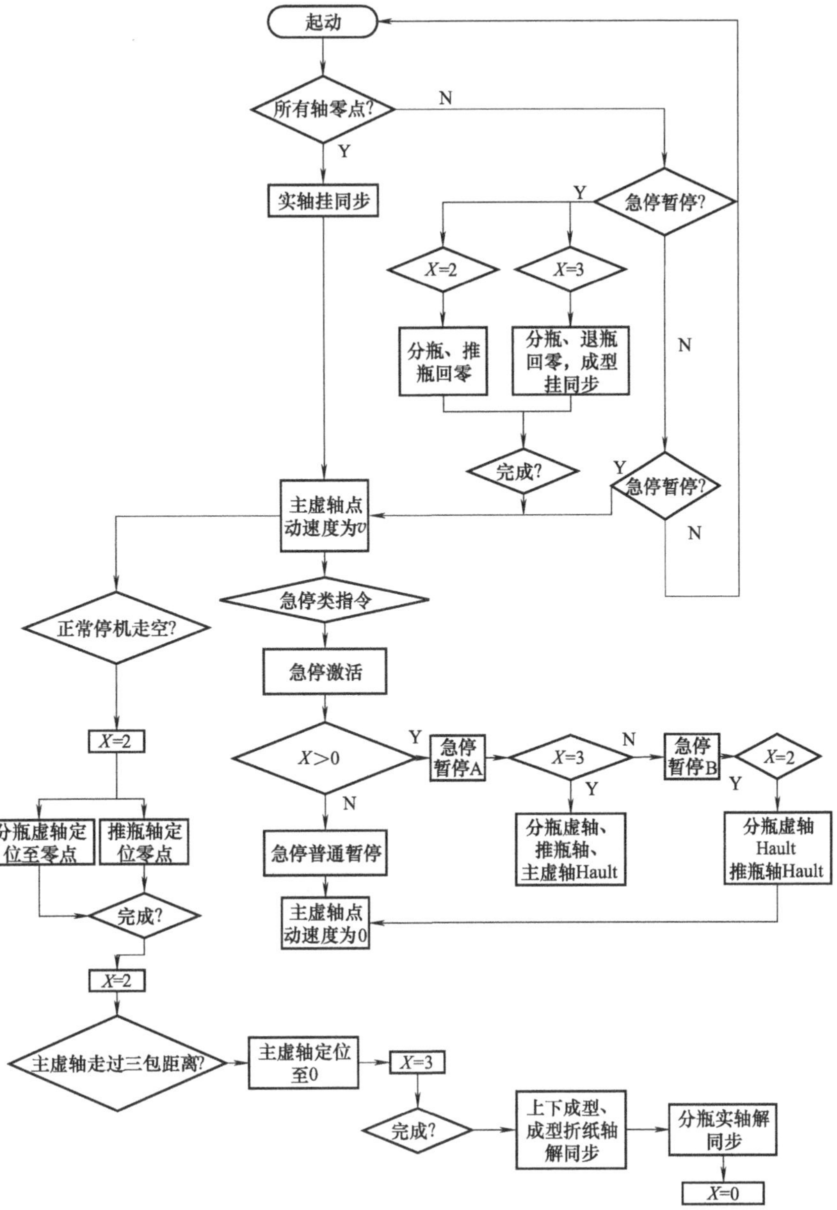

图 12　纸包机工作主流程图

2）纸包机停机准备流程图如图 13 所示。

2. 纸包机分纸问题

送纸的工艺原理在前文中已经介绍过，这里不再重复，理论上推纸主轴是作为整机主轴存在的，送纸轴只要与推纸主轴保持 1∶1 的齿轮同步关系，当主轴运行到准备角度时，发出送纸轴起动同步指令，纸张即可准确送到，实际上在组装车间进行测试时，用 Gear IN 控制送纸轴，未发现任何问题。

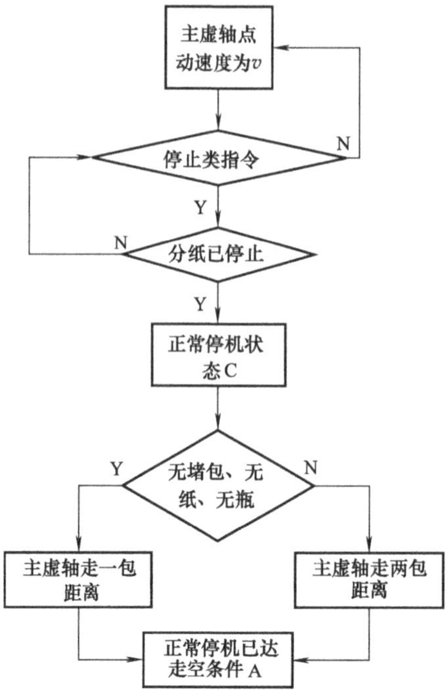

图 13　纸包机停机准备子流程图

然而事与愿违的是在设备投产后，经常偶发错误送纸的情况，纸钩直接将未送到位的纸张扎破，并且这个看似不起眼的故障，将使得纸张没有处于正确位置，将来与分瓶送过来的瓶组单元错位，进而导致后续一系列故障并发，错误送纸的示意图如图 14 所示。

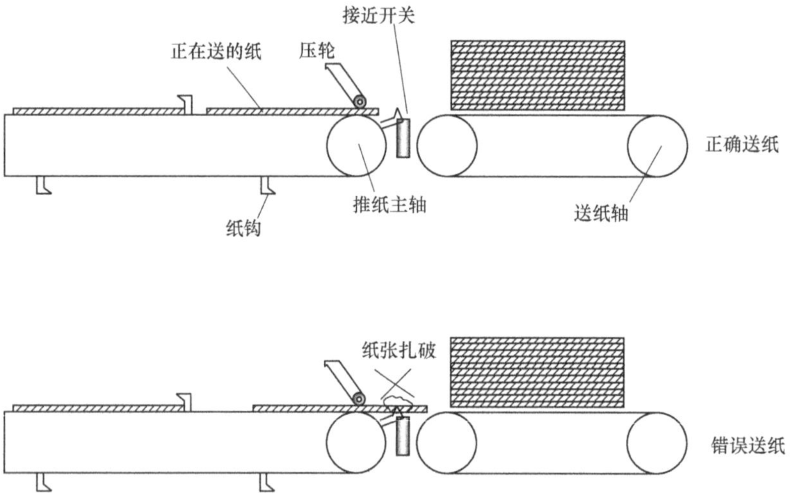

图 14　错误的送纸示意图

（1）问题分析

经过观察，送出去的纸是未送到位导致的错误，因而简单地来看有两种原因：

1）送纸轴和推纸主轴的 Gear IN 工作出现位置偏差过大。

2）纸张是被送纸轴驱动的摩擦皮带上的摩擦力带走的，因此皮带打滑情况下则有可能出现实际送纸误差过大。

从以上两个原因作为出发点，首先排查送纸轴和主轴之间的位置关系 Trace 图，经再三确认，出现送纸偏差时，送纸轴和主轴之间的位置同步关系并未改变，也就说明送纸误差出现确实是由于摩擦皮带和纸张的打滑引起的，并且由以下两个规律也得到了佐证：

1）当原料纸垛比较高（摩擦皮带上的纸比较重）时，基本没有出现过送纸误差，反之在纸张比较少，也就是皮带摩擦力变小时比较容易出现送纸误差。

2）调整送纸轴的加减速斜率，使其运动柔和平缓，同时对应地使主轴提前一定角度启动同步指令 Gear IN，从一定程度上降低了送纸误差的频次，但始终无法 100%消除误差。

（2）问题的解决

已有充分的依据表明送纸误差是由打滑引起的，只能从控制角度采取某种补偿方案，于是根据规律的总结设想了一种方案，具体如下：

由于送纸轴是间歇式工作的（与主轴同步运动一个纸张宽度后停止，等待下一个起动同步送纸的命令），每一次送完纸会有一个短暂的停顿，可以看到下一张准备要送的纸。大多数情况下会被多送出约 5~10cm，如图 15 所示，而由于两个纸钩的距离相对一张纸的宽度还有较大的容差空隙，因此只要在下个纸钩到来之前把纸送上去就不会有问题。

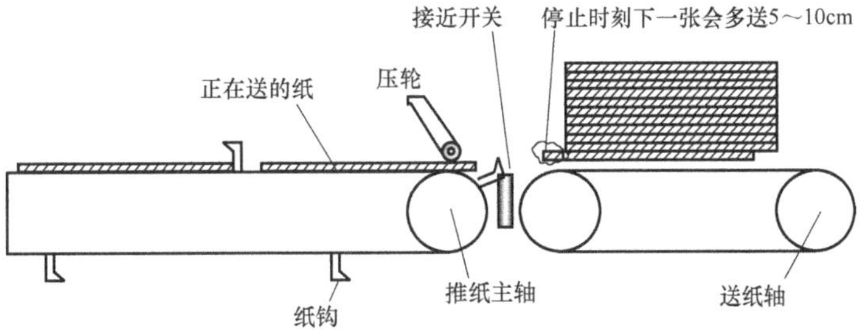

图 15　送纸的准备距离

从这种现象中得到启发，每次都直接将纸送到接近中间位置的计数接近开关位置处，如图 16 所示位置，这样可以实现最大限度地降低打滑距离，保证上一张纸确定送完且下一张做好最佳位置准备，采用以下控制思路即可实现：

1）主轴在运行至纸钩竖直位置启动送纸轴 Jog，Jog 速度与主轴相等，确定纸不会提前送出。

2）将送纸轴减速度设定大一些以缩短停止响应时间，当收到接近开关上升沿信号时送纸轴停止。

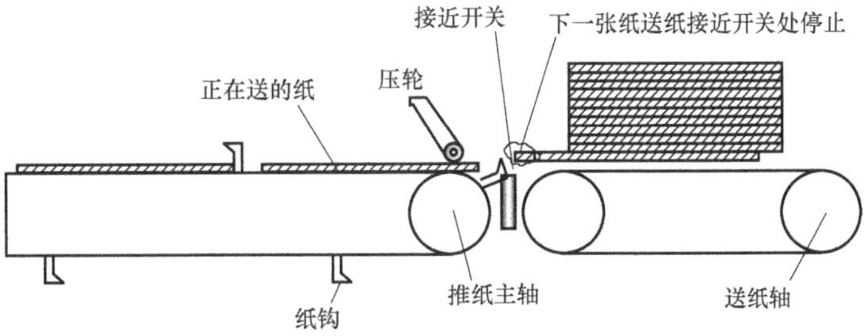

图 16　送纸停止点示意图

注意，因为采用接近开关上升沿信号停送纸，所以上一张纸送完时纸的末尾会出现接近开关下降沿，而此时送纸轴还会继续送纸，因此在一定程度上确保了即便是打滑，也不会因之前的控制思路导致送出一张纸的宽度之后送纸轴停止，使得送纸不到位的情况发生。

经过实际验证，通过对现场故障规律的总结，以及认真仔细地观察分析，仅用简单的 Jog 功能，在连续多月的生产过程中再未发生过送纸错误的情况，问题得到了彻底解决。

3. 膜包机上膜误差问题

膜包机的上膜过程除了需要和分瓶单元实现同步到位，还要求上膜切断的膜长度一致，误差在 1mm 以内，尤其是彩膜工况下，还要求对色标的补偿实现彩膜图案的对齐，否则将造成膜包单元进入热缩箱后出现热缩松弛而散包以及彩膜图案错乱的情况。在彩膜和白膜两种生产工况下，都出现了切膜长度误差较大的问题，尤其是彩膜生产模式时，较大的误差将导致彩膜图案错位的现象，切膜误差体现得更加明显，经过测量，最大的切膜误差达到 1cm 左右，下面以彩膜生产模式为例对切膜误差造成的原因进行分析。

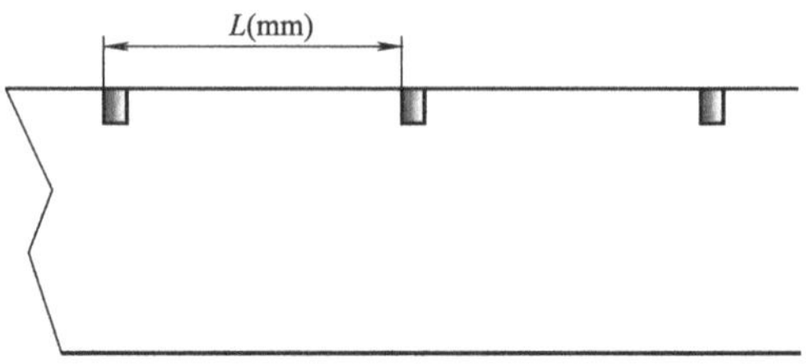

图 17　连续的彩膜色标和膜长关系

首先，一张连续的彩膜色标和膜长关系如图 17 所示。

实际工况中可以在 HMI 设定色标距膜头起点距离彩膜回零时，在收到色标传感器上升沿之后，向前绝对定位该距离后再将轴位置置零，这样一来色标便平移至一张膜的指定位置，实现彩膜花色的调整。

假设切膜位置在色标的起点处，膜长度误差存在图 18 所示的两种误差情况。

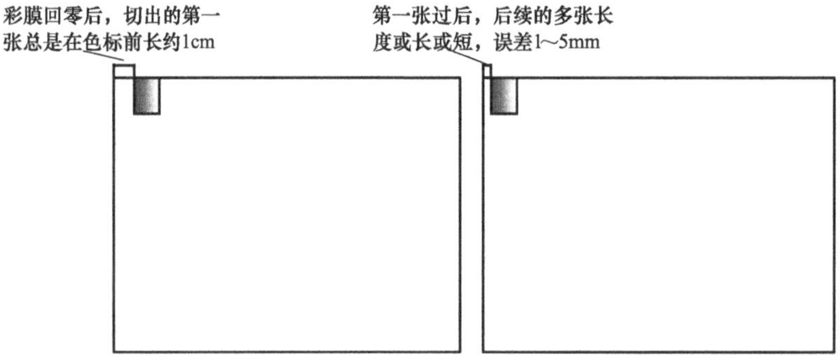

图 18　切膜的膜长误差

问题 1　回零后，投产第一次切出的膜长度误差最大，总是长出 1cm 左右的一段；

问题 2　投产后第一次切膜过后，接下来的多张出膜长度出现无规律的或长或短的误差，误差范围波动 1~5mm。

问题 1 解决过程：

查看彩膜回零后，切第一张和第二张的过程对应的上膜轴动作数据 Trace 曲线，如图 19 所示。

1）在彩膜运动过程中，因为色标纠偏补偿叠加运动的存在，上膜轴整个过程两张的运动总距离分别是 1132mm、1135mm，而实物误差为 1cm，误差远大于 1135mm-1132mm=3mm。

2）第一张和第二张的切膜刀离合器凸轮输出起动位置误差不大，忽略 Trace 采样时间误差，还不到 3mm。

因此，可以看出第一张和第二张的运动过程几乎没有区别，极端误差最多为 6mm，不可能达到 1cm 之多，同时观测到出现误差的位置总是在色标前面多出一块，多出的一块是在回零过程中切刀没有正确地切在色标处留下的一段，通过分析切刀离合器的动作原理，验证猜测。

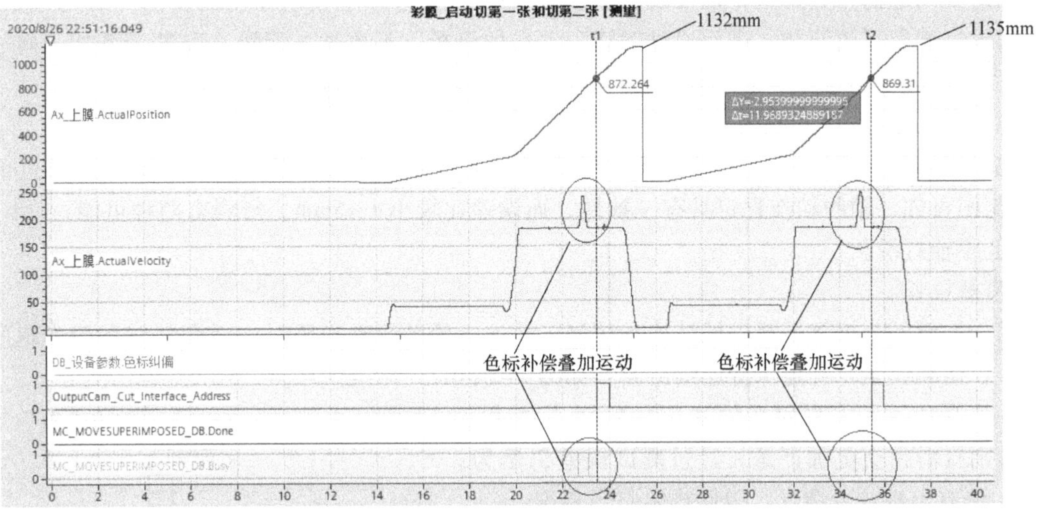

图 19　切膜误差时上膜轴的 Trace 曲线图

切刀离合器的机械示意图如图 20 所示。

膜被压紧胶辊紧紧压在上膜轴上，随着上膜轴的旋转膜被向上送出，不考虑打滑（经验证，实际上几乎不会打滑）的情况下，上膜轴每运行 1mm，膜就被送出 1mm，当发出切膜指令时，模切轴离合器松开，在弹簧拉力作用下，模切轴带着切刀旋转一周，切刀由原点运行到切膜点后再回到切刀原点，因切刀原点的反向齿卡阻，模切轴完成一周 360°旋转，实现切膜。有以下几个特点：

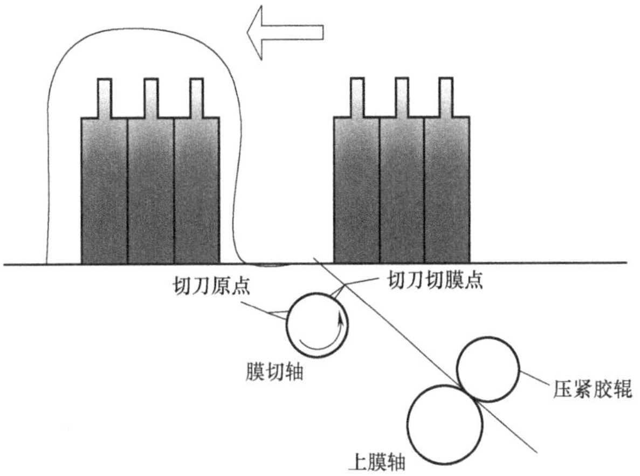

图 20　切刀离合器机械示意图

1）目测切刀从原点运行到切膜点约需要 2/3 周，经过慢镜头相机录像，大约计切膜一周需要 30ms。

2）切膜完成后，上膜轴还要送一段膜出去，使膜头伸出平台，瓶子过来时正好压住膜头，因而切膜发生在上膜轴匀速运行区。

3）20 包/min，换算得到上膜轴切膜时运行速度为 746mm/s。

4）回零过程设置的上膜速度为 5 包/min，切膜时膜运行速度为 (746mm/s)/4 = 186.5mm/s。

5）切刀自原点运行至切膜点需要的时间约为 20ms，则切膜起动至切断膜的短暂过程膜走过的距离为

回零过程中：$L_1 = 186.5\text{mm/s} \times 20\text{ms}\ 0.001 = 3.73\text{mm}$

20 包/分钟：$L_2 = 746\text{mm/s} \times 20\text{ms}\ 0.001 = 14.9\text{mm}$

易知 $L_2 - L_1 = 11\text{mm}$，与测量得到的 1cm 左右切第一张误差相符，也就是说因较慢的回零过程，在切膜开始至完成切膜的这段时间，膜向前行进的距离比较短，而高速生产时，第一张送出的膜其实是带着回零过程中多走过的一段，这就导致看起来膜“切长”了，解决这个问题其实很简单，只要回零和生产用到的速度相同，即可避免此问题的发生。

纵观这个问题的排查过程，现实观测到出现误差的位置总是在色标前面多出一块的现象规律，确定是回零过程留下的问题，进而通过对切刀动作的分析，不放过一瞬间（弹簧带着切刀转一圈仅30ms 左右）切刀动作的细节，大胆猜想，严谨分析求证，才让问题迎刃而解。

问题 2 解决过程：

出现多张出膜长度出现无规律的或长或短误差的问题，误差范围波动 1~5mm，通过前面的 Trace 对比图可知，轴的动作肯定具有一致性，而误差比较小 1~5mm，猜测有两种可能：

1）上膜轴打滑。

2）膜被拉长。

同样，问题的分析离不开机械结构和控制工艺，上膜轴驱动送膜时，活套气缸和膜卷抱闸相互交替配合，使膜绷紧并且能保持连续出膜，如图 21 所示。

第一步验证：人工将送膜轴的压紧辊压力调小，如果打滑则打滑得会更加严重，经过测试误差仍然为 1~5mm，没有出现放大情况，因此排除打滑情况。

第二步验证：通过手触，发现活套处的膜绷得很紧，而到达活套气缸高位时膜卷抱闸抱紧，活套完全由于膜拉力克服了气缸的向上推力而下降，膜极有可能被拉长；由于活套内储膜长度约为 300mm，上膜一次 1300mm 时，活套上下动作的次数可能为 3~5 次不等，也解释了为何误差为 1~5mm 不等。因此直接放弃储膜活套，将膜用导辊直接连接至膜卷，并设置膜卷抱闸为常开，膜处于自由无张力状态测试，连续上膜 10 张，误差小于 1mm，非常精准。

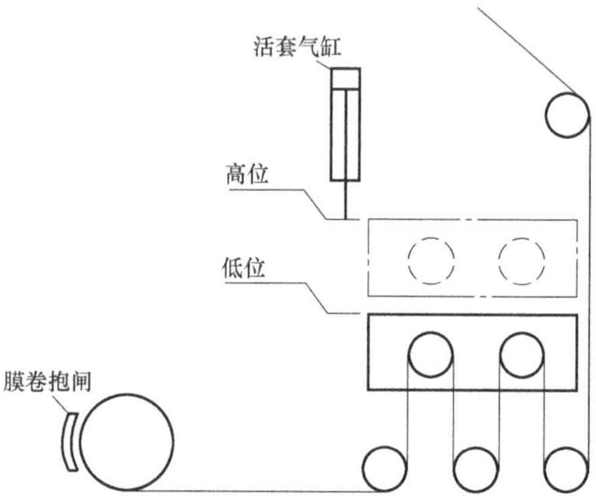

图 21　储膜机构示意图

至此，证明了第二种猜测正确，通过和机械工程师沟通，建议给活套的气缸无杆腔送气电磁阀安装减压阀，并新增有杆腔控制电磁阀，实现气缸、膜卷抱闸的动作过程中，膜始终处于微张力状态，避免膜被拉长，问题最终得到圆满解决。

五、总结和体会

讲纸包机、膜包机是市面上成熟的机型设备，但这两台样机的开发仍然存在难点：①作为这两款机型的主要开发人员，原本并没有类似机型、行业的经验；②作为新成立的公司，并无对应机型的机械工艺先期成功设计经验。因此，在开发过程中参考了西门子 GMC AT 在类似机型上的开发经验成果，同时因机械不成熟也导致开发过程中机械部件拆拆改改遇到各种磕磕绊绊的问题，不过正是由于西门子 1515SP PC 、V90、S210 的高性价比方案，通过机械、工艺、电气各专业工程师之间紧密的对接合作，不但成功地解决了调试中遇到的问题，也对一些机械工艺问题提出改进建议，较大地提升了样机设备的开发效率。目前，这两款机型已投放生产约十套左右，并持续获得订单，也证明了机型开发是成功的。

参考文献

[1]　西门子（中国）有限公司. 西门子 S71500 TIA 博途编程指南（西门子产品应用手册）[Z].

[2]　西门子（中国）有限公司. 西门子 S71500T 中的运动控制指令应用手册（西门子产品应用手册）[Z].

Run MyScreens 应用实例之恢复刀库乱刀
Run MyScreens Case of Tool List Recover

王　昆
（上海欲达技术中心　上海）

[摘　要] 借助 Run MyScreens 集成功能，通过 PI 服务将 PLC 与 HMI 有机集合到一起，综合运用 HMI 和 PLC 在每次加工循环结束后，对系统刀库进行一次完整的备份，并利用备份在刀具出现乱刀时对其进行自动恢复。

[关键词] Run MyScreens、刀库恢复、SINUMERIK、828D

[Abstract] Createa full Tool List Backup after each cycle via Run MyScreens Integration with PLC and HMI coordination, and PI service as well. Then use the backup to recover the tool list automatically when it is wrong.

[Key Words] Run MyScreens、Tool List Recover、SINUMERIK、828D

一、项目简介

众所周知，刀库乱刀是数控加工中一个常见的且不容易解决的问题。所谓刀库乱刀，是指数控系统的刀库所记录的刀具信息（如刀号、刀位号、刀具名称、刀长、刀具半径、刀沿、刀具磨损等重要的描述刀具识别号和几何特征的相关参数）与物理刀库的刀位上所对应的真实刀具的相关参数不一致的情况。一旦出现刀库乱刀，操作人员最常见的处理方法就是将所有的刀具全部从物理刀库上卸下，然后按照当前刀库记录的刀具信息，按顺序依次重新将所有的刀具安装到物理刀库中。这样，不仅操作人员需要耗费大量的时间和精力，还会给生产带来很多不可控的因素，如撞刀、产生废品、损坏机床等，无形中增加了生产成本。因此，如何简单快速地将刀库恢复到与物理刀库相一致的状态，是数控工程师们面临的一个急需解决的问题。

SINUMERIK 系列数控系统，以其高度的开放性和灵活性征服了广大数控工程师。丰富的 NC、PLC 和 HMI 功能为数控工程师们提供了更多的选择和更大的自由。PI 服务有机地将 NC、PLC 和 HMI 集合在一起，为数控工程师们打开了六维空间，使他们在解决问题时可以有更丰富的想象力。

本文将介绍，以 SINUMERIK 828D 系统刀库自动恢复为例，基于 Run MyScreens 集成功能，综合运用 PLC 和 HMI 在每次加工循环结束后对刀库进行一次完整的备份，并利用备份在刀库出现乱刀时快速地对其进行自动恢复的解决方案。

二、系统结构

实验测试基于 SINUMERIK 828D 数控系统，测试设备为 4 轴联动立式加工中心，配备 24 刀位的带非伺服链式刀库。系统连接示意图如图 1 所示，刀库结构示意图如图 2 所示。

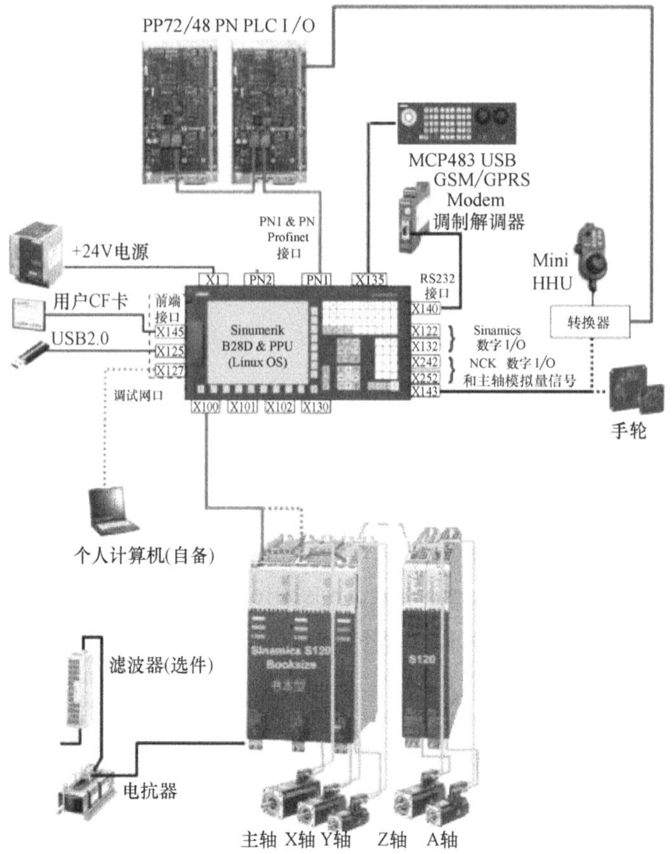

图 1　系统连接示意图

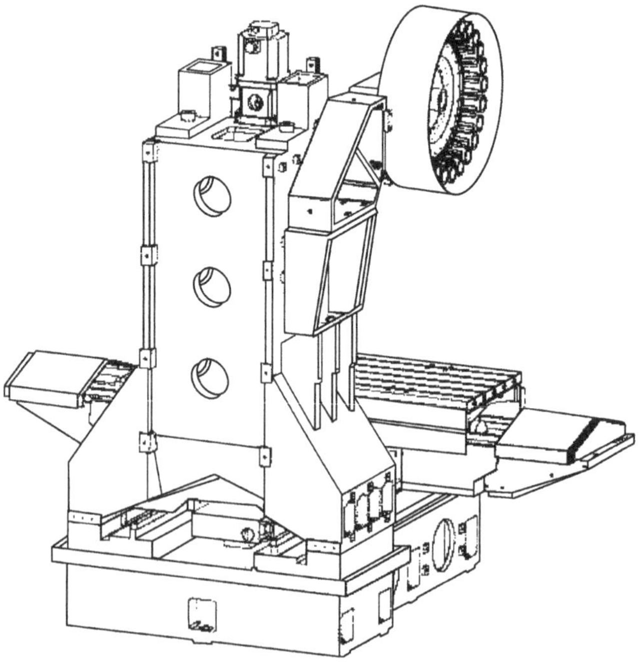

图 2　刀库结构示意图

三、功能与实现

1）添加或修改 systemconfiguration. ini 配置文件，文件内容如下：

```
; PLC 硬键(KEY50-KEY254)
[keyconfiguration]
KEY50.0 = area := AreaMachine, dialog := SlMachine, action:=100
KEY51.0 = area := AreaMachine, dialog := SlMachine, action:=101
```

在文件中定义了两个 PLC 硬键 KEY50 和 KEY51，这两个 PLC 硬键等同于操作界面的软键或 PPU 面板上的热键，其中 KEY50 用于触发刀库备份，KEY51 用于触发刀库恢复。文件需安装到/card/oem/sinumerik/hmi/cfg 目录下，如果目录中已存在该文件，只需将上述内容添加到原文件的末尾即可。

2）添加或修改 easyscreen. ini 配置文件，文件内容如下：

```
[STARTFILES]
;StartFile02 = area := AreaParameter, dialog := SlParameter, startfile := para.com
StartFile02 = area := AreaMachine, dialog := SlMachine,startfile := ma_jog.com
StartFile03 = area := AreaMachine, dialog := SlMachine, menu := SlMaAutoMenuHU, startfile :=
ma_auto.com
StartFile04 = area := Custom, dialog  := SlEsCustomDialog, startfile := custom.com

[AreaMachine_SlMachine]
100 = LM("Backup","toolmagazinereset.com")
101 = LM("Restore","toolmagazinereset.com")
[LANGUAGEFILES]
LngFile01 = aluc.txt
```

其中，加粗的部分定义了 PLC 硬键事件触发时所选择的对话框。两个对话框分别对应着刀库备份和刀库恢复事件。文件需安装到/card/oem/sinumerik/hmi/cfg 目录下，如果目录下已经有一个 easyscreen. ini 文件，请将加粗部分添加到原文件的末尾。

3）设计和定义对话框文件 toolmagazinereset. com，文件内容如下：

```
;************************刀库数据备份***************
//M{Backup, HD="toolmagazinereset.com",W=0,H=0}
DEF _N={TYP="I",VAL=0}
DEF TN={TYP="S"}
DEF TMLN={TYP="S"}
DEF TMN={TYP="S"}

LOAD
_N=1
DP("/card/oem/sinumerik/hmi/proj/toollocation.txt")
WRLINEFILE("TN    TMLN  TMN","/card/oem/sinumerik/hmi/proj/toollocation.txt")
```

```
DO
TN=FORMAT("%05d",_N)
TMLN=FORMAT("%05d",RNP(" $ A_TOOLMLN["<<_N<<"]"))
TMN=FORMAT("%05d",RNP(" $ A_TOOLMN["<<_N<<"]"))
WRLINEFILE(""<<TN<<"
"<<TMLN<<" "<<TMN,"/card/oem/sinumerik/hmi/proj/toollocation.txt")
_N=_N+1
LOOP_WHILE _N<=24
EXIT
END_LOAD
//END

;************************刀库数据恢复**************
//M{Restore, HD="toolmagazinereset.com",W=0,H=0}
DEF UDTOOL={TYP="B", VAL=FALSE}
DEF LDTOOL={TYP="B", VAL=FALSE}
DEF DONE={TYP="B", VAL=FALSE}
DEF _N={TYP="I", VAL=0}
DEF TN={TYP="S"}
DEF TMLNCUR={TYP="S"}
DEF TMNCUR={TYP="S"}
DEF TMLNORG={TYP="S"}
DEF TMNORG={TYP="S"}
DEF STR={TYP="S"}

;**********************卸载刀具*******************
SUB(UDTLTimerSub)
IF RNP(" $ A_TOOLMLN["<<_N<<"]")<>0
TN=FORMAT("%05d",_N)
PI_START("/NC,401,"<<TN<<",-0001,-0001,00001,09999,_N_TMMVTL")
ENDIF
_N=_N+1
IF(_N>24)
LDTOOL=TRUE
ENDIF
END_SUB

;**********************装载刀具******************
SUB(LDTLTimerSub)
```

```
WNP(" $ R[31]",_N)
STR=RDLINEFILE("/card/oem/sinumerik/hmi/proj/toollocation. txt",_N+1)
TN=LEFT(STR, 5)
TMLNORG=MIDS(STR,7,5)
TMNORG=RIGHT(STR,5)
IF TMLNORG<>"00000"
PI_START("/NC,401,"<<TN<<",00001,09999,"<<TMLNORG<<","<<TMNORG<<",_N_TM-
MVTL")
ENDIF
_N=_N+1
IF(_N>24)
DONE=TRUE
ENDIF
END_SUB

;* * * * * * * * * * * * * * * * * * * * * * *比较刀库数据* * * * * * * * * * * * * * *
LOAD
_N=1
DO
STR=RDLINEFILE("/card/oem/sinumerik/hmi/proj/toollocation. txt",_N+1)
TMLNORG=MIDS(STR,7,5)
TMNORG=RIGHT(STR,5)
TMLNCUR=FORMAT("%05d",RNP(" $ A_TOOLMLN["<<_N<<"]"))
TMNCUR=FORMAT("%05d",RNP(" $ A_TOOLMN["<<_N<<"]"))
UDTOOL=TMLNORG<>TMLNCUR OR TMNORG<>TMNCUR
_N=_N+1
LOOP_UNTIL (_N>24 OR UDTOOL)
IF UDTOOL==FALSE
EXIT
ENDIF
_N=1
END_LOAD

;* * * * * * * * * * * * * * * * * * * * * * *卸载刀具激活* * * * * * * * * * * * * * *
CHANGE(UDTOOL)
IF UDTOOL
;UDTOOL=FALSE
_N=1
START_TIMER("UDTLTimerSub",100)
ENDIF
```

```
END_CHANGE

;* * * * * * * * * * * * * * * * * * * * * * * * * 装载刀具激活* * * * * * * * * * * * * * * * 
CHANGE(LDTOOL)
IF LDTOOL
;LDTOOL=FALSE
STOP_TIMER("UDTLTimerSub")
_N=1
START_TIMER("LDTLTimerSub",100)
ENDIF
END_CHANGE

;* * * * * * * * * * * * * * * * * * * * * * * * * 刀库恢复完成* * * * * * * * * * * * * * * * 
CHANGE(DONE)
IF DONE
STOP_TIMER("LDTLTimerSub")
;DONE=FALSE
EXIT
ENDIF
END_CHANGE
//END
```

该文件需安装到/card/oem/sinumerik/hmi/proj/目录下，由 Backup 和 Restore 两个对话框构成。

当 PLC 硬键 KEY50 触发时，界面跳转到加工区，并选择 Backup 对话框，在对话框加载时通过一个 24 次的循环读取刀库中所有刀具的刀位号和刀库号，并将读取到的刀库数据按照规定的格式保存到/card/oem/sinumerik/hmi/proj/toollocation. txt 文件中。从而实现了刀具的备份。还可以按照实际需要，将刀具类型、刀长、刀具半径、刀沿等更多的刀具信息进行备份，读者可以按照实际应用需要修改上述文件。

当 PLC 硬键 KEY51 触发时，界面跳转到加工区，并选择 Restore 对话框，Restore 对话框分三步实施。

第一步，对当前刀库数据和所备份的数据进行比对，如果刀库当前的数据与已保存的数据一致，不做任何操作，结束本次恢复事件。否则，进入第二步。

第二步，通过 PI 服务将全部刀具（包括主轴和刀库中的刀具）卸载到缓冲区后进入第三步。

第三步，按 toollocation. txt 文件记录的刀位号和刀库号（刀库或主轴），通过 PI 服务将缓冲区的刀具重新装载到刀库或主轴对应的刀位上。

Restore 对话框运用 START_TIMER 和 STOP_TIMER 计时器可循环调用子程序的方式，以 0.1 秒的时间间隔执行刀具的卸载和装载。巧妙而有效地避免了直接运用循环进行刀具装载和卸载可能引起的，因新的 PI 服务发起时前一个 PI 服务尚未完成所导致的新发起的服务失败而出现部分刀具不能成功卸载和装载的问题。

上述 3 个文件都必须以 UTF-8 格式保存，可以用记事本进行编辑和修改，在进行 toolmagazinereset. com 文件编辑和修改时，需先将 . com 文件重命名为 . txt 文件，编辑好后再重命名为 . com 文件。

4）PLC 程序设计，为了实现刀库的自动恢复，需要添加图 3 所示的 PLC 程序。

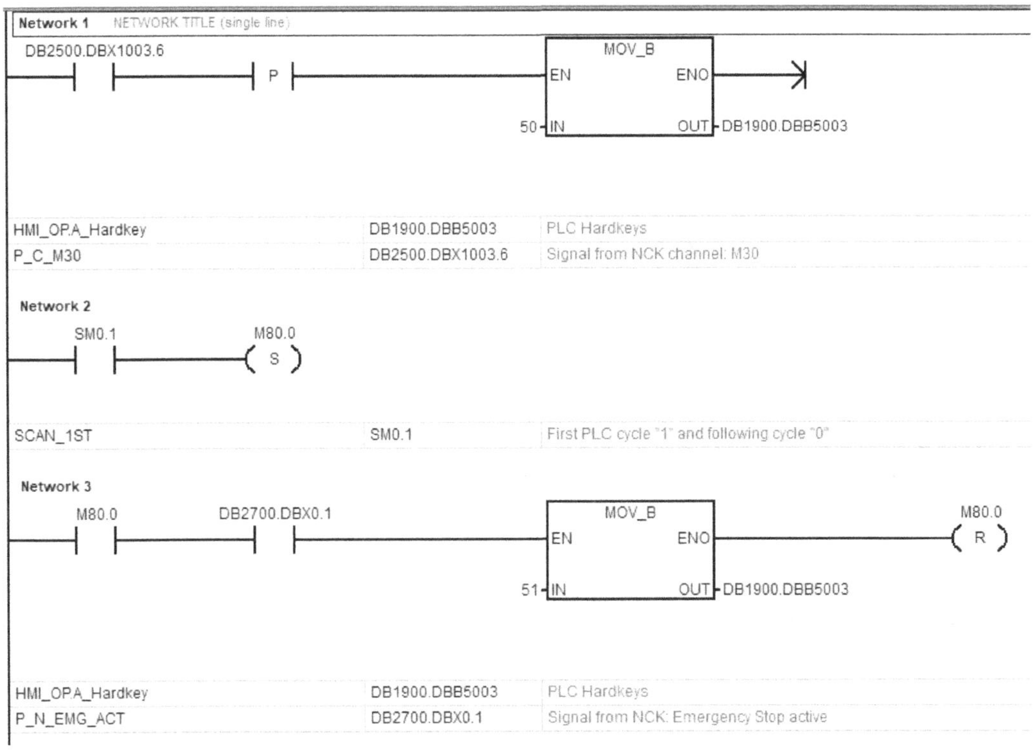

图 3 PLC 程序

每次加工完一个工件，当 PLC 检测到执行 M30 代码时，选择 KEY50 硬键，激活 KEY50 硬键事件，对刀库进行一次备份，这样保证 toollocation. txt 记录的总是最新的刀具状态。

通过 SM0. 1 置位 M80. 0 以记住机床开机的动作，用 NCK 急停信号 DB2700. DBX0. 1 的上升沿来确认系统已经启动完成，然后选择 KEY51 硬键，激活 KEY51 事件以执行刀库的自动恢复。

四、运行效果

为了检验本文所述的功能是否能正常地实现，本文还设计了一个简单的验证测试：

1）记录刀库的刀具清单如图 4 所示。

2）通过 MDA 或 T. S. M 执行一次 M30，以便进行刀库备份。

3）如图 5 和图 6 所示，将 2、4 和 6 号刀位上的 T20、T24 和 T3 卸载到缓冲区。

4）机床关机重新上电。

在机床重新上电后，我们可以清楚地看到，关机前卸载到缓冲区的 T20、T24 和 T3 已经全部装载到图 4 所示原来的刀位上。结果表明，我们不但对刀库进行了备份，还成功地将其进行了自动恢复。整个恢复过程不需要人工干预，也不会增加系统负担。

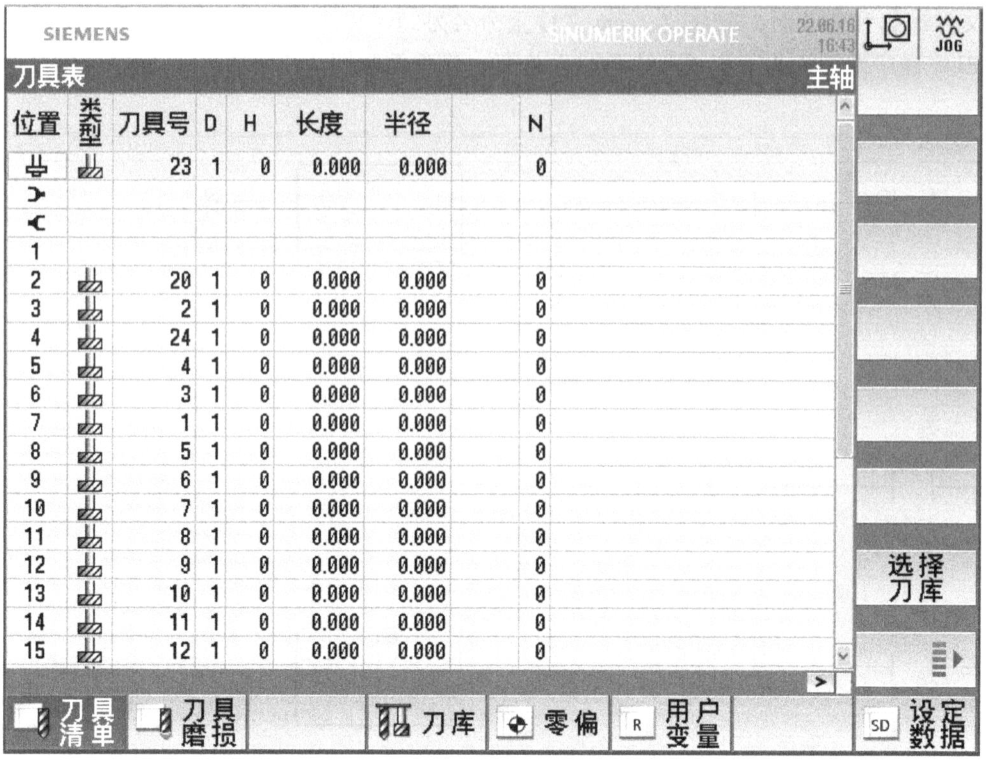

图 4　刀具清单

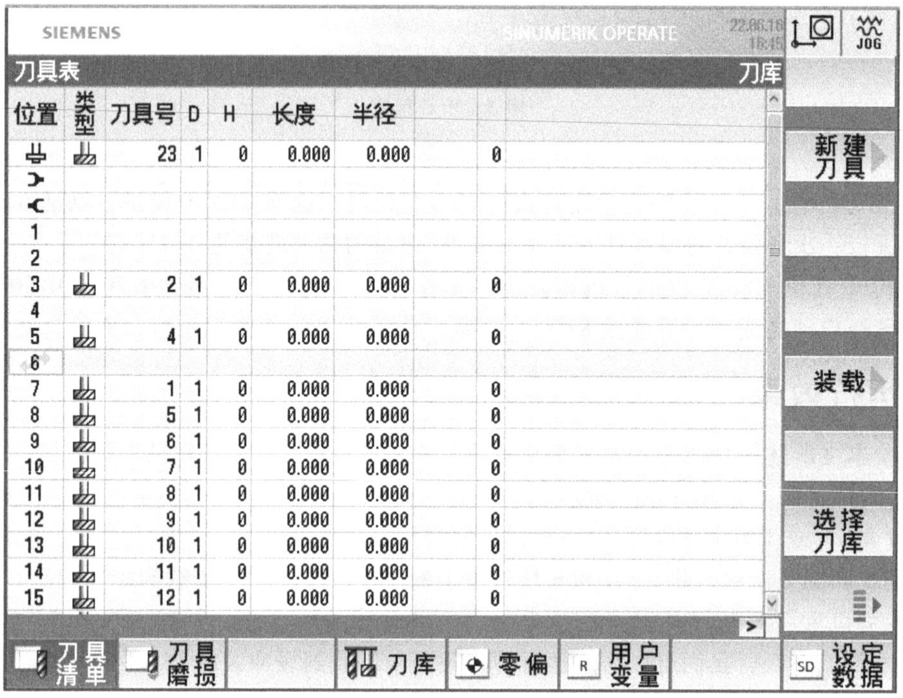

图 5　卸载 2、4 和 6 号刀位上的 T20、T24 和 T3 到缓冲区（一）

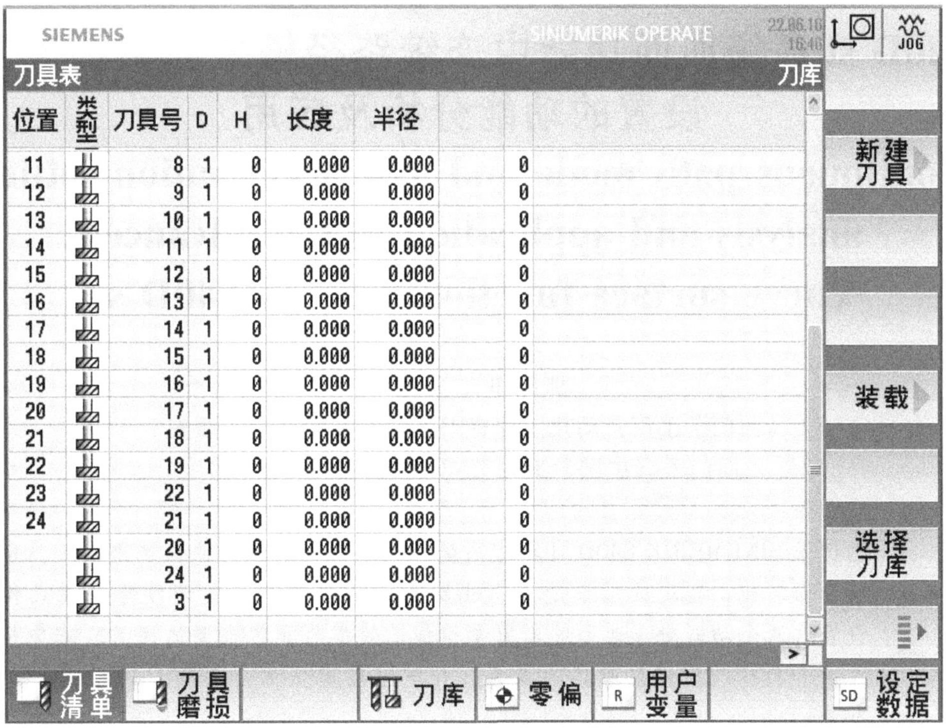

位置	类型	刀具号	D	H	长度	半径	
11		8	1	0	0.000	0.000	0
12		9	1	0	0.000	0.000	0
13		10	1	0	0.000	0.000	0
14		11	1	0	0.000	0.000	0
15		12	1	0	0.000	0.000	0
16		13	1	0	0.000	0.000	0
17		14	1	0	0.000	0.000	0
18		15	1	0	0.000	0.000	0
19		16	1	0	0.000	0.000	0
20		17	1	0	0.000	0.000	0
21		18	1	0	0.000	0.000	0
22		19	1	0	0.000	0.000	0
23		22	1	0	0.000	0.000	0
24		21	1	0	0.000	0.000	0
		20	1	0	0.000	0.000	0
		24	1	0	0.000	0.000	0
		3	1	0	0.000	0.000	0

图 6　卸载 2、4 和 6 号刀位上的 T20、T24 和 T3 到缓冲区（二）

五、应用体会

本文是作者在 SINUMERIK 828D 应用中，充分运用了 SINUMERIK 系列产品的开放性和灵活性的特点，在运用 Run MyScreens 集成功能方面的一次学习和实践总结与自我提高，也是笔者从不同的角度寻求解决问题的途径和扩展解决问题的思路的一次关于 NC、PLC 和 HMI 综合运用的尝试。

参考文献

[1]　西门子（中国）有限公司. SINUMERIK 828D SINUMERIK Integrate Run MyScreens 编程手册[Z].

840D sl 高级曲面功能中连续路径模式和轴加速度设置的功能分析及应用

Continuous-path mode and axis acceleration setting analysis and application in the advanced curve surface function base on 840D sl

张绍军[1]，杨曦[2]

（西门子工厂自动化工程有限公司西安分公司　西安

西门子（中国）有限公司西安分公司　西安）

[摘　要] 西门子 SINUMERIK 840D sl 数控系统可以提供高质量的曲面铣削加工，也被称为高级曲面功能，实现的指令是“Cycle832”。而其中包含的连续路径模式和轴加速度设置这两个功能对于曲面铣削质量和加工效率是非常重要的因素。本文将详细分析这两个功能以及相关参数的设置，并举出应用实例。实际加工证明提升效果比较显著。

[关 键 词] 高级曲面功能、曲面铣削、连续路径模式、轴加速度、分析、应用实例

[Abstract] This paper introduces the SINUMERIK 840D sl CNC has the advanced curve surface function for milling machine tools, the function code is “Cycle832” . The continuous-path mode and the axis acceleration setting are included in the “Cycle832” which are important function for the surface quality and machining efficiency. The function analysis, machine data setting and application cases are shown here. In real case, the upgrade result is better than before.

[Key Words] Advanced Curve Surface Function、Curve Surface Milling、Continuous-Path Mode、Axis Acceleration、Analysis、Application Cases

一、高质量曲面加工需求

在航空航天、模具、电子类零部件加工中，涉及大量的高质量曲面铣削加工，既要求高质量零件表面，同时也要求高加工效率。CNC 控制系统在此方面的功能也是衡量 CNC 系统性能的重要指标之一。西门子 SINUMERIK 840D sl 数控系统（以下简称 840D sl）在铣削工艺方面具有强大的高级曲面功能，实现的指令是“Cycle832”。Cycle832 指令包含多种 NC 功能，其中的连续路径模式和轴加速度设置对于提升机床轴的运动平顺性和加减速性能作用很大，直接影响曲面的表面质量和加工效率。需要说明的是，这两个功能不仅仅在 840D sl 的高级曲面功能中占据重要地位，在其他 NC 系统，如 840D powerline 中也非常重要，具有广泛的代表性，有必要重点讨论。本文将对这两个方面的功能进行详细的分析和论述，并举出应用实例。实例表明，840D sl 的高级曲面功能可以很好地满足上述高质量曲面铣削加工的要求。

二、高级曲面功能简介

面对高质量曲面铣削加工，840D sl 提供了精优曲面（Advanced Surface）和臻优曲面（Top Surface）两个高级 NC 功能。后者是基于前者的进一步升级，两者的区别由于篇幅所限不做介绍，可查阅参考文献［1］。开通这两个功能后，可通过设置并在零件加工程序开头插入 Cycle832 语句来实现，Cycle832 设置界面如图 1 所示。

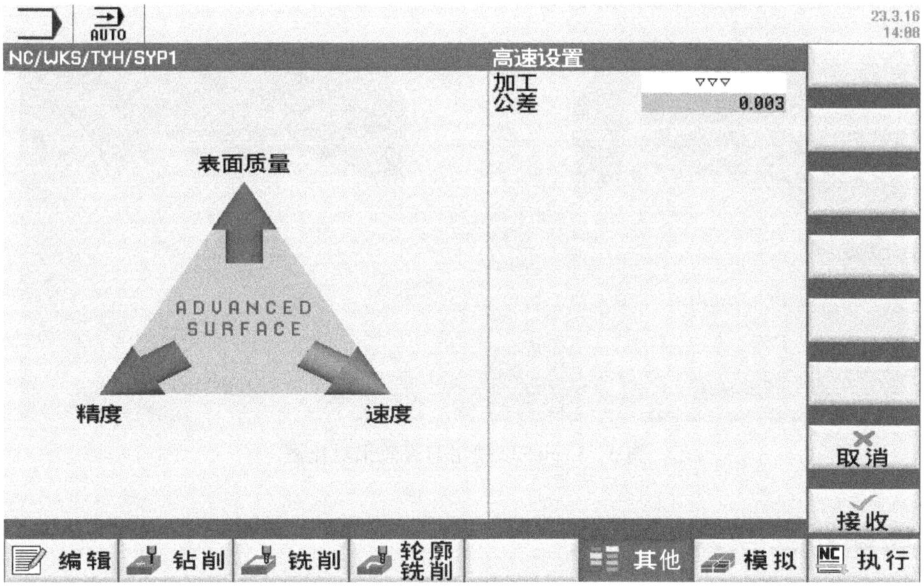

图 1　Cycle832 设置界面

Cycle832 内含包括但不限于连续路径模式和加速度设置方面的多个功能指令，如 FIFOCTRL（启动缓存）、G645（连续路径平滑）、SOFT（柔性加速）、FFWON（前馈控制开）、COMPCAD（压缩功能开）、DYNFINISH（精加工）等。只要设置并在程序中写入 Cycle832 即可一次性激活以上功能，如图 2 所示。Cycle832 在零件程序中使用格式如下：

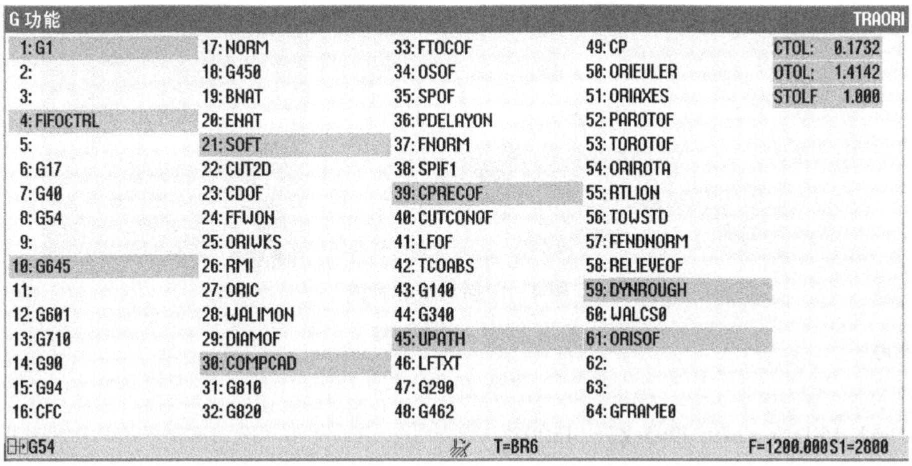

图 2　Cycle832 生效后的 G 功能

```
T01M03S8000
CYCLE832(0.003,_FINISH,1)
G01F1500
……
```

Cycle832 的功能非常强大，一般加入后即可见效，如图 3 所示。在其他条件均相同的情况下，使用 Cycle832 指令后铣削表面质量立即得到了明显改善。篇幅所限如前所述，本文只详细介绍分析连续路径模式和加速度设置这两方面的功能。

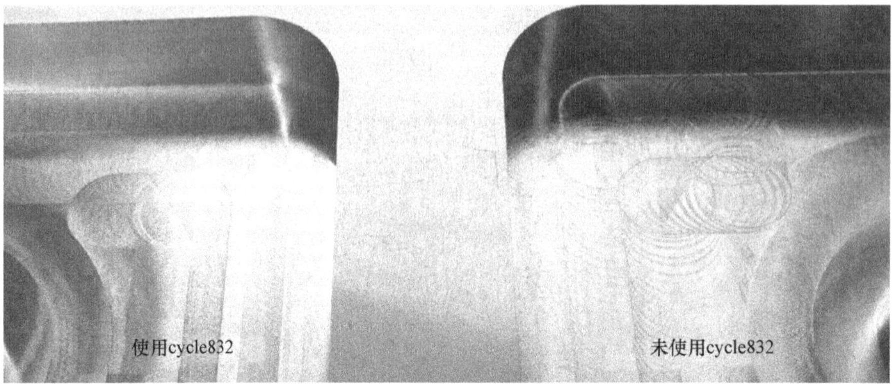

图 3　Cycle832 使用与否效果对比图

三、连续路径模式

如图 4 所示曲面加工，以下零件程序是最为典型的，一条曲线由众多小的直线段拼接而成，众多曲线最终构成整个曲面。对于这种加工的要求和一般的直线、圆弧加工是不同的。

图 4　曲面加工和检测

```
G01F1500
……
N130 X-42.1503 Y-149.0995 Z16.4500
N131 X-42.0510 Y-151.0298 Z16.9547
```

N132 X-41.9513 Y-152.9504 Z17.4681

N133 X-41.9023 Y-153.9090 Z17.7214

……

一般来说在位置控制过程中，各轴应该在到达一个给定点并停准在公差带范围内后再开始向下一个给定点运动，这种运行模式称为准停模式，也是 CNC 系统中的默认模式。准停模式一般适用于单条较长路径轨迹、要求精确尖角轮廓或者要求运动过程中绝对恒定速度的情况（也就是所谓的一般直线和圆弧加工的运动），但对于这种由连续小直线段拼接形式的曲线，如此运行时轴就会不断地加减速，速度波动剧烈，最终零件加工表面质量将受到影响，实际运行中进给速度还没有到达给定速度便又要减速，根本无法达到 F 编程速度，如 1500mm/min，最终加工效率也不高。

对于此类情况，运行时需要将准停模式转换为连续路径模式。连续路径模式的含义是结束一条程序段而切换到另一条程序段时，轴速度不会为了到达精准停公差带内而降低到很小。在程序段切换点处轴不会停止，会尽可能地以相同的轨迹速度转到下一个程序段。

连续路径模式运行的优点有：①平滑圆整轮廓；②省去了达到准停标准所需的减速和加速过程，从而缩短了加工时间，提高了效率；③由于平滑了速度变化，故零件表面质量会提高。

NC 默认模式为准停模式，使用 G60 指令也可以从连续路径模式切换为准停模式，且 NC 程序复位后 G60 自动生效。连续路径模式需要在 MPF/SPF 中使用指令 G64、G641、G642、G643、G644 或者 G645 中的任意一个来激活。两组指令为同组 G 指令，状态为二选一。

G01F1500

……

N129 G645

N130 X-42.1503 Y-149.0995 Z16.4500

N131 X-42.0510 Y-151.0298 Z16.9547

……

M30

NC 在程序段 N129 之前为准停模式 G60 生效，从 N129 到程序结束之间为连续路径模式 G645 生效，程序结束后 NC 又变为准停模式 G60 生效。

为实现连续路径模式的效果，需要激活并合理地设置三个方面的功能，即平滑过渡、程序预读、压缩功能，这三个功能缺一不可。

1. 平滑过渡

所谓的平滑过渡处理即对编程轮廓的尖角处进行圆整，插入额外的平滑程序段，实现切向过渡，如图 5 所示。圆整后实际路径并没有到达编程给定点而是提前就进行了圆弧转弯，以保证过渡处是平滑的。

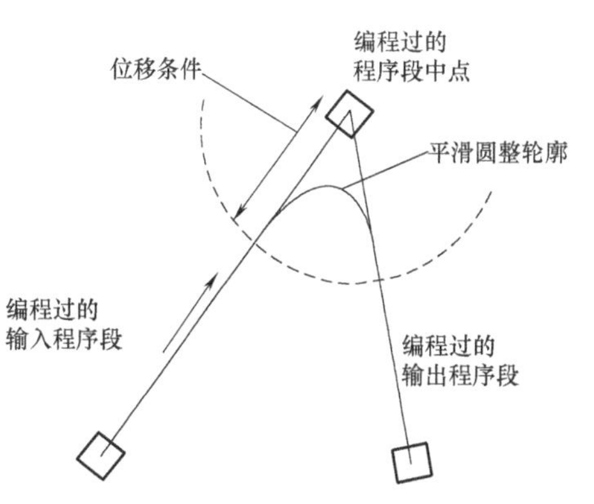

图 5　平滑过渡示意图

使用 G64、G641 ~ G645 指令中的任意一个指令，即可激活连续路径模式且自动开启平滑过渡功能。不同的指令其平滑过渡处理有所区别，具体可见参考文献［3］。这里只讨论较为常用的为 G641、G642 和 G645 指令。

G641：按照位移条件进行平滑，位移条件指令为“ADIS =”，等于平滑距离。例如设置为 0.005mm 时如下：

……

N129 G641 ADIS=0.005

N130 X-42.1503 Y-149.0995 Z16.4500

N131 X-42.0510 Y-151.0298 Z16.9547

……

G642：按照定义的公差进行平滑。

G645：按照定义的公差对拐角和程序段切线过渡进行平滑。

G642 和 G645 指令的区别是 G642 指令只平滑有尖角的程序段过渡；G645 指令对于即使没有尖角但是有曲率跃变的情况，也会插入平滑程序段进行平滑处理。G645 指令的使用范围较宽。

2. 程序预读

平滑处理的前提是对 MPF 进行程序预读，预读后才能根据情况计算插入的平滑程序段，平滑和预处理是同时激活的，使用 G64、G641~G645 指令中的任意一个指令在激活连续路径模式的同时也激活了预读，一旦开始连续路径模式就要开始预读。同理，准停模式则自动取消预读。

预读的最大功能是保证速度的连续性和到达编程的 F 速度。如图 6 所示，当不进行预读时，如果相连程序段的行程很短，如前例的小直线段拼接而成的曲线，则为了保证轴在程序段终点可以正常刹车并遵守加速度极限值，速度刚提升起来就要再次降低，实际速度一直处于“提升-降低-提升-降低……”的循环中，表现出的实际 F 速度会降低很多，例如只能达到编程 F 值的 30%~40%。

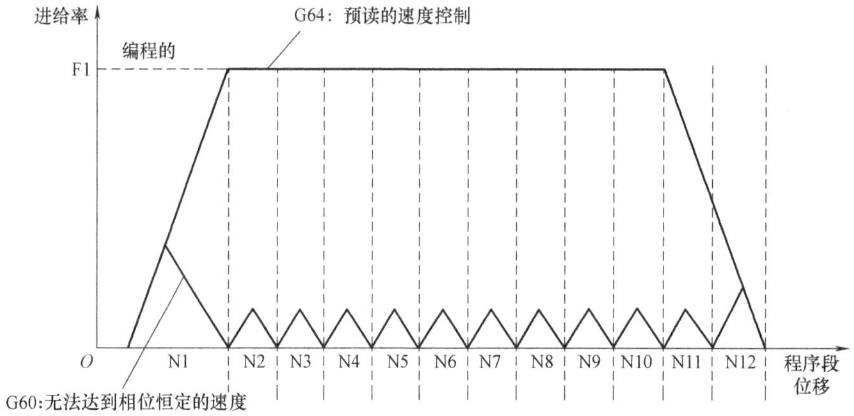

图 6　预读提升 F 速度示意图

程序预读功能预先分析后续各程序段中可预见的速度极限和加速度极限，会根据程序段长度、制动能力和允许的轨迹速度等多个因素来自动调整速度，如果程序段过渡接近相切，则可以跨多条程序段进行加减速，不但速度连续且可以满足编程进给速度 F 值。

预读程序段数量设置在通道参数 MD28060（插补缓冲器中的 NC 程序段数量，MD 表示机床数据，下同）和 MD29000（预读程序段数量）中，两个参数中的数值设置必须相等。预读程序段数量 n 默认=1，但实际中要远远大于 1。

预读程序段数量 n 一般由以下公式计算：

$$n=\text{制动行程/程序段长度}=[v^2/(2a)]/(V\times T_B)$$

式中，v 为进给速度（m/min）；a 为加速度（m/s^2），T_B 为程序段处理周期（ms）。

一般 n 都在 100 以上，对于使用精优曲面功能的 840D sl，$n=150$；对于使用臻优曲面功能的 840D sl，$n=300$。即开始连续路径模式后分别对程序预读 150 条和 300 条语句。

3. 压缩功能

复杂轮廓编程基本都使用 CAD 类软件生成 MPF，MPF 中包含了大量的直线段和圆弧段，其中一些线段的长度很短以致预读后的速度受到限制，部分情况下也无法进行相切平滑处理。压缩功能能够比较好地解决此类问题。

压缩功能全称为线性程序段压缩功能，能够将连续的线性程序段压缩替换为轨迹长度尽可能长的二阶以上的多项式程序段（样条曲线），同时维持轮廓精度不降低（Cycle832 中的公差，例如 0.003mm 就是压缩轮廓的包容公差带）。如图 7 所示，折线为编程轮廓，实际加工按平滑的样条曲线进行。使用该功能后可以减少程序段数量，使得程序段过渡更平滑，提升表面加工质量。

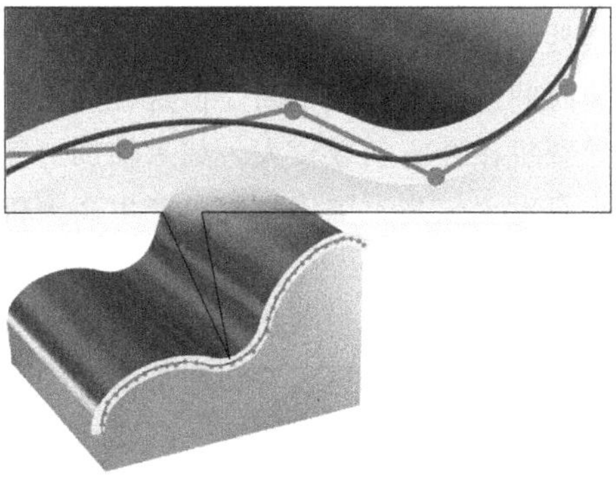

图 7　压缩功能示意图

压缩功能激活指令为 COMPON、COMPCURV、COMPCAD 和 COMPSURF 中的任意一个，关闭压缩功能的指令为 COMPOF。这五个激活指令的具体差异可见参考文献［3］，其中最为常用的是 COMPCAD。COMPCAD 指令可以将任意数量的连续线性程序段压缩成一条曲线，并在过渡的过程中保持速度和加速度都不变。

指令使用方法如下：

```
G01F1500
……
N129 COMPCAD
N130 X-42.1503 Y-149.0995 Z16.4500
……
COMPOF
M30
```

COMPCAD 指令功能引发的计算较多，会占用较多的 NC 内存和 CPU 处理能力，因此一般在使用 COMPCAD 指令后关注 CPU 负载率（可在 HMI 的诊断界面看到），一般的负载率不超过 70%，如超过则建议优化 MPF 或者使用其他种类的压缩指令。

四、轴加速度功能

轴加速度的设置既与曲面质量有关，也与加工效率有关。840D sl 的轴加速度功能不仅是在轴的加速度参数 MD32300 中设置一个加速度数据，而是包含三个方面的功能，即加速度、急动度、折线式加速度。

曲面都由多轴插补运动形成，加速度和急动度的设置对于曲面质量有直接的关系，而折线式加速度的直接关联性不大，故在此只讨论加速度和急动度。合理地设置加速度和急动度并在 NC 程序中切换功能，能够更好地适应不同类型的机床和各种实际工况，提升曲面加工的效率和质量。

1. 加速度功能设置

加速度设置最主要的功能是设置刚性加速模式和柔性加速模式，这两种模式在加工程序中用NC指令切换。BRISK为刚性加速模式指令，SOFT为柔性加速模式指令。默认设置可以在MD20150（20）中定义，一般默认为刚性加速。

刚性加速是最为普通的加速模式，在启动停止轴时，轴会立即以最大加速度MD32300设定的数值加减速，不加急动限制，如图8所示。与柔性模式相比，刚性加速比较猛烈，提速降速时间短，生产效率高。但这种加速模式会导致机械冲击负载较大，如果轴加速度数值本身设置较高，则比较容易产生高频机械振动。

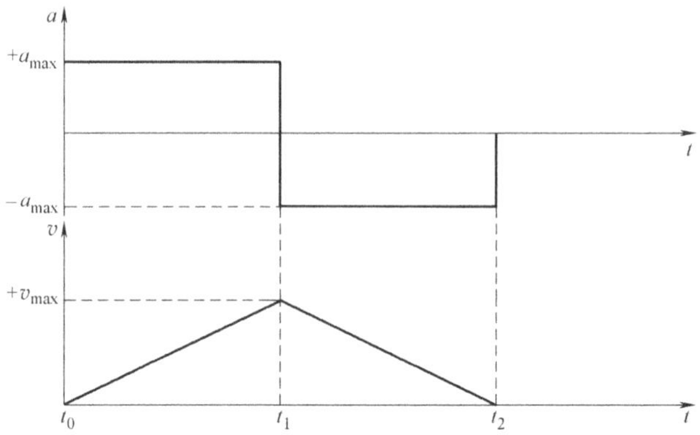

图8　刚性加速示意图

$a_{最大}$—最大加速度　$v_{最大}$—最大速度　t—时间

如图8所示，在刚性加速模式中，从加速切换至制动时，加速度会回落2a，如果a较大，为了避免加速度跃变，则在通道数据MD20500（恒速最小时间）中设置一个时间，该时间就是指加速阶段和制动阶段之间的恒速运行时间。MD20500在预读和运行程序段的运行时间小于或等于插补周期情况下不起作用。

柔性加速（SOFT）的特点是通过设置加速度降低系数（MD32433）和使用急动限制。急动限制将在急动部分讨论，这里只讨论加速度本身。SOFT模式中的最大加速度=MD32300×MD32433。MD32433默认为1，如果设置小于1时将轴的加速度降低，则加速时间延长，例如Z轴的加速度MD32300=2m/s^2，MD32433=0.8，实际上Z的加速度就是2m×0.8=1.6m/s^2。如果系数保持为1不变，则SOFT时只有急动限制生效，加速度数值本身不变化。

在实际程序中，这两种加速模式可以配合使用，如下：

```
BRISK
G00……
SOFT
G01……
BRISK
G00……
M30
```

在快速进给或者粗加工中使用刚性加速，在直线圆弧插补进给或者精加工中使用柔性加速，既可以保证效率，又可以减少精加工中的振动，以保证曲面质量。

2. 急动功能设置

在曲面质量中，表面光滑无波纹是非常重要的指标，特别是在航空零部件和模具类中，对表面粗糙度要求都比较严格，体现这种粗糙度的波纹或者棱印一般都在数微米左右。曲面铣削中轴的速度变化和方向变化非常频繁，轴加速度设置对表面这种波纹和棱印有相当的影响。为了减轻甚至消除表面波纹，推荐使用柔性加速模式（SOFT），柔性加速模式和刚性加速模式（BRISK）的对比如图9所示。

除设置了降低系数以外，柔性加速最大的特点是激活了急动限制，即一般所说的 JERK 模式。JERK = da/dt，是加速度的导数，反映了加速度的变化率，有的资料称为加加速度。设置 JERK 后其加速特点如图 10 所示。

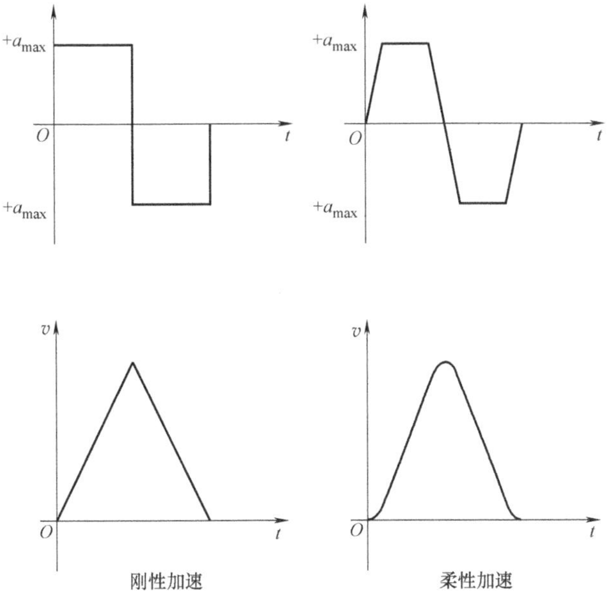

图 9　刚性和柔性加速对比示意图

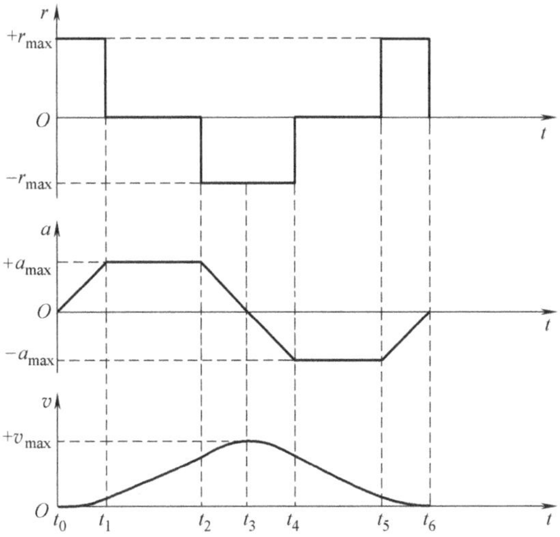

图 10　JERK 加速示意图

$r_{最大}$—最大急动度　$a_{最大}$—最大加速度

$v_{最大}$—最大速度　t—时间

从图 10 中可知，在 $t_0 \sim t_1$、$t_2 \sim t_4$、$t_5 \sim t_6$ 几个时间段，急动度保持在 $+r/-r$ 最大，加速度的变化是线性的，比较平缓。而在 BRISK 加速模式中，r 可以看作是无穷大，加速度的变化是突变的。MD32431（最大急动度，m/s^3）中的数值即为图中的 r，r 数值越大，则 a 的斜率越大，达到规定加速度的程度愈加猛烈，但即使如此仍然低于 BRISK 模式。

对于每个轴，840D sl 会预置一个最大急动度数值在 MD32431 参数中，该数值控制加速度的变化率，当 SOFT 模式生效后，就会使用该数值，如果需要进一步优化，则可以调整该数值。原则上说，增大该数值加速会猛烈，曲面波纹会变差；减小该数值，加速会平缓，曲面波纹会变好；在满足表面质量和不引起机械振动的前提下应尽量提高此数值。

除了轴的最大急动度参数 MD32431，通道数据 MD20600（插补轨迹相关的最大急动度）也会影响轴的急动度，两者的关系是数值更低的生效。为了避免轴急动度和通道急动度之间相互影响，一般将 MD20600 数值设置为大于 MD32431，则调整每个轴的急动度对于此轴产生的影响立即可见。

除了急动度的设置，还可以对轴的位置给定变化做一定的滤波平滑处理，具体实现是通过激活位置环的三种不同类型的急动滤波器，相关的参数有 MD32400、MD32402、MD32410。

MD32400：急动滤波器激活，=1 为激活，=0 为关闭；

MD32402：急动滤波器模式，=1 为二阶滤波器，=2 为滑动求平均值，=3 为带阻滤波器；

MD32410：急动滤波时间（ms），其数值必须大于 MD10061（位置控制器循环周期）才会生效。

激活急动滤波器后，位置给定会经过滤波平滑后给出，这样虽然会使得实际位置环增益有少许降低，但位置给定的平滑度进一步提高，对表面质量有利。

讨论了加速度设置、急动度设置和急动滤波器后，BRISK 和 SOFT 的特点可以总结如下：

1）BRISK：激活刚性加速，实际加速度为 MD32300 的数值，加速猛烈。此时加速度降低系数 MD32433、急动度限制 MD32431 和急动滤波器都无效。BRISK 模式对提升效率有利。

2）SOFT：激活柔性加速，实际加速度=MD32300×MD32433，急动度同时被轴急动度 MD32431 或者通道急动度 MD20600 限制，两个数值中较低者生效，一般是 MD32431 生效。SOFT 对改善表面质量有利。

3）如果此时也设置了生效的急动滤波器，则 SOFT 模式可以在急动度限制的基础上进一步改善位置给定的平滑度，这对改善表面质量有利。

为了保证表面质量，曲面插补轴中的所有轴在以下参数中的设置原则上应是相等或者接近的，即 MD32431、MD32400、MD32402 和 MD32410。例如曲面由 *X-Y-Z* 轴联动加工而成，原则上三个轴的上述数据的数值应该相等或者接近。

3. 参数组的使用

在加速度参数 MD32300 和急动度参数 MD32431 中，能看到参数后带有［0］、［1］、［2］等，即参数实际上不是一个而是一组，如图 11 所示，MD32431 实际上有五个，分别是 16m/s^3、14m/s^3、12m/s^3、4m/s^3 和 4m/s^3。

32431[0]	$MA_MAX_AX_JERK	16 m/s3	cf I
32431[1]	$MA_MAX_AX_JERK	14 m/s3	cf I
32431[2]	$MA_MAX_AX_JERK	12 m/s3	cf I
32431[3]	$MA_MAX_AX_JERK	4 m/s3	cf I
32431[4]	$MA_MAX_AX_JERK	4 m/s3	cf I

图 11　JERK 参数组

差别在于参数［0］用于 DYNNORM（标准动态响应设置），参数［1］用于 DYNPOS（定位模式），参数［2］用于 DYNROUGH（粗加工），参数［3］用于 DYNSEMIFIN（半精加工），参数［4］用于 DYNFINISH（精加工）。在最新 V4.9 版本的系统软件中，又增加了参数［5］用于 DYNPREC（精修整）。

在曲面加工中，一般会有粗、半精、精加工的区别，可以通过 NC 指令切换到不同的动态响应设置，分别使用不同的加速度和急动度，数值进一步细化。如粗加工可以设置数值较大，精加工可以设置数值较小，使得粗加工可以尽量减少时间，而精加工可以获得更高的表面质量。例如：

```
N100 SOFT
N110 DYNROUGH
N120 G01……
……
N1000 DYNFINISH
N1010 G01……
……
M30
```

此程序中 N110 开始定义为粗加工，之后加速时使用 MD32300［2］和 MD32431［2］中的数值，从 N1000 开始定义为精加工，之后加速时使用 MD32300［4］和 MD32431［4］中的数值。设置数值时需要注意，要将预想的数值填入对应的参数中去，如程序中使用 DYNFINISH 指令，则需要在参数［4］中设置合适的加速度和急动度数值。

五、机床 NC 参数检查

针对精优曲面和臻优曲面等高级曲面功能，需要设置较多的参数，包括但不限于与连续路径模式相关的 NC 参数以及与轴加速度功能设置有关的 NC 参数。为了方便用户设置和检查，840D sl 提供了相关机床参数检查的主程序，用于检查相关参数设置是否正确并推荐设置，检查程序名为“MDCVxx. MPF”，例如较新版本的检查程序名字为“MDCV91. MPF”，将其复制进主程序目录即可。

运行检查程序之前，根据机床当前选项是精优曲面还是臻优曲面，以及机床是三轴加工还是五轴加工机床，修改程序开头 N2/N3 语句的变量赋值并保存，然后运行该程序。该程序并不会使轴发生运动，仅仅是检查 NC 参数，因此很快运行结束，之后系统会自动创建一个名字为“MDC_RESULT. MPF”的程序，其内容就是检查结果，其中指出当前数值、需要数值和推荐数值，使用者可以作为参考或者修改，如图 12 所示。

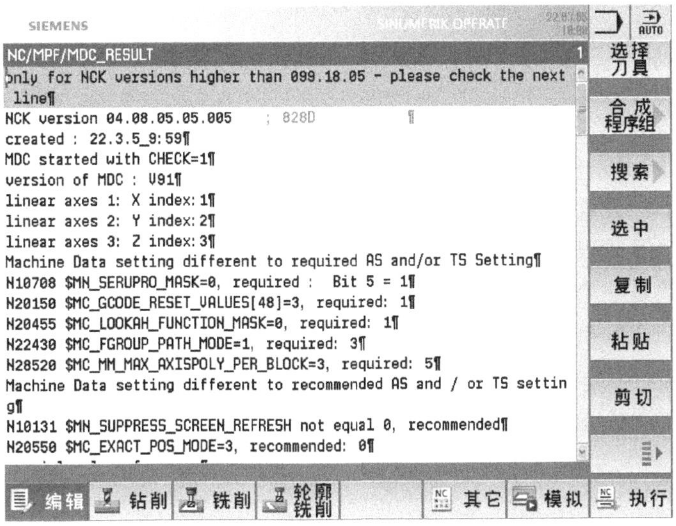

图 12 “MDC_RESULT. MPF”的程序示例

例如：

……

N28610 $ MC_MM_PREPDYN_BLOCKS=0, required: 10

Machine Data setting different to recommended Advanced Surface Setting

N20170 $ MC_COMPRESS_BLOCK_PATH_LIMIT=1, recommended: 20

N20172 $ MC_COMPRESS_VELO_TOL=60000, recommended: 1000

N29000 $ OC_LOOKAH_NUM_CHECKED_BLOC

KS=1, recommended: 150

……

N32400 $ MA_AX_JERK_ENABLE[1]=0, required: 1

N32400 \$ MA_AX_JERK_ENABLE[2]=0, required: 1

N32402 \$ MA_AX_JERK_MODE[1]=1, recommended: 2

N32402 \$ MA_AX_JERK_MODE[2]=1, recommended: 2

……

解释上述语句：

MD28610（用于速度准备的程序段数量）当前为 0，高级表面功能需要设置为 10；

MD20170（可压缩 NC 程序段的最大运行长度）当前为 1，推荐 20；

MD20172（压缩时允许的最大轨迹进给率偏差）当前为 60000，推荐 1000；

MD29000（预读程序段条数）当前为 1，推荐 150。

……

轴 1 的 MD32400（急动滤波使能）当前为 0，需要为 1；

轴 2 的 MD32400（急动滤波使能）当前为 0，需要为 1；

轴 1 的 MD32402（滤波器模式）当前为 1，推荐为 2；

轴 2 的 MD32402（滤波器模式）当前为 1，推荐为 2。

六、实际案例

案例 A 840D sl 某型号立式铣床，使用 *X-Y-Z* 轴共三轴联动加工曲面，曲面表面有明显的波纹且比较粗糙，如图 13 所示。使用 NC 参数检查程序来检查参数设置，发现轴的 JERK 没有设置生效。优化调整最终如下：设置 *X-Y-Z* 共三个轴的 JERK（MD32400=1，MD32431=$40m/s^3$），之后再加工，曲面波纹基本消除且表面更为光滑，改善效果明显，如图 14 所示。可见对于改善曲面表面质量，设置急动度参数是一个较好的方法，而使用参数检查程序这种快捷的优化手段可以大幅提升机床优化工作的效率，达到事半功倍的效果。

图 13　优化前的表面质量情况

图 14　优化后的表面质量情况

案例 B 840D sl 某型号五轴联动铣床，五轴联动加工叶片曲面如图 15 所示。出现的问题为叶片上表面边沿附近有垂直刀路方向的凹坑，叶片下表面边沿附近有垂直刀路方向的棱（如图 16 左图所示）。通过参数检查程序和研究零件程序发现 COMPCAD 压缩轮廓的包容公差带不合适，造成了加速度和速度的波动。调整 Cycle832 指令的容差后，叶片表面质量正常（如图 16 右图所示）。对比加速度和速度变量的跟踪曲线，前后也有较大的改善，加速度和速度波折基本消失，变得平滑，如图 17 所示。

图 15　五轴叶片加工

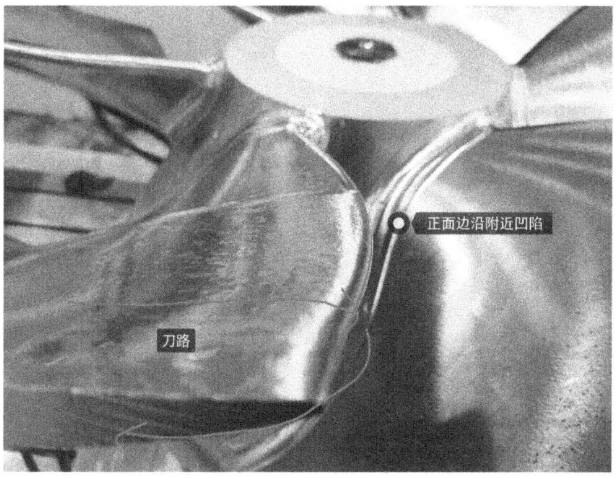

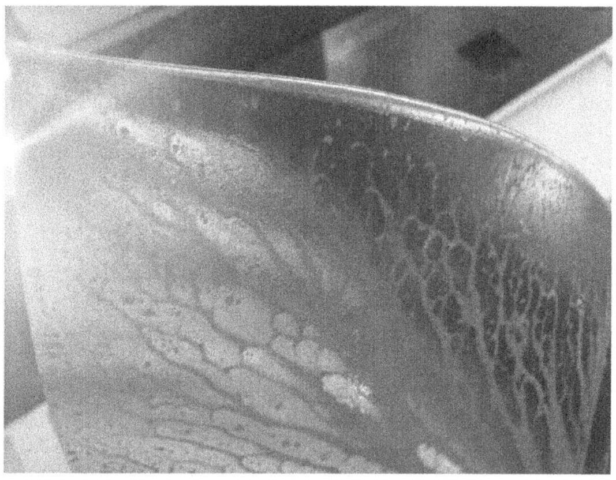

图 16　叶片加工前后对比

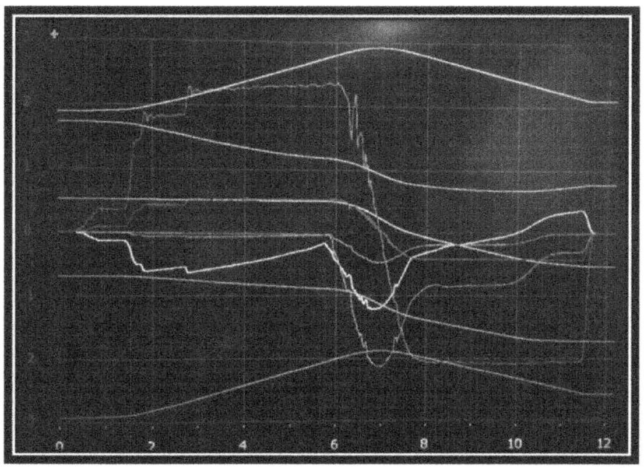

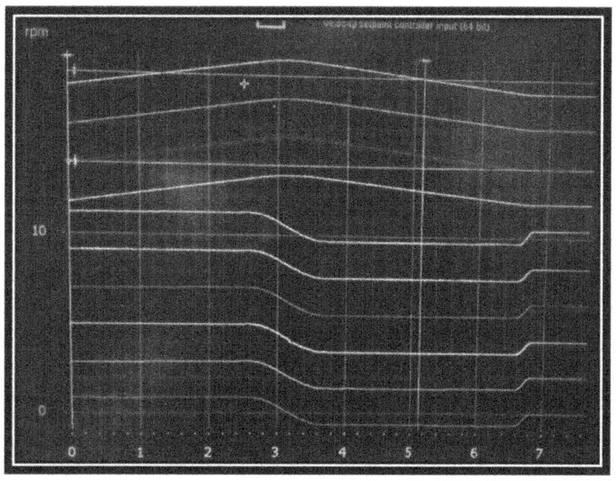

图 17　加速度、速度变量跟踪的前后对比

七、总结

840D sl 在铣削工艺加工中具有强大的高级曲面功能，其中包含的连续路径模式和加速度功能

设置是两个重要内容，本文对其进行了比较详细的分析，把握其基本原理并合理设置有关 NC 数据和使用有关 NC 指令，曲面铣削加工质量和效率都将得到比较明显地提升。

840D sl 在铣削和其他类型的加工工艺中还有很多提升加工质量和效率的功能，因篇幅所限不能全部介绍。希望本文能够起到抛砖引玉的作用，为后续带来更多的研究和应用，充分发挥 840D sl 的强大功能。

参考文献

[1] SIEMENS AG. SINUMERIK Operate Milling [Z]. 2017.

[2] SIEMENS AG. SINUMERIK 840D sl 功能手册（基本功能）[Z]. 2017.

[3] SIEMENS AG. SINUMERIK 840D sl NC 编程手册 [Z]. 2017.